Vogel

Análise Química Quantitativa

O GEN | Grupo Editorial Nacional – maior plataforma editorial brasileira no segmento científico, técnico e profissional – publica conteúdos nas áreas de ciências exatas, humanas, jurídicas, da saúde e sociais aplicadas, além de prover serviços direcionados à educação continuada e à preparação para concursos.

As editoras que integram o GEN, das mais respeitadas no mercado editorial, construíram catálogos inigualáveis, com obras decisivas para a formação acadêmica e o aperfeiçoamento de várias gerações de profissionais e estudantes, tendo se tornado sinônimo de qualidade e seriedade.

A missão do GEN e dos núcleos de conteúdo que o compõem é prover a melhor informação científica e distribuí-la de maneira flexível e conveniente, a preços justos, gerando benefícios e servindo a autores, docentes, livreiros, funcionários, colaboradores e acionistas.

Nosso comportamento ético incondicional e nossa responsabilidade social e ambiental são reforçados pela natureza educacional de nossa atividade e dão sustentabilidade ao crescimento contínuo e à rentabilidade do grupo.

Vogel

Análise Química Quantitativa

Sexta Edição

Revista pelos seguintes professores da
Escola de Química e Ciências Biológicas —
Universidade de Greenwich — Londres

J MENDHAM, MA, MSc, CChem, MRSC
Former Principal Lecturer in Analytical Chemistry

R C DENNEY, BSc, PhD, CChem, FRSC, FRSM
Former Reader in Analytical Chemistry

J D BARNES, BSc, PhD
Academic Development Officer

M THOMAS, BSc, PhD, CChem, MRSC
Senior Lecturer in Analytical Chemistry

Tradução

Júlio Carlos Afonso, DSc
Professor adjunto do Instituto de Química da UFRJ

Paula Fernandes de Aguiar, DSc
Professora adjunta do Instituto de Química da UFRJ

Ricardo Bicca de Alencastro, PhD
Professor titular do Instituto de Química da UFRJ

- Os autores deste livro e a editora empenharam seus melhores esforços para assegurar que as informações e os procedimentos apresentados no texto estejam em acordo com os padrões aceitos à época da publicação, *e todos os dados foram atualizados pelos autores até a data de fechamento do livro.* Entretanto, tendo em conta a evolução das ciências, as atualizações legislativas, as mudanças regulamentares governamentais e o constante fluxo de novas informações sobre os temas que constam do livro, recomendamos enfaticamente que os leitores consultem sempre outras fontes fidedignas, de modo a se certificarem de que as informações contidas no texto estão corretas e de que não houve alterações nas recomendações ou na legislação regulamentadora.

- Os autores e a editora se empenharam para citar adequadamente e dar o devido crédito a todos os detentores de direitos autorais de qualquer material utilizado neste livro, dispondo-se a possíveis acertos posteriores caso, inadvertida e involuntariamente, a identificação de algum deles tenha sido omitida.

- © Pearson Education Limited 2000, Longman Group UK Limited 1978, 1989
  This translation of Vogel's Textbook of Quantitative Chemical
  Analysis, Sixth Edition is published by arrangement with Pearson
  Education Limited

- Direitos exclusivos para a língua portuguesa
  Copyright © 2002 by
  LTC – Livros Técnicos e Científicos Editora Ltda.
  Uma editora integrante do GEN | Grupo Editorial Nacional

- Travessa do Ouvidor, 11
  Rio de Janeiro – RJ – 20040-040
  www.grupogen.com.br

- Reservados todos os direitos. É proibida a duplicação ou reprodução deste volume, no todo ou em parte, em quaisquer formas ou por quaisquer meios (eletrônico, mecânico, gravação, fotocópia, distribuição pela Internet ou outros), sem permissão, por escrito, da LTC | Livros Técnicos e Científicos Editora Ltda.

- Ficha catalográfica

CIP-BRASIL. CATALOGAÇÃO NA PUBLICAÇÃO
SINDICATO NACIONAL DOS EDITORES DE LIVROS, RJ

V868a

Vogel, Arthur Israel
Análise química quantitativa / Vogel ; tradução Júlio Carlos Afonso, Paula Fernandes de Aguiar, Ricardo Bicca de Alencastro. - [Reimpr.]. - Rio de Janeiro : LTC, 2022.
488p.

Tradução de: Vogel's textbook of quantitative chemical analysis (6.ed.)
Apêndice
Inclui bibliografia
ISBN 978-85-216-1311-4

1. Química analítica qualitativa. I. Título.

08-1803.   CDD: 544
                            CDU: 543.061

Sumário Geral

Sumário vii
Prefácio da sexta edição xv
Prefácio da primeira edição xvii
Segurança no Laboratório xix
Unidades e pureza dos reagentes xxi

1 Análise química, 1
2 Reações em solução: teoria fundamental, 7
3 Aparelhagem comum e técnicas básicas, 35
4 Estatística: introdução à quimiometria, 63
5 Amostragem, 90
6 Separação, 115
7 Cromatografia em camada fina, 138
8 Cromatografia com fase líquida, 144
9 Cromatografia com fase gasosa, 160
10 Análise titrimétrica, 174
11 Análise gravimétrica, 257
12 Análise térmica, 265
13 Métodos eletroanalíticos diretos, 277
14 Espectroscopia de ressonância magnética nuclear, 317
15 Espectroscopia de absorção atômica, 325
16 Espectroscopia de emissão atômica, 344
17 Espectroscopia eletrônica molecular, 351
18 Espectroscopia vibracional, 386
19 Espectrometria de massas, 400

Apêndices, 431
Índice, 452

Sumário

1 Análise química, 1
1.1 Introdução, 1
1.2 Aplicações, 1
1.3 Estágios da análise, 2
1.4 Como selecionar o método, 2
1.5 Como utilizar a literatura, 3
1.6 Análise quantitativa, 3
1.7 Técnicas especiais, 4
1.8 Métodos instrumentais, 5
1.9 Fatores que afetam a escolha do método analítico, 5
1.10 Interferências, 5
1.11 Tratamento de dados, 6
1.12 Resumo, 6

2 Reações em solução: teoria fundamental, 7
2.1 A lei da ação das massas, 7
2.2 Atividade e coeficiente de atividade, 8
2.3 Equilíbrio químico, 8
2.4 Fatores que afetam as reações químicas em solução, 9
2.5 Produto iônico da água, 10
2.6 Dissociação eletrolítica, 10
2.7 Equilíbrio ácido-base em água, 12
2.8 Força de ácidos e bases, 13
2.9 Dissociação de ácidos polipróticos, 13
2.10 O expoente do íon hidrogênio, 14
2.11 Soluções-tampão, 15
2.12 Hidrólise de sais, 17
2.13 Grau de hidrólise, 18
2.14 Produto de solubilidade, 19
2.15 Efeito de íon comum, 21
2.16 Íon comum: efeitos quantitativos, 21
2.17 Precipitação fracionada, 22
2.18 Solubilidade dos precipitados: efeito de ácidos, 23
2.19 Solubilidade dos precipitados: efeito da temperatura, 23
2.20 Solubilidade dos precipitados: efeito do solvente, 23
2.21 Íons complexos, 23
2.22 Complexação, 24
2.23 Estabilidade de complexos, 25
2.24 Tampões de íons metálicos, 25
2.25 Estabilidade de complexos: fatores importantes, 25
2.26 Complexonas, 26
2.27 Constantes de estabilidade de complexos de EDTA, 28

2.28 Potenciais de eletrodo, 29
2.29 Células de concentração, 30
2.30 Cálculo da f.e.m. de uma célula voltaica, 30
2.31 Células de oxidação-redução, 31
2.32 Cálculo do potencial padrão de redução, 31
2.33 Constantes de equilíbrio das reações redox, 32
2.34 Referências, 33
2.35 Bibliografia, 34

3 Aparelhagem comum e técnicas básicas, 35
3.1 Introdução, 35

Balanças, 36
3.2 A balança analítica, 36
3.3 Outras balanças, 37
3.4 Pesos e massas de referência, 37
3.5 Proteção e uso da balança analítica, 37
3.6 Erros na pesagem, 38

Vidraria aferida, 39
3.7 Unidades de volume, 39
3.8 Aparelhagem aferida, 39
3.9 Temperatura padrão, 40
3.10 Balões aferidos, 40
3.11 Pipetas, 41
3.12 Buretas, 42
3.13 Buretas de peso, 43
3.14 Buretas de pistão, 43
3.15 Proveta (cilindros graduados), 43
3.16 Calibração da aparelhagem graduada, 43

Água para uso no laboratório, 44
3.17 Purificação da água, 44
3.18 Frascos de lavagem, 45

Aparelhagem em geral, 45
3.19 Utensílios em vidro, cerâmica e plástico, 45
3.20 Aparelhagens de metal, 47
3.21 Aparelhagens de aquecimento, 48
3.22 Dessecadores e câmaras secas, 49
3.23 Aparelhagens para agitação, 50
3.24 Aparelhagens para filtração, 51
3.25 Frascos de pesagem, 53

Reagentes e soluções padrões, 53
3.26 Reagentes, 53
3.27 Purificação de substâncias, 53
3.28 Soluções padrões, 54

viii **Sumario**

Algumas técnicas básicas, 55
3.29 Preparação da substância para a análise, 55
3.30 Pesagem da amostra, 55
3.31 Dissolução da amostra, 55
3.32 Decomposição de compostos orgânicos, 57
3.33 Precipitação, 58
3.34 Filtração, 58
3.35 Papéis de filtro, 58
3.36 Cadinhos com placas porosas permanentes, 59
3.37 Lavagem dos precipitados, 60
3.38 Secagem e calcinação dos precipitados, 60
3.39 Referências, 62
3.40 Bibliografia, 62

4 Estatística: introdução à quimiometria, 63
4.1 Limitações dos métodos analíticos, 63
4.2 Tipos de erros, 63
4.3 Acurácia, 64
4.4 Precisão, 64
4.5 Como reduzir os erros sistemáticos, 65
4.6 Algarismos significativos, 66
4.7 Calculadoras e computadores, 66
4.8 Média e desvio-padrão, 66
4.9 Distribuição dos erros aleatórios, 67
4.10 Confiabilidade dos resultados, 68
4.11 Intervalo de confiança, 68
4.12 Comparação de resultados, 69
4.13 Comparação entre as médias de duas amostragens, 70
4.14 Teste t emparelhado, 70
4.15 Número de análises repetidas, 70
4.16 Correlação e regressão, 71
4.17 Regressão linear, 72
4.18 Erros na inclinação e na interseção da reta, 72
4.19 Erro na estimativa da concentração, 73
4.20 Adição padrão, 73
4.21 Regressão não-linear, 74
4.22 Comparação de mais de duas médias, 74
4.23 Planejamento de experiências, 75
4.24 Análise de variância para dois fatores, 76
4.25 Quimiometria e planejamento de experiências, 77
4.26 Planejamento fatorial, 77
4.27 Método de Yates, 79
4.28 Efeito de interação: um outro tipo de cálculo, 80
4.29 Planejamento fatorial: avaliação crítica, 80
4.30 Métodos de otimização, 81
4.31 Otimização seqüencial simplex, 81
4.32 Otimização simplex: avaliação crítica, 84
4.33 Tratamento multivariado de dados, 85
4.34 Análise fatorial, 87
4.35 Estatística rápida, 88
4.36 A importância da quimiometria, 89
4.37 Referências, 89
4.38 Bibliografia, 89

5 Amostragem, 90
5.1 Introdução, 90
5.2 Gases e vapores, 91
5.3 Líquidos, 103
5.4 Sólidos, 109
5.5 Referências, 113
5.6 Bibliografia, 114

6 Separação, 115
6.1 Introdução, 115
6.2 Técnicas de separação, 115
6.3 Extração com solvente, 116
6.4 Cristalização e precipitação, 123

6.5 Separações por troca iônica, 123
6.6 Diálise e liofilização, 129
6.7 Separações instrumentais, 130
6.8 Extração com fase sólida, 132
6.9 Comparação das eficiências de separação, 132
6.10 Fatores cinéticos: teoria da velocidade, 133
6.11 Separações por eletroforese, 134
6.12 Teoria da eletroforese, 135
6.13 Instrumentação para a eletroforese capilar, 135
6.14 Capilares, 135
6.15 O campo aplicado, 136
6.16 O detector, 136
6.17 Aplicações, 136
6.18 Referências, 136
6.19 Bibliografia, 137

7 Cromatografia em camada fina, 138
7.1 Introdução, 138
7.2 A técnica da cromatografia em camada fina, 138
7.3 Fases estacionárias, 140
7.4 Fases móveis, 140
7.5 TLC em duas dimensões, 140
7.6 Cromatografia em camada fina com alta resolução (HPTLC), 140

Seção experimental, 141
7.7 Separação e recuperação de corantes, 141
7.8 Separação de carboidratos, 142
7.9 Separação de corantes artificiais de confeitaria, 142
7.10 Referências, 143
7.11 Bibliografia, 143

8 Cromatografia com fase líquida, 144
8.1 Introdução, 144
8.2 Tipos de cromatografia com fase líquida, 144
8.3 Fase móvel, injeção da amostra e desenho da coluna, 148
8.4 Escolha do detector, 153
8.5 Eficiência da coluna, 156
8.6 Cromatografia quiral, 157
8.7 Derivatização, 158
8.8 Análise quantitativa, 158

Seção experimental, 159
8.9 Aspirina, fenacetina e cafeína em uma mistura, 159
8.10 Referências, 159
8.11 Bibliografia, 159

9 Cromatografia com fase gasosa, 160
9.1 Introdução, 160
9.2 Aparelhagem, 160
9.3 Temperatura programada, 169
9.4 Análise quantitativa, 169
9.5 Procedimentos quantitativos, 170
9.6 Análise elementar, 170

Seção experimental, 171
9.7 Técnica da normalização interna para a análise de solventes, 171
9.8 Sacarose como derivado de trimetil-silila, 171
9.9 Determinação de alumínio como o complexo tris (acetilacetonato), 172
9.10 Derivatização e quantificação de álcoois de açúcar (itóis), 172
9.11 Referências, 173
9.12 Bibliografia, 173

10 Análise titrimétrica, 174

Considerações teóricas, 174
10.1 Introdução, 174
10.2 Análise titrimétrica, 174
10.3 Classificação das reações em análise titrimétrica, 175
10.4 Soluções padronizadas (padrões) 175
10.5 Preparação de soluções padronizadas (padrões), 175
10.6 Padrões primários e secundários, 176
10.7 Princípios da titulação potenciométrica, 176
10.8 Considerações gerais, 177
10.9 Localização dos pontos finais, 177
10.10 Tituladores automáticos, 178
10.11 Vantagens das titulações potenciométricas, 178

Coulometria em corrente constante, 178
10.12 Generalidades, 178
10.13 Princípios, 179
10.14 Instrumentação, 180
10.15 Geração externa do titulante, 181
10.16 Vantagens, 181
10.17 Aplicações, 181

Titulações amperométricas, 183
10.18 Princípios, 183
10.19 Titulação amperométrica com eletrodo de mercúrio gotejante (DME), 184
10.20 Aparelhagem, 184
10.21 Titulações biamperométricas, 185
10.22 Vantagens, 186
10.23 Aplicações, 186

Titulações espectrofotométricas, 186
10.24 Generalidades, 186
10.25 Aparelhagem, 186
10.26 Técnica, 187
10.27 Vantagens, 187
10.28 Aplicações, 187

Titulações de neutralização, 187
10.29 Indicadores de neutralização, 187
10.30 Preparação de soluções do indicador, 190
10.31 Indicadores mistos, 191
10.32 Curvas de neutralização, 191
10.33 Ácido forte neutralizado por base forte, 191
10.34 Ácido fraco neutralizado por base forte, 192
10.35 Base fraca neutralizada por ácido forte, 193
10.36 Ácido fraco neutralizado por base fraca, 194
10.37 Ácido poliprótico neutralizado por base forte, 194
10.38 Ânions de ácidos fracos titulados com ácidos fortes, 195
10.39 Seleção de indicadores nas reações de neutralização, 196
10.40 Titulações em solventes não-aquosos, 197
10.41 Solventes para titulações em meios não-aquosos, 198
10.42 Indicadores para titulações em meios não-aquosos, 198
10.43 Soluções padrões de ácidos e de bases, 199

Neutralização: determinações titrimétricas, 199
10.44 Uma mistura de carbonato e hidrogeno-carbonato, 199
10.45 Ácido bórico, 199
10.46 Amônia em sais de amônio, 199
10.47 Nitrogênio orgânico: o procedimento de Kjeldahl, 200
10.48 Nitratos, 201
10.49 Fosfato: precipitação como molibdofosfato de quinolina, 201
10.50 Massa molecular relativa de um ácido orgânico, 202
10.51 Grupos hidroxila em carboidratos, 202
10.52 Índice de saponificação de óleos e gorduras, 203
10.53 Pureza do ácido acetil-salicílico (aspirina), 203
10.54 Titulação de aminas em meio não-aquoso, 204

Neutralização: determinações usando instrumentos, 204
10.55 Potenciometria: considerações gerais, 204
10.56 Titulação potenciométrica de ácido acético com hidróxido de sódio, 204
10.57 Titulações potenciométricas em solventes não-aquosos, 205
10.58 Titulação de uma mistura de anilina e etanolamina em meio não-aquoso, 205
10.59 Ácidos e bases por coulometria, 206
10.60 Compostos orgânicos por titulação espectrofotométrica, 207

Titulações por complexação, 207
10.61 Introdução, 207
10.62 Curvas de titulação, 207
10.63 Tipos de titulação com EDTA, 207
10.64 Titulação de misturas, 208
10.65 Indicadores de íons metálicos, 209
10.66 Soluções padronizadas de EDTA, 210
10.67 Algumas considerações práticas, 211

Complexação: determinação de cátions individuais, 212
10.68 Alumínio: titulação do excesso, 212
10.69 Bário: titulação direta, 213
10.70 Bismuto: titulação direta, 213
10.71 Cálcio: titulação por substituição, 213
10.72 Ferro(III): titulação direta, 213
10.73 Níquel: titulações diretas, 214
10.74 Determinação de diversos metais por EDTA, 214
10.75 Cálcio na presença de magnésio com EGTA, 215
10.76 Dureza total da água: permanente e temporária, 215
10.77 Cálcio em presença de bário com CDTA, 215
10.78 Cálcio e chumbo em uma mistura, 216
10.79 Cromo(III) e ferro(III) em uma mistura: mascaramento cinético, 216
10.80 Manganês na presença de ferro: ferro/manganês, 216
10.81 Níquel na presença de ferro: aço-níquel, 216
10.82 Chumbo e estanho em uma mistura: solda, 217

Complexação: determinação de ânions, 217
10.83 Fosfatos, 217
10.84 Sulfatos, 218

Outras titulações com EDTA, 218
10.85 Titulações potenciométricas, 218
10.86 Titulações coulométricas, 219
10.87 Titulações amperométricas, 219
10.88 Zinco, 219
10.89 Bismuto, 219

Titulações espectrofotométricas, 220
10.90 Cobre(II), 220
10.91 Ferro(III), 220

Titulações de precipitação, 221
10.92 Reações de precipitação, 221
10.93 Determinação dos pontos finais em reações de precipitação, 222
10.94 Padronização da solução de nitrato de prata, 223
10.95 Cloretos e brometos, 224
10.96 Iodetos, 224
10.97 Preparação de soluções de tiocianato: método de Volhard, 224
10.98 Prata em uma liga de prata, 225
10.99 Cloretos pelo método de Volhard, 225
10.100 Fluoreto: titulação de Volhard de cloro-fluoreto de chumbo, 226
10.101 Potássio, 227

Precipitação: determinações usando instrumentos, 227
10.102 Potenciometria: considerações gerais, 227
10.103 Misturas de halogenetos por potenciometria, 227
10.104 Cloreto, brometo e iodeto por coulometria, 228
10.105 Chumbo por amperometria com dicromato de potássio, 229
10.106 Sulfato por amperometria com nitrato de chumbo, 229
10.107 Iodeto por amperometria com nitrato de mercúrio(II), 230

Titulações de oxidação-redução, 230
10.108 Mudança do potencial de eletrodo, 230
10.109 Potenciais formais, 232
10.110 Detecção do ponto final nas titulações de oxidação-redução, 232

Oxidações com permanganato de potássio, 233
10.111 Discussão, 233
10.112 Preparação de permanganato de potássio 0,02 M, 234
10.113 Padronização de soluções de permanganato, 234
10.114 Peróxido de hidrogênio, 234
10.115 Nitritos, 235
10.116 Persulfatos, 235

Oxidações com o dicromato de potássio, 235
10.117 Discussão, 235
10.118 Preparação da solução de dicromato de potássio 0,02 M, 236
10.119 Ferro em um minério, 236
10.120 Cromo em um sal de cromo(III), 236
10.121 Demanda química de oxigênio, 236

Oxidações com uma solução de sulfato de cério(IV), 237
10.122 Discussão geral 237
10.123 Preparação da solução de sulfato de cério(IV) 0,1 M, 237
10.124 Padronização de soluções de sulfato de cério(IV), 238
10.125 Cobre, 238
10.126 Molibdato, 238

Titulações iodométricas, 238
10.127 Discussão geral, 238

10.128 Detecção do ponto final, 240
10.129 Preparação da solução de iodo 0,05 M, 240
10.130 Padronização das soluções de iodo, 241
10.131 Preparação da solução de tiossulfato de sódio 0,1 M, 241
10.132 Padronização das soluções de tiossulfato de sódio, 241
10.133 Cobre em sulfato de cobre cristalizado, 242
10.134 Cloratos, 242
10.135 Peróxido de hidrogênio, 242
10.136 Oxigênio dissolvido, 243
10.137 Cloro disponível em hipocloritos, 243
10.138 Hexacianoferratos(III), 244
10.139 Comprimidos de vitamina C, 244

Oxidações com o iodato de potássio, 244
10.140 Discussão geral, 244
10.141 Preparação de iodado de potássio 0,025 M, 245
10.142 Arsênio ou antimônio, 245
10.143 Hidrazina, 245
10.144 Outros íons, 245

Oxidações com o bromato de potássio, 246
10.145 Discussão geral, 246
10.146 Preparação de bromato de potássio 0,02 M, 247
10.147 Metais: emprego da 8-hidróxi-quinolina (oxina), 247
10.148 Hidroxilamina, 247
10.149 Fenol, 247

Redução de estados de oxidação mais elevados, 248
10.150 Discussão geral, 248
10.151 Redução com zinco amalgamado: o redutor de Jones, 248
10.152 O redutor de prata, 249
10.153 Outros métodos de redução, 250

Reações redox: determinações usando instrumentos, 251
10.154 Potenciometria: considerações gerais, 251
10.155 Manganês por potenciometria, 251
10.156 Cobre por potenciometria, 251
10.157 Coulometria: considerações gerais, 252
10.158 Ciclo-hexeno por coulometria, 252
10.159 8-Hidróxi-quinolina (oxina), 252
10.160 Amperometria: considerações gerais, 253
10.161 Tiossulfato por amperometria com iodo, 253
10.162 Antimônio com bromato de potássio por amperometria, 253
10.163 Tiossulfato com iodo: ponto final por parada brusca, 253
10.164 Glicose por amperometria com um eletrodo enzimático, 253
10.165 A célula de Clark para a determinação de oxigênio, 254
10.166 Água por amperometria com o reagente de Karl Fischer, 254
10.167 Automação, 255
10.168 Referências, 256
10.169 Bibliografia, 256

11 Análise gravimétrica, 257
11.1 Introdução, 257
11.2 Princípios, 257
11.3 Reagentes de precipitação, 258

Determinação de cloreto, sulfato e íons metálicos, 260
11.4 Experimentos gravimétricos, 260
11.5 Alumínio como 8-hidróxi-quinolinato (oxinato), 260
11.6 Cloreto como cloreto de prata, 260
11.7 Chumbo como cromato, 261
11.8 Níquel como dimetil-glioximato, 261
11.9 Sulfato como sulfato de bário, 262
11.10 Procedimentos para outros íons, 263
11.11 Referências, 264
11.12 Bibliografia, 264

12 Análise térmica, 265
12.1 Discussão Geral , 265
12.2 Termogravimetria, 265
12.3 Instrumentação da termogravimetria, 267
12.4 Aplicações da termogravimetria, 269

Parte experimental, 270
12.5 Experimentos termogravimétricos, 270
12.6 Técnicas diferenciais, 271
12.7 Instrumentação para DTA e DSC, 272
12.8 Fatores experimentais e instrumentais, 273
12.9 Aplicações de DTA e DSC, 273

Parte experimental, 274
12.10 Estudo do sulfato de cobre hidratado e do tungstato de sódio hidratado por DTA, 274
12.11 Determinação de hidratos do sulfato de cálcio em cimento por DSC, 275
12.12 Determinação da pureza de fármacos por DSC, 275
12.13 Referências, 276
12.14 Bibliografia, 276

13 Métodos eletroanalíticos diretos, 277
13.1 Introdução, 277

Análise eletrogravimétrica, 277
13.2 Eletrogravimetria: teoria, 277
13.3 Eletrogravimetria: aparelhagem, 278
13.4 Processos que ocorrem na célula, 278
13.5 Deposição e separação, 279
13.6 Separação eletrolítica de metais, 280
13.7 Determinação de alguns metais, 280

Coulometria, 280
13.8 Discussão geral, 281
13.9 Coulometria com potencial controlado, 281
13.10 Aparelhagem e técnicas em geral, 281

Seção experimental, 282
13.11 Separação de níquel e cobalto, 282
13.12 Coulometria em regime de fluxo, 283
13.13 Avaliação da coulometria direta, 283

Potenciometria, 283
13.14 Fundamentos, 283

Eletrodos de referência, 284
13.15 O eletrodo de hidrogênio, 284
13.16 Eletrodo de calomelano, 285
13.17 Eletrodo de prata-cloreto de prata, 285

Eletrodos indicadores e eletrodos seletivos para íons, 286
13.18 Discussão geral, 286

13.19 Eletrodo de vidro, 286
13.20 Detectores sólidos seletivos para íons, 290
13.21 Eletrodos bioquímicos, 291

Instrumentação e medida da f.e.m. de uma célula, 291
13.22 Uso de medidores de pH e de íons seletivos, 291
13.23 Determinação do pH, 292
13.24 Determinação de fluoreto, 293
13.25 Potenciometria em uma reação oscilante, 295

Voltametria, 295
13.26 Fundamentos da voltametria, 295
13.27 Polarografia convencional ou polarografia d.c., 295
13.28 Princípios teóricos, 297
13.29 Íons complexos, 299
13.30 Técnicas quantitativas, 299
13.31 Efeito do oxigênio, 300
13.32 Polarografia simples e polarografia d.c. clássica, 301
13.33 Polarógrafo com três eletrodos: controle potenciostático, 302
13.34 Voltametria modificada, 303
13.35 Aplicações quantitativas da polarografia, 306

Experimentos polarográficos, 309
13.36 Experimentos polarográficos: introdução, 309
13.37 Potencial de meia-onda do íon cádmio em KCl 1 M, 309
13.38 Investigação da influência do oxigênio dissolvido, 310
13.39 Cobre e zinco em água encanada usando DPP, 310
13.40 Cobre e zinco em água encanada usando polarografia de onda quadrada, 311
13.41 Ácido ascórbico (vitamina C) em sucos de frutas, 311
13.42 Determinação indireta de nitrato via o-nitrofenol, 312

Voltametria extrativa, 312
13.43 Princípios básicos, 312
13.44 Eletrodos usados na análise por extração de íons, 313
13.45 Aparelhagem para a análise por extração de íons, 314
13.46 Determinação de chumbo na água encanada, 315
13.47 Referências, 315
13.48 Bibliografia, 316

14 Espectroscopia de ressonância magnética nuclear, 317
14.1 Introdução, 317
14.2 Teoria, 317
14.3 Deslocamento químico, 318
14.4 Acoplamento dos núcleos magnéticos, 319
14.5 Instrumentação, 319
14.6 Preparação das amostras, 321

Determinações experimentais, 322
14.7 Conteúdo de etanol em bebidas alcoólicas, 322
14.8 Conteúdo de etanol em uma cerveja pelo método da adição direta, 323
14.9 Aspirina, fenacetina e cafeína em uma pastilha de analgésico, 323
14.10 Tautomeria ceto-enólica em pentano-2,4-diona (acetil-acetona), 323

xii **Sumario**

14.11 Referências, 324
14.12 Bibliografia, 324

15 Espectroscopia de absorção atômica, 325
15.1 Introdução, 325
15.2 Teoria elementar, 325
15.3 Instrumentação, 327
15.4 Chamas, 327
15.5 Sistema nebulizador-queimador, 328
15.6 Técnica do forno de grafite, 329
15.7 Técnica de vaporização a frio e geração de hidreto, 330
15.8 Fontes de raias de ressonância, 331
15.9 Monocromadores, 332
15.10 Detectores, 332
15.11 Interferências, 332
15.12 Interferências químicas, 333
15.13 Métodos de correção da radiação de fundo, 334
15.14 Espectrofotômetros de absorção atômica, 335

Experimentos preliminares, 335
15.15 Procedimento para a curva de calibração, 335
15.16 Preparação de soluções da amostra, 336
15.17 Preparação de soluções padrões, 337
15.18 Práticas de segurança, 337
15.19 Limites de detecção, 338

Algumas determinações por espectroscopia de absorção atômica, 340
15.20 Magnésio e cálcio na água encanada, 340
15.21 Vanádio em óleo lubrificante, 341
15.22 Traços de elementos em solos contaminados, 341
15.23 Estanho em suco de fruta enlatado, 342
15.24 Referências, 343
15.25 Bibliografia, 343

16 Espectroscopia de emissão atômica, 344
16.1 Introdução, 344
16.2 Espectros de emissão, 344
16.3 Espectroscopia de emissão de chama (*flame emission spectroscopy* – FES), 345
16.4 Métodos de avaliação, 346
16.5 Avaliação da espectroscopia de emissão de chama, 346
16.6 Espectroscopia de emissão de plasma, 346
16.7 Plasma de corrente direta (DCP), 347
16.8 Plasma de acoplamento indutivo (ICP), 347
16.9 Introdução da amostra, 347
16.10 Instrumentação para o ICP, 348
16.11 Avaliação do ICP AES, 349
16.12 Determinação de metais alcalinos por fotometria de chama, 350
16.13 Referências, 350
16.14 Bibliografia, 350

17 Espectroscopia eletrônica molecular, 351
17.1 Discussão geral, 351
17.2 Teoria da espectrofotometria e da colorimetria, 352
17.3 Fluorimetria (teoria), 354
17.4 Métodos de medida da "cor", 355
17.5 Método do fotômetro fotoelétrico, 356
17.6 Seleção do comprimento de onda, 357
17.7 Fontes de radiação, 359
17.8 Células padronizadas, 359
17.9 Apresentação dos dados, 360
17.10 Desenho dos instrumentos, 360

17.11 Instrumentos para fluorimetria, 361
17.12 Origens do espectro de absorção, 361
17.13 Espectrofotometria derivativa, 362

Colorimetria, 364
17.14 Considerações gerais, 364
17.15 Escolha do solvente, 365
17.16 Determinações colorimétricas: procedimento geral, 365
17.17 Análise de enzimas, 366
17.18 Algumas aplicações da fluorimetria, 367
17.19 Análise por injeção de fluxo, 368

Seção experimental Cátions, 369
17.20 Amônia, 369
17.21 Arsênio, 370
17.22 Boro, 371
17.23 Crômio, 372
17.24 Titânio, 373
17.25 Tungstênio, 373

Ânions, 374
17.26 Cloreto, 374
17.27 Fosfato, 375
17.28 Sulfato, 375

Compostos orgânicos, 375
17.29 Aminas primárias, 376
17.30 Detergentes aniônicos, 376

Espectrofometria no UV/visível, 377
17.31 Curva de absorção e concentração de nitrato de potássio, 377
17.32 Como os substituintes afetam o espectro de absorção do ácido benzóico, 378
17.33 Determinações simultâneas (crômio e manganês), 378
17.34 Hidrocarbonetos aromáticos e misturas binárias, 380
17.35 Fenóis em água, 380
17.36 Constituintes ativos em um medicamento por espectroscopia derivativa, 381
17.37 Glicerol em suco de frutas, 382
17.38 Colesterol em maionese, 382

Fluorimetria, 383
17.39 Quinina em água tônica, 383
17.40 Codeína e morfina em uma mistura, 383
17.41 Referências, 384
17.42 Bibliografia, 385

18 Espectroscopia vibracional, 386
18.1 Espectroscopia de infravermelho, 386
18.2 Espectroscopia de Raman, 388
18.3 O efeito Raman, 388
18.4 Correlação entre espectros de infravermelho e de Raman, 389
18.5 Instrumentação para a espectroscopia de infravermelho, 389
18.6 Analisadores especializados, 391
18.7 Células de infravermelho para amostras líquidas, 392
18.8 Medição da espessura da célula, 393
18.9 Instrumentação para a espetroscopia de Raman, 393
18.10 Medição das bandas de absorção no infravermelho, 394

18.11	Lei de Beer: espectro quantitativo no infravermelho, 394	
18.12	Medições com pastilhas, 396	
18.13	Métodos de refletância, 396	
18.14	Sistemas GC-FTIR, 396	
18.15	Espectroscopia de infravermelho próximo, 397	

Determinações experimentais, 398

18.16	Pureza do ácido benzóico comercial em pastilhas de KBr, 398
18.17	Curva de calibração para o ciclo-hexano, 398
18.18	Determinação de 2-, 3- e 4-metil-fenóis (cresóis) em uma mistura, 398
18.19	Acetona (propanona) em álcool isopropílico (2-propanol), 399
18.20	Referências, 399
18.21	Bibliografia, 399

19 Espectrometria de massas, 400

19.1	Introdução, 400
19.2	Sistemas de vácuo, 401
19.3	Sistemas de admissão da amostra, 402
19.4	A fonte de íons, 403
19.5	Analisadores de massas, 409
19.6	Detectores, 413
19.7	Manipulação dos dados, 413
19.8	Espectrometria de massas de compostos inorgânicos, 414
19.9	Medidas da razão isotópica, 415
19.10	Interpretação dos espectros, 417
19.11	Sistemas associados, 422
19.12	Desenvolvimentos futuros, 428
19.13	Referências, 428
19.14	Bibliografia, 429

Apêndices, 431

Apêndice 1	Massas atômicas relativas 1994, 433
Apêndice 2	Concentrações em água: ácidos comuns e amônia, 434
Apêndice 3	Soluções saturadas de alguns reagentes a 20°C, 434
Apêndice 4	Fontes de amostras analisadas, 435
Apêndice 5	Soluções tampões e padrões secundários de pH, 435
Apêndice 6a	Constantes de dissociação de alguns ácidos em água a 25°C, 437
Apêndice 6b	Constantes de dissociação ácidas de bases em água a 25°C, 438
Apêndice 7	Potenciais de meia-onda polarográficos, 439
Apêndice 8	Linhas de ressonância na absorção atômica, 441
Apêndice 9	Cromóforos comuns: características de absorção eletrônica, 442
Apêndice 10	Bandas características no infravermelho, 443
Apêndice 11	Pontos percentuais na distribuição de t, 444
Apêndice 12	Distribuição F, 445
Apêndice 13	Valores críticos de Q ($P = 0,05$), 446
Apêndice 14	Valores críticos do coeficiente de correlação ρ ($P = 0,05$), 446
Apêndice 15	Teste de precedência segundo Wilcoxon (*Wilcoxon signed rank test*): valores críticos ($P = 0,05$), 446
Apêndice 16	Valores críticos de T_d ($P = 0,05$), 447
Apêndice 17	Valores críticos de F_R estatístico ($P = 0,05$), 447
Apêndice 18	Equivalentes e normalidades, 447

Prefácio da sexta edição

Muito poucos livros de química sobrevivem até a sexta edição, após sessenta anos. A qualidade do trabalho original e a visão do Dr. Arthur I. Vogel fizeram com que o que ele começou, há muito tempo, fosse aceito e reconhecido e se transformasse em uma sólida base para o ensino, o aprendizado e a aplicação da química analítica em muitas partes do mundo e em inúmeras línguas diferentes. Consideramos um privilégio a oportunidade de colaborar com este trabalho e poder ampliá-lo para incluir as muitas novas e importantes áreas que se desenvolvem rapidamente, a cujo início, em muitos casos, assistiu o Dr. Vogel antes de sua morte. Já em 1961, ele soube reconhecer o potencial analítico da espectroscopia de infravermelho ao incluir esta técnica na terceira edição de seu livro. Ampliamos, agora, seu trabalho, procurando modernizar o conteúdo, o texto e os conceitos analíticos, tentando, porém, manter sua visão e suas idéias, como expostas na publicação original. Estamos a par da qualidade dos equipamentos computadorizados e com eletrônica avançada existente em muitos laboratórios analíticos, mas também reconhecemos o fato de que estes equipamentos são muitas vezes mal utilizados devido ao pequeno conhecimento analítico e químico de muitos de seus operadores. Acreditamos que o analista precisa entender em profundidade os conceitos fundamentais envolvidos nos métodos analíticos de modo a poder aplicá-los em laboratórios menos bem equipados.

Como tem havido ênfase crescente na importância da amostragem e tratamento dos dados, estas seções foram revisadas e as seções referentes aos métodos de calibração e análise de variância, expandidas. O planejamento de experimentos, as técnicas de otimização e alguns exemplos de análise multivariada foram incluídos de forma a compor uma introdução à quimiometria e o capítulo sobre amostragem foi aumentado de modo a incluir mais detalhes metodológicos e a considerar o problema do estado físico das amostras. O papel crescente da legislação e critérios analíticos e de segurança mais exigentes foram enfatizados.

Nas edições anteriores a análise química por "via úmida" serviu de base para a análise quantitativa, porém, tem havido considerável redução do uso dos métodos gravimétricos no laboratório analítico. Esta seção foi, portanto, substancialmente reduzida, porém ainda há informações suficientes para que estas técnicas e processos, que são muito úteis, possam ser empregados no desenvolvimento da técnica dos estudantes no laboratório. Na titulometria, juntamos procedimentos clássicos e instrumentais para evitar a duplicação da exposição dos princípios teóricos e para permitir que o leitor possa comparar facilmente os métodos, bem como avaliar as técnicas instrumentais usadas e sua aplicação em sistemas automatizados.

A importância da seção dedicada à titulometria se justifica porque ela é uma fonte de reações clássicas que muitos analistas consideram serem freqüentemente negligenciadas em outros livros. Estas reações podem ser facilmente adaptadas para o uso em analisadores automáticos e para o treinamento de novos analistas.

Para atender às sugestões feitas por críticos da quinta edição, reintroduzimos um capítulo separado sobre métodos térmicos. Nesta área da química analítica, a instrumentação e suas aplicações se desenvolveram muito nos últimos anos, especialmente nos estudos de novos materiais e produtos farmacêuticos. Em conseqüência, experimentos envolvendo estas disciplinas foram incluídos.

Os capítulos sobre técnicas de separação foram aumentados para incluir a teoria e, também, descrever o alcance das várias técnicas e procedimentos e suas aplicações. Incluímos novos e melhores detectores e colunas e, também, uma descrição explicativa dos sistemas associados envolvendo as várias técnicas de cromatografia e a espectrometria de massas. Em conseqüência do rápido desenvolvimento da área, incluímos, pela primeira vez, a eletroforese capilar.

O uso dos métodos eletroanalíticos está se tornando cada vez mais importante, especialmente quando envolve a utilização de eletrodos. Estes métodos foram colocados em um único capítulo para permitir a fácil comparação da teoria, da instrumentação e de suas aplicações.

O uso de métodos espectrométricos nas análises qualitativa e quantitativa continua aumentando e a estes métodos foi dedicada uma parte importante do livro, sempre procurando explicar detalhadamente a teoria e dando muitos exemplos de aplicações na química inorgânica e na química orgânica. A amostragem e a instrumentação foram atualizadas no capítulo de absorção atômica. Acompanhando sugestões dos críticos, incluímos, nesta parte do livro, uma discussão detalhada dos limites de detecção e sensibilidade sempre que adequado. Pela primeira vez foram incluídos capítulos em ressonância magnética nuclear (RMN) e espectrometria de massas. O desenvolvimento dos instrumentos levou ao aumento do uso da RMN em análise quantitativa, principalmente no caso de produtos farmacêuticos e drogas ilegais. O mesmo aconteceu com a espectrometria de massas, em que as aplicações se multiplicaram com o desenvolvimento contínuo dos sistemas associados. Isto se refletiu na estrutura do capítulo.

Temos de registrar, novamente, nosso débito com muitas companhias e pessoas que deram seu tempo para discutir nossas idéias, emprestaram equipamentos e autorizaram, gratuitamente, a reprodução de diagramas, ilustrações e tabelas. Em nosso trabalho, encontramos sempre apreciação, encorajamento e cooperação das pessoas que procuramos. Se, por acaso, não deixamos explícita no texto a contribuição de algum deles, nos desculpamos pelo esquecimento e desejamos registrar aqui nossos agradecimentos a todos que de algum modo nos ajudaram. Agradecemos, também, a todos que nos escreveram após a publica-

ção da quinta edição para chamar a atenção sobre erros que foram indroduzidos no texto. Até onde nos foi possível, procuramos evitar que aqueles enganos não ocorressem nesta nova edição, mas ficaremos igualmente agradecidos se soubermos de outros erros ou omissões para podermos retificá-los em outras reimpressões. Esperamos termos sido capazes de manter os padrões elevados que o Dr. Arthur I. Vogel ajudou a estabelecer sessenta anos atrás.

Durante nosso trabalho recebemos o encorajamento e o suporte contínuo da Universidade de Greenwich e de nossos muitos colegas e amigos, que freqüentemente contribuíram com idéias e dados. Como sempre, devemos muito a nossas esposas, sempre tolerantes, que aceitaram a tensão, os humores e as palavras de autores que procuravam completar o trabalho no tempo previsto. Por fim, desejamos registrar nossa dívida com o Dr. G. H. Jeffery e com J. Bassett, que muito colaboraram com o Dr. Vogel nas primeiras edições deste livro e na preparação das quarta e quinta edições. Esperamos termos conseguido manter, nesta edição, os padrões estabelecidos nas edições anteriores e que o livro continuará a ser uma referência importante no ensino e na aplicação prática da química analítica ainda por muitos anos.

J. Mendham, R. C. Denney, J. D. Barnes, M. Thomas
Setembro 1998

Prefácio da primeira edição

Ao escrever esta obra, o autor teve principalmente em mira proporcionar um livro-texto de análise inorgânica quantitativa, moderno no que se refere à teoria e à prática, a preço módico para atender às necessidades dos estudantes universitários e de escolas superiores. Acreditamos que o material incluído seja suficientemente amplo para cobrir os currículos de todos os cursos abrangendo a análise inorgânica quantitativa. O estudante em nível mais elementar não foi esquecido, e as seções a ele dedicadas foram desenvolvidas com considerável minúcia. O livro deverá ter, por isso, utilidade ao longo de toda a sua carreira, e deverá ser apropriado, entre outros, a estudantes que se preparam para os diversos exames destinados à obtenção de certificados universitários em química, de bacharel e de formação de profissionais específicos, dentre outros exames afins. Espera-se também que a ampla variedade de assuntos discutidos no texto venha a se constituir num especial apelo aos químicos analistas práticos, bem como a todos os que, atuando na indústria e na pesquisa, venham a ter necessidade de utilizar os métodos da análise inorgânica quantitativa.

A simpática acolhida proporcionada pelos professores e pelos críticos especializados ao livro do autor, *Text Book of Qualitative Chemical Analysis*, parece indicar que a disposição geral do mencionado livro foi aprovado. O volume que agora aparece, *Análise Inorgânica Quantitativa*, segue linhas essencialmente semelhantes. O Cap. 1 é dedicado às bases teóricas da análise inorgânica quantitativa; o Cap. 2, às técnicas experimentais da análise quantitativa; o Cap. 3, à análise volumétrica; o Cap. 4, à análise gravimétrica (inclusive à eletroanálise); o Cap. 5, à análise colorimétrica; e o Cap. 6, à análise de gases. Acrescentou-se um Apêndice amplo com muita informação útil para o químico analista prático. O aspecto experimental está baseado, essencialmente, na experiência do autor com grandes turmas de estudantes de diversos níveis. A maior parte das determinações foi ensaiada no laboratório em colaboração com os colegas do autor e com estudantes graduados; em alguns casos, estes ensaios levaram a pe-

quenas modificações dos detalhes dados pelos autores originais. Deu-se ênfase particular aos desenvolvimentos recentes da técnica experimental. Muitas vezes foi mencionada, no texto, a fonte de um certo aparelho ou de um certo reagente; não se quer com isto dar a impressão de que estes materiais não possam ser conseguidos em outras fontes, mas única e simplesmente indicar que a experiência própria do autor está limitada aos produtos específicos mencionados.

O campo coberto pelo livro pode ser mais bem avaliado pela análise do índice. Tentou-se atingir um equilíbrio entre os procedimentos clássicos e modernos, e apresentar a química analítica como ela é na atualidade. Os aspectos teóricos foram sempre realçados, e o Cap. 1 (a base teórica da química analítica inorgânica quantitativa) apresenta numerosas referências cruzadas.

Não foram fornecidas no texto as referências à literatura original. A introdução destas referências aumentaria consideravelmente o porte do livro e, por conseguinte, o seu preço. Uma discussão sobre a literatura da química analítica aparece, no entanto, no Apêndice. Com o auxílio dos diversos volumes que aí se mencionam — e que devem se encontrar disponíveis em todas as bibliotecas de química analítica — e dos índices coletivos do *Chemical Abstracts* e do *British Chemical Abstracts*, deverá haver só pequena dificuldade na localização das fontes originais da maioria das determinações descritas no livro.

Na preparação deste volume, o autor utilizou material pertinente onde quer que o encontrasse. Embora seja impossível agradecer individualmente a todas as fontes, deve mencionar a *Applied Inorganic Analysis* (1929), de Hillebrand e Lundell, e o *Modern Methods in Quantitative Chemical Analysis* (1932), de Mitchell e Ward. O autor deseja agradecer: ao Dr. G. H. Jeffery, A.I.C., pela leitura das provas e por numerosas e úteis sugestões; ao Sr. A. S. Nickelson, B. Sc., pela leitura de algumas provas; ao seu chefe de laboratório, Sr. F. Mathie, pela preparação de vários diagramas, inclusive a maioria daqueles do Cap. 6, e pela assistência oferecida de diversas formas; aos Srs. A.

Gallenkamp and Co., Ltd., de Londres, E.C.2, e Fischer Scientific Co., de Pittsburgh, Pa., pelo fornecimento de vários diagramas e clichês;* e também ao Sr. F. W. Clifford, F.L.A., bibliotecário da Chemical Society, e aos seus capazes assistentes, pela ajuda na tarefa de pesquisa da ampla literatura.

O autor receberá, com gratidão e prazer, eventuais sugestões para melhorar o livro.

Arthur I. Vogel
Woolwich Polytechnic, Londres, SE 18
Junho de 1939

---

*No corpo do livro agradece-se a outras firmas e a outras pessoas.

Segurança no laboratório

Existe sempre perigo, em potencial, no laboratório químico e, infelizmente, acidentes ocorrem às vezes. Eles podem, entretanto, ser evitados se as regras de segurança forem observadas. **Avalie sempre o problema da segurança antes de realizar qualquer experimento e tome todas as precauções necessárias.** Os seguintes pontos devem ser considerados:

Proteção dos olhos Os olhos devem sempre estar protegidos durante o trabalho de laboratório. Todos devem usar óculos especiais de segurança porque os óculos normais geralmente não são feitos com lentes apropriadas.

Segurança no trabalho Não se locomova desnecessariamente no laboratório e não tente executar experimentos não autorizados.

Comida e bebida Não se alimente no laboratório nem use o equipamento do laboratório para guardar comidas ou bebidas. Não deixe que produtos químicos ou vidraria do laboratório entre em contato com sua boca ou face.

Proteção da pele Lembre-se de que muitos produtos químicos são corrosivos ou tóxicos mesmo em solução diluída. Não deixe que produtos químicos entrem em contato com sua pele, mesmo que eles sejam sólidos. Se isto acontecer, lave a pele contaminada com grandes quantidades de água. Remova imediatamente qualquer peça de roupa que for contaminada por substâncias corrosivas. Segurança e proteção são mais importantes do que sua aparência física.

Roupa de proteção Use sapatos e roupas apropriadas para o laboratório e prenda os cabelos para evitar que eles fiquem presos em peças móveis de equipamentos ou mergulhem em frascos contendo soluções.

Capelas Use uma boa capela, com exaustão apropriada, sempre que estiver manuseando substâncias tóxicas.

Procedimentos de segurança Familiarize-se com a localização dos equipamentos de segurança e com os procedimentos de segurança do laboratório.

Unidades e pureza dos reagentes

Unidades

Usam-se neste livro as unidades SI, mas o litro (l) foi aceito como um nome especial do decímetro cúbico (dm^3). Embora não seja estritamente uma unidade SI, acreditamos ser mais apropriado usá-lo. De forma análoga, preferimos utilizar mililitros (ml) em lugar do centímetro cúbico (cm^3). Seguindo a prática usual, os prefixos da tabela a seguir foram usados para os múltiplos decimais das unidades. A única exceção é a massa. Os prefixos são usados com o grama (g), mas o quilograma (kg) é a unidade básica.

Fator	Prefixo	Símbolo	Fator	Prefixo	Símbolo
10^{-1}	deci	d	10	deca	da
10^{-2}	centi	c	10^2	hecto	h
10^{-3}	mili	m	10^3	quilo	k
10^{-6}	micro	μ	10^6	mega	M
10^{-9}	nano	n	10^9	giga	G
10^{-12}	pico	p	10^{12}	tera	T
10^{-15}	femto	f	10^{15}	peta	P
10^{-18}	atto	a	10^{18}	exa	E

As concentrações das soluções são normalmente expressas em moles por litro. Uma solução molar (M) tem um mol do soluto por litro. Em algumas situações os termos partes por milhão (ppm) e partes por bilhão (ppb) foram usados para indicar traços de analitos. Estas unidades adimensionais podem ser mal interpretadas e quando elas são usadas, é essencial estabelecer se elas se referem a uma relação peso/volume, volume/volume ou outra base qualquer. Outras unidades usadas em casos especiais são definidas no texto.

Pureza dos reagentes

A menos que seja esclarecido no texto, todos os reagentes empregados nos procedimentos analíticos são de grau analítico apropriado ou de grau espectroscópico. Quando soluções são preparadas em água, isto significa que a água utilizada deve ser destilada ou desionizada, todas as impurezas tendo sido previamente removidas, exceto em quantidades restantes muito pequenas.

Vogel

Análise
Química Quantitativa

1

Análise química

1.1 Introdução

Existem muitas definições diferentes para "análise química". Talvez seja mais razoável defini-la como a aplicação de um processo ou de uma série de processos para identificar ou quantificar uma substância, ou os componentes de uma solução ou mistura ou, ainda, para determinar a estrutura de compostos químicos.

Isso significa que a química analítica é muito abrangente e inclui muitas técnicas e procedimentos manuais, químicos e instrumentais. Inconscientemente, utilizamos diariamente alguma forma de análise química, como, por exemplo, quando cheiramos a comida para saber se está estragada ou quando provamos substâncias para saber se são doces ou ácidas. Esses processos analíticos são muito simples em comparação com alguns dos processos mais complexos que descreveremos neste volume e que só podem ser executados com o uso de instrumentos modernos. Observe, porém, que nem sempre é necessário usar procedimentos instrumentais avançados para executar análises acuradas e que, muitas vezes, análises simples e rápidas são mais desejáveis do que processos mais complicados e demorados. Os objetivos da análise devem ser cuidadosamente considerados antes da seleção dos procedimentos apropriados.

Quando o analista recebe uma amostra completamente desconhecida, a primeira coisa que deve fazer é estabelecer que substâncias estão presentes. Esse problema fundamental é, às vezes, considerado na forma inversa: que impurezas estão presentes em uma determinada amostra? Talvez, tudo o que se deseja é confirmar se certas impurezas estão ausentes. Essas questões pertencem ao domínio da **análise qualitativa** e estão fora dos objetivos deste livro.

Uma vez conhecidas as substâncias presentes na amostra, o analista deve, freqüentemente, determinar quanto de cada componente, ou de determinado componente, está presente. Essas determinações pertencem ao domínio da **análise quantitativa**, e uma grande variedade de técnicas está à disposição do analista para esse fim.

1.2 Aplicações

Com a crescente demanda por água pura, por melhor controle dos alimentos e por ambientes mais puros, o químico de análises tem um papel cada vez mais importante na sociedade moderna. Do estudo das matérias-primas, como óleo cru e minérios, ao dos aromas e perfumes refinados,

o químico de análises atua, determinando composição, pureza e qualidade. As indústrias de transformação dependem de análises qualitativas e quantitativas para garantir que suas matérias-primas atinjam certas especificações e que o produto final tenha a qualidade adequada. As matérias-primas são analisadas para que se tenha certeza de que determinadas impurezas que poderiam atrapalhar o processo de fabricação ou desqualificar o produto final não estão presentes. Além disso, como o valor da matéria-prima depende da quantidade de determinados ingredientes, faz-se a análise quantitativa da amostra para estabelecer a concentração dos componentes essenciais. Este processo é chamado de **dosagem**. O produto final do processo de fabricação é submetido ao **controle de qualidade** para garantir que os componentes principais estejam dentro de determinadas faixas de composição e que as eventuais impurezas não excedem determinados limites. A indústria de semicondutores é um exemplo de indústria cuja existência depende da determinação muito acurada de quantidades muito pequenas de substâncias.

O desenvolvimento de novos produtos (que podem ser misturas como, por exemplo, um compósito polimérico ou uma liga metálica, ou compostos puros) também depende dos analistas. É sempre necessário estabelecer a composição da mistura que tem as características exigidas pela aplicação para a qual o produto foi desenvolvido.

Muitos processos industriais produzem poluentes que podem ser prejudiciais à saúde. A análise quantitativa do ar, da água e, às vezes, de solos deve ser efetuada para determinar e controlar o nível de poluição.

Em hospitais, a análise química é muito usada para facilitar o diagnóstico de doenças e controlar a condição dos pacientes. Na agricultura, a natureza e as quantidades dos fertilizantes que devem ser usadas baseiam-se na análise dos solos, que determina a concentração dos nutrientes básicos — nitrogênio, fósforo e potássio —, bem como traços dos outros elementos necessários ao crescimento de plantas sadias.

Mapeamentos geológicos exigem químicos de análises para a determinação da composição de rochas e de solos coletados no campo. Um bom exemplo é a análise qualitativa e quantitativa das pedras trazidas pelos primeiros astronautas que pisaram a Lua.

Uma boa parte da legislação dos governos só pode ser implementada com a ajuda dos químicos de análises. São exemplos os acordos nacionais e internacionais sobre poluição atmosférica e das águas, medidas de segurança em alimentos, regulamentações do manuseio e uso de substâncias nocivas à saúde, e do uso controlado de drogas.

Quando sulfato de cobre(II) é dissolvido em água destilada, o cobre em solução é quase completamente o íon cobre hidratado, $[Cu(H_2O)_6]^{2+}$. Se, porém, a água é natural (água de fonte ou de rio), íons cobre interagem com as várias substâncias presentes na água natural. Essas substâncias podem incluir ácidos derivados de vegetais (ácidos húmicos e ácido fúlvico), materiais coloidais, tais como partículas de argila, íons carbonato (CO_3^{2-}) e bicarbonato (HCO_3^-), derivados do dióxido de carbono atmosférico, e vários outros cátions e ânions extraídos das rochas com as quais a água teve contato. Os íons cobre adsorvidos nas partículas coloidais ou em complexos orgânicos (com ácido fúlvico, por exemplo) não têm o mesmo comportamento dos íons cobre(II) hidratados, e seus efeitos biológicos e geológicos serão diferentes. Para investigar essas questões, o analista deve desenvolver procedimentos para determinar as várias espécies diferentes em solução e como o cobre se distribui entre elas. Esses procedimentos são chamados de "**especiação**".

1.3 Estágios da análise

Uma análise química completa, mesmo quando a substância é uma só, envolve uma série de etapas e procedimentos. Cada um deles deve ser considerado e conduzido cuidadosamente, de modo a diminuir ao máximo os erros e manter a acurácia e reprodutibilidade. Essas etapas estão listadas na Tabela 1.1, juntamente com alguns dos procedimentos que devem ser empregados. Para obter resultados confiáveis, a amostragem feita de maneira correta é essencial. Isto é particularmente verdadeiro se os resultados obtidos da análise quantitativa dos constituintes de uma determinada amostra, tomados individualmente, são usados para o cálculo da composição e do valor de uma determinada propriedade de um produto industrial acabado. Se este for o caso, é fundamental escolher uma amostra representativa do produto como um todo.

Tabela 1.1 *Etapas de uma análise química*

Etapas	Exemplos de procedimentos
1. Amostragem	Depende do tamanho e da natureza física da amostra
2. Preparação de uma amostra analítica	Redução do tamanho das partículas, mistura para homogeneização, secagem, determinação do peso ou do volume da amostra
3. Dissolução da amostra	Aquecimento, ignição, fusão, uso de solvente(s), diluição
4. Remoção de interferentes	Filtração, extração com solventes, troca de íons, separação cromatográfica
5. Medidas na amostra e controle de fatores instrumentais	Padronização, calibração, otimização, medida da resposta; absorbância, sinal de emissão, potencial, corrente
6. Resultado(s)	Cálculo do(s) resultado(s) analítico(s) e avaliação estatística dos dados
7. Apresentação de resultados	Impressão de resultados, impressão de gráficos, arquivamento de dados

Um líquido homogêneo não apresenta maiores problemas de amostragem. Um sólido já é mais complicado. As amostras retiradas de várias partes do sólido devem ser combinadas para garantir uma amostra representativa para análise. Assim, o analista deve conhecer os procedimentos padrões de amostragem dos diversos materiais. A preparação da amostra é, sem dúvida, freqüentemente, a etapa mais difícil da análise. Isto é particularmente verdadeiro quando o tratamento de amostras sólidas exige um certo número de etapas antes de ser possível quantificar propriedades do material a ser analisado. A conversão direta, entretanto, de uma amostra sólida em vapor por ablação (Seção 16.9), ou o tratamento do sólido como uma suspensão, permite, por exemplo, que a espectroscopia de emissão de plasma acoplado por indução (ICP-OES — Inductively coupled plasma emission spectroscopy) possa ser quase totalmente automática.

Amostras de líquidos e gases são freqüentemente automatizadas. As etapas mais facilmente automatizadas são as medidas instrumentais, a otimização das calibrações, os tratamentos estatísticos e a apresentação e arquivamento de dados. Se todas as etapas operacionais da Tabela 1.1 puderem ser executadas sem participação humana, diz-se que a análise é totalmente automática. Muitos auto-analisadores usados em laboratórios clínicos são totalmente automáticos, do estágio de amostragem à apresentação dos resultados. Exemplos de controle automático são dados em várias partes deste texto.

1.4 Como selecionar o método

Um dos problemas do analista é selecionar uma dentre as várias possibilidades de análise de uma determinada amostra. Para escolher melhor, o analista deve conhecer os detalhes práticos das diversas técnicas e seus princípios teóricos. Ele deve estar familiarizado também com as condições nas quais cada método é confiável, conhecer as possíveis interferências que podem atrapalhar e saber resolver quaisquer problemas que eventualmente ocorram. O analista deve se preocupar com a acurácia e a precisão, o tempo de análise e o custo. Os métodos mais acurados para uma certa determinação podem ser muito lentos ou exigir reagentes muito caros. Levando em conta a economia, pode ser necessário escolher um método que, embora menos exato, dê resultados de acurácia suficiente em tempo razoável.

Os fatores importantes que se deve levar em conta ao selecionar um método apropriado de análise incluem (a) a natureza da informação procurada, (b) a quantidade de amostra disponível e a percentagem do constituinte a ser determinado, e (c) a utilização dos resultados da análise.

A informação desejada pode exigir uma quantidade considerável de dados ou talvez sejam suficientes resultados mais gerais. As análises químicas podem ser classificadas em quatro tipos, de acordo com os dados gerados:

Análise aproximada, em que se determina a quantidade de cada elemento em uma amostra mas não os compostos presentes.

Análise parcial, em que se determinam alguns constituintes da amostra.

Análise de traços, um tipo de análise parcial em que se determinam certos constituintes presentes em quantidades muito pequenas.

Análise completa, em que se determina a proporção de cada componente da amostra.

Os métodos analíticos podem ser classificados, com base no tamanho da amostra, em:

Macro para quantidades iguais ou superiores a 0,1 g
Meso (semimicro) para quantidades entre 10^{-2} e 10^{-1} g
Micro para quantidades entre 10^{-3} e 10^{-2} g
Submicro para quantidades entre 10^{-4} e 10^{-3} g
Ultramicro para quantidades inferiores a 10^{-4} g
Traços para quantidades entre 10^{2} e 10^{4} μg g^{-1} (100 a 10 000 partes por milhão)*
Microtraços para quantidades entre 10^{-1} e 10^{2} pg g^{-1} (10^{-7} a 10^{-4} ppm)
Nanotraços para quantidades entre 10^{-1} e 10^{2} fg g^{-1} (10^{-10} a 10^{-7} ppm)

A expressão "semimicro" dada como alternativa para "meso" não é muito própria porque se refere a amostras maiores do que micro.

Um constituinte principal explica 1% a 100% da amostra investigada. Um constituinte secundário explica 0,01% a 1% da amostra e um constituinte traço explica menos do que 0,01% da amostra.

Quando o peso da amostra é pequeno (0,1 a 1,0 mg), a determinação de um componente traço no nível 0,01% pode ser chamada de análise de subtraço. Se o componente traço está no nível de microtraço, a análise é dita de submicrotraço. Com amostras menores (inferiores a 0,1 mg), a determinação de um componente no nível de traço é dita de ultratraço. No caso de um componente no nível de microtraço, a análise é de ultramicrotraço.

1.5 Como utilizar a literatura

Com freqüência, o químico de análises tem de desenvolver um método de análise completamente novo, e para isso tem de procurar informações na literatura. Isto pode envolver a consulta a coleções de referência como as de Kolthoff e Elving, *Treatise on analytical chemistry*; Wilson e Wilson, *Comprehensive analytical chemistry*; ou Fresenius e Jander, *Handbuch der analytischen Chemie*; ou a consulta a um compêndio de métodos, como o de Meites, *Handbook of analytical chemistry*; ou, ainda, a monografias especializadas que tratam de determinadas técnicas ou tipos de material. Detalhes de procedimentos recomendados para a análise de muitos materiais são publicados por entidades oficiais, como a Sociedade Americana de Testes e Materiais (ASTM), o Instituto Inglês de Padrões (British Standards Institution) e a Comissão Européia. Além disso, uma pesquisa inicial nos jornais de resumos (*Analytical Abstracts, Chemical Abstracts*) dá informações adicionais sobre desenvolvimentos recentes e sobre procedimentos analíticos específicos. Avaliações gerais de métodos e resultados estão disponíveis em jornais de revisões, como *Annual Reports of the Chemical Society*. E, finalmente, a pesquisa corrente está disponível em jornais especializados em química analítica (*The Analyst* e *Analytical Chemistry*).

1.6 Análise quantitativa

As principais técnicas usadas em análise quantitativa baseiam-se (a) na reprodutibilidade de reações químicas adequadas, seja na medida das quantidades de reagentes necessárias para completar a reação, seja na determinação da quantidade de produto obtido na reação; (b) em medidas elétricas apropriadas (por exemplo, potenciometria); (c) na medida de certas propriedades espectroscópicas (por exemplo, espectros de absorção); (d) no deslocamento característico, sob condições controladas, de uma substância em um meio definido. Algumas vezes, dois ou mais desses princípios podem ser usados em combinação de modo a se obter a identificação e a quantificação (a cromatografia com fase gasosa, por exemplo, pode ser ligada à espectrometria de massas).

O acompanhamento quantitativo das reações químicas é a base dos métodos tradicionais ou "clássicos" da análise química: gravimetria, titrimetria e volumetria. Na **análise gravimétrica**, a substância a ser determinada é convertida em um precipitado insolúvel que é isolado e pesado. No caso especial da **eletrogravimetria**, faz-se a eletrólise e pesa-se o material depositado em um dos eletrodos. Pesagens e trocas de energia são também importantes em métodos térmicos de análise, nos quais estas variáveis são registradas em função da temperatura. É possível, por exemplo, estabelecer condições nas quais secar com segurança um precipitado de uma determinação gravimétrica. Algumas técnicas comuns registram um parâmetro em função da temperatura ou do tempo de análise. A **termogravimetria (TG)** registra a mudança de peso. A **análise térmica diferencial (DTA)** registra a diferença de temperatura entre a substância que está sendo testada e um material inerte de referência. A **calorimetria diferencial de varredura (DSC)** registra a energia necessária para igualar as temperaturas de uma substância sob teste e um material de referência.

Na **análise titrimétrica** (às vezes chamada de análise volumétrica) trata-se a substância a ser determinada com um reagente adequado, adicionado na forma de uma solução padronizada, e determina-se o volume de solução necessário para completar a reação. As reações titrimétricas comuns são a neutralização (reações ácido–base), a complexação, a precipitação e as reações de oxidação–redução. Na **volumetria** mede-se o volume de gás desprendido ou absorvido em uma reação química.

Os métodos elétricos de análise (que não a eletrogravimetria) compreendem a medida da variação da corrente, da voltagem ou da resistência em função da concentração de certas espécies em solução. As técnicas elétricas incluem a **voltametria** (medida da corrente que atinge um microeletrodo sob uma voltagem específica), a **coulometria** (medida da corrente e do tempo necessário para completar uma reação eletroquímica ou para gerar material suficiente para reagir completamente com um reagente específico) e a **potenciometria** (medida do potencial de um eletrodo em equilíbrio com um íon a ser determinado).

Os métodos espectrométricos de análise dependem da medida da quantidade de energia radiante com um determinado comprimento de onda que é absorvida ou emitida pela amostra. Os métodos de absorção são usualmente classificados de acordo com o comprimento de onda da luz envolvida como **espectrometria no visível, no ultravio-**

---

*Concentrações são comumente dadas em partes por milhão (ppm), mas isso deveria ser evitado porque ppm é uma quantidade adimensional.

leta ou **no infravermelho**. A espectrometria no visível é, às vezes, chamada de colorimetria. Além dessas técnicas cabe mencionar o uso crescente da **espectroscopia de ressonância magnética nuclear** na análise quantitativa de compostos orgânicos.

A **espectroscopia de absorção atômica** envolve a atomização da amostra, com freqüência borrifando uma solução contendo a amostra em uma chama e estudando a absorção de radiação proveniente de uma lâmpada elétrica que produz o espectro do elemento a ser determinado. Os **métodos turbidimétricos e nefelométricos** medem quantidade de luz retida ou espalhada por uma suspensão. Esses métodos não são estritamente métodos de absorção mas merecem ser aqui mencionados.

Os **métodos de emissão** submetem a amostra a um tratamento térmico ou elétrico que leva os átomos a estados excitados, que emitem energia. A intensidade da energia emitida é, então, medida. Algumas das técnicas de excitação mais comuns são a **espectroscopia de emissão**, em que se submete a amostra a um plasma acoplado por indução e examina-se a luz emitida, que pode chegar ao ultravioleta; a **fotometria de chama**, em que se usa uma solução da amostra injetada em uma chama; e a **fluorimetria**, em que se excita uma substância adequada em solução (comumente um reagente metálico fluorescente) usando radiação ultravioleta ou visível.

Os **métodos cromatográficos** e **eletroforéticos** são métodos de separação de misturas de substâncias que podem ser adaptados para a identificação dos componentes das misturas. Os detectores modernos permitem o uso das cromatografias e da eletroforese para determinações quantitativas.

Na **espectrometria de massas**, o material a ser analisado é vaporizado sob alto vácuo e o vapor é submetido a um feixe de elétrons de alta energia. Muitas moléculas do vapor se fragmentam com produção de íons de tamanho e carga variados. Esses íons são identificados por aceleração em um campo elétrico e deflexão em um campo magnético, de acordo com sua razão massa/carga (m/ze), detectados e registrados. Cada tipo de íon dá um sinal no **espectro de massas**. Materiais inorgânicos não-voláteis podem ser examinados por vaporização com uma descarga elétrica de alta voltagem.

A espectrometria de massas pode ser utilizada para a análise de gases, de produtos de petróleo e de impurezas de semicondutores. Ela é especialmente útil quando se deseja determinar a estrutura de compostos orgânicos.

1.7 Técnicas especiais

Métodos de raios X

Quando elétrons colidem em alta velocidade com uma superfície sólida (que pode ser o material a ser investigado) produzem-se raios X (às vezes conhecidos como **raios X primários**). A emissão de radiação ocorre porque o feixe de elétrons pode deslocar um elétron de uma camada eletrônica interior de um átomo do alvo. O elétron perdido é substituído, com emissão de energia (raios X). É possível identificar certos picos de emissão característicos dos elementos existentes no alvo, porque os comprimentos de onda dos picos podem ser relacionados aos números atômicos dos átomos dos elementos que os produzem. Além disso,

em condições controladas, a intensidade dos picos pode ser utilizada para determinar as quantidades dos elementos presentes. Esta é a base da **análise com microssonda eletrônica**, em que uma pequena região da amostra é analisada a critério do analista. Esse método tem aplicações importantes em metalurgia, no exame de amostras geológicas e na determinação de metais em materiais biológicos.

Quando um feixe de raios X primários de comprimentos de onda pequenos atinge um alvo sólido, o material emite, por meio de um mecanismo semelhante ao já descrito, raios X de comprimentos de onda que são característicos dos átomos envolvidos, conhecidos como **radiação secundária ou de fluorescência**. A área de amostragem pode ser grande, e a altura dos picos de fluorescência obtidos permite que se obtenha uma indicação da composição da amostra. A **análise por fluorescência de raios X** é um método rápido que encontra aplicação nos laboratórios de metalurgia, no tratamento de minérios metálicos e na indústria de cimento.

Materiais cristalinos difratam um feixe de raios X. Em conseqüência, a difratometria de raios X de pós pode ser usada para identificar componentes de misturas. Esses procedimentos são exemplos de **análises não-destrutivas**.

Radioatividade

Os métodos baseados na radioatividade pertencem à área da radioquímica e podem envolver a medida da intensidade da radiação emitida por materiais naturalmente radioativos, a medida da radioatividade induzida por exposição da amostra a uma **fonte de nêutrons** (**análise por ativação**) ou o uso das técnicas de comparação conhecidas como **diluição isotópica** e **radioimunoanálise**. Aplicações típicas desses métodos são a determinação de traços de elementos em estudos de poluição, no exame de amostras geológicas e no controle de qualidade na manufatura de semicondutores.

Métodos cinéticos

Os métodos cinéticos se baseiam no aumento da velocidade de uma reação provocado pela adição de um catalisador. Dentro de certos limites, a velocidade da reação catalisada depende da quantidade de catalisador presente. Se uma curva de calibração for preparada, mostrando a variação da velocidade de reação com a variação da quantidade de catalisador, então medidas de velocidade de reação indicarão a quantidade de catalisador adicionada. O método assim gerado é muito sensível e permite a determinação de submicrogramas de muitas substâncias orgânicas. O método pode ser adaptado para a determinação das quantidades de uma substância em solução pela adição de um catalisador, que a destruirá completamente, e pela medida da mudança de absorção da solução no visível ou no ultravioleta. Esses procedimentos são muito aplicados em análises clínicas.

Métodos ópticos

Alguns métodos ópticos são particularmente apropriados para compostos orgânicos. Pode-se, por exemplo, usar um **refratômetro** para medir o índice de refração de líquidos. O método permite a identificação de compostos puros e, com o auxílio de curvas de calibração, a análise de misturas de dois líquidos. Pode-se medir a **rotação óptica** de compostos opticamente ativos, e medidas polarimétricas podem ser usadas para identificar substâncias puras e para análises quantitativas.

1.8 Métodos instrumentais

Muitos dos métodos listados anteriormente, como os que medem uma propriedade elétrica, absorção de radiação ou intensidade de emissão, requerem o uso de um instrumento apropriado, um polarógrafo, um espectrômetro etc., e são conhecidos como métodos instrumentais. Os métodos instrumentais são em geral mais rápidos do que os métodos puramente químicos, sendo normalmente aplicáveis em concentrações muito pequenas para serem determinadas pelos métodos clássicos, tendo, por isso, muita aplicação nas indústrias. Na maior parte dos casos, um microcomputador pode ser utilizado de modo a registrar automaticamente curvas de absorção, polarogramas, curvas de titulação etc. Com a ajuda de servomecanismos apropriados, o processo analítico como um todo pode, às vezes, ser completamente automatizado.

Apesar das muitas vantagens que oferecem os métodos instrumentais, seu uso disseminado não tornou obsoletos os métodos puramente químicos ou métodos clássicos. Quatro fatores principais devem ser levados em conta:

1. O equipamento utilizado nos procedimentos clássicos é barato e fácil de obter, enquanto muitos instrumentos são muito caros e seu uso só se justifica se o número de análises a ser feito é grande ou se as substâncias a serem determinadas estão presentes em quantidades muito pequenas (traços, subtraços ou ultratraços).
2. Quando se usa um método instrumental, é necessário calibrar o aparelho usando uma amostra de material de composição conhecida como referência.
3. Embora os métodos instrumentais sejam ideais para a determinação, em rotina, de muitas amostras, as análises que não são de rotina são, com freqüência, de execução mais simples por métodos clássicos. A calibração de um instrumento toma, às vezes, muito tempo.
4. Para obter resultados acurados com métodos instrumentais, os reagentes devem ser cuidadosamente pesados e medidos, e soluções padrões devem ser preparadas. A análise clássica fornece o necessário treinamento e experiência.

O bom químico de análises deve sempre apreciar a importância de desenvolver suas habilidades através da prática dos métodos clássicos para melhorar a qualidade dos procedimentos instrumentais.

1.9 Fatores que afetam a escolha do método analítico

As técnicas analíticas têm diferentes graus de sofisticação e seletividade, bem como custos e tempos de análise diferentes. Uma tarefa importante para o analista é selecionar o melhor procedimento para uma dada determinação. Isso exige a cuidadosa consideração dos seguintes critérios:

(a) O tipo de análise requerido: elementar ou molecular, de rotina ou eventual.

(b) Problemas causados pela natureza do material a ser investigado, por exemplo, substâncias radioativas, corrosivas, afetadas pela água etc.
(c) Interferência de outros constituintes do material.
(d) Faixa de concentração a ser utilizada.
(e) A acurácia necessária.
(f) As facilidades disponíveis, particularmente em termos de instrumentos.
(g) O tempo necessário para completar a análise. Este ponto é muito importante quando os resultados devem ser obtidos com rapidez, como no caso de controle de processos de fabricação. Isso significa que a acurácia passa a ser uma consideração secundária e que pode vir a ser necessário o uso de instrumentação cara ou de análise contínua na linha de produção.
(h) O número de análises do mesmo tipo que deve ser efetuado. Em outras palavras, se há um número limitado de determinações a serem feitas ou se as amostras são muitas e repetitivas.
(i) Se a natureza e a quantidade da amostra e o tipo de informação desejada sugerem o uso de métodos não-destrutivos, em vez dos métodos destrutivos normalmente utilizados. Métodos destrutivos normalmente implicam que a amostra deve ser dissolvida antes da análise.

Muitas pessoas que trabalham em laboratório ignoram totalmente o custo de uma análise. O custo de operação de muitos instrumentos modernos pode ser elevado e, por isso, seu uso regular e eficiente precisa ser assegurado para justificar a despesa inicial. É preciso ter em mente que análises eventuais ou exploratórias podem ser feitas, com freqüência, mais rapidamente e a custo mais baixo com o uso de procedimentos titrimétricos ou gravimétricos tradicionais em que a preparação da amostra é limitada. Muitos métodos instrumentais se justificam quando o número de análises é elevado. O custo da análise não depende somente do tempo de uso dos equipamentos mas também do custo da manutenção e do tempo em que os instrumentos devem ficar sem utilização.

1.10 Interferências

Seja qual for o método escolhido para uma determinada análise, ele deve ser um **método específico**, isto é, deve ser capaz de medir com acurácia a quantidade da substância de interesse, sejam quais forem as outras substâncias presentes. Na prática, poucos procedimentos analíticos atingem este ideal, mas muitos deles são **seletivos**, isto é, podem ser usados para determinar um grupo limitado de íons ou moléculas na presença de muitos outros íons ou moléculas. Melhor seletividade pode ser obtida executando-se a análise sob condições cuidadosamente controladas. Isto é particularmente verdadeiro no caso de separações e determinações cromatográficas. Freqüentemente, a presença de outras substâncias torna mais difícil efetuar a medida desejada diretamente. A ocorrência de interferentes significa que outros procedimentos devem ser executados para remover o interferente ou evitar que ele atrapalhe o processo analítico. Procedimentos envolvendo íons são usados para substâncias inorgânicas. Extração com solventes e processos cromatográficos são melhores para substâncias orgânicas. Os procedimentos para atacar o problema da interferência podem ser divididos em seis categorias.

Precipitação seletiva Reagentes apropriados podem ser usados para converter os íons que interferem em precipitados que podem ser retirados por filtração. Para se conseguir separações eficientes, o controle cuidadoso do pH é freqüentemente necessário. Lembre-se de que precipitados tendem a absorver substâncias das soluções e que, por isso, é necessário garantir que a menor quantidade possível da substância a analisar se perca dessa maneira.

Mascaramento Adiciona-se um complexante. Se os complexos resultantes forem suficientemente estáveis, eles não reagirão com substâncias adicionadas *a posteriori*. Isso se aplica muito bem a processos titrimétricos ou gravimétricos.

Oxidação (redução) seletiva A amostra é tratada com um oxidante ou um redutor que reagirá com alguns dos íons presentes. A mudança do estado de oxidação facilita, com freqüência, o processo de separação. Assim, por exemplo, para precipitar ferro como hidróxido a solução é sempre tratada com um oxidante para que o hidróxido de ferro(III) precipite. Isso ocorre a um pH menor do que o necessário para a precipitação do hidróxido de ferro(II), que poderia se contaminar com os hidróxidos de muitos outros metais bivalentes.

Extração com solvente Quando íons metálicos são quelatados com reagentes orgânicos adequados, os complexos resultantes são solúveis em solventes orgânicos e podem ser extraídos de soluções aquosas. Muitos complexos de associação iônicos que têm íons volumosos com caráter orgânico pronunciado (como, por exemplo, o íon tetrafenilarsônio $(C_6H_5)_4As^+$) são solúveis em solventes orgânicos e podem ser usados para a extração de certos íons metálicos de soluções aquosas. A extração com solvente, juntamente com ácidos e bases apropriados, também pode ser usada para separar compostos orgânicos uns dos outros antes da quantificação.

Troca de íons Resinas de troca iônica insolúveis contêm ânions ou cátions que podem ser trocados com íons das soluções com que estão em contato. Elas podem ser usadas para remover impurezas de soluções ou para enriquecer soluções nas espécies de interesse. O uso da troca iônica no aumento da concentração de íons em solução antes da quantificação com métodos pouco sensíveis é particularmente importante.

Cromatografia O termo cromatografia inclui muitas técnicas de separação em que produtos químicos percorrem colunas ou superfícies impelidas por líquidos ou gases, sendo separadas em função de suas características moleculares. Os processos envolvidos são discutidos em detalhe nos Caps. 6 a 9. Observe que os processos cromatográficos podem hoje ser aplicados a praticamente qualquer material orgânico ou inorgânico. Uma exceção é a dos polímeros muito insolúveis. Os processos cromatográficos têm muita importância na obtenção de dados quantitativos

em análises. Aplicações típicas incluem análises de drogas para fins forenses e análises de alimentos.

1.11 Tratamento de dados

Quando o melhor método para lidar com os interferentes for definido e escolhido o melhor método de análise, pode-se passar à análise, em duplicata ou, de preferência, em triplicata. Todos os resultados analíticos devem ser cuidadosamente registrados em um caderno próprio para preservá-los. Muitos instrumentos modernos são operados por computador ou ligados a computadores, de modo que os resultados não somente podem ser apresentados em uma tela, mas também registrados como gráficos ou tabelas que servem como registro detalhado. Outros cálculos podem ser necessários para apresentar os resultados na forma adequada. Muitos instrumentos são capazes de tratar os dados brutos e relacioná-los com cartas de calibração, limites de ação e análises estatísticas.

Como todas as medidas físicas, os resultados obtidos estão sujeitos a alguma incerteza e é necessário estabelecer a grandeza desta incerteza para apresentar resultados que tenham algum significado. É necessário, portanto, estimar a **precisão** dos resultados, isto é, até que ponto eles podem ser reproduzidos. Isso é comumente expresso em termos da diferença numérica entre um determinado valor experimental e a média de todos os resultados experimentais. A **amplitude** ou o **espalhamento** em um conjunto de resultados é a diferença numérica entre o maior e o menor valor e também é uma indicação da precisão das medidas. Entretanto, as medidas mais importantes da precisão são o desvio padrão e a variância, discutidos em detalhe no Cap. 4.

A diferença entre o valor analítico mais provável e o valor verdadeiro da amostra é chamado de **erro sistemático** da análise e indica a **acurácia** da análise.

1.12 Resumo

As etapas seguintes são necessárias quando em presença de uma determinação quantitativa pouco familiar.

1. Amostragem.
2. Pesquisa da literatura e seleção dos métodos possíveis de determinação.
3. Consideração de interferentes e procedimentos para sua remoção.

As informações (2) e (3) permitem a seleção de um método adequado para a análise e procedimentos para eliminação de interferências. Após isso ter sido feito, as etapas seguintes podem ser executadas.

4. Dissolução da amostra.
5. Remoção ou supressão de interferentes.
6. Execução da determinação.
7. Análise estatística dos resultados.

A etapa final é a apresentação dos resultados para posterior tratamento de dados ou na forma de um relatório.

2

Reações em solução: teoria fundamental

Muitas das reações da análise química qualitativa e quantitativa ocorrem em solução. O solvente é usualmente a água, mas outros líquidos podem ser usados. Por isso, o conhecimento fundamental das condições em que as reações de interesse da química analítica são feitas e dos fatores que as influenciam é essencial.

2.1 A lei da ação das massas

Guldberg e Waage (1867) enunciaram a lei da ação das massas (às vezes chamada de "lei do equilíbrio químico") nos seguintes termos: "A velocidade de uma reação química é proporcional ao produto das massas ativas das substâncias que participam da reação". A expressão "massa ativa" era interpretada como a concentração da substância expressa em moles por litro. Quando se aplica essa lei a sistemas homogêneos, isto é, a sistemas em que todos os reagentes participam de uma só fase como, por exemplo, uma reação em solução, chega-se a uma expressão matemática que estabelece a condição de equilíbrio em uma reação reversível.

Considere, inicialmente, uma reação reversível que ocorre em uma temperatura constante:

$$A + B \rightleftharpoons C + D$$

A velocidade de conversão de A e B é proporcional às concentrações de A e B, logo

$$r_1 = k_1 \times [A] \times [B]$$

em que k_1 é uma constante, conhecida como constante de velocidade ou coeficiente de velocidade, e os colchetes fechados (veja a nota de rodapé da Seção 2.21) simbolizam as concentrações $(mol \cdot l^{-1})$ das substâncias representadas pelas fórmulas A e B.

Do mesmo modo, a velocidade de conversão de C e D é dada por

$$r_2 = k_2 \times [C] \times [D]$$

No equilíbrio, as duas velocidades de conversão são iguais:

$$k_1 \times [A] \times [B] = k_2 \times [C] \times [D]$$

$$\text{ou} \quad \frac{[C] \times [D]}{[A] \times [B]} = \frac{k_1}{k_2} = K$$

em que K é a **constante de equilíbrio** da reação na temperatura em que ela ocorre. Esta expressão pode ser genera-

lizada. Para uma reação reversível representada por

$$p_1A_1 + p_2A_2 + p_3A_3 + \ldots \rightleftharpoons q_1B_1 + q_2B_2 + q_3B_3 + \ldots$$

em que p_1, p_2, p_3 etc., e q_1, q_2, q_3 etc. são os coeficientes estequiométricos das espécies que participam da reação, a condição de equilíbrio é dada pela expressão

$$\frac{[B_1]^{q_1} \times [B_2]^{q_2} \times [B_3]^{q_3} \ldots}{[A_1]^{p_1} \times [A_2]^{p_2} \times [A_3]^{p_3} \ldots} = K$$

Esta expressão significa que, quando se atinge o equilíbrio em uma reação reversível, em uma temperatura constante, o produto das concentrações das substâncias produzidas na reação (as substâncias que estão no lado direito da equação química) dividido pelo produto das concentrações dos reagentes (substâncias que estão no lado esquerdo da equação química), cada concentração sendo elevada à potência igual ao coeficiente estequiométrico de cada substância na equação química, é constante.

A constante de equilíbrio de uma reação pode ser relacionada às variações da energia livre de Gibbs (ΔG), da entalpia (ΔH) e da entropia (ΔS) que ocorrem durante a reação:

$$\Delta G^{\ominus} = -RT \ln K^{\ominus} = -2{,}303RT \log_{10} K^{\ominus}$$

$$\frac{d(\ln K^{\ominus})}{dT} = \frac{\Delta H^{\ominus}}{RT^2}$$

$$\Delta G^{\ominus} - \Delta H^{\ominus} - T\Delta S^{\ominus}$$

Nessas expressões, o expoente $\ominus$ indica que as quantidades representadas relacionam-se ao chamado "estado padrão". Deve-se consultar textos de físico-química[1] para uma explicação mais completa da derivação e do significado dessas expressões. Em resumo, uma reação será espontânea quando ΔG for negativo, estará no equilíbrio quando ΔG for igual a zero e a reação ocorrerá no sentido inverso se ΔG for positivo. Isso significa que uma reação é favorecida quando calor é produzido, isto é, quando a reação é exotérmica (a mudança de entalpia, ΔH, é negativa). A reação também é favorecida quando ocorre aumento de entropia, isto é, quando ΔS é positivo. O conhecimento das constantes de equilíbrio de certos sistemas selecionados pode ser de grande valor para o analista que estiver tratando de interações ácido–base, de equilíbrios de solubilidade, de sistemas envolvendo equilíbrios complexos, de sistemas de oxidação–redução e de muitos problemas de

8 Reações em solução: teoria fundamental

separação. Observe, porém, que as constantes de equilíbrio não dão nenhuma indicação sobre as velocidades de reação. Esses assuntos serão tratados em detalhe nas próximas seções deste capítulo e em outros capítulos.

2.2 Atividade e coeficiente de atividade

Na dedução da lei da ação das massas parte-se do princípio de que as concentrações efetivas ou massas ativas dos componentes podem ser expressas pelas concentrações estequiométricas. De acordo com a termodinâmica, isso não é rigorosamente verdadeiro. A equação exata para o equilíbrio de um eletrólito binário é

$$AB \rightleftharpoons A^+ + B^-$$

$$\frac{a_{A^+} a_{B^-}}{a_{AB}} = K_t$$

em que a_{A^+}, a_{B^-} e a_{AB} representam as **atividades** de A^+, B^- e AB, respectivamente, e K_t é a **constante de dissociação** verdadeira ou termodinâmica. O conceito de atividade, uma quantidade termodinâmica, é atribuído a G. N. Lewis. Esta quantidade é relacionada à concentração por um fator chamado coeficiente de atividade:

atividade = concentração × coeficiente de atividade

Assim, em qualquer concentração,

$$a_{A^+} = y_{A^+}[A^+] \qquad a_{B^-} = y_{B^-}[B^-] \qquad a_{AB} = y_{AB}[AB]$$

em que y se refere aos coeficientes de atividade,* e os colchetes fechados, às concentrações. Substituindo na equação anterior, temos

$$\frac{y_{A^+}[A^+] \times y_{B^-}[B^-]}{y_{AB}[AB]} = \frac{[A^+][B^-]}{[AB]} \times \frac{y_{A^+} y_{B^-}}{y_{AB}} = K_t$$

Esta é a expressão rigorosamente correta para a lei da ação das massas aplicada a eletrólitos fracos.

O coeficiente de atividade varia com a concentração. No caso de íons, ele também varia com a carga do íon e é o mesmo para todas as soluções iônicas de mesma **força iônica**. A força iônica é uma medida do campo elétrico existente na solução, designada pelo símbolo I, e é definida como a metade da soma dos produtos da concentração de cada íon multiplicado pelo quadrado da carga do íon, isto é, $I = \frac{1}{2} \sum c_i z_i^2$, em que c_i é a concentração iônica em moles por litro de solução e z_i é a carga do íon. Um exemplo deixará isso mais claro. A força iônica de uma solução 0,1 M HNO_3 contendo 0,2 M $Ba(NO_3)_2$ é dada por

$$0,5\{0,1 \text{ (para } H^+) + 0,1 \text{ (para } NO_3^-)$$
$$+ 0,2 \times 2^2 \text{ (para } Ba^{2+}) + 0,2 \times 2 \text{ (para } NO_3^-)\}$$
$$= 0,5\{1,4\} = 0,7$$

Segundo a teoria de Debye-Hückel, para soluções em água na temperatura normal

$$\log y_i = \frac{-0,505 z_i^2 I^{0,5}}{1 + 3,3 \times 10^7 a I^{0,5}}$$

em que y_i é o coeficiente de atividade do íon, z_i é a carga do íon, I é a força iônica da solução e a é o "diâmetro efetivo" médio de todos os íons em solução. Para grandes diluições ($I^{0,5} < 0,1$) o segundo termo do denominador pode ser desprezado e a equação se reduz a

$$\log y_i = -0,505 z_i^2 I^{0,5}$$

No caso de soluções mais concentradas ($I^{0,5} > 0,3$) um termo adicional BI é acrescentado à equação, em que B é uma constante empírica. Para um tratamento mais detalhado da teoria de Debye-Hückel, consulte um texto de físico-química.

2.3 Equilíbrio químico

Se uma mistura de hidrogênio e vapor de iodo é aquecida a cerca de 450°C em um vaso fechado, os dois elementos se combinam com formação de iodeto de hidrogênio, HI. Seja qual for, porém, o tempo empregado no experimento, um pouco de hidrogênio e iodo permanecem. Se iodeto de hidrogênio é aquecido a cerca de 450°C, a substância se decompõe para formar hidrogênio e iodo, mas, independentemente do tempo de aquecimento, um pouco de iodeto de hidrogênio permanece. Este é um exemplo de **reação reversível** em fase gasosa:

$$H_2(g) + I_2(g) \rightleftharpoons 2HI(g)$$

Um exemplo de reação reversível em fase líquida é a reação de esterificação de etanol pelo ácido acético para formar acetato de etila e água. Como, porém, o acetato de etila aquecido com água se converte em etanol e ácido acético, a reação de esterificação nunca se completa:

$$C_2H_5OH + CH_3COOH \rightleftharpoons CH_3COOC_2H_5 + H_2O$$

Sabe-se que após um certo intervalo de tempo todas as reações reversíveis chegam a um estado de **equilíbrio químico**. Neste estado, a composição da mistura em equilíbrio permanece constante. Certos equilíbrios gasosos exigem temperatura e pressão constantes. Além disso, se as condições (temperatura e pressão) permanecerem constantes, pode-se atingir o mesmo estado de equilíbrio em qualquer direção de uma dada reação reversível. No estado de equilíbrio, as duas reações que se opõem ocorrem com a mesma velocidade e o sistema está em um estado de equilíbrio dinâmico.

Observe que a composição de um dado equilíbrio pode ser alterada mudando-se as condições em que está o sistema. Assim, é necessário levar em consideração o efeito de alterações na (a) temperatura, (b) pressão e (c) concentração dos componentes. De acordo com o **princípio de Le Chatelier-Braun**, se uma restrição é aplicada a um sistema em equilíbrio, este se ajustará para anular o efeito da restrição. O efeito da temperatura, da pressão e da concentração deve ser considerado à luz desse princípio.

Temperatura

A formação de amônia a partir de seus elementos

$$N_2(g) + 3H_2(g) \rightleftharpoons 2NH_3(g)$$

é um processo reversível em que a reação direta é acompanhada por evolução de calor (energia), isto é, é uma reação exotérmica. A reação inversa absorve calor, isto é, é

---

*O símbolo usado para representar o coeficiente de atividade depende do método de expressar a concentração da solução. As recomendações da Comissão de Símbolos, Terminologia e Unidades da IUPAC (1969) são: concentrações em moles por litro (molaridade), coeficiente de atividade representado por y; concentração em moles por quilograma (molalidade), coeficiente de atividade representado por γ; concentração em fração molar, coeficiente de atividade representado por f.

uma reação endotérmica. Se a temperatura de uma mistura de nitrogênio, hidrogênio e amônia em equilíbrio for aumentada, a reação que absorve calor será favorecida e parte da amônia se decompõe até ser atingida uma nova posição de equilíbrio.

Pressão

No sistema do iodeto de hidrogênio em equilíbrio, os coeficientes estequiométricos das moléculas em cada lado da equação química são iguais e não há mudança de volume quando a reação ocorre. Assim, quando a pressão do sistema é duplicada, o volume total cai à metade, mas os dois lados da equação são igualmente afetados e a composição da mistura no equilíbrio não é afetada. No sistema nitrogênio–hidrogênio–amônia em equilíbrio, ocorre redução de volume quando amônia se forma, logo um aumento de pressão favorece a formação de amônia. No caso de sistemas em fase líquida, devido à pequena compressibilidade dos líquidos, aumentos moderados de pressão praticamente não alteram o volume e o equilíbrio não é afetado.

Concentração de reagentes

Quando se adiciona hidrogênio ao sistema em equilíbrio resultante da decomposição térmica de iodeto de hidrogênio, ao se restaurar o equilíbrio novamente encontra-se mais iodeto de hidrogênio do que originalmente. De acordo com o princípio de Le Chatelier-Braun, o sistema se altera para remover um pouco do hidrogênio adicionado.

2.4 Fatores que afetam as reações químicas em solução

É preciso considerar os três fatores principais que influenciam as reações químicas em solução: (a) a natureza do solvente, (b) a temperatura e (c) a presença de catalisadores.

Natureza do solvente

As reações em água são geralmente rápidas porque envolvem interações entre íons. Assim, a precipitação de cloreto de prata de uma solução contendo cloreto pela adição de nitrato de prata pode ser descrita como

$$Ag^+ + Cl^- \rightleftharpoons AgCl(s)$$

Reações entre moléculas em solução, como, por exemplo, a formação de acetato de etila a partir de etanol e ácido acético, são comparativamente mais lentas. Por isso, é conveniente classificar os solventes como **solventes ionizantes**, se eles tendem a produzir soluções em que o soluto está ionizado, e **solventes não-ionizantes**, no caso contrário. Os solventes ionizantes comuns incluem a água, o ácido acético, o cloreto de hidrogênio, a amônia, as aminas, o trifluoreto de bromo e o dióxido de enxofre. Desses solventes, os quatro primeiros se caracterizam por serem capazes de gerar íons hidrogênio:

$$Água\ 2H_2O \rightleftharpoons H_3O^+ + OH^-$$

$$Amônia\ 2NH_3 \rightleftharpoons NH_4^+ + NH_2^-$$

Esses quatro solventes são chamados de **solventes protogênicos**, enquanto trifluoreto de bromo e dióxido de enxofre, que não contêm hidrogênio, são ditos **solventes não-protônicos**. Os solventes não-ionizantes incluem hidrocarbonetos, éteres, ésteres e alcoóis de alto peso molecular. Os alcoóis de baixo peso molecular, especialmente metanol e etanol, são capazes de ionizar determinados solutos.

Temperatura

A velocidade de uma reação cresce rapidamente com o aumento da temperatura, e em alguns procedimentos analíticos é necessário aquecer a solução para garantir que a reação desejada ocorra com a necessária rapidez. Um exemplo é a titulação, com permanganato de potássio, de soluções acidificadas de oxalato. Quando se adiciona uma solução de permanganato de potássio em água a uma solução de oxalato contendo ácido sulfúrico na temperatura normal, a reação é muito lenta e, às vezes, a solução fica marrom devido à formação de óxido de manganês(IV). Se a solução, porém, for aquecida a cerca de 70°C antes da adição da solução de permanganato, a reação é praticamente instantânea e não se forma óxido de manganês(IV).

Catalisadores

A velocidade de algumas reações pode aumentar na presença de um catalisador. Catalisadores são substâncias que alteram a velocidade de uma reação sem serem afetados. Uma pequena quantidade de catalisador pode alterar a conversão de grandes quantidades de reagentes. Se a reação em questão for reversível, o catalisador afetará igualmente as reações direta e inversa e, embora elas sejam aceleradas, a posição do equilíbrio não se altera.

Um exemplo de ação catalítica é a titulação de oxalato com permanganato de potássio. Quando a solução de oxalato é aquecida, as primeiras gotas da solução de permanganato de potássio se descoram muito lentamente. Porém, quando mais permanganato é adicionado, a perda de cor passa a ser instantânea. Isso ocorre porque a reação entre os íons oxalato e permanganato é catalisada pelos íons Mn^{2+} formados na redução dos íons permanganato:

$$MnO_4^- + 8H^+ + 5e^- \rightarrow Mn^{2+} + 4H_2O$$

Outros exemplos são o uso do óxido de ósmio(VIII) (tetraóxido de ósmio) como catalisador na titulação de soluções de óxido de arsênio com sulfato de cério(IV) e o uso de íons molibdato(VI) para catalisar a formação de iodo na reação de íons iodeto com peróxido de hidrogênio. Certas reações de vários compostos orgânicos são catalisadas por proteínas chamadas enzimas.

A determinação de quantidades-traço de muitas substâncias pode ser feita medindo-se a velocidade de certas reações catalisadas pela substância de interesse. Comparando a velocidade observada da reação com as velocidades determinadas para a mesma reação na presença de quantidades conhecidas do mesmo catalisador, é possível determinar concentrações desconhecidas do catalisador. Pode-se usar, também, um catalisador para transformar uma substância para a qual não existe um bom método de análise em um produto que pode ser determinado quantitativamente. Alternativamente, a substância a ser determinada pode ser destruída na presença de um catalisador e a alteração

10 Reações em solução: teoria fundamental

de alguma propriedade ser medida, por exemplo, a absorção de luz. Assim, pode-se determinar ácido úrico no sangue medindo-se a absorção de luz ultravioleta em 292 nm. O problema é que a absorção de luz neste comprimento de onda não é específica para o ácido úrico. Faz-se, então, o registro da intensidade da absorção e destrói-se o ácido úrico por adição da enzima uricase. Repete-se a leitura da absorção e, pela diferença entre os dois resultados, pode-se determinar a quantidade de ácido úrico presente.

2.5 Produto iônico da água

Kohlrausch e Heydweiller (1894) descobriram que mesmo a água mais bem purificada ainda possui condutividade. A água deve, portanto, estar ionizada segundo a equação*

$$H_2O \rightleftharpoons H^+ + OH^-$$

Aplicando a lei da ação das massas a esta equação, obtém-se para uma dada temperatura que

$$\frac{a_{H^+} a_{OH^-}}{a_{H_2O}} = \frac{[H^+][OH^-]}{[H_2O]} \times \frac{y_{H^+} y_{OH^-}}{y_{H_2O}} = \text{uma constante}$$

Como a água está fracamente ionizada, as concentrações de íons são pequenas e seus coeficientes de atividade podem ser tomados como sendo iguais a um. As atividades das moléculas não-ionizadas também podem ser tomadas como sendo iguais a um. A expressão então torna-se

$$\frac{[H^+][OH^-]}{[H_2O]} = \text{uma constante}$$

Em água pura ou em soluções diluídas, a concentração da água não-ionizada pode ser considerada como constante. Assim,

$$[H^+][OH^-] = K_w$$

em que K_w é o produto iônico da água. Observe que considerar os coeficientes de atividade dos íons como sendo igual a um e o coeficiente como sendo constante só se aplica estritamente à água pura ou a soluções muito diluídas (força iônica < 0,01). Em soluções mais concentradas, isto é, em soluções em que a força iônica é apreciável, os coeficientes de atividade dos íons, bem como a atividade da água não-ionizada, são afetados (Seção 2.2). Por isso, o produto iônico da água não é constante e depende da força iônica da solução. É difícil determinar os coeficientes de atividade, exceto sob condições especiais, por isso, na prática, o produto iônico, K_w, mesmo não sendo rigorosamente constante, é utilizado.

O produto iônico varia com a temperatura, mas, nas condições experimentais usuais (cerca de 25°C), pode ser tomado como sendo igual a 1×10^{-14}, com as concentrações expressas em moles·l^{-1}. Este valor é apreciavelmente constante em soluções diluídas. Se o produto $[H^+] \times [OH^-]$ momentaneamente excede este valor, os íons em excesso se combinam para formar água. Se o produto iônico for momentaneamente menor do que 10^{-14}, algumas moléculas de água se dissociam para restabelecer o equilíbrio.

As concentrações dos íons hidrogênio e hidróxido são iguais em água pura, logo, $[H^+] = [OH^-] = \sqrt{K_w} = 10^{-7}$ mol·l^{-1} em 25°C. Uma solução em que as concentrações dos íons hidrogênio e hidróxido são iguais é chamada de uma **solução neutra**. Se $[H^+]$ é maior do que 10^{-7}, a solução é definida como **ácida** e, se for menor do que 10^{-7}, ela é dita **alcalina** (ou básica). Em conseqüência, na temperatura normal, $[OH^-]$ é maior do que 10^{-7} em soluções alcalinas e menor do que 10^{-7} em soluções ácidas.

A extensão da reação pode ser sempre expressa quantitativamente em termos da concentração do íon hidrogênio (ou hidrônio) ou, menos freqüentemente, pela concentração do íon hidróxido. Isto é possível porque as seguintes relações simples entre $[H^+]$ e $[OH^-]$ existem:

$$[H^+] = \frac{K_w}{[OH^-]} \quad e \quad [OH^-] = \frac{K_w}{[H^+]}$$

A Tabela 2.1 mostra a variação de K_w com a temperatura.

Tabela 2.1 *Produto iônico da água em várias temperaturas*

Temp. (°C)	$K_w/10^{-14}$	Temp. (°C)	$K_w/10^{-14}$
0	0,12	35	2,09
5	0,19	40	2,92
10	0,29	45	4,02
15	0,45	50	5,47
20	0,68	55	7,30
25	1,01	60	9,61
30	1,47		

2.6 Dissociação eletrolítica

2.6.1 Introdução

As soluções de muitos dos sais de "ácidos fortes" (ácidos clorídrico, nítrico e sulfúrico) e "bases fortes" (hidróxido de sódio e hidróxido de potássio) em água são boas condutoras de eletricidade, ao contrário da água pura que é má condutora. Esses solutos são chamados de eletrólitos. Outros solutos, como o etano-1,2-diol (etilenoglicol), substância usada como anticongelante, produzem soluções que, como a água, são más condutoras. Esses solutos são chamados de não-eletrólitos. A maior parte das reações da química analítica ocorre em soluções que envolvem eletrólitos em água e, por isso, é necessário considerá-las mais cuidadosamente.

Sais

As estruturas cristalinas de numerosos sais têm sido estudadas por raios-X e outros métodos. Esses sais são compostos por átomos ou grupos de átomos com carga, que são mantidos juntos em uma rede cristalina e são chamados de compostos iônicos. Quando essas substâncias são dissolvidas em um solvente de alta constante dielétrica, como a água, ou são aquecidos até a fusão, as forças que atuam no cristal se enfraquecem e as substâncias se dissociam, liberando as partículas com carga, ou íons, preexistentes. Isso faz com que as soluções resultantes sejam boas condutoras de eletricidade. Esses sais em solução são chamados de **eletrólitos fortes**. Outros sais, como os cianetos, os tiocianatos, os halogenetos de mercúrio e de cádmio, e o acetato

---

*Rigorosamente falando, o íon hidrogênio, H^+, existe em água como íon hidrônio, H_3O^+ (Seção 2.4). A dissociação eletrolítica da água deveria ser escrita como $2H_2O \rightleftharpoons H_3O^+ + OH^-$. Porém, para simplificar, o símbolo H^+, que é mais familiar, será mantido neste livro.

de chumbo, dão soluções que têm condutância elétrica significativa, mas muito menor do que a condutância observada no caso dos eletrólitos fortes nas mesmas concentrações. Solutos que têm este comportamento são chamados de **eletrólitos fracos**. Eles são, geralmente, compostos covalentes que se ionizam parcialmente em água:

$$BA \rightleftharpoons B^+ + A^-$$

Ácidos e bases

Um ácido pode ser definido como uma substância que, dissolvida em água, se dissocia com produção de íons hidrogênio:

$$HCl \rightarrow H^+ + Cl^-$$

$$HNO_3 \rightarrow H^+ + NO_3^-$$

Na verdade, em água, o íon hidrogênio (ou próton), H^+, não existe livre em solução. Cada íon hidrogênio combina-se com uma molécula de água para formar o íon hidrônio, H_3O^+. O íon hidrônio é um próton hidratado, e as reações são escritas mais acuradamente como

$$HCl + H_2O \rightarrow H_3O^+ + Cl^-$$

$$HNO_3 + H_2O \rightarrow H_3O^+ + NO_3^-$$

A ionização pode ser atribuída à grande tendência que tem o íon hidrogênio, H^+, em se combinar com moléculas de água para formar íons hidrônio. O ácido clorídrico e o ácido nítrico se dissociam quase completamente em água, de acordo com estas equações. Isso pode ser demonstrado por medidas do ponto de cristalização e por outros métodos.

Ácidos polipróticos

Os ácidos polipróticos ionizam-se em etapas. No caso do ácido sulfúrico, um átomo de hidrogênio se ioniza quase completamente:

$$H_2SO_4 + H_2O \rightarrow H_3O^+ + HSO_4^-$$

O segundo átomo de hidrogênio só se ioniza parcialmente, exceto em soluções muito diluídas:

$$HSO_4^- + H_2O \rightleftharpoons H_3O^+ + SO_4^{2-}$$

O ácido fosfórico(V) também se ioniza em etapas:

$$H_3PO_4 + H_2O \rightleftharpoons H_3O^+ + H_2PO_4^-$$

$$H_2PO_4^- + H_2O \rightleftharpoons H_3O^+ + HPO_4^{2-}$$

$$HPO_4^{2-} + H_2O \rightleftharpoons H_3O^+ + PO_4^{3-}$$

Os estágios sucessivos de ionização são conhecidos pelos nomes de ionização primária, ionização secundária e ionização terciária. Eles não ocorrem na mesma extensão. A ionização primária é sempre mais importante do que a secundária e esta, muito mais importante do que a terciária.

Ácidos como o ácido acético (CH_3COOH) em água provocam uma depressão quase normal no ponto de congelamento da solução. Isso significa que a dissociação é pequena. É usual, portanto, distinguir os ácidos que são completa ou quase completamente ionizados dos ácidos pouco ionizados. Os primeiros são chamados de **ácidos fortes** (por exemplo, os ácidos clorídrico, bromídrico, iodídrico, iódico(V), nítrico e perclórico [clórico(VII)], bem como a primeira ionização do ácido sulfúrico) e os outros são chamados de **ácidos fracos** (por exemplo, os ácidos nitroso, acético, carbônico, bórico, fosforoso [fosfórico(III)], fosfórico(V), cianídrico e sulfídrico). Não existe, porém, uma divisão clara entre as duas classes.

As bases foram originalmente definidas como substâncias que, dissolvidas em água, dissociam-se com formação de íons hidróxido OH^-. Assim, o hidróxido de sódio, o hidróxido de potássio e os hidróxidos de certos metais divalentes estão completamente dissociados em água:

$$NaOH \rightarrow Na^+ + OH^-$$

$$Ba(OH)_2 \rightarrow Ba^{2+} + 2OH^-$$

Estas são **bases fortes**. Uma solução de amônia em água, porém, é uma **base fraca**. No caso das bases fracas, apenas uma pequena fração de íons hidróxido é produzida em solução.

$$NH_3 + H_2O \rightleftharpoons NH_4^+ + OH^-$$

2.6.2 A teoria de Brønsted-Lowry para ácidos e bases

Os conceitos simples dados nos parágrafos precedentes são suficientes para muitas das exigências da análise quantitativa inorgânica em água. É preciso, entretanto, conhecer um pouco da teoria geral dos ácidos e bases, proposta independentemente por J. N. Brønsted e T. M. Lowry em 1923, porque ela se aplica a todos os solventes. De acordo com essa teoria, os ácidos são espécies que têm tendência a perder um próton e as bases são espécies que têm tendência a receber um próton. Estes conceitos podem ser representados por:

$$\text{ácido} = \text{próton} + \text{base conjugada}$$

$$A \rightleftharpoons H^+ + B \qquad [2.1]$$

Deve-se enfatizar que o símbolo H^+ representa o próton isolado e não o "íon hidrogênio", de natureza diversa, que existe em solventes diferentes (OH_3^+, NH_4^+, $CH_3CO_2H_2^+$, $C_2H_5OH_2^+$ etc.) e que, portanto, a definição de ácido é independente do solvente. A reação [2.1] corresponde a um esquema hipotético para a definição de A e B, não uma reação que possa eventualmente ocorrer. Os ácidos não precisam ser necessariamente moléculas neutras (como HCl, H_2SO_4, CH_3CO_2H). Eles podem ser também ânions (como HSO_4^-, $H_2PO_4^-$, $HOOCCOO^-$) ou cátions (como NH_4^+, $C_6H_5NH_3^+$, $Fe(H_2O)_6^{3+}$). O mesmo vale para as bases, sendo as três classes representadas por (NH_3, $C_6H_5NH_2$, H_2O), (CH_3COO^-, OH^-, HPO_4^{2-}, $H_5C_2O^-$) e $Fe(H_2O)_5(OH)^{2+}$. Como o próton livre não pode existir em solução em concentrações razoáveis, a reação não ocorre a não ser que se adicione uma base que aceite o próton. Combinando as equações $A_1 = B_1 + H^+$ e $B_2 + H^+ = A_2$, temos

$$A_1 + B_2 \rightleftharpoons A_2 + B_1 \qquad [2.2]$$

A_1–B_1 e A_2–B_2 são chamados de "pares de ácido e base conjugados". Esta é a expressão mais importante para as reações que envolvem ácidos e bases porque ela representa a transferência de um próton de A_1 para B_2 ou de A_2 para B_1. Quanto mais forte for o ácido A_1 e mais fraco o ácido A_2, mais completa será a reação [2.2]. O ácido mais forte perde seu próton mais rapidamente do que um ácido fraco. A base mais forte aceita um próton mais prontamente do que uma base fraca. É evidente, portanto, que a base (ou ácido) conjugada(o) com um ácido (ou base) forte é sempre fraca(o), enquanto a base (ou ácido) conjugada(o) com um ácido (ou base) fraco(a) é sempre forte.

Em água, um ácido de Brønsted-Lowry, A,

$$A + H_2O \rightleftharpoons H_3O^+ + B$$

será forte se o equilíbrio aqui demonstrado estiver virtualmente completo para a direita, isto é, [A] é praticamente zero. Uma base forte será aquela em que [B], a concentração no equilíbrio de uma base que não seja o íon hidróxido, é quase zero.

Os ácidos podem então ser dispostos em séries, de acordo com sua tendência relativa de combinação com uma base. Nos casos de interesse da química analítica quantitativa, as soluções são geralmente feitas com água, que é a base de referência:

$$HCl + H_2O \rightleftharpoons H_3O^+ + Cl^-$$
$$\text{ácido}_1 \quad \text{base}_2 \quad \text{ácido}_2 \quad \text{base}_1$$

Esse processo é essencialmente completo para todos os ácidos "fortes" típicos (isto é, os ácidos altamente ionizados), tais como HCl, HBr, HI, HNO_3 e $HClO_4$. Ao contrário, no caso dos ácidos "fracos" típicos (isto é, os ácidos fracamente ionizados), tais como o ácido acético ou o ácido propanóico, a reação se desloca pouco para a direita na equação:

$$CH_3COOH + H_2O \rightleftharpoons H_3O^+ + CH_3COO^-$$
$$\text{ácido}_1 \quad \text{base}_2 \quad \text{ácido}_2 \quad \text{base}_1$$

Em água, o ácido forte típico é o próton hidratado H_3O^+, e o papel da base conjugada é pouco importante se ela é suficientemente fraca, como no caso de Cl^-, Br^- e ClO_4^-. As bases conjugadas têm forças que variam inversamente às forças dos ácidos respectivos. Pode-se mostrar facilmente que a constante de ionização básica da base conjugada $K_{B, conj.}$ é igual a $K_w/K_{A, conj.}$, em que K_w é o produto iônico da água.

A reação [2.2] inclui reações antigamente descritas por uma variedade de nomes, como dissociação, neutralização, hidrólise e tamponamento (veja a seguir). Um par ácido–base pode envolver o solvente (em água, H_3O^+–H_2O ou H_2O–OH^-), o que mostra que íons como H_3O^+ e OH^- são apenas exemplos particulares de uma extensa classe de ácidos e bases, ainda que eles ocupem um lugar particularmente importante. Isso significa que as propriedades de um ácido ou de uma base são influenciadas fortemente pela natureza do solvente utilizado.

Uma outra definição de ácidos e bases foi dada por G. N. Lewis (1938). Sob o ponto de vista experimental, segundo Lewis, todas as substâncias que exibem comportamento "típico" de um par ácido–base (isto é, neutralização, substituição, efeito sobre indicadores, catálise), independentemente de sua natureza química e modo de ação, são ácidos ou bases. Lewis relacionou as propriedades de ácidos com a aceitação de pares de elétrons e as propriedades de bases com a doação de pares de elétrons, com formação de ligações covalentes, mesmo quando prótons não estão envolvidos. A definição de Lewis relaciona uma grande variedade de fenômenos qualitativos. Assim, soluções de BF_3, BCl_3, $AlCl_3$ ou SO_2 em um solvente inerte provocam alterações de cor em indicadores que são semelhantes às produzidas por ácido clorídrico. Estas alterações podem ser revertidas pelo uso de bases, o que permite fazer titula-

ções. Compostos semelhantes a BF_3 são usualmente denominados **ácidos de Lewis** ou **aceptores de elétrons**. As bases de Lewis (amônia, piridina) são virtualmente idênticas às bases de Brønsted-Lowry. A grande desvantagem da definição de Lewis é que, ao contrário do que ocorre com as reações de transferência de prótons, um tratamento quantitativo geral não é possível.

As implicações da teoria da dissociação completa de eletrólitos fortes em água foram examinadas por Debye, Hückel e Onsager. Eles conseguiram explicar quantitativamente o aumento da condutividade molar dos eletrólitos fortes que produzem íons de carga unitária com a diminuição da concentração de soluto na faixa de concentração entre 0 e 0,002 M. Para mais detalhes, consulte um livro de físico-química.[1]

É importante perceber que, embora ocorra dissociação completa no caso de eletrólitos fortes dissolvidos em água, isso não significa que as concentrações efetivas dos íons sejam iguais a suas concentrações molares em uma solução do eletrólito. Se isso acontecesse, não poderíamos explicar a variação das propriedades osmóticas da solução com a diluição. A dependência de propriedades coligativas, como a osmose, com a concentração é atribuída a mudanças na atividade dos íons. Usando a teoria de Debye-Hückel para soluções diluídas é possível obter expressões que descrevem razoavelmente a variação da atividade e de quantidades a ela relacionadas.

2.7 Equilíbrio ácido–base em água

Considere a dissociação de um eletrólito fraco como, por exemplo, o ácido acético diluído em água:

$$CH_3COOH + H_2O \rightleftharpoons H_3O^+ + CH_3COO^-$$

Vamos reescrever a reação, para simplificar:

$$CH_3COOH \rightleftharpoons H^+ + CH_3COO^-$$

em que H^+ representa o próton hidratado. Aplicando a lei da ação das massas, temos

$$\frac{[CH_3COO^-][H^+]}{[CH_3COOH]} = K$$

em que K é a constante de equilíbrio em uma dada temperatura, usualmente conhecida como **constante de ionização** ou **constante de dissociação**. Se 1 mol do eletrólito é dissolvido em V litros da solução ($V = 1/c$, em que c é a concentração em mol·l^{-1}) e se α é o grau de ionização no equilíbrio, então a quantidade de eletrólito não-ionizada será $(1 - \alpha)$ moles e a quantidade de cada íon será igual a α moles. A concentração de ácido acético não-ionizada será igual a $(1 - \alpha)/V$ e a concentração de cada íon, α/V. Substituindo na equação do equilíbrio, temos

$$\alpha^2/(1 - \alpha)V = K \quad \text{ou} \quad \alpha^2 c/(1 - \alpha) = K$$

Esta expressão é conhecida como **lei da diluição de Ostwald**.

As interações entre íons não são desprezíveis, mesmo no caso de ácidos fracos, logo, é necessário introduzir os coeficientes de atividade como correção na expressão da constante de ionização:

$$K = \frac{\alpha^2 c}{(1 - \alpha)} \times \frac{y_{H^+} \cdot y_{A^-}}{y_{HA}} \quad \text{em que} \quad A^- = CH_3COO^-$$

Para obter detalhes dos métodos habitualmente utilizados no sentido de avaliar as constantes de dissociação verdadeiras dos ácidos, consulte livros-texto de físico-química (Seção 2.35). Do ponto de vista da análise quantitativa, pode-se obter valores suficientemente acurados das constantes de ionização de ácidos monopróticos fracos utilizando-se a expressão clássica da lei da diluição de Ostwald. A "constante" assim obtida é, às vezes, chamada de "constante clássica de dissociação".

2.8 Força de ácidos e bases

Seja a expressão de Brønsted-Lowry para o equilíbrio ácido–base (Seção 2.6).

$$A_1 + B_2 \rightleftharpoons A_2 + B_1 \qquad [2.2]$$

Ao aplicar a lei da ação das massas, obtém-se

$$K = \frac{[A_2][B_1]}{[A_1][B_2]} \qquad (2.1)$$

em que a constante K depende da temperatura e da natureza do solvente. Esta expressão só é rigorosamente válida em soluções extremamente diluídas. Na presença de íons, as forças eletrostáticas entre eles têm efeito apreciável nas propriedades das soluções e observam-se desvios das leis ideais (que foram usadas para a derivação da lei da ação das massas por métodos termodinâmicos ou cinéticos). Esses desvios são usualmente expressos em termos de atividades ou de coeficientes de atividade. Em nosso caso, os desvios devidos às interações entre íons serão considerados desprezíveis para soluções de baixas concentrações iônicas. As equações correspondentes serão também utilizadas no caso de concentrações elevadas, desde que a concentração total de íons não varie muito nos experimentos.

Quando se usa a Eq. (2.1) para medir a força de um ácido, deve-se escolher um par ácido–base padrão, digamos A_2–B_2, e explicitar o solvente utilizado. Em água, o par H_3O^+–H_2O é usado como referência. O equilíbrio que define os ácidos passa, então, a ser

$$A + H_2O \rightleftharpoons B + H_3O^+ \qquad [2.3]$$

e a constante

$$K' = \frac{[B][H_3O^+]}{[A][H_2O]} \qquad (2.2)$$

dá a força de A. A força de H_3O^+ é considerada igual à unidade. A reação [2.3] descreve a dissociação do ácido A em água. A constante K' está relacionada com a constante de dissociação de A em água como ela é usualmente definida. A única diferença é a inclusão do termo $[H_2O]$ no denominador. O termo $[H_2O]$ representa a "concentração" da água em água líquida (55,5 mol·l⁻¹ na escala de concentrações por volume usualmente utilizada). No caso de soluções extremamente diluídas, o valor de $[H_2O]$ pode ser tomado como constante e a Eq. (2.2) passa a ser

$$K_a = \frac{[B][H^+]}{[A]} \qquad (2.3)$$

em que H^+ substitui H_3O^+ e lembrando que estamos nos referindo ao próton hidratado. Esta equação define a força do ácido A. Se A é uma molécula neutra (por exemplo, um ácido orgânico fraco), então B é a base dele derivada por perda de próton, e a Eq. (2.3) é a expressão usual da constante de ionização. Se A é um ânion, como $H_2PO_4^-$, a constante de dissociação $[HPO_4^{2-}][H^+]/[H_2PO_4^-]$ é usualmente chamada de segunda constante de dissociação do ácido fosfórico(V). Se A é um cátion, como, por exemplo, o íon amônio, que interage com a água segundo a equação

$$NH_4^+ + H_2O \rightleftharpoons NH_3 + H_3O^+$$

a força do ácido é dada por $[NH_3][H^+]/[NH_4^+]$.

Em princípio, é desnecessário tratar a força das bases separadamente da força dos ácidos porque qualquer reação protolítica envolvendo um ácido obrigatoriamente envolve a base conjugada. As propriedades da amônia e das várias aminas em água são facilmente entendidas em termos do conceito de Brønsted-Lowry:

$$H_2O \rightleftharpoons H^+ + OH^-$$

$$NH_3 + H^+ \rightleftharpoons NH_4^+$$

$$NH_3 + H_2O \rightleftharpoons NH_4^+ + OH^-$$

A constante de dissociação básica K_b é dada por

$$K_b = \frac{[NH_4^+][OH^-]}{[NH_3]} \qquad (2.4)$$

Como $[H^+][OH^-] = K_w$ (o produto iônico da água), temos

$$K_b = K_w/K_a$$

Os valores de K_a e K_b de ácidos e bases diferentes podem variar de muitas ordens de grandeza. Por isso, é conveniente usar a forma exponencial do coeficiente de dissociação, pK, definido por

$$pK = \log_{10}(1/K) = -\log_{10} K$$

Quanto maior for o valor de pK_a, mais fraco será o ácido e mais forte será a base. Para eletrólitos muito fracos ou fracamente ionizados, a expressão $\alpha^2/(1 - \alpha)V = K$ reduz-se a $\alpha^2 = KV$ ou $\alpha = (KV)^{1/2}$, porque α pode ser desprezado em comparação com a unidade. Assim, para quaisquer dois ácidos ou bases fracas, em uma dada diluição V (em litros), temos $\alpha_1 = (K_1 V)^{1/2}$ e $\alpha_2 = (K_2 V)^{1/2}$, ou $\alpha_1/\alpha_2 = (K_1/K_2)^{1/2}$. Isso significa que para quaisquer dois eletrólitos fracos ou fracamente dissociados, na mesma diluição, os graus de dissociação são proporcionais às raízes quadradas das constantes de ionização. Alguns valores das constantes de dissociação em 25°C de ácidos e bases fracas estão no Apêndice 6.

2.9 Dissociação de ácidos polipróticos

Quando um ácido poliprótico se dissolve em água, os diversos hidrogênios se ionizam em diferentes proporções. No caso de um ácido diprótico, H_2A, as dissociações primária e secundária podem ser representadas por

$$H_2A \rightleftharpoons H^+ + HA^-$$

$$HA^- \rightleftharpoons H^+ + A^{2-}$$

Se o ácido é um eletrólito fraco, a lei da ação das massas pode ser aplicada para dar a seguinte expressão:

$$[H^+][HA^-]/[H_2A] = K_1 \qquad (2.5)$$

$$[H^+][A^{2-}]/[HA^-] = K_2 \qquad (2.6)$$

em que K_1 e K_2 são as constantes de dissociação primária e secundária.

Cada estágio do processo de dissociação tem sua constante de ionização própria, e seus valores em uma determinada concentração dão uma medida da extensão em que cada ionização ocorre. Quanto maior for o valor de K_1 em relação a K_2, menor a extensão da segunda ionização e maior deve ser a diluição para que K_2 se torne apreciável. É, portanto, possível que um ácido diprótico (ou poliprótico) comporte-se como um ácido monoprótico em relação à dissociação. Isso, aliás, é uma característica de muitos ácidos polipróticos.

Um ácido triprótico H_3A, como o ácido fosfórico(V), tem três constantes de dissociação, K_1, K_2 e K_3, que podem ser derivadas de modo análogo:

$$[H^+][H_2A^-]/[H_3A] = K_1 \qquad (2.5')$$

$$[H^+][HA^{2-}]/[H_2A^-] = K_2 \qquad (2.6')$$

$$[H^+][H^{3-}]/[HA^{2-}] = K_3 \qquad (2.7)$$

O exemplo a seguir mostra uma aplicação prática dos princípios teóricos.

Exemplo 2.1

Calcule as concentrações de HS^- e S^{2-} dissolvidos em água saturada de sulfeto de hidrogênio em 25°C.

Em 25°C e na pressão atmosférica, uma solução saturada de sulfeto de hidrogênio é aproximadamente 1,0 M. As constantes de dissociação primária e secundária de H_2S são aproximadamente $1,0 \times 10^{-7}$ mol·l^{-1} e $1,0 \times 10^{-14}$ mol·l^{-1}, respectivamente.

Em solução, o seguinte equilíbrio se estabelece:

$$H_2S + H_2O \rightleftharpoons HS^- + H_3O^+ \qquad K_1 = [H^+][HS^-]/[H_2S] \quad [2.4]$$

$$HS^- + H_2O \rightleftharpoons S^{2-} + H_3O^+ \qquad K_2 = [H^+][S^{2-}]/[HS^-] \quad [2.5]$$

$$H_2O \rightleftharpoons H^+ + OH^-$$

A eletroneutralidade exige que a concentração total de cátions seja igual à concentração total de ânions, logo, levando em conta as cargas dos íons,

$$[H^+] = [HS^-] + 2[S^{2-}] + [OH^-] \qquad (2.8)$$

Como, porém, estamos lidando com uma solução ácida, então $[H^+] > 10^{-7} > [OH^-]$ e podemos simplificar a Eq. (2.8)

$$[H^+] = [HS^-] + 2[S^{2-}] \qquad (2.9)$$

0,1 mol de H_2S está parcialmente não-ionizado e parcialmente na forma HS^- e S^{2-}, logo

$$[H_2S] + [HS^-] + [S^{2-}] = 0,1 \qquad (2.10)$$

O valor numérico muito pequeno de K_2 indica que a segunda dissociação e, em conseqüência, $[S^{2-}]$ são muito pequenos, logo, podemos ignorar $[S^{2-}]$ na Eq. (2.9).

$$[H^+] \approx [HS^-]$$

Como K_1 também é pequeno, então $[H^+] \ll [H_2S]$, e a Eq. (2.10) pode ser reduzida a $[H_2S] \approx 0,1$. Usando estes resultados na reação [2.4], temos

$$[H^+]^2/0,1 = 1 \times 10^{-7} \qquad [H^+] = [HS^-] = 10 \times 10^{-4} \text{mol} \cdot l^{-1}$$

Segue-se, da reação [2.5], que

$$(1,0 \times 10^{-4})[S^{2-}]/(1,0 \times 10^{-4}) = 1 \times 10^{-14}$$

$$\text{e } [S^{2-}] = 1 \times 10^{-14} \text{mol} \cdot l^{-1}$$

2.10 O expoente do íon hidrogênio

Em muitas aplicações, especialmente no caso de concentrações pequenas, é desagradável utilizar as concentrações dos íons hidrogênio e hidroxila em moles por litro (mol·l^{-1}). Uma notação muito conveniente foi proposta em 1909 por S. P. L. Sørensen. Ele sugeriu o uso do expoente do íon hidrogênio, pH, definido pelas relações

$$pH = \log_{10} 1/[H^+] = -\log_{10}[H^+] \quad \text{ou} \quad [H^+] = 10^{-pH}$$

A quantidade de pH é, portanto, o logaritmo (na base 10) do inverso da concentração do íon hidrogênio, ou o logaritmo da concentração de hidrogênio tomado com o sinal negativo. Este método tem a vantagem de que se podem usar os números entre 0 e 14 para expressar todos os estados de acidez e basicidade, de 1 mol·l^{-1} de íons hidrogênio a 1 mol·l^{-1} de íons hidróxido. Assim, uma solução neutra ($[H^+] = 10^{-7}$) tem pH $= 7$. Uma solução, cuja concentração de íons hidróxido é igual a 1 mol·l^{-1}, tem um pH $= 0$ ($[H^+] = 10^0$); e uma solução cuja concentração de íons hidróxido é igual a 1 mol·l^{-1} tem $[H^+] = K_w/[OH^-] = 10^{-14}/10^0 = 10^{-14}$ e corresponde ao pH 14. Uma solução neutra, portanto, tem pH $= 7$, uma solução ácida tem pH < 7 e uma solução básica tem pH > 7. Uma definição alternativa para uma solução neutra, aplicável em qualquer temperatura, é que as concentrações de íons hidrogênio e de íons hidróxido são iguais. Em uma solução ácida, a concentração de íons hidrogênio excede a de íons hidróxido. Em uma solução básica ocorre o inverso.

Exemplo 2.2

(i) Encontre o pH de uma solução na qual $[H^+] = 4,0 \times 10^{-5}$ mol·l^{-1}.
(ii) Encontre a concentração de íons hidrogênio correspondente a pH $= 5,643$.
(iii) Calcule o pH de uma solução 0,01 M de ácido acético (o grau de dissociação é 12,5%).

(i) $\begin{aligned}[t] pH &= \log_{10} 1/[H^+] = \log 1 - \log[H^+] \\ &= \log 1 - \log 4,0 \times 10^{-5} \\ &= 0 - (-4,398) \\ &= 4,398 \end{aligned}$

(ii) $pH = \log_{10} 1/[H^+] = \log 1 - \log[H^+] = 5,643$

então $\log[H^+] = -5,643$

Usando uma calculadora encontra-se que $[H^+] = 2,28 \times 10^{-6}$ mol·l^{-1}.

(iii) A concentração de íons hidrogênio em solução é

$0,125 \times 0,01$ mol·l$^{-1} = 1,25 \times 10^{-3}$ mol·l^{-1}

$\begin{aligned}[t] pH &= \log_{10} 1/[H^+] = \log 1 - \log[H^+] \\ &= 0 - (-2,903) \\ &= 2,903 \end{aligned}$

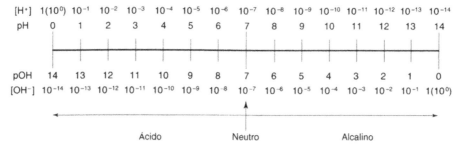

Fig. 2.1 Escala de pH

A concentração de íon hidróxido pode ser expressa de modo semelhante:

$$pOH = -\log_{10}[OH^-] = \log_{10} 1/[OH^-] \quad \text{ou} \quad [OH^-] = 10^{-pOH}$$

Se escrevermos a equação

$$[H^+][OH^-] = K_w = 10^{-14}$$

na forma

$$\log[H^+] + \log[OH^-] = \log K_w = -14$$

então pH + pOH = pK_w = 14

Esta relação vale para soluções diluídas na temperatura de 25°C, aproximadamente. A Fig. 2.1 serve como recurso mnemônico para a relação entre $[H^+]$, pH, $[OH^-]$ e pOH em meio ácido e em meio básico.

A forma logarítmica ou exponencial também é útil para representar outras quantidades pequenas que ocorrem em análise quantitativa, como as constantes de dissociação (Seção 2.8), outras concentrações iônicas e os produtos de solubilidade (Seção 2.14):

(a) Para qualquer ácido com constante de dissociação K_a,

$$pK_a = \log(1/K_a) = -\log K_a$$

Para qualquer base com constante de dissociação K_b,

$$pK_b = \log(1/K_b) = -\log K_b$$

(b) Para qualquer íon I de concentração [I],

$$pI = \log 1/[I] = -\log[I]$$

Assim, para $[Na^+] = 8 \times 10^{-5}$ mol·l^{-1}, pNa = 4,1.

(c) Para um sal com produto de solubilidade K_s,

$$pK_s = \log(1/K_s) = -\log K_s.$$

2.11 Soluções-tampão

Uma solução 0,0001 mol·l^{-1} de ácido clorídrico deveria ter pH igual a 4, mas a solução é muito sensível a traços de base provenientes do vidro do vaso e à amônia do ar. Uma solução 0,0001 mol·l^{-1} de hidróxido de sódio deveria ter um pH igual a 10, mas ela é sensível a traços de dióxido de carbono da atmosfera. Soluções de cloreto de potássio e de acetato de amônio em água têm pH em torno de 7. A adição de 1 ml de solução de ácido clorídrico (1 mol·l^{-1}) a 1 litro de solução de cloreto de potássio leva o pH de 7 a 3, mas a adição da mesma quantidade de ácido clorídrico a 1 litro de solução de acetato de amônio praticamente não altera o pH da solução. A "resistência" de uma solução a mudanças da concentração de íons hidrogênio ao se adicionar pequenas quantidades de ácido ou base é chamada de **efeito tampão**. Uma solução que tem essa propriedade é chamada de **solução-tampão**. Diz-se, às vezes, que ela possui acidez ou basicidade de "reserva". As soluções-tampão geralmente são misturas de um ácido fraco (HA) e seu sal de sódio ou de potássio (A$^-$), ou então são misturas de uma base fraca B e seu sal (BH$^+$). Um tampão, portanto, é geralmente a mistura de um ácido e sua base conjugada. Para entender o efeito tampão, vamos considerar primeiramente o equilíbrio entre um ácido fraco e seu sal. A dissociação de um ácido fraco é dada por

$$HA \rightleftharpoons H^+ + A^-$$

e a extensão do equilíbrio é controlada pela constante de dissociação K_a:

$$\frac{a_{H^+} a_{A^-}}{a_{HA}} = K_a \quad \text{ou} \quad a_{H^+} = K_a\left(\frac{a_{HA}}{a_{A^-}}\right) \quad (2.11)$$

Podemos obter uma expressão aproximada substituindo as atividades por concentrações:

$$[H^+] = K_a \frac{[HA]}{[A^-]} \quad (2.12)$$

Este equilíbrio aplica-se a uma mistura do ácido HA e seu sal, MA. Se a concentração do ácido é c_a e a do sal é c_s, então a concentração do ácido não-dissociado é $(c_a - [H^+])$. A solução é eletricamente neutra, logo $[A^-] = c_s + [H^+]$ (o sal está completamente dissociado). Substituindo estes valores na Eq. (2.12), temos

$$[H^+] = K_a\left(\frac{c_a - [H^+]}{c_s + [H^+]}\right) \quad (2.13)$$

A equação é quadrática em $[H^+]$ e pode ser resolvida da maneira usual. A equação, porém, pode ser simplificada com as seguintes aproximações. Em uma mistura de ácido fraco e seu sal, a dissociação do ácido é reprimida pelo efeito de íon comum, e $[H^+]$ pode ser considerado como pequeno em relação a c_a e c_s. A Eq. (2.13) reduz-se a

$$[H^+] = K_a\left(\frac{c_a}{c_s}\right) \quad \text{ou} \quad [H^+] = K_a \frac{[\text{ácido}]}{[\text{sal}]} \quad (2.14)$$

$$\text{ou} \quad pH = pK_a + \log\frac{[\text{sal}]}{[\text{ácido}]} \quad (2.15)$$

As equações podem ser facilmente expressas em uma forma mais geral quando aplicadas a um ácido de Brønsted-Lowry, A, e a sua base conjugada, B:

$$A \rightleftharpoons H^+ + B$$

(por exemplo, CH_3COOH e CH_3COO^-). A expressão para o pH é

$$pH = pK_a + \log \frac{[B]}{[A]}$$

em que $K_a = [H^+][B]/[A]$

No caso de uma mistura de uma base fraca com constante de dissociação K_b e seu sal com um ácido forte,

$$[OH^-] = K_b \frac{[base]}{[sal]} \qquad (2.16)$$

$$ou \quad pOH = pK_b + \log \frac{[sal]}{[base]} \qquad (2.17)$$

Quando as concentrações do ácido e seu sal são iguais, isto é, quando metade do ácido foi neutralizada, $pH = pK_a$. Assim, o pH de uma solução de ácido fraco semineutralizada é igual ao logaritmo negativo da constante de dissociação do ácido. No caso do ácido acético, $K_a = 1,75 \times 10^{-5}$ mol·l^{-1} e $pK_a = 4,76$. Isso significa que uma solução semineutralizada de ácido acético 0,1 M, por exemplo, terá pH = 4,76. Se adicionarmos a esta solução íons H^+, haverá reação com íons acetato para formar ácido acético não-ionizado:

$$H^+ + CH_3COO^- \rightleftharpoons CH_3COOH$$

Se uma pequena concentração de íons hidróxido for adicionada, os íons OH^- irão se combinar com os íons hidrogênio produzidos na dissociação de ácido acético para formar água. O equilíbrio será afetado e moléculas de ácido acético irão se dissociar para substituir os íons hidrogênio que foram removidos. Em ambos os casos, as concentrações de ácido acético e íons acetato (ou sal) não mudarão apreciavelmente. De acordo com a Eq. (2.15), o pH da solução não será afetado.

Exemplo 2.3

Calcule o pH da solução resultante da adição de 10 ml de ácido clorídrico 1 M a um litro de uma solução 0,1 M de ácido acético e 0,1 M de acetato de sódio ($K_a = 1,75 \times 10^{-5}$ mol·l^{-1}).

O pH da solução-tampão ácido acético–acetato de sódio é dado pela equação

$$pH = pK_a + \log \frac{[sal]}{[ácido]} = 4,76 + 0,0 = 4,76$$

Os íons hidrogênio do ácido clorídrico reagem com íons acetato para formar ácido acético. Desprezando a mudança de volume de 1000 ml para 1010 ml, podemos escrever

$$[CH_3COO^-] = 0,1 - 0,001 = 0,09$$

$$[CH_3COOH] = 0,1 + 0,01 = 0,11$$

$$e \; pH = 4,76 + \log 0,09/0,11 = 4,76 - 0,09 = 4,67$$

Assim, a adição do ácido clorídrico altera o pH de uma solução-tampão por apenas 0,09 unidade de pH. O mesmo volume de ácido clorídrico adicionado a um litro de água (pH = 7) levaria a uma solução de pH = $-\log 0,01 = 2$, uma alteração de 5 unidades de pH. Isso mostra como uma solução-tampão regula o pH.

Uma solução contendo concentrações iguais de ácido e seu sal, ou uma solução semineutralizada do ácido, tem o máximo de "poder-tampão". Misturas em outras proporções também possuem considerável poder-tampão, mas o pH será ligeiramente diferente do pH do ácido semineutralizado. Assim, em uma solução neutralizada em um quarto, [ácido] = 3 × [sal]:

$$pH = pK_a + \log 1/3 = pK_a - 0,48$$

No caso de uma solução neutralizada em três quartos, [sal] = 3 × [ácido]:

$$pH = pK_a + \log 3 = pK_a + 0,48$$

Em geral, podemos dizer que o poder-tampão se mantém para razões ácido:sal na faixa 1:10 a 10:1. A faixa de pH em um tampão de ácido fraco é

$$pH = pK_a \pm 1$$

A concentração de ácido é usualmente de 0,05 a 0,2 mol·l^{-1}. Observações semelhantes se aplicam a bases fracas. É claro que quanto maior forem as concentrações do ácido e da base conjugada em uma solução-tampão, maior será o poder-tampão. Uma medida quantitativa do poder-tampão é dada pelo número de moles de base forte necessário para alterar por uma unidade o pH de um litro de solução.

A preparação de uma solução-tampão de um determinado pH é um processo simples depois que foi feita a escolha do ácido (ou base) de constante de ionização adequada. Pequenas variações de pH são obtidas variando-se a relação ácido:sal. A Tabela 2.2 dá um exemplo.

Antes de encerrar o assunto, vale a pena chamar a atenção para uma possível ilação errônea que se poderia deduzir da Eq. (2.15): a concentração de íons hidrogênio de uma solução-tampão depende somente da razão entre as concentrações de ácido e sal e de K_a, não das concentrações em si. Em outras palavras, o pH de uma solução-tampão não deve mudar por diluição com água. Essa interpretação é aproximadamente verdadeira, apenas. Na dedução da Eq. (2.12), as atividades foram substituídas por concentrações, o que só se justifica no caso de soluções diluídas. A expressão exata que controla o poder-tampão é

$$a_{H^+} = K_a\left(\frac{a_{HA}}{a_{A^-}}\right) = K_a\left(\frac{c_a y_a}{c_s y_{A^-}}\right) \qquad (2.18)$$

Tabela 2.2 *pH de misturas-tampão de ácido acético–acetato de sódio*[a]

Ácido acético (x ml)	Acetato de sódio (y ml)	pH
9,5	0,5	3,48
9,0	1,0	3,80
8,0	2,0	4,16
7,0	3,0	4,39
6,0	4,0	4,58
5,0	5,0	4,76
4,0	6,0	4,93
3,0	7,0	5,13
2,0	8,0	5,36
1,0	9,0	5,71
0,5	9,5	6,04

[a] 10 ml de misturas de *x* ml de ácido acético 0,2 M e *y* ml de acetato de sódio 0,2 M

O coeficiente de atividade y_a do ácido não-dissociado pode ser tomado como 1 em uma solução diluída. A Eq. (2.18) torna-se

$$a_{H^+} = K_a \frac{[\text{ácido}]}{[\text{sal}]y_a} \tag{2.19}$$

$$\text{ou} \quad pH = pK_a + \log \frac{[\text{sal}]}{[\text{ácido}]} + \log y \tag{2.20}$$

Esta equação é conhecida como a equação de Henderson-Hasselbalch. Se uma solução-tampão é diluída, as concentrações de íons diminuem e, como na Seção 2.2, os coeficientes de atividade dos íons aumentam. Segue-se, da Eq. (2.20), que o pH aumenta.

Misturas-tampão não se limitam aos ácidos monopróticos e bases monoácidas e seus sais. Pode-se empregar uma mistura de sais de um ácido poliprótico, como NaH_2PO_4 e Na_2HPO_4. O sal NaH_2PO_4 está completamente dissociado:

$$NaH_2PO_4 \rightleftharpoons Na^+ + H_2PO_4^-$$

O íon $H_2PO_4^-$ age como um ácido monoprótico:

$$H_2PO_4^- \rightleftharpoons H^+ + HPO_4^{2-}$$

para o qual K ($\equiv K_2$ para o ácido fosfórico) é $6,2 \times 10^{-8}$ mol·l^{-1}. Adicionar o sal Na_2HPO_4 é equivalente a adicionar íons acetato a uma solução de ácido acético, já que a terceira ionização do ácido fosfórico ($HPO_4^{2-} = H^+ + PO_4^{3-}$) é pequena ($K_3 = 5 \times 10^{-13}$ mol·l^{-1}). A mistura de NaH_2PO_4 e Na_2HPO_4 é, portanto, um tampão efetivo na faixa de pH $7,2 \pm 1,0$ ($= pK \pm 1$). Observe que esta é uma mistura de um ácido de Brønsted-Lowry e sua base conjugada.

Soluções-tampão são muito aplicadas em análise quantitativa. Muitas precipitações somente são quantitativas em condições de pH cuidadosamente controladas. Muitas titulações complexométricas também devem ser executadas em pH controlado. Muitos exemplos do uso de soluções-tampão serão encontrados neste livro.

2.12 Hidrólise de sais

Os sais podem ser divididos em quatro classes principais:

1. Sais derivados de ácidos fortes e bases fortes, como o cloreto de potássio.
2. Sais derivados de ácidos fracos e bases fortes, como o acetato de sódio.
3. Sais derivados de ácidos fortes e bases fracas, como o cloreto de amônio.
4. Sais derivados de ácidos fracos e bases fracas, como o formato de amônio ou o acetato de alumínio.

Quando qualquer sal das classes 2, 3 e 4 é dissolvido em água, a solução nem sempre é neutra. Podem ocorrer interações com os íons da água, e as soluções resultantes podem ser neutras, ácidas ou alcalinas, dependendo da natureza do sal.

No caso de um sal da classe 1 dissolvido em água, os ânions não têm tendência a se combinar com os íons hidrogênio da água, nem os cátions têm tendência a se combinar com os íons hidróxido da água. Isso ocorre porque os ácidos e bases relacionados são eletrólitos fortes. O equilíbrio entre os íons hidrogênio e os íons hidróxido em água,

$$H_2O \rightleftharpoons H^+ + OH^- \tag{2.6}$$

portanto, não é perturbado e a solução permanece neutra.

Considere, entretanto, um sal MA derivado de um ácido fraco HA e uma base forte MOH (classe 2). O sal se dissocia completamente na água:

$$MA \rightarrow M^+ + A^-$$

Concentrações muito pequenas de íons hidrogênio e de íons hidróxido, que se originam na pequena, mas finita, dissociação da água, estarão inicialmente presentes. HA é um ácido fraco, isto é, dissocia-se muito pouco. Consequentemente, a concentração de íons A^- que podem existir em equilíbrio com os íons H^+ é pequena. Para manter o equilíbrio, a concentração elevada inicial de A^- deve se reduzir por reação com H^+ para formar HA não-dissociado:

$$H^+ + A^- \rightleftharpoons HA \tag{2.7}$$

Os íons hidrogênio necessários para esta reação podem ser obtidos apenas por dissociação adicional da água, que produz, ao mesmo tempo, uma quantidade equivalente de íons hidróxido. Os íons hidrogênio são utilizados para a formação de HA. Consequentemente, a concentração de íons hidróxido em solução se eleva e a solução passa a ter comportamento básico.

A notação usual para as equações que envolvem o equilíbrio é escrever os íons, no caso das substâncias completamente dissociadas, e as moléculas, no caso das substâncias fracamente dissociadas ou pouco solúveis. A reação é então escrita

$$A^- + H_2O \rightleftharpoons OH^- + HA \tag{2.8}$$

Esta equação pode ser obtida pela combinação das reações [2.6] e [2.7] porque ambos os equilíbrios coexistem. A interação entre um íon (ou íons) de um sal e água é chamada de **hidrólise**.

Considere, a seguir, o sal de um ácido forte e uma base fraca (classe 3). Neste caso, a alta concentração inicial de cátions M^+ se reduz por combinação com os íons hidróxido da água para formar a base MOH, fracamente dissociada, até que o equilíbrio

$$M^+ + OH^- \rightleftharpoons MOH$$

seja atingido. A concentração de íons hidrogênio aumenta e a solução passa a ter comportamento ácido. A hidrólise é representada por

$$M^+ + H_2O \rightleftharpoons MOH + H^+$$

No caso de sais da classe 4, em que o ácido e a base são fracos, duas reações ocorrem simultaneamente:

$$M^+ + H_2O \rightleftharpoons MOH + H^+ \qquad A^- + H_2O \rightleftharpoons HA + OH^-$$

O caráter ácido ou básico da solução depende das constantes de dissociação do ácido e da base. Se forem iguais, a solução será neutra, se $K_a > K_b$, ela será ácida e se $K_b > K_a$, ela será alcalina.

Tendo considerado todos os casos possíveis, podemos dar uma definição mais geral de hidrólise: ela é a interação entre um íon (ou íons) de um sal e água, com a produção de (a) um ácido fraco **ou** uma base fraca, ou (b) um ácido fraco **e** uma base fraca.

A hidrólise dos sais pode ser vista como uma aplicação simples da equação geral de Brønsted-Lowry

$$A_1 + B_2 \rightleftharpoons A_2 + B_1$$

18 Reações em solução: teoria fundamental

Assim, a equação da hidrólise dos sais de amônio

$$NH_4^+ + H_2O \rightleftharpoons NH_3 + H_3O^+$$

é idêntica à expressão usada para definir a força do íon amônio como ácido de Brønsted-Lowry (Seção 2.6), e a constante K_a de NH_4^+ é, na verdade, a constante de hidrólise de um sal de amônio.

A hidrólise do sal de sódio de um ácido fraco pode ser tratada de forma semelhante. Para uma solução de acetato de sódio

$$CH_3COO^- + H_2O \rightleftharpoons CH_3COOH + OH^-$$

a constante de hidrólise é

$$[CH_3COOH][OH^-]/[CH_3COO^-] = K_h = K_w/K_a$$

em que K_a é a constante de dissociação do ácido acético.

2.13 Grau de hidrólise

Caso 1: Sal de um ácido fraco e uma base forte

Em uma solução do sal MA, o equilíbrio pode ser representado por

$$A^- + H_2O \rightleftharpoons OH^- + HA$$

Aplicando a lei da ação das massas,

$$\frac{a_{OH}-a_{HA}}{a_{A^-}} = \frac{[OH^-][HA]}{[A^-]} \times \frac{y_{OH}-y_{HA}}{y_{A^-}} = K_h \qquad (2.21)$$

em que K_h é a constante de hidrólise. Se a solução é diluída, a atividade da água não-ionizada pode ser tomada como constante e pode-se fazer o coeficiente de atividade do ácido não-ionizado igual à unidade. Nestas condições, ambos os íons têm o mesmo coeficiente de atividade. A Eq. (2.21) reduz-se a

$$K_h = \frac{[OH^-][HA]}{[A^-]} \qquad (2.22)$$

A equação é freqüentemente escrita na forma

$$K_h = \frac{[base][ácido]}{[sal\ não\text{-}hidrolisado]}$$

A base forte livre e o sal não-hidrolisado estão completamente dissociados, e o ácido está muito pouco ionizado.

O grau de hidrólise é a fração de cada mol do ânion A^- hidrolisado no equilíbrio. Considere um mol de sal dissolvido em V litros da solução e x o grau de hidrólise. As concentrações em $mol \cdot l^{-1}$ são

$$[HA] = [OH^-] = x/V \qquad [A^-] = (1-x)/V$$

Substituindo estes valores na Eq. (2.22):

$$K_h = \frac{[OH^-][HA]}{[A^-]} = \frac{(x/V)(x/V)}{(1-x)/V} = \frac{x^2}{(1-x)V}$$

Esta expressão permite o cálculo do grau de hidrólise na diluição V. Quando V aumenta, o grau de hidrólise x também aumenta. Os dois equilíbrios

$$H_2O \rightleftharpoons H^+ + OH^- \qquad e \qquad HA = H^+ + A^-$$

coexistem com o equilíbrio da hidrólise:

$$A^- + H_2O \rightleftharpoons HA + OH^-$$

Isso significa que as duas relações

$$[H^+][OH^-] = K_w \qquad e \qquad [H^+][A^-]/[HA] = K_a$$

valem para a mesma solução segundo

$$[OH^-][HA]/[A^-] = K_h$$

Porém,

$$\frac{K_w}{K_a} = \frac{[H^+][OH^-][HA]}{[H^+][A^-]} = \frac{[OH^-][HA]}{[A^-]} = K_h$$

logo, $K_w/K_a = K_h$

ou $pK_h = pK_w - pK_a$

A constante de hidrólise relaciona-se, então, ao produto iônico da água e à constante de ionização do ácido. Como K_a varia ligeiramente com a temperatura mas K_w varia consideravelmente com a temperatura, K_h e, conseqüentemente, o grau de hidrólise são fortemente influenciados por mudanças de temperatura.

A concentração de íons hidrogênio em uma solução de sal hidrolisado pode ser facilmente calculada. As quantidades de íons HA e OH^- formados na hidrólise são iguais. O mesmo ocorre com [HA] e $[OH^-]$ em uma solução do sal puro em água. Se a concentração do sal é c $mol \cdot l^{-1}$, então

$$\frac{[HA][OH^-]}{[A^-]} = \frac{[OH^-]^2}{c} = K_b = \frac{K_w}{K_a}$$

$$e \quad [OH^-] = \sqrt{cK_w/K_a}$$

$$ou \quad [H^+] = \sqrt{K_wK_a/c} \quad porque \quad [H^+] = K_w/[OH^-]$$

$$e \quad pH = \tfrac{1}{2}pK_w + \tfrac{1}{2}pK_a + \tfrac{1}{2}\log c$$

Ou, para manter a consistência, fazendo $pc = -\log c$,

$$pH = \tfrac{1}{2}pK_w + \tfrac{1}{2}pK_a + \tfrac{1}{2}pc \qquad (2.23)$$

A Eq. (2.23) pode ser empregada no cálculo do pH de uma solução de um sal de um ácido fraco e uma base forte. Assim, o pH de uma solução de benzoato de sódio (0,05 $mol \cdot l^{-1}$) é dada por

$$pH = 7,0 + 2,10 - \tfrac{1}{2}(1,30) = 8,45$$

já que $K_a = 6,37 \times 10^{-5}$ $mol \cdot l^{-1}$ ($pK_a = 4,20$) para o ácido benzóico. Este tipo de cálculo dá informações úteis sobre o indicador a escolher para a titulação de um ácido fraco e uma base forte (Seção 10.34).

Exemplo 2.4

Calcule (i) a constante de hidrólise, (ii) o grau de hidrólise e (iii) a concentração de íon hidrogênio de uma solução de acetato de sódio (0,01 $mol \cdot l^{-1}$) na temperatura normal.

$$K_h = \frac{K_w}{K_a} = \frac{1,0 \times 10^{-14}}{1,75 \times 10^{-5}} = 5,7 \times 10^{-10}$$

O grau de hidrólise x é dado por

$$K_h = \frac{x^2}{(1-x)V}$$

Substituindo K_h e V (= $1/c$), temos

$$5,7 \times 10^{-10} = \frac{0,01x^2}{(1-x)}$$

Resolvendo esta equação quadrática, temos $x = 0,000238$ ou $0,0238\%$.

Se a solução fosse completamente ionizada, a concentração de ácido acético produzido seria $0,01$ $mol \cdot l^{-1}$. Como, porém, o grau de hidrólise é $0,0238\%$, a concentração de ácido acético é $2,38 \times 10^{-6}$ $mol \cdot l^{-1}$. Esta é, também, a concentração de íon hidróxido produzida, isto é, pOH $= 5,62$. Assim,

$$pH = 14,0 - 5,62 = 8,38$$

O pH também pode ser calculado a partir da Eq. (2.23):

$$pH = \tfrac{1}{2}pK_w + \tfrac{1}{2}pK_a - \tfrac{1}{2}pc = 7,0 + 2,38 - \tfrac{1}{2}(2) = 8,38$$

Caso 2: Sal de um ácido forte e uma base fraca

O equilíbrio da hidrólise é representado por

$$M^+ + H_2O \rightleftharpoons MOH + H^+$$

Aplicando a lei da ação das massas, como fizemos no caso 1, as seguintes equações são obtidas:

$$K_h = \frac{[H^+][MOH]}{[M^+]} = \frac{[\text{ácido}][\text{base}]}{[\text{sal não-hidrolisado}]} = \frac{K_w}{K_b} = \frac{x^2}{(1-x)V}$$

K_b é a constante de dissociação da base. Além disso, como $[MOH]$ e $[H^+]$ são iguais, temos

$$K_h = \frac{[H^+][MOH]}{[M^+]} = \frac{[H^+]^2}{c} = \frac{K_w}{K_b}$$

$$[H^+] = \sqrt{cK_wK_b}$$

$$\text{ou} \quad pH = \tfrac{1}{2}pK_w - \tfrac{1}{2}pK_b + \tfrac{1}{2}pc \tag{2.24}$$

A Eq. (2.24) pode ser usada para o cálculo do pH de soluções de sais de ácidos fortes e bases fracas. Assim, o pH de uma solução de cloreto de amônio ($0,2$ $mol \cdot l^{-1}$) é

$$pH = 7,0 - 2,37 + \tfrac{1}{2}(0,70) = 4,98$$

já que $K_b = 1,8 \times 10^{-5}$ $mol \cdot l^{-1}$ ($pK_b = 4,74$) para amônia em água.

Caso 3: Sal de um ácido fraco e uma base fraca

O equilíbrio da hidrólise é representado pela equação

$$M^+ + A^- + H_2O \rightleftharpoons MOH + HA$$

Aplicando a lei da ação das massas e considerando a atividade da água não-ionizada, temos

$$K_h = \frac{a_{MOH}a_{HA}}{a_{M^+}a_{A^-}} = \frac{[MOH][HA]}{[M^+][A^-]} \times \frac{y_{MOH}y_{HA}}{y_{M^+}y_{A^-}}$$

Fazendo as aproximações usuais, isto é, fazendo os coeficientes de atividade das moléculas não-ionizadas iguais a um e, em uma primeira aproximação, fazendo os coeficientes de atividade dos íons iguais a um, obtém-se a equação aproximada

$$K_h = \frac{[MOH][HA]}{[M^+][A^-]} = \frac{[\text{base}][\text{ácido}]}{[\text{sal não-hidrolisado}]^2}$$

Se x é o grau de hidrólise de 1 mol do sal dissolvido em V litros da solução, então as concentrações são

$$[MOH] = [HA] = x/V \qquad [M^+] = [A^-] = (1-x)/V$$

levando ao resultado

$$K_h = \frac{(x/V)(x/V)}{\{(1-x)/V\}\{(1-x)/V\}} = \frac{x^2}{(1-x)^2}$$

O grau de hidrólise é independente da concentração da solução. O mesmo acontece, portanto, com o pH.*

Pode-se demonstrar facilmente que

$$K_h = K_b(K_w/K_a)$$

$$\text{ou} \quad pK_h = pK_w - pK_a - K_b$$

Esta expressão permite o cálculo do grau de hidrólise a partir das constantes de ionização do ácido e da base.

A concentração de íons hidrogênio da solução hidrolisada é calculada como se segue:

$$[H^+] = K_a\frac{[HA]}{[A^-]} = K_a\left(\frac{x/V}{(1-x)V}\right) = K_a\left(\frac{x}{1-x}\right)$$

mas $x/(1-x) = \sqrt{K_h}$

Então, $[H^+] = K_a\sqrt{K_h} = \sqrt{K_wK_a/K_b}$

$$\text{ou} \quad pH = \tfrac{1}{2}pK_w + \tfrac{1}{2}pK_a - \tfrac{1}{2}pK_b \tag{2.25}$$

Se as constantes de ionização do ácido e da base são iguais, isto é, se $K_a = K_b$, então, pH $= \tfrac{1}{2}pK_w = 7,0$ e a solução é neutra, ainda que a hidrólise seja considerável. Se $K_a > K_b$, então, pH $< 7,0$ e a solução é ácida. Se $K_b > K_a$, então, pH $> 7,0$ e a solução é básica.

O pH de uma solução de acetato de amônio é dado por

$$pH = 7,0 + 2,38 - 2,37 = 7,1$$

Isto é, a solução é aproximadamente neutra. Por outro lado, no caso de uma solução diluída de formato de amônio

$$pH = 7,0 + 1,88 - 2,37 = 6,51$$

porque $K_a = 1,77 \times 10^{-4}$ $mol \cdot l^{-1}$, ($pK_a = 3,75$) para o ácido fórmico. A solução tem caráter ligeiramente ácido.

2.14 Produto de solubilidade

No caso de sais pouco solúveis (por convenção, aqueles em que a solubilidade é menor do que $0,01$ $mol \cdot l^{-1}$), tem-se experimentalmente que o produto da ação das massas das concentrações dos íons é constante se a temperatura é constante. Este produto, K_s, é chamado produto de solubilidade. No caso de um eletrólito binário

$$AB \rightleftharpoons A^+ + B^-$$

$$K_{s(AB)} = [A^+][B^-]$$

No caso de um eletrólito A_pB_q, que se ioniza em pA^{q+} e qB^{p-}, então

$$A_pB_q = pA^{q+} + qB^{p-}$$

$$K_{s(A_pB_q)} = [A^{q+}]^p[B^{p-}]^q$$

Apresentamos, a seguir, uma dedução plausível da relação do produto de solubilidade. Quando o excesso de um eletrólito pouco solúvel, digamos, cloreto de prata, é agitado com água, uma parte se solubiliza em água até que ocorre saturação e o

---

*Isto se aplica somente se as aproximações iniciais sobre os coeficientes de atividade são justificadas. Em soluções em que a força iônica é apreciável, os coeficientes de atividade dos íons variam com a força iônica total.

processo se interrompe. O seguinte equilíbrio se estabelece (o cloreto de prata está completamente ionizado em solução):

$$AgCl \text{ (s)} \rightleftharpoons Ag^+ + Cl^-$$

A velocidade da reação direta depende apenas da temperatura e em uma dada temperatura

$$r_1 = k_1$$

em que k_1 é constante. A velocidade da reação inversa é proporcional à atividade de cada um dos reagentes. Na mesma temperatura,

$$r_2 = k_2 a_{Ag^+} a_{Cl^-}$$

em que k_2 é constante. No equilíbrio, as duas velocidades são iguais, isto é,

$$k_1 = k_2 a_{Ag^+} a_{Cl^-}$$

$$\text{ou} \quad a_{Ag^+} a_{Cl^-} = k_1/k_2 = K_{s(AgCl)}$$

Nas soluções diluídas que estamos tratando, as atividades podem ser consideradas como iguais às concentrações, logo $[Ag^+][Cl^-] = $ constante.

Observe que a relação do produto de solubilidade se aplica com acurácia suficiente em análise quantitativa apenas no caso de soluções saturadas de eletrólitos pouco solúveis e com adição de outros sais em pequenas quantidades. Na presença de concentrações moderadas de sais, aumenta a concentração dos íons, e, em consequência, a força iônica da solução. Isso baixa, em geral, o coeficiente de atividade de ambos os íons, logo a concentração de íons (e, em consequência, a solubilidade) tem de aumentar para manter o produto de solubilidade constante. Este processo é chamado de **efeito de sal**. O efeito é mais marcado quando o eletrólito adicionado não possui um íon em comum com o sal pouco solúvel.

Dois fatores são importantes quando uma solução de um sal com um íon comum é adicionada a uma solução saturada de um sal pouco solúvel. Em concentrações moderadas do sal adicionado, a solubilidade geralmente diminui. Em concentrações mais elevadas do sal solúvel, em que a força iônica da solução aumenta consideravelmente e os coeficientes de atividade dos íons diminuem, a solubilidade pode eventualmente aumentar. Esta é uma das razões de se evitar um excesso muito grande do agente de precipitação em análise quantitativa.

Os exemplos a seguir ilustram como calcular os produtos de solubilidade a partir dos dados de solubilidade e vice-versa.

Exemplo 2.5

A solubilidade do cloreto de prata é 0,0015 g·l^{-1}. Calcule o produto de solubilidade.

A massa molecular relativa do cloreto de prata é 143,3. A solubilidade é, portanto, $0,0015/143,3 = 1,05 \times 10^{-5}$ mol·l^{-1}. Em uma solução saturada, 1 mol de AgCl dará 1 mol de Ag^+ e 1 mol de Cl^-. Assim, $[Ag^+] = 1,05 \times 10^{-5}$ mol·l^{-1} e $[Cl^-] = 1,05 \times 10^{-5}$ mol·l^{-1}.

$$K_{s(AgCl)} = [Ag^+][Cl^-] = (1,05 \times 10^{-5}) \times (1,05 \times 10^{-5})$$
$$= 1,11 \times 10^{-10} \text{ mol}^2 \cdot l^{-2}$$

Exemplo 2.6

Calcule o produto de solubilidade do cromato de prata, considerando que sua solubilidade é $2,5 \times 10^{-2}$ g·l^{-1} e que

$$Ag_2CrO_4 \rightleftharpoons 2Ag^+ + CrO_4^{2-}$$

A massa molecular relativa de Ag_2CrO_4 é 331,7, logo

$$\text{solubilidade} = 2,5 \times 10^{-2}/331,7$$
$$= 7,5 \times 10^{-5} \text{ mol} \cdot l^{-1}$$

Como 1 mol de Ag_2CrO_4 libera dois moles de Ag^+ e um de CrO_4^{2-},

$$K_{s(Ag_2CrO_4)} = [Ag^+]^2[CrO_4^{2-}] = (2 \times 7,5 \times 10^{-5})^2 \times (7,5 \times 10^{-5})$$
$$= 1,7 \times 10^{-12} \text{ mol}^3 \cdot l^{-3}$$

Exemplo 2.7

O produto de solubilidade do hidróxido de magnésio é $3,4 \times 10^{-11}$ mol^3·l^{-3}. Calcule sua solubilidade em gramas por litro.

Temos

$$Mg(OH)_2 \rightleftharpoons Mg^{2+} + 2OH^-$$

$$[Mg^{2+}][OH^-]^2 = 3,4 \times 10^{-11}$$

A massa molecular relativa do hidróxido de magnésio é 58,3. Cada mol do composto, dissolvido, libera 1 mol de íons magnésio e 2 moles de íons hidróxido. Se o produto de solubilidade é s mol·l^{-1}, então, $[Mg^{2+}] = s$ e $[OH^-] = 2s$. Substituindo estes valores na expressão do produto de solubilidade:

$$s \times (2s)^2 = 3,4 \times 10^{-11}$$
$$s = 2,0 \times 10^{-4} \text{ mol} \cdot l^{-1}$$
$$= 2,0 \times 10^{-4} \times 58,3$$
$$= 1,2 \times 10^{-2} \text{ g} \cdot l^{-1}$$

A grande importância do conceito de produto de solubilidade está em seu significado para a precipitação de substâncias em solução, uma das operações importantes da análise quantitativa. O produto de solubilidade é o valor limite do produto das concentrações dos íons quando se estabelece o equilíbrio entre a fase sólida de um sal pouco solúvel e a solução. Se as condições experimentais são tais que o produto da concentração dos íons é diferente do produto de solubilidade, o sistema se altera para que o equilíbrio se restabeleça. Assim, para um dado eletrólito, se o produto das concentrações dos íons em solução é arbitrariamente aumentado de modo a exceder o produto de solubilidade, digamos, com a adição de um sal com um íon comum, o sistema se ajusta de modo que ocorre, no equilíbrio, a precipitação do sal sólido, desde que não ocorra o fenômeno da supersaturação. Se o produto das concentrações de íons é menor do que o produto de solubilidade ou se arbitrariamente o sistema é colocado nestas condições, digamos, pela formação de um sal complexo ou pela formação de eletrólitos fracos, então, uma certa quantidade de soluto passa para a solução até que o produto de solubilidade seja alcançado ou, se isso não for possível, até que todo o soluto se dissolva.

2.15 Efeito de íon comum

Se um eletrólito forte, um sal, por exemplo, é adicionado a uma solução de um eletrólito fraco, escolhido de modo que um dos íons em que ele se dissocia em solução também seja um dos íons do sal, o grau de dissociação do eletrólito forte diminui. Esse efeito é chamado de efeito de íon comum.

Alguns exemplos são dados a seguir. Em geral o efeito é pequeno, se a concentração total do íon comum for ligeiramente maior do que a concentração de íons que o composto original forneceria isoladamente. No entanto, se a concentração do íon comum aumentar muito, por exemplo, pela adição de um sal completamente ionizado, o efeito é muito grande. Um efeito de íon comum muito grande pode ser de importância prática considerável. Na verdade, o efeito pode ser um método útil para o controle da concentração de íons liberados por um eletrólito fraco.

Exemplo 2.8

Calcule a concentração de íon sulfeto em uma solução 0,25 M de ácido clorídrico saturada com sulfeto de hidrogênio.

Escolhemos 0,25 M porque é nesta concentração que os sulfetos de certos metais pesados são usualmente precipitados. A concentração total de sulfeto de hidrogênio pode ser tomada como aproximadamente igual à concentração de sulfeto em água saturada de H_2S, isto é, 0,1 M. $[H^+]$ é igual à concentração de HCl completamente dissociado, isto é, 0,25 M, mas $[S^{2-}]$ será menor do que 1×10^{-14} (veja Exemplo 2.1). Usando as reações [2.4] e [2.5], temos que

$$[HS^-] = \frac{K_1[H_2S]}{[H^+]} = \frac{1,0 \times 10^{-7} \times 0,1}{0,25} = 4,0 \times 10^{-8}\,mol \cdot l^{-1}$$

$$[S^{2-}] = \frac{K_2[HS^-]}{[H^+]} = \frac{(1 \times 10^{-14})(4 \times 10^{-8})}{0,25} = 1,6 \times 10^{-21}\,mol \cdot l^{-1}$$

Assim, mudando a acidez de $1,0 \times 10^{-4}$ M (em água saturada de H_2S) para 0,25 M, a concentração de íons sulfeto é reduzida de 1×10^{-14} para $1,6 \times 10^{-21}\,mol \cdot l^{-1}$.

Exemplo 2.9

Que efeito sobre o grau de dissociação tem a adição de 0,1 mol de acetato de sódio anidro a 1 litro de ácido acético?

A constante de dissociação do ácido acético, em 25°C, é igual a $1,75 \times 10^{-5}\,mol \cdot l^{-1}$ e o grau de dissociação pode ser obtido pela equação quadrática

$$\frac{[H^+][CH_3COO^-]}{[CH_3COOH]} = \frac{\alpha^2 c}{(1 - \alpha)} = 1,75 \times 10^{-5}$$

Como α é pequeno, pode ser desprezado em $(1 - \alpha)$, e

$$\alpha = \sqrt{K/c} = \sqrt{1,75 \times 10^{-4}} = 0,0132$$

Assim, em ácido acético 0,1 M, $[H^+]$ é igual a 0,00132, $[CH_3COO^-] = 0,00132$, e

$$[CH_3COOH] = 0,0987\,mol \cdot l^{-1}$$

As concentrações dos íons sódio e acetato produzidos pela adição do acetato de sódio completamente dissociado são

$$[Na^+] = 0,1 \qquad [CH_3COO^-] = 0,1\,mol \cdot l^{-1}$$

Os íons acetato do sal tendem a reprimir a ionização do ácido acético e, conseqüentemente, a concentração do íon acetato dele diretamente derivado. Assim, podemos escrever $[CH_3COO^-] = 0,1$ para a solução e, se α' é o novo grau de dissociação, então $[H^+] = \alpha'c = 0,1\alpha'$ e $[CH_3COOH] = (1 - \alpha')c = 0,1$, porque α' é muito pequeno.

Substituindo estes valores na equação da ação das massas:

$$\frac{[H^+][CH_3COO^-]}{[CH_3COOH]} = \frac{0,1\alpha' \times 0,1}{0,1} = 1,75 \times 10^{-5}$$

$$\text{ou} \quad \alpha' = 1,75 \times 10^{-4}$$

$$[H^+] = \alpha'c = 1,75 \times 10^{-5}\,mol \cdot l^{-1}$$

A adição de 0,1 mol de acetato de sódio a uma solução 0,1 M de ácido acético reduz o grau de ionização de 1,32% para 0,018% e a concentração de íons hidrogênio de 0,00132 para 0,000018 $mol \cdot l^{-1}$.

Exemplo 2.10

Que efeito tem a adição de 0,5 mol de cloreto de amônio a um litro de uma solução 0,1 M de amônia em água sobre o grau de dissociação da base?

(Constante de dissociação de NH_3 em água $= 1,8 \times 10^{-5}\,mol \cdot l^{-1}$)

Em amônia 0,1 M, $\alpha = \sqrt{1,8 \times 10^{-5}/0,1} = 0,0135$. Logo, $[OH^-] = 0,00135$, $[NH_4^+] = 0,00135$ e $[NH_3] = 0,0986$ $mol \cdot l^{-1}$. Seja α' o grau de ionização na presença do cloreto de amônio. Então, $[OH^-] = \alpha'c = 0,1\alpha'$ e $[NH_3] (1 - \alpha')c = 0,1$, porque α' é muito pequeno. A adição do cloreto de amônio completamente ionizado diminui necessariamente o $[NH_4^+]$ derivado da base e aumenta $[NH_3]$. Em primeira aproximação, $[NH_4^+] = 0,5$.

Substituindo os valores na equação:

$$\frac{[NH_4^+][OH^-]}{[NH_3]} = \frac{0,5 \times 0,1\alpha'}{0,1} = 1,8 \times 10^{-5}$$

A adição de 0,5 mol de cloreto de amônio a um litro de amônia 0,1 M em água diminui o grau de ionização de 1,35% para 0,0036% e a concentração de íons hidróxido de 0,00135 para 0,0000036 $mol \cdot l^{-1}$.

2.16 Íon comum: efeitos quantitativos

Uma aplicação importante do princípio do produto de solubilidade é o cálculo da solubilidade de sais pouco solúveis em soluções de sais com um íon comum. Assim, a solubilidade de um sal MA na presença de uma quantidade relativamente grande do íon comum M^+,* liberado por

---

*Nestas condições a concentração do íon M^+ liberado pelo sal pouco solúvel pode ser desprezada, o que simplifica os cálculos.

22 Reações em solução: teoria fundamental

um outro sal MB, é descrita, segundo a definição do produto de solubilidade, por

$$[M^+][A^-] = K_{s(MA)}$$

$$[A^-] = K_{s(MA)}/[M^+]$$

A solubilidade do sal é representada por $[A^-]$. É claro que a adição de um íon comum **diminui** a solubilidade do sal.

Exemplo 2.11

Calcule a solubilidade de cloreto de prata (a) em uma solução 0,001 M e (b) em uma solução 0,01 M de cloreto de sódio ($K_{s(AgCl)} = 1,1 \times 10^{-10}$ mol$^2 \cdot$l^{-2}).

Em uma solução saturada de cloreto de prata, $[Cl^-] = \sqrt{1,1 \times 10^{-10}}$ $= 1,05 \times 10^{-5}$ mol$\cdot$l^{-1}. Esta concentração de íons cloreto pode ser desprezada diante do excesso de Cl^- adicionado.

Para (a) $[Cl^-] = 1 \times 10^{-3}$ $[Ag^+] = 1,1 \times 10^{-10}/1 \times 10^{-3}$

$$= 1,1 \times 10^{-7} \text{mol} \cdot \text{l}^{-1}$$

Para (b) $[Cl^-] = 1 \times 10^{-2}$ $[Ag^+] = 1,1 \times 10^{-10}/1 \times 10^{-2}$

$$= 1,1 \times 10^{-8} \text{mol} \cdot \text{l}^{-1}$$

Assim, a solubilidade diminui 100 vezes em cloreto de sódio 0,001 M e 1000 vezes em cloreto de sódio 0,01 M. Resultados semelhantes seriam obtidos para nitrato de prata 0,001 M e 0,01 M.

Exemplo 2.12

Calcule as solubilidades de cromato de prata em soluções 0,001 M e 0,01 M de nitrato de prata e em soluções 0,001 M e 0,01 M de cromato de potássio (Ag_2CrO_4 tem $K_s = 1,7 \times 10^{-12}$ mol$^3 \cdot$l^{-3} e solubilidade em água igual a $5,5 \times 10^{-5}$ mol$\cdot$l^{-1}).

$$[Ag^+]^2[CrO_4^{2-}] = 1,7 \times 10^{-12}$$

$$[CrO_4^{2-}] = 1,7 \times 10^{-12}/[Ag^+]^2$$

Em uma solução 0,001 M de nitrato de prata, $[Ag^+] = 1 \times 10^{-3}$, logo

$$[CrO_4^{2-}] = 1,7 \times 10^{-12}/1 \times 10^{-6} = 1,7 \times 10^{-6} \text{mol} \cdot \text{l}^{-1}$$

Em uma solução 0,01 M de nitrato de prata, $[Ag^+] = 1 \times 10^{-2}$, logo

$$[CrO_4^{2-}] = 1,7 \times 10^{-12}/1 \times 10^{-4} = 1,7 \times 10^{-8} \text{mol} \cdot \text{l}^{-1}$$

A equação do produto de solubilidade dá

$$[Ag^+] = \sqrt{1,7 \times 10^{-12}/[CrO_4^{2-}]}$$

Para $[CrO_4^{2-}] = 0,001$ $[Ag^+] = \sqrt{1,7 \times 10^{-12}/1 \times 10^{-3}}$

$$= 4,1 \times 10^{-5} \text{mol} \cdot \text{l}^{-1}$$

Para $[CrO_4^{2-}] = 0,01$ $[Ag^+] = \sqrt{1,7 \times 10^{-12}/1 \times 10^{-2}}$

$$= 1,3 \times 10^{-5} \text{mol} \cdot \text{l}^{-1}$$

A diminuição da solubilidade pelo efeito de íon comum é de importância fundamental na análise gravimétrica. Pela adição de uma quantidade apropriada de um agente de precipitação, a solubilidade do sal de interesse diminui tanto que a perda devida à solubilidade residual pode ser negligenciada. Vamos considerar a determinação de prata como cloreto de prata. Para isso, é necessário adicionar uma solução de um determinado cloreto à solução do sal de prata. Se usarmos uma quantidade exatamente equivalente, a solução resultante estará saturada de cloreto de prata e conterá 0,0015 g$\cdot$l^{-1} de íons prata (Exemplo 2.1). Se fossem produzidos 0,2 g de cloreto de prata e o volume total da solução e das águas de lavagem fosse igual a 500 ml, a perda devida à solubilidade seria igual a 0,00075 g, ou seja, 0,38% do peso do sal. O resultado da análise seria 0,38% menor do que deveria. Usando um excesso de precipitante, digamos até uma concentração igual a 0,01 M, a solubilidade do cloreto de prata seria reduzida a $1,5 \times 10^{-5}$ g$\cdot$l^{-1} (Exemplo 2.4) e a perda seria de $1,5 \times 10^{-5} \times 0,5 \times 100/0,2 = 0,0038\%$. Cloreto de prata é, então, muito apropriado para a determinação de prata com alta acurácia.

Observe, porém, que, quando a concentração do precipitante que está em excesso cresce, também cresce a força iônica do meio. Isso leva à diminuição dos coeficientes de atividade e, para manter o valor de K_s, o precipitado **tem de se dissolver parcialmente**. Em outras palavras, há um limite para a quantidade de precipitante que podemos adicionar em excesso. A adição de precipitante em excesso pode, também, levar à formação de complexos solúveis, o que fará com que o precipitado se dissolva parcialmente.

2.17 Precipitação fracionada

Vimos, na seção anterior, como usar o conceito de produto de solubilidade, em conexão com a precipitação de um sal pouco solúvel. Vamos tratar, agora, o caso em que dois sais pouco solúveis podem se formar. Para simplificar, vamos considerar a adição de um agente de precipitação a uma solução que contém dois ânions que são capazes de formar sais pouco solúveis com um mesmo cátion, como ocorre, por exemplo, na adição de uma solução de nitrato de prata a uma solução que contém íons cloreto e iodeto. As questões importantes em um problema desse tipo são: que sal precipitará primeiro e quanto do primeiro sal vai precipitar antes que o segundo íon comece a reagir com o reagente de precipitação?

O produto de solubilidade do cloreto de prata é $1,2 \times 10^{-10}$ mol$^2 \cdot$l^{-2} e o do iodeto de prata é $1,7 \times 10^{-16}$ mol$^2 \cdot$l^{-2}, isto é,

$$[Ag^+][Cl^-] = 1,2 \times 10^{-10} \qquad (2.26)$$

$$[Ag^+][I^-] = 1,7 \times 10^{-16} \qquad (2.27)$$

O iodeto de prata é menos solúvel, logo, seu produto de solubilidade será alcançado antes e, por isso, ele precipitará primeiro. O cloreto de prata começa a precipitar quando a concentração de Ag^+ for maior do que

$$\frac{K_{s(AgCl)}}{[Cl^-]} = \frac{1,2 \times 10^{-10}}{[Cl^-]}$$

e a partir daí ambos os sais precipitam ao mesmo tempo. Quando o cloreto de prata começar a precipitar, os íons prata estarão em equilíbrio com ambos os sais, e as Eqs. (2.26) e (2.27) serão simultaneamente satisfeitas, ou

$$[Ag^+] = \frac{K_{s(AgI)}}{[I^-]} = \frac{K_{s(AgCl)}}{[Cl^-]} \qquad (2.28)$$

$$e \; \frac{[I^-]}{[Cl^-]} = \frac{K_{s(AgI)}}{K_{s(AgCl)}} = \frac{1,7 \times 10^{-16}}{1,2 \times 10^{-10}} = 1,4 \times 10^{-6} \qquad (2.29)$$

Assim, quando a concentração de iodeto for cerca de um milionésimo da concentração de cloreto, o cloreto de prata começará a precipitar. Se a concentração inicial de íons I^- e Cl^- for igual a 0,1 M, o cloreto de prata começará a precipitar quando

$$[I^-] = 0,1 \times 1,4 \times 10^{-6} = 1,4 \times 10^{-7} \, M = 1,8 \times 10^{-5} \, g \cdot l^{-1}$$

Isso significa que uma separação quase completa é teoricamente possível. A separação pode ser feita, na prática, se puder ser determinado o ponto no qual a precipitação do iodeto de prata se completa. Isso pode ser feito com a ajuda de (a) um indicador de adsorção (Seção 10.93) ou (b) um método potenciométrico e um eletrodo de prata (Seção 10.103).

Para uma mistura de brometo e iodeto

$$\frac{[I^-]}{[Br^-]} = \frac{K_{s(AgI)}}{K_{s(AgBr)}} = \frac{1,7 \times 10^{-16}}{3,5 \times 10^{-13}} = \frac{1}{2,0 \times 10^3}$$

A precipitação de brometo de prata ocorre quando a concentração de íon brometo em solução for $2,0 \times 10^3$ vezes a do íon iodeto. A separação não será tão completa como no caso do cloreto e iodeto, mas ainda pode ser feita, com acurácia razoável, com a ajuda de um indicador de adsorção (Seção 10.93).

2.18 Solubilidade dos precipitados: efeito de ácidos

No caso de sais pouco solúveis de um ácido forte, o efeito da adição de um ácido será semelhante ao da adição de qualquer outro eletrólito indiferente. No caso, porém, de um sal pouco solúvel, MA, derivado de um ácido fraco HA, a adição de ácidos geralmente terá um efeito de solvente. Se, por exemplo, ácido clorídrico for adicionado a uma solução destes sais, o seguinte equilíbrio se estabelece:

$$M^+ + A^- + H^+ \rightleftharpoons HA + M^+$$

Se a constante de dissociação do ácido HA é muito pequena, o ânion A^- será removido da solução para formar o ácido não-dissociado. Em conseqüência, uma quantidade adicional do sal passará para a solução de modo a substituir os ânions removidos. O processo continuará até que o equilíbrio se restabeleça (isto é, até que $[M^+][A^-]$ se torne igual ao produto de solubilidade de MA) ou, se houver ácido clorídrico suficiente, até que o sal pouco solúvel se dissolva completamente. Raciocínio semelhante pode ser aplicado a sais de ácidos como os ácidos fosfórico(V) ($K_1 = 7,5 \times 10^{-3} \, mol \cdot l^{-1}$, $K_2 = 6,2 \times 10^{-8} \, mol \cdot l^{-1}$, $K_3 = 5 \times 10^{-13} \, mol \cdot l^{-1}$), oxálico ($K_1 = 5,9 \times 10^{-2} \, mol \cdot l^{-1}$, $K_2 = 6,4 \times 10^{-5} \, mol \cdot l^{-1}$) e arsênico(V). Assim, a solubilidade de, digamos, fosfato(V) de prata em ácido nítrico diluído é devida à remoção do íon PO_4^{3-} como HPO_4^{2-} ou como $H_2PO_4^-$:

$$PO_4^{3-} + H^+ \rightleftharpoons HPO_4^{2-}; \; HPO_4^{2-} + H^+ \rightleftharpoons H_2PO_4^-$$

No caso de sais de certos ácidos fracos, como os ácidos carbônico, sulfuroso e nitroso, um outro fator contribui para o aumento da solubilidade: o ácido desaparece da solução espontaneamente ou com um leve aquecimento. Os efeitos descritos explicam por que sulfetos, carbonatos, oxalatos, fosfatos(V), arsenitos(III), arsenatos(V), cianetos (com a exceção do cianeto de prata, que é um sal do ácido forte $H[Ag(CN)_2]$), fluoretos, acetatos e sais de outros ácidos orgânicos são solúveis em ácidos fortes.

Os sulfatos pouco solúveis (como os de bário, estrôncio e chumbo) também têm a solubilidade aumentada em ácidos, em conseqüência da fraca segunda ionização do ácido sulfúrico ($K_2 = 1,2 \times 10^{-2} mol \cdot l^{-1}$):

$$SO_4^{2-} + H^+ \rightleftharpoons HSO_4^-$$

Como, porém, K_2 não é desprezível, o efeito de solvente é relativamente pequeno. É por isso que na separação quantitativa de sulfato de bário a precipitação é feita em solução pouco ácida, de modo que se possa obter um precipitado mais facilmente filtrável e que reduza a co-precipitação.

2.19 Solubilidade dos precipitados: efeito da temperatura

A solubilidade dos precipitados encontrados na análise quantitativa aumenta com o aumento da temperatura. No caso de algumas substâncias, o efeito é pequeno, em outras é importante. Assim, a solubilidade do cloreto de prata em 10°C é 1,72 mg·l^{-1} e em 100°C é 21,1 mg·l^{-1}. Já a solubilidade do sulfato de bário em 10°C é 2,2 mg·l^{-1} e em 100°C é 3,9 mg·l^{-1}. Em muitos casos, o efeito de íon comum reduz a solubilidade a um valor tão pequeno que o efeito da temperatura, apreciável em outras condições, torna-se muito pequeno. Sempre que possível, é preferível realizar uma filtração enquanto as soluções estão quentes: a velocidade da filtração é maior e a solubilidade de eventuais contaminantes é também maior, o que torna a remoção do precipitado de interesse mais completa. Os fosfatos duplos de amônio e magnésio, amônio e manganês, e amônio e zinco, bem como o sulfato de chumbo e o cloreto de prata, são filtrados na temperatura normal para evitar perdas por solubilidade.

2.20 Solubilidade dos precipitados: efeito do solvente

A solubilidade da maior parte dos compostos inorgânicos é reduzida quando se adicionam solventes orgânicos como metanol, etanol, propano-1-ol e acetona. Assim, a adição de cerca de 20% de etanol por volume reduz a solubilidade de sulfato de chumbo a praticamente nada, o que permite separações quantitativas. O mesmo ocorre com o sulfato de cálcio quando se adiciona 50% de etanol por volume. Outros exemplos podem ser encontrados no Cap. 11.

2.21 Íons complexos

O aumento da solubilidade de um precipitado com a adição de excesso do reagente de precipitação deve-se, freqüentemente, à formação de um íon complexo. Um **íon complexo** é o resultado da união de um íon simples com íons de carga oposta ou moléculas neutras, como nos exemplos dados a seguir.

Quando uma solução de cianeto de potássio é adicionada a uma solução de nitrato de prata, forma-se inicialmen-

24 Reações em solução: teoria fundamental

te um precipitado de cianeto de prata porque o produto de solubilidade deste sal

$$[Ag^+][CN^-] = K_{s(AgCN)} \qquad (2.30)$$

é alcançado. A reação é dada por

$$CN^- + Ag^+ \rightleftharpoons AgCN$$

O precipitado, porém, dissolve-se quando se adiciona excesso de cianeto de potássio, devido à formação do íon complexo $[Ag(CN)_2]^-$:*

$$AgCN(s) + CN^- \text{ (excesso)} \rightleftharpoons [Ag(CN)_2]^-$$

ou $AgCN + KCN \rightleftharpoons K[Ag(CN)_2]$, um sal complexo solúvel. O íon complexo $[Ag(CN)_2]^-$ se dissocia para dar íons prata, porque a adição de íons sulfeto leva à precipitação de sulfeto de prata (produto de solubilidade igual a $1,6 \times 10^{-49} \, mol^3 \cdot l^{-3}$) e porque a prata se deposita quando o complexo sofre eletrólise. A dissociação do complexo segue a equação

$$[Ag(CN)_2]^- \rightleftharpoons Ag^+ + 2CN^-$$

Aplicando a lei da ação das massas, podemos obter a constante de dissociação do íon complexo

$$\frac{[Ag^+][CN^-]^2}{[\{Ag(CN)_2\}^-]} = K_{diss} \qquad (2.31)$$

que vale $1,0 \times 10^{-21} \, mol^2 \cdot l^{-2}$ na temperatura normal. Quando se observa essa expressão levando-se em conta a presença de excesso de cianeto, fica evidente que a concentração de íons prata deve ser muito pequena e que o produto de solubilidade do cianeto de prata não é alcançado.

O inverso da Eq. (2.31) dá a constante de estabilidade (ou constante de formação) do íon complexo

$$K = \frac{[\{Ag(CN)_2\}^-]}{[Ag^+][CN^-]^2} = 10^{21} \, mol^{-2} \cdot l^2 \qquad (2.32)$$

Vamos examinar, agora, uma situação um pouco diferente, a formação de um íon complexo que inclui íons diferentes do íon comum presente em solução. Um bom exemplo desse caso é dado pela solubilidade de cloreto de prata em uma solução de amônia. A reação é

$$AgCl + 2NH_3 \rightleftharpoons [Ag(NH_3)_2]^+ + Cl^-$$

Aqui, a eletrólise, ou o tratamento com sulfeto de hidrogênio, mostra que íons prata estão presentes na solução. A dissociação do complexo é dada por

$$[Ag(NH_3)_2]^+ \rightleftharpoons Ag^+ + 2NH_3$$

e a constante de dissociação é dada por

$$K_{diss} = \frac{[Ag^+][NH_3]^2}{[\{Ag(NH_3)_2\}^+]} = 6,8 \times 10^{-8} \, mol^2 \cdot l^{-2}$$

A constante de estabilização é $K = 1/K_{diss} = 1,5 \times 10^7 \, mol^{-2} \cdot l^2$.

A magnitude da constante de dissociação mostra claramente que se produz uma quantidade muito pequena de prata quando o íon complexo se dissocia.

A estabilidade dos íons complexos varia muito. Ela é expressa quantitativamente pela **constante de estabilidade**. Quanto mais estável for o complexo maior será a constante de estabilidade, isto é, menor será a tendência à dissociação do íon complexo. Quando o íon complexo é muito estável, como no caso do íon hexacianoferrato(II), $[Fe(CN)_6]^{4-}$, não é necessário escrever as reações ordinárias dos íons que o compõem.

A aplicação da formação de íons complexos em separações químicas depende da transformação de um dos componentes em um complexo incapaz de reagir com um dado reagente com o qual o outro componente reage. Um exemplo é a separação de cádmio e cobre. Ao se adicionar excesso de cianeto de potássio a uma solução que contém sais destes metais, formam-se os íons complexos $[Cd(CN)_4]^{2-}$ e $[Cu(CN)_4]^{3-}$. Quando se passa sulfeto de hidrogênio na solução contendo excesso de íon cianeto, ocorre precipitação de sulfeto de cádmio e não de sulfeto de cobre. Isso ocorre porque apesar de o produto de solubilidade do CdS ($1,4 \times 10^{-28} \, mol^2 \cdot l^{-2}$) ser maior do que o do CuS ($6,5 \times 10^{-45} \, mol^2 \cdot l^{-2}$), o íon complexo cianocuprato(I) tem constante de estabilidade maior ($2 \times 10^{27} \, mol^{-4} \cdot l^4$) do que o complexo de cádmio correspondente ($7 \times 10^{10} \, mol^{-4} \cdot l^4$).

2.22 Complexação

Os processos de formação de íons complexos podem ser descritos pelo termo geral **complexação**. Uma reação de complexação com um íon metálico envolve a substituição de uma ou mais moléculas de solvente, que estão coordenadas, por outros grupos nucleofílicos. Os grupos ligados ao íon central são chamados de ligantes e, em água, a reação pode ser representada por

$$M(H_2O)_n + L \rightleftharpoons M(H_2O)_{(n-1)}L + H_2O$$

Aqui, o ligante (L) pode ser uma molécula neutra ou um íon. Sucessivas substituições de moléculas de água por ligantes podem ocorrer até que o complexo ML_n se forme. n é o número de coordenação do íon metálico e corresponde ao número máximo de ligantes monodentados que podem se ligar a ele.

Os ligantes podem ser convenientemente classificados na base do número de ligações que fazem com o íon metálico. Assim, ligantes simples, como íons (halogenetos) ou moléculas (H_2O ou NH_3), são **monodentados**, isto é, o ligante coordena-se com o íon metálico através da doação de um par de elétrons. Quando o ligante tem dois átomos com pares de elétrons livres capazes de formar ligações coordenadas com o mesmo íon metálico, diz-se que o ligante é **bidentado**. Um exemplo disso é o complexo tris(etilenodiamino)cobalto(III), $[Co(en)_3]^{3+}$. Neste complexo octaédrico hexacoordenado de cobalto(III), cada uma das moléculas bidentadas de etilenodiamina (1,2-diaminoetano) liga-se ao íon metálico por dois pares de elétrons, um em cada nitrogênio. Isso resulta na formação de três anéis de cinco átomos, incluindo o metal. O processo de formação dos anéis é chamado de **quelação**.

Um ligante **multidentado** tem mais do que dois pontos de coordenação por molécula. Assim, por exemplo, o ligante ácido 1,2-diaminoetanotetraacético (ácido etilenodiaminotetraacético, EDTA)* tem dois átomos de nitrogê-

---

*Colchetes ([ ]) são usados na notação de (1) concentrações e (2) íons complexos. Às vezes, usam-se chaves ({ }) no segundo caso. É fácil distinguir o sentido dos colchetes: no caso de complexos não existem sinais relativos a cargas **dentro** dos colchetes.

---

*1,2-Bis[bis(carbóxi-metil)amino]etano.

nio e quatro átomos de oxigênio doadores na molécula, podendo ser até hexadentado.

Normalmente, as espécies complexas não contêm mais do que um íon metálico, mas, em condições apropriadas, é possível a formação de complexos binucleares, isto é, complexos que contêm dois íons metálicos, ou até mesmo complexos polinucleares, que contêm mais de dois íons metálicos. Assim, a interação entre Zn^{2+} e Cl^- pode levar à formação de complexos binucleares como $[Zn_2Cl_6]^{2-}$, além de espécies simples como $ZnCl_3^-$ e $ZnCl_4^{2-}$. A formação de complexos binucleares e polinucleares é favorecida por concentrações elevadas do íon metálico. Se o metal está presente como traço, a formação de ligantes polinucleares é pouco provável.

2.23 Estabilidade de complexos

A estabilidade termodinâmica de uma espécie é uma medida da extensão de sua formação, em certas condições, a partir de outras espécies, quando o sistema atinge o equilíbrio. Considere um metal M em solução, juntamente com o ligante monodentado L. O sistema pode ser representado pelos seguintes equilíbrios em etapas em que, por conveniência, as moléculas de água não foram incluídas.

$$M + L \rightleftharpoons ML \qquad K_1 = [ML]/[M][L]$$
$$ML + L \rightleftharpoons ML_2 \qquad K_2 = [ML_2]/[ML][L]$$
$$ML_{(n-1)} + L \rightleftharpoons ML_n \qquad K_n = [ML_n]/[ML_{(n-1)}][L]$$

As constantes de equilíbrio K_1, K_2,..., K_n são chamadas **constantes de estabilidade parciais**. Uma forma alternativa de representação do equilíbrio é

$$M + L \rightleftharpoons ML \qquad \beta_1 = [ML]/[M][L]$$
$$M + 2L \rightleftharpoons ML_2 \qquad \beta_2 = [ML_2]/[M][L]^2$$
$$M + nL \rightleftharpoons ML_n \qquad \beta_n = [ML_n]/[M][L]^n$$

As constantes de equilíbrio β_1, β_2,..., β_n são chamadas **constantes de estabilidade globais** e estão relacionadas às constantes de estabilidade parciais pela expressão geral

$$\beta_n = K_1 K_2 \ldots K_n$$

Considere-se que no equilíbrio acima não se formam produtos insolúveis ou espécies polinucleares.

O conhecimento das constantes de estabilidade é importante em química analítica porque elas dão informações sobre a concentração das várias espécies formadas por um metal em determinadas misturas em equilíbrio. Isto é extremamente importante em estudos de complexometria e em vários procedimentos analíticos de separação, tais como extração com solventes, troca de íons e cromatografia.[2,3]

2.24 Tampões de íons metálicos

Seja a equação de formação de um complexo

$$M + L \rightleftharpoons ML \qquad K = [ML]/[M][L]$$

e que ML é o único complexo que se forma em um determinado sistema. A expressão da constante de equilíbrio pode ser reescrita como

$$[M] = (1/K)[ML]/[L]$$
$$\log[M] = \log(1/K) + \log\frac{[ML]}{[L]}$$
$$pM = \log K - \log\frac{[ML]}{[L]}$$

Isso significa que o valor de pM da solução é determinado pelo valor de K e pela razão entre as concentrações do íon complexo e do ligante livre. Se M for adicionado à solução forma-se mais complexo e o valor de pM não se altera apreciavelmente. Se M for removido da solução por alguma outra reação, o complexo se dissocia para restabelecer o valor de pM. Este comportamento é semelhante aos das soluções-tampão que vimos em ácidos e bases (Seção 2.11) e, por analogia, diz-se que o sistema ligante-complexo é um **tampão de íon metálico**.

2.25 Estabilidade de complexos: fatores importantes

Capacidade de complexação dos metais

A capacidade relativa de complexação dos metais é convenientemente descrita em termos da **classificação de Schwarzenbach**, que se baseia na divisão dos metais em ácidos de Lewis (aceptores de elétrons) da classe A e da classe B. Os da classe A são caracterizados pela ordem de afinidade (em água) em relação aos halogênios $F^- \gg Cl^- > Br^- > I^-$ e por formarem seus complexos mais estáveis com os primeiros membros de cada grupo de átomos doadores de elétrons da tabela periódica (nitrogênio, oxigênio e flúor). Os metais da classe B coordenam-se mais facilmente com I^- do que com F^- em água e formam seus complexos mais estáveis com o segundo (ou mais pesado do que o segundo) átomo doador de elétrons de cada grupo (fósforo, enxofre e cloro). A classificação de Schwarzenbach define três categorias de aceptores de íons metálicos:

Cátions com configuração de gás nobre Os metais alcalinos, alcalinos terrosos e o alumínio pertencem a esse grupo, que exibe propriedades de aceptor da classe A. Forças eletrostáticas predominam na formação dos complexos, logo as interações entre íons pequenos de carga elevada são particularmente fortes e levam a complexos estáveis.

Cátions com subcamadas d completas Típicos deste grupo são o cobre(I), a prata(I) e o ouro(I), que exibem propriedades características de um aceptor da classe B. Estes íons têm alta capacidade de polarização e as ligações de seus complexos têm caráter covalente apreciável.

Íons de metais de transição com camadas d incompletas Neste grupo podem-se distinguir características típicas dos grupos A e B. Os elementos com características do grupo B formam um grupo quase triangular na tabela periódica, com o cobre no ápex e a base estendendo-se do rênio ao bismuto. À esquerda desse grupo, os elementos tendem, quando nos estados de oxidação mais altos, a exibir propriedades típicas do grupo A. À direita desse grupo, os elementos tendem, quando nos estados de oxidação mais altos, a exibir propriedades características do grupo B.

O conceito de **ácidos e bases duros e moles** é útil na caracterização do comportamento de aceptores da classe A e da classe B. Uma base mole pode ser definida com uma base em que o átomo doador tem alta polarizabilidade e baixa eletronegatividade, é facilmente oxidado ou está associado com orbitais vazios. Estes termos descrevem uma base na qual os elétrons do átomo doador são facilmente distorcidos ou removidos. As bases duras têm as propriedades opostas, isto é, o átomo doador tem baixa polarizabilidade e alta eletronegatividade, é reduzido dificilmente e está associado com orbitais vazios de alta energia, que são menos acessíveis.

Levando isso em conta tem-se que os aceptores da classe A preferem ligar-se a bases duras, isto é, aos átomos N, O e F como doadores de elétrons, enquanto os aceptores da classe B preferem ligar-se a bases moles, isto é, aos átomos P, As, S, Se, Cl, Br e I como doadores de elétrons. O exame de uma lista de aceptores da classe A mostra que eles tendem a apresentar as seguintes características: tamanho pequeno, estado de oxidação positivo elevado e ausência de elétrons que podem ser facilmente excitados. Estas são características de átomos com baixa polarizabilidade e estes aceptores são chamados de ácidos duros. Os aceptores da classe B têm uma ou mais das seguintes propriedades: estado de oxidação positivo baixo ou zero, tamanho grande, elétrons que podem ser facilmente excitados (no caso de metais, elétrons d). Estas são características de átomos com alta polarizabilidade e estes aceptores são chamados de ácidos moles.

Temos agora um princípio geral para a ordenação da capacidade de complexação dos metais: os ácidos duros tendem a se complexar com bases duras e os ácidos moles com bases moles. No entanto, sob certas condições, ácidos moles podem complexar-se com bases duras e ácidos duros com bases moles.

Características do ligante

Algumas das características dos ligantes que influenciam a estabilidade dos complexos de que participam são: (i) basicidade; (ii) propriedades de quelação (quando houver) e (iii) efeitos estéricos. Do ponto de vista das aplicações analíticas, a quelação é extremamente importante e, por isso, merece atenção particular.

O termo **efeito quelato** refere-se ao fato de um complexo quelatado, isto é, um complexo formado por um ligante bidentado ou multidentado, ser mais estável do que o complexo **correspondente**, formado com ligantes monodentados: quanto maior for o número de pontos de ligação com o íon metálico, maior a estabilidade do complexo. Assim, os complexos formados pelo íon níquel(II) com (a) a molécula monodentada NH_3, (b) a molécula bidentada etilenodiamina (1,2-diamino-etano) e (c) o ligante hexadentado "penten" $\{(H_2N \cdot CH_2 \cdot CH_2)_2 N \cdot CH_2 \cdot CH_2 \cdot N(CH_2 \cdot CH_2 \cdot NH_2)_2\}$ têm uma constante de estabilidade absoluta igual a $3,1 \times 10^8$ para o complexo do ligante (a), que é menor do que o do ligante (b) por um fator de 10^{10}, que, por sua vez, é menor do que o do ligante (c) por um fator adicional de 10 vezes. O efeito estérico mais comum é a inibição da complexação devida a um grupo volumoso ligado a ou próximo do átomo doador.

A velocidade da reação é um outro fator que deve ser avaliado quando se consideram as aplicações analíticas dos complexos e as reações de complexação. Para ter utilidade prática, a reação deve ser rápida. Uma classificação importante dos complexos baseia-se na velocidade com que eles sofrem reações de substituição. Sob este ponto de vista, um complexo **lábil** é aquele que sofre reações de substituição nucleofílica no tempo necessário para misturar os reagentes. Assim, por exemplo, quando amônia em água em excesso reage com sulfato de cobre(II), a mudança de cor de azul pálido para azul profundo é instantânea. A substituição rápida de moléculas de água por amônia indica que os íons Cu(II) formam complexos cineticamente lábeis com água. Já um complexo **inerte** é aquele que sofre reações de substituição lentas, isto é, reações com tempo de meia-vida da ordem de horas, ou mesmo de dias, na temperatura normal. Assim, o íon Cr(III) forma complexos cineticamente inertes com água, isto é, a substituição das moléculas de água coordenadas com Cr(III) por outros ligantes é um processo muito lento na temperatura normal.

Ser inerte ou lábil depende de muitos fatores, mas as seguintes observações são um guia conveniente do comportamento dos complexos dos vários elementos:

1. Os elementos do grupo principal formam usualmente complexos lábeis.
2. Com a exceção de Cr(III) e Co(III), a maior parte dos elementos de transição da primeira linha forma complexos lábeis.
3. Os elementos de transição da segunda e terceira linhas tendem a formar complexos inertes.

Para uma discussão mais completa dos tópicos a que nos referimos nesta seção, consulte um livro-texto de química inorgânica[4] ou um livro-texto especializado em complexos.[2]

2.26 Complexonas

A formação de uma espécie complexa única, sem que haja a formação progressiva de várias espécies, simplifica as titulações complexométricas e facilita a detecção dos pontos finais. Schwarzenbach[2] descobriu que o íon acetato é capaz de formar complexos acetato de baixa estabilidade com quase todos os cátions polivalentes e que, se esta propriedade pudesse ser reforçada pelo efeito quelato, poder-se-ia obter complexos muito mais fortes com a maior parte dos cátions metálicos. Ele descobriu que ácidos aminopolicarboxílicos são excelentes agentes de complexação. O mais importante dentre eles é o ácido 1,2-diamino-etanotetraacético (ácido etilenodiaminotetraacético). A fórmula [2.A] deve ser usada de preferência à fórmula [2.B] porque, como já se demonstrou pela medida das constantes de dissociação, dois dos átomos de hidrogênio estão provavelmente na forma de "zwitterions" (ou íons duplos). Os valores de pK são, respectivamente, pK_1 = 2,0, pK_2 = 2,7, pK_3 = 6,2 e pK_4 = 10,3, em 20°C. Estes valores sugerem que o composto comporta-se como um ácido dicarboxílico com dois grupos fortemente ácidos e que existem dois hidrogênios em grupos amônio, o primeiro ionizando-se em pH de cerca de 6,3 e o outro em pH de cerca de 11,5. Vários nomes triviais são utilizados para o ácido *etilenodiaminotetraacético* e seus sais de sódio, inclusive Trilon B, Complexona III, Sequestreno, Verseno e Quelação 3. O sal de dissódio é o mais comumente usado na análise titrimétrica. Para evitar o uso constante de um nome longo constuma-se abreviar o sal de dissódio pela sigla EDTA.

$$HOOC-CH_2 \qquad CH_2-COO^-$$
$$H-\overset{+}{N}-CH_2-CH_2-\overset{+}{N}-H$$
$$^-OOC-CH_2 \qquad CH_2-COOH \qquad [2.A]$$

$$HOOC-CH_2 \qquad CH_2-COOH$$
$$N-CH_2-CH_2-N$$
$$HOOC-CH_2 \qquad CH_2-COOH \qquad [2.B]$$

$$CH_2-COOH$$
$$H-\overset{+}{N}-CH_2-COO^-$$
$$CH_2-COOH \qquad [2.C]$$

[2.D estrutura]

EGTA [2.E] \qquad TTHA [2.F]

Outros agentes complexantes (complexonas) são também utilizados. Eles incluem o ácido nitrilotriacético [2.C], também chamado NITA, NTA ou Complexona I ($pK_1 = 1,9$, $pK_2 = 2,5$, $pK_3 = 9,7$), o ácido *trans*-1,2-diamino-ciclo-hexano-N, N, N', N'-tetraacético [2.D], que deveria ser preferencialmente escrito como uma estrutura de íon duplo ("zwitterion") como [2.A] (o nome abreviado é CDTA, DCyTA, DCTA ou Complexona IV), o ácido 2,2′-etilenodióxi-bis(etil-imino-diacético) [2.E], também conhecido como ácido etilenoglicol-bis(2-amino-

etil-éter)-N, N, N', N'-tetraacético (EGTA), e o ácido trietilenotetraamino-$N, N, N', N'', N''', N''''$-hexaacético (TTHA) [2.F]. CDTA forma, com freqüência, complexos metálicos mais fortes do que EDTA e pode ser utilizado em análises, porém os complexos metálicos formam-se mais lentamente do que com EDTA, o que faz com que a determinação do ponto final da titulação fique um pouco mais difícil. EGTA é aplicado principalmente na determinação de cálcio em misturas de cálcio e magnésio e é provavelmente superior a EDTA na titulação de cálcio e magnésio na dureza da água (Seção 10.76). TTHA forma complexos na razão 1:2 com muitos cátions trivalentes e com alguns metais divalentes e pode ser usado na determinação de componentes em misturas de certos íons, sem necessidade do uso de reagentes de mascaramento (Seção 10.64).

EDTA, entretanto, é mais utilizado em análises porque é um poderoso agente complexante e é facilmente obtido comercialmente. A estrutura espacial do ânion, com 6 átomos doadores de elétrons, permite satisfazer o número de coordenação seis freqüentemente encontrado nos íons metálicos e formar na quelação anéis de cinco átomos que têm pouca tensão. Os complexos resultantes têm estruturas semelhantes mas diferem nas cargas.

Para simplificar a discussão a seguir, usamos para EDTA a fórmula H_4Y. O sal de dissódio é, portanto, Na_2H_2Y, e em água forma-se o íon complexante H_2Y^{2-}, que reage com metais na razão 1:1. As reações com cátions como, por exemplo, M^{2+}, podem ser escritas como

$$M^{2+} + H_2Y^{2-} \rightleftharpoons MY^{2-} + 2H^+ \qquad [2.9]$$

No caso de outros cátions, as reações podem ser escritas como

$$M^{3+} + H_2Y^{2-} \rightleftharpoons MY^- + 2H^+ \qquad [2.10]$$

$$M^{4+} + H_2Y^{2-} \rightleftharpoons MY + 2H^+ \qquad [2.11]$$

$$\text{ou} \quad M^{n+} + H_2Y^{2-} \rightleftharpoons MY^{(n-4)+} + 2H^+ \qquad [2.12]$$

Um mol do íon complexante H_2Y^{2-} reage com um mol do íon do metal e formam-se dois moles de íons hidrogênio. A reação [2.12] mostra que a dissociação do complexo é controlada pelo pH da solução: o abaixamento do pH diminui a estabilidade do complexo metal–EDTA. Quanto mais estável for o complexo, menor o pH no qual a titulação de um íon metálico com EDTA pode ser feita. A Tabela 2.3 dá os pH mínimos para a existência de complexos entre EDTA e certos metais. Em geral, os complexos de EDTA com íons metálicos de carga 2 são estáveis em meio alcalino ou fracamente ácido. No caso de íons de carga 3 ou 4, os complexos podem existir em soluções mais ácidas.

Tabela 2.3 *Estabilidade de alguns complexos metal–EDTA em relação ao pH*

pH mínimo em que o complexo existe	Metais selecionados
1–3	Zr^{4+}; Hf^{4+}; Th^{4+}; Bi^{3+}; Fe^{3+}
4–6	Pb^{2+}; Cu^{2+}; Zn^{2+}; Co^{2+}; Ni^{2+}; Mn^{2+}; Fe^{2+}; Al^{3+}; Cd^{2+}; Sn^{2+}
8–10	Ca^{2+}; Sr^{2+}; Ba^{2+}; Mg^{2+}

2.27 Constantes de estabilidade de complexos de EDTA

A estabilidade de um complexo é caracterizada pela constante de estabilidade (ou constante de formação), K:

$$M^{n+} + Y^{4-} \rightleftharpoons (MY)^{(n-4)+} \qquad [2.13]$$

$$K = [(MY)^{(n-4)+}]/[M^{n+}][Y^{4-}] \qquad (2.33)$$

A Tabela 2.4 mostra as constantes de estabilidade (expressas em $\log K$) de complexos entre alguns metais e EDTA. Elas são válidas em um meio de força iônica $I = 0,1$ em 20°C. Na Eq. (2.33), somente o EDTA na forma totalmente ionizada, o íon Y^{4-}, foi considerado, mas em pH baixo as espécies HY^{3-}, H_2Y^{2-}, H_3Y^- e até mesmo EDTA não-ionizado, H_4Y, podem estar presentes. Em outras palavras, somente uma parte do EDTA não complexado com o metal deve estar presente como Y^{4-}. Além disso, na Eq. (2.33) considera-se o íon do metal, M^{n+}, como não estando complexado, isto é, que o íon, em água, está somente hidratado. Se, entretanto, outras substâncias que podem se complexar com o metal estão presentes na solução, além de EDTA, então a fração dos íons que não se combinou com EDTA pode nem estar na forma do íon hidratado. Assim, a estabilidade dos complexos metal–EDTA pode, na prática, ser alterada (a) pela variação do pH e (b) por outros agentes complexantes. A constante de estabilidade de um complexo de EDTA pode, então, ser diferente do valor obtido em uma solução em água pura em um determinado pH. A constante de estabilidade determinada nas novas condições é chamada de **constante de estabilidade aparente** ou **condicional**. Esta questão deve ser examinada mais detalhadamente.

Efeito do pH

A constante de estabilidade aparente em um dado pH pode ser calculada a partir da razão K/α, em que α é a razão entre o EDTA não-combinado (em todas as formas) e o EDTA na forma Y^{4-}. Assim, K_H, a constante de estabilidade aparente do complexo metal–EDTA em um dado pH, pode ser calculada pela expressão

$$\log K_H = \log K - \log \alpha \qquad (2.34)$$

O fator α pode ser calculado a partir das constantes de dissociação do EDTA e, como as proporções das várias espécies iônicas derivadas do EDTA dependem do pH da solução, α também varia com o pH. Um gráfico de $\log \alpha$ contra pH mostra uma variação de $\log \alpha = 18$, em pH = 1, a $\log \alpha = 0$, em pH = 12. Um gráfico desse tipo é muito útil no cálculo das constantes de estabilidade aparente. Assim,

pode-se ver na Tabela 2.4 que o $\log K$ do complexo entre EDTA e o íon Pb^{2+} é 18,0. A partir de um gráfico de $\log \alpha$ contra pH, pode-se obter o valor 7 para $\log \alpha$ em pH = 5,0. Logo, da Eq. (2.34), obtém-se para o complexo chumbo-EDTA em pH = 5,0 uma constante de estabilidade aparente dada por

$$\log K_H = 18,0 - 7,0 = 11,0$$

Um cálculo semelhante para o complexo entre EDTA e o íon Mg^{2+} ($\log K = 8,7$) em pH = 5,0 dá

$$\log K_H(Mg(II)\text{–}EDTA) = 8,7 - 7,0 = 1,7$$

Estes resultados mostram que, nesse pH, o complexo de magnésio está apreciavelmente dissociado mas o complexo de chumbo é estável. Assim, a titulação de uma solução de Mg(II) com EDTA nesse pH será insatisfatória mas a titulação de uma solução contendo chumbo poderá ser feita. Na prática, para um íon metálico poder ser titulado com EDTA em um dado pH, o valor de $\log K_H$ deve ser maior do que 8 quando um indicador metalocrômico é usado.

O valor de $\log \alpha$ é pequeno em pH alto, logo, os valores mais altos de $\log K_H$ são obtidos em pH mais elevado. No entanto, o aumento de pH pode levar à formação de hidróxidos metálicos razoavelmente solúveis:

$$(MY)^{(n-4)+} + nOH^- \rightleftharpoons M(OH)_n + Y^{4-}$$

A extensão da hidrólise de $(MY)^{(n-4)+}$ depende das características do íon metálico. Ela é controlada principalmente pelo produto de solubilidade do hidróxido do metal e, claro, pela constante de estabilidade do complexo. Assim, ferro(III) é precipitado como hidróxido ($K_{sol} = 1 \times 10^{-36}$) em meio básico, porém níquel(II), para o qual o produto de solubilidade relevante é $6,5 \times 10^{-18}$, permanece complexado. É claro que o uso de EDTA em excesso tende a reduzir o efeito da hidrólise em meio básico. Isso significa que, para cada íon metálico, existe um pH ótimo que corresponde ao valor máximo da constante de estabilidade aparente.

Efeito de outros agentes complexantes

Se outro agente complexante (NH_3, por exemplo) estiver em solução, a concentração de $[M^{n+}]$ na Eq. (2.33) se reduz, devido à complexação dos íons de metal com as moléculas de amônia. É conveniente representar esta redução da concentração efetiva por um fator β, definido como a razão entre a soma das concentrações dos íons de metal (em todas as formas) que não estão complexados com EDTA e a concentração do íon hidratado. A constante de estabilidade aparente do complexo metal–EDTA, levando em

---

Tabela 2.4 *Constantes de estabilidade (como log K) de complexos metal–EDTA*

Mg^{2+}	8,7	Zn^{2+}	16,7	La^{3+}	15,7
Ca^{2+}	10,7	Cd^{2+}	16,6	Lu^{3+}	20,0
Sr^{2+}	8,6	Hg^{2+}	21,9	Sc^{3+}	23,1
Ba^{2+}	7,8	Pb^{2+}	18,0	Ga^{3+}	20,5
Mn^{2+}	13,8	Al^{3+}	16,3	In^{3+}	24,9
Fe^{2+}	14,3	Fe^{3+}	25,1	Th^{4+}	23,2
Co^{2+}	16,3	Y^{3+}	18,2	Ag^+	7,3
Ni^{2+}	18,6	Cr^{3+}	24,0	Li^+	2,8
Cu^{2+}	18,8	Ce^{3+}	15,9	Na^+	1,7

conta os efeitos do pH e da presença de outros agentes complexantes, é, então, dada por

$$\log K_{HZ} = \log K - \log \alpha - \log \beta \qquad (2.35)$$

2.28 Potenciais de eletrodo

Quando um metal é imerso em uma solução que contém íons do mesmo metal, digamos, zinco em uma solução de sulfato de zinco em água, uma diferença de potencial se estabelece entre o metal e a solução. A diferença de potencial, E, para uma reação em um eletrodo

$$M^{n+} + ne = M$$

é dada pela expressão

$$E = E^{\ominus} + \frac{RT}{nF} \ln a_{M^{n+}} \qquad (2.36)$$

em que R é a constante dos gases, T é a temperatura absoluta, F é a constante de Faraday, n é a carga dos íons, $a_{M^{n+}}$ é a atividade dos íons em solução e $E^{\ominus}$ é uma constante que depende do metal. A Eq. (2.36) pode ser simplificada pela introdução dos valores de R e F e conversão dos logaritmos naturais em logaritmos na base 10 (multiplicando por 2,3026). Ela fica então

$$E = E^{\ominus} + \frac{0,0001984\,T}{n} \log a_{M^{n+}}$$

Na temperatura de 25°C ($T = 298$ K)

$$E = E^{\ominus} + \frac{0,0591}{n} \log a_{M^{n+}} \qquad (2.37)$$

Em análise quantitativa, muitas vezes é suficientemente acurado substituir $a_{M^{n+}}$ por $c_{M^{n+}}$, a concentração do íon em moles por litro:

$$E = E^{\ominus} + \frac{0,0591}{n} \log c_{M^{n+}} \qquad (2.38)$$

Esta é uma das formas da **equação de Nernst**.

Se $a_{M^{n+}}$ for igual a um na Eq. (2.38), E é igual a $E^{\ominus}$. $E^{\ominus}$ é o chamado **potencial de eletrodo padrão** do metal. E e $E^{\ominus}$ são expressos em volts. Para que se possa determinar a diferença de potencial entre um eletrodo e a solução é necessário utilizar um outro eletrodo e outra solução em que a diferença de potencial seja conhecida com acurácia. Os dois eletrodos podem, então, ser combinados para formar uma célula voltaica cuja f.e.m. pode ser medida diretamente. A f.e.m. da célula é a diferença dos potenciais de eletrodo quando a corrente é zero. Este arranjo permite o cálculo do potencial desconhecido. O eletrodo de referência primário é o **eletrodo padrão de hidrogênio** ou **eletrodo normal** (Seção 13.15). Ele é um pedaço de folha de platina recoberto eletroliticamente com negro de platina e imerso em uma solução de ácido clorídrico na qual os íons hidrogênio têm atividade igual a um. (Isso corresponde a uma solução 1,18 M de ácido clorídrico em 25°C.) Gás hidrogênio na pressão de uma atmosfera passa sobre a folha de platina pelo tubo lateral C (Fig. 2.2) e escapa através dos pequenos orifícios B no tubo de vidro A. Como se formam bolhas, o nível do líquido dentro do tubo flutua e parte da folha de platina é exposta alternadamente à solução e ao hidrogênio. A parte inferior da folha está permanentemente imersa na solução para evitar a interrupção da

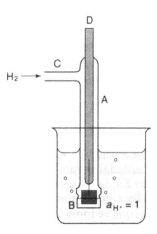

Fig. 2.2 Eletrodo padrão de hidrogênio

corrente elétrica. A ligação entre a folha de platina e o circuito externo é feita com mercúrio em D. A função do negro de platina é adsorver grandes quantidades de hidrogênio atômico, o que facilita a passagem do hidrogênio da fase gasosa à forma iônica e o processo inverso. Assim, o eletrodo funciona como se fosse composto inteiramente de hidrogênio, isto é, como um eletrodo de hidrogênio. Sob condições bem determinadas — o gás hidrogênio na pressão de uma atmosfera e os íons hidrogênio com atividade igual a um na solução em contato com o eletrodo — o eletrodo de hidrogênio tem um potencial definido. Por convenção, o potencial do eletrodo padrão de hidrogênio é igual a zero em qualquer temperatura. O **potencial de eletrodo padrão** do metal de interesse pode ser determinado ligando-se o eletrodo padrão de hidrogênio a um eletrodo do metal em questão, posto em contato com uma solução contendo íons do metal, em que a atividade é igual a um, e medindo-se a f.e.m. da célula assim formada. A célula é habitualmente escrita como

$$\text{Pt, } H_2 \,|\, H^+ \,(a = 1) \,\|\, M^{n+} \,(a = 1)\,|\, M$$

Neste esquema, a linha vertical simples representa a interface entre o metal e o eletrólito no qual se mede a diferença de potencial, e as linhas duplas verticais tracejadas representam uma junção líquida, na qual o potencial não é considerado ou é eliminado por uma ponte salina.

Quando se faz referência ao potencial de eletrodo de um eletrodo de zinco, por exemplo, estamos tratando da f.e.m. da célula

$$\text{Pt, } H_2 \,|\, H^+ \,(a = 1) \,\|\, Zn^{2+} \,|\, Zn$$

ou da f.e.m. da meia-célula $Zn^{2+}|Zn$. A reação na célula é

$$H_2 + Zn^{2+} \rightarrow 2H^+ \,(a = 1) + Zn$$

e a reação na meia-célula pode ser escrita como

$$Zn^{2+} + 2e = Zn$$

O potencial de eletrodo de Fe^{3+}, $Fe^{2+}|Pt$ é a f.e.m. da célula

$$\text{Pt, } H_2 \,|\, H^+ \,(a = 1) \,\|\, Fe^{3+}, Fe^{2+} \,|\, Pt$$

ou a f.e.m. da meia-célula Fe^{3+}, $Fe^{2+}|Pt$. A reação na célula é

$$\tfrac{1}{2}H_2 + Fe^{3+} \rightarrow H^+ \,(a = 1) + Fe^{2+}$$

30 Reações em solução: teoria fundamental

e a reação na meia-célula pode ser escrita como

$$Fe^{3+} + e \rightleftharpoons Fe^{2+}$$

Adota-se como convenção escrever todas as reações que ocorrem nas meias-células como reduções:

$$M^{n+} + ne \rightarrow M$$

$$\text{p. ex. } Zn^{2+} + 2e \rightarrow Zn \qquad (E^{\ominus} = -0,76 \text{ V})$$

Quando a atividade do íon M^{n+} é igual a um (o que é aproximadamente verdadeiro para uma solução 1 M), o potencial de eletrodo E é igual ao potencial padrão $E^{\ominus}$. A Tabela 2.5[5] mostra alguns potenciais padrões de eletrodo importantes em que se toma como referência o eletrodo padrão de hidrogênio em 25°C (em solução em água).

É difícil manipular um eletrodo padrão de hidrogênio. Na prática, costuma-se medir os potenciais de eletrodo na escala do hidrogênio determinando-se indiretamente a f.e.m. do eletrodo de interesse, com o auxílio de um eletrodo de referência conveniente cujo potencial em relação ao eletrodo de hidrogênio é bem conhecido. Os eletrodos de referência auxiliares geralmente usados são o eletrodo de calomelano e o eletrodo de prata-cloreto de prata (Seções 13.16 e 13.17).

Quando os metais são colocados na ordem de seus potenciais padrões de eletrodo, obtém-se a chamada série eletroquímica dos metais. Quanto mais negativo for o potencial, maior será a tendência do metal em se ionizar. Um metal normalmente desloca da solução de seus sais qualquer outro metal que esteja colocado abaixo dele na série eletroquímica. Assim, magnésio, alumínio, zinco ou ferro deslocam o cobre de soluções de Cu^{2+}, chumbo desloca cobre, mercúrio ou prata, cobre desloca prata. O potencial padrão de eletrodo é uma medida quantitativa da capacidade do elemento em perder elétrons, logo é uma medida da força do elemento como agente redutor em solução em água: quanto mais negativo for o potencial do elemento, mais forte será sua ação como redutor.

Observe que os potenciais padrões de eletrodo estão relacionados a uma situação de **equilíbrio** entre o eletrodo de metal e a solução. Os potenciais determinados ou calculados nessas condições são geralmente conhecidos como "potenciais de eletrodo reversíveis", e deve-se sempre lembrar que somente nessas condições a equação de Nernst é rigorosamente válida.

Tabela 2.5 *Potenciais padrões de eletrodo em 25°C*

Reação no eletrodo	$E^{\ominus}$ (V)	Reação no eletrodo	$E^{\ominus}$ (V)
$Li^+ + e = Li$	$-3,045$	$Tl^+ + e = Tl$	$-0,336$
$K^+ + e = K$	$-2,925$	$Co^{2+} + 2e = Co$	$-0,277$
$Ba^{2+} + 2e = Ba$	$-2,90$	$Ni^{2+} + 2e = Ni$	$-0,25$
$Sr^{2+} + 2e = Sr$	$-2,89$	$Sn^{2+} + 2e = Sn$	$-0,136$
$Ca^{2+} + 2e = Ca$	$-2,87$	$Pb^{2+} + 2e = Pb$	$-0,126$
$Na^+ + e = Na$	$-2,714$	$2H^+ + 2e = H_2$	$0,000$
$Mg^{2+} + 2e = Mg$	$-2,37$	$Cu^{2+} + 2e = Cu$	$+0,337$
$Al^{3+} + 3e = Al$	$-1,66$	$Hg^{2+} + 2e = Hg$	$+0,789$
$Mn^{2+} + 2e = Mn$	$-1,18$	$Ag^+ + e = Ag$	$+0,799$
$Zn^{2+} + 2e = Zn$	$-0,763$	$Pd^{2+} + 2e = Pd$	$+0,987$
$Fe^{2+} + 2e = Fe$	$-0,440$	$Pt^{2+} + 2e = Pt$	$+1,2$
$Cd^{2+} + 2e = Cd$	$-0,403$	$Au^{3+} + 3e = Au$	$+1,50$

2.29 Células de concentração

O potencial de um eletrodo varia com a concentração dos íons em solução. Logo, dois eletrodos do mesmo metal colocados em soluções de concentrações diferentes de íons podem formar uma célula, que é chamada, por isso, de **célula de concentração**. A f.e.m. da célula é a diferença algébrica dos dois potenciais, se uma ponte salina for utilizada para eliminar o potencial de junção líquido–líquido. Ela pode ser calculada como se segue.

Na temperatura de 25°C

$$E = \frac{0,0591}{n} \log c_1 + E^{\ominus} - \left(\frac{0,0591}{n} \log c_2 + E^{\ominus} \right)$$

$$= \frac{0,0591}{n} \log \frac{c_1}{c_2} \text{ em que } c_1 > c_2$$

Como um exemplo, considere a célula

$$Ag \left| \begin{array}{c} AgNO_3 \text{ (aq)} \\ [Ag^+] = 0,004\,75\,M \\ \overleftarrow{E_2} \end{array} \right| \left. \begin{array}{c} AgNO_3 \text{ (aq)} \\ [Ag^+] = 0,043\,M \\ \overrightarrow{E_1} \end{array} \right| Ag$$

Se na junção líquida a diferença de potencial for zero, então

$$E = E_1 - E_2 = \frac{0,0591}{1} \log \frac{0,043}{0,004\,75} = 0,056 \text{ V}$$

2.30 Cálculo da f.e.m. de uma célula voltaica

Uma aplicação interessante dos potenciais de eletrodo é o cálculo da f.e.m. de uma célula voltaica. Uma das células galvânicas mais simples é a célula de Daniell. Ela consiste em um bastão de zinco mergulhado em uma solução de sulfato de zinco e de uma fita de cobre mergulhada em uma solução de sulfato de cobre. As duas soluções são separadas, mantendo-se uma delas em um vaso poroso e a outra em um vaso externo. A célula assim construída pode ser representada por

$$Zn \,|\, ZnSO \text{ (aq)} \,\|\, CuSO \text{ (aq)} \,|\, Cu$$

No eletrodo de zinco, íons zinco passam para a solução deixando carga negativa equivalente no metal. Simultaneamente, íons cobre se depositam no eletrodo de cobre, tornando-o positivo. Quando o circuito externo se fecha, a corrente (elétrons) passa do zinco para o cobre. A reação na célula pode ser descrita como

$$\text{eletrodo de zinco } Zn \rightleftharpoons Zn^{2+} + 2e$$

$$\text{eletrodo de cobre } Cu^{2+} + 2e \rightleftharpoons Cu$$

A reação química total é

$$Zn + Cu^{2+} \rightleftharpoons Zn^{2+} + Cu$$

A diferença de potencial em cada eletrodo pode ser calculada por essa fórmula, e a f.e.m. da célula é a diferença algébrica entre os dois potenciais, levando em conta os sinais de cada um.

A título de exemplo, podemos calcular a f.e.m. da célula de Daniell em que as concentrações dos íons zinco(II) e cobre(II) são iguais a 1 M:

$$E = E^{\ominus}_{(Cu)} - E^{\ominus}_{(Zn)} = +0,34 - (-0,76) = 1,10 \text{ V}$$

Desprezamos no cálculo a pequena diferença de potencial produzida pelo contato entre as duas soluções (o chamado potencial de junção líquida).

2.31 Células de oxidação–redução

A redução é acompanhada pelo ganho de elétrons e a oxidação pela perda de elétrons. Um sistema contendo um oxidante e o produto de sua redução está em equilíbrio com os elétrons envolvidos. Se um eletrodo inerte, como platina, é colocado em um sistema redox, íons Fe(III) e Fe(II), por exemplo, ele assume um potencial definido que indica a posição de equilíbrio. Se o sistema tende a agir como um oxidante ($Fe^{3+} \rightarrow Fe^{2+}$), ele retira elétrons da platina, deixando-a com carga positiva. Porém, se o sistema age como um redutor ($Fe^{2+} \rightarrow Fe^{3+}$), então elétrons passam para o metal, deixando-o com carga negativa. A magnitude do potencial mede, portanto, as propriedades de oxidação ou redução do sistema.

Para obter valores comparáveis das "forças" dos agentes de oxidação, como fizemos para os potenciais de eletrodo dos metais, é necessário medir a diferença de potencial entre a platina e a solução em relação a um padrão e em condições experimentais padronizadas. O padrão primário é o eletrodo padrão (ou normal) de hidrogênio (Seção 2.28) e seu potencial é tomado como zero. As condições experimentais padrões para o sistema redox são aquelas em que a razão entre a atividade do oxidante e a atividade do redutor é igual a um. Assim, para o eletrodo Fe^{3+}–Fe^{2+}, a célula redox será

$$Pt, H_2 \left| H^+ (a = 1) \right. \left\| \frac{Fe^{3+}(a = 1)}{Fe^{2+}(a = 1)} \right| Pt$$

O potencial medido desta maneira é chamado **potencial padrão de redução**. A Tabela 2.6 dá uma seleção de potenciais padrões de redução.

Os potenciais padrões permitem prever que íons oxidam ou reduzem outros íons quando a atividade (ou a concentração molar) dos íons é igual a um. Os oxidantes mais fortes estão na parte superior e os redutores mais fortes estão na parte inferior da tabela. Assim, o íon permanganato pode oxidar Cl^-, Br^-, I^-, Fe^{2+} e $[Fe(CN)_6]^{4-}$. Já Fe^{3+} pode oxidar H_3AsO_3 e I^-, mas não $Cr_2O_7^{2-}$ ou Cl^-. Observe que, para muitos oxidantes, o pH do meio é muito importante, uma vez que eles são geralmente usados em meio ácido. Assim, na medida do potencial padrão do sistema MnO_4^-–Mn^{2+}, $MnO_4^- + 8H^+ + 5e = Mn^{2+} + 4H_2O$, é necessário estabelecer que a atividade do íon hidrogênio é igual a um. Isso leva a $E^\ominus = +1,52$ V. $E^\ominus$, no caso do sistema $Cr_2O_7^{2-}$–Cr^{3+}, é $+1,33$ V. Isso significa que o sistema MnO_4^-–Mn^{2+} é um oxidante melhor do que o sistema $Cr_2O_7^{2-}$–Cr^{3+}. Como os potenciais padrões dos sistemas Cl_2–$2Cl^-$ e Fe^{3+}–Fe^{2+} são $+1,36$ e $0,77$ V, respectivamente, permanganato e dicromato oxidam o íon Fe(II), mas só o permanganato oxida íons cloreto. Isso explica por que se utiliza dicromato e não permanganato (exceto em condições muito especiais) na titulação de Fe(II) em ácido clorídrico. Os potenciais padrões não dão informações sobre a cinética da reação. Algumas vezes é necessário usar um catalisador para fazer com que a reação tenha uma velocidade razoável.

Os potenciais padrões são determinados levando-se em conta as atividades e são valores limites. Eles são raras

Tabela 2.6 *Potenciais padrões de redução em 25°C*

Meia-reação	$E^\ominus$ (V)
$F_2 + 2e \rightleftharpoons 2F^-$	+2,65
$S_2O_8^{2-} + 2e \rightleftharpoons 2SO_4^{2-}$	+2,01
$Co^{3+} + e \rightleftharpoons Co^{2+}$	+1,82
$Pb^{4+} + 2e \rightleftharpoons Pb^{2+}$	+1,70
$MnO_4^- + 4H^+ + 3e \rightleftharpoons MnO_2 + 2H_2O$	+1,69
$Ce^{4+} + e \rightleftharpoons Ce^{3+}$ (meio nitrato)	+1,61
$BrO_3^- + 6H^+ + 5e \rightleftharpoons \frac{1}{2}Br_2 + 3H_2O$	+1,52
$MnO_4^- + 8H^+ + 5e \rightleftharpoons Mn^{2+} + 4H_2O$	+1,52
$Ce^{4+} + e \rightleftharpoons Ce^{3+}$ (meio sulfato)	+1,44
$Cl_2 + 2e \rightleftharpoons 2Cl^-$	+1,36
$Cr_2O_7^{2-} + 14H^+ + 6e \rightleftharpoons 2Cr^{3+} + 7H_2O$	+1,33
$Tl^{3+} + 2e \rightleftharpoons Tl^+$	+1,25
$MnO_2 + 4H^+ + 2e \rightleftharpoons Mn^{2+} + 2H_2O$	+1,23
$O_2 + 4H^+ + 4e \rightleftharpoons 2H_2O$	+1,23
$IO_3^- + 6H^+ + 5e \rightleftharpoons \frac{1}{2}I_2 + 3H_2O$	+1,20
$Br_2 + 2e \rightleftharpoons 2Br^-$	+1,07
$HNO_2 + H^+ + e \rightleftharpoons NO + H_2O$	+1,00
$NO_3^- + 4H^+ + 3e \rightleftharpoons NO + 2H_2O$	+0,96
$2Hg^{2+} + 2e \rightleftharpoons Hg_2^{2+}$	+0,92
$ClO^- + H_2O + 2e \rightleftharpoons Cl^- + 2OH^-$	+0,89
$Cu^{2+} + I^- + e \rightleftharpoons CuI$	+0,86
$Hg_2^{2+} + 2e \rightleftharpoons 2Hg$	+0,79
$Fe^{3+} + e \rightleftharpoons Fe^{2+}$	+0,77
$BrO^- + H_2O + 2e \rightleftharpoons Br^- + 2OH^-$	+0,76
$BrO_3^- + 3H_2O + 6e \rightleftharpoons Br^- + 6OH^-$	+0,61
$MnO_4^{2-} + 2H_2O + 2e \rightleftharpoons MnO_2 + 4OH^-$	+0,60
$MnO_4^- + e \rightleftharpoons MnO_4^{2-}$	+0,56
$H_3AsO_4 + 2H^+ + 2e \rightleftharpoons H_3AsO_3 + H_2O$	+0,56
$Cu^{2+} + Cl^- + e \rightleftharpoons CuCl$	+0,54
$I_2 + 2e \rightleftharpoons 2I^-$	+0,54
$IO^- + H_2O + 2e \rightleftharpoons I^- + 2OH^-$	+0,49
$[Fe(CN)_6]^{3-} + e \rightleftharpoons [Fe(CN)_6]^{4-}$	+0,36
$UO_2^{2+} + 4H^+ + 2e \rightleftharpoons U^{4+} + 2H_2O$	+0,33
$IO_3^- + 3H_2O + 6e \rightleftharpoons I^- + 6OH^-$	+0,26
$Cu^{2+} + e \rightleftharpoons Cu^+$	+0,15
$Sn^{4+} + 2e \rightleftharpoons Sn^{2+}$	+0,15
$TiO^{2+} + 2H^+ + e \rightleftharpoons Ti^{3+} + H_2O$	+0,10
$S_4O_6^{2-} + 2e \rightleftharpoons 2S_2O_3^{2-}$	+0,08
$2H^+ + 2e \rightleftharpoons H_2$	0,00
$V^{3+} + e \rightleftharpoons V^{2+}$	-0,26
$Cr^{3+} + e \rightleftharpoons Cr^{2+}$	-0,41
$Bi(OH)_3 + 3e \rightleftharpoons Bi + 3OH^-$	-0,44
$Fe(OH)_3 + e \rightleftharpoons Fe(OH)_2 + OH^-$	-0,56
$U^{4+} + e \rightleftharpoons U^{3+}$	-0,61
$AsO_4^{3-} + 3H_2O + 2e \rightleftharpoons H_2AsO_3^- + 4OH^-$	-0,67
$[Sn(OH)_6]^{2-} + 2e \rightleftharpoons [HSnO_2]^- + H_2O + 3OH^-$	-0,90
$[Zn(OH)_4]^{2-} + 2e \rightleftharpoons Zn + 4OH^-$	-1,22
$[H_2AlO_3]^- + H_2O + 3e \rightleftharpoons Al + 4OH^-$	-2,35

vezes observados diretamente em uma titulação potenciométrica. Na prática, os potenciais determinados em condições de concentração definidas (potenciais formais) são muito úteis na predição de processos redox. Mais detalhes são dados na Seção 10.127.

2.32 Cálculo do potencial padrão de redução

Um sistema redox reversível pode ser escrito na forma

$$\text{oxidante} + ne \rightleftharpoons \text{redutor}$$

ou

$$\text{ox} + ne \rightleftharpoons \text{red}$$

32 Reações em solução: teoria fundamental

(*oxidante* = substância no estado oxidado, *redutor* = substância no estado reduzido). O potencial de eletrodo que se estabelece quando um eletrodo inerte é imerso em uma solução que contém íons oxidantes e redutores é dado pela expressão

$$E_T = E^{\ominus} + \frac{RT}{nF} \ln \frac{a_{ox}}{a_{red}}$$

em que E_T é o potencial observado no eletrodo redox na temperatura T, relativo ao eletrodo padrão ou normal de hidrogênio (tomado como zero), $E^{\ominus}$ é o potencial de redução padrão,* n é o número de elétrons envolvido na redução e a_{ox} e a_{red} são as atividades do oxidante e do redutor, respectivamente.

Como é difícil determinar as atividades diretamente, elas podem ser substituídas pelas concentrações. Isso introduz um pequeno erro que pode usualmente ser desprezado. A equação torna-se

$$E_T = E^{\ominus} + \frac{RT}{nF} \ln \frac{c_{ox}}{c_{red}}$$

A substituição dos valores conhecidos de R e F e a mudança da base dos logaritmos naturais para decimais dão, na temperatura de 25°C,

$$E_{25°} = E^{\ominus} + \frac{0{,}0591}{n} \log \frac{[ox]}{[red]}$$

Se as concentrações (ou, mais precisamente, as atividades) do oxidante e do redutor forem iguais, então $E_{25°} = E^{\ominus}$, isto é, o potencial padrão de redução. Esta expressão mostra que a mudança de um fator igual a dez na razão entre as concentrações do oxidante e do redutor produz uma alteração no potencial do sistema igual a $0{,}0591/n$ volt.

2.33 Constantes de equilíbrio das reações redox

A equação geral para a reação que ocorre em um eletrodo de oxidação–redução pode ser escrita como

$$pA + qB + rC + \ldots + ne \rightleftharpoons sX + tY + uZ + \ldots$$

O potencial é dado por

$$E = E^{\ominus} + \frac{RT}{nF} \ln \frac{a_A^p a_B^q a_C^r \ldots}{a_X^s a_Y^t a_Z^u \ldots}$$

em que a se refere às atividades e n ao número de elétrons envolvidos na reação de oxidação–redução. Na temperatura de 25°C, a equação se reduz à seguinte expressão, na qual as atividades, por razões práticas, foram substituídas por concentrações:

$$E = E^{\ominus} + \frac{0{,}0591}{n} \log \frac{c_A^p c_B^q c_C^r \ldots}{c_X^s c_Y^t c_Z^u \ldots}$$

Esta equação permite o cálculo da influência da mudança de concentração de certos constituintes do sistema. Seja a reação do permanganato

$$MnO_4^- + 8H^+ + 5e \rightleftharpoons Mn^{2+} + 4H_2O$$

$$E = E^{\ominus} + \frac{0{,}0591}{5} \log \frac{[MnO_4^-][H^+]^8}{[Mn^{2+}]} \qquad (em\ 25°C)$$

A concentração (ou atividade) da água é dada como constante, porque se considera que a reação é feita em solução diluída e que a concentração da água não muda apreciavelmente em conseqüência da reação. A equação pode ser escrita como

$$E = E^{\ominus} + \frac{0{,}0591}{5} \log \frac{[MnO_4^-]}{[Mn^{2+}]} + \frac{0{,}0591}{5} \log [H^+]^8$$

Isso permite o cálculo do efeito de alterações na razão $[MnO_4^-]/[Mn^{2+}]$ em qualquer valor da concentração do íon hidrogênio, se todos os outros fatores ficarem constantes. Neste sistema particular, entretanto, o cálculo é complicado pelo fato de que, em concentrações diferentes do íon hidrogênio, os produtos da redução do íon permanganato variam. Em outros casos, esta dificuldade não ocorre e o cálculo pode ser feito sem problemas. Assim, na reação

$$H_3AsO_4 + 2H^+ + 2e \rightleftharpoons H_3AsO_3 + H_2O$$

$$E = E^{\ominus} + \frac{0{,}0591}{2} \log \frac{[H_3AsO_4][H^+]^2}{[H_3AsO_3]} \qquad (em\ 25°C)$$

$$ou \quad E = E^{\ominus} + \frac{0{,}0591}{2} \log \frac{[H_3AsO_4]}{[H_3AsO_3]} + \frac{0{,}0591}{2} \log [H^+]^2$$

Podemos agora calcular as constantes de equilíbrio de reações de oxidação–redução e determinar se estas reações podem ser usadas em análise quantitativa. Considere, antes, a reação simples

$$Cl_2 + 2Fe^{2+} \rightleftharpoons 2Cl^- + 2Fe^{3+}$$

A constante de equilíbrio é dada por

$$\frac{[Cl^-]^2 [Fe^{3+}]^2}{[Cl_2][Fe^{2+}]^2} = K$$

Podemos olhar a reação como se ocorresse em uma célula voltaica, na qual as duas meias-células são um sistema Cl_2, $2Cl^-$ e um sistema Fe^{3+}, Fe^{2+}. Se a reação atinge o equilíbrio, a voltagem total ou f.e.m. da célula é igual a zero, isto é, os potenciais dos dois eletrodos são iguais:

$$E^{\ominus}_{Cl_2,2Cl^-} + \frac{0{,}0591}{2} \log \frac{[Cl_2]}{[Cl^-]^2} = E^{\ominus}_{Fe^{3+},Fe^{2+}} + \frac{0{,}0591}{1} \log \frac{[Fe^{3+}]}{[Fe^{2+}]}$$

Como $E^{\ominus}_{Cl_2,2Cl^-} = 1{,}36$ V e $E^{\ominus}_{Fe^{3+},Fe^{2+}} = 0{,}75$ V, temos

$$\log \frac{[Fe^{3+}]^2 [Cl^-]^2}{[Fe^{2+}]^2 [Cl_2]} = \frac{0{,}61}{0{,}02965} = 20{,}67 = \log K$$

$$ou \quad K = 4{,}7 \times 10^{20}$$

O valor elevado da constante de equilíbrio significa que a reação ocorre da esquerda para a direita quase até estar completa, isto é, o sal de ferro(II) é quase completamente oxidado pelo cloro.

Considere agora a reação mais complexa

$$MnO_4^- + 5Fe^{2+} + 8H^+ \rightleftharpoons Mn^{2+} + 5Fe^{3+} + 4H_2O$$

A constante de equilíbrio K é dada por

$$K = \frac{[Mn^{2+}][Fe^{3+}]^5}{[MnO_4^-][Fe^{2+}]^5 [H^+]^8}$$

O termo $4H_2O$ foi omitido porque a reação é feita em solução diluída e a concentração da água pode ser considerada uma constante. A concentração de íons hidrogênio é con-

---

*$E^{\ominus}$ é o valor de E_T quando as atividades do oxidante e do redutor são iguais a um. Se ambas as atividades variam, por exemplo, Fe^{3+} e Fe^{2+}, $E^{\ominus}$ corresponde a uma razão entre as atividades igual à unidade.

siderada como sendo 1 molar. A reação completa pode ser dividida em duas reações de meia-célula que correspondem às equações parciais

$$MnO_4^- + 8H^+ + 5e \rightleftharpoons Mn^{2+} + 4H_2O \qquad [2.14]$$

$$e \ \ Fe^{2+} \rightleftharpoons Fe^{3+} + e \qquad [2.15]$$

Para a Eq. [2.14], como um eletrodo de oxidação–redução, temos

$$E = E^\ominus + \frac{0{,}0591}{5} \log \frac{[MnO_4^-][H^+]^8}{[Mn^{2+}]}$$

$$= 1{,}52 + \frac{0{,}0591}{5} \log \frac{[MnO_4^-][H^+]^8}{[Mn^{2+}]}$$

A reação parcial [2.15] deve ser multiplicada por 5 para balancear [2.14] eletricamente:

$$5Fe^{2+} \rightleftharpoons 5Fe^{3+} + 5e \qquad [2.16]$$

Para a Eq. [2.16], como um eletrodo de oxidação–redução, temos

$$E = E^\ominus + \frac{0{,}0591}{5} \log \frac{[Fe^{3+}]^5}{[Fe^{2+}]^5} = 0{,}77 + \frac{0{,}0591}{5} \log \frac{[Fe^{3+}]^5}{[Fe^{2+}]^5}$$

Combinando os dois eletrodos em uma célula, a f.e.m. torna-se zero quando o equilíbrio é atingido, isto é,

$$1{,}52 + \frac{0{,}0591}{5} \log \frac{[MnO_4^-][H^+]^8}{[Mn^{2+}]} = 0{,}77 + \frac{0{,}0591}{5} \log \frac{[Fe^{3+}]^5}{[Fe^{2+}]^5}$$

$$ou \ \ \log \frac{[Mn^{2+}][Fe^{3+}]^5}{[MnO_4^-][Fe^{2+}]^5[H^+]^8} = \frac{5(1{,}52 - 0{,}77)}{0{,}0591} = 63{,}5$$

$$K = \frac{[Mn^{2+}][Fe^{3+}]^5}{[MnO_4^-][Fe^{3+}]^5[H^+]^8} = 3 \times 10^{63}$$

Este resultado indica claramente que a reação quase se completa. É simples calcular a concentração de Fe(II) residual em qualquer caso particular. Assim, seja a titulação de 10 ml de uma solução 0,1 M de íons Fe(II) com uma solução 0,02 M de permanganato de potássio na presença de íons hidrogênio, concentração 1 M. Façamos o volume da solução no ponto de equivalência igual a 100 ml. Então, $[Fe^{3+}]$ = 0,01 M, porque sabemos que a reação está praticamente completa. $[Mn^{2+}] = [Fe^{3+}]/5 = 0{,}002$ M e $[Fe^{2+}] = x$. Façamos o excesso da solução de permanganato no ponto final ser igual a uma gota, isto é, 0,05 ml. Sua concentração é, então, $0{,}05 \times 0{,}1/100 = 5 \times 10^{-5}$ M = $[MnO_4^-]$. Substituindo esses valores na equação, temos

$$K = \frac{(2 \times 10^{-3}) \times (1 \times 10^{-2})^5}{10^{-5} \times x^5 \times 1^8} = 3 \times 10^{63}$$

Os potenciais padrões de redução podem ser usados para determinar se as reações redox se completam o suficiente para serem usadas em análise quantitativa. Observe, porém, que estes cálculos não dão informações a respeito da velocidade da reação, fator que em última análise determina sua aplicação prática. Essa questão deve ser examinada em separado, juntamente com um estudo da variação da temperatura, do pH e das concentrações dos reagentes, bem como da influência de catalisadores. Assim, teoricamente, permanganato de potássio deveria oxidar quantitativamente ácido oxálico em água. A reação, entretanto, é extremamente lenta na temperatura normal, porém é mais rápida em 80°C. A velocidade aumenta também quando um pouco de íon manganês(II) se forma e age, aparentemente, como catalisador.

É interessante analisar o cálculo da constante de equilíbrio da reação redox geral

$$a \, ox_1 + b \, red_2 \rightleftharpoons b \, ox_2 + a \, red_1$$

A reação completa pode ser vista como composta por dois eletrodos de oxidação–redução: $a \, ox_1$, $a \, red_1$ e $b \, ox_2$, $b \, red_2$, combinados em uma célula. No equilíbrio, os potenciais de ambos os eletrodos são iguais:

$$E_1 = E^\ominus + \frac{0{,}0591}{n} \log \frac{[ox_1]^a}{[red_1]^a}$$

$$E_2 = E^\ominus + \frac{0{,}0591}{n} \log \frac{[ox_2]^b}{[red_2]^b}$$

No equilíbrio $E_1 = E_2$, logo

$$E_1^\ominus + \frac{0{,}0591}{n} \log \frac{[ox_1]^a}{[red_1]^a} = E_2^\ominus + \frac{0{,}0591}{n} \log \frac{[ox_2]^b}{[red_2]^b}$$

$$ou \ \ \log \frac{[ox_2]^b[red_1]^a}{[red_2]^b[ox_1]^a} = \log K = \frac{n}{0{,}0591}(E_1^\ominus - E_2^\ominus)$$

Esta equação pode ser utilizada no cálculo da constante de equilíbrio de qualquer reação redox, desde que se conheçam os dois potenciais padrões $E_1^\ominus$ e $E_2^\ominus$. O valor de K assim obtido permite avaliar se a reação pode ser utilizada. Pode-se mostrar facilmente que as concentrações no ponto equivalente — quando quantidades equivalentes das duas substâncias, ox_1 e red_2, reagem — são dadas por

$$\frac{[red_1]}{[ox_1]} = \frac{\lfloor ox_2 \rfloor}{[red_2]} = K^{1/(a+b)}$$

Esta expressao permite o cálculo exato das concentrações no ponto de equivalência de qualquer reação redox do tipo geral já visto, e, portanto, a determinação de sua aplicabilidade em uma titulação eficiente em análise quantitativa.

2.34 Referências

1. P W Atkins 1987 *Physical chemistry*, 3rd edn, Oxford University Press, Oxford
2. (a) A Ringbom 1963 *Complexation in analytical chemistry*, Interscience, New York
   (b) R Pribil 1982 *Applied complexometry*, Pergamon, Oxford
   (c) G Schwarzenbach and H Flaschka 1969 *Complexometric titrations*, 2nd edn, Methuen, London
3. (a) *Stability constants of metal ion complexes*, Special Publications 17 and 25, Chemical Society, London, 1964
   (b) *Stability constants of metal ion complexes*, Part A, *Inorganic ligands*, E Högfeldt (ed) 1982; Part B, *Organic ligands*, D Perrin (ed) 1979; IUPAC and Pergamon, Oxford

4. (a)   F A Cotton and G Wilkinson 1988 *Advanced inorganic chemistry*, 5th edn, Interscience, Chichester
    (b)   N N Greenwood and E A Earnshaw 1995 *Chemistry of the elements*, 2nd edn, Pergamon, Oxford
5. A J Bard, R Parsons and J Jordan 1985 *Standard potentials in aqueous solution*, IUPAC and Marcel Dekker, New York

2.35 Bibliografia

D R Crow 1979 *Principles and applications of electrochemistry*, 2nd edn, Chapman and Hall, London

Q Fernando and M D Ryan 1982 *Calculations in analytical chemistry*, Harcourt Brace Jovanovich, New York

F R Hartley, C Burgess and R M Alcock 1980 *Solution equilibria*, John Wiley, Chichester

S Kotrly and L Sucha 1985 *Handbook of chemical equilibria in analytical chemistry*, Ellis Horwood, Chichester

L Meites 1981 *An introduction to chemical equilibrium and kinetics*, Pergamon, Oxford

R W Ramette 1981 *Chemical equilibrium and analysis*, Addison-Wesley, London

J Robbins 1972 *Ions in solution*, Clarendon, Oxford

3

Aparelhagem comum e técnicas básicas

3.1 Introdução

O desenvolvimento de instrumentação avançada e de procedimentos analíticos modernos faz com que muitos acreditem que as técnicas científicas básicas e as aparelhagens simples são pouco importantes quando se deseja obter resultados exatos, reprodutíveis e confiáveis. Nunca é demais enfatizar, para os analistas que buscam manter um alto padrão de trabalho profissional, como é importante ser capaz de manipular corretamente os equipamentos quantitativos simples e de seguir as rotinas e procedimentos bem estabelecidos para que o trabalho seja limpo e bem-feito. Os seguintes pontos devem fazer parte da postura do analista profissional:

1. As bancadas devem estar sempre limpas e arrumadas e todos os resíduos de sólidos e líquidos devem ser imediatamente removidos.
2. A vidraria deve estar escrupulosamente limpa (Seção 3.8). Se ela não tiver sido usada por longo período, lave-a com água destilada ou desionizada antes do uso. A parte externa dos recipientes deve estar sempre seca. Use, para isto, um pedaço de pano que não solte fibras, reservado exclusivamente para esta finalidade. Lave este pano com freqüência e, sobretudo, nunca o use pare secar o interior dos recipientes.
3. Em hipótese alguma a área de trabalho da bancada deve ficar atravancada com aparelhagens. As aparelhagens necessárias para uma determinada operação devem ser agrupadas na bancada. Isto é essencial para evitar confusão quando se fazem determinações em duplicata. As aparelhagens que não estão em uso devem ser guardadas, porém, caso sejam necessárias em etapas posteriores do trabalho, elas podem ser colocadas na parte livre da bancada.
4. Caso seja necessário deixar soluções, precipitados, filtrados etc., em repouso para tratamento posterior, os recipientes devem estar bem identificados para serem facilmente reconhecidos quando necessário e devem estar sempre cobertos para evitar contaminações. Folhas de alumínio ou filmes plásticos flexíveis são muito convenientes para isto. Evite as tradicionais rolhas de cortiça ou de borracha. Use, para a identificação temporária, canetas de ponta de feltro, que escrevem diretamente no vidro, em vez de lápis de cera e de etiquetas adesi-

vas. É difícil remover a cera e as etiquetas adesivas são para se usar por períodos longos.
5. Os frascos de reagentes não devem permanecer na bancada após o uso. Guarde-os imediatamente nas prateleiras próprias.
6. Todas as determinações devem ser feitas em duplicata. Faça disto um hábito.
7. Todas as observações experimentais devem ser registradas em um caderno de capa dura, na medida em que forem feitas. Mantenha limpo e organizado seu caderno.

Reserve duas páginas para cada determinação, colocando de forma clara o título e a data. Registre em uma das páginas as observações experimentais e na outra, uma descrição breve do procedimento seguido e uma descrição completa de todas as particularidades relacionadas à determinação. É conveniente dividir verticalmente a página reservada às observações experimentais. Use o lado esquerdo da página para as observações experimentais e o outro lado para registrar, lado a lado, os resultados das determinações em duplicata.

Descreva, no fim do registro, os cálculos relevantes. Escreva as equações das principais reações químicas juntamente com uma exposição clara do procedimento usado nos cálculos. Comente o grau de acurácia e o nível de precisão estimados.

A maior parte dos instrumentos modernos de laboratório fornece registros impressos dos resultados analíticos na forma de espectros ou de cromatogramas. Além disto, muitos também têm interfaces para computadores ou os incluem em seu desenho para o processamento dos dados e a comparação com padrões e resultados anteriores armazenados na memória. Os registros impressos devem ser anexados ao caderno de laboratório de forma permanente. Os resultados devem ser cuidadosamente verificados para garantir sua coerência. Nunca aceite os resultados só porque foram obtidos por um computador.

Segurança. Nunca se descuide. A segurança no laboratório é essencial. Você é responsável por sua própria segurança e pela segurança de outras pessoas. Muitos produtos químicos usados nas análises são venenosos e devem ser manipulados com toda cautela. As propriedades perigosas de ácidos concentrados e de venenos muito conhecidos, como o cianeto de potássio, não precisam ser enfatizadas. Menos conhecidos e freqüentemente ignorados, entretanto, são os perigos associados ao uso de solventes halogenados, benzeno, mercúrio e muitos outros produtos químicos comuns. Por isto, é essencial avaliar as condições de uso seguro dos produtos químicos e a segurança dos procedimentos analíticos antes de iniciar o trabalho.

Muitas operações que envolvem reações químicas são potencialmente perigosas. Obedeça rigorosamente todos os procedimentos de segurança recomendados. Todos os que trabalham em laboratório devem conhecer as normas locais de segurança, que habitualmente incluem o uso obrigatório de guarda-pó e óculos de segurança, e o conhecimento da localização dos equipamentos de primeiros socorros. Os padrões de segurança de laboratório estão cada vez mais rigorosos em muitos países. Muitos regulamentos governamentais de segurança são severamente fiscalizados e têm que ser seguidos. Na Inglaterra, muitas operações de laboratório são reguladas pela Lei da Saúde e Segurança no Trabalho (1974), associada aos Regulamentos de Controle das Substâncias Nocivas à Saúde (COSHH — *Control of Substances Hazardous to Health*). Quem trabalha ou estagia em um laboratório deve conhecer, pelo menos, os controles básicos e as limitações especificadas nestes estatutos, especialmente como conduzir as avaliações da COSHH e observar as boas práticas de laboratório. Nos Estados Unidos da América, existem padrões semelhantes de saúde química e segurança, monitorados pela Administração da Saúde e da Segurança Ocupacional, que trabalha em colaboração com as associações profissionais e a Indústria Química.

Todos os que trabalham em laboratório precisam se conscientizar da importância da segurança. Estude nos livros relevantes, que descrevem os riscos de laboratório, o uso correto dos produtos químicos[1] e as práticas seguras. Muitas instituições que lidam com estes assuntos fornecem literatura sobre segurança. Damos mais informações na Seção 3.39.

Balanças

3.2 A balança analítica

A maior parte dos processos químicos quantitativos depende, em algum estágio, da medida de uma massa; isto é, de longe, o procedimento mais utilizado pelo analista. Muitas análises químicas baseiam-se na determinação exata da massa de uma amostra, de uma substância sólida produzida a partir desta amostra (análise gravimétrica) ou, ainda, da determinação do volume de uma solução padrão cuidadosamente preparada (que contém uma massa de um soluto conhecida com exatidão) que reage com a amostra (análise titrimétrica). O instrumento usado para medir a massa é a balança analítica. A operação é chamada pesagem e faz-se referência invariavelmente ao peso do objeto ou do material que é pesado.

O peso de um objeto é a força de atração devida à gravidade exercida sobre ele:

$$w = mg$$

onde w é o peso do objeto, m é sua massa e g é a aceleração da gravidade. Como a atração devida à gravidade varia com a altitude e a latitude, o peso do objeto é variável, porém, sua massa é constante. Entretanto, usa-se habitualmente o termo "peso" como sinônimo de massa e é neste sentido que é empregado em análise quantitativa.

A balança analítica, uma das mais importantes ferramentas do analista químico, sofreu, com o tempo, mudanças radicais, movidas pelo desejo de produzir um instrumento mais robusto, menos dependente da prática do operador, menos sensível ao ambiente e que, acima de tudo, torna-se mais rápida a operação de pesagem. Para isto, o desenho das balanças analíticas foi fundamentalmente alterado e a balança tradicional de oscilação livre, com braços iguais e dois pratos, acompanhada de sua caixa de pesos, é, hoje em dia, uma cena rara.

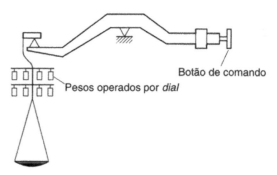

Fig. 3.1 Balança de prato único e dois cutelos

Uma alteração importante foi a substituição da balança de dois pratos e três cutelos pela balança de **prato único e dois cutelos**. Neste instrumento, um dos pratos da balança e sua suspensão foram substituídos por um contrapeso e os pesos, suspensos sobre um eixo preso ao suporte do outro prato, são manipulados por uma chave (Fig. 3.1). Neste sistema, quando a balança está em repouso, todos os pesos estão colocados em posição no eixo. Quando se coloca um objeto sobre o prato da balança, os pesos são removidos do eixo para compensar o peso do objeto. A pesagem se completa quando o travessão estiver novamente na posição de repouso. A leitura do deslocamento do travessão é feita em uma escala óptica calibrada para a leitura de pesos inferiores a 100 mg. A pesagem, portanto, é feita por **substituição**. Muitas balanças operadas manualmente segundo este princípio ainda estão em serviço em laboratórios analíticos.

O instrumento padrão moderno é a **balança eletrônica**, onde a pesagem é mais conveniente, a possibilidade de falha mecânica é muito menor e a sensibilidade à vibração é muito reduzida. Este tipo de balança elimina as operações de seleção e remoção de pesos, de liberação lenta do travessão da balança e do suporte do prato, de anotação das leituras das escalas de pesos e da escala óptica, de retorno do travessão ao repouso e de recolocação dos pesos que foram removidos. Com uma balança eletrônica, a operação de um único controle permite que o operador leia imediatamente, em um visor digital, o peso de um objeto colocado no prato da balança. Além disto, muitas das balanças deste tipo ligam-se a uma impressora, o que permite o registro impresso do peso. A maior parte das balanças incorpora o recurso do uso da **tara**, que permite cancelar o peso do recipiente, e faz com que se possa ler diretamente o peso do material adicionado. Muitas dessas balanças incorporam, também, um sistema de auto-teste, que indica, cada vez que elas são ligadas, se estão funcionando corretamente, e um sistema interno de calibração de pesos. O controle de calibração mostra o peso de um padrão incorporado à balança que, por sua vez, indica se alguma correção é necessária. É mais satisfatório, entretanto, comparar as leituras da balança contra uma série de pesos analíticos calibrados.

O princípio usado nas balanças eletrônicas é a aplicação de uma força restauradora eletromagnética ao suporte do prato da balança. Quando um objeto é colocado no prato da balança, o deslocamento do suporte é eliminado. A magnitude da força restauradora é controlada pela corrente que passa pelas bobinas do sistema de compensação eletromagnética, que é, por sua vez, proporcional ao peso adicional. Um microprocessador converte a intensidade de corrente em gramas e mostra o resultado no visor digital.

Proteja a balança das correntes de ar e da poeira. Mantenha o prato da balança dentro de sua caixa de vidro. Só abra as portas da caixa no momento do uso. O restante da balança, incluindo os componentes eletrônicos, fica em um compartimento fechado colocado na parte posterior do compartimento do prato.

As balanças eletrônicas cobrem quatro faixas de peso:

1. Até cerca de 200 g, com leituras a cada 0,1 mg (macrobalança).
2. Até cerca de 30 g, com leituras a cada 0,01 mg (semimicrobalança).
3. Até cerca de 20 g, com leituras a cada 1 µg (microbalança).
4. Até cerca de 5 g, com leituras a cada 0,1 µg (ultramicrobalança).

Existe, portanto, uma grande variedade de balanças analíticas. A Fig. 3.2 mostra uma balança eletrônica típica.

3.3 Outras balanças

Muitas operações de laboratório obrigam a pesagem de objetos ou materiais mais pesados do que o limite superior de uma balança macroanalítica. Às vezes é preciso pesar pequenas quantidades de amostra, porém a precisão não é importante. Este tipo de pesagem é conhecido como pesagem aproximada. Muitas balanças eletrônicas são próprias para as pesagens aproximadas. Eis algumas de suas características:

Capacidade máxima (g)	Leitura até (g)
500	0,01
5 000	0,1
16 000	1,0

Fig. 3.2 Balança eletrônica (Cortesia de Cherwell Laboratories, Bicester, Oxon, Inglaterra.)

Nestas balanças, o prato fica na parte superior porque não é necessário protegê-lo de correntes de ar. As pesagens são rápidas e pode-se imprimir os resultados, se desejado.

3.4 Pesos e massas de referência

O uso de balanças modernas dispensa o uso da caixa de pesos durante a pesagem, porém, é desejável ter à mão um conjunto de pesos para verificar eventualmente sua acurácia.

Para o trabalho científico, o padrão fundamental de massa é o quilograma padrão internacional, uma massa de liga irídio–platina, feita em 1887, e depositada no Escritório Internacional de Pesos e Medidas, próximo a Paris. Cópias certificadas deste padrão são mantidas pelas autoridades apropriadas nos vários países do mundo.[*] Estas cópias são usadas na calibração dos padrões secundários que, por sua vez, calibram os pesos usados no trabalho científico. A unidade de massa universalmente usada no trabalho de laboratório é o **grama**, que é definido como a milésima parte da massa do quilograma padrão internacional.

Um conjunto comum de pesos analíticos contém os seguintes itens:

Gramas	100, 50, 30, 20, 10
Gramas	5, 3, 2, 1
Miligramas	500, 300, 200, 100
Miligramas	50, 30, 20, 10

Observe a seqüência 5, 3, 2, 1. Os pesos de 1 g ou mais são feitos com uma liga não-magnética de níquel–cromo (80% Ni e 20% Cr) ou com aço austenítico inoxidável. Às vezes usa-se latão niquelado, porém o resultado é menos satisfatório. Os pesos fracionários são feitos com as mesmas ligas ou com metais que não se oxidam, como o ouro e a platina. Um par de pinças é fornecido para a manipulação dos pesos. Cada um destes itens é guardado nos compartimentos de formato apropriado de uma caixa.

Pode-se adquirir pesos analíticos fabricados segundo o padrão da classe A. Esta é a única classe de pesos de laboratório oficialmente reconhecida na Inglaterra. As seguintes tolerâncias são permitidas nos pesos da classe A: 100 g (0,5 mg), 50 g (0,25 mg), 30 g (0,15 mg), 20 g (0,10 mg), 100 mg a 10 g (0,05 mg), 10 mg a 50 mg (0,02 mg). O Escritório Nacional de Padrões dos Estados Unidos da América reconhece as seguintes classes de pesos de precisão:

Classe M Para uso como padrões de referência, para trabalhos da mais alta precisão, e quando é necessário alto grau de constância durante um longo período de tempo.

Classe S Para uso como padrão de referência de trabalho ou como pesos analíticos de alta precisão.

Classe S-1 Pesos analíticos de precisão para trabalhos analíticos de rotina.

Classe J Padrões de micropesos para microbalanças.

3.5 Proteção e uso da balança analítica

Seja qual for o tipo de balança analítica, deve-se prestar muita atenção em seu uso correto. As seguintes observações aplicam-se às balanças eletrônicas, em particular.

---

[*]O Laboratório Nacional de Física (NPL — *National Physical Laboratory*), na Inglaterra, o Escritório Nacional de Padrões (NBS — *National Bureau of Standards*), nos EUA etc.

1. Nunca exceda a capacidade da balança.
2. Mantenha limpa a balança. Remova a poeira do prato e do chão do compartimento do prato com um pincel de pêlos de camelo.
3. Nunca use os dedos para manusear os objetos a serem pesados. Use uma pinça ou um pedaço de papel limpo.
4. Antes da pesagem, os objetos devem estar na mesma temperatura da balança. Se o objeto tiver sido aquecido, espere o tempo suficiente para o resfriamento. O tempo necessário varia com o tamanho, composição etc., do objeto, mas, como regra geral, bastam 30 a 40 minutos.
5. Não coloque diretamente sobre o prato da balança produtos químicos ou objetos que o danifiquem. As substâncias devem ser pesadas em recipientes adequados tais como pequenos bécheres, frascos de pesada, cadinhos ou vidros de relógio. Os líquidos e os sólidos voláteis ou higroscópicos devem ser pesados em recipientes bem vedados, tais como os frascos de pesagem com rolhas.
6. A colocação de produtos químicos no recipiente de pesagem deve ser feita fora da balança. Pese o recipiente escolhido na balança analítica, transfira-o para uma balança menos precisa, adicione o produto químico na quantidade aproximada desejada e recoloque o recipiente cheio na balança analítica. Este procedimento dá o peso exato da substância.
7. Não deixe nada no prato da balança ao terminar a pesagem. Se alguma substância for acidentalmente derramada no prato ou no chão da balança, deve ser imediatamente removida.
8. Evite a exposição da balança a atmosferas corrosivas.

O processo de pesagem inclui as seguintes etapas:

1. Limpe cuidadosamente o prato da balança com um pincel de pêlos de camelo.
2. O objeto a ser pesado deve estar na temperatura da balança ou próximo a ela. Com a balança em repouso, coloque o objeto no prato e feche o compartimento.
3. Coloque o controle da balança na posição "liga". Observe o valor que aparece no visor digital e registre-o no caderno de anotações. Se a balança estiver ligada a uma impressora, verifique se o resultado impresso concorda com o do visor digital. Coloque o controle na posição "desliga".
4. Remova, ao terminar todas as pesagens, o objeto que foi pesado, limpe a balança, se necessário, e feche o compartimento do prato.

Estas observações aplicam-se notadamente às macrobalanças analíticas. As microbalanças e as ultramicrobalanças devem ser manipuladas com cuidados especiais, particularmente no que diz respeito à temperatura dos objetos que vão ser pesados.

3.6 Erros na pesagem

Cuidado com os erros de pesagem que não são devidos a defeitos da balança. Três fontes de erro devem ser consideradas:

1. Alterações relacionadas ao recipiente de pesagem ou à substância entre pesadas sucessivas.
2. Empuxo do ar e seus efeitos sobre o objeto, o recipiente e os pesos.
3. Erros humanos de registro dos resultados.

Alterações do recipiente de pesagem

Mudanças no peso do recipiente de pesagem podem advir da absorção ou perda de umidade, da eletrificação da superfície pelo atrito e da diferença de temperatura entre o recipiente e a balança. Uma forma de eliminar estes erros é limpar o recipiente suavemente com um pano de linho e deixá-lo por cerca de 30 minutos perto da balança antes da pesagem. A eletrificação — que pode causar um erro relativamente grande, particularmente se a atmosfera e o pano estiverem secos — se dissipa lentamente durante o tempo de repouso. A remoção é feita com uma flanela antiestática. Substâncias higroscópicas, eflorescentes e voláteis devem ser pesadas em recipientes completamente fechados. Substâncias que foram aquecidas ao ar em fornos ou calcinadas em cadinhos são geralmente postas para esfriar em dessecadores que contêm agentes dessecantes adequados. O tempo de resfriamento não pode ser especificado exatamente porque depende da temperatura, do tamanho do cadinho e do material de que ele é feito. Recipientes de platina requerem um tempo menor do que os de porcelana, vidro ou sílica. É comum deixar no dessecador os cadinhos de platina, antes da pesagem, por 20 a 25 minutos e os cadinhos de outros materiais por 30 a 35 minutos. É aconselhável cobrir os cadinhos e outros recipientes abertos.

Efeitos do empuxo

Quando um objeto é colocado em um fluido, seu peso real é reduzido pelo peso do fluido que ele desloca e ele tende a flutuar. Se o objeto colocado no prato da balança e os pesos têm a mesma densidade, isto é, o mesmo volume, não será introduzido erro na pesagem. Porém, se a densidade do objeto for diferente da densidade dos pesos, como ocorre normalmente, os volumes de ar deslocados por cada um deles serão diferentes. Se o objeto é menos denso do que os pesos, como é usual nas análises, o objeto desloca um volume de ar maior do que o deslocado pelos pesos e, em conseqüência, o objeto tem peso menor no ar do que no vácuo. Da mesma forma, se o objeto é mais denso do que os pesos (por exemplo, metais preciosos), o peso do objeto no vácuo é inferior ao peso aparente no ar. Dois exemplos ilustram estes pontos.

Exemplo 3.1

Vamos pesar 1 litro de água primeiramente no vácuo e depois no ar. Admita que o frasco que contém a água está tarado com um frasco exatamente igual, que a temperatura do ar é de 20°C e que a pressão barométrica é de 101325 Pa (760 mm de mercúrio). Nestas condições, o peso de 1 litro de água no vácuo é 998,23 gramas, porém, no ar, o peso aparente da água será inferior a este valor. A diferença pode ser facilmente calculada. O peso do litro de ar que foi deslocado pela água é de 1,20 g. Admitindo que os pesos têm densidade relativa igual a 8,0, eles deslocarão 998,23/8,0 = 124,8 ml ou 124,8 × 1,20/1000 = 0,15 g de ar. A diferença no peso será, portanto, 1,20 − 0,15 = 1,05 g. Assim, o peso, no ar, de 1 litro de água nas condições experimentais especificadas é de 998,23 − 1,05 = 997,18 g, uma diferença igual a 0,1% do peso no vácuo.

Exemplo 3.2

Vejamos o caso de um sólido como o cloreto de potássio nas condições do Exemplo 3.1. A densidade relativa do sólido é 1,99. Se 2 g do sal são pesados, a perda aparente no peso (= peso do ar deslocado) é $2 \times 0,0012/1,99 = 0,0012$ g. A perda aparente para os pesos é de $2 \times 0,0012/8,0 = 0,00030$ g. Assim, 2 g de cloreto de potássio pesam $0,0012 - 0,00030 = 0,00090$ g a menos no ar do que no vácuo, uma diferença de 0,05%.

Na maior parte do trabalho analítico, é comum expressar os resultados como percentagem. No caso de sólidos, a razão entre os pesos no ar é praticamente igual à razão no vácuo. Assim, a correção do empuxo é desnecessária. Contudo, quando é necessário medir o peso absoluto, como quando se deseja calibrar a vidraria aferida, a correção para o efeito do empuxo do ar deve ser feita (Seção 3.16). Note que, apesar da balança eletrônica não utilizar pesos, estas observações também se aplicam, porque a escala é estabelecida tendo como referência pesos de metal (aço inoxidável) medidos no ar.

Vamos considerar, agora, o caso geral. O peso de um objeto no vácuo é igual a seu peso no ar **mais** o peso de ar deslocado pelo objeto **menos** o peso do ar deslocado pelos pesos. Pode-se demonstrar facilmente que:

$$W_v = W_a + d_a\left(\frac{W_v}{d_b} - \frac{W_a}{d_w}\right)$$

onde

W_v = Peso no vácuo
W_a = Peso aparente no ar
d_a = Densidade do ar
d_w = Densidade dos pesos
d_b = Densidade do objeto

A densidade do ar depende da umidade, da temperatura e da pressão. No caso da umidade relativa média (50%) e condições médias de temperatura e pressão no laboratório, a densidade do ar raramente sai dos limites 0,0011 e 0,0013 $g \cdot ml^{-1}$. Assim, é razoável considerar, para fins analíticos, o peso de 1 ml de ar como sendo 0,0012 g.

Como a diferença entre W_v e W_a normalmente não excede 1 a 2 partes por mil, pode-se escrever

$$W_v = W_a + d_a\left(\frac{W_a}{d_b} - \frac{W_a}{d_w}\right)$$

$$= W_a + W_a\left\{0,0012\left(\frac{1}{d_b} - \frac{1}{8,0}\right)\right\} = W_a + kW_a/1000$$

onde

$$k = 1,20\left(\frac{1}{d_b} - \frac{1}{8,0}\right)$$

Se uma substância de densidade d_b pesa W_a gramas no ar, então $W_a k$ miligramas devem ser adicionados ao peso medido no ar para obter o peso no vácuo. A correção é positiva se a substância tiver densidade menor do que 8,0 e negativa no caso contrário.

Erros humanos

Muitos erros de pesagem são devidos a erros do operador na escolha dos pesos que coloca no prato da balança ou na leitura dos visores digitais das balanças eletrônicas. Os pesos têm que ser verificados no momento em que eles são colocados e removidos da balança. Os visores digitais devem ser lidos pelo menos duas vezes. Preste muita atenção na posição das casas decimais.

Vidraria aferida

3.7 Unidades de volume

Para fins científicos, a unidade conveniente nas medidas de volumes razoavelmente grandes é o decímetro cúbico (dm^3) e nas medidas de volumes menores, o centímetro cúbico (cm^3). Por muitos anos, a unidade fundamental foi o litro, baseado no volume ocupado por um quilograma de água a 4°C (a temperatura da densidade máxima da água). A relação entre o litro, definido desta maneira, e o decímetro cúbico é

$$1 \text{ litro} = 1,000\,028 \text{ dm}^3 \quad \text{ou 1 mililitro} = 1,000\,028 \text{ cm}^3$$

Em 1964, a *Conférence Générale des Poids et des Mésures* (CGPM) decidiu aceitar o termo "litro" como um nome especial para o decímetro cúbico e abandonar a definição original. Esta nova definição do litro (l), torna idênticos o mililitro (ml) e o centímetro cúbico (cm^3).

3.8 Aparelhagem aferida

As aparelhagens mais comumente usadas na análise titrimétrica (volumétrica) são os balões aferidos, as buretas e as pipetas. As provetas e as pipetas de peso são menos empregadas. Cada um destes instrumentos será descrito a seguir.

A aparelhagem aferida destinada à análise quantitativa é, em geral, fabricada dentro de limites especificados, particularmente no que diz respeito à exatidão da calibração. Na Inglaterra, o Instituto Britânico de Padrões (BSI — British Standards Institution) reconhece dois tipos de aparelhagem: as de Classe A e as de Classe B. Os limites de tolerância são mais rigorosos para as aparelhagens de Classe A, destinada ao trabalho de maior precisão. As aparelhagens de Classe B são usadas no trabalho de rotina. Nos EUA, o NBS, em Washington, estabelece as especificações de apenas um tipo de aparelhagem, equivalente à Classe A britânica.

A maior parte da vidraria aferida é feita com vidro de alta qualidade, resistente ao calor e pode ser usada por muitos anos se for tratada com cuidado. Dispõe-se também de aparelhagens em plástico, porém, elas não são normalmente adequadas para trabalhos mais exatos porque as superfícies se deterioram rapidamente e são difíceis de limpar adequadamente.

Limpeza da aparelhagem de vidro

Toda a vidraria deve estar perfeitamente limpa e livre de gordura porque, senão, os resultados obtidos não serão confiáveis. Um teste simples da limpeza de uma aparelhagem de vidro consiste em enchê-la com água destilada e esvaziar imediatamente. A água restante na aparelhagem deve formar uma película contínua. Se a água se agrupar em gotículas, a aparelhagem está suja e deve ser limpa cuidadosamente. Existem vários métodos para limpar a vidraria. Muitos detergentes comerciais são adequados. Alguns fabricantes comercializam formulações especiais para uso no laboratório. Afirma-se que algumas são especialmente eficazes na remoção de contaminantes radioativos.

Teepol é um detergente relativamente brando e barato que pode ser usado na limpeza da vidraria. A solução estoque comum de laboratório é uma solução 10% em água destilada. Para limpar uma bureta, dilua 2 ml da solução estoque em 50 ml de água destilada. Encha a bureta e deixe em repouso por 30 a 60 s. Escorra o detergente e lave a bureta três vezes com água da torneira e depois diversas vezes com água destilada. Uma pipeta de 25 ml pode ser limpa da mesma forma, com 1 ml da solução estoque em 25 a 30 ml de água desionizada.

Um método freqüentemente usado é encher a aparelhagem, **cuidadosamente**, com uma mistura de limpeza contendo ácido crômico — uma solução quase saturada de dicromato de sódio ou de dicromato de potássio em ácido sulfúrico concentrado. Deixe em repouso por várias horas, de preferência durante a noite. Remova o ácido e lave cuidadosamente a aparelhagem com água desionizada. Deixe escorrer até que seque. Dicromato de potássio não é muito solúvel em ácido sulfúrico concentrado (cerca de 5 g · l^{-1}). Já o dicromato de sódio ($Na_2Cr_2O_7 \cdot 2H_2O$) é muito mais solúvel (cerca de 70 g · l^{-1}). A maior solubilidade e o menor custo justificam a preferência pelo dicromato de sódio na preparação da mistura de limpeza. É aconselhável filtrar, de tempos em tempos, a mistura dicromato de sódio/ácido sulfúrico através de lã de vidro colocada no fundo de um funil de vidro. Este procedimento remove pequenas partículas e a lama comumente presentes que podem entupir a ponta das buretas.

Para obter um agente desengordurante muito eficaz, de ação mais rápida do que a mistura de limpeza, dissolva 100 g de hidróxido de potássio em 50 ml de água. Deixe esfriar e complete até 1 litro com álcool metílico comercial.[2a] **Esta mistura deve ser manipulada com muito cuidado**.

3.9 Temperatura padrão

A capacidade de um frasco de vidro varia com a temperatura. Por isto, é necessário definir uma temperatura na qual se pretende que a capacidade nominal do recipiente está correta. Na Inglaterra, usa-se 20°C. Um segundo padrão de temperatura igual a 27°C é aceito pelo Instituto Britânico de Padrões para uso nos climas tropicais onde a temperatura ambiente é normalmente superior a 20°C. O Escritório Nacional de Padrões dos EUA adota a opinião de alguns químicos de que a temperatura de 25°C está mais próxima da temperatura média dos laboratórios norte-americanos e calibra as aparelhagens aferidas de vidro em 20°C e em 25°C.

Considerando o coeficiente de expansão cúbica do vidro de sódio como sendo cerca de 0,000030°C^{-1} e o do vidro de borossilicato como sendo cerca de 0,000010°C^{-1}, a Tabela 3.1 dá as correções a serem aplicadas para obter a capacidade de um frasco padrão de 1000 ml a temperaturas diferentes de 20ºC. Procure a temperatura na coluna correspondente, olhe ao longo da linha até achar a coluna apropriada da expansão do vidro e adicione o valor encontrado a 1000 ml.

Quando se aplica a correção de temperatura, deve-se também considerar a expansão do líquido que está sendo medido. A Tabela 3.1 dá a correção do volume de água contido em um frasco padrão de 1000 ml em 20°C para outras temperaturas. A correção é aplicada da mesma forma que a correção da expansão do vidro. Observe que ela é consideravelmente maior. No caso de soluções diluídas (0,1 M, por exemplo), as correções são praticamente as mesmas da água, porém, no caso de soluções mais concentradas, a correção aumenta e, no caso de soluções não-aquosas, as correções podem ser bastante grandes.[2b]

3.10 Balões aferidos

O balão aferido, conhecido também como balão volumétrico, é um recipiente em forma de pêra, de fundo chato e colo longo e estreito. Uma linha fina gravada no colo indica o volume que ele contém em uma dada temperatura, geralmente 20 ou 25°C (a capacidade e a temperatura de referência devem estar claramente marcadas no balão). O balão é calibrado para **conter** o volume indicado. Supõe-se que os balões aferidos **contêm** o volume especificado. Pode-se marcar um balão para **fornecer** um volume especificado de líquido sob certas condições bem definidas, porém estes balões não são adequados ao trabalho de precisão e são pouco utilizados. Os balões destinados a conter volumes definidos de líquido são classificados como C, TC ou In, enquanto os destinados a fornecer volumes definidos são classificados como D, TD ou Ex.

A marca circunda o colo do balão para evitar erros de paralaxe quando se faz o ajuste final do volume. O nível inferior do menisco do líquido deve tangenciar a marca e, na visão frontal, as partes anterior e posterior da marca devem coincidir. De propósito, o colo é estreito, para que pequenas variações de volume provoquem grandes alterações na posição do menisco. Assim, o erro no ajuste do menisco é pequeno.

Tabela 3.1 *Correções de temperatura (ml) para um balão aferido de 1 l*

Temperatura (°C)	Expensão do vidro		Expansão da água	
	Vidro de sódio	Vidro de borossilicato	Vidro de sódio	Vidro de borossilicato
5	−0,39	−0,15	+1,37	+1,61
10	−0,26	−0,10	+1,24	+1,40
15	−0,13	−0,05	+0,77	+0,84
20	0,00	0,00	0,00	0,00
25	+0,13	+0,05	−1,03	−1,11
30	+0,26	+0,10	−2,31	−2,46

Os balões devem ser fabricados de acordo com as normas BS 5898 (1980)* e a boca deve ser esmerilhada segundo a padronização internacional (elas são intercambiáveis). As rolhas também são padronizadas e feitas de vidro ou de plástico (comumente polipropileno). Os balões devem estar de acordo com as especificações BS 1792 (1982) da Classe A ou da Classe B. As tolerâncias permitidas para a Classe B, por exemplo, são:

Tamanho do frasco (ml)	5	25	100	250	1000
Tolerância (ml)	0,04	0,06	0,15	0,30	0,80

No caso dos balões da Classe A, as tolerâncias são cerca da metade. Estes balões podem ser adquiridos com um certificado de calibração da fábrica ou com um certificado BST (*British Standard Test*).

Os balões aferidos podem ser encontrados nas seguintes capacidades: 1, 2, 5, 10, 20, 50, 100, 200, 250, 500, 1000, 2000 e 5000 ml. Eles são usados na preparação de volumes definidos de soluções padrões. Podem ser também usados na obtenção, com o auxílio de pipetas, de alíquotas de uma solução da substância a ser analisada.

3.11 Pipetas

Existem três tipos de pipetas:

Pipetas de transferência têm uma só marca e dão um volume constante de líquido sob certas condições especificadas.

Pipetas graduadas ou de medida a haste é graduada e são usadas para fornecer pequenos volumes, de acordo com a necessidade.

Pipetas de seringa têm volume fixo ou variável e são normalmente empregadas para fornecer volumes idênticos rapidamente.

Pipetas de transferência

As pipetas de transferência são tubos longos de vidro com um bulbo central cilíndrico. Grava-se uma marca de calibração na parte superior do tubo (de sucção). A parte inferior (de escoamento) termina em uma ponta. As pipetas graduadas (ou de medida) destinam-se normalmente à liberação de volumes predeterminados de líquido. Não se usam no trabalho de precisão, no qual geralmente se prefere uma bureta. As pipetas de transferência têm capacidades de 1, 2, 5, 10, 20, 25, 50 e 100 ml. As pipetas de 10, 25 e 50 ml são próprias para o trabalho com quantidades maiores. Elas acompanham as normas BS 1583 (1986) e ISO 684-1984, e têm, como código para fácil reconhecimento, um anel colorido na parte final no tubo de sucção, que identifica a capacidade, BS 5898 (1980). Como segurança, as pipetas têm comumente um segundo bulbo acima da marca de graduação. Elas podem ser fabricadas com vidro de sódio ou Pyrex. Algumas pipetas de alta qualidade são fabricadas com vidro Corex (Corning Glass Works, EUA). Este vidro é submetido a um processo de troca iônica que o reforça e torna a superfície mais dura, isto é, mais difícil de arranhar e las-

---

*Muitos padrões britânicos modernos acompanham as especificações da Organização Internacional de Padrões (ISO — *International Standardisation Organisation*), sediada em Genebra. No exemplo anterior, a referência relevante é a ISO 384-1978.

car. As pipetas são fabricadas com as especificações das Classes A e B. Damos a seguir algumas das tolerâncias típicas da Classe B. No caso da Classe A, os valores são aproximadamente a metade.

Capacidade da pipeta (ml)	5	10	25	50	100
Tolerância (ml)	0,01	0,04	0,06	0,08	0,12

Nunca use a boca para encher as pipetas. Jamais coloque uma pipeta nos lábios, seja qual for o líquido que esteja sendo medido.

Quando usar uma pipeta de transferência, coloque um **enchedor de pipetas** adequado na parte superior do tubo de sucção. Estes dispositivos podem ser de vários tipos. Uma versão simples é um bulbo de borracha ou de plástico ligado a válvulas de bolas de vidro que podem ser operadas entre os dedos e o polegar. As válvulas controlam a entrada e a saída do ar do bulbo e, portanto, o fluxo de líquido para dentro e para fora da pipeta.

Antes de medir o volume do líquido, lave a pipeta com uma pequena quantidade do líquido. Encha a pipeta com o líquido, levando-o até 1 a 2 cm acima da marca. Com um pedaço de papel de filtro, remova todo o líquido que aderiu à parte externa da haste inferior. Use com cuidado o enchedor e deixe o líquido escorrer lentamente até que a parte inferior do menisco fique na posição correta. Mantenha a pipeta na posição vertical e a marca no nível de seu olho. Remova a gota que eventualmente permanece na ponta da pipeta batendo com ela, delicadamente, em uma superfície de vidro. Deixe escorrer o líquido para o recipiente de trabalho encostando a parte afilada da pipeta na parede interna do recipiente. Ao terminar a descarga da pipeta, deixe a ponta da pipeta em contato com a parede lateral do recipiente por 15 segundos (**período de escoamento**). Ao final deste tempo, remova a pipeta. Não tente "aproveitar" o líquido que fica na ponta da pipeta.

Se a pipeta for descarregada muito depressa, o volume liberado pode variar. O orifício da pipeta deve produzir um tempo de vazão da ordem de 20 s para uma pipeta de 10 ml, 30 s para uma pipeta de 25 ml e 35 s para uma pipeta de 50 ml.

Pipetas graduadas

Pipetas graduadas são tubos retos de diâmetro relativamente pequeno, sem bulbo central, construídos segundo a especificação padrão BS 6696 (1986). Elas também têm códigos de cores, de acordo com as normas ISO 1769. Existem três tipos:

Tipo 1, libera um volume determinado entre uma marca no topo (zero) até uma marca de graduação escolhida.

Tipo 2, libera um volume determinado entre uma marca de graduação escolhida e a ponta (zero).

Tipo 3, calibrado para **conter** um volume determinado da ponta até a marca de graduação escolhida e, portanto, calibrada para **remover** um volume definido de solução.

No caso das pipetas do tipo 2, ao contrário do procedimento normal, a gota de líquido que permanece na ponta deve ser aproveitada. Estas pipetas são distinguidas por um anel branco ou uma marca fosqueada com jato de areia na parte superior.

Pipetas de seringa ou micropipetas

As pipetas de seringa ou micropipetas são muito comuns no laboratório. Elas são usadas na manipulação de soluções tóxicas e volumes repetidos em grande número para análises múltiplas. As pipetas podem ter volumes fixos ou variáveis. Elas usam um sistema de acionamento que permite a operação por um botão no topo da pipeta. O êmbolo percorre dois pontos fixos, o que permite a liberação de um volume constante. As pipetas de seringa são ligadas a pontas afiladas plásticas descartáveis (normalmente de polietileno ou polipropileno) que não retêm água e ajudam a manter constante o volume de líquido liberado. O líquido fica inteiramente na ponta de plástico e basta substituir a ponta para que a mesma pipeta possa ser usada em diferentes soluções. Elas liberam volumes de 1 μl a 10 ml, reprodutíveis com margem de 1%.

A liberação de volumes inferiores a 1 μl é feita, normalmente, com seringas de agulha especiais, do tipo empregado na cromatografia com fase gasosa (Cap. 9). Pipetas micrométricas são usadas na liberação, gota a gota, de soluções. Elas têm um controle micrométrico que opera o êmbolo da seringa ligado a uma agulha de aço inoxidável. O volume liberado é medido com exatidão pela escala micrométrica.

3.12 Buretas

Buretas são tubos cilíndricos longos, graduados, de diâmetro interno uniforme, com uma torneira de vidro ou politetrafluoretileno (PTFE) na extremidade inferior e uma ponta. As torneiras de PTFE têm a grande vantagem de dispensarem lubrificação.

É, às vezes, vantajoso usar buretas com a ponta estendida dobrada duas vezes em ângulo reto, o que separa a extremidade afilada 7,5 a 10 cm do corpo da bureta. Isto facilita o posicionamento da bureta em montagens complicadas. Assim, por exemplo, na titulação de soluções aquecidas, o corpo da bureta fica afastado da fonte de calor. Buretas com torneiras de duas vias são adequadas para a ligação com reservatórios de soluções de estoque.

Como toda vidraria aferida, as buretas são produzidas segundo as especificações das Classes A e B, e as normas BS 846 (1985) ou ISO 385 (1984). As buretas da Classe A podem ser adquiridas com certificados BST. As marcas de graduação de todas as buretas da Classe A e algumas da Classe B circundam completamente a bureta. Isto é muito importante para evitar erros de paralaxe nas leituras. Eis alguns valores de tolerância típicos da Classe A. Para a Classe B, os valores são aproximadamente o dobro.

Capacidade total (ml)	5	10	50	100
Tolerância (ml)	0,02	0,02	0,05	0,10

Além do volume, existem também especificações para o comprimento da parte graduada da bureta e o tempo de escoamento.

Quando em uso, a bureta deve estar fixa na vertical. Existem várias garras de bureta próprias para esta finalidade. Não use garras comuns de laboratório. A garra ideal permite a leitura sem que a bureta tenha que ser removida do suporte.

Lubrificantes para as torneiras de vidro

As torneiras de vidro das buretas são lubrificadas para evitar que colem ou deslizem mal durante o uso. O lubrificante mais comum é vaselina pura, porém ela é muito macia e, salvo se for usada em quantidades muito pequenas, o lubrificante pode chegar ao ponto de junção da ponta com o corpo da torneira, bloqueando, eventualmente, a saída da bureta. Existem lubrificantes de torneiras disponíveis no comércio. Não use lubrificantes na base de silicone porque eles tendem a escorrer pelas paredes da bureta e contaminar a parte interna.

Para lubrificar a torneira, remova a tampa da junta e aplique dois pequenos filetes de lubrificante ao longo do êmbolo da torneira, aproximadamente a meia distância entre as extremidades e o furo da torneira. Recoloque-a em posição e gire algumas vezes para formar um filme fino uniforme de lubrificante ao longo da junta esmerilhada. Um anel ou outra forma de retentor ajuda a reduzir a chance de deslocamento quando em uso.

O uso da bureta

Limpe a bureta completamente usando um dos agentes de limpeza descritos na Seção 3.8. Lave bem, ao final, com água destilada. Remova o êmbolo da torneira, seque bem e lubrifique o êmbolo e a junta como vimos no parágrafo precedente. Coloque na bureta, com um pequeno funil, cerca de 10 ml da solução. Remova o funil, incline a bureta e gire-a de modo a molhar toda a superfície interna. Descarte o líquido pela torneira. Lave novamente e fixe a bureta **em posição vertical** no suporte apropriado. Encha a bureta com a solução até um pouco acima da marca do zero. Remova o funil e deixe escorrer o líquido através da torneira até que o menisco tangencie a marca do zero. Verifique se não existem bolhas de ar na bureta ou na ponta, isto é, se ela está completamente cheia de líquido.

Para a leitura, mantenha seu olho no mesmo nível do menisco para evitar a paralaxe. Nas melhores buretas, as marcas de graduação circundam o tubo a cada mililitro (ml) e o envolvem pela metade nas demais marcas de graduação. Assim, a paralaxe é facilmente evitada. Para facilitar a leitura, use um pedaço de papel branco ou papel cartão. Escureça a metade inferior com tinta preta fosca ou com um pedaço de papel preto fosco. Coloque o papel de modo que a linha claro-escuro esteja 1 a 2 mm abaixo do menisco. Com isto, o fundo do menisco parece mais escuro e destaca-se claramente contra o fundo branco. O nível do líquido pode ser lido com mais facilidade. Existem vários dispositivos de leitura comerciais. Um dispositivo artesanal, descrito por Woodward e Redman,[2c] é particularmente eficaz. As leituras são normalmente feitas a cada 0,05 ml. Para trabalhos de precisão, as leituras devem ser feitas a cada 0,01 a 0,02 ml, com o auxílio de uma lente para estimar as subdivisões.

Para escoar o líquido de uma bureta para dentro de um erlenmeyer ou outro recipiente semelhante, coloque os dedos da mão esquerda atrás da bureta com o polegar em frente e segure a torneira entre o polegar e o dedo indicador. Assim, a torneira não se desloca e a operação fica sob controle. Remova a gota que permanece na ponta encostando-a na parede do frasco receptor. Agite o frasco suavemente com a mão direita, durante a adição de líquido, para misturar bem.

3.13 Buretas de peso

As buretas de peso são usadas quando se deseja a maior acurácia possível na transferência de várias quantidades de líquidos. Como o nome sugere, elas são pesadas antes e depois da transferência de um líquido. A Fig. 3.3(a) mostra um tipo de bureta muito útil. Ele tem duas tampas de vidro. A inferior é fechada e a superior tem uma abertura capilar. Isto faz com que as perdas por evaporação sejam desprezíveis. Com líquidos higroscópicos, coloca-se uma pequena tampa de vidro esmerilhado sobre o tubo capilar. A bureta é graduada em intervalos de 5 ml. O título é obtido pela perda de peso da bureta e, por isto, os titulantes são preparados na relação peso/peso e não peso/volume. Os erros associados com o uso de buretas volumétricas como o escoamento (drenagem), as leituras e mudanças de temperatura, são evitados. As buretas de peso são especialmente úteis no caso de soluções não-aquosas ou líquidos viscosos.

Um tipo de bureta de peso, devida a Redman,[2d] é um tubo de vidro achatado em um dos lados para que fique estável sobre um prato de balança. Acima da base chata fica a torneira que controla a descarga e um orifício de enchimento, fechado com uma torneira de vidro. A torneira e o colo curto no qual ela está colocada são perfurados e o ar entra quando os furos estão alinhados, permitindo que o conteúdo da bureta seja descarregado através da ponta de saída.

A Fig. 3.3(b) mostra um esquema da **pipeta de Lunge-Rey**. Ela tem um pequeno bulbo central (capacidade 5 a 10 ml) fechado por duas torneiras (1, 2). A pipeta (3), abaixo da torneira, tem capacidade de cerca de 2 ml e é ligada a um tubo de ensaio (4). Este tipo de pipeta é especialmente útil na pesagem de líquidos corrosivos e fumegantes.

3.14 Buretas de pistão

Nas buretas de pistão, a liberação do líquido é controlada pelo movimento de um êmbolo firmemente ajustado em um tubo graduado de diâmetro uniforme. Nos tituladores automáticos o pistão está ligado a um motor. As buretas de pistão permitem o traçado automático das curvas de titulação. A velocidade de adição pode variar perto do ponto final de uma titulação, o que permite o controle fino da adição do titulante.

3.15 Proveta (cilindros graduados)

As provetas têm capacidades de 2 a 2000 ml. Como a área superficial do líquido é muito maior do que em um balão aferido, a exatidão não é muito grande. Isto significa que as provetas não podem ser usadas quando se deseja um grau moderado de exatidão, porém, são satisfatórias para medidas aproximadas.

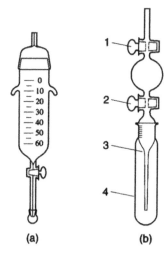

Fig. 3.3 Buretas de pesagem: (a) um modelo muito útil, (b) pipeta de Lunge-Rey

3.16 Calibração da aparelhagem graduada

As aparelhagens padrões graduadas da Classe A são satisfatórias para a maior parte do trabalho analítico. Quando se deseja exatidão maior, é aconselhável calibrar todas as aparelhagens que não têm um certificado de calibração **recente**. O procedimento de calibração envolve a determinação do peso da água que determinada aparelhagem contém. Sabendo-se a temperatura da água e sua densidade, pode-se calcular o volume. As tabelas de densidades baseiam-se normalmente em pesos no vácuo (Seção 3.6), porém os da Tabela 3.2 são baseados nas pesagens no ar com pesos de aço inoxidável e podem ser usados para calcular os volumes diretamente. Faça um gráfico para encontrar o volume de 1 g de água na temperatura de calibração. Tabelas mais completas encontram-se na norma BS 6696 (1986).[3]

Para a calibração, a aparelhagem deve ser cuidadosamente limpa e deve ficar próxima da balança, juntamente com um suprimento de água destilada ou desionizada, para que fiquem na temperatura ambiente. Os frascos também devem estar secos. Lave duas vezes com um pouco de acetona e passe, depois, uma corrente de ar pelo frasco para removê-la.

Balões aferidos

Deixe o balão limpo e seco em repouso na sala de balança por uma hora, antes de tampá-lo e pesá-lo. Coloque em posição um funil pequeno cuja haste ultrapasse a marca do balão. Adicione lentamente água desionizada ou destilada (termicamente equilibrada) até chegar à marca. Remova cuidadosamente o funil, tendo o cuidado de não molhar o colo do frasco acima da marca. Adicione mais água, com

Tabela 3.2 *Volume de 1 g de água em várias temperaturas*

Temperatura (°C)	Volume (ml)	Temperatura (°C)	Volume (ml)
10,00	1,0013	22,00	1,0033
12,00	1,0015	24,00	1,0037
14,00	1,0017	26,00	1,0044
16,00	1,0021	28,00	1,0047
18,00	1,0023	30,00	1,0053
20,00	1,0027		

44 Aparelhagem Comum e Técnicas Básicas

o auxílio de um tubo conta-gotas, até que o menisco coincida com a marca. Recoloque a rolha, pese novamente o balão e anote a temperatura da água. O volume da água que encheu o balão até a marca de graduação pode ser calculado com a ajuda da Tabela 3.2.

Pipetas

Encha a pipeta até um nível acima da marca com água destilada termicamente equilibrada. Deixe escorrer o líquido até que o menisco fique exatamente na marca. Remova a gota que adere à ponta encostando-a na superfície da água contida em um bécher e retirando-o sem sacudir a pipeta. Transfira o conteúdo da pipeta para um frasco seco, limpo e pesado (ou para um frasco de pesagem), mantendo a ponta da pipeta em contato com a parede do frasco (será necessário inclinar ligeiramente a pipeta ou o frasco). Mantenha a posição da pipeta por 15 s após cessar o fluxo. Remova o frasco receptor após este tempo. Este procedimento garante que não ficou líquido aderido à parte externa da ponta da pipeta e que a gota que fica na ponta tem sempre o mesmo tamanho. Para determinar o instante em que o fluxo cessa, observe o movimento da superfície da água logo abaixo da ponta da pipeta. O escoamento está completo quando o menisco fica ligeiramente acima da extremidade da ponta. Conte o tempo de 15 s para drenagem a partir deste momento. Tampe o frasco receptor, pese e anote a temperatura da água. Calcule o volume da pipeta com a ajuda da Tabela 3.2. Faça pelo menos duas determinações.

Buretas

Se for necessário calibrar uma bureta, é essencial certificar-se de que não existem vazamentos e que o tempo de escoamento é satisfatório, antes de começar a calibração. Para testar vazamentos, remova a torneira e limpe cuidadosamente o êmbolo e a junta. Após lavar bem com água desionizada, recoloque a torneira no lugar. Coloque a bureta, cheia com água desionizada, em seu suporte. Ajuste o volume até a marca do zero e remova, com um pedaço de papel de filtro, a gota de água que adere à ponta. Deixe a bureta em repouso por 20 minutos. Se o menisco não cair por mais de uma divisão da escala, pode-se considerar que não há vazamento.

Para testar o tempo de escoamento, remova novamente a torneira, seque a junta e o êmbolo. Lubrifique e monte novamente a torneira. Encha a bureta, até a marca do zero, com água desionizada. Coloque a bureta no suporte e ajuste-a de modo que a ponta esteja dentro de um erlenmeyer colocado na base do suporte, sem, porém, tocar a parede. Abra completamente a torneira e anote o tempo que o menisco levou para atingir a marca de graduação mais baixa da bureta. O tempo medido deve concordar com o tempo marcado na bureta e estar de acordo com os limites da norma BS 846 (1985).

Se a bureta passar por estes dois testes, pode-se começar a calibração. Encha a bureta com água desionizada equilibrada termicamente com a balança. A temperatura ideal é a temperatura registrada na bureta. Pese um frasco limpo e seco com cerca de 100 ml de capacidade. Ajuste o líquido da bureta no zero e remova a gota que adere à ponta. Coloque o frasco sob a bureta, abra a torneira completamente e deixe a água cair dentro do frasco. Quando o menisco se aproximar da marca desejada, reduza o fluxo para que a liberação seja gota a gota. Ajuste o menisco na marca desejada. Não

espere o tempo de drenagem, remova a gota que adere à ponta, tocando o colo do frasco e a ponta. Tampe o frasco e pese novamente. Repita o procedimento para cada marca de graduação a ser testada; para uma bureta de 50 ml isso é feito geralmente a cada 5 ml. Anote a temperatura da água e calcule, com o auxílio da Tabela 3.2, o volume liberado em cada experimento a partir do peso da água coletada. É mais conveniente construir uma curva de calibração para a bureta.

Água para uso no laboratório

3.17 Purificação da água

Desde o início da análise quantitativa, os químicos perceberam a necessidade de purificar a água usada nas operações analíticas. Com a redução progressiva dos níveis mínimos de detecção na análise instrumental, os padrões de pureza exigidos são cada vez mais rígidos. Os padrões atualmente estabelecidos para a água usada nos laboratórios[4] prescrevem limites para o resíduo não-volátil, para o resíduo após a calcinação, para o pH e para a condutância. O BS 3978 (1987) (ISO 3696-1987) reconhece três níveis de qualidade (Tabela 3.3):

Nível 3 é adequada para uso nos procedimentos analíticos comuns. É preparada por destilação da água de torneira, por desionização ou por osmose reversa (ver adiante).

Nível 2 é adequada para uso nos procedimentos analíticos mais sensíveis, tais como a espectroscopia de absorção atômica e a determinação de traços de substâncias. É preparada por redestilação da água destilada de nível 3, por destilação da água desionizada ou por destilação da água submetida à osmose reversa.

Nível 1 é adequada para uso nos procedimentos analíticos mais exigentes, tais como a cromatografia líquida de alta eficiência e a determinação de ultratraços de substâncias. É preparada por osmose reversa ou desionização da água de nível 2, seguida por filtração com uma membrana filtrante de poro 0,2 μm, para remover partículas em suspensão. Um outro processo é redestilar a água de nível 2 em aparelhagem de sílica fundida.

Por muitos anos, a destilação foi o único método de purificação de água usado. A água destilada de laboratório tinha pureza variável. Os destiladores de água modernos são feitos, normalmente, de vidro e são aquecidos eletricamente. A corrente é cortada se houver falhas nos sistemas de resfriamento ou de alimentação de água. A corrente também se interrompe quando o recipiente está vazio. Inspecione regularmente o equipamento e mantenha-o sempre limpo para garantir a qualidade constante da água.

Água desionizada

A pureza da água desionizada é comumente maior do que a da água destilada de laboratório. Ela é obtida por permeação da água de torneira através de uma mistura de resinas de troca iônica. Uma resina fortemente ácida retém cátions, substituindo-os por íons hidrogênio, e uma resina fortemente básica (na forma hidróxido) remove os ânions. Nos desionizadores comerciais, a qualidade da água produzida é acompanhada por um medidor de condutividade. As resinas são fornecidas em cartuchos que podem ser substituídos, o que reduz ao mínimo a manutenção. As colunas de troca iônica de

Tabela 3.3 *Padrões de água para uso em operações analíticas*

Parâmetro	Nível da água		
	1	2	3
pH em 25°C	a	a	5,0-7,5
Condutividade elétrica em 25°C	0,01	0,1	9,5
Matéria oxidável = quantidade de oxigênio (mg · l^{-1})	b	0,08	0,4
Absorbância em 254 nm (célula de 1 cm)	0,001	0,01	c
Resíduo depois da evaporação	c	1	2
Teor de SiO$_2$ (mg · l^{-1})	0,01	0,02	c

[a]Medidas de pH em águas de alta pureza são difíceis. Os resultados são duvidosos.
[b]Não se aplica.
[c]Não especificado.

leito misto, alimentadas com água destilada, produzem água com condutância muito baixa, da ordem de $2,0 \times 10^{-6} \Omega^{-1} \cdot cm^{-1}$ ($2,0 \mu S \cdot cm^{-1}$), mas, apesar da baixa condutância, a água pode conter, ainda, traços de impurezas orgânicas, que podem ser detectadas com o auxílio de um espectrofluorímetro. Pode-se, quase sempre, ignorar a pequena quantidade de matéria orgânica na água desionizada e usá-la na maior parte das situações em que água destilada é aceitável.

Outro método de purificação da água é a **osmose reversa**. Sob condições normais, se uma solução em água estiver separada de água pura por uma membrana semipermeável, a osmose fará com que a água pura passe para a solução para diluí-la. Todavia, se for aplicada à solução uma pressão suficientemente alta, superior à pressão osmótica, a água fluirá da solução através da membrana. Este processo foi adaptado para a purificação da água. Passa-se a água sob pressão de 3 a 5 atm (300 a 500 kPa) por um tubo que contém a membrana semipermeável. A água assim tratada contém traços de material inorgânico e, por isto, não é adequada para operações que requerem água muito pura, porém ela pode ser usada no laboratório para muitas finalidades. Água com esta qualidade se presta especialmente para a purificação por troca iônica. Passe a água produzida por osmose reversa por um leito de carvão ativado para remover contaminantes orgânicos. Passe a água, depois, por uma coluna de troca iônica de leito misto. Faça percolar o efluente resultante por uma membrana filtrante de diâmetro submicron para remover os traços de partículas orgânicas coloidais.

A **água de alta pureza** assim produzida tem condutância de cerca de $0,5 \times 10^{-6} \Omega^{-1} \cdot cm^{-1}$ ($0,5 \mu S \cdot cm^{-1}$) e é adequada para as técnicas analíticas mais rigorosas. A pureza está dentro dos padrões necessários para a determinação de traços de elementos e operações como a cromatografia de íons. Observe, porém, que ela se contamina facilmente nos frascos e por exposição ao ar. Para a análise orgânica, a água deve ser estocada em recipientes de vidro resistente (por exemplo, Pyrex) ou, idealmente, de sílica fundida. Para a análise inorgânica, a água é melhor guardada em recipientes de polietileno ou polipropileno.

3.18 Frascos de lavagem

Os frascos de lavagem tradicionais, de vidro, têm fundo chato e volume de 500 a 750 ml e são providos de tubos e de pontas de saída (Fig. 3.4(a)). Eles são raramente usados porque são muito frágeis. Eles foram substituídos pelos vários tipos de frascos de lavagem em **polietileno**, fáceis de usar e baratos, cuja capacidade é, normalmente, de cerca de 250 ml. Eles têm uma tampa em plástico rígido e uma

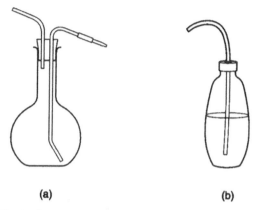

Fig. 3.4 Frascos de lavagem: (a) em vidro, (b) em polietileno

ponta plástica que atravessa a tampa (Fig. 3.4(b)). São fáceis de segurar e a saída de líquido é controlada com a pressão suave da mão. Eles são virtualmente inquebráveis, mas devem ficar longe de bicos de Bunsen e superfícies quentes. Eles podem ser utilizados com quase todos os solventes e soluções, mas raramente com líquidos quentes.

Os frascos de lavagem feitos de polietileno, quando usados com outros líquidos que não a água, devem ser reservados para aquele líquido ou solução em particular. Isto ocorre porque o polietileno absorve componentes de algumas soluções e pode contaminar outros líquidos. É necessário lavar repetidamente o frasco antes de ele poder ser usado com outro líquido ou solução.

Nota: os frascos de lavagem devem ser sempre claramente identificados e usar códigos de cores para líquidos diferentes. Eles não devem ser usados com ácidos concentrados ou substâncias muito corrosivas.

Aparelhagem em geral

3.19 Utensílios em vidro, cerâmica e plástico

Vidraria

Use sempre aparelhagens de vidro resistente para evitar contaminações durante a análise. Prefere-se, em geral, o vidro de borossilicato. O vidro resistente é muito pouco atacado por todas as soluções, porém, normalmente, o ataque por soluções ácidas é menos sério do que pela água pura

46 Aparelhagem Comum e Técnicas Básicas

ou soluções alcalinas. Por isto, acidifique, sempre que possível, as soluções alcalinas se elas tiverem que ser guardadas em frascos de vidro por longos períodos. Preste atenção às tampas de vidro e vidros de relógio, que também devem ser feitos de vidro resistente. Como regra geral, não aqueça aparelhagens de vidro com chama direta. Use uma tela metálica entre a chama e o vidro. Em alguns casos, pode-se usar o vidro *Corning Vycor* (96% de sílica), que é muito resistente ao calor e aos choques térmicos, além de ser excepcionalmente estável diante dos ácidos (exceto o ácido fluorídrico), da água e de muitas soluções.

Bécheres Os bécheres mais satisfatórios para uso geral são os que têm um bico. A vantagem é que é mais fácil de derramar. Além disto, o bico é um local conveniente para apoiar um bastão de agitação quando o bécher está coberto. O bico é também uma saída para gases e vapores quando o bécher está coberto com um vidro de relógio. O tamanho do bécher deve ser escolhido em função do volume de líquido que ele deve conter. Os tamanhos mais úteis vão de 250 a 600 ml.

Erlenmeyers (frascos cônicos) Os erlenmeyers de 150 a 500 ml de capacidade são muito usados nas titulações, na mistura de líquidos e no aquecimento de soluções.

Funis Os funis devem ter ângulo de 60°. Os tamanhos mais úteis para a análise quantitativa têm diâmetros de 5,5, de 7 e de 9 cm. A haste deve ter diâmetro interno de cerca de 4 mm e não mais de 15 cm de comprimento. Para o enchimento de buretas e transferência de sólidos para balões aferidos, é útil um funil de haste curta e colo largo.

Aparelhagens de porcelana

Usa-se porcelana nas operações em que líquidos quentes devem permanecer em contato com o recipiente por períodos prolongados. A porcelana é mais resistente a soluções do que o vidro, particularmente a soluções alcalinas, dependendo da qualidade da superfície. Cápsulas rasas de porcelana com bordas são usadas nas evaporações. Caçarolas de porcelana com fundo chato e cabo são mais convenientes do que as cápsulas.

Os cadinhos de porcelana são muito usados na calcinação de precipitados e no aquecimento de pequenas quantidades de sólidos devido a seu baixo custo e sua capacidade de suportar altas temperaturas sem alteração apreciável. Algumas reações, como a fusão com carbonato de sódio ou outras substâncias alcalinas, as evaporações com ácido fluorídrico e as fusões com pirossulfatos, não podem ser feitas em cadinhos de porcelana porque eles são atacados.

Aparelhagens de sílica fundida

Existem no comércio dois tipos de aparelhagens feitas em sílica: as translúcidas e as transparentes. As aparelhagens translúcidas são muito mais baratas e podem substituir, sem maiores inconvenientes, as aparelhagens transparentes. Os utensílios de sílica têm várias vantagens: são muito resistentes a choques térmicos devido a seu baixo coeficiente de expansão, não são atacados por ácidos em temperaturas elevadas, exceto pelos ácidos fluorídrico e fosfórico, e são mais resistentes do que a porcelana nas fusões com pirossulfatos. Por outro lado, eles são atacados por soluções alcalinas, em particular álcalis e carbonatos fundidos, são mais frágeis do que os utensílios de vidro comum e requerem um tempo de aquecimento ou resfriamento muito maior do que as aparelhagens de platina. As aparelhagens em *Corning Vycor* (96% de sílica) têm muitas das características da sílica fundida e são transparentes.

Aparelhagens de plástico

Os plásticos são usados em vários itens comuns de laboratório, como aspiradores, bécheres, funis de Buchner, frascos de todos os tipos, tubos de centrífuga, erlenmeyers, cadinhos filtrantes, funis de filtração, provetas, vidros de relógio, espátulas, torneiras, tubos de diversos diâmetros e frascos de pesagem. Os aparelhos de plástico são freqüentemente mais baratos do que os de vidro e são normalmente mais resistentes. Todavia, apesar de serem inertes frente a muitos produtos químicos, existem algumas limitações no uso de aparelhagens de plástico, a principal sendo a temperatura máxima que podem suportar, geralmente não muito alta. A Tabela 3.4 lista as propriedades mais relevantes dos plásticos mais comuns.

O Teflon é muito inerte. Sua reatividade é tão baixa que ele é usado como revestimento nos recipientes de digestão sob pressão, usados para decompor substâncias por aquecimento com ácido fluorídrico ou com ácido nítrico concentrado (Seção 3.31).

Tabela 3.4 *Plásticos usados em aparelhagens de laboratório*

Material	Aparência[a]	Temperatura máxima (°C)	Ácidos[b] Fraco	Forte	Bases[b] Fraco	Forte	Ataque por solventes orgânicos[c]
Polietileno (LD)[d]	TL	80-90	R	R*	V	R	1, 2
Polietileno (HD)[d]	TL-O	100-110	V	R*	V	V	2
Polipropileno	T-TL	120-130	V	R*	V	V	2
TPX (polimetilpenteno)	T	170-180	V	R*	V	V	1, 2
Poliestireno	T	85	V	R*	V	V	A maioria deles
PTFE (Teflon)	O	250-300	V	V	V	V	V
Policarbonato	T	120-130	R	A	F	A	A maioria deles
PVC (policloreto de vinila)	T-O	50-70	R	R*	R	R	2, 3, 4
Náilon	TL-O	120	R	A	R	F	V

[a]O = opaco; T = transparente; TL = translúcido.
[b]A = atacado; F = razoavelmente resistente; R = resistente, R* = geralmente resistente, mas atacado por misturas oxidantes; V = muito resistente.
[c]1 = hidrocarbonetos; 2 = cloro-hidrocarbonetos; 3 = cetonas; 4 = éteres cíclicos; V = muito resistente.
[d]LD = baixa densidade; HD = alta densidade.

3.20 Aparelhagens de metal

Platina

A platina é usada em cadinhos, cápsulas e eletrodos. Seu ponto de fusão é muito elevado (1773°C), porém o metal puro é mole demais para o uso geral. Por isto, a platina é sempre usada em liga com pequenas quantidades de ródio, irídio ou ouro. Estas ligas são voláteis acima de 1100°C, porém elas guardam muitas das vantagens da platina pura, como a resistência à maior parte dos reagentes químicos, inclusive os carbonatos alcalinos fundidos e o ácido fluorídrico (as exceções são dadas adiante), a excelente condutividade térmica e a adsorção muito baixa de água. A área de um cadinho de platina de 25 ml é de 80 a 100 cm^2. Assim, o erro devido à volatilidade pode ser apreciável se o cadinho for feito, por exemplo, com uma liga com alto teor de irídio. A Tabela 3.5 mostra a magnitude deste erro. A tabela dá as perdas aproximadas de peso dos cadinhos, expressas em mg por 100 cm^2 por hora, na temperatura indicada. A liga que tem 95% de platina e 5% de ouro é conhecida como a liga "não-molhável". A razão é que as amostras fundidas não aderem à superfície e são facilmente removidas. A remoção é facilitada se o cadinho estiver inclinado enquanto a massa fundida solidifica. Cadinhos desta liga são usados na preparação de amostras para análise por fluorescência de raios X.

Recentemente foi desenvolvida a platina-ZGS (estabilizada com grãos de zircônia). A liga é produzida pela adição de uma pequena quantidade de zircônia (óxido de zircônio(IV)) à platina fundida. Isto leva à modificação da microestrutura do material sólido, aumentando a resistência ao calor e ao ataque químico. Enquanto a temperatura de operação recomendada para a platina pura é de 1400°C, a platina-ZGS pode ser usada até 1650°C. As aparelhagens podem ser feitas com TRIM, isto é, paládio coberto com platina-ZGS. Este material permite a construção de aparelhagens tão resistentes à corrosão como a platina-ZGS, por um preço apreciavelmente menor.

Use um suporte triangular de platina para apoiar os cadinhos de platina durante o aquecimento ou, se não for possível, um triângulo de sílica. Evite os triângulos de Ni–Cr e outros metais. Os triângulos de cerâmica normalmente contêm ferro e danificam a platina. Os cadinhos de platina quentes devem ser manipulados com pinças especiais para cadinho, recobertas com platina. As pinças de latão ou ferro mancham a platina. Recipientes de platina não devem ser expostos à chama luminosa, nem devem entrar em contato com o cone interno de uma chama de gás, porque a superfície do metal é atacada e fica quebradiça devido à formação de um carboneto de platina.

Em temperaturas elevadas, a platina permite a difusão dos gases da chama, com redução de algumas substâncias que de outro modo não seriam afetadas. Em um cadinho coberto aquecido por uma chama de gás, a atmosfera é redutora. Se o cadinho estiver aberto, entretanto, a difusão do ar é tão rápida que este efeito não é apreciável. Assim, se óxido de ferro(III) for aquecido em um cadinho coberto, ocorre redução parcial a ferro elementar, que forma uma liga com a platina. Sulfato de sódio se reduz parcialmente a sulfeto. Por isto, na calcinação de compostos de ferro ou de sulfatos é aconselhável inclinar o cadinho para melhor aeração.

Existem vários procedimentos em que se pode usar aparelhagens de platina sem que ela seja atacada:

1. Fusões com (a) carbonato de sódio ou uma mistura de fusão, (b) metaborato de lítio e bórax, (c) bifluoretos alcalinos e (d) hidrogenossulfatos alcalinos (ocorre ataque, reduzido por adição de sulfato de amônio).
2. Evaporações com (a) ácido fluorídrico, (b) ácido clorídrico, na ausência de agentes oxidantes que liberam cloro, e (c) ácido sulfúrico concentrado (pode haver ataque).
3. Calcinações de (a) sulfato de bário e sulfatos de metais que não se reduzem facilmente, (b) carbonatos, oxalatos etc., de cálcio, bário e estrôncio, e (c) óxidos que não se reduzem facilmente como, por exemplo, CaO, SrO, Al_2O_3, Cr_2O_3, Mn_3O_4, TiO_2, ZrO_2, ThO_2, MoO_3 e WO_3. (BaO e compostos que geram BaO por aquecimento atacam a platina.)

Os seguintes procedimentos em que a platina é **atacada** não devem ser feitos em recipientes de platina:

1. Aquecimento com os seguintes líquidos: (a) água régia, (b) ácido clorídrico e agentes oxidantes, (c) misturas líquidas que desprendem iodo ou bromo e (d) ácido fosfórico concentrado (o ataque é apreciável sob aquecimento prolongado).
2. Aquecimento com os seguintes sólidos, sólidos fundidos e vapores: (a) óxidos, peróxidos, hidróxidos, nitratos, nitritos, sulfetos, cianetos, hexacianoferratos(II) e hexacianoferratos(III) de metais alcalinos e alcalino-terrosos (exceto óxidos e hidróxidos de cálcio e estrôncio), (b) chumbo, prata, cobre, zinco, bismuto, estanho ou ouro fundidos, ou misturas que formam estes metais por redução; (c) fósforo, arsênio, antimônio, silício ou misturas que formam estes elementos por redução, particularmente fosfatos, arseniatos e silicatos na presença de agentes redutores, (d) enxofre (leve ação), selênio e telúrio, (e) halogenetos voláteis (inclusive cloreto de ferro(III)), especialmente os que se decompõem rapidamente; (f) todos os sulfetos ou misturas que contêm enxofre e um carbonato ou um hidróxido e (g) substâncias de composição desconhecida. Inclui-se, também, o aquecimento em atmosferas que contêm cloro, dióxido de enxofre ou amônia, que tornam porosa a superfície.

O carbono sólido, uma vez produzido, é perigoso. A queima em temperaturas baixas e bastante ar não danifica o cadinho, porém nunca se deve usar temperaturas altas. Os precipitados em papéis de filtro devem ser tratados de modo semelhante. Só se deve usar temperaturas altas depois de **todo** o carbono ter sido eliminado. A formação de cinzas na presença de matéria orgânica não deve ser feita em cadinhos de platina porque os elementos metálicos presentes podem atacar a platina em condições redutoras.

Tabela 3.5 *Perda de peso dos cadinhos de platina*

Temperatura (°C)	Pt pura	99% Pt-1%Ir	97,5% Pt-2,5%Ir
900	0,00	0,00	0,00
1000	0,08	0,30	0,57
1200	0,81	1,2	2,5

Limpeza e conservação da aparelhagem de platina

Mantenha prontas para uso, limpas e polidas todas as aparelhagens de platina (cadinhos, cápsulas etc.). Se um cadinho de platina ficar manchado, faça fundir um pouco de carbonato de sódio no cadinho. Derrame o sólido fundido em uma pedra seca ou uma placa de ferro. Dissolva o resíduo sólido em água e deixe o cadinho em repouso por algum tempo com ácido clorídrico concentrado. Este tratamento pode ser repetido, se necessário. Se a fusão com o carbonato de sódio for ineficaz, use hidrogenossulfato de potássio. A platina será levemente atacada. Pode-se usar, também, tetraborato de dissódio. Algumas vezes, o uso do ácido fluorídrico (**cuidado**) ou do hidrogenofluoreto de potássio pode ser necessário. Manchas devidas ao ferro podem ser removidas por aquecimento, por 2 a 3 minutos, do cadinho coberto contendo um ou dois gramas de cloreto de amônio puro.

Todas as aparelhagens de platina devem ser manipuladas com cuidado para evitar que elas sejam deformadas ou amassadas. Os cadinhos de platina não devem, em hipótese alguma, ser apertados para liberar o bolo sólido após uma fusão. Existem formas de madeira para os cadinhos e cápsulas que são usadas para reformatar os utensílios de platina amassados ou deformados.

Outros metais

Aparelhagens de aço inoxidável revestido com platina São usados para a evaporação de soluções de produtos químicos corrosivos. Até cerca de 550°C, estes recipientes têm a resistência da platina à corrosão. Suas principais características são: (1) custo muito mais baixo do que o das aparelhagens de platina; (2) espessura cerca de quatro vezes maior do que a das aparelhagens de platina, isto é, maior resistência mecânica; e (3) menor susceptibilidade a danos pela manipulação com pinças etc.

Aparelhagens de prata Os cadinhos e cápsulas de prata têm suas utilidades principais na evaporação de soluções alcalinas e nas fusões com álcalis cáusticos. Durante as fusões, a prata é levemente atacada. Os recipientes de ouro (ponto de fusão 1050°C) são mais resistentes do que os de prata frente a álcalis fundidos. A prata funde em 960°C e, por isto, deve-se ter cuidado quando ela é aquecida na chama direta.

Aparelhagens de níquel Os cadinhos e cápsulas de níquel são usados nas fusões com álcalis e com peróxido de sódio (**cuidado**). Nenhum metal resiste ao peróxido de sódio fundido e, na fusão com peróxido, um pouco de níquel se mistura à amostra, mas isto geralmente não é um problema. Além disto, o níquel se oxida no ar, logo as aparelhagens de níquel não podem ser utilizadas em operações que envolvem pesagens.

Aparelhagens de ferro Os cadinhos de ferro podem substituir os de níquel nas fusões com peróxido de sódio. Eles não são tão duráveis, porém são muito mais baratos.

Aparelhagens de aço inoxidável Estão disponíveis no comércio bécheres, cadinhos, pratos, funis e outros aparelhos de aço inoxidável para uso no laboratório. Eles não enferrujam, são rígidos, fortes e muito resistentes a danos físicos.

Cadinhos de metal e pinças para bécheres Cadinhos, cápsulas de evaporação e bécheres aquecidos devem ser manipulados com pinças adequadas. As pinças para cadinho devem ser feitas de níquel puro, aço-níquel ou outra liga resistente de ferro. Deve-se manipular cadinhos e cápsulas de platina com pinças recobertas com platina. As pinças mais comuns são próprias para bécheres de 100 a 2000 ml de capacidade. Um parafuso ajustável com trava limita a abertura das mandíbulas da pinça e permite o ajuste ao recipiente.

3.21 Aparelhagens de aquecimento

Combustores (bicos)

Os combustores de Bunsen comuns são ainda muito utilizados na obtenção de temperaturas moderadamente elevadas. Os combustores mais especializados, como os combustores de Meker, podem chegar a temperaturas ligeiramente mais elevadas. Atinge-se a temperatura máxima quando o regulador de ar está ajustado para admitir um pouco mais de ar do que o necessário para produzir uma chama não-luminosa. O excesso de ar, entretanto, produz uma chama instável, inadequada para a combustão ou calcinação em análise quantitativa. Devido às diferentes características de combustão e propriedades caloríficas dos combustíveis gasosos comuns — o gás natural e o gás liquefeito de petróleo — os combustores têm dimensões diferentes, incluindo o tamanho e o desenho dos controles de aeração. Salvo se o combustor for desenhado especificamente para usar "todos os gases", em que ajustes podem ser feitos, deve-se escolher o combustor mais apropriado para um determinado gás para obter a maior eficiência possível.

Placas aquecedoras

As placas aquecedoras elétricas têm várias formas e tamanhos. Os controles variam da opção simples "baixo, médio, alto" até termostatos e monitores de temperatura muito elaborados. As placas devem satisfazer a todas as exigências de segurança, com a instalação elétrica protegida contra o ataque de produtos químicos. As melhores placas aquecedoras incorporam um agitador magnético. Elas são úteis na solubilização rápida de substâncias antes da diluição para a padronização do volume de soluções. Pode-se usar banhos de vapor para o aquecimento até temperaturas baixas. Estes aparelhos normalmente incluem unidades de aquecimento controladas por termostato.

Estufas elétricas

As estufas mais convenientes são aquecidas eletricamente e têm controle termostático. A faixa de temperatura atinge usualmente 250 a 300°C. A temperatura pode ser controlada dentro da faixa ±1-2°C. As estufas elétricas são usadas principalmente na secagem de precipitados e sólidos em temperaturas relativamente baixas. Elas praticamente superaram as estufas de vapor.

Estufas de microondas

As estufas de microondas são muito usadas na secagem e no aquecimento. Elas são particularmente úteis na determinação do conteúdo de umidade de materiais porque a água é eliminada muito rapidamente quando exposta à radiação em microondas. O tempo de secagem de precipitados também é muito reduzido.

Fornos de mufla

Todos os laboratórios bem equipados devem ter um forno de mufla elétrico que atinja, pelo menos, a temperatura máxima de 1200°C. O forno deve ter, se possível, um termopar e um pirômetro indicador ou, então, deve-se calibrar o amperímetro do circuito e elaborar um gráfico dos valores de amperagem e leituras de temperatura. Os fornos de mufla aquecidos a gás podem atingir temperaturas de até 1200°C.

Banhos de ar

Quando vapores ácidos ou corrosivos podem ser liberados, não se deve usar a estufa elétrica para secar sólidos e precipitados em temperaturas até 250ºC. Pode-se construir um banho de ar com um cilindro de metal (cobre, ferro ou níquel) com o fundo perfurado. Coloque um triângulo de vidro com os pés dobrados dentro do cilindro como suporte para uma cápsula de evaporação ou um cadinho. Aqueça o conjunto com um bico de Bunsen protegido de correntes de ar. A camada isolante de ar reduz a velocidade de transmissão de calor para o cadinho (ou a cápsula) e evita a projeção do material que está secando. Um banho de ar semelhante pode ser feito com um tubo de vidro resistente. A vantagem é que o vidro permite a visualização do interior do aparelho.

Aquecedores e lâmpadas de infravermelho

Lâmpadas de infravermelho de alta potência com refletores que concentram o calor são úteis na evaporação de soluções e na secagem de quantidades relativamente grandes de sólidos. Quando as lâmpadas são posicionadas sobre o líquido a ser aquecido, a evaporação é rápida, normalmente sem projeções. Aparelhos de infravermelho especialmente projetados podem acomodar várias cápsulas e o calor pode ser direcionado simultaneamente para o topo e para o fundo dos recipientes. Tome cuidado ao manipular as lâmpadas: elas podem ficar muito quentes e são muito frágeis até que esfriem.

Banhos de imersão

Os aquecedores de imersão são aquecedores radiantes protegidos por um revestimento de vidro. Eles são úteis no aquecimento direto da maior parte dos ácidos e outros líquidos (exceto o ácido fluorídrico e álcalis cáusticos concentrados). A radiação infravermelha passa pelo vidro com pouca absorção, de modo que uma grande proporção do calor gerado é transferida ao líquido. O aquecedor é pouco afetado por choques térmicos violentos devido ao baixo coeficiente de expansão térmica do vidro.

Mantas de aquecimento

As mantas de aquecimento são essencialmente uma carcaça flexível de fibras de vidro entrelaçadas que se ajusta ao frasco e um aquecedor elétrico que opera com calor não radiante. A manta pode ser montada sobre um recipiente de alumínio que repousa na bancada. Para o uso com recipientes suspensos, a manta é suprida sem a caixa. A energia elétrica do elemento aquecedor é controlada por um transformador contínuo variável ou circuito a tiristor. A temperatura da manta, portanto, pode ser ajustada suavemente. As mantas de aquecimento são destinadas principalmente ao aquecimento de frascos e são particularmente úteis nas destilações. Detalhes dos procedimentos de destilação e aparelhagens utilizadas se encontram nos livros-texto de química orgânica experimental.[5]

3.22 Dessecadores e câmaras secas

Dessecadores

Dessecadores são recipientes de vidro cobertos, destinados à estocagem de objetos em atmosfera seca. Um agente de secagem, como, por exemplo, cloreto de cálcio anidro (muito usado nos casos mais simples), sílica gel, alumina ativada ou sulfato de cálcio anidro (Drierite), fica dentro do dessecador. Sílica gel, alumina e sulfato de cálcio podem ser impregnados com um sal de cobalto que funciona como indicador. A cor do agente de secagem muda de azul a rosa quando o dessecador se satura com água. A regeneração é feita por aquecimento em um forno elétrico entre 150 e 180°C (sílica gel), 200 e 300°C (alumina ativada) e 230 e 250°C (Drierite). É conveniente colocar estes dessecantes em um prato no fundo do dessecador para permitir a remoção fácil para regeneração quando necessário.

A ação dos dessecantes pode ser considerada sob dois aspectos. A quantidade de umidade que permanece no espaço fechado do dessecador depende da pressão de vapor do dessecante não saturado de água. Em outras palavras, a pressão de vapor mede o quanto de umidade o dessecante pode remover, isto é, sua eficiência. Um segundo ponto é o peso da água que pode ser removida por unidade de peso do dessecante, ou seja, a capacidade de secagem. Em geral, as substâncias que formam hidratos têm maiores pressões de vapor, mas também mais capacidade de secagem. Lembre-se de que uma substância não pode ser seca por um dessecante que tem pressão de vapor maior do que a da própria substância.

A Tabela 3.6 mostra as eficiências relativas dos vários dessecantes. Os valores foram determinados pela passagem de ar com umidade controlada por tubos em U carregados com os dessecantes. Eles se aplicam, estritamente, aos dessecantes em tubos de absorção, porém os dados podem ser utilizados como guia na seleção de agentes de secagem para dessecadores. Um material higroscópico como a alumina calcinada não deveria ser esfriado em um dessecador com cloreto de cálcio anidro, porém o perclorato de magnésio anidro e o pentóxido de fósforo seriam satisfatórios.

O dessecador normal (ou de Scheibler) tem uma placa de porcelana com aberturas para suportar cadinhos e outros aparelhos. A placa fica apoiada em um ressalto, aproximadamente a meia altura da parede do dessecador. Os dessecadores pequenos têm um triângulo de vidro com as

Tabela 3.6 *Eficiência comparativa de agentes de secagem*

Agente de secagem	Água residual por litro de ar (mg)	Agente de secagem	Água residual por litro de ar (mg)
$CaCl_2$	1,5	Al_2O_3	0,005
NaOH (bastões)	0,8	$CaSO_4$	0,005
H_2SO_4 (95%)	0,3	Peneira molecular	0,004
Sílica gel	0,03	H_2SO_4	0,003
KOH (bastões)	0,014	$Mg(ClO_4)_2$	0,002
		P_2O_5	0,00002

pontas adequadamente dobradas. Deve-se colocar uma leve camada de vaselina branca ou um lubrificante especial na junta esmerilhada do dessecador para impedir a passagem do ar.

Existe, no entanto, controvérsia a respeito da eficácia dos dessecadores. Se a tampa do dessecador for removida por um período curto, podem ser necessárias até duas horas para remover a umidade atmosférica introduzida, isto é, para restabelecer a atmosfera seca. Durante este período, uma substância higroscópica colocada no dessecador pode ganhar peso. Por isto, é aconselhável colocar em recipientes com tampa bastante justa quaisquer substâncias a serem pesadas enquanto elas estiverem no dessecador.

Esfriar recipientes quentes dentro de um dessecador é outro problema importante. Um cadinho em temperatura alta colocado em um dessecador pode não atingir a temperatura normal mesmo após 1 hora. A situação pode ser melhorada, deixando o cadinho esfriar por alguns minutos antes de colocá-lo no dessecador. Um período de 20 a 25 minutos no dessecador, então, é normalmente adequado. A colocação no dessecador de um bloco de metal (de alumínio, por exemplo) sobre o qual o cadinho pode descansar ajuda a equilibrar a temperatura mais rapidamente.

Quando colocar um cadinho ou outro objeto quente em um dessecador, espere 5 a 10 segundos para que o ar se aqueça e expanda antes de colocar a tampa no lugar. Ao reabrir, desloque gradualmente a tampa para evitar que o ar entre subitamente e espalhe o material para fora do cadinho. O ar entra rapidamente devido ao vácuo que se forma enquanto o cadinho esfria dentro do dessecador.

Os dessecadores também são usados para a secagem completa de sólidos. A eficiência da operação depende da condição do dessecante, que deve ser renovado a intervalos freqüentes, particularmente se sua capacidade de secagem for pequena. No caso de grandes quantidades de sólido deve-se usar um dessecador a vácuo.

A Fig. 3.5 mostra esquemas de **dessecadores a vácuo**. Com grandes quantidades de sólidos, o dessecador pode ser evacuado, o que faz com que a secagem seja muito mais rápida do que nos dessecadores comuns, do tipo Scheibler. Os dessecadores a vácuo, feitos de vidro pesado, plástico ou metal, são capazes de suportar pressões reduzidas, porém, nenhum dessecador deve ser evacuado sem estar **protegido** por uma gaiola de arame resistente.

O vácuo produzido por uma bomba de água eficiente (20 a 30 mm de mercúrio) é normalmente suficiente para o trabalho. Um tubo de proteção contendo um dessecante deve ser colocado entre a bomba e o dessecador. A amostra deve estar coberta com um vidro de relógio para que parte do sólido não se perca durante a remoção e admissão de ar. Faça entrar o ar lentamente nos dessecadores sob vácuo. Se a substância for muito higroscópica, ligue um tubo de secagem à torneira do dessecador. Lubrifique corretamente as abas esmerilhadas da base e da tampa com vaselina ou outro lubrificante adequado, de forma a manter um vácuo satisfatório dentro do dessecador. Alguns dessecadores têm um anel de elastômero na aba da base. Quando a pressão se reduz, o anel é comprimido pela tampa, selando o dessecador sem a necessidade de lubrificante. Os dessecantes são os mesmos usados nos dessecadores comuns.

Câmaras secas

As câmaras secas são usadas na manipulação de materiais muito sensíveis à umidade atmosférica (ou ao oxigênio). São caixas de metal ou de plástico com janelas de vidro ou plástico transparente na parte superior e nas paredes laterais. Luvas de plástico ou borracha ligam-se ao equipamento pela parte frontal. Com as mãos e antebraços nas luvas, pode-se manipular objetos dentro da câmara. Em um dos lados da câmara existe uma porta dupla que permite a entrada de materiais e aparelhagens, sem perturbar a atmosfera interna. Uma bandeja de dessecante colocada dentro da câmara mantém atmosfera seca e, para compensar os inevitáveis vazamentos, costuma-se manter um fluxo lento de ar seco dentro da câmara. Torneiras de entrada e saída controlam esta operação. Se antes do uso a câmara for tratada com um gás inerte (nitrogênio, por exemplo) e se for mantido um fluxo lento do gás enquanto a câmara estiver em uso, materiais sensíveis ao oxigênio podem ser manipulados com segurança. Uma discussão detalhada da construção das câmaras e seu uso é dada na literatura.[6]

3.23 Aparelhagens para agitação

Bastões de agitação

Os bastões de agitação são feitos de vidro de 3 a 5 mm de diâmetro, cortados em comprimentos adequados. Ambas

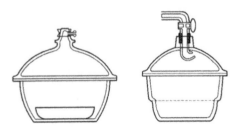

Fig. 3.5 Dessecadores a vácuo

Fig. 3.6 Bastão de fervura

as extremidades são arredondadas por aquecimento em um bico de Bunsen ou um maçarico. O comprimento do bastão deve ser adequado ao tamanho e à forma do recipiente. Um bécher com bico, por exemplo, requer um bastão que fique 3 a 5 cm acima do bico, quando em repouso. Os bastões de vidro não devem ser usados na agitação de líquidos viscosos porque podem quebrar e causar ferimentos sérios nas mãos. Chama-se **policial** um bastão com um pedaço pequeno de Teflon ou tubo de borracha (ou tampa de borracha) colocado firmemente em uma das extremidades. O policial é usado para destacar partículas de precipitados que aderem à parede do recipiente e que não são removidas pelo jato de água de um frasco de lavagem. Como regra geral, o policial não deve ser usado para agitação nem deve ser deixado dentro da solução.

Bastões de fervura

Pode-se evitar superaquecimento e projeção de gotas de líquidos em ebulição e de líquidos dos quais se deseja remover um gás como, por exemplo, sulfeto de hidrogênio ou dióxido de enxofre, usando o chamado **bastão de fervura** (Fig. 3.6), um pedaço de tubo de vidro fechado em uma das extremidades e selado a aproximadamente 1 cm da extremidade aberta. Esta última é imersa no líquido. Após terminar a operação remova o bastão e o líquido que fica retido na extremidade aberta com o jato de água de um frasco de lavagem. Este dispositivo não deve ser usado em soluções que contenham precipitados.

Pode ser conveniente usar o **agitador magnético**. Neste aparelho, um magneto gira e provoca um campo magnético em movimento circular cuja velocidade pode ser controlada. O agitador propriamente dito é um pequeno cilindro de ferro selado em vidro Pyrex, polietileno ou Teflon, que roda pelo efeito do campo magnético giratório. Pode ser usado em recipientes abertos ou fechados

Os agitadores de pá de vidro, mais tradicionais, também são bastante usados. A haste se liga a um motor elétrico, controlado por um transformador ou um circuito de estado sólido, diretamente ao eixo do motor ou a uma haste movida por uma engrenagem integrante da montagem do motor. Com isto, é possível variar muito a velocidade de agitação.

Às vezes, como na dissolução de sólidos escassamente solúveis, por exemplo, pode ser melhor usar um **sacudidor mecânico**. Existem vários modelos, desde os de movimento semi-rotatório, que acomodam frascos de tamanho pequeno ou médio, até os sacudidores poderosos, capazes de trabalhar com grandes recipientes e agitação vigorosa.

3.24 Aparelhagens para filtração

A mais simples aparelhagem de filtração é o funil de filtração com papel de filtro. Para que a filtração seja rápida, o ângulo do funil deve ser o mais próximo possível de 60° e a haste do funil deve ter cerca de 15 cm de comprimento. Os papéis de filtro têm vários graus de porosidade e deve-se escolher o mais apropriado para a filtração (Seção 3.35).

Nas determinações quantitativas que envolvem coleta e pesagem de um precipitado, é conveniente usar um cadinho para a pesagem. Existem, para isto, vários tipos de **cadinho filtrante**. Os cadinhos de vidro sinterizado são feitos de vidro resistente e têm um disco poroso de vidro sinterizado fundido no corpo do cadinho. Os discos filtrantes têm várias porosidades: 0 é o mais largo e 5 é o mais estreito. Os diâmetros dos poros dos cadinhos são:

Porosidade	0	1	2	3	4	5
Diâmetro do poro (μm)	200–250	100–120	40–50	20–30	5–10	1–2

A porosidade 3 é adequada para precipitados de tamanho de partícula moderado e a porosidade 4, para precipitados finos como o sulfato de bário. Estes cadinhos não devem ser aquecidos acima de 200°C. Existem cadinhos de sílica de características semelhantes que, apesar de serem caros, têm maior estabilidade térmica.

Existem cadinhos filtrantes com base de filtro poroso em porcelana (porosidade 4), sílica (porosidades 1, 2, 3 e 4) e alumina (porosidades larga, média e estreita). Estes cadinhos suportam temperaturas muito mais altas do que os cadinhos de vidro sinterizado. O aquecimento deve ser sempre gradual para evitar a rachadura da junta entre a base porosa e a parede esmaltada.

Para quantidades maiores de material, normalmente usa-se um **funil de Buchner** ou um dos funis modificados da Fig. 3.7. No funil comum de porcelana e no funil de vidro de "peneira em ranhuras" (Fig. 3.7(a) e (b)) coloca-se dois papéis de filtro de boa qualidade sobre o leito. O funil de vidro transparente facilita a limpeza do funil. No caso do funil de Pyrex com placa de vidro sinterizado (Fig. 3.7 (c)), não é necessário usar papel de filtro, logo, ele é conveniente para a filtração de soluções muito ácidas ou alcalinas. O funil de tamanho apropriado liga-se a um kitazato (Fig.

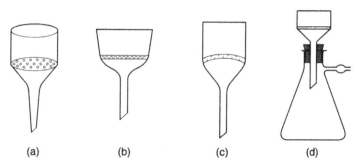

Fig. 3.7 Funis de Buchner: (a) de porcelana comum, (b) de vidro de "peneiras em ranhuras", (c) de Pyrex, (d) funil de Buchner ligado a um kitazato

3.7(d)) e a filtração é feita sob pressão reduzida fornecida por uma linha de vácuo ou uma bomba. Uma das desvantagens do funil de Buchner de porcelana é que, por ser uma peça única, a placa filtrante não pode ser removida para limpeza. É difícil ver se o prato está completamente limpo em ambos os lados. Existe uma versão moderna, em polietileno, com o funil separado em duas seções, permitindo manter facilmente limpos ambos os lados da placa.

Existem, também, funis especiais descartáveis de capacidade até 30 ml com placas filtrantes que podem ser removidas. Eles são particularmente úteis na filtração de pequenas quantidades de materiais radioativos e proteínas (Fig. 3.8(a)). A escolha do filtro deve satisfazer um compromisso entre o tempo de filtragem e a qualidade da separação. Às vezes, é mais conveniente substituir os funis de filtração tradicionais com papel de filtro por cartuchos descartáveis, feitos de plástico. Como, porém, estes itens descartáveis são oferecidos em uma grande variedade de tamanhos, formas e composições, a escolha do cartucho apropriado é complexa à primeira vista. Se cada parâmetro, entretanto, for considerado em relação ao experimento proposto, a escolha fica mais simples. O tipo mais usado é um filtro plano selado em um envoltório plástico provido de juntas Luer macho e fêmea (seringa) colocadas em cada lado do filtro (Fig. 3.8(b)).

O diâmetro dos poros do filtro é normalmente considerado em primeiro lugar. Ele pode variar entre 1,0 μm e menos de 0,1 μm (como as membranas são feitas de material plástico, o diâmetro dos poros é razoavelmente constante). Em muitas separações químicas, o diâmetro 0,45 μm é normalmente aceito como um compromisso entre a eficácia e a velocidade da filtração. Contudo, no caso de materiais muito finamente divididos ou quando a atividade biológica no filtrado deve ser minimizada, usam-se filtros de 0,2 mm de diâmetro. Uma vez determinado o tamanho de poro, deve-se especificar o material do filtro e seu suporte, bem como as dimensões do filtro.

Quando o solvente é a água, pode-se usar membranas de acetato de celulose (CAM) ou de polipropileno/fibra de vidro. No caso de outros solventes ou quando as soluções são agressivas, a membrana e seu suporte devem ser construídos com outros materiais, como PTFE ou as polissulfonas. As dimensões do filtro também podem ser otimizadas para o volume de solução a ser filtrado. Assim, por exemplo, discos de 3 mm filtram até 2 ml. Já os discos de 25 mm filtram 100 ml em um tempo razoável.

A separação sólido-líquido pode, às vezes, ser conseguida mais facilmente com uma **centrífuga**. Uma centrífuga elétrica pequena é um instrumento útil nos laboratórios analíticos. Ela pode ser usada na remoção da água-mãe na recristalização de sais, no isolamento de precipitados difíceis de filtrar e na lavagem de certos precipitados por decantação. Ela é particularmente útil no caso de pequenas quantidades de sólidos. A centrifugação, seguida por de-

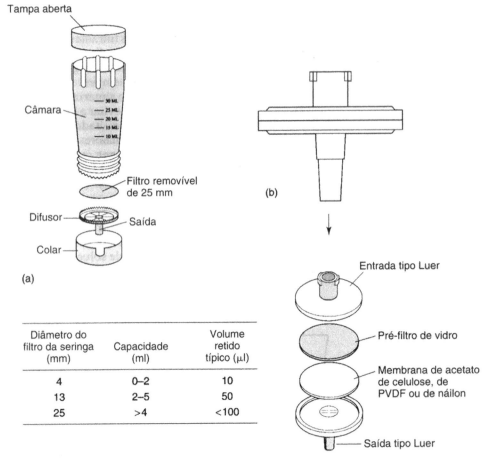

Fig. 3.8 (a) Montagem de um funil de filtração descartável (cortesia de Whatman International Ltd, Maidstone, Kent, Inglaterra). (b) Componentes de um filtro do tipo seringa

cantação e outra centrifugação, evita as perdas por transferência e torna compacta a fase sólida. Outra aplicação importante é a separação de duas fases imiscíveis.

3.25 Frascos de pesagem

A maior parte dos produtos químicos é pesada **por diferença**. Coloque o material dentro de um frasco de pesagem, tampe e pese. Remova para um recipiente adequado (bécher ou frasco) a quantidade necessária da substância e determine o peso da substância retirada pesando novamente o frasco de pesagem. Assim, a exposição da substância manipulada à atmosfera durante a pesagem é a menor possível, o que é importante se o material é higroscópico.

O tipo mais conveniente de frasco de pesagem tem tampa de ajuste externo e é feito de vidro, polietileno ou policarbonato. Não use frascos de pesagem com tampa de ajuste **interno** porque existe o perigo de partículas pequenas se alojarem na parte superior interna do frasco e se perderem quando a tampa é colocada no lugar.

Se a substância não se altera no ar, a pesagem pode ser feita em vidro de relógio ou em um recipiente descartável de plástico. O funil de pesagem (Fig. 3.9) é muito útil, particularmente quando o sólido deve ser transferido para um frasco. O sólido é colocado na parte em forma de concha, que tem fundo achatado para que o funil se apóie no prato da balança. Após a pesagem, coloque a saída estreita do funil no colo do frasco de transferência e arraste o sólido com o fluxo do jato de um frasco de lavagem.

Woodward e Redman[2c] descreveram um frasco de pesagem capaz de acomodar um pequeno cadinho de platina. Após a calcinação da substância, transfere-se o cadinho para o frasco de pesagem e pesa-se. A operação exige um dessecador. Se a substância a ser pesada for um líquido, ele é colocado em um frasco de pesagem com tampa e um tubo conta-gotas.

Reagentes e soluções padrões

3.26 Reagentes

Na análise quantitativa deve-se usar sempre os reagentes na forma mais pura possível, de preferência de qualidade analítica. Na Inglaterra, os produtos químicos AnalaR da BDH Ltd. (Merck) obedecem às especificações do manual *Padrões AnalaR para Produtos Químicos*.[7] Nos EUA, o Comitê de Reagentes Analíticos da Sociedade Americana de Química estabeleceu padrões para muitos reagentes[8] que são seguidos pelos fabricantes. Os reagentes têm uma etiqueta que estabelece que ele está "de acordo com as especificações da ACS". Além disto, alguns fabricantes vendem produtos químicos de alta pureza. Estes produtos são analisados e o resultado é apresentado em um rótulo nos vidros que indica os limites de certas impurezas.

Fig. 3.9 Funil de pesagem

Com a tendência à redução progressiva dos limites de detecção da análise instrumental, as especificações dos reagentes ficam cada vez mais rigorosas. Alguns fabricantes oferecem muitos produtos especialmente purificados, como é o caso dos produtos BDH Aristar.

Às vezes, quando não se dispõe de um reagente com a pureza necessária, pode-se pesar a quantidade adequada de um metal **puro** apropriado (por exemplo, na faixa Johnson Matthey Specpure) e dissolvê-lo no ácido apropriado.

O rótulo de um frasco não é garantia infalível de seu conteúdo. Vários fatores podem comprometer a pureza:

(a) Algumas impurezas podem não ter sido analisadas pelo fabricante.
(b) O reagente pode ter sido contaminado após a entrega pelo fabricante. O frasco pode ter ficado aberto durante algum tempo, expondo o conteúdo à atmosfera do laboratório. Pode ter ocorrido, acidentalmente, o retorno ao frasco de uma porção não utilizada do reagente.
(c) Um reagente sólido pode não estar suficientemente seco, porque veio assim de fábrica ou porque existem vazamentos no frasco, ou por ambos os motivos.

Se, entretanto, o fabricante dos reagentes analíticos tiver boa reputação, se o frasco não ficou aberto desnecessariamente e se não tiver havido retorno de reagente ao frasco, então a probabilidade de existência de impurezas na amostra é muito reduzida. Não coloque pipetas dentro do frasco. Os reagentes líquidos devem ser derramados do frasco. Preste muita atenção em evitar a contaminação da tampa de um frasco de reagente. Ao derramar um líquido de um frasco, não coloque a tampa na prateleira ou na bancada de trabalho. Coloque-a sobre um vidro de relógio limpo ou então faça como muitos químicos e segure a tampa entre os dedos indicador e médio de uma das mãos. Recoloque a tampa imediatamente após o uso. Mantenha todos os frascos escrupulosamente limpos, particularmente em torno do gargalo e da boca.

Se houver alguma dúvida sobre a pureza, teste os reagentes, por métodos padronizados, para as impurezas que poderiam causar erros na determinação analítica de interesse. Quando um produto químico a ser usado na análise quantitativa não puder ser obtido no grau analítico, purifique os produtos comerciais mais puros disponíveis pelos métodos conhecidos (ver a seguir). O procedimento de secagem, se necessário, varia com o reagente. Neste capítulo, damos detalhes que se aplicam a alguns reagentes.

3.27 Purificação de substâncias

Quando não se tem um reagente de pureza adequada para uma dada determinação, é necessário purificar o produto mais puro disponível. No caso de compostos inorgânicos, o método mais comum é a recristalização em água. Coloque uma massa conhecida do sólido em um erlenmeyer e dissolva com água de modo a obter uma solução quase saturada na temperatura de ebulição. Filtre a solução quente através de um papel de filtro preguado colocado em um funil de colo curto e colete o filtrado em um bécher. Este procedimento remove o material insolúvel. Se ocorrer cristalização na parte externa do funil, use um funil aquecido ou um funil com camisa de aquecimento. Esfrie rapidamente o filtrado claro quente em uma bacia com água fria ou com uma mistura de água e gelo, de acordo com a solubi-

54 Aparelhagem Comum e Técnicas Básicas

lidade do sólido. Agite constantemente a solução para promover a formação de cristais pequenos e evitar oclusão de água-mãe. Filtre com um dos funis da Fig. 3.7 e comprima o sólido que está no funil com uma rolha de vidro larga para retirar o máximo possível de água. Lave com pequenas porções de água para remover a água-mãe que adere aos cristais. Seque o sólido recristalizado em estufa, tomando cuidado para excluir a poeira da atmosfera. Conserve o sólido seco em frascos de vidro tampados. Quando remover o sólido do funil, tenha cuidado para evitar a contaminação por fibras do papel de filtro ou por partículas de vidro do disco filtrante.

Alguns sólidos inorgânicos são muito solúveis ou a solubilidade não varia com a temperatura o suficiente para que a recristalização direta seja eficiente. Em muitos destes casos, o sólido pode ser precipitado da solução concentrada em água por adição de um líquido miscível com a água no qual o sólido é menos solúvel. Como muitos compostos inorgânicos são quase insolúveis em etanol, costuma-se usar este solvente. Tenha cuidado para não usar etanol ou outros solventes em excesso, para não precipitar também as impurezas. O hidrogenocarbonato de potássio e o tartarato de antimônio e potássio, por exemplo, podem ser purificados por este método.

Muitos compostos orgânicos podem ser purificados por recristalização nos solventes orgânicos adequados. A precipitação por adição de outro solvente no qual o composto de interesse é insolúvel também pode ser eficaz. Os líquidos podem ser purificados por destilação fracionada.

Sublimação

Usa-se a sublimação para separar substâncias voláteis das impurezas não-voláteis. Iodo, óxido de arsênio(III), cloreto de antimônio e vários compostos orgânicos podem ser purificados deste modo. Aqueça suavemente o material a ser purificado em uma cápsula de porcelana e faça condensar o vapor em um frasco resfriado por circulação de água fria.

Refino por zona

O refino por zona foi originalmente desenvolvido para purificar certos metais. A técnica se aplica a todas as substâncias de ponto de fusão relativamente baixo estáveis na temperatura de fusão. Em uma aparelhagem para refino por zona, coloca-se a substância de interesse em uma coluna de vidro ou aço inoxidável, cujo comprimento varia de 15 cm (aparelhagem semimicro) a 1 m. Um aquecedor elétrico em espiral envolve e aquece uma faixa estreita da coluna. Ele é acionado por um motor e movimenta-se lentamente do topo da coluna para baixo. O aquecedor é ajustado para fundir uma faixa estreita (zona) do material e mantê-la em uma temperatura 2 a 3°C acima do ponto de fusão da substância. A zona fundida desce lentamente, acompanhando o aquecedor. Como as impurezas normalmente abaixam o ponto de fusão de uma substância, elas tendem a acompanhar o sólido fundido, que desce cada vez mais impuro pela coluna, e a se concentrar na parte inferior do tubo. Repete-se o processo (a aparelhagem pode ser programada) até atingir o grau desejado de pureza.

3.28 Soluções padrões

É essencial manter nos laboratórios analíticos soluções de vários reagentes em estoque. Soluções padrões de concentração conhecida com exatidão devem ser corretamente estocadas. Elas são de quatro tipos:

1. Soluções de reagentes de concentração aproximada.
2. Soluções padrões de um produto químico em concentração conhecida.
3. Soluções padrões de referência de concentração conhecida feitas com um padrão primário (Seção 10.6) (soluções padrões primárias IUPAC).
4. Soluções padrões de concentração conhecida feitas com uma substância que não é padrão primário, cuja concentração é determinada por pesagem ou padronização, para titrimetria (soluções padrões secundárias IUPAC).

Para as **soluções de reagentes** (item 1) é em geral suficiente pesar a quantidade necessária de material em um vidro de relógio ou frasco de pesagem em plástico e adicioná-la ao volume adequado de solvente, medido em uma proveta.

Para preparar as **soluções padrões** coloque um funil de colo curto na abertura de um balão aferido de tamanho apropriado. Pese a quantidade adequada do produto químico em um frasco de pesagem e transfira a substância para o funil, tomando cuidado para não perder material. Pese novamente o frasco de pesagem. Com o solvente, arraste a substância que está no funil para o interior do balão. Lave completamente o funil, por dentro e por fora, e remova-o. Dissolva o conteúdo do balão usando agitação, se necessário, e complete o volume. Use um conta-gotas no ajuste final do volume.

Se usar um vidro de relógio para pesar a amostra, transfira todo o conteúdo para o funil, com a ajuda de um frasco de lavagem. Quando se usa uma concha de pesagem (Fig. 3.9) é desnecessário usar o funil, se o balão for suficientemente grande para acomodar a extremidade da concha.

Se a substância não for facilmente solúvel em água, transfira o material do frasco de pesagem (ou vidro de relógio) para um bécher e adicione um pouco de água desionizada. Aqueça suavemente, sob agitação, até dissolver o sólido. Deixe esfriar um pouco a solução concentrada e transfira-a pelo funil de colo curto para o balão aferido. Lave bastante o bécher com várias porções de água desionizada e coloque o líquido de lavagem no balão. Complete o volume da solução. Para ter certeza de que a solução está na temperatura do laboratório, deixe o balão em repouso por algum tempo antes de ajustar o volume. **Jamais aqueça um balão aferido.**

Pode-se, também, preparar uma solução padrão a partir de uma das soluções volumétricas comerciais, fornecidas em ampolas seladas. Basta diluir o conteúdo em um balão aferido adequado.

Soluções razoavelmente estáveis, que não são afetadas pelo ar, podem ser guardadas em frascos de 1 ou 2,5 litros. Quando se deseja maior exatidão, os frascos devem ser de Pyrex ou outro vidro resistente, fechados com rolhas esmerilhadas de vidro. Isto reduz consideravelmente a capacidade da solução de extrair impurezas da parede do recipiente. No caso das soluções alcalinas, é melhor usar tampas de plástico e recipientes de polietileno. Em alguns casos, como soluções de iodo e de nitrato de prata, por exemplo, só se pode usar vidro. Nestes dois exemplos, o recipiente deve ser de vidro escuro (cor âmbar). Já as soluções de EDTA (Seção 10.66) são melhor conservadas em frascos de polietileno.

Limpe e seque bem os frascos usados na estocagem de soluções padrões. Lave-os com um pouco da solução padrão e escorra o líquido antes de colocar a solução estoque no frasco. Tampe imediatamente. Frascos lavados com água e ainda úmidos devem ser lavados com pelo menos três porções da solução padrão e ser bem escorridos após cada lavagem. Somente depois coloque a solução padrão no frasco. Cole uma etiqueta identificando a solução, sua concentração, data de preparação e iniciais do nome da pessoa que preparou a solução, além de outros dados relevantes. Se o frasco não estiver totalmente cheio, a evaporação e a condensação provocam a formação de gotas de água na parte superior interna do frasco. Por isto, agite bem o frasco antes de abri-lo. Para expressar a concentração dos reagentes usa-se a molaridade como unidade, isto é, o número de moles de soluto em 1 litro de solução. Quase não se usa mais a normalidade para expressar as concentrações. A relação entre molaridade e normalidade é brevemente explicada no Apêndice 18.

Algumas soluções padrões se alteram em contato com o ar (os hidróxidos alcalinos, por exemplo, absorvem dióxido de carbono, e os saís de ferro(II) e titânio(III) se oxidam rapidamente). A princípio, eles devem ser mantidos em uma atmosfera inerte (nitrogênio, por exemplo), em frascos equipados com um distribuidor automático ou uma bureta. A Fig. 3.10 descreve uma aparelhagem simples para estocagem e uso de soluções padrões. A solução fica no frasco de estocagem (A). Uma bureta de 50 ml liga-se ao frasco por uma junta de vidro esmerilhada (B). Para encher a bureta (D), abra a torneira (C) e bombeie o líquido com uma pequena pêra (E). Quando o frasco de estocagem contém um álcali cáustico, usa-se um pequeno tubo de proteção (F) cheio com cal-sodada ou Carbosorb. Frascos de até 2 l de capacidade têm juntas padronizadas de vidro esmerilhado. Existem frascos maiores de até 15 l de capacidade. No caso de soluções fortemente alcalinas, substitui-se as juntas de vidro esmerilhado por rolhas ou tubos de borracha. Quando se deseja muitas porções de volume fixo de soluções padrões para análises múltiplas, usa-se pipetas do tipo seringa automáticas como as dos analisadores automáticos.

Algumas técnicas básicas

3.29 Preparação da substância para a análise

O analista tem, muitas vezes, que selecionar uma amostra representativa de uma grande quantidade de material. Isto significa particionar uma grande quantidade de material para obter uma amostra adequada para o trabalho no laboratório. Este problema será visto em detalhe nas Seções 5.3 e 5.4. Não se esqueça de secar as amostras em 105–110°C antes da análise.

3.30 Pesagem da amostra

A Seção 3.5 explica a operação de uma balança de laboratório. As Seções 3.22 e 3.25 abordam os dessecadores e os frascos de pesagem, respectivamente. Transfira o material preparado como vimos anteriormente para um frasco de pesagem, tampe-o e coloque-o em um dessecador. Retire as amostras do frasco de pesagem conforme a necessidade. Pese o frasco antes e depois de retirar material, determinando, assim, o peso da substância por diferença.

3.31 Dissolução da amostra

A maior parte das substâncias orgânicas dissolve-se facilmente em um solvente orgânico adequado. Algumas se dissolvem em água ou em ácidos ou álcalis. Muitas substâncias inorgânicas dissolvem-se em água ou ácidos diluídos. Deve-se testar os materiais complexos, como minérios, refratários e ligas, com vários solventes até se encontrar o adequado. A análise qualitativa preliminar indica o melhor procedimento a adotar. Cada caso deve ser visto separadamente, mas vale a pena considerar a dissolução de uma amostra em água ou em ácidos e o tratamento das substâncias insolúveis.

Pese em um bécher as substâncias que se dissolvem facilmente. Cubra-o com um vidro de relógio com o lado convexo para baixo. O bécher deve ter um bico para permitir o escapamento de gases e vapores. Adicione o solvente derramando-o cuidadosamente com o auxílio de um bastão de vidro cuja extremidade inferior se apóia na parede do bécher. O bastão desloca ligeiramente o vidro de relógio. Caso ocorra a liberação de gases durante a adição do solvente (por exemplo, ácidos e carbonatos, metais ou ligas), mantenha o bécher o mais coberto possível. É melhor usar uma pipeta ou um funil de haste curva colocado por baixo do vidro de relógio para acrescentar o solvente. Este procedimento evita as perdas por nebulização ou projeção. Quando cessar a evolução de gás, com dissolução total da substância, lave bem o lado de baixo do vidro de relógio com o jato de água de um frasco de lavagem, fazendo com que a água de lavagem escorra pelas paredes do bécher e não caia diretamente na solução. Se for necessá-

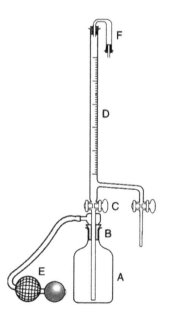

Fig. 3.10 Como estocar uma solução padrão: A = frasco de estocagem, B = junta de vidro esmerilhado, C = torneira da bureta, D = bureta, E = pequena pêra, F = pequeno tubo de proteção

rio aquecer, use um erlenmeyer com um pequeno funil na boca. Evita-se, assim, perdas de líquido por projeção e não se impede o escapamento do gás. No caso de solventes voláteis, use um frasco provido de condensador de refluxo.

Pode ser necessário reduzir o volume da solução ou, às vezes, evaporar até a secura. Use, para isto, recipientes largos e rasos porque a área exposta ao ar é relativamente grande e isto acelera a evaporação. Pode-se usar cápsulas de evaporação em Pyrex, cadinhos ou caçarolas de porcelana, e bacias de sílica ou platina. O material selecionado depende da agressividade do solvente quente e dos constituintes a serem determinados na análise subseqüente. A evaporação deve ser feita em banho de vapor ou em placa aquecedora em temperatura baixa. É preferível a evaporação lenta à fervura turbulenta porque neste último regime podem ocorrer perdas mecânicas, mesmo que se tomem precauções. Durante a evaporação de solventes, cubra o recipiente com um vidro de relógio de Pyrex de diâmetro ligeiramente maior do que o do recipiente usado, que se apóia em um triângulo de vidro ou em três ganchos de vidro Pyrex em forma de U pendurados na borda do recipiente. Quando terminar a evaporação, lave as paredes internas do recipiente, o lado inferior do vidro de relógio e o triângulo (ou os ganchos de vidro) com água destilada, desviando o líquido para dentro do recipiente.

Para a evaporação na temperatura de ebulição, use um erlenmeyer com um pequeno funil de Pyrex na boca ou um balão de fundo redondo inclinado a 45°. Isto faz com que as gotas de líquido que se projetam fiquem retidas na parede interna do balão e os gases e vapores escapem livremente. Quando se usam solventes orgânicos, o balão deve ter um colo longo dobrado ligado a um condensador para recuperar o solvente. Pode-se usar, também, um evaporador rotatório. Deve-se considerar a possibilidade de perdas durante o procedimento de concentração. Ácido bórico, halogenetos de hidrogênio e ácido nítrico, por exemplo, são eliminados durante a ebulição de soluções destes compostos em água.

Substâncias insolúveis (ou pouco solúveis) em água dissolvem-se, muitas vezes, em um ácido apropriado. Lembre-se, porém, de que pode ocorrer eliminação de gases. A evolução de dióxido de carbono, sulfeto de hidrogênio e dióxido de enxofre, oriundos de carbonatos, sulfetos e sulfitos, respectivamente, são fáceis de perceber. São menos óbvias as perdas de boro e silício como fluoretos, durante as evaporações com ácido fluorídrico, ou de halogênios, durante o tratamento de halogenetos com oxidantes fortes como o ácido nítrico. Alguns reagentes poderosos, que podem ser usados em materiais de dissolução difícil, são descritos a seguir.

Ácidos concentrados O ácido clorídrico concentrado dissolve muitos metais (geralmente os situados abaixo do hidrogênio na série eletroquímica) bem como muitos óxidos. O ácido nítrico concentrado a quente dissolve a maior parte dos metais, entretanto, converte antimônio, estanho e tungstênio em ácidos pouco solúveis. Esta propriedade, aliás, pode ser usada na separação destes elementos de outros componentes de uma liga. O ácido sulfúrico concentrado a quente dissolve muitas substâncias. Neste tratamento, os compostos orgânicos são inicialmente carbonizados e depois oxidados.

Água régia Água régia é a mistura (em volume) de 75% de ácido clorídrico com 25% de ácido nítrico. Devido principalmente a seu caráter oxidante, é um excelente solvente, cuja eficácia aumenta ainda mais pela adição de outros oxidantes como, por exemplo, bromo e peróxido de hidrogênio.

Ácido fluorídrico O ácido fluorídrico é usado principalmente na decomposição de silicatos. A remoção do excesso de ácido é feita por evaporação com ácido sulfúrico e o resíduo contém sulfatos metálicos. Os complexos do íon fluoreto com muitos cátions metálicos, entretanto, são muito estáveis e as propriedades normais desses cátions podem não ser evidentes. É essencial, portanto, garantir a remoção completa do íon fluoreto, o que se faz pela evaporação repetida, duas a três vezes, com ácido sulfúrico. Como o ácido fluorídrico causa queimaduras sérias e muito dolorosas na pele, **o uso deste ácido deve ser feito com muito cuidado.**

Ácido perclórico O ácido perclórico ataca o aço inoxidável e várias ligas de ferro que não se dissolvem em outros ácidos. As misturas de ácido perclórico e ácido nítrico são bons solventes oxidantes de muitos materiais orgânicos e produzem soluções que contêm os constituintes inorgânicos da amostra. Por questões de segurança, trate inicialmente a substância sólida com ácido nítrico concentrado. Aqueça a mistura e adicione cuidadosamente o ácido perclórico em pequenas quantidades até completar a oxidação. Ainda assim, não deixe a mistura evaporar porque o ácido nítrico é eliminado preferencialmente, fazendo com que o ácido perclórico atinja concentrações perigosamente elevadas. Quando se usa uma mistura (em volume) de 60% de ácido nítrico, 20% de ácido perclórico e 20% de ácido sulfúrico, o ácido perclórico também é eliminado, restando para análise uma solução em ácido sulfúrico. A parte orgânica do material é destruída e, por isto, o processo é denominado **incineração úmida**. O ácido perclórico concentrado a quente tem reações explosivas com materiais orgânicos ou com materiais inorgânicos que se oxidam facilmente. Nas reações e evaporações com ácido perclórico, use sempre uma boa capela, livre de materiais orgânicos combustíveis. **Use o ácido perclórico com muito cuidado**.

Reagentes de fusão Os reagentes de fusão, também conhecidos como **fluxos**, são usados para solubilizar substâncias insolúveis nos solventes comuns ou em ácidos. Os fluxos típicos são o carbonato de sódio anidro puro ou misturado com nitrato de potássio ou peróxido de sódio, os pirossulfatos de sódio e de potássio, o peróxido de sódio e os hidróxidos de sódio e de potássio. O metaborato de lítio anidro é adequado para a fusão de materiais que contêm sílica.[9] Quando a massa resultante da fusão é dissolvida em ácidos diluídos, não ocorre separação de sílica, como acontece quando se faz o mesmo tratamento com carbonato de sódio. O metaborato de lítio tem outras vantagens:

1. Não há eliminação de gases durante a fusão ou durante a dissolução da massa fundida, logo, não há perigo de perdas por projeção.

2. As fusões com metaborato de lítio são usualmente mais rápidas (15 minutos são geralmente suficientes) e podem ser feitas em temperaturas mais baixas do que com outros fluxos.

3. A perda de platina do cadinho é menor na fusão com metaborato de lítio do que na fusão com carbonato de sódio.
4. Muitos elementos podem ser determinados diretamente na solução ácida resultante da fusão, sem necessidade de separações tediosas.

O fluxo usado depende da natureza da substância insolúvel. Materiais ácidos são atacados por fluxos básicos (carbonatos, hidróxidos e metaboratos) e materiais básicos são atacados por fluxos ácidos (piroboratos, pirossulfatos e fluoretos ácidos). Às vezes, é necessário um meio oxidante e, neste caso, usa-se peróxido de sódio ou carbonato de sódio misturado com peróxido de sódio ou com nitrato de potássio. Deve-se escolher cuidadosamente o recipiente a ser usado na fusão. Use cadinhos de platina no tratamento com carbonato de sódio, metaborato de lítio e pirossulfato de potássio, cadinhos de níquel ou prata, com os hidróxidos de sódio ou de potássio, e cadinhos de níquel, ouro, prata ou ferro, com carbonato de sódio e peróxido de sódio. Os cadinhos de níquel são úteis no caso de misturas de carbonato de sódio e nitrato de potássio (a platina é levemente atacada).

Ao preparar amostras para a espectroscopia de fluorescência de raios X, use metaborato de lítio como fluxo, porque o lítio não interfere nas emissões de raios X. A fusão pode ser feita em cadinho de platina ou em cadinho de grafite especiais. Estes últimos também podem ser usados na fusão a vácuo de amostras metálicas para a análise de gases ocluídos.

Para a fusão, coloque uma camada de fluxo no fundo do cadinho e adicione uma mistura íntima do fluxo e da substância a analisar finamente dividida. Encha o cadinho somente até a metade e mantenha-o coberto durante todo o processo. Aqueça o cadinho bem lentamente no início, aumentando a temperatura gradualmente até o valor desejado. A temperatura final não deve ser mais elevada do que o necessário para evitar o ataque posterior do fluxo sobre o cadinho. Quando a fusão terminar (30 a 60 minutos, normalmente), pegue o cadinho com pinças para cadinho e gire-o suavemente, inclinando-o de modo a distribuir o material fundido ao longo das paredes do recipiente para que solidifique como uma camada fina. Este procedimento facilita muito a etapa subseqüente de desprendimento e solubilização da massa fundida. Quando o cadinho estiver frio, coloque-o sobre uma caçarola, ou uma cápsula de porcelana, ou uma bacia de platina ou um bécher de Pyrex (de acordo com a natureza do fluxo) e cubra com água. Se necessário, adicione ácido. Cubra o recipiente com um vidro de relógio e aumente a temperatura até 95-100°C, mantendo-a até que a solubilização se complete.

Muitas substâncias que requerem fusão para a solubilização dissolvem-se em ácidos minerais, se a digestão for feita sob pressão e temperaturas mais elevadas. Este tratamento drástico requer um recipiente capaz de resistir à pressão e aos ataques químicos. Usa-se para isto um **recipiente de digestão ácida** (bomba). Estes recipientes são frascos de pressão em aço inoxidável (50 ml) com uma tampa deslizante e revestimento de Teflon. As bombas podem ser aquecidas até 150–180°C e suportam pressões de 80–90 atm (8–9 MPa). Nestas condições, os materiais refratários decompõem-se em cerca de 45 minutos. Além da economia de tempo e dinheiro, já que não há necessidade de instrumentos em platina, não ocorrem perdas durante o tratamento e a solução resultante não contém a grande quantidade de metais alcalinos que acompanha os procedimentos normais de fusão. Hoje em dia, as digestões deste tipo podem ser feitas em recipientes de Teflon especiais. A literatura tem uma discussão completa sobre as técnicas de decomposição.[9]

3.32 Decomposição de compostos orgânicos

A análise de compostos orgânicos para a detecção de elementos como halogênios, fósforo ou enxofre é feita por combustão do material orgânico em atmosfera de oxigênio. Os constituintes inorgânicos convertem-se em formas que podem ser determinadas por procedimentos titrimétricos ou espectroscópicos. O método foi desenvolvido por Schöniger[10, 11] e é normalmente conhecido como o método de Schöniger do frasco de oxigênio. Vários artigos de revisão que detalham o procedimento foram publicados.[12, 13]

Pese, cuidadosamente, 5 a 10 mg da amostra em um pedaço de papel dobrado para que uma das extremidades fique livre (Fig. 3.11(b)). Coloque o papel em um cesto ou suporte de platina suspenso na rolha de vidro esmerilhada de um frasco de 500 ou 1000 ml. Encha o frasco, que contém alguns mililitros de uma solução absorvente (hidróxido de sódio em água, por exemplo), com oxigênio e sele com uma rolha de vidro.

A ponta do papel que contém a amostra pode ser queimada antes de selar a rolha no frasco ou depois, por meio de um controle remoto elétrico ou de uma lâmpada infravermelha. A combustão é rápida e se completa normalmente entre 5 e 10 segundos. Espere alguns minutos para que desapareça a fumaça da combustão e agite o frasco por 2 a 3 minutos para assegurar a absorção completa. Prepare, então, a solução para análise por um método apropriado para o elemento a ser determinado.

A combustão converte o enxofre orgânico em dióxido de enxofre e trióxido de enxofre, que são absorvidos em peróxido de hidrogênio. O enxofre é determinado como sulfato. Os produtos da combustão dos halogenetos orgânicos são normalmente absorvidos em hidróxido de sódio com um pouco de peróxido de hidrogênio. As soluções resultantes podem ser analisadas por vários métodos. No caso dos cloretos, o método mais comumente usado é a

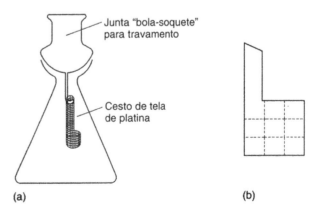

Fig. 3.11 Decomposição de compostos orgânicos: (a) frasco de segurança de oxigênio, (b) forma de papel para o envolvimento de amostras

58 Aparelhagem Comum e Técnicas Básicas

titulação potenciométrica argentimétrica[14] e, no caso dos brometos, a titulação mercurimétrica.[15]

A combustão de compostos organofosforados dá principalmente ortofosfatos que são absorvidos em ácido sulfúrico ou ácido nítrico. A determinação do fósforo é feita por espectrofotometria, pelo método do azul de molibdênio, ou como fosfovanadomolibdato (Seção 17.27). Métodos para a determinação de constituintes metálicos também foram desenvolvidos. O mercúrio é absorvido em ácido nítrico e titulado com dietil-ditiocarbamato de sódio, e o zinco é absorvido em ácido clorídrico e dosado por titulação com EDTA (Seção 10.88).

O método mais simples de decomposição de uma amostra orgânica é o aquecimento em um cadinho aberto até a oxidação total. O resíduo, que contém os componentes inorgânicos normalmente na forma de óxidos, é dissolvido em ácido diluído para dar uma solução que é analisada pelos métodos apropriados. Esta técnica é conhecida como **incineração seca**. É claro que ela não pode ser aplicada quando os componentes inorgânicos são voláteis e, neste caso, o método da incineração úmida, com ácido perclórico, deve ser usado. A literatura dá uma discussão completa.[16]

3.33 Precipitação

A Seção 11.2 dá as condições de precipitação de substâncias inorgânicas. Use bécheres de vidro resistente e adicione lentamente, com agitação eficiente, a solução do precipitante à solução diluída da substância (use uma pipeta, uma bureta ou um funil com torneira, por exemplo). Não deixe que ocorram projeções durante a adição. Para isto, adicione o reagente deixando escorrer um filete pela parede do bécher. Em geral, basta excesso moderado de precipitante. Se o excesso for muito grande, a solubilidade do precipitado aumenta (Seção 2.14) e pode ocorrer contaminação. Após a decantação do precipitado, adicione sempre algumas gotas do precipitante para verificar se a precipitação se completou. Como regra geral, não filtre o precipitado imediatamente depois de formado. Exceto quando eles são coloidais, como o hidróxido de ferro(III), a maior parte dos precipitados requer um tempo de digestão mais ou menos prolongado para que o processo se complete e que as partículas cresçam até um tamanho adequado para filtração. Às vezes, a digestão é feita com o bécher em repouso e o precipitado em contato com a água-mãe na temperatura do laboratório por 12 a 24 horas. Quando possível, a digestão é feita em temperaturas próximas do ponto de ebulição da solução. Aqueça as misturas com placas de aquecimento, banhos-maria ou chama baixa (caso não ocorram projeções do precipitado). O bécher deve estar sempre coberto com um vidro de relógio com a face convexa para baixo. Se a solubilidade do precipitado for apreciável, é necessário deixar que a solução atinja a temperatura do laboratório antes da filtração.

3.34 Filtração

A filtração é a separação do precipitado da água-mãe e seu objetivo é o isolamento quantitativo do sólido e do meio filtrante, livres da solução. Os sistemas usados na filtração são: (1) papel de filtro e (2) placas porosas sinterizadas feitas de vidro resistente, por exemplo, de Pyrex (cadinhos filtrantes de vidro sinterizado), sílica (cadinhos filtrantes de Vitreosil) ou porcelana (cadinhos filtrantes de porcelana). Consulte a Seção 3.24. A escolha do meio filtrante é controlada pela natureza do precipitado (o papel de filtro é especialmente adequado para os precipitados gelatinosos) e pelo custo. As limitações dos vários meios filtrantes são dadas a seguir.

3.35 Papéis de filtro

O teor de cinzas dos papéis de filtro quantitativos deve ser muito baixo. Isto é conseguido durante a manufatura, por lavagem com ácido clorídrico e ácido fluorídrico. O papel tem a forma de círculos de 7, 9, 11 e 12,5 cm de diâmetro. Os mais usados são os de 9 e 11 cm. A cinza de um papel circular de 11 cm não deve exceder 0,0001 g. Se exceder, o peso da cinza deve ser deduzido do peso do resíduo queimado. Os fabricantes dão os valores médios do teor de cinzas por papel, mas eles também podem ser determinados pela queima de vários papéis de filtro em um cadinho. Os papéis de filtro quantitativos têm vários graus de porosidade. A textura do papel de filtro deve permitir a filtração rápida, ao mesmo tempo que retém as partículas mais finas do precipitado. São feitas geralmente três texturas, uma para precipitados muito finos, uma para os precipitados de tamanho médio e uma para precipitados gelatinosos ou partículas grosseiras. A velocidade de filtração depende da porosidade do papel.

Os papéis de filtro "endurecidos" são feitos por tratamento dos papéis de filtro quantitativos com ácido. Eles têm teor de cinza extremamente baixo, resistência mecânica muito maior quando molhados e são mais resistentes a ácidos e a álcalis. Eles devem ser usados em todos os trabalhos quantitativos. A Tabela 3.7 dá as características dos papéis de filtro endurecidos, sem cinzas, da Whatman. O tamanho do papel de filtro selecionado para uma dada operação é determinado pela quantidade do precipitado e não pela quantidade de líquido a ser filtrada. No final do processo, o precipitado deve ocupar cerca de um terço da capacidade do filtro. O funil deve se ajustar ao tamanho do papel, que deve ficar 1 a 2 cm da borda do funil, mas nunca a menos de 1 cm.

Para conseguir uma filtração rápida, use um funil com o ângulo o mais próximo possível de 60° e haste de cerca de 15 cm de comprimento. Coloque cuidadosamente o papel de filtro no funil para que a parte superior fique fortemente aderida ao vidro. Prepare o papel para o uso dobrando o papel seco exatamente no meio e novamente em um quarto. Abra o papel de filtro dobrado de modo a formar um cone de 60° com três espessuras de papel de um lado e uma única do outro que se ajuste ao funil. Molhe o papel com água e coloque-o no funil, pressionando-o firmemente contra a parede interna. Encha o funil com água. Se o ajuste do papel estiver correto, a haste do funil se enche de líquido durante a filtração. Às vezes, a filtração é mais rápida com um papel de filtro pregueado (Fig. 3.12).

Para fazer uma filtração, coloque o funil contendo o papel de filtro apropriado em um suporte especial para funil (ou na posição vertical com outros suportes). Use um bécher limpo para receber o filtrado com a haste do funil encostada de leve na parede interna do recipiente para evitar projeções. Derrame, com o auxílio de um bastão de vidro, o líquido dentro do filtro, dirigindo-o contra a parede. A parte inferior do bastão deve ficar próxima do papel de

Tabela 3.7 *Papéis de filtro quantitativos Whatman*

Papel de filtro	Endurecido, sem cinzas		
Número	540	541	542
Velocidade	médio	rápido	lento
Retenção de tamanho de partícula	médio	grosseiro	fino
Cinzas (%)	0,008	0,008	0,008

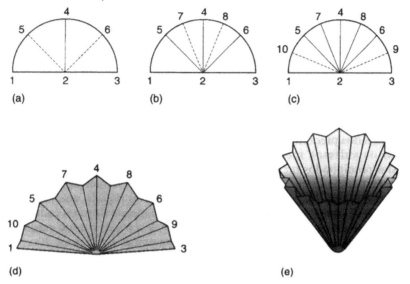

Fig. 3.12 Como fazer um papel de filtro pregueado

filtro, do lado que tem as três espessuras, porém sem tocá-lo. Nunca encha completamente o papel de filtro. O nível do líquido não deve chegar a 5-10 mm do topo do papel. Para remover os precipitados que têm tendência a ficar no fundo do bécher, mantenha o bastão de vidro junto da parede do bécher, incline este último e faça com que o jato de água de um frasco de lavagem arraste o precipitado para dentro do filtro. Remova o precipitado que aderir à parede do bécher ou ao bastão de agitação com um bastão com tira de borracha ou policial (Seção 3.23).

A filtração com sucção raramente é necessária. No caso de precipitados gelatinosos e de alguns precipitados finamente divididos, a sucção fará com que as partículas penetrem dentro dos poros do papel, reduzindo a velocidade de filtração.

3.36 Cadinhos com placas porosas permanentes

Vimos, na Seção 3.24, os cadinhos com placas porosas. Quando em uso, eles são montados em um suporte especial, conhecido como adaptador de cadinhos, por meio de um tubo de borracha largo (Fig. 3.13). O fundo do cadinho deve ficar bem afastado do lado do funil e do encaixe de borracha, para que o filtrado não entre em contato com a borracha. O adaptador passa por uma rolha perfurada para um kitazato de cerca de 750 ml de capacidade. A ponta do funil deve ficar abaixo da saída lateral do kitazato para evitar a sucção do líquido. O kitazato liga-se a outro frasco de capacidade semelhante e, por ele, a um sistema de vácuo. Se houver contra-refluxo da água da bomba, ela ficará retida no frasco vazio, evitando a contaminação do filtrado. É aconselhável usar um regulador de pressão para limitar a pressão máxima da bomba de vácuo. Um método simples é colocar uma torneira de vidro no segundo frasco, como na Fig. 3.13. Pode-se usar, também, um T de vidro entre o frasco receptor e a bomba, com uma das saídas fechada por uma torneira de vidro ou um pedaço de tubo de borracha pesada (tubo de pressão), provido de um fecho de pressão.

Ao montar a aparelhagem, encha o cadinho até a metade com água destilada e aplique uma leve sucção para que a água passe pelo cadinho. Mantenha a sucção por 1 a 2 minutos após passar toda a água, para remover o máximo de líquido possível da placa filtrante. Coloque o cadinho em uma pequena cápsula de calcinação, pires ou vidro de relógio e seque até peso constante na mesma temperatura que será usada na secagem do precipitado. Para temperaturas de até 250°C, use uma estufa elétrica controlada termostaticamente. Para temperaturas mais elevadas, aque-

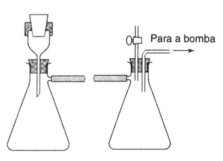

Fig. 3.13 Como suportar cadinhos empregando um tubo largo de borracha

60 Aparelhagem Comum e Técnicas Básicas

ça o cadinho em uma mufla elétrica. Esfrie sempre o cadinho em um dessecador antes da pesagem.

Quando transferir o precipitado para o cadinho, use o procedimento descrito na Seção 3.35. Cuide para que o nível de líquido nunca fique abaixo de 1 cm do topo do cadinho.

Quando usar cadinhos de vidro sinterizado ou de base porosa, evite a filtração de materiais que possam entupir a placa filtrante. Os cadinhos novos devem ser lavados com ácido clorídrico concentrado e depois com água destilada. Os cadinhos são quimicamente inertes e resistem a todas as soluções que não atacam a sílica, isto é, só são atacados pelo ácido fluorídrico, fluoretos e soluções fortemente alcalinas.

Limpe os cadinhos com placas porosas permanentes removendo o máximo de sólido possível e dissolvendo o resíduo em um solvente apropriado. Uma solução 0,1 M, quente, de etilenodiaminotetracetato de tetrassódio é um excelente solvente para muitos dos precipitados encontrados nas análises, exceto os sulfetos metálicos e os hexacianoferratos(III). Estes precipitados incluem sulfato de bário, oxalato de cálcio, fosfato de cálcio, óxido de cálcio, carbonato de chumbo, iodato de chumbo, oxalato de chumbo e fosfato de amônio e magnésio. O cadinho deve ficar totalmente imerso no reagente quente ou o reagente pode ser passado por sucção pelo cadinho.

3.37 Lavagem dos precipitados

A maior parte dos precipitados é produzida na presença de uma ou mais substâncias solúveis que freqüentemente não são voláteis na temperatura de secagem do precipitado. É necessário, então, lavar o precipitado para remover as impurezas. Use o menor volume possível de líquido de lavagem para remover a matéria indesejável porque não existem precipitados completamente insolúveis. Para a remoção das impurezas, faça testes qualitativos com pequenos volumes do filtrado da solução de lavagem. É melhor lavar com várias porções pequenas de líquido de lavagem, drenando bem entre cada lavagem, do que com uma ou duas porções maiores ou com a adição de novas porções do líquido de lavagem enquanto a solução ainda está no filtro (Seção 11.2).

O líquido ideal de lavagem deve ter as seguintes características:

1. Não deve dissolver o precipitado, mas deve dissolver facilmente as impurezas.
2. Não deve ter ação dispersiva sobre o precipitado.
3. Não deve formar produtos voláteis ou insolúveis com o precipitado.
4. Deve ser volátil na temperatura de secagem do precipitado.
5. Não deve conter substâncias que interferirão na análise subseqüente do filtrado.

Não se usa, em geral, água pura, exceto se ela não dissolver quantidades apreciáveis do precipitado. Se o precipitado é apreciavelmente solúvel em água, adicione um íon comum, porque um eletrólito é menos solúvel em uma solução diluída que contém um de seus íons do que em água pura (Seção 2.16). Oxalato de cálcio, por exemplo, pode ser lavado com uma solução diluída de oxalato de amônio. Se o precipitado tende a formar colóides e passar através

do papel de filtro (isto é freqüentemente observado no caso dos precipitados gelatinosos ou floculentos), use uma solução de lavagem contendo um eletrólito (Seção 11.2). A natureza do eletrólito não é relevante, desde que não reaja com o precipitado durante a lavagem e possa ser eliminado no aquecimento final. Sais de amônio são normalmente usados. Use uma solução de nitrato de amônio, por exemplo, para lavar o hidróxido de ferro(III).

Às vezes, é possível escolher uma solução que reduz a solubilidade do precipitado e também evita a peptização. Ácido nítrico diluído, por exemplo, é usado no caso do cloreto de prata. Não deixe secar completamente alguns precipitados que tendem a se oxidar durante a lavagem. Use, nestes casos, uma solução de lavagem especial que converte a forma oxidada à condição original como, por exemplo, água acidificada contendo sulfeto de hidrogênio, no caso do sulfeto de cobre. Os precipitados gelatinosos, como o hidróxido de alumínio, exigem mais lavagens do que os precipitados cristalinos, como o oxalato de cálcio.

Em muitos casos, particularmente quando o precipitado é gelatinoso ou decanta rapidamente, pode-se fazer a **lavagem por decantação**. Transfira a maior quantidade possível do líquido que está acima do precipitado para o filtro (papel de filtro ou cadinho filtrante). Respeite as precauções normais e tome cuidado para evitar a perturbação do precipitado. Adicione 20 a 50 ml do líquido de lavagem ao resíduo do bécher, agite e deixe decantar. Se a solubilidade do precipitado permitir, aqueça a solução para acelerar a filtração. Quando o líquido sobrenadante estiver claro, decante a maior quantidade possível do líquido através do meio filtrante. Repita o procedimento 3 a 5 vezes (ou mais, se necessário) antes de transferir o precipitado para o filtro.

Transfira a maior parte do precipitado misturando-o com a água de lavagem e retirando a suspensão. Repita o procedimento para remover a maior quantidade possível de sólido do bécher. Transfira para o filtro o precipitado restante que aderiu às paredes internas e ao fundo do bécher com o auxílio de um frasco de lavagem, como vimos na Seção 3.34, usando um policial, se necessário, para transferir os últimos traços de precipitado. Use, finalmente, um frasco de lavagem para arrastar o precipitado para o fundo do papel de filtro ou para a placa do cadinho filtrante.

Teste sempre para o término da lavagem. Colete pequenas amostras da solução de lavagem quando julgar que foram removidas as impurezas. Aplique os testes qualitativos apropriados. Quando a filtração for feita sob sucção, coloque um pequeno tubo de ensaio abaixo do adaptador de cadinho.

3.38 Secagem e calcinação dos precipitados

Após a filtragem e a lavagem, o precipitado deve ser levado até a composição constante antes da pesagem. O tratamento adequado, secagem ou calcinação, depende da natureza do precipitado e do meio filtrante. A escolha depende da temperatura que o precipitado pode suportar. Usa-se a secagem, em geral, quando a temperatura é inferior a 250°C (a temperatura máxima normalmente obtida nas estufas de secagem elétricas controladas por termostato) e a calcinação, entre 250 e 1200°C. Para a secagem, os precipitados devem ser colocados em papéis de filtro ou em cadinhos filtrantes de porcelana ou de vidro sinterizado. Para a calcinação, os precipitados devem ser colocados em papéis de filtro ou cadinhos filtrantes de porcelana ou de vidro de sílica. Faça a calcinação do precipitado, colocando-o na cápsula de calcinação e aquecendo-o com o combustor apropriado. Pode-se, também, usar um forno de mufla elétrico, equipado com um pirômetro e controle de temperatura.

A termogravimetria (TG) dá o intervalo de temperatura no qual o precipitado deve ser aquecido para se obter uma determinada composição.[17, 18] As curvas de TG sugerem que, no passado, os precipitados eram aquecidos por tempos demasiadamente longos e temperaturas excessivamente elevadas. Lembre-se, porém, de que as curvas de TG são, às vezes, influenciadas pelas condições experimentais da precipitação e, mesmo quando não se obtém uma curva horizontal, é possível obter um intervalo de temperatura conveniente para a pesagem. Ainda assim, as curvas de TG são úteis na determinação do intervalo de temperatura em que o precipitado tem composição constante nas condições de análise. Na pior das hipóteses, elas dão uma idéia da temperatura que deve ser usada na secagem e no aquecimento para o trabalho quantitativo, porém, deve-se levar em conta as propriedades químicas gerais da forma de pesagem.

Embora os precipitados a serem calcinados sejam normalmente recolhidos em cadinhos filtrantes de porcelana ou de sílica, às vezes é necessário usar papéis de filtro. Neste caso, o método de calcinação tem que ser alterado. A técnica exata depende do precipitado poder ser, ou não, calcinado com segurança junto com o papel de filtro. Lembre-se de que alguns precipitados como o sulfato de bário, por exemplo, se reduzem ou se alteram em contato com o papel de filtro ou seus produtos de decomposição.

Incineração do papel de filtro na presença do precipitado

Calcine inicialmente o cadinho de sílica até peso constante (com aproximação de 0,0002 g) na mesma temperatura da calcinação final do precipitado. Remova do funil, cuidadosamente, o papel de filtro contendo o precipitado, bem drenado. Dobre o papel de filtro de modo a cobrir todo o precipitado, tomando cuidado para não rasgar o papel. Coloque o pacote formado, com a dobra para baixo, em um cadinho previamente pesado apoiado em um triângulo de cerâmica, ou, melhor ainda, um triângulo de sílica, apoiado em um tripé. O cadinho deve ficar ligeiramente inclinado e parcialmente coberto com a tampa, apoiada, por sua vez, no triângulo. Use uma **chama muito pequena** colocada sob a tampa do cadinho. Nestas condições a secagem é rápida e segura.

Após a remoção de toda a umidade, aumente suavemente a chama para carbonizar **lentamente** o papel. Não deixe que o papel se inflame porque isto pode causar a perda mecânica de partículas finas do precipitado, com o escape rápido dos produtos de combustão. Se o papel pegar fogo, abafe a chama, fechando momentaneamente o cadinho com a ajuda de pinças para cadinho. Quando o papel estiver totalmente carbonizado e não houver mais liberação de vapores, desloque a chama, colocando-a sob

o fundo do cadinho para queimar o carbono. Aumente gradualmente a chama.[*] Após a queima total do carbono, cubra o cadinho (neste ponto, o cadinho pode estar na posição vertical) e aqueça com um bico de Bunsen até a temperatura desejada. Normalmente, o papel queima em cerca de 20 minutos e a calcinação está completa em 30 a 60 minutos.

Terminada a calcinação, remova a chama e, após 1 a 2 minutos, coloque o cadinho e a tampa em um dessecador contendo um dessecante apropriado (Seção 3.22). Deixe esfriar por 25 a 30 minutos. Pese o cadinho e a tampa. Calcine novamente, na mesma temperatura, o cadinho e seu conteúdo por 10 a 20 minutos, deixe esfriar no dessecador e pese novamente. Repita o procedimento até peso constante. Manipule sempre os cadinhos com pinças limpas, de preferência recobertas com platina. Lembre-se de que "aquecer até peso constante" não tem significado real salvo se os períodos de aquecimento, de resfriamento do cadinho **tampado** e das pesagens forem feitos em duplicata.

Incineração do papel de filtro separadamente do precipitado

Este método é usado sempre que a substância submetida à calcinação se reduz quando o papel queima. É o caso do sulfato de bário, do sulfato de chumbo, do óxido de bismuto e do óxido de cobre. Cubra o funil contendo o precipitado com um pedaço de papel de filtro qualitativo. Prenda o papel, dobrando-o sobre a borda do funil de modo a envolver a parte cônica. Coloque o funil em uma estufa em 100–105°C por 1 a 2 horas ou até a secagem completa. Coloque uma folha de papel impermeável com cerca de 25 cm^2 (branco ou preto, de modo a contrastar com a cor do precipitado) na bancada, livre de correntes de ar. Retire o filtro seco do funil, remova o precipitado o mais possível para um vidro de relógio colocado sobre o papel impermeável. Isto pode ser feito juntando os lados do papel de filtro e esfregando-os suavemente. A maior parte do precipitado se solta e cai sobre o vidro de relógio. Transfira para o vidro de relógio, com o auxílio de um pequeno pincel de pêlos de camelo, as partículas pequenas do precipitado que eventualmente caírem sobre o papel impermeável.

Cubra o vidro de relógio com o precipitado. Use um vidro de relógio maior ou um bécher. Dobre cuidadosamente o papel de filtro e coloque-o dentro de um cadinho de porcelana ou sílica previamente pesado. Coloque o cadinho sobre um triângulo e incinere o papel de filtro, usando o procedimento descrito anteriormente. Deixe esfriar o cadinho e submeta as cinzas do papel de filtro a um tratamento químico para converter o material reduzido ou alterado à forma final desejada. Coloque o cadinho frio sobre o papel impermeável e transfira cuidadosamente a maior parte do precipitado do vidro de relógio para o cadinho. Um pequeno pincel de pêlos de camelo é útil. Aqueça o precipitado, levando-o até peso constante como visto anteriormente.

---

[*]Se a oxidação do carbono no cadinho for lenta, pode-se aquecer a tampa separadamente em uma chama. Ela deve ser manipulada com pinças para cadinho limpas.

3.39 Referências

1. S G Luxon (ed) 1992 *Hazards in the chemical laboratory*, 5th edn, Royal Society of Chemistry, London
2. C Woodward and H N Redman 1973 *High precision titrimetry*, Society for Analytical Chemistry, London: (a) p. 5; (b) p. 14; (c) p. 11; (d) p. 10
3. Graduated apparatus: British Standards and their ISO equivalents

(a)	Graduated flasks	BS 5898: 1980 (1994)	ISO 384: 1978
		BS 1792: 1982 (1993)	ISO 1042: 1983
(b)	Pipettes	BS 1583: 1986 (1993)	ISO 648: 1984
(c)	Burettes	BS 846: 1985 (1993)	ISO 385/1, 385/2
(d)	Calibration procedures	BS 6696: 1986 (1992)	ISO 4787: 1984

4. BS 3978 (1987) *Water for laboratory use* British Standards Institution, London
5. B S Furniss, A J Hannaford, V Rogers, P W G Smith and A R Tatchell 1978 *Vogel's practical organic chemistry*, 4th edn, Longman, London
6. D F Shriver 1969 *The manipulation of air-sensitive materials*, McGraw-Hill, New York
7. D J Bucknell (ed) 1984 *'AnalaR' standards for laboratory chemicals*, 8th edn, BDH Chemicals, Poole
8. *Reagent Chemicals*, 7th edn, American Chemical Society, Washington DC, (1986)
9. R Bock 1979 *Handbook of decomposition methods in chemistry*, International Text-book Company, Glasgow (translated by I Marr)
10. W Schöniger 1955 *Mikrochim. Acta*, 123
11. W Schöniger 1956 *Mikrochim. Acta*, 869
12. A M G Macdonald 1965 In C N Reilley (ed) *Advances in analytical chemistry and instrumentation*, Volume 4, Interscience, New York
13. A M G Macdonald 1961 *Analyst*, **86**: 3
14. Analytical Methods Committee 1963 *Analyst*, **88**: 415
15. R C Denney and P A Smith 1974 *Analyst*, **99**: 166
16. T Gorsuch 1970 *The destruction of organic matter*, Pergamon, Oxford
17. C Duval 1963 *Inorganic thermogravimetric analysis*, Elsevier, Amsterdam
18. *Wilson and Wilson Comprehensive Analytical Chemistry*, Volume XII, *Thermal analysis*, Elsevier, Amsterdam: Part A, J Paulik and F Paulik (eds) 1981; Part D, J Seslik (ed) 1984

3.40 Bibliografia

J A Beran 1994 *Chemistry in the laboratory*, 2nd edn, John Wiley, New York

G Christian 1994 *Analytical Chemistry*, 5th edn, John Wiley, New York

N T Freeman and J Whitehead 1982 *Introduction to safety in the chemical laboratory*, Academic Press, London

I M Kolthoff and P J Elving 1978 *Treatise on analytical chemistry*, Part 1, *Theory and practice*, Volume 1, 2nd edn, Interscience, New York

S Kotrly and L Sucha 1985 *Handbook of chemical equilibria in analytical chemistry*, Ellis Horwood, Chichester

R E Lawn, M Thompson and R Walker 1997 *Proficiency testing in analytical chemistry*, Royal Society of Chemistry, London

National Bureau of Standards 1979 *Handbook 44: specifications, tolerances and other technical requirements for weighing and measuring as adopted by the National Conference on Weights and Measures*, NBS, Washington DC

P J Potts 1987 *A handbook of silicate rock analysis*, 2nd edn, Blackie, Glasgow

Royal Society of Chemistry 1989–92 *Chemical safety data sheets*, Volumes 1–5, Royal Society of Chemistry, London

Royal Society of Chemistry 1996 *COSHH in laboratories*, 2nd edn, Royal Society of Chemistry, London

Royal Society of Chemistry *Laboratory Hazards Bulletin*, Royal Society of Chemistry, London

D A Skoog and J J Leary 1992 *Principles of instrumental analysis*, 4th edn, Saunders, New York

G Weiss (ed) 1986 *Hazardous chemicals data book*, 2nd edn, Noyes, Trenton NJ

A Weissberger (ed) 1986 *Techniques of Chemistry*, Volume 2, *Organic solvents: physical properties and methods of purification*, 4th edn, John Wiley, New York

Wilson and Wilson Comprehensive Analytical Chemistry, Volumes 1A (1959) and 1B (1960), Elsevier, Amsterdam

4

Estatística: introdução à quimiometria

4.1 Limitações dos métodos analíticos

A função do analista é obter resultados os mais próximos possíveis dos valores verdadeiros através da utilização correta dos métodos analíticos. O nível de confiança que os analistas podem ter nos resultados de seu trabalho é relativamente pequeno se eles não conhecerem a acurácia e a precisão do método que usaram, e se não tiverem consciência das fontes de erros que podem afetar os resultados. A análise quantitativa não se limita à coleta da amostra, à execução de uma única determinação e à admissão tácita de que o resultado obtido está correto. Ela exige também o conhecimento da química envolvida e das possíveis interferências de outros íons, elementos e compostos, bem como da distribuição estatística dos resultados numéricos obtidos.

São objetivos deste capítulo:

1. Explicar alguns dos termos normalmente usados e descrever os procedimentos estatísticos clássicos aplicáveis aos resultados analíticos.
2. Introduzir algumas técnicas de planejamento e otimização de métodos analíticos.
3. Mostrar como a aplicação da quimiometria pode clarificar as informações contidas nos resultados analíticos.

4.2 Tipos de erros

Erros sistemáticos (determinados)

São erros que podem ser evitados ou cujas magnitudes podem ser determinadas. Os mais importantes são os erros operacionais, os erros devidos aos equipamentos ou aos reagentes e os erros inerentes ao método empregado.

Erros operacionais Estes erros são causados por fatores de responsabilidade do analista que não estão relacionados ao método ou ao procedimento que ele usou. A maior parte deles é de ordem física e acontece quando a técnica analítica não é seguida com rigor. Podemos dar como exemplos a secagem incompleta das amostras antes da pesagem, as perdas mecânicas de material por fervura descontrolada ou por derramamento durante a dissolução das amostras, a aplicação incorreta da técnica de transferência de soluções e a pouca reprodutibilidade da técnica de extração por solvente. O tratamento das amostras antes da medida é, normalmente, a maior fonte de erro das análises quí-

micas. A falta de cuidado nesta etapa gera resultados sem sentido. São também erros operacionais os devidos à incapacidade do analista em fazer certas observações de forma acurada. Assim, por exemplo, algumas pessoas não são capazes de perceber mudanças rápidas de cor em titulações visuais, o que pode levar a pequenas diferenças na determinação do ponto final da titulação. Outra decisão que depende da capacidade de cada indivíduo é a estimativa de um valor entre duas divisões da escala de uma bureta ou de outro instrumento de medição.

Erros instrumentais e de reagentes Estes erros devem-se a defeitos de construção das balanças, ao uso de pesos, vidraria e outros instrumentos sem calibração ou mal calibrados. Devem-se, também, ao ataque de reagentes sobre o vidro, a porcelana etc., que dão origem a substâncias estranhas ao meio reacional original, e ao uso de reagentes impuros.

Erros de método Estes erros são os mais sérios porque são normalmente difíceis de detectar. São exemplos deste tipo de erro os medidores de pH padronizados erroneamente, o ruído de fundo na espectroscopia de absorção atômica e a resposta ruim dos detectores de cromatografia e de espectroscopia. Os erros na análise clássica incluem a solubilização de precipitados e a decomposição ou volatilização por ignição de precipitados na gravimetria. Podem ocorrer erros na titulometria, se houver diferenças entre o ponto final da titulação observado e o ponto de equivalência estequiométrica da reação. Um dos erros mais freqüentes é devido aos "efeitos de matriz", isto é, quando a composição da amostra a ser analisada e das soluções padrões usadas para fazer a curva de calibração são diferentes (Seção 15.15). É particularmente importante, na análise de traços, usar solventes de alto grau de pureza e, principalmente, livres de traços do analito cuja concentração será determinada.

Erros aleatórios (indeterminados)

Estes erros se manifestam na forma de pequenas variações nas medidas de uma amostra, feitas em sucessão pelo mesmo analista, com todas as precauções necessárias e em condições de análise praticamente idênticas. Eles são produzidos por fatores sobre os quais o analista não tem controle e, em geral, não podem ser controlados. Quando se faz um **número suficientemente grande de observações**, estes erros assumem a distribuição da curva da Fig. 4.1 (Seção 4.9). A inspeção de curvas de erro deste tipo mostra que os erros pequenos acontecem com mais freqüência do que os grandes e que é igualmente provável que erros positivos e negativos de mesma magnitude sejam obtidos.

4.3 Acurácia

A acurácia pode ser definida como sendo a concordância entre uma medida e o valor verdadeiro ou mais provável da grandeza. Uma conseqüência disto é que erros sistemáticos causam erros constantes (positivos ou negativos) que afetam a acurácia do resultado. Existem duas formas de determinar a acurácia nos métodos analíticos: o método absoluto e o método comparativo.

Método absoluto

Use uma amostra sintética com quantidades conhecidas dos constituintes de interesse, obtida por pesagem dos elementos puros ou de compostos cuja composição estequiométrica é conhecida. Estas substâncias, os padrões primários, podem ser obtidas no comércio ou ser preparadas pelo analista e purificadas rigorosamente por recristalização ou outro método apropriado. A pureza das substâncias deve ser conhecida. Para testar a acurácia do método, tome diferentes quantidades das substâncias e execute o procedimento analítico descrito pelo método. A quantidade das substâncias usadas deve variar porque os erros gerados no decorrer do procedimento podem ser em função da quantidade utilizada. Na ausência de substâncias estranhas ao procedimento, a diferença entre a média de um número adequado de resultados e a quantidade da substância efetivamente presente na amostra mede a acurácia do método.

Como o constituinte de interesse é, normalmente, determinado na presença de outras substâncias, é necessário conhecer o efeito dessas substâncias sobre o resultado. Isto exigiria a avaliação da influência de um grande número de substâncias em várias concentrações, ou seja, um trabalho exaustivo. Por isso, estes testes são simplificados fazendo-se a determinação da substância de interesse em um intervalo definido de concentrações em um material cuja composição é aproximadamente constante em relação aos outros constituintes que podem estar presentes e suas concentrações relativas. É desejável, entretanto, estudar os efeitos do maior número de substâncias interferentes possível. Na prática, observa-se que são necessárias várias etapas de separação de impurezas antes que uma determinação possa ser feita na presença de diferentes elementos. A acurácia do método é definida principalmente pelas separações necessárias.

Método comparativo

Muitas vezes, como na análise de minerais, por exemplo, a preparação de amostras sólidas com a composição desejada pode ser impossível. É então necessário recorrer a amostras padrões do material em questão (mineral, minério, liga etc.) nas quais a quantidade do constituinte de interesse já tenha sido determinada por um ou mais métodos de análise, supostamente exatos. O método comparativo envolve padrões secundários e não é completamente satisfatório do ponto de vista teórico, porém, é muito útil nas análises de rotina. As amostras padrões podem ser obtidas de várias fontes (Seção 4.5).

Se vários métodos diferentes de análise de um dado constituinte puderem ser usados como, por exemplo, métodos gravimétricos, titulométricos ou espectrofotométricos, a concordância entre os resultados de pelo menos dois deles, cujas características sejam essencialmente diferentes, pode ser, usualmente, aceita porque sugere a ausência de erros sistemáticos apreciáveis em ambos (o erro é sistemático quando pode ser avaliado experimental ou teoricamente).

4.4 Precisão

A precisão pode ser definida como sendo a concordância em uma série de medidas de uma dada grandeza. A acurácia expressa a proximidade dos valores real e medido, e a precisão, a "reprodutibilidade" da medida (esta definição de precisão será alterada adiante). A precisão sempre acompanha a acurácia, mas uma precisão alta não garante a acurácia. Isto pode ser visto no seguinte exemplo.

Sabe-se que uma substância contém 49,10% ± 0,02% do constituinte A. Os resultados obtidos por dois analistas para esta substância com o mesmo método analítico foram

ANALISTA 1 %A 49,01; 49,25; 49,08; 49,14

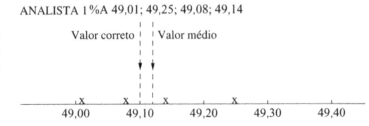

A média aritmética é 49,12% e o intervalo dos resultados é de 49,01% a 49,25%.

ANALISTA 2 %A 49,40; 49,44; 49,42; 49,42

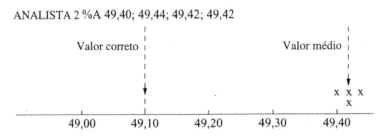

A média aritmética é 49,42% e o intervalo dos resultados é de 49,40% a 49,44%.

Podemos sumarizar os resultados destas análises como:

(a) Os valores obtidos pelo analista 1 são acurados (muito próximos do valor correto), mas a precisão é menor do que a dos resultados obtidos pelo analista 2. Os valores obtidos pelo analista 2 são muito precisos, mas não são acurados.

(b) Os resultados do analista 1 estão distribuídos em ambos os lados do valor médio e podem ser atribuídos a erros aleatórios. Existe, aparentemente, um erro constante (sistemático) nos resultados do analista 2.

A precisão foi definida antes como sendo a reprodutibilidade das medidas. Existe, no entanto, uma diferença entre os termos "reprodutível" e "repetitivo". Vejamos:

(c) Se o analista 2 tivesse feito as determinações em seqüência em um mesmo dia, a análise poderia ser considerada "repetitiva". No entanto, se as determinações tivessem sido feitas em dias diferentes, isto é, em condições de laboratório provavelmente diferentes, os mesmos resultados poderiam ser definidos como sendo do "reprodutíveis".

Assim, deve-se fazer a diferença entre a precisão das determinações de uma mesma série (repetitividade) e a precisão das determinações entre várias séries de determinações (reprodutibilidade).

4.5 Como reduzir os erros sistemáticos

Calibração de instrumentos e sua correção Calibre todos os instrumentos (pesos, balões, buretas, pipetas etc.) e aplique as correções necessárias. Mesmo quando os erros não podem ser eliminados é possível corrigir seu efeito. Assim, por exemplo, pode-se determinar a quantidade de uma dada impureza presente em um precipitado e subtraí-la do peso do precipitado. Para reduzir os erros sistemáticos, calibre freqüentemente a aparelhagem.

Determinação do branco de uma amostra Consiste na execução de uma análise nas mesmas condições experimentais usadas na análise da amostra, porém na ausência do constituinte de interesse. Os objetivos são verificar o efeito de impurezas eventualmente introduzidas por reagentes e aparelhos de laboratório ou determinar o excesso de solução padrão necessário para alcançar, nas mesmas condições, o ponto final da titulação de uma amostra desconhecida. Correções de branco muito grandes são indesejáveis porque o valor exato fica mais incerto e a precisão da análise diminui.

Análise de controle Consiste na análise de uma substância padrão nas mesmas condições experimentais usadas na análise da amostra. A quantidade da substância padrão utilizada deve conter um peso do analito igual ao da amostra desconhecida. O peso exato do analito na amostra pode ser determinado a partir da relação

$$\frac{\text{resultado encontrado para o padrão}}{\text{resultado encontrado para a amostra desconhecida}} = \frac{\text{peso da substância no padrão}}{x}$$

onde x é o peso do analito na amostra desconhecida.

Observe que é possível adquirir no comércio amostras padrões analisadas por analistas experientes, dentre elas, padrões primários (oxalato de sódio, hidrogenoftalato de potássio, óxido de arsênio(III) e ácido benzóico) e minérios, materiais cerâmicos, ferros, aços, ligas para aços-liga e ligas não-ferrosas. Muitos destes padrões são também fornecidos como Materiais de Referência Certificados BCS (CRM) pelo Escritório de Amostras Analisadas Ltda, Newham Hall, Middlesborough, Inglaterra, que também fornece Materiais de Referência Certificados EURO-NORM (ERCM), cuja composição é especificada com base em resultados obtidos em vários laboratórios da União Européia (EU). Materiais de Referência BCS podem ser obtidos no Escritório de Referências da Comunidade, Bruxelas, Bélgica. Nos Estados Unidos da América, materiais de referência semelhantes podem ser obtidos no Escritório Nacional de Padrões (NBS).

Uso de métodos de análise independentes Em alguns casos, a acurácia de um resultado pode ser estabelecida pela análise das amostras por um outro método completamente diferente do método utilizado. Assim, as concentrações de cálcio e magnésio na determinação da dureza da água por absorção atômica (Seção 15.20) podem ser comparadas com os resultados obtidos por titulação com EDTA (Seção 10.76). Outro exemplo é a determinação da força de uma solução de ácido clorídrico por titulação com uma solução padrão de base forte e por precipitação e pesagem como cloreto de prata. Se os resultados obtidos por dois métodos muito diferentes concordarem, é muito provável que os valores obtidos estejam corretos dentro de pequena margem de erro.

Determinações paralelas Servem como controle do resultado obtido em uma única determinação e indicam somente a precisão da análise. Os valores obtidos para os analitos presentes em quantidades não muito pequenas não devem diferir mais do que três partes por mil. Se as variações forem maiores, as análises devem ser repetidas até se obter concordância satisfatória. Análises em duplicata ou, no máximo, em triplicata, são, em geral, suficientes. Observe que a boa concordância entre resultados obtidos com duplicatas ou triplicatas não garante que o resultado está correto. Pode ter ocorrido um erro constante. A concordância mostra apenas que os erros acidentais ou as variações de erros sistemáticos nas análises em paralelo são iguais ou aproximadamente iguais.

Adição padrão Adiciona-se à amostra uma quantidade conhecida do constituinte a ser determinado. Analisa-se, a seguir, a amostra para determinar a quantidade total do constituinte. A diferença entre os resultados obtidos para as amostras, com e sem o constituinte adicionado, deve ser igual à quantidade do constituinte adicionada. Se a recuperação for satisfatória a confiança do analista na acurácia do procedimento analítico utilizado aumenta. O método é normalmente aplicado a procedimentos físico-químicos como a polarografia e a espectrofotometria. Outra forma de aplicar este método é fazer uma série de adições padrões e determinar graficamente a concentração do analito por extrapolação. Para os detalhes, veja a Seção 4.20.

Padrões internos Este procedimento é especialmente interessante nas determinações cromatográficas. Ele envolve a adição de uma quantidade fixa de um material de referência (o padrão interno) a uma série de amostras de concentrações conhecidas da substância a ser determinada. A razão entre o valor (tamanho do pico) observado do padrão interno e os da série de amostras de concentrações conhecidas são lançados em gráfico contra os valores de concentração. Este procedimento deve gerar uma reta. Qualquer quantidade desconhecida pode então ser determinada por adição à amostra da mesma quantidade do padrão interno e localização da posição da razão dos observáveis assim obtida sobre a reta. A projeção sobre o eixo das concentrações permite a determinação desejada.

Métodos de amplificação Nas determinações em que se deseja medir quantidades muito pequenas de material pode-se estar abaixo dos limites operacionais do equipamento utilizado. Nestas circunstâncias, pode-se fazer reagir a substância de interesse com um reagente adequado de tal forma que cada molécula produza duas ou mais moléculas de algum produto mensurável. A amplificação do sinal assim obtida faz com que a determinação desejada chegue aos limites do método e do equipamento.

Diluição isotópica Mistura-se à amostra uma quantidade conhecida do elemento a ser determinado contendo um isótopo radioativo do elemento. Isola-se, então, o elemento na forma pura (usualmente como um composto) e pesa-se ou determina-se de outra forma. Mede-se, então, a radioatividade do material isolado e compara-se com a do elemento adicionado. Este procedimento permite o cálculo do peso do elemento na amostra.

4.6 Algarismos significativos

O termo "algarismo" representa qualquer um dos dez primeiros números, incluindo o zero. Um algarismo significativo indica a grandeza da quantidade até a posição que ele ocupa. O zero é um algarismo significativo, exceto quando ele é o primeiro algarismo do número. Assim, nas quantidades 1,2680 g e 1,0062 g os zeros são significativos, mas em 0,0025 kg, não são. Neste caso, eles servem apenas para localizar a posição decimal e podem ser omitidos pela escolha adequada da unidade, por exemplo, como 2,5 g. Os dois primeiros números têm cinco algarismos significativos e o terceiro, apenas dois.

As quantidades observadas devem ser registradas com um algarismo duvidoso. Assim, na maior parte das análises, os pesos são determinados até o décimo do miligrama, por exemplo, 2,1546 g. Isto significa que o peso medido é menor do que 2,1547 g e maior do que 2,1545 g. O peso 2,150 g significaria que foi medido até o miligrama e que seu valor está mais próximo de 2,150 g do que de 2,151 g ou 2,149 g. Os algarismos de um número necessários para expressar a precisão de uma medida são chamados de algarismos significativos.

O estudante deve se familiarizar com um certo número de regras usadas nos cálculos.

1. Registre um resultado com todos os algarismos significativos, incluindo o primeiro algarismo duvidoso. Assim, um volume que está entre 20,5 ml e 20,7 ml deve ser escrito como 20,6 ml, mas não como 20,60 ml, porque esta forma indicaria um valor entre 20,59 ml e 20,61 ml. Se o peso ao 0,1 mg mais próximo for 5,2600 g, ele não deve ser escrito como 5,260 g nem como 5,26 g

porque este último indicaria a acurácia ao centigrama e o primeiro, ao miligrama.

2. Para arredondar as quantidades, mantendo o número correto de algarismos significativos, adicione uma unidade ao último algarismo significativo se o algarismo rejeitado for 5 ou maior do que 5. Assim, a média entre 0,2628, 0,2623 e 0,2626 é 0,2626 ($0,2625_7$).

3. Na adição ou na subtração, retenha em cada quantidade um número de algarismos significativos igual ao da quantidade que tem o menor número de algarismos significativos. Assim, a adição

$$168,11 + 7,045 + 0,6832$$

deve ser escrita como

$$168,11 + 7,05 + 0,68 = 175,84$$

A soma ou a diferença entre duas ou mais quantidades não pode ter precisão maior do que a da quantidade que tem a maior incerteza.

4. Na multiplicação ou na divisão, retenha em cada quantidade um algarismo significativo a mais do que o número de algarismos significativos da quantidade de maior incerteza. A precisão relativa de um produto ou um quociente não pode ser maior do que a de menor precisão dentre as quantidades que entraram no cálculo. Assim, a multiplicação

$$1,26 \times 1,236 \times 0,6834 \times 24,8652$$

deve ser feita usando os valores

$$1,26 \times 1,236 \times 0,683 \times 24,87$$

e o resultado deve ser expresso com três algarismos significativos. Quando usar uma calculadora, é melhor guardar todos os algarismos e arredondar o resultado final.

4.7 Calculadoras e computadores

Além das funções aritméticas mais comuns, uma calculadora adequada para o trabalho estatístico deve permitir a avaliação da média e do desvio padrão (Seção 4.8) e a obtenção de regressões lineares e coeficientes de correlação (Seção 4.16). Os resultados obtidos com a calculadora devem ser cuidadosamente avaliados para que o número de algarismos significativos retidos seja o correto. É importante comparar os resultados obtidos a valores calculados de forma aproximada como garantia de que não aconteceram erros grosseiros na computação. Os computadores são utilizados para processar um número grande de dados. Embora a programação de computadores esteja fora do escopo deste livro, é importante que o leitor saiba que existem muitos programas concebidos para efetuar estes cálculos.

Outra vantagem dos computadores é que eles podem ser ligados a muitos tipos de equipamentos eletrônicos usados no laboratório. Isto facilita a aquisição e o processamento dos dados, que podem ser armazenados em disquetes ou na memória do computador para uso posterior. Muitos programas de computador capazes de efetuar os cálculos descritos mais adiante neste capítulo podem ser obtidos no comércio.

4.8 Média e desvio padrão

Quando uma quantidade é medida com precisão maior do que o instrumento, método e analista são capazes disso, nota-se que repetições sucessivas desta medida geram valores diferentes entre si. O valor médio é, usualmente, aceito como sendo o mais provável. Isto nem sempre é verdade. Em alguns casos, a diferença pode ser pequena e, em outros, pode ser grande. A confiabilidade do resultado depende, porém, da magnitude desta diferença e é interessante avaliar os fatores que afetam e controlam a confiabilidade das análises químicas.

O erro absoluto de uma determinação é a diferença entre o valor observado ou medido e o valor verdadeiro da quantidade medida. O erro absoluto é uma medida da acurácia da determinação.

O erro relativo, o erro absoluto dividido pelo valor verdadeiro, é geralmente expresso na forma de percentagem ou de partes por mil. O valor verdadeiro ou absoluto da quantidade não pode ser determinado experimentalmente e, por isso, o valor medido deve ser comparado com o resultado mais provável. No caso de substâncias puras, a quantidade depende da massa atômica relativa dos elementos que constituem a amostra. As determinações da massa atômica relativa são feitas com muito cuidado e sua acurácia é muito maior do que a que se consegue na análise quantitativa e, portanto, o analista deve confiar nelas. No caso de produtos naturais ou industriais, deve-se aceitar, a princípio, os resultados obtidos por analistas experientes que utilizam métodos cuidadosamente testados. Quando vários analistas determinam o mesmo constituinte na mesma amostra usando métodos diferentes, o valor mais provável, que normalmente é a média, pode ser deduzido de seus resultados. Nos dois casos, a determinação do valor mais provável envolve a aplicação de métodos estatísticos e o conceito de precisão.

Um dos termos estatísticos mais comuns na química analítica é o **desvio padrão** de uma população de observações. Esta grandeza é chamada, também, de desvio médio quadrático porque ela é igual à raiz quadrada da média dos quadrados das diferenças entre os valores das observações e a média aritmética destes valores (a fórmula matemática está adiante). Ela é particularmente útil no uso do conceito de distribuição normal.

Se considerarmos uma série de n observações ordenadas em ordem crescente de magnitude,

$$x_1, x_2, x_3, \ldots, x_{n-1}, x_n$$

a média aritmética (comumente chamada de média) é dada por

$$\bar{x} = \frac{x_1 + x_2 + x_3 + \ldots + x_{n-1} + x_n}{n}$$

A dispersão dos valores é medida com mais eficiência pelo desvio padrão, definido por

$$s = \sqrt{\frac{(x_1 - \bar{x})^2 + (x_2 - \bar{x})^2 + \ldots + (x_n - \bar{x})^2}{n-1}}$$

Nesta equação, quando o número de observações é pequeno, o denominador é $(n-1)$ e não n.

A equação também pode ser escrita como

$$s = \sqrt{\frac{\sum(x - \bar{x})^2}{n-1}}$$

O quadrado do desvio padrão é chamado de **variância**. Uma outra forma de expressar a precisão é o desvio padrão relativo (RSD), dado por

$$RSD = \frac{s}{\bar{x}}$$

Esta medida é freqüentemente expressa em percentagem e é conhecida como **coeficiente de variação** (CV):

$$CV = \frac{s \times 100}{\bar{x}}$$

Exemplo 4.1

As análises de uma amostra de minério de ferro deram os seguintes resultados para o teor de ferro: 7,08, 7,21, 7,12, 7,09, 7,16, 7,14, 7,07, 7,14, 7,18, 7,11. Calcule a média, o desvio padrão e o coeficiente de variação destes resultados.

Resultados (x)	$x - \bar{x}$	$(x - \bar{x})^2$
7,08	−0,05	0,0025
7,21	0,08	0,0064
7,12	−0,01	0,0001
7,09	−0,04	0,0016
7,16	0,03	0,0009
7,14	0,01	0,0001
7,07	−0,06	0,0036
7,14	0,01	0,0001
7,18	0,05	0,0025
7,11	−0,02	0,0004
$\Sigma x = 71,30$		$\Sigma(x - \bar{x})^2 = 0,0182$
Média $\bar{x}$ 7,13%		

$$s = \sqrt{\frac{0,0182}{9}}$$

$$= \sqrt{0,0020}$$

$$= \pm 0,045\%$$

$$CV = \frac{0,045 \times 100}{7,13} = 0,63\%$$

A média de uma série de medidas, $\bar{x}$, é uma estimativa mais confiável da média verdadeira, μ, do que a dada por uma única medida. Quanto maior o número de medidas, n, mais próxima do valor verdadeiro estará a média. O erro padrão da média, s_x, é dado por

$$s_x = \frac{s}{\sqrt{n}}$$

No Exemplo 4.1,

$$s_x = \pm \frac{0,045}{\sqrt{10}} = \pm 0,014$$

e se 100 medidas tivessem sido feitas,

$$s_x = \pm \frac{0,045}{\sqrt{100}} = \pm 0,0045$$

Conclui-se que é possível melhorar a **precisão** aumentando o número de medidas.

4.9 Distribuição dos erros aleatórios

Vimos, na Seção 4.8, que a dispersão dos resultados de um conjunto de medidas pode ser estimada pelo desvio padrão. Este termo, no entanto, não indica como os resultados estão distribuídos.

Quando se faz um número elevado de leituras, pelo menos 50, de uma variável contínua como, por exemplo, o ponto final de uma titulação, os resultados se distribuem,

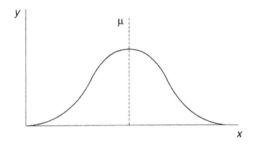

Fig. 4.1 Uma distribuição normal

em geral, de forma aproximadamente simétrica em torno da média. O modelo matemático que melhor se ajusta a esta distribuição de erros aleatórios é chamado de distribuição normal (ou Gaussiana) e corresponde a uma curva em forma de sino, simétrica em relação à média, como na Fig. 4.1.

A curva satisfaz a equação

$$\frac{1}{\sigma\sqrt{2\pi}}\exp[-(x-\mu)^2/2\sigma]$$

É importante lembrar que as letras gregas σ e μ referem-se ao desvio padrão e à média da população total, respectivamente, enquanto as letras romanas s e $\bar{x}$ são usadas para amostragens da população, independentemente dos valores da média e do desvio padrão da população.

Neste tipo de distribuição, cerca de 68% de todos os valores se encontram no intervalo de um desvio padrão para cada lado da média, 95% se encontram no intervalo de dois desvios padrões da média e 99,7%, no intervalo de três desvios padrões.

No Exemplo 4.1, em que mostramos os resultados da análise de uma amostra de minério de ferro, o desvio padrão é de ±0,045%. Supondo que os resultados seguem a distribuição normal, então 68% (aproximadamente 7 em cada 10 resultados) se encontram no intervalo ±0,045% e 95%, no intervalo ±0,090% em torno do valor médio. Isto significa que existe 5% de probabilidade (1 em 20) do resultado diferir da média por mais de ±0,090% e a chance de 1 em 40 resultados ser 0,090% **maior** do que a média.

4.10 Confiabilidade dos resultados

O cálculo de parâmetros estatísticos a partir de um conjunto de dados tem, por si só, pouco valor. Na análise dos resultados deve-se levar em conta: (a) a confiabilidade dos resultados e (b) sua comparação com o valor verdadeiro ou com outros conjuntos de dados (Seção 4.12).

Um ponto muito importante é poder rejeitar certos resultados de forma sensata. Deve ser enfatizado, entretanto, que um resultado só pode ser rejeitado quando isto for sugerido pela aplicação de um teste estatístico adequado ou quando houver uma razão química ou instrumental muito óbvia que justifique sua exclusão. Com freqüência, no entanto, é preciso resistir à tentação de eliminar um resultado que "parece" ser ruim, sem justificativas plausíveis. Vejamos o seguinte exemplo.

Exemplo 4.2

A análise de cádmio em poeira deu como resultados: 4,3, 4,1, 4,0 e 3,2 $\mu g \cdot g^{-1}$. Deve-se eliminar o resultado 3,2?

Podemos aplicar o teste Q para resolver esta questão.

$$Q = \frac{|\text{valor suspeito} - \text{valor mais próximo}|}{\text{maior valor} - \text{menor valor}}$$

$$Q = \frac{|3,2 - 4,0|}{4,3 - 3,2} = \frac{0,8}{1,1} = 0,727$$

Se o valor calculado de Q for maior do que o valor crítico obtido da tabela de Q (Apêndice 14), o valor suspeito pode ser rejeitado.

Neste exemplo, o valor calculado de Q é 0,727 e o valor tabelado para um conjunto de 4 análises é 0,831. Assim, o resultado 3,2 $\mu g \cdot g^{-1}$ não deve ser retirado do conjunto de dados. Mas se outras três análises fossem feitas e os resultados (em $\mu g \cdot g^{-1}$) fossem

$$4,3,\ 4,1,\ 4,0,\ 3,2,\ 4,2,\ 3,9,\ 4,0$$

então,

$$Q = \frac{|3,2 - 3,9|}{4,3 - 3,2} = \frac{0,7}{1,1} = 0,636$$

O valor crítico de Q é 0,570 para um conjunto de 7 resultados e, assim, justifica-se a rejeição do valor 3,2 $\mu g \cdot g^{-1}$. Observe que deve-se considerar apenas o valor absoluto de Q.

4.11 Intervalo de confiança

Quando o número de medidas é pequeno, o valor do desvio padrão s não é, por si mesmo, uma medida da proximidade da média das amostras, $\bar{x}$, à média verdadeira. É possível, porém, calcular um intervalo de confiança que permite estimar a faixa na qual a média verdadeira poderá ser encontrada. Os limites deste intervalo de confiança, conhecidos como limites de confiança, são dados por

$$\text{limite de confiança de } \mu \text{ para } n \text{ análises repetidas} = \bar{x} \pm \frac{ts}{\sqrt{n}} \quad (4.1)$$

onde t é um parâmetro que depende do número de graus de liberdade ν (Seção 4.12) e do nível de confiança desejado. O Apêndice 11 lista os valores de t para diferentes níveis de confiança e graus de liberdade.

Exemplo 4.3

A média $\bar{x}$ de 4 determinações do conteúdo de cobre de uma liga foi de 8,27% e seu desvio padrão, $s = 0,17\%$. Calcule o limite de confiança a 95% do valor verdadeiro.

Das tabelas de t, tem-se que o valor de t para o nível de confiança de 95% com $(n-1)$, isto é, 3, graus de liberdade é 3,18.

A Eq. (4.1) mostra que o intervalo de confiança a 95% é

$$95\%\ (CL)\text{ para } \mu = 8,27 \pm \frac{3,18 \times 0,17}{\sqrt{4}}$$

$$= 8,27\% \pm 0,27\%$$

Isto significa que existe 95% de confiança de que o valor verdadeiro da concentração de cobre na liga está entre 8,00% e 8,54%.

Se o número de determinações, neste exemplo, tivesse sido igual a 12, então

$$95\%(\text{CL}) \text{ para } \mu = 8,27 \pm \frac{2,20 \times 0,17}{\sqrt{12}}$$

$$= 8,27\% \pm 0,11\%$$

Assim, quando o número de determinações repetidas aumenta, os valores de t e $s/(n)^{1/2}$ diminuem, isto é, o intervalo de confiança fica menor. Existe, porém, um limite razoável para o número de análises repetidas de uma amostra que se pode fazer. Um método para estimar o número ideal é proposto na Seção 4.15.

4.12 Comparação de resultados

A comparação dos valores de um conjunto de resultados com o valor verdadeiro ou com os valores de outros conjuntos de resultados permite verificar a acurácia e a precisão do método analítico, ou se ele é melhor do que outro. Existem dois métodos muito usados para comparar resultados, o teste t de Student e o teste da razão de variâncias (teste F).

Estes métodos utilizam o número de **graus de liberdade**, em termos estatísticos, o número de valores independentes necessários para determinar a quantidade estatística. Assim, um conjunto de n valores tem n graus de liberdade enquanto a soma $\Sigma(x - \bar{x})^2$ tem $n - 1$ graus de liberdade porque para qualquer valor definido de $\bar{x}$, somente $n - 1$ valores podem ser escolhidos independentemente. O n-ésimo valor é automaticamente definido pelos outros valores.

Teste t de Student

Este teste é usado para amostras pequenas. Seu propósito é comparar a média de uma série de resultados com um valor de referência e exprimir o nível de confiança associado ao significado da comparação. É também usado para testar a diferença entre as médias de dois conjuntos de resultados, $\bar{x}_1$ e $\bar{x}_2$.

O valor de t é obtido pela equação

$$t = \frac{(\bar{x} - \mu)\sqrt{n}}{s} \qquad (4.2)$$

onde μ é o valor verdadeiro.

O valor encontrado é, então, relacionado a um conjunto de tabelas de valores de t (Apêndice 11), nas quais se expressa a probabilidade P do valor de t estar dentro de certos limites, seja em percentagem, seja em função da unidade, em relação ao número de graus de liberdade.

Exemplo 4.4 Teste t quando o valor verdadeiro é conhecido

A média de 12 determinações, $\bar{x}$, é 8,37 e o valor verdadeiro é $\mu = 7,91$. Verifique se este valor é significativo para um desvio padrão igual a 0,17%.

Da Eq. (4.2) temos

$$t = \frac{(8,37 - 7,91)\sqrt{12}}{0,17} = 9,4$$

Da tabela de valores de t, com 11 graus de liberdade (um a menos do que os 12 usados nos cálculos), temos

para $P = 0,10$ (10%)   0,05 (5%)   0,01 (1%)

$t = 1,80$ 2,20   3,11

e como o valor calculado de t é 9,4, o resultado é muito significativo. A tabela de t indica que a probabilidade da diferença entre o resultado experimental e o verdadeiro ser 0,46 é menor do que 1 em 100. Isto sugere a presença de algum erro sistemático no procedimento do laboratório.

Se o valor calculado de t fosse menor do que 1,80, não haveria diferença significativa entre os resultados e não seria verificada a existência de erros sistemáticos no procedimento de laboratório, porque as tabelas indicariam probabilidade maior do que 1 em 10 de se obter o resultado correto. Observe que estes valores são obtidos pela aplicação do que se chama distribuição bilateral ou bicaudal, porque se referem à probabilidade dos valores serem, ambos, menores ou maiores do que a média. Em alguns cálculos, o analista pode estar interessado somente em um dos dois casos e, nestas circunstâncias, o teste t se torna unicaudal e a probabilidade dada nas tabelas é dividida ao meio.

Teste F

Este teste é usado para comparar as precisões de dois grupos de dados como, por exemplo, os resultados de dois métodos de análise diferentes ou resultados de dois laboratórios diferentes. O valor de F é

$$F = \frac{s_A^2}{s_B^2} \qquad (4.3)$$

O maior valor de s é sempre colocado no numerador, o que faz com que o valor de F seja sempre maior do que a unidade. A significância do valor obtido para F é então verificada por comparação com valores da tabela de F determinados pela distribuição de F (Apêndice 12), levando em consideração o número de graus de liberdade de ambos os conjuntos de dados.

Exemplo 4.5 Comparação da precisão pelo teste F

O desvio padrão de um conjunto de 11 determinações é $s_A = 0,210$ e o desvio padrão de outras 13 determinações é $s_B = 0,641$. Existe alguma diferença significativa entre as precisões destes dois conjuntos de resultados?

Da Eq. (4.3) temos

$$F = \frac{(0,641)^2}{(0,210)^2} = \frac{0,411}{0,044} = 9,4$$

para

$P = 0,10 \quad 0,05 \quad 0,01$

$F = 2,28 \quad 2,91 \quad 4,71$

O valor 2,28 corresponde a 10% de probabilidade, o valor 2,91, a 5% de probabilidade e o valor 4,71, a 1% de probabilidade.

Nestas condições existe menos de 1 chance em 100 das precisões serem semelhantes. Em outras palavras, a dife-

70 Estatística: Introdução à Quimiometria

rença entre os dois conjuntos de dados é altamente significativa.

Se o valor calculado de F fosse menor do que 2,28, seria possível dizer que não haveria diferença significativa entre as precisões para o nível de confiança de 10%.

4.13 Comparação entre as médias de duas amostragens

Quando um novo método analítico está sendo desenvolvido é comum comparar-se a média e a precisão do novo método (que está sendo testado) com as do método tradicional (de referência).

O valor de t quando se comparam duas médias $\bar{x}_1$ e $\bar{x}_2$ é dado pela expressão

$$t = \frac{\bar{x}_1 - \bar{x}_2}{s_p\sqrt{1/n_1 + 1/n_2}} \quad (4.4)$$

onde s_p, o desvio padrão agrupado, é determinado pelos desvios padrões das duas amostras, s_1 e s_2, como sendo

$$s_p = \sqrt{\frac{(n_1 - 1)s_1^2 + (n_2 - 1)s_2^2}{n_1 + n_2 - 2}} \quad (4.5)$$

Observe que é necessário que não haja uma diferença significativa entre as precisões dos métodos. Por isso, aplica-se o teste F antes de usar o teste t na Eq. (4.5).

Exemplo 4.6 Comparação de dois conjuntos de dados

Os seguintes resultados foram obtidos durante a comparação entre um método novo e um método tradicional de determinação da percentagem de níquel em um aço especial:

	Método novo	Método tradicional
Média	$\bar{x}_1 = 7{,}85\%$	$\bar{x}_2 = 8{,}03\%$
Desvio padrão	$s_1 = \pm0{,}130\%$	$s_2 = \pm0{,}095\%$
Número de amostras	$n_1 = 5$	$n_2 = 6$

Verifique, com a probabilidade de 5%, se a média dos resultados obtidos com o método novo é significativamente diferente da média obtida com o método tradicional.

Deve-se aplicar o teste F para comprovar que não existe diferença significativa entre as precisões dos dois métodos.

$$F = \frac{s_A^2}{s_B^2} = \frac{(0{,}130)^2}{(0{,}095)^2} = 1{,}87$$

O valor de F tabelado ($P = 5\%$) (Apêndice 12) para 4 e 5 graus de liberdade para s_A e s_B, respectivamente, é 5,19.

O valor de F calculado (1,87) é menor do que o valor tabelado, logo, as precisões dos métodos (desvios padrões) são comparáveis e o teste t pode ser aplicado com segurança.

Da Eq. (4.5) tem-se que o desvio padrão agrupado, s_P, é

$$s_P = \sqrt{\frac{(5 - 1) \times 0{,}0169 + (6 - 1) \times 0{,}0090}{9}} = \pm0{,}112$$

e da Eq. (4.4), tem-se

$$t = \frac{7{,}85 - 8{,}03}{0{,}112\sqrt{1/5 + 1/6}} = \frac{0{,}18}{0{,}112 \times 0{,}605} = 2{,}66$$

Para o nível de confiança de 5%, o valor tabelado de t para $(n_1 + n_2 - 2)$, isto é, 9 graus de liberdade, é 2,26.

Como $t_{calculado} = 2{,}66 > t_{tabelado} = 2{,}26$, pode-se dizer que existe uma diferença significativa, no nível de confiança desejado, entre as médias dos resultados dos dois métodos.

4.14 Teste t emparelhado

Um outro método de validar um novo procedimento é comparar os resultados obtidos usando amostras de composição variável com os resultados obtidos por um método já aceito. Os cálculos envolvidos são compreendidos mais facilmente através de um exemplo.

Exemplo 4.7 Teste t aplicado a amostras com composições diferentes (teste t emparelhado)

Dois métodos diferentes, A e B, foram usados na análise de cinco compostos diferentes de ferro. O conteúdo percentual de ferro em cada uma das amostras, tabelado para os métodos A e B, é

	1	2	3	4	5
Método A	17,6	6,8	14,2	20,5	9,7
Método B	17,9	7,1	13,8	20,3	10,2

Não seria correto, neste exemplo, fazer os cálculos pelo método descrito anteriormente (Seção 4.13).

Neste caso, calculam-se as diferenças d entre cada par de resultados e obtém-se a média das diferenças $\bar{d}$. Avalia-se, então, o desvio padrão, s_d, das diferenças. Os resultados tabelados são

Método A	Método B	d	$d - \bar{d}$	$(d - \bar{d})^2$
17,6	17,9	+0,3	0,2	0,04
6,8	7,1	+0,3	0,2	0,04
14,2	13,8	−0,4	0,5	0,25
20,5	20,3	−0,2	−0,3	0,09
9,7	10,2	+0,5	0,4	0,16
		$\Sigma d = 0{,}5$		$\Sigma(d - \bar{d})^2 = 0{,}58$
		$\bar{d} = 0{,}1$		

$$s_d = \sqrt{\frac{0{,}58}{4}} = \pm0{,}38$$

Assim, calcula-se o valor de t pela equação

$$t = \frac{\bar{d}\sqrt{n}}{s_d} = \frac{0{,}10\sqrt{5}}{0{,}38} = 0{,}58_9$$

O valor tabelado de t é 2,78 ($P = 0{,}05$). Como o valor calculado é menor do que o tabelado, não existe diferença significativa entre os dois métodos.

4.15 Número de análises repetidas

Para evitar perda de tempo e dinheiro, o analista precisa ter uma idéia do número de análises repetidas necessárias para que o resultado da análise seja confiável. Quanto maior for o número de repetições, mais confiável será o resultado, porém, a partir de um determinado número de repetições, a melhoria da precisão e da acurácia é muito pequena.

Embora existam métodos estatísticos muito complexos para estabelecer o número adequado de repetições, pode-se usar uma aproximação cujo desempenho é bem razoável acompanhando a variação do valor do erro absoluto Δ para um número crescente de determinações:

$$\Delta = \frac{ts}{\sqrt{n}}$$

O valor de t é retirado das tabelas de t para 95% de confiança e $n - 1$ graus de liberdade.

Os valores de Δ assim obtidos são usados para calcular o intervalo de confiança L pela equação

$$L(\%) = \frac{100\Delta}{z}$$

onde z é a percentagem aproximada do desconhecido que está sendo determinado na amostra. O número de análises repetidas é determinado pela magnitude da alteração de L com a mudança do número de determinações.

Exemplo 4.8

Estime o número adequado de análises repetidas (a) para determinar aproximadamente 2% Cl⁻ em um material, se o desvio padrão das determinações for 0,051, (b) para determinar aproximadamente 20% Cl⁻, se o desvio padrão das determinações for 0,093.

(a) Para 2% Cl⁻:

Número de repetições	$\Delta = \dfrac{ts}{\sqrt{n}}$	$L = \dfrac{100\,\Delta}{z}$	Diferença (%)
2	$12,7 \times 0,051 \times 0,71 = 0,4599$	22,99	
3	$4,3 \times 0,051 \times 0,58 = 0,1272$	6,36	16,63
4	$3,2 \times 0,051 \times 0,50 = 0,0816$	4,08	2,28
5	$2,8 \times 0,051 \times 0,45 = 0,0642$	3,21	0,87
6	$2,6 \times 0,051 \times 0,41 = 0,0544$	2,72	0,49

(b) Para 20% Cl⁻:

Número de repetições	$\Delta = \dfrac{ts}{\sqrt{n}}$	$L = \dfrac{100\,\Delta}{z}$	Diferença (%)
2	$12,7 \times 0,093 \times 0,71 = 0,838$	4,19	
3	$4,3 \times 0,093 \times 0,58 = 0,232$	1,16	3,03
4	$3,2 \times 0,093 \times 0,50 = 0,148$	0,74	0,42
5	$2,8 \times 0,093 \times 0,45 = 0,117$	0,59	0,15
6	$2,6 \times 0,093 \times 0,41 = 0,099$	0,49	0,10

Em (a), o intervalo de confiança melhora muito com uma terceira análise. Isto acontece em menor escala no caso (b) porque o intervalo de confiança já é pequeno. Neste segundo caso, não há melhoria substancial quando se faz mais de duas análises.

Shewell [1] analisou outros fatores que influenciam o número adequado de análises repetidas.

4.16 Correlação e regressão

Quando se usam métodos instrumentais, é necessário calibrar, freqüentemente, os instrumentos usando uma série de amostras (padrões), cada uma em uma concentração diferente e conhecida do analito. Constrói-se a **curva de calibração** lançando em gráfico o sinal obtido no instrumento (a resposta) para cada padrão contra a concentração do analito (Seções 17.14 e 17.16). Se as mesmas condições experimentais forem usadas na medida dos padrões e da amostra-teste (desconhecido), a concentração da amostra-teste pode ser determinada por interpolação gráfica da curva de calibração.

Dois procedimentos estatísticos devem ser aplicados à curva de calibração:

(a) Verificar se o gráfico é linear ou não.
(b) Encontrar a melhor reta (ou a melhor curva) que passa pelos pontos.

Coeficiente de correlação

Para verificar se existe uma relação linear entre duas variáveis x_1 e y_1, usa-se o coeficiente de correlação de Pearson r:

$$r = \frac{n\sum x_1 y_1 - \sum x_1 \sum y_1}{\{[n\sum x_1^2 - (\sum x_1)^2][n\sum y_1^2 - (\sum y_1)^2]\}^{1/2}} \quad (4.6)$$

onde n é o número de pontos experimentais.

O valor de r deve estar entre -1 e $+1$. Quanto mais próximo de ± 1, maior a probabilidade de que exista uma relação linear definida entre as variáveis x e y. Valores de r próximos de $+1$ indicam uma correlação positiva e valores próximos de -1, uma correlação negativa. Valores de r que tendem a zero indicam que x e y não estão linearmente correlacionados (os pontos podem estar relacionados de forma não-linear).

Embora se possa calcular facilmente o coeficiente de correlação, r, com uma máquina de calcular ou um programa de computador, o próximo exemplo mostra como obtê-lo.

Exemplo 4.9

Pode-se determinar a quinina medindo-se a intensidade da fluorescência em uma solução em H_2SO_4 1 M (Seção 17.3). Soluções padrões de quinina deram os seguintes resultados. Calcule o coeficiente de correlação r.

Concentração de quinina x_1 ($\mu g\ ml^{-1}$)	0,00	0,10	0,20	0,30	0,40
Valores de fluorescência y_1 (unidades arbitrárias)	0,00	5,20	9,90	15,30	19,10

Os termos da Eq. (4.6) são

x_1	y_1	x_1^2	y_1^2	$x_1 y_1$
0,00	0,00	0,00	0,00	0,00
0,10	5,20	0,01	27,04	0,52
0,20	9,90	0,04	98,01	1,98
0,30	15,30	0,09	234,09	4,59
0,40	19,10	0,16	364,81	7,64
$\sum x_1 = 1,00$	$\sum y_1 = 49,5$	$\sum x_1^2 = 0,30$	$\sum y_1^2 = 723,95$	$\sum x_1 y_1 = 14,73$

72 Estatística: Introdução à Quimiometria

Assim,

$$(\sum x_1)^2 = 1{,}000 \qquad (\sum y_1)^2 = 2450{,}25 \qquad n = 5$$

Substituindo estes valores na Eq. (4.6) tem-se

$$r = \frac{5 \times 14{,}73 - 1{,}00 \times 49{,}5}{\{(5 \times 0{,}30 - 1{,}000)(5 \times 723{,}95 - 2450{,}25)\}^{1/2}} = \frac{24{,}15}{\sqrt{584{,}75}} = 0{,}9987$$

Este resultado é uma indicação muito forte de que existe uma relação linear entre a intensidade de fluorescência e a concentração (no intervalo de concentração estudado).

Observe, porém, que a determinação de um valor de r próximo de $+1$ ou -1 não confirma necessariamente a existência de uma relação linear entre as variáveis. É mais prático fazer primeiro o gráfico da curva de calibração e verificar, por inspeção visual, se os pontos podem ser descritos por uma reta ou se eles se ajustam melhor a uma curva muito suave.

A significância do valor de r é determinada com o auxílio de um grupo de tabelas (Apêndice 14). Considere o seguinte exemplo com cinco pontos experimentais (x_1, y_1). Sabemos, da tabela, que o valor de r a 5% de significância é 0,878. Se o valor de r for maior do que 0,878 ou menor do que $-0{,}878$ (caso a correlação seja negativa), a chance deste valor ter ocorrido a partir de dados experimentais aleatórios é menor do que 5%. Se for este o caso, pode-se concluir que é provável que x_1 e y_1 estejam linearmente relacionados. O valor de $r = 0{,}998_7$ obtido no Exemplo 4.9 corrobora a afirmação de que é muito provável a existência de uma relação linear entre a intensidade de fluorescência e a concentração.

Nota Um coeficiente de correlação r entre $+1$ e -1 **não** confirma uma relação linear. Muitos gráficos não-lineares têm valor positivo muito alto para o coeficiente de correlação. Deve-se fazer sempre um diagrama de espalhamento para garantir que a curva de calibração seja linear.

4.17 Regressão linear

Se a análise do valor do coeficiente de correlação, r, sugeriu que a probabilidade de a relação ser linear é alta, a etapa seguinte é determinar a melhor reta que passa pelos pontos experimentais. Pode-se fazer isto por análise visual do gráfico de calibração, porém, em muitos casos, é muito mais razoável determinar a melhor reta por meio da regressão linear (método dos mínimos quadrados).

A equação de uma linha reta é

$$y = bx + a$$

onde y, a variável **dependente**, é lançada em gráfico em função de x, a variável **independente**. Assim, por exemplo, na espectroscopia de absorção atômica a curva de calibração (Seção 15.15) seria feita com os valores de absorbância medidos (eixo dos y), determinados nas soluções padrões de um metal em concentrações conhecidas (eixo dos x).

Para obter a reta de regressão "y em x", a inclinação da reta, b, e a interseção no eixo dos y, a, são determinadas pelas equações

$$b = \frac{n \sum x_1 y_1 - \sum x_1 \sum y_1}{n \sum x_1^2 - (\sum x_1)^2} \tag{4.7}$$

$$e \qquad a = \bar{y} - \bar{x} \tag{4.8}$$

onde $\bar{x}$ é a média de todos os valores de x_1 e $\bar{y}$ é a média de todos os valores de y_1.

Exemplo 4.10

Calcule a melhor reta para a curva de calibração do Exemplo 4.9 pelo método dos mínimos quadrados.

Do Exemplo 4.9, tem-se que

$$\sum x_1 = 1{,}00 \quad \sum y_1 = 49{,}5 \quad \sum x_1^2 = 0{,}30 \quad \sum x_1 y_1 = 14{,}73 \quad (\sum x_1)^2 = 1{,}000$$

O número de pontos é $n = 5$ e os valores de $\bar{x}$ e $\bar{y}$ são

$$\bar{x} = \frac{\sum x_1}{n} = \frac{1{,}00}{5} = 0{,}2$$

e

$$\bar{y} = \frac{\sum y_1}{n} = \frac{49{,}5}{5} = 9{,}9$$

Substituindo os valores nas Eqs. (4.7) e (4.8) tem-se

$$b = \frac{5 \times 14{,}73 - 1{,}00 \times 49{,}5}{(5 \times 0{,}30) - (1{,}00)^2} = \frac{24{,}15}{0{,}5} = 48{,}3$$

e

$$a = 9{,}9 - (48{,}3 \times 0{,}2) = 0{,}24$$

Assim, a equação da reta é

$$y = 48{,}3x + 0{,}24$$

Se a intensidade de fluorescência da solução-teste que contém quinina for 16,1, a concentração estimada de quinina ($x \ \mu\text{g}\cdot\text{ml}^{-1}$) nesta solução é

$$16{,}10 = 48{,}3x + 0{,}24$$

$$x = \frac{15{,}86}{48{,}30} = 0{,}32_8 \ \mu\text{g ml}^{-1}$$

4.18 Erros na inclinação e na interseção da reta

Pode-se determinar os erros da inclinação, b, e da interseção, a, da reta obtida por regressão. Calcule, primeiramente, $S_{y/x}$ a partir de

$$S_{y/x} = \sqrt{\sum (y_1 - \hat{y})^2/(n - 2)} \tag{4.9}$$

Determine, então, os valores de $\hat{y}$ a partir da reta de regressão para alguns valores de x. Assim, usando a equação da reta do Exemplo 4.10, $y = 48{,}3x + 0{,}24$. Quando $x = 0{,}10$ mg$\cdot 1^{-1}$, $\hat{y} = 48{,}3 \times 0{,}10 + 0{,}24 = 5{,}07$.

Uma vez determinado o valor de $S_{y/x}$, calcule os desvios padrões da inclinação da reta, S_b, e da interseção, S_a, pelas equações

$$S_b = S_{y/x}/\sqrt{\sum (x_1 - \bar{x})^2} \tag{4.10}$$

$$S_a = S_{y/x}\sqrt{\sum x_1^2/n \sum (x_1 - \bar{x})^2} \tag{4.11}$$

Exemplo 4.11

Calcule os desvios padrões e os intervalos de confiança a 95% da inclinação e da interseção da reta $y = 48{,}3x + 0{,}24$, obtida no Exemplo 4.10.

Os resultados obtidos nos Exemplos 4.9 e 4.10 podem ser organizados como

x_1	x_1^2	$(x_1 - \bar{x})^2$	y_1	$\hat{y}$	$(y_1 - \hat{y})^2$
0,00	0,00	0,04	0,00	0,24	0,0576
0,10	0,01	0,01	5,20	5,07	0,0169
0,20	0,04	0,00	9,90	9,90	0,0000
0,30	0,09	0,01	15,30	14,73	0,3249
0,40	0,16	0,04	19,10	19,56	0,2116
$\Sigma x_1 = 1,00$	$\Sigma x_1^2 = 0,30$	$\Sigma(x_1 - \bar{x})^2 = 0,10$	$\Sigma y_1 = 49,50$		$\Sigma(y_1 - \hat{y})^2 = 0,6110$
$\bar{x}_1 = 0,20$			$\bar{y}_1 = 9,9$		

Então, da Eq. (4.9)

$$S_{y/x} = \sqrt{\frac{0,611}{3}} = 0,4513$$

O valor de S_b, o desvio padrão da inclinação da reta, b, é obtido por substituição de valores na Eq. (4.10):

$$S_b = \frac{0,4513}{\sqrt{0,10}} = \frac{0,4513}{0,3162} = \pm 1,427$$

O intervalo de confiança a 95% da inclinação da reta é dado por $b \pm ts$, onde $t = 3,18$ para 95% e $n - 2$, isto é, 3 graus de liberdade.

Assim, o intervalo de confiança a 95%, para a inclinação da reta, b, é dado por

$$b = 48,3 \pm 3,18 \times 1,427 = 48,3 \pm 4,54$$

O desvio padrão da interseção, a, é obtido da Eq. (4.11)

$$S_a = 0,4513 \left[\frac{0,30}{5 \times 0,1} \right]^{1/2} = 0,3496$$

e o intervalo de confiança a 95% é

$$a = 0,24 \pm 3,18 \times 0,35 = 0,24 \pm 1,11$$

4.19 Erro na estimativa da concentração

A estimativa do erro da concentração determinada pela reta obtida com a regressão envolve a seguinte expressão:

$$S_{xc} = \frac{S_{y/x}}{b} \left[1 + \frac{1}{n} + \frac{(y_0 - \bar{y})^2}{b^2 \Sigma(x - \bar{x})^2} \right]^{1/2} \qquad (4.12)$$

onde y_0 é o valor de y no qual a concentração x_c é determinada e S_{xc} é o desvio padrão de x_c.

No Exemplo 4.10, a concentração de quinina foi estimada em $0,32_8\ \mu g\cdot ml^{-1}$ com a intensidade de fluorescência igual a 16,1.

Exemplo 4.12

Calcule, utilizando os dados dos Exemplos 4.10 e 4.11, o valor de S_{xc} na concentração estimada $x_c = 0,32\ \mu g\cdot ml^{-1}$.

Pode-se obter o valor de S_{xc} por substituição dos valores apropriados na Eq. (4.12):

$$S_{xc} = \frac{0,4513}{48,3} \left[1 + \frac{1}{5} + \frac{(16,1 - 9,9)^2}{48,3^2 \times 0,1^2} \right]^{1/2}$$

$$= 0,009\,34 \left[1,20 + \frac{38,44}{23,33} \right]^{1/2}$$

$$= \pm 0,016$$

O intervalo de confiança a 95% (com $t = 3,18$ e 3 graus de liberdade) é, então,

$$x_c \pm 0,016t_3 = 0,32_8 \pm 0,05\ \mu g\ ml^{-1}$$

A observação cuidadosa da Eq. (4.12) mostra que o valor de $y_0 - \bar{y}$ é menor nas vizinhanças do centro da curva de calibração. Pode-se confirmar que, neste exemplo, a intensidade de fluorescência igual a 9,9 dá a concentração estimada

$$x_c = 0,20_0\ \mu g\ ml^{-1} \quad e \quad S_{xc} = \pm 0,01_0$$

e o intervalo de confiança a 95% é $0,20_0 \pm 0,03\ \mu g\cdot ml^{-1}$.

O intervalo de confiança pode ser reduzido pelo aumento do número de pontos n da curva de calibração, porque isto diminui S_{xc} e o valor de t se reduz com o aumento do número de graus de liberdade.

Se a concentração de um analito é medida por interpolação gráfica, o erro é menor na vizinhança do centro da curva de calibração. Valores mais extremos da curva estão sujeitos aos maiores erros.

Nunca se esqueça de que a curva de calibração não pode ser aumentada sem a medida dos padrões apropriados.

4.20 Adição padrão

Considere a determinação de estrôncio em água de rio por espectroscopia de emissão de chama. O procedimento de calibração descrito na Seção 4.16 pode levar a erros importantes se os padrões de estrôncio forem feitos com um sal de estrôncio puro dissolvido em água. O sinal de emissão do estrôncio obtido com a amostra da água do rio pode ser intensificado ou reduzido pela presença de outros componentes. Este efeito de matriz pode ser eliminado se os padrões tiverem a mesma composição da amostra desconhecida. Em muitos casos, no entanto, é muito difícil encontrar uma matriz idêntica à da amostra.

A técnica de adição padrão é muito aplicada nos métodos espectroscópicos e eletroquímicos para contrabalançar o efeito de matriz. Em nosso exemplo, o procedimento é coletar volumes iguais da água do rio e adicionar quantidades diferentes e conhecidas de uma solução de estrôncio a cada um deles, menos um. Em seguida, completa-se cada solução até o mesmo volume.

Mede-se, então, o sinal de emissão de cada solução e faz-se o gráfico com a variável dependente no eixo dos y e a quantidade de estrôncio adicionada, no eixo dos x. A extrapolação da reta assim obtida até o eixo dos x (isto é, $y = 0$) dá a concentração de estrôncio na água do rio (Fig. 4.2).

Exemplo 4.13

Um analista determinou estrôncio na água de um rio por espectroscopia de absorção na chama pelo método da adição padrão e obteve os seguintes resultados.

Padrão de Sr adicionado ($\mu g\ ml^{-1}$)	0,0	10,0	15,0	20,0	25,0	30,0
Sinal de emissão	2,3	4,4	5,3	6,1	7,5	8,7

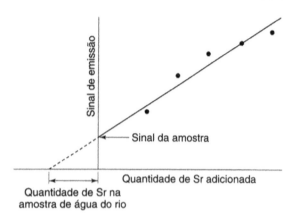

Fig. 4.2 Adições padrões

Determine a concentração de estrôncio na água e seu intervalo de confiança a 95%.

A aplicação das Eqs. (4.7) e (4.8) dá a reta de regressão

$$y = 0,210x + 2,22$$

Assim, a concentração de estrôncio na água x_E, determinada por extrapolação a $y = 0$, é 10,6 $\mu g \cdot ml^{-1}$.

Para obter o intervalo de confiança do valor dado, usa-se, inicialmente, uma forma modificada da Eq. (4.12) para determinar S_{xE}, o desvio padrão do valor extrapolado:

$$S_{xE} = \frac{S_{y/x}}{b}\left[\frac{1}{n} + \frac{\bar{y}^2}{b^2\Sigma(x_1-\bar{x})^2}\right]^{1/2} \quad (4.13)$$

Da Eq. (4.9), pode-se mostrar que $S_{y/x} = 0,2041$. O valor de $\bar{y}^2$ é 32,68 e $\Sigma(x_1 - \bar{x})^2 = 583,4$. Assim, S_{xE}, o erro do valor extrapolado, x_E, obtido da equação (4.13), é ±1,166.

O intervalo de confiança de x_E a 95% pode ser encontrado usando a relação $x_E \pm tS_{xE}$. O resultado é 10,6 ± 2,78 × 1,166 = 10,6 ± 3,24 $\mu g \cdot ml^{-1}$.

O método de adição padrão deve ser usado com cuidado. É imperativo que a resposta (absorbância ou emissão) esteja linearmente relacionada à concentração. Normalmente, em altas concentrações a relação linear não é válida. Assim, a concentração da substância adicionada não deve ser muito elevada.

Além disso, os métodos de extrapolação são sempre menos precisos do que a interpolação gráfica, logo, eles só devem ser usados quando não há outra alternativa. Sempre que possível compare os resultados obtidos por análises que envolvem adições padrões com os de um método tradicional (referência). É, também, recomendável obter o intervalo de confiança a 95% (descrito no Exemplo 4.13) para o resultado da extrapolação, que serve para moderar o excesso de confiança do operador na aplicação rígida deste método.

4.21 Regressão não-linear

Quando se observa um diagrama de espalhamento é freqüentemente possível reconhecer uma relação linear entre as variáveis. É prática corrente que o analista tente trabalhar em condições experimentais apropriadas nas quais a relação entre as variáveis seja linear, se isto for possível. Existem, porém, situações em que a curva de calibração não é linear em todo o intervalo de concentração estudado. Nestes casos, pode-se usar um procedimento de ajuste das variáveis à expressão polinomial do tipo $y = a + bx + cx^2 + ...$ mais adequada. Existem programas de computador que permitem a obtenção do melhor ajuste por processos iterativos. A curva pode ser determinada por regressão linear como no método dos mínimos quadrados. A literatura listada na Seção 4.38 dá mais informações sobre este assunto.

4.22 Comparação de mais de duas médias

A comparação entre mais de duas médias é uma situação que acontece com freqüência em química analítica. Pode ser útil comparar, por exemplo, a média dos resultados obtidos com diferentes espectrofotômetros e a mesma amostra analítica ou o desempenho de vários analistas que usam o mesmo método de titulação. Imagine que três analistas fazem quatro titulações repetidas cada um usando o mesmo método. Existem, neste caso, duas fontes de erro possíveis: o erro aleatório associado às medidas das amostras repetidas e a variação dos resultados devida aos diferentes analistas. Estas variações podem ser calculadas e seus efeitos estimados pelo método estatístico conhecido como análise de variância (ANOVA), em que o **quadrado do desvio padrão**, s^2, é a **variância**, V. Assim, $F = s_1^2/s_2^2$, onde $s_1^2 > s_2^2$ pode ser escrito como $F = V_1/V_2$, onde $V_1 > V_2$.

Exemplo 4.14

Pediu-se a três analistas que fizessem titulações quadruplicadas com a mesma solução. Os títulos (ml) são

Analista A	Analista B	Analista C
22,53	22,48	22,57
22,60	22,40	22,62
22,54	22,48	22,61
22,62	22,43	22,65

Para simplificar os cálculos, é prática corrente subtrair um valor comum, neste caso, por exemplo, 22,50, de cada valor. Determina-se, então, a soma de cada coluna. Isto não afeta o resultado final.

	Analista A	Analista B	Analista C
	0,03	−0,02	0,07
	0,10	−0,10	0,12
	0,04	−0,02	0,11
	0,12	−0,07	0,15
Soma =	0,29	−0,21	0,45

As seguintes etapas de cálculo devem ser executadas:

(a) Obtenha o total geral.

$$T = 0,29 - 0,21 + 0,45 = 0,53$$

(b) Obtenha o fator de correção (CF).

$$CF = \frac{T^2}{N} = \frac{(0,53)^2}{12} = 0,0234$$

onde N é o número total de resultados.

(c) Obtenha a soma total dos quadrados elevando cada resultado ao quadrado, somando o total de cada coluna e subtraindo o fator de correção (CF).

	Analista A	Analista B	Analista C
	0,0009	0,0004	0,0049
	0,0100	0,0100	0,0144
	0,0016	0,0004	0,0121
	0,0144	0,0049	0,0225
Soma =	0,0269	0,0157	0,0539

$$\text{Soma total dos quadrados} = (0{,}0269 + 0{,}0157 + 0{,}0539) - CF$$
$$= 0{,}0965 - 0{,}0234 = 0{,}0731$$

(d) Para obter a soma dos quadrados intermediária (dos analistas), tome a soma dos quadrados de cada coluna, divida pelo número de resultados em cada coluna e, então, subtraia o fator de correção:

$$\begin{aligned} \text{Soma dos quadrados entre} &= \tfrac{1}{4}(0{,}29^2 - 0{,}21^2 + 0{,}45^2) \\ \text{os tratamentos} &\quad - 0{,}0234 \\ &= 0{,}0593 \end{aligned}$$

(e) Para obter a soma dos quadrados das análises repetidas, subtraia da soma dos quadrados total a soma dos quadrados intermediária.

$$0{,}0731 - 0{,}0593 = 0{,}0138$$

(f) Obtenha o número de graus de liberdade ν como descrito a seguir:

O número de graus de liberdade total $= N - 1 = 11$

O número de graus de liberdade intermediários $= C - 1 = 2$

O número de graus de liberdade das análises repetidas $= (N - 1) - (C - 1) = 9$

onde C é o número de colunas (neste caso, o número de analistas).

(g) Estabeleça a tabela de análise de variância (tabela de ANOVA).

Fonte de variação	Soma dos quadrados	ν	Variâncias
Entre analistas	0,0593	2	0,0593/2 = 0,0297
Entre titulações	0,0138	9	0,0138/9 = 0,00153
Total	0,0731	11	

(h) Use o teste F para comparar as duas variâncias.

$$F_{2,\,9} = \frac{0{,}0297}{0{,}00153} = 19{,}41$$

Das tabelas de valores de F (Apêndice 12), o valor de F a 1% para os graus de liberdade calculados é 8,02. O resultado calculado (19,41) é maior do que 8,02 e, portanto, existe uma diferença significativa entre os resultados obtidos pelos três analistas. Tendo verificado que neste exemplo isto ocorre, a próxima etapa seria determinar se o resultado médio é diferente dos outros, ou se todas as médias são significativamente diferentes umas das outras.

O procedimento adotado para responder estas perguntas para o exemplo anterior é o seguinte:

(a) Calcule as médias das titulações feitas por cada analista. Os valores médios são

$\bar{x}(A) = 22{,}57$ ml, $\bar{x}(B) = 22{,}45$ ml e $\bar{x}(C) = 22{,}61$ ml.

(b) Calcule a quantidade definida como "menor diferença significativa", dada por

$$s\sqrt{2/n}\ t_{0{,}05}$$

onde s é a raiz quadrada da variância residual, isto é, a variância entre titulações. Assim, $s = (0{,}00153)^{1/2}$, n é o número de resultados em cada coluna (neste caso, 4) e t é o valor a 5%, obtido nas tabelas de t (Apêndice 11), com o mesmo número de graus de liberdade dos resíduos, isto é, o valor entre titulações. Neste exemplo, o número de graus de liberdade é 9, logo a menor diferença significativa é calculada por

$$\sqrt{0{,}00153} \times \sqrt{2/4} \times 2{,}26 = 0{,}06\ \text{ml}$$

Se a média das titulações for organizada em ordem crescente, então,

$$\bar{x}(B) < \bar{x}(A) < \bar{x}(C),$$

e

$$\bar{x}(C) - \bar{x}(B)$$

e

$$\bar{x}(A) - \bar{x}(B)$$

são maiores do que 0,06, enquanto

$$\bar{x}(C) - \bar{x}(A)$$

é menor. Isto significa que não existe diferença significativa entre os analistas A e C, mas os resultados do analista B são significativamente diferentes dos obtidos pelos analistas A e C.

Observe que, neste exemplo, avalia-se o desempenho de uma variável, os três analistas, e, neste caso, a técnica é chamada ANOVA para um fator (*one-way* ANOVA). Se **duas** variáveis, por exemplo, os três analistas e quatro **diferentes** métodos de titulação tivessem sido estudados, teria sido necessário usar uma ANOVA para dois fatores (*two-way* ANOVA). Apresentaremos na Seção 4.24 um exemplo de ANOVA para dois fatores.

Notas

1. Quando se encontra um valor negativo na soma total dos quadrados, na soma dos quadrados intermediária e na soma dos quadrados nas colunas, deve ter havido algum erro de cálculo.

2. É conveniente usar em um problema de ANOVA o maior número de algarismos significativos possível e arredondar os resultados no final dos cálculos. Corre-se o risco, ao arredondar os números prematuramente, de encontrar valores iguais a zero que podem invalidar cálculos subseqüentes.

4.23 Planejamento de experiências

No Exemplo 4.14, somente uma variável foi estudada — o analista. Existem, em química analítica, muitas situações em

76 Estatística: Introdução à Quimiometria

que deve-se levar em consideração mais de uma variável. Em análise colorimétrica, por exemplo, o comprimento de onda, a temperatura da solução, o pH da solução e o tempo que a solução deve ficar em repouso antes da análise são quatro variáveis que podem afetar a absorbância (a resposta) do experimento. As variáveis que podem afetar os resultados dos experimentos são chamadas de **fatores**. Certos fatores como, por exemplo, o pH e o comprimento de onda, podem assumir valores específicos e são chamados de **fatores controlados**. Fatores como a variação das condições do ambiente do laboratório durante um certo tempo, por outro lado, são claramente **fatores não controlados**. O planejamento de experiências pode ajudar a atingir três objetivos:

1. Identificar fatores que podem afetar o resultado experimental.
2. Reduzir o mais possível o efeito dos fatores não controlados.
3. Usar métodos estatísticos para interpretar os resultados obtidos.

Um exemplo de aleatoriedade

Um analista determinou o conteúdo de estanho em quatro alíquotas de três amostras diferentes, A, B e C. Ele pode ter a tendência de começar a análise pelas alíquotas da amostra A, depois as da amostra B e, finalmente, as da amostra C. Se ele usar este tipo de procedimento, uma série de fatores não controlados pode afetar seus resultados. Pode ter ocorrido, por exemplo, um desvio no instrumento que ele usou, o reagente pode ter perdido parcialmente a força ou pode ser que ele estivesse cansado. Qualquer um destes três fatores pode ter tido um efeito importante nas quatro análises da última amostra C. Outros fatores não controlados, como a temperatura do laboratório e a variação de pressão durante o período que ele levou para fazer a análise, também podem levar a erros sistemáticos. Para evitar os efeitos de fatores não controlados, deve-se fazer os experimentos **de forma aleatória**, isto é, alternando sem nenhuma lógica a ordem dos experimentos. Uma forma de determinar a ordem das experiências é utilizar tabelas de números aleatórios ou usar funções que geram números aleatórios, disponíveis na maior parte das calculadoras eletrônicas. Assim, em vez da ordem das experiências ser de 1 a 4 para a amostra A, 5 a 8 para a amostra B e 9 a 12 para a amostra C, pode-se gerar uma seqüência de números aleatórios para a seqüência de experimentos. Por exemplo,

09	04	02	06	01	03	08	10	12	05	07	11
C	A	A	B	A	A	B	C	C	B	B	C

A seqüência dá um caráter aleatório à ordem do tratamento que minimiza o efeito dos fatores não controlados. Mas como agir se o analista só puder fazer três análises por dia? A ordem acima geraria então o seguinte planejamento.

Dia 1	C	A	A
Dia 2	B	A	A
Dia 3	B	C	C
Dia 4	B	B	C

A amostra A seria analisada nos dois primeiros dias, o que não necessariamente minimizaria um fator não controlado que agisse ao longo de um tempo mais longo.

Seria mais satisfatório um planejamento em que cada amostra fosse analisada **uma vez** em cada dia. A ordem em cada dia seria, então, determinada aleatoriamente.

Dia 1	C	A	B
Dia 2	A	C	B
Dia 3	B	A	C
Dia 4	B	C	A

Este tipo de diagrama é chamado de **planejamento de experiências em blocos aleatórios** e as análises feitas em cada dia são chamadas de **blocos**. Este planejamento permite separar três fontes de variação:

1. Entre blocos (dias diferentes)
2. Entre tratamentos (amostras A, B e C)
3. Aleatórias (devidas a erros indeterminados)

Neste caso, usa-se a análise de variância para dois fatores (ANOVA para dois fatores) e a variância entre blocos e entre tratamentos são comparadas com a variância estimada dos erros aleatórios.

4.24 Análise de variância para dois fatores

Exemplo 4.15

Um analista preparou quatro soluções padrões contendo 5,00% (por peso) de cobre(II) cada uma e usou três métodos de titulação com pontos finais diferentes para a análise de cada solução. Os resultados obtidos, por peso de cobre(II), são dados a seguir. A seqüência de experimentos foi gerada de forma aleatória.

Solução	Método A	Método B	Método C
1	5,08	5,17	5,09
2	5,02	5,15	5,15
3	5,06	5,22	5,10
4	5,00	5,13	5,05

Verifique se existem diferenças significativas no nível de confiança de 5% entre (i) as concentrações de cobre(II) das diferentes soluções e (ii) os resultados obtidos pelos diferentes métodos de titulação.

São duas as variáveis envolvidas, as quatro soluções padrões de cobre e os três métodos de titulação diferentes. Assim, deve-se usar uma análise de variância para dois fatores para resolver o problema. Observe que as etapas usadas na solução deste problema são semelhantes às do Exemplo 4.14.

Para simplificar o problema, vamos subtrair uma constante de cada valor, por exemplo, 5,00, e determinar em seguida a soma de cada coluna e de cada linha.

Solução	A	B	C	Soma das linhas
1	0,08	0,17	0,09	0,34
2	0,02	0,15	0,15	0,32
3	0,06	0,22	0,10	0,38
4	0,00	0,13	0,05	0,18
Soma das colunas	0,16	0,67	0,39	1,22 = T

(a) Obtenha o valor total, T, por adição das somas de todas as colunas ou de todas as linhas. Neste exemplo, $T = 1,22$.

(b) O fator de correção é

$$CF = \frac{T^2}{N} = \frac{(1,22)^2}{12} = 0,1240$$

(c) A soma total dos quadrados é, como no Exemplo 4.14,

$$0,1702 - 0,1240 = 0,0461$$

(d) Para obter a soma dos quadrados entre os tratamentos (métodos de titulação), divida a soma dos quadrados de cada coluna pelo número de resultados em cada coluna e subtraia o fator de correção:

$$\text{Soma dos quadrados entre} = \tfrac{1}{4}(0,16^2 + 0,67^2 + 0,39^2)$$
$$\text{tratamentos} \quad - 0,1240$$
$$= 0,0327$$

(e) Para obter a soma dos quadrados entre as soluções, divida a soma dos quadrados de cada linha pelo número de resultados em cada linha e subtraia o fator de correção:

$$\text{Soma dos quadrados entre} = \tfrac{1}{3}(0,34^2 + 0,32^2 + 0,38^2 + 0,18^2)$$
$$\text{as soluções} \quad - 0,1240$$
$$= 0,0075$$

(f) Para obter a soma dos quadrados dos resíduos (aleatória), subtraia da soma total dos quadrados a soma dos quadrados entre os tratamentos e a soma dos quadrados entre as soluções:

$$\text{Soma das variâncias experimentais} = 0,0461 - (0,0327 + 0,0075)$$
$$= 0,0059$$

(g) Obtenha o número de graus de liberdade, ν, segundo

Número total de graus de liberdade $= N - 1 = 11$

Número de graus de liberdade entre tratamentos $= C - 1 = 2$

Número de graus de liberdade entre soluções $= R - 1 = 3$

O número residual de graus de liberdade, ν, é

$$(N - 1) - [C - 1 + R - 1] = 11 - (2 + 3) = 6$$

onde

$N = $ número total de experimentos (12)
$C - $ número de colunas (3)
$R = $ número de linhas (4)

Uma tabela de ANOVA para dois fatores pode ser agora organizada.

Fonte de variação	Soma dos quadrados	v	Variância
Entre tratamentos	0,0327	2	0,0164
Entre soluções	0,0075	3	0,0025
Resíduo	0,0059	6	0,00098
Total	0,0461	11	

(i) Use o teste F para comparar as variâncias entre os tratamentos com a variância residual:

$$F_{2,6} = \frac{0,0164}{0,000\,98} = 16,73$$

Das tabelas de F (Apêndice 12), o valor de F a 5% é 5,14 (para 2,6 graus de liberdade). O valor cal-

culado 16,73 é muito maior do que 5,14, o que sugere que existe uma diferença significativa entre os pontos finais de titulação.

(ii) Compare as variâncias entre as soluções com a variância residual:

$$F_{3,6} = \frac{0,0025}{0,000\,98} = 2,55$$

Das tabelas de valores de F tem-se que o valor de F a 5% é 4,76 (para 3,6 graus de liberdade). Como 2,55, o valor calculado, é menor do que 4,76, o valor tabelado, pode-se dizer que não existe diferença significativa entre as soluções padrões preparadas.

Um planejamento especial, o **quadrado latino**, permite estudar simultaneamente dois fatores que afetam os tratamentos. Neste tipo de planejamento, cada tratamento aparece uma vez em cada linha e uma vez em cada coluna e, por isso, o planejamento tem de ser quadrado. Poderíamos ampliar o exemplo anterior para incluir **três** analistas diferentes que executariam os três métodos de titulação, mas, neste caso, somente três soluções padrões diferentes poderiam ser utilizadas. Este planejamento permitiria, então, a comparação das variâncias entre tratamentos, soluções e analistas com a variância residual aleatória.

4.25 Quimiometria e planejamento de experiências

A quimiometria pode ser definida como sendo a aplicação de métodos matemáticos e estatísticos no planejamento ou otimização de procedimentos e na obtenção de informações químicas através da análise de resultados relevantes. O seguinte procedimento é adequado:

1. Determine quais são os resultados desejados e as variáveis (fatores) que podem afetar a resposta dos experimentos que estão sendo avaliados.
2. Selecione um planejamento adequado para resolver o problema.
3. Execute o trabalho experimental.
4. Examine os resultados obtidos, separando as variáveis importantes das pouco significativas, e decida se outras técnicas podem dar informações relevantes.

Pode ser necessário repetir estas etapas com outras abordagens de planejamento. A etapa 2 é a seleção do planejamento de experiências. Os planejamentos podem ser divididos em duas grandes classes:

Planejamentos simultâneos, em que todos os experimentos são feitos antes da análise dos resultados.
Planejamentos seqüenciais, em que os resultados dos experimentos anteriores determinam as condições a serem usadas no experimento seguinte.

4.26 Planejamento fatorial

O planejamento simultâneo mais comum é o **planejamento fatorial**. Em um planejamento fatorial determina-se um grupo de níveis para cada fator (variável) a ser estudado e faz-se uma série de experimentos, uma vez ou mais de uma, para cada uma das combinações possíveis dos fatores.

78 Estatística: Introdução à Quimiometria

Observe que esta abordagem é completamente diferente da otimização univariada em que um fator varia de cada vez enquanto os outros permanecem constantes. Com freqüência, a otimização univariada é demorada e menos eficiente do que o planejamento fatorial e, o que é mais importante, ela não leva em consideração que as **variáveis podem interagir**. Antes de examinarmos em detalhe um exemplo de planejamento fatorial, temos de definir alguns dos termos usados:

Um **fator** é uma variável que afeta o resultado experimental. Existem dois tipos de fatores. Os **fatores quantitativos**, que podem variar continuamente, por exemplo, pH, temperatura e concentração de um reagente. Os **fatores qualitativos** podem ser reconhecidos pela presença ou ausência, por exemplo, se um catalisador está sendo usado ou não. Em um planejamento fatorial, cada fator tem dois ou mais **níveis**. Para um fator quantitativo como o pH, estes níveis poderiam ser 2, 3, 4 ou 5, por exemplo. Para um fator qualitativo como o uso de atmosfera inerte, estes níveis podem ser a ausência (nível mais baixo) ou a presença (nível mais alto).

A combinação dos níveis destes fatores em um experimento é chamada de **combinação do tratamento**. Em um planejamento fatorial de experiências com três fatores em dois níveis existem 2^3 combinações. O número de combinações quando existem dois fatores e três níveis é 3^2. Em outras palavras, a base corresponde ao número de níveis, e a potência, ao número de fatores.

A **resposta** é o resultado observado para cada combinação, isto é, o ponto final de uma titulação ou a resposta de um instrumento, por exemplo, a absorbância, a emissão de fluorescência ou a razão sinal/ruído. Ocorre uma **interação** quando os efeitos de dois ou mais fatores não são aditivos. As Seções 4.27 e 4.28 dão mais detalhes.

Exemplo 4.16

Um aluno de pós-graduação fez um experimento de absorção atômica com uma solução de cálcio ($10 \ \mu g \cdot ml^{-1}$). Ele mediu a resposta em 422,7 nm em dois níveis diferentes para cada um dos seguintes fatores: (A) altura da chama, (B) corrente da lâmpada e (C) razão do combustível (acetileno/ar). Os níveis que ele escolheu para cada fator foram

	Nível mais baixo ($-$)	Nível mais alto ($+$)
A altura da chama (mm)	15	25
B corrente da lâmpada (mA)	2	3
C razão de combustível (C_2H_2/ar)	4/9	5/9

Como são três fatores em dois níveis, existem $2^3 = 8$ combinações. A ordem das combinações foi escolhida alteatoriamente. Cada combinação foi utilizada duas vezes e cada uma foi lida duas vezes.

Nosso aluno de pós-graduação obteve os resultados da Tabela 4.1. Para simplificar os cálculos, ele arredondou as respostas (as absorbâncias) para dois algarismos significativos e multiplicou o resultado por 100. A Tabela 4.1 mostra a média dos valores para cada par de medidas duplicadas. É importante fazer, sempre que possível, cada combinação em duplicata para permitir uma estimativa dos efeitos de interação.

Cada combinação foi codificada da seguinte forma. Uma letra minúscula significa que o fator A está em seu nível alto; sua ausência indica que o fator A está em seu nível mais baixo. A letra (l) significa que todos os fatores estão em seus níveis mais baixos. Assim, c significa que o fator C (a razão de combustível) está em seu nível mais alto, mas os fatores A e B (altura da chama e corrente da lâmpada) estão em seus níveis mais baixos. Da mesma maneira, ab significa que os fatores A e B estão em seus níveis mais altos e o fator C está em seu nível mais baixo. Por último, abc significa que todos os três fatores estão em seus níveis mais altos.

Para calcular a magnitude dos fatores e suas interações, nosso aluno construiu a Tabela 4.2, uma **tabela de sinais**. O sinal positivo ($+$) indica que o fator está no seu nível mais alto e o sinal negativo ($-$) significa que o fator está em seu nível mais baixo. Os sinais dos termos de interação são obtidos pelo produto algébrico dos sinais dos fatores envolvidos na interação. Para a combinação (l), o sinal do termo de interação dos fatores A e B, AB, por exemplo, é o produto do sinal ($-$) do fator A e do sinal ($-$) do fator (B), isto é, ($+$). O leitor pode verificar na Tabela 4.2 que o sinal da interação BC para a combinação ab é ($-$) e que o sinal da interação tripla ABC para a combinação ac também é ($-$), o produto de ($+$), ($-$) e ($+$).

Nosso aluno usou a Tabela 4.2 para calcular os efeitos dos fatores e das interações. O efeito do fator A (a altura da chama) foi calculado pela subtração da média das respostas obtidas no nível mais baixo da média das respostas obtidas no nível mais alto. A Tabela 4.2 mostra que o efeito do fator A usando as combinações codificadas é

$$A = \tfrac{1}{4}(a + ab + ac + abc) - \tfrac{1}{4}((1) + b + c + bc)$$

$$\uparrow \qquad\qquad\qquad\qquad \uparrow$$

Combinação entre tratamentos onde *A* está no nível mais elevado   Combinação entre tratamentos onde *A* está no nível mais baixo

Assim, nosso aluno obteve

$$4A = (28 + 23 + 52 + 47) - (54 + 50 + 69 + 63)$$

$$= -86$$

$$A = -\frac{86}{4} = -21,5$$

O efeito do fator B (a corrente da lâmpada) foi calculado de forma semelhante.

Tabela 4.1 *Tabela de níveis*

Corrente da lâmpada	Nível baixo da razão de combustível		Nível alto da razão de combustível	
	Chama = 15 mm	Chama = 25 mm	Chama = 15 mm	Chama = 25 mm
2 mA	(l) 54	a 28	c 69	ac 52
3 mA	b 50	ab 23	bc 63	abc 47

Tabela 4.2 *Tabela de sinais*

Combinação de tratamentos	Fatores e interações							Resposta (absorbância $\times$ 100)
	A	B	AB	C	AC	BC	ABC	
(I)	−	−	+	−	+	+	−	54
a	+	−	−	−	−	+	+	28
b	−	+	−	−	+	−	+	50
ab	+	+	+	−	−	−	−	23
c	−	−	+	+	−	−	+	69
ac	+	−	−	+	+	−	−	52
bc	−	+	−	+	−	+	−	63
abc	+	+	+	+	+	+	+	47

$$B = \tfrac{1}{4}(b + ab + bc + abc) - \tfrac{1}{4}((1) + a + c + ac)$$
$$= \tfrac{1}{4}(50 + 23 + 63 + 47) - \tfrac{1}{4}(54 + 28 - 69 - 52)$$
$$= -\frac{20}{4} = -5$$

Usando a Tabela 4.2, nosso aluno pôde confirmar que o efeito do fator C (a razão do combustível) é 19 e que o efeito da interação BC é 0,5.

A constatação de que os fatores podem interagir é a observação mais importante deste capítulo.

4.27 Método de Yates

Uma forma mais elegante de calcular o efeito dos fatores e suas interações é o **método de Yates**. Nosso aluno usou este método e listou as combinações de forma sistemática na Tabela 4.3. Ele colocou a resposta (absorbância) de cada combinação na coluna "Resposta". A coluna (i) é derivada da coluna de respostas. Ele obteve o valor da primeira linha somando os dois primeiros valores de absorbância da coluna de respostas (54 + 28), o da segunda, somando o segundo par de absorbâncias (50 + 23) e os terceiro e quarto valores somando os terceiro e quarto pares, respectivamente, isto é, (69 + 52) e (63 + 47). Assim, ele completou a metade superior da coluna (i). A metade inferior também é derivada da coluna de respostas, porém agora ele tomou a diferença entre os mesmos pares de respostas, **o segundo menos o primeiro**, em todos os casos. Assim, o primeiro valor da metade inferior da coluna (i) é (28 − 54), o segundo (23 − 50), o terceiro (52 − 69) e o quarto (47 − 63). A coluna (ii) foi obtida da mesma forma, por soma e subtração dos pares de valores da coluna (i). A coluna (iii) foi derivada da coluna (ii) pelo mesmo procedimento.

Nota O número de operações de soma e subtração é igual ao número de fatores.

A soma dos quadrados pode ser calculada a partir dos efeitos estimados usando a expressão

$$\text{soma dos quadrados} = \frac{N}{4} \times (\text{efeito estimado})^2$$

onde N é o número total de experimentos (neste caso 16 porque cada combinação foi medida duas vezes). Assim,

$$\text{soma dos quadrados do fator A} = \frac{16}{4} \times 21,5^2 = 1849$$

Nota Confirme os cálculos de Yates, verificando se o valor superior da coluna (iii) (386) é igual à soma dos valores da coluna de respostas (386).

Os resultados da coluna (iii) mostraram a nosso aluno que o fator A (a altura da chama) é o fator mais importante, seguido pelo fator C (a razão de combustível). O fator B (a corrente da lâmpada) e a interação AC podem ser significativos (veja mais adiante).

Nosso aluno chegou à conclusão de que os valores negativos dos efeitos dos fatores A e B mostram que a resposta diminui quando estes fatores passam do nível mais baixo para o mais alto. O valor positivo do fator C indica que a resposta aumenta quando ele passa do nível mais baixo para o mais alto. Estes resultados sugeriram ao aluno que ele deveria trabalhar com altura baixa da chama, corrente baixa da lâmpada e razão alta de combustível (combinação c). Pode-se ver que é este o caso: a combinação c tem a maior resposta (69).

Tabela 4.3 *Método de Yates*

Combinação de tratamentos	Resposta	(i)	(ii)	(iii)	Soma dos quadrados (média quadrática)
nenhuma	54	82	151	386 = total	
a	28	73	231	−86 = 4A	1849
b	50	121	−53	−20 = 4B	50
ab	23	110	−33	0 = 4AB	0
c	69	−26	−9	76 = 4C	1444
ac	52	−27	−11	20 = 4AC	100
bc	63	−17	−1	−2 = 4BC	1
abc	47	−16	1	2 = 4ABC	1
Total	386				

Tabela 4.4 *Valores das análises repetidas*

Combinação de tratamentos	(i)	(ii)	(iii) = (i) + (ii)	Médias quadráticas, da Tabela 4.3
nenhuma	53	55	108	
a	27	28	55	$A = 1849$
b	49	51	100	$B = 100$
ab	23	22	45	$AB = 0$
c	70	68	138	$C = 1444$
ac	51	53	104	$AC = 100$
bc	63	63	126	$BC = 1$
abc	48	46	94	$ABC = 1$

A soma dos quadrados pode dar uma estimativa dos fatores e interações significativas. Compara-se a variância com a variância residual. Quando se executam medidas repetidas em um planejamento fatorial, a variância residual pode ser calculada pelo método descrito a seguir. Nas colunas (i) e (ii) da Tabela 4.4 estão os valores de cada experimento repetido do Exemplo 4.16.

A variância residual é a soma dos quadrados de cada um dos valores da coluna (i) e dos quadrados de cada um dos valores da coluna (ii) menos a soma dos quadrados de cada um dos valores da coluna (iii) dividida pelo número de repetições em cada combinação (neste caso, 2). Assim, a variância residual é

$$53^2 + 55^2 + 27^2 + 28^2 + 49^2 + 51^2 + \ldots + 63^2 + 63^2 + 48^2 + 46^2$$
$$- \tfrac{1}{2}(108^2 + 55^2 - 100^2 + \ldots + 126^2 + 94^2)$$
$$= 40\,654 - \tfrac{1}{2}(81\,286) = 11$$

Isto é, a variância residual é igual a 11 com 8 graus de liberdade.

Para testar a significância, compara-se a variância com um grau de liberdade com a variância residual. A interação ABC e as interações AB e BC não são significativas porque os valores de F resultantes são menores do que um:

$$F_{1,8} = \frac{1{,}0}{11} = 0{,}0909 \quad \text{para BC e ABC}$$

O teste da significância para a interação AC e o fator B (a corrente da lâmpada), que têm o mesmo valor para a variância (100), dá

$$F_{1,8} = \frac{100}{11} = 9{,}09$$

Das tabelas de valores de F tem-se que o valor a 5% de $F_{1,8}$ é 5,32 e que o valor a 1% é 11,3. Assim, a corrente da lâmpada B e a interação da altura da chama e a razão de combustível, AB, são significativas a 5%, mas não a 1%. Está claro que a altura da chama, A, e a razão de combustível, C, são muito significativas porque têm valores de F maiores do que 100.

Para decidir se o sinal de absorção ainda pode ser melhorado, é prático fazer um planejamento fatorial 2^2 com as características dadas a seguir, mantendo o fator B (a corrente da lâmpada) no nível baixo (2 mA).

	Nível mais baixo (−)	Nível mais alto (+)
A altura da chama (mm)	8	15
C razão de combustível[a]	5/9	6/9

[a] Ao selecionar as razões de combustível/ar, faça com que estejam dentro dos limites de segurança sugeridos pelo fabricante do instrumento.

4.28 Efeito de interação: um outro tipo de cálculo

Segundo o teste F, o efeito de interação AC é significativo a 5%. Uma outra abordagem pode ser adotada para saber se existe alguma interação apreciável. Considere o efeito da mudança da altura da chama (fator A) do nível baixo (15 mm) para o nível alto (25 mm), mantendo a razão de combustível (fator C) no nível mais baixo (4/9). Agora, mude a altura da chama de 15 mm para 25 mm, mantendo a razão de combustível no nível mais alto (5/9). A Tabela 4.5 lista os valores correspondentes, obtidos do Exemplo 4.16.

Estes valores podem ser representados graficamente (Fig. 4.3). As linhas PQ e RS não são paralelas (a distância QS é igual a 14 e a distância PR, a 24). Isto significa que os efeitos dos dois fatores **não** são aditivos, isto é, existe interação entre os fatores A e C. O leitor poderá confirmar que no caso da interação AB os efeitos são aditivos e o gráfico resultante produziria duas linhas paralelas, isto é, não ocorre interação. O método gráfico é particularmente útil para mostrar interações quando se usam mais de dois níveis nos planejamentos fatoriais.

4.29 Planejamento fatorial: avaliação crítica

A maior desvantagem dos planejamentos fatoriais é que o aumento do número de fatores é acompanhado por um

Fig. 4.3 Como as interações afetam a resposta

Tabela 4.5 *Dados para o gráfico da Fig. 4.3*

Ponto na Fig. 4.3	Fatores	Combinação de tratamentos	Valores das respostas		Resposta média
R	A baixo C baixo	(1) e b	54	50	52
P	A alto C baixo	a e ab	28	23	25,5
S	A baixo C alto	c e bc	69	63	66
Q	A alto C alto	ac e abc	52	47	49,5

aumento dramático do número de experimentos. Assim, por exemplo, em um planejamento sem repetições, com cinco fatores a dois níveis, existem $2^5 = 32$ experimentos. Um planejamento com quatro fatores a três níveis, cada um, requer $3^4 = 81$ experimentos. O número de experimentos pode, no entanto, ser reduzido sem que haja perda substancial de informação pelo uso de **planejamentos fatoriais fracionários**. Um quarto de planejamento com cinco fatores a dois níveis tem $(1/4)(2^5) = 8$ experimentos. Nos planejamentos fatoriais fracionários, com quatro ou mais fatores, os termos de interação de ordem mais elevada podem ser ignorados e somente os efeitos principais e as interações de dois fatores são avaliados.

Plackett e Burman [2] propuseram um **planejamento fatorial incompleto** que mede somente os efeitos principais (sem interações). O número de experimentos é reduzido drasticamente porém ainda são geradas informações muito úteis. A matriz proposta para os experimentos (tabela de sinais) é

Número do experimento	Fatores							Resposta
	A	B	C	D	E	F	G	
1	+	+	+	−	+	−	−	R_1
2	−	+	+	+	−	+	−	R_2
3	−	−	+	+	+	−	+	R_3
4	+	−	−	+	+	+	−	R_4
5	−	+	−	−	+	+	+	R_5
6	+	−	+	−	−	+	+	R_6
7	+	+	−	+	−	−	+	R_7
8	−	−	−	−	−	−	−	R_8

Neste tipo de planejamento, para n fatores existem $n + 1$ experimentos. Os efeitos de cada fator são determinados da mesma forma descrita na Seção 4.26 para o planejamento fatorial completo. O efeito da mudança do fator C do nível mais baixo para o mais alto é dado por

$$C = \tfrac{1}{4}(R_1 + R_2 + R_3 + R_6) - \tfrac{1}{4}(R_4 + R_5 + R_7 + R_8)$$

Este planejamento, chamado de **teste de robustez**, é aplicado para validar métodos que podem ser adotados na rotina dos laboratórios. Um método é dito robusto se for reprodutível. Os fatores que têm um efeito importante nos resultados são identificados e podem ser objetos de uma investigação mais rigorosa antes do método ser validado. Em estudos feitos em colaboração, este planejamento é particularmente útil porque identifica antecipadamente os fatores que precisam ser controlados cuidadosamente nos diversos laboratórios participantes do estudo.

Outro ponto importante nos planejamentos fatoriais é que deve-se ser razoável na escolha dos níveis dos fatores. Se os níveis forem muito próximos ou muito afastados um do outro, eles podem levar a uma variação que não é significativa ainda que o fator o seja. Nas Figs. 4.4(a) e 4.4(b), a variação da resposta é pequena, mas na Fig. 4.4(c) a escolha melhor dos níveis produziu uma diferença bem maior. Um planejamento mais adequado teria três níveis, mesmo que isto aumente o número de experimentos.

4.30 Métodos de otimização

Com a demanda crescente de métodos analíticos capazes de determinar quantidades cada vez menores de traços de materiais, é importante controlar os fatores que afetam a resposta do instrumento de modo a obter o valor máximo de resposta. O método tradicional de otimização, em que se varia um fator de cada vez mantendo os demais constantes, não permite, em geral, a determinação das condições ótimas de trabalho. Esta dificuldade pode ser melhor compreendida através de um diagrama (Fig. 4.5), no qual as linhas de contorno correspondem aos mesmos valores de resposta. O ponto X mais alto representa a melhor medida.

Os níveis dos dois fatores A e B são mostrados nos eixos x e y, respectivamente. Se o nível do fator A for mantido em P_1, quando o nível do fator B variar o melhor valor (ótimo) será encontrado em C. Se, agora, o valor do fator B for mantido em P_2, quando o nível do fator A variar o melhor valor será, provavelmente, o mesmo C. Este falso ótimo está bem distante do ótimo verdadeiro X, que só poderia ter sido encontrado se o fator A tivesse sido mantido em P_3.

Vários planejamentos fatoriais de experiências podem ser usados para a otimização pelo método da **subida mais íngreme** (*steepest ascent*). Este procedimento é trabalhoso e é mais difícil se um grande número de fatores estiver envolvido. O método de otimização mais amplamente utilizado é, sem dúvida, o planejamento seqüencial de experiências conhecido como **otimização simplex**.

4.31 Otimização seqüencial simplex

O **simplex** é uma figura geométrica definida por um número de pontos igual ao número de fatores mais um. Se forem usados dois fatores, o simplex será um triângulo. Para três fatores, o simplex será um tetraedro. Pode-se conside-

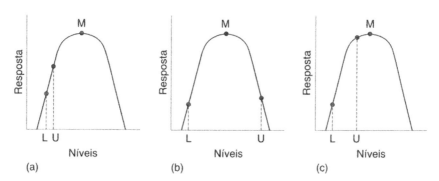

Fig. 4.4 Escolha dos fatores: em (a) e (b) os níveis superior e inferior (U e L) provocam uma diferença relativamente pequena da resposta. Em (c), a diferença é muito maior, por isso, (c) é uma escolha melhor (M = resposta máxima)

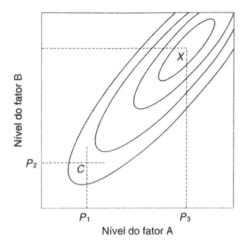

Fig. 4.5 Diagrama de contorno: o ponto mais alto, X, é a provável resposta ótima

rar mais de três fatores, porém, neste caso, a figura geométrica resultante não pode ser visualizada no espaço tridimensional. A idéia fundamental é chegar ao ótimo por etapas, usando o menor número possível de experimentos. A filosofia desta idéia foi descrita por Betteridge como "subir a montanha sem um mapa com o objetivo de chegar ao topo". Para facilitar a visualização, usaremos um simplex bidimensional com dois fatores para ilustrar um processo de otimização. A Fig. 4.6 mostra um mapa no qual os contornos representam linhas de mesmo valor de resposta.

O objetivo do procedimento simplex é fazer com que os simplex se afastem das regiões de resposta ruim e se aproximem das regiões de resposta ótima. Faz-se isto através de uma série de "movimentos" na direção do simplex FGH no qual o vértice H atingiu o ótimo. Para atingir este objetivo, é preciso seguir um conjunto de regras [3]:

Regra 1 Faça um movimento após cada experimento.

Regra 2 Forme um novo simplex rejeitando o pior ponto do simplex original e substituindo-o por outro, gerado pelo rebatimento da posição do pior ponto sobre a linha definida pelos dois pontos remanescentes do simplex original. O novo ponto gerado dá, normalmente, uma resposta melhor do que a de um, pelo menos, dos pontos restantes. Se o novo ponto tiver a pior resposta dentre as do novo simplex, a aplicação continuada da regra 2 levaria a uma oscilação entre simplex, interrompendo o processo de otimização. Esta situação leva à próxima regra.

Regra 3 Se o ponto rebatido tiver a pior resposta do novo simplex, rejeite a segunda pior resposta do simplex original e use sua posição rebatida para formar o novo simplex.

Regra 4 Um ponto que cai fora dos limites dos fatores deve ser rejeitado. Neste caso, aplique as regras 2 e 3. Esta regra será melhor explicada adiante com a ajuda de um exemplo.

Regra 5 Se um ponto for mantido em $n + 1$ simplex, nos quais n = número de fatores, a resposta neste ponto é considerada ótima.

O método descrito acima não permite movimentos acelerados para atingir o ótimo e pode, às vezes, levar a um falso ótimo.

O simplex básico foi modificado por Nelder e Mead [4] com a adição de duas novas operações à operação básica de rebatimento do simplex, a expansão e a contração. Este simplex modificado permite a localização mais rápida e precisa da resposta ótima. Os movimentos dos simplex são governados pelas mesmas regras, mas outros testes devem ser feitos para decidir que operação executar. A Fig. 4.7 mostra as operações possíveis para um simplex modificado de dois fatores. BNW é o simplex inicial, em que B = melhor resposta, N = segunda melhor resposta e W = pior resposta:

Reflexão é obtida pela extensão da linha WP até o ponto R. $R = P + (P - W)$.

Expansão acontece no ponto E em que $E = P + \alpha(P - W)$. Usualmente, $\alpha = 2$.

Contração pode ser um novo vértice mais próximo de R do que W, e

$$C_R = P + \beta(P - W); \text{ geralmente } \beta = \tfrac{1}{2}$$

ou pode ser um novo vértice mais próximo de W do que de R, e

$$C_W = P - \beta(P - W)$$

Eis um exemplo da aplicação prática destas regras. Nem todas as etapas do cálculo foram reproduzidas, mas os de-

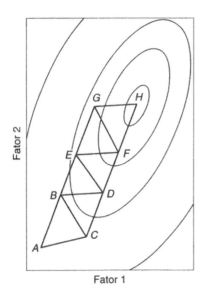

Fig. 4.6 Simplex bidimensional: as linhas de contorno representam respostas iguais

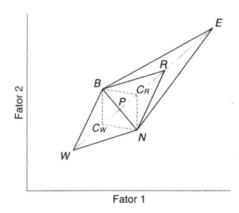

Fig. 4.7 Operações em um simplex modificado de dois fatores

talhes dados são suficientes para esclarecer o uso do método.

Exemplo 4.17

Siga o procedimento de um simplex modificado para obter a resposta ótima na determinação de uma solução de cálcio (contendo 3 mg·l^{-1} de Ca) por espectroscopia de absorção atômica.

Defina a quantidade a ser otimizada A absorbância da linha de ressonância do cálcio em 422,7 nm foi escolhida como a resposta. Na maior parte das técnicas espectroscópicas, a resposta poderia ser a absorbância, a emissão ou a razão sinal-ruído. Nos métodos cromatográficos, a resposta não é definida tão facilmente (Seção 4.31).

Selecione os fatores Os fatores selecionados são a corrente da lâmpada, a altura da chama, a vazão do combustível e a capacidade do nebulizador.

Identifique as limitações do sistema As limitações do sistema (limites dos fatores) são aplicadas para cada fator.

	Baixo (x_n)	Alto
Corrente da lâmpada (mA)	1	10
Altura da chama (mm)	0	25
Vazão do fluxo de combustível	2	8
Capacidade do nebulizador	0	9,2

Uma corrente de lâmpada muito alta diminui a vida útil da lâmpada de catodo oco, por isso, adotou-se um limite superior de 10 mA. Todo o intervalo de altura da chama permitido pelo aparelho foi usado. A vazão de acetileno foi mantida dentro dos limites de segurança. O valor mais elevado da capacidade do nebulizador foi estabelecido em 9,2 ml·min^{-1}. Quaisquer valores gerados pelas operações simplex que caiam fora dos limites destes fatores podem ser identificados.

Localize o simplex inicial Usou-se a matriz da Fig. 4.8, descrita por Yabro e Deming [5], para planejar o simplex

inicial. O termo S_n, conhecido como o **intervalo** do n-ésimo fator, é calculado subtraindo-se o menor valor (x_n na matriz) do maior valor. O intervalo do fator "corrente da lâmpada" é, então, $(10 - 1) = 9$ mA. Ambos os valores, p_n e q_n, podem ser calculados para cada fator a partir das Eqs. (4.14) e (4.15). Somando-os ao x_n relevante na matriz, o simplex inicial pode ser determinado. O vértice 1 é aquele que tem os menores valores selecionados para cada fator:

Vértice 1	Corrente da lâmpada	Altura da chama	Vazão do combustível	Capacidade do nebulizador
	1 mA	0 mm	2	0 ml min^{-1}

O vértice 2 é obtido com o procedimento seguinte. A Fig. 4.8 mostra que o primeiro fator, a corrente da lâmpada, é

$$(p_1 + x_1) \quad \text{onde} \quad p_1 = \frac{S_1}{n\sqrt{2}}[\sqrt{n+1} + (n-1)]$$

onde S_1 é o intervalo e n, o número de fatores. Neste exemplo, $S_1 = 10,0 - 1,0$, $x_1 = 1,0$ e $n = 4$, logo,

$$p_1 = \frac{10,0 - 1,0}{4\sqrt{2}}(\sqrt{4+1} + 4 - 1) = 8,33\,\text{mA}$$

$$e \quad p_1 + x_1 = 8,33 + 1,0 = 9,33\,\text{mA}$$

O segundo fator, a altura da chama, é dado por

$$q_2 + x_2 \quad \text{onde} \quad q_2 = \frac{25}{4\sqrt{2}}(\sqrt{4+1} - 1) = 5,46\,\text{mm}$$

$$e \quad q_2 + x_2 = 5,46 + 0,0 = 5,46\,\text{mm}$$

O terceiro fator, a vazão de combustível, é dado por

$$q_3 + x_3 \quad \text{onde} \quad q_3 = \frac{8,0 - 2,0}{4\sqrt{2}}(\sqrt{5} - 1) = 1,31$$

$$e \quad q_3 + x_3 = 1,31 + 2,0 = 3,31$$

O quarto fator, a capacidade do nebulizador, é dado por

$$q_4 + x_4 = 2,01\,\text{ml min}^{-1}$$

Assim, o vértice 2 é

Vértice 2	Corrente da lâmpada	Altura da chama	Vazão do combustível	Capacidade do nebulizador
	9,33 mA	5,46 mm	3,31	2,01 ml mm^{-1}

Vértice	1	2	3	4	...	$n-1$	n
1	x_1	x_2	x_3	x_4	...	x_{n-1}	x_n
2	p_1+x_1	q_2+x_2	q_3+x_3	q_4+x_4	...	$q_{n-1}+x_{n-1}$	q_n+x_n
3	q_1+x_1	q_2+x_2	q_3+x_3	q_4+x_4	...	$q_{n-1}+x_{n-1}$	q_n+x_n
4	q_1+x_1	q_2+x_2	q_3+x_3	q_4+x_4	...	$q_{n-1}+x_{n-1}$	q_n+x_n
$\vdots$	$\vdots$	$\vdots$	$\vdots$	$\vdots$	$\vdots$	$\vdots$	$\vdots$
n	q_1+x_1	q_2+x_2	q_3+x_3	q_4+x_4	...	$p_{n-1}+x_{n-1}$	q_n+x_n
$n+1$	q_1+x_1	q_2+x_2	q_3+x_3	q_4+x_4	...	$q_{n-1}+x_{n-1}$	p_n+x_n

Fatores

onde

$$p_n = \frac{S_n}{n\sqrt{2}}[\sqrt{n+1} + (n-1)] \qquad (4.14)$$

$$q_n = \frac{S_n}{n\sqrt{2}}[\sqrt{n+1} - 1)] \qquad (4.15)$$

Fig. 4.8 Matriz inicial do simplex

84 Estatística: Introdução à Quimiometria

O instrumento é ajustado com estes valores (ou os valores mais próximos possíveis) e a absorbância medida é 0,103. Os vértices 3, 4 e 5 são calculados da mesma forma, com a ajuda da matriz do simplex inicial. A absorbância de cada vértice é medida. Os resultados obtidos são armazenados numa planilha simplex (Fig. 4.9).

Procure a resposta ótima O vértice de pior resposta (vértice 1) é rejeitado e o próximo (vértice 6) é obtido com a parte inferior da planilha simplex (Fig. 4.9). A primeira linha da seção inferior tem o símbolo Σ no lado esquerdo. Os valores de Σ são obtidos a partir da soma dos vértices restantes. Assim, para a corrente da lâmpada

$\Sigma = 9,33 + 2,97 + 2,97 + 2,97 = 18,24$

Linha 2 $P = \Sigma/n = 18,24/4 = 4,56$

Linha 3 $P - W$ onde W é o valor do vértice rejeitado

$P - W = 4,56 - 1,0 = 3,56$

Linha 4 $\frac{1}{2}(P - W) = 1,78$

Linha 5 $R = P + (P - W) = 8,12$ (reflexão)

Última linha $E = R + (P - W) = 11,68$ (expansão)

O valor 11,68 está fora dos limites dos fatores e E é rejeitado em favor de R. A Fig. 4.9 mostra que os quatro fatores estão dentro dos limites. O vértice 6 usa as condições instrumentais da linha R. Estas condições levam à absorbância 0,202.

Gera-se o vértice 7 exatamente da mesma forma. Ele produz um valor na linha R fora dos limites dos fatores e, assim, usa-se a linha C_w. Estas etapas são feitas da mesma forma, em seqüência, até o vértice 21. Pode-se confirmar, então, que a absorbância no vértice 15 é a mais alta absorbância (0,235) para cinco simplex sucessivos. Assim, de acordo com a regra 5, esta é a resposta ótima. A resposta ótima poderia ter sido antecipada porque as absorbâncias são todas muito próximas nos vértices 17 a 21 e menores do que a do vértice 15.

Vértice	15	17	18	19	20	21
Absorbância	0,235	0,214	0,215	0,215	0,216	0,221

Uma vez localizada a resposta ótima, pode-se fazer uma busca univariada. Varia-se cada fator mantendo-se os outros três constantes nos valores do vértice 15. Se, ao variar, cada fator continua a gerar um máximo no valor determinado pelo vértice 15, confirma-se que o simplex não chegou a um falso máximo.

Para determinar o efeito dos quatro fatores, poder-se-ia usar um planejamento fatorial em torno da região de resposta máxima. Um planejamento com três níveis seria o mais indicado (embora mais longo), devido às dificuldades inerentes ao planejamento fatorial com dois níveis (Seção 4.28).

4.32 Otimização simplex: avaliação crítica

Ao contrário do planejamento fatorial, no método simplex o número de experimentos não aumenta marcadamente com o número de fatores. Para acelerar o processo de localização do ótimo, um **simplex supermodificado** foi desenvolvido. É possível variar, com esta técnica, os fatores de escala α e β nas operações de expansão e contração. O simplex modificado restringe-se, geralmente, a $\alpha = 2$ e $\beta = \pm 1/2$. Dentre as aplicações mais comuns está o interfaceamento dos instrumentos com computadores, permitindo a automatização do procedimento simplex.

Existem muitos casos em que a obtenção do sinal máximo não é absolutamente necessária. É comum ouvir a afirmação de que nestes casos o método simplex não é necessário. Porém, se a quantidade da amostra é pequena ou se a amostra é cara, pode ocorrer perda considerável de amostra quando se usa uma abordagem univariada. A repetitividade dos resultados obtidos por diferentes analistas nas condições ótimas pode ser investigada após a otimização. Como um exemplo, considere a situação em que, após a otimização simplex de um experimento em CLAE, os três analistas usaram um planejamento fatorial para investigar a significância dos quatro fatores utilizados. Depois, os analistas verificaram a reprodutibilidade da resposta, usando o teste F (Seção 4.12) e o teste t entre duas médias (Seção 4.13). Finalmente, usaram uma ANOVA para dois fatores (Seção 4.24) para verificar se

Vértice	Corrente da lâmpada (mA)	Altura da chama (mm)	Vazão de combustível	Capacidade do nebulizador (ml min^{-1})	Absorbância
1	1,0	0,0	2,0	0,0	0,000
2	9,33	5,46	3,31	2,01	0,103
3	2,97	23,14	3,31	2,01	0,020
4	2,97	5,46	7,55	2,01	0,077
5	2,97	5,46	3,31	8,52	0,190
Soma Σ	18,24	39,52	17,48	14,55	
$P = \Sigma/n$	4,56	9,88	4,37	3,64	
$P - W$	3,56	9,88	2,37	3,64	
$\frac{1}{2}(P - W)$	1,78	4,94	1,19	1,82	
$R = P + (P - W)$	8,12	19,76	6,74	7,28	0,202
$C_R = P + \frac{1}{2}(P - W)$					
$C_W = P - \frac{1}{2}(P - W)$					
$E = R + (P - W)$	11,68				

Fig. 4.9 Planilha do simplex

houve variação no caso de três amostras e três analistas diferentes.

A definição da quantidade a ser determinada (a resposta) nem sempre é trivial. Em cromatografia com fase gasosa, a resposta deve envolver o tamanho do pico, a separação do pico e o tempo de retenção. Mais detalhes sobre a otimização em processos cromatográficos podem ser encontrados nas referências da Seção 4.38. Na espectroscopia atômica, a razão sinal/ruído talvez seja a resposta mais adequada. Efeitos de interferência ou a medida do sinal no limite da capacidade do detector podem produzir sinais de emissão e absorbância com ruído de fundo apreciável. O método simplex não dá informações sobre os efeitos dos fatores e sobre as interações. É possível que o simplex encontre um falso ótimo, mas uma busca univariada poderá confirmar se o verdadeiro ótimo foi encontrado. Além disto, a robustez da resposta em torno da região ótima pode servir como medida de variações bruscas do nível de um fator.

4.33 Tratamento multivariado de dados

A conversão de dados multivariados em uma informação útil, uma das mais importantes áreas da quimiometria, inclui o **reconhecimento de padrões** e a **análise por componentes principais**. Apresentaremos, nesta seção, somente uma introdução com exemplos de um ramo da área de reconhecimento de padrões, a **análise por formação de grupos** (*cluster analysis*). Na análise clássica, as análises repetidas geram apenas uma informação, o ponto final de uma titulação, por exemplo. No caso de instrumentos mais avançados, no entanto, um experimento pode gerar grande quantidade de dados multivariados. As intensidades e freqüências de um espectro de infravermelho são um bom exemplo. É razoável afirmar que nossa interpretação das informações dadas por muitos instrumentos modernos é freqüentemente limitada. A interpretação detalhada da região de impressão digital de um espectro de infravermelho é, na prática, muito difícil de fazer. Os métodos quimiométricos podem ajudar na interpretação dos dados. Pode-se, por exemplo, saber a origem de um derramamento de petróleo a partir da avaliação quimiométrica das freqüências e intensidades de um espectro de infravermelho do óleo.

Os dados multivariados existem em um espaço multidimensional, claramente impossível de visualizar quando o número de dimensões é maior do que três. O objetivo principal da técnica de reconhecimento de padrões é reduzir o número de dimensões do conjunto de dados. Reduzidos a duas dimensões, os padrões podem ser reconhecidos e classificados visualmente. O processo de classificação é muito importante na captação da informação relevante. Existem duas abordagens principais, a classificação supervisionada e a não supervisionada. Os métodos supervisionados requerem um conjunto de dados que é usado como teste. Isto significa que é necessário reservar um certo número de amostras, cuja origem e classificação são conhecidas e que são previamente analisadas, para constituir um modelo. Os métodos não supervisionados não exigem um conjunto de amostras-teste. A análise por grupo pertence a esta última categoria.

Existem muitas variantes da técnica de análise por grupo. Descreveremos apenas uma delas, usando exemplos. Para mais detalhes, consulte a lista da Seção 4.38.

Exemplo 4.18 Análise hierarquizada por grupo

Uma análise de quatro compostos diferentes por cromatografia com camada fina com três fases estacionárias diferentes deu os resultados tabelados de R_f, multiplicados por 100 e arredondados, dados a seguir. Quais são as fases estacionárias de comportamento mais semelhante?

Composto	Fase estacionária		
	A	B	C
1	90	70	70
2	70	50	60
3	60	40	30
4	50	30	40

A primeira etapa do cálculo é construir a **matriz de dessemelhanças**. Isto pode ser feito de várias maneiras. Uma das mais comuns utiliza a **distância Euclidiana** (Fig. 4.10). A distância Euclidiana em um espaço bidimensional pode ser determinada pelo teorema de Pitágoras.

Em três dimensões,
$$d_{AB} = \sqrt{(\Delta x)^2 + (\Delta y)^2 + (\Delta z)^2}$$

Em um espaço n-dimensional,
$$d_{AB} = \sqrt{(\Delta x_1)^2 + (\Delta x_2)^2 + (\Delta x_3)^2 + \ldots + (\Delta x_n)^2}$$

O termo d_{AB} é a dessemelhança de AB. Quanto maior for a distância d_{AB}, mais afastados estão os pontos A e B e menos semelhantes eles são.

Neste exemplo,
$$d_{AB} = \sqrt{\underbrace{(90-70)^2}_{\Delta x_1} + \underbrace{(70-50)^2}_{\Delta x_2} + \underbrace{(60-40)^2}_{\Delta x_3} + \underbrace{(50-30)^2}_{\Delta x_4}} = \sqrt{1600}$$

então, $d_{AB} = 40(R_f \times 100)$

e
$$d_{AC} = \sqrt{(90-70)^2 + (70-60)^2 + (60-30)^2 + (50-60)^2} = \sqrt{1500}$$

então, $d_{AC} = 38,7(R_f \times 100)$

e, também,
$$d_{BC} = \sqrt{(70-70)^2 + (50-60)^2 + (40-30)^2 + (30-40)^2} = \sqrt{300}$$

então, $d_{BC} = 17,3(R_f \times 100)$

A matriz de dessemelhanças é, então,

	A	B	C
A	0	40,0	38,7
B	40,0	0	17,3
C	38,7	17,3	0

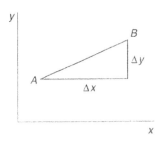

Fig. 4.10 Distância euclidiana: $d_{AB} = [(\Delta x)^2 + (\Delta y)^2]^{1/2}$

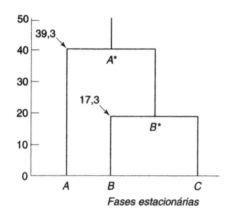

Fig. 4.11 Dendrograma: as fases B e C são semelhantes e ambas são diferentes de A, logo, B e C podem formar um grupo

A próxima etapa é identificar as fases estacionárias mais semelhantes e combiná-las usando a média das distâncias para formar um grupo, o **algoritmo de ligação**. A distância BC é a menor, e as fases B e C são combinadas (aglomeradas) para formar o grupo B^*.
Como

$$\frac{d_{AB} + d_{AC}}{2} = \frac{40,0 + 38,7}{2} = 39,3$$

a nova matriz pode ser escrita como

	A	B^*
A	0	39,3
B^*	39,3	0

O processo de aglomeração é repetido até que se forme uma matriz 2×2 (como é o caso neste exemplo).

Finalmente, constrói-se um **dendrograma** para visualizar a informação obtida (Fig. 4.11). As fases B e C são semelhantes e diferentes de A e, por isso, podem formar um grupo.

Pode-se, também, construir a matriz de dessemelhanças com os valores do coeficiente de correlação (a) ou com a **distância de Manhattan** (b):

(a) Calcule o coeficiente de correlação nos gráficos de A versus B, A versus C e B versus C (Seção 4.16), e use os valores para formar a matriz de dessemelhanças. Observe que os valores da diagonal da matriz são iguais a 1,000.

(b) Calcule as distâncias de Manhattan pela soma das distâncias de cada variável. No Exemplo 4.18, a soma das distâncias é dada por

$$(90 - 70) + (70 - 50) + (60 - 40) + (50 - 30) = 80$$

A soma da distância $AC = 70$ e a soma da distância $BC = 30$.

Assim, a matriz obtida usando a distância de Manhattan pode ser escrita como

	A	B	C
A	0	80	70
B	80	0	30
C	70	30	0

Usa-se, com freqüência, mais de uma técnica de análise por grupo para saber se o número de grupos é o mesmo. Damos, adiante, um exemplo mais detalhado da formação hierarquizada de grupos para mostrar que é possível extrair muitas informações relevantes de um conjunto de dados à primeira vista pouco compreensível. Mesmo esse exemplo, em que o conjunto de dados inclui 40 valores, é pequeno em comparação com os conjuntos de dados usualmente encontrados na prática.

Exemplo 4.19

Os resultados a seguir foram obtidos em oito comprimentos de onda diferentes dos espectros eletrônicos de absorção de cinco extratos de plantas diferentes. Use a técnica de formação de grupos para determinar se os extratos podem ser agrupados.

Extrato	λ_1	λ_2	λ_3	λ_4	λ_5	λ_6	λ_7	λ_8
1	22	4	12	6	50	8	7	1
2	16	10	9	1	45	13	11	1
3	11	37	29	16	8	34	39	0
4	10	4	7	4	27	6	5	1
5	4	17	16	7	3	17	21	0

A matriz de dessemelhanças é obtida como no Exemplo 4.18

	1	2	3	4	5
1	0,00	13,11*	71,16	26,65	54,74
2	13,11*	0,00	63,04	22,22	46,45
3	71,16	63,04	0,00	63,40	36,57
4	26,65	22,22	63,40	0,00	35,54
5	54,74	46,45	35,54	34,77	0,00

Os extratos mais semelhantes são 1 e 2. Aplica-se, então, o algoritmo de ligação e obtém-se

	1, 2	3	4	5
$1^* \equiv 1, 2$	0,00	**67,10**	**24,44***	**50,60**
3	67,10	0,00	63,40	46,45
4	24,44	63,40	0,00	35,34
5	50,60	46,45	35,34	0,00

O valor 67,10 é obtido com a distância 1*3, isto é, a média entre 71,16 e 63,04. Da mesma forma, $(1/2)(26,65 + 22,22) = 24,44$ e $(1/2)(54,74 + 46,45) = 50,60$.

Dando continuidade ao processo de agrupamento, sendo agora o comprimento de onda 4 o mais semelhante (24,44), obtém-se

	1, 2, 4	3	5
1, 2, 4	0,00	65,25	42,97*
3	65,25	0,00	46,45
5	42,97	46,45	0,00

onde $\frac{1}{2}(67,10 + 63,40) = 65,25$ e $\frac{1}{2}(50,60 + 35,34) = 42,97$

que finalmente se reduz a

	1, 2, 4, 5	3
1, 2, 4, 5	0,00	55,85
3	55,85	0,00

A Fig. 4.12 mostra o dendrograma resultante.
Os extratos de plantas se juntam em um só grande grupo. Os extratos mais semelhantes, 1 e 2, primeiro, seguindo-se o extrato 4, o 5 e o 3, na ordem. O extrato número 3 pode ser tratado como um ponto que não pertence ao grupo principal.

Usando a distância de Manhattan (Exemplo 4.18) no lugar da distância euclideana, o leitor pode confirmar que se obtém o mesmo resultado global, posto que a diferença entre os grupos 1, 2, 4, 5 e os grupos 1, 2, 4, 3 era muito pequena.

4.34 Análise fatorial

A análise fatorial, uma das técnicas mais amplamente utilizadas em quimiometria, permite a análise de grandes conjuntos de dados. McCue e Malinowski [6], por exemplo, usaram esta técnica para investigar os espectros de infravermelho de misturas de muitos componentes. Eles prepararam uma série de dez misturas de quatro componentes cujos espectros se sobrepõem fortemente (três isômeros do xileno e etil-benzeno), além de duas outras misturas contendo clorofórmio, usado como impureza para testar a robustez do método. Um instrumento FTIR foi utilizado para registrar os espectros das misturas e dos componentes puros e os resultados tratados por análise fatorial.

A primeira etapa do tratamento envolve o preparo da matriz de dados e sua subseqüente redução para determinar o número de fatores. Uma representação gráfica ajuda a perceber como isto é feito. O conjunto de dados é lançado em gráfico (Fig. 4.13).

Cada ponto pode ser identificado por um par de coordenadas que definem suas posições em relação a dois eixos perpendiculares. O primeiro eixo (fator 1), determinado de forma semelhante à utilizada em regressão linear (Seção 4.17), passa por onde estiver a maior concentração de pontos. Isto explica a maior variância dos dados.

O segundo eixo (fator 2) é perpendicular ao primeiro e neste exemplo simples é responsável por toda a variância

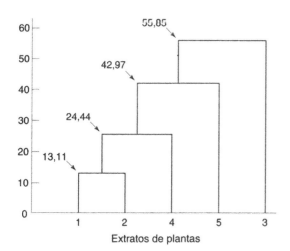

Fig. 4.12 Dendrograma: os extratos das plantas se juntam em um só grupo, 1 e 2 primeiro, e depois 4, 5 e 3, na ordem

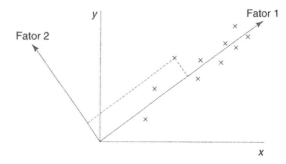

Fig. 4.13 Análise de fatores: os eixos das coordenadas (x, y) rodam em torno da origem para gerar um novo par de eixos perpendiculares, os eigenvetores que representam os fatores 1 e 2

residual dos dados. Estes dois novos eixos permitem identificar a posição de cada ponto (as linhas pontilhadas na Fig. 4.13). Quando todos os pontos são identificados, estes grupos de números formam as **matrizes abstratas**. Os eixos correspondem aos fatores envolvidos na produção de dados. Os **eixos abstratos** se relacionam aos valores reais por rotação em torno da origem. Quando muitos fatores estão envolvidos, este processo continua até que toda a variância dos dados tenha sido explicada. A importância de um fator é indicada pelo tamanho do **eigenvalor**. Os fatores, os **eigenvetores**, são produzidos pela **análise por componentes principais** em ordem decrescente de importância. O eigenvalor de cada eigenvetor está relacionado à quantidade de variância. Quando este valor é pequeno, ele pode ser atribuído a um erro experimental (aleatório). Os eigenvetores causados por erros experimentais podem ser removidos, tornando os dados mais coerentes e confiáveis.

A próxima etapa em análise fatorial é a transformação dos dados abstratos em fatores reais individuais. Um método de conversão da solução abstrata na solução real é a **transformação alvo (TT)**. O procedimento permite que fatores reais sejam testados um a um. No teste de alvos, define-se um vetor que se acredita que seja um fator do conjunto de dados. Os dados descritos por dois fatores devem estar em um plano e se o vetor teste estiver fora do plano isto significa que o fator não é verdadeiro. O teste de alvo projeta o vetor teste sobre o plano dos dados e produz um **vetor predito**. Compara-se, a seguir, o vetor teste com os vetores preditos. Se o vetor teste for um vetor real do conjunto de dados, os valores do vetor teste e dos vetores preditos devem ser os mesmos.

O próximo objetivo da análise fatorial é determinar a quantidade de um componente presente numa mistura. Nos casos bidimensionais, os resultados experimentais devem se localizar no plano correspondente a dois fatores. A posição de um ponto neste plano está diretamente relacionada à proporção relativa dos componentes da mistura. Assim, McCue e Malinowski [6] puderam identificar os componentes da mistura dos três isômeros do xileno e o etil-benzeno comparando cada componente presente na mistura com o espectro do componente puro. Isto foi conseguido sem nenhuma informação sobre os demais constituintes.

A combinação de alvos foi feita usando as absortividades molares calculadas pelos espectros dos componentes puros. As concentrações de cada componente determinadas nas misturas estavam de acordo com os valores esperados. A presença de clorofórmio, usado como contaminante, foi observada pelo aumento marcante no termo relativo ao erro após a análise fatorial abstrata. O contaminante foi então incluído usan-

88 Estatística: Introdução à Quimiometria

do-se o espectro do clorofórmio puro. Sua presença foi confirmada pela semelhança entre o vetor teste e o vetor predito.

Estes resultados ilustram o poder e utilidade do procedimento do teste de alvo, tendo em mente a limitação das informações disponíveis *a priori* sobre a identidade e número de componentes no sistema.

4.35 Estatística rápida

É hábito em química analítica fazer um conjunto de medidas repetidas poucas vezes. É prática comum em gravimetria, por exemplo, fazer os experimentos em duplicata e, em titulometria, três repetições, em média. É importante procurar saber se a média assim obtida se distribui normalmente, a suposição habitual quando se usa testes estatísticos que utilizam a média e o desvio padrão.

Existem testes estatísticos que não dependem do tipo de distribuição, os chamados métodos **não paramétricos**. Quase sempre, os cálculos que envolvem métodos não paramétricos são muito simples e, por esta razão, eles são utilizados em avaliações rápidas. Substitui-se a média pela **mediana** como medida da tendência ao centro. O número de medidas é n e elas são organizadas em ordem crescente. Se n é ímpar, a mediana é o valor da observação $(1/2)(n + 1)$. Se n é par, a mediana é a média das observações $(1/2)(n)$ e $(1/2)(n + 1)$. O **intervalo** é a diferença entre a observação de valor mais alto e a de valor mais baixo no conjunto de dados. O intervalo é usado como uma medida da dispersão em substituição ao desvio padrão. Para os seguintes resultados de uma titulação (ml):

$$10,00 \quad 10,05 \quad 10,07 \quad 10,25$$

a mediana é $(1/2)(10,05 + 10,07) = 10,06$ ml e o intervalo é $(10,25 - 10,00) = 0,25$ ml.

Alguns testes usam o intervalo como medida da dispersão, embora eles não sejam, rigorosamente, não paramétricos porque se usa a média aritmética, $\bar{x}$. Pode-se usar testes de intervalo no lugar dos testes descritos nas Seções 4.12 e 4.13:

(a) O teste t, usado para comparar a média experimental, $\bar{x}$, com a média verdadeira ou conhecida, μ (Seção 4.12), pode ser substituído por um teste de intervalo que usa o T_1 estatístico

$$T_1 = \frac{|\bar{x} - V|}{R} \qquad (4.16)$$

onde V é a média conhecida e R, o intervalo.

(b) Em vez do teste t para a comparação de duas médias $\bar{x}_1$ e $\bar{x}_2$ (Seção 4.13) pode-se usar o T_d estatístico

$$T_d = \frac{2|\bar{x}_1 - \bar{x}_2|}{R_1 + R_2} \qquad (4.17)$$

Do mesmo modo, uma alternativa para o teste F (Seção 4.13) baseada no intervalo é o uso do F_R estatístico

$$F_R = \frac{R_1}{R_2} \quad \text{onde} \quad R_1 > R_2 \qquad (4.18)$$

Exemplo 4.20

Em um novo método para a determinação de cálcio em água encanada, analisou-se quatro vezes uma determinada amostra. Os resultados ($mg \cdot l^{-1}$) foram

$$104,5 \quad 106,0 \quad 103,9 \quad 105,1$$

Estes valores foram comparados com os obtidos pelo método padrão

$$106,2 \quad 105,8 \quad 106,3 \quad 105,6$$

Use um teste baseado nos intervalos para mostrar se os dois métodos diferem significativamente (i) na precisão e (ii) nas médias.

Precisão Substituindo valores na Eq. (4.18), tem-se

$$F_R = \frac{R_1}{R_2} = \frac{2,1}{0,7} = 3,0$$

Segundo as tabelas (Apêndice 17), o valor calculado de F_R (3,0) é menor do que o valor de F_R crítico (4,0). Assim, as precisões não são significativamente diferentes.

Médias Substituindo valores na Eq. (4.17), tem-se

$$T_d = \frac{2|\bar{x}_1 - \bar{x}_2|}{R_1 + R_2}$$

onde $\bar{x}_1$ média do novo método $= 104,87 \, mg \, l^{-1}$

e $\bar{x}_2$ média do método padrão $= 105,97 \, mg \, l^{-1}$

então, $T_d = \dfrac{2|104,87 - 105,97|}{2,1 + 0,7} = \dfrac{2,2}{2,8} = 0,786$

O valor calculado de T_d (0,786) é menor do que o valor tabelado de T_d (0,81) encontrado no Apêndice 16. Assim, as médias não são significativamente diferentes.

O teste t pareado (Seção 4.14) também pode ser avaliado por um método não paramétrico alternativo, o **teste de precedência segundo Wilcoxon** (*Wilcoxon signed rank test*). Este método é melhor explicado com um exemplo.

Exemplo 4.21

Dividiu-se cada uma de dez diferentes amostras de suco de frutas enlatado em duas partes. Uma delas foi enviada ao laboratório 1 e a outra, ao laboratório 2. Os dois laboratórios determinaram o teor de estanho ($mg \cdot l^{-1}$) em cada amostra. Os resultados são dados a seguir. Existem evidências de uma diferença sistemática entre os dois laboratórios?

Amostra	A	B	C	D	E	F	G	H	I	J
Laboratório 1 ($mg \, l^{-1}$)	51,7	82,1	73,3	35,7	65,9	95,3	21,9	16,2	45,1	103,6
Laboratório 2 ($mg \, l^{-1}$)	50,9	81,9	73,4	35,4	64,8	94,8	22,3	15,0	44,2	103,1

As etapas do teste de precedência segundo Wilcoxon estão descritas a seguir

1. Calcule as diferenças entre os resultados de cada amostra:

A	B	C	D	E	F	G	H	I	J
+0,8	+0,2	−0,1	+0,3	+1,1	+0,5	−0,4	+1,2	+0,9	+0,5

2. Organize-as em ordem crescente, ignorando os sinais:

$$-0,1 \quad 0,2 \quad 0,3 \quad -0,4 \quad 0,5 \quad 0,5 \quad 0,8 \quad 0,9 \quad 1,1 \quad 1,2$$

3. Os resultados estão agora ordenados por precedência. Atribua ao mais baixo a posição 1 e, neste exemplo, com dez resultados, atribua a posição 10 ao valor mais alto. No caso dos valores empatados (0,5) da posição 5, considere que sua média está entre 5 e 6, isto é, 5,5. As novas posições, conservando-se os sinais + e −, são

$$-1 \quad +2 \quad +3 \quad -4 \quad +5,5 \quad +5,5 \quad +7 \quad +8 \quad +9 \quad +10$$

4. As posições positivas somam 50 e as negativas somam −5. Tome como valor teste a soma da posição mais baixa, 5, independentemente do sinal.

A partir da tabela do teste de precedência segundo Wilcoxon (Apêndice 15), o valor para dez pares é igual a 8. Em testes deste tipo, se o valor calculado da posição mais baixa (5) for **menor ou igual** ao valor tabelado (8) diz-se que existe uma diferença significativa entre os laboratórios.

Esta breve introdução aos métodos rápidos e não paramétricos mostra que os cálculos são relativamente simples. Existem muitos métodos não paramétricos úteis para os químicos analistas. O leitor encontrará na Seção 4.38 uma lista de livros sobre o assunto.

4.37 Referências

1. C T Shewell 1959 *Anal. Chem.*, **31** (5); 21A
2. R L Plackett and J P Burman 1946 *Biometrika*, **33**; 385
3. S N Deming and S L Morgan 1973 *Anal. Chem.*, **45**; 278A
4. J A Nelder and R Mead 1965 *Comput J.*, **7**; 308
5. L A Yabro and S N Deming 1974 *Anal. Chim. Acta*, **73**; 391
6. M McCue and E R Malinowski 1981 *Anal. Chim. Acta*, **133**; 125

4.38 Bibliografia

M J Adams 1995 *Chemometrics in analytical spectroscopy*, Royal Society of Chemistry, Cambridge

K R Beebe, R J Pell and M B Seasholtz 1998 *Chemometrics: a practical guide*, Wiley, Chichester

R G Brereton 1990 *Chemometrics*, Ellis Horwood, Chichester

C Chatfield 1996 *Statistics for technology*, 3rd edn, Chapman and Hall, London

S N Deming and S Morgan 1993 *Experimental design: a chemometric approach*, 2nd edn, Elsevier, Amsterdam

D L Massart, B G M Vandeginste, S N Deming, Y Michotte and L Kaufman 1998 *Chemometrics: a textbook*, Elsevier, Amsterdam

J C Miller and J N Miller 1993 *Statistics for analytical chemistry*, 3rd edn, Wiley, Chichester

E Morgan 1995 *Chemometrics: experimental design*, ACOL–Wiley, Chichester

P Sprent 1993 *Applied nonparametric statistical methods*, 2nd edn, Chapman and Hall, London

4.36 A importância da quimiometria

Se usados corretamente, os métodos descritos neste capítulo são de ajuda inestimável para o químico analista. Neste capítulo, só foi possível apresentar uma pequena introdução aos muitos métodos estatísticos e quimiométricos que existem. O objetivo principal do capítulo foi mostrar ao leitor o potencial crescente da quimiometria, metodologia já bastante difundida. Por esta razão, foi difícil selecionar os tópicos que foram incluídos e, inevitavelmente, ocorreram omissões que podem parecer lamentáveis para os especialistas em quimiometria.

A abordagem que usamos no capítulo foi usar exemplos específicos que pudessem ilustrar a aplicação de cada tópico no tratamento e na interpretação de dados analíticos. Existe, certamente, o risco de que alguns conceitos básicos tenham sido pouco discutidos e, por isso, recomenda-se fortemente ao leitor que se familiarize com os métodos quimiométricos usando os bons livros-texto disponíveis.

Note que os métodos de processamento de sinais são classificados como uma área da quimiometia e estão incluídos neste livro. Procure a discussão da espectroscopia por transformadas de Fourier (Seção 18.5) e da espectroscopia por derivação (Seção 17.13).

Existe, hoje, uma série de programas de computador para a estatística clássica e os métodos quimiométricos, disponíveis para todas as técnicas abordadas neste capítulo. Não incluímos uma lista deles porque o rápido desenvolvimento dos programas de computador mais elaborados a tornaria rapidamente obsoleta.

Nunca esqueça da química implícita na quimiometria! Se quimicamente a resposta não fizer sentido, o método foi mal aplicado ou o planejamento foi mal escolhido.

5

Amostragem

5.1 Introdução

5.1.1 Técnicas de amostragem

As medidas analíticas têm amplo emprego: monitorar e regular a composição de matérias-primas usadas comercialmente, controlar e otimizar processos industriais, controlar impurezas e subprodutos, assegurar a conformidade com a legislação quanto às composições máxima e mínima, assegurar a qualidade de alimentos e bebidas, salvaguardar a saúde e a segurança das pessoas no local de trabalho, manter um ambiente de trabalho seguro e monitorar e proteger o meio ambiente em geral.

Estima-se que nos países ricos cerca de 3% do produto nacional bruto é usado em análises [1]. Só na Inglaterra, são realizadas, anualmente, cerca de 1 bilhão de medidas analíticas (ainda que cerca de 10% delas não sejam de boa qualidade).

À primeira vista, as questões que a análise propõe são simples: Qual é a natureza da amostra? Quais são as concentrações? Que riscos estes materiais representam para a saúde? Infelizmente, é muito difícil, normalmente, responder a estas questões de forma simples e chegar à resposta correta, a não ser que se possa obter uma **amostra representativa** de uma matriz complexa. Assim, a amostragem é a primeira tarefa, normalmente a mais difícil do procedimento analítico. Isto, porém, nem sempre é reconhecido por quem solicitou a análise e mesmo por alguns analistas. Por outro lado, cresceu a conscientização acerca deste problema. Um documento do governo inglês, por exemplo, declarou recentemente: "Medidas ruins são, na melhor das hipóteses, caras e inconvenientes, mas, na pior das hipóteses, podem ser perigosas ou nocivas à saúde. ... Não faz sentido ter analistas de primeira categoria, equipamentos caros e modernos, se a amostra não for representativa ou se sofreu alterações antes da análise."[2]

Neste capítulo, veremos como obter amostras representativas de vários materiais diferentes, nas fases gasosa, líquida e sólida. Veremos, também, como obter respostas corretas em estudos de monitoramento ambiental e industrial. Apesar dos procedimentos empregados serem diferentes, conforme a natureza do problema, alguns comentários gerais se aplicam tanto à amostragem de gases como à de líquidos e de sólidos.

5.1.2 Estatísticas de amostragem

A amostragem deve ser sempre abordada sob a ótica do bom senso. O uso de técnicas estatísticas não entra em conflito com esta premissa e tem a vantagem de tornar a tarefa do analista mais rápida e a resposta obtida mais confiável. Discutiremos detalhadamente a estatística da amostragem na seção reservada à amostragem de sólidos, porém devemos reconhecer desde já que, como em todas as técnicas estatísticas científicas, o **número** de partículas do analito é mais relevante do que a quantidade (a massa) da amostra. A seguinte relação sempre se aplica:

$$n \propto \frac{1}{R^2}$$

onde R é o desvio-padrão relativo e n é o número de partículas. Uma conseqüência desta relação simples é que diferentes abordagens devem ser empregadas em cada uma das três fases.

No caso de gases e líquidos, o tamanho médio das partículas é muito pequeno. Assim, por exemplo, 1 ml de um gás puro contém, nas CNTP, cerca de $2,5 \times 10^{19}$ partículas e 1 ml de líquido contém cerca de $2,5 \times 10^{16}$ partículas. No caso de sólidos, entretanto, a exigência de homogeneidade do material só pode ser satisfeita pela coleta de um número de partículas de analito suficiente para representar todo o material de interesse. Por isto, se materiais finamente divididos fornecem, comumente, amostras com peso bruto de alguns gramas ou menos, materiais de partículas muito volumosas fornecem amostras representativas cujo peso bruto pode chegar a toneladas.

Os métodos mais modernos usam, normalmente, menos de 1 mg de material para algumas análises. Esta pequena quantidade (a amostra analítica), que deve ser, em tese, a réplica exata em miniatura da massa inteira do material (a população), é normalmente obtida pela coleta inicial de uma amostra bruta suficientemente grande para ser representativa. Esta amostra é reduzida gradativamente até a amostra analítica (Fig. 5.1). Não é demais enfatizar que a redução do erro da amostragem nesta seqüência é, em geral, a etapa mais difícil de qualquer procedimento analítico. Ela depende de o analista dispor do maior número possível de informações sobre o sistema.

O segundo termo estatístico importante é o **nível de confiança**. Em geral, é impossível chegar a uma resposta com segurança absoluta. Assim, por exemplo, quando afirmamos que "nenhum dos ovos produzidos em uma fazenda está contaminado por salmonela", estamos declarando que todos os ovos foram amostrados (e, portanto, destruídos). Normalmente, é suficiente um nível mais baixo de confiança, 95%, por exemplo, que exige o uso de um número muito menor de amostras. Para muitas situações reais, entretanto, mesmo este nível de confiança é demasiadamen-

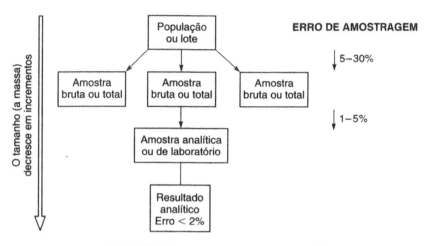

Fig. 5.1 Estágios na amostragem de um material

te elevado. É uma boa prática estimar o valor numérico determinado na análise e o nível de incerteza adotado, para dar uma idéia da incerteza envolvida na medida.

5.1.3 Variabilidade na amostra

Em amostragem, a variabilidade é definida como a diferença no conteúdo ou composição da matriz provocada por fatores externos. A questão **não** é as diferenças que existem entre os valores numéricos produzidos como resultado de flutuações aleatórias da técnica analítica ou diferenças de valor que **podem** ser produzidas em decorrência da má técnica de amostragem. A variabilidade é devida às mudanças que ocorrem efetivamente na composição da amostra. Neste capítulo, serão abordadas as duas causas principais da variabilidade:

A **variabilidade com a posição** é razoavelmente óbvia no caso da amostragem de sólidos, em que as concentrações do analito podem variar muito em pontos relativamente próximos. Este problema, entretanto, também é encontrado na amostragem de gases e de líquidos, especialmente quando se consideram grandes populações ou amostras muito grandes, em que as misturas não são homogêneas como ocorre no laboratório. Embora continue sendo verdade que os gases são "completamente miscíveis uns nos outros", é óbvio que a composição da atmosfera não é a mesma em toda a Terra ou mesmo em diferentes altitudes. Da mesma forma, a composição de grandes quantidades de líquido, como os oceanos, é diferente dependendo da posição amostrada.

A **variabilidade com o tempo** pode ocorrer de forma aleatória ou semi-aleatória ou, ainda, ter natureza cíclica. A variação com o tempo pode ser devida a fatores naturais ("às vezes chove"). Pode ocorrer, também, pela variação diária de muitos problemas ambientais ou pelas variações periódicas de atividades industriais. Em cada caso, é importante coletar as amostras de modo a evitar a "coincidência da periodicidade" durante a amostragem.

5.1.4 Estabilidade da amostra

Como é raro poder fazer a análise durante a amostragem, pode-se, eventualmente, observar variações de composição da amostra entre a amostragem e a determinação analítica. Quando se deseja uma análise exata, o material não pode sofrer mudanças significativas de composição com o tempo. Embora algumas amostras sejam razoavelmente estáveis, mesmo assim é necessário tomar algumas precauções para evitar ganho ou perda de peso devido à água. Muitas amostras precisam de alguma forma de preservação para manter sua integridade.

5.1.5 Regulamento e Legislação

Análises são sempre feitas com uma finalidade precisa. Freqüentemente, o objetivo é monitorar substâncias no ambiente industrial ou no meio ambiente em geral, para garantir que os níveis predefinidos de segurança de determinados compostos não sejam excedidos. Os regulamentos ou leis que definem estes níveis foram progressivamente estabelecidos em todo o mundo e formam uma estrutura complexa com a qual o analista deve lidar. A legislação comumente estipula até mesmo a maneira de coletar e analisar as amostras. Mesmo que, na opinião do analista, outros métodos **possam** ser adequados, eles somente devem ser usados depois de uma avaliação completa contra o método recomendado. Se a análise for utilizada para justificar procedimentos legais, é melhor empregar um método padrão, que já demonstrou ser seguro. Veremos, adiante, alguns detalhes da legislação específica relativa às amostras gasosas, líquidas e sólidas.

5.1.6 A terminologia da amostragem

Como ocorre em outros campos da ciência, a linguagem, em particular as abreviações usadas nos procedimentos de amostragem, pode assustar à primeira vista. Infelizmente, é inevitável ter que aprender o jargão para poder compreender adequadamente os problemas envolvidos e suas soluções.

5.2 Gases e vapores

Como o erro, R, é inversamente proporcional ao número de partículas de amostra coletadas, examinaremos inicialmente a análise de gases e de vapores, em que as partículas são moléculas (ou, ocasionalmente, átomos) e pode-se

92 Amostragem

amostrar facilmente um grande número de partículas. Veremos principalmente, nesta seção, os sistemas **abertos**, isto é, sistemas em que o gás não está confinado, porque o problema de amostragem é mais difícil do que o de gases em sistemas **fechados**, como tubulações e cilindros. Nos sistemas fechados, pode-se usar procedimentos simplificados de amostragem que se baseiam na hipótese de que a composição global é constante ou quase constante.

Em geral, a amostragem de gases e vapores em um segmento industrial (monitoramento do local de trabalho), onde os níveis de poluentes podem ser bastante altos, não é feita como na análise ambiental (monitoramento ambiental), em que se espera baixas concentrações de gases poluentes. Em cada uma destas áreas, aplicam-se legislação e diretrizes próprias. As distinções entre elas, no que diz respeito aos níveis de concentração encontrados (ou esperados), estão, entretanto, diminuindo progressivamente e técnicas que eram utilizadas em uma área estão agora sendo aplicadas na outra. Embora comecemos esta seção pelo monitoramento do local de trabalho, observe que muitas das técnicas e dos protocolos descritos começam a ser empregados em situações mais gerais.

Os trabalhadores da indústria são protegidos da exposição excessiva a materiais nocivos, inclusive gases e vapores, por uma legislação exigente e diretrizes que podem variar de acordo com o país onde a indústria se localiza [3]. Existe hoje, porém, uma forte tendência à harmonização da legislação, em particular nos países ricos. Três fatores principais devem ser considerados:

1. Risco inerente ao gás: é óbvio que a exposição ao HCN é mais séria do que a vapores de etanol, por exemplo.
2. Nível de concentração do gás: existe, para muitos produtos gasosos, uma relação entre a dose e a resposta, isto é, quanto maior o nível, mais sério é o efeito.
3. Duração da exposição: a exposição a gases em baixas concentrações e longos períodos não tem o mesmo efeito da exposição em concentrações elevadas e períodos curtos.

Nota Os termos "perigo" e "risco" são empregados de maneira bastante vaga na conversação em geral para descrever a mesma coisa. Na linguagem científica, o perigo é inerente à substância ou à situação considerada. Assim, ácidos concentrados são sempre perigosos. Por outro lado, o risco varia, de acordo com a ação que está sendo executada. Assim, há pouco risco de efeitos nocivos causados por ácidos concentrados guardados em frascos adequadamente selados, porém, se eles estiverem em frascos abertos, sem rótulo, o risco aumenta dramaticamente.

Os procedimentos de amostragem de gases devem considerar os três fatores quando se deseja obter uma estimativa razoável do risco a que o trabalhador está submetido. Na Inglaterra, a legislação que protege o trabalhador considera cada um destes fatores. O primeiro deles, que é, em muitos aspectos, o mais simples, é tratado pelo Escritório de Saúde e Segurança (Health and Safety Executive — HSE), que publica anualmente uma lista dos limites de exposição ocupacional aceitáveis, conhecidos como EH40/X, onde X é o ano da publicação. Estes limites fazem parte do Regulamento de Controle de Substâncias Perigosas para a Saúde — 1988, ou Regulamento COSHH [4]. Trata-se, na verdade, de duas listas, das quais a menor contém 30 substâncias a que são atribuídos limites máximos de ex-

posição (MELs — *Maximum Exposure Limits*). Estas substâncias são os gases e vapores considerados mais perigosos. A exposição no ambiente de trabalho a níveis que excedem os valores publicados constitui uma violação da legislação. Em outras palavras, o administrador responsável está infringindo a lei e é passível de processo penal.

A lista maior estabelece padrões de exposição ocupacional (OESs — *Occupational Exposure Standards*) e a exposição máxima aceitável de muitos gases e vapores que podem ser encontrados em ambientes industriais (Tabela 5.1). Em termos simples, trata-se de uma lista de níveis "seguros" para o trabalho com estes materiais. Como a lista é publicada anualmente, os níveis podem ser ajustados, de acordo com novas informações obtidas sobre as substâncias.

Apesar de serem para uso na Inglaterra, os níveis estabelecidos são semelhantes aos valores limites aceitáveis (TLVs — *Threshold Limit Values*), que são os equivalentes americanos. A lista especifica os valores máximos e a freqüência adequada das medidas. Empregam-se, usualmente, dois períodos de referência: o nível de exposição em tempo curto (STEL — *Short-Term Exposure Level*), 10 minutos, geralmente, e a exposição média a longo prazo (TWA — *Time-Weighted Average*), 8 horas, que corresponde à jornada média de trabalho na indústria. Em geral, os valores são mais baixos para exposições a longo prazo. Seria desejável monitorar um determinado gás ou vapor usando os dois períodos, mas cada um deles exige procedimentos diferentes.

As técnicas de amostragem de gases e vapores no ambiente de trabalho se enquadram em quatro categorias gerais:

1. Frascos de amostragem de gases.
2. Sensores estáticos.
3. Retentores de gases.
4. Análise em tempo real.

Cada método tem vantagens em certas situações, mas nenhum deles é satisfatório em todas as situações, especial-

Tabela 5.1 *Padrões de exposição ocupacional de alguns gases e vapores comumente encontrados em ambientes industriais*

	Média de 8 horas[a]		Exposição por 10 minutos[b]	
	ppm	$mg \cdot m^{-3}$	ppm	$mg \cdot m^{-3}$
Benzeno	5	16	—	—
Tetracloreto de carbono	2	12,6	—	—
Cloro-benzeno	50	230	—	—
Clorofórmio	2	9,8	—	—
1,1-Dicloro-etano	200	810	400	1620
Dicloro-metano[c]	100	350	300	1050
Formaldeído[c]	2	2,5	2	2,5
Cianeto de hidrogênio[c]	—	—	10	10
Mercúrio metálico	—	0,05	—	0,15
Metil-celosolve	5	16	—	—
Nitro-tolueno	5	30	10	60
Fenol	5	19	10	38
Estireno[c]	100	420	250	1050
Tolueno	50	188	150	560
Cloreto de vinila[c]	3 ppm durante 1 ano			

[a]Exposição média a longo prazo (TWA).
[b]Limite de exposição em curto período (STEL).
[c]Limite máximo de exposição (MEL).

mente porque as exigências legais baseiam-se em procedimentos de amostragem diferentes, que especificam níveis máximos e períodos de referência diferentes para cada caso.

5.2.1 Frascos de amostragem de gases

Quando a amostragem rápida da atmosfera do local de trabalho for suficiente, pode-se usar frascos de vidro ou metal de volume entre 0,01 e 10 litros (Fig. 5.2), evacuados antes do uso ou lavados com gás, que são fáceis de usar e são confiáveis para a amostragem de gases em altas concentrações. Eles são, porém, volumosos e podem reter gases que atrapalham análises posteriores. Seringas de amostragem de gases, que podem ser ligadas a válvulas simples, são uma modificação desta abordagem. Bolsas plásticas infláveis são menos volumosas e fáceis de estocar, porém elas podem ser tão inconvenientes quando em uso como os frascos rígidos porque, quando infladas, seu volume pode chegar a 100 litros. Para evitar a perda de amostra por permeação através das paredes ou por adsorção na parede interna, as bolsas são normalmente produzidas em três camadas, Mylar/alumínio/polietileno. Com isto, o custo aumenta e, por isto, elas são utilizadas várias vezes com o conseqüente risco de contaminação oriunda de uma amostragem anterior. Por outro lado, embora fáceis de usar, estes dispositivos indicam apenas os níveis de gases no momento em que foram enchidos. O controle direto da atmosfera do ambiente durante um tempo mais longo não é possível. Além disto, como o volume de gás coletado é relativamente pequeno, frascos de amostragem não são adequados para baixos níveis de concentração.

5.2.2 Sensores estáticos

Usam-se, normalmente, duas formas de sensores estáticos no monitoramento industrial. Os **sensores adsorventes** são dispositivos que contêm uma pequena quantidade de material adsorvente em contato com a atmosfera através de uma membrana semipermeável. Na hora do uso, eles são retirados de envelopes selados e presos na roupa do trabalhador para a detecção de vapores que difundem no ambi-

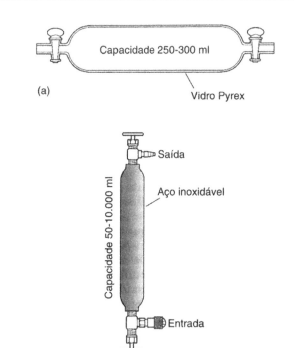

Fig. 5.2 Frascos de amostragem de gases e líquidos: (a) vidro, (b) metal

ente (Fig. 5.3). Apesar de simples e baratos, eles têm um problema: como o analito chega ao adsorvente por difusão no ar, é necessário um tempo de amostragem longo para que se atinja um nível aceitável de sensibilidade. Eles podem, entretanto, ser usados sem problemas por trabalhadores que têm que permanecer expostos por longos períodos a baixos níveis de eventuais poluentes. Por isto, eles são amplamente empregados no monitoramento de rotina dos níveis de OES durante períodos de até 8 horas. Alguns destes "monitores tipo crachá" mudam de cor quando o poluente chega a determinados níveis, o que permite a análise do ambiente por simples inspeção visual. (Pode-se

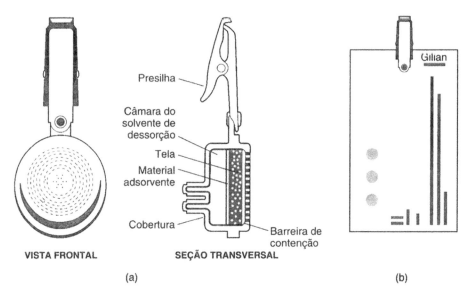

Fig. 5.3 Sensores de adsorção: (a) distintivo convencional, (b) tipo cartão de crédito

adquirir uma versão destes dispositivos para monitoração dos níveis de CO nas residências.)

A principal desvantagem destes dispositivos é que como dependem de uma reação química para produzir a mudança de cor, eles são específicos para uma substância ou grupo de substâncias. Para monitorar vários gases são necessários vários dispositivos diferentes. Para superar esta dificuldade, pode-se usar distintivos de adsorção de uso geral, geralmente contendo carvão ativado ou outro adsorvente poderoso. Mede-se o total de gases no final do período de amostragem por dessorção e análise do analito, comumente por cromatografia com fase gasosa. A desvantagem deste tipo de sensor é que a análise é feita após a amostragem, isto é, só se sabe que houve um problema depois que ele ocorreu. Outro problema é que os equipamentos necessários para dessorção e análise são caros. Nem sempre o adsorvente é usado na forma de distintivo. Alguns sistemas comerciais de adsorção por difusão são, essencialmente, um tubo de vidro ou aço inoxidável que contém o leito do adsorvente e uma membrana. Como este arranjo pode também ser usado para a fixação de substâncias, apresentaremos uma descrição mais completa dele na Seção 5.2.3.

Os **sensores específicos (eletroquímicos)** podem ser usados para um determinado gás ou vapor. Talvez o mais comum e, certamente, o mais usado, é o "analisador de hálito", empregado por policiais na medição do teor de álcool no sangue de motoristas. Como estes sensores dão geralmente uma resposta instantânea, eles serão descritos na Seção 5.2.4.

5.2.3 Retenção de substâncias

Embora os sensores estáticos adsorventes que descrevemos anteriormente sejam, no fundo, sistemas de retenção de substâncias, porque eles usam o mecanismo da adsorção para coletar o analito de interesse, a palavra "retenção" é normalmente aplicada aos dispositivos de coleta ativos, em que a atmosfera é bombeada mecanicamente através de um leito que adsorve os analitos ou reage com eles. Atualmente, os sistemas bombeados são os mais usados na amostragem de gases antes da análise, porque pode-se ajustar a velocidade e o tempo de bombeamento para amostrar diferentes volumes de gases. Isto significa que eles podem ser usados para medir níveis baixos de TWA. A escolha correta do leito de adsorção permite a determinação de uma grande variedade de amostras.

Retentores líquidos

Os retentores líquidos são usados há muito tempo. Eles são úteis em alguns programas de monitoramento, como, por exemplo, o controle de gases no meio ambiente por longos períodos, devido à sua simplicidade, especificidade e sensibilidade. O gás é bombeado até um borbulhador. Usa-se um método químico simples e confiável para reter a substância de interesse. Pode-se, por exemplo, fixar pequenas quantidades de SO_2 passando o gás por uma solução diluída de peróxido de hidrogênio. A reação é

$$SO_2 + H_2O_2 \rightarrow H_2SO_4$$

O ácido produzido é estável e as medidas podem ser feitas por longos períodos (30 dias ou mais). A quantidade total

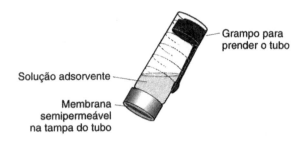

Fig. 5.4 Sistema sensor de líquido para monitoramento individual de gases e vapores

de ácido pode ser determinada por titulação do ácido ou pelo pH. Os retentores líquidos não são normalmente usados no monitoramento pessoal porque é difícil fazer um coletor que possa ficar preso na roupa sem risco de vazamento. Existe, entretanto, pelo menos um modelo comercialmente disponível (Fig. 5.4), que se baseia na difusão do gás através de uma membrana até um pequeno reservatório de líquido.

Adsorventes sólidos

O uso de bombas para forçar o gás a chegar a um leito adsorvente aumenta consideravelmente a sensibilidade em relação aos sensores de difusão estáticos e reduz o período de amostragem necessário para se obter uma dada massa de analito.

O mais simples destes sistemas, aplicável a concentrações altas de analito, usa uma bomba de fole operada manualmente que força a passagem de alguns litros de gás por um tubo recheado com material adsorvente. Um destes dispositivos, muito usado, inclui um leito adsorvente de sílica gel granular coberto por um ou mais reagentes específicos para o analito que produzem cor. O nível de contaminação é determinado diretamente pela extensão da mancha colorida no tubo. Este era o princípio utilizado nos tubos de "analisadores de hálito" originais, em que o etanol era oxidado por dicromato e adsorvido em sílica em meio ácido para produzir uma mancha verde devida ao cromo(III). Dispositivos deste tipo são muito empregados na indústria, particularmente quando se suspeita de contaminação ou quando há riscos em potencial. Apesar do uso simples e da precisão relativamente alta, eles só podem ser usados no monitoramento de altos níveis de emissões gasosas por períodos curtos. Um outro problema é que, como a produção da cor depende de uma reação química específica, cada tipo de gás requer um tubo diferente.

Quando se deseja monitorar por períodos prolongados baixos níveis de gases e vapores na indústria ou no meio ambiente (lembre-se de que grande parte da legislação industrial utiliza como referência 8 horas como período de amostragem), pode-se bombear o gás até o material adsorvente usando uma bomba de volume constante. Estas bombas são operadas por bateria e podem ser usadas pelo trabalhador sem muito desconforto durante a jornada de trabalho. Durante as oito horas elas levam o ar, com vazão entre 0,20 e 2 l · min^{-1}, até um leito de material adsorvente contido em um tubo de amostragem. Estes "monitores pessoais" são, no momento, o melhor meio de obter uma amostra TWA representativa da exposição de um indivíduo a gases e a vapores em ambientes industriais. É muito importante que a vazão da bomba seja constante porque o volume de gás coletado é normalmente calculado pela relação simples:

período de amostragem × velocidade de fluxo = volume total

Em uma situação típica, com vazão de 0,2 l · min^{-1} durante 8 horas, seriam coletados 9,6 l de gás, isto é, 0,096 m^3. A escolha do adsorvente e a maneira de colocá-lo no tubo podem variar consideravelmente, e muitas configurações para uso em diferentes procedimentos de amostragem são encontrados comercialmente. Dois pontos importantes, entretanto, devem ser considerados. Em primeiro lugar, o adsorvente deve reter **efetivamente** o material de interesse **e, também**, permitir sua dessorção completa antes da análise. Em segundo lugar, como o período de amostragem é definido e a análise é feita após a coleta, estes dispositivos dão a análise total do período. Dois tipos de tubos são, em geral, usados: de vidro e de aço inoxidável. Os tubos de vidro têm normalmente cerca de 4 mm de diâmetro interno e 70 mm de comprimento, são, em geral, recheados com 100 mg de adsorvente e são mantidos em posição com a ajuda de uma tampa de lã de vidro, quartzo ou um polímero poroso. Eles são selados nas pontas, que são quebradas no momento do uso, e o tubo é ligado à bomba por tubos flexíveis.

Estes tubos são, às vezes, conhecidos como tubos ORBO ou NIOSH porque sua avaliação inicial foi feita pelo Instituto Nacional de Segurança Ocupacional e Administração da Saúde (NIOSHA — *National Institute of Occupational Safety and Health Administration*), nos EUA. Eles foram projetados para serem usados uma só vez. O preço no comércio é relativamente baixo, porém eles podem ser feitos facilmente no laboratório com tubos de vidro e um bico de Bunsen. Vários adsorventes podem ser usados [5], porém, nos tubos descartáveis, o carvão é o mais comum, porque adsorve fortemente a maior parte dos compostos orgânicos apolares. Usa-se sílica gel para os compostos orgânicos mais polares e alguns compostos inorgânicos. A sílica gel, entretanto, ao contrário do carvão, adsorve água e deve-se tomar cuidado para que a eficiência da adsorção não seja prejudicada pela umidade do ar. Após o uso, os analitos absorvidos devem ser dessorvidos e analisados quantitativamente. Como a maior parte dos gases e vapores é fortemente adsorvida no carvão (o que, aliás, justifica seu uso) é importante que os gases sejam dessorvidos quantitativamente e sem alterações. Isto é normalmente feito com um solvente de dessorção, que é mais confiável do que a dessorção térmica.

Pode-se usar um grande número de solventes orgânicos, mas, na prática, prefere-se o dissulfeto de carbono. A escolha de um solvente tóxico, altamente inflamável e de odor muito desagradável, pode ser absurdo à primeira vista, mas há boas razões para isto. A técnica analítica normalmente usada para separar, identificar e quantificar as substâncias é a cromatografia com fase gasosa e, em muitos casos, o detector usado é de ionização por chama (FID). Como a resposta do dissulfeto de carbono ao FID é muito pequena, é pouco provável que os primeiros cinco minutos do cromatograma sejam mascarados, e é nesta região que eluem a maior parte dos compostos da amostra (Fig. 5.5). Em segundo lugar, pode-se obter o solvente com razoável pureza a um custo relativamente baixo. Este aspecto é relevante porque quase sempre a coleta se limita a alguns microgramas de um determinado analito em particular e impurezas do solvente que eluem na região de interesse podem mascarar picos da amostra.

A resposta pequena do dissulfeto de carbono a um detector FID não é relevante em outros sistemas de detecção como GC/MS ou HPLC, porém a vantagem da pureza ainda é muito relevante. A maneira mais simples de se extrair o analito é quebrar o tubo de vidro ao meio, colocar os grânulos de carvão em um frasco pequeno e adicionar 0,25 a 0,50 ml de solvente, agitando por alguns minutos, de preferência imergindo parcialmente o frasco em um banho de ultra-som. Pode-se injetar uma alíquota do solvente diretamente no cromatógrafo. A técnica é simples e pode-se obter, com cuidado, resultados confiáveis, apesar de a produção de uma curva de calibração para a análise quantitativa ser bastante demorada. A curva deve ser feita por adição de quantidades crescentes conhecidas do analito de interesse a vários tubos em branco e fazendo a extração completa de cada um deles.

No caso de um pequeno número de amostras, a simplicidade do equipamento é atraente, mas o processo é bastante trabalhoso. Quando o número de amostras é grande, por exemplo, quando se deve monitorar várias dezenas de trabalhadores diariamente, estão ficando cada vez mais importantes outros sistemas que podem ser automatizados.

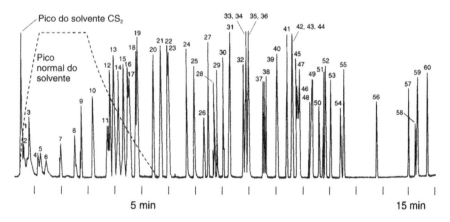

Fig. 5.5 Cromatograma de compostos orgânicos voláteis após extração com CS$_2$. Tubo de amostragem: 100 mg de Carbotrap 20-30 mesh; dessorção: 100 μl CS$_2$; coluna de DBS de 30 m (DI = 0,22 mm); programação de temperatura: 1 min em 10°C, depois, até 80°C a 5°C·min^{-1}

Nestes sistemas são usados tubos de 4 mm de diâmetro e 70 mm de comprimento, feitos de aço inoxidável, abertos nas extremidades, que dispõem de tampas removidas no momento do uso. Estes tubos contêm de 100 a 500 mg do adsorvente presos por pequenas telas de gaze de aço inoxidável. O adsorvente é normalmente um polímero sintético poroso como o Porapak ou o Tenax, inicialmente desenvolvidos como materiais de empacotamento para cromatografia com fase gasosa. Para coletar a amostra, remove-se as tampas e o ar é bombeado pelo tubo sob vazão constante durante um tempo definido, como anteriormente. Uma vez terminada a amostragem, os analitos são dessorvidos e analisados automaticamente. Os tubos são aquecidos sob uma corrente de gás para remover termicamente a amostra adsorvida, que é injetada diretamente no cromatógrafo. Existem vários sistemas em carrossel que suportam até 50 amostras. O processo completo de dessorção e análise cromatográfica pode ser feito sem assistência do operador, durante a noite, se necessário (Fig. 5.6).

O emprego de adsorventes porosos poliméricos permite a dessorção efetiva por via térmica de todos os gases adsorvidos, o que confere duas vantagens:

(a) Toda a amostra é injetada no cromatógrafo de uma só vez, o que dá sensibilidade muito maior do que se a mesma massa de amostra dessorvida tivesse sido extraída com um volume relativamente grande de solvente.
(b) Os tubos são limpos termicamente, o que permite sua utilização por diversas vezes sem perda da eficiência. A capacidade de adsorção destes materiais, entretanto, é muito menor do que a do carvão.

A capacidade de operar uma quantidade elevada de amostras com alta sensibilidade e precisão é, comumente, essencial em programas de amostragem de média ou grande escala. O alto investimento inicial é rapidamente compensado pelos custos de operação muito mais baixos. Um problema que pode ocorrer com qualquer um dos dois tipos de tubo de amostragem é a saturação, isto é, a capacidade de adsorção do leito excedida, seja porque o material em análise está em alta concentração ou porque outras substâncias, por exemplo, vapor de água, são adsorvidas e deslocam o analito. Se isto acontece, pode-se usar a extração por solvente usando tubos com dois compartimentos, com a primeira seção, que contém 100 mg do adsorvente, separada por uma pequena peça de espuma de poliuretano de uma segunda seção, de segurança, com 50 mg do adsorvente (Fig. 5.7). As duas seções são analisadas separadamente. Quando se observa algum analito na seção de segurança, ocorreu saturação, e o experimento deve ser repetido. Estes tubos de dois compartimentos são inadequados quando se usa a dessorção térmica automática. É sempre possível colocar dois tubos simples em série e analisar cada um deles separadamente. A Agência de Proteção Ambiental (EPA — *Environmental Protection Agency*) dispõe de uma revisão geral dos métodos em uso nos EUA [6].

Amostradores difusivos

Alguns estudos mostraram que a difusão passiva pode substituir o uso das bombas amostradoras na coleta de voláteis com tubos de amostra. O processo baseia-se na primeira lei de Fick da difusão, que estabelece que a incorporação de um material por um leito adsorvente é proporcional à concentração daquele material na fase gasosa e ao tempo de exposição. Quando em uso, os tubos, idênticos aos usados no bombeamento de amostras, têm um grampo que

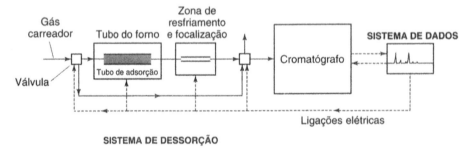

Fig. 5.6 Sistema automatizado de dessorção térmica/GC

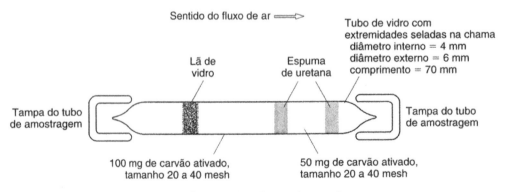

Fig. 5.7 Tubo de adsorção com duas seções

permite sua fixação na roupa, como uma caneta. As moléculas da amostra difundem com velocidade constante pelo tubo até o adsorvente. A sensibilidade absoluta é menor do que no caso do bombeamento ativo. Porém, em certas situações, especialmente no monitoramento por longos períodos, os resultados obtidos são confiáveis e a precisão é tão boa como nos sistemas com bombeamento [7]. Na Inglaterra e na Holanda, mas ainda não nos Estados Unidos, os amostradores difusivos são os métodos recomendados (embora não exclusivamente) para o monitoramento das indústrias, de modo a garantir a conformidade com os padrões OES.

As técnicas de retenção oferecem, no caso de programas de análise por longos períodos ou em larga escala, sensibilidades elevadas e boa precisão para muitos analitos importantes no monitoramento da higiene industrial. No entanto, a aparelhagem usada é cara e as análises são sempre feitas após a amostragem, o que às vezes é indesejável. As técnicas de retenção começam também a ser empregadas no monitoramento ambiental, mesmo nos casos em que os baixos níveis esperados dos analitos e a natureza aberta do sistema foram um problema no passado. NO_2, por exemplo, pode ser monitorado com amostradores difusionais. Tubos acrílicos contendo uma gaze metálica impregnada com trietanolamina são usados em várias cidades para medir as médias mensais deste poluente. O NO_2 reage específica e quantitativamente para formar um nitrito que é determinado colorimetricamente.

5.2.4 Análise em tempo real

É possível usar alguns instrumentos especializados para a análise imediata ou quase imediata. Estes equipamentos podem ser específicos para um componente ou ser programados para analisar um componente dentre vários materiais detectáveis. Alguns destes dispositivos são muito sensíveis e podem ser empregados no monitoramento de sistemas ambientais em tempo real. Outros são muito menos sensíveis (e baratos), e podem ser usados como monitores de alerta de risco em ambientes industriais. Estes dispositivos baseiam-se em várias tecnologias e, por isto, é melhor grupá-los em quatro categorias:

1. Sensores eletroquímicos.
2. Monitores que usam a espectroscopia no infravermelho.
3. Monitores que usam a cromatografia.
4. Sensores especializados.

Sensores eletroquímicos (amperométricos)

Existem vários sensores específicos para a determinação de gases normalmente encontrados no ambiente industrial. Eles usam uma célula eletrolítica com uma fase gasosa para oxidar ou reduzir o material de interesse e gerar uma resposta relacionada à concentração do analito. Eles contêm, habitualmente, dois eletrodos polarizados imersos em um eletrólito comum, na forma de gel, separados do ambiente externo por uma membrana permeável a gases. Quando um determinado gás permeia a membrana, ocorre uma reação redox nos eletrodos que gera uma corrente proporcional à concentração do gás na região do sensor. A resposta destes dispositivos é instantânea e, por isto, eles são comumente usados como alertas de perigo. Eles são mais úteis nas situações em que apenas um gás é de interesse e é importante evitar níveis excessivos dele para garantir condições seguras de trabalho.

Aplicações típicas são o monitoramento de Cl_2 na água industrial, de HCl ou amônia nas plantas industriais que usam processos químicos e o controle dos níveis de oxigênio. Neste último caso, geralmente o alarme dispara quando os níveis de oxigênio estão mais baixos do que é adequado. Embora estes sensores possam ser usados para vários gases de interesse ambiental e industrial, como NO_x e SO_2, sua sensibilidade é normalmente baixa demais para o uso geral no monitoramento ambiental. A título de exemplo, um monitor comercial para SO_2 é ajustado para uma escala de 0 a 199 ppm de SO_2 com resolução de 0,1 ppm. Em um ambiente industrial, em que o OES padrão para este gás é de 2 ppm com um limite STEL de 5 ppm, o monitor é perfeitamente satisfatório, porém ele não pode ser usado no monitoramento ambiental onde o nível de $100 \, \mu g \cdot m^{-3}$ (cerca de 0,03 ppm) é considerado elevado. Estes dispositivos, no entanto, são pequenos, baratos e robustos, o que os torna ideais para uso como "monitores pessoais" ou como dispositivos de alerta de perigo.

Nota Embora na maior parte das aplicações científicas os termos partes por milhão (ppm) e partes por bilhão (ppb) não sejam considerados aceitáveis (eles são substituídos pelos termos mais precisos $\mu g \cdot g^{-1}$ ou $\mu g \cdot kg^{-1}$), eles continuam a ser usados na amostragem de gases. Ao contrário de fases líquidas ou sólidas em que $1 \, \mu g \cdot g^{-1}$ (1 ppm) pode ser medido facilmente (em peso ou volume), na fase gasosa, a relação entre $\mu g \cdot g^{-1}$ e ppm é mais complicada e depende do conhecimento da massa molecular do gás de interesse. A Tabela 5.2 dá os fatores de conversão entre ppm e $\mu g \cdot g^{-1}$ para os gases mais importantes na área ambiental.

Monitores que usam a espectroscopia no infravermelho

Muitas espécies de interesse absorvem fortemente radiação no infravermelho em um comprimento de onda característico. Por isto, muitos analitos podem ser determinados, mesmo em baixas concentrações, mediante o emprego de um espectrômetro de infravermelho portátil. A Fig. 5.8(a) esquematiza um modelo simples destes aparelhos. Nele, a emissão de radiação infravermelha total de uma fonte passa alternativamente por uma célula de referência, que contém um gás que não absorve (em geral, nitrogênio seco), e por uma célula de amostra que contém o analito. Uma célula de detecção com dois compartimentos, enchidos com a substância a ser determinada (neste caso, CO), pode ser usada para medir diferenças na energia transmitida entre os compartimentos da amostra e da referência. Embora cada instrumento seja específico para uma substância, pode-se analisar quaisquer gases que absorvem no infravermelho pela simples troca do detector.

Uma variante deste modelo (Fig. 5.8(b)) emprega uma única célula e um detector, porém a radiação passa através de um filtro de gás em forma de disco que tem uma seção com gás nitrogênio e outra com CO. Quando o filtro gira, a radiação é cortada periodicamente para produzir um sinal modulado. Quando ela passa pela seção que contém CO, ocorre a absorção completa no comprimento de onda de

Tabela 5.2 *Fatores de conversão para alguns poluentes gasosos*[a]

Gás	Massa molecular	Resultado para áreas urbanas na Inglaterra[b]		TLV[c]		NAAQS[d] (EUA)	
		mg·m^{-3}	ppm	mg·m^{-3}	ppm	mg·m^{-3}	ppm
SO$_2$	64	0,08	0,03		2	0,365	0,14 (24 h)
NO$_2$	46	0,376	0,2		1	0,1	0,053 (anual)
CO	28	0,17	0,15		35	10	9 (1 h)
NO	30	0,37	0,30		25		
O$_3$	48	0,196	0,1		0,1	0,235	0,12 (1 h)
CO$_2$	44	635	353		10000		

[a]Para um gás em 25°C e 1 atm (100 kPa).

$$\text{concentração (mg} \cdot \text{m}^{-3}) = \frac{\text{concentração (ppm)} \times \text{massa molecular (g)}}{24,45}$$

1 ppm = 1 molécula por milhão de moléculas. Como o volume ocupado pelas moléculas depende da temperatura T e da pressão P, é preferível usar a razão massa/volume, expressa em mg·m^{-3} ou μg·m^{-3}. A razão massa/volume não depende de T e de P.
[b]Resultados típicos.
[c]Valor limite aceitável (TLV).
[d]NAAQS = padrão ambiental nacional de qualidade do ar.

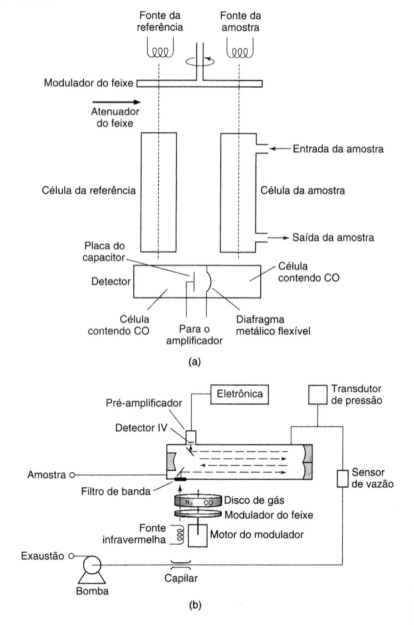

Fig. 5.8 Monitoramento de gases com detectores de IV: (a) sistema simples, (b) sistema em seqüência para vários gases diferentes

absorção, o que impede que a radiação chegue à célula de amostra e não ocorra absorção pelo CO. Quando a seção que contém nitrogênio encontra o feixe de radiação, a passagem até a célula de amostra é livre e proporcional à concentração do CO. A diferença entre os dois sinais dá a concentração de CO na amostra. Pode-se analisar outros gases mudando o gás do filtro.

Estes instrumentos são, às vezes, dotados de um sistema de espelhos que fica dentro da célula de amostra e faz com que a radiação percorra um caminho ótico muito grande, o que aumenta consideravelmente a sensibilidade. Estes instrumentos são relativamente sensíveis e são muito usados no monitoramento de processos. Existe atualmente um equipamento mais moderno (e caro) conhecido como Miran™ (analisador infravermelho miniaturizado) [8]. Trata-se de um sistema de feixe simples que permite a seleção de um comprimento de onda ou uma faixa estreita de comprimentos de onda na região $2,5 - 14,5$ μm por meio de um filtro variável de três segmentos. O feixe passa através de uma célula que contém a amostra de gás.

Uma série de espelhos colocados no compartimento da célula fazem com que o feixe de radiação atravesse a célula diversas vezes (aumentando, assim, o passo ótico na célula até 20 m) antes de atingir o detector. Como a lei de Beer é obedecida, a absorção é diretamente proporcional à concentração. Na verdade, apesar de o Miran ser normalmente empregado como um instrumento não-dispersivo, isto é, em comprimentos de onda fixos, ele pode ser também usado para dar o espectro de um gás em toda a faixa de emissão da fonte. Isto permite a identificação de eventuais contaminações antes da determinação quantitativa no comprimento de onda característico selecionado. Mais de 100 gases diferentes podem ser determinados, muitos deles com limites de detecção inferiores a 1 ppm.

Mais recente é o uso da espectroscopia fotoacústica no monitoramento de gases. A sensibilidade é superior à das técnicas de infravermelho [9]. Usa-se uma fonte de infravermelho que passa através de um filtro seletor de banda estreita, por um alternador mecânico e pela amostra de gás contida em uma célula fechada. Caso ocorra absorção de radiação na faixa de comprimentos de onda de operação, a temperatura da célula aumenta e o gás se expande. Como a radiação é alternada na frequência de 1000 Hz, a contração e a expansão alternadas do gás produzem uma onda sonora cuja intensidade pode ser medida com um microfone convencional e um amplificador de áudio de ganho alto. Este arranjo leva a limites de detecção mais baixos do que os obtidos com os detectores de infravermelho normais. Estes sistemas só podem ser empregados para gases e vapores que absorvem no infravermelho na região medida. Assim, eles não são adequados para moléculas simétricas. Apesar desta limitação, este método é usado para muitos gases inorgânicos, incluindo CO_2.

Com o advento de equipamentos de infravermelho com transformadas de Fourier, esta técnica pode ser também aplicada ao monitoramento remoto. O feixe infravermelho colimado é transmitido da fonte a um espelho distante e volta até o detector. Isto permite a determinação e quantificação de materiais sensíveis ao infravermelho existentes em uma distância de até 1000 m entre a fonte e o detector.

Apesar de não operar apenas na região do infravermelho, o sistema LIDAR merece ser mencionado. Faz-se um feixe de laser de alta potência pulsar em duas freqüências; uma delas é absorvida pelas espécies de interesse e a outra não. Este feixe pode ser dirigido a um alvo como uma chaminé distante ou uma nuvem. O sinal refletido recebido pelo detector permite estimar a concentração da amostra e a distância da amostra até a fonte. Estes sistemas são geralmente grandes e muito caros, mas para certas tarefas de monitoramento ambiental são de valor inestimável.

Monitores que usam a cromatografia

A cromatografia com fase gasosa (GC) é, no laboratório, provavelmente a melhor escolha para a análise da maior parte dos gases e vapores. A amostra já está na forma correta para introdução no sistema e a técnica é capaz de separar vários compostos semelhantes. Mesmo em rotina, com um detector não-específico como o detector de ionização por chama (FID), a cromatografia tem alta sensibilidade. Todavia, não é fácil converter o cromatógrafo padrão de laboratório em um instrumento portátil porque isto requer uma fonte portátil de **energia** elétrica (os instrumentos eletrônicos portáteis são normalmente de baixa energia) para aquecer o forno e a coluna, e fontes portáteis de até três gases diferentes para operações de rotina. Apesar de existirem sistemas de GC totalmente portáteis, é cada vez mais comum usar versões simplificadas do sistema para reduzir ou eliminar as restrições de energia e de fontes de gás. Se um detector de estado sólido substituir um FID, então o único gás necessário é o gás carreador, normalmente nitrogênio, que pode ser armazenado em um único cilindro pequeno. É possível separar os gases mais comuns na temperatura do ambiente reduzindo o comprimento da coluna. Isto significa que não é mais necessário usar um forno, isto é, o consumo de energia do sistema é consideravelmente reduzido. Em alguns sistemas, a coluna é eliminada e uma pequena bomba é usada para levar a amostra diretamente ao detector, eliminando por completo a necessidade de gases comprimidos.

Normalmente, um sistema deste tipo não pode separar os gases e identificá-los. Ele dá apenas uma indicação do vapor orgânico total, o que já é importante. Entretanto, detectores seletivos como o detector de fotoionização (PID) ou os mais novos detectores transistorizados, sensíveis a produtos químicos, permitem que se tenha certa seletividade de resposta. Dependendo das necessidades, pode-se comprar um cromatógrafo que analisa o vapor orgânico total (detectores de vazamento) com seletividade para determinado composto dentre alguns compostos orgânicos ou que permite a separação completa e o registro de um cromatograma normal indicando o tempo de retenção de cada pico. É possível obter alta sensibilidade e resposta rápida (poucos segundos).

Monitores para aplicações especiais

Devido ao crescente interesse nos poluentes gasosos que ocorrem em baixas concentrações no ambiente e à necessidade de determiná-los com segurança durante longos períodos de tempo, foram desenvolvidos sistemas de monitoramento urbanos [10] na Inglaterra e na União Européia. O objetivo destes sistemas é o monitoramento de um certo número de poluentes urbanos para acompanhar os níveis de poluição por longos períodos e avaliar o efeito de medidas de redução. Como essas medidas devem ser feitas de forma contínua por períodos de até um mês, com pouca ou nenhuma manutenção, monitores especializados foram desenvolvidos para o acompanhamento dos poluentes mais importantes, SO_x, NO_x, O_3 e peróxi-acetil-nitrato (PAN). Muitos destes monitores especializados são atualmente recomendados para o monitoramento contínuo de rotina de poluentes orgânicos urbanos. Embora os processos químicos utilizados sejam bem conhecidos, eles são usados de forma inovativa e vantajosa no monitoramento contínuo de poluentes durante longos períodos. A Seção 5.2.5 descreve os dispositivos que são utilizados para o monitoramento de muitos gases de interesse ambiental, juntamente com o NDIR para CO_2 e CO (veja o Cap. 18).

5.2.5 Alguns monitores de aplicações especiais

Dióxido de enxofre, SO_2

O sistema mais usado para este poluente emprega a fluorescência do dióxido de enxofre existente no ar provocada por irradiação com uma fonte intensa que emite em 215 nm. Uma fotomultiplicadora colocada a 90° em relação à fonte detecta a emissão entre 240 e 420 nm. Na fluorescência, a intensidade da radiação emitida é proporcional à concentração da espécie absorvente (a amostra) e à intensidade da fonte, logo, o uso de uma fonte intensa leva a um baixo limite de detecção. A fonte usada nos monitores de dióxido de enxofre é uma lâmpada de zinco de catodo oco, como as usadas em espectroscopia de absorção atômica (AAS — *Atomic Absorption Spectroscopy*). Praticamente toda a intensidade de radiação desta lâmpada situa-se em um comprimento de onda (213,86 nm), logo ela é até mais intensa do que uma fonte de laser no mesmo comprimento de onda (Fig. 5.9). Aparentemente, não há interferências, exceto um pequeno efeito de supressão devido à água, que pode ser facilmente eliminado por secagem do gás antes da medida. Os limites de detecção estão na faixa de ppb, com resposta linear entre 1 ppb e 100 ppm [11].

Como o monitor é bastante simples mecanicamente e não requer o uso de reagentes químicos, ele não precisa de manutenção por longos períodos. O uso de eletrônica em estado sólido faz com que, uma vez calibrado, ele seja muito estável. A calibração do monitor, como a de todos os monitores de gases, é normalmente bastante difícil porque é muito mais trabalhoso preparar e manipular misturas de gases em baixas concentrações de analito do que trabalhar com soluções. A melhor maneira de se obter misturas de gases de concentrações conhecidas para fins de calibração é o uso de **tubos de permeação**, em que o gás difunde por uma membrana semipermeável em velocidade conhecida em uma dada temperatura. São tubos bastante simples de paredes de PTFE cheios de SO_2 líquido, que precisam, porém, ser colocados em um ambiente termostatizado através do qual passa um fluxo de gás em velocidade constante. A medida do volume total de gás que passa pela aparelhagem e da perda de peso do tubo em um determinado tempo permite o cálculo da concentração do analito que passa para o gás.

Ozônio, O_3

No caso do ozônio, mede-se diretamente a absorbância em 254 nm, que é muito intensa. O caminho óptico da célula é razoavelmente longo (0,5 m). O ar passa, então, por um conversor catalítico para remover o ozônio, sem afetar outros gases que também absorvem naquele comprimento de onda. Mede-se novamente a absorbância e a diferença entre as duas medidas corresponde à absorbância do ozônio. Aplicando a lei de Beer, obtém-se uma resposta linear com limite de detecção (LOD) de 1 ppb. Como este monitor não requer reagentes, somente uma fonte de energia, ele pode ser totalmente automatizado e permanecer no local de medição por meses, se necessário.

Um outro método, mais sensível, de monitoramento do ozônio baseia-se na luminescência produzida quando o ar contendo ozônio entra em contato com uma superfície coberta com eosina seca. Uma pequena bomba empurra o ar pelo instrumento até um compartimento protegido da luz,

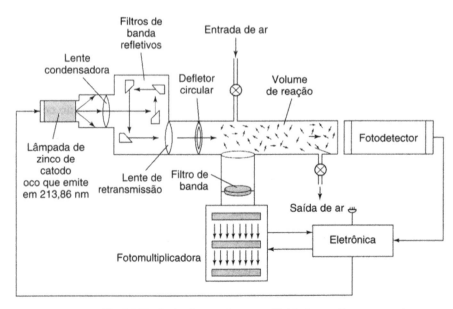

Fig. 5.9 Monitor luminescente para o dióxido de enxofre

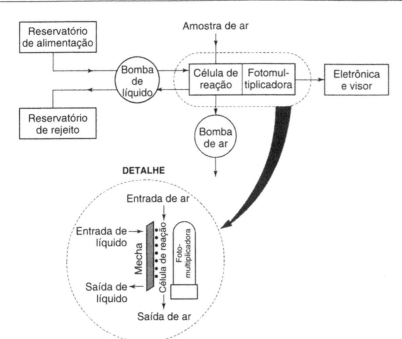

Fig. 5.10 Monitor gás/líquido de luminescência para dióxido de enxofre

onde passa por uma mecha de tecido continuamente impregnada com uma solução de eosina. Mede-se a quimiluminescência produzida com uma fotomultiplicadora cujo foco está no centro da mecha. A reação é muito específica e ocorre na superfície da mecha. A sensibilidade é muito elevada, da ordem de 0,1 ppb. Compacto e leve, o instrumento (Fig. 5.10) é totalmente automatizado, com o bombeamento e as funções de medição controlados internamente. Contudo, é necessário repor ocasionalmente a eosina.

Óxidos de nitrogênio

São conhecidos pelo menos cinco compostos bem definidos contendo somente nitrogênio e oxigênio, porém apenas três deles são comumente encontrados na atmosfera poluída das cidades. O óxido nitroso, N_2O, ou o gás do riso, forma-se em processos microbiológicos e ocorre em concentrações de até 0,25 ppm no ar. Quando a atmosfera está poluída ele pode chegar a níveis dez vezes mais elevados. O gás é pouco reativo em concentrações baixas, porém decompõe-se fotoquimicamente na estratosfera em uma seqüência de reações que produzem óxido nítrico. Os dois gases de maior interesse do ponto de vista ambiental são o óxido de nitrogênio (NO) e o dióxido de nitrogênio (NO_2). Este último é às vezes denominado tetróxido de dinitrogênio (N_2O_4). Em conjunto, eles são conhecidos como NO_x. Nas condições normais do laboratório, NO se oxida rapidamente para dar dióxido de nitrogênio,

$$2NO + O_2 \rightleftharpoons 2NO_2$$

a fumaça marrom que se observa nas reações do ácido nítrico concentrado. A reação é de segunda ordem em relação a NO, entretanto, e ocorre muito lentamente em concentrações de NO abaixo de 500 ppb. Mesmo nos níveis de poluição atmosférica, os dois gases existem em equilíbrio em uma proporção que depende da concentração de ozônio presente:

$$NO + O_3 \rightarrow NO_2 + O_2$$

Esta reação se reverte sob radiação intensa abaixo de 435 nm, isto é, condições de insolação. A capacidade do gás marrom NO_2 de absorver energia solar ao nível do solo é a força motriz de uma complexa seqüência de reações, que envolvem hidrocarbonetos, provenientes dos canos de descarga dos veículos, e ozônio e, eventualmente, produzem a chamada **névoa fotoquímica**, extremamente danosa para a saúde, que ocorre, às vezes, no centro das cidades. Esses gases podem ser monitorados separadamente mas, devido ao equilíbrio, é melhor monitorá-los em conjunto.

Óxido nítrico NO Óxido nítrico e ozônio em excesso reagem em fase gasosa para produzir dióxido de nitrogênio, metaestável, que emite imediatamente um fóton e decai a dióxido de nitrogênio normal em uma reação quimiluminescente:

$$NO + O_3 \rightarrow NO_2^* \rightarrow NO_2 + h\nu$$

O fóton pode ser detectado entre 600 e 2000 nm, com $\lambda_{máx}$ em 1200 nm. Esta reação pode ser usada para monitorar NO em baixos níveis no ar, medindo-se a quantidade de luz emitida (Fig. 5.11). Uma amostra de ar é bombeada para um recipiente protegido da luz e reage com excesso de ozônio (produzido eletricamente no equipamento). Em princípio, o ar amostrado tem níveis baixos de ozônio porque, de outro modo, a reação ocorreria com o próprio ar. Apesar de específico para NO, pode-se passar a amostra por uma célula catalítica e converter NO_2 em NO, o que permite a medição do NO_x total, bem como de cada uma das espécies separadamente. O monitor precisa apenas de uma fonte de energia para funcionar e não depende de quaisquer reagentes químicos. Admite-se o limite de detecção de cerca de 5 ppm. A mesma reação pode ser usada em um sistema modificado para monitorar o ozônio, porém, há necessidade de uma fonte de NO, que tem que ser adicionada em excesso.

Dióxido de nitrogênio NO_2 O dióxido de nitrogênio é talvez o poluente mais interessante no momento, não somen-

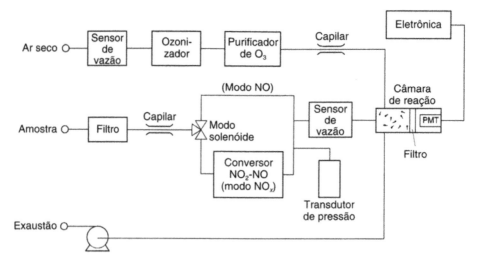

Fig. 5.11 Monitor de luminescência para os óxidos de nitrogênio: PMT = fotomultiplicadora

te por sua participação na química complexa da névoa fotoquímica, mas também porque está implicado na incidência crescente de asma e outros problemas respiratórios, especialmente em jovens. Pode-se usar um sistema quase idêntico à aparelhagem descrita para a dosagem de ozônio para medir o dióxido de nitrogênio no ar, através da quimiluminescência em fase líquida. A reação ocorre na superfície da mecha e envolve dióxido de nitrogênio e luminol. O limite de detecção pode chegar a 5 partes por trilhão sem que haja interferência de outras espécies. A vantagem deste sistema é que a resposta ao dióxido de nitrogênio é direta e instantânea (~1 segundo) ao contrário do que acontece com o NO.

Nitrato de peróxi-acetila (PAN)

PAN, um dos componentes nocivos da névoa fotoquímica, forma-se na reação entre NO_x, O_3 e hidrocarbonetos, catalisada pela luz. Suspeita-se de que ele seja o componente importante da névoa, porque é lacrimogênio e causa problemas respiratórios. Até recentemente, era difícil monitorá-lo porque ele ocorre em concentrações muito baixas e é extremamente reativo. Atualmente, ele pode ser determinado na concentração de 30 partes por trilhão, por separação cromatográfica do PAN de outros poluentes atmosféricos e conversão catalítica a NO_2 que, por sua vez, é determinado com o sistema mostrado na Fig. 5.12. A etapa cromatográfica é integrada ao equipamento, mas ela reduz o número de respostas a cerca de 10 medidas por hora.

Mercúrio

Embora não seja um poluente ambiental importante, o vapor de mercúrio é comumente monitorado com tecnologias semelhantes às que descrevemos. O controle dos níveis de mercúrio é importante em ambientes industriais. Usa-se a leitura direta da absorbância. Bombeia-se o ar para uma célula de gás de longo percurso (0,7 m) e mede-se a absorbância em 254 nm. Obtém-se o branco de uma determinada atmosfera passando o ar, antes ou imediatamente depois das medidas, por um filtro de carvão para remover a interferência provocada por materiais orgânicos que absorvem neste comprimento de onda.

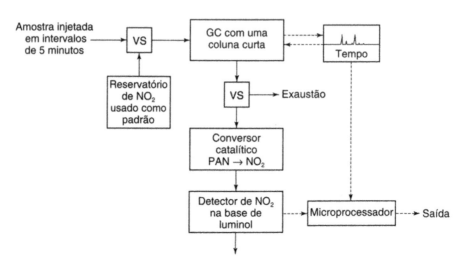

Fig. 5.12 Diagrama de blocos de um monitor de PAN: VC = válvula

A sensibilidade pode chegar a 1 μg · m^3, suficiente na maior parte das situações.

Um sistema portátil baseia-se na adsorção do mercúrio sobre uma folha ou fio de ouro, que altera a resistência elétrica do metal. A alteração pode ser medida e relacionada à concentração do mercúrio. No final do ciclo de medidas, aquece-se a folha (ou fio) de ouro para sublimar o mercúrio e reativar o sistema. Apesar de muito menos sensível do que o outro sistema, com limite de detecção de 1 μg · m^{-3}, este tipo de dispositivo é muito menor e mais barato. Ele pode ser também usado na avaliação da exposição média durante tempos longos para obtenção de padrões de exposição ocupacional, porque a folha (ou fio) de ouro retém todo o mercúrio existente no ar que é bombeado sobre ela.

5.3 Líquidos

A literatura sobre a amostragem de líquidos é muito extensa e, em muitos casos específicos, é possível usar ou modificar um procedimento de amostragem já existente. Esta seção tenta dar uma visão geral das técnicas de amostragem e coleta de líquidos. A amostragem de líquidos está fortemente relacionada com a água potável ou seus precursores. Por isto, grande parte de nossa discussão está relacionada com a água potável, embora as técnicas possam ser usadas em outros líquidos. Vários parâmetros são importantes no planejamento de um protocolo de amostragem, inclusive as exigências e diretrizes da legislação. Como a água é essencial à vida, o controle severo de sua pureza é necessário e desejável, porém, ele não é uniforme e a legislação que envolve água e fontes de água e sua implementação variam muito de um país para outro. A Tabela 5.3, embora incompleta, lista alguns dos mais importantes

atos e decretos que governam as técnicas de amostragem usadas na Inglaterra, nos Estados Unidos e na União Européia. Os regulamentos, decretos e recomendações relativos à composição da água são complexos e seu número continua a crescer à medida que aumenta o interesse em proteger o meio ambiente.

Cerca de 700 compostos orgânicos são encontrados nos suprimentos de água e diferentes governos têm visões muito diferentes sobre como eles devem ser monitorados e controlados. A tendência mundial é cada vez mais estabelecer controles que especificam os valores máximos permitidos de determinadas substâncias e dão origem a listas de produtos químicos "perigosos". Este processo começou nos Estados Unidos no início dos anos 1970, quando a Agência de Proteção Ambiental (EPA) produziu uma lista de poluentes importantes contendo 129 substâncias e os **níveis máximos de concentração (MCLs —** *Maximum concentration levels*) de cada um deles.

Desde então, esta lista vem sendo aumentada. Listas semelhantes existem na Europa. São as listas vermelha, cinza e preta em que se atribui a cada substância uma determinada **concentração máxima permitida (MAC —** *Maximum allowable concentration*) ou valor prescrito de concentração (PCV). Esta abordagem mecânica tem várias vantagens além da facilidade de interpretação das falhas dos regulamentos, mas tem, também, algumas desvantagens, como a incapacidade de responder às ameaças de novos poluentes e à falta de apreciação científica sobre o perigo real que a presença de um produto químico ou um grupo de produtos químicos representa para o meio ambiente. Porém, sejam quais forem os critérios utilizados na interpretação, os resultados analíticos devem ser o mais representativos possível do todo e devem dar uma indica-

Tabela 5.3 *Pontos principais da legislação das águas*

Inglaterra	EUA	União Européia
1973 A Lei das Águas é concebida para prover uma "água saudável"; ela foi alterada em 1989; a Autoridade Nacional dos Rios (NRA — *National Rivers Authority*) é instalada	*1970* A Agência de Proteção Ambiental (EPA — *Environmental Protection Agency*) é criada	*1976* Portaria de Substâncias Perigosas (76/464/EEC); uma lista de 129 substâncias que devem ser eliminadas da água (apenas 17 da lista têm a concordância geral)
1974 Lei de Controle da Poluição (COPA — *Control of Pollution Act*), "O poluidor paga", não se refere a compostos específicos	*1972* A Lei Federal de Controle de Poluição das Águas (Lei da Água Limpa) introduz a lista de poluentes prioritários, com 129 compostos em 13 classes; os métodos da série 600-EPA são criados para águas industriais; a lei foi alterada em 1977, 1981 e 1987	*1980* A Portaria sobre a qualidade da água para consumo humano (80/778/EEC) estabelece valores máximos admissíveis de concentração (MACs) e valores mínimos de concentração requeridos (MRCs)
1990 A Lei de Proteção Ambiental é uma vasta legislação sobre todos os aspectos da poluição; ainda não foi totalmente implementada	*1974* A Lei da Água Potável Segura (SDWA — *Safe Drinking Water Act*) estabelece padrões nacionais para a água potável; ela introduz os níveis máximos de contaminantes (MCLs — *maximum contaminant levels*) e os níveis máximos recomendados de contaminantes (RCMLs — *recommended maximum contamiant levels*); a lei foi alterada em 1977, 1981 e 1987	*MAC* A interpretação acerca do que se entende por MAC, particularmente níveis médios, leva a um grande debate. A Inglaterra estabelece objetivos de qualidade ambiental (EQOs — *environmental quality objectives*) para cada corpo d'água, isto é, após a poluição ter sido incorporada à água. O resto da Europa emprega padrões de emissão fixos na fonte.
1990 A Terceira Conferência do Mar do Norte (Haia) introduz a lista vermelha de substâncias; de aplicação restrita às águas de estuários		
1991 Lei da Água Industrial		
1995 A Lei Ambiental é a peça principal da legislação; ela trata de todos os aspectos ambientais, não somente da água	*1980* A Lei da Resposta Ambiental Abrangente, Compensação e Responsabilidade (CERCLA — *Comprehensive Environmental Response, Compensation and Liability Act*), o "Super Fundo", está principalmente dirigido à poluição de despejos de resíduos	
1996 A Agência Ambiental criada pela Lei Ambiental de 1995 é instalada em 1º de abril		
	1986 Lei da Reautorização e Alterações no "Super Fundo" (SARA — *Super Fund Amendments and Reauthorisation Act*)	

ção confiável da concentração de quaisquer materiais analisados.

Como no caso dos gases, um pequeno volume de água contém um grande número de partículas, normalmente moléculas ou íons, assim, a **amostra coletada** pode ser tratada por métodos estatísticos. Permanece, porém, o problema de que esta amostra deve ser representativa do todo. A **variabilidade** é, novamente, um fator que deve ser cuidadosamente avaliado.

Nota Neste contexto, o termo "variabilidade" significa que os resultados obtidos para um analito dependem de fatores externos, independentemente do processo de amostragem. Variações que ocorrem depois da coleta da amostra, devido à decomposição, à adsorção etc., estão ou deveriam estar sob controle do analista.

No laboratório costumamos considerar os líquidos como homogêneos, pelo menos quando só uma fase é visível, porém, no caso de grandes volumes de líquidos, os pontos de coleta da amostra devem ser cuidadosamente escolhidos. Não faz sentido supor que o Oceano Atlântico, por exemplo, seja homogêneo, com concentrações de analitos constantes ao longo da superfície e da profundidade. Mesmo quando o volume não é tão grande, a variação da posição de amostragem pode ser importante devido a fatores como variações de densidade, o fluxo laminar na superfície ou turbulências no líquido. A variação devida ao tempo e às condições meteorológicas (chuva) impõem uma restrição adicional ao método de amostragem. Quando existem interfaces no líquido devido à imiscibilidade de duas ou mais fases, os problemas de amostragem podem ser sérios. Neste caso, o analista, habitualmente, escolheria amostrar e analisar separadamente cada fase.

A faixa de concentração do analito pode variar entre poucos por cento do total até traços em ppb ou menos. O volume necessário de amostra também pode variar consideravelmente. Usam-se, freqüentemente, técnicas de pré-concentração para obter quantidades mensuráveis de analito. A estabilidade da amostra coletada pode ser também outra dificuldade pois, em alguns casos, sem preservação adequada ou sem estabilização da amostra, ocorrem alterações entre a coleta e a análise. É importante, finalmente, ter clareza do objetivo da análise. Em muitos casos, a forma exata da questão central — Qual é o valor médio? Qual é o valor máximo? Será que a amostra contém X? A concentração do analito está abaixo de limites definidos? — pode determinar o método a ser usado na amostragem e na análise subseqüente.

Dependendo do tipo de sistema, várias abordagens podem ser usadas para obter uma amostra bruta de líquido:

1. Pequenos sistemas estáticos.
2. Sistemas de escoamento contido.
3. Sistemas de escoamento aberto.
4. Grandes sistemas estáticos.

Os procedimentos a serem usados dependem também do objetivo: obter uma série de amostras **discretas** a serem analisadas separadamente ou reunir as amostras coletadas em uma amostra **composta** (obtida por combinação das amostras discretas). A amostragem discreta é o método mais comumente empregado. No entanto, quando se coleta um grande número de amostras, sempre em duplicata, problemas com o volume e o grande número de análises podem tornar o método muito dispendioso. Quando o que se deseja é a concentração média do analito, é melhor preparar e executar um plano para obter uma amostra composta que reduza drasticamente o volume da amostra e o número de análises requeridas. As amostras compostas, entretanto, não indicam variações de composição com a posição ou com o tempo. Isto faz com que uma combinação de amostragens discretas e compostas seja comumente necessária. Deve-se manter sempre a limpeza em todos os estágios do procedimento de amostragem. Isto evita contaminações e resultados falsos.

5.3.1 Amostragem discreta

Se o analista estiver alerta para a possibilidade de variação do material a ser analisado com a posição e o tempo, e se a amostra for acessível, a amostragem discreta pode ser feita com aparelhagens muito simples: frascos de vidro ou polietileno com capacidade de 50 a 1000 ml. Se as amostras tiverem que ser coletadas em várias profundidades, é necessário usar frascos de amostragem mais complicados. Existem diversos modelos, porém os dois mais comuns são o frasco de Knudson e a bomba amostradora (Fig. 5.13).

Ambos os dispositivos podem ser usados para a amostragem em várias profundidades. Geralmente, estes frascos são simples e confiáveis, desde que sejam cuidadosamente limpos antes e depois do uso para evitar contaminações. Existem problemas, porém, com essa abordagem simples. Se um grande número de amostras (em duplicata) tiver que ser coletado, a estocagem, o transporte e o manuseio passam a ser os fatores principais no tempo gasto e no custo do processo. Se um grande número de amostras tiver que ser tratado antes da análise, o gasto com reagentes químicos aumenta. O intervalo de tempo entre a coleta e a análise tende também a ser indesejavelmente longo. O exame cuidadoso do objetivo inicial da análise comumente sugere que não é necessário coletar um grande número de amostras discretas. Suponha que a questão é: Qual é o valor médio? É perda de tempo coletar e analisar um gran-

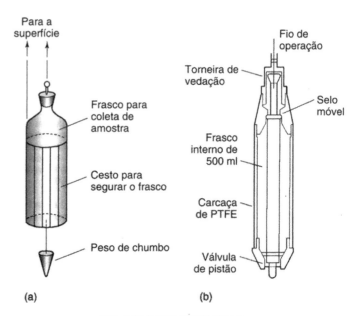

Fig. 5.13 Amostrador de líquido

de número de amostras para obter a média numérica de todos os resultados. Neste caso, é mais sensato usar a amostragem composta.

5.3.2 Amostragem composta

A amostragem composta é feita pela coleta de uma amostra média do volume total antes da análise. O mais simples é misturar, no laboratório, antes da análise, um número elevado de amostras discretas para obter uma amostra representativa do volume total. Apesar de reduzir o tempo total da análise (e o custo) este procedimento ainda requer coleta manual, estocagem e transporte de um certo número de amostras discretas. Assim, se possível, é melhor misturar as amostras discretas logo depois da amostragem.

Para o monitoramento por muito tempo de grandes quantidades de líquido, como um lago ou um reservatório, pode-se usar bombas para obter amostras em várias posições fixas e um sistema de saídas de amostra ligadas a uma bomba central e a um frasco de suporte (Fig. 5.14). Este arranjo dá uma **mistura posicional**. Apesar de a mistura posicional dar comumente o resultado desejado, ela considera que os níveis de analito variam somente com a posição. A concentração do analito, entretanto, muda freqüentemente com o tempo, de forma aleatória (por exemplo, efluentes de esgoto) ou periodicamente (por hora, por dia ou mesmo por estação do ano). A amostra composta precisa refletir estas mudanças, o que é feito por coleta de uma **mistura temporal**.

As misturas temporais podem ser coletadas pela retirada contínua de um volume pequeno com uma bomba ou pelo uso de um dispositivo de coleta programável, mais complicado, que pode funcionar por longos períodos de tempo e é capaz de coletar amostras em intervalos de tempo regulares ou quando a vazão aumenta excessivamente (Fig. 5.15). Estes coletores automáticos podem produzir uma amostra composta ou podem coletar até 24 amostras em recipientes separados, o que permite caracterizar melhor a coleta.

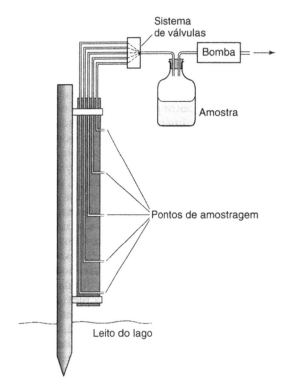

Fig. 5.14 Preparador de amostras compostas de posição fixa

5.3.3 Pré-tratamento da amostra

Seja qual for a técnica de amostragem empregada, é necessário um pré-tratamento para estabilizar a amostra e evitar mudanças de composição entre a coleta e a análise. O intervalo de tempo seguro entre a coleta e a análise, o **tempo de espera**, pode variar muito, dependendo do analito e do pré-tratamento. Para muitas amostras, especialmente as coletadas no "meio ambiente", o primeiro estágio deve ser a **filtração** para remover o "material sólido", indesejável. Esta etapa parece simples, porém, ela pode

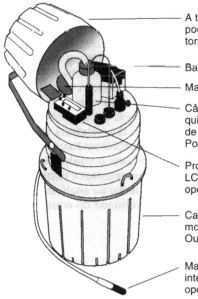

Fig. 5.15 Preparador automático de amostras compostas

causar diferenças significativas no tempo de espera e no resultado analítico final, porque a presença de pequenas partículas, inclusive microorganismos, afeta significativamente os resultados de vários analitos comuns. A título de exemplo, quando certas bactérias estão presentes, os níveis de nitrato e nitrito podem variar grandemente durante o tempo de espera. Um outro problema é a concentração de muitos cátions, especialmente de metais pesados, que parece aumentar durante o tempo de espera porque sólidos finamente divididos dissolvem-se lentamente.

Na filtração simples dos sólidos pode-se usar papéis de filtro ou filtros de gravidade. É mais comum, porém, o uso de discos filtrantes de fibra de vidro para uma primeira filtração rápida ou o uso de filtros de membranas sintéticas com distribuição estreita de poros para a remoção de partículas menores. As membranas mais comuns são de acetato de celulose com poros entre 2,0 e 0,2 μm. As membranas com poros de 0,2 μm filtram quase todos os componentes insolúveis, incluindo espécies biológicas, porém a velocidade de filtração é muito baixa mesmo sob pressão ou vácuo. Muitos químicos utilizam membranas de poros ligeiramente maiores (0,45 μm), isto é, um compromisso entre a velocidade de filtração e o tamanho das partículas retidas. No caso de pequenos volumes de amostra, pode-se usar seringas filtrantes descartáveis, com um adaptador ajustado para o encaixe da agulha (Luer), que podem ser empurradas firmemente para dentro de uma seringa de vidro e são rápidas e confiáveis. Entretanto, seu preço é alto se grandes quantidades forem necessárias.

Independentemente da técnica de filtração, é importante estar alerta para a possibilidade da separação inadvertida ou perda de analitos que possam estar presentes como mais de uma espécie. A capacidade de alguns cátions de existir em diferentes formas (especiação) é muito conhecida. Alumínio dissolvido em água, por exemplo, pode estar na forma de íons, de complexos e de partículas coloidais ou pode estar adsorvido em outras partículas sólidas em suspensão. Este fato, que pode levar a resultados analíticos bastante diferentes para a mesma amostra com diferentes métodos analíticos, só recentemente tem sido devidamente apreciado.

Após a filtração, a próxima etapa de estabilização é a **preservação** química ou física, que permite o aumento do tempo de espera. Vários métodos podem ser utilizados, dependendo do analito a ser determinado e da técnica usada na análise. Um procedimento normal na análise de cátions e de alguns ânions é o tratamento com ácido nítrico para manter os analitos em solução e reduzir ou suprimir eventuais alterações biológicas. Em geral, a adição de 1 ml de HNO_3 concentrado para cada 100 ml de amostra é suficiente. A estocagem da amostra em temperaturas baixas, 4°C ou -10°C, reduz normalmente as alterações químicas e biológicas. É uma boa idéia proteger a amostra da luz, especialmente quando as concentrações de espécies orgânicas, como, por exemplo, resíduos de pesticidas, são baixas. As amostras que contêm concentrações baixas de espécies orgânicas voláteis são mais difíceis de conservar. Elas devem ser coletadas em recipientes de vidro totalmente cheios de líquido, sem bolhas de ar no topo, e analisadas o mais rapidamente possível. É geralmente muito mais difícil manter a integridade de amostras biologicamente ativas, que devem ser analisadas imediatamente ou preservadas com muito cuidado.

5.3.4 Amostragem e análise no campo

Porque a preservação e a estocagem podem alterar a composição dos materiais, várias técnicas estão sendo desenvolvidas para que a análise possa ser feita no ponto de coleta de amostras ambientais e ecológicas. Com isto, evitase o procedimento normal de coleta, transporte e análise *a posteriori*.

Equipamentos de teste portáteis para a determinação de parâmetros como temperatura, pH e condutividade já são usados há bastante tempo. Testes colorimétricos simples para os cátions e ânions mais importantes também não são novidade, porém, alguns dispositivos espectroscópicos mais complexos e sensíveis, que permitem a determinação mais ou menos específica de muitos cátions e ânions e mesmo algumas espécies orgânicas, começam a ser usados [12]. Todos estes "conjuntos de teste" baseiam-se, na prática, em procedimentos padronizados de análise espectrométrica por UV/visível, porém os reagentes são cuidadosamente embalados na forma de tabletes ou de envelopes fechados, o que permite que a química necessária possa ser feita sem dificuldades no local de coleta da amostra. A intensidade das cores das soluções resultantes dos testes é geralmente comparada com padrões ou é medida com fotômetros equipados com baterias. O comprimento de onda é fixo e os aparelhos podem ser calibrados em unidades de concentração para o analito de interesse.

Combinações de fonte e detector baseadas no sistema ótico de diodo emissor de luz (LED), unidas à estabilidade da eletrônica em estado sólido, permitem que estes instrumentos sejam pequenos, relativamente baratos e muito estáveis. A combinação de sistemas químicos e bioquímicos aumenta o número de espécies que podem ser determinadas e permite alcançar limites de análise mais baixos. Alguns poluentes importantes, como pesticidas e resíduos de explosivos, podem ser quantificados especificamente com modificações de ensaios imunológicos padronizados, especialmente os ensaios imunossorventes com enzimas ligadas (ELISA). A bioquímica envolvida nestes testes é relativamente complexa e depende da ligação (ou da ligação competitiva) do substrato a um anticorpo imobilizado. O resultado final, porém, é a produção de uma solução em que a intensidade da cor é inversamente proporcional à concentração do analito [13].

Estas técnicas levam o laboratório até a amostra e, por isto, praticamente eliminam os problemas de deterioração da amostra durante a estocagem. Elas, porém, são relativamente demoradas e de forma nenhuma dispensam procedimentos de amostragem adequados. Além disto, como são geralmente específicas para um determinado analito, elas não são tão versáteis nem tão sensíveis como os métodos espectrofotométricos tradicionais de laboratório. A decisão de usar o equipamento de teste no campo ou de preservar as amostras e transportá-las até o laboratório para análise pertence ao analista e baseia-se na sua experiência, na disponibilidade do equipamento e no objetivo original da análise.

5.3.5 Pré-concentração da amostra

Os ânions e cátions de interesse nas amostras de água podem, em muitos casos, ser analisados nas concentrações que caracterizam a poluição com o auxílio de procedimentos simplicados de pré-tratamento ou de concentração da amostra, especialmente em laboratórios bem equipados. Chega-se a atingir limites de detecção da ordem de $\mu g \cdot l^{-1}$ (ppb) e, abaixo deste limite, muito poucas substâncias inorgânicas representam um risco para a saúde. No caso da análise de algumas espécies orgânicas, que têm que ser determinadas em concentrações muito baixas ($ng \cdot l^{-1}$), a pré-concentração é normalmente necessária. O analista pode escolher dentre cinco métodos gerais.

Injeção direta

A injeção direta não é propriamente um método de pré-concentração já que a amostra de água é injetada diretamente em um cromatógrafo a gás. Até há pouco tempo, esta técnica era usada apenas para amostras com altas concentrações de materiais não-polares. Embora a cromatografia com fase gasosa resolva normalmente volumes de amostra da ordem de 0,1–2,5 μl, a técnica não é muito sensível e para que a análise seja satisfatória as concentrações de analito devem ser da ordem de ppm. Além disto, apesar de as colunas não-polares (usadas para analitos não-polares) serem relativamente tolerantes a grandes quantidades de água, não se deve injetar água em colunas polares porque isto causa degradação e reduz a vida útil das colunas. Técnicas recentes de injeção de grandes volumes de amostra com programação de temperatura cuidadosamente controlada, entretanto, tornaram o processo mais atraente para certos tipos de amostra. (Um cálculo simples mostra que 1 a 2 ml de uma solução na concentração de 10 $ng \cdot l^{-1}$ em água são necessários para passar 10 pg de material pelo detector de um cromatógrafo.) Alguns analitos podem ser determinados por injeção direta em um sistema de HPLC de fase reversa, mas, de novo, a sensibilidade é, com freqüência, um problema.

Análise de vapor em espaço confinado

Um método de pré-concentração muito apropriado para compostos relativamente voláteis é a partição de compostos orgânicos entre o solvente e a fase gasosa em equilíbrio com o líquido pelo aquecimento de um recipiente parcialmente preenchido com a amostra. O procedimento mais simples é tampar um pequeno frasco (5 a 10 ml) com um septo de borracha, enchê-lo parcialmente com a amostra de água e aquecê-lo em um banho de água até 45°C, aproximadamente. Espere um pouco para que os voláteis passem para a fase gasosa, colete uma amostra com uma seringa de gases de 1 ml de capacidade e injete diretamente em um cromatógrafo. Esta técnica é muito útil na análise de compostos voláteis dissolvidos em água, mas limita-se a espécies voláteis. Quando se deseja maior precisão, deve-se usar um sistema totalmente automatizado (que é caro). A análise de vapor em espaço confinado não se limita a soluções em água e é usada, também, nas indústrias alimentícia e de bebidas, especialmente na análise de voláteis como o álcool e componentes do sabor e da fragrância [14]. Como é uma técnica de concentração, ela pode ser usada para amostras com baixas concentrações de analito.

Purga e retenção

Em muitos aspectos, este procedimento é semelhante às técnicas usadas para a retenção de compostos orgânicos existentes em gases, exceto por um estágio inicial de purga de compostos orgânicos que estão na fase líquida. Nesta técnica, borbulha-se um gás inerte como nitrogênio ou hélio através da amostra de água contida em um frasco volumoso. O gás de purga passa através de uma placa de vidro sinterizado colocada abaixo da superfície do líquido e produz uma corrente de pequenas bolhas que arrastam os componentes orgânicos. O gás e os voláteis passam por um pequeno tubo, semelhante aos usados na amostragem de gases, que contém um adsorvente e retém os voláteis. O adsorvente utilizado nestes tubos não deve ser afetado pela água que é arrastada em grandes quantidades na forma de vapor. Cerca de 20 mg de água são adsorvidos para cada 10 μg de componente orgânico. Após um certo tempo, liga-se o tubo adsorvente a um cromatógrafo e os orgânicos voláteis são dessorvidos termicamente para a câmara de injeção. Se usada corretamente, a técnica dá resultados confiáveis mesmo quando as concentrações de analito são muito baixas. No entanto, deve-se ter cuidado para que o sistema não dê valores não-representativos. A técnica só pode ser usada para espécies voláteis. Para que a confiabilidade seja maior é desejável usar sistemas comerciais nos quais cada componente é otimizado para a análise.

Extração com solvente

Esta técnica é a mais antiga e provavelmente a mais conhecida dentre as técnicas de extração. Baseia-se na partição seletiva de um soluto entre duas fases, no caso, duas fases líquidas. Embora seja muito empregada nos laboratórios de química orgânica em operações de análise e síntese, seu uso na pré-concentração de compostos orgânicos dissolvidos em água é, agora, muito menos comum. Adiciona-se uma pequena quantidade de um solvente imiscível a um volume grande de água, agita-se e deixa-se em repouso. A princípio, quando as fases se separam, o solvente imiscível que contém uma grande proporção de compostos orgânicos pode ser separado e analisado. Quando, porém, o objetivo é extrair analitos que estão em concentrações da ordem de ppm ou ppb em água, os solventes utilizados têm que ser muito puros para evitar a contaminação da amostra. Além disto, o método é muito trabalhoso e uma preocupação crescente é o descarte seguro dos solventes após o uso. Assim, embora o método possa ser usado na extração e pré-concentração de muitas espécies solubilizadas em água que têm volatilidade relativamente alta, com equipamentos de rotina de laboratório, ele está em declínio porque os solventes que têm o grau de pureza necessário são caros e seu descarte correto após o uso é problemático.

Extração com fase sólida (SPE — *Solid Phase Extraction*)

A extração com solvente foi suplantada pela extração com fase sólida (SPE), talvez a melhor maneira de extrair e pré-concentrar compostos orgânicos presentes em concentrações muito baixas em água. Além do uso na análise de águas, a extração em fase sólida também é utilizada em extrações envolvendo sistemas biológicos como, por exemplo, drogas na urina ou a análise de sangue. Os sistemas mais comumente usados contêm um pequeno leito de mate-

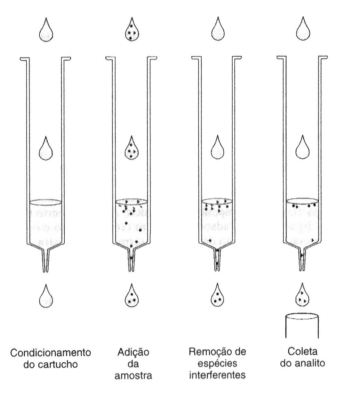

Fig. 5.16 Uso de cartuchos na extração em fase sólida: (▲) analito, (●) interferentes

rial adsorvente específico colocado em uma seringa hipodérmica descartável. Quando em uso (Fig. 5.16), o leito de adsorvente é inicialmente pré-condicionado, com uma pequena quantidade de solvente orgânico, normalmente álcool. A fase aquosa é, então, succionada ou bombeada através do leito, que retém os compostos orgânicos.

A liberação dos compostos orgânicos é feita com outra porção de solvente orgânico. O analista dispõe de uma grande variedade de adsorventes (a maior parte baseada em recheios para HPLC). Os leitos adsorventes podem lidar com volumes de 2 a 2000 ml de amostra [15]. Para águas relativamente limpas, a técnica é muito rápida e fácil de usar. A escolha correta do leito adsorvente permite a extração de praticamente todos os compostos orgânicos e inorgânicos com um mínimo de contaminação e fatores de concentração próximos de 1000, nos casos favoráveis. Entretanto, na análise de grandes volumes de água com baixas concentrações de analito ou quando a água contém quantidades apreciáveis de sólidos, o tempo necessário para a passagem do líquido através do leito adsorvente pode ser inaceitavelmente longo, mesmo quando se utiliza vácuo. Nestes casos, pode-se usar discos de SPE, em que o material adsorvente está preso à matriz de um disco de filtração fino. A química do sistema é a mesma dos cartuchos porém volumes maiores de líquido podem ser processados mais rapidamente.

Microextração em fase sólida (SPME — *Solid Phase Microextraction*)

A mais recente das técnicas de fase sólida, de certa forma a mais promissora, é a microextração em fase sólida. Um capilar fino de sílica com cerca de 5 cm de comprimento, com a superfície externa recoberta com uma camada de fase estacionária (espessura entre 10 e 100 μm), é ligado ao suporte de uma seringa que cobre o capilar com uma camada protetora de aço inoxidável (Fig. 5.17). Quando em uso, o capilar de sílica é imerso em um pequeno volume de água e agitado por 2 a 15 minutos. O material orgânico presente na água passa para a fase estacionária. O capilar, então, se recolhe à capa protetora e o conjunto é inserido através do septo de injeção na zona aquecida do injetor de um cromatógrafo. O material orgânico adsorvido no capilar é dessorvido termicamente dentro do cromatógrafo para dar um cromatograma comum.

Como não se usam solventes orgânicos, a técnica é muito menos sujeita à contaminação e o cromatograma resultante é mais simples porque não existe o pico do solvente que, em outros métodos, pode mascarar alguns componentes. A inserção do capilar na zona aquecida do injetor dessorve completamente os compostos orgânicos da fase estacionária, o que faz com que o capilar fique limpo e pronto para novo uso. Existem capilares de várias espessuras e coberturas prontos para o uso em diferentes aplicações. Para uso geral, o poli(dimetil-siloxano) é o preferido porque combina boas propriedades de adsorção com a elevada estabilidade mecânica do filme, o que permite o uso repetido. O desenho da aparelhagem permite que a seringa normal dos auto-amostradores convencionais possa ser substituída. Assim, com parâmetros de tempo modificados, os capilares podem ser usados para extrair e injetar a amostra, gerando um sistema totalmente automatizado que extrai e injeta várias amostras com pouca participação do operador.

A técnica é usada na extração de compostos orgânicos diretamente de soluções e pode ser aplicada a uma grande variedade de substâncias, de solventes orgânicos a materiais polares pouco voláteis como os resíduos de pesticidas. Uma variante permite que o capilar entre em contato somente com o vapor que está acima da superfície da água, isto é, com os componentes voláteis da água que são adsorvidos. Isto faz com que o cromatograma correspondente seja mais simples. Em uma aplicação em desenvolvimen-

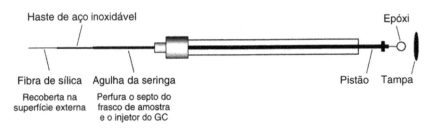

Fig. 5.17 Microextração: um dispositivo para SPME

to, o capilar, após imersão na amostra, é introduzido em um injetor modificado de HPLC. Uma pequena quantidade do solvente de eluição remove a amostra e passa diretamente à entrada da coluna de HPLC. Este arranjo permite a identificação de compostos que não podem ser analisados por GC. Embora a técnica seja relativamente nova e pouco testada, pode-se determinar rapidamente (cerca de 15 minutos por amostra) a maior parte dos compostos orgânicos, em concentrações inferiores a $ng \cdot l^{-1}$, usando pequenos volumes de amostra, sem a necessidade de solventes orgânicos e suas possíveis complicações.

5.4 Sólidos

A amostragem de sólidos é a tarefa mais desafiadora para o analista. Gases e líquidos, apesar das variações devidas à posição da amostragem e ao tempo de espera, são, em grande parte, homogêneos e contêm um grande número de partículas (admitimos que isto é verdade sempre que coletamos no laboratório uma alíquota de líquido contido em um balão aferido). No caso de sólidos, isto nem sempre é verdade porque a amostra é, em geral, heterogênea e pequenas variações de posição podem ser muito significativas. Além disto, o diâmetro das partículas pode ser superior a 10 cm. A amostragem de carvão em um carregamento e a análise de amostras de pedras de uma montanha são exemplos. Em geral, a amostragem de sólidos exige uma abordagem mais rigorosa e mais sistemática do que a usada nos gases e nos líquidos. A coleta de uma amostra representativa é uma tarefa extremamente difícil e vale a pena voltar a enfatizar que a amostragem é geralmente a maior fonte de erro na preparação da amostra para análise.

Nas amostras sólidas, as variações com o tempo são geralmente menos importantes do que nas amostras líquidas e gasosas, porém as variações com a posição são normalmente muito mais relevantes, isto é, as concentrações de analito no material a ser amostrado podem variar muito, mesmo entre dois pontos muitos próximos. O grande problema em potencial, entretanto, é o tamanho das partículas. Veremos adiante que os erros de amostragem são inversamente proporcionais ao número de partículas amostradas. Nos gases ou líquidos, em que a partícula é um íon ou uma molécula, pequenas quantidades de amostra contêm um grande número de partículas (10^{16} partículas por mililitro no caso dos líquidos). Nos sólidos, em que a partícula pode ter massa igual a vários quilogramas, o problema é muito mais significativo e é necessário usar uma abordagem sistemática que reduza o erro de amostragem o mais possível. Costuma-se desenhar um **plano de amostragem** que permite ao analista calcular o número e o tamanho ideais das amostras.

A linguagem usada na amostragem de sólidos varia de texto para texto, portanto, vamos definir e explicar os termos que serão usados nesta seção. O material total a ser analisado é conhecido como **população** ou **lote**, que pode ser uma massa única, mais ou menos homogênea, ou pode conter várias unidades facilmente reconhecidas. A partir daí, define-se a amostra **bruta** coletando-se **incrementos** do lote de tal modo que, combinados, eles sejam representativos do lote, porém em menor escala. No caso de certos sólidos, entretanto, a amostra bruta pode chegar a uma tonelada. A amostra **analítica** ou amostra de **laboratório**, que é ainda menor, é coletada da amostra bruta antes da análise (Fig. 5.1).

Nota Os analistas referem-se normalmente ao **tamanho** de partícula como sendo a massa ou o volume, porém, em estatística, tamanho é o **número** de amostras coletadas.

Por uma questão de conveniência, os tipos de amostras são comumente classificados como se segue:

1. Amostras brutas.
2. Amostras estratificadas (segregadas).
3. Unidades discretas (pacotes, tambores, frascos etc.).

Como vamos usar uma abordagem estatística, veremos em detalhe apenas as amostras brutas. O leitor interessado nas demais categorias deve recorrer a textos mais especializados. O procedimento geral de amostragem envolve a redução progressiva do material pela coleta de incrementos de maneira que a composição seja, em cada estágio do processo, tão representativa da composição original quanto possível, isto é, evitando procedimentos repetitivos. A maneira de fazer isto depende principalmente da natureza da amostra. No caso de muitos materiais, especialmente produtos manufaturados ou matérias-primas industriais, existem procedimentos bem estabelecidos. Veremos, adiante, nesta seção, entretanto, alguns princípios e regras gerais.

As amostras brutas podem ter muitos componentes e partículas de vários tamanhos, porém a heterogeneidade da amostra não é reconhecida facilmente. Alguns exemplos são um carregamento de carvão ou de minério, o solo do pátio de uma fábrica contaminado com resíduos e um pacote de sabão em pó. Veremos, a seguir, uma descrição simplificada da análise estatística empregada na redução de amostras brutas. É importante reconhecer, entretanto, que, mesmo para amostras de complexidade moderada, a análise estatística é muito complexa.

5.4.1 Estatística da amostragem

Os erros nas medidas científicas são classificados como erros sistemáticos, que são relacionados à acurácia, e erros aleatórios, que são relacionados à precisão. Supõe-se, usualmente, nas manipulações estatísticas de laboratório, que os erros sistemáticos são pequenos e que a incerteza remanescente é devida aos erros aleatórios, quantificados pelo desvio-padrão. O desvio-padrão de um método é composto pelos desvios-padrão de **cada etapa** da análise. Assim, no caso de amostras reais

$$s_o = \sqrt{s_a^2 + s_s^2} \quad \text{ou} \quad V_o = s_a^2 + s_s^2 \quad \text{ou} \quad V_o = (V_a + V_s) \quad (5.1)$$

onde s_o é o desvio-padrão total, s_a é o desvio-padrão analítico e s_s é o desvio-padrão da amostragem. É normalmente melhor usar o quadrado destes termos, a variância, (V), porque, em um processo com várias etapas, as variâncias são aditivas, o que não acontece com os desvios-padrão.

O desvio-padrão analítico, s_a, pode ser dividido em dois componentes:

Variação na mesma amostra É a variação da resposta do instrumento para medidas repetidas da mesma amostra. Ela é, normalmente, a menor de todas as variâncias embora seja, com freqüência, a que mais preocupa (erroneamente) o analista.

Variações em diferentes amostras É a variação da resposta obtida para medidas repetidas de amostras analíticas diferentes, obtidas a partir de uma única amostra bruta. É a variância **dentro do lote** e depende da composição relativa da amostra e da homogeneidade das partículas. Ela pode ser reduzida a níveis aceitáveis pela análise repetida de alíquotas da amostra bruta, mas, por si só, não dá uma estimativa confiável da variabilidade da população.

A variação da amostragem, s_s, ou variação **entre as amostras**, mede a variabilidade entre partes diferentes da população. Em amostras brutas ela pode ser grande e só poderá ser reduzida a níveis aceitáveis se um grande número de diferentes amostras brutas da população for obtido. A significância relativa de cada um destes termos pode ser estimada, após avaliação por análise da variância (ANOVA — *analysis of variance*). A Fig. 5.1 dá valores típicos destes termos. A utilização de valores razoáveis nestas equações mostra que se o erro da amostragem for elevado, é perda de tempo e de dinheiro usar uma técnica analítica muito precisa porque o erro total é essencialmente determinado pelo erro de amostragem. Se a técnica analítica tem precisão três vezes melhor do que a amostragem, faz pouco sentido tentar reduzir a precisão analítica ainda mais. É melhor, em geral, coletar um grande número de amostras (o que melhora a precisão da amostragem) e analisá-las com um método analítico de precisão moderada do que usar uma técnica de precisão muito alta e um número pequeno de amostras. O uso de amostras compostas pode aumentar muito a precisão total do experimento, se as circunstâncias forem adequadas.

Exemplo 5.1

Em uma dada análise, o erro de amostragem é 6% ($s_s = 0,06$). Uma certa técnica analítica pode dar uma precisão de 1%. Qual é a precisão total? Vale a pena considerar uma técnica mais lenta que pode dar uma precisão de 0,2%?

Da Eq. 5.1 tem-se

$$s_o = \sqrt{s_s^2 + s_a^2} = \sqrt{(0,06)^2 + (0,01)^2} = 0,0608 \approx 6,1\%$$

Para uma precisão analítica de 0,2%

$$s_s = \sqrt{(0,06)^2 + (0,002)^2} = 0,060$$

Como se vê, não vale a pena usar a técnica mais precisa.

Exemplo 5.2

Calcule s_o para $s_s = 15\%$ e $s_s = 5\%$. Se s_s for reduzido a 1% qual é a precisão total?

Quando se tenta obter uma amostra representativa de um sólido, deve-se tomar muito cuidado para reduzir os erros de amostragem ao mínimo senão o tempo total gasto e o custo da análise terão sido desperdiçados. Como, entretanto, a coleta de um número muito grande de amostras ou o uso de amostras muito grandes encarece muito o processo, é desejável usar um **plano de amostragem**. Sua finalidade é fornecer uma resposta analítica satisfatória com uma **quantidade** apropriada de partículas de **tamanho** razoá-

vel. Um plano de amostragem deve assegurar sempre a coleta de um número suficiente de amostras aleatórias, para que a composição possa ser determinada com um grau de acurácia especificado.

Nota A palavra "aleatório" em estatística significa não repetitivo. Ela não significa "ao acaso".

É necessário, com freqüência, usar uma abordagem **iterativa** em que um conjunto inicial de experimentos dá ao analista algumas informações sobre a população. Estas informações são então usadas na proposição de uma segunda série de experimentos e assim sucessivamente, até que a precisão de amostragem desejada seja atingida. Como a resposta obtida depende de **quanto** da amostra foi coletado e de **quantas** amostras foram coletadas, veremos estes termos adiante um pouco mais em detalhe.

5.4.2 Tamanho mínimo das partículas

Para calcular a massa de cada amostra bruta coletada é necessário decidir inicialmente a variação aceitável da amostragem. Este valor, normalmente expresso em percentagem, é escolhido pelo analista. Muito semelhante ao nível de confiança usado na estatística simples, trata-se, na verdade, do desvio-padrão relativo da amostragem, R. Lembre-se de que a variação aceitável da amostragem, medida como a precisão da amostragem ou como o desvio-padrão relativo da amostragem, é decidida pelo analista, enquanto o desvio-padrão analítico, obtido no laboratório, é calculado a partir de uma série de determinações repetidas. Depois de escolher R é relativamente fácil para o analista calcular a quantidade de material de um determinado tipo de amostra necessária para atingir este valor.

Considerando o caso simples de um material homogêneo com dois componentes, A e B, e supondo uma distribuição normal (isto é, uma estatística binomial), pode-se mostrar que a variância V de um dado componente decresce quando o número de partículas coletadas aumenta:

$$n \propto 1/V \quad \text{ou} \quad n \propto 1/s^2 \tag{5.2}$$

A variância também depende da composição da mistura. (O bom senso indica que quanto menor for a concentração de um analito na matriz, maior será o erro em sua determinação.) A idéia é melhor expressa considerando a proporção de um componente, por exemplo, A, em comparação com o número total de partículas (lembre-se de que a estatística trabalha com números). Assim a probabilidade p de extração (análise) de uma única partícula A da mistura de A e B é

$$p = n_a/(n_a + n_b)$$

onde n_a é o número de partículas do tipo A na população total $(n_a + n_b)$. Assim, para n partículas removidas

$$\text{probabilidade} = np \tag{5.3}$$

Para B existem nq partículas onde $q = n_b/(n_a + n_b)$. Por definição, $q = 1 - p$. O desvio-padrão s para qualquer tipo de partícula é $s = (npq)^{1/2}$, logo o desvio-padrão relativo R para o analito A é dado por

$$R = \frac{\text{desvio} - \text{padrão}}{\text{número de partículas retiradas}} \tag{5.4}$$

$$\text{isto é } R = s/np = \sqrt{npq}/np = \sqrt{q/np} \tag{5.5}$$

Rearranjando estas expressões, temos

$$n = (1 - p)/pR^2 \qquad \text{(lembre-se de que } q = 1 - p) \qquad (5.6)$$

Este cálculo supõe que a proporção (concentração) de A na mistura é conhecida, o que afinal é o objetivo do exercício. Assim, na prática, deve-se fazer uma série preliminar de experimentos e calcular aproximadamente este valor para poder inseri-lo nas equações.

Estas equações calculam o número de partículas necessárias para dar o valor R desejado para a variabilidade da amostragem, porém, em geral, o que interessa é a massa. A massa das partículas pode ser calculada do seguinte modo. A massa de n partículas é

$$m = n(4/3)\pi r^3 \rho \qquad (5.7)$$

onde

r = raio da partícula

ρ = densidade da partícula

Da Eq. (5.6), substitui-se n para dar

$$m = \frac{(1 - p)(4/3)\pi r^3 \rho}{pR^2} \qquad (5.8)$$

Assim, o tamanho das partículas do material tem efeito profundo na massa do material que deve ser coletado, porque $m \propto r^3$. Assim, por exemplo, 10^4 partículas com $r = 0,5$ mm (1 mm de diâmetro) e densidade 2 g · ml^{-1} (isto é, o sal comum) pesam 10,5 g. Se o diâmetro fosse 5 mm, o mesmo número de partículas pesaria 1308 g (isto é, cerca de 1,3 kg). Se as partículas fossem reduzidas, por exemplo, a 80/120 mesh (~150 μm), então, menos de 40 mg equivaleriam às 10^4 partículas desejadas. A Eq. (5.8) pode ser rearranjada e as constantes agrupadas para dar

$$mR^2 = K_s \qquad (5.9)$$

onde m é a massa do material coletado e K_s é uma constante conhecida como constante de amostragem. Ela é numericamente idêntica à massa de material necessária para dar o desvio-padrão relativo de amostragem R igual a 1%. Embora simples, a constante de amostragem inclui a densidade e a composição do analito que está sendo testado, que não são normalmente conhecidas antes da seqüência de ensaios, salvo se o mesmo tipo de material for analisado regularmente. Por isto, seu uso é limitado às análises de rotina do mesmo tipo de amostra ou tipos semelhantes, em que pode ser necessário calcular diferentes níveis de variância.

Nota Apesar de a redução mecânica do tamanho das partículas reduzir dramaticamente a massa de material necessária para uma dada variância de amostragem, neste estágio isto não é normalmente possível porque o procedimento é concebido para calcular a massa de material coletada da população total, que pode ser grande demais para ser modificada. Nos estágios subseqüentes, quando considerarmos subseções desta amostra (a amostra bruta ou analítica), é comumente possível, e mesmo desejável, reduzir apreciavelmente o tamanho das partículas. Existem vários sistemas de moagem, trituração e britagem que são capazes de reduzir partículas de vários centímetros de diâmetro (pequenas pedras) até pós finos e homogêneos. Para cálculos como os que fizemos anteriormente, se a totalidade do material não for tratada de forma idêntica, o processo não será válido.

Após usar estas equações para calcular a massa mínima de material necessária para dar um determinado desvio-padrão relativo (variabilidade) previamente especificado, pode-se calcular o número mínimo de amostras necessárias para atingir um nível de confiança adequado.

5.4.3 Número mínimo de amostras

Uma vez calculada a massa mínima de cada uma das amostras brutas, é necessário calcular o número mínimo das amostras que devem ser coletadas para manter a variação de amostragem desejada. Em outras palavras, quantas amostras são necessárias para que o analista possa estar certo de que a resposta obtida está, por exemplo, no intervalo de $\pm 5\%$ do valor médio, isto é, tem 95% de confiança.

Para isto, é necessária, obviamente, uma equação que inclua n (o número de amostras) e um termo que expresse a confiança de que o analista precisa. É comum o uso da expressão t de Student, familiar na estatística simples:

$$\mu = \bar{x} \pm ts/\sqrt{n} \qquad (5.10)$$

que com um simples rearranjo pode ser usada para calcular o **erro permitido na medida** de várias amostras ou o número de amostras necessárias para dar um determinado erro. Isto é feito definindo o erro como a diferença entre o resultado verdadeiro e o valor médio:

$$\mu - \bar{x} = E = tR/\sqrt{n} \quad \text{ou} \quad n = t^2R^2/E^2 \qquad (5.11)$$

onde a forma geral do desvio-padrão s foi substituída por R, o desvio-padrão relativo da operação de amostragem, e E é o erro. Observe que E é o erro de amostragem que é especificado pelo analista como sendo aceitável e que determina o número mínimo de amostras que devem ser coletadas.

Como os químicos usam com freqüência o nível de confiança de 95%, que corresponde a $t = 1,96$ para um número grande de amostras, podemos fazer $t = 2$ e simplificar a Eq. (5.11), que fica

$$n = 4R^2/E^2 \qquad (5.12)$$

Tome cuidado com as dimensões. Quando R for expresso como fração, deve-se expressar E como fração. Se R for expresso como percentagem, E também deve ser expresso como percentagem.

Quanto menor for o desvio-padrão requerido no processo total, maior será o número de amostras necessárias. Assim, a Eq. (5.12) dá, para um desvio padrão de amostragem igual a 7% e um erro permitido de 5%, $n = 8$. Se o desvio-padrão de amostragem subir para 10%, tem-se para o mesmo erro, $n = 16$. Normalmente, estes cálculos são feitos de forma iterativa, isto é, os resultados do primeiro cálculo são usados para refinar os valores para um segundo cálculo, e assim sucessivamente, até que a resposta se aproxime de um valor constante.

Exemplo 5.3

A determinação preliminar de s_s de um único lote do material total levou ao valor de 9,9% para o desvio-padrão relativo de amostragem do analito. Quantas amostras precisam ser coletadas se o analista deseja ter 95% de confiança de que o valor medido do analito não varia mais do que 5% em torno da média medida?

Fazendo $t = 2$ (para a confiança de 95%) e substituindo na Eq. (5.12), tem-se

$$n = 2^2 \times (9,9)^2/(5)^2 = 16 \text{ amostras}$$

Se R fosse expresso como 0,099 e o erro E, como 0,05, o cálculo daria

$$n = 2^2 \times (0,099)^2/(0,05)^2 = 16 \text{ amostras}$$

O cálculo é então repetido, porém com o valor $t = 2,13$ (o valor de t para uma confiança de 95% e 16 amostras). Obtém-se $n = 17,78$. Um terceiro cálculo com $t = 2,11$ (t_{18}) dá $n = 17,45$ e assim sucessivamente até um valor constante de n. Para este problema bastam quatro cálculos para obter $n = 18$ amostras.

Supondo que a amostragem não foi repetitiva, o erro E, que foi usado até aqui, definido como a diferença entre o valor verdadeiro e a média, pode ser chamado de acurácia, A. Isto dá a fórmula aproximada:

$$n = 4V_s/A^2 \tag{5.13}$$

onde V_s é a variância da amostragem. Esta forma simplificada da equação geral é muito usada no cálculo do número de amostras necessárias, n, para alcançar uma acurácia especificada.

5.4.4 Significado dos cálculos estatísticos

Todos os cálculos feitos na Seção 5.4.3 foram baseados na suposição de que os erros de amostragem dependem do número de partículas coletadas. Apesar de o erro depender também de outros fatores como a concentração (composição) do analito e a complexidade da amostra, existe uma relação quadrática inversa entre o desvio-padrão e o número de partículas coletadas. Isto explica por que começamos o capítulo pelos gases e líquidos, em que uma pequena quantidade de amostra contém um número de partículas suficiente para fazer com que esta parte do processo de amostragem praticamente não tenha erros, em comparação com o que ocorre com os sólidos, em que o número de partículas coletadas é importante. Outro problema é que apesar de os cálculos serem baseados no número de partículas, a tendência é medir a massa da amostra. A Eq. (5.7) mostra que existe uma relação cúbica entre a massa e o diâmetro da partícula.

Assim, quando possível, a redução do tamanho das partículas tem efeito muito pronunciado na massa requerida para um dado número de partículas.

5.4.5 A coleta de incrementos

Uma vez calculada a massa e o número de amostras requeridas para a análise, é preciso desenvolver um método ou métodos de obtenção de amostras não repetitivas a partir do material total. Se o material é homogêneo, ele pode ser considerado como um conjunto de seções de tamanhos idênticos (a matriz) e o número necessário de amostras é coletado ao longo da matriz com a ajuda de tabelas de números aleatórios. As amostras resultantes são analisadas separadamente ou combinadas e tratadas como um novo material total, com características idênticas às do lote inicial, porém de tamanho menor.

Nota Pode-se reduzir, neste estágio, o tamanho de uma amostra total, sem coletas repetitivas, usando várias técni-

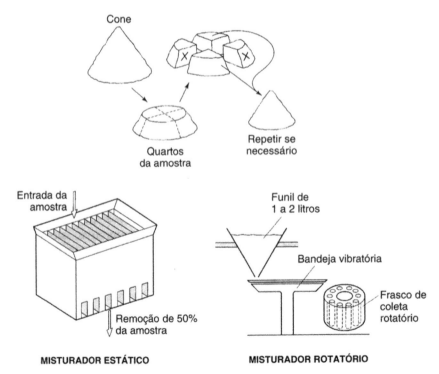

Fig. 5.18 (a) Uso da técnica do cone e da quarta parte para a redução da amostra. (b) Misturadores usados para a redução mais rápida

cas bem conhecidas. A mais simples e prática é o método do cone e da quarta parte. Arranje o material a ser amostrado em uma pilha (cone). Corte, em seguida, a pilha em quatro partes idênticas, como na Fig. 5.18(a). Combine dois quartos opostos e descarte os outros dois. Supondo que o tamanho das partículas é constante ou quase constante, a massa foi reduzida à metade. O processo pode ser repetido várias vezes até que a massa original se reduza o suficiente para a manipulação no laboratório. Vários dispositivos mecânicos, conhecidos como misturadores (Fig. 5.18(b)) também são usados para reduzir as amostras brutas a proporções que podem ser manipuladas com facilidade. Embora os misturadores sejam capazes de operar até 16 amostras idênticas em um só ciclo, é importante que eles sejam mantidos limpos antes do uso para que não ocorra contaminação das amostras. Em alguns modelos, isto é difícil de conseguir.

As amostras segregadas ou estratificadas, com regiões marcadamente diferentes, são melhor tratadas se cada região for considerada como um material total diferente que deve ser amostrado separadamente, se necessário, com planos de amostragem diferentes. Um outro procedimento é formar uma amostra composta, coletando incrementos de cada região e combinando-os de modo a preservar a composição original da amostra. Assim, se o material tiver três regiões cujos volumes estão na razão 1:5:20, os incrementos devem manter esta proporção. O problema desta abordagem é que o número e o tamanho dos incrementos devem refletir a composição do material original, porém isto é exatamente o que o analista está tentando determinar!

Deve-se sempre estabelecer e cumprir um plano de amostragem. Quaisquer modificações introduzidas durante a coleta levam a uma amostra que provavelmente não é representativa do original. Em outras palavras, seria perda de tempo e dinheiro completar a coleta e fazer a análise. A palavra "aleatório", no contexto da coleta de amostras, significa não repetitivo. Ela não significa ao acaso. Estas observações não implicam que não se pode modificar o protocolo de amostragem, apenas que quaisquer mudanças do plano original devem ser feitas levando em conta os dados obtidos nos estágios analíticos anteriores. O processo é iterativo e pode ser aplicado para refinar os cálculos, mas também pode ser usado para melhorar a acurácia e a precisão do processo de amostragem e, em última instância, a resposta final. A iteração consome muito tempo e é custosa, mas é freqüentemente essencial quando se deseja obter resultados confiáveis de uma matriz complexa.

5.4.6 Amostragem de unidades discretas

O material que deve ser analisado está freqüentemente na forma de unidades discretas: pacotes, tambores, frascos ou tabletes. Nesta situação, a variância total do sistema compõe-se de três contribuições:

variância total = variância da operação analítica
+ variância em uma unidade
+ variância entre unidades

O primeiro destes termos é determinado pela escolha do método analítico e todos os comentários anteriores se aplicam. O segundo e o terceiro termos são independentes entre si e devem ser determinados separadamente, mesmo quando o mesmo plano de amostragem (iterativo) está sendo usado para otimizar o número e o tamanho das amostras coletadas em cada unidade. Se o plano de amostragem preliminar não mostrar diferenças apreciáveis entre as unidades (como é normalmente o caso nos artigos de produção em massa), as unidades podem ser combinadas em uma amostra composta para reduzir a importância do terceiro termo.

5.4.7 Comentários gerais

A variação da concentração do analito tem normalmente duas contribuições distintas:

Variação entre amostras É a variância entre diferentes partes da população. Ela é normalmente elevada e só pode ser reduzida a níveis aceitáveis pela coleta de um grande número de amostras de diferentes partes do material a ser analisado, de modo a tornar a amostra composta representativa do material.

Variação na amostra É a variância do analito em uma única amostra bruta ou total. Ela depende da composição relativa da amostra e da homogeneidade das partículas, que pode, às vezes, ser melhorada pela redução do tamanho das partículas (trituração etc.). Ela pode ser reduzida a um nível aceitável pela análise repetida de alíquotas de uma amostra bruta, mas ela dá apenas o resultado da análise da amostra total. Ela não dá, por si só, uma estimativa confiável da variabilidade da população.

Em cada tipo de amostra, o plano final de amostragem depende do conhecimento prévio do sistema e da experiência obtida pelo analista nos estágios iniciais da amostragem. Lembre-se de que amostragem aleatória não significa a coleta indiscriminada de amostras, porém a observação rígida de um plano de amostragem cuidadosamente preparado para reduzir a incerteza e a amostragem repetitiva é que dá a melhor estimativa possível da composição do analito.

5.5 Referências

1. Laboratory of the Government Chemist 1996 *VAM Bulletin*, **15** (Autumn); 13–14
2. Laboratory of the Government Chemist, July 1993
3. C C Lee 1995 *Sampling, analysis and Monitoring methods: a guide to EPA requirements*, Government Institutes Inc., Rockville MD
4. HSE Books, PO Box 1999, Sudbury, Suffolk, UK
5. SKB, Blandford Forum, Dorset, UK
6. US Environmental Protection Agency 1997 *Compendium of methods for the determination of toxic organic compounds in ambient air*, EPA 625/r-96/010B
7. Health and Safety Executive 1995 *Methods for determination of hazardous substances* (MDHS Nos 27, 70, 80), HSE, Sheffield

8. The Foxboro Co., Foxboro MA 02035, USA
9. Bruel & Kjaer, DK-2850, Naerum, Denmark
10. R M Harrison 1994 *Chemistry in Britain*, **30** (12); 987–1000
11. Thermo Electron Ltd, Warrington, Cheshire, UK
12. Palintest Ltd, Gateshead, Tyne & Wear, UK
13. Phillip Harris Scientific, Litchfield, Staffs, UK
14. Perkin-Elmer Corp., Norwalk CT
15. Jones Chromatography Ltd, Hengoed, Mid-Glamorgan, UK

5.6 Bibliografia

T R Crompton 1992 *Comprehensive water analysis*, Elsevier, London

N T Crosby 1995 *General principles of good sampling practice*, Royal Society of Chemistry, London

Health and Safety Executive 1998 *Occupational exposure limits 1998: guidance note EH40/98*, HSE Books, Sudbury

L H Keith 1996 *Compilation of EPA's sampling and analysis methods*, CRC, Lewis, London

L H Keith 1996 *Principles of environmental sampling* 2nd edn, American Chemical Society, Washington DC

C L Paul Thomas and H Schofield 1995 *Sampling source book*, Butterworth-Heinemann, Oxford

R Perry and R M Harrison 1993 *Handbook of air pollution analysis*, Chapman and Hall, London

P Pradyot 1997 *Handbook of Environmental Analysis* (chemical pollutants in air, water, soil and solid wastes), CRC, Lewis, London

R Reeve 1993 *Environmental analysis*, ACOL–Wiley, Chichester

C L Rose 1997 *Provisional environmental sampling protocols*, AEA Technology, National Environmental Technology Centre

6
Separação

6.1 Introdução

A validade dos resultados das análises químicas depende, inicialmente, da qualidade e da integridade da amostra a ser analisada. Já discutimos, no Cap. 5, os problemas associados com a amostragem. Na maior parte dos casos, a amostra a ser analisada tem mais de um componente e exige uma etapa de separação ou de concentração da amostra a ser feita antes da análise propriamente dita. Mesmo as substâncias puras usadas como padrões raramente têm pureza acima de 99,99%, o que permite que estejam presentes até 10 $\mu g \cdot g^{-1}$ de outros materiais. Considera-se a amostra como sendo normalmente constituída pela(s) substância(s) a ser(em) analisada(s), **o(s) analito(s)**. O restante do material é denominado **matriz**.

Por sua própria natureza, algumas técnicas analíticas são seletivas ou mesmo específicas e podem ser usadas para a detecção ou determinação do analito desejado, sem que seja necessária a separação prévia. Nestes casos, o analista deve ter certeza de que os efeitos de matriz não são significativos nas condições do experimento, de modo que a quantidade verdadeira do analito não seja superestimada ou subestimada. Mesmo nestes casos a amostra é comumente submetida a alguma forma de pré-tratamento antes da determinação, por exemplo, mudança de fase ou estabilização da amostra. Do mesmo modo, espera-se que o analista seja capaz de identificar e quantificar substâncias em níveis muito inferiores aos praticados anteriormente. A determinação de concentrações da ordem de $\mu g \cdot kg^{-1}$ (ppb) é agora corrente em muitos laboratórios. No caso de algumas técnicas específicas, hoje é possível medir, ou pelo menos identificar, materiais na ordem de $ng \cdot kg^{-1}$ (partes por trilhão). Em tese, desde que haja amostra suficiente e uma técnica de pré-concentração confiável, mesmo se a técnica analítica final não for ultra-sensível, baixos níveis de analito na amostra ainda podem ser determinados multiplicando-se o valor medido pelo fator de concentração.

Lembre-se da diferença entre baixas concentrações e pequenas massas, que nem sempre é explicada claramente pelos fabricantes de equipamentos quando eles defendem as virtudes de seus instrumentos analíticos mais modernos. Assim, por exemplo, a técnica de espectroscopia de plasma com acoplamento indutivo (ICP) é freqüentemente apresentada como tendo limites de detecção (para determinados elementos) da ordem de $\mu g \cdot kg^{-1}$. Todavia, como é possível que sejam necessários volumes de amostra da ordem de até 20 ml para uma leitura confiável, a massa de analito determinada seria, neste caso, da ordem de 20 ng.

Por outro lado, a análise por cromatografia com fase gasosa (GC) utiliza comumente concentrações de analitos da ordem de $\mu g \cdot g^{-1}$ para que os resultados sejam confiáveis. Como, neste caso, a quantidade de amostra injetada pode ser inferior a 0,1 μl, a massa determinada é de apenas 0,1 ng.

6.2 Técnicas de separação

Para os propósitos deste capítulo, as técnicas de separação podem ser classificadas em dois grupos principais:

Separações em grande escala (*bulk separations*) São as separações em grande escala de dois componentes. Elas incluem a filtração, os processos que dependem de efeitos térmicos (destilação, evaporação e secagem), os procedimentos que usam efeitos de solubilidade (extração com solvente, cristalização e precipitação), a troca iônica, a diálise e a liofilização. Muitas destas técnicas são manipulações de rotina em laboratório e foram mencionadas em outras partes deste livro, mas será útil analisá-las em conjunto, aplicadas em um dado experimento, para poder discutir os méritos de cada uma separadamente.

Separações com instrumentos As separações mais comuns feitas com o auxílio de instrumentos são as cromatografias (cromatografia com fase gasosa (GC), cromatografia líquida de alta eficiência (HPLC), cromatografia em camada fina (TLC), e cromatografia com fluido supercrítico (SFC)) e as eletroforeses, especialmente a eletroforese capilar (CE). As quantidades de analito necessárias nestas técnicas, comumente da ordem de microgramas ou até menos, são demasiadamente reduzidas para serem visualmente observadas. Assim, uma boa maneira de distinguir os dois grupos de técnicas de separação é fazer uma pergunta simples: pode o analito ser visualmente observado?

Em cada caso, são empregados diferentes modos de operação para realizar a separação que, para os propósitos deste capítulo, podem ser agrupados como métodos físicos ou como métodos químicos. Como veremos adiante, as separações em grande escala dependem principalmente de mecanismos físicos, enquanto as separações instrumentais baseiam-se principalmente em mecanismos químicos. Existem, porém, numerosas exceções a essa regra geral. Às vezes, a distinção pelos mecanismos empregados é difícil de fazer. Assim, por exemplo, mesmo empregadas em larga escala como técnica de separação, a extração por solvente e a troca iônica são dependentes das interações solvente–soluto, isto é, das interações químicas. Os leito-

116 Separação

res interessados em detalhes dos processos de separação e em uma abordagem mais rigorosa podem recorrer, por exemplo, ao trabalho de Seader e Henley [1].

6.2.1 Filtração

A filtração é, à primeira vista, um processo muito simples de separação de material sólido de uma solução, feito com o auxílio de algum tipo de filtro. Para muitas tarefas rotineiras do laboratório químico, ainda é o caso. No entanto, quando a filtração é analisada com mais cuidado, a situação não é tão simples como inicialmente imaginada. A distinção entre o que é sólido e o que é líquido, embora clara do ponto de vista teórico, é mais difícil de definir em termos práticos. Partículas de 0,1 mm de diâmetro médio ou maiores, que são visíveis a olho nu e tendem a se depositar na parte inferior da solução, são sólidas e podem ser separadas usando papel de filtro em um funil. As partículas de diâmetro igual a 0,3 μm, porém, são sólidas ou não? Se usarmos papéis de filtro comum, estas partículas passarão pelos poros do papel e, portanto, serão consideradas como parte do líquido durante o restante do experimento.

Como a separação entre o líquido e o sólido depende do tamanho dos poros do filtro, existe a tendência de se usar membranas com poros muito pequenos, capazes de reter até alguns colóides e vírus. Isto, contudo, pode levar a sérias dificuldades na etapa de separação, porque a redução do diâmetro dos poros da membrana filtrante diminui drasticamente a velocidade da filtração. Assim, a força da gravidade deixa geralmente de ser suficiente para a separação em um tempo razoável. A solução, neste caso, é aplicar uma pressão positiva no topo do vaso de filtração ou, mais comumente, usar vácuo para fazer a sucção do líquido através do filtro.

6.2.2 Processos que dependem da temperatura

Os processos de separação que dependem de efeitos térmicos são de rotina em laboratório, mas algumas precauções especiais podem ser necessárias quando eles são empregados em separações analíticas. A destilação é, às vezes, usada para este fim. Se a aparelhagem estiver em uma escala adequada à amostra (e se estiver limpa), a destilação é uma maneira simples de separar substâncias. A evaporação e a secagem são dois lados de um mesmo processo — a remoção de um líquido em contato com um sólido.

Quando o analito é uma fase líquida que deve ser separada de uma matriz sólida, pode-se usar uma aparelhagem bastante simples constituída por uma fonte de calor e algum tipo de condensador, eventualmente com a ajuda de um sistema de vácuo, como em um evaporador rotatório. Às vezes, o processo é levado a cabo sob atmosfera inerte (por exemplo, sob nitrogênio). Todavia, se o que se deseja é efetuar medidas quantitativas, então conseguir coletar toda a fase líquida sem que a matriz sólida se modifique com o aquecimento pode ser um problema sério. Assim, por exemplo, a avaliação do conteúdo de umidade de sólidos não é uma tarefa trivial. A maior parte das amostras sólidas contém água, e medidas quantitativas precisas requerem o conhecimento prévio da quantidade de água existente no sólido ou de que ele esteja seco.

O processo de secagem escolhido depende muito de como a água está na amostra. A água pode ser não-essen-

cial, isto é, estar retida na matriz sólida por forças físicas como a adsorção ou estar presa entre as partículas do sólido ou, em outras palavras, o sólido estar molhado. A água pode, por outro lado, fazer parte do material como, por exemplo, no caso de um hidrato sólido como o composto $CaSO_4 \cdot 2H_2O$. A maior parte das amostras sólidas, mesmo as que não têm água em alguma das formas citadas, estão em equilíbrio com a água da atmosfera e seu peso muda, ainda que muito pouco, com a alteração da umidade do ambiente.

Geralmente, no caso de análises mais precisas é ainda de interesse a padronização da umidade da amostra. Embora longe de ser um método infalível, o procedimento mais comumente aceito é a secagem até peso constante em $105°C$ ou em outra temperatura próxima. Isso significa que as amostras podem, pelo menos, ser comparadas de uma forma padronizada. Todavia, no caso de amostras de natureza biológica (inclusive a análise de alimentos), o processo de aquecimento do material altera sua composição, o que torna este método de pré-tratamento inadequado. Neste tipo de situação, são necessários métodos mais delicados, como a homogeneização da amostra em um liquidificador de alta velocidade para produzir uma lama ou, ocasionalmente, a secagem sob congelamento. Em todos os casos em que se declara a quantidade de analito presente em uma dada quantidade de amostra (matriz), deve-se deixar bem claro como o peso total da amostra foi determinado.

O processo da análise de vapor em espaço confinado (*headspace analysis*) depende da evaporação ou, pelo menos, das diferenças de volatilidade dos componentes da amostra. Uma porção da amostra, sólida ou líquida, é colocada em um pequeno frasco selado, sem preenchê-lo totalmente. A seguir, o frasco é aquecido até temperatura constante. Os componentes voláteis da amostra passam da fase condensada para a fase gasosa acima da amostra, de onde são extraídos para a análise direta, com a ajuda de uma seringa que atravessa um septo colocado na tampa do frasco.

A análise de vapor em espaço confinado é muito aplicada na análise de compostos voláteis em amostras complexas como, por exemplo, a dosagem de material orgânico em sedimentos fluviais ou a caracterização das substâncias responsáveis pelo aroma de comidas e de bebidas, especialmente bebidas alcoólicas [2]. Esse método de análise é atraente em muitas situações porque quando é usado juntamente com a cromatografia com fase gasosa permite a caracterização qualitativa rápida de amostras complexas. No entanto, é preciso levar em conta que, apesar de a implementação da técnica no laboratório ser muito simples, requerendo apenas uma certa quantidade de frascos selados com septo e um banho de água, a análise de vapor em espaço confinado pode dar resultados quantitativos pouco repetitivos se as condições do experimento não forem rigorosamente controladas. Se este for o caso, é melhor usar um sistema completamente automatizado em que haja acoplamento direto com o injetor de um cromatógrafo a gás.

6.3 Extração com solvente

6.3.1 Extração com solvente

A extração de materiais sólidos com solventes ainda é muito usada. As técnicas mais simples são a agitação da mistura sólido–líquido (comumente com imersão do frasco em um banho com ultra-som) seguida por filtração ou por centrifugação, e o uso de aparelhagens de extração contínua, como o aparelho de Sohxlet. A extração com solvente é especialmente apropriada no caso de determinações quantitativas e o assunto é tratado em outras partes deste texto. Contudo, os problemas decorrentes do uso de solventes (vide a seguir) sugerem que, sempre que possível, outras formas de pré-tratamento devem ser consideradas, entre elas a análise de vapor em espaço confinado ou a extração com fluidos supercríticos (SFE). O uso destes outros métodos está crescendo muito, especialmente em análises qualitativas.

A extração de analitos de uma fase líquida para outra, **a extração líquido–líquido**, é provavelmente a técnica mais amplamente empregada nas separações em grande escala com quantidades apreciáveis de analito envolvidas. (No caso de pequenas quantidades de analito, prefere-se, usualmente, a extração com fluido supercrítico e técnicas relacionadas.) A extração líquido–líquido envolve a partição do analito entre duas fases líquidas imiscíveis, normalmente por agitação em um funil de separação. Em muitos casos, uma das fases é água pura ou uma solução-tampão e a outra fase é um solvente orgânico (Tabela 6.1). Os analitos podem estar inicialmente em qualquer uma das duas fases. A seletividade da separação e sua eficiência, assim como outros fatores discutidos a seguir, são controladas pela escolha das duas fases.

Fase aquosa

Quando o solvente de extração, isto é, o solvente que não contém inicialmente o analito, é água, pode-se, geralmente, garantir sua pureza e também que ele não contribuirá para contaminar a amostra final. Entretanto, quando é preciso adicionar à água agentes modificadores como ácidos, bases, tampões ou complexantes, é necessário que eles também tenham alto grau de pureza. Por outro lado, se o analito está em água impura e deve ser removido, o analista deve considerar o efeito eventual dos demais componentes sobre o processo de extração (efeitos de matriz). Um outro problema é que se o analito estiver inicialmente dissolvido em água, para que a extração com uma fase orgânica seja eficiente será provavelmente necessário modificar o analito de modo a torná-lo preferencialmente solúvel na fase orgânica, isto é, será necessário tornar o analito menos hidrofílico e mais hidrofóbico.

Tabela 6.1 *Solventes usados na extração líquido-líquido*

Fase aguda	Fase orgânica
Água pura	*Solventes clorados*
Solução ácida (pH 0-6)	Diclorometano
Solução básica (pH 8-14)	Clorofórmio
Força iônica elevada (*salting out*)	*Hidrocarbonetos*
Agentes complexantes	Alifáticos: C_5 (pentano) e superiores
Reagentes para pares iônicos	Aromáticos: tolueno e xilenos
Agentes complexantes quirais	Álcoois: C_6 e superiores são imiscíveis com a água
	Ésteres
	Cetonas: C_6 e superiores
	Éteres: dietil-éter e superiores

Fase orgânica

A escolha do segundo solvente é determinada por um critério simples: ele tem que ser imiscível com a água, isto é, devem se formar duas fases. Embora não existam dois líquidos que, postos em contato, sejam totalmente imiscíveis (pequenas quantidades de um dissolvem-se no outro), por razões práticas a solubilidade de um solvente no outro não deve ultrapassar 10%, aproximadamente. Este critério exclui alguns dos solventes mais comuns como a acetona e os álcoois de baixo peso molecular, mas inclui muitos outros. Além disso, as densidades do solvente orgânico e da água devem ser bem diferentes para que se formem duas camadas bem definidas. Se a densidade do solvente orgânico for maior do que a da água, a fase orgânica ficará na parte de baixo do funil de separação. No caso contrário, ficará na parte superior do funil. Quando as densidades são muito próximas, podem se formar emulsões, especialmente quando os líquidos contêm surfactantes ou materiais gordurosos.

Se a fase orgânica for a fase de extração, isto é, se a fase orgânica for utilizada na etapa seguinte do processo, é aconselhável usar um solvente orgânico suficientemente volátil para poder ser removido por evaporação. O solvente orgânico deve ser o mais puro possível para evitar a contaminação da amostra analítica final. Além disso, como quantidades relativamente grandes de solvente orgânico são usadas nestes processos, não se pode esquecer a toxicidade do solvente e as conseqüências de seu descarte sobre o meio ambiente no final do experimento. Caso for possível escolher entre clorofórmio ($CHCl_3$), menos tóxico, e tetracloreto de carbono (CCl_4), mais tóxico, deve-se preferir $CHCl_3$. Vários solventes, como o benzeno e o diclorometano (CH_2Cl_2), poderiam ser interessantes por razões químicas, mas eles devem ser evitados por causa de sua toxicidade. Finalmente, deve-se levar em conta a polaridade do solvente, porque, de uma maneira geral, quanto mais polar for o soluto, mais polar deve ser o solvente de extração. A frase "semelhante dissolve semelhante" deve ser sempre lembrada no caso de processos de separação envolvendo partição.

6.3.2 Partição: a teoria da extração

Praticamente todas as extrações líquido–líquido dependem do processo de partição com o analito se distribuindo nas duas fases líquidas em contato. A lei de distribuição, devida a Nernst, estabelece que, no equilíbrio, uma substância solúvel em ambas as fases se distribui de modo a que a razão de suas atividades em cada fase é uma constante, conhecida como coeficiente de partição:

$$K = \frac{a_{s1}}{a_{s2}}$$

Em soluções diluídas, as atividades podem ser substituídas pelas solubilidades S_o e S_{aq}. A constante K, escrita como K_D, é conhecida como constante (ou coeficiente) de distribuição:

$$K_D = \frac{S_o}{S_{aq}}$$

A lei de distribuição, tal como enunciada, não é termodinamicamente rigorosa e não leva em consideração as atividades das várias espécies. Por esta razão, ela é aplicável apenas a soluções muito diluídas, onde a razão entre as atividades é próxima da unidade. Esta forma simplificada da lei também não se aplica aos casos em que uma das espécies que se distribuem se dissocia ou se associa em uma das fases. Todavia, nas aplicações práticas da extração por solvente, o interesse prioritário é a fração do soluto total distribuído em cada fase, independentemente de associação, dissociação ou outras interações com espécies dissolvidas. Assim, é mais conveniente introduzir o conceito de razão de distribuição, D,

$$D = \frac{C_o}{C_{aq}}$$

onde C representa a concentração. O valor de D depende apenas da natureza de cada solvente, do soluto e da temperatura. Essa forma da lei de distribuição de Nernst é mais útil para a extração líquido-líquido. Pode-se demonstrar que se V ml de uma solução aquosa contendo x_{aq} gramas do soluto é extraído n vezes com porções de v mililitros de um solvente, então o peso do soluto remanescente na fase aquosa é:

$$x_n = x_{aq} \left(\frac{DV}{DV + v} \right)^n$$

e o peso extraído será $x_{aq} - x_n$. Note que esta equação supõe a extração com n porções do solvente e não com o volume total de uma só vez. A vantagem do emprego de várias pequenas porções de solvente na extração de um analito de uma outra fase é melhor visualizada através de um exemplo.

Exemplo 6.1

Submete-se 50 ml de uma solução aquosa contendo 0,1 g de um analito a uma extração líquido–líquido por agitação com 25 ml de um solvente orgânico. Sabe-se que a razão de distribuição para o analito é de 1/85, isto é, ele é 85 vezes mais solúvel na fase orgânica do que em água. Compare os resultados com (a) uma extração utilizando 25 ml do solvente orgânico de uma só vez e (b) três extrações, cada uma com 8,33 ml do solvente orgânico.

(a) Para uma extração com 25 ml do solvente orgânico

$$\text{peso restante} = \frac{1/85 \times 50 \times 0,1}{1/85 \times 50 + 25} = 0,0023\,g$$

$$\text{peso extraído} = 0,1 - 0,0023 = 0,0977\,g$$

(b) Para três extrações com 8,33 ml do solvente orgânico (combinando os extratos)

$$\text{peso extraído} = 0,1 - \left[0,1 \left(\frac{1/85 \times 50}{50/85 + 8,33} \right) \right]^3 = 0,099\,999\,713\,g$$

isto é, extração virtualmente completa.

Uma expressão alternativa é:

$$E_\% = \frac{100D}{D + (V_{aq}/v)}$$

onde $E_\%$ é a percentagem de extração.

Se a solução contém dois (ou mais) solutos, A e B, e ambos podem ser extraídos, então o coeficiente de separa-

ção, ou fator β, pode ser definido como

$$\beta = \frac{[A_o]/[B_o]}{[A_{aq}]/[B_{aq}]} = \frac{[A_o]/[A_{aq}]}{[B_o]/[B_{aq}]} = \frac{D_a}{D_b}$$

Assim, se $D_a = 10$ e $D_b = 0,1$, uma única extração remove 90,9% de A, e 9,1% de B (razão 10:1). Uma segunda extração da fase aquosa leva o total de A extraído a 99,2% e de B a 17,4% (razão 5,7:1). Ora, se B fosse um contaminante, a maior extração de A levaria proporcionalmente a uma maior extração do contaminante.

A melhor situação para a separação é quando o fator de distribuição de A é grande e o de B é pequeno. Em muitas separações envolvendo espécies orgânicas, o conhecimento dos coeficientes de distribuição do analito em vários sistemas água–solvente orgânico é suficiente para permitir a escolha adequada das condições de extração, já consideradas as questões de saúde e ambientais. No caso de algumas espécies orgânicas e da maior parte das inorgânicas, é possível otimizar as condições de extração do analito com redução da extração de contaminantes. Assim, por exemplo, se a espécie orgânica é ácida (HA), ao se manter baixo o pH da solução aquosa, o analito orgânico existe principalmente como HA e é rapidamente extraído para a camada orgânica. Ao se aumentar o pH da solução aquosa, o analito orgânico se converte no ânion A^-, que tende a permanecer na fase aquosa. Analogamente, no caso de bases como as aminas, um pH alto favorece a solubilização na fase orgânica, enquanto um pH baixo (BH^+) favorece a permanência na fase aquosa. Lembre-se de que quanto mais iônico (polar) for o material, maior será a tendência a passar para a camada mais polar (água).

6.3.3 Fatores que favorecem a extração de espécies inorgânicas

Quando o analito é um íon inorgânico, deve-se modificar as espécies para permitir a extração eficaz para a fase orgânica. O modo mais óbvio de se fazer isso é neutralizar a carga com produção de espécies neutras. Isso pode ser conseguido por um dos seguintes procedimentos: (a) formação de complexos quelatados utilizando ligantes orgânicos apropriados e (b) formação de complexos iônicos. O objetivo é converter o cátion metálico ou o ânion hidratado, de volume pequeno, em uma espécie mais solúvel na fase orgânica. Muitos íons metálicos podem ser complexados por um ligante orgânico, tornando-se mais solúveis em solventes orgânicos:

$$M^{n+} + nL^- \rightarrow ML_n$$

onde L é o ligante que complexa o íon metálico M^{n+}. O tratamento quantitativo deste processo pode ser feito com base nas seguintes suposições: (a) o reagente e o complexo metálico existem como moléculas simples, não associadas em nenhuma das fases, (b) a solvatação não tem papel significativo no processo de extração e (c) os solutos são moléculas neutras em concentrações suficientemente baixas para que o comportamento em solução seja ideal. A dissociação do ligante (agente quelante), HL, na fase aquosa é representada pela equação

$$HL \rightleftharpoons H^+ + L^-$$

Os vários equilíbrios envolvidos no processo de extração por solvente são expressos em termos das seguintes constantes termodinâmicas:

constante de dissociação do complexo
$$K_c = [M^{n+}]_w[L^-]_w^n/[ML_n]_w$$

constante de dissociação do reagente
$$K_r = [H^+]_w[L^-]_w/[HL]_w$$

coeficiente de partição do complexo
$$p_c = [ML_n]_w/[ML_n]_o$$

coeficiente de partição do reagente
$$p_r = [HL]_w/[HL]_o$$

onde os índices c e r referem-se ao complexo e ao reagente, e os índices w e o referem-se à fase aquosa e à fase orgânica, respectivamente.

A razão de distribuição, isto é, a razão entre a quantidade de metal extraído para a fase orgânica como complexo e a quantidade que permanece na fase aquosa sob todas as formas, é dada por

$$D = [ML_n]_o / \{[ML_n]_w + [M^{n+}]_w\}$$

que se reduz a

$$D = K[HL]_o^n/[H^+]_w^n \quad \text{onde} \quad K = (K_r p_r)^n/K_c p_c$$

Se a concentração do reagente permanece virtualmente constante, então

$$D = K^*/[H^+]_w^n \quad \text{onde} \quad K^* = K[HL]_o^n$$

e a percentagem do soluto extraído, E, é dada por

$$\log E - \log(100 - E) = \log D = \log K^* + n(pH)$$

Portanto, a distribuição de um metal em um sistema deste tipo é função apenas do pH. A equação representa uma família de curvas sigmóides em um gráfico de E em função do pH. A posição de cada curva ao longo do eixo dos pH depende apenas da magnitude de K^*, e a inclinação de cada uma delas depende apenas de n. A Fig. 6.1 mostra algumas curvas teóricas de extração de metais divalentes e ilustra a dependência dessas curvas com a magnitude de K^*. A Fig. 6.2 mostra como a inclinação depende de n. O aumento da concentração do reagente por um fator de dez é exatamente contrabalançado pelo aumento da concentração do íon hidrogênio por um fator de dez, isto é, uma unidade de pH. A variação do pH é muito mais fácil de ser feita na prática. Se $pH_{1/2}$ é definido como sendo o pH quan-

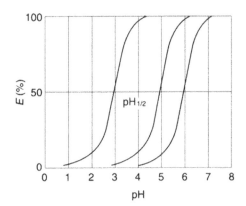

Fig. 6.1 Percentagem E de metal extraído para a fase orgânica em função do pH

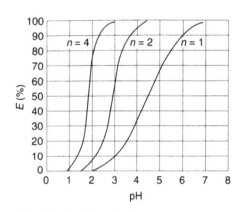

Fig. 6.2 Variação da inclinação das curvas com o aumento de n

do a extração estiver exatamente na metade ($E_\% = 50$), a equação anterior leva a

$$pH_{1/2} = -\frac{1}{n}\log K^*$$

A diferença entre os valores de $pH_{1/2}$ de dois íons metálicos em um determinado sistema mede a facilidade de separação dos dois íons. Se os valores de $pH_{1/2}$ são suficientemente diferentes, pode-se conseguir uma excelente separação apenas pelo controle do pH de extração. É freqüentemente útil desenhar as curvas de extração dos quelatos de metal.

Se o critério para a separação bem-sucedida de dois metais em uma única etapa mediante o controle do pH for a extração de 99% de um deles com um máximo de 1% de extração do outro, no caso de metais divalentes será suficiente a diferença de duas unidades de pH entre os dois valores de $pH_{1/2}$. A diferença é menor no caso de cátions tetravalentes. A Tabela 6.2 dá alguns resultados da extração de ditizonatos metálicos em clorofórmio. Se o pH for controlado com um tampão, os metais com valores de $pH_{1/2}$ nessa região, conjuntamente com outros que apresentam valores menores de $pH_{1/2}$, serão extraídos.

Os valores de $pH_{1/2}$ podem ser alterados (aumentando desta forma a seletividade da extração) pelo uso de um agente complexante competitivo ou de um agente de mascaramento. Na separação de mercúrio e cobre por extração com ditizona em tetracloreto de carbono em pH 2, a adição de EDTA produz um complexo solúvel em água que mascara completamente o cobre, mas não afeta a extração do mercúrio. Cianetos aumentam o valor de $pH_{1/2}$ de mercúrio, zinco e cádmio na extração com ditizona em tetracloreto de carbono.

6.3.4 Complexos de associação iônica

Além da formação de quelatos metálicos neutros para a extração por solvente, as espécies de interesse analítico podem se associar a íons de carga oposta para formar es-

Tabela 6.2 pH ótimo para a extração de ditizonatos metálicos por clorofórmio

Íon metálico	Cu(II)	Hg(II)	Ag	Sn(II)	Co	Ni, Zn	Pb
pH ótimo de extração	1	1-2	1-2	6-9	7-9	8	8,5-11

pécies neutras que podem ser extraídas. Com o aumento da concentração, esses complexos podem formar aglomerados (*clusters*) mais volumosos do que os pares iônicos simples, particularmente em solventes orgânicos de constante dielétrica baixa. Existem três tipos de complexos de associação iônica. Os dois primeiros correspondem a sistemas de extração que envolvem íons grandes coordenados não solvatados e neste importante aspecto eles diferem dos complexos do terceiro tipo.

Complexos formados por reagentes que produzem um íon orgânico volumoso

Os íons tetrafenilarsônio, $(C_6H_5)_4As^+$, e tetrabutilamônio, $(n-C_4H_9)_4N^+$, formam agregados iônicos (*clusters*) volumosos com íons de carga oposta convenientes como, por exemplo, o íon perrenato, ReO_4^-. Estes íons não possuem camada primária de hidratação e causam a ruptura das ligações hidrogênio da estrutura da água. Quanto maior for o íon, maior será o efeito da ruptura e a tendência da espécie resultante da associação iônica em passar para a fase orgânica. Estes sistemas de extração com íons volumosos não são específicos, pois qualquer cátion relativamente volumoso, univalente e não hidratado, extrairá qualquer ânion univalente volumoso. Por outro lado, devido à maior energia de hidratação, os íons polivalentes não são extraídos facilmente, o que torna possível a separação entre MnO_4^-, ReO_4^- ou TcO_4^- e CrO_4^{2-}, MoO_4^{2-} ou WO_4^{2-}.

Complexos que envolvem um quelato iônico de um íon metálico

Agentes quelantes que contêm dois átomos doadores sem carga, como a 1,10-fenantrolina, formam quelatos complexos catiônicos que são volumosos e assemelham-se a hidrocarbonetos. O perclorato de tris(fenantrolina)-ferro(II) é extraído facilmente pelo clorofórmio. A extração é virtualmente completa quando se usam ânions volumosos como alquilsulfonatos de cadeia longa em substituição ao íon ClO_4^-. A literatura descreve a determinação de detergentes aniônicos empregando ferroína [3]. Dagnall e West [4] descreveram a formação e a extração de um complexo ternário azul, Ag(I)–1,10-fenantrolina-vermelho de bromopirogalol (BPR), que é usado em um procedimento muito sensível de determinação espectrofotométrica de traços de prata. O mecanismo da reação de formação do complexo azul em água foi investigado por métodos fotométricos e potenciométricos que levaram à conclusão de que o complexo é um sistema de associação de íons, $[Ag(phen)_2]_2BPR^{2-}$, isto é, envolve um quelato catiônico de um íon metálico (Ag^+) associado a um contra-íon derivado do corante (BPR).

Complexos nos quais moléculas do solvente estão diretamente envolvidas

A maior parte dos solventes que participam deste tipo de associação (éteres, ésteres, cetonas e álcoois) contêm átomos de oxigênio capazes de doar elétrons, logo, a capacidade de coordenação do solvente é essencial. As moléculas de solvente coordenadas facilitam a extração de sais como cloretos e nitratos porque contribuem para aumentar o volume do cátion e também porque fazem com que o complexo e o solvente fiquem mais semelhantes. Uma classe de solventes com notável propriedade de solvatação de compostos inorgânicos é a dos ésteres do ácido fosfórico(V) (ácido ortofosfórico). O grupo funcional destas moléculas é o grupo fosforila semipolar, $\rightarrow P^+\!\!-\!\!O^-$, que tem um átomo de oxigênio básico com boa disponibilidade estérica. Um composto típico é o fosfato de tri-*n*-butila (TBP), muito empregado como solvente de extração em escala industrial e no laboratório. É digno de nota o uso de TBP na extração do nitrato de uranila e sua separação dos produtos de fissão.

O método de extração nos sistemas "oxônio" pode ser ilustrado considerando-se a extração com éter do íon ferro(III) em ácido clorídrico concentrado. Em água, os íons cloreto substituem as moléculas de solvente coordenadas com o íon Fe^{3+} e formam o íon tetraédrico $FeCl_4^-$. Sabe-se que o íon hidrônio hidratado, $H_3O^+(H_2O)_3$, ou $H_9O_4^+$ associa-se aos haloânions complexos, mas em solventes orgânicos as moléculas de solvente penetram na fase aquosa e competem com a água pelas posições na camada de solvatação do próton. Assim, a espécie primária extraída pelo éter (R_2O) é provavelmente $[H_3O(R_2O)_3^+, FeCl_4^-]$, embora possa ocorrer agregação desta espécie em solventes de baixa constante dielétrica. O princípio da formação do par iônico é empregado há muito tempo na extração de muitos íons metálicos, mas não de metais alcalinos devido à inexistência de agentes complexantes capazes de formar complexos estáveis com eles.

Um avanço significativo recente foi a utilização dos **éteres coroa**, que formam complexos estáveis com muitos íons metálicos, particularmente os metais alcalinos. Os éteres coroa são compostos macrocíclicos que contêm de 9 a 60 átomos, dos quais 3 a 20 são de oxigênio. A complexação é resultado de atrações eletrostáticas do tipo íon–dipolo entre o íon metálico situado na cavidade do anel e os átomos de oxigênio que o circundam (Fig. 6.3). A extração por par iônico de íons de terras raras com o composto 15-coroa-5 como complexante está descrita na literatura [5]. O éter coroa mais comum é o 18-coroa-6, usado particularmente na dissolução de compostos biológicos para análise por espectrometria de massas.

6.3.5 Alguns reagentes de extração específicos para íons inorgânicos

Devido ao desenvolvimento da instrumentação que ocorreu nas espectroscopias de absorção atômica (AA) e de

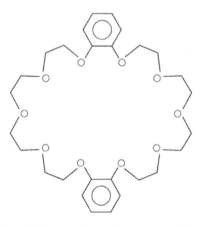

Fig. 6.3 Estrutura de um éter em coroa típico

plasma com acoplamento indutivo (ICP), e na técnica associada de plasma com acoplamento indutivo e espectrometria de massas (ICP/EM), cada vez é menos necessário separar ou concentrar os metais em solução antes da análise. No entanto, em alguns casos, as técnicas de separação líquido-líquido são ainda usadas, especialmente quando se emprega a análise colorimétrica na etapa final. A separação de metais em solução é também necessária quando puder ocorrer interferência em uma dada reação. A Tabela 6.3 fornece uma lista resumida de quelantes e reagentes de extração comuns, alguns dos quais são tratados em maior detalhe no Cap. 11. O texto de Hiraoka [6] ou o manual de Ueno *et al.* [7] podem ser consultados para mais informações sobre reagentes orgânicos usados em química analítica.

6.3.6 Determinação de cobre como complexo com dietil-ditiocarbamato

Discussão O dietil-ditiocarbamato de sódio [6.A] reage em meio fracamente ácido ou amoniacal com o íon cobre(II), em solução diluída, para produzir uma suspensão coloidal marrom de dietil-ditiocarbamato de cobre(II). O complexo pode ser extraído da suspensão com um solvente orgânico (clorofórmio, tetracloreto de carbono ou acetato de butila) e o extrato colorido analisado espectrofotometricamente em 560 nm (acetato de butila) ou em 435 nm (clorofórmio ou tetracloreto de carbono).

$$(C_2H_5)_2N\!-\!C\begin{smallmatrix}S\\\|\\\\\S^-\end{smallmatrix}\}Na^+$$

[6.A]

Muitos metais pesados também reagem para dar produtos ligeiramente solúveis (alguns brancos, outros coloridos), dos quais a maior parte é solúvel nos solventes orgânicos mencionados. A seletividade pode ser melhorada com o uso de agentes de mascaramento, particularmente EDTA. O reagente decompõe-se rapidamente em soluções de baixo pH.

Procedimento Dissolva em balão volumétrico 0,0393 g de sulfato de cobre(II) penta-hidratado em 1 litro de água. Pipete 10,0 ml desta solução (que contém cerca de 100 μg de Cu) para um bécher, adicione 5,0 ml de solução de ácido cítrico a 25% em água, torne a solução ligeiramente alcalina adicionando amônia diluída e remova o excesso de amônia por aquecimento. Se preferir, ajuste o pH em 8,5 com o auxílio de um medidor de pH. Adicione 15,0 ml de solução de EDTA a 4% e resfrie até a temperatura normal. Transfira o material para um funil de separação, adicione 10 ml de uma solução de dietil-ditiocarbamato de sódio a 2% em água e agite durante 45 segundos. A solução adquire coloração amarelo-marrom. Pipete 20,0 ml de acetato de butila para o funil e agite por 30 segundos. A fase orgânica adquire coloração amarela. Resfrie, agite por 15 segundos e deixe que as fases se separem. Remova a camada aquosa inferior, adicione 20 ml de ácido sulfúrico 5% v/v, agite por 15 segundos, resfrie e separe a camada orgânica. Determine a absorbância em 560 nm contra um branco, usando células de absorção de 1,0 cm de passo óptico. Todo o cobre é removido em uma única extração. Repita o experimento na presença de 1 mg de ferro(III): nenhuma interferência é detectada.

6.3.7 Determinação de cobre como complexo com neocuproína

Discussão A neocuproína (2,9-dimetil-1,10-fenantrolina) pode, em certas condições, comportar-se como um reagente muito específico para o cobre(I). O complexo é solúvel em clorofórmio e absorve em 457 nm. Ele pode ser usado na determinação de cobre em ferro fundido, ligas de aço, soldas de chumbo ou estanho e em vários metais.

Procedimento Adicione, em funil de separação, 5,0 ml de uma solução de cloreto de hidroxilamônio (10% em água) a 10 ml de uma solução contendo até 200 μg de cobre, para reduzir o Cu(II) a Cu(I). Adicione, ainda, 10 ml de uma solução de citrato de sódio a 30% para complexar outros metais eventualmente presentes. Leve o pH a 4,0 com amônia diluída e adicione 10 ml de uma solução de neocuproína a 0,1% em etanol absoluto. Agite durante 30 segundos com 10 ml de clorofórmio e deixe que as fases se separem. Repita a extração com nova porção de 5 ml de clorofórmio. Meça a absorbância em 457 nm contra um branco preparado pelo mesmo processo com os reagentes.

6.3.8 Determinação de ferro como 8-hidróxi-quinolato

Discussão Ferro(III) (50-200 μg) pode ser extraído de soluções em água com 8-hidróxi-quinolina em clorofórmio

Tabela 6.3 *Reagentes comuns na extração com solvente*

Acetilacetona (pentano-2,4-diona)	$CH_3COCHCOCH_3$	Quelatos com 60 metais
Tenoil-trifluoro-acetona (TTA)	$C_6H_4SCOCH_2COCF_3$	Útil para lantanídeos e actinídeos
8-Hidróxi-quinolina (oxina)	C_9H_6ON	Veja a Seção 11.3
Dimetil-glioxima	$C_4H_8O_2N_2$	Veja a Seção 11.3
1-Nitroso-2-naftol	$C_{10}H_7O_2N$	Para a extração de Co e Fe
Cupferron (sal de amônio da N-nitroso-N-fenil-hidroxilamina)	$C_6H_9O_2N_3$	Veja a Seção 11.3
Difenil-tiocarbazona (ditizona)	$C_6H_5N\!=\!NCSNHNHC_6H_5$	Reagente seletivo para Pb, Zn, Cd, Ag, Hg, Cu, Pd
Dietil-ditiocarbamato de sódio	$\{(C_2H_5)_2NCSS\}^-Na^+$	Reagente de extração de mais de 20 metais pesados
Pirrolidinoditiocarbamato de amônio (APDC)	$C_5H_2N_2S_2$	Para metais pesados que formam complexos solúveis em solventes orgânicos
Fosfato de tri-n-butila	$(n\text{-}C_4H_9)_3PO_4$	Particularmente útil para Fe, Ce, U, Tl
Óxido de tri-n-octilfosfina (TOPO)	$(n\text{-}C_8H_{17})_3PO$	Usado para U, Cr, Zr, Fe, Mo, Sn
Brometo de cetil-trimetilamônio (CTMB)	$CH_3(CH_2)_{15}N(CH_3)^+Br^-$	Age como surfactante para dar altas razões ligante-metal com muitos metais

122 Separação

por dupla extração, em pH entre 2 e 10. Em pH entre 2 e 2,5, níquel, cobalto, cério(III) e alumínio não interferem. O oxinato de ferro(III) é de cor escura em clorofórmio e absorve em 470 nm.

Procedimento Pese 0,0226 g de sulfato de amônio e ferro(III) hidratado e dissolva até 1 litro com água em balão volumétrico. 50,0 ml desta solução contêm 100 μg de ferro. Coloque 50,0 ml da solução em um funil de separação de 100 ml, adicione 10 ml de oxina (grau analítico) a 1% em clorofórmio e agite por um minuto. Separe a camada de clorofórmio. Transfira uma porção da camada orgânica para uma célula de absorção de 1,0 cm. Determine a absorbância em 470 nm usando o solvente como referência. Repita a extração com nova porção de 10 ml de solução de oxina a 1% em clorofórmio e meça a absorbância para confirmar que todo o ferro foi extraído. Repita o experimento utilizando 50,0 ml de solução de ferro(III) em presença de 100 μg de íon alumínio e 100 μg de íon níquel em pH 2,0. Meça a absorbância. Confirme que a separação foi eficaz.

Resultados típicos Absorbância após a primeira extração: 0,605. Após a segunda extração: 0,004. Na presença de 100 μg de Al e 100 μg de Ni: 0,602.

6.3.9 Determinação de chumbo pelo método da ditizona

Advertência Este experimento não é recomendado para principiantes ou para estudantes com pouca experiência em trabalhos analíticos

Discussão A difenil-tiocarbazona (ditizona) comporta-se em solução como uma mistura dos tautômeros [6.B] e [6.C]:

$$\underset{[6.B]}{HS-C\begin{cases} N-NHC_6H_5 \\ \\ N=NC_6H_5 \end{cases}} \rightleftharpoons \underset{[6.C]}{S=C\begin{cases} NH-NHC_6H_5 \\ \\ N=NC_6H_5 \end{cases}}$$

Ela funciona como um ácido monoprótico ($pK_a = 4,7$) até pH próximo de 12. O hidrogênio ácido é o do grupo tiol em [6.B].

Os ditizonatos metálicos primários são formados de acordo com a reação

$$M^{n+} + nH_2Dz \rightleftharpoons M(HDz)_n + nH^+$$

Em pH mais elevado ou quando a quantidade de reagente é insuficiente, alguns metais, especialmente cobre, prata, ouro, mercúrio, bismuto e paládio, formam um segundo complexo (que podemos chamar de ditizonatos secundários):

$$2M(HDz)_n \rightleftharpoons M_2Dz_n + nH_2Dz$$

Em geral, os ditizonatos primários são mais úteis do ponto de vista analítico do que os ditizonatos secundários. A ditizona é um sólido violeta escuro, insolúvel em água, porém solúvel em amônia diluída, clorofórmio e tetracloreto de carbono com os quais forma soluções verdes. É um excelente reagente para a determinação de pequenas quan-

tidades (microgramas) de muitos metais e pode ser seletivo, em alguns casos, mediante um dos seguintes procedimentos isolada ou combinadamente:

(a) Ajuste do pH da solução a ser extraída. Assim, prata, mercúrio, cobre e paládio (0,1–0,5 M), em meio ácido, podem ser separados de outros metais. Bismuto pode ser extraído em meio fracamente ácido. Chumbo e zinco podem ser extraídos em meio neutro ou ligeiramente básico. Cádmio pode ser extraído em meio fortemente básico contendo citrato ou tartarato.

(b) Adição de um agente complexante ou um agente de mascaramento, como, por exemplo, cianeto, tiocianato, tiossulfato ou EDTA.

Lembre-se de que a ditizona é um reagente muito sensível que é aplicado a quantidades de metais da ordem do micrograma. Somente ditizona de alto grau de pureza deve ser usada porque o reagente tende a se oxidar a difeniltiocarbadiazona, $S=C(N=NC_6H_5)_2$. Esse composto não reage com metais, é insolúvel em amônia e dissolve-se em solventes orgânicos para dar soluções amarelas ou marrons. Todos os reagentes utilizados em análises envolvendo a ditizona devem estar muito puros. Recomenda-se o uso de água deionizada e de ácidos redestilados. A solução de amônia deve ser recentemente preparada, borbulhando-se o gás amoníaco em água. Pode-se purificar as soluções fracamente básicas e neutras, livrando-as de metais pesados reativos, por extração com solução concentrada de ditizona em clorofórmio até obtenção de um extrato verde. Os frascos de vidro Pyrex devem ser lavados com ácido diluído antes do uso. Ensaios em branco devem sempre ser efetuados. Daremos um exemplo, apenas, do uso de ditizona na extração por solvente, de modo a ilustrar a técnica geral envolvida.

Procedimento Dissolva, em balão volumétrico, 0,0079 g de nitrato de chumbo em 1 litro de água. Coloque 10 ml desta solução (que contém cerca de 50 μg de chumbo) em um funil de separação de 250 ml e adicione 75 ml de uma mistura amônia-cianeto-sulfito (nota 1). Ajuste o pH da solução a 9,5 com um medidor de pH, adicionando ácido clorídrico cuidadosamente (**muita atenção nesta operação**). Adicione 7,5 ml de uma solução de ditizona 0,005% em clorofórmio (nota 2) e, em seguida, mais 17,5 ml de clorofórmio. Agite por 1 minuto e deixe que as fases se separem. Determine a absorbância em 510 nm contra um branco em célula de 1,0 cm. A extração subseqüente da mesma solução dá absorbância nula, indicando que ocorreu a extração completa do chumbo. Quase a mesma absorbância é obtida na presença de 100 μg de íons cobre e 100 μg de íons zinco.

Notas

1. Essa solução é preparada por diluição de 35 ml de uma solução de amônia concentrada (densidade 0,88 g·cm^{-3}) e 3,0 ml de uma solução de cianeto de potássio a 10% (muito cuidado) até 100 ml e dissolvendo na solução 0,15 g de sulfito de sódio.
2. Um mililitro dessa solução é equivalente a cerca de 20 μg de chumbo. A solução deve ser recentemente preparada com reagentes de grau analítico, retirados, idealmente, de um frasco ainda não aberto ou aberto recentemente.

6.4 Cristalização e precipitação

Ambas as técnicas serão abordadas no Cap. 11, já que são parte da rotina de manipulações de laboratório, porém vale a pena mencioná-las neste ponto porque às vezes passa despercebida sua utilidade como uma técnica de pré-concentração. A cristalização foi um dos primeiros métodos usados pelos químicos orgânicos para purificar compostos em seqüências de reação ou de síntese. Na maior parte dos casos, se as condições são escolhidas cuidadosamente, pode-se isolar com alta pureza um material cristalino a partir de soluções que contêm muitos outros componentes.

Embora não seja muito útil para o analista quando as concentrações de analito são baixas, a cristalização, ou o processo um pouco mais rústico chamado deslocamento com sal (*salting out*), por adição de um solvente orgânico à fase aquosa que contém o analito pode, às vezes, ser conveniente como primeira etapa de purificação. A precipitação, predominantemente de espécies inorgânicas, por adição de reagentes seletivos como H_2S ou pela modificação do pH, também permite ao analista a identificação e mesmo a quantificação de materiais existentes em concentrações muito pequenas em várias matrizes.

Infelizmente, a época da "análise esquemática qualitativa e quantitativa" já passou e muitos analistas têm um treinamento muito menos rigoroso nesta área do que seria desejável. Contudo, mesmo nos laboratórios modernos, onde os limites de detecção de metais e de ânions atingidos com o auxílio de instrumentação sofisticada podem, em muitos casos, chegar a $ng \cdot kg^{-1}$, freqüentemente vale a pena verificar se estes métodos e esquemas mais antigos, baseados em uma química simples, mas bem conhecida, podem ajudar a evitar complicações em uma das etapas de manipulação usadas antes da análise propriamente dita.

6.5 Separações por troca iônica

6.5.1 Introdução

Como os processos de troca iônica são muito empregados em separações em escalas maiores e em análises por cromatografia, descrevemos o processo neste texto com razoável profundidade. O termo "troca iônica" é geralmente entendido como a troca de íons de cargas de mesmo sinal entre uma solução e um material insolúvel em contato com ela. O sólido (trocador de íons) contém seus próprios íons e, do ponto de vista prático, para que a troca se processe com a rapidez necessária e de maneira extensiva, o sólido deve ter uma estrutura molecular aberta e permeável, de modo que os íons e as moléculas do solvente possam circular livremente pela estrutura.

Muitas substâncias naturais (como certas argilas) ou artificiais são capazes de troca iônica, porém, para o trabalho analítico, os trocadores de íons orgânicos sintéticos são os de maior interesse, embora alguns materiais inorgânicos, como o fosfato de zirconila e o 12-fosfomolibdato de amônio, também sejam úteis como trocadores de íons em aplicações especiais. Os trocadores de íons úteis em análise química têm várias propriedades em comum: eles são praticamente insolúveis em água e em solventes orgânicos e contêm íons ativos (ou contra-íons) capazes de troca reversível com outros íons em solução, sem que ocorra modificação física apreciável no material.

O trocador de íons é um polímero complexo cuja carga elétrica é exatamente neutralizada pelas cargas dos contra-íons. Esses íons são cátions em um trocador de cátions e ânions em um trocador de ânions. Assim, um **trocador de cátions** é um poliânion polimérico com cátions ativos e um **trocador de ânions** é um policátion polimérico com ânions ativos. Uma das resinas de troca catiônica mais extensivamente usada é obtida pela co-polimerização do estireno [6.D] com uma pequena proporção de divinil-benzeno [6.E], seguida de sulfonação. A estrutura da resina pode ser representada por [6.F]:

A fórmula permite a visualização da estrutura de uma resina trocadora de cátions típica. Ela consiste de um esqueleto polimérico rígido em conseqüência das ligações cruzadas que ocorrem entre várias cadeias do polímero. Os grupos de troca iônica estão ligados ao esqueleto. As propriedades físicas da resina dependem da quantidade de ligações cruzadas. A percentagem de ligações cruzadas não pode ser diretamente determinada na resina e exprime-se comumente como sendo o percentual molar do agente de formação de ligações cruzadas adicionado à mistura polimerizada. Assim, um "ácido poliestirenossulfônico, 5% de DVB" corresponde a uma resina que contém nominalmente 1 mol em 20 de divinil-benzeno. O verdadeiro grau de ligações cruzadas é provavelmente diferente do valor nominal, mas o valor nominal é útil na classificação das resinas. As resinas com alto grau de ligações cruzadas são geralmente mais quebradiças, mais duras e menos permeáveis do que as resinas com baixo grau de ligações cruzadas. A preferência de uma resina por um determinado íon é influenciada pelo grau de ligações cruzadas. Os grânulos de resina sólida incham em contato com água para dar uma estrutura de gel e o inchamento é limitado pelas ligações cruzadas.

No exemplo mencionado anteriormente, as unidades de divinil-benzeno "soldam" as cadeias de poliestireno evitando que elas inchem indefinidamente e se dispersem pela solução. A estrutura resultante é uma vasta rede, semelhante a uma esponja com grupos sulfonatos com carga negativa firmemente ligados à estrutura. Essas cargas negativas fixas são equilibradas por um número equivalente de cátions: íons hidrogênio na resina protonada, íons sódio na resina de sódio etc. Os contra-íons movem-se livremente nos poros preenchidos pela água e, por isso, são, às vezes, denominados íons móveis. São estes os íons "ativos", permutáveis por outros íons.

Quando uma resina trocadora de cátions com íons móveis C^+ entra em contato com uma solução que contém cátions B^+, estes últimos difundem-se pela estrutura da resina ocupando as posições dos cátions C^+ que, por sua vez, se difundem para a solução até que o equilíbrio seja atingido. Assim, a resina e a solução contêm os cátions C^+ e B^+ em proporções que dependem da posição de equilíbrio. Um mecanismo semelhante opera no caso de uma resina trocadora de ânions.

Os trocadores de ânions são também polímeros de alto peso molecular com ligações cruzadas. O caráter básico decorre da presença de grupos amino, grupos amino substituídos ou grupos amônio substituídos. Os polímeros que contêm grupos amônio substituídos são bases fortes. Os que contêm grupos amino ou grupos amino substituídos são bases fracas. Uma das resinas trocadoras de ânions mais usada é preparada pela co-polimerização de estireno com um pouco de divinil-benzeno, seguida por cloro-metilação (introdução do grupo —CH_2Cl na posição *para* livre) e reação com uma base como a trimetilamina. A estrutura [6.G] mostra a estrutura hipotética de uma resina de troca de ânions derivada de poliestireno.

[6.G]

Uma resina útil deve satisfazer quatro requisitos fundamentais:

1. A resina deve ter um grau de ligações cruzadas suficiente para que sua solubilidade seja desprezível.
2. A resina deve ser suficientemente hidrofílica para permitir a difusão de íons pela estrutura em uma velocidade finita e razoável na prática.
3. A resina deve ter um número suficiente de grupos de troca de íons acessíveis e deve ser quimicamente estável.
4. A resina, quando inchada, deve ser mais densa do que a água.

Técnicas relativamente recentes de polimerização levam a resinas de troca de íons com ligações cruzadas cuja estrutura é verdadeiramente macroporosa e bastante diferente da estrutura dos géis homogêneos convencionais que descrevemos. Um diâmetro médio de poros de 130 nm não é raro e a introdução destas resinas **macrorreticulares** (por exemplo, as resinas Amberlite desenvolvidas pela Rohm & Haas) alargou o campo de aplicação prática da técnica de troca iônica. Com efeito, o maior tamanho de poros permite a remoção mais completa dos íons de alto peso molecular do que no caso das resinas do tipo gel. As resinas macroporosas são também adequadas para a troca iônica em meios não aquosos. Uma revisão das propriedades destas resinas macroporosas foi publicada recentemente [8].

Novos tipos de resinas de troca iônica também foram desenvolvidos para atender as necessidades específicas da cromatografia líquida de alta eficiência (HPLC). Elas incluem as resinas peliculares e o empacotamento com micropartículas (por exemplo, as resinas do tipo Aminex produzidas pela Bio-Rad). A Tabela 6.4 lista algumas resinas de troca iônica comercialmente disponíveis. Estas resinas, produzidas por diferentes fabricantes, são comumente intercambiáveis e resinas semelhantes comportam-se normalmente de maneira parecida. Uma lista abrangente das resinas de troca iônica e suas propriedades pode ser obtida com os principais fornecedores.

Em HPLC são usadas colunas empacotadas com trocadores de íons à base de sílica. Sua preparação é semelhante à dos empacotamentos com fase ligada. Os grupos de troca iônica são introduzidos subseqüentemente no esqueleto orgânico. O pequeno tamanho das partículas (10 a 15 μm de diâmetro) e a distribuição estreita levam à maior eficiência da coluna. Aplicações típicas incluem a análise com alta resolução de amino-ácidos, peptídeos, proteínas, nucleotídeos etc. Os recheios à base de sílica são preferidos quando a eficiência da coluna é o critério principal, mas

Tabela 6.4 *Comparação de materiais de troca iônica*

Tipo	Duolite	Rohm e Haas	Dow Chemical	Bio-Rad Labs	Faixa de pH
Trocadores de cátions fortemente ácidos	Duolite C20 Duolite C255 Duolite C26S[a]	Amberlite IR-120 Amberlite IRC-200[a] AMB 200	Dowex 50WX	AG50W AGMP-50[a]	0-14
Trocadores de cátions fracamente ácidos	Duolite C433 Duolite C464[a]	Amberlite IRC-84 Amberlite IRC-50[a]		Bio-Rex 70[a]	5-14
Trocadores de ânions fortemente básicos	Duolite A113 Duolite A116 Duolite A162[a]	Amberlite IRA-400 Amberlite IRA-938[a] Amberlite IRA-900[a]	Dowex 1X Dowex 2	AGI AGMP-1[a]	0-14
Trocadores de ânions fracamente básicos	Duolite A303 Duolite A1378[a]	Amberlite IRA-67 Amberlite IRA-68 Amberlite 93[a]	Dowex 3	AG4-X4A	0-9
Resinas de quelação	Duolite ES466[a]	Amberlite 718[a]		AG501-X8 Chelex 100	Depende dos íons envolvidos
Leito misto	Duolite MB6113	MB1		Biorex MSZ 501	

[a]Resinas macroporosas/macrorreticuladas.

os recheios de resina microparticulada devem ser empregados quando a capacidade é o requisito principal.

Ação das resinas de troca iônica

Os cátions livres das resinas trocadoras de cátions podem ser permutados com os cátions que estão em solução (sol). Representaremos as resinas por $(Res.A^-)B^+$, em que Res. é o esqueleto polimérico da resina, A^- é o ânion ligado à estrutura polimérica e B^+ é o cátion móvel. Assim, uma resina poliestireno sulfonada na forma protonada será escrita como $(Res.SO_3^-)H^+$. Uma nomenclatura semelhante será empregada para as resinas de troca aniônica, por exemplo $(Res.NMe_3^+)Cl^-$. Assim, o equilíbrio para uma resina trocadora de cátions é representado por

$$(Res.A^-)B^+ + C^+ (sol) \rightleftharpoons (Res.A^-)C^+ + B^+ (sol)$$

Quando o equilíbrio estiver completamente deslocado para a direita, todos os cátions C^+ estarão fixados na resina trocadora de cátions. Se a solução contiver diversos cátions (C^+, D^+, E^+ etc.), a resina poderá ter diferentes afinidades para cada um deles. Isto permite a separação entre os cátions. Um exemplo típico é o deslocamento dos íons sódio de uma resina sulfonada por íons cálcio:

$$2(Res.SO_3^-)Na^+ + Ca^{2+} (sol) \rightleftharpoons (Res.SO_3^-)_2 Ca^{2+} + 2Na^+ (sol)$$

A reação é reversível. Pode-se passar uma solução contendo íons sódio através do material e remover os íons cálcio, regenerando assim a resina na forma original. Quando se passa uma solução de um sal (neutro) através de uma resina sulfônica na forma protonada, libera-se uma quantidade equivalente do ácido correspondente. Tipicamente

$$(Res.SO_3^-)H^+ + Na^+Cl^- (sol) \rightleftharpoons (Res.SO_3^-)Na^+ + H^+Cl^- (sol)$$

No caso das resinas trocadoras de cátions fortemente ácidas, como as resinas de ácido poliestirenossulfônico reticulado, a capacidade de troca é virtualmente independente do pH da solução. No caso das resinas trocadoras de cátions fracamente ácidas, como as que contêm o grupo carboxilato, a ionização só ocorre de maneira apreciável em solução alcalina, isto é, com a resina na forma de sal. Conseqüentemente, as resinas trocadoras carboxílicas têm muito pouca ação em soluções com pH abaixo de 7. Estas resinas na forma protonada absorverão bases fortes da solução:

$$(Res.COO^-)H^+ + Na^+OH^- (sol) \rightleftharpoons (Res.COO^-)Na^+ + H_2O$$

mas terão pouca ação sobre, digamos, cloreto de sódio. A hidrólise da resina na forma de sal ocorre de modo que a base pode não ser completamente absorvida mesmo na presença de excesso de resina.

As resinas trocadoras de ânions fortemente básicas como, por exemplo, as resinas de poliestireno reticulado com grupamentos amônio quaternário, estão muito ionizadas tanto na forma de hidróxido como na forma de sal. Estas resinas são semelhantes às resinas trocadoras de cátions sulfonadas no que diz respeito à atividade e sua ação é praticamente independente do pH. As resinas de troca iônica fracamente básicas têm poucos grupamentos hidróxido em solução básica. O equilíbrio

$$(Res.NMe_2) + H_2O \rightleftharpoons (Res.NHMe_2)^+OH^-$$

se desloca fortemente para a esquerda e a resina está praticamente na forma amina. Em outras palavras, em soluções alcalinas a base livre $(Res.NHMe_2)^+OH^-$ se ioniza muito pouco. Em soluções ácidas, no entanto, elas se comportam como as resinas de troca iônica fortemente básicas, produzindo o sal, fortemente ionizado:

$$(Res.NMe_2) + H^+Cl^- \rightleftharpoons (Res.NHMe_2^+)Cl^-$$

Estas resinas podem ser usadas em solução ácida para a troca de ânions, por exemplo:

$$(Res.NHMe_2^+)Cl^- + NO_3^- (sol) \rightleftharpoons (Res.NHMe_2^+)NO_3^- + Cl^- (sol)$$

As resinas básicas na forma de sal são facilmente regeneradas com álcali.

Equilíbrios de troca iônica

O processo de troca iônica que envolve a substituição dos íons móveis A da resina por íons de mesma carga B da solução pode ser escrito como

$$A_r + B_s \rightleftharpoons B_r + A_s$$

O processo é reversível e para íons de mesma carga o coeficiente de seletividade K é definido como

$$K_A^B = \frac{[B]_r[A]_s}{[A]_r[B]_s}$$

em que os termos entre colchetes representam as concentrações dos íons A e B na resina e na solução. Os valores dos coeficientes de seletividade são obtidos experimentalmente e são um bom guia para as afinidades relativas dos íons em relação a uma resina em particular. Assim, se $K_A^B > 1$ a resina mostra preferência pelo íon B, enquanto se $K_A^B < 1$ a preferência é pelo íon A. Isto se aplica às resinas trocadoras de cátions e às trocadoras de ânions.

A Tabela 6.5 resume, para íons de carga unitária, as seletividades relativas de resinas de poliestireno fortemente ácidas e fortemente básicas contendo cerca de 8% de DVB. Observe que as seletividades relativas para certos íons podem variar com o aumento do número de ligações cruzadas da resina. Assim, por exemplo, para uma resina com 10% de DVB, os valores das seletividades relativas para os íons Li^+ e Cs^+ são 1,00 e 4,15, respectivamente.

A absorção preferencial de um íon sobre outro é de importância fundamental porque ela determina a facilidade com que a resina separa duas ou mais substâncias que formam íons com a mesma carga e também a facilidade com que os íons podem ser removidos posteriormente da resina:

(a) Em baixas concentrações em água e em temperaturas normais, a extensão da troca aumenta com a carga do íon que está sendo trocado:

$$Na^+ < Ca^{2+} < Al^{3+} < Th^{4+}$$

(b) Em condições semelhantes e mesma carga, para íons de carga unitária, a extensão da troca aumenta com a diminuição do tamanho do cátion hidratado:

$$Li^+ < H^+ < Na^+ < NH_4^+ < K^+ < Rb^+ < Cs^+$$

enquanto para íons de carga dupla, embora o tamanho iônico seja um fator relevante, deve-se levar em conta a dissociação incompleta dos sais:

$$Cd^{2+} < Be^{2+} < Mn^{2+} < Mg^{2+} = Zn^{2+} < Cu^{2+}$$
$$= Ni^{2+} < Co^{2+} < Ca^{2+} < Sr^{2+} < Pb^{2+} < Ba^{2+}$$

126 Separação

Tabela 6.5 *Seletividades relativas da resina poliestireno — 8% DVB para íons de carga unitária*

Cátion	Seletividade relativa	Ânion	Seletividade relativa
Li^+	1,00	F^-	0,09
H^+	1,26	OH^-	0,09
Na^+	1,88	Cl^-	1,00
NH_4^+	2,22	Br^-	2,80
K^+	2,63	NO_3^-	3,80
Rb^+	2,89	I^-	8,70
Cs^+	2,91	ClO_4^-	10,0

(c) No caso de resinas trocadoras de ânions fortemente básicas, a extensão da troca dos ânions de carga unitária varia com o tamanho do íon hidratado, como no caso dos cátions. Em soluções diluídas, os ânions polivalentes geralmente são absorvidos preferencialmente.

(d) Quando um cátion em solução estiver sendo trocado por um íon de carga diferente, a afinidade relativa do íon de maior carga cresce na razão direta da diluição.

Assim, a troca de um íon de carga elevada que está na resina trocadora por outro íon de carga menor que está em solução será favorecida pelo aumento da concentração. Se o íon de menor carga estiver na resina trocadora e o íon de maior carga em solução, a troca será favorecida pela diluição.

A absorção de íons depende da natureza dos grupos funcionais da resina. Usamos o termo "absorção" sempre que íons ou outros solutos são retidos pelo trocador de íons. Seu uso não envolve qualquer hipótese sobre as forças responsáveis pela retenção. A absorção também depende do grau de reticulação: se o grau de reticulação aumenta, as resinas tornam-se mais seletivas para íons de tamanhos diferentes (admite-se que o volume do íon inclui a água de hidratação) e o íon hidratado de menor volume normalmente é absorvido de preferência.

Troca de íons orgânicos

Apesar de os princípios descritos anteriormente se aplicarem também na troca de íons orgânicos, outros aspectos devem ser levados em consideração:

1. O tamanho dos íons orgânicos varia muito mais do que o dos íons inorgânicos. Os íons orgânicos chegam a ser cem ou até mesmo mil vezes maiores do que o tamanho médio dos íons inorgânicos.
2. Muitos compostos orgânicos são pouco solúveis em água, de modo que a troca iônica em meio não aquoso é importante nas operações com substâncias orgânicas.

Claramente, o uso das resinas de troca iônica macrorreticuladas (macroporosas) é freqüentemente vantajoso na separação de espécies orgânicas.

Capacidade de troca iônica

A capacidade de troca iônica total de uma resina depende do número total de grupos com íons ativos por unidade de peso do material. Quanto maior for o número de íons, maior será a capacidade. **A capacidade total de troca iônica** é normalmente expressa em milimoles por grama de resina

trocadora. A capacidade das resinas trocadoras de íons fracamente ácidas e fracamente básicas é função do pH. As resinas fracamente ácidas atingem valores moderadamente constantes em pH $> \sim 9$ e as resinas fracamente básicas em pH $< \sim 5$. Alguns valores de capacidade de troca total, expressos em $mmol \cdot g^{-1}$ de resina seca, de algumas resinas típicas são: Amberlite IR-120 (forma Na^+) = 4,4; Amberlite IRC-50 (forma H^+) = 10,0; Duolite A113 (forma Cl^-) = 4,0; Amberlite IRA-67 = 5,6. A capacidade total de troca expressa em $mmol \cdot ml^{-1}$ da resina úmida reduz-se para cerca de um terço à metade destes valores. Estes números são úteis como uma estimativa aproximada das quantidades de resina requeridas em uma determinação. Deve-se utilizar um excesso de resina porque freqüentemente ela sofre saturação em concentrações de íons bem menores do que a capacidade total da resina. Na maior parte dos casos, um excesso de 100% é satisfatório.

A capacidade de uma resina trocadora de cátions pode ser medida no laboratório através da determinação do número de milimoles de íons sódio absorvidos por 1 g da resina seca na forma protonada. A capacidade de uma resina trocadora de ânions fortemente básica é avaliada medindo-se a quantidade de íons cloreto retida por 1 g de resina seca na forma de hidróxido. Note que os íons de maior diâmetro podem não ser absorvidos por uma resina com grau médio de ligações cruzadas, o que faz com que sua capacidade efetiva seja seriamente reduzida. Para íons maiores, deve-se usar uma resina com poros maiores.

6.5.2 Mudança da forma iônica

As resinas trocadoras de cátions fortemente ácidas (resinas de poliestireno-ácido sulfônico), como Duolite C255 e Amberlite IR-120, são normalmente comercializadas na forma de íon sódio. Para convertê-las à forma protonada (também disponível comercialmente), elas são tratadas com ácido clorídrico 2 M ou a 10%. A operação é simples e os fornecedores normalmente dão os detalhes experimentais completos.

As resinas trocadoras de cátions fracamente ácidas, por exemplo, as resinas de ácido polimetilacrílico, como Duolite C433 e Amberlite IRC-50, são normalmente fornecidas na forma protonada. Quando necessário, elas são facilmente convertidas à forma de íon sódio por tratamento com hidróxido de sódio 1 M. Ocorre usualmente um aumento de volume de 80 a 100%. O inchamento é reversível e aparentemente não causa danos à estrutura do grão. A forma protonada existe abaixo de pH 3,5 quase que inteiramente na forma de ácido carboxílico fracamente ionizado. A troca com íons metálicos só ocorre em solução quando eles estiverem associados a ânions de ácidos fracos, isto é, em pH $> \sim 4$. A regeneração da resina esgotada é mais fácil do que a das resinas trocadoras fortemente ácidas. Normalmente, é suficiente usar um volume de ácido clorídrico 1 M cerca de 1,5 vez o volume total da resina.

As resinas trocadoras de ânions fortemente básicas (resinas de poliestireno com grupos amônio quaternário), como Duolite A113 e Amberlite IRA-400, são normalmente fornecidas na forma de cloreto. Usa-se hidróxido de sódio para conversão à forma hidróxido. O volume necessário depende da extensão da conversão desejada, mas o dobro do volume da resina é geralmente satisfatório. A lavagem da resina para eliminar o álcali deve ser feita com água deionizada livre de dióxido de carbono. Isto evita a conversão da resina à forma carbonato. Cerca de 2 litros de água deionizada são suficientes para 100 g de resina. Ocorre aumento de cerca de 20% do volume durante a conversão da resina da forma cloreto para a forma hidróxido. As resinas trocadoras de ânions fracamente básicas (resinas de poliestireno com aminas terciárias), como Duolite A303 e Amberlite IRA-67, são normalmente fornecidas na forma de hidróxido. A forma de sal pode ser preparada tratando-se a resina com um ácido apropriado (por exemplo, ácido clorídrico 1 M), seguido de lavagem com água para remover o excesso.

6.5.3 Técnicas experimentais

A aparelhagem mais simples para a troca iônica é uma bureta com um tampão de lã de vidro ou um disco de vidro sinterizado (de porosidade 0 ou 1) na parte inferior. A Fig. 6.4(a) mostra outra coluna simples. Aqui também a resina é suportada por um tampão de lã de vidro ou um disco de vidro sinterizado. Costuma-se colocar um chumaço de lã de vidro no topo do leito de resina e adicionar o eluente por um funil com torneira colocado acima da coluna. O sifão de extravasamento, ligado à coluna por meio de um pequeno tubo de PVC, assegura que o nível do líquido fique acima do topo do leito da resina, o que faz com que a resina fique sempre totalmente imersa no eluente. A razão entre a altura da coluna e o diâmetro não é crítica, mas costuma estar na faixa 10:1 a 20:1. A Fig. 6.4(b) mostra um outro desenho de coluna (fora de escala). Um comprimento conveniente é de 30 cm, com diâmetro interno da parte inferior de cerca de 10 mm e da parte superior de cerca de 25 mm. Uma coluna comercialmente disponível com juntas de vidro esmerilhado é ilustrada na Fig. 6.4(c).

As partículas de uma resina de troca iônica devem ter diâmetro pequeno para garantir uma grande área de contato, porém diâmetros muito pequenos levam a velocidades de escoamento muito baixas. Para o trabalho habitual de laboratório, a granulometria de 50-100 mesh ou de 100-200 mesh é satisfatória. O diâmetro médio dos grãos da resina deve ser sempre inferior a um décimo do diâmetro da coluna. As resinas com grau médio ou elevado de ligações cruzadas raramente mostram alterações de volume e somente sob grandes variações de força iônica. As resinas de baixa reticulação podem mudar apreciavelmente de volume, mesmo quando a variação da força iônica é pequena. A deformação dos grãos pode levar à formação de canais e ao bloqueio da coluna. Por isso, estas resinas têm uso limitado. Para a separação satisfatória é essencial que as soluções passem através da coluna de maneira uniforme.

As partículas de resina devem ser empacotadas uniformemente na coluna. Assim, o leito da resina deve estar livre de bolhas de ar para que não haja formação de canais. A preparação de uma boa coluna empacotada depende de uma resina com distribuição estreita de tamanhos. As resinas de troca iônica incham se o sólido seco for imerso na água. Portanto, não se deve tentar montar uma coluna introduzindo a resina seca no tubo para depois adicionar a água porque a expansão dos grãos provavelmente causará a rachadura da coluna. A resina deve ser agitada com água em um bécher por vários minutos com remoção das partículas finas por decantação. A suspensão de resina é, en-

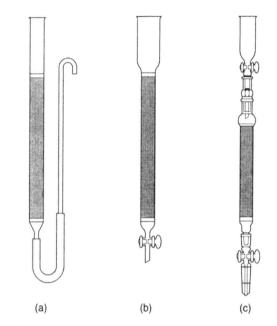

Fig. 6.4 Colunas típicas usadas na cromatografia com troca iônica em baixa pressão

tão, transferida em porções para a coluna previamente cheia de água. Pode-se prevenir a formação de bolhas de ar batendo suavemente no tubo. Para assegurar a remoção das bolhas de ar que fiquem retidas e das partículas finas que ainda restarem e, ainda, assegurar a distribuição homogênea dos grãos da resina, é aconselhável lavar a coluna de resina em contracorrente antes do uso, usando água destilada ou deionizada de boa qualidade. A corrente de água é passada através do leito, de baixo para cima, com vazão suficiente para soltar e suspender os grãos da resina. A parte superior alargada do tubo, mostrada nas Figs. 6.4(b) e (c), tem como propósito conter a suspensão da resina durante a lavagem.

Quando se usa um tubo de diâmetro uniforme, deve-se ajustar o volume de resina utilizado ou então inserir, por meio de uma rolha de borracha, um tubo de vidro no topo da coluna que mergulha em um frasco de filtração aberto com um braço lateral, que atua como extravasador e é ligado por um tubo de borracha ao depósito de rejeitos. Quando a água de lavagem estiver límpida, interrompe-se o fluxo de água e deixa-se a resina depositar no tubo. O excesso de água é drenado, tomando-se o cuidado de manter o nível da água acima da superfície da resina para evitar a formação de canais que levam ao contato incompleto entre a resina e as soluções usadas nas operações subseqüentes. A aparelhagem da Fig. 6.4(a), com uma saída lateral, impede a resina de secar mesmo após longos períodos sem uso, porque a saída situa-se acima do nível da superfície da resina.

As resinas de troca iônica padronizadas, tal como recebidas dos fabricantes, podem conter íons indesejáveis e, algumas vezes, traços de intermediários solúveis em água ou de material incompletamente polimerizado, que devem ser removidos por lavagem antes do uso. O melhor procedimento é passar pela coluna, alternadamente, ácido clorídrico 2 M e hidróxido de sódio 2 M, rinçando com água destilada entre as aplicações. Ao final, lava-se com água até que o eluente esteja neutro e livre de sais. Resinas de troca iônica de grau analítico e de grau cromatográfico submetidas previamente a este tratamento são disponíveis comercialmente. Para o trabalho analítico, é recomendável o uso de uma resina de grau analítico ou cromatográfico com partículas entre 100 e 200 mesh. Para o trabalho dos alunos, pode-se empregar resinas padronizadas com tamanho de partícula 50–100 ou 15–50 mesh. São mais baratas e geralmente satisfatórias. As resinas padronizadas devem, contudo, ser testadas e ajustadas antes do uso.

As resinas trocadoras de cátions devem ser colocadas em um bécher contendo ácido clorídrico 2 M (o dobro do volume da resina, aproximadamente) durante 30 a 60 minutos, com agitação ocasional. As partículas finas são removidas por decantação ou por retrolavagem da coluna com água destilada ou deionizada até que o líquido sobrenadante esteja claro. As resinas trocadoras de ânions podem ser lavadas com água em um bécher até que a coloração do líquido de lavagem esteja pouco intensa. Após a lavagem inicial a resina é transferida para uma coluna de vidro de grande diâmetro, lavando-se novamente, com alternância de ácido clorídrico 1 M e álcali 1 M. Usa-se hidróxido de sódio para as resinas fortemente básicas e hidróxido de amônio (preferencialmente) ou carbonato de sódio para as resinas fracamente básicas. O tratamento final de todas as resinas é feito com uma solução que leve a resina à forma iônica desejada.

Uma bureta de 50 ou 100 ml com um tampão de lã de vidro Pyrex ou um disco de vidro sinterizado na parte inferior pode ser utilizada nas determinações descritas a seguir. Para o trabalho prático dos alunos, a coluna com braço lateral (Fig. 6.4(a)) é igualmente conveniente. As referências serão feitas às resinas Amberlite. Resinas Duolite equivalentes ou outras resinas (Tabela 6.4) podem também ser usadas.

6.5.4 Separação de zinco e magnésio com uma resina trocadora de ânions

Teoria Devido à formação de complexos de cloro com carga negativa, vários íons metálicos (por exemplo, Fe, Al, Zn, Co, Mn) podem ser absorvidos por resinas trocadoras de ânions durante o tratamento com soluções de ácido clorídrico. Cada um destes metais é absorvido em uma faixa de pH bem definida e esta propriedade pode servir de base para um método de separação. O zinco é absorvido de soluções ácidas 2 M, o que não acontece com o magnésio (e o alumínio). Assim, a separação é obtida pela passagem da mistura de zinco e magnésio por uma coluna de resina trocadora de ânions. O zinco é posteriormente eluído com ácido nítrico diluído.

Procedimento Prepare uma coluna de resina trocadora de ânions usando cerca de 15 g de Amberlite IRA-400 na forma de cloreto. A coluna deve ser preparada com ácido clorídrico 2 M. Prepare soluções-padrão separadas de íons zinco (cerca de 2,5 mg·ml^{-1}) e íons magnésio (cerca de 1,5 mg·ml^{-1}), dissolvendo quantidades exatamente pesadas de aparas de zinco e magnésio em ácido clorídrico 2 M, e diluindo cada uma delas até um volume de 250 ml em balão volumétrico. Pipete 10,0 ml da solução de íons zinco e 10,0 ml da solução de íons magnésio transferindo-as para um pequeno funil de separação colocado sobre o topo da coluna de troca iônica e misture as soluções. Deixe a mistura

percolar a coluna com uma vazão de cerca de 5 ml·min^{-1}. Lave o funil e a coluna com 50 ml de ácido clorídrico 2 M, não permitindo que o nível de líquido fique abaixo do topo da coluna de resina. Colete todo o eluente em um erlenmeyer. Ele contém todo o magnésio. Troque o frasco receptor. Extraia o zinco com 30 ml de água, seguidos de 80 ml de ácido nítrico aproximadamente 0,25 M.

Determine o magnésio e o zinco assim separados por neutralização com solução de hidróxido de sódio, seguida por titulação com uma solução-padrão de EDTA tamponada em pH = 10, empregando negro de solocromo como indicador. Os seguintes resultados foram encontrados num experimento típico:

Zn   tomado = 25,62 mg   encontrado = 25,60 mg

Mg   tomado = 14,95 mg   encontrado = 14,89 mg

O magnésio pode ser convenientemente determinado por espectroscopia de absorção atômica (EAA) caso uma quantidade menor (cerca de 4 mg) for usada para a separação. Colete o eluente contendo magnésio em um balão volumétrico de 1 litro, complete o volume com água deionizada e aspire a solução para a chama de um espectrômetro de absorção atômica. Calibre o instrumento com soluções-padrão de magnésio cobrindo a faixa 2–8 μg·g^{-1} (ppm).

6.5.5 Separação de cloreto e brometo com uma resina trocadora de ânions

Teoria A resina de troca de ânions, originalmente na forma de cloreto, é convertida à forma de nitrato por lavagem com solução de nitrato de sódio. Uma solução concentrada contendo cloreto e brometo é introduzida no topo da coluna. Os íons halogeneto permutam-se rapidamente com os íons nitrato da resina e formam uma banda no topo da coluna. A separação é possível porque a solução de nitrato de sódio elui mais rapidamente os íons cloreto da banda do que os íons brometo. O progresso da eluição dos halogenetos é monitorado pela titulação das frações do eluente com solução-padrão de nitrato de prata.

Procedimento Prepare uma coluna de troca aniônica com cerca de 40 g de Amberlite IRA-400 (na forma de cloreto). O tubo de troca iônica deve ter cerca de 16 cm de comprimento e 12 mm de diâmetro interno. Lave a coluna com nitrato de sódio 0,6 M até que o eluente não contenha íons cloreto (teste com nitrato de prata) e depois lave com 50 ml de nitrato de sódio 0,3 M. Pese rigorosamente cerca de 0,10 g de cloreto de sódio (grau analítico) e cerca de 0,20 g de brometo de potássio, dissolva a mistura em cerca de 2,0 ml de água e transfira-a quantitativamente para o topo da coluna com o auxílio de nitrato de sódio 0,3 M. Passe a solução de nitrato de sódio 0,3 M pela coluna usando uma vazão de cerca de 1 ml·min^{-1} e colete o eluente em frações de 10 ml. Transfira cada fração para um erlenmeyer, dilua com igual volume de água, adicione 2 gotas de solução de cromato de potássio 0,2 M e titule com solução-padrão de nitrato de prata 0,02 M.

Antes de começar a eluição, titule 10,0 ml da solução de nitrato de sódio 0,3 M com a solução-padrão de nitrato de prata e conserve o produto desta titulação como um branco para ser usado na comparação com a cor obtida na titulação dos eluatos. Quando o título do eluato for quase zero (isto é, for quase idêntico ao título do branco) — cerca de 150 ml de eluente — elua a coluna com nitrato de sódio 0,6 M. Titule como antes, até que nenhum brometo seja detectado (volume de líquido titulante quase nulo). Uma nova titulação do branco deve ser feita com 10,0 ml de nitrato de sódio 0,6 M.

Faça um gráfico do eluente total coletado contra a concentração do halogeneto em cada fração (mmol·l^{-1}). A soma dos volumes de titulação, com nitrato de sódio 0,3 M como eluente (menos o branco para cada titulação) corresponde ao cloreto, e o resultado obtido com nitrato de sódio 0,6 M corresponde à recuperação do brometo. Um experimento típico daria os seguintes resultados:

Peso de cloreto de sódio utilizado	= 0,1012 g	equivalente a 61,37 mg Cl$^-$
Peso de brometo de potássio utilizado	= 0,1934 g	equivalente a 129,87 mg Br$^-$
Concentração da solução de nitrato de prata	= 0,01936 M	
Título total de Cl$^-$ (menos os brancos)	= 89,54 mL	equivalente a 61,47 mg
Título total de Br$^-$ (menos os brancos)	= 83,65 mL	equivalente a 129,4 mg

6.5.6 Determinação da concentração total de cátions em água

Teoria O procedimento seguinte é conveniente para a determinação rápida dos cátions totais existentes em água. O procedimento se aplica à análise da água de plantas industriais em que o processo da troca iônica é usado, mas pode ser também adaptado para qualquer amostra, inclusive a água de consumo doméstico. Quando água contendo íons dissolvidos passa por uma coluna trocadora de cátions na forma protonada, todos os cátions são removidos e substituídos por íons hidrogênio. A alcalinidade da água é removida e os sais neutros da solução se convertem nos ácidos minerais correspondentes. Titula-se o eluente com hidróxido de sódio 0,02 M com alaranjado de metila como indicador.

Procedimento Prepare uma coluna de 25 a 30 cm de comprimento com Amberlite IR-120 em um tubo de cromatografia com diâmetro interno 14 a 16 mm. Passe 250 ml de ácido clorídrico 2 M pela coluna por cerca de 30 minutos. Rince com água destilada até que o eluente fique alcalino em relação ao indicador alaranjado de metila ou até que uma porção de 10 ml do eluente dê reação alcalina frente ao indicador azul de bromotimol com menos de uma gota de NaOH 0,02 M. A resina está agora pronta para o uso. O nível da água nunca deve ficar abaixo do nível superior da resina. Passe 50,0 ml da amostra de água a ser analisada pela coluna com vazão de 3 a 4 ml·min^{-1} e descarte o eluente. Passe, a seguir, mais duas porções de 100 ml pela coluna com a mesma vazão, colete separadamente os eluentes e titule cada um deles com uma solução-padrão de hidróxido de sódio 0,02 M usando alaranjado de metila como indicador. Após completar a determinação, passe 100 a 150 ml de água destilada através da coluna.

A partir dos resultados da titulação, calcule o número de milimoles de cálcio presentes na água. O valor pode ser expresso, se desejado, como a acidez mineral equivalente (*equivalent mineral acidity* — EMA) em termos de miligramas de $CaCO_3$ por litro de água, (isto é, $\mu g \cdot g^{-1}$ ou ppm de $CaCO_3$). Em geral, se o título for expresso como A ml de hidróxido de sódio de molaridade B para uma alíquota de volume V ml, a acidez mineral equivalente será dada por

$$\left(\frac{AB}{V} \right) \times 50 \times 1000$$

Amostras comerciais de água são freqüentemente alcalinas devido à presença de bicarbonatos, carbonatos ou hidróxidos. A alcalinidade é determinada titulando-se 100,0 ml da amostra com ácido clorídrico 0,02 M usando alaranjado de metila como indicador (ou em pH 3,8). Para obter o conteúdo total de cátions em termos de $CaCO_3$, a alcalinidade total em relação ao alaranjado de metila deve ser adicionada à acidez mineral equivalente.

6.6 Diálise e liofilização

Até bem pouco tempo estas duas técnicas eram raramente empregadas pelos químicos, embora fossem muito usadas pelos bioquímicos e biólogos. Como, entretanto, as fronteiras tradicionais entre estas áreas da ciência são cada vez menos claramente definidas, existem muitos problemas gerados na área biológica que requerem soluções analíticas. A liofilização é o processo de remoção, pela aplicação de vácuo, de água de uma amostra congelada. É também conhecida como secagem por congelamento, embora este termo seja bem menos preciso. A técnica pode ser extremamente útil na remoção de água de espécies inorgânicas e orgânicas quando o analito não é apreciavelmente volátil nas condições de trabalho. Aparelhagens semi-automáticas foram desenvolvidas, principalmente para aplicações biológicas, que podem trabalhar com volumes de até 1000 ml por amostra.

Como a água é removida em temperaturas moderadamente baixas, espera-se que a amostra seja menos alterada do que nas destilações convencionais e, como a operação é feita no vácuo, com menor contaminação. A matriz remanescente ao final do processo, que comumente se resume a uma pequena porção de pó seco, é geralmente bastante estável e, por isso, a técnica é conveniente para processar amostras que não podem ser analisadas imediatamente. Na análise de materiais orgânicos de baixo peso molecular, é, entretanto, aconselhável verificar se o material não foi perdido durante o tratamento com vácuo.

A diálise é outra técnica mais familiar para o biólogo do que para o químico. Uma membrana semipermeável (acetato de celulose ou material semelhante com poros de diâmetro de 1 a 5 nm) é normalmente colocada entre duas soluções contendo concentrações diferentes de íons metálicos em água. Após um certo período de tempo, que pode chegar até a 48 horas, as espécies **pequenas** (íons) passam pela membrana para igualar as concentrações. Em aplicações biológicas, uma das fases contém espécies iônicas e biomoléculas grandes e a outra é água pura. O equilíbrio que se estabelece reduz efetivamente a concentração de íons na primeira fase sem perdas ou alterações substanciais nas moléculas grandes, normalmente proteínas. Este é o processo usado na dessalinização de soluções de proteínas.

Todavia, como muitos colóides têm, também, partículas com cerca de 1 a 5 nm de diâmetro, a técnica pode ser útil na separação ou na pré-concentração de certas soluções coloidais inorgânicas pouco estáveis. A técnica pode ser também usada na preparação de amostras para análise por métodos instrumentais. Assim, por exemplo, costuma-se eliminar as proteínas de amostras antes de usar a cromatografia líquida de alta eficiência porque as proteínas podem dificultar o processo de separação e entupir irreversivelmente a coluna.

6.7 Separações instrumentais

Mencionamos, no início deste capítulo, que as separações são classificadas em dois grupos, de acordo com a quantidade de analito: separações em grande escala e separações instrumentais. Apesar de a maior parte do material descrito nesta seção ser uma introdução aos Caps. 7, 8 e 9, que tratam das separações instrumentais, estes processos são cada vez mais usados, com o auxílio de aparelhagens simples, em separações e pré-concentrações antes da cromatografia ou de outra técnica instrumental de rotina. Todos os processos descritos a seguir relacionam-se à diferença de afinidade de analitos em relação a duas fases em contato.

Para nossos fins, podemos considerar que uma das fases permanece estacionária enquanto a outra pode se mover (a fase móvel). Assim, a separação ocorre na interface entre a fase móvel e a fase estacionária. Até recentemente, a maior parte dos analistas leria a frase anterior como uma definição razoável de um processo cromatográfico. Com o uso crescente, porém, dos métodos eletroréticos, que também separam analitos em interfaces, a definição de "cromatografia" tornou-se menos clara. Por isso, quando consideramos separações de substâncias semelhantes na interface de uma fase fixa e outra móvel, não importa como queiramos chamar o processo, devemos primeiramente considerar o que está realmente acontecendo. Só depois de feito isto é que o analista usa seus conhecimentos químicos de modo a obter da maneira mais eficiente a separação desejada. Isto geralmente não é simples porque, como existem várias técnicas capazes de separar uma dada mistura, não existem procedimentos preferenciais: eles freqüentemente se equivalem.

A escolha do método de separação é normalmente feita com base na sensibilidade, na velocidade de obtenção dos resultados ou até mesmo na disponibilidade de equipamentos e materiais. Não é necessário procurar obter sempre a separação máxima dos componentes. É aqui que a experiência do analista é mais importante. Existem, entretanto, diretrizes que, se usadas com cautela, ajudam a simplificar o processo. Assim, moléculas orgânicas de baixo peso molecular, voláteis e neutras, são geralmente separadas por cromatografia com fase gasosa, enquanto íons ou moléculas facilmente transformadas em íons são, geralmente, separadas usando eletroforese, especialmente no caso de moléculas de alto peso molecular. Por outro lado, apesar de a cromatografia e a eletroforese terem se desenvolvido de modo diferente e produzido suas próprias terminologias e de nem sempre aparecerem nos mesmos textos, as duas técnicas compartilham o mesmo mecanismo simples de migração diferenciada do analito através de uma fase estacionária. Assim, de uma maneira geral, os problemas e limitações são os mesmos. Isto significa que, independentemente da escolha da técnica, só é possível obter separações confiáveis, reprodutíveis e eficientes se o analista puder controlar a química e a física das fases móvel e estacionária. Pequenas mudanças de composição química e de temperatura podem causar grandes mudanças no processo de separação.

6.7.1 Mecanismos de separação em uma interface

Todos os cinco mecanismos descritos nesta seção podem ocorrer em fase líquida. Na fase gasosa (cromatografia com fase gasosa) somente a adsorção e a partição são possíveis. Estima-se que cerca de 20% dos produtos químicos conhecidos são suficientemente estáveis e voláteis para serem separados por cromatografia com fase gasosa. Em princípio, os demais 80% poderiam ser separados por cromatografia líquida, mas, na prática, algumas misturas podem ser mais facilmente separadas por eletroforese.

Adsorção

A adsorção é provavelmente o mecanismo mais conhecido e menos usado em cromatografia, apesar de a adsorção de um gás ou de um líquido na superfície de um sólido ser um processo que tem muitas aplicações científicas e comerciais. A adsorção de gases e vapores em carvão ativo, por exemplo, é usada em muitas residências para a remoção de odores nos exaustores de fogão. O carvão é utilizado em muitos processos industriais na remoção de impurezas coloridas de soluções como, por exemplo, na produção de açúcar. Outros adsorventes muito empregados são a sílica ou sílica gel, que é uma forma muito hidratada de dióxido de silício ($SiO_2 \cdot xH_2O$), com área superficial muito grande, e o óxido de alumínio ($Al_2O_3 \cdot xH_2O$), mais conhecido como alumina.

O problema do uso da adsorção nas separações é que a interação tende a ser tão forte que, uma vez adsorvidos, os analitos são dessorvidos com dificuldade, o que torna, em certas circunstâncias, a cromatografia difícil ou pouco confiável. Apesar disso, a adsorção é usada em cromatografia líquida e em cromatografia com fase gasosa. No caso da cromatografia com fase gasosa, a desativação das superfícies de sílica em injetores e em colunas é essencial para reduzir a adsorção e permitir que a separação ocorra por outro mecanismo.

Partição

A teoria da partição foi discutida na Seção 6.3.2 quando consideramos a separação líquido–líquido em grande escala. A partição, contudo, também é muito usada em separações cromatográficas e, neste caso, o que interessa é a **solubilidade relativa** do soluto em duas fases imiscíveis. Na cromatografia com fase gasosa, o processo implica a partição do soluto entre uma fase móvel gasosa e uma fase estacionária líquida depositada sobre pequenas partículas em colunas empacotadas ou ligadas quimicamente às paredes internas de uma coluna capilar. A partição é o mecanismo de separação mais comum em cromatografia com fase gasosa. A solubilidade relativa dos analitos entre uma fase móvel líquida e uma fase estacionária é mais importante em cromatografia líquida de alta eficiência. A fase estacionária é normalmente ligada a um suporte inerte para evitar problemas de dissolução na fase móvel (Cap. 8). Uma regra simples que funciona na cromatografia de partição é: "semelhante separa semelhante". Materiais não polares dissolvem-se e são separados em fases não polares. Materiais polares requerem fases estacionárias ainda mais polares.

Afinidade

A afinidade é o mecanismo mais recentemente utilizado e o mais seletivo dentre todos. Ela se baseia no aproveitamento de interações muito específicas que podem existir entre a fase imóvel e certos solutos. Estas interações são, usualmente, provocadas por reações enzimáticas ou de anticorpo-antígeno e podem ter seletividade muito elevada para um determinado tipo de molécula como, por exemplo, proteínas em misturas complexas. Sabe-se que os anticorpos são extremamente específicos em suas reações com antígenos e isso pode ser aproveitado na cromatografia por afinidade. No processo, um anticorpo imobilizado em uma fase estacionária (por meio de uma ligação covalente) pode reagir com uma determinada proteína (antígeno) em uma mistura que contém várias centenas de proteínas semelhantes, ligando-a à coluna. Após lavar a coluna para a remoção das demais proteínas, muda-se a força iônica do eluente para liberar a substância desejada que é então coletada [9].

O mecanismo é, às vezes, descrito como efeito "chave e fechadura" devido à alta especificidade entre a fase estacionária e o analito. Este mecanismo, que é usado apenas na fase líquida, simplificou grandemente a separação e a determinação de misturas biológicas que, até recentemente, eram consideradas difíceis demais para separar. Os princípios básicos das separações por imunoafinidade usadas em biotecnologia foram revistos recentemente [10]. Como as fases estacionárias contêm um material biologicamente ativo, elas tendem a ser muito caras. Além disso, são muito menos tolerantes sob condições adversas do que as fases estacionárias convencionais. Assim, deve-se ter muito cuidado no seu emprego e sua estocagem para garantir um tempo de vida útil razoável.

Troca iônica

Já discutimos a troca iônica, encarando-a como um processo de separação em larga escala (Seção 6.5), mas ela pode ser também usada na cromatografia líquida. A cromatografia de troca iônica só pode ocorrer na fase líquida. Os íons da fase móvel ligam-se temporariamente aos contra-íons imobilizados na fase estacionária, a resina de troca iônica, de onde podem ser seletivamente deslocados por eluição com um tampão de força iônica crescente.

Já vimos, neste capítulo, o uso da troca iônica para separar dois ou mais íons em larga escala. Misturas bastante complexas de íons ou de espécies ionizadas, especialmente substâncias de interesse biológico tais como amino-ácidos, também têm sido separadas por esta técnica, com o auxílio de colunas convencionais de 10 mm de diâmetro ou mais e eluição por gravidade. A vantagem é que quantidades relativamente elevadas de material (> 1 mg) podem ser separadas e isoladas para uso em outros experimentos. Além disso, as técnicas de troca iônica podem ser

adaptadas para uso em cromatografia líquida de alta eficiência. Neste tipo de aplicação, escolhem-se partículas de resina sintética suficientemente pequenas para tornar eficiente a coluna. Às vezes, os grupos de troca iônica estão ligados à superfície das partículas de sílica, de maneira semelhante às colunas de partição de fase ligada. Este processo leva a uma partícula rígida com propriedades de troca iônica. Usam-se, normalmente, detectores de condutividade porque as espécies usualmente separadas na cromatografia líquida de alta eficiência acoplada à troca iônica não são determinadas com facilidade com detectores de UV. Embora os processos envolvidos sejam intrinsecamente os descritos na Seção 6.5, esta versão de alto desempenho da troca iônica é mais conhecida como **cromatografia iônica**. A cromatografia iônica pode ser usada para a separação de ânions ou de cátions, independentemente do tamanho dos íons, mas atualmente sua maior utilidade analítica está na separação e determinação dos ânions mais comuns (F^-, Cl^-, Br^-, I^-, NO_2^-, NO_3^-, SO_4^{2-}, PO_4^{3-} etc.) em água, particularmente em águas naturais e, também, de cátions e ânions em alimentos [11].

Permeação em gel

A permeação em gel é um mecanismo simples de separação de espécies segundo seu tamanho. Usam-se outros nomes, também, como filtração em gel, cromatografia de exclusão molecular e peneira molecular. Esta última denominação é hoje pouco usada, mas talvez seja a mais descritiva de todas. A fase estacionária é um material polimérico conhecido como gel. Dentre os géis mais utilizados estão os materiais conhecidos como Sephadex, produzidos pela indução de graus variáveis de ligações cruzadas em uma estrutura do tipo dextrano (carboidrato polimérico) (Fig. 6.5). O controle do número de ligações cruzadas permite a produção de poros de diferentes tamanhos na estrutura levando a "peneiras" capazes de separar as moléculas de acordo com seu tamanho.

Os Sephadex de porosidade diferente podem ser usados para a separação de moléculas biológicas como peptídeos e proteínas de tamanhos muito diferentes: a resina Sephadex G-10 é usada para moléculas de massa molecular relativa (RMM) até 700 e a resina Sephadex G-200 para moléculas com RMM até 750000. Os géis de Sephadex são razoavelmente polares e absorvem água (com considerável inchamento). Já os géis reticulados baseados em poliacrilamidas (Bio-Gel) ou em poliestireno (Styragel) além de serem completamente inertes em relação à água também podem ser usados em sistemas formados por solventes orgânicos comuns, tais como o tolueno e o cloreto de metileno. Veremos na Seção 8.2.4 o aproveitamento de géis com exclusão pelo tamanho na separação de moléculas grandes por cromatografia líquida. A exclusão pelo tamanho também encontra aplicação na separação de moléculas pequenas, notadamente gases, por cromatografia com fase gasosa. Neste caso, a fase estacionária baseia-se em matrizes inorgânicas com orifícios de diâmetro suficiente para separar moléculas pequenas de gases e é comumente denominada peneira molecular.

Na cromatografia de exclusão por tamanho ou permeação em gel, as moléculas grandes são sempre eluídas primeiro, seguindo-se sucessivamente moléculas cada vez menores. Isto acontece porque as moléculas pequenas po-

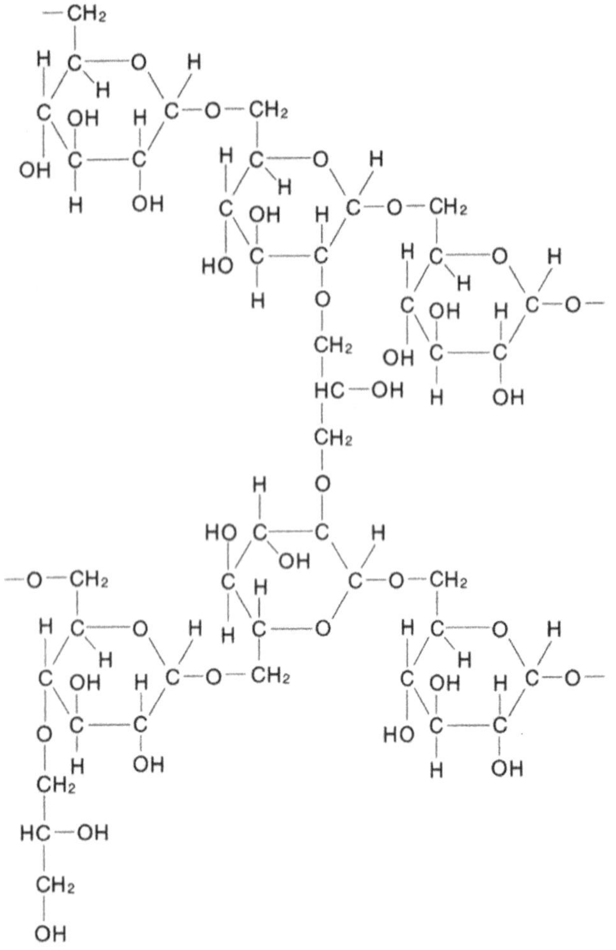

Fig. 6.5 Estrutura parcial da resina Sephadex

dem penetrar mais profundamente nos orifícios do gel e são mais fortemente retidas do que as moléculas maiores que não podem fazer o mesmo. (É aqui que a analogia com as peneiras falha porque no caso das peneiras são as partículas menores que passam mais rapidamente.) Existe um estudo detalhado feito no caso da separação de macromoléculas em que se compara a permeação em gel (onde as moléculas grandes eluem primeiro) e a eletroforese (onde as moléculas menores deslocam-se mais rapidamente) [12].

Os cinco mecanismos de separação podem ser aproveitados na fase líquida. Na fase gasosa (cromatografia com fase gasosa), somente a adsorção e a partição são possíveis.

6.8 Extração com fase sólida

A extração com fase sólida (SPE) é uma técnica relativamente nova. Na Seção 5.3.5, esta técnica foi comparada a outros processos usados na concentração de amostras de água. De concepção (e uso) simples, a extração com fase sólida e suas variantes tornaram-se rapidamente técnicas comuns de laboratório analítico para o pré-tratamento de amostras líquidas. Os reagentes de extração com fase sólida estão disponíveis em muitos tamanhos, com fases estacionárias que aproveitam quatro dos mecanismos de separação descritos anteriormente (a extração com fase sólida por afinidade ainda não está disponível). Como, entretanto, a técnica é muito versátil e pode ser usada para muitos

tipos de amostra, a escolha do protocolo correto de SPE pode parecer, às vezes, uma tarefa bastante complicada. Os fabricantes de discos e cartuchos de SPE fornecem gratuitamente folhetos de aplicação, guias mais detalhados e referências bibliográficas sobre o emprego de seus produtos [13]. A literatura corrente também descreve grande número de aplicações [14].

A técnica de extração com fase sólida baseia-se na aplicação dos mecanismos de separação que vimos na Seção 6.7 a uma coluna (no caso o cartucho). Se levarmos isto em conta, a escolha de um cartucho apropriado dentre os muitos disponíveis fica mais fácil. Lembre-se, quando for iniciar o desenvolvimento de um novo método de análise ou for atualizar um processo já existente, que, no caso de líquidos (não necessariamente água) com concentrações muito baixas de analitos em matrizes complexas, vale a pena considerar o uso da extração com fase sólida para a separação do(s) analito(s) e da matriz ou para a concentração do analito antes da análise.

6.9 Comparação das eficiências de separação

É essencial poder comparar entre si os vários sistemas usados nas separações, bem como a composição das fases estacionárias e fases móveis das diversas colunas cromatográficas. Em cromatografia em coluna, a eficiência é normalmente expressa em termos do número de pratos, N, da coluna, que é relacionado teoricamente aos pratos teóricos, conceito primeiramente utilizado por Martin e Synge para explicar a eficiência de separação na destilação fracionada [15].

O número de pratos teóricos de uma coluna é, para um dado soluto,

$$N = 16(t_r/w)^2 \quad \text{ou} \quad N = 5{,}54(t_r/w_{1/2})^2$$

onde cada termo está definido na Fig. 6.6. O número de pratos pode ser aumentado, para uma dada separação, pelo uso de colunas cada vez mais longas (observe a relação quadrática da fórmula: multiplicando-se o comprimento por quatro dobra o número de pratos).

Para fins de comparação, é melhor tornar o número de pratos independente do comprimento usando, por exemplo, a função $L/N = H$, onde H é a altura do prato. A razão L/N é denominada altura equivalente de um prato teórico (HETP). Ela é comumente expressa em metros por prato e a recíproca N/L, em pratos por metro. A comparação entre uma coluna capilar de alta eficiência em cromatografia com

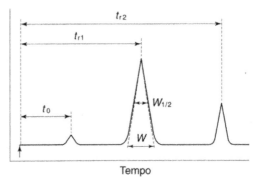

Fig. 6.6 Cromatograma idealizado de um sistema com dois componentes

fase gasosa e uma coluna de cromatografia líquida de alta eficiência produz alguns resultados interessantes.

Propriedade	Coluna capilar de GC	HPLC 5 μm
Comprimento da coluna L (m)	100	0,125
Número de pratos N	300 000	6000
N/L (pratos/m)	3000	48 000
Altura do prato H (mm)	0/,34	0,02

Os dados mostram claramente que as colunas de HPLC são menos eficientes do que as colunas típicas de cromatografia com fase gasosa em termos do número total de pratos, mas são muito mais eficientes em termos da razão N/L.

Os três termos α, K e N se relacionam pela equação da resolução, R_s,

$$R_s = 0{,}25\left(\frac{k}{\alpha}\right)\left(\frac{\alpha - 1}{k + 1}\right)N^{1/2}$$

onde α é a retenção relativa dos dois solutos ($\alpha = k_1/k_2$), k é o fator médio de capacidade dos dois solutos e N é o número médio de pratos.

A Fig. 6.7 mostra como estes termos influenciam a resolução. Por definição, $\alpha \geq 1$, logo o gráfico de $(\alpha - 1)/\alpha$ tem valor limite igual a 1. Observe que a resolução é mais sensível em relação a α quando a função está próxima de 1, digamos, entre 1 e 2. O gráfico de $k/(1 + k)$ também tem valor limite igual a 1, porém valores de k entre 1 e 10 podem ser empregados com sucesso. α e k se relacionam apenas às interações entre o soluto e as duas fases, portanto, eles só podem ser modificados pela alteração da natureza ou da composição das fases ou, ainda, da temperatura. A resolução está relacionada ao fator $N^{1/2}$ que, por sua vez, é uma medida do desempenho global da coluna. Portanto, quando a coluna é bem-feita (eficiente), N provavelmente terá pouca influência na resolução.

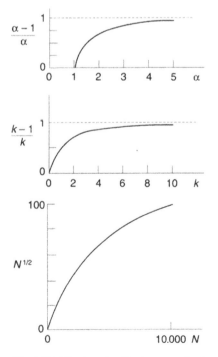

Fig. 6.7 Efeito de α, k e N sobre a resolução

6.10 Fatores cinéticos: teoria da velocidade

As equações da Seção 6.9 não levam em conta a velocidade das interações na interface. No caso da cromatografia com fase gasosa, isto é aceitável porque a difusão na fase gasosa (para a fase estacionária e para fora dela) é relativamente rápida, mas na cromatografia líquida com alta eficiência os processos que ocorrem na interface são cerca de três ordens de grandeza mais lentos do que na fase gasosa. Como o equilíbrio não é alcançado instantaneamente, ocorre alargamento das bandas e, conseqüentemente, perda de resolução. Existem três mecanismos que são cineticamente controlados e devem ser considerados.

Os **efeitos de transferência de massa** são, provavelmente, os mais fáceis de visualizar. Eles são consequência do tempo finito requerido para que as moléculas do soluto se movam da fase móvel para a fase estacionária e retornem. Quanto maior for o tamanho da partícula da fase estacionária e mais viscosa for a fase móvel, mais importante será este efeito. Quanto maior for a velocidade da fase móvel, maior será o alargamento das bandas devido a este efeito.

Ocorre **difusão longitudinal** quando uma porção do soluto é carreada através da coluna pela fase móvel. A zona tende a se expandir na direção longitudinal devido à difusão do soluto para as extremidades da zona, onde a concentração do soluto é mais baixa. Este efeito se torna mais pronunciado quando aumenta o tempo de residência do soluto na coluna. A difusão longitudinal é minimizada utilizando-se altas vazões e colunas pequenas. Ela é a mais importante causa de dispersão na cromatografia com fase gasosa, onde longas colunas, baixas vazões e a rápida difusão dos gases realçam seus efeitos.

O termo **dispersão de fluxo** é usado para descrever os múltiplos caminhos que as moléculas do soluto percorrem ao passar pela coluna empacotada. Se as diferentes moléculas se movessem na mesma velocidade elas levariam diferentes tempos para atravessar toda a extensão da coluna e isto levaria ao alargamento das bandas. De fato, o processo é mais complicado do que isto. A dispersão do fluxo depende do tamanho das partículas e da distribuição dos tamanhos, como seria de se esperar, e também da largura da coluna (rigorosamente, da razão entre o tamanho da partícula e o diâmetro da coluna).

Para colunas estreitas, os efeitos de parede são significativos e a maior parte das colunas trabalha com uma razão entre 10 e 100, embora a dispersão radial seja relativamente limitada em colunas preparativas, nas quais esta razão é muito elevada (> 1000) e os efeitos de parede são pequenos. Em cada caso, o alargamento não depende da velocidade da fase móvel através da coluna (Fig. 6.8).

A transferência de massa, a dispersão de fluxo e a difusão longitudinal respondem diferentemente à variação da velocidade da fase móvel, mas o efeito global pode ser descrito pela equação de van Deemter:

$$H = A + (B/v) + Cv$$

onde
H = altura do prato, uma medida de eficiência
v = velocidade linear da fase móvel através da coluna
A = termo da dispersão de fluxo
B = termo da difusão longitudinal
C = termo da transferência de massa

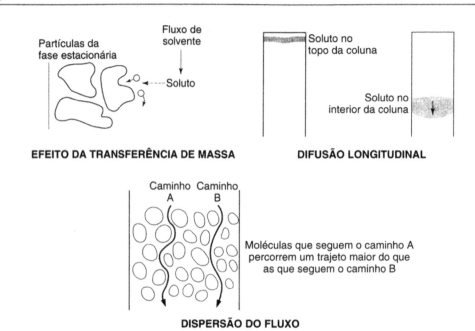

Fig. 6.8 Mecanismos cineticamente controlados: transferência de massa, difusão longitudinal e dispersão de fluxo

A Fig. 6.9 representa a equação de van Deemter para o fluxo de gás. Note que a eficiência depende fortemente do tamanho das partículas. Ela também depende da vazão, mas como a curva após o mínimo é relativamente plana, pode-se usar normalmente vazões superiores ao valor ótimo de modo a reduzir o tempo de análise sem grande comprometimento da resolução, especialmente no caso das partículas menores.

A Fig. 6.9 mostra que no caso de colunas capilares, com massas de fase estacionária muito menores e vazões muito mais baixas, hidrogênio e hélio são mais eficientes do que nitrogênio, exceto em velocidades lineares muito baixas do gás carreador. A razão desta melhor resolução é que a difusão do vapor do soluto é mais rápida nestes gases do que em nitrogênio. Como uma coluna capilar "normal" trabalha com velocidades lineares da ordem de 20-50 cm·s^{-1}, hélio e hidrogênio são gases carreadores mais eficazes do que o nitrogênio.

É surpreendente descobrir que, quando uma coluna possui programação de temperatura, a vazão normalmente decresce quando a temperatura aumenta. Isto acontece porque a viscosidade do gás aumenta com a temperatura. Portanto, se a coluna é operada a pressão constante, como geralmente acontece com as colunas capilares, a quantidade de gás que passa pela coluna decresce com o aumento da temperatura. A Fig. 6.9 mostra que o hidrogênio tem uma curva mais suave do que o hélio na região normal de operação. Isto significa que a resolução que se obtém com hidrogênio como gás carreador varia muito pouco com o decréscimo da vazão, enquanto no caso do hélio e do nitrogênio, a resolução depende bastante da vazão.

Assim, do ponto de vista teórico, o hidrogênio deveria ser o carreador preferido para a cromatografia capilar, porém outros fatores também são importantes. A pureza do gás carreador, por exemplo, deve ser considerada porque pequenas quantidades de oxigênio reagem em temperaturas elevadas com a fase estacionária, prejudicando, deste modo, o desempenho da coluna.

6.11 Separações por eletroforese

A eletroforese convencional envolve o deslocamento de uma substância coloidal ou de um soluto em uma solução-tampão em conseqüência da aplicação de um campo elétrico. O resultado é a migração de partículas ou íons na direção do catodo ou do anodo, dependendo de sua carga efetiva. O termo "eletroforese por zona" é geralmente usado para os sistemas em que as mobilidades iônicas são estudadas em tiras de papel, de acetato de celulose ou de acrilamida. Estes sistemas foram muito usados no estudo de sistemas bioquímicos e biológicos, especialmente na separação de proteínas. As aplicações mais recentes em impressões digitais de DNA em laboratórios de ciência forense [16], inclusive na investigação de paternidade, mostram claramente o valor dos modernos métodos eletroforéticos.

A grande expansão recente da eletroforese deu-se através do uso de capilares, trabalho iniciado por Mikkers *et*

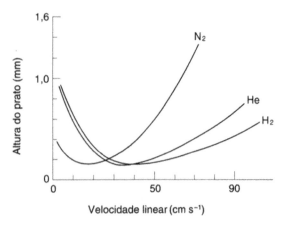

Fig. 6.9 Curvas de van Deemter para N$_2$, He e H$_2$

al. [17], que usaram tubos de diâmetro interno igual a 200 μm para conseguir separações rápidas. A evolução prosseguiu com Jorgenson e Lukacs [18], que reduziram o diâmetro do capilar para 75 μm, usando tubos Pyrex, o que permitiu o desenvolvimento dos instrumentos comerciais. Com o uso de capilares em substituição aos sistemas de leito plano, foi possível minimizar o espalhamento lateral, aumentando a dissipação de calor, encurtando os tempos de separação e aumentando a eficiência, o que fez com que a eletroforese passasse a ter desempenho comparável ao da cromatografia líquida de alta eficiência. Devido a estes fatores, a **eletroforese capilar (CE)**, também chamada eletroforese capilar por zona (CZE), tornou-se um método muito utilizado. Os equipamentos modernos permitem separar misturas complexas de esteróides ou drogas em 10 a 15 minutos [19].

6.12 Teoria da eletroforese

A força de aceleração F_i sobre uma partícula carregada i sob a influência de um campo elétrico constante E é dada por

$$F_i = z_i e E \quad (6.1)$$

onde z_i é a carga da partícula carregada i e e é a carga do elétron. A partícula se acelera até que a força de aceleração seja igual à resistência do meio (a força de arrasto F_d). Assim,

$$F_i = F_d \quad (6.2)$$

A partir deste ponto, os íons passam a se mover com velocidade v_i proporcional à intensidade do campo elétrico. Portanto,

$$v_i \propto E$$
$$v_i = u_i E \quad (6.3)$$

onde u_i é a mobilidade eletroforética da partícula i nas condições do experimento. Existem tabelas de valores de u para diferentes substâncias sob condições especificadas [16]. A força de arrasto, F_d, agindo sobre uma partícula em movimento em um meio viscoso é proporcional à viscosidade η do meio e à velocidade da partícula. Assim,

$$F_d = k \eta v_i \quad (6.4)$$

Mas, de acordo com a lei de Stokes, a força de arrasto sobre uma partícula esférica que se move em um meio viscoso é dada por

$$F_d = 6\pi \eta r_i v_i$$

onde r_i é o raio da partícula. Logo,

$$z_i e E = 6\pi \eta r_i v_i$$

e

$$v_i = \frac{z_i e E}{6\pi r_i \eta} = u_i E$$

Assim, a mobilidade eletroforética é

$$u_i = \frac{z_i e}{6\pi r_i \eta}$$

Claramente, a mobilidade dos íons depende da natureza da solução eletrolítica, da concentração e da temperatura. Assim, os valores padrões [20] de u são dados como mobilidades iônicas limites em 298 K em soluções muito diluídas.

Observe que os ânions e os cátions influenciam a velocidade de transferência de carga (isto é, a corrente elétrica que passa através do sistema) e que os íons contribuem para a densidade de corrente proporcionalmente à sua carga, sua concentração em solução e sua velocidade. Os cátions e os ânions movem-se em direções opostas, os cátions para o catodo, que tem carga negativa, e os ânions para o anodo, que tem carga positiva. Em eletroforese capilar, procura-se minimizar a difusão lateral das espécies iônicas. A instrumentação moderna é desenhada de modo a permitir a melhor separação no menor tempo possível, com o máximo de flexibilidade.

6.13 Instrumentação para a eletroforese capilar

A parte essencial da eletroforese capilar é um capilar de sílica fundida preenchido com um eletrólito em solução-tampão em água. As duas extremidades são mergulhadas em reservatórios do eletrólito, um contendo o anodo e o outro, o catodo. A Fig. 6.10 mostra um esquema. Para inserir a amostra, coloca-se a extremidade do capilar que contém o anodo no frasco de amostra e aplica-se um campo elétrico no frasco, produzindo uma injeção eletrocinética ou, então, aplica-se pressão sobre o frasco para produzir uma injeção hidrodinâmica. Assim que alguns poucos nanolitros da amostra tenham penetrado no capilar, ele é recolocado no reservatório de eletrólito que contém o anodo. Usa-se uma fonte de alta voltagem para efetuar a separação. Atualmente, é possível o uso de auto-amostradores, normalmente disponíveis no mercado, para o manuseio de um número elevado de amostras em seqüência. A natureza e a coerência da solução-tampão devem ser constantemente monitoradas porque ela pode ser afetada pela migração e acumulação de solutos. O desenvolvimento da eletroforese capilar foi muito rápido, mas as características dos componentes são agora usualmente padronizadas. As várias partes do instrumento são descritas a seguir em detalhe.

6.14 Capilares

Embora tubos capilares de vidro e de Teflon tenham sido usados no passado, os capilares de sílica fundida de 30 a

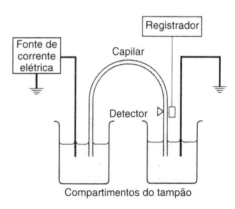

Fig. 6.10 Equipamento para eletroforese capilar

100 cm de comprimento são, agora, o padrão. Eles têm diâmetro interno de 50 a 100 μm e diâmetro externo de 200 a 400 μm e são cobertos externamente com poliimida para proteção. Às vezes, o capilar tem uma superfície química, como o glicerol, ligada internamente com o intuito de reduzir a interação entre as moléculas que se movem e as paredes do capilar.

6.15 O campo aplicado

A eletroforese capilar utiliza campos elétricos muito fortes para que a separação seja rápida e eficiente. A fonte de alta voltagem deve fornecer voltagens entre 20 e 100 kV. Um valor típico seria, a voltagem constante, entre 50 e 200 μA. Em um sistema ideal, seria possível operar sob corrente constante e sob voltagem constante, havendo, ainda, a possibilidade de inversão da polaridade do sistema.

6.16 O detector

O desempenho de um instrumento de eletroforese capilar depende da qualidade de seu detector. Os detectores continuam sendo um importante campo de estudos. Um bom detector deve evitar amplificar o efeito de alargamento das bandas ou de volume morto. Por isso, os sistemas mais comumente usados são embutidos na coluna, com a medida da absorbância no UV ou da fluorescência, durante o deslocamento do material por uma pequena seção do capilar. A metodologia normal de detecção é remover uma pequena porção da cobertura de poliimida em torno do tubo capilar e usar a abertura como célula de detecção, com um feixe de luz em um lado do capilar e um detector adequado do outro. As leis usuais de absorção (Seção 17.2) se aplicam e o sinal do detector pode ser amplificado e acoplado a um registrador. Como nem todas as substâncias absorvem no mesmo comprimento de onda, o sistema deve ser capaz de operar em uma faixa de comprimentos de onda razoavelmente ampla ou utilizar o princípio do conjunto de fotodiodos (Seção 17.5), para que se possa obter dados espectrais completos durante a passagem das diversas zonas.

O uso da detecção com fluorescência induzida por *laser* permite o controle mais acurado da iluminação da janela de amostragem do capilar. A fluorescência é observada em ângulo reto em relação ao feixe de laser e a emissão passa através de um filtro para a fotomultiplicadora. Outros sistemas de detecção usam a quimiluminescência, a absorbância termoótica ou a condutividade. A eletroforese capilar pode ser, também, acoplada à espectrometria de massas. O espectrômetro funciona como um sistema de detecção muito sensível e específico [21]. No detector de CE/MS, a saída do capilar é dirigida a uma interface com o espectrômetro de massas, na qual ocorre a ionização. Isto é feito com o auxílio de uma bainha de aço inoxidável colocada na extremidade do capilar que completa o circuito elétrico do sistema de eletroforese [22]. Os limites de detecção dos detectores de CE estão normalmente na faixa de 10^{-16} a 10^{-20} mol.

6.17 Aplicações

A eletroforese capilar ainda está em rápida expansão, com novos desenvolvimentos e aplicações sendo regularmente publicados anualmente para análises qualitativas e quantitativas. Como o uso dos tempos de migração não é totalmente conclusivo no caso da análise qualitativa, é na análise quantitativa que ocorre o maior desenvolvimento. O método baseia-se na integração do sinal do detector e nas comparações com padrões adequados. A maior utilidade da eletroforese capilar está na análise de íons inorgânicos e de ânions orgânicos [23]. Como nos demais procedimentos de separação, as amostras podem ser marcadas com padrões de referência. Em análise qualitativa, porém, ocorrem erros de identificação dos picos devidos a variações durante a migração que são conseqüência de flutuações do campo aplicado, de irregularidades da parede do capilar, de alterações de pH e de modificações progressivas na composição do tampão. Para superar estes problemas, é comum a incorporação à amostra de um marcador de tempo de migração como referência para o cálculo dos tempos de migração relativos.

Como em outros procedimentos analíticos, é comum em análise quantitativa usar técnicas de calibração: padrões internos e externos e métodos padronizados de adição de amostras (Seção 9.5). Elas aumentam grandemente o nível de reprodutibilidade da análise quantitativa por eletroforese capilar. Deve-se, porém, ter sempre muito cuidado com a manutenção da qualidade do capilar e com a pureza do tampão.

Muito trabalho tem sido feito na separação de aminoácidos, como derivados de dansila [24]. Existem muitas aplicações, qualitativas e quantitativas, que envolvem produtos bioquímicos importantes como vitaminas, peptídeos, nucleosídeos e nucleotídeos [25]. Uma área de aplicação muito interessante é a análise de drogas [26], onde a velocidade de separação e o uso de volumes muito pequenos de amostra são de valor inestimável. A eletroforese capilar estabeleceu-se rapidamente como um procedimento valioso de laboratório e é cada vez mais utilizada.

6.18 Referências

1. J D Seader and E J Henley 1998 *Separation process principles*, John Wiley, Chichester
2. R A Kjonaas, J L Soller and L A McCoy 1997 *J. Chem. Ed.*, **9**; 1104–5
3. D Sicilia, S Rubio and D Ferezbendito 1994 *Anal. Chim. Acta*, **298** (3); 405–13
4. R M Dagnall and T S West 1964 *Talanta*, **11**; 1627
5. J S Shih 1992 *J. Chinese Chem. Soc.*, **39** (6); 551–9
6. M Hiraoka (ed) 1992 *Crown ethers and analogous compounds*, Elsevier, Amsterdam
7. K Ueno 1992 *Handbook of organic analytical reagents*, 2nd edn, CRC Press, Boca Raton FL
8. I M Abrams and J R Millar 1997 *Reactive and Functional Polymers*, **35** (1/2); 7–22

9. M Leonard 1997 *J. Chrom. B.*, **699** (1/2); 3–27
10. M L Yarmush *et al.* 1992 *Biotechnol. Adv.*, **10** (3); 413–46
11. P L Buldini, S Cavlli and A Trifiro 1997 *J. Chrom. A.*, **789** (1/2); 529–48
12. J L Viovy and J Lesec 1994 *Adv. Polym. Sci.*, **114**; 1–41
13. P D McDonald and E S P Bouvier (ed) 1995 *Solid phase extraction applications: guide and bibliography*, Waters, Milford MA
14. L A Berrueta, B Gallo and F Vicente 1995 *Chromatographia*, **40** (7/8); 474–83
15. A J P Martin and R L M Synge 1941 *Biochem. J.*, **35**; 1358
16. J Robertson, A M Ross and L A Burgoyne (eds) 1990 *DNA in forensic science*, Ellis Horwood, New York
17. F E P Mikkers, F M Everaerts and T P E M Verheggen 1979 *J. Chromatogr.*, **169**; 1–10 and 11–20
18. J W Jorgenson and K D Lukacs 1981 *Anal. Chem.*, **53**; 1298–1302
19. W G Kuhr and C A Monnig 1992 *Anal. Chem.*, **64**; 389R–407R
20. J Pospíchal, P Gebauer and P Boček 1989 *Chem. Rev.*, **89**; 419–30
21. M Parker 1994 *Lab Products Technol.*, June; 2
22. H R Udseth, J A Loo and R D Smith 1989 *Anal. Chem.*, **61**; 228–32
23. F Foret, M Deml and P Boček 1985 *J. Chromatogr.*, **320**; 159–65
24. F Foret, L Křivánková and P Boček 1993 *Capillary zone electrophoresis*, VCH, Weinheim
25. N H H Heegard and F A Robey 1994 *Int. Chromatogr. Lab.*, **21**; 2–8
26. J A Walker *et al.* 1996 *J. Foren. Sci.*, **41**; 824–9

6.19 Bibliografia

Anon 1981 *Ion exchange resins*, 6th edn, BDH Chemicals, Poole, UK

G W Gokel 1994 *Crown ethers and cryptands*, Royal Society of Chemistry, Cambridge

N A Guzman (ed) *Journal of capillary electrophoresis*, ISC Technological Publications, Shelton CT

C E Harland 1994 *Ion exchange theory and practice*, 2nd edn, Royal Society of Chemistry, Cambridge

J Korkisch 1989 *Handbook of ion exchange resins: their application to inorganic chemistry*, CRC Press, Boca Raton FL

A S Lindsay 1992 *High performance liquid chromatography*, 2nd edn, John Wiley, Chichester

P D McDonald and E S P Bouvier (eds) 1995 *Solid phase extraction: applications guide and bibliography*, 6th edn, Waters, Milford MA

J Rydberg, C Musikas and G R Chopin (eds) 1992 *Principles and practice of solvent extraction*, Marcel Dekker, New York

J D Seader and C J Henley 1998 *Separation process principles*, John Wiley, Chichester

P Sewell 1987 *Chromatographic separations*, John Wiley, Chichester

A G Sharpe 1992 *Inorganic chemistry*, 3rd edn, Longman, Harlow

G Svehla 1992 *Vogel's qualitative inorganic analysis*, 7th edn, Longman, Harlow

P A Williams, A Dyer and M J Hudson 1997 *Progress in ion exchange: advances and applications*, Royal Society of Chemistry, Cambridge

W S Winston Ho and K K Sirkar (eds) 1992 *Membrane handbook*, Van Nostrand Reinhold, New York

C Wu (ed) 1995 *Handbook of size exclusion chromatography*, Marcel Dekker, New York

M Zief and L Crane 1988 *Chromatographic chiral separations*, Marcel Dekker, New York

7

Cromatografia em camada fina

7.1 Introdução

Os desenvolvimentos que ocorreram na área da cromatografia em camada fina (TLC) transformaram-na de um procedimento analítico semiquantitativo em uma técnica em que se pode obter resultados quantitativos muito confiáveis. Isto significa que ela passou a ser uma técnica instrumental como as demais formas de cromatografia. Laboratórios que precisam reduzir custos com análises e laboratórios que não são bem equipados com instrumentação analítica avançada encontram muitas vantagens no uso da cromatografia em camada fina, principalmente em análises farmacêuticas e ambientais. A TLC tem várias vantagens sobre outras formas de cromatografia:

(a) Usualmente, a preparação da amostra é simples.
(b) As amostras podem ser comparadas diretamente, freqüentemente durante a corrida.
(c) O desenvolvimento paralelo de amostras relacionadas e não relacionadas pode ser feito simultaneamente.
(d) Vários procedimentos de detecção podem ser aplicados, freqüentemente na mesma placa.
(e) A separação pode ser acompanhada todo o tempo e interrompida quando desejado ou quando se troca o sistema de solventes.
(f) O volume de solventes e outros reagentes é muito pequeno.

Embora a técnica permaneça fundamentalmente a mesma, o uso de instrumentação na aplicação da amostra, no desenvolvimento, na densitometria e no registro dos resultados ampliou em muito a utilidade da cromatografia em camada fina[1].

A diferença importante entre a cromatografia em camada fina e outras formas de cromatografia é o lado prático e não o fenômeno físico envolvido (adsorção, partição etc.). Assim, na cromatografia em camada fina a fase estacionária é uma fina camada de um adsorvente (por exemplo, sílica gel, celulose em pó ou alumina) colocada sobre um material rígido e inerte, como uma placa de vidro ou uma folha de alumínio ou de plástico. Isto significa que o processo de separação ocorre em uma superfície plana e essencialmente em duas dimensões. A técnica da cromatografia em papel foi quase completamente superada pela cromatografia em camada fina nos laboratórios analíticos, embora seja ainda útil para fins demonstrativos (com misturas de corantes, por exemplo). Os aperfeiçoamentos mais recentes do desempenho, em termos de separações e medidas quantitativas, são discutidos na Seção 7.6, que trata da cromatografia em camada fina de alto desempenho, e na Seção 7.5, sobre TLC em duas dimensões.

A química legal tem sido muito beneficiada pelo desenvolvimento da cromatografia em camada fina, por causa de seu uso extensivo na análise preliminar de drogas[2,3]. Particularmente importantes são as aplicações especializadas no estudo da composição de pontas de fibras de canetas[4], de fitas de máquinas de escrever[5] e de impressoras de computador[6].

7.2 A técnica da cromatografia em camada fina

Preparação da placa

Vários materiais adsorventes podem ser usados em TLC porém sílica gel é o mais comum. Uma suspensão do adsorvente (sílica gel, celulose em pó etc.) é depositada uniformemente sobre a placa, com o auxílio de um dispositivo comercial próprio. A espessura de adsorvente recomendada é de 150-250 μm. Após secagem ao ar por algumas horas ou em estufa a 80-90°C por cerca de 30 minutos, a placa está pronta para o uso. Placas para uso imediato (isto é, placas de vidro ou plástico já contendo a camada adsorvente) podem ser obtidas comercialmente. A vantagem principal do plástico é poder ser cortado até o tamanho ou forma que se deseja, porém as placas de plástico têm que ser apoiadas em um suporte no tanque de cromatografia para não dobrarem. Dois pontos têm importância prática:

1. As placas de TLC devem ser manuseadas cuidadosamente pelas bordas. Não se deve tocar a superfície da placa para evitar contaminação.
2. É aconselhável limpar a placa antes de usá-la, de modo a remover eventuais impurezas do adsorvente. Isto pode ser feito utilizando-se o solvente de desenvolvimento para levar uma corrida até a extremidade superior da placa e secando, em seguida, antes do uso.

Aplicação da amostra

A linha de origem, na qual se aplica a amostra, está usualmente 2,0 a 2,5 cm da extremidade inferior da placa. É muito importante, quando se deseja fazer análise quantitativa, aplicar as "manchas" de amostra com acurácia e precisão. Usam-se volumes de 1, 2 ou 5 μl, medidos em um instrumento de precisão, isto é, uma seringa ou uma micropipeta (a micropipeta é um tubo capilar calibrado ligado a uma pequena chupeta de borracha). Deve-se ter cuidado para não perturbar a superfície da camada de adsorvente porque isto distorce a forma das manchas no cromatograma desenvolvido e atrapalha a análise quantitativa. Para ajudar a colocar a amostra na posição correta, pode-se usar coberturas de plástico com furos estrategicamente colocados.

Quando estiver fazendo análise quantitativa ou semiquantitativa lembre-se de que podem ocorrer perdas de material se na aplicação da amostra for usada uma corrente de ar para secar as manchas. O uso de misturas de solventes de baixo ponto de ebulição facilita a secagem e ajuda a manter as manchas compactas (menos de 2-3 mm de diâmetro). A Fig. 7.1 ilustra o arranjo usual para comparação de amostras e padrões em TLC.

Desenvolvimento das placas

O cromatograma é usualmente desenvolvido com a técnica ascendente, na qual a placa é imersa 0,5 cm no solvente de desenvolvimento (deve-se usar solvente redestilado ou de grau cromatográfico). Colocam-se fitas de papel de filtro nas paredes da cuba, mergulhadas no solvente, para garantir que a cuba fique saturada com vapor de solvente (Fig. 7.2). Permite-se o desenvolvimento até que a frente de solvente atinja a distância necessária (usualmente 10 a 15 cm), remove-se a placa e marca-se a posição da frente de solvente com um objeto pontudo. Seca-se a placa em capela ou em estufa. Na secagem, deve-se levar em consideração a sensibilidade da amostra ao calor e à luz.

Os diversos solutos separados podem ser localizados por diferentes métodos. Substâncias coloridas podem ser vistas diretamente sobre a fase estacionária. Substâncias incolores podem ser detectadas borrifando-se a placa com um reagente apropriado que colore as regiões ocupadas pelas manchas. Os reagentes de revelação devem ser manipula-

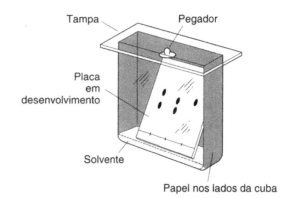

Fig. 7.2 Desenvolvimento da placa. (Reprodução com permissão de D. Abbott e R. S. Andrews, 1965, *An introduction to chromatography*, Longman, Londres.)

dos em capela. Alguns compostos podem ser localizados com luz ultravioleta, sem necessidade de revelação, se forem fluorescentes. Uma alternativa, se o adsorvente da placa de TLC contiver um material fluorescente, é observar os solutos com luz ultravioleta como manchas escuras em um fundo fluorescente. Quando utilizar este método **proteja os olhos** com óculos especiais. As manchas assim determinadas podem ser marcadas com uma agulha.

Medida e identificação de solutos

O sucesso da cromatografia em camada fina depende dos solventes de desenvolvimento e das afinidades diferentes dos solutos pelo adsorvente da placa. A ordem de separação das substâncias depende das combinações de solventes utilizadas. Sob condições constantes de temperatura, sistema de solventes e adsorvente, qualquer soluto (uma droga, um corante, um esteróide etc.) move-se com uma razão constante em relação à frente de solvente. Esta razão é conhecida como valor R_f (frente relativa ou fator de retardamento)[7], onde

$$R_f = \frac{\text{distância do composto à linha de origem}}{\text{distância da frente de solvente à linha de origem}}$$

O cálculo, mostrado na Fig. 7.3, produz resultados que são números decimais menores do que um. Por isso, e para evitar o emprego de casas decimais, costuma-se usar hR_f, um número inteiro obtido multiplicando-se R_f por 100. Assim, um R_f igual a 0,57 passa a ser um hR_f igual a 57.

Para ajudar a comparação dos resultados e a identificação dos solutos por TLC, bibliotecas de valores de R_f e hR_f têm sido compiladas. Elas são particularmente importantes em estudos em toxicologia[8], em que sistemas de TLC padronizados muito detalhados são especificados.

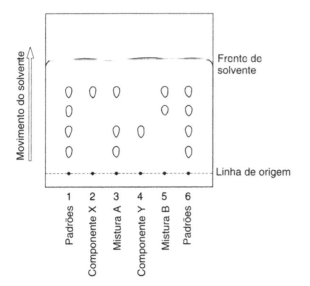

Fig. 7.1 Placa de camada fina: os padrões são desenvolvidos ao mesmo tempo que as misturas

Medidas quantitativas

Os métodos quantitativos de análise de solutos separados em um cromatograma em camada fina podem ser divididos em duas categorias. Nos métodos *in situ*, mais geralmente usados, a quantificação é baseada na medida direta da densidade óptica das manchas na placa, de preferência com o auxílio de um densitômetro. O densitômetro varre as manchas uma por uma, medindo a reflexão ou a absorção de um fei-

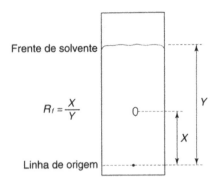

Fig. 7.3 Como medir os valores de R_f

xe de luz. Usualmente, faz-se a varredura ao longo da linha de desenvolvimento da placa. A diferença de intensidade do feixe de luz refletido (ou transmitido) entre o adsorvente e as manchas de soluto é vista como uma série de picos em um registrador. As áreas dos picos correspondem às quantidades das substâncias existentes nas várias manchas. Este tipo de procedimento requer a comparação das manchas da amostra com manchas obtidas com quantidades conhecidas de padrões cromatografados na mesma placa. Desenhos melhores de densitômetros fizeram com que aumentasse a confiança nas determinações quantitativas de TLC.

Um procedimento mais barato é remover os componentes separados por raspagem da porção relevante do adsorvente após visualização com uma técnica não destrutiva. O componente é então convenientemente extraído colocando-se o adsorvente em um tubo de centrífuga e adicionando um solvente adequado para dissolver o soluto. O tubo é então centrifugado e o líquido supernadante removido e analisado por uma técnica quantitativa apropriada, como a espectrometria no ultravioleta ou no visível, ou a espectrometria de fluorescência ou, ainda, a cromatografia com fase gasosa. Um outro procedimento é extrair o soluto por transferência do adsorvente para uma coluna curta de sílica gel colocada sobre um filtro sinterizado e eluição com o solvente utilizado no desenvolvimento. A seguir, o extrato é analisado por uma técnica quantitativa conveniente. Em cada caso é necessário obter uma curva de calibração usando quantidades conhecidas do soluto no solvente usado no desenvolvimento do cromatograma.

Para que os resultados obtidos por estes métodos quantitativos de TLC sejam de melhor qualidade, as manchas devem ter $R_f = 0{,}3$-$0{,}7$. Manchas com $R_f < 0{,}3$ tendem a estar muito concentradas e manchas com $R_f > 0{,}7$ são muito difusas.

7.3 Fases estacionárias

Além das fases tradicionais, sílica gel e alumina, as substâncias hoje disponíveis para uso como fases estacionárias em TLC são muito variadas. A introdução de celulose microcristalina fez com que, na prática, a cromatografia em camada fina substituísse praticamente a cromatografia em papel. Sílica gel com partículas de muitos tamanhos diferentes está agora disponível. Ela pode ser encontrada em mistura com diversos aglutinantes, como, por exemplo, o sulfato de cálcio, e pode incluir indicadores de fluorescência. Existem combinações semelhantes para alumina que permitem secagem até diferentes graus de ativação. Os chamados materiais de fase reversa também estão disponíveis para uso com misturas eluentes envolvendo água. Estes materiais são hidrocarbonetos de cadeia longa (C_{10} a C_{18}) ligados à sílica gel pelos grupos hidroxila. Seu uso permitiu aumentar a variedade de sistemas de solventes que podem ser utilizados em TLC.

7.4 Fases móveis

Na seleção de uma fase móvel para o desenvolvimento de placas de TLC, é importante garantir que o sistema de solventes não reaja quimicamente com as substâncias a serem separadas. Em muitos casos esta exigência impede o uso de substâncias como o ácido acético ou a amônia. Solventes carcinogênicos, como o benzeno, ou prejudiciais ao meio ambiente, como o dicloro-metano, devem ser evitados. Os sistemas de solventes podem variar desde solventes puros não polares como o hexano até misturas de solventes polares como o etanol e ácidos orgânicos. No caso de fases estacionárias polares, é normal usar solventes de baixa ou média polaridade. Os sistemas com fase reversa exigem, usualmente, solventes mais polares como a acetonitrila ou o butanol.

7.5 TLC em duas dimensões

Em muitos casos, mesmo usando diversas etapas de separação com solventes diferentes, a separação de misturas por TLC com o desenvolvimento em uma só direção não permite uma boa resolução dos componentes. Este problema pode ser superado com o uso da cromatografia em camada fina em duas dimensões. A técnica pode ser aplicada até mesmo para compostos estruturalmente muito relacionados. Neste procedimento, a separação é feita usando-se uma placa de TLC quadrada. A aplicação da amostra é feita perto de um dos vértices da placa e um primeiro desenvolvimento é feito usando um sistema de solventes (Fig. 7.4(a)). Quando o desenvolvimento se completar (Fig. 7.4(b)), a placa é retirada da cuba e seca. Gira-se a placa de 90° de modo a fazer com que a coluna de manchas separadas passe a ser a linha de partida (Fig. 7.4(c)). O cromatograma é desenvolvido novamente usando-se um segundo sistema de solventes. O resultado (Fig. 7.4(d)) é uma separação efetiva que cobre uma boa área da placa de TLC. Uma das grandes vantagens da cromatografia em camada fina em duas dimensões é que é possível se obter separações efetivas de materiais estruturalmente muito semelhantes com placas quadradas de apenas 10 cm × 10 cm.

7.6 Cromatografia em camada fina com alta resolução (HPTLC)

A melhoria da qualidade dos adsorventes de TLC e dos procedimentos de aplicação das amostras aumentou de tal modo o desempenho da cromatografia em camada fina na separação de misturas, que a expressão "cromatografia em camada fina com alta resolução (HPTLC)" foi cunhada para descrever as separações em alta resolução que passaram a ser possíveis. As principais melhorias que levaram à cromatografia em camada fina com alta resolução serão sumariadas a seguir. Lembre-se, porém, que o menor tama-

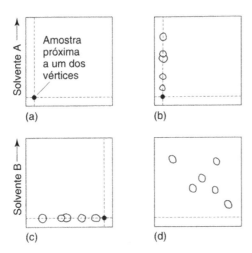

Fig. 7.4 Cromatografia em placa fina em duas dimensões: (a) primeiro desenvolvimento; (b) resultados da primeira separação; (c) placa rodada por 90° para o segundo desenvolvimento; (d) cromatograma final. (Reproduzido com permissão de R. C. Denney, 1982, *A dictionary of chromatography*, 2ª Ed., Macmillan, Londres.)

nho de partícula dos adsorventes também leva a menores velocidades de desenvolvimento dos cromatogramas. Por isso, as distâncias de eluição são menores e usam-se menores quantidades de soluto.

Qualidade da camada adsorvente

As camadas de adsorvente para HPTLC são preparadas com sílica gel especialmente purificada, com partículas de diâmetro médio de 3 a 5 μm e distribuição estreita de diâmetros. A sílica gel pode ser modificada, se necessário. Assim, existem no mercado placas com adsorventes ligados quimicamente a compostos orgânicos (fase reversa). As camadas feitas com estes adsorventes especiais têm cerca de 5000 pratos teóricos e são muito mais eficientes do que a cromatografia em camada fina convencional. Isto permite conseguir separações muito mais difíceis em menor tempo.

Métodos de aplicação da amostra

Como a camada de HPTLC tem menor capacidade, a quantidade de amostra aplicada é menor. Tipicamente, as amostras têm volume da ordem de 100 a 200 nl, com manchas de 1,0 a 1,5 mm de diâmetro inicial. Após o desenvolvimento por 3 a 6 cm, observam-se manchas compactas separadas cujo limite de detecção é cerca de 10 vezes melhor do que o da cromatografia em camada fina convencional. Outra vantagem é que manchas iniciais pequenas permitem o aumento do número de amostras que podem ser aplicadas na mesma placa.

A colocação da amostra na camada adsorvente é um processo crítico em HPTLC. Para o trabalho quantitativo, o instrumento mais conveniente para colocar a amostra é um capilar de platina-irídio de volume constante (100 ou 200 nl), selado em um capilar de vidro de diâmetro maior como suporte. A ponta do capilar é polida para dar uma superfície plana e regular com área pequena (~0,05 mm²) que, usada com um aplicador mecânico, reduz ao mínimo os danos à superfície da placa. A colocação manual da amostra sempre danifica seriamente a superfície.

A cromatografia em camada fina pode ser uma técnica de análise muito trabalhosa porque muitas etapas estão necessariamente envolvidas: a preparação da amostra, freqüentemente seguida por extração com solvente e concentração do extrato, a aplicação da amostra, o desenvolvimento do cromatograma e a revelação das manchas por fluorescência ou reação química. A análise quantitativa exige, ainda, outras etapas como a raspagem e a dissolução ou a leitura ótica. Isto fez com que ocorresse ultimamente um grande esforço para reduzir o tempo de análise. Algumas soluções encontradas incluem o uso de colunas de extração em fase sólida para concentrar as amostras, seguido por revelação automatizada das manchas para lidar com muitas amostras simultaneamente e permitir aplicações reprodutíveis e quantitativas da amostra. Estes sistemas são particularmente úteis no caso de muitas análises sucessivas de amostras semelhantes.

Densitômetros de varredura

Instrumentos comerciais para análise quantitativa *in situ* baseada em medidas fotométricas diretas são hoje muito usados em TLC. Existem instrumentos de feixe simples e de feixe duplo que são particularmente importantes em HPTLC devido à alta qualidade e homogeneidade da superfície das placas. Os densitômetros varrem as manchas uma a uma por reflexão ou absorção de um feixe de luz. Na densitometria por refletância, um feixe móvel de luz varre o cromatograma e um detector mede a intensidade da luz refletida pela placa. As diferenças de intensidade da luz refletida pelo adsorvente e pelas manchas são transformadas em uma série de picos em uma tela ou em um registrador. As áreas dos picos correspondem às quantidades dos materiais contidos nas manchas. Um esquema semelhante funciona para a luz transmitida através das placas. Usam-se fotodensitômetros para registrar fotograficamente a radiação refletida ou transmitida pela placa. A fotografia do cromatograma revela zonas escuras e claras que correspondem às áreas dos compostos separados. Quando se usam densitômetros, o desvio padrão usual nas determinações quantitativas por cromatografia em camada fina é melhor do que 5%.

Seção experimental

Segurança. Antes de executar qualquer um dos experimentos desta seção, informe-se sobre os avisos de segurança e obedeça os regulamentos gerais de segurança de laboratório.

7.7 Separação e recuperação de corantes

Introdução Este experimento ilustra uma técnica adequada para a recuperação de substâncias puras após separação por TLC. Com concentrações padronizadas de cada corante, é possível usar o experimento para mostrar como determinar quantitativamente os compostos recuperados.

Aparelhagem

Placas de sílica gel
Cuba cromatográfica (Fig. 7.2)
Micropipetas ou microcapilares

142 Cromatografia em Camada Fina

Produtos químicos

Soluções de indicadores (~0,1% aq): azul de bromofenol, vermelho do congo, vermelho de fenol
Mistura (M) de soluções dos três indicadores
Solvente de desenvolvimento: 1-butanol: etanol: amônia 0,2 M (60:20:20 por volume)
Deve-se usar solventes de grau cromatográfico.

Procedimento Coloque o solvente de desenvolvimento na cuba cromatográfica até cerca de 0,5 cm de altura e feche-a com a tampa. Pegue uma placa com sílica gel e aplique cuidadosamente a amostra, com o auxílio de uma micropipeta, em pontos na linha de origem (use os conselhos da Seção 7.2 para a aplicação da amostra). Deixe secar e coloque a placa na cuba. Deixe o cromatograma se desenvolver por cerca de uma hora usando a técnica ascendente. Remova a placa, marque a frente de solvente e seque a placa em uma estufa a 60°C por cerca de 15 minutos. Meça o valor de R_f de cada um dos indicadores.

Pegue uma segunda placa e aplique, com uma micropipeta, 5 µl da mistura M em três pontos separados da linha de origem. Coloque a placa seca na cuba cromatográfica, feche e deixe o cromatograma se desenvolver por cerca de uma hora. Remova a placa, marque a frente de solvente e deixe secar em estufa a 60°C por cerca de 15 minutos. Identifique os compostos separados usando seus valores de R_f.

Com uma espátula apropriada, raspe cuidadosamente as manchas de azul de bromofenol para uma folha limpa de papel macio (fica mais fácil fazendo-se duas riscas até o vidro, uma em cada lado das manchas). Coloque o pó azul em um tubo pequeno de centrífuga, adicione 2 ml de etanol bem como 5 gotas de uma solução de amônia 0,880, e agite vigorosamente até que o corante seja totalmente extraído. Centrifugue e remova a solução azul sobrenadante, separando-a do pó branco residual. Repita o procedimento com as manchas de vermelho do congo e de vermelho de fenol.

Uma técnica alternativa de eluição é transferir o pó (do azul de bromofenol, por exemplo) para uma coluna de vidro com um tampão de lã de vidro ou vidro sinterizado e eluir o corante com etanol contendo um pouco de amônia. A solução eluída, levada a um determinado volume em um frasco graduado, pode ser usada para a análise colorimétrica ou espectrofotométrica do corante recuperado (Cap. 17). Deve-se fazer uma curva de calibração para cada um dos compostos.

7.8 Separação de carboidratos

Introdução Este experimento aplica-se a muitos carboidratos[9], porém, os que escolhemos para demonstração produzem manchas bem definidas com boa separação entre elas. A análise quantitativa é possível, fazendo-se a calibração com o auxílio de soluções padrão dos carboidratos.

Aparelhagem

Placas de terra diatomácea (Kieselgel G ou Kieselguhr G)
Cuba cromatográfica (Fig. 7.2)
Micropipetas ou microcapilares

Produtos químicos

Solução de carboidratos: frutose, glicose, lactose, maltose e sacarose (aproximadamente 0,1% de cada componente). Para as determinações quantitativas use a faixa de concentração de cada carboidrato entre 0,01% e 0,2% peso/volume em água deionizada
Solvente de desenvolvimento: acetona: 1-butanol: água (50:40:10 por volume)
Reagente de revelação: ácido tricloro-acético 20% em água e 1,3-di-hidróxi-naftaleno 0,2% em etanol (50:50 por volume)

Procedimento Use uma micropipeta ou um microcapilar para aplicar a mistura, as substâncias puras e os padrões quantitativos na linha de partida, situada a 1,0-1,5 cm da aresta de uma placa de TLC de 20 cm × 20 cm. Coloque a placa em uma cuba previamente equilibrada com o solvente de desenvolvimento. Deixe a placa na cuba até que o solvente tenha alcançado 12-15 cm de altura na placa. Remova a placa, marque a frente de solvente e seque em estufa antes de borrifar o revelador. Os carboidratos devem se separar com R_f crescente na ordem frutose, lactose, glicose, maltose e sacarose.

7.9 Separação de corantes artificiais de confeitaria

Introdução Muitos confeitos são fabricados com coberturas duras coloridas. Os corantes usados são muito solúveis em água e podem ser identificados por TLC. Os corantes mais comuns são vermelho de allura, azul-brilhante FCF, carmoisina, cochineal, azul-patente V, Ponceau 4R, amarelo de quinolina e amarelo-ocaso FCF. O experimento é muito fácil.

Aparelhagem

Placas de TLC com cobertura de sílica gel 20 cm × 20 cm
Cuba cromatográfica (Fig. 7.2)
Micropipetas ou microcapilares
Bécheres de vidro de 100 ml

Produtos químicos

Um conjunto padrão com os oito corantes em solução 1% em água e uma mistura apropriada.
Solvente de desenvolvimento: propanol: amônia (4:1)

Procedimento Coloque 5 g de cada confeito colorido em um bécher separado contendo 10 ml de água deionizada. Deixe por 5 minutos agitando levemente de vez em quando. Cuidado para não desintegrar os confeitos. Decante a solução para outros bécheres e deixe depositar o pó suspenso até a solução clarear. Se necessário decante novamente. Concentre as soluções em um banho de água até o volume de 1 ml.

Aplique 20 µl de cada extrato na placa de TLC juntamente com os padrões de corante ou com a mistura de corantes. Desenvolva o cromatograma com a solução propanol-amônia pelo maior tempo possível. Quando o desenvolvimento estiver completo, remova a placa e marque a frente de solvente. Após secagem, os corantes devem poder ser claramente identificados por comparação com os padrões e as medidas dos valores de R_f.

7.10 Referências

1. I Ojanpera 1997 *Bull. Int. Assoc. Forensic Toxicologists,* **XXVIII** (2); 5
2. T A Gough (ed) 1991 *The analysis of drugs of abuse,* John Wiley, Chichester
3. M D Cole and B Caddy 1995 *The analysis of drugs of abuse: an instruction manual,* Ellis Horwood, New York
4. O P Jasuja and A K Singla 1990 *Indian J. Forensic Sci.,* **4** (4); 167–70
5. R L Brunelle *et al.* 1977 *J. Forensic Sci.,* **22** (4); 807–14
6. N Kaw, O P Jasuja and A K Singla 1992 *Forensic Sci. Int.,* **53** (1); 51–60
7. R C Denney 1982 *A dictionary of chromatography,* 2nd edn, Macmillan, London, p. 161
8. A C Moffat (ed) 1987 *Thin-layer chromatographic R_f values of toxicologically relevant substances on standardized systems,* Deutsche Forschungsgemeinschaft, Bonn, and the International Association of Forensic Toxicologists, Newmarket
9. R S Kirk and R Sawyer 1991 *Pearson's composition and analysis of foods,* 9th edn, Longman, Harlow, pp. 184–5

7.11 Bibliografia

B Fried and J Sherma 1994 *Thin-layer chromatography: techniques and applications,* 3rd edn, Marcel Dekker, New York

R Hamilton and S Hamilton 1987 *Thin layer chromatography,* ACOL–Wiley, Chichester

E J Shellard (ed) 1968 *Quantitative paper and thin-layer chromatography,* Academic Press, London

J Sherma and B Fried 1996 *Handbook of thin-layer chromatography,* 2nd edn, Marcel Dekker, New York

J C Touchstone 1992 *Practice of thin layer chromatography,* 3rd edn, John Wiley, Chichester

8

Cromatografia com fase líquida

8.1 Introdução

Os termos "cromatografia com fase líquida" ou, simplesmente, "cromatografia líquida" têm sido usados para descrever vários sistemas cromatográficos, incluindo as cromatografias líquido–sólido, líquido–líquido, por troca iônica e de exclusão por volume, que empregam, todas, uma fase líquida móvel. A cromatografia líquida em coluna, já clássica, utiliza colunas de vidro de diâmetros relativamente grandes que contêm fases estacionárias finamente divididas através das quais percolam fases móveis sob a ação da gravidade. Estes sistemas permitem a separação de misturas bastante complexas. A separação, entretanto, é demorada e o necessário exame químico ou espectroscópico das diversas frações coletadas pode ser bastante tedioso. Sistemas de alto desempenho fizeram com que a cromatografia com fase líquida superasse a cromatografia com fase gasosa em termos da preferência dos analistas. Hoje, a cromatografia líquida de alta eficiência tem as seguintes características:

1. Alto poder de resolução
2. Separações rápidas
3. Monitoramento contínuo do eluente
4. Medidas quantitativas acuradas
5. Análises repetitivas e reprodutíveis com a mesma coluna
6. Automação do procedimento analítico e do manuseio dos dados

Sob alguns aspectos, a cromatografia líquida de alta eficiência é mais versátil do que a cromatografia com fase gasosa porque ela não está limitada a amostras voláteis e termicamente estáveis e porque a escolha de fases estacionárias e móveis é mais ampla.

O primeiro cromatógrafo líquido de uso prático foi construído por Csaba Horvath [1] na Universidade de Yale, em 1964. O instrumento foi inicialmente chamado de "cromatógrafo com líquido sob alta pressão" (HPLC), mas o próprio Horvath adotou para o processo o nome "cromatografia líquida de alta eficiência" com o qual ele é hoje conhecido.

Embora a técnica tenha se desenvolvido muito nos últimos trinta anos, o cromatógrafo original, que operava em pressões de até 1000 psi (6897 kPa ou 68,97 bar) com uma fase móvel em água tamponada passando por colunas de 1 mm de diâmetro interno e com um espectrômetro de ultravioleta como detector, era muito semelhante aos instrumentos que utilizamos hoje. As primeiras misturas separadas no grupo de Horvath continham ácidos nucléicos associados com a função da tiróide [2]. Isto ajuda a explicar por que o uso da técnica cresceu tanto desde 1964. Em suas muitas variantes, a cromatografia líquida de alta eficiência permite o estudo de misturas muito difíceis de separar com outras técnicas, especialmente misturas de biomoléculas.

8.2 Tipos de cromatografia com fase líquida

8.2.1 Cromatografia líquido–sólido (LSC)

A cromatografia líquido–sólido, também chamada cromatografia por adsorção, baseia-se em interações diferenciadas entre os diversos solutos e sítios ativos fixos em um adsorvente sólido finamente dividido, usado como fase estacionária. O adsorvente pode ser colocado em uma coluna ou espalhado em uma placa (como na cromatografia em camada fina). Ele é geralmente um sólido ativo, com grande área superficial, como alumina, pó de carvão ou sílica gel, sendo esta última o adsorvente mais usado. Um aspecto prático a considerar é que adsorventes muito ativos podem levar à adsorção irreversível dos solutos: sílica gel, que é ligeiramente ácida, pode reter fortemente solutos básicos e alumina (não lavada com ácido) é básica e não deveria ser usada para a cromatografia de compostos sensíveis a bases. Adsorventes com diferentes diâmetros médios de partícula (até 5 μm no caso de HPLC) podem ser obtidos comercialmente.

O solvente é extremamente importante em cromatografia líquido–sólido porque as moléculas da fase móvel (solvente) competem com as moléculas dos solutos pelos sítios polares de adsorção. Quanto mais forte for a interação entre a fase móvel e a fase estacionária, menor será a adsorção do soluto e vice-versa. A classificação dos solventes de acordo com sua capacidade de adsorção é chamada de série eluotrópica [3]. As séries eluotrópicas podem ser usadas para a determinação do melhor solvente para uma determinada separação. Pode ser necessário usar um método de tentativas, o que é feito mais rapidamente por cromatografia em camada fina do que por cromatografia em coluna. A pureza dos solventes é muito importante em cromatografia líquido–sólido porque água e outras impurezas polares afetam fortemente a eficiência da coluna e a presença de impurezas fluorescentes atrapalha muito quando se usam detectores de ultravioleta.

Em geral, os compostos que são melhor separados por cromatografia líquido–sólido são solúveis em solventes orgânicos e não são iônicos. Compostos não-iônicos solúveis em água são melhor separados por cromatografia com fase reversa ou com fase ligada.

8.2.2 Cromatografia líquido–líquido (partição) (LLC)

Em princípio, a cromatografia líquido–líquido é semelhante à extração com solvente (Cap. 6). Ela se baseia na distribuição, de acordo com suas solubilidades relativas, de moléculas de soluto entre duas fases líquidas imiscíveis. O meio de separação é um sólido inerte finamente dividido (sílica gel e terra diatomácea, por exemplo) que suporta uma fase líquida fixa (estacionária). A separação é feita passando-se uma fase móvel sobre a fase estacionária. A fase estacionária pode estar na forma de uma coluna empacotada, de uma camada fina sobre vidro ou de uma tira de papel.

É conveniente dividir a cromatografia líquido–líquido em duas categorias, de acordo com as polaridades relativas das fases móvel e estacionária. O termo "cromatografia líquido–líquido normal" é utilizado quando a fase estacionária é polar e a fase móvel **não é polar**. Neste caso, a ordem de eluição do soluto baseia-se no princípio de que os solutos não polares preferem a fase móvel e serão eluídos primeiro, e que os solutos polares preferem a fase estacionária e serão eluídos depois. Na **cromatografia com fase reversa (RPC)**, a fase estacionária não é polar e a fase móvel é polar. A ordem de eluição dos solutos é normalmente oposta à observada na cromatografia líquido–líquido normal, isto é, os solutos polares são eluídos antes e os solutos não polares depois. A cromatografia com fase reversa é muito utilizada porque é versátil e eficaz. Isto ocorre porque praticamente todas as moléculas orgânicas são parcialmente hidrofóbicas e são, portanto, capazes de interagir com fases estacionárias não polares. Como a fase móvel é polar e freqüentemente contém água, a cromatografia com fase reversa se aplica particularmente à separação de substâncias polares insolúveis em solventes orgânicos ou que se ligam muito fortemente a adsorventes sólidos (LSC). A Tabela 8.1 relaciona algumas fases estacionárias e fases móveis típicas usadas em cromatografia normal e com fase reversa.

Tabela 8.1 *Fases móveis e estacionárias comumente usadas nas cromatografias normal e com fase reversa*

Fases estacionárias	Fases móveis
Normal	
β,β′-oxidipropionitrila	Hidrocarbonetos saturados como hexano
Carbowax (400, 600,	e heptano; solventes aromáticos como
750 etc.)	o tolueno e o xileno; hidrocarbonetos
Glicóis (etileno, dietileno)	saturados misturados (até 10%) com
Ciano-etil-silicone	dioxano, metanol, etanol, clorofórmio,
	cloreto de metileno (dicloro-metano)
Fase reversa	
Esqualano	Água e misturas álcool–água; acetonitrila
Zipax-HCP	e misturas acetonitrila–água
Ciano-etil-silicone	

Embora o critério de escolha das fases estacionárias e fases móveis usadas na cromatografia líquido–líquido seja a menor solubilidade possível entre elas, a solubilidade residual da fase estacionária na fase móvel provoca a remoção lenta da fase estacionária com o fluxo da fase móvel na coluna. Para evitar este problema, a fase móvel é saturada com a fase estacionária antes do uso. Isto é feito com o auxílio de uma outra coluna, empacotada com partículas de sílica gel de 30 a 60 mesh recobertas com 30 a 40% da fase estacionária, colocada acima da coluna de cromatografia propriamente dita. Quando a fase móvel passa pela primeira coluna, fica saturada com a fase estacionária antes de atingir a segunda coluna.

Os materiais de suporte da fase estacionária podem ser, por exemplo, esferas de vidro que são relativamente inativas, ou adsorventes, semelhantes aos usados na cromatografia líquido-sólido. É importante, porém, que a superfície do suporte não interaja com o soluto porque isto pode levar a um mecanismo misto (partição e adsorção) que complica o processo cromatográfico e leva a separações pouco reprodutíveis. Por isso, deve-se usar um grande excesso de fase líquida para cobrir os centros ativos ao se utilizar adsorventes porosos com grande área superficial como suporte.

Para evitar alguns dos problemas associados com a cromatografia líquido–líquido convencional como, por exemplo, a perda de fase estacionária, pode-se ligar quimicamente a fase estacionária ao material de suporte. Esta forma de cromatografia, em que fases monoméricas e poliméricas se ligam a uma vasta gama de materiais de suporte, é chamada cromatografia com fase ligada.

Reações de silanização são muito usadas para preparar fases ligadas. Os grupos silanol ($-$Si$-$OH) da superfície da sílica reagem com cloro-silanos substituídos. Um exemplo típico é a reação de sílica com cloro-dimetil-silano que produz uma fase monomérica ligada na qual cada molécula do agente de silanização reagiu com um grupo silanol:

$$-Si-OH + Cl-\underset{\underset{CH_3}{|}}{\overset{\overset{CH_3}{|}}{Si}}-R \longrightarrow -Si-O-\underset{\underset{CH_3}{|}}{\overset{\overset{CH_3}{|}}{Si}}-R + HCl$$

O uso de di- ou tricloro-silanos na presença de ar úmido pode levar à formação de uma camada polimérica sobre a superfície de sílica, isto é, uma fase polimérica ligada. As fases monoméricas ligadas são preferidas porque fases reprodutíveis são mais fáceis de fazer do que no caso das fases poliméricas ligadas. Além disso, a natureza das interações cromatográficas principais pode ser alterada variando-se o grupo funcional R. Em colunas analíticas de HPLC, a fase ligada mais importante é do tipo não polar C-18, em que o grupo R é octadecila. Grupos silanol que não reagiram podem adsorver moléculas polares e, portanto, afetam as propriedades cromatográficas da fase ligada, produzindo, eventualmente, efeitos indesejáveis como o derramamento (*tailing*) na cromatografia com fase reversa. Estes efeitos podem ser reduzidos pela inativação dos grupos silanol por reação com tricloro-silano:

$$-Si-OH + Cl-\underset{\underset{CH_3}{|}}{\overset{\overset{CH_3}{|}}{Si}}-CH_3 \longrightarrow -Si-O-\underset{\underset{CH_3}{|}}{\overset{\overset{CH_3}{|}}{Si}}-CH_3$$

146 Cromatografia com Fase Líquida

Uma propriedade importante destas fases siloxano é sua estabilidade nas condições usuais das separações cromatográficas. As ligações siloxano só são afetadas em condições muito ácidas (pH < 2) ou muito básicas (pH > 9). Um número apreciável de fases ligadas com diâmetros adequados para HPLC está disponível comercialmente [4].

8.2.3 Cromatografia de troca iônica

O que chamamos hoje de cromatografia de troca iônica é uma versão em alta resolução da cromatografia de troca iônica que foi desenvolvida no começo dos anos 1940 para resolver os problemas da separação de terras raras e da concentração de íons transurânicos necessária para o desenvolvimento das primeiras armas nucleares. Pode-se usar equipamentos padrões de HPLC no lugar de um instrumento específico para a cromatografia de troca iônica, mas pode ser difícil escolher um sistema de solventes com as características desejáveis de eluição e absorção no ultravioleta. Cátions e ânions podem ser separados com as resinas trocadoras de íons na forma adequada (Seção 6.5). O uso de resinas trocadoras de íons convencionais na cromatografia líquida de alta eficiência, entretanto, causa problemas devido à difusão lenta no leito de resina e à baixa resistência do material, que leva à compressão do leito na coluna. O problema foi resolvido com a resina sendo ligada à superfície de esferas de vidro de diâmetro relativamente grande (30–50 μm) para formar um empacotamento pelicular ou com a resina revestindo a superfície de uma micropartícula rígida para dar um empacotamento de fase reversa [5]. Colunas empacotadas com estes materiais têm alta resolução na separação de sistemas aniônicos e catiônicos. Uma vez na coluna, os íons de interesse são eluídos com uma fase móvel tamponada de força iônica crescente.

Detectores convencionais de HPLC, por exemplo, detectores de UV, podem ser usados para íons orgânicos como amino-ácidos, porém até recentemente não existiam detectores satisfatórios para íons inorgânicos. A importância de certos ânions e íons de metais estimulou a pesquisa e várias novas técnicas foram desenvolvidas. Destas, a mais utilizada aproveita mudanças da condutância do eluente durante o deslocamento do analito iônico na coluna. O que se mede é a alteração da condutância (1/resistência) e não da condutividade (1/resistividade), embora o termo "detecção de condutividade" seja habitualmente utilizado.

Uma alternativa para a detecção de condutividade é a detecção indireta de UV, que pode ser utilizada para sistemas de íons simples. Nesta técnica, o eluente contém concentração constante de um material que absorve fortemente, geralmente hidrogenoftalato de potássio ou benzoato de sódio que dão sinais intensos no ultravioleta. Os solutos iônicos são transparentes no comprimento de onda de detecção, porém, quando passam pelo detector, a absorbância diminui e picos negativos são observados. É possível registrar estes picos na forma mais comum de picos positivos invertendo-se a polaridade do registrador.

8.2.4 Cromatografia de exclusão por volume

O mecanismo usado para a separação de moléculas de soluto pelo tamanho ou, mais corretamente, pelo seu volume em solução, é conhecido como cromatografia de exclusão por volume (SEC). As separações de espécies solúveis em água com solventes aquosos são denominadas cromatografia com filtração em gel (GFC). As separações feitas com solventes não aquosos são chamadas de cromatografia com permeação em gel (GPC). O mecanismo é o mesmo em ambos os casos e depende do tamanho dos poros da fase estacionária relativamente ao tamanho (volume) das moléculas de soluto. Não existe interação química entre o soluto e a fase estacionária.

As fases estacionárias usadas em cromatografia com permeação em gel são materiais com poros de tamanho cuidadosamente controlados. O mecanismo principal de retenção das moléculas de soluto é a penetração diferenciada (ou permeação) de cada molécula de soluto no interior das partículas de gel. Moléculas muito grandes não penetram certas aberturas do gel e são obrigadas a atravessar a coluna acompanhando principalmente o líquido intersticial. Moléculas menores penetram melhor as partículas de gel, dependendo de seu tamanho relativo e da distribuição de poros do gel. As moléculas menores são retidas mais fortemente.

Os materiais usados originalmente como fases estacionárias eram xerogéis de poliacrilamida (Bio-Gel) e dextrana reticulada (Sephadex). Estes géis semi-rígidos, entretanto, são incapazes de suportar as pressões elevadas da cromatografia líquida de alta eficiência. As fases estacionárias utilizadas atualmente são partículas de copolímeros estireno/divinil-benzeno (Ultrastyragel, manufaturado por Waters Associates), de sílica ou de vidro poroso.

As muitas aplicações da cromatografia de exclusão por volume cobrem materiais orgânicos e inorgânicos [6]. Embora muitas destas aplicações se refiram a moléculas simples, sua maior utilidade é no estudo de biomoléculas ou de compostos de alto grau de polimerização.

O volume total V_t de uma coluna de exclusão por volume é composto por três partes:

1. Cerca de 20% do volume total é ocupado pelo empacotamento sólido.
2. Cerca de 40% do volume total corresponde ao volume dos poros do empacotamento, V_p. O solvente e pequenas moléculas de soluto podem permear completamente estes poros e eventualmente passam por eles.
3. Os demais 40% correspondem ao volume vazio, V_v, isto é, ao espaço entre as partículas do empacotamento.

Moléculas de diâmetros relativamente grandes não podem penetrar nos poros e atravessam a coluna pelo volume V_v. Isto significa que para uma coluna padrão de 3000 mm por 7,8 mm, com volume total de 15 ml, todas as moléculas de diâmetros maiores do que o diâmetro médio dos poros são eluídas com cerca de 6 ml de eluente e todas as moléculas de diâmetros menores, com 12 ml de eluente. As moléculas de tamanho intermediário são eluídas com volumes intermediários do eluente. Observe que neste tipo de cromatografia o fator de capacidade, k, varia entre zero (para moléculas menores) e um (para moléculas maiores) e que o volume total útil de eluição, que está entre V_p e V_v, é mais ou menos a metade do volume da coluna. Isto significa que, se não ocorrerem outros fatores de retardamento, o volume total de eluição de um determinado sistema é conhecido, mas significa, também, que o número máximo de componentes que podem ser razoavelmente separados é da ordem de doze, apenas.

Nós usamos os termos "maior" e "menor", sem quantificá-los, porque estes conceitos gerais aplicam-se a uma faixa muito grande de tamanhos de moléculas. Um gráfico do logaritmo da massa molecular contra o volume de eluição, como o da Fig. 8.1, pode ser feito para todos os materiais de empacotamento de exclusão por volume. Um determinado material de empacotamento, entretanto, com poros de tamanho bem definido, só pode separar efetivamente moléculas que estão em uma faixa pequena de massas. Normalmente, o fracionamento cobre a faixa de 1,5 a 2,5 ordens de magnitude, em termos de massa. Materiais para empacotamento com tamanhos de poro entre 50 Å e 10^6 Å são disponíveis comercialmente.

O tamanho dos poros dado pelo fabricante não é o tamanho real dos poros do material de empacotamento e sim a massa mínima de um poliestireno padrão que não é retida, isto é, o volume de exclusão limite do empacotamento. Em cromatografia de exclusão por volume é comum usar, na prática, várias colunas em seqüência para melhorar a separação. Duas ou mais colunas de mesmo limite de exclusão podem ser usadas para aumentar o número de pratos teóricos e, em conseqüência, a resolução, sem modificar a faixa de massas. Pode-se também usar colunas de tamanhos diferentes de poros para aumentar a faixa das massas separadas. Muitas das colunas comerciais são preparadas com um determinado solvente e devem ser utilizadas e guardadas com este solvente. Os eluentes mais comuns são tolueno, tetra-hidro-furano (THF), diclorometano, clorofórmio, dimetilformamida (DMF) e dimetilsulfóxido (DMSO).

Embora a cromatografia de exclusão por volume tenha muitas aplicações, seus usos principais são:

(a) A separação entre moléculas ou grupos de moléculas volumosas e moléculas menores.
(b) A separação e caracterização de materiais poliméricos (naturais e sintéticos).

A separação de moléculas volumosas tem grande aplicação em biociências porque a separação entre biopolímeros e moléculas menores é, com freqüência, a primeira etapa em análises complexas. Ela pode, também, ser usada na análise química mais tradicional. Assim, por exemplo, pode-se analisar pesticidas em uma matriz complexa (gordura de galinha, por exemplo) se eles forem primeiro separados da matriz por cromatografia de exclusão por volume e, então, reinjetados em uma coluna de cromatografia com fase reversa para identificação e quantificação.

A caracterização de polímeros é freqüentemente complicada pela falta de materiais adequados para a calibração do sistema. A separação leva a misturas de substâncias de massa molecular elevada e não a substâncias puras (monodispersas). As misturas separadas contêm compostos estruturalmente relacionados, com faixa pequena de massas. Esta distribuição de pesos moleculares ou polidispersividade dos polímeros sintéticos é muito importante e é responsável por propriedades como flexibilidade, viscosidade do polímero fundido e estabilidade do polímero. O procedimento mais comum é determinar o peso molecular médio ponderado

$$\bar{M}_w = \sum_i M_i^2 N_i \Big/ \sum_i M_i N_i$$

e o peso molecular médio

$$\bar{M}_n = \sum_i M_i N_i \Big/ \sum_i N_i$$

A dispersividade é dada por

$$\text{dispersibilidade} = \bar{M}_w / \bar{M}_n$$

Estes termos podem ser obtidos por cromatografia com permeação em gel se o volume de eluição for calibrado contra massas acuradas. Uma das formas de se fazer isso é usar padrões monodispersos semelhantes à amostra. É cada vez mais comum, entretanto, a calibração "universal", baseada na relação de Mark–Houwink, uma relação linear entre o volume de solução (raio hidrodinâmico) e o logaritmo do produto da massa molecular M pela viscosidade intrínseca, v, da substância:

$$\ln vM = \text{volume de eluição} \quad \text{ou} \quad v = KM^\alpha$$

onde K e α são constantes que dependem principalmente do diâmetro dos poros do material utilizado e não da amostra. Estes fatores também dependem ligeiramente da temperatura e do solvente utilizado. O cálculo pode ser feito por eluição de padrões monodispersos de poliestireno, por exemplo, com o uso de um sistema de detecção duplo incluindo um detector de índice de refração e um viscosímetro diferencial. O detector de índice de difração é sensível à massa e determina a concentração c e o viscosímetro diferencial mede a viscosidade específica. Como $v_{sp} = vc$, K e α podem ser determinados [7]. Uma vez estabelecida, com o auxílio de padrões de poliestireno, a relação entre o volume de eluição e a massa molecular, pode-se usar combinações de coluna e fase móvel, à escolha, para outros tipos de amostra ou pode-se usar outros detectores como, por exemplo, detectores espectroscópicos que operam no ultravioleta ou no infravermelho e são mais sensíveis do que o detector de índice de refração.

Escolha do sistema de cromatografia em coluna

Quando for escolher o tipo mais apropriado de coluna, procure entender as características físicas da amostra e o tipo de informação desejada. A Fig. 8.2 mostra como selecionar um método cromatográfico para separar compostos de massa molecular relativa (RMM) < 2000. Para RMM

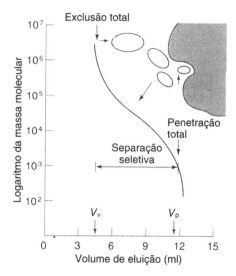

Fig. 8.1 Logaritmo da massa molecular contra o volume de eluição

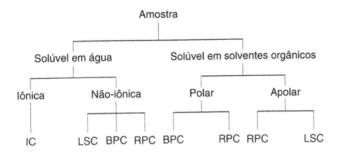

Fig. 8.2 Como escolher um sistema de cromatografia em coluna: IC = cromatografia com íons, LSC = cromatografia sólido–líquido, BPC = cromatografia com fase ligada, RPC = cromatografia com fase reversa

> 2000, o melhor método é a cromatografia de exclusão por volume ou a cromatografia com permeação em gel. A previsão correta do tipo de sistema cromatográfico a ser usado nem sempre se cumpre, ela precisa ser confirmada pela experimentação. No caso de amostras complexas, nenhum método é totalmente adequado e pode ser necessário usar uma combinação de técnicas. Métodos que incluem técnicas computacionais para a otimização das condições de separação em HPLC têm sido descritos [8].

8.3 Fase móvel, injeção da amostra e desenho da coluna

A Fig. 8.3 mostra os detalhes de um moderno cromatógrafo de líquido:

1. Sistema alimentador de solvente
   (a) bomba
   (b) controles de pressão
   (c) controles de fluxo
   (d) filtro de entrada
2. Sistema de injeção da amostra
3. Coluna
4. Detector
5. Controle e visualização dos dados.

Consulte a literatura para descrições detalhadas da instrumentação disponível [9]. As instruções dos fornecedores devem sempre ser consultadas em relação aos detalhes de operação de cada instrumento.

8.3.1 Fase móvel

Uma separação cromatográfica efetiva depende de diferenças na interação entre os solutos e as fases móvel e estacionária. Em cromatografia com fase líquida, a escolha e as possibilidades de variação da fase móvel são críticas para a eficiência ótima. Antes, entretanto, de considerar teoricamente a escolha do solvente, eis alguns comentários gerais. Os solventes usados em cromatografia líquida de alta eficiência são geralmente muito caros. Para garantir a repetitividade do desempenho, as impurezas dos solventes, inclusive água, no caso de solventes orgânicos devem estar ao nível de traços. Se o sistema usa um detector de UV, até mesmo traços de substâncias que absorvem são inaceitáveis e elas devem ser totalmente removidas. Partículas existentes nos solventes devem ser também removidas porque com o uso prolongado elas se depositam na bomba e no injetor, e bloqueiam a coluna.

Embora seja sempre possível purificar convenientemente os solventes normais de laboratório, o processo é lento e, por isso, muitos usuários preferem comprar os reagentes de HPLC comerciais, inclusive água. Estes reagentes podem ser usados diretamente, sem que seja necessária nova etapa de purificação, porém, é sempre necessário degasá-los imediatamente antes do uso. O custo dos solventes próprios para HPLC é uma fração importante do custo de manutenção de um laboratório que usa a cromatografia líquida de alta eficiência e, por isso, a reciclagem dos solventes é cada vez mais utilizada (Fig. 8.4). Os sistemas de reciclagem são válvulas controladas por computador colocadas após o detector. Elas garantem o retorno do solvente que não contém analitos que absorvem no ultravioleta ao reservatório e o descarte do solvente que contém espécies que absorvem. Os fabricantes de sistemas de reciclagem garantem que o custo inicial da reciclagem é rapidamente recuperado em consequência do menor consumo de solvente e do menor descarte.

Uma **fase móvel** adequada é vital em HPLC e, por isso, vale a pena examinar os fatores que determinam sua escolha. O poder de eluição da fase móvel é determinado por sua polaridade, pela polaridade da fase estacionária e pela natureza dos componentes da amostra. No caso de separações com fase normal, o poder de eluição aumenta com o aumento da polaridade do solvente. Nas separações com fase reversa, o poder de eluição diminui com o aumento

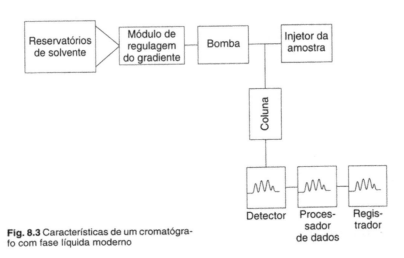

Fig. 8.3 Características de um cromatógrafo com fase líquida moderno

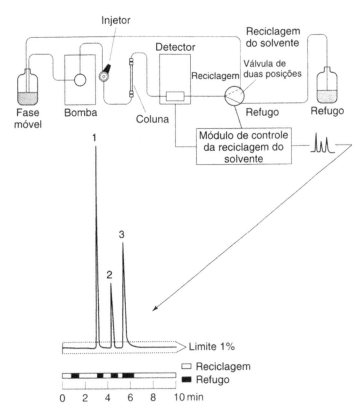

Fig. 8.4 Reciclar o solvente é uma idéia cada vez melhor

da polaridade do solvente. A cromatografia com fase reversa é muito popular, em parte, por causa do tipo de material no qual se usa a cromatografia com fase líquida, mas também porque existem muitas vantagens no uso de fases móveis polares como água e metanol. Em comparação com as fases apolares, as fases polares são mais baratas e a purificação é mais fácil. Além disso, elas são menos afetadas por pequenas quantidades de impurezas e são menos tóxicas.

Não existe maneira adequada de classificar todos os solventes comuns em termos de polaridade. A maneira mais prática talvez seja a classificação de Snyder, que foi aplicada a 81 solventes [3]. A cada solvente é dado um índice de polaridade P, na base de resultados de cromatografia com fase gasosa (Tabela 8.2). A seguir, mais três parâmetros são avaliados: a capacidade como acceptor de prótons, como doador de prótons e o momento de dipolo elétrico. Com estas informações, os solventes são separados em oito grupos de características semelhantes. Este procedimento é mais satisfatório do que o uso das séries eluotrópicas baseadas em um único parâmetro ε^0 conhecido como parâmetro de força do solvente (força do eluente), também listado na Tabela 8.2 para fins de comparação. Os índices de polaridade variam entre -2 e $10,2$ e, em princípio, qualquer valor entre estes limites pode ser obtido com a combinação apropriada de dois ou mais solventes.

Outras propriedades dos solventes que devem ser consideradas são o ponto de ebulição, a viscosidade (viscosidades baixas geralmente levam a melhor eficiência cromatográfica), compatibilidade com o detector, flamabilidade e toxidez. Muitos dos solventes comuns de cromatografia líquida de alta eficiência são inflamáveis e alguns são tóxicos e, por isso, é recomendável que instrumentos de HPLC sejam usados em laboratórios bem ventilados, se possível em capela ou sob uma coifa eficiente.

Solventes especialmente purificados para HPLC, livres de impurezas que absorvem no ultravioleta e de partículas sólidas estão disponíveis comercialmente. Se houver necessidade de usar solventes menos puros, eles devem ser purificados porque impurezas que absorvem fortemente no ultravioleta afetam o detector e porque impurezas com polaridade maior do que a do solvente (por exemplo, traços de água ou etanol, comumente adicionados ao clorofórmio como estabilizadores) podem influenciar a separação. É importante, também, remover o ar dissolvido e eventuais bolhas de ar na coluna, que são uma das causas de problemas na bomba e no detector durante o uso. Para evitar estes problemas pode-se degasar a fase móvel antes do uso, colocando a fase móvel em vácuo ou aquecendo sob ultra-som. Existem, na literatura, compilações de propriedades de solventes úteis para HPLC [10].

Não existem regras fixas para escolher a melhor fase para uma dada separação, a não ser "o semelhante separa o semelhante". O analista deve guiar-se pela literatura e pelas informações fornecidas pelos fabricantes.

8.3.2 Otimização da fase móvel

Como o parâmetro mais fácil de alterar quando se deseja obter a melhor separação em cromatografia com fase líquida é a composição da fase móvel, muitos estudos já foram feitos para tornar esta operação mais efetiva. No caso de separações relativamente simples, é sempre possível escolher uma mistura de solventes para ser usada durante todo

Tabela 8.2 *Propriedades de solventes comuns*

	Índice de polaridade	Força de eluição	Índice de refração	Corte no UV (nm)	Viscosidade em 20°C (mNsm^{-2})	Ponto de ebulição (°C)
Fluoro-alcanos	<−2	−0,25	1,27–1,29	200	0,4–2,0	50–174
Ciclo-hexano	0,04	−0,2	1,423	200	0,90	81
n-Hexano	0,1	0,01	1,372	195	0,33	69
1-Cloro-butano	1,0	0,26	1,400	220	0,42	78
Tetracloreto de carbono	1,6	0,18	1,459	265	0,97	76,8
2-Propiléter	2,4	0,28	1,367	210	0,38	68
Tolueno	2,4	0,29	1,494	280	0,59	110
Cloro-benzeno	2,7	0,30	1,523	290	0,80	132
Dietiléter	2,8	0,38	1,352	205	0,23	35
Dicloro-metano	3,1	0,42	1,421	233	0,44	40
Tetra-hidro-furano	4,0	0,45	1,404	238	0,55	66
Clorofórmio	4,1	0,40	1,444	245	0,58	61,2
Etanol	4,3	0,88	1,359	207	1,20	78,5
Acetato de etila	4,4	0,58	1,370	255	0,45	77
1,4-Dioxano	4,8	0,56	1,420	216	1,54	101,3
Metanol	5,1	0,95	1,326	210	0,60	64,7
2-Propanona	5,1	0,56	1,357	330	0,33	56,2
Acetonitrila	5,8	0,65	1,342	190	0,37	82,0
Nitro-metano	6,0	0,64	1,380	380	0,70	101
Ácido acético	6,0	alta	1,370	230	1,28	117,9
Etilenoglicol	6,9	1,11	1,429	235	19,9	182
Dimetilsulfóxido	7,2	0,62	1,476	270	2,0	189
Água	10,2	alta	1,333	190	1,002	100

o experimento. Esta operação isocrática é mais simples do que os métodos de gradiente usados na eluição de sistemas mais complexos descritos adiante. O sistema de solventes pode ter mais do que um componente, chegando, às vezes, a quatro. A melhor maneira de definir estes sistemas de solventes complexos é usar um triângulo para sistemas ternários e um tetraedro para sistemas quaternários (Fig. 8.5). A composição de qualquer mistura é dada por um ponto no interior da figura. O problema é localizar o ponto que dá a melhor separação de uma dada mistura. Alguns métodos para resolver esta questão foram desenvolvidos. Eles se baseiam em algoritmos de simplex, nos quais uma seqüência de experimentos é feita e a composição é ajustada até que se encontre o conjunto ótimo de condições.

Estes métodos seqüenciais ou iterativos podem exigir um grande número de cromatogramas. Em determinadas circunstâncias eles podem ser substituídos por métodos preditivos, onde os resultados obtidos em um número relativamente pequeno de experimentos são processados em um programa de computador. O primeiro destes experimentos é, usualmente, um experimento de eluição por gradiente de 0 a 100% de cada um dos pares de solventes a serem utilizados. Isto define uma linha (no caso de sistemas ternários), ou um plano (no caso de sistemas quaternários), que contém a composição desejada. Existem programas de computador comerciais para este fim e o processo pode ser completamente automatizado se usado com sistemas de injeção automática. Estes sistemas de otimização têm sido aplicados principalmente à cromatografia com fase reversa. As combinações mais comuns de solventes incluem água (ou uma solução tampão), W, metanol, M, acetonitrila, A, e tetra-hidro-furano, T. No caso de análises repetitivas, os métodos de otimização de solvente permitem, com freqüência, encontrar um solvente capaz de substituir as técnicas de eluição por gradiente. A eluição por gradiente é, geralmente, mais lenta do que a operação isocrática, quando se leva em conta o tempo necessário para a reequilibração após cada alteração de composição do solvente.

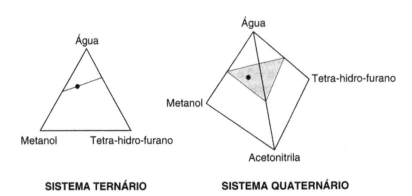

Fig. 8.5 Sistemas ternários e quaternários

8.3.3 Métodos de gradiente

O uso de gradientes na eluição permite freqüentemente a separação de solutos que não podem ser separados por uma operação isocrática, mesmo com solventes mistos. Ela é especialmente eficiente quando os componentes da amostra diferem muito em polaridade.

No caso de sistemas de baixa pressão, o gradiente é feito com solventes colocados em reservatórios diferentes que alimentam uma câmara de mistura de onde a mistura é bombeada para a coluna. Os instrumentos mais modernos usam válvulas programadas no tempo controladas por um microprocessador [11]. Isto melhora a resolução dos cromatogramas, com redução do tempo de corrida e aumento da sensibilidade. Os picos que em uma corrida isocrática teriam tempos de retenção muito grandes e talvez uma cauda apreciável são eluídos mais rapidamente.

Muitos cromatógrafos comerciais têm sistemas de manuseio de líquidos que podem misturar dois ou mais solventes em proporções crescentes de 0 a 100% de um dos componentes, gerando um perfil de composição em relação ao tempo (Fig. 8.6). Este perfil, que pode ser convexo, côncavo ou linear, cumpre o mesmo papel da programação de temperatura na cromatografia com fase gasosa e permite a separação de picos muito próximos em uma parte do cromatograma sem alterar a resolução dos picos em outras partes. Existem, porém, limitações técnicas. Se um dos solventes dá uma resposta apreciável no detector, digamos, absorção de luz em um detector de ultravioleta, então a geração de um gradiente com este solvente provocará o deslocamento da linha de base. A coluna precisa, também, de tempo para voltar à composição inicial da mistura de solventes cada vez que uma nova corrida é feita. Costuma-se fazer uma corrida com gradiente como branco entre duas amostras sucessivas, para prevenir a possiblidade de ocorrência de picos de falsos positivos. Isso tudo faz com que as eluições por gradientes pareçam mais lentas do que os tempos de retenção publicados. A seleção do perfil correto de composição do solvente também pode consumir muito tempo, outra semelhança com a programação de temperatura em cromatografia com fase gasosa. Gradientes de força de tampão em soluções em água ou solventes que contêm água também são usados em cromatografia iônica.

8.3.4 Introdução do solvente e injeção da amostra

Embora uma certa variedade de sistemas diferentes sejam usados em HPLC, o mais popular é a bomba de controle alternado, que manipula volumes pequenos, tem fluxo constante e pode fornecer taxas controladas de fluxo da ordem de 1 a 15 ml·min^{-1} contra uma coluna que exerce pressões de até 7250 psi (50 MPa). Sua popularidade pode ser entendida se olharmos mais de perto suas características. A parte mais importante da bomba é a cabeça, que contém um pistão e uma câmara de solvente de volume muito pequeno (10 a 50 µl) com duas válvulas de controle em linha (Fig. 8.7).

Quando o pistão se retira da câmara, a válvula 1 se abre, permitindo a entrada da fase móvel, e a válvula 2 se fecha, impedindo o retorno do líquido da coluna. Quando o pistão reentra na câmara, a válvula 1 se fecha, impedindo o fluxo inverso para o reservatório de solvente, e a válvula 2 se abre permitindo a passagem da fase móvel para a coluna. O processo se repete com a velocidade necessária para produzir o fluxo desejado na coluna. (No caso de uma cabeça com volume igual a 10 µl, isto corresponde a 100 vezes por minuto.) Uma cabeça única, porém, produz um

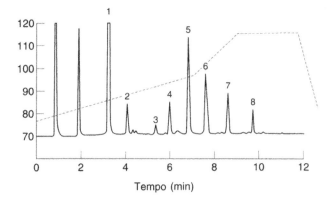

Coluna	Comprimento	100 mm
	Diâmetro interno	4,6 mm
	Empacotamento ODS	5 µm
Fluxo	1,3 ml min^{-1}	
Solvente	acetonitrila 40% — água 60%	
	aumentando para acetonitrila 70% — água 30%	
	acetonitrila 100% (por 3 minutos)	
	acetonitrila 40% — água 60%	
Detector	UV em 365 nm	
Amostra	1. Metanal (formaldeído)	
	2. Etanal (acetaldeído)	
	3. Propanal (propionaldeído)	
	4. Buta-2-eno-1-al (crotonaldeído)	
	5. Benzaldeído	
	6. Pentanal	
	7. Hexanal	
	8. Citral	

Fig. 8.6 Separação de 2,4-dinitro-fenil-hidrazonas de aldeídos com fase reversa e programação de solvente

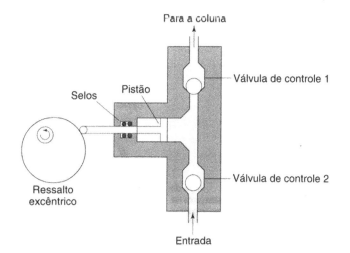

Fig. 8.7 Cabeça de bomba de válvula dupla e fluxo constante

fluxo pulsado porque a fase móvel penetra a coluna de acordo com o movimento alternado do pistão e isto pode causar ruído no detector.

O ruído do fluxo pode ser reduzido com uma bomba de ciclo tão rápida, 20 ciclos por segundo, por exemplo, que o tempo de resposta do detector não é suficiente para registrar a flutuação. A velocidade de fluxo é controlada pelo aumento da distância a ser percorrida pelo pistão. A maneira mais comum de reduzir o ruído do fluxo, entretanto, é usar uma bomba de duas cabeças que operam fora de fase (180°) de modo que quando uma estiver se enchendo de solvente a outra está transferindo solvente para a coluna. Este tipo de bomba é muito confiável e seguro. A bomba pode ser construída com materiais relativamente inertes de modo que a fase móvel só entra em contato com o aço inoxidável, com o rubi de que são feitas as esferas das válvulas e com o material inerte dos selos ou descansos das válvulas. Uma outra vantagem é que, como o volume morto é muito pequeno, estas bombas podem ser usadas para a programação de solventes.

A faixa de velocidades de fluxo que pode ser obtida com uma bomba a pistão é uma característica cada vez mais importante no desenho dos equipamentos, principalmente devido às baixas velocidades necessárias para a cromatografia com microdiâmetros (*narrow bore*) e a cromatografia capilar. Estes sistemas exigem fluxos entre 1 e 500 $\mu l \cdot min^{-1}$, onde as bombas a pistão não são confiáveis. Pode-se usar gás comprimido, porém, neste caso, não se consegue fluxos constantes. Bombas de membrana são outra alternativa. Uma proposta mais radical, atualmente sob desenvolvimento, usa o efeito eletrosmótico da fase móvel para produzir baixos fluxos controlados acuradamente [12].

Sistema de injeção de amostras

A introdução da amostra é geralmente feita de duas maneiras: por injeção com seringa ou com válvula de amostragem. Os septos de injeção permitem a introdução da amostra com uma seringa de alta pressão que atravessa um septo auto-selante feito com um elastômero. Um dos problemas associados com este tipo de injeção é o arrasto de material pela fase móvel que entra em contato com o septo, que pode levar a picos falsos na análise. Em HPLC, a injeção com seringas é mais problemática do que em cromatografia com fase gasosa.

Embora os problemas associados aos injetores de septo possam ser contornados com o uso de injeção por fluxo interrompido, sem septo, os dispositivos mais utilizados atualmente em instrumentos comerciais são as válvulas de amostragem de pequeno volume (Fig. 8.8), que permitem a introdução de amostras, de forma reprodutiva, em colunas pressurizadas, sem interrupção significativa do fluxo da fase móvel. A amostra é colocada, na pressão atmosférica, no lado externo da válvula e introduzida na corrente de fase móvel pela rotação apropriada da válvula. O volume de amostra pode variar entre 2 μl e mais de 100 μl simplesmente com a mudança da válvula ou com válvulas especiais de volume variável. Podem ser usados injetores automáticos de amostra que permitem a operação desassistida do instrumento (durante a noite, por exemplo). A válvula de injeção é preferida para o trabalho quantitativo devido a sua maior precisão em relação à injeção com seringa.

8.3.5 Coluna

As colunas mais usadas são feitas de tubos de aço inoxidável de diâmetro interno controlado, com dimensões entre 10 e 30 cm de comprimento e 4 a 5 mm de diâmetro interno. A fase estacionária, ou empacotamento, é retida por filtros de aço inoxidável com poros de 2 μm ou menos, colocados em cada extremidade.

Os empacotamentos usados atualmente em HPLC são formados por partículas rígidas pequenas com distribuição estreita de tamanho. Os empacotamentos são de três tipos:

(a) Esferas porosas, poliméricas, baseadas em copolímeros estireno-divinil-benzeno. Este tipo é muito usado em cromatografia de troca iônica e cromatografia de exclusão por volume (Seção 8.2). Em muitas aplicações analíticas, elas são substituídas por empacotamentos na base de sílica, mais eficientes e mais estáveis mecanicamente.

(b) Camadas porosas de esferas (diâmetro 30–55 μm) feitas com uma camada fina (1 a 3 μm) de sílica, de sílica modificada ou de outro material depositado sobre uma esfera inerte (vidro). Esses empacotamentos com películas porosas são ainda usados em algumas aplicações que envolvem troca de íons, mas seu uso geral em HPLC diminuiu com o desenvolvimento de empacotamentos com micropartículas porosas.

(c) Partículas porosas de sílica (diâmetro < 10 μm, com distribuição apertada de diâmetros), usadas como empacotamento em quase todas as colunas comercialmente importantes. Este tipo de empacotamento dá resul-

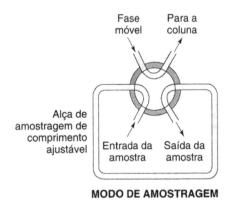
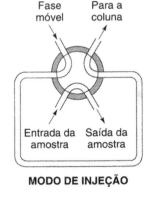

Fig. 8.8 Alça de amostragem de uma válvula de microvolume

tados de HPLC consideravelmente melhores do que os empacotamentos de película porosa, têm maior capacidade e a análise é mais rápida.

O desenvolvimento de fases ligadas (Seção 8.2) para uso em cromatografia em colunas de sílica gel foi muito importante. A coluna C-18, por exemplo, permite a separação de misturas moderadamente polares e é muito usada na análise de produtos farmacêuticos, drogas e pesticidas.

O procedimento escolhido para o empacotamento das colunas depende principalmente da resistência mecânica do material e do diâmetro das partículas. Partículas de diâmetro > 20 μm podem ser empacotadas a seco. Partículas com diâmetros < 20 μm têm que ser empacotadas com as partículas em suspensão em um solvente apropriado, colocadas na coluna sob pressão. O procedimento adequado para o empacotamento com suspensões pode ser encontrado na literatura [13]. Muitos analistas, porém, preferem adquirir colunas de HPLC comerciais, cujas características podem ser encontradas nos catálogos apropriados.

O tamanho da coluna pode afetar a resolução de uma determinada amostra porque quanto maior a coluna maior é o número de pratos teóricos. Pode afetar também a velocidade da análise e este é o fator mais relevante na escolha do tamanho da coluna. Os tamanhos padronizados variam de acordo com o fabricante. Os tamanhos mais comuns são 300, 250, 150, 125, 100 e 75 mm. As colunas mais longas são ditas colunas normais e as mais curtas, colunas de alta velocidade.

Efeito do tamanho da coluna

Para alcançar uma dada eficiência, 12500 pratos teóricos, por exemplo, pode-se usar uma coluna de 250 mm contendo um empacotamento de 5 μm de diâmetro. A mesma eficiência poderia ter sido obtida com uma coluna de 150 mm empacotada com partículas de 3 μm. Reduzindo o diâmetro das partículas à metade dobra-se a eficiência. Para a mesma velocidade linear na coluna, a velocidade da análise aumenta de 250/150. Como, porém, as partículas menores têm velocidade linear maior, o aumento de velocidade na coluna menor seria 250/150 $\times$ 5/3 = 3 vezes maior para a mesma resolução. A coluna empacotada com as partículas de diâmetro menor é mais cara do que a coluna normal de 5 μm.

Efeito do diâmetro

Colunas analíticas de vários diâmetros estão disponíveis comercialmente. Os diâmetros internos variam usualmente entre 4,6 mm e < 0,2 mm (200 μm). As colunas preparativas de LC podem ter diâmetros internos maiores do que 50 mm, porém só consideraremos as colunas analíticas. Geralmente, quanto maior for o diâmetro da coluna, maior a quantidade de material que suporta e, portanto, maior a carga de amostra que deve ser injetada. O inverso também é verdade, mas quando o diâmetro da coluna é menor, outros fatores interferem e tornam as colunas de menor diâmetro (colunas estreitas) mais interessantes, pelo menos em teoria.

Considere duas colunas com diâmetros internos 4,6 mm e 2,1 mm (colunas estreitas), empacotadas com o mesmo material, com o mesmo número de pratos teóricos e mesma eficiência. Para manter a mesma velocidade linear nas duas colunas, a velocidade de fluxo deve ser menor na coluna mais estreita por um fator igual a ~5 (4,8, para ser exato). Isto significa que menos solvente precisa ser utilizado para uma dada separação, reduzindo consideravelmente o custo de operação do sistema. Uma segunda vantagem importante é que uma determinada substância elui em um volume menor de solvente; logo, no caso da maior parte dos detectores, cuja resposta depende da concentração, a altura do pico aumenta por um fator de ~5 e o limite de detecção diminui pelo mesmo fator. As vantagens das colunas estreitas levaram a muitas pesquisas sobre o desempenho de colunas de diâmetros de até 0,1 mm (100 μm). Pequenos diâmetros, entretanto, exigem condições muito mais difíceis de obter no sistema, já que requerem velocidades de fluxo muito baixas e volumes mortos extremamente pequenos.

Embora não exista consenso para descrever as diversas colunas, tem sido sugerido [14] usar o termo "microdiâmetro" (*microbore*) para colunas de diâmetro interno entre 2,0 e 0,5 mm e o termo "microcoluna" para diâmetros inferiores a 0,5 mm. Estas últimas são ainda subdivididas em capilares empacotados (40 a 300 μm) e capilares vazios (3 a 50 μm). As colunas vazias (OT) são fabricadas com sílica fundida revestida e são mecanicamente idênticas às colunas capilares de cromatografia com fase gasosa. Quando este livro foi escrito, poucos sistemas comerciais eram capazes de usar colunas com microdiâmetros ou microcolunas, principalmente porque o sistema tem que ser desenhado cuidadosamente para minimizar os volumes mortos e porque as bombas e detectores têm que operar em velocidades muito baixas (até 1 μl·min^{-1}). Embora existam alguns problemas mecânicos com o uso dessas colunas, se eles puderem ser resolvidos, poderia ser possível separar misturas que requerem mais de 100000 pratos teóricos em menos de 30 minutos, usando volumes muito pequenos de fase móvel e ainda ter alta sensibilidade.

Finalmente, a vida útil de uma coluna analítica pode ser prolongada com a colocação de uma **coluna de guarda**, uma coluna pequena colocada entre o injetor e a coluna de HPLC para protegê-la de danos ou da perda de eficiência decorrentes da passagem de partículas ou substâncias que absorvem fortemente em amostras ou em solventes. Ela pode ser também usada para saturar o solvente de eluição com a fase estacionária solúvel. Colunas de guarda podem ser empacotadas com fases estacionárias microparticuladas ou com esferas com camada porosa. Estas últimas são mais baratas e fáceis de usar do que as fases microparticuladas, mas têm menor capacidade e, por isso, devem ser trocadas com mais freqüência.

8.4 Escolha do detector

Em HPLC, a função do detector é monitorar o fluxo da fase móvel em um ponto da coluna. O problema da detecção é mais complicado em HPLC do que em cromatografia com fase gasosa. Na cromatografia com fase líquida não há o equivalente a um detector universal de ionização por chama como na cromatografia com fase gasosa. Os detectores disponíveis podem ser divididos em duas grandes classes:

Detectores de propriedades macroscópicas medem as alterações de propriedades físicas provocadas pelo so-

154 Cromatografia com Fase Líquida

luto na fase móvel como, por exemplo, o índice de refração e a condutividade. Embora de uso geral, tendem a ter pouca sensibilidade e faixa limitada de aplicação. São geralmente afetados por pequenas alterações de composição da fase móvel, o que impede seu uso na eluição por gradientes.

Detectores de propriedades do soluto podem ser detectores epectrofotométricos, eletroquímicos ou de fluorescência. Os detectores respondem a uma dada propriedade física ou química do soluto e são, idealmente, independentes da fase móvel. Na prática, raramente se consegue esta última condição, porém a discriminação do sinal é normalmente suficiente para permitir a operação com mudança da composição do solvente, isto é, a eluição por gradiente. Estes detectores são geralmente muito sensíveis (cerca de 1 para 10^9 pode ser obtido com detectores de ultravioleta ou de fluorescência) e têm uma larga faixa de resposta linear, no entanto, devido a sua seletividade, mais de um detector pode ser necessário para atender as necessidades das análises. Alguns detectores comerciais têm um certo número de opções de modo de detecção em uma só unidade, por exemplo o sistema "3D" da Perkin-Elmer, que combina absorção UV, fluorescência e detecção condutimétrica.

Algumas das características importantes dos detectores são:

Sensibilidade freqüentemente expressa como a concentração equivalente de ruído, isto é, a concentração de soluto, C_n, que produz um sinal igual ao nível de ruído do detector. Quanto menor o valor de C_n de um soluto, mais sensível é o detector para este soluto.

Faixa linear é a faixa de concentração na qual a resposta do detector é diretamente proporcional à concentração do soluto. A análise quantitativa é mais difícil fora da faixa linear de concentrações.

Tipo de resposta isto é, se o detector é geral ou seletivo. Um detector geral responde a todos os constituintes da amostra. Um detector seletivo só responde a determinados componentes. Embora a resposta do detector não seja independente das condições de operação, temperatura da coluna ou velocidade de fluxo, por exemplo, os detectores seletivos têm vantagens se a resposta não varia muito com pequenas alterações destas condições.

Muito esforço foi posto no desenho e construção de detectores de HPLC. Uma revisão da literatura [15] lista pelo menos 30 tipos diferentes de sistemas de detecção, baseados em quase todas as técnicas espectroscópicas, incluindo RMN e EPR, além de outros sistemas baseados em técnicas não espectroscópicas. Em cada caso, são postas em evidência a maior sensibilidade, seletividade ou compatibilidade com colunas capilares ou de microdiâmetro, porque essas características são críticas para o desenho dos detectores. A maior parte dos detectores de HPLC são espectroscópicos (Tabela 8.3), sendo os sistemas eletroquímicos o segundo maior grupo, seguindo-se um certo número de técnicas especiais, para aplicações específicas.

8.4.1 Detectores de ultravioleta

O detector de HPLC mais utilizado é o detector de absorção no ultravioleta. Este tipo de detector mede a quantidade de luz UV/visível absorvida durante a passagem do efluente por uma pequena célula de fluxo colocada no caminho ótico do feixe de radiação. A principal característica desses detectores é a alta sensibilidade (limite de detecção da ordem de 1×10^{-9} $g\cdot ml^{-1}$, para compostos de alta absortividade) e, como eles medem propriedades do soluto, são relativamente insensíveis a variações da temperatura e da velocidade de fluxo do efluente. O detector de ultravioleta é, em geral, apropriado para experimentos de gradiente de eluição porque muitos dos solventes usados em HPLC não absorvem apreciavelmente nos comprimentos de onda usados para monitorar o efluente. Bolhas de ar na fase móvel atrapalham o experimento porque causam variações bruscas no cromatograma, mas isto pode ser minimizado por degasagem da fase móvel antes do uso (por exemplo, com vibração ultra-sônica). Existem detectores comerciais de feixe simples e de feixe duplo (Fig. 8.9). Embora os detectores originais trabalhassem em uma ou duas freqüências (254 e 280 nm), atualmente alguns fabricantes comercializam detectores que cobrem a faixa 210–800 nm, tornando a detecção mais seletiva.

Embora detectores de comprimentos de onda seletivos sejam muito usados em HPLC, eles estão sendo substituídos rapidamente por detectores compostos por conjuntos de diodos e sistemas de transferência de carga que podem analisar o espectro total várias vezes por segundo. Nestes

Tabela 8.3 *Detectores usados na cromatografia líquida de alta eficiência*

Nome	Limite de detecção aproximado ($\mu g\ ml^{-1}$)	Gradiente	Aplicação
Absorbância no UV-visível	10^{-4}	S	Seletivo, versátil
Fluorescência	10^{-5}	S	Seletivo, número limitado de compostos
Quimiluminescência	2×10^{-5}	S	Seletivo, grupos restritos de compostos
Fluorescência induzida por laser	baixo	S	Seletivo, faixa limitada de compostos
Espalhamento de luz de laser em ângulo pequeno (LALLS)	10	N	Espécies com alto peso molecular
Infravermelho por transformadas de Fourier (FT-IR)	1	S	Seletivo, versátil
Condutividade	10^{-2}	S/N	Íons e espécies ionizáveis
Amperometria	10^{-5}	N	Seletivo, espécies oxidáveis ou redutíveis
Índice de refração	10^{-2}	N	Detector universal
Espectrometria de massas	10^{-5}	S	Detector universal
Atividade óptica	10^{-4}	N	Centros quirais
ICP-MS	$2,5 \times 10^{-3}$	S	Espécies metálicas

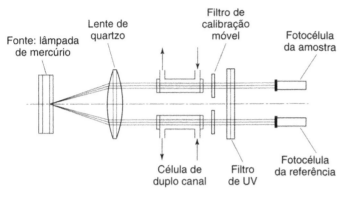

Fig. 8.9 Detector de ultravioleta com feixe duplo

detectores, usa-se luz policromática, que passa pela célula de fluxo do HPLC. A radiação emergente é desviada por uma rede de difração para o conjunto de diodos detectores, uma série de mais de mil semicondutores sensíveis: fotodiodos ou sistemas de transferência de carga. Cada unidade do detector recebe uma faixa diferente de comprimentos de onda e é lida várias vezes por segundo por um microprocessador. O espectro resultante da soma das leituras pode ser apresentado em um visor e quando diferentes compostos passam pela célula de fluxo, as mudanças de intensidade e natureza do espectro são registradas. Uma característica importante do detector multicanal é que ele pode ser programado para registrar mudanças nos comprimentos de detecção em pontos específicos do cromatograma. Isto permite que se faça a "limpeza" do cromatograma, isto é, o reconhecimento de picos interferentes devido a compostos que não interessam ao analista.

8.4.2 Detectores de luminescência

Pode-se usar a fluorescência de um certo número de compostos e detectores convencionais de fluorescência. Estes detectores são seletivos e sensíveis a materiais fluorescentes ou que se tornam fluorescentes por derivatização depois da coluna. Como nesta técnica a intensidade da emissão é diretamente proporcional à intensidade da excitação, alguns sistemas já usam fontes a laser em substituição das antigas lâmpadas de xenônio. Estes sistemas são conhecidos como detectores de fluorescência induzida por laser (LIF). Um deles usa um laser de argônio no dobro da freqüência operado em 257 nm. A intensidade extremamente alta e a resolução espacial dos lasers fazem com que eles sejam apropriados para uso com sistemas capilares ou de microdiâmetro, levando a alta sensibilidade e limites de detecção extremamente baixos para muitos compostos. Vários autores afirmam terem obtido limites de detecção entre 3×10^{-18} e 10×10^{-18} moles para nucleotídeos. A aplicação de detectores de fluorescência tornou-se mais ampla com o desenvolvimento de técnicas de derivatização de compostos não fluorescentes ou fracamente fluorescentes, antes e depois de passar pela coluna (Seção 8.7).

Dois fatores limitam a detecção por fluorescência. Em primeiro lugar, o composto de interesse deve ser fluorescente. Em segundo lugar, mesmo que ele seja fluorescente, a emissão pode ser coberta por emissões mais intensas de impurezas da amostra ou do solvente. Estes problemas levaram ao desenvolvimento da detecção por quimioluminescência, onde a energia de excitação é química e não espectroscópica. Muitos sistemas misturam o eluente da cromatografia, após a passagem pela coluna, com uma solução de luminol ou peróxi-oxalato. A mistura é, então, colocada em um fluorímetro comercial onde a fonte de excitação foi apagada ou bloqueada. Outros sistemas usam reagentes imobilizados. Os limites de detecção são cerca de dez vezes menores do que os da fluorescência, porém a seletividade é alta. A maior parte dos sistemas estudados até agora são de interesse biológico ou farmacológico[17], mas traços de metais, inclusive cobalto, também têm sido determinados.

8.4.3 Outros detectores espectroscópicos

É conveniente incluir entre as técnicas de detecção espectroscópica a espectrometria de massas, para a qual várias interfaces já foram desenvolvidas. O potencial analítico da cromatografia com fase líquida acoplada à espectrometria de massas é tão grande que muitas combinações de interfaces e analisadores são oferecidas comercialmente. A escolha do melhor sistema para uma determinada análise é difícil porque, seja qual for o escolhido, um balanço entre vantagens e desvantagens tem que ser feito. Embora ainda não sejam vendidos no comércio, várias aplicações interessantes do acoplamento direto de colunas capilares ou microdiâmetro tem sido experimentadas [18] e é provável que venham a substituir, futuramente, sistemas mais complicados, como aconteceu com GC/MS.

8.4.4 Detectores de índice de refração

Estes detectores baseiam-se nas alterações do índice de refração do eluente da coluna em relação ao da fase móvel pura. Embora sejam muito usados, eles têm várias desvantagens: pouca sensibilidade, impossibilidade de uso na eluição por gradientes e necessidade de controle severo da temperatura ($\pm 0,001\,°C$) para operação na sensibilidade máxima. É necessário usar, também, bombas sem pulsamentos ou bombas recíprocas equipadas com um amortecedor de pulsos. O resultado destas limitações pode até certo ponto ser controlado pelo uso de sistemas diferenciais nos quais o eluente da coluna é comparado com um fluxo de fase móvel pura usado como referência. Os dois tipos principais são os refratômetros de deflexão e os refratômetros de Fresnel.

Refratômetros de deflexão

Estes refratômetros medem a deflexão de um feixe de luz monocromática em um prisma duplo no qual a célula de referência e da amostra estão separados por uma divisória diagonal de vidro (Fig. 8.10). Quando ambas as células contêm solventes de mesma composição, não ocorre deflexão do feixe. Se, porém, a composição da fase móvel que passa pela coluna muda devido à presença de um soluto, o índice de refração se altera, provocando deflexão do feixe. A magnitude da deflexão depende da concentração do soluto na fase móvel.

Refratômetros de Fresnel

Estes refratômetros medem alterações da relação entre a luz refletida e transmitida por uma interface vidro/líquido

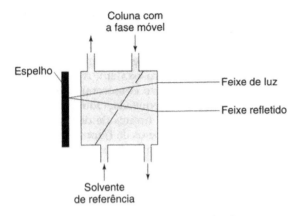

Fig. 8.10 Detector de índice de refração

quando o índice de refração do líquido muda. Neste tipo de detector, a fase móvel da coluna e um fluxo de solvente, como referência, passam por pequenas células em uma das superfícies de um prisma. Quando os dois líquidos são idênticos, não há diferença entre os dois feixes que chegam à fotocélula. Quando, porém, a fase móvel contendo soluto passa pela célula, existe uma diferença na intensidade da luz que chega à fotocélula e um sinal é produzido. O pequeno volume das células deste tipo de detector (cerca de 3 μl) torna-o apropriado para colunas de alta eficiência, contudo, para manter a alta sensibilidade, as janelas da célula têm que estar escrupulosamente limpas.

8.4.5 Detectores eletroquímicos

Embora existam detectores comerciais para monitorar algumas reações químicas — amperométricos, voltamétricos ou polarográficos, potenciométricos ou eletrodos e coulométricos — eles não são muito usados. Os detectores polarográficos são talvez os mais comuns (Fig. 8.11). Eles podem medir correntes da ordem de nanoampères no eletrodo de trabalho de carbono vitrificado, o que corresponde a 5 pg de material reduzido. Mais de 500 compostos diferentes já foram detectados, de drogas a fenóis em água. A dificuldade é que os detectores polarográficos são muito sensíveis à velocidade do escoamento e à temperatura. Eles também exigem solventes misturados com água, livres de oxigênio. Por isso, os detectores polarográficos não são tão usados como os detectores espectroscópicos. Uma outra complicação é que é necessário manter sempre bem polida a superfície do eletrodo de carbono vitrificado para garantir um tempo de resposta suficientemente rápido para a detecção cromatográfica.

Em contraste com os detectores que dependem da oxidação ou da redução, os que se baseiam no equilíbrio do sistema, em particular a condutividade, são muito usados na cromatografia com íons. Devido ao modo de operação, estes detectores são simples, têm volumes internos pequenos e podem ser considerados como universais para muitos ânions e cátions. Entretanto, sua sensibilidade é determinada principalmente por processos que ocorrem antes da chegada ao detector.

8.5 Eficiência da coluna

A análise dos fatores que afetam a eficiência de separação levou ao desenvolvimento da chamada teoria dos pratos, primeiramente adaptada para a cromatografia por Martin e Synge. A teoria dos pratos levou ao tratamento, mais elaborado, da teoria da velocidade, expressa pela equação de van Deemter. As idéias que levaram a estes conceitos teóricos serão consideradas em mais detalhes no Cap. 9. Olhe, entretanto, a Seção 6.9 e a Fig. 6.6 onde são explicados a equação que calcula o número de pratos teóricos em uma coluna, os tempos de retenção t_r, a largura w e a largura a meia altura $w_{1/2}$.

Em todas as formas de cromatografia, a largura de uma banda depende de efeitos químicos que ocorrem na coluna e, também, do desenho do equipamento em uso. Volumes mortos têm sérios efeitos sobre a resolução, mais pronunciados em HPLC, onde pequenas velocidades de fluxo e soldas complicadas podem causar o alargamento dos picos, a menos que o sistema seja planejado cuidadosamente. Siga sempre, cuidadosamente, quaisquer instruções para reduzir volumes mortos. É preciso também que o mecanismo de separação, a coluna e a fase móvel sejam adequados à amostra.

O fator de capacidade de um dado soluto está diretamente ligado à natureza do soluto, à fase estacionária, à fase móvel e à temperatura. Ele mede a eficiência do processo de separação que ocorre na interface entre as fases. No caso de dois solutos, a separação dos picos exige valores diferentes de k' para cada componente e pode-se definir um fator de separação ou de seletividade α como

$$\alpha = k'_2/k'_1 = \frac{t_{r2} - t_0}{t_{r1} - t_0}$$

Por convenção, os picos são escolhidos de modo que $\alpha > 1$. Os dois termos, α e k', entretanto, não são suficientes para definir completamente o sistema. Além das interações entre o soluto e as duas fases (eficiência do solvente), outros mecanismos sempre levam ao alargamento dos picos. O alargamento pode ser medido pela resolução R_s entre dois picos adjacentes, que em cromatografia é definida como

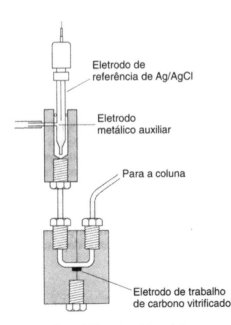

Fig. 8.11 Detector eletroquímico

$$R_s = \frac{t_{r2} - t_{r1}}{0,5(w_1 + w_2)}$$

Com esta definição, a separação ocorre na linha de base quando $R_s = 1,5$.

Alguns exemplos de cálculo, baseados em dados de HPLC, mostram como é importante o desenho do sistema, especialmente no caso de colunas modernas, pequenas. Vamos assumir que a largura total do pico w_t é composta pela largura w_c, devida à dispersão na coluna, e pela largura w_e, devida a outros efeitos na coluna. Como w_c e w_e são fontes de erro na medida, são tratados como variâncias, isto é,

$$w_t^2 = w_c^2 + w_e^2$$

Exemplo 8.1

Temos, para uma coluna de 25 cm $\times$ 4,6 mm com empacotamento de 5 μm de diâmetro e considerando que 70% do volume é de solvente,

$$\text{volume total} = 250 \times (4,6)^2/2 \times \pi = 4,15\,\text{ml}$$

$$\text{volume do solvente} = 4,15 \times 0,7 = 2,9\,\text{ml}$$

Se o número N de pratos for 12 500, típico deste tipo de coluna, e se a eluição de um pico não resolvido usa um volume unitário de solvente

$$\text{De } N = 16t_r^2/w \quad \text{onde} \quad t_r = 2,9\,\text{ml}$$

$$w = t_r \times 16^{1/2}/N = 104\,\mu\text{l}$$

Para w_t não ser maior do que 110% de w_c, isto é, para um aumento de 10% na largura da coluna devido a outros efeitos,

$$114^2 = 104^2 + w_e^2 \quad \text{logo} \quad w_e = 47\,\mu\text{l}$$

Como os volumes de injeção normais são da ordem de 20 μl, temos

volume do detector $= 5$–$20\,\mu$l

volume da conexão $= 20\,\mu$l (assumindo 10 cm de 0,5 mm diâmetro interno s.s.)

volume total $= 45$–$60\,\mu$l

Assim, nestes sistemas o aumento na largura do pico devido a outros efeitos de coluna é raramente superior a 10%.

Exemplo 8.2

Para uma coluna de 25 cm $\times$ 2,1 mm com empacotamento de 3 μm de diâmetro (mesma densidade de empacotamento),

volume total $= 866\,\mu$l

volume do solvente $= 606\,\mu$l

Para $N = 30\,000$ (observe o aumento do número de pratos) isto corresponde a $w_c = 14\,\mu$l e para um aumento máximo de 10% devido a w_e, temos $w_e = 6,4\,\mu$l. Para este tipo de coluna, não somente o volume da amostra deve ser pequeno (1 μl), como todas as demais causas de alargamento, como o volume do detector e as conexões, devem ser consideradas cuidadosamente, porque menos de 7 μl de volume morto leva a 10% de alargamento do pico.

Detectores com volume menor do que 5 μl já são comuns. O mesmo acontece com conexões de pequeno volume.

Diâmetro interno (mm)	0,5	0,25	0,12
Volume (μl) com comprimento 10 cm	19,63	4,5	1,1

Considerações do mesmo tipo aplicam-se a sistemas GC, mas, devido ao diâmetro relativamente pequeno das colunas, especialmente na cromatografia com coluna capilar, os problemas mais importantes são os volumes mortos ou não alcançados no interior do injetor ou do detector. O desenho cuidadoso destes componentes, novamente, é essencial para a melhor resolução. É preciso ter cuidado também com o desenho dos sistemas de injeção no caso de grandes volumes de amostra. Assim, por exemplo, 1 μl de um solvente típico pode se expandir no injetor até 1000 μl de gás, o que pode afetar seriamente a resolução de uma coluna quando a velocidade do fluxo é de apenas 1-2 ml·min^{-1}.

8.6 Cromatografia quiral

Muitas moléculas biológicas importantes existem como pares de enantiômeros (isômeros óticos) — duas formas de uma substância que têm comportamento químico e físico idênticos, mas que têm propriedades diferentes em um meio assimétrico. Um dos enantiômeros do par pode ser biologicamente inativo ou pode ser perigoso para a saúde. O exemplo mais trágico disso, até hoje, talvez tenha sido o problema causado pela talidomida, onde um dos isômeros era um sedativo e o outro um teratógeno. O remédio causou deformações graves nos fetos de mulheres grávidas que o tomaram para aliviar o enjôo matinal. Por este e outros motivos, tornou-se cada vez mais importante fazer a análise quiral (separação e quantificação dos dois isômeros) dos compostos usados na medicina e na agricultura. As primeiras fases estacionárias capazes de fazer separações quirais foram produzidas no começo dos anos 1980 pelo Prof. W. H. Pirkle e colegas [16] e são conhecidas como empacotamentos de Pirkle. Estas fases são cadeias orgânicas assimétricas curtas ligadas à superfície da sílica usada no empacotamento, por um processo semelhante ao usado para fabricar fases ligadas. Embora sejam efetivas para separar os isômeros óticos de muitos compostos orgânicos, elas se comportam como materiais de fase normal quando se usa THF–hexano ou álcool isopropílico–hexano como solvente de eluição. Por isso, estas colunas não são muito eficientes para separar materiais hidrofílicos.

Outros empacotamentos, baseados em outros materiais oticamente ativos, notavelmente as ciclodextrinas, podem ser usados em separações em fase normal ou reversa. O grupo mais importante de fases estacionárias quirais, entretanto, é baseado em moléculas naturais como proteínas, inerentemente assimétricas. Talvez a mais utilizada seja a albumina de serum humano imobilizada (HSA), que pode ser ligada à sílica e usada como fase reversa para separar substâncias solúveis em água, usando a afinidade de um dos enantiômeros com a fase estacionária [17]. Trata-se, portanto, de uma forma elaborada de cromatografia por afinidade onde materiais oticamente ativos podem ser separados.

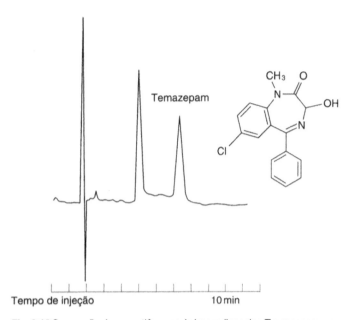

Fig. 8.12 Separação dos enantiômeros da benzodiazepina Temazepam: coluna (4,6 mm × 150 mm) de HSA quiral; fase móvel tampão fosfato 0,05 M (pH 6,9) e acetonitrila (mistura 9:1); taxa de fluxo 1,5 ml·min^{-1}; detector UV em 254 nm

Como todas as proteínas, HSA é sensível à temperatura, força iônica, modificadores orgânicos e, particularmente, pH, o que faz com que estas colunas quirais, muito caras, devam ser manuseadas e usadas com cuidado. Embora sejam estáveis entre pH 6 e 8, as separações são normalmente feitas com uma concentração baixa de tampão fosfato (0,05 M) em pH 7 com 1-propanol ou acetonitrila em concentração até 10–15% como modificador orgânico. Estas colunas estão sendo muito usadas na separação quiral de materiais neutros e ácidos, particularmente drogas. A Fig. 8.12 ilustra uma separação típica, a de diazepam. Para materiais biológicos mais básicos, a glicoproteína alfa-1-ácido dá separações melhores. Alguns fabricantes fornecem colunas deste tipo especialmente desenhadas para aplicações específicas. Além das aplicações analíticas deste tipo de coluna, pode-se determinar, também, as características da ligação das drogas com HSA. A medida direta da afinidade pode ser relacionada ao comportamento farmacocinético e farmacológico de novos compostos mais rapidamente do que as informações obtidas com técnicas tradicionais como a diálise ou a centrifugação.

8.7 Derivatização

Na cromatografia com fase líquida, ao contrário do que ocorre na cromatografia com fase gasosa (Seção 9.2), é sempre necessário preparar derivados para melhorar a resposta de um dado detector à substância de interesse analítico. No caso de compostos que não têm um cromóforo que absorve na região de 254 nm, por exemplo, mas têm um grupo funcional reativo, a derivatização permite a introdução de um cromóforo que pode ser detectado. A preparação dos derivados pode ser feita antes da separação (derivatização antes da coluna) ou depois (derivatização depois da coluna). As técnicas mais usadas são a derivatização antes da coluna e fora de linha e a derivatização em linha depois da coluna.

A derivatização antes da coluna e fora de linha não exige modificações da aparelhagem e impõe, em comparação com as técnicas de derivatização depois da coluna, menos limitações às condições de reação. As desvantagens são a presença de reagente em excesso, a possibilidade de interferência na separação provocada por subprodutos e alterações nas propriedades cromatográficas das moléculas de interesse devidas ao grupo químico introduzido.

A derivatização em linha depois da coluna é feita em um reator especial situado entre a coluna e o detector. Uma característica desta técnica é que a derivatização não precisa ser completa, desde que a reação seja reprodutível. A reação, entretanto, deve ser rápida em temperaturas moderadas e o detector não deve responder ao excesso de reagente. Uma vantagem da derivatização depois da coluna é que, idealmente, as etapas de separação e detecção podem ser otimizadas separadamente. Um problema que ocorre é que o melhor eluente para a separação cromatográfica raramente é o melhor solvente para a derivatização. Este problema é particularmente importante no caso de detectores eletroquímicos que só operam corretamente em uma faixa limitada de pH, de força iônica e de composição em água do solvente.

Reagentes de derivatização que absorvem fortemente no UV/visível são, às vezes, chamados de **marcadores de cor** (*chromatags*). Um exemplo é o reagente ninidrina, comumente usado para derivatizar amino-ácidos, que absorve em 570 nm, aproximadamente. A detecção por fluorescência baseia-se na reação entre substâncias não-fluorescentes e solutos para formar substâncias fluorescentes. Estes reagentes não-fluorescentes são, às vezes, chamados de marcadores de fluorescência (*fluorotags*). O reagente cloreto de dansila [8.A] é usado para preparar derivados fluorescentes de proteínas, aminas e fenóis. Seu comprimento de onda de excitação é 335–365 nm e de emissão, 520 nm.

[8.A]

Consulte um livro-texto apropriado [18] para detalhes da derivatização química em cromatografia com fase líquida. Veja também a Seção 8.10.

8.8 Análise quantitativa

Idealmente, a análise quantitativa em HPLC requer uma relação linear entre a magnitude do sinal e a concentração de um determinado soluto da amostra. A intensidade do sinal é dada pela área do pico ou pela altura do máximo. Quando o fluxo da coluna puder ser controlado com precisão, é melhor usar a área do pico, que é relativamente independente da composição da fase móvel. Em geral, os sistemas de HPLC já têm incorporados sistemas computadorizados de tratamento de dados e quando concentrações padronizadas são usadas para preparar as curvas de calibração, é possível obter automaticamente um conjunto de resultados para cada composto isolado, relacionado com os tempos de retenção. Lembre-se, entretanto, de que a resposta do detector é diferente para cada componente de uma mistura, mesmo que eles sejam semelhantes quimicamente, e que pode ser necessário corrigir os dados para levar em conta os fatores de resposta relativos (Seção 8.4).

Seção experimental

Segurança. Antes de fazer qualquer experimento desta seção preste muita atenção aos avisos de segurança. Tenha sempre em mente as regras de segurança de laboratório.

8.9 Aspirina, fenacetina e cafeína em uma mistura

A cromatografia líquida de alta eficiência é usada na separação e análise quantitativa de muitas misturas que não podem ser analisadas por cromatografia com fase gasosa, especialmente aquelas em que os componentes são pouco voláteis ou termicamente instáveis. Um bom exemplo é o método descrito a seguir para a determinação quantitativa de aspirina e cafeína em tabletes de analgésicos comuns, usando fenacetina como padrão interno. Se o analgésico contiver fenacetina, este composto também pode ser determinado.

Amostra Para obter uma amostra adequada, pese com exatidão cerca de 0,601 g de aspirina, 0,076 g de fenacetina e 0,092 g de cafeína. Dissolva a mistura em 10 ml de etanol absoluto, adicione 10 ml de formato de amônio 0,5 M e dilua até 100 ml com água desionizada.

Solvente (fase móvel) Prepare uma solução 0,05 M de formato de amônio em etanol 10% em água. Ajuste o pH em 4,8. Use 2 ml·min^{-1} como velocidade de fluxo e 117 bar (11,7 Mpa) como pressão de entrada.

Coluna Use uma coluna de 15,0 cm × 4,6 mm, empacotada com sílica com fase ligada SCX (resina trocadora de íons fortemente catiônica) de diâmetro 5 μm.

Detector De absorbância no UV em 244 nm (ou 275 nm).

Procedimento Injete 1 μl da amostra e obtenha o cromatograma. Nas condições dadas, a separação se completa em 3 minutos. A seqüência de eluição é (1) aspirina, (2) fenacetina e (3) cafeína. Anote as áreas dos picos e expresse o resultado como percentagem da área total dos picos. Compare os resultados obtidos com a composição conhecida da mistura. As discrepâncias são devidas à resposta diferente do detector para as diferentes substâncias.

Determine os fatores de resposta do detector, r, relativos à fenacetina ($= 1$) como padrão interno. Para isso faça três injeções de 1 μl e obtenha o valor médio de r:

$$r = \frac{(\text{área do pico do composto})/(\text{massa do composto})}{(\text{área do pico do padrão})/(\text{massa do padrão})}$$

Como correção, divida as áreas dos picos obtidas anteriormente pelos fatores de resposta adequados. Normalize os valores corrigidos. Compare o resultado com a composição conhecida da mistura.

8.10 Referências

1. J V Mortimer 1967 Liquid chromatography discussion group session. In A B Littlewood (ed) *Gas chromatography 1966 (Rome symposium)*. Institute of Petroleum, London, p. 414
2. C S Horvath and S R Lipsky 1966 *Nature*, **211**; 748
3. L R Snyder 1978 *J. Chromatogr. Sci.*, **16**; 223
4. R E Majors 1975 *Am. Lab.*, **7**; 13
5. Millipore UK Ltd, Waters Chromatography Division, Croxley Green, Hertfordshire, England
6. D M W Anderson, I C M Dea and A Hendrie 1971 *Sel. Ann. Rev. Anal. Sci.*, **1**; 1
7. P K Dutta *et al.* 1991 *J. Chromatogr.*, **113**; 536
8. J C Berridge 1985 *Anal. Proc.*, **22**; 323
9. J F K Huber (ed) 1976 *Instrumentation for high performance liquid chromatography*, Elsevier, Amsterdam
10. R P W Scott 1976 *Contemporary liquid chromatography*, John Wiley, New York
11. P A Bristow 1976 *Anal. Chem.*, **48**; 237
12. W D Pfeffer and E S Yeung 1990 *Anal. Chem.*, **62**; 2178
13. J H Knox 1977 *J. Chromatogr. Sci.*, **15**; 353
14. J G Dorsey *et al.* 1990 *Anal. Chem.*, **62** (12); 324R
15. T J Bahowick *et al.* 1992 *Anal. Chem.*, **64** (12); 257R
16. W H Pirkle and T C Pochapsky 1989 *Chem. Rev.*, **89**; 347
17. J Hermansson 1984 *J. Chromatogr.*, **316**; 537
18. J F Lawrence and R W Frei 1976 *Chemical derivatisation in liquid chromatography*, Elsevier, Amsterdam

8.11 Bibliografia

T A Berger 1995 *Packed column super fluid chromatography*, Royal Society of Chemistry, London

W D Conway and R J Petroski (eds) 1995 *Modern countercurrent chromatography*, American Chemical Society, Washington DC

S Lindsay 1992 *High performance liquid chromatography*, ACOL–Wiley, Chichester

M C McMaster 1994 *HPLC: a practical user's guide*, VCH, New York and Cambridge

V Meyer 1988 *Practical high performance liquid chromatography*, Wiley, New York

G Patonary 1992 *HPLC detection – newer methods*, VCH, New York

R M Smith 1988 *Supercritical fluid chromatography*, Royal Society of Chemistry, London

9

Cromatografia com fase gasosa

9.1 Introdução

Na cromatografia com fase gasosa, separa-se uma mistura em seus componentes fazendo-se mover um gás sobre um adsorvente estacionário. O método é semelhante à cromatografia líquido–líquido, exceto que a fase líquida móvel é substituída por uma fase gasosa móvel. Somente duas possibilidades existem. Ou a fase estacionária é um sólido ou um líquido. Isto limita os mecanismos de separação à adsorção e à partição, ambos os quais são muito usados na cromatografia com fase gasosa. Originalmente se distinguiam dois tipos de cromatografia com fase gasosa, a cromatografia gás/líquido e a cromatografia gás/sólido. Hoje, não se faz a distinção e esta terminologia foi substituída pelo termo **cromatografia com fase gasosa (CG)**, mais simples e mais satisfatório.

Os primeiros experimentos que podem ser classificados como CG foram feitos por Martin e James em 1951 para a separação de ácidos graxos de baixo peso molecular [1]. O mecanismo de separação usado era a partição e o procedimento foi descrito por Martin e colaboradores como cromatografia de partição gás–líquido (GLPC). O desenvolvimento rápido da técnica deveu-se ao fato de que a maior parte da teoria já havia sido desenvolvida uma década antes por Martin e Synge para descrever a cromatografia de partição em fase líquida [2]. Muitos cientistas perceberam logo o potencial da partição em fase gasosa para resolver problemas de separação de sistemas complexos e o desenvolvimento do trabalho nesta direção foi rápido nos laboratórios da ICI, da British Petroleum e da Shell. O primeiro cromatógrafo comercial chegou ao mercado em 1955 e, hoje, a cromatografia com fase gasosa é uma das técnicas de separação mais utilizadas nos laboratórios analíticos.

A cromatografia com fase gasosa desenvolveu-se de tal modo que hoje é possível separar misturas complexas contendo até 200 compostos muito semelhantes, usando partição ou adsorção, em amostras muito pequenas, mas a técnica tem suas limitações. A amostra tem de ser analisada em fase gasosa e, portanto, os analitos têm de ser voláteis. Isto inclui substâncias que têm uma pressão de vapor apreciável até cerca de 400°C. Significa, também, que os materiais não-polares são mais fáceis de tratar do que os polares e que materiais iônicos não podem ser separados por cromatografia com fase gasosa. Estas limitações reduzem a 20% dos produtos químicos conhecidos aqueles que podem ser analisados por esta técnica.

Este capítulo trata da cromatografia com fase gasosa e algumas de suas aplicações em química analítica quantitativa. Começamos pela descrição da aparelhagem (Fig. 9.1) e a explicação de alguns princípios fundamentais de seu funcionamento. Uma análise completa está fora do escopo deste livro. Procure detalhes nos trabalhos listados na Seção 9.11.

9.2 Aparelhagem

9.2.1 Suprimento de gás de arrasto (cilindro de alta pressão)

O gás de arrasto é normalmente hélio, nitrogênio, hidrogênio ou argônio. A escolha depende da disponibilidade, pureza, consumo e tipo de detector utilizado. Hélio, por exemplo, é o preferido com detectores de condutividade térmica porque tem condutividade térmica alta em relação aos vapores da maior parte dos compostos orgânicos. Além do reservatório de gás em alta pressão, são necessários reguladores de pressão e medidores de vazão para controlar e medir o fluxo de gás. A eficiência da aparelhagem depende muito da manutenção de um fluxo constante de gás de arrasto. Duas considerações importantes de segurança têm de ser levadas em conta:

1. Os cilindros de gás devem estar sempre presos por cintas ou correntes.
2. Gases de refugo, especialmente hidrogênio, devem ser eliminados em uma capela.

Devido aos problemas de segurança e armazenagem associados com cilindros de gás, alguns gases de uso em cromatografia (ar, hidrogênio e nitrogênio, principalmente) podem ser obtidos com geradores de bancada capazes de fornecer gases de alta pureza com velocidades de fluxo entre 300 e 900 ml·min^{-1}.

9.2.2 Sistema de injeção de amostras e derivatização

Vários dispositivos de introdução da amostra foram desenvolvidos. Os mais importantes envolvem a introdução de amostras líquidas com uma microsseringa dotada de uma

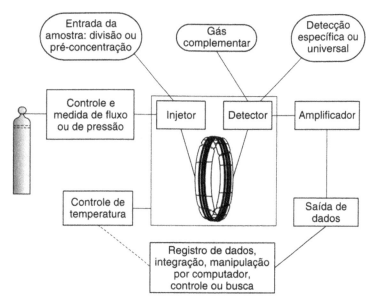

Fig. 9.1 Cromatógrafo a gás típico

agulha hipodérmica. A agulha passa através de um septo de borracha de silicone auto-selante e coloca a amostra em um bloco de metal aquecido que está na entrada da coluna. A manipulação da seringa é uma arte a ser desenvolvida com a prática, que tem como objetivo introduzir a amostra sempre da mesma maneira. A temperatura do bloco deve ser suficiente para que a amostra líquida se vaporize rapidamente sem decomposição ou fracionamento. Uma regra prática útil é manter a entrada da amostra aproximadamente na temperatura de ebulição do componente menos volátil. Para melhorar a eficiência, a amostra deve ser a menor possível (1 a 10 μl), compatível com a sensibilidade do detector. Amostras gasosas (0,5 a 10 ml) podem ser injetadas do mesmo jeito, desde que se disponha de uma seringa de gás capaz de resistir à pressão existente na entrada da coluna.

Infelizmente, a injeção de amostras em sistemas capilares é muito mais difícil devido às pequenas quantidades de material envolvidas e aos baixos fluxos de gás de arrasto usados [3]. Um certo número de sistemas de injeção é usado atualmente (Tabela 9.1) e a escolha depende das características da amostra. A técnica mais usada é provavelmente a **injeção com divisão de fluxo** (*split injection*) que é perfeitamente adequada para a maior parte das amostras. O procedimento consiste na injeção de 0,1 a 1,0 μl de amostra em um injetor aquecido cuja superfície interna está recoberta com vidro, onde ela se vaporiza e se mistura com o gás de arrasto. Uma proporção predeterminada, normalmente entre 1 e 10%, passa para a coluna. O restante é descartado por uma válvula variável de agulha para a atmosfera (Fig. 9.2). Isto evita o problema da saturação, mas só funciona se a concentração do analito na amostra é alta (> 0,01% em volume). O método tem a desvantagem óbvia de deixar passar o gás de arrasto para a atmosfera do laboratório.

No caso de amostras com baixas concentrações de analito, a **injeção sem divisão de fluxo** (*splitless injection*) é freqüentemente mais apropriada. O procedimento consiste em injetar lentamente um volume maior, entre 0,5 e 5 μl, da solução diluída em um solvente volátil, com a janela de divisão de fluxo fechada. A temperatura da coluna é mantida em uma temperatura 20 a 25°C mais baixa do que o ponto de ebulição do solvente. Nestas condições, um pouco do solvente condensa-se nos primeiros milímetros da coluna e as moléculas da amostra concentram-se, um processo conhecido como captura do solvente. Depois de um certo tempo, normalmente 40 a 60 segundos após a injeção, abre-se a janela de divisão do fluxo para eliminar o excesso de solvente e evitar a formação de cauda e o alargamento dos picos. A temperatura da coluna é então elevada até o valor operacional. O solvente e os solutos de baixo ponto de ebulição são eluídos ràpidamente na forma de um pico largo, após o que os solutos de ponto de ebulição mais elevados são eluídos em um cromatograma convencional. A qualidade dos resultados obtidos por esta técnica depende fortemente da seqüência de eventos (tempo de injeção, tempo de abertura da janela de divisão e começo da rampa de temperatura) e das temperaturas usadas nas diversas etapas do processo. A injeção sem divisão de fluxo é satisfatória para a análise de traços em amostras em que os solutos estão em ppm, mas pela sua própria natureza ela só permite a separação confiável de solutos cujos

Tabela 9.1 *Sistemas de injeção usados em cromatografia com fase gasosa em coluna capilar*

Nome	Volume da amostra (μl)	Concentração	Aplicação
Com divisor	0,1–2	alta	uso geral
Sem divisor	0,5–10	pequena/traços	soluções diluídas
Coluna fria	1,0–500	pequena/traços	concentrações baixas, sensíveis
Temperatura programável e vaporização (PTV)	1,0–50	pequena/alta	espécies termicamente lábeis
Dessorção térmica	não se aplica	pequena	gases retidos e vapores
Pirólise	10 μg a 1 mg	alta	polímeros e biopolímeros

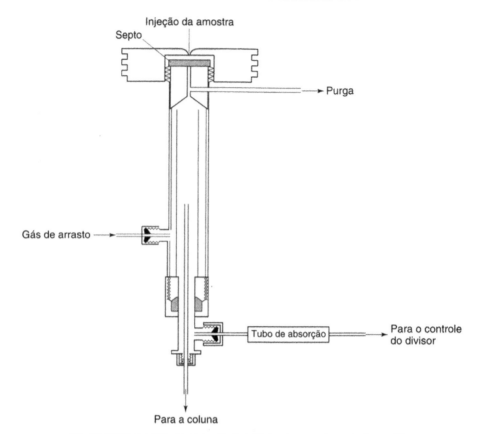

Fig. 9.2 Injetor com divisor para a cromatografia com fase gasosa em coluna capilar

pontos de ebulição são 100 a 150°C superiores à temperatura de ebulição do solvente, uma limitação severa em alguns tipos de análise.

O método mais geral de introduzir a amostra em uma coluna capilar é o **método de injeção direta na coluna** (*direct on-column method*), que é normalmente empregado em sistemas empacotados. Dois problemas têm de ser resolvidos. O primeiro é que a massa total de material que uma coluna capilar de 0,25 mm pode operar sem saturação é da ordem de 20 ng por componente, isto é, 0,05 µl de líquido puro. O segundo é que o dispositivo de introdução da amostra na coluna, isto é, a agulha da seringa, deve ser menor do que o diâmetro interno da coluna (0,25 µm). Existem seringas especiais capazes de operar estes volumes pequenos. A agulha é um tubo capilar curto de quartzo cujo diâmetro é menor do que o diâmetro interno da coluna do cromatógrafo. Ela não pode ser usada com os septos dos filtros de entrada normais porque a agulha não pode passar pelo disco de borracha sem quebrar. Injetores pneumáticos especiais foram desenvolvidos para permitir a entrada da agulha diretamente na cabeça da coluna sem perturbar o fluxo de gás de arrasto. Em algumas versões, estes injetores sem septo podem ser resfriados para que a amostra não seja submetida às tensões térmicas excessivas e à discriminação dos injetores comuns, mas, como os volumes e concentrações que podem ser utilizados são relativamente restritos, sua aceitação é lenta.

No caso do uso da cromatografia com fase gasosa em compostos de massa molecular elevada existe o problema importante da pouca volatilidade da amostra. Esta dificuldade pode ser resolvida quebrando-se as moléculas em fragmentos menores e mais voláteis que são, então, analisados. Este processo é conhecido como **cromatografia gasosa com pirólise (CGP)**. CGP é uma técnica em que uma amostra pouco volátil é pirolisada em condições rigorosamente controladas, usualmente na ausência de oxigênio, e os produtos da decomposição são separados na coluna de um cromatógrafo a gás. O cromatograma (pirograma) resultante é usado para a análise qualitativa e quantitativa da amostra. Se a amostra for muito complexa, a identificação completa dos fragmentos de pirólise pode não ser possível e o pirograma, nestes casos, é usado para caracterizar a amostra. A cromatografia gasosa com pirólise tem sido aplicada a muitos tipos de amostras, mas seu uso principal é na análise de polímeros sintéticos e naturais. Os vários sistemas de cromatografia com pirólise podem ser classificados, em geral, em dois tipos distintos:

Reatores no modo estático (fornos) que incluem, tipicamente, um tubo de quartzo e um forno de combustão do tipo Pregl. As amostras sólidas são colocadas no tubo e o sistema é fechado. O tubo é colocado no forno e a amostra é aquecida até a temperatura de pirólise. Neste tipo de sistema de pirólise, o tempo necessário para atingir a temperatura desejada (até 30 segundos) é muito maior do que na pirólise dinâmica e o resultado é o aparecimento de produtos de reações secundárias. Por outro lado, no modo estático os sistemas têm capacidade de operar maiores quantidades de amostra, o que é uma grande vantagem.

Reatores no modo dinâmico (de filamento) em que a amostra é colocada na ponta de um filamento ou fio metálico (geralmente fios de platina ou níquel–cromo) que é selado em uma câmara de reação. Na cromatografia gasosa com pirólise, a reação ocorre usualmente na câmara de entrada do cromatógrafo. Deixa-se passar o gás de arrasto e aplica-se ao filamento uma corrente elétrica contínua que aquece rapidamente a amostra até a temperatura de pirólise. Quando a amostra se decompõe, os produtos de pirólise são arrastados para uma área mais fria, antes de penetrar na coluna de CG. Este arranjo reduz a possibilidade de reações secundárias.

A pirólise, feita antes da CG/MS (Seção 19.18), é um método elegante de analisar certas substâncias que não podem ser cromatografadas por métodos convencionais.

Na análise de substâncias muito voláteis em solução ou em matrizes sólido–líquidas (etanol em amostras de sangue, por exemplo) por cromatografia com fase gasosa é, às vezes, desejável usar o procedimento conhecido como **análise do espaço confinado**. A amostra, colocada usualmente em um frasco selado, é aquecida até uma temperatura fixa e entra em equilíbrio com a atmosfera com a qual está em contato. Isto cria um espaço confinado, que é amostrado da maneira convencional e injetado diretamente no CG com uma seringa de gás. Este tipo de experimento pode ser feito de maneira simples colocando-se a amostra em uma garrafa tampada com um septo e imersa em um banho de água para manter a temperatura constante. Pode-se usar também um sistema automático que mantém a amostra em temperatura constante por intervalos de tempo especificados antes da injeção no cromatógrafo. Este procedimento é muito útil na análise do aroma de comidas frescas [4] e de bebidas, em que se usa, freqüentemente, uma combinação de técnicas de espaço confinado e captura. Vários sistemas estáticos e dinâmicos com esta finalidade têm sido descritos.

Muitas amostras, porém, não podem ser injetadas diretamente em um cromatógrafo a gás devido à elevada polaridade, à baixa volatilidade ou à instabilidade térmica. Este problema foi resolvido com a formação de derivados voláteis, principalmente com o uso de reagentes de silanização, estendendo assim a versatilidade e a utilidade da cromatografia com fase gasosa. O termo **silanização** corresponde à substituição de um hidrogênio lábil da molécula de analito por um grupo trimetil–silila, —Si(CH₃)₃, ou um grupo semelhante. Um grande número de reagentes deste tipo está hoje à disposição do analista [5], inclusive alguns reagentes de silanização especiais que aumentam a resposta do detector, geralmente incorporando grupos funcionais apropriados para detectores seletivos. Reagentes que contêm átomos de cloro ou de bromo no grupo silila, por exemplo, são particularmente úteis na preparação de derivados para serem injetados em cromatógrafos a gás dotados de detectores de captura de elétrons. A derivatização também aumenta a resolução relativa de outros componentes da mistura e melhoram a forma do pico para a análise quantitativa.

É possível aplicar a cromatografia com fase gasosa ao estudo de certos compostos inorgânicos, embora estes não sejam, em geral, voláteis como os compostos orgânicos de peso molecular semelhante. No caso da separação e análise quantitativa de metais, os tipos de compostos que podem ser usados em CG limitam-se àqueles que podem ser formados quantitativamente e de forma reprodutível. Se incluirmos as exigências de volatilidade suficiente e estabilidade térmica, os compostos mais favoráveis para uso

na análise de metais são os quelatos neutros de metais. As β-dicetonas, como a acetilacetona e seus derivados contendo flúor, trifluoro-acetilacetona (TFA) e hexafluoro-acetilacetona (HFA), formam derivados estáveis e voláteis com alumínio, berílio, cromo(III) e outros metais. Isto torna possível usar a cromatografia na análise de muitos metais na forma de quelatos de β-dicetonas.

$$CF_3—\overset{\overset{\displaystyle O}{\|}}{C}—CH=\overset{\overset{\displaystyle O^-}{\|}}{C}—CH_3 \qquad \text{ânion TFA}$$

$$CF_3—\overset{\overset{\displaystyle O}{\|}}{C}—CH=\overset{\overset{\displaystyle O^-}{\|}}{C}—CF_3 \qquad \text{ânion HFA}$$

O número de aplicações em análises em nível de traços é pequeno. O exemplo mais conhecido é, talvez, a determinação de berílio em amostras de vários tipos. A metodologia envolve, em geral, a formação do trifluoro-acetilacetonato de berílio, um quelato volátil, sua extração com benzeno e a separação e análise subseqüente por cromatografia com fase gasosa [6].

Vários tipos de derivados foram desenvolvidos para a cromatografia líquida e a gás. Consulte a literatura para mais informações sobre como escolher um derivado apropriado para um problema analítico em particular [7,8].

9.2.3 A coluna

A separação dos componentes da amostra é feita na coluna. A natureza do suporte sólido, o tipo e quantidade da fase líquida, o método de empacotamento, o tamanho da coluna e a temperatura são fatores importantes para a resolução desejada. A coluna é colocada em um forno controlado termostaticamente, de modo a manter a temperatura constante com a aproximação de 0,5°C, garantindo assim condições reprodutíveis. A temperatura de operação pode variar desde a temperatura normal do laboratório até acima de 400°C, podendo ser mantida constante durante a separação se a operação é isotérmica.

Colunas recheadas

Os primeiros experimentos foram feitos com colunas recheadas, tubos de até 5 metros de comprimento e 2 a 4 mm de diâmetro interno, feitos de vidro, metal (alumínio, aço inoxidável ou cobre) ou plásticos resistentes a temperaturas elevadas (PTFE). O recheio era um suporte de material inerte, freqüentemente terra diatomácea lavada e desativada por tratamento com ácido e peneirada até uma faixa estreita de tamanhos de partículas (usualmente até a malha 60 a 120, isto é, diâmetros entre 250 e 125 μm). Neste tipo de coluna, o papel do suporte é manter a fase líquida na forma de uma película de alta superfície que permite o estabelecimento muito rápido do equilíbrio entre as fases gás e líquida. Um grande número de fases líquidas têm sido usadas, mais de 400 delas ainda fazendo parte das listas dos fornecedores.

A fase escolhida era colocada de forma uniforme no suporte, na concentração de 1 a 15%, e este, na coluna escolhida. Este procedimento levou a um número muito grande de colunas recheadas, cada uma das quais sendo considerada a mais apropriada para a separação de uma dada mistura. Decidir que coluna usar era, muitas vezes, difícil.

Cromatografia com Fase Gasosa

Em grande parte, as fases podem, porém, ser grupadas em não-polares, de polaridade média e polares, e a idéia de que "coisas parecidas separam coisas parecidas" era usada como guia na escolha da coluna. As fases líquidas podem ser classificadas geralmente como:

1. Fases líquidas não-polares do tipo hidrocarboneto, tais como óleo de parafina (Nujol), esqualano, graxa Apiezon L e borracha de goma de silicone. Esta última é usada em temperaturas elevadas (até ~400°C).
2. Compostos de polaridade intermediária que possuem um grupo polar ou polarizável ligado a um esqueleto apolar, tais como ésteres de álcoois de alto peso molecular como o ftalato de dinonila.
3. Compostos polares que contêm uma proporção relativamente elevada de grupos polares como, por exemplo, as carboceras (poliglicóis).
4. Compostos com ligação hidrogênio, isto é, fases líquidas como glicol, glicerol e hidróxi-ácidos, que possuem um número apreciável de átomos de hidrogênio em ligação hidrogênio.

Colunas capilares

Felizmente, o uso de colunas recheadas tem diminuído muito nos últimos anos devido ao uso crescente de colunas tubulares abertas ou colunas capilares. Estas colunas baseiam-se na interação entre a mistura e a fase estacionária na forma de um filme fino e coerente depositado na superfície interna de um tubo longo e fino (capilar). Feitas em vidro ou aço inoxidável, elas já eram usadas em alguns laboratórios especializados no fim dos anos 1950 porém seu uso só se generalizou após a introdução das colunas de sílica fundida ou quartzo, em 1979. O equipamento necessário para produzir estes tubos longos e finos de quartzo é caro, o que faz com que, ao contrário das colunas empacotadas, as colunas capilares não sejam feitas no laboratório de cromatografia e sendo quase sempre compradas no comércio.

O custo inicial elevado das colunas capilares, em comparação com as colunas empacotadas feitas no laboratório, fez com que elas fossem adotadas mais lentamente do que seria de se desejar, porém, hoje, a maior parte do trabalho cromatográfico é feito em colunas capilares. Como elas devem ser compradas, é importante escolhê-las corretamente. A maior parte das separações pode ser feita adequadamente com um número relativamente pequeno de tipos de colunas capilares. Muitos laboratórios fazem mais de 90% de seu trabalho usando seis colunas diferentes ou menos.

As primeiras colunas capilares de quartzo eram feitas por deposição de um filme fino de uma fase estacionária idêntica às usadas nas colunas recheadas como, por exemplo, óleo de silicone (OV 1), na superfície interna de um tubo de sílica fundida de 50 m de comprimento e diâmetro interno de 0,22 mm. A parte externa da coluna era protegida já na fabricação com um plástico resistente a temperaturas elevadas, usualmente uma poliimida. A coluna produzida desta maneira era resistente e durável e tinha resolução muito maior do que seus equivalentes recheados. Entretanto, as primeiras colunas capilares tinham seus problemas, especialmente as tensões envolvidas na ligação da coluna com o cromatógrafo e sua vida relativamente curta. Com o desenvolvimento destas colunas e seu uso ge-

Tabela 9.2 *Parâmetros variáveis em colunas capilares*

Comprimento (m)	5	10	15	25	30	50	60	100
Diâmetro interno (mm)	0,1	0,2	0,25	0,32	0,53	0,75		
Fase	não-polar		intermediário	especial	muito polar			
Temperatura máxima (°C)	200							>450
Espessura de filme (μm)	0,2		1,5	3,0				5
Filme	poliimidas							alumínio
Carga máxima (ng)	10							1000
Eficiência (prato/m)	5000							20 000

neralizado, um número maior de colunas pode ser hoje encontrado (Tabela 9.2), o que ainda coloca o iniciante diante do problema da escolha da coluna. Considerando, porém, o tipo de separação pretendida, pode-se escolher bem a coluna com relativa facilidade. Nestas colunas capilares a fase estacionária é ligada à parede interna do tubo. Dois tipos principais são usados:

Colunas capilares com paredes recobertas (WCOT) em que a fase estacionária é ligada diretamente à parede interna do tubo.

Colunas capilares com suporte recoberto (SCOT) em que uma camada de suporte sólido é depositada na parede interna do tubo e recoberta com a fase estacionária.

Regras para a escolha da coluna

Semelhantes separam semelhantes O conceito funciona para as colunas capilares, mas como sua resolução é muito grande, é menos crítico escolher exatamente a fase correta. Assim, muitos materiais não-polares podem ser separados em fases não-polares e muitos materiais polares em uma fase polar geral.

Colunas longas têm tempos longos de eluição e alta resolução Quanto maior for a coluna maior será a resolução, mas o tempo de eluição e o custo também crescem. Em muitos casos, a coluna padrão de 25 m é satisfatória, porém colunas de 10 m ou menos podem ser usadas para separações rápidas de substâncias relativamente simples. (Observe que estas colunas curtas podem separar amostras com a mesma eficiência da melhor coluna recheada porém em tempo muito menor.) Em separações mais difíceis, pode-se usar colunas mais longas. A coluna mais longa produzida até hoje tem 2100 m e um número estimado de 2 milhões de pratos teóricos. As colunas comerciais, entretanto, têm, no máximo, cerca de 100 m.

Menor diâmetro leva a maior eficiência A eficiência das colunas aumenta marcadamente quando o diâmetro interno da coluna diminui. O uso de tubos com diâmetro interno igual a 100 μm (0,1 mm), permite a obtenção de resoluções muito altas, porém ao custo da quantidade do material que pode ser colocado na coluna, bem como ao aumento dos problemas de desenho e construção criados pelas velocidades pequenas de fluxo de gás de arrasto que provocam alargamento dos picos. A Tabela 9.2 dá detalhes de colunas de diâmetro entre 0,1 e 0,75 mm, estas últimas chamadas de colunas de megadiâmetro. Em certas aplicações, como o interfaciamento com outras técnicas (FTIR, por exemplo) é melhor usar colunas mais largas, capazes de tolerar quantidades maiores de substâncias, do que as colunas mais convencionais de 0,2 ou 0,3 mm de diâmetro, mas, no caso normal, não há vantagens em usar colunas mais largas.

Espessura do filme Esta é outra variável importante. Nas primeiras colunas, a fase estacionária cobria a superfície interna do tubo e era mantida em seu lugar pela ação capilar. A espessura do filme era da ordem de 1 μm porque espessuras maiores tornam instável o filme, com formação de pequenas poças de líquido e perda de fase estacionária por arrasto (sangria) quando a coluna está em uso. Hoje, é possível ligar quimicamente a fase estacionária à sílica por reação entre a fase e a parede após a deposição do material. Um procedimento semelhante é polimerizar a fase com formação de ligações cruzadas via processos radicalares, que podem ser iniciados após a deposição do filme ou por exposição da coluna à radiação de alta energia após a deposição do filme.

Colunas capilares com camada porosa (PLOT)

Até recentemente, as colunas capilares funcionavam pelo mecanismo de separação porque só fases estacionárias líquidas podiam ser introduzidas nas colunas. Hoje, entretanto, é possível adquirir colunas abertas tubulares com camada porosa (PLOT) em que uma camada muito fina (5 a 50 μm) de adsorvente sólido é depositada de forma homogênea na parede interna da coluna. Estes adsorventes sólidos são os mesmos utilizados nas colunas empacotadas da cromatografia de adsorção, porém o diâmetro das partículas é muito menor. As aplicações destas colunas são as mesmas. Estão disponíveis no comércio colunas contendo peneiras moleculares, alumina, peneiras de carbono (um tipo de peneira de carbono molecular) e a família Porapak de polímeros com ligações cruzadas, que separam eficientemente gases permanentes ou hidrocarbonetos C_1–C_5 [5]. A estabilidade mecânica destes depósitos, entretanto, não é muito boa em comparação com as fases líquidas e é necessário muito mais cuidado no uso.

9.2.4 O detector

A função do detector, situado na saída da coluna, é registrar e medir as pequenas quantidades dos componentes da mistura separados na coluna e levados pelo fluxo do gás de arrasto. O sinal de saída do detector alimenta um dispositivo que produz um gráfico denominado **cromatograma**. A escolha do detector depende de fatores como o nível de concentração e a natureza dos componentes da mistura. Os detectores mais usados na cromatografia a gás são os de condutividade térmica, ionização de chama e captura de elétrons, dos quais daremos uma descrição resumida. A Tabela 9.3 lista alguns dos detectores mais comuns, com diferentes sensibilidades e seletividades, e sua compatibilidade com os cromatógrafos modernos que usam pequenos volumes de amostra.

Sensibilidade Definida usualmente como sendo a resposta do detector (mV) por unidade de concentração do analito ($mg \cdot ml^{-1}$). Ela está intimamente relacionada com o limite de detecção (LOD) porque a alta sensibilidade corresponde freqüentemente a um baixo limite de detecção. Como, porém, o limite de detecção é definido geralmente como a quantidade (ou concentração) de analito que produz um sinal igual a duas vezes o ruído da linha de base, o limite de detecção aumenta quando o detector produz ruído excessivo. A sensibilidade também determina a inclinação do gráfico de calibração (a inclinação aumenta diretamente com a sensibilidade) e, portanto, infuencia a precisão da análise.

Linearidade A faixa linear de resposta de um detector refere-se à faixa de concentrações na qual o sinal do detector é diretamente proporcional à quantidade (ou à concentração) do analito. A linearidade da resposta do detector acarreta a linearidade do gráfico de calibração, que pode, assim, ser traçado com mais precisão. Se a curva de calibração é convexa, a precisão é menor no lado das concentrações mais elevadas, onde a inclinação da curva é menor. Uma grande faixa linear de resposta é uma vantagem importante, mas detectores com faixas lineares de resposta relativamente pequenas também podem ser usados porque eles têm outras vantagens. É necessário, entretanto, neste caso, calibrar constantemente o detector em faixas diferentes de concentração do analito.

Estabilidade Uma característica importante dos detectores é a constância do sinal de saída com o tempo, supondo constante o potencial de entrada. A falta de estabilidade limita a sensibilidade do detector e pode ser observada de

Tabela 9.3 *Detectores usados em cromatografia com fase gasosa*

Detector	Abreviação	Faixa dinâmica	Sensibilidade	Aplicação
Filamento aquecido	HWD	10^4 a 10^5	10^{-8} gml^{-1}	Universal
Condutividade térmica	TCD	10^4 a 10^5	10^{-8} gml^{-1}	Universal
Ionização de chama	FID	10^7	2 pg s^{-1}	Compostos orgânicos
Captura de elétrons	ECD	10^2 a 10^3	0,01 pg s^{-1}	Eletrólitos (halogênios)
Fotometria de chama	FPD	10^3 a 10^4	1–10 pg s^{-1}	enxofre, fósforo
Chama alcalina	AFD[a]	10^4 a 10^5	0,05 pg s^{-1}	nitrogênio, fósforo
Fotoionização	PID	10^7	1 pg	Compostos orgânicos
Emissão atômica	AED	2×10^4	1–100 pg s^{-1}	Elementos
Espectrometria de massas	MS	$>10^5$	1–100 pg	Estrutura
Infravermelho com transformadas de Fourier	FT-IR	10^4	0,5-50 ng	Estrutura

[a]Às vezes abreviada como NPD.

duas maneiras: **ruído da linha de base** e **arrasto da linha de base**. O ruído da linha de base pode ser conseqüência da rápida variação aleatória do sinal de saída e torna difícil a medida de pequenos picos que se confundem com a linha de base. O arrasto da linha de base é uma lenta variação sistemática do sinal de saída que produz uma linha de base inclinada que, em certos casos, chega a sair da escala durante a análise. O arrasto é, muitas vezes, devido a fatores que não dependem do detector, mas podem ser controlados, como mudanças de temperatura ou sangramento da coluna, enquanto o ruído, devido a maus contatos no detector, impõe restrições mais fundamentais no desempenho.

Resposta universal ou seletiva Um detector universal responde a todos os componentes de uma mistura. Um detector seletivo, porém, só responde a certos componentes da amostra. Pode ser uma vantagem quando ele responde apenas aos analitos de interesse porque o cromatograma é muito simplificado e não sofre interferências.

Detector de fio aquecido (HWD)

O detector de fio aquecido, também conhecido como detector de condutividade térmica ou catarômetro, é o detector de CG mais antigo. Devido a seu grande volume, baixa sensibilidade e problemas de contaminação, ele foi logo descartado para uso em sistemas capilares. Duas de suas características operacionais são, entretanto, muito interessantes para o uso com sistemas capilares. A sensibilidade é inversamente proporcional à velocidade de fluxo, crescendo muito quando o fluxo passa de ~ 50 ml·min^{-1} a 1 ml·min^{-1}. Por outro lado, a sensibilidade é máxima quando o gás de arrasto é hidrogênio ou hélio (comumente usados em sistemas capilares) porque a diferença de condutividade térmica entre estes gases e as substâncias orgânicas é muito grande. Os detectores de fio aquecido usam um filamento metálico aquecido ou um termistor (um semicondutor de óxidos de metal fundidos) para amostrar diferenças de condutividade térmica do gás de arrasto. Hélio e hidrogênio são os melhores gases de arrasto para uso com estes detectores porque sua condutividade térmica é muito superior à dos demais gases. Por questão de segurança, prefere-se usar hélio, que é inerte.

Neste tipo de detector, dois pares de filamentos equalizados formam os braços de uma ponte de Wheatstone. Dois filamentos, em braços opostos da ponte, ficam imersos no gás de arrasto puro e outros dois ficam imersos no efluente da coluna cromatográfica. A Fig. 9.3 esquematiza uma célula de condutividade com dois canais para os gases, um para a amostra e outro para a referência. Quando o gás de arrasto puro passa pelos filamentos dos canais, a ponte está equilibrada, porém quando o vapor de um analito sai da coluna e passa pelo canal da amostra a velocidade de resfriamento dos filamentos se altera e a ponte se desequilibra. O grau de desequilíbrio mede a concentração do vapor no gás de arrasto naquele momento e o sinal provocado alimenta um registrador que produz o cromatograma. Em outras palavras, a técnica diferencial usada baseia-se na medida da diferença de condutividade térmica entre o gás de arrasto e a mistura gás de arrasto/amostra.

Alguns fabricantes fornecem detectores de fio aquecido que incorporam um certo número de dispositivos mecânicos e eletrônicos que melhoram seu desempenho. Eles têm volume interno pequeno e podem ser operados em temperaturas elevadas, embora normalmente o trabalho seja feito na temperatura mais baixa possível porque a sensibilidade é proporcional à diferença de temperatura entre o filamento aquecido e o bloco. A sensibilidade também aumenta aproximadamente com o quadrado da intensidade da corrente que passa pelo filamento, que é sempre a mais alta possível. Nos detectores antigos, isto significava que o operador tinha de decidir entre manter o filamento em temperatura elevada para obter sensibilidade alta porém tempos de vida curtos de funcionamento ou usar uma temperatura mais baixa para evitar a queima do filamento. Com o controle eletrônico e o processamento do sinal dos cromatógrafos modernos, o detector pode ser operado em uma corrente constante alta, em vez da voltagem constante, menos sensível, como se fazia. Este procedimento também melhora a linearidade da resposta.

Detector por ionização em chama

O detector por ionização em chama (FID) baseia-se na queima do ar do efluente da coluna, misturado com hidrogênio, com produção de uma chama de energia suficiente para ionizar as moléculas de soluto cujos potenciais de ionização são baixos. Os íons produzidos são coletados por eletrodos e a corrente iônica produzida é medida. O jato do queimador é o eletrodo negativo. O anodo é usualmen-

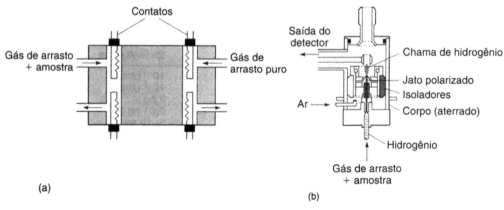

Fig. 9.3 Detectores: (a) condutividade térmica, (b) ionização de chama

te um filamento ou uma grade que atinge a extremidade da chama. A Fig. 9.3(b) mostra um esquema deste arranjo.

A combustão de misturas de hidrogênio e ar produz poucos íons e, assim, quando só o gás de arrasto e o hidrogênio se queimam, obtém-se um sinal praticamente constante. Na presença de compostos que contêm carbono, ocorre ionização e a condutividade elétrica da chama aumenta fortemente. Como a amostra é destruída na chama, usa-se um dispositivo para dividir o fluxo de efluente quando se deseja continuar a análise da amostra. O divisor de fluxo é colocado entre a coluna e o detector, e permite que o grosso da amostra evite o detector.

O FID tem grande aplicabilidade, sendo quase que de uso universal na cromatografia a gás de compostos orgânicos. Além disso, o fato de ser altamente sensível e estável, ter resposta rápida e uma faixa de resposta linear muito grande ($\sim 10^7$) faz com que este tipo de detector seja o mais popular em uso.

O FID é sensível à massa e não à concentração e, por isso, a resposta do detector não é afetada por alterações do fluxo do gás de arrasto e a alta sensibilidade (2×10^{-12} g·s^{-1}) se mantém mesmo em fluxos muito baixos. A sensibilidade é normalmente expressa em massa por unidade de tempo, logo, os efeitos de alargamento do pico não precisam ser considerados. Assim, um pico no efluente com largura de 2 segundos que resulta de 10^{-8} g do material é tão fácil de ver como um pico de largura de 20 segundos que contém 10 vezes mais analito. A sensibilidade alta, combinada com a grande faixa de resposta linear e a pequena contaminação que sofre, faz com que o FID também seja o detector mais usado na rotina de CG capilar. Entretanto, existem problemas. Observam-se baixos fatores de resposta para certos compostos oxigenados, como álcoois e compostos carbonilados, e para muitos compostos contendo halogênios ou nitrogênio.

Pequenas modificações no FID tornam estes detectores muito mais sensíveis para compostos que contêm nitrogênio ou fósforo. Conhecidos freqüentemente como detectores de chama alcalina (AFD), estes FID modificados têm uma pequena esfera de silicato de rubídio aquecida eletricamente colocada entre a chama e o eletrodo coletor. Mantém-se cerca de 200 V entre a esfera e o coletor. Usa-se a chama normal de hidrogênio, mantida a 600–800°C, operada em uma razão baixa hidrogênio/ar para suprimir a ionização normal dos hidrocarbonetos, dirigida para a esfera. Acredita-se que se forma um pequeno plasma perto da superfície da esfera que permite a produção de muitos íons dos compostos que contêm nitrogênio ou fósforo, inibindo ao mesmo tempo a resposta do carbono.

Embora ainda não se tenha uma explicação satisfatória para o mecanismo exato deste efeito, o detector funciona e o aumento de sensibilidade é da ordem de 50 vezes para os compostos de nitrogênio (não se pode usar, portanto, nitrogênio como gás de arrasto) e de 500 a 1000 vezes para os compostos de fósforo, em relação à resposta normal de um FID, o que o torna um dos detectores de rotina mais sensíveis. Este detector, entretanto, não é de uso simples como o FID comum porque a resposta para o nitrogênio ou o fósforo depende das condições exatas de operação, particularmente a temperatura da esfera que, por sua vez, depende em parte do tamanho da chama de nitrogênio que a atinge. Isto significa que manter a reprodutibilidade no dia-a-dia de trabalho é difícil. Além disso, a faixa de resposta linear não é tão grande como a dos FID comuns. Mesmo assim, o detector modificado é muito útil na detecção e quantificação de muitos compostos que contêm nitrogênio ou fósforo. Um exemplo são os pesticidas de última geração.

O detector de chama fotométrico (FPD) é um terceiro tipo de detector de chama que também se baseia nos FID. Nele, compostos que contêm fósforo ou enxofre queimam-se em uma chama hidrogênio/oxigênio com produção de luz em 536 nm no caso do fósforo e 394 nm no caso do enxofre. Após passar por um filtro óptico de banda estreita, a emissão é detectada em uma fotomultiplicadora convencional colocada a 90° em relação ao eixo da chama. O detector fotométrico, que pode ser equipado com dois sensores ópticos diferentes para a determinação simultânea de enxofre e fósforo, é muito mais sensível para estes elementos do que para os hidrocarbonetos, o que o torna muito seletivo. Um problema importante deles, entretanto, é que a resposta não é linear. A resposta é aproximadamente quadrática e depende da natureza exata do composto que está sendo analisado. Alguns cromatógrafos têm uma função de linearização em sua programação que pode ser controlada pelo usuário dentro de certos limites (1,5 a 2,5). Apesar destes problemas, este tipo de detector é muito útil, particularmente na análise de enxofre em baixa concentração em muitos problemas de interesse ambiental.

Os FID, AFD e FPD podem operar em temperaturas até 400°C, logo, podem ser usados com colunas de alta temperatura. Isto reduz a contaminação por condensação.

Detectores por captura de elétrons

Muitos detectores de ionização baseiam-se na medida do aumento da corrente (acima da corrente de fundo devida ao gás de arrasto ionizado) que ocorre quando uma molécula mais facilmente ionizável aparece na corrente de gás. Os detectores por captura de elétrons (ECD) diferem dos demais detectores de ionização porque exploram o fenômeno da recombinação baseado na captura de elétrons por compostos que têm afinidade por elétrons livres. O detector mede, então, a diminuição e não o aumento da corrente.

Usa-se uma fonte de raios β (comumente uma lamínula contendo ^{3}H ou ^{63}Ni) para gerar elétrons "lentos" por ionização do gás de arrasto que passa pelo detector (prefere-se o nitrogênio). Os elétrons assim gerados migram para o ânodo sob um potencial fixo e provocam uma corrente de fundo estável. Quando um gás capaz de capturar elétrons (moléculas do eluato, por exemplo) sai da coluna e reage com um elétron, o resultado é a substituição do elétron por um ânion de massa muito maior e redução da corrente. A resposta do detector relaciona-se claramente à afinidade das moléculas do eluato por elétrons e o detector é especialmente sensível para compostos que contêm halogênios ou enxofre, anidridos, compostos em que a carbonila está conjugada, nitritos, nitratos e compostos organometálicos.

Existem alguns ECD capilares comerciais cujo volume interno foi reduzido para cerca de 200 μl que são sensíveis a picos muito estreitos (pequeno volume). Os detectores resultantes têm as mesmas vantagens dos detectores comuns de alta seletividade e sensibilidade (5 $\times 10^{-15}$ g·s^{-1}) para compostos que contêm halogênios, mas, também, a desvantagem da suscetibilidade à contaminação, logo, eles devem ser usados e mantidos com cuidado para que os resultados sejam confiáveis. Só se consegue a sensibilidade máxima com este tipo de detector com nitrogênio ou uma mistura de nitrogênio e metano como gás de arrasto. Com capilares, onde se usa hidrogênio ou hélio, é preferível introduzir nitrogênio na coluna antes de passar o eluente pelo detector, embora isto diminua a resolução do sistema.

Ainda que não provocado diretamente pelas exigências da cromatografia capilar, o desempenho da eletrônica do detector tem sido alterado drasticamente nos desenhos mais modernos. A voltagem de polarização entre a plaqueta radioativa e o coletor pode ser modulada de diversas maneiras para permitir o uso de pulsos de freqüência constante ou de corrente média constante. Isto permite uma faixa de trabalho linear de quase quatro ordens de magnitude, isto é, um detector não tão eficiente como um FID, mas o suficiente para permitir a análise fácil em uma faixa de concentrações bastante grande. Muitas das aplicações originais dos ECD envolviam a determinação de resíduos persistentes de pesticidas (organoclorados) em alimentos, águas e amostras ambientais. Estes compostos quase não são mais encontrados porque os pesticidas de segunda e terceira gerações, baseados em fósforo ou nitrogênio, substituíram os organoclorados. Estes novos materiais podem ser determinados com detectores AFD ou FPD. Os ECD, entretanto, ainda podem ser vistos como detectores universais de sensibilidade média para uso com compostos orgânicos e inorgânicos, podendo ser usados para a determinação de água e outras espécies de baixo peso molecular como H_2S, CO_2, N_2 e O_2, que não são detectados facilmente com outros sistemas.

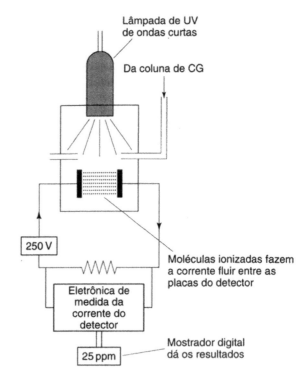

Fig. 9.4 Detector de fotoionização (cortesia de ELE International Ltd, Hemel Hempstead, Herts, Inglaterra)

Detector por fotoionização (PID)

O detector de fotoionização (PID) é um dos detectores de desenvolvimento mais recente e, por isso, dele daremos uma descrição mais detalhada. Trata-se de um detector de ionização de funcionamento semelhante ao de um FID ou um ECD, cuja resposta depende do colecionamento de íons e amplificação do sinal em um eletrodo colecionador de carga positiva usando um amplificador convencional de alta impedância (Fig. 9.4). As moléculas orgânicas do eluente são irradiadas ao sair da coluna juntamente com o eluente com luz ultravioleta de alta intensidade, proveniente de uma lâmpada que produz fótons na faixa 9,5–11,7 eV, dependendo do comprimento de onda da radiação (131 nm corresponde a 9,5 eV e 106 nm a 11,7 eV). Como, em geral, as energias de ligação das espécies orgânicas estão nesta faixa, o PID pode ser usado como um detector universal para compostos orgânicos ou pode ser usado para ionizar seletivamente alguns tipos de moléculas da amostra cuja energia de ionização é baixa. Como este detector está em uso há relativamente pouco tempo, existem ainda alguns problemas no uso a longo termo, especialmente no que diz respeito à contaminação da janela da lâmpada e ao tempo de vida do detector. Entretanto, ele tem potencial considerável como alternativa para os FID, já que tem sensibilidade semelhante e resposta universal. Ao contrário dos FID normais, o PID não precisa de gases auxiliares, bastando o gás de arrasto, o que é uma vantagem no caso de sistemas portáteis. São encontrados no comércio, para determinação de gases e vapores no trabalho de campo, alguns monitores portáteis para compostos orgânicos que usam um PID e uma bomba simples para levar o ar, que age simultaneamente como gás de arrasto e amostra, até uma coluna curta.

Detector de emissão atômica (AED)

O detector de emissão atômica (AED), que é constituído por duas partes independentes, está fadado a vir a ter muitas aplicações. O gás de arrasto (hélio) passa pela coluna capilar e carrega o eluente que passa, ao sair da coluna, por uma cavidade de microondas resfriada com água onde se produz um plasma de hélio. A temperatura alta do plasma é suficiente para decompor a amostra em átomos que, por sua vez, emitem um espectro atômico característico. A radiação resultante é focalizada, passa por uma rede de difração, onde sofre dispersão, e continua até um conjunto de diodos móvel, como na espectroscopia de plasma convencional. Esta montagem permite a detecção de elementos (exceto o hélio, usado como gás de arrasto) com sensibilidade muito alta. O limite de detecção pode chegar a $pg \cdot g^{-1}$. Desde que as linhas espectrais estejam na mesma região do espectro, alguns sistemas permitem a detecção simultânea de até seis elementos, dando como resposta uma série de sinais cromatográficos característicos dos elementos.

Como o detector de diodos pode ser ajustado para cobrir uma faixa selecionada de comprimentos de onda no ultravioleta/visível, pode-se detectar um número muito grande de elementos em uma amostra, tornando a injetá-la e examinando sucessivamente regiões diferentes do espectro. A especificidade característica para os elementos é muito útil na determinação simultânea de halogênios, fósforo, enxofre, nitrogênio e oxigênio, que são analisados separadamente com outros detectores. O detector de emissão atômica também pode ser usado na determinação de outros elementos potencialmente importantes como o silício, metais pesados (Pb, Hg), estanho, arsênico, cobre e ferro, ou como um detector de substâncias orgânicas, monitorando carbono e hidrogênio. Ele pode ainda detectar seletivamente isótopos como ^{13}C e deutério, permitindo a determinação de razões isotópicas.

Além de possibilitar a detecção de amostras cujas características não permitem a análise com detectores convencionais, os AED têm faixa de resposta linear muito grande e podem dar rapidamente informações quantitativas sobre cada elemento analisado. O programa de computador que controla o detector pode usar a resposta do conjunto de diodos também para monitorar eventuais sangramentos da coluna ou o fluxo de gás de arrasto e subtrair este sinal da resposta da amostra para dar um sinal corrigido. Os detectores AED têm sido usados para amostras muito diferentes, hidrocarbonetos, produtos farmacêuticos e substâncias de interesse ambiental [10]. Não há dúvida de que a variedade de aplicações deste detector deve aumentar muito, embora o custo seja ainda alto e a manutenção difícil.

Detectores de CG acoplados

A cromatografia com fase gasosa pode ser acoplada com vários tipos de espectrômetros, compondo sistemas capazes de combinar a capacidade de separação da cromatografia com a capacidade de identificação da espectroscopia. Estes sistemas acoplados serão descritos no Cap. 19. Existe também uma tendência pronunciada para a construção da seção espectroscópica do sistema como um detector cromatográfico **dedicado**. É o caso do AED descrito anteriormente.

9.3 Temperatura programada

Os cromatogramas são usualmente obtidos mantendo-se constante a temperatura da coluna. Duas desvantagens decorrem da operação isotérmica:

1. Os picos iniciais são finos e pouco espaçados (isto é, a resolução é relativamente pequena nesta região do cromatograma) e os picos do final do cromatograma tendem a ser baixos, largos e muito espaçados (isto é, a resolução é excessiva).
2. Com freqüência, compostos com pontos de ebulição elevados não são detectados, particularmente no caso de misturas de compostos desconhecidos com grande faixa de pontos de ebulição. A solubilidade das substâncias de alto ponto de ebulição na fase estacionária é muito alta, o que faz com que eles permaneçam presos na entrada da coluna, especialmente quando a temperatura de operação da coluna é relativamente baixa.

Estas conseqüências da operação isotérmica podem ser em parte evitadas com o uso da técnica da cromatografia com fase gasosa e programação de temperatura (CGPT) na qual a temperatura da coluna é aumentada durante a análise. A programação de temperatura consiste em uma série de alterações da temperatura da coluna controladas por um microprocessador. O programa envolve usualmente um período isotérmico inicial, um período de aumento linear da temperatura e um período isotérmico final após ter sido atingida a temperatura desejada. Este esquema pode ser alterado de acordo com a separação a ser feita. Como a velocidade do aumento da temperatura pode variar muito, busca-se um compromisso entre a necessidade da velocidade de troca lenta para manter a resolução máxima e a de troca rápida para reduzir o tempo de análise.

A cromatografia com fase gasosa e temperatura programada permite a separação de compostos cujos pontos de ebulição são muito diferentes com rapidez maior do que a operação isotérmica. Os picos dos cromatogramas são também mais estreitos e têm forma mais uniforme, o que permite que a altura dos picos possa ser usada nas análises quantitativas acuradas [11].

9.4 Análise quantitativa

Na cromatografia com fase gasosa, a determinação quantitativa de um componente com detectores diferenciais dos tipos descritos anteriormente baseia-se na medida da área e da altura do pico, sendo esta última mais apropriada no caso de picos pouco intensos ou de pequena largura. Duas condições são essenciais para que se possa relacionar estas duas grandezas com a concentração de soluto na amostra:

(a) A resposta do conjunto detector/registrador deve ser linear em relação à concentração do soluto.
(b) Fatores como a vazão do gás de arrasto, a temperatura da coluna etc. devem permanecer constantes ou seus efeitos devem ser eliminados.

A área do pico é comumente usada nas medidas quantitativas de um dado componente da amostra e pode ser medida por técnicas geométricas ou por integração automática.

Técnicas geométricas

Nas chamadas técnicas de triangulação, traçam-se tangentes pelos pontos de inflexão do pico de eluição de modo a formar um triângulo com a linha de base (Fig. 9.5). A área do triângulo é a metade do produto do comprimento da base pela altura do pico. O valor obtido nesta aproximação corresponde a cerca de 97% da área correta dos picos cromatográficos quando estes têm a forma gaussiana. A área pode ser também calculada como o produto da altura do pico pela largura na metade da altura do pico, isto é, pela técnica do produto da altura vezes a largura à meia-altura.

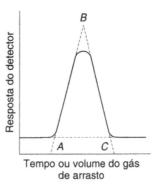

Fig. 9.5 Área do pico por triangulação

170   Cromatografia com Fase Gasosa

Como a localização exata das tangentes (necessária para a triangulação) não é fácil, é mais acurado, em geral, usar a técnica baseada na largura à meia-altura.

Integração automática

As técnicas mais antigas de obtenção da área do pico são lentas e nem sempre satisfatórias em termos de acurácia e reprodutibilidade. O emprego generalizado de colunas capilares, que levam a picos agudos e muito próximos, acentuou a necessidade de métodos instrumentais rápidos para o processamento dos dados. Hoje, computadores são muito usados na cromatografia com fase gasosa quantitativa para processar o sinal analítico gerado durante a corrida cromatográfica. Estes sistemas identificam os picos, computam as áreas e alturas de picos, e registram os resultados como um impresso ou em um dos vários formatos compatíveis com os computadores.

Medir a área de um pico pode ser difícil quando ocorre superposição de picos no cromatograma. Este problema, entretanto, pode ser superado com o uso de técnicas de derivação que dão a primeira ou a segunda derivada dos cromatogramas. A Seção 17.13 explica o uso de procedimentos de derivação nos métodos espectroanalíticos. Muitos programas de computador também executam esta operação, indicando também o grau de superposição dos picos.

9.5 Procedimentos quantitativos

As medidas quantitativas dependem da correlação entre a área dos picos e a quantidade ou concentração dos solutos em várias amostras. Entretanto, áreas iguais para solutos diferentes não indicam necessariamente que a mesma quantidade das substâncias está presente na amostra. Isto ocorre porque a área dos picos (ou os valores de integração no registrador) dependem da resposta do detector, que é característica de cada substância.

Na forma mais simples, toma-se na quantificação uma série de padrões da substância pura e constrói-se uma curva de calibração contra a qual se compara a área da curva correspondente ao analito de interesse, após diluir, se necessário. Obtém-se, assim, a concentração desconhecida. Este procedimento simples, entretanto, está sujeito a erros, alguns humanos e outros instrumentais. Por isso, é mais comum usar as técnicas de normalização das áreas, de padrões internos ou de adição padrão.

Normalização das áreas

Na técnica da normalização das áreas, obtém-se a composição da mistura pela expressão da área de cada pico como uma percentagem da área total dos picos do cromatograma. Deve-se corrigir as áreas dos picos para quaisquer variações significativas da sensibilidade do detector em relação aos diferentes componentes da mistura (Seção 9.9).

Padrões internos

A área e a altura dos picos cromatográficos são afetadas pela quantidade de amostra e, também, pelas flutuações de vazão do gás de arrasto e pelas temperaturas da coluna e do detector, isto é, por alterações nos fatores que influenci-

am a sensibilidade e a resposta do detector. O efeito destas variações pode ser eliminado pelo uso da técnica do padrão interno, na qual se adiciona uma pequena quantidade conhecida de uma substância de referência à amostra a ser analisada, antes da injeção na coluna. Para que as substâncias usadas como padrão interno sejam efetivas (Seção 4.5) algumas condições devem ser satisfeitas:

(a) Elas devem dar um pico completamente resolvido cuja eluição ocorra nas vizinhanças dos componentes que vão ser analisados.

(b) A área ou a altura do pico correspondente deve ser semelhante à dos picos dos componentes que vão ser analisados.

(c) Elas devem ser quimicamente semelhantes às substâncias que vão ser analisadas, mas não devem estar presentes na amostra original.

Adiciona-se uma quantidade constante do padrão interno a um volume conhecido de várias misturas sintéticas que contêm quantidades variadas e conhecidas dos componentes a serem determinados. Faz-se a cromatografia das misturas resultantes e obtém-se uma curva de calibração fazendo o gráfico da percentagem do componente na mistura contra a razão entre a área do pico do componente e a área do pico do padrão. A análise da mistura desconhecida é feita pela adição da mesma quantidade de padrão interno ao volume especificado da mistura. A concentração do soluto é obtida na curva de calibração a partir da razão observada entre as áreas dos picos. Se o padrão interno utilizado for eficiente, este método é, provavelmente, o mais preciso para uso na cromatografia com fase gasosa quantitativa. A concentração de etanol em amostras de sangue, por exemplo, é determinada usando-se 2-propanol como padrão interno.

Adição padrão

Cromatografa-se a amostra antes e depois da adição de uma quantidade exatamente conhecida do componente que se deseja determinar e calcula-se seu peso na amostra a partir da razão entre as áreas do pico dos dois cromatogramas. A adição padrão é muito útil na análise de misturas complexas quando não se consegue obter um padrão interno adequado. Procedimentos de adição padrão são muito usados nas análises químicas e explicações mais detalhadas desta técnica podem ser encontradas nas Seções 13.39, 15.15 e 18.11.

9.6 Análise elementar

Uma das aplicações quantitativas mais importantes da cromatografia com fase gasosa é a determinação percentual dos elementos carbono, hidrogênio, nitrogênio, oxigênio e enxofre em compostos orgânicos e organometálicos. Embora existam diferenças entre os diversos analisadores elementares dedicados, eles seguem procedimentos bem estabelecidos. Os procedimentos listados a seguir são típicos.

Determinação de C, H e N

As amostras (usualmente cerca de 1 mg) são pesadas em recipientes de estanho, limpo e seco. As amostras são colocadas automaticamente pelo instrumento, em intervalos de tempo predeterminados, em um tubo vertical de quartzo mantido em 1030°C pelo qual passa uma corrente constante de hélio. Quando as amostras penetram o tubo, a corrente de hélio é enriquecida temporariamente por oxigênio e ocorre combustão rápida da amostra. A mistura de gases obtida passa sobre Cr_2O_3 para que a combustão seja quantitativa e sobre cobre, em 650°C, para remover o excesso de oxigênio e reduzir os óxidos de nitrogênio a N_2. A mistura de gases passa, finalmente, por uma coluna cromatográfica (de dois metros de comprimento) de Porapak QS mantida em 100°C, aproximadamente. Os diversos componentes (N_2, CO_2, H_2O) são separados e eluídos até um detector de condutividade térmica. O sinal do detector alimenta um registrador potenciométrico em paralelo com um integrador e uma impressora digital. A calibração do instrumento é feita pela combustão de padrões como a 2,4 dinitro-fenil-hidrazona da ciclo-hexanona.

A determinação do **carbono orgânico total** (TOC) é importante na análise da água e no monitoramento da qualidade da água, porque dá uma indicação aproximada da quantidade global de poluentes orgânicos da amostra. A água é acidificada e purgada para remover o dióxido de carbono originado de carbonatos e hidrogenocarbonatos eventualmente presentes. Depois disso, um pequeno volume conhecido da água é injetado em uma corrente de gás que passa por um tubo aquecido empacotado no qual o material orgânico é oxidado a dióxido de carbono. Este último é determinado por espectroscopia de infravermelho ou convertido em metano para a determinação por cromatografia com fase gasosa e detector de ionização de chama (Seção 9.2).

Determinação de oxigênio

Pese a amostra em um recipiente de prata, lavado e seco em 400°C, mantido em um frasco fechado para evitar a oxidação. Coloque a amostra pesada em um reator, mantido em 1060°C, cuja parede interna tem uma camada de níquel depositado sobre carbono onde ocorre a conversão quantitativa do oxigênio a monóxido de carbono. Os gases de pirólise passam a seguir por uma coluna cromato gráfica (1 m de comprimento), mantida em 100°C, que contém peneiras moleculares (5×10^{-8} cm). O CO é separado de N_2, CH_4 e H_2 e medido com um detector de condutividade térmica. A adição de vapores de um cloro-hidrocarboneto ao gás de arrasto facilita a decomposição dos compostos que contêm oxigênio.

Determinação de enxofre

O procedimento inicial para a combustão rápida da amostra é praticamente o mesmo descrito para C, H e N. A conversão quantitativa de enxofre a dióxido de enxofre é feita durante a passagem dos gases de combustão por óxido de tungstênio(VI), WO_3. O excesso de oxigênio é removido em um tubo de redução aquecido que contém cobre. A mistura resultante é cromatografada em uma coluna de Porapak aquecida até 80°C na qual o SO_2 é separado dos demais gases de combustão e medido por condutividade térmica.

Seção experimental

⚠ Segurança. Antes de fazer qualquer experimento desta seção preste muita atenção aos avisos de segurança. Tenha sempre em mente as regras de segurança de laboratório.

9.7 Técnica da normalização interna para a análise de solventes

Introdução Para se obter boa acurácia na análise quantitativa de uma mistura, deve-se saber a resposta do detector para cada componente da mistura. Se a resposta do detector não for idêntica para todos, as áreas sob os picos não podem ser usadas como medida direta das proporções dos componentes da mistura. O experimento que descrevemos ilustra o uso da técnica de normalização interna para a análise quantitativa de uma mistura de acetato de etila, octano e etil-*n*-propilcetona (3-hexanona).

Reagentes e aparelhagem *Reagentes* Acetato de etila (I), octano (II), etil-*n*-propilcetona e tolueno (IV), de grau GPR ou comparável.

Microsseringa Para injetar as amostras.

Cromatógrafo a gás Preferivelmente equipado com um detector de ionização de chama e um integrador digital.

Coluna Empacotada com uma fase estacionária contendo 10% em peso de ftalato de dinonila.

Procedimento Prepare a mistura A, que contém os compostos I, II e III em uma razão desconhecida. Prepare a mistura B, que contém pesos iguais dos compostos I, II e III. Ajuste o forno do cromatógrafo para 75°C e a vazão do gás de arraste (nitrogênio puro) para 40–45 ml·min^{-1}. Deixe estabilizar a temperatura do forno e injete 0,3 µl da mistura B. Decida, por inspeção das áreas dos picos, se a resposta do detector é a mesma para todos os componentes. Se a resposta do detector não for a mesma, faça uma mistura 1:1 de cada um dos componentes (I, II e III) com o composto IV. Injete 0,1 µl de amostra de cada uma destas misturas, meça as áreas dos picos e deduza os fatores de correção dos componentes I, II e III em relação ao padrão interno IV. Prepare uma mistura, por peso, de A com o composto IV. Injete 0,3 µl desta mistura, meça as áreas dos vários picos e determine a composição percentual de A, levando em conta as correções adequadas para as diferenças em sensibilidade do detector.

9.8 Sacarose como derivado de trimetil-silila

Introdução O objetivo deste experimento é ilustrar a importância da derivatização na análise por CG de açúcares e substâncias relacionadas. A derivatização é muito usada na análise de carboidratos [12] para evitar o uso de colunas de alta temperatura que certamente levaria à decomposição dos compostos não derivatizados.

Reagentes e aparelhagem *Puros e secos* Os reagentes e solventes devem estar puros e secos e devem ser testados previamente no cromatógrafo a gás que vai ser usado no experimento.

Piridina Purifique por refluxo sobre hidróxido de potássio e posterior destilação. Guarde a piridina purificada sobre o mesmo reagente.

Outros reagentes Trimetil-cloro-silano (TMCS), $(CH_3)_3SiCl$, e hexametil-disilazano (HMDS), $(CH_3)_3Si—NH—Si(CH_3)_3$.

Vaso de reação Use um pequeno tubo ou frasco com tampa de teflon parafusada.

Cromatógrafo a gás Opere a coluna no modo isotérmico, em 210°C, usando um detector de ionização de chama.

Procedimento Trate 10 mg de sacarose com 1 ml de piridina anidra, 0,2 ml de HMDS e 0,1 ml de TMCS em um frasco com rolha de plástico (ou recipiente semelhante). Agite a mistura vigorosamente por cerca de 30 segundos e deixe em repouso por 10 minutos na temperatura normal. Se o carboidrato não se dissolver na mistura, aqueça o recipiente por 2 a 3 minutos em 75–85°C. Injete 0,3 μl da mistura resultante no cromatógrafo a gás. Condições anidras de reação são essenciais porque os derivados de silila são sensíveis, em graus diversos, à água.

9.9 Determinação de alumínio como o complexo tris(acetilacetonato)

Introdução Este experimento ilustra a aplicação da cromatografia com fase gasosa na determinação de traços de metais na forma de quelatos complexos. O procedimento a seguir, para o alumínio, pode ser adaptado para a separação e determinação de alumínio e cromo(III) na forma dos acetilacetonatos [13].

Amostra Pode-se usar solventes para extrair alumínio de uma solução em água na forma de acetilacetonato. A amostra em solução assim obtida é adequada para a análise por cromatografia com fase gasosa. Coloque cerca de 15 mg de alumínio em 5 ml de água e ajuste o pH entre 4 e 6. Equilibre a solução por 10 minutos com duas porções sucessivas de 5 ml de uma solução 1:1 por volume de acetilacetona (pura, redestilada) e clorofórmio. Junte os dois extratos orgânicos. O íon fluoreto interfere seriamente no processo de extração e deve ser previamente removido.

Introduza uma alíquota de 0,30 μl do extrato no cromatógrafo a gás. Concentrações superiores a 0,3 M não são adequadas porque ocorre deposição de sólidos que bloqueiam a seringa de 1 μl normalmente usada na injeção da amostra. Lave a seringa várias vezes com a solução de amostra, encha com a amostra até o volume desejado, enxugue a ponta da agulha e injete a amostra no cromatógrafo.

Aparelhagem Use um cromatógrafo a gás equipado com um detector de ionização de chama e um sistema de tratamento de dados. Os integradores digitais são particularmente convenientes para a determinação quantitativa, porém outras técnicas de medida da área dos picos também podem ser utilizadas (Seção 9.4). Use nitrogênio puro, livre de oxigênio, na velocidade de fluxo de 40 ml·min^{-1}, como

gás de arrasto. As dimensões ótimas da coluna são 1,6 m de comprimento e 6 mm de diâmetro externo. Use como fase estacionária um recheio com SE30 ou Chromosorb W a 5% em peso. Mantenha a coluna em 165°C.

Procedimento Faça a extração de uma série de soluções com 5 a 25 mg de alumínio em 5 ml de água usando o procedimento descrito anteriormente para a amostra. Calibre o aparelho injetando 0,30 μl de cada extrato na coluna e registrando a área do pico no cromatograma. Construa um gráfico da área dos picos contra a concentração de alumínio. Determine o alumínio (presente como acetilacetonato) por injeção de 0,30 μl de amostra na coluna. Registre a área do pico obtido e leia a concentração de alumínio usando a curva de calibração. Esta técnica de calibração tem acurácia limitada. Resultados melhores podem ser obtidos com o método da adição padrão (Seção 9.5).

9.10 Derivatização e quantificação de álcoois de açúcar (itóis)

Introdução Kirk e Sawyer descreveram em detalhes um procedimento para a separação de álcoois de açúcar em alimentos como conservas, geléias e frutos [14] baseado em métodos aceitos internacionalmente. Damos aqui uma versão ligeiramente modificada. Seu interesse é o uso de padrões internos e das técnicas de derivatização.

Reagentes *Amostra e padrão* A amostra deve ser macerada antes do uso. O padrão interno é o *meso*-inositol.

Solução Carrez 1 Preparada a partir de 21,9 g de acetato de zinco di-hidratado e 3 g de ácido acético levados a 100 ml em um balão aferido.

Solução Carrez 2 Preparada a partir de 10,6 g de ferricianeto de potássio levado a 100 ml em um balão aferido.

Açúcares de referência Glicose, frutose, sorbitol, manitol, por exemplo.

Solução de oximação 2,5% peso por volume de hidroxilamina em piridina.

Reagente de sililação Trimetil-cloro-silano:*N,O*-bis-(trimetil-silil)-acetamida (1:5 por volume).

Aparelhagem Esta separação tem melhor resultado quando se usa uma coluna de 200 cm × 2 mm, com SE52 5% sobre um enchimento de 80 a 100 malhas, mantida em 150°C por 2 minutos e, depois, com programação de temperatura até 250°C, com velocidade de 2°C·min^{-1}, e um FID em 260°C, com nitrogênio como gás de arrasto na velocidade de 30 ml·min^{-1}.

Procedimento Para preparar a solução A, pese 1 g da amostra macerada, coloque o material em um bécher e adicione 0,3 g de *meso*-inositol. Acrescente 30 ml de água, aqueça lentamente e agite para extrair os açúcares. Adicione 0,5 ml da solução Carrez 1 e 0,5 ml da solução Carrez 2 e misture. Filtre a mistura para um balão aferido de 100 ml. Lave o material sólido com uma porção adicional de

20 ml de água morna, filtre e junte os filtrados. Leve a solução até 100 ml com metanol. Prepare a solução de referência B dissolvendo aproximadamente 0,2 g de cada açúcar, juntos, em 30 ml de água, e adicionando 0,3 g de *meso*-inositol, 0,5 ml de solução Carrez 1 e 0,5 ml de solução Carrez 2. Transfira o material para um balão aferido de 100 ml, adicione 20 ml de água e complete o volume até 100 ml com metanol.

Coloque 0,5 ml da solução A em um frasco que permita o ajuste de um septo. Faça o mesmo, em outro frasco, com 0,5 ml da solução B. Evapore as soluções com uma corrente de nitrogênio até quase a secura. Adicione 0,5 ml de álcool isopropílico e evapore até a secura com a corrente de nitrogênio. Feche os frascos com um septo e injete 0,5 ml da solução de oximação. Misture e aqueça até 80°C por 30 minutos. Deixe esfriar e injete 1 ml do reagente de sililação em cada frasco, misture e aqueça novamente até 80°C por 30 minutos. Deixe esfriar. Deve ser possível obter cromatogramas razoáveis usando 1 μl da amostra preparada desta maneira. Os açúcares da amostra original podem ser identificados por comparação dos tempos de retenção com os padrões e as determinações quantitativas podem ser feitas por comparação das razões de picos dos cromatogramas com o padrão interno, o *meso*-inositol.

9.11 Referências

1. A T James and A J P Martin 1952 *Biochem. J.*, **50**; 679–90
2. A J P Martin and R L M Synge 1941 *Biochem. J.*, **35**; 1358
3. K Grob 1986 *Classical split and splitless injection in capillary gas chromatography*, Huethig Verlag, New York
4. A Rizzolo, A Polesello and S Polesello 1992 *High Resolut. Chromatogr.*, **7** (2); 201
5. R C Denney 1983 *Speciality Chemicals*, **3**; 6–7, 12
6. R S Barrett 1973 *Proc. Soc. Anal. Chem.*, **45**; 167
7. K Blau and G S King (eds) 1977 *Handbook of derivatives for chromatography*, Heyden, London
8. D Knapp (ed) 1979 *Handbook of analytical derivatisation reactions*, John Wiley, New York
9. I G McWilliam 1983 *Chromatographia*, **17**; 241
10. E Bulska 1992 *J. Anal. At. Spectrom.*, **7** (2); 201
11. W E Harris and H W Habgood 1966 *Programmed temperature gas chromatography*, John Wiley, New York
12. C C Sweeley *et al.* 1963 *J. Amer. Chem. Soc.*, **85**; 2497
13. R D Hill and H Gesser 1963 *J. Gas Chromatogr.*, **1**; 11
14. R S Kirk and R Sawyer 1991 *Pearson's composition and analysis of foods*, 9th edn, Longman, Harlow, p. 203

9.12 Bibliografia

F Bruner 1993 *Gas chromatographic environmental analysis*, VCH, New York

R C Denney 1982 *A dictionary of chromatography*, 2nd edn, Macmillan, London

I A Fowlis 1995 *Gas chromatography*, ACOL–Wiley, Chichester

D W Grant 1995 *Capillary gas chromatography*, John Wiley, Chichester

R L Grob (ed) 1995 *Modern practice of gas chromatography*, 3rd edn, John Wiley, Chichester

C Horváth and L S Ettre (eds) 1993 *Chromatography in Biotechnology*, American Chemical Society, Washington DC

R W Moshier and R E Sievers 1965 *Gas chromatography of metal chelates*, Pergamon, Oxford

K K Ungor (ed) 1990 *Packings and stationary phases in chromatographic techniques*, Marcel Dekker, New York

10

Análise titrimétrica

Considerações teóricas

10.1 Introdução

Os métodos da chamada "química por via úmida", como a análise titrimétrica e a gravimetria, ainda desempenham importante papel na química analítica moderna. Em muitas áreas, os procedimentos titrimétricos são insubstituíveis. Suas principais vantagens são:

1. A precisão (0,1%) é melhor do que na maior parte dos métodos instrumentais.
2. Os métodos são, normalmente, superiores às técnicas instrumentais na análise dos principais componentes.
3. Quando o número de amostras é pequeno como, por exemplo, no caso de uma análise eventual, as titulações simples são comumente preferíveis.
4. Ao contrário do que ocorre com os métodos instrumentais, o equipamento não requer recalibração constante.
5. Os métodos são relativamente baratos, com baixo custo unitário por determinação.
6. Os métodos são comumente empregados para calibrar ou validar análises de rotina feitas com instrumentos.
7. Os métodos podem ser automatizados (Seção 10.10).

Existem, no entanto, várias desvantagens no uso dos métodos titrimétricos clássicos. A mais significativa é que eles são normalmente menos sensíveis e freqüentemente menos seletivos do que os métodos instrumentais. Além disso, quando um grande número de determinações semelhantes deve ser feito, a análise com métodos instrumentais é normalmente mais rápida e mais barata do que os métodos titrimétricos, que exigem grande volume de trabalho. No entanto, apesar da difusão e da popularidade dos métodos instrumentais, pode-se concluir, a partir do que foi exposto, que existe um campo considerável para o uso dos procedimentos titrimétricos, especialmente no treinamento em laboratório. Além de fornecer uma visão dos métodos titrimétricos clássicos, este capítulo inclui a titrimetria baseada em técnicas eletroquímicas, os métodos automatizados e uma rápida abordagem das titulações espectrofotométricas.

10.2 Análise titrimétrica

O termo "análise titrimétrica" refere-se à análise química quantitativa feita pela determinação do volume de uma solução, cuja concentração é conhecida com exatidão, necessário para reagir quantitativamente com um volume determinado da solução que contém a substância a ser analisada. A solução cuja concentração é conhecida com exatidão é chamada de **solução padrão** ou **solução padronizada** (Seção 10.4). O peso da substância a ser analisada é calculado a partir do volume da solução padrão usada, da equação química envolvida e das massas moleculares relativas dos compostos que reagem.

O termo "análise volumétrica" foi usado para denominar esta modalidade de determinação quantitativa, mas, hoje, prefere-se a expressão **análise titrimétrica**. A razão para isto é que "análise titrimétrica" expressa melhor o processo de titulação, enquanto o termo "análise volumétrica" poderia ser confundido com a medição de volumes, como no caso de gases. Em análise titrimétrica, o reagente cuja concentração é conhecida é denominado **titulante** e a substância que está sendo dosada, **titulado**. O novo nome não se estendeu aos equipamentos empregados nas várias operações. Assim, termos como "vidraria volumétrica" e "balão volumétrico" são ainda comuns, mas é melhor empregar as expressões "vidraria graduada" e "balão aferido", que serão usadas neste livro.

A solução padronizada é normalmente adicionada com a ajuda de um tubo longo graduado chamado bureta. A operação de adição da solução padronizada até que se complete a reação é chamada de titulação. Quando isto acontece, diz-se que a substância a ser determinada foi titulada. O volume exato em que isto ocorre é chamado ponto de equivalência ou **ponto final teórico ou estequiométrico**. O término da titulação é detectado por meio de alguma modificação física produzida pela própria solução padronizada (por exemplo, a leve coloração rósea do permanganato de potássio diluído) ou, mais comumente, pela adição de um reagente auxiliar conhecido como indicador. Pode-se usar também outras medidas físicas. Quando a reação entre a substância a titular e a solução padronizada estiver praticamente completa, o indicador deve provocar uma mudança visual evidente (mudança de cor ou formação de turbidez, por exemplo) no líquido que está sendo titulado. O ponto em que isto ocorre é chamado **ponto final da titulação**. Em uma titulação ideal, o ponto final visível deve coincidir com o ponto final estequiométrico ou teórico. Na prática, porém, ocorrem diferenças muito pequenas, a que chamamos **erro da titulação**. O indicador e as condições experimentais devem ser selecionados de modo que a diferença entre o ponto final visível e o teórico seja a menor possível.

Para poderem ser empregadas em análises titrimétricas, as reações devem preencher os seguintes requisitos:

1. A reação deve ser simples e poder ser expressa por uma equação química. A substância a ser determinada deve reagir completamente com o reagente em proporções estequiométricas ou equivalentes.
2. A reação deve ser relativamente rápida. (A maior parte das reações iônicas satisfaz esta condição.) Em alguns casos, pode ser necessária a adição de um catalisador para aumentar a velocidade da reação.
3. Deve ocorrer, no ponto de equivalência, alteração de alguma propriedade física ou química da solução.
4. Deve-se dispor de um indicador capaz de definir claramente, pela mudança de uma propriedade física (cor ou formação de precipitado) o ponto final da reação. Se a mudança não for visual, ainda é possível detectar o ponto de equivalência por outros meios:

  (a) Pela medida da diferença de potencial entre um eletrodo indicador e um eletrodo de referência (**titulação potenciométrica**).
  (b) Pela revelação do titulante por eletrólise (**titulação coulométrica**).
  (c) Pela medida da corrente que passa, sob força eletromotriz (f.e.m.) conveniente, através da célula de titulação entre um eletrodo indicador e um eletrodo de referência despolarizado (**titulação amperométrica**).

Os métodos titrimétricos podem ser muito precisos (1 parte em 1000 ou melhor) e quando são aplicáveis têm vantagens evidentes sobre os métodos gravimétricos. As aparelhagens são mais simples e a execução é geralmente rápida, evitando-se separações difíceis e tediosas. Na análise titrimétrica usa-se a seguinte aparelhagem: (i) frascos de medida graduados, incluindo buretas, pipetas e balões aferidos (Cap. 3); (ii) substâncias de pureza conhecida para o preparo de soluções padronizadas; (iii) um indicador visual ou um método instrumental para a determinação do término da reação.

10.3 Classificação das reações em análise titrimétrica

As reações empregadas em análise titrimétrica podem ser agrupadas em quatro classes principais. Como dependem da combinação de íons, as três primeiras não envolvem mudanças no número de oxidação. Na quarta classe estão as reações de oxidação-redução que envolvem mudança do estado de oxidação ou, em outras palavras, transferência de elétrons.

Reações de neutralização ou acidimetria e alcalimetria

Nesta classe estão incluídas a titulação de bases livres ou de bases formadas pela hidrólise de sais de ácidos fracos com um ácido padrão (acidimetria) e a titulação de ácidos livres ou de ácidos formados pela hidrólise de sais de bases fracas com uma base padrão (alcalimetria). As reações envolvem a combinação dos íons hidrogênio e hidróxido para formar água. Esta classe inclui, também, a titulação em solventes não-aquosos, compostos orgânicos, em sua maioria.

Reações de formação de complexos

O ácido etilenodiaminotetracético (EDTA), principalmente sob a forma do sal dissódico, é um reagente muito impor-

tante nas titulações com formação de complexos. É um dos reagentes mais importantes da análise titrimétrica. A determinação do ponto de equivalência com o auxílio de indicadores de íons metálicos acentuou grandemente sua aplicação em titrimetria.

Reações de precipitação

As reações desta classe dependem da combinação de íons para formar um precipitado, como na titulação de íons prata com soluções contendo cloreto (Seção 10.92). Não há mudança do estado de oxidação.

Reações de oxidação–redução

Nesta classe incluem-se todas as reações que envolvem mudança do número de oxidação, isto é, transferência de elétrons entre os reagentes. As soluções padrões podem ser agentes oxidantes ou redutores. Os principais agentes oxidantes são permanganato de potássio, dicromato de potássio, sulfato de cério(IV), iodo, iodato de potássio e bromato de potássio. Os agentes redutores usuais são compostos de ferro(II) e de estanho(II), tiossulfato de sódio, óxido de arsênio(III) e nitrato de mercúrio(I). Os seguintes agentes redutores têm emprego mais limitado: cloreto ou sulfato de vanádio(II), cloreto ou sulfato de cromo(II) e cloreto ou sulfato de titânio(III).

10.4 Soluções padronizadas (padrões)

A palavra "concentração" é freqüentemente empregada como um termo geral que indica a quantidade de uma substância em um volume definido de solução. Na análise titrimétrica quantitativa, entretanto, são usadas soluções padronizadas em que a unidade básica da quantidade é o mol. Este procedimento segue a definição dada pela União Internacional de Química Pura e Aplicada:

O mol é a quantidade de substância que contém tantas unidades elementares quanto são os átomos em 0,012 quilograma de carbono-12. A unidade elementar deve ser especificada e pode ser um átomo, uma molécula, um íon, um radical, um elétron ou outra partícula ou, ainda, um grupo especificado de tais partículas [1].

Por isso, as soluções padronizadas são comumente expressas em termos de concentração molar ou molaridade, M. Estas soluções são especificadas em termos do número de moles de soluto dissolvidos em um litro de solução. Para uma dada solução

$$\text{molaridade } M = \frac{\text{moles de soluto}}{\text{volume da solução em litros}}$$

10.5 Preparação de soluções padronizadas (padrões)

Quando se dispõe de um reagente com pureza adequada, pode-se preparar uma solução de molaridade conhecida pesando um mol, ou uma fração do mol, ou, ainda, um determinado múltiplo do mol, dissolvendo o material em um solvente apropriado (geralmente água) e completando com solvente até um volume conhecido. Não é necessário pesar com exatidão um mol (ou um múltiplo ou submúltiplo). É mais conveniente, na prática, preparar uma solução **um pouco mais** concentrada do que o necessário e depois diluí-la com água destilada até a molaridade desejada. Se M_1 é a molaridade necessária, V_1 o volume após a diluição, M_2 a molaridade inicial e V_2 o volume original, então $M_1V_1 = M_2V_2$, isto é, $V_1 = M_2V_2/M_1$. O volume de água a ser adicionado ao volume V_2 é $(V_1 - V_2)$ ml.

As seguintes substâncias, que podem ser obtidas com alto grau de pureza, são adequadas ao preparo de soluções padrões: carbonato de sódio, hidrogenoftalato de potássio, tetraborato de sódio, hidrogenoiodato de potássio, oxalato de sódio, nitrato de prata, cloreto de sódio, cloreto de potássio, iodo, bromato de potássio, iodato de potássio, dicromato de potássio, nitrato de chumbo e óxido de arsênio(III).

Quando o reagente não está disponível em pureza suficiente, como ocorre com a maior parte dos hidróxidos básicos, alguns ácidos inorgânicos e várias substâncias deliqüescentes, prepara-se inicialmente uma solução de molaridade aproximadamente igual à molaridade desejada. Esta solução é, então, padronizada por titulação com uma solução de uma substância pura de concentração conhecida. Em geral, é melhor padronizar uma solução usando uma reação do mesmo tipo da reação na qual a solução será empregada e, sempre que possível, nas mesmas condições experimentais. Assim, os erros de titulação e outros erros são consideravelmente reduzidos e, mesmo, cancelados. Emprega-se este método indireto, por exemplo, na preparação de soluções da maior parte dos ácidos, hidróxido de sódio, hidróxido de potássio, hidróxido de bário, permanganato de potássio, amônia, tiocianato de potássio (ou de amônio) e tiossulfato de sódio.

10.6 Padrões primários e secundários

Em titrimetria, alguns produtos químicos são freqüentemente usados em determinadas concentrações como soluções de referência. Estas substâncias são conhecidas como **padrões primários** ou **padrões secundários**. Um padrão primário é uma substância suficientemente pura para que se possa preparar uma solução padrão por pesagem direta e diluição até um determinado volume de solução. Diz-se que a solução correspondente é uma solução padrão primária. Um padrão primário deve satisfazer os seguintes requisitos:

1. Deve ser fácil de obter, purificar, secar (de preferência entre 110 e 120°C) e preservar em estado puro. (Este requisito não é normalmente obedecido pelas substâncias hidratadas porque é muito difícil remover completamente a umidade superficial sem levar à decomposição parcial.)
2. A substância não deve se alterar no ar durante a pesagem. Isto significa que ela não deve ser higroscópica e não deve se oxidar no ar ou ser sensível ao dióxido de carbono. A composição do padrão deve se manter constante durante a estocagem.
3. A substância deve poder ser testada para impurezas por ensaios qualitativos ou outros testes de sensibilidade conhecida. (A quantidade total de impurezas não deve exceder 0,01–0,02%.)
4. O padrão deve ter massa molecular relativa elevada para que os erros de pesagem possam ser ignorados. (A precisão da pesagem é, normalmente, de 0,1 a 0,2 mg. Logo,

para uma exatidão de uma parte em 1000 é necessário empregar amostras que pesem pelo menos 0,2 g.)
5. A substância deve ser facilmente solúvel nas condições de trabalho.
6. A reação com a solução padrão deve ser estequiométrica e praticamente instantânea. O erro de titulação deve ser desprezível ou poder ser facilmente determinado experimentalmente com acurácia.

Na prática, é difícil obter um padrão primário ideal. É necessário, normalmente, um compromisso entre os requisitos ideais. As substâncias comumente empregadas como padrões primários são:

Reações ácido–base: carbonato de sódio, Na_2CO_3, tetraborato de sódio, $Na_2B_4O_7$, hidrogenoftalato de potássio, $KH(C_8H_4O_4)$ e hidrogenoiodato de potássio, $KH(IO_3)_2$.
Reações de formação de complexos: metais puros (por exemplo, zinco, magnésio, cobre e manganês) e sais, dependendo da reação usada.
Reações de precipitação: prata, nitrato de prata, cloreto de sódio, cloreto de potássio e brometo de potássio.
Reações de oxidação-redução: dicromato de potássio, $K_2Cr_2O_7$, bromato de potássio, $KBrO_3$, iodato de potássio, KIO_3, hidrogenoiodato de potássio, $KH(IO_3)_2$, oxalato de sódio, $Na_2C_2O_4$, óxido de arsênio(III), As_2O_3, e ferro.

Os sais hidratados não são, em geral, bons padrões. Isto se deve à dificuldade de secá-los eficientemente. Os sais que não eflorescem, como o tetraborato de sódio, $Na_2B_4O_7 \cdot 10H_2O$, e o sulfato de cobre, $CuSO_4 \cdot 5H_2O$, entretanto, são, na prática, usados como padrões secundários satisfatórios [2].

Um padrão secundário é um composto que pode ser usado nas padronizações e cujo teor de substância ativa foi determinado por comparação contra um padrão primário. Em outras palavras, uma solução padrão secundária é aquela em que a concentração do soluto dissolvido não foi determinada por pesagem do composto dissolvido, mas pela titulação de um volume da solução com um volume conhecido de uma solução padrão primária.

Como os métodos potenciométricos, coulométricos e amperométricos são amplamente empregados em análise titrimétrica, é essencial incluir uma introdução à teoria básica destes métodos. O Cap. 13 dá uma visão geral dos modelos de eletrodos usados para esta finalidade.

10.7 Princípios da titulação potenciométrica

Em uma titulação potenciométrica, o potencial do eletrodo indicador é medido em função do volume de titulante adicionado. O ponto de equivalência da reação é reconhecido pela mudança súbita do potencial observada no gráfico das leituras de f.e.m. contra o volume de solução titulante. Qualquer método capaz de detectar esta alteração brusca do potencial pode ser usado. Um dos eletrodos deve permanecer em potencial constante, não necessariamente conhecido. O outro eletrodo, que indica as mudanças de concentração iônica, deve ter resposta rápida. A solução que contém o analito deve ser agitada ao longo da titulação.

A Fig. 10.1 mostra o esquema de uma montagem simples para a titulação potenciométrica manual. A é um ele-

Análise Titrimétrica

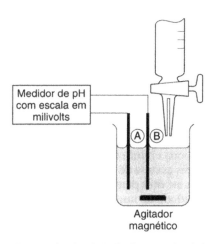

Fig. 10.1 Aparelhagem simples de titulação potenciométrica: A = eletrodo de referência, B = eletrodo indicador

trodo de referência (por exemplo, um eletrodo de calomelano saturado) e B é o eletrodo indicador. A solução a ser titulada é normalmente colocada em um bécher provido de um agitador magnético. Quando é necessário excluir o ar ou o dióxido de carbono atmosférico, aconselha-se o emprego de um balão de três ou quatro bocas, adaptado de modo a permitir o borbulhamento de nitrogênio na solução antes e durante a titulação.

Determina-se a f.e.m. da célula que contém a solução a titular e adiciona-se a solução titulante em volumes relativamente grandes (1 a 5 ml) até perto do ponto de equivalência (p.e.). A adição é acompanhada pela determinação da f.e.m. Pode-se reconhecer a aproximação do ponto de equivalência pela mudança mais rápida da f.e.m. Nas vizinhanças do ponto de equivalência deve-se adicionar volumes iguais de titulante (tipicamente 0,1 ou 0,05 ml). Este procedimento é particularmente importante quando o ponto de equivalência for determinado pelo método analítico que vamos descrever adiante. Deve-se aguardar, após cada adição de titulante, tempo suficiente para que o eletrodo indicador atinja um potencial razoavelmente constante (aproximadamente +1 ou +2 mV) antes da próxima adição. Deve-se ter o cuidado de obter vários pontos após a passagem pelo ponto de equivalência. Para medir a f.e.m. liga-se, usualmente, o sistema de eletrodos a um medidor de pH que pode funcionar como milivoltímetro e registrar os valores de f.e.m. Quando usado como um milivoltímetro, um medidor de pH pode utilizar praticamente qualquer combinação de eletrodos para acompanhar muitos tipos diferentes de titulação potenciométrica. Em muitos casos, os instrumentos podem ser ligados a um registrador que monitora continuamente os resultados das titulações, normalmente sob a forma de uma curva de titulação.

10.8 Considerações gerais

Como no caso da titrimetria clássica, as titulações potenciométricas envolvem reações químicas que podem ser classificadas como (a) reações de neutralização, (b) reações de complexação, (c) reações de precipitação e (d) reações de oxidação–redução. Detalhes experimentais das titulações potenciométricas podem ser encontrados nas seguintes seções: neutralização, incluindo reações em meios não-aquosos (Seções 10.55 a 10.58), complexação (Seção 10.85), precipitação (Seções 10.102 a 10.103) e reações redox (Seções 10.154 a 10.156).

10.9 Localização dos pontos finais

De um modo geral, o ponto final de uma titulação pode ser detectado mais facilmente pelo exame da curva de titulação e suas primeira e segunda derivadas ou pelo exame do gráfico de Gran. A curva de titulação é o gráfico das leituras da f.e.m. obtidas com o eletrodo indicador e o eletrodo normal de referência contra o volume de titulante adicionado. A curva pode ser construída manualmente ou de forma automática por meio de equipamentos adequados. A curva tem, em geral, a mesma forma das curvas de neutralização de um ácido, isto é, uma curva em formato de S (sigmóide) como na Fig. 10.12 (Seção 10.33). A Fig. 10.2(a) mostra a porção central da curva localizada no ponto de inflexão, com o ponto final situado na porção da curva que cresce bruscamente. Quando a porção ascendente da curva é claramente definida, pode-se estimar aproximadamente o ponto final como estando a meio caminho do segmento ascendente da curva, porém é normalmente preferível utilizar **métodos analíticos (ou derivativos)**. Os métodos analíticos são a determinação da primeira derivada ($\Delta E/\Delta V$ contra V) ou da segunda derivada ($\Delta^2 E/\Delta V^2$ contra V) da curva de titulação original. O máximo da primeira derivada corresponde ao ponto de inflexão da curva de titulação, isto é, no ponto final. A segunda derivada ($\Delta^2 E/\Delta V^2$) tem valor zero no ponto onde o coeficiente angular da primeira derivada é o máximo e também corresponde ao ponto final.

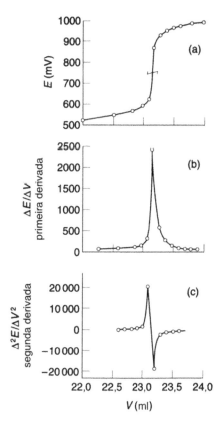

Fig. 10.2 Localização dos pontos finais em uma titulação potenciométrica

178 Análise Titrimétrica

O método do gráfico de Gran é um procedimento relativamente simples para a detecção do ponto final. Adiciona-se o reagente em porções e a cada vez determina-se a f.e.m. da célula, E. O gráfico do antilogaritmo ($EnF/2,303RT$) contra o volume de reagente adicionado dá uma linha reta cujo ponto de interseção no eixo dos volumes corresponde ao volume de reagente no ponto de equivalência. A construção do gráfico é simplificada quando se emprega um papel de gráfico semi-antilog especial. A vantagem particular do método é que a titulação não precisa ser feita além do ponto final. Só é necessário ter um número adequado de observações antes do ponto final, de modo a permitir o traçado da linha reta. Consegue-se melhor precisão usando os últimos 20% do volume do ponto de equivalência.

10.10 Tituladores automáticos

As titulações potenciométricas (Seção 10.7) feitas manualmente podem tomar um tempo considerável. A localização precisa do ponto final através da primeira ou da segunda derivadas (Seção 10.9), se obtidas ponto a ponto, são operações demoradas. Mesmo as titulações clássicas com indicadores visuais consomem, às vezes, muito tempo e esforço do operador. Caso seja necessário efetuar um grande número de titulações ao longo do dia, o cansaço do operador pode comprometer a precisão e a exatidão dos resultados. O uso de tituladores automáticos, portanto, tem grandes vantagens, particularmente quando o investimento financeiro inicial pode ser recuperado em um período de tempo curto.

Existem tituladores comerciais disponíveis para titulações potenciométricas. A unidade de medidas elétricas pode ser acoplada a um registrador de papel que fornece diretamente a curva de titulação. Em um autotitulador, a adição do titulante por meio de uma bureta automática é sincronizada com o movimento do registrador. Os instrumentos também podem obter a curva da primeira derivada ($\Delta E/\Delta V$), da segunda derivada ($\Delta^2 E/\Delta V^2$), além do gráfico de Gran (Seção 10.9). Uma característica muito importante é a possibilidade da interrupção do fluxo de titulante no potencial de equivalência. Isto é extremamente útil no caso de titulações repetitivas. Existem, também, instrumentos comerciais em que o ponto final da titulação é indicado pela mudança de cor de um indicador observada espectrofotometricamente.

Os modernos tituladores automáticos têm as seguintes características típicas: o instrumento é um titulador completo com um módulo de bureta integrado. Os protocolos de titulação são gerados por meio de um sistema de "menu" dirigido. A memória inclui um elevado número de aplicações pré-programadas. Os parâmetros apropriados são: tipo de titulação, direção da titulação, final da titulação e controle de desvios da titulação. A aplicação selecionada pode ser copiada e salva por longo período na memória do computador. Ajustes finos dos parâmetros de titulação podem ser efetuados a qualquer tempo e os operadores podem desenvolver sua metodologia própria, se desejado. O cálculo dos resultados pode ser feito a partir de equações disponíveis na memória de trabalho, permitindo a determinação dos valores do branco e da titulação do excesso. Podem também ser avaliados os fatores estatísticos, os valores médios, os desvios-padrão e as variâncias de um conjunto de medidas. Outras características são um sensor especial de platina que permite a correção de temperatura necessária para o uso de diferentes tampões. Também se pode dispor de um trocador de amostra que permite a realização de titulações em série com troca automática de amostra. Vários pontos de lavagem automatizados, colocados ao longo do trocador de amostra limpam os eletrodos e a ponta de titulação após cada titulação.

O titulador pode ser usado como um instrumento automático de rotina para a medição de pH, titulações em milivolt e titulações redox, argentimétricas e de Karl Fischer, bem como titulações em solventes não-aquosos. A titulação de uma mistura de íons cloreto e iodeto pode ser feita automaticamente até dois pontos de equivalência. Além disso, podem ser titulados até dois pontos finais pré-selecionados. Isto ilustra a versatilidade de um sistema de titulação automática. No caso de um grande número de amostras, ele permite obter precisão melhor do que a das análises manuais.

As possibilidades de aplicação das titulações potenciométricas aumentaram consideravelmente com a introdução de grande variedade de eletrodos seletivos para íons (ISE). Os eletrodos seletivos não servem apenas para a determinação **direta** da concentração do analito, mas também para detectar o ponto final das titulações. Eletrodos de pH e eletrodos seletivos de íons são produzidos comercialmente. Existem autotituladores que empregam eletrodos de pH apropriados, capazes de fazer titulações de neutralização em amostras viscosas, análise de surfatantes e titulações com volumes muito pequenos. Uma grande variedade de titulações que envolvem reações redox, agentes quelantes e halogenetos (titulações argentimétricas) pode ser realizada automaticamente. A Seção 10.85 explica, como exemplo, o uso do autotitulador Orion 960 na determinação da dureza da água e na análise de zinco em banhos de revestimento.

10.11 Vantagens das titulações potenciométricas

Existem muitas situações em que as titulações potenciométricas têm vantagens sobre os métodos "clássicos" que usam indicadores visuais:

1. Quando o ponto final obtido pelo indicador está mascarado, isto é, se a solução do analito é colorida, túrbida ou fluorescente.
2. Quando não há um indicador adequado ou quando a mudança de cor é difícil de precisar. Pode ser preciso, por exemplo, muita habilidade e, às vezes, uma dose de sorte, para determinar os pontos finais obtidos com certos indicadores usados em titulações de precipitação.
3. Na titulação de ácidos polipróticos, misturas de ácidos, de bases ou de halogenetos.
4. Quando o processo precisa ser automatizado, com os dados referentes ao ponto final sendo armazenados em computador.

Coulometria em corrente constante

10.12 Generalidades

A coulometria em potencial controlado aplica-se apenas ao número limitado de substâncias que sofrem reação quantitativa em um eletrodo durante a eletrólise. O leitor deve consultar o Cap. 13 para uma discussão mais ampla deste assunto. O uso da coulometria em corrente controlada ou constante permite aumentar consideravelmente o número de substâncias que podem ser determinadas, incluindo até mesmo muitas que não reagem quantitativamente no eletrodo. Na eletrólise em corrente constante gera-se um composto que reage estequiometricamente com a substância a ser determinada. A quantidade de substância que reagiu é calculada com o auxílio da lei de Faraday e a quantidade de eletricidade utilizada pode ser avaliada medindo-se o tempo da eletrólise em corrente constante. Como é possível variar a corrente, comumente entre 0,1 e 100 mA, pode-se determinar quantidades de material entre 1×10^{-9} e 1×10^{-6} mol·s^{-1} do tempo de eletrólise. Na análise titrimétrica, o reagente é adicionado com o auxílio de uma bureta. Nas titulações coulométricas, o reagente é gerado eletricamente e sua quantidade avaliada, a partir do conhecimento da corrente e do tempo de geração. O elétron é o reagente padrão. Em muitos aspectos, como na detecção de pontos finais, o procedimento difere muito pouco das titulações ordinárias.

São requisitos fundamentais de uma titulação coulométrica (1) que a reação que gera o reagente se processe no eletrodo com 100% de eficiência e (2) que a reação subseqüente seja estequiométrica e, de preferência, rápida. O reagente pode ser gerado diretamente na solução a ser testada ou, menos freqüentemente, em uma solução adicionada continuamente na solução a ser testada. Existem vários métodos de detecção dos pontos finais das titulações coulométricas.

Indicadores químicos Os indicadores químicos não devem ser eletroativos. Exemplos incluem o amido para o iodo, a dicloro-fluoresceína para o íon cloreto e a eosina para os íons brometo e iodeto.

Observações potenciométricas A geração eletrolítica é mantida até que a f.e.m. de um eletrodo de referência contra um eletrodo indicador, colocados na solução a ser testada, atinge um valor predeterminado correspondente ao ponto de equivalência.

Procedimentos amperométricos Os procedimentos amperométricos baseiam-se no estabelecimento de condições tais que a substância a ser determinada ou, mais comumente, o titulante, reage no eletrodo indicador para produzir uma corrente proporcional à concentração da substância eletroativa. Ao se manter o potencial do eletrodo indicador constante ou quase constante, o ponto final pode ser determinado a partir da variação da corrente durante a titulação. A voltagem aplicada ao eletrodo indicador é bem inferior à voltagem de decomposição do eletrólito de suporte puro, porém está bem próxima ou acima da voltagem de decomposição do eletrólito de suporte puro mais o titulante livre. Isto significa que enquanto a substância a ser determinada estiver presente e reagir com o titulante, a corrente indicadora permanece muito baixa, porém aumenta rapidamente assim que o ponto final é ultrapassado e o titulante livre comece a se acumular. Existe sempre uma fonte relativamente inesgotável de íons titulantes (por exemplo, íons brometo nas titulações coulométricas com bromo) e a corrente indicadora além do ponto de equivalência é, portanto, praticamente dominada pela taxa de difusão do titulante livre (por exemplo, bromo) para a superfície do eletrodo indicador. A corrente indicadora é, con-

seqüentemente, proporcional à concentração do titulante livre (bromo) no seio da solução e à área do eletrodo indicador (o catodo no caso do bromo).

A corrente indicadora aumenta com a taxa de agitação, porque isto reduz a espessura da camada de difusão no eletrodo. A corrente indicadora também depende da temperatura. O tempo necessário para atingir o ponto de equivalência pode ser determinado por calibração do eletrodo indicador com o eletrólito de suporte gerando-se o titulante (por exemplo, o bromo) em tempos diferentes (por exemplo, entre 10 e 50 segundos). Isto permite avaliar a constante da relação $I_i = Kt$, onde I_i é a corrente indicadora e t é o tempo. O tempo necessário para atingir o ponto de equivalência pode então ser obtido a partir do valor final da corrente indicadora observado na titulação real, calculando-se o tempo de geração em excesso e subtraindo-o do tempo total de geração durante a titulação. De maneira mais simples, o ponto de equivalência pode ser localizado pela determinação de cinco valores da corrente indicadora em cinco intervalos de tempo medidos além do ponto de equivalência e extrapolando para a corrente nula. O método biamperométrico de parada brusca (*dead-stop*) é explicado na Seção 10.21.

Observações espectrofotométricas A célula de titulação é a cubeta de um espectrofotômetro (caminho ótico de 2 cm). O agitador de hélice de vidro, operado mecanicamente, e o eletrodo de trabalho de platina são colocados na célula de modo a ficar fora da trajetória da luz. Um eletrodo de platina em ácido sulfúrico diluído, colocado numa cubeta adjacente, também posicionada no suporte da célula, que serve como eletrodo auxiliar, está ligado à célula de titulação por uma ponte salina em um tubo em U invertido. Ajusta-se o comprimento de onda adequado para a análise. Antes do ponto final a absorbância muda muito lentamente, porém, após o ponto de equivalência, a resposta cresce rápida e linearmente. São exemplos a titulação em ácido sulfúrico diluído, com leitura em 400 nm, de Fe(II) com Ce(IV) gerado eletricamente e a titulação, com leitura em 342 nm, de arsênio(III) com geração elétrica de iodo. As Seções 10.24 a 10.28 dão mais detalhes.

10.13 Princípios

Examinemos a titulação de Fe(II) com cério(IV) gerado eletricamente. Adiciona-se um largo excesso de Ce(III) à solução de Fe(II) em presença de, por exemplo, ácido sulfúrico 1 M. O que acontece no eletrodo de platina quando a solução inicial que contém apenas íons Fe(II) sofre eletrólise em corrente constante? A reação

$$Fe^{2+} \rightleftharpoons Fe^{3+} + e$$

se processa inicialmente com eficiência de corrente igual a 100%. Na superfície do anodo, a concentração de íons Fe(III) é relativamente grande e a concentração de íons Fe(II), governada pela velocidade de transferência para o anodo dos íons na solução, é muito pequena. O potencial no anodo adquire gradualmente um valor muito mais positivo (isto é, mais oxidante) do que o potencial padrão do par Fe(III)/Fe(II) (0,77 V). Na medida em que a eletrólise prossegue, o potencial do anodo torna-se cada vez mais positivo (oxidante) com uma velocidade que depende da densidade de corrente, chegando, no final, a ser tão positivo (~1,23 V) que começa a ocorrer liberação de oxigênio por oxidação da água ($2H_2O \rightleftharpoons O_2 + 4H^+ + 4e$), isto ocorre antes de todos os íons Fe(II) da solução se oxidarem.

Ao começar a evolução de oxigênio, a eficiência da corrente na oxidação do Fe(II) passa a ser inferior a 100% e a quantidade de Fe(II) inicialmente presente já não pode ser avaliada pela lei de Faraday. Se a eletrólise for conduzida em concentração relativamente grande de íons Ce(III), ocorrem as seguintes reações no anodo. Em um certo potencial do anodo, consideravelmente menor do que o necessário para o desprendimento de oxigênio, ocorre oxidação de Ce(III) a Ce(IV) que é transferido para a solução, onde oxida o Fe(II) a Fe(III). O potencial do eletrodo de trabalho, portanto, se estabiliza pela geração do reagente, evitando que o sistema atinja um valor de potencial que permita a ocorrência de uma reação interferente.

Estequiometricamente, a quantidade total de eletricidade que passa é exatamente a mesma que passaria se os íons Fe(II) fossem diretamente oxidados no anodo com 100% de eficiência. O ponto de equivalência é marcado pelo início da presença permanente de excesso de Ce(IV) na solução e pode ser detectado por qualquer um dos métodos acima descritos. Os íons Ce^{3+} adicionados à solução de Fe(II) não sofrem alteração e agem como **mediadores de potencial**.

Reações laterais no eletrodo de geração são evitadas, desde que não ocorra na superfície do eletrodo a eliminação completa da substância envolvida na geração do titulante. A concentração deste último depende da corrente que passa pela célula, da área do eletrodo de geração e da velocidade de agitação. A concentração da substância geradora situa-se normalmente entre 0,01 M e 0,1 M.

10.14 Instrumentação

Existem vários tituladores coulométricos de operação simples disponíveis comercialmente. Aparelhagens apropriadas podem ser montadas a partir de equipamentos de fácil obtenção. Existem duas exigências essenciais:

Uma fonte de corrente constante Pode ser uma bateria de alta capacidade. É preferível, porém, um amperostato, um instrumento eletrônico que fornece corrente constante controlada. Este instrumento também pode fornecer voltagem constante (funcionando, assim, como um potenciostato).

Um integrador Um dispositivo eletrônico que mede o produto da corrente pelo tempo, isto é, o número total de coulombs. Se necessário, ele pode ser substituído por um miliamperímetro calibrado, acoplado a um cronômetro de cristal de quartzo para registrar a duração da eletrólise.

A Fig. 10.3 mostra a célula de titulação, um bécher de 200 ml de forma alta, com dispositivos para agitação magnética e para a passagem de uma corrente de gás inerte (por exemplo, nitrogênio) pela solução. O eletrodo gerador principal (A) pode ser uma lâmina de platina (1 cm × 1 cm ou 4 cm × 2,5 cm) e o eletrodo auxiliar (C) uma outra lâmina de platina (1 cm × 1 cm ou 4 cm × 2,5 cm) semicilíndrica. Os eletrodos se ajustam em um tubo de vidro largo (cerca de 1 cm de diâmetro). O isolamento do eletrodo auxiliar C dentro do tubo de vidro cilíndrico (fechado por um disco de vidro sinterizado) na solução evita o efeito de reações indesejáveis que podem ocorrer no eletrodo.

E_1 e E_2 são os eletrodos indicadores, que podem ser um par de eletrodos de tungstênio no caso de um ponto final

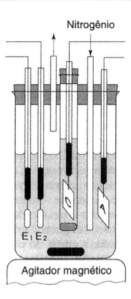

Fig. 10.3 Aparelhagem simples para a titulação coulométrica

biamperométrico. No caso de um ponto final amperométrico, eles podem ser lâminas de platina ou um deles ser de platina e o outro um eletrodo de referência de calomelano saturado. A voltagem imposta aos eletrodos indicadores é fornecida por uma bateria (cerca de 1,5 V) por meio de uma resistência variável. No caso de um ponto final potenciométrico, E_1 e E_2 podem ser eletrodos bimetálicos de platina/tungstênio ou E_1 pode ser um eletrodo de calomelano saturado e E_2 um eletrodo de vidro. Os eletrodos são diretamente ligados a um medidor de pH com uma escala auxiliar calibrada em milivolts. Os eletrodos indicadores devem estar fora do campo elétrico (isto é, fora do caminho da corrente) entre os eletrodos geradores. Se isto não ocorrer podem ser produzidas correntes espúrias, particularmente na detecção amperométrica do ponto de equivalência.

Procedimento geral

Monta-se a célula de eletrólise com os eletrodos indicadores e geradores em posição. Se necessário, acrescenta-se um dispositivo para a passagem de gás inerte (por exemplo, nitrogênio) pela solução. Carrega-se a célula de titulação com a solução que vai gerar eletroliticamente o titulante, juntamente com a solução a ser titulada. O compartimento do eletrodo auxiliar recebe uma solução do eletrólito apropriado, que deve ficar em nível mais elevado que o da solução que está na célula de titulação. Os eletrodos indicadores são ligados a uma aparelhagem adequada para a detecção do ponto final, por exemplo, um medidor de pH com escala auxiliar em milivolt. A agitação é feita com um agitador magnético. Faz-se a leitura inicial no instrumento digital. Liga-se a corrente, ajustada previamente a um valor adequado, e a reação entre o titulante gerado internamente e a solução a ser titulada começa a ocorrer. Lê-se periodicamente (com maior freqüência perto do ponto final) o integrador e o indicador (o medidor de pH). É normalmente necessário desligar a corrente de eletrólise durante as leituras do indicador. O ponto final da titulação é rapidamente avaliado a partir do gráfico das leituras do indicador (em milivolts, por exemplo) contra as leituras do integrador. Determinam-se as curvas da primeira e da segunda derivadas para localizar mais exatamente o ponto de equivalência. É possível repetir a titulação com um novo volume da solução-teste. Se o ponto final for determinado potenciometricamente, as determinações subseqüentes podem ser interrompidas no potencial que corresponde ao ponto de equivalência obtido na titulação inicial.

10.15 Geração externa do titulante

As titulações coulométricas com geração interna do titulante têm algumas limitações:

1. Não podem estar presentes substâncias que possam reagir no eletrodo gerador. Nas titulações acidimétricas, por exemplo, a solução a ser titulada não pode conter substâncias que são reduzidas no catodo gerador.
2. Amostras em escalas maiores, de 1 a 5 mmol por exemplo, requerem velocidades de geração entre 100 e 500 mA. Pode haver indução de correntes parasitas nos eletrodos indicadores com correntes superiores a 10-20 mA; conseqüentemente, a localização precisa do ponto de equivalência por meio de métodos amperométricos não é confiável.

Para superar estas limitações, o reagente pode ser gerado sob corrente constante com 100% de eficiência em uma célula geradora externa, sendo depois introduzido na célula de titulação. Esta técnica é idêntica à das titulações comuns, exceto que o reagente é gerado eletroliticamente. A Fig. 10.4 mostra uma célula eletrolítica com dois braços para a geração externa do titulante. Os eletrodos geradores são duas espirais de platina localizadas mais ou menos no centro do tubo em U invertido. O espaço entre os eletrodos é preenchido com lã de vidro para evitar turbulência durante a mistura. As partes descendentes do tubo gerador são construídas com um tubo capilar de 1 mm para reduzir o inconveniente da retenção da solução. A solução de eletrólito, cuja eletrólise produz o titulante desejado, é alimentada continuamente pelo topo da célula geradora. A solução é dividida na junta em T de modo que quantidades aproximadamente iguais fluam pelos dois ramos da célula. Quando estas porções da solução passam pelos eletrodos, ocorre a eletrólise.

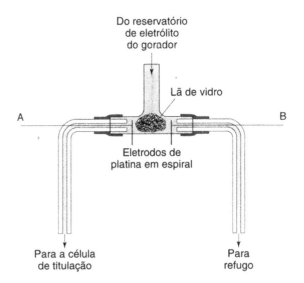

Fig. 10.4 Geração externa do titulante

Os produtos da eletrólise são carreados pelo escoamento da solução através dos braços da célula até a saída. Um bécher com a solução a ser titulada é colocado abaixo da saída apropriada e a solução que chega à outra saída é descartada. Assim, no caso da titulação de ácidos, o eletrodo A funciona como catodo em um eletrólito gerador de sulfato de sódio e o íon hidróxido gerado pela reação

$$2H_2O + 2e \rightleftharpoons 2OH^- + H_2$$

flui para a solução a ser titulada. O íon hidrogênio e o oxigênio gerados no outro eletrodo pela reação

$$2H_2O \rightleftharpoons 4H^+ + O_2 + 4e$$

são carreados pelo outro braço e são descartados. Para a titulação de bases, o eletrodo gerador que alimenta a célula de titulação é o que funciona como anodo. Para titulações com o iodo gerado eletricamente, o eletrólito gerador é uma solução de iodeto de potássio e a solução de iodo formada no anodo é levada ao vaso de titulação.

Uma pequena desvantagem da geração externa de titulante é a diluição do conteúdo da célula de titulação. Por isso, deve-se ter o cuidado de ajustar adequadamente a vazão e a concentração da solução geradora. Todavia, o procedimento é admiravelmente apropriado para o controle automático.

10.16 Vantagens

O tempo e a corrente elétrica podem ser medidos com muita precisão e acurácia: o método tem **alta sensibilidade**. Outras vantagens são:

1. Padrões não são necessários. O coulomb é o padrão primário de trabalho.
2. Pode-se usar reagentes instáveis como o bromo, o cloro, o íon Ag^{2+} e o íon titânio(III), que são gerados e consumidos imediatamente. Não há perda na estocagem nem mudança de título.
3. É possível gerar, quando necessário, quantidades muito pequenas de titulante. Isto evita as dificuldades envolvidas na padronização e na estocagem de soluções diluídas. O procedimento é ideal para o uso em escala micro ou semimicro.
4. A solução de amostra não é diluída no processo de geração interna.
5. Pode-se obter resultados mais precisos por pré-titulação da solução geradora antes da adição da amostra porque o efeito de impurezas na solução geradora é minimizado.
6. O método (que é essencialmente de natureza elétrica) pode ser facilmente adaptado para controle remoto. Isto é relevante na titulação de materiais radioativos ou perigosos. O método também pode ser adaptado para controle automático porque é relativamente fácil controlar automaticamente a corrente.

10.17 Aplicações

As titulações coulométricas foram desenvolvidas para todos os tipos de reação de titulação. Assim, exemplos de titulações de neutralização (Seção 10.59), de complexação (Seção 10.86), de precipitação (Seção 10.104) e de oxidação-redução (Seções 10.157 a 10.159) podem ser encontrados mais adiante neste capítulo. A Tabela 10.1 dá uma

Tabela 10.1 *Algumas titulações coulométricas típicas*

Reagente gerado	Composição do eletrólito	Notas	Substâncias tituladas	Detecção do ponto final[a]
Reações de neutralização				
H^+	Sulfato de sódio (0,2 M)		OH^-, bases orgânicas	P
OH^-	Sulfato de sódio (0,2 M)		H^+, ácidos orgânicos	P
Reações redox				
Cl_2	HCl (2,0 M)		As(III), I^-	A
Br_2	KBr (0,2 M)		Sb(III), Tl(I), U(IV), I^-, SCN^-, NH_3, N_2H_4, NH_2OH	A
I_2	KI (0,1 M), tampão fosfato pH 8		As(III), Sb(III), $S_2O_3^{2-}$, S^{2-}, ácido ascórbico	A, P, I
Ce(IV)	$Ce_2(SO_4)_3$ (0,1 M)		Fe(II), Ti(III), U(IV), As(III), $Fe(CN)_6^{4-}$	P
Mn(III)	$MnSO_4$ (0,5 M) H_2SO_4 (1,8 M)		Fe(II), As(III), ácido oxálico	P
Ag(II)	$AgNO_3$ (0,1 M), HNO_3 (5 M)	1	As(III), Ce(III), V(IV)	P
Cu(I)	$CuSO_4$ (0,1 M)		V(V), Cr(VI), IO_3^-, Br_2	P
Fe(II)	$Fe_2(SO_4)_2(NH_4)_2SO_4$ (0,3 M), H_2SO_4 (2 M)		V(V), Cr(VI), MnO_4^-	P
Ti(III)	sulfato de Ti(IV) (0,6 M), H_2SO_4 (6 M)		Fe(III), Ce(IV), V(V), U(VI)	P
Reações de precipitação				
Ag(I)	KNO_3 (0,5 M)	2	Cl^-, Br^-, I^-, mercaptans (tióis)	P
Hg(I)	$HClO_4$ (0,5 M)	3	Cl^-, Br^-	P
	$HClO_4$ (0,1 M), KNO_3 (0,4 M)		I^-	P
$Fe(CN)_6^{4-}$	$K_3Fe(CN)_6$ (0,2 M), H_2SO_4 (0,1 M)		Zn	P
Reações de complexação				
EDTA	$Hg(NH_3)Y^{2-}$ (0,1 M), NH_4NO_3 (0,1 M), pH 8,3	4[b]	Ca(II), Cu(II), Zn(II), Pb(II)	P
Reações diversas				
Br_2 (substituição)	KBr (0,2 M)		Aminas aromáticas, fenóis, "oxina"	A
Br_2 (adição)	KBr (0,2 M)	5	Hidrocarbonetos insaturados (por exemplo, alquenos), ciclo-hexeno	A

Notas
(1) Anodo de ouro.   (4) Catodo de mercúrio. Para o reagente, ver a nota b a seguir.
(2) Anodo de prata.   (5) Traços de acetato de mercúrio(II) dissolvido em uma mistura de ácido acético e metanol adicionado como catalisador.
(3) Anodo de mercúrio.
[a] A = amperométrico, I = indicador, P = potenciométrico.
[b] Reagente mercúrio–EDTA: prepare uma solução-estoque que contém 84 g de nitrato de mercúrio(II) e 9,3 g de EDTA dissódico em 250 ml (cada reagente 0,1 M). Misture 25 ml da solução-estoque com 75 ml de solução de nitrato de amônio (0,1 M) e ajuste em pH 8,3 com solução concentrada de amônia.

seleção das titulações coulométricas comuns. O importante método de Karl Fischer para a determinação de água está descrito na Seção 10.166.

Titulações amperométricas

Para uma discussão geral sobre voltametria, deve-se consultar o Cap. 13. A **amperometria** refere-se à medida da corrente a uma voltagem constante aplicada.

10.18 Princípios

A corrente limite é independente da voltagem aplicada sobre um eletrodo de mercúrio gotejante (ou outro microeletrodo indicador). O único fator que afeta a corrente limite, caso a corrente de migração for quase eliminada pela adição de eletrólito de suporte em quantidade suficiente, é a velocidade de difusão do material eletroativo da solução para a superfície do eletrodo. Assim, a corrente de difusão (igual à diferença entre a corrente limite e a corrente residual) é proporcional à concentração do material eletroativo na solução. Quando se remove uma parte do material eletroativo por interação com algum reagente, a corrente de difusão diminui. Este é o princípio fundamental das titulações amperométricas. A corrente de difusão observada em uma determinada voltagem conveniente é medida em função do volume de titulante. O ponto final é o ponto de interseção de duas linhas retas que indicam a variação da corrente antes e depois do ponto de equivalência.

Se as curvas de corrente contra voltagem do reagente e da substância a ser titulada não forem conhecidas, deve-se fazer primeiramente os polarogramas correspondentes no eletrólito de suporte no qual a titulação será realizada. A voltagem aplicada no início da titulação deve permitir a obtenção da corrente de difusão da substância a ser titulada, do reagente ou de ambos. A Fig. 10.5 mostra os tipos de curvas mais comuns encontradas nas titulações amperométricas, assim como os polarogramas hipotéticos correspondentes a cada substância isoladamente. S refere-se ao soluto a ser titulado e R ao reagente de titulação. A leve curvatura observada na vizinhança do ponto de equivalência deve-se à solubilidade de um precipitado ou à hidrólise de sais ou, ainda, à dissociação de complexos. Usualmente, esta curvatura não interfere na análise porque o ponto final é determinado pela interseção das retas extrapoladas de pontos das curvas de titulação afastados da curvatura. Em cada titulação amperométrica ajusta-se a voltagem aplicada para um valor entre X e Y. Existem quatro tipos de ponto final:

A e A′ Em A, somente o material a ser titulado (S) contribui para a corrente de difusão. Pode-se ver em A′ que o titulante R não contribui, entre X e Y, para a corrente de difusão. Neste caso, o material eletroativo é removido da solução por precipitação com uma substância inativa (por exemplo, íons chumbo titulados com íons sulfato).

B e B′ Em B apenas o titulante R contribui para a corrente de difusão. Vê-se em B′, que o soluto S não é eletroativo entre X e Y. Adiciona-se um reagente precipitante eletroativo a uma substância inativa (por exemplo, íons sulfato titulados com íons chumbo ou bário).

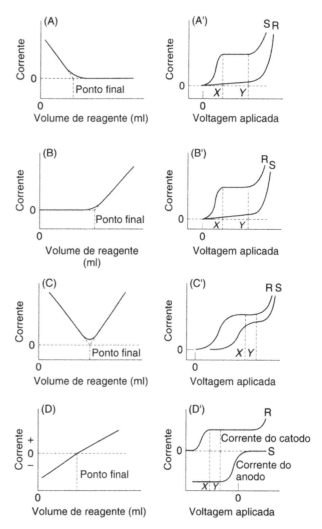

Fig. 10.5 Os quatro pontos finais das titulações amperométricas

C e C′ Em C, o soluto S e o titulante R contribuem para a corrente de difusão sob uma dada voltagem aplicada entre X e Y (ver C′). Um exemplo é a titulação de íons chumbo com íons cromato, em que se obtém uma curva em V acentuada.

D e D′ Em (D), o soluto S dá uma corrente de difusão **anódica** (ver D′). Neste caso, a corrente muda de anódica para catódica ou vice-versa e o ponto final da titulação é indicado por uma corrente nula. Exemplos de D incluem a titulação de iodo com mercúrio(II) (como nitrato), do íon cloreto com íons prata e de titânio(III) com ferro(III) em meio de tartarato acidificado. Como o coeficiente de difusão do reagente é, normalmente, um pouco diferente do da substância a ser titulada, o coeficiente angular da reta antes do ponto final é ligeiramente diferente do coeficiente da reta após o ponto final. Na prática, é fácil adicionar o reagente até que a corrente se anule ou, mais exatamente, atinja o valor da corrente residual do eletrólito de suporte.

Para levar em conta a variação do volume da solução durante a titulação, as correntes observadas devem ser multiplicadas pelo fator $(V + v)/V$, onde V é o volume inicial da solução e v é o volume de titulante adicionado. Esta correção pode ser evitada (ou consideravelmente reduzida) adicionando-se, com uma bureta semimicro, o reagente em concentração 10 a 20 vezes maior do que a do soluto. O uso de reagentes concentrados tem a vantagem adicional de introduzir no sistema quantidades relativamente pequenas de oxigênio dissolvido, tornando assim desnecessário borbulhar um gás inerte por um tempo longo após cada adição do reagente. A corrente de migração é eliminada pela adição de eletrólito de suporte em quantidade suficiente. Se necessário, junta-se também um supressor de máximos adequado.

10.19 Titulação amperométrica com eletrodo de mercúrio gotejante (DME)

Pode-se construir uma célula de titulação excelente e de baixo custo com um balão de três bocas de 100 ml e fundo chato ou redondo, a que se solda uma quarta entrada. A Fig. 10.6(a) mostra um esquema da montagem completa. A bureta (de preferência semimicro, graduada em 0,01 ml), o eletrodo gotejante, um tubo de admissão de gás com duas vias (que permite a passagem de nitrogênio pela solução e pelo volume livre acima da superfície da solução) e uma ponte salina de ágar–ágar e cloreto de potássio (que não está na figura) são montados nas quatro bocas do balão por meio de rolhas de borracha. A ponte de ágar–sal de potássio liga-se, através de um frasco intermediário (pode-se usar um pesa-filtro) que contém uma solução saturada de cloreto de potássio, a um eletrodo de calomelano saturado de tamanho grande. A ponte de ágar–sal de potássio é feita com um gel que contém 3% de ágar–ágar e cloreto de potássio suficiente para saturar a solução na temperatura normal. Se os íons cloreto interferirem na titulação, faz-se a ligação com uma ponte salina de ágar e nitrato de potássio. O circuito elétrico simples da Fig. 10.6(b) é apropriado para este fim. A voltagem aplicada à célula de titulação é fornecida por duas pilhas secas de 1,5 V e controlada pelo divisor de tensão R (um resistor variável que opera na faixa de 50–100 Ω). A voltagem é medida pelo voltímetro digital V. A corrente é lida no microamperímetro M.

Não é essencial o controle termostático se a célula for mantida em temperatura razoavelmente constante durante a titulação. Há vantagens em armazenar o reagente sob atmosfera de gás inerte. Esta precaução não é absolutamente necessária se a concentração da solução de reagente for 10 a 20 vezes maior do que a concentração da solução a ser titulada e se ela for adicionada por meio de uma bureta semimicro. Se o soluto for eletrorredutível, deve-se adicionar eletrólito suficiente para eliminar a corrente de migração. Se o reagente for eletrorredutível, mas não o soluto, a adição do eletrólito de suporte não é normalmente necessária porque se forma, durante a titulação, eletrólito suficiente para eliminar a corrente de migração além do ponto final. Pode ser necessário adicionar um supressor de máximos adequado como a gelatina. Se as características polarográficas do soluto e do reagente não forem conhecidas, deve-se determinar a curva da corrente contra a voltagem de cada um deles no meio em que a titulação vai ser conduzida. A voltagem aplicada é então ajustada no início da titulação a um valor que permita a determinação da corrente de difusão do soluto desconhecido, do reagente ou de ambos. Freqüentemente, o intervalo de voltagem é comparativamente grande e, em conseqüência, não se precisa ter grande exatidão no ajuste da voltagem aplicada.

Siga o procedimento geral. Coloque um volume conhecido da solução a ser titulada na célula de titulação, montada como na Fig. 10.6(a). Complete as ligações elétricas (o eletrodo de mercúrio gotejante como catodo e o eletrodo de calomelano saturado como anodo). Elimine o oxigênio dissolvido mediante a passagem de um fluxo lento de nitrogênio puro pela solução por cerca de 15 minutos. Ajuste a voltagem no valor desejado e registre a corrente de difusão inicial. Adicione com uma bureta semimicro um volume conhecido de reagente e faça borbulhar nitrogênio na solução por cerca de 2 minutos para eliminar traços de oxigênio oriundos do líquido adicionado e, também, para garantir homogeneização completa. Interrompa o fluxo de gás pela solução, mantendo, porém, a corrente de gás no volume livre acima da superfície da solução (garantindo assim que a atmosfera permaneça livre de oxigênio durante o experimento). Registre as leituras da corrente e da bureta. Repita este procedimento até obter um número suficiente de leituras para permitir a determinação do ponto final na interseção das duas partes lineares do gráfico.

10.20 Aparelhagem

O eletrodo de mercúrio gotejante não pode ser usado em potenciais muito positivos (acima de 0,4 V, aproximadamente, em relação ao eletrodo de calomelano saturado) devido à oxidação do mercúrio. A substituição do eletrodo de mercúrio gotejante por um eletrodo inerte de platina estende o intervalo de trabalho da análise polarográfica para valores mais positivos próximos de 1,1 V, voltagem que provoca desprendimento de oxigênio. Há o problema, entretanto, da grande demora em se conseguir uma corrente de difusão constante quando se usa um eletrodo de platina imóvel. A dificuldade pode ser superada fazendo-se rodar o eletrodo de platina em velocidade constante. Com isso, a espessura da camada de difusão é consideravelmente reduzida, o que aumenta a sensibilidade e a velocidade com que o equilíbrio é atingido. É difícil, todavia, obter valores reprodutíveis da corrente de difusão. Ainda assim, o

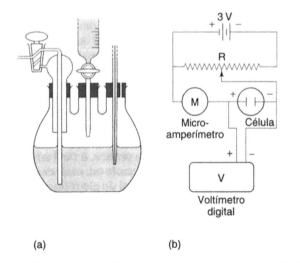

Fig. 10.6 Célula de eletrodo de mercúrio gotejante: um método excelente e barato

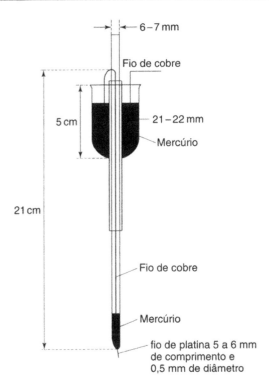

Fig. 10.7 Microeletrodo rotatório de platina

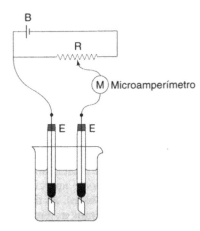

Fig. 10.8 Aparelhagem simples para a titulação biamperométrica

eletrodo de platina rotatório é adequado como indicador em titulações amperométricas. As correntes maiores (cerca de 20 vezes maiores do que as correntes utilizadas no eletrodo de mercúrio gotejante) que são obtidas com o eletrodo rotatório de platina permitem medir correntes proporcionalmente menores sem que haja perda de exatidão. Isto significa que é possível titular soluções muito diluídas (até 10^{-4} M). Para se ter uma relação linear entre a corrente e a quantidade de reagente adicionado, deve-se manter constante a velocidade de agitação durante a titulação. A velocidade de cerca de 600 rpm é, em geral, adequada.

A Fig. 10.7 mostra o esquema de um microeletrodo rotatório de platina simples. O eletrodo é construído aproveitando-se um selo de mercúrio comum. Cerca de 5 mm de um fio de platina (diâmetro de 0,5 mm) preso em um tubo de vidro de diâmetro igual a 6 mm fica exposto. O tubo de vidro tem uma dobra a uma pequena distância da extremidade inferior. O ângulo da dobra é de cerca de 90°. A conexão elétrica do eletrodo é feita por um fio de cobre amalgamado robusto que fica dentro do tubo e alcança o mercúrio que cobre o fio de platina selado no tubo de vidro. A extremidade superior do fio de cobre passa por um pequeno orifício existente na haste de um agitador mecânico e mergulha no mercúrio contido no selo de mercúrio. Um fio que sai do selo de mercúrio liga-se à fonte de voltagem aplicada. O tubo forma a haste do eletrodo e gira à velocidade **constante** de 600 rpm.

10.21 Titulações biamperométricas

As titulações discutidas até aqui envolveram um eletrodo de referência (normalmente o eletrodo de calomelano saturado) e um eletrodo polarizado (o eletrodo de mercúrio gotejante ou o microeletrodo rotatório de platina). As titulações também podem ser feitas em uma solução sob agitação uniforme com o auxílio de dois pequenos eletrodos de platina semelhantes nos quais se aplica uma pequena f.e.m. (1 a 100 mV). O ponto final normalmente corresponde ao desaparecimento ou aparecimento de corrente entre os dois eletrodos. Para que o método seja aplicável, o único requisito é a presença de um sistema reversível de oxidação–redução antes e depois do ponto final.

A Fig. 10.8 mostra o esquema de uma aparelhagem simples, apropriada para este procedimento. B é uma bateria de 3 V ou um acumulador de 2 V, M é um microamperímetro, R é um potenciômetro de 500 Ω e 0,5 W, e E,E são os eletrodos de platina. O potenciômetro é ajustado para que a queda de potencial entre os eletrodos seja de 80 a 100 mV, aproximadamente.

Em uma titulação com dois eletrodos indicadores, quando o reagente envolve um sistema reversível (por exemplo, $I_2 + 2e \rightleftharpoons 2I^-$), uma corrente apreciável passa através da célula. A quantidade da forma oxidada que é reduzida no catodo é igual à quantidade formada por oxidação da forma reduzida no anodo. Ambos os eletrodos são despolarizados até que o componente oxidado ou o componente reduzido tenha sido consumido pelo titulante. Após o ponto final apenas um dos eletrodos mantém-se despolarizado se o titulante (por exemplo, o íon tiossulfato, $2S_2O_3^{2-} \rightarrow S_4O_6^{2-} + 2e$) não envolver um sistema reversível. A corrente flui, então, até o ponto final. No ponto final ou depois dele, a corrente torna-se nula ou virtualmente nula. Na determinação de iodo por titulação com tiossulfato, observa-se a queda rápida da corrente na vizinhança do ponto final, o que deu origem ao termo **ponto final por parada brusca** (*dead-stop end point*). Na prática, é mais desejável o inverso, um tipo complementar de ponto final, cuja curva lembra um gráfico amperométrico do tipo L invertido, que é obtido na titulação de um par irreversível (por exemplo, o tiossulfato) por um par reversível (por exemplo, o iodo). Inicialmente, a corrente é muito pequena e aumenta rapidamente no ponto final. Quando ambos os sistemas são reversíveis (por exemplo, íons ferro(II) titulados com íons cério(IV) ou permanganato e potencial aplicado de 100 mV), a corrente é nula ou quase nula no ponto de equivalência, o que leva a um gráfico de titulação em forma de V.

10.22 Vantagens

As titulações amperométricas possuem várias vantagens:

1. A titulação é, usualmente, rápida porque o ponto final é encontrado graficamente. São necessárias apenas algumas medidas de corrente sob voltagem constante, antes e depois do ponto final.
2. As titulações podem ser feitas quando as relações de solubilidade são desfavoráveis e tornam insatisfatórios os métodos potenciométricos ou visuais como, por exemplo, quando o produto de reação é marcadamente solúvel (nas titulações por precipitação) ou é apreciavelmente hidrolisado (nas titulações ácido–base). As titulações amperométricas podem ser feitas porque as leituras feitas na proximidade do ponto de equivalência não têm importância especial. As leituras significativas são feitas em regiões onde há excesso de titulante ou excesso de reagente e a solubilidade ou a hidrólise são reprimidas, de acordo com a lei da ação das massas. É o ponto de interseção destas linhas que determina o ponto de equivalência.
3. Muitas titulações amperométricas podem ser feitas em diluições (aproximadamente $10^{-4}\,M$) onde as titulações visuais ou potenciométricas não dão resultados exatos.
4. Impurezas salinas podem estar presentes sem que ocorra interferência. Na verdade, sais são normalmente adicionados como eletrólito de suporte com o objetivo de eliminar a corrente de migração.

10.23 Aplicações

Para exemplos específicos de titulações amperométricas envolvendo reações de complexação, veja as Seções 10.87 a 10.89. Para as reações de precipitação, consulte as Seções 10.105 a 10.107, e para as reações de oxidação, as Seções 10.161 a 10.164. A Tabela 10.2 ilustra algumas aplicações do método.

Tabela 10.2 *Exemplos de titulações amperométricas*

Titulante	Eletrodo	Espécies determinadas
Reações de complexação		
EDTA	DME	Muitos íons metálicos
Reações de precipitação		
Dimetilglioxima	DME	Ni^{2+}
Nitrato de chumbo	DME	SO_4^{2-}, MoO_4^{2-}, F^-
Nitrato de mercúrio(II)	DME	I^-
Nitrato de prata	Rotatório de Pt	Cl^-, Br^-, I^-, CN^-, tióis
Tetrafenil-borato de sódio	Grafita	K^+
Nitrato de tório(IV)	DME	F^-
Dicromato de potássio	DME	Pb^{2+}, Ba^{2+}
Reações de oxidação		
Iodo	Rotatório de Pt	As(III), $Na_2S_2O_3$
KBrO$_3$/KBr	Rotatório de Pt	As(III), Sb(III), N_2H_4
Adições	Rotatório de Pt	Alquenos
Substituições	Rotatório de Pt	Alguns fenóis, aminas aromáticas

Titulações espectrofotométricas

10.24 Generalidades

Em uma titulação espectrofotométrica, o ponto final é avaliado a partir de dados de absorbância da solução. Quando a luz monocromática atravessa uma solução, pode-se escrever a lei de Beer como

$$\text{absorbância} = \log(I_o/I_t) = \varepsilon cl$$

onde I_o é a intensidade da luz incidente, I_t é a intensidade da luz transmitida, ε é o coeficiente de absorção molar, c é a concentração das espécies que absorvem e l é a espessura ou o caminho ótico percorrido pela luz que atravessa a amostra. Como as titulações espectrofotométricas são feitas em frascos onde o caminho ótico é constante, a absorbância é proporcional à concentração. Assim, em uma titulação em que o titulante, o reagente ou os produtos da reação absorvem a radiação, a curva da absorbância contra o volume de titulante adicionado consistirá, se a reação for completa e a variação de volume for pequena, de duas linhas retas que se interceptam no ponto final da titulação.

A forma da curva de uma titulação potenciométrica depende das propriedades óticas do reagente, do titulante e dos produtos da reação no comprimento de onda utilizado. A Fig. 10.9 mostra alguns gráficos típicos de titulação.

Fig. 10.9(a) É característica de sistemas em que a substância titulada converte-se em um produto que não absorve radiação.

Fig. 10.9(b) É típica de uma titulação em que apenas o titulante absorve radiação.

Fig. 10.9(c) Corresponde a sistemas nos quais a substância titulada e o titulante são incolores e somente o produto absorve radiação.

Fig. 10.9(d) É obtida quando um reagente colorido é transformado por um titulante colorido em um produto incolor.

10.25 Aparelhagem

É necessária uma célula de titulação especial, que deve preencher completamente o compartimento apropriado do espectrofotômetro. A célula esquematizada na Fig. 10.10 pode ser feita a partir de chapas de Perspex de 5 mm, cimentadas com cola especial para Perspex, nas dimensões adequadas para o instrumento a ser usado. Como o Perspex é opaco à luz ultravioleta, são feitas duas aberturas na célula para acomodar janelas circulares de quartzo* com 23 mm de diâmetro e 1,5 mm de espessura. As janelas são colocadas de maneira que o feixe de luz monocromática passe pelo centro e atinja a célula fotoelétrica. A tampa de Perspex da célula possui duas pequenas aberturas, uma para a entrada de uma microbureta de 5 mm e a outra para um microagitador, fixados por meio de rolhas de borracha. O eixo do agitador tem uma manga de acoplamento. A célu-

---

*Um substituto adequado são as placas terminais (opérculos) de sílica fundida de um polarímetro.

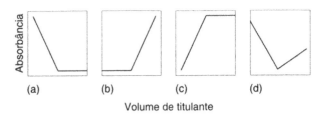

Fig. 10.9 Gráficos típicos da titulação espectrofotométrica

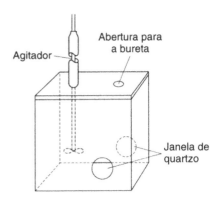

Fig. 10.10 Titulação espectrofotométrica: célula de Perspex com janelas de quartzo

la, com exceção das janelas de quartzo, é coberta com papel negro e, como precaução adicional, a tampa da célula é coberta com tecido negro. É de máxima importância a exclusão de toda luz externa. Em alguns casos, pode-se empregar um fotômetro de prova, que dispõe de um conduto em fibra ótica.

10.26 Técnica

A técnica experimental é simples. Coloque a célula que contém a solução a ser titulada no caminho ótico de um espectrofotômetro, selecione um comprimento de onda adequado à titulação e ajuste a absorção em um valor conveniente, usando os controles de sensibilidade e de largura das fendas. Adicione à solução, sob agitação, um determinado volume de titulante, lendo a seguir a absorbância. Repita o processo várias vezes para gerar leituras antes e depois do ponto final, determinado graficamente. A concentração ótima da solução a ser analisada depende do coeficiente de absorção molar das espécies presentes e normalmente situa-se na faixa de 10^{-4} a 10^{-5} M. Pode-se tornar o efeito da diluição desprezível mediante o uso de uma solução de titulante de concentração adequada. No caso de volumes relativamente grandes do titulante, pode-se corrigir o efeito da diluição multiplicando-se as absorbâncias observadas pelo fator $(V + v)/V$, onde V é o volume inicial e v é o volume de titulante adicionado. Se a diluição for pequena (poucos por cento), as curvas dos gráficos de titulação parecem retas. Selecione o comprimento de onda de operação de modo a evitar a interferência de outras substâncias que absorvem luz e obter um coeficiente de absorção tal que a variação da absorbância fique em uma faixa conveniente. Este último aspecto é particularmente importante porque podem ocorrer erros fotométricos sérios nas regiões de absorbância elevada. Os vazamentos de luz, naturalmente, devem ser evitados.

10.27 Vantagens

As titulações espectrofotométricas têm várias vantagens:

1. A presença de outras substâncias que absorvem no mesmo comprimento de onda não interfere necessariamente, porque somente **a mudança de absorbância** é importante.
2. A precisão na localização da reta de titulação por meio das informações deduzidas com base em vários pontos é maior do que a precisão obtida com um único ponto.
3. O método é útil no caso de reações que tendem a ser apreciavelmente incompletas na proximidade do ponto de equivalência.
4. A precisão de 0,5% é comumente possível.
5. A resposta linear da absorbância com a concentração produz freqüentemente uma alteração apreciável da inclinação das retas na titulação espectrofotométrica mesmo nos casos em que as variações de concentração são insuficientes para produzir um ponto de inflexão claramente definido em uma titulação potenciométrica.

10.28 Aplicações

Não é, normalmente, difícil usar solventes não-aquosos, uma característica especialmente útil das titulações espectrofotométricas. Muitos compostos orgânicos podem ser determinados por reações de neutralização usando espectrofotometria (Seção 10.60). Consulte as Seções 10.90 e 10.91 para uma discussão do emprego de técnicas espectrofotométricas em titulações de complexação.

Titulações de neutralização

10.29 Indicadores de neutralização

O objetivo da titulação de uma solução básica com uma solução padronizada de um ácido é a determinação da quantidade exata de ácido que é quimicamente equivalente à quantidade de base presente. O ponto em que isto ocorre é o ponto de equivalência, ponto estequiométrico ou ponto final teórico. A solução resultante contém o sal correspondente. Se o ácido e a base forem eletrólitos fortes, a solução será neutra no ponto de equivalência e terá pH igual a 7. Se o ácido ou a base forem um eletrólito fraco, o sal será hidrolisado até certo ponto e no ponto de equivalência a solução será ligeiramente básica ou ligeiramente ácida. O pH exato da solução no ponto de equivalência pode ser prontamente calculado a partir da constante de ionização do ácido fraco (ou da base fraca) e da concentração da solução. Na prática, o ponto final correto caracteriza-se por um valor definido da concentração de íons hidrogênio na solução, valor este que depende da natureza do ácido, da natureza da base e da concentração da solução.

Um grande número de substâncias, chamadas **indicadores de neutralização ou indicadores ácido–base**, mudam de cor de acordo com a concentração de íons hidrogênio na solução. A característica principal destes indicadores é que a mudança da cor observada em meio ácido para a cor observada em meio básico não ocorre abruptamente, mas dentro de um pequeno intervalo de pH (normalmente cerca de duas unidades de pH), denominado **intervalo de mudança de cor (faixa de viragem)** do indicador. A posição da faixa de viragem na escala de pH é diferente para cada indicador. É possível selecionar para a maior parte das titulações ácido–base um indicador que muda de cor em um pH próximo ao do ponto de equivalência.

A primeira explicação da ação dos indicadores que pode ser aplicada na prática foi sugerida por W. Ostwald [3]. A teoria baseia-se no fato de que os indicadores de uso geral são ácidos ou bases orgânicas muito fracas. A teoria simples de Ostwald foi revista mais tarde e hoje acredita-se que as mudanças de cor devem-se a modificações estruturais, incluindo a formação de estruturas quinoidais e formas de ressonância. Analisemos o caso da fenolftaleína, cujas mudanças estruturais são características de todos os indicadores do tipo ftaleína. Na presença de base diluída, o anel lactona de [10.A] abre-se para produzir uma estrutura do tipo trifenilcarbinol [10.B], que perde água para produzir o íon [10.C] nas suas formas de ressonância, de cor vermelha. Se tratada com excesso de base concentrada em álcool, a cor vermelha da fenolftaleína desaparece devido à formação de [10.D].

A teoria de ácidos e bases de Brønsted-Lowry [4] tornou desnecessária a distinção entre indicadores ácidos e básicos. A ênfase recai nos tipos de carga das formas ácida e básica do indicador. O equilíbrio entre a forma ácida In_A e a forma básica In_B pode ser expresso como

$$In_A \rightleftharpoons H^+ + In_B \qquad [10.1]$$

e a constante de equilíbrio como

$$\frac{a_{H^+} a_{In_B}}{a_{In_A}} = K_{In} \qquad (10.1)$$

A cor do indicador em solução é determinada pela razão entre as concentrações das formas ácida e básica, dada por

$$\frac{[In_A]}{[In_B]} = \frac{a_{H^+} y_{In_B}}{K_{In} y_{In_A}} \qquad (10.2)$$

onde y_{In_A} e y_{In_B} são os coeficientes de atividade das formas ácida e básica do indicador. A Eq. (10.2) pode ser escrita na forma logarítmica

$$pH = -\log a_{H^+} = pK_{In} + \log \frac{[In_B]}{[In_A]} + \log \frac{y_{In_B}}{y_{In_A}} \qquad (10.3)$$

O pH depende da força iônica da solução (que se relaciona com o coeficiente de atividade). Assim, quando se faz uma comparação entre cores para a determinação do pH de uma solução, não somente a concentração do indicador deve ser a mesma nas duas soluções, mas também a força iônica deve ser aproximadamente a mesma. A equação também explica o efeito de sal e efeito de solvente que se observa com os indicadores. O equilíbrio de mudança de cor em uma dada força iônica (o termo dos coeficientes de atividade é constante) pode ser expresso por uma forma condensada da Eq. (10.3):

$$pH = pK_{In}' + \log \frac{[In_B]}{[In_A]} \qquad (10.4)$$

onde pK_{In}' é chamado de **constante aparente do indicador**.

O valor da razão $[In_A]/[In_B]$ (isto é, [Forma básica]/[Forma ácida]) pode ser determinado visualmente pela comparação das cores ou, mais acuradamente, por um método espectrofotométrico. Ambas as formas do indicador estão presentes em qualquer concentração de íon hidrogênio. Contudo, deve-se ter em mente que o olho humano tem capacidade limitada de perceber qualquer das duas cores quando uma delas predomina. A experiência mostra que a solução parece ter a cor da forma ácida, isto é, da forma In_A, quando a razão entre $[In_A]$ e $[In_B]$ é maior do que aproximadamente 10, e parece ter a cor da forma básica, isto é, da forma In_B, quando a razão entre $[In_B]$ e $[In_A]$ é maior do que aproximadamente 10. Assim, apenas a cor da forma ácida é visível quando $[In_A]/[In_B] > 10$. O limite correspondente de pH dado pela Eq. (10.4) é

$$pH = pK_{In}' - 1$$

Apenas a cor da forma básica é visível quando $[In_B]/[In_A] > 10$ e o limite correspondente de pH é

$$pH = pK_{In}' + 1$$

A faixa de viragem corresponde a pH $= pK_{In}' \pm 1$, isto é, aproximadamente duas unidades de pH. Dentro deste intervalo, a cor do indicador muda gradualmente porque ela depende da razão entre as concentrações das duas formas coloridas (forma ácida e forma básica). Quando o pH da solução é igual à constante aparente de dissociação do indicador, pK_{In}', a razão entre $[In_A]$ e $[In_B]$ é igual a 1 e o indicador tem a cor da mistura em quantidades iguais das formas ácida e básica, fenômeno conhecido, às vezes, como a cor média do indicador. Esta observação só se aplica se as duas cores têm a mesma intensidade. Se uma forma é mais intensamente colorida do que a outra ou se a vista for mais sensível a uma cor do que à outra, então a cor média se desloca levemente ao longo do intervalo de pH da faixa de viragem do indicador.

A Tabela 10.3 contém uma lista de indicadores apropriados para a análise titrimétrica e para a determinação co-

Tabela 10.3 *Mudanças de cor e faixas de pH de viragem de alguns indicadores*

Indicador	Nome químico	Faixa de pH de viragem	Cor em solução ácida	Cor em solução básica	pK_{in}
Azul de cresil brilhante (ácido)	Cloreto de amino-dietilamino-metil-difenazônio	0,0-1,0	Laranja-avermelhado	Azul	-
Vermelho de cresol (ácido)	1-Cresolsulfonoftaleína	0,2-1,8	Vermelho	Amarelo	-
Púrpura de *m*-cresol	*m*-Cresolsulfonoftaleína	0,5-2,5	Vermelho	Amarelo	-
Vermelho de quinaldina	Etil-iodeto de 1-[*p*-(dimetilamino-fenil)etileno]quinolina	1,4-3,2	Incolor	Vermelho	-
Azul de timol (ácido)	Timolsulfonoftaleína	1,2-2,8	Vermelho	Amarelo	1,7
Azul de bromo-fenol	Tetrabromo-fenolsulfonoftaleína	2,8-4,6	Amarelo	Azul	4,1
Alaranjado de etila	-	3,0-4,5	Vermelho	Laranja	-
Alaranjado de metila	4-[4-(dimetilamino)fenilazo]benzenossulfonato de sódio	2,9-4,6	Vermelho	Laranja	3,7
Vermelho do Congo	Difenildiazobis-1-naftilaminossulfonato de dissódio	3,0-5,0	Azul	Vermelho	-
Verde de bromo-cresol	Tetrabromo-*m*-cresolsulfoftaleína	3,6-5,2	Amarelo	Azul	4,7
Vermelho de metila	Carbóxi-benzenoazo-dimetilanilina	4,2-6,3	Vermelho	Amarelo	5,0
Vermelho de etila		4,5-6,5	Vermelho	Laranja	-
Vermelho de cloro-fenol	Dicloro-fenolsulfonoftaleína	4,6-7,0	Amarelo	Vermelho	6,1
4-Nitro-fenol	4-Nitro-fenol	5,0-7,0	Incolor	Amarelo	7,1
Púrpura de bromo-cresol	Dibromo-*o*-cresolsulfonoftaleína	5,2-6,8	Amarelo	Púrpura	6,1
Vermelho de bromo-fenol	Dibromo-fenolsulfonoftaleína	5,2-7,0	Amarelo	Vermelho	-
Azolitmina (tornassol)	-	5,0-8,0	Vermelho	Azul	-
Azul de bromo-timol	Dibromo-timolsulfonoftaleína	6,0-7,6	Amarelo	Azul	7,1
Vermelho neutro	Cloreto de amino-dietilamino-toluenofenazônio	6,8-8,0	Vermelho	Laranja	-
Vermelho de fenol	Fenolsulfonoftaleína	6,8-8,4	Amarelo	Vermelho	7,8
Vermelho de cresol (básico)	1-Cresolsulfonoftaleína	7,2-8,8	Amarelo	Vermelho	8,2
1-Naftolftaleína	1-Naftolftaleína	7,3-8,7	Amarelo	Azul	8,4
Púrpura de *m*-cresol	*m*-Cresolsulfonoftaleína	7,6-9,2	Amarelo	Púrpura	-
Azul de timol (básico)	Timolsulfonoftaleína	8,0-9,6	Amarelo	Azul	8,9
o-Cresolftaleína	Di-*o*-cresolftalida	8,2-9,8	Incolor	Vermelho	-
Fenolftaleína	Fenolftaleína	8,3-10,0	Incolor	Vermelho	9,6
Timolftaleína	Timolftaleína	9,3-10,5	Incolor	Azul	9,3
Amarelo de alizarina R	Ácido *p*-nitro-benzenoazossalicílico	10,1-12,1	Amarelo	Vermelho-alaranjado	-
Azul de cresil brilhante (base)	Cloreto de amino-dietilamino-metil-difenazônio	10,8-12,0	Azul	Amarelo	-
Tropeolina O	*p*-Sulfobenzenoazorresorcinol	11,1-12,7	Amarelo	Laranja	-

lorimétrica do pH. As faixas de viragem da maior parte dos indicadores listados na tabela estão representadas graficamente na Fig. 10.11. Somente, porém, um número pequeno destes indicadores é rotineiramente usado nas titulações de neutralização.

A água usada na análise quantitativa pode ter diferentes pH. A água em equilíbrio com a atmosfera normal, que contém 0,03% (em volume) de dióxido de carbono, tem pH próximo a 5,7. A água cuidadosamente preparada para uso em medidas de condutividade tem pH próximo a 7. A água saturada com dióxido de carbono sob pressão de uma atmosfera tem pH próximo a 3,7 em 25°C. Assim, de acordo com as condições do laboratório, o analista pode estar lidando com água de pH entre os valores extremos 3,7 e 7. Isto significa que no caso dos indicadores que mostram a cor da forma básica em pH acima de 4,5, deve-se levar seriamente em consideração o efeito do dióxido de carbono introduzido durante a titulação pela atmosfera do laboratório ou pelas soluções de titulação. Este assunto será novamente discutido na Seção 10.33.

10.30 Preparação de soluções do indicador

Nota Muitos indicadores ou misturas de indicadores estão disponíveis comercialmente em soluções prontas para uso.

Alaranjado de metila O alaranjado de metila está disponível na forma ácida e na forma do sal de sódio. Dissolva em 1 litro de água 0,5 g do ácido livre. Filtre a solução a frio para remover eventuais precipitados. Dissolva em 1 litro de água 0,5 g do sal de sódio, adicione 15,2 ml de ácido clorídrico 0,1 M e filtre a solução, se necessário, a frio.

Vermelho de metila Dissolva 1 g do ácido livre em 1 litro de água quente ou dissolva a mesma quantidade em 600 ml de etanol e dilua com 400 ml de água.

1-Naftolftaleína Dissolva 1 g do indicador em 500 ml de etanol e dilua com 500 ml de água.

Fenolftaleína Dissolva 5 g do reagente em 500 ml de etanol e adicione 500 ml de água, sob agitação constante. Filtre no caso de haver precipitado. Outro procedimento é dissolver 1 g do indicador seco em 60 ml de 2-etóxi-etanol (Cellosolve), ponto de ebulição 135°C, e diluir até 100 ml com água destilada. A perda por evaporação é menor com este método de preparação.

Timolftaleína Dissolva 0,4 g do reagente em 600 ml de etanol e adicione 400 ml de água, com agitação.

Sulfonoftaleínas As sulfonoftaleínas são normalmente fornecidas na forma ácida. Elas são solubilizadas em água pela adição de hidróxido de sódio suficiente para neutralizar o grupo ácido sulfônico. Um grama do indicador é triturado em um gral de vidro juntamente com a quantidade apropriada de hidróxido de sódio 0,1 M, e depois diluído com água até 1 litro. Os seguintes volumes de hidróxido de sódio 0,1 M são necessários para 1 g dos indicadores: azul de bromo-fenol — 15,0 ml; verde de bromo-cresol — 14,4 ml; púrpura de bromo-cresol — 18,6 ml; vermelho de cloro-fenol — 23,6 ml; azul de bromo-timol — 16,0 ml; vermelho de fenol — 28,4 ml; azul de timol — 21,5 ml; vermelho de cresol — 26,2 ml; púrpura de metacresol — 26,2 ml.

Vermelho de quinaldina Dissolva 1 g em 100 ml de etanol 80%.

Amarelo de metila, vermelho neutro e vermelho do Congo Dissolva 1 g do indicador em 1 litro de etanol 80%. O vermelho do Congo também pode ser dissolvido em água.

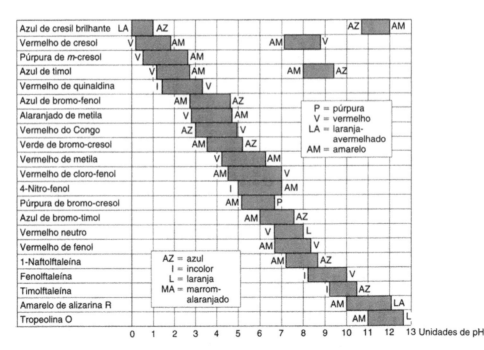

Fig. 10.11 Indicadores titrimétricos: intervalos de mudança de cor

4-Nitro-fenol Dissolva 2 g do sólido em 1 litro de água.

Amarelo de alizarina R Dissolva 0,5 g do indicador em 1 litro de etanol 80%.

Tropeolina O Dissolva 1 g do sólido em 1 litro de água.

10.31 Indicadores mistos

Para algumas finalidades é desejável ter uma mudança nítida de cor em um intervalo estreito e selecionado de pH. Isto não acontece usualmente com os indicadores ácido–base comuns porque neles a mudança de cor se estende por duas unidades de pH. Contudo, o resultado desejado pode ser atingido com o uso de uma mistura apropriada de indicadores. Estes são geralmente escolhidos de modo que os valores de pK'_{In} sejam próximos e que as cores que se sobrepõem sejam complementares em um valor intermediário de pH. Mais adiante são dados, em detalhe, alguns exemplos.

A mudança de cor de um indicador simples pode ser também melhorada pela adição de um corante sensível ao pH, de modo a produzir a cor complementar de uma das cores do indicador. Um exemplo típico é a adição de xileno cianol FF ao alaranjado de metila (1,0 g do alaranjado de metila e 1,4 g de xileno cianol FF em 500 ml de etanol 50%). Neste exemplo, a mudança de cor da forma básica para a forma ácida é: verde $\rightarrow$ cinza $\rightarrow$ magenta. O estágio intermediário (cinza) ocorre em pH igual a 3,8. Este é um exemplo de um **indicador realçado**. A solução do indicador misto é, às vezes, conhecida como alaranjado de metila realçado. Outro exemplo é a adição de verde de metila (duas partes de uma solução 0,1% em etanol) à fenolftaleína (uma parte de uma solução 0,1% em etanol). O verde de metila complementa a cor vermelho-violácea da forma básica da fenolftaleína em pH 8,4–8,8 e a mudança de cor é de cinza para azul pálido.

Vermelho neutro e azul de metileno Uma mistura de partes iguais de vermelho neutro (0,1% em etanol) e azul de metileno (0,1% em etanol) dá uma mudança nítida de azulvioláceo para verde, quando uma solução ácida passa a básica em pH 7. Este indicador é apropriado para titular ácido acético com solução de amônia ou vice-versa. O ácido e a base têm aproximadamente a mesma força, isto é, o ponto de equivalência ocorre em pH $\approx$ 7 (Seção 10.36). Devido à hidrólise extensiva e ao formato achatado da curva, a titulação não pode ser feita, exceto com um indicador de faixa de viragem muito estreita.

Fenolftaleína e 1-naftolftaleína Uma mistura de fenolftaleína (3 partes de uma solução 0,1% em etanol) e 1-naftolftaleína (1 parte de uma solução 0,1% em etanol) muda de rosa pálido para violeta em pH 8,9. Este indicador misto é adequado para a titulação do ácido fosfórico ao segundo estágio ($K_2 = 6,3 \times 10^{-8}$ — o ponto de equivalência dá-se em pH $\approx$ 8,7).

Azul de timol e vermelho de cresol Uma mistura de azul de timol (3 partes de uma solução do sal de sódio 0,1% em água) e vermelho de cresol (1 parte de uma solução do sal de sódio 0,1% em água) muda de amarelo a violeta em pH 8,3. A mistura é recomendada para a titulação de carbonato até o estágio de hidrogenocarbonato.

10.32 Curvas de neutralização

O mecanismo dos processos de neutralização pode ser entendido pelo estudo das mudanças de concentração do íon hidrogênio durante a titulação. A variação de pH próximo ao ponto de equivalência é importante porque permite escolher o indicador que dá o menor erro de titulação. O gráfico de pH contra a porcentagem de ácido neutralizado (ou o número de mililitros da base adicionada) é conhecido como curva de neutralização (ou, mais geralmente, curva de titulação). Esta curva pode ser levantada experimentalmente pela determinação do pH durante a titulação por um método potenciométrico (Seção 10.56) ou, então, calculada a partir de princípios teóricos.

10.33 Ácido forte neutralizado por base forte

Para efeito de cálculo, admite-se que o ácido e a base estão completamente dissociados e que os coeficientes de atividade dos íons são iguais a um, para obter os valores de pH durante a neutralização do ácido forte pela base forte, ou vice-versa, na temperatura normal. Por causa da simplicidade do cálculo, consideremos como exemplo a titulação de 100 ml de ácido clorídrico 1 M por hidróxido de sódio 1 M. O pH da solução de ácido clorídrico 1 M é zero. Após a adição de 50 ml da base 1 M, 50 ml de ácido não-neutralizado estarão presentes no volume total de 150 ml:

$[H^+]$ será então $50 \times 1/150 = 3,33 \times 10^{-1}$ $\qquad$ pH = 0,48

Para 75 ml de base,
$$[H^+] = 25 \times 1/175 = 1,43 \times 10^{-1} \qquad pH = 0,84$$

Para 90 ml de base,
$$[H^+] = 10 \times 1/190 = 5,26 \times 10^{-2} \qquad pH = 1,3$$

Para 98 ml de base,
$$[H^+] = 2 \times 1/198 = 1,01 \times 10^{-2} \qquad pH = 2,0$$

Para 99 ml de base,
$$[H^+] = 1 \times 1/199 = 5,03 \times 10^{-3} \qquad pH = 2,3$$

Para 99,9 ml de base,
$$[H^+] = 0,1 \times 1/199,9 = 5,00 \times 10^{-4} \quad pH = 3,3$$

Após a adição de 100 ml de base, o pH muda bruscamente para 7, o ponto de equivalência teórico. A solução resultante contém apenas cloreto de sódio. O hidróxido de sódio adicionado além deste ponto fica em excesso em relação à quantidade necessária para a neutralização:

Com 100,1 ml de base $\qquad$ $[OH^-] = 0,1/200,1 = 5,00 \times 10^{-4}$
$\qquad\qquad\qquad\qquad$ pOH = 3,3 $\quad$ e $\quad$ pH = 10,7

Com 101 ml de base $\qquad$ $[OH^-] = 1/201 = 5,00 \times 10^{-3}$
$\qquad\qquad\qquad\qquad$ pOH = 2,3 $\quad$ e $\quad$ pH = 11,7

Estes resultados mostram que, na medida em que a titulação avança, o pH aumenta inicialmente com suavidade, porém, entre 99,9 ml e 100,1 ml de base adicionada, aumenta de 3,3 para 10,7. Em outras palavras, próximo ao ponto de equivalência o pH muda muito rapidamente.

A Tabela 10.4 mostra os resultados completos até a adição de 200 ml de base. Ela também inclui os resultados da adição de soluções 0,1 M e 0,01 M do ácido e da base, respectivamente. Nos três casos, as adições da base foram

Tabela 10.4 *pH durante a titulação de 100 ml de HCl com NaOH de mesma concentração*

NaOH adicionado (ml)	Solução 1 M (pH)	Solução 0,1 M (pH)	Solução 0,01 M (pH)
0	0,0	1,0	2,0
50	0,5	1,5	2,5
75	0,8	1,8	2,8
90	1,3	2,3	3,3
98	2,0	3,0	4,0
99	2,3	3,3	4,3
99,5	2,6	3,6	4,6
99,8	3,0	4,0	5,0
99,9	3,3	4,3	5,3
100,0	7,0	7,0	7,0
100,1	10,7	9,7	8,7
100,2	11,0	10,0	9,0
100,5	11,4	10,4	9,4
101	11,7	10,7	9,7
102	12,0	11,0	10,0
110	12,7	11,7	10,7
125	13,0	12,0	11,0
150	13,3	12,3	11,3
200	13,5	12,5	11,5

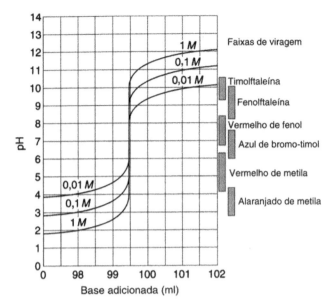

Fig. 10.13 Ponto de equivalência da Fig. 10.12 mostrado em detalhes

levadas até o total de 200 ml. O intervalo de 200 ml até 100 ml e além representa a titulação inversa de 100 ml da base pelo ácido na presença da solução de cloreto de sódio não-hidrolisado. Os dados da tabela estão representados no gráfico da Fig. 10.12.

Em análise quantitativa, são as mudanças de pH próximas do ponto de equivalência que têm interesse especial, por isso esta parte da Fig. 10.12 é mostrada em escala maior na Fig. 10.13, que inclui as faixas de viragem de alguns dos indicadores mais comuns. Com soluções 1 M é possível usar qualquer indicador com faixa de viragem efetiva entre pH 3 e 10,5. A mudança de cor é nítida e o erro de titulação, desprezível. No caso de soluções 0,1 M, o intervalo ideal de pH está entre 4,5 e 9,5. O alaranjado de metila está essencialmente na forma básica após a adição de 99,8 ml de base e o erro de titulação é de 0,2%, pequeno o bastante para poder ser desprezado na maior parte das aplicações práticas. É aconselhável adicionar a solução de hidróxido de sódio até que o indicador presente esteja completamente na forma básica. No caso da fenolftaleína, o erro de titulação também é desprezível. Com as soluções 0,01 M o intervalo ideal de pH é ainda mais limitado, entre 5,5 e 8,5. Indicadores como o vermelho de metila, o azul de bromo-timol e o vermelho de fenol são adequados. O erro de titulação no caso do alaranjado de metila é de 1 a 2%.

Estas considerações se aplicam a soluções livres de dióxido de carbono. Na prática, este composto está normalmente presente (Seção 10.29), proveniente da pequena quantidade de carbonato que existe no hidróxido de sódio ou da atmosfera. O gás está em equilíbrio com o ácido carbônico, cujos dois estágios de ionização são fracos. Isto introduz um pequeno erro quando se usam indicadores de intervalo de pH elevado (acima de pH 5), como a fenolftaleína ou a timolftaleína. Indicadores mais ácidos, como o alaranjado de metila e o amarelo de metila, não são afetados pelo ácido carbônico. Quando 100 ml de ácido clorídrico 0,1 M são titulados, a diferença entre as quantidades de solução de hidróxido de sódio consumidas com o alaranjado de metila e a fenolftaleína não é maior do que 0,15 a 0,20 ml de hidróxido de sódio 0,1 M. A melhor maneira de eliminar este erro, fora a seleção de um indicador com faixa de viragem abaixo de pH 5, é ferver a solução ainda ácida para expelir o dióxido de carbono e depois continuar a titulação após resfriamento. A fervura é particularmente eficaz na titulação de soluções diluídas (por exemplo, 0,01 M).

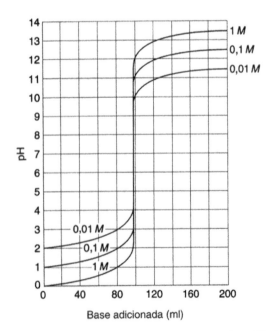

Fig. 10.12 Curvas de neutralização calculadas para 100 ml de HCl e NaOH de mesma concentração

10.34 Ácido fraco neutralizado por base forte

Consideremos, como exemplo, a neutralização de 100 ml de ácido acético 0,1 M com hidróxido de sódio 0,1 M. O mesmo raciocínio vale para outras concentrações. No ponto de equivalência, o pH da solução (Seção 2.13) é dado por

$$pH = \tfrac{1}{2}pK_w + \tfrac{1}{2}pK_a - \tfrac{1}{2}pc = 7 + 2{,}37 - \tfrac{1}{2}(1{,}3) = 8{,}72$$

Para outras concentrações, pode-se empregar a expressão aproximada da lei da ação das massas:

$$[H^+][CH_3COO^-]/[CH_3COOH] = K_a \qquad (10.5)$$

ou $\quad [H^+] = K_a[CH_3COOH]/[CH_3COO^-]$

ou $\quad pH = \log[sal]/[\text{ácido}] + pK_a \qquad (10.6)$

A concentração do sal (e a concentração do ácido) pode ser calculada em qualquer ponto a partir do volume de base adicionado, levando-se em conta o volume total da solução.

O pH inicial da solução 0,1 M de ácido acético é calculado a partir da Eq. (10.5). A dissociação do ácido é relativamente pequena e pode ser desprezada na expressão da concentração do ácido acético. Assim, da Eq. (10.5) tem-se que

$$[H^+][CH_3COO^-]/[CH_3COOH] = 1{,}82 \times 10^{-5}$$

ou $\quad [H^+]^2/0{,}1 = 1{,}82 \times 10^{-5}$

ou $\quad [H^+] = \sqrt{1{,}82 \times 10^{-6}} = 1{,}35 \times 10^{-3}$

ou $\quad pH = 2{,}87$

Após a adição de 50 ml de base 0,1 M

$$[sal] = 50 \times 0{,}1/150 = 3{,}33 \times 10^{-2}$$
$$[\text{ácido}] = 50 \times 0{,}1/150 = 3{,}33 \times 10^{-2}$$
$$pH = \log(3{,}33 \times 10^{-2}/3{,}33 \times 10^{-2}) + 4{,}74 = 4{,}74$$

Os valores de pH em outros pontos da curva de titulação são calculados de maneira semelhante. Depois do ponto de equivalência, a solução contém excesso de íons OH⁻ que repri-

Tabela 10.5 *Neutralização de 100 ml de CH₃COOH 0,1 M (K_a = 1,82 × 10⁻⁵) e 100 ml de HA 0,1 M (K_a = 1 × 10⁻⁷) com NaOH 0,1 M*

Volume de NaOH 0,1 M adicionado (ml)	CH₃COOH 0,1 M (pH)	HA 0,1 M (K_a = 1 × 10⁻⁷) (pH)
0	2,9	4,0
10	3,8	6,0
25	4,3	6,5
50	4,7	7,0
90	5,7	8,0
99,0	6,7	9,0
99,5	7,0	9,3
99,8	7,4	9,7
99,9	7,7	9,8
100,0	8,7	9,9
100,2	10,0	10,0
100,5	10,4	10,4
101	10,7	10,7
110	11,7	11,7
125	12,0	12,0
150	12,3	12,3
200	12,5	12,5

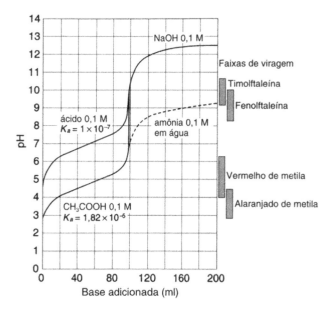

Fig. 10.14 Curvas de neutralização calculadas para 100 ml de CH₃COOH 0,1 M (K_a = 1,82 × 10⁻⁵) e um outro ácido 0,1 M (K_a = 1 × 10⁻⁷) com NaOH 0,1 M

mem a hidrólise do sal. Para nosso objetivo pode-se admitir que o pH é devido ao excesso de base presente, logo, nesta região a curva de titulação praticamente coincide com a curva do ácido clorídrico 0,1 M (Fig. 10.12 e Tabela 10.4). Todos os resultados estão listados na Tabela 10.5 e representados graficamente na Fig. 10.14. Foram incluídos os resultados da titulação de 100 ml de uma solução de um ácido mais fraco do que o ácido acético (K_a = 1 × 10⁻⁷) com hidróxido de sódio 0,1 M na temperatura normal.

Para ácido acético 0,1 M e hidróxido de sódio 0,1 M, a curva de titulação mostra que nem alaranjado de metila nem vermelho de metila podem ser usados como indicadores. O ponto de equivalência situa-se em pH 8,7, o que requer um indicador com faixa de pH ligeiramente básico como, por exemplo, fenolftaleína, timolftaleína ou azul de timol (faixa de pH como base, 8,0–9,6). Para o ácido com K_a = 10⁻⁷ o ponto de equivalência situa-se em pH 10, mas a velocidade de mudança do pH próximo ao ponto estequiométrico é muito menos pronunciada, devido à hidrólise considerável.

A fenolftaleína começa a mudar de cor após a adição de cerca de 92 ml de base e o processo se completa no ponto de equivalência. Assim, o ponto final não é nítido e o erro de titulação apreciável. No caso da timolftaleína, a mudança de cor cobre a faixa de pH 9,3–10,5. Este indicador pode ser usado, o ponto final sendo um pouco mais nítido do que no caso da fenolftaleína. A troca de cor ainda é gradual, o que leva a um erro de titulação de cerca de 0,2%. Os ácidos que têm constantes de dissociação menores do que 10⁻⁷ não podem ser titulados satisfatoriamente em solução 0,1 M com um indicador simples.

Em geral, os ácidos fracos (K_a > 5 × 10⁻⁶) devem ser titulados com fenolftaleína, timolftaleína ou azul de timol como indicador.

10.35 Base fraca neutralizada por ácido forte

Este caso pode ser ilustrado pela titulação de 100 ml de solução de amônia 0,1 M em água (K_b = 1,85 × 10⁻⁵) com ácido clorídrico 0,1 M na temperatura normal. De acordo com a Seção 2.13, o pH da solução no ponto de equivalência é dado por

$$pH = \tfrac{1}{2}pK_w - \tfrac{1}{2}pK_b + \tfrac{1}{2}pc = 7 - 2,37 + \tfrac{1}{2}(1,3) = 5,28$$

Em outras concentrações o pH pode ser calculado por um método semelhante ao da Seção 10.34:

$$[NH_4^+][OH^-]/[NH_3] = K_b \qquad (10.7)$$

$$\text{ou} \quad [OH^-] = K_b[NH_3]/[NH_4^+] \qquad (10.8)$$

$$\text{ou} \quad pOH = \log[\text{sal}]/[\text{base}] + pK_b \qquad (10.9)$$

$$\text{ou} \quad pH = pK_w - pK_b - \log[\text{sal}]/[\text{base}] \qquad (10.10)$$

Depois do ponto de equivalência, a solução contém excesso de íons H^+, a hidrólise do sal é reprimida e as mudanças subseqüentes de pH podem ser consideradas, com exatidão suficiente, como sendo decorrentes do ácido presente em excesso.

A Fig. 10.15 mostra graficamente os resultados, juntamente os da titulação de 100 ml de uma solução 0,1 M de uma base mais fraca ($K_b = 1 \times 10^{-7}$).

A timolftaleína e a fenolftaleína não podem ser usadas na titulação de amônia 0,1 M. O ponto de equivalência se encontra em pH 5,3. É necessário usar um indicador com faixa de viragem ligeiramente ácida (pH 3 a 6,5) como, por exemplo, alaranjado de metila, vermelho de metila, azul de bromo-fenol ou verde de bromo-cresol. Azul de bromo-fenol e verde de bromo-cresol podem ser usados para titular todas as bases fracas ($K_b > 5 \times 10^{-6}$) com ácidos fortes. Azul de bromo-fenol ou alaranjado de metila podem ser usados para bases mais fracas ($K_b = 1 \times 10^{-7}$). Nenhuma mudança de cor nítida é obtida com verde de bromo-cresol ou vermelho de metila e o erro de titulação é considerável.

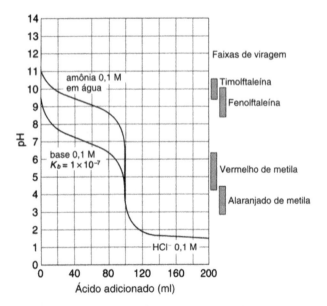

Fig. 10.15 Curvas de neutralização de 100 ml de solução de amônia 0,1 M em água ($K_a = 1,8 \times 10^{-5}$) e uma outra base 0,1 M ($K_b = 1 \times 10^{-7}$) com HCl 0,1 M

10.36 Ácido fraco neutralizado por base fraca

Um exemplo deste caso é a titulação de 100 ml de ácido acético 0,1 M ($K_a = 1,82 \times 10^{-5}$) com amônia 0,1 M em água ($K_b = 1,8 \times 10^{-5}$). O pH no ponto de equivalência é dado por

$$pH = \tfrac{1}{2}pK_w + \tfrac{1}{2}pK_a - \tfrac{1}{2}pK_b = 7,0 + 2,38 - 2,37 = 7,1$$

A curva de neutralização até o ponto de equivalência é quase idêntica à observada quando se emprega hidróxido de sódio 0,1 M como titulante. Além deste ponto, a titulação é virtualmente a adição de amônia 0,1 M em água a acetato de amônio 0,1 M e a Eq. (10.10) se aplica. A linha tracejada na Fig. 10.14 corresponde à neutralização de 100 ml de ácido acético 0,1 M com amônia 0,1 M na temperatura normal. A característica importante desta curva é a mudança muito gradual do pH próximo ao ponto de equivalência, que aliás ocorre ao longo de toda a curva de neutralização. Não há mudança brusca de pH e, por isso, não se consegue um ponto final nítido com indicadores simples. Às vezes, é possível encontrar um indicador misto adequado com mudança de cor nítida em um intervalo de pH muito estreito. No caso das titulações de ácido acético com amônia, pode-se usar o indicador misto vermelho neutro/azul de metileno (Seção 10.31) mas, de um modo geral, é melhor evitar o uso de indicadores em titulações de ácidos fracos com bases fracas ou vice-versa.

10.37 Ácido poliprótico neutralizado por base forte

A forma da curva de titulação depende da magnitude relativa das várias constantes de dissociação. Vamos admitir que as titulações ocorrem na temperatura normal e que são usadas soluções de concentração 0,1 M ou maior. No caso de um ácido diprótico, se a diferença entre as constantes de dissociação primária e secundária for muito grande ($K_1/K_2 > 10\,000$), a solução comporta-se como uma mistura de dois ácidos com constantes K_1 e K_2, e as considerações feitas anteriormente podem ser aplicadas. No caso do ácido sulfuroso, $K_1 = 1,7 \times 10^{-2}$ e $K_2 = 1,0 \times 10^{-7}$, há uma mudança nítida de pH na vizinhança do primeiro ponto de equivalência e uma mudança menos pronunciada no segundo estágio, suficiente, porém, para que se possa usar um indicador como a timolftaleína. No caso do ácido carbônico ($K_1 = 4,3 \times 10^{-7}$ e $K_2 = 5,6 \times 10^{-11}$), entretanto, apenas o primeiro estágio pode ser distinguido na curva de neutralização (Fig. 10.14). O segundo estágio é fraco demais para mostrar um ponto de inflexão e não há indicador adequado para a titulação direta. O azul de timol pode ser usado como indicador para o primeiro estágio (Seção 10.34), embora um indicador misto composto de azul de timol (3 partes) e vermelho de cresol (1 parte) seja mais satisfatório (Seção 10.31). No caso da fenolftaleína, a mudança de cor é gradual e o erro de titulação será de vários por cento.

O pH do primeiro ponto de equivalência de um ácido diprótico é

$$[H^+] = \sqrt{\frac{K_1 K_2 c}{K_1 + c}}$$

Se o primeiro estágio do ácido é fraco e se K_1 é desprezível em comparação com a concentração do sal, c, esta expressão reduz-se a

$$[H^+] = \sqrt{K_1 K_2} \quad \text{ou} \quad pH = \tfrac{1}{2}pK_1 + \tfrac{1}{2}pK_2$$

Conhecendo-se o pH no ponto estequiométrico e a curva de neutralização, é fácil escolher um indicador apropriado para a titulação de qualquer ácido diprótico com $K_1/K_2 \geq 10^4$. No caso de muitos ácidos dipróticos, entretanto, as duas constantes de dissociação são muito próximas e não é possível distinguir os dois estágios. Se K_2 for maior do que aproximadamente 10^{-7}, todos os hidrogênios substituíveis podem ser titulados. Isto ocorre, por exemplo, com o ácido sulfúrico (sendo o primeiro estágio um ácido forte) e os ácidos oxálico, malônico, succínico e tartárico.

Observações semelhantes aplicam-se aos ácidos tripróticos. Como exemplo, tem-se o ácido fosfórico(V) (ácido ortofosfórico), com $K_1 = 7,5 \times 10^{-3}$, $K_2 = 6,2 \times 10^{-8}$ e $K_3 = 5 \times 10^{-13}$. Neste caso, $K_1/K_2 = 1,2 \times 10^5$ e $K_2/K_3 = 1,2 \times 10^5$. Assim, o ácido se comporta como uma mistura de três ácidos monopróticos com as constantes de dissociação dadas anteriormente. A neutralização processa-se até completar quase que totalmente o primeiro estágio antes de o segundo estágio ser apreciavelmente afetado. O segundo estágio é neutralizado quase que inteiramente antes de o terceiro estágio se tornar aparente. O pH do primeiro ponto de equivalência é aproximadamente $(pK_1/2 + pK_2/2) = 4,6$ e o do segundo ponto de equivalência $(pK_1/2 + pK_2/2) = 9,7$. No terceiro estágio, muito fraco, a curva é muito achatada e não existe indicador para a titulação direta. De acordo com a Seção 10.34, o terceiro ponto de equivalência pode ser calculado aproximadamente a partir da equação

$$pH = \tfrac{1}{2}pK_w + \tfrac{1}{2}pK_a - \tfrac{1}{2}pc = 7,0 + 6,15 - \tfrac{1}{2}(1,6)$$
$$= 12,35 \text{ para } H_3PO_4 \ 0,1 \text{ M}$$

No primeiro estágio (ácido fosfórico(V) como ácido monoprótico), alaranjado de metila, verde de bromo-cresol e vermelho do Congo podem ser usados como indicadores. O segundo estágio do ácido fosfórico(V) é muito fraco ($K_a = 1 \times 10^{-7}$ na Fig. 10.16) e o único indicador simples adequado é a timolftaleína (Seção 10.35). No caso da fenolftaleína, o erro pode ser de alguns por cento. O indicador misto composto por fenolftaleína (3 partes) e 1-naftolftaleína (1 parte) é muito satisfatório para a determinação do ponto final do ácido fosfórico(V) como um ácido diprótico (Seção 10.31). A Fig. 10.16 mostra a curva de neutralização experimental de 50 ml de ácido fosfórico (V) 0,1 M com hidróxido de potássio 0,1 M determinada por titulação potenciométrica.

Existem vários ácidos tripróticos como, por exemplo, o ácido cítrico ($K_1 = 9,2 \times 10^{-4}$, $K_2 = 2,7 \times 10^{-5}$ e $K_3 = 1,3 \times 10^{-6}$), cujas constantes de dissociação são muito próximas nos três estágios e não podem ser diferenciadas facilmente. Se K_3 for maior do que aproximadamente 10^{-7}, todos os hidrogênios que podem ser substituídos podem ser titulados. O indicador adequado depende do valor de K_3.

10.38 Ânions de ácidos fracos titulados com ácidos fortes

As titulações consideradas até agora envolveram uma base forte, o íon hidróxido, mas são possíveis titulações com bases mais fracas como o íon carbonato, o íon borato e o íon acetato. As titulações que envolvem estes íons eram consideradas como titulações de soluções de sais hidrolisados. A interpretação dos resultados era que o ácido fraco seria deslocado pelo ácido mais forte. Assim, na titulação de uma solução de acetato de sódio com ácido clorídrico os seguintes equilíbrios eram considerados

$$CH_3COO^- + H_2O \rightleftharpoons CH_3COOH + OH^- \quad \text{(hidrólise)}$$

$$H^+ + OH^- = H_2O \quad \text{(o ácido forte reage com } OH^- \text{ oriundo da hidrólise)}$$

cujo resultado líquido seria

$$H^+ + CH_3COO^- = CH_3COOH$$
$$\text{ou} \quad CH_3COONa + HCl = CH_3COOH + NaCl$$

isto é, o ácido acético fraco seria deslocado pelo ácido clorídrico forte. O processo era conhecido como **titulação por deslocamento**. De acordo com a teoria de Brønsted–Lowry, o que se descreve como uma titulação de soluções de sais hidrolisados é meramente a titulação de uma base fraca com um ácido forte (altamente ionizado). Quando o ânion de um ácido fraco é titulado com um ácido forte, a curva de titulação é idêntica à de uma titulação inversa de um ácido fraco com uma base forte (Seção 10.34). A seguir são apresentados alguns exemplos práticos.

Titulação do íon borato com um ácido forte

A titulação do íon tetraborato com ácido clorídrico é semelhante à descrita anteriormente. O resultado líquido da titulação de deslocamento é dado por

$$B_4O_7^{2-} + 2H^+ + 5H_2O = 4H_3BO_3$$

O ácido bórico comporta-se como um ácido monoprótico fraco com constante de dissociação $6,4 \times 10^{-10}$. O pH no ponto de equivalência na titulação de tetraborato de sódio 0,2 M com ácido clorídrico 0,2 M é devido ao ácido bórico 0,1 M e é igual a 5,6. A adição de excesso de ácido clo-

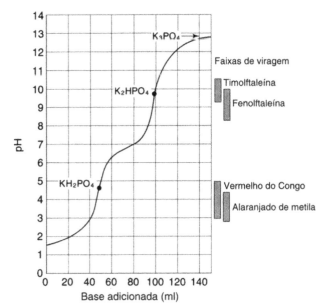

Fig. 10.16 Titulação de 50 ml de H_3PO_4 0,1 M com KOH 0,1 M

rídrico leva à diminuição brusca do pH e pode-se usar qualquer indicador que cubra o intervalo de pH 3,7–5,1 (e mesmo um pouco além). Os seguintes indicadores são adequados: verde de bromo-cresol, alaranjado de metila, azul de bromo-fenol e vermelho de metila.

Titulação do íon carbonato com um ácido forte

Uma solução de carbonato de sódio pode ser titulada a hidrogenocarbonato (isto é, com 1 mol de íons hidrogênio). A reação é

$$CO_3^{2-} + H^+ = HCO_3^-$$

O ponto de equivalência do primeiro estágio de ionização do ácido carbônico ocorre em pH = $(pK_1/2 + pK_2/2)$ = 8,3 e já vimos (Seção 10.35) que azul de timol e, menos satisfatoriamente, fenolftaleína ou um indicador misto (Seção 10.31) podem ser usados para detectar o ponto final.

A solução de carbonato de sódio também pode ser titulada até que todo o ácido carbônico seja deslocado. A reação é, então,

$$CO_3^{2-} + 2H^+ = H_2CO_3$$

Chega-se ao mesmo ponto final ao titular a solução de hidrogenocarbonato de sódio com ácido clorídrico:

$$HCO_3^- + H^+ = H_2CO_3$$

O ponto final da titulação de 100 ml de hidrogenocarbonato de sódio 0,2 M com ácido clorídrico 0,2 M pode ser deduzido a partir do conhecimento da constante de dissociação e da concentração do ácido fraco. Obviamente, o ponto final ocorre quando 100 ml de ácido clorídrico forem adicionados, isto é, quando o volume total da solução for 200 ml. Conseqüentemente, como o ácido carbônico liberado pelo hidrogenocarbonato de sódio (0,02 mol) está agora contido num volume de 200 ml, sua concentração é de 0,1 M. O valor de K_1 do ácido carbônico é $4,3 \times 10^{-7}$ e, portanto, pode-se dizer que

$$[H^+][HCO_3^-]/[H_2CO_3] = K_1 = 4,3 \times 10^{-7} \, mol \, l^{-1}$$

e como

$$[H^+] = [HCO_3^-]$$

$$[H^+] = \sqrt{4,3 \times 10^{-7} \times 0,1} = 2,07 \times 10^{-4}$$

O pH no ponto de equivalência é, portanto, aproximadamente, 3,7. A segunda ionização e a perda de ácido carbônico devida a um possível escape de dióxido de carbono foram desprezadas. Amarelo de metila, alaranjado de metila, vermelho do Congo e azul de bromo-fenol são, portanto, indicadores apropriados. A Fig. 10.17 mostra a curva de titulação experimental, determinada potenciometricamente, de 100 ml de carbonato de sódio 0,05 M com ácido clorídrico 0,1 M.

Os cátions de bases fracas (isto é, ácidos de Brønsted como o íon fenilamônio, $C_6H_5NH_3^+$) podem ser titulados com bases fortes e o tratamento é análogo. Estes cátions eram considerados como sais de bases fracas (por exemplo, anilina ou fenilamina, cujo K_b é $4,0 \times 10^{-10}$) e ácidos fortes. Um exemplo é o cloridrato de anilina (cloreto de fenilamônio).

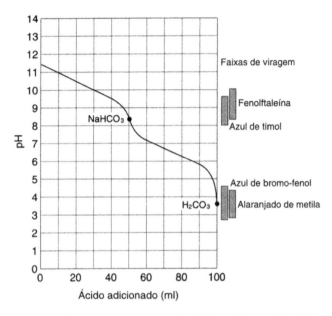

Fig. 10.17 Titulação de 100 ml de Na$_2$CO$_3$ 0,05 M com HCl 0,1 M

10.39 Seleção de indicadores nas reações de neutralização

Viabilidade da titulação Em geral, para que uma titulação seja viável deve haver mudança de aproximadamente duas unidades de pH no ponto estequiométrico ou em sua vizinhança, produzida pela adição de um pequeno volume do reagente. O pH no ponto de equivalência pode ser calculado com as equações da Seção 2.13 (veja, também, adiante). O pH em qualquer lado do ponto de equivalência (0,1-1 ml) também pode ser calculado, como vimos nas seções anteriores, e a diferença indica se a mudança é grande o bastante para permitir a observação de um ponto final nítido. A mudança de pH em ambos os lados do ponto de equivalência pode ser também obtida a partir da curva de neutralização determinada por um método potenciométrico (Seção 10.56). Se a variação de pH for satisfatória, deve-se selecionar um indicador que mude de cor no ponto de equivalência ou próximo dele. As conclusões tiradas nas seções anteriores são sumariadas adiante.

Ácido forte e base forte No caso de soluções 0,1 M ou mais concentradas, qualquer indicador com faixa de viragem entre pH 4,5 e 9,5 pode ser usado. No caso de soluções 0,01 M, a faixa de pH é um pouco mais estreita (5,5–8,5). Na presença de dióxido de carbono, a solução deve ser fervida enquanto estiver ácida e titulada após resfriamento ou deve-se usar um indicador com viragem abaixo de pH 5.

Ácido fraco e base forte O pH no ponto de equivalência é calculado a partir da equação

$$pH = \tfrac{1}{2}pK_w + \tfrac{1}{2}pK_a - \tfrac{1}{2}pc$$

O intervalo de pH para ácidos com $K_a > 10^{-5}$ é de 7 a 10,5. No caso de ácidos mais fracos ($K_a > 10^{-6}$), o intervalo é mais reduzido (8 a 10). A faixa de pH de 8 a 10,5 cobre a maior parte dos casos comumente encontrados, o que permite o uso de azul de timol, timolftaleína ou fenolftaleína como indicadores.

Base fraca e ácido forte O pH no ponto de equivalência é calculado a partir da equação

$$pH = \tfrac{1}{2}pK_w - \tfrac{1}{2}pK_b + \tfrac{1}{2}pc$$

O intervalo de pH para bases com $K_b > 10^{-5}$ é de 3 a 7, e para bases mais fracas ($K_a > 10^{-6}$), entre 3 e 5. Os indicadores apropriados são vermelho de metila, alaranjado de metila, amarelo de metila, verde de bromo-cresol e azul de bromo-fenol.

Ácido fraco e base fraca Não existe aumento brusco na curva de neutralização e, em geral, não se pode lançar mão de um indicador simples. Assim, a titulação deve ser evitada se possível. O pH aproximado no ponto de equivalência pode ser calculado a partir da equação

$$pH = \tfrac{1}{2}pK_w + \tfrac{1}{2}pK_a - \tfrac{1}{2}pK_b$$

Às vezes, é possível usar um indicador misto (Seção 10.31), que dá mudança de cor em um intervalo muito restrito de pH. Um exemplo é a mistura de vermelho neutro com azul de metileno para a titulação de solução diluída de amônia com ácido acético.

Ácidos polipróticos e bases fortes No caso da titulação de ácidos polipróticos com bases fortes e de misturas de ácidos com constantes de dissociação K_1 e K_2, o primeiro ponto final estequiométrico é dado aproximadamente por

$$pH = \tfrac{1}{2}(pK_1 + pK_2)$$

O segundo ponto final estequiométrico é dado por

$$pH = \tfrac{1}{2}(pK_2 + pK_3)$$

Ânion de um ácido fraco titulado com um ácido forte O pH do ponto de equivalência é dado por

$$pH = \tfrac{1}{2}pK_w - \tfrac{1}{2}pK_a - \tfrac{1}{2}pc$$

Cátion de uma base fraca titulado com uma base forte O pH do ponto final estequiométrico é dado por

$$pH = \tfrac{1}{2}pK_w - \tfrac{1}{2}pK_b - \tfrac{1}{2}pc$$

Inexistência de um ponto final definido Quando um indicador não dá um ponto final definido, é aconselhável preparar, para fins de comparação, um volume igual de uma solução que contém a mesma quantidade do indicador, dos produtos finais e de outros componentes presentes na solução a ser titulada. Em seguida, faz-se a titulação até se obter a mesma cor da solução de referência.

Não se conhece um indicador adequado Quando não se conhece um indicador adequado como, por exemplo, no caso das soluções de cor forte, deve-se considerar o uso de métodos eletrométricos como a potenciometria ou a coulometria. As Seções 10.56 a 10.59 dão exemplos. Às vezes, as titulações espectrofotométricas são preferíveis, especialmente quando a mudança de cor do indicador é difícil de ser percebida pelo analista.

Uso de solventes não-aquosos As propriedades ácido-básicas podem não ser idênticas em solventes não-aquosos e em água. Algumas titulações difíceis em água podem ser fáceis em outros solventes. Este procedimento é muito utilizado na análise de materiais orgânicos, mas tem apli-

cações muito limitadas em substâncias inorgânicas. Veja as Seções 10.40 a 10.42.

10.40 Titulações em solventes não-aquosos

Introdução A teoria de Brønsted–Lowry de ácidos e bases (Seção 10.29) também pode ser aplicada às reações que ocorrem durante titulações ácido–base em solventes não-aquosos. Isto ocorre devido a sua definição de ácido como sendo qualquer espécie capaz de ceder um próton e de base como qualquer espécie capaz de aceitar um próton. Substâncias que dão pontos finais pouco nítidos porque são ácidos ou bases fracas em água, dão, freqüentemente, pontos finais mais satisfatórios quando as titulações são feitas em outros solventes. Outra vantagem é que muitas substâncias insolúveis em água são suficientemente solúveis em solventes orgânicos para permitir a titulação.

Na teoria de Brønsted–Lowry, qualquer ácido (HB) se dissocia em solução para dar um próton (H^+) e uma base conjugada (B^-) e qualquer base (B) se combina com um próton para produzir um ácido conjugado (HB^+):

$$HB \rightleftharpoons H^+ + B^- \qquad [10.2]$$

$$B + H^+ \rightleftharpoons HB^+ \qquad [10.3]$$

A capacidade das substâncias de atuarem como ácidos ou como bases depende grandemente da natureza do solvente escolhido. Os solventes não-aquosos são classificados em quatro grupos: apróticos, protofílicos, protogênicos e anfipróticos.

Solventes apróticos Os solventes apróticos são substâncias que podem ser consideradas quimicamente neutras e virtualmente não reativas sob as condições empregadas. O tetracloreto de carbono e o tolueno pertencem a este grupo. Eles possuem constantes dielétricas baixas, não ionizam os solutos e não reagem com ácidos e bases. Os solventes apróticos são freqüentemente empregados para diluir misturas de reação porque não participam do processo.

Solventes protofílicos Os solventes protofílicos são substâncias que, como a amônia líquida, as aminas e as cetonas, possuem uma elevada afinidade por prótons. A reação pode ser representada como sendo

$$HB + S \rightleftharpoons SH^+ + B \qquad [10.4]$$

O equilíbrio nesta reação reversível é muito influenciado pela natureza do ácido e do solvente. Os ácidos fracos são normalmente usados na presença de solventes fortemente protofílicos, porque sua acidez aumenta e chega a se comparar com a acidez dos ácidos fortes. Este fenômeno é conhecido como **efeito de nivelamento**.

Solventes protogênicos Os solventes protogênicos são ácidos e doam prótons facilmente. Os ácidos anidros como o fluoreto de hidrogênio e o ácido sulfúrico pertencem a esta categoria. Devido a sua força e capacidade de doar prótons, estes solventes aumentam a basicidade de bases fracas.

Solventes anfipróticos Os solventes anfipróticos são líquidos, como a água, os álcoois e os ácidos orgânicos fracos, que se ionizam fracamente e combinam propriedades protogênicas e protofílicas, isto é, são capazes de doar e receber prótons. O ácido acético exibe propriedades ácidas quando se dissocia para produzir prótons:

$$CH_3COOH \rightleftharpoons CH_3COO^- + H^+$$

Na presença de ácido perclórico, entretanto, que é um ácido muito mais forte, ele aceita um próton:

$$CH_3COOH + HClO_4 \rightleftharpoons CH_3COOH_2^+ + ClO_4^-$$

O íon $CH_3COOH_2^+$ reage rapidamente com uma base para dar o próton. Assim, a base fraca fica mais forte, o que permite que as titulações entre bases fracas e ácido perclórico sejam feitas facilmente em ácido acético como solvente.

Solventes niveladores Em geral, os solventes fortemente protofílicos deslocam o equilíbrio da Eq. (10.4) para a direita. Esse efeito é tão pronunciado que nestes solventes todos os ácidos comportam-se como se tivessem a mesma força. O inverso ocorre com os solventes fortemente protogênicos, que fazem com que todas as bases se comportem como se tivessem a mesma força. Os solventes deste tipo são conhecidos como solventes niveladores.

Titulações diferenciais As determinações em solventes não-aquosos são importantes no caso de substâncias que dão pontos finais pouco nítidos em água e de substâncias insolúveis em água. Elas são particularmente valiosas na determinação das proporções dos componentes de misturas de ácidos ou de bases. Estas titulações diferenciais são feitas em solventes que não apresentam efeito nivelador.

Aplicações Embora seja possível usar indicadores para determinar os pontos finais, como no caso das titulações ácido–base tradicionais, os métodos potenciométricos de detecção do ponto final são também muito empregados, especialmente no caso de soluções fortemente coloridas. As titulações em meios não-aquosos têm sido usadas na quantificação de misturas de aminas primárias, secundárias e terciárias [5], no estudo de sulfonamidas, na dosagem de misturas de purinas e muitos outros compostos orgânicos que contêm o grupo amino e sais de ácidos orgânicos.

10.41 Solventes para titulações em meios não-aquosos

Não use um solvente até estar totalmente a par de seus riscos e da maneira de utilizá-lo com segurança.

Introdução Pode-se usar um número muito grande de solventes inorgânicos e orgânicos em titulações. Alguns deles, porém, são muito mais usados do que outros e serão discutidos a seguir. Deve-se usar sempre solventes de grau analítico, puros e secos, para assegurar a obtenção de pontos finais bem definidos.

Ácido acético glacial O ácido acético glacial é de longe o solvente mais freqüentemente utilizado. Antes de usá-lo, é aconselhável verificar o teor de água, que pode ficar entre 0,1 e 1,0%. Para corrigir o problema, adicione anidrido acético suficiente para converter toda a água em ácido acético. O solvente pode ser usado também em conjunto com outros solventes como, por exemplo, anidrido acético, acetonitrila e nitro-metano.

Acetonitrila A acetonitrila (cianeto de metila, cianometano) é freqüentemente empregada com outros solventes como clorofórmio e fenol e, especialmente, com ácido acético. Ela permite a obtenção de pontos finais bem definidos na titulação de acetatos de metais com o ácido perclórico [6].

Álcoois Os sais de ácidos orgânicos, especialmente sabões, são melhor determinados em misturas de glicóis e álcoois ou de glicóis e hidrocarbonetos. As combinações mais comuns são etilenoglicol (di-hidróxi-etano) com propano-2-ol ou butano-1-ol. Estas combinações levam à melhor solvatação das partes polar e não-polar das moléculas.

Dioxano O dioxano é outro solvente muito usado em substituição ao ácido acético glacial quando se deseja quantificar misturas. Ao contrário do ácido acético, o dioxano não é um solvente nivelador, o que permite separar os pontos finais de cada componente das misturas.

Dimetil-formamida A dimetil-formamida (DMF) é um solvente protofílico muito usado em titulações entre, por exemplo, ácido benzóico e amidas, embora os pontos finais sejam, às vezes, difíceis de serem obtidos.

10.42 Indicadores para titulações em meios não-aquosos

As relações de interconversão (Seção 10.29) entre as formas ionizada e não-ionizada de um indicador e as diferentes formas de ressonância aplicam-se igualmente aos indicadores usados nas titulações em meios não-aquosos. As mudanças de cor do indicador no ponto final variam, entretanto, de titulação para titulação, porque dependem da natureza do titulante adicionado. A cor que corresponde ao ponto final correto pode ser determinada por titulação potenciométrica simultânea. A cor apropriada corresponde ao ponto de inflexão da curva de titulação (Seção 10.9). A maior parte das titulações em meios não-aquosos é feita com um número reduzido de indicadores. Alguns exemplos típicos são:

Cristal violeta É usado em solução 0,5% p/v (peso por volume) em ácido acético glacial. A cor muda de violeta para azul, depois verde e, em seguida, amarelo-esverdeado nas reações em que bases como a piridina são tituladas com ácido perclórico.

Vermelho de metila É usado em solução 0,2% p/v em dioxano. A cor muda de amarelo para vermelho.

1-Naftolbenzeína Muda de amarelo para verde quando usado em solução 0,2% p/v em ácido acético. Dá pontos finais nítidos em nitro-metano (contendo anidrido acético) nas titulações de bases fracas com ácido perclórico.

Vermelho de quinaldina É usado como indicador na determinação de drogas dissolvidas em dimetil-formamida. A solução em etanol 0,1% p/v muda de vermelho-púrpura para verde pálido.

Azul de timol É muito usado como indicador nas titulações de substâncias ácidas em dimetil-formamida. A solução 0,2% p/v em metanol muda bruscamente de amarelo para azul no ponto final.

10.43 Soluções padrões de ácidos e de bases

Pode-se obter comercialmente soluções padrões de ácidos e bases. Uma grande variedade de soluções volumétricas concentradas, fornecidas em ampolas seladas, pode ser diluída para produzir soluções padronizadas com a força adequada.

Detalhes completos da preparação e padronização de ácidos e bases podem ser encontrados nas edições anteriores deste livro [7].

Neutralização: determinações titrimétricas

▌ **Segurança.** Antes de fazer qualquer experimento desta seção preste muita atenção aos avisos de segurança. Tenha sempre em mente as regras de segurança de laboratório.

Os experimentos a seguir são exemplos de titulações manuais que empregam indicadores visuais. Os métodos descritos são úteis para validação e podem ser prontamente automatizados.

10.44 Uma mistura de carbonato e hidrogenocarbonato

Este método é particularmente interessante quando a amostra contém quantidades relativamente grandes de carbonato e pequenas quantidades de hidrogenocarbonato. Determina-se, inicialmente, a basicidade total em uma alíquota da solução por titulação com ácido clorídrico padrão 0,1 M usando como indicador alaranjado de metila, uma mistura de alaranjado de metila e carmim de índigo, ou o azul de bromo-fenol:

$$CO_3^{2-} + 2H^+ = H_2CO_3$$
$$HCO_3^- + H^+ = H_2CO_3$$
$$H_2CO_3 \rightleftharpoons H_2O + CO_2$$

Seja V ml o volume de HCl 0,1 M gasto na titulação. Adicione a uma outra alíquota uma quantidade conhecida de hidróxido de sódio padrão 0,1 M (livre de carbonato), acima da necessária para transformar o hidrogenocarbonato em carbonato:

$$HCO_3^- + OH^- = CO_3^{2-} + H_2O$$

Adicione à solução quente um pequeno excesso de cloreto de bário 10%. O objetivo da adição é precipitar o carbonato como carbonato de bário. Sem filtrar o precipitado, determine imediatamente o excesso de hidróxido de sódio por titulação com o mesmo ácido padrão usado acima. Use fenolftaleína ou azul de timol como indicador. Supondo que v ml da solução de hidróxido de sódio 0,1 M foram adicionados inicialmente e que v' ml é o excesso, a quantidade

de hidrogenocarbonato é dada por $v - v'$ e a quantidade de carbonato por $V - (v - v')$.

10.45 Ácido bórico

O ácido bórico comporta-se como um ácido monoprótico fraco ($K_a = 6,4 \times 10^{-10}$) e, por isso, não pode ser titulado com precisão com uma solução de base padrão 0,1 M (Seção 10.34). A adição, entretanto, de certos compostos orgânicos poli-hidroxilados como manitol, glicose, sorbitol ou glicerol, faz com que o ácido bórico comporte-se como um ácido muito mais forte (no caso do manitol, K_a é cerca de $1,5 \times 10^{-4}$) e possa ser titulado com fenolftaleína como indicador.

A formação de complexos com razão molar 1:1 e 1:2 entre o borato hidratado e os dióis 1,2 ou 1,3 explica o efeito dos compostos poli-hidroxilados:

$$2 \begin{array}{c} > C(OH) \\ | \\ > C(OH) \end{array} + H_3BO_3 = \left[\begin{array}{cc} >C-O & O-C< \\ | & B & | \\ >C-O & O-C< \end{array} \right]^- H^+ + 3H_2O$$

O glicerol é muito usado para este fim, mas o manitol e o sorbitol são mais efetivos porque, como são sólidos, não aumentam significativamente o volume da solução a ser titulada; 0,5 a 0,7 g de manitol em 10 ml de solução é uma quantidade conveniente.

O método pode ser aplicado ao ácido bórico comercial, porém, como este material pode conter sais de amônio, adicione um pequeno excesso de solução de carbonato de sódio antes de ferver até reduzir o volume à metade para eliminar a amônia. Filtre cuidadosamente. Neutralize com vermelho de metila como indicador o filtrado lavado e, após fervura, adicione manitol. Titule a solução resultante com hidróxido de sódio padrão 0,1 M:

$$H[\text{complexo de ácido bórico}] + NaOH$$
$$= Na[\text{complexo de ácido bórico}] + H_2O$$
$$1 \text{ ml } 1 M \text{ NaOH} \equiv 0,061\,84 \text{ g } H_3BO_3$$

Misturas de ácido bórico e um ácido forte podem ser analisadas titulando-se primeiramente o ácido forte com vermelho de metila como indicador. Depois, adicione manitol ou sorbitol e continue a titulação com fenolftaleína como indicador. Misturas de tetraborato de sódio e de ácido bórico podem ser analisadas de modo análogo. Titule o sal com ácido clorídrico padrão, adicione manitol e continue a titulação com hidróxido de sódio padrão. Lembre-se de que o ácido bórico liberado na primeira titulação reage nesta segunda titulação.

10.46 Amônia em sais de amônio

Discussão Dois métodos podem ser usados para determinar amônia em sais de amônio. No método direto, trata-se uma solução do sal de amônio com uma solução de base forte (por exemplo, hidróxido de sódio) e destila-se a mistura. A amônia é eliminada quantitativamente e absorvida em excesso de ácido padrão. O excesso de ácido é titulado com vermelho de metila (ou com alaranjado de metila, mistura alaranjado de metila/carmim de índigo, azul de bromo-fenol ou verde de bromo-cresol) como indicador.

Cada 1 ml de ácido monoprótico 1 M consumido na reação equivale a 0,017032 g de NH$_3$:

$$NH_4^+ + OH^- \rightarrow NH_3^+ + H_2O$$

No método indireto, ferve-se o sal de amônio (desde que não seja o carbonato ou o hidrogenocarbonato) com excesso conhecido de uma solução de hidróxido de sódio padrão. A fervura prossegue até que cesse a eliminação de amônia juntamente com o vapor de água. O excesso de hidróxido de sódio é titulado com ácido padrão usando vermelho de metila (ou mistura de alaranjado de metila e carmim de índigo) como indicador.

Método direto Monte a aparelhagem esquematizada na Fig. 10.18. Para mais flexibilidade, ligue o coletor de gotículas ao condensador com uma junta esmerilhada. Isto torna mais fácil a fixação do balão de digestão e do condensador sem causar qualquer tensão na montagem. O balão de digestão pode ser de fundo redondo (capacidade 500 a 1000 ml) ou um balão de Kjeldahl (como no diagrama). Este último é particularmente adequado quando o nitrogênio de compostos nitrogenados é determinado pelo método de Kjeldahl. Após completar a digestão com ácido sulfúrico concentrado, seguida de resfriamento e diluição do material, ligue o balão de digestão à aparelhagem, como na Fig. 10.18. A finalidade do coletor é evitar o arrasto de gotículas da solução de hidróxido de sódio durante a destilação. A saída inferior do condensador mergulha em um volume conhecido de solução de ácido padrão contido num recipiente adequado, por exemplo, um erlenmeyer. Existe um aparelho de destilação comercial em que o funil mostrado na figura é substituído por uma unidade especial para a adição de líquido. Ela é semelhante ao funil, mas a torneira e o corpo do funil são substituídos por uma pequena junta de vidro esmerilhado vertical que pode ser fechada por meio de uma haste de vidro afunilada. Esta modificação é especialmente útil quando o número de titulações a fazer é grande, porque ela evita que a torneira de vidro emperre após contato prolongado com as soluções concentradas de hidróxido de sódio.

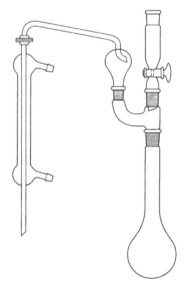

Fig. 10.18 Uso de um frasco de Kjeldahl

Para praticar, pese com exatidão cerca de 1,5 g de cloreto de amônio, dissolva em água e complete o volume até 250 ml em um balão aferido. Agite vigorosamente. Transfira uma alíquota de 50,0 ml da solução para o balão de destilação e dilua com 200 ml de água. Adicione alguns grãos de alumina fundida para regular a ebulição durante a destilação subseqüente. Coloque 100,0 ml de ácido clorídrico padrão 0,1 M no frasco receptor, ajustando a altura de modo que a saída do condensador mergulhe um pouco no ácido. Verifique se todas as juntas estão firmemente ajustadas. Coloque no funil 100 ml de solução de hidróxido de sódio 10%. Deixe passar a solução de hidróxido de sódio para o balão e feche a torneira imediatamente a seguir. Aqueça o balão até fervura suave. Continue a destilação por 30 a 40 minutos, tempo suficiente para que toda a amônia passe para o frasco receptor. Abra a torneira antes de remover a chama. Desligue o coletor de gotículas do topo do condensador. Abaixe o frasco receptor e lave o condensador com um pouco de água. Adicione algumas gotas de vermelho de metila* ao coletado e titule o excesso de ácido com hidróxido de sódio padrão 0,1 M. Repita a determinação.

Calcule a percentagem de NH$_3$ no cloreto de amônio sólido empregado:

$$1 \text{ ml } 0,1 M \text{ HCl} \equiv 1,703 \text{ mg NH}_3$$

Método indireto Pese com exatidão 0,1 a 0,2 g de um sal de amônio em um erlenmeyer de Pyrex de 500 ml e adicione 100 ml de hidróxido de sódio padrão 0,1 M. Coloque um pequeno funil na saída do frasco para evitar perdas mecânicas e ferva a mistura até que um pedaço de papel de filtro umedecido com solução de nitrato de mercúrio(I) posicionado na saída dos vapores não reaja mais para dar cor negra. Resfrie a solução, adicione algumas gotas de vermelho de metila e titule com solução padrão de ácido clorídrico 0,1 M. Repita a determinação.

10.47 Nitrogênio orgânico: o procedimento de Kjeldahl

Discussão Embora existam outros métodos químicos e físicos para a determinação de nitrogênio orgânico, o procedimento de Kjeldahl ainda é muito usado porque é uma técnica bastante confiável com rotinas bem estabelecidas. A concepção básica do método é a digestão do material orgânico, proteínas, por exemplo, por ácido sulfúrico e um catalisador, com conversão do nitrogênio orgânico em sulfato de amônio em solução. Em meio básico, forma-se amônia que pode ser destilada com vapor de água e o destilado básico resultante, titulado com ácido padrão (Seção 10.46).

Procedimento Pese com exatidão uma porção de amostra orgânica que contenha cerca de 0,04 g de nitrogênio e coloque-a em um balão de digestão de Kjeldahl de colo longo. Adicione 0,7 g de óxido de mercúrio(II), 15 g de sulfato de potássio e 40 ml de ácido sulfúrico concentrado.

---

*Obtém-se mudança de cor mais nítida com o indicador misto vermelho de metila/verde de bromo-cresol (preparado com 1 parte de vermelho de metila 0,2% em etanol e 3 partes de verde de bromo-cresol 0,1% em etanol).

Aqueça suavemente, mantendo o balão ligeiramente inclinado. Pode ocorrer a formação de espuma, controlada com um agente antiespumante. Quando cessar a formação de espuma, ferva os reagentes por 2 horas. Após resfriamento, adicione 200 ml de água e 25 ml de solução de tiossulfato de sódio 0,5 M, misturando bem. Adicione à mistura alguns grãos reguladores de ebulição e introduza no balão, cuidadosamente, uma solução de hidróxido de sódio 11 M de modo a tornar a mistura fortemente básica (aproximadamente 115 ml). Antes de misturar os reagentes, ligue o balão a uma aparelhagem de destilação (Fig. 10.18). Mantenha a saída do condensador imersa em um volume conhecido de ácido clorídrico 0,1 M. Certifique-se de que todo o conteúdo do frasco de destilação esteja bem misturado. Ferva até que 150 ml do líquido destilado tenham sido recolhidos no frasco receptor. Adicione o indicador vermelho de metila à solução de ácido clorídrico e titule com hidróxido de sódio 0,1 M (*a* ml na titulação). Titule um branco usando o mesmo volume de ácido clorídrico 0,1 M (*b* ml na titulação).

Com as quantidades e concentrações dadas anteriormente, a percentagem de nitrogênio na amostra é dada por

$$\frac{(b - a) \times 0,1 \times 14 \times 100}{\text{peso da amostra (g)}}$$

10.48 Nitratos

Discussão Os nitratos podem ser reduzidos a amônia com alumínio, zinco ou, mais convenientemente, com a liga de Devarda (50% Cu, 45% Al, 5% Zn) em solução fortemente básica:

$$3NO_3^- + 8Al + 5OH^- + 2H_2O = 8AlO_2^- + 3NH_3$$

A amônia é destilada sobre excesso de ácido padrão como mencionado na Seção 10.35. Os nitritos também são reduzidos e devem ser levados em conta quando se deseja dosar somente o nitrato.

Procedimento Pese com exatidão cerca de 1,0 g de nitrato. Dissolva em água e transfira a solução quantitativamente para o balão de destilação (Fig. 10.18). Dilua até cerca de 240 ml. Adicione cerca de 3 g de liga de Devarda pura finamente dividida (ela deve passar pela peneira de 20 mesh). Monte a aparelhagem completa e coloque 75 a 100 ml de ácido clorídrico padrão 0,2 M no frasco receptor (um erlenmeyer de Pyrex de 500 ml). Pelo funil de adição, introduza 10 ml de solução de hidróxido de sódio 20% (0,5 M) e feche imediatamente a torneira. Aqueça **suavemente** para dar início à reação e deixe em repouso por uma hora, tempo no qual a evolução de hidrogênio deve ter praticamente cessado e a redução do nitrato a amônia se completado. Aqueça suavemente o líquido e continue a destilação até que só restem 40 a 50 ml do líquido no balão de destilação. Abra a torneira antes de remover a chama. Lave a saída do condensador com um pouco de água e titule o conteúdo do frasco receptor, juntamente com as águas de lavagem, com hidróxido de sódio padrão 0,2 M e vermelho de metila como indicador. Repita a determinação. Para trabalhos de maior exatidão, recomenda-se que seja feito um ensaio em branco com água destilada.

$$1 \text{ ml } 1\,M \text{ HCl} \equiv 0,062\,01 \text{ g } NO_3^-$$

10.49 Fosfato: precipitação como molibdofosfato de quinolina

Discussão Ao tratar uma solução de um ortofosfato com grande excesso de molibdato de amônio, em presença de ácido nítrico, em 20 a 45°C, obtém-se um precipitado que, após lavagem, se converte em molibdofosfato de amônio, de composição $(NH_4)_3[PO_4 \cdot 12MoO_3]$. Este sal pode ser titulado com hidróxido de sódio padrão, com fenolftaleína como indicador, porém o ponto final é difícil de localizar devido à liberação de amônia. Se o molibdato de amônio for substituído, entretanto, por um reagente composto por molibdato de sódio e quinolina, precipita-se o molibdofosfato de quinolina, que pode ser isolado e titulado com hidróxido de sódio padrão:

$$(C_9H_7N)_3[PO_4 \cdot 12MoO_3] + 26NaOH$$
$$= Na_2HPO_4 + 12Na_2MoO_4 + 3C_9H_7N + 14H_2O$$

As principais vantagens sobre o método do molibdofosfato de amônio são: (1) o molibdofosfato de quinolina é menos solúvel e tem composição constante e (2) a quinolina é uma base relativamente fraca e não interfere na titulação.

Cálcio, ferro, magnésio, metais básicos e citratos não afetam a análise. Os sais de amônio interferem e devem ser eliminados por tratamento com nitrito de sódio ou hipobromito de sódio. O ácido clorídrico normalmente usado na análise pode ser substituído por uma quantidade equivalente de ácido nítrico sem que haja qualquer influência no curso da reação. O ácido sulfúrico leva a resultados mais altos e erráticos e seu uso deve ser evitado.

O método pode ser padronizado, se desejado, com di-hidrogenofosfato de potássio puro (ver adiante). Deve haver ácido clorídrico 1:1 em quantidade suficiente para evitar a precipitação de molibdato de quinolina. O molibdofosfato complexo forma-se rapidamente em uma solução que contém 20 ml de ácido clorídrico concentrado em 100 ml de solução, especialmente a quente. A precipitação do sal de quinolina na solução em ebulição deve ser **lenta**. Deve-se fazer sempre uma determinação em branco devido, sobretudo, à interferência da sílica.

Soluções necessárias *Solução de molibdato de sódio* Prepare uma solução 15% de molibdato de sódio, $Na_2MoO_4 \cdot 2H_2O$. Guarde em frasco de polietileno.

Solução de cloridrato de quinolina Adicione 20 ml de quinolina redestilada a 800 ml de água quente contendo ácido clorídrico e agite bem. Resfrie até a temperatura normal, adicione um pouco de polpa de papel de filtro (como acelerador) e continue agitando bem. Filtre por sucção através de um leito de polpa de papel, mas não lave. Complete o volume com água até 1 litro.

Solução de indicador misto Misture dois volumes de fenolftaleína 0,1% em etanol com três volumes de azul de timol 0,1% em etanol. Um reagente adequado para a padronização é o di-hidrogenofosfato (V) de potássio, previamente seco em 105°C.

Procedimento Pese com exatidão 0,20 a 0,25 g de di-hidrogenofosfato(V) de potássio seco. Dissolva o sal em água e dilua até 250 ml em balão aferido. Transfira 25,0 ml da solução para um erlenmeyer de 250 ml. Adicione 20

Análise Titrimétrica

ml de ácido clorídrico concentrado e 30 ml da solução de molibdato de sódio. Aqueça à ebulição e adicione algumas gotas do reagente de quinolina com o auxílio de uma bureta, mantendo a agitação da solução do erlenmeyer. Aqueça novamente à ebulição e adicione o reagente de quinolina gota a gota, com agitação constante até que 1 a 2 ml do reagente tenham sido adicionados. Ferva novamente e, quando a solução estiver em ebulição suave, adicione o reagente em pequenas porções (alguns mililitros) de cada vez, sempre com agitação, até que 60 ml tenham sido adicionados ao todo. Obtém-se assim um precipitado razoavelmente cristalino. Deixe a suspensão por 15 minutos em um banho-maria com água em ebulição e depois resfrie até a temperatura normal. Prepare um filtro de polpa de papel de filtro compactado em um funil provido de um cone de porcelana. Decante a solução límpida através do filtro e lave o precipitado duas vezes por decantação com cerca de 20 ml de ácido clorídrico (1:9). Este tratamento remove a maior parte do excesso de quinolina e de molibdato.

Transfira com água fria o precipitado para a polpa filtrante e lave bem o frasco. Lave o filtro e o precipitado com porções de 30 ml de água, deixando escorrer bem as águas de lavagem antes de fazer a próxima adição, até que as águas de lavagem estejam livres de ácido (teste a acidez com papel de pH: cerca de seis lavagens são normalmente necessárias). Transfira o leito de polpa de papel de filtro e o precipitado para o erlenmeyer original, ajuste o colo do funil e lave com cerca de 50 ml de água para assegurar a transferência de todos os traços de precipitado. Agite bem o erlenmeyer de modo a desintegrar completamente o papel de filtro e o precipitado. Introduza 50,0 ml de hidróxido de sódio padrão 0,5 M (livre de carbonato), sob agitação. Agite até que o precipitado esteja **completamente** dissolvido. Adicione algumas gotas da solução do indicador misto e titule com solução de ácido clorídrico padrão 0,5 M. No ponto final ocorre uma viragem nítida de cor, de verde pálido para amarelo pálido.

Faça um ensaio em branco dos reagentes, mas use soluções de ácido e de base 0,1 M para as titulações. Calcule o branco para o hidróxido de sódio 0,5 M. Subtraia o volume do branco (que não deve exceder 0,5 ml) do volume neutralizado pelo precipitado original:

$$1 \text{ ml} \quad 0,5 \, M \text{ NaOH} \equiv 1,830 \, \text{mg} \quad PO_4^{3-}$$

Wilson [8] recomenda que o ácido clorídrico adicionado antes da precipitação seja substituído por ácido cítrico e que as lavagens subseqüentes do precipitado sejam efetuadas somente com água destilada.

O método pode ser aplicado na determinação de fósforo em uma grande variedade de materiais como, por exemplo, rochas fosfáticas, fertilizantes fosfatados e metais, e é também adequado para uso em conjunto com o procedimento do frasco de oxigênio (Seção 3.32). É essencial assegurar-se sempre de que o tratamento do material converta totalmente o fósforo em ortofosfato. Isto é normalmente feito por dissolução em um meio oxidante como o ácido nítrico concentrado ou o ácido perclórico 60%.

10.50 Massa molecular relativa de um ácido orgânico

Discussão Muitos ácidos carboxílicos comuns são razoavelmente solúveis em água e podem ser titulados com hidróxido de sódio ou hidróxido de potássio. Quando não é o caso, a solubilização pode ser feita em mistura de etanol e água. A teoria das titulações entre ácidos fracos e bases fortes (Seção 10.34) aplica-se normalmente a ácidos monopróticos e polipróticos (Seção 10.37). Em água, não é normalmente possível diferenciar facilmente os pontos finais de cada grupamento ácido carboxílico de um ácido diprótico como, por exemplo, o ácido succínico, porque as constantes de dissociação são muito próximas. Nestes casos, os pontos finais das titulações com hidróxido de sódio correspondem à neutralização de todos os grupos ácidos. Como diversos ácidos orgânicos podem ser obtidos com alto grau de pureza, os pontos finais obtidos com eles são suficientemente nítidos para justificar seu uso como padrões. É o caso, por exemplo, do ácido benzóico e do ácido succínico. O procedimento de titulação descrito nesta seção pode ser usado para a determinação da massa molecular relativa (RMM) de um ácido carboxílico puro (se o número de grupamentos carboxílicos for conhecido) ou a pureza de um ácido cuja massa molecular relativa for conhecida.

Procedimento Pese com exatidão cerca de 4 g do ácido orgânico puro e dissolva-o no menor volume possível de água (nota 1) ou em uma mistura de etanol e água 1:1 (em volume). Transfira a solução para um balão aferido de 250 ml. Certifique-se de que a solução é homogênea e complete com o solvente até o volume do balão. Use uma pipeta para medir exatamente uma alíquota de 25 ml e transfira-a para um erlenmeyer de 250 ml. Titule com solução padrão de hidróxido de sódio ~0,2 M (nota 2), usando duas gotas de fenolftaleína como indicador, até que a solução inicialmente incolor fique levemente rósea. Repita o procedimento com outras alíquotas de 25 ml de solução do ácido até obter dois resultados concordantes.

A massa molecular relativa é dada por

$$\text{RMM} = 100 \left(\frac{WP}{VM} \right)$$

onde

W = peso do ácido
P = número de grupamentos ácido carboxílico
V = volume do hidróxido de sódio usado
M = molaridade do hidróxido de sódio

Notas

1. Para obter pontos finais bem definidos use água desionizada livre de CO_2.
2. Os volumes de hidróxido de sódio 0,2 M necessários estão normalmente entre 15 ml e 30 ml, dependendo da natureza do ácido orgânico que está sendo determinado.

10.51 Grupos hidroxila em carboidratos

Discussão Os grupos hidroxila de carboidratos podem ser facilmente acetilados por anidrido acético em acetato de etila contendo um pouco de ácido perclórico. Esta reação é a base de um método para a determinação do número de grupos hidroxila em uma molécula de carboidrato. Faz-se a reação com excesso de anidrido acético, titulando-se, a seguir, o excesso com hidróxido de sódio em metilcelosolve.

Soluções necessárias *Anidrido acético* Prepare 250 ml de uma solução 2,0 M em acetato de etila contendo 4,0 g de ácido perclórico 72%. Faça a solução adicionando 4,0 g (2,35 ml) de ácido perclórico 72% a 150 ml de acetato de etila em um balão aferido de 250 ml. Transfira com uma pipeta 8,0 ml de anidrido acético para o balão e deixe em repouso por meia hora. Resfrie o balão até 5°C e adicione 42 ml de anidrido acético frio. Mantenha a mistura em 5°C por uma hora e deixe-a atingir a temperatura normal (nota 1).

Hidróxido de sódio Prepare uma solução de aproximadamente 0,5 M de hidróxido de sódio em metilcelosolve. Esta solução pode ser padronizada por titulação com hidrogenoftalato de potássio usando o indicador misto dado adiante.

Piridina/água Prepare 100 ml de uma mistura de piridina e água na razão de três partes para uma em volume.

Indicador misto Prepare o indicador misturando uma parte de solução neutra de vermelho de cresol 0,1% em água e três partes de azul de timol neutro 0,1% em água.

Procedimento Pese com exatidão 0,15 a 0,20 g do carboidrato em um erlenmeyer arrolhado. Transfira com uma pipeta exatos 5,0 ml da solução de anidrido acético em acetato de etila para o erlenmeyer. Agite cuidadosamente até dissolver completamente o sólido ou misture com um agitador magnético. **Não aqueça a solução.** Adicione 1,5 ml de água e agite novamente para misturar os componentes. Adicione 10 ml da solução de piridina/água, misture novamente e deixe a mistura em repouso por 5 minutos. Titule o excesso de anidrido acético com hidróxido de sódio padrão 0,5 M, usando o indicador misto. No ponto final a cor muda de amarelo para violeta.

Determine o branco com a solução de anidrido acético em acetato de etila segundo o procedimento apresentado anteriormente, sem a adição do carboidrato. Use a diferença entre a titulação em branco V_b e a titulação da amostra V_s para calcular o número de grupos hidroxila no açúcar (nota 2).

Cálculo O volume da solução de NaOH 0,5 M usado é dado por $V_b - V_s$. Assim, o número de moles de anidrido acético consumidos na reação com os grupos hidroxila é dado por

$$\frac{0,5(V_b - V_s)}{2 \times 1000}$$

Como, porém, cada molécula de anidrido acético reage com dois grupos hidroxila, o número de moles de grupos hidroxila é

$$N = \frac{0,5(V_b - V_s) \times 2}{2 \times 1000} = \frac{(V_b - V_s)}{2000}$$

Se a massa molecular relativa do carboidrato é conhecida, então o número de grupos hidroxila por molécula é dado por

$$\frac{N \times \text{RMM}}{G}$$

onde G é a massa da amostra do carboidrato.

Notas

1. Todas as soluções devem ser preparadas imediatamente antes do uso. **As soluções de ácido perclórico não devem ser expostas à luz solar nem a temperaturas elevadas porque podem explodir.**
2. Após as titulações, todas as soluções devem ser imediatamente descartadas.

10.52 Índice de saponificação de óleos e gorduras

Discussão Define-se o índice (ou o número) de saponificação de óleos e gorduras, que são ésteres de ácidos graxos de cadeia longa, como sendo a massa em miligramas de hidróxido de potássio que neutraliza os ácidos graxos livres obtidos por hidrólise de 1 g do óleo ou da gordura. Isto significa que o índice de saponificação é inversamente proporcional às massas moleculares relativas dos ácidos graxos obtidos de ésteres. Uma reação típica de hidrólise de um triglicerídeo é

$$
\begin{array}{l}
CH_2\!-\!O\!-\!CO\!-\!C_{17}H_{35} \\
\;\;| \\
CH\!-\!O\!-\!CO\!-\!C_{17}H_{35} + 3KOH \longrightarrow \\
\;\;| \\
CH_2\!-\!O\!-\!CO\!-\!C_{17}H_{35}
\end{array}
\qquad
\begin{array}{l}
CH_2OH \\
\;\;| \\
CHOH + 3C_{17}H_{35}COOK \\
\;\;| \\
CH_2OH
\end{array}
$$

estearina   glicerina   estearato de potássio

Procedimento Prepare uma solução de aproximadamente 0,5 M de hidróxido de potássio, dissolvendo 30 g em 20 ml de água e completando o volume final a 1 litro com etanol 95%. Deixe a solução em repouso por 24 horas antes de decantá-la e filtrá-la. Titule alíquotas de 25 ml da solução de hidróxido de potássio com ácido clorídrico 0,5 M, usando fenolftaleína como indicador (registre o resultado da titulação como *a* ml).

Para a hidrólise, pese com exatidão cerca de 2 g do óleo ou da gordura em um erlenmeyer de 250 ml, com boca esmerilhada e adicione 25 ml da solução de hidróxido de potássio. Ajuste um condensador de refluxo e aqueça o erlenmeyer em banho de vapor por 1 hora, com agitação ocasional. Adicione o indicador (fenolftaleína) à solução ainda quente e titule o excesso de hidróxido de potássio com ácido clorídrico 0,5 M (registre o volume de titulação como *b* ml).

$$\text{índice de saponificação} = \frac{(a - b) \times 0,5 \times 56,1}{\text{peso da amostra (mg)}}$$

10.53 Pureza do ácido acetil-salicílico (aspirina)

Discussão O ácido acetil-salicílico se hidrolisa quando tratado com uma solução quente de hidróxido de sódio para dar acetato de sódio e salicilato de sódio, de acordo com a reação

$$CH_3COOC_6H_4COOH + 2NaOH \xrightarrow{\text{calor}}$$
$$CH_3COONa + C_6H_4(OH)COONa$$

Quando se usa excesso de hidróxido de sódio, a base que não reagiu pode ser determinada por titulação com ácido clorídrico padrão.

Procedimento Pese com exatidão cerca de 1,2 g de ácido acetil-salicílico e transfira para um erlenmeyer de 250 ml. Adicione 50 ml de hidróxido de sódio 0,5 M com uma pipeta. Aqueça por 10 minutos a solução resultante em banho-maria fervente. Deixe esfriar a solução e titule o excesso de base com ácido clorídrico padrão 0,5 M, usando 3 gotas de vermelho de fenol 0,1% como indicador (Seção 10.36). Titule o branco usando 50 ml da solução de hidróxido de sódio 0,5 M:

1 ml 0,5 M NaOH ≡ 0,045 04 g ácido acetil-salicílico

10.54 Titulação de aminas em meio não-aquoso

Discussão As titulações ácido–base convencionais são raramente adequadas para a determinação de bases fracas. Titulações de bases fracas em meios não-aquosos, entretanto, funcionam muito bem. Deve-se usar o ácido mais forte possível e um solvente não-básico. Ácido perclórico dissolvido em ácido acético glacial ou em dioxano é adequado para esta finalidade. Para a titulação de bases muito fracas, o ácido acético glacial é o melhor solvente.

Soluções necessárias *Ácido perclórico* Prepare uma solução aproximadamente 0,1 M por adição lenta de 2,1 ml de ácido perclórico 72% a dioxano. Complete o volume até 250 ml em um balão aferido. Um outro método é adicionar, **cautelosamente** e com **agitação constante**, 2,1 ml de ácido perclórico 72% a 100 ml de ácido acético glacial e, em seguida, adicionar 5 ml de anidrido acético. Deixe a solução esfriar e complete até 250 ml em um balão aferido.

Cuidado **Não adicione anidrido acético antes de o ácido perclórico estar bem diluído no ácido acético.**

Padronização O ácido perclórico pode ser padronizado por titulação com alíquotas de 25 ml de hidrogenoftalato de potássio padrão 0,1 M em ácido acético glacial (prepare a solução dissolvendo cerca de 2,0 g do sal, pesado com exatidão, em ácido acético glacial e completando o volume até 100 ml). Use como indicador cristal de violeta 0,5% em ácido acético ou azul de oraceta B. Com três gotas de um dos indicadores, a cor muda de azul a verde (cristal violeta) ou de azul a rosa (azul de oraceta B).

Procedimento Para determinar a pureza de uma amostra de adrenalina, pese com exatidão cerca de 0,4 g da amostra de adrenalina e transfira para um erlenmeyer de 250 ml. Dissolva a amina em ácido acético glacial. Cerca de 70 ml devem bastar, mas, às vezes, pode ser necessário aquecer ligeiramente. Resfrie a solução resultante e titule com ácido perclórico 0,1 M em ácido acético glacial. Use 3 gotas de azul de oraceta B ou de cristal violeta como indicador. Então,

1 ml 0,1 M HClO$_4$ ≡ 0,018 32 g adrenalina (C$_9$H$_{13}$O$_3$N)

Neutralização: determinações usando instrumentos

▮ Segurança. Antes de fazer qualquer experimento desta seção preste muita atenção aos avisos de segurança. Tenha sempre em mente as regras de segurança de laboratório.

10.55 Potenciometria: considerações gerais

O sistema de eletrodos normalmente usado inclui um eletrodo indicador de vidro e um eletrodo de referência de calomelano — hoje em dia prefere-se um sistema de eletrodos combinados. A acurácia com que o ponto final pode ser determinado potenciometricamente depende da magnitude da mudança da f.e.m. na vizinhança do ponto de equivalência que, por sua vez, depende da concentração e da força do ácido e da base usados (Seções 10.33 a 10.37).

Obtém-se sempre resultados satisfatórios, exceto quando (a) o ácido ou a base são muito fracos ($K < 10^{-8}$) e as soluções estão diluídas e (b) o ácido e a base são ambos fracos. No caso (b), pode-se obter cerca de 1% de acurácia com soluções 0,1 M.

O método pode ser usado para titular misturas de ácidos de forças ácidas muito diferentes como, por exemplo, os ácidos acético e clorídrico. A primeira inflexão na curva de titulação ocorre quando o ácido mais forte é neutralizado. A segunda inflexão corresponde à neutralização completa. Para que o método tenha êxito, a força dos dois ácidos ou bases deve ser diferente pelo menos na razão 10^5:1. Um medidor de pH que opere no modo milivolt ou um autotitulador pode ser usado nos experimentos descritos a seguir. O primeiro deles é uma titulação ácido–base feito com um equipamento simples.

10.56 Titulação potenciométrica de ácido acético com hidróxido de sódio

Prepare soluções aproximadamente 0,1 M de ácido acético e de hidróxido de sódio. Prepare um medidor de pH para operação conforme descrito na Seção 13.22. As instruções gerais que se seguem aplicam-se à maior parte das titulações potenciométricas e são dadas aqui para evitar repetições. Os outros experimentos sugeridos correspondem aos seguintes processos: a titulação de Na$_2$CO$_3$ 0,05 M com HCl 0,1 M e a titulação de ácido bórico 0,1 M em presença de 4 g de manitol com NaOH 0,1 M.

(a) Monte a aparelhagem esquematizada na Fig. 10.1 com o sistema de eletrodos (ou o eletrodo combinado) do medidor de pH colocado dentro de um bécher de cerca de 400 ml que contém 50 ml da solução a ser titulada (ácido acético).

(b) Selecione uma bureta e, mediante um pedaço de tubo de polietileno, ligue à saída da bureta um tubo capilar de vidro de 8 a 10 cm de comprimento. Encha a bureta com a solução de hidróxido de sódio, tendo o cuidado de eliminar todas as bolhas de ar do capilar. Fixe a bureta fazendo com que a ponta do capilar fique imersa na solução a ser titulada. Este procedimento assegura que todo o volume de solução adicionado pela bureta foi absorvido pela solução e que não resta uma gota pendente na ponta da bureta. Este ponto pode ser importante para as leituras da f.e.m. feitas nas proximidades do ponto final da titulação.

(c) Agite suavemente a solução do bécher. Leia a diferença de potencial entre os eletrodos no medidor de pH. Registre a leitura feita e o volume da base que está na bureta.

(d) Adicione 2 a 3 ml da solução da bureta, agite por 30 segundos e, após esperar mais 30 segundos, leia a f.e.m. da célula.

10.57 Titulações potenciométricas em solventes não-aquosos

(e) Repita a adição com porções de 1 ml de base e agitação. Meça a f.e.m. após cada adição. Prossiga até atingir um ponto a cerca de 1 ml do ponto final esperado. Daí em diante, adicione a solução em porções de 0,1 ml, ou menos, e registre as leituras potenciométricas após cada adição. Continue as adições até 0,5–1,0 ml após o ponto de equivalência.

(f) Lance em gráfico os potenciais contra os volumes de reagente adicionados. Trace uma curva através dos pontos. O ponto de equivalência é o volume que corresponde à porção mais íngreme da curva. Em alguns casos, a curva é praticamente vertical. Uma gota da solução leva a uma mudança de 100 a 200 mV na f.e.m. da célula. Em outros casos, a inclinação é mais gradual.

(g) Localize o ponto final da titulação pelo gráfico de ΔE contra ΔV usando os pequenos incrementos do titulante adicionado nas proximidades do ponto de equivalência ($\Delta V = 0,1$ ml ou 0,05 ml) contra V. O máximo da curva corresponde ao ponto final (Fig. 10.2(b)).

(h) Desenhe a curva da segunda derivada ($\Delta^2 E/\Delta V^2$ contra V). A segunda derivada é nula no ponto final (Fig. 10.2(c)). Apesar de trabalhoso, este método dá a estimativa mais exata do ponto final. O gráfico de Gran pode também ser utilizado.

10.57 Titulações potenciométricas em solventes não-aquosos

Como vimos na Seção 2.4, a força de um ácido (ou de uma base) depende do solvente no qual ele foi dissolvido. Nas Seções 10.40 a 10.42 vimos como usar este fenômeno para fazer titulações, impossíveis em água, em outros solventes. Os métodos potenciométricos podem ser usados para determinar o ponto final de titulações em meios não-aquosos, em sua maioria titulações ácido–base, muito úteis na determinação de muitos compostos orgânicos.

O procedimento geral usado nas titulações potenciométricas em meio não-aquoso é essencialmente o mesmo das titulações em água, porém existem algumas diferenças relevantes. A Tabela 10.6 lista reagentes e solventes comuns, bem como a combinação apropriada de eletrodos para algumas titulações ácido–base.

Tabela 10.6 *Algumas titulações potenciométricas em solventes não-aquosos*

Reagente	Solvente	Eletrodos[a]	
		Referência	Indicador
Substâncias determinadas: ácidos, enóis, imidas, fenóis, sulfonamidas			
CH_3OK/tolueno–metanol	Tolueno–metanol	Vid.	Sb
		Cal.	Sb
	Dimetil-formamida	Vid.	Sb
	1,2-Diamino-etano	Vid.	Sb
	1-Amino-butano	Vid.	Sb
R_4NOH/tolueno–metanol	Acetonitrila	Cal.	Vid.
	Piridina	Cal.	Sb
Substâncias determinadas: aminas, sais de aminas, aminoácidos, sais de ácidos			
$HClO_4$/CH_3COOH	Ácido acético glacial	Cal.	Vid.
		Ag, AgCl	Vid.

[a] Vid. = vidro; Cal. = calomelano; Sb = antimônio.

1. Para medir a f.e.m. da célula de titulação pode-se usar um milivoltímetro eletrônico ou um medidor de pH. Use o medidor de pH no modo milivolt porque a escala de pH não se aplica em soluções não-aquosas.

2. Deve-se evitar a exposição ao ar de muitos dos solventes usados. As titulações com estes solventes devem ser feitas em recipientes fechados (um balão de três ou quatro bocas, por exemplo). Os solventes orgânicos têm coeficientes de expansão térmica muito maiores do que o da água e, por isso, deve-se manter, tanto quanto possível, a temperatura constante.

3. Três reagentes são muito usados:

   Metóxido de potássio dissolvido em uma mistura de tolueno e metanol. Em alguns casos, o potássio pode ser substituído por sódio ou lítio e o metanol por etanol ou propano-1-ol. Os solventes para o titulante são, normalmente, a mistura tolueno–metanol, dimetil-formamida, 1,2-diamino-etano ou 1-amino-butano.

   Hidróxidos de amônio tetrassubstituído dissolvidos em uma mistura de metanol e tolueno ou em propano-2-ol. O solvente para o titulante pode ser acetonitrila ou piridina. O metóxido de potássio e os hidróxidos de amônio tetrassubstituído são usados na titulação de ácidos.

   Ácido perclórico dissolvido em ácido acético glacial. Usa-se na titulação de bases, também dissolvidas em ácido acético glacial.

4. Os eletrodos de vidro e de antimônio são comumente empregados como eletrodos indicadores. Em tolueno–metanol, o eletrodo de vidro do par eletrodo de vidro/eletrodo de antimônio pode ser usado como eletrodo de referência. Os eletrodos de vidro não devem ser mantidos em solventes não-aquosos por muito tempo, porque as camadas de hidratação do bulbo de vidro podem ser danificadas, fazendo com que o eletrodo deixe de funcionar satisfatoriamente.

5. O eletrodo de referência é normalmente o eletrodo de calomelano ou de prata/cloreto de prata. É aconselhável que estes eletrodos sejam de junção dupla, para que a solução de cloreto de potássio do eletrodo não contamine a solução-teste. Nas titulações que envolvem ácido acético glacial como solvente, o recipiente externo do eletrodo de calomelano com junção dupla pode ser preenchido com ácido acético glacial contendo um pouco de perclorato de lítio para aumentar a condutância.

10.58 Titulação de uma mistura de anilina e etanolamina em meio não-aquoso

Discussão O método potenciométrico é muito útil na determinação de uma mistura de aminas. Dois pontos finais bem definidos são obtidos com um eletrodo de vidro combinado (Seção 13.18).

Soluções necessárias *Ácido perclórico* Prepare uma solução de aproximadamente 0,1 M adicionando 2,13 ml de ácido perclórico 72% a dioxano e completando o volume até 250 ml em um balão aferido. Padronize a solução por titulação contra alíquotas de 25 ml de uma solução de hidrogenoftalato de potássio padrão 0,1 M em ácido acético glacial (prepare a solução dissolvendo 2,0 g de hidrogenoftalato de potássio em ácido acético glacial e completando

206 Análise Titrimétrica

o volume até 100 ml). Use cristal violeta como indicador (Seção 10.41).

Mistura de aminas Prepare uma mistura conveniente para análise pesando com exatidão quantidades aproximadamente iguais de anilina e etanolamina. A determinação é feita melhor em uma solução contendo cerca de 4 g de cada amina diluídos até 100 ml com acetonitrila (cianeto de metila) em um balão aferido.

Procedimento Use alíquotas de 5 ml da mistura de aminas diluídas com 20 ml de acetonitrila em um bécher de 100 ml. Titule com ácido perclórico 0,1 M. Use o medidor de pH (em milivolts) para determinar a diferença de potencial dos dois eletrodos mergulhados na solução que contém as aminas. Agite constantemente durante a titulação. A etanolamina é responsável pelo primeiro ponto final. O segundo ponto final corresponde à anilina.

Como a acetonitrila pode conter como impurezas bases que também reagem com ácido perclórico, é desejável fazer uma determinação em branco com o solvente. Subtraia o volume determinado para o branco dos valores obtidos na titulação das aminas antes de calcular percentagens na mistura.

10.59 Ácidos e bases por coulometria

Introdução

Em água, as reações limitantes nos eletrodos de platina são

$$2H_2O \rightleftharpoons O_2 + 4H^+ + 4e \quad \text{(anodo)}$$
$$2H_2O + 2e \rightleftharpoons H_2 + 2OH^- \quad \text{(catodo)}$$

Devido a isso, a eletrogeração anódica do íon hidrogênio para a titulação de bases e a eletrogeração catódica do íon hidroxila para a titulação de ácidos pode ser feita facilmente. Uma das principais vantagens da titulação coulométrica de ácidos é que é fácil evitar as dificuldades associadas com a presença de dióxido de carbono na solução a ser titulada ou de carbonatos na base padrão titulante. O dióxido de carbono pode ser completamente removido pela passagem de nitrogênio pela solução ácida original antes de se iniciar a titulação. Entretanto, qualquer substância presente que seja reduzida mais facilmente do que o íon hidrogênio ou do que a água no catodo de platina, ou que seja oxidada mais facilmente do que a água no anodo de platina, interfere.

Quando a geração interna é usada em associação com um eletrodo auxiliar de platina, este último deve ser colocado em um compartimento separado. O contato entre o compartimento do eletrodo auxiliar e a solução que contém a amostra é feito através de algum tipo de diafragma, por exemplo, um tubo com um disco de vidro sinterizado, ou através de uma ponte de ágar–sal. No caso da titulação de ácidos, pode-se usar um anodo de prata em combinação com um catodo de platina na presença de íons brometo. O eletrodo de prata é colocado dentro de um tubo de vidro reto fechado na parte inferior por um disco de vidro sinterizado. O tubo de vidro é inserido diretamente na solução-teste. A concentração de cerca de 0,05 M de íons brometo é satisfatória.

Eletrodo auxiliar de platina

Aparelhagem Use a célula ($\sim$150 ml de capacidade) da Fig. 10.3, porém coloque o eletrodo auxiliar em um pequeno bécher ligado à célula por uma ponte salina feita com um tubo em U invertido contendo um gel de ágar-ágar 3% saturado com solução de cloreto de potássio. O sistema de detecção do ponto final é um medidor de pH ligado ao conjunto de eletrodos de vidro e de calomelano saturado fornecidos com o instrumento.

Reagentes *Eletrólito de suporte* Use uma solução de cloreto de sódio 0,1 M.

Católito Use uma solução de cloreto de sódio 0,1 M a que foi adicionada uma pequena quantidade de hidróxido de sódio diluído em água.

Ácido clorídrico Prepare soluções 0,01 M e 0,001 M usando água fervida e ácido clorídrico concentrado e padronize-as em seguida.

Procedimento Coloque 50 ml do eletrólito de suporte na célula coulométrica e passe nitrogênio pela solução até pH igual a 7,00. A partir deste ponto, mantenha uma corrente de nitrogênio sobre a superfície da solução. Transfira com uma pipeta 10,00 ml do ácido para a célula. Ajuste a corrente em um valor adequado (40 ou 20 mA) e inicie a eletrólise. Interrompa a titulação quando o pH do ponto de equivalência (7,00) for atingido.

Eletrodo auxiliar de prata

Aparelhagem A Fig. 10.3 esquematiza a célula de titulação. Observe, porém, que o anodo de prata deve ser colocado dentro de um tubo de vidro com um disco de vidro sinterizado em sua parte inferior. O catodo de platina e o anodo de prata são fios resistentes em forma de hélice. O anodo de prata pode ser usado muitas vezes antes de a camada de brometo de prata tornar-se tão espessa que precisa ser removida — cerca de 30 titulações de amostras de 0,1 mmol sob 20 mA. Quando necessário, a camada de brometo de prata pode ser cuidadosamente removida por dissolução em solução de cianeto de potássio.

Eletrólito de suporte Prepare uma solução de brometo de sódio 0,05 M.

Procedimento Coloque 50 ml do eletrólito de suporte no bécher e adicione um pouco da mesma solução ao tubo que contém o eletrodo de prata, de modo que o nível de líquido no tubo fique um pouco acima do nível do bécher. Passe nitrogênio pela solução até que o pH esteja em 7,0. Com o auxílio de uma pipeta, transfira 10,00 ml de ácido clorídrico 0,01 M ou 0,001 M para a célula. Continue a passar nitrogênio. Titule usando a técnica descrita para o eletrodo auxiliar de platina. Várias amostras podem ser tituladas em seqüência sem que seja necessário renovar o eletrólito de suporte.

Nota Estas técnicas podem ser aplicadas a muitos outros ácidos, fortes ou fracos. A única limitação é que o ânion não deve se reduzir no catodo de platina e não deve reagir com o anodo de prata ou com o brometo de prata (por exemplo, por complexação).

Titulação de bases

A titulação de uma base com íons hidrogênio gerados eletroliticamente em um catodo de platina

$$2H_2O = O_2 + 4H^+ + 4e$$

pode ser feita como descrito anteriormente para a titulação de ácidos com um eletrodo auxiliar isolado. As conexões com os eletrodos devem ser invertidas, porque agora é necessário gerar íons hidrogênio na célula coulométrica.

Eletrólito de suporte Prepare uma solução de sulfato de sódio 0,2 M.

Procedimento Pode-se adquirir experiência neste tipo de titulação usando, por exemplo, 5,00 ml de uma solução de hidróxido de sódio 0,01 M rigorosamente padronizada. Use 50 ml do eletrólito de suporte e corrente de 30 mA.

10.60 Compostos orgânicos por titulação espectrofotométrica

Consideremos, por exemplo, a titulação de fenóis. Ela pode ser feita pela análise dos resultados obtidos no máximo de absorção ($\lambda_{máx}$ no ultravioleta) do fenol que está sendo determinado. É possível distinguir fenóis substituídos [9] por titulação com hidróxido de tetra-n-butilamônio, usando propano-2-ol como solvente. As aminas aromáticas podem ser tituladas com ácido perclórico usando butanol como solvente.

Titulações por complexação

! **Segurança.** Antes de fazer qualquer experimento desta seção preste muita atenção aos avisos de segurança. Tenha sempre em mente as regras de segurança de laboratório.

10.61 Introdução

No Cap. 2, discutimos em detalhe a natureza dos complexos, sua estabilidade e suas características químicas. Esta seção mostra como as reações de complexação podem ser aplicadas em titrimetria, especialmente na determinação das proporções de diferentes cátions em misturas. A vasta maioria das titulações de complexação é feita com ligantes multidentados, como o EDTA e substâncias semelhantes, como agentes de complexação.

10.62 Curvas de titulação

Na titulação de um ácido forte, o gráfico de pH contra o volume adicionado de solução de base forte tem um ponto de inflexão que corresponde ao ponto de equivalência (Seção 10.33). Do mesmo modo, na titulação com EDTA, o gráfico de pM (o antilogaritmo decimal da concentração do íon metálico "livre", pM = $-\log[M^{n+}]$) contra o volume adicionado da solução de EDTA tem um ponto de inflexão que corresponde ao ponto de equivalência. Em algumas situações esta mudança brusca pode exceder 10 unidades de pM. A Fig. 10.19 mostra a forma geral das curvas de titulação. Neste caso, elas foram obtidas por titulação de 10,0 ml de uma solução 0,01 M de um íon metálico M com EDTA 0,01 M. As constantes de estabilidade

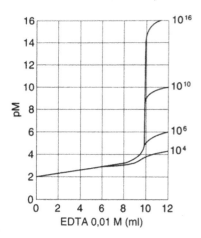

Fig. 10.19 Titulação de 10,0 ml de solução de um íon metálico M 0,01 M com uma solução de EDTA 0,01 M. Os dados à direita são constantes de estabilidade aparentes

de aparentes dos vários complexos metal–EDTA estão indicadas na extremidade direita das curvas. Quanto maior for a constante de estabilidade, mais acentuado será o ponto final, desde que o pH se mantenha constante.

Nas titulações ácido–base, o ponto final é geralmente detectado por um indicador sensível ao pH. Na titulação com EDTA, usa-se comumente um indicador sensível ao íon metálico, conhecido como **indicador metálico** ou **indicador de íons de metal**, para detectar as mudanças de pM. Estes indicadores (que contêm vários tipos de grupos quelantes e, geralmente, incluem sistemas ressonantes típicos de corantes) formam complexos com íons metálicos específicos, cujas cores diferem das cores dos indicadores livres e mudam de cor bruscamente no ponto de equivalência. O ponto final da titulação pode ser também detectado por outras técnicas, incluindo métodos potenciométricos (Seção 10.85), coulométricos (Seção 10.86) e amperométricos (Seções 10.87 a 10.89). As técnicas espectrofotométricas também podem ser usadas na detecção de pontos finais em que a mudança de cor do indicador é difícil de ser visualizada (Seções 10.90 e 10.91).

10.63 Tipos de titulação com EDTA

Titulação direta

A solução que contém o íon metálico a ser determinado é tamponada no pH desejado, em pH = 10, por exemplo, com NH_4^+–NH_3 (aq), e titulada diretamente com solução padrão de EDTA. Pode ser necessário evitar que o hidróxido do metal (ou um sal básico) precipite. Isto é feito por adição de um agente complexante auxiliar como tartarato, citrato ou trietanolamina. No ponto de equivalência, a concentração do íon metálico que está sendo titulado decresce bruscamente. Isto é geralmente detectado pela mudança da cor de um indicador de íons metálicos ou com o auxílio de métodos amperométricos, espectrofotométricos ou potenciométricos.

Titulação do excesso

Muitos metais não podem ser determinados diretamente. Pode ocorrer precipitação no intervalo de pH em que a ti-

208 Análise Titrimétrica

tulação deve ser feita ou pode ocorrer formação de complexos inertes. Às vezes, não se dispõe de um indicador metálico adequado. Quando isso ocorre, pode-se adicionar à solução a ser titulada um excesso da solução padrão de EDTA. A solução resultante é tamponada no pH desejado e o excesso de EDTA é titulado com uma solução padrão de um íon metálico. Usa-se freqüentemente uma solução de cloreto (ou sulfato) de zinco ou de cloreto (ou sulfato) de magnésio para esta finalidade. O ponto final é detectado por um indicador de íons metálicos que reage com os íons zinco ou magnésio introduzidos na titulação.

Titulação por deslocamento ou substituição

As titulações por substituição são usadas quando os íons de metais não reagem ou reagem insatisfatoriamente com um indicador metálico ou quando os íons de metais formam complexos com o EDTA que são mais estáveis do que os complexos de outros metais como cálcio e magnésio. O cátion de metal, M^{n+}, a ser determinado pode ser tratado com o complexo magnésio/EDTA se a seguinte reação ocorre:

$$M^{n+} + MgY^{2-} \rightleftharpoons (MY)^{(n-4)+} + Mg^{2+}$$

A quantidade do íon magnésio liberada é equivalente à quantidade de cátion presente e pode ser titulada com solução padrão de EDTA e um indicador de íons de metal adequado.

Uma aplicação interessante é a titulação de cálcio. Na titulação direta dos íons cálcio, o indicador negro de solocromo dá um ponto final difícil de reconhecer. Se o magnésio estiver presente, ele é deslocado do complexo com EDTA pelo cálcio, o que resulta em um ponto final mais nítido (Seção 10.71).

Métodos diversos

Reações de troca, que liberam íons níquel, entre o íon tetracianoniquelato(II), $[Ni(CN)_4]^{2-}$ (o sal de potássio é facilmente preparado), e o elemento a ser determinado têm aplicação limitada. Prata e ouro, que não podem ser titulados complexometricamente, podem ser determinados desta maneira:

$$[Ni(CN)_4]^{2-} + 2Ag^+ \rightleftharpoons 2[Ag(CN)_2]^- + Ni^{2+}$$

Estas reações ocorrem com sais de prata pouco solúveis e são um método interessante de determinação dos íons halogeneto (Cl^-, Br^- e I^-) e do íon tiocianato (SCN^-). O ânion é primeiramente precipitado como sal de prata, que é redissolvido em uma solução de $[Ni(CN)_4]^{2-}$. A quantidade equivalente de níquel liberada é determinada por titulação rápida com EDTA e um indicador apropriado (murexido, vermelho de bromo-pirogalol).

O íon fluoreto pode ser determinado por precipitação como cloro-fluoreto de chumbo. O precipitado é dissolvido em ácido nítrico diluído e após ajuste do pH entre 5 e 6 o chumbo é titulado com EDTA e alaranjado de xilenol como indicador [10].

O íon sulfato pode ser determinado por precipitação como sulfato de bário ou de chumbo. O precipitado é dissolvido em excesso de solução padrão de EDTA que é titulado com solução padrão de íons zinco ou magnésio e negro de solocromo como indicador.

O íon fosfato pode ser determinado por precipitação do composto $Mg(NH_4)PO_4 \cdot 6H_2O$, que é redissolvido em ácido clorídrico diluído. Após adição de excesso de solução padrão de EDTA, ajuste do pH em 10 com um tampão, titula-se com uma solução padrão de íons magnésio na presença de negro de solocromo.

10.64 Titulação de misturas

O EDTA é um reagente muito pouco seletivo porque forma complexos com numerosos cátions de carga dupla, tripla e quádrupla. Quando uma solução que contém dois cátions que complexam com o EDTA é titulada sem a adição de um indicador formador de complexo e se um erro de titulação de 0,1% é admissível, então, para que N não interfira na titulação de M, a razão entre as constantes de estabilidade dos complexos de EDTA com os dois metais, M e N, deve ser tal que $K_M/K_N \geq 10^6$. As constantes K_M e K_N desta expressão são as constantes de estabilidade aparentes dos complexos. Quando se empregam indicadores que formam complexos, para o mesmo erro de titulação, $K_M/K_N \geq 10^8$. Os procedimentos seguintes ajudam a melhorar a seletividade.

Controle adequado do pH da solução

O controle do pH leva em consideração as estabilidades diferentes dos complexos metal–EDTA. Assim, bismuto e tório podem ser titulados em solução ácida (pH = 2) com alaranjado de xilenol ou azul de metiltimol como indicadores. A maior parte dos cátions divalentes não interfere. Uma mistura de íons bismuto e chumbo pode ser dosada com sucesso titulando-se primeiramente o bismuto em pH 2 (com alaranjado de xilenol como indicador) e depois adicionando hexamina para aumentar o pH até cerca de 5 e titular o chumbo.

Uso de agentes de mascaramento

O mascaramento pode ser definido como um processo no qual uma substância, ou os seus produtos de reação, é transformada sem que haja separação física da solução para que não participe de uma reação. O desmascaramento é o processo no qual a substância mascarada readquire sua capacidade de participar de uma determinada reação. Assim, alguns dos cátions de uma mistura podem ser "mascarados" de forma a não mais reagir com EDTA ou com o indicador. Um agente de mascaramento efetivo é o íon cianeto, que forma cianetos complexos estáveis com os cátions de Cd, Zn, Hg(II), Cu, Co, Ni, Ag e dos metais do grupo da platina, mas não com os metais alcalino-terrosos, o magnésio e o chumbo:

$$M^{2+} + 4CN^- \rightarrow [M(CN)_4]^{2-}$$

É possível, portanto, determinar cátions como Ca^{2+}, Mg^{2+}, Pb^{2+} e Mn^{2+} na presença dos metais anteriormente mencionados, mascarando-os com excesso de solução de cianeto de sódio ou de potássio. Ferro, em pequenas quantidades, pode ser mascarado por cianeto se for previamente reduzido a ferro(II) por adição de ácido ascórbico. Titânio (IV), ferro(III) e alumínio podem ser mascarados com trietanolamina, mercúrio com íons iodeto e alumínio, ferro(III), titânio(IV) e estanho(II) com fluoreto de amônio (os cátions dos metais alcalino-terrosos formam fluoretos pouco solúveis).

O metal pode, às vezes, ser levado a um estado de oxidação diferente. Assim, cobre(II) pode ser reduzido em solução ácida por hidroxilamina ou por ácido ascórbico. Níquel ou cobalto podem ser titulados em meio amoniacal com, por exemplo, murexida como indicador, sem a interferência de cobre, agora presente como Cu(I). De modo análogo, ferro(III) pode ser mascarado por redução com ácido ascórbico.

Desmascaramento seletivo

Os cianetos complexos de zinco e cádmio podem ser desmascarados com uma solução de metanol/ácido acético ou, melhor ainda, com hidrato de cloral:

$$[Zn(CN)_4]^{2-} + 4H^+ + 4HCHO \rightarrow Zn^{2+} + 4HO \cdot CH_2 \cdot CN$$

O uso de agentes seletivos de mascaramento e desmascaramento permite a titulação sucessiva de muitos metais. Assim, uma solução contendo Mg, Zn e Cu pode ser titulada com o procedimento que se segue:

1. Adicione excesso de solução padrão de EDTA e titule o excesso com solução padrão de magnésio usando negro de solocromo como indicador, obtendo, assim, a soma de todos os metais presentes.
2. Trate uma alíquota com excesso de KCN e titule como indicado anteriormente. Obtém-se, deste modo, somente a titulação de Mg. **Cuidado! Evite contato físico com KCN. Os antídotos devem estar facilmente acessíveis**.
3. Adicione hidrato de cloral (ou mistura 3:1 de metanal/ácido acético) em excesso à solução titulada para liberar o íon Zn de seu complexo com cianeto e titule até que o indicador fique azul. O resultado corresponde apenas a Zn. O teor de Cu pode ser calculado por diferença.

Separações clássicas

As separações clássicas podem ser aplicadas se não forem muito tediosas. Os seguintes precipitados podem ser usados para separações nas quais, após redissolvidos, os cátions podem ser determinados por complexometria: CaC_2O_4, dimetilglioximato de níquel, $Mg(NH_4)PO_4 \cdot 6H_2O$ e CuSCN.

Extração por solvente

Às vezes, a extração por solventes pode ser útil. Assim, zinco pode ser separado de cobre e de chumbo por adição de excesso de tiocianato de amônio e extração do tiocianato de zinco resultante com 4-metil-pentano-2-ona (isobutilmetilcetona). O extrato é diluído com água e o teor de zinco determinado com uma solução de EDTA.

Escolha de indicadores

O indicador escolhido deve formar o complexo metal/indicador com rapidez suficiente para permitir a obtenção imediata do ponto final. A reação deve ser, de preferência, reversível.

Remoção de ânions

Ânions que podem interferir nas titulações complexométricas, como o ortofosfato, podem ser removidos com o auxílio de resinas trocadoras de íons. Para o emprego destas resinas na separação de cátions e posterior titulação com EDTA, veja a Seção 6.5.3.

Mascaramento cinético

O mascaramento cinético é um caso especial no qual um íon metálico não participa efetivamente da reação de complexação devido a sua inércia cinética (Seção 2.25). Assim, a reação lenta do cromo(III) com EDTA torna possível a titulação de outros íons metálicos que reagem rapidamente, sem que ocorra interferência do íon Cr(III). Um exemplo disso é a determinação de ferro(III) e cromo(III) em uma mistura (Seção 10.79).

10.65 Indicadores de íons metálicos

Propriedades gerais

O sucesso de uma titulação com EDTA depende da determinação exata do ponto final. O procedimento mais comum emprega indicadores de íons de metais. Para poder ser utilizado na detecção visual dos pontos finais, um indicador de íons de metais deve satisfazer os seguintes critérios:

(a) A reação que provoca a mudança de cor deve fazer com que a solução esteja fortemente colorida antes do ponto final, quando quase todo o íon metálico está complexado com EDTA.
(b) A reação de cor deve ser específica ou, pelo menos, seletiva.
(c) O complexo do metal com o indicador deve ser razoavelmente estável porque, do contrário, a dissociação impede a observação de uma mudança de cor nítida. O complexo do metal com o indicador deve ser, entretanto, menos estável do que o complexo do metal–EDTA para assegurar que no ponto final os íons metálicos do complexo metal–indicador tenham sido removidos pelo EDTA. O deslocamento do equilíbrio do complexo metal–indicador para o complexo metal–EDTA deve ser nítido e rápido.
(d) O contraste de cor entre o indicador livre e o complexo metal–indicador deve poder ser observado facilmente.
(e) O indicador deve ser muito sensível aos íons metálicos (isto é, ao pM) de modo que a mudança de cor ocorra o mais perto possível do ponto de equivalência.
(f) Os requisitos anteriormente mencionados devem ser obedecidos no intervalo de pH no qual a titulação é conduzida.

Os corantes que formam complexos com cátions de metais específicos podem servir como indicadores de pM. Os complexos 1:1 (metal:corante = 1:1) são mais comuns, porém complexos 1:2 e 2:1 também ocorrem. Os indicadores de íons de metais, como o EDTA, são agentes quelantes. Isto significa que a molécula do corante deve ter vários átomos ligantes apropriadamente dispostos para a coordenação com um átomo de metal. Como eles também recebem prótons, o que também produz mudança de cor, os indicadores de íons de metais não são apenas indicadores de pM, mas também de pH.

Utilização visual

Vamos limitar a discussão aos complexos 1:1, que são mais comuns. O efeito de um indicador de íons de metais em uma titulação com EDTA pode ser escrito como

$$M-In + EDTA \rightarrow M-EDTA + In$$

Esta reação ocorre se o complexo metal–indicador, M–In, for menos estável do que o complexo metal–EDTA, M–EDTA. M–In se dissocia até certo ponto e, durante a titulação, os íons de metal livres são progressivamente complexados pelo EDTA até que todo o metal tenha sido deslocado do complexo M–In, deixando o indicador In livre. A estabilidade do complexo metal–indicador pode ser expressa em termos da constante de formação (ou constante do indicador) K_{In}:

$$K_{In} = [M-In]/[M][In]$$

A mudança de cor do indicador é afetada pela concentração de íons hidrogênio da solução, o que não é levado em conta na expressão da constante de formação. Assim, o negro de solocromo, que pode ser representado como H_2In^-, tem o seguinte comportamento ácido–base:

$$H_2In^- \underset{5,3-7,3}{\overset{pH}{\rightleftharpoons}} HIn^{2-} \underset{10,5-12,5}{\overset{pH}{\rightleftharpoons}} In^{3-}$$

$\qquad$ vermelho $\qquad\qquad$ azul $\qquad\qquad$ laranja-amarelado

Em pH entre 7 e 11, o corante exibe cor azul, porém muitos íons metálicos formam complexos vermelhos. Estas cores são extremamente sensíveis. Assim, soluções 10^{-6} a 10^{-7} M de íon magnésio dão cor vermelha nítida com o indicador. Do ponto de vista prático, é mais conveniente definir uma constante aparente do indicador K'_{In}, dependente do pH:

$$K'_{In} = [MIn^-]/[M^{n+}][In]$$

onde
[MIn] = concentração do complexo metal/indicador
$[M^{n+}]$ = concentração do íon de metal
$\quad$ [In] = concentração do indicador não-complexado com o íon de metal

Para o indicador mencionado anteriormente, isto é igual a $[H_2In^-] + [HIn^{2-}] + [In^{3-}]$. A equação pode ser expressa como

$$\log K'_{In} = pM + \log[MIn^-]/[In]$$

e log K'_{In} dá o valor de pM quando a metade de todo o indicador está presente sob a forma de complexo com o íon de metal. Alguns valores de log K'_{In} para $CaIn^-$ e $MgIn^-$ (em que H_2In^- é o ânion do negro de solocromo) são respectivamente 0,8 e 2,4 em pH = 7; 1,9 e 3,4 em pH = 8; 2,8 e 4,4 em pH = 9; 3,8 e 5,4 em pH = 10; 4,7 e 6,3 em pH = 11; 5,3 e 6,8 em pH = 12. Para que o erro de titulação seja pequeno, K'_{In} deve ser grande ($> 10^4$), a razão entre a constante de estabilidade aparente do complexo metal–EDTA, K'_{MY}, e do complexo metal–indicador, K'_{In}, deve ser grande ($> 10^4$), e a razão entre as concentrações do indicador e do íon de metal deve ser pequena ($< 10^{-2}$).

Os indicadores metalocrômicos visuais discutidos anteriormente são, de longe, o grupo mais importante de indicadores para titulações com EDTA e, por isso, as operações descritas adiante se limitam a indicadores deste tipo. Existem, no entanto, outras substâncias que podem ser empregadas como indicadores [11].

Alguns exemplos

Muitos compostos têm sido propostos para uso como indicadores de pM. A Tabela 10.7 lista alguns deles. Quando for o caso, daremos as referências de índice de cor (CI) [12]. West [11] mostrou que, com poucas exceções, os indicadores metalocrômicos visuais importantes enquadram-se em três grandes grupos: (a) compostos hidroxiazo, (b) compostos fenólicos e derivados hidroxilados do trifenil-metano e (c) compostos que contêm o grupo aminometil-dicarboximetila. Muitos deles também são derivados do trifenil-metano.

Nota Diante da pouca estabilidade das soluções destes indicadores e da perda de nitidez na detecção do ponto final que se observa, às vezes, com o envelhecimento da solução, é aconselhável (se a estabilidade da solução do indicador está sob suspeita) diluir o indicador sólido com 100 a 200 partes de cloreto, nitrato ou sulfato de potássio (ou de sódio). O nitrato de potássio é normalmente preferido. Tritura-se bem a mistura em um gral de vidro. A mistura resultante é, em geral, estável indefinidamente se for conservada seca em um frasco bem fechado.

10.66 Soluções padronizadas de EDTA

O reagente di-hidrogenoetilenodiaminotetraacetato de dissódio de grau analítico, disponível comercialmente, pode conter traços de umidade. Após secagem em 80°C, a composição do reagente concorda com a fórmula $Na_2H_2C_{10}H_{12}O_8N_2 \cdot 2H_2O$ (massa molecular relativa 372,24), porém ele não deve ser usado como padrão primário. Se necessário, o reagente comercial pode ser purificado por saturação de uma solução na temperatura normal. Isto requer cerca de 20 g do sal em 200 ml de água. Adicione etanol lentamente até que apareça um precipitado permanente e filtre. Dilua o filtrado com um volume igual de etanol, filtre o precipitado resultante com um funil de vidro sinterizado, lave com acetona e, por fim, com éter etílico. Deixe secar ao ar na temperatura normal por uma noite e, depois, seque em estufa em 80°C por 24 horas, pelo menos.

Soluções 0,1 M, 0,05 M e 0,01 M de EDTA são adequadas para a maior parte do trabalho experimental. Elas contêm, respectivamente, 37,224 g, 18,612 g e 3,7224 g do di-hidrato por litro de solução. O sal seco de grau analítico não pode ser usado como padrão primário e a solução deve ser padronizada. Isto pode ser feito por titulação de uma solução quase neutralizada de cloreto ou sulfato de zinco preparada a partir de um peso conhecido de grãos de zinco ou por titulação de uma solução feita com nitrato de chumbo seco.

A água usada na preparação das soluções de EDTA, especialmente as soluções diluídas, não deve conter traços de íons de carga múltipla. A água destilada, normalmente usada em laboratório, pode exigir destilação em aparelhagem inteiramente em vidro Pyrex ou, melhor ainda, a passagem por uma coluna de resina de troca de cátions na forma de sódio. A troca iônica remove quaisquer traços de metais pesados. A água desionizada também é satisfatória, mas ela deve ser preparada a partir de água destilada porque a água de torneira contém, às vezes, impurezas não-iônicas que não ficam retidas na coluna de troca iônica. A solução deve ser conservada em frascos de vidro Pyrex (ou

Tabela 10.7 *Indicadores de íons metálicos*

Nome e índice de cor (C1)	Nome químico	Íons metálicos tituláveis	Intervalos de pH da titulação	Mudança de cor no ponto final (titulação direta)
Murexida C1 56085	Sal de amônio do ácido purpúrico	Cu, Ni, Co, Ca Lantanídeos	10-11	Amarelo → azul Violeta (Ni, Co) Laranja → azul Violeta (Cu) Vermelho → violeta-azulado (Ca)
Negro de solocromo (negro de eriocromo T) C1 14645	1-(1-hidróxi-2-naftilazo)-6-nitro-2-naftol-4-sulfonato	Mg, Mn, Zn, Cd, Hg, Pb, Ca	10	Vermelho → azul
Indicador de Patton e Reeder (HHSNNA)	Ácido 2-hidróxi-1-(2-hidróxi-4-sulfo-1-naftilazo)-3-naftóico	Ca	12-14	Vermelho-vinho → azul puro
Calcicromo	Ciclo-tris-1-(ácido 1-azo-8-hidróxi-naftaleno-3-6-dissulfônico)	Ca usando CDTA como titulante	11-12	Rosa → azul
Vermelho de bromo-pirogalol	Dibromo-pirogalolsulfonoftaleína	Muitos cátions. Útil para Bi	2-3	Azul → vermelho-vinho
Alaranjado de xilenol	3-3'-[N,N-di(carbóxi-metil)-amino-metil]-o-cresolsulfonoftaleína	Bi, Th, Zn, Co, Cd, Pb, Sn, Ni, Mn	1-2 4-6	Vermelho → limão amarelo Vermelho → limão amarelo
Timolftalexona	Timolftaleína di(ácido metilimino-diacético)	Mn, Ca, Sr	10	Azul → róseo
Azul de metil-timol	Timolesulfonoftaleína di(ácido metiliminodiacético)	Bc, Th, Zi, Hf, Hg, Zn, Co, Cd, Al, Ni, Mn, Ca, Sr, Ba, Mg	0-2 4-6 12	Azul → amarelo Azul → amarelo Azul → incolor ou acinzentado
Zincon	1-(2-hidróxi-5-sulfofenil)-3-fenil-5-(2-carbóxi-fenil)formazana	Ca em presença de Mg-EGTA como titulante	10	Azul → vermelho-alaranjado
Azul de variamina C1 37255	4-metóxi-4'-amino-difenilamina	Fe(III)	3	Azul → amarelo

de borossilicato), tratados com bastante vapor de água antes do uso. No caso de estocagem por períodos prolongados, estes frascos devem ser fervidos por várias horas com uma solução fortemente básica de EDTA 2% e lavados repetidamente com água desionizada. Frascos de polietileno são mais satisfatórios e devem sempre ser empregados na estocagem de soluções muito diluídas (0,001 M, por exemplo) de EDTA. Frascos de vidro ordinário (de sódio) não devem ser usados, porque com o tempo eles liberam quantidades apreciáveis de cátions (inclusive cálcio e magnésio) e de ânions para as soluções de EDTA.

A água purificada ou preparada como descrito anteriormente deve ser usada para a preparação de **todas** as soluções requeridas para as titulações com EDTA ou titulações semelhantes.

10.67 Algumas considerações práticas

Ajuste do pH

Em muitas titulações com EDTA, o pH da solução é crítico. Para que a titulação seja bem-sucedida, é comumente necessário fixar intervalos de ±1 unidade de pH ou de ±0,5 unidade de pH. Ajustes tão rigorosos de pH exigem o uso de um medidor de pH. Mesmo quando o intervalo de pH

permite o uso de um papel indicador, somente papéis de faixa estreita devem ser usados.

Em alguns dos comentários feitos a seguir faremos referência a tampões. Para que a ação tamponadora seja efetiva, é necessário que a solução, antes da adição da solução-tampão, esteja quase neutra. Adicione, para isso, hidróxido de sódio ou hidróxido de amônio ou, então, ácido diluído, conforme o caso. Se a solução ácida contém íons de um metal, tome cuidado ao neutralizá-la com base para que não ocorra precipitação do hidróxido do metal.

Concentração do íon metálico a ser titulado

A maior parte das titulações funciona bem com 0,25 mmol do íon metálico a ser dosado contidos em 50 a 150 ml de solução. Se a concentração do íon for demasiadamente alta, pode ser muito difícil observar o ponto final. Se isto acontecer, use uma alíquota menor da solução estudada, dilua até 100–150 ml antes de adicionar o tampão e o indicador e, então, repita a titulação.

Quantidade de indicador

A adição de indicador em excesso é um erro que deve ser evitado. Em muitos casos, a cor do indicador se intensifi-

212 Análise Titrimétrica

ca consideravelmente durante a titulação. Muitos indicadores exibem dicroísmo, isto é, mudança para uma cor intermediária uma ou duas gotas antes do ponto final verdadeiro. Assim, na titulação de chumbo com alaranjado de xilenol, como indicador, em pH = 6, a cor inicial púrpura-avermelhada torna-se vermelho-alaranjada e, só então, após a adição de mais uma ou duas gotas do reagente, a solução adquire a cor final amarelo-limão. Esta **antecipação do ponto final**, que é de grande valor prático, pode passar desapercebida se houver excesso de indicador, que provoca cor demasiadamente intensa. Em geral, é satisfatório usar 30 a 50 mg de uma mistura sólida do indicador 1% em nitrato de potássio.

Obtenção do ponto final

Em muitas titulações com EDTA, a mudança de cor na vizinhança do ponto final é lenta. Nestes casos, é aconselhável adicionar cautelosamente o titulante, mantendo agitação constante. É recomendável usar um agitador magnético. Pode-se obter, freqüentemente, um ponto final mais nítido aquecendo a solução a cerca de 40°C. As titulações com CDTA (Seção 2.26) são sempre mais lentas (na região do ponto final) do que as titulações correspondentes com o EDTA.

Detecção da mudança de cor

A detecção do ponto final, no caso de todos os indicadores de íons de metais usados nas titulações complexométricas, depende da identificação de uma mudança brusca de cor. Para muitos observadores isto pode ser muito difícil e, para os daltônicos, virtualmente impossível. Estas dificuldades podem ser superadas pela substituição do olho humano por uma fotocélula, muito mais sensível, que elimina o fator humano na análise. Qualquer colorímetro ou espectrofotômetro deveria ter um compartimento de célula suficientemente grande para acomodar um frasco de titulação (um erlenmeyer ou bécher de corpo alto). Pode-se construir facilmente um equipamento simples no qual a luz que atravessa a solução passa antes por um filtro adequado e depois por uma fotocélula. Mede-se a corrente gerada na fotocélula com um galvanômetro. Qualquer que seja o tipo de instrumento empregado, o comprimento de onda da luz incidente é selecionado (por meio de um filtro óptico ou internamente no instrumento) de modo que a solução a ser titulada, incluindo o indicador, tenha transmitância máxima. A titulação é feita em etapas, anotando-se as leituras de transmitância após cada adição de EDTA. Um gráfico de transmitância contra o volume adicionado de solução de EDTA mostra uma alteração brusca da transmitância no ponto final, quando o indicador muda de cor, isto é, uma mudança rápida da inclinação da curva a partir da qual se determina facilmente o ponto final.

Outros métodos de detecção do ponto final

Além dos métodos visuais e espectrofotométricos, pode-se detectar o ponto final das titulações com EDTA pelos seguintes métodos:

1. Titulação potenciométrica com um eletrodo de mercúrio (Seção 10.85)

2. Titulação amperométrica (Seção 10.87)
3. Titulação coulométrica (Seção 10.86)

As seções seguintes são dedicadas às aplicações do ácido etilenodiaminotetraacético (EDTA) e seus congêneres. Estes reagentes são muito versáteis devido a sua capacidade inerente de funcionar como agentes complexantes e à disponibilidade de numerosos indicadores de íons de metais (Seção 10.65), cada um deles efetivo em um intervalo limitado de pH, mas, em conjunto, com ação sobre uma larga faixa de valores de pH. A estes fatores deve ser adicionado o refinamento adicional oferecido pelas técnicas de mascaramento e desmascaramento (Seção 10.64).

É impossível dar aqui os detalhes da titulação por EDTA e reagentes análogos de todos os cátions (e ânions) que podem ser determinados. Por isso, daremos os detalhes de algumas determinações típicas, com o objetivo de ilustrar os procedimentos gerais a serem seguidos e, também, o uso dos vários tampões disponíveis e de alguns indicadores menos comuns. Daremos a descrição de alguns procedimentos selecionados para os cátions mais comuns e, em seguida, alguns exemplos do uso de EDTA na determinação de componentes de misturas. A série final de exemplos corresponde à determinação de ânions. Consulte as Seções 2.22 a 2.27 antes de executar os experimentos.

Complexação: determinação de cátions individuais

▌ Segurança. Antes de fazer qualquer experimento desta seção preste muita atenção aos avisos de segurança. Tenha sempre em mente as regras de segurança de laboratório.

10.68 Alumínio: titulação do excesso

Procedimento Transfira com uma pipeta 25 ml de uma solução que contém íons de alumínio (aproximadamente 0,01 M) para um erlenmeyer e adicione (com uma bureta) um pequeno excesso de solução de EDTA 0,01 M. Ajuste o pH entre 7 e 8 com solução de amônia (teste com gotas sobre papel impregnado com vermelho de fenol ou use um medidor de pH). Ferva a solução durante alguns minutos para assegurar a completa complexação do alumínio. Resfrie até a temperatura normal e ajuste o pH entre 7 e 8. Adicione 50 mg da mistura negro de solocromo/nitrato de potássio (Seção 10.67) e titule rapidamente com solução padrão de sulfato de zinco 0,01 M até que a cor mude de azul para vermelho-vinho. Após alguns minutos em repouso, a solução já titulada adquire coloração violeta-avermelhada devido à transformação do complexo do zinco com o corante no complexo do alumínio com o negro de solocromo. Esta mudança é irreversível e as soluções sobretituladas são perdidas.

A diferença de um mililitro entre o volume de EDTA 0,01 M adicionado e o volume da solução de sulfato de zinco 0,01 M gasto na titulação do excesso corresponde a 0,2698 mg de alumínio. A melhor forma de se preparar a solução padrão de sulfato de zinco requerida é dissolver cerca de 1,63 g (pesado com exatidão) de zinco em grãos em ácido sulfúrico diluído, neutralizar quase completamente a solução com hidróxido de sódio e completar o volume até 250 ml em balão aferido. Pode-se usar, também, a quantidade necessária de sulfato de zinco. Deve-se usar sempre água desionizada.

10.69 Bário: titulação direta

Procedimento Transfira com uma pipeta 25 ml de uma solução contendo íons de bário ($\sim$0,01 M) para um erlenmeyer de 250 ml e dilua até cerca de 100 ml com água desionizada. Ajuste o pH da solução em 12, por adição de 3 a 6 ml de hidróxido de sódio 1 M. O pH **deve ser controlado** com um medidor de pH, porque é importante que fique entre 11,5 e 12,7. Adicione 50 mg da mistura azul de metiltimol/nitrato de potássio (Seção 10.67) e titule com solução de EDTA padrão 0,01 M até que a cor mude de azul para cinza:

$$1 \text{ mol EDTA} \equiv 1 \text{ mol Ba}^{2+}$$

10.70 Bismuto: titulação direta

Procedimento Transfira com uma pipeta 25 ml de uma solução que contém íons bismuto ($\sim$0,01 M) para um erlenmeyer de 500 ml e dilua até cerca de 150 ml com água desionizada. Se necessário, ajuste o pH da solução em cerca de 1, por adição cautelosa de solução diluída de amônia em água ou ácido nítrico diluído. Use um medidor de pH. Adicione 30 mg da mistura alaranjado de xilenol/nitrato de potássio (Seção 10.67) e titule com solução de EDTA padrão 0,01 M até que a cor vermelha comece a enfraquecer. A partir deste ponto, adicione o titulante lentamente até atingir o ponto final, em que o indicador vira para o amarelo:

$$1 \text{ mol EDTA} \equiv 1 \text{ mol Bi}^{3+}$$

10.71 Cálcio: titulação por substituição

Discussão Na titulação de íons cálcio com EDTA forma-se um complexo de cálcio relativamente estável:

$$Ca^{2+} + H_2Y^{2-} \rightleftharpoons CaY^{2-} + 2H^+$$

Se a solução só contiver íon cálcio, não se obtém um ponto final nítido com o indicador negro de solocromo e a mudança de cor de vermelho para azul não é observada. No caso de íons magnésio, forma-se um complexo um pouco menos estável:

$$Mg^{2+} + H_2Y^{2-} \rightleftharpoons MgY^{2-} + 2H^+$$

O complexo de magnésio com o indicador é mais estável do que o complexo de cálcio com o mesmo indicador porém menos estável do que o complexo magnésio–EDTA. Assim, na titulação de uma solução que contém íons magnésio e íons cálcio com EDTA, na presença de negro de solocromo, o complexante reage primeiramente com os íons cálcio livres, depois com os íons magnésio livres e, finalmente, com o complexo magnésio–indicador. Como este último complexo é vermelho-vinho e o indicador livre é azul, em pH entre 7 e 11 a cor da solução muda de vermelho-vinho para azul no ponto final:

$$MgD^- \text{ (vermelho)} + H_2Y^{2-} = MgY^{2-} + HD^{2-} \text{ (azul)} + H^+$$

Se a solução não contiver íons magnésio, é necessário adicioná-los porque são indispensáveis para que se observe a mudança de cor do indicador. É procedimento comum adicionar uma pequena quantidade de cloreto de magné-

sio à solução de EDTA antes da padronização. Outro procedimento, que permite o uso de soluções de EDTA em outras titulações, é adicionar um pouco do complexo magnésio–EDTA (MgY^{2-}) (1 a 10%) à solução-tampão ou um pouco de uma solução do complexo magnésio–EDTA (Na_2MgY) 0,1 M à solução que contém íons cálcio:

$$MgY^{2-} + Ca^{2+} = CaY^{2-} + Mg^{2+}$$

Muitos metais como, por exemplo, Co, Ni, Cu, Zn, Hg e Mn, interferem, mesmo em traços, na determinação de cálcio e magnésio com negro de solocromo. A interferência pode ser evitada por adição de um pouco de cloreto de hidroxilamônio (que reduz alguns dos metais aos estados de oxidação mais baixos) ou por adição de cianeto de sódio ou potássio (que formam complexos de cianeto muito estáveis). A interferência do ferro pode ser eliminada por adição de um pouco de sulfeto de sódio.

A titulação com EDTA e negro de solocromo como indicador dá o teor de cálcio da amostra na ausência de magnésio ou o total de cálcio e magnésio na presença de ambos. Para a determinação de cada elemento, dose o cálcio por titulação usando um indicador apropriado como, por exemplo, o indicador de Patton e Reeder ou o calcon (Seção 10.65) ou, então, por titulação com EGTA com zincon como indicador (Seção 10.75). A diferença entre as duas titulações é a medida do teor de magnésio.

Procedimento Prepare uma solução-tampão (pH 10) de amônia–cloreto de amônio por adição de 142 ml de uma solução concentrada de amônia (densidade específica 0,88–0,90) a 17,5 g de cloreto de amônio e diluição até 250 ml com água desionizada. Prepare o complexo magnésio–EDTA, Na_2MgY, misturando volumes iguais de soluções de EDTA 0,2 M e sulfato de magnésio. Neutralize com hidróxido de sódio até pH entre 8 e 9 (viragem da fenolftaleína para o vermelho). Tome uma alíquota da solução, adicione algumas gotas da solução-tampão (pH 10) e alguns miligramas da mistura do indicador negro de solocromo/nitrato de potássio (Seção 10.67). Neste ponto, deve-se observar cor violeta, que passa a azul por adição de uma gota de EDTA 0,01 M e ao vermelho por adição de uma gota de sulfato de magnésio 0,01 M. Estas mudanças confirmam a eqüimolaridade entre o magnésio e EDTA. Se a solução não passar neste teste, ela deve ser tratada com solução de EDTA ou de sulfato de magnésio até que a condição de eqüimolaridade seja atingida. O processo leva a uma solução de aproximadamente 0,1 M.

Transfira com uma pipeta 25 ml de uma solução 0,01 M de íons cálcio para um erlenmeyer de 250 ml. Dilua com cerca de 25 ml de água destilada, adicione 2 ml de solução-tampão, 1 ml de solução do complexo Mg–EDTA 0,1 M e 30 a 40 mg da mistura do indicador negro de solocromo/nitrato de potássio. Titule com solução de EDTA padrão até que a cor mude de vermelho-vinho para azul claro. Não se deve observar nenhum vestígio da cor vermelha no ponto de equivalência. Titule lentamente nas proximidades do ponto final:

$$1 \text{ mol EDTA} \equiv 1 \text{ mol Ca}^{2+}$$

10.72 Ferro(III): titulação direta

Procedimento Prepare a solução de indicador dissolvendo 1 g de azul de variamina em 100 ml de água desioniza-

214 Análise Titrimétrica

da. O azul de variamina atua como um indicador redox. Transfira com uma pipeta 25 ml de uma solução 0,05 M de íons ferro(III) para um erlenmeyer e dilua a 100 ml com água desionizada. Ajuste o pH em 2-3. Pode-se usar o papel de vermelho do Congo até a primeira mudança de cor. Adicione 5 gotas da solução do indicador, aqueça até 40°C e titule com EDTA padrão 0,05 M até que a cor azul inicial passe a cinza, um pouco antes do ponto final. A adição de uma última gota do reagente muda a cor para amarelo:

$$1 \text{ mol EDTA} \equiv 1 \text{ mol Fe}^{3+}$$

10.73 Níquel: titulações diretas

Procedimento A Prepare o indicador triturando 0,1 g de murexido com 10 g de nitrato de potássio. Use cerca de 50 mg da mistura em cada titulação. Prepare também uma solução de cloreto de amônio 1 M dissolvendo 26,75 g do sólido (grau analítico) em água desionizada e completando o volume até 500 ml em balão aferido. Transfira com uma pipeta 25 ml de solução 0,01 M de íons de níquel para um erlenmeyer e dilua até 100 ml com água desionizada. Adicione à solução 50 mg do indicador sólido e 10 ml da solução de cloreto de amônio 1 M. Em seguida, adicione gota a gota uma solução concentrada de amônia até pH próximo a 7, em que a cor da solução passa a amarelo. Titule com EDTA padrão 0,01 M até próximo ao ponto final. Adicione 10 ml de solução concentrada de amônia

para tornar a solução fortemente básica. Continue a titulação até que a cor mude de amarelo para violeta. Neste ponto, o pH da solução deve estar em 10. Em valores de pH mais baixos observa-se uma coloração amarelo-alaranjada e deve-se adicionar solução de amônia até que a cor fique amarelo claro. O níquel complexa-se lentamente com o EDTA e, por isso, a solução deste último deve ser adicionada gota a gota nas vizinhanças do ponto final.

Procedimento B Prepare o indicador dissolvendo 0,05 g de vermelho de bromo-pirogalol em 100 ml de etanol 50%. Prepare uma solução-tampão misturando 100 ml de solução de cloreto de amônio com 100 ml de amônia 1 M. Transfira com uma pipeta 25 ml de uma solução 0,01 M de níquel para um erlenmeyer e dilua a 150 ml com água desionizada. Adicione cerca de 15 gotas da solução do indicador e 10 ml da solução-tampão. Titule com EDTA padrão 0,01 M até que a cor mude de azul para vermelho-vinho.

$$1 \text{ mol EDTA} \equiv 1 \text{ mol Ni}^{2+}$$

10.74 Determinação de diversos metais por EDTA

Com as instruções detalhadas dadas nas Seções 10.68 a 10.73, deveria ser possível fazer qualquer uma das determinações listadas na Tabela 10.8 sem problemas. Recomenda-se usar sempre um medidor de pH para controlar o pH da titulação. Dependendo da experiência do analista, a

Tabela 10.8 *Procedimentos resumidos para titulações de alguns cátions selecionados com EDTA*

Metal[a]	Tipo de titulação[a]	pH	Tampão	Indicador[b]	Mudança de cor[c]	
Alumínio	*excesso*	7-8	NH$_3$ (em água)	SB	Az	Ve
Bário[d]	*direto*	12		MTB	Az	Cz
Bismuto	*direto*	1		XO	Ve	Am
	direto	0-1		MTB	Az	Am
Cádmio	direto	5	Hexamina	XO	Ve	Am
Cálcio	direto	12		MTB	Az	Cz
	substituição	7-11	NH$_3$ (aq)/NH$_4$Cl	SB	Ve	Az
Cobalto[e]	direto	6	Hexamina	XO	Ve	Am
Ferro(III)[e]	*direto*	2-3		VB	Az	Am
Chumbo	direto	6	Hexamina	XO	Ve	Am
Magnésio[f]	direto	10	NH$_3$ (aq)/NH$_4$Cl	SB	Ve	Az
Manganês[g]	direto	10	NH$_3$ (aq)/NH$_4$Cl	SB	Ve	Az
	direto	10	NH$_3$ (aq)	TPX	Az	R
Mercúrio	direto	6	Hexamina	XO	Ve	Am
	direto	6	Hexamina	MTB	Az	Am
Níquel	*direto*	7-10	NH$_3$ (aq)/NH$_4$Cl	M	Am	V
	direto	7-10	NH$_3$ (aq)/NH$_4$Cl	BPR	Az	Ve
	excesso	10	NH$_3$ (aq)/NH$_4$Cl	SB	Az	Ve
Estrôncio	direto	12		MTB	Az	Cz
	direto	10-11		TPX	Az	R
Tório	direto	2-3		XO	Ve	Am
	direto	2-3		MTB	Az	Am
Estanho(II)	direto	6	Hexamina	XO	Ve	Am
Zinco	direto	10	NH$_3$ (aq)/NH$_4$Cl	SB	Ve	Az
	direto	6	Hexamina	XO	Ve	Am
	direto	6	Hexamina	MTB	Az	Am

[a] Os itens em itálico são abordados nas Seções 10.68 a 10.73.
[b] BPR = vermelho de bromo-pirogalol; M = murexida; MTB = azul de metil-timol; SB = negro de solocromo; TPX = timolftalexona; VB = azul de variamina; XO = alaranjado de xilenol.
[c] Az = azul; Cz = cinza; R = róseo; Ve = vermelho; V = violeta; Am = amarelo.
[d] Também pode ser determinado por precipitação como BaSO$_4$ e posterior dissolução em excesso de EDTA.
[e] Temperatura de 40°C.
[f] Aquecimento opcional.
[g] Adicione 0,5 g de cloreto de hidroxilamônio (para evitar a oxidação) e 3 ml de trietanolamina (para evitar a precipitação em solução básica). Use água fervida (livre de ar).

cor do indicador no pH requerido pode, às vezes, ser um guia satisfatório. Quando não se especifica o tampão, a solução deve ser levada até o pH desejado por adição cautelosa de um ácido diluído, solução diluída de hidróxido de sódio ou solução de amônia em água, conforme o caso.

10.75 Cálcio na presença de magnésio com EGTA

Discussão O cálcio pode ser determinado em presença de magnésio com EGTA como titulante porque a constante de estabilidade do complexo cálcio–EGTA é cerca de 1×10^{11} e a constante de estabilidade do complexo magnésio–EGTA é de cerca de 1×10^5, apenas. Assim, o magnésio não interfere com o reagente. O método descrito na seção anterior, que envolve a precipitação de hidróxido de magnésio, não é satisfatório se a quantidade de magnésio na mistura for muito maior do que cerca de 10% do teor de cálcio, porque pode ocorrer co-precipitação de hidróxido de cálcio. Por isso, a titulação com EGTA é recomendada para a determinação de pequenas quantidades de cálcio na presença de quantidades maiores de magnésio.

O indicador recomendado é o zincon (Seção 10.65), que dá um ponto final indireto com o cálcio. A detecção do ponto final depende da reação

$$ZnEGTA^{2-} + Ca^{2+} = Zn^{2+} + CaEGTA^{2-}$$

e os íons zinco liberados formam um complexo azul com o indicador. No ponto final, o complexo zinco–indicador decompõe-se:

$$ZnIn^- + H_2EGTA^{2-} \rightleftharpoons ZnEGTA^{2-} + HIn^-$$

e a solução adquire a cor vermelho-alaranjada do indicador.

Procedimento Prepare uma solução de EGTA 0,05 M dissolvendo 19,01 g em 100 ml de hidróxido de sódio 1 M e diluindo até 1 litro com água desionizada em um balão aferido. Prepare o indicador dissolvendo 0,065 g de zincon em 2 ml de hidróxido de sódio 0,1 M e diluindo a 100 ml com água desionizada. Prepare uma solução-tampão (pH 10) dissolvendo 25 g de tetraborato de sódio, 3,5 g de cloreto de amônio e 5,7 g de hidróxido de sódio em 1 litro de água desionizada.

Prepare 100 ml da solução do complexo Zn–EGTA a partir de 50 ml de sulfato de zinco 0,05 M, adicionando um volume equivalente de solução de EGTA 0,05 M. O volume equivalente entre o zinco e o EGTA é melhor estabelecido por titulação de uma alíquota de 10 ml da solução de sulfato de zinco com a solução de EGTA, com zincon como indicador. O resultado obtido permite calcular o volume exato da solução de EGTA que deve ser adicionado à alíquota de 50 ml da solução de sulfato de zinco.

A solução de EGTA pode ser padronizada por titulação de uma solução de íons cálcio padrão 0,05 M, preparada por dissolução 5,00 g de carbonato de cálcio em ácido clorídrico diluído contido em balão aferido de 1 litro. Após neutralização com solução de hidróxido de sódio, completa-se o volume com água desionizada. Use zincon como indicador na presença da solução de Zn–EGTA (veja adiante).

Para determinar cálcio em uma mistura de cálcio e magnésio, transfira com uma pipeta 25 ml da solução para um erlenmeyer de 250 ml e adicione 25 ml da solução-tampão.

O pH da solução resultante deve estar entre 9,5 e 10,0. Adicione 2 ml da solução de Zn–EGTA e 2 ou 3 gotas da solução do indicador. Titule cuidadosamente com a solução padrão de EGTA até que a cor mude de azul para vermelho-alaranjado.

10.76 Dureza total da água: permanente e temporária

Discussão A dureza da água é geralmente devida a sais de cálcio e magnésio dissolvidos e pode ser determinada por titulação complexométrica.

Procedimento Adicione a 50 ml da amostra de água a ser analisada 1 ml de solução-tampão (hidróxido de amônio/cloreto de amônio, pH 10, Seção 10.71) e 30 a 40 mg da mistura do indicador negro de solocromo. Titule com solução EDTA padrão 0,01 M até que a cor mude de vermelho para azul puro. Se não houver magnésio na amostra de água, adicione 0,1 ml da solução do complexo magnésio–EDTA 0,1 M antes do indicador (Seção 10.71). A dureza total é expressa em partes de $CaCO_3$ por milhão de água.

Se a água contiver traços de íons interferentes, deve-se adicionar 4 ml da solução-tampão, depois 30 ml de cloreto de hidroxilamônio e, em seguida, 50 mg de cianeto de potássio (grau analítico) antes de adicionar o indicador. **Evite qualquer contato físico com KCN. Os antídotos devem estar facilmente acessíveis**.

Notas

1. Pode-se obter pontos finais mais nítidos se a amostra de água for acidificada com ácido clorídrico diluído, fervida por cerca de um minuto para expulsar o dióxido de carbono, resfriada e neutralizada com solução de hidróxido de sódio. Só então adiciona-se o tampão e a solução do indicador e titula-se com EDTA, como descrito anteriormente.
2. Pode-se determinar a dureza permanente de uma amostra de água colocando 250 ml da amostra em um bécher de 600 ml e fervendo suavemente por 20 a 30 minutos. Resfrie o bécher e filtre diretamente para um balão aferido de 250 ml. Não lave o papel de filtro. Dilua o filtrado até 250 ml com água desionizada e misture bem. Titule 50,0 ml do filtrado pelo mesmo procedimento usado para a dureza total. Esta titulação mede a dureza permanente da água. Calcule este dado em partes por milhão de $CaCO_3$. Calcule a dureza temporária da água por subtração da dureza permanente da dureza total.
3. Caso deseje dosar o cálcio e o magnésio em uma amostra de água, determine inicialmente o conteúdo total destes elementos como mencionado anteriormente, calculando o resultado como partes por milhão de $CaCO_3$. O teor de cálcio pode ser então determinado por titulação com EDTA usando o indicador de Patton e Reeder ou por titulação com EGTA (Seção 10.75).

10.77 Cálcio em presença de bário com CDTA

Discussão As constantes de estabilidade dos complexos de CDTA com o bário (log $K = 7,99$) e com o cálcio (log

$K = 12,50$) são apreciavelmente diferentes. Por isso, é possível titular o cálcio com CDTA na presença de bário. As constantes de estabilidade dos complexos de EDTA com os dois metais são muito próximas e não permitem a titulação independente do cálcio na presença de bário. O indicador calcicromo (Seção 10.65) é específico para cálcio entre pH 11 e 12 na presença de bário.

Procedimento Prepare uma solução de CDTA 0,02 M, dissolvendo 6,880 g do reagente sólido em 50 ml de hidróxido de sódio 1 M e diluindo até 1 litro com água desionizada. Esta solução pode ser padronizada contra uma solução padrão de cálcio, preparada a partir de 2,00 g de carbonato de cálcio (Seção 10.76). O indicador é preparado por dissolução de 0,5 g do sólido em 100 ml de água.

Transfira com uma pipeta 25 ml da solução a ser titulada para um erlenmeyer de 250 ml e dilua até 100 ml com água desionizada. A solução original deve ser aproximadamente 0,02 M em relação ao cálcio e pode conter bário até a concentração 0,2 M. Adicione 10 ml de hidróxido de sódio 1 M e verifique se o pH da solução está entre 11 e 12. Adicione 3 gotas da solução do indicador e titule com solução de CDTA padrão até que a cor mude de rosa para azul.

10.78 Cálcio e chumbo em uma mistura

Discussão O chumbo pode ser titulado em pH 6 com azul de metiltimol como indicador, sem interferência do cálcio, que é posteriormente titulado em pH 12.

Procedimento Transfira com uma pipeta 25 ml da solução a ser titulada (que pode conter cálcio e chumbo até concentração 0,01 M) para um erlenmeyer de 250 ml e dilua até 100 ml com água desionizada. Adicione cerca de 50 mg da mistura do indicador azul de metiltimol/nitrato de potássio e ácido nítrico diluído até que a solução fique amarela. Adicione, então, hexamina em pó até que a solução apresente uma cor azul intensa (pH ~6). Titule com EDTA padrão 0,01 M até que a cor mude para amarelo. Nesta titulação obtém-se o valor correspondente ao chumbo. Acrescente, em seguida, hidróxido de sódio 1 M, cuidadosamente, até que o pH da solução chegue a 12 (use um medidor de pH). São necessários de 3 a 6 ml da solução de hidróxido de sódio. Continue a titulação da solução azul brilhante com EDTA até que a cor passe a cinza. Nesta titulação obtém-se o valor correspondente ao cálcio.

10.79 Cromo(III) e ferro(III) em uma mistura: mascaramento cinético

Discussão O ferro (e o níquel, se estiver presente) pode ser determinado pela adição de excesso de uma solução de EDTA à solução-teste fria e titulação do excesso com solução de nitrato de chumbo e alaranjado de xilenol como indicador. Enquanto a solução estiver fria, o cromo não reage. A solução resultante da titulação do excesso é, então, acidificada, adiciona-se mais excesso da solução de EDTA padrão e ferve-se por 15 minutos para que se forme o complexo Cr(III)–EDTA, violeta-avermelhado. Após resfriamento e tamponamento em pH 6, titula-se o excesso de EDTA com a solução de nitrato de chumbo.

Procedimento Coloque 10 ml de uma solução que contém íons dos dois metais (as concentrações não devem exceder 0,01 M) em um bécher de 600 ml provido de agitador magnético e dilua até 100 ml com água desionizada. Adicione 20 ml de EDTA padrão (aproximadamente 0,01 M) e hexamina para ajustar o pH em 5–6. Adicione, então, algumas gotas da solução de indicador (0,5 g de alaranjado de xilenol dissolvidos em 100 ml de água) e titule o excesso de EDTA com uma solução de nitrato de chumbo padrão 0,01 M até que se observe cor violeta-avermelhada.

Adicione à solução resultante uma nova porção de 20 ml da solução de EDTA padrão. Adicione ácido nítrico 1 M para ajustar o pH entre 1 e 2, e ferva a solução por 15 minutos. Resfrie, dilua até 400 ml com água desionizada, adicione hexamina para ajustar o pH entre 5 e 6, adicione um pouco mais do indicador e titule o excesso de EDTA com a solução padrão de nitrato de chumbo.

A primeira titulação corresponde à quantidade de EDTA consumida pelo ferro, e a segunda, à quantidade de EDTA que reagiu com o cromo.

10.80 Manganês na presença de ferro: ferro/manganês

Discussão Após dissolução da liga com uma mistura de ácido nítrico e ácido clorídrico concentrados, o ferro é mascarado com trietanolamina em meio básico e o manganês é titulado com solução de EDTA padrão e timolftalexona como indicador. A quantidade de ferro(III) presente não deve exceder 25 mg por 100 ml de solução porque a cor do complexo ferro(III)–trietanolamina torna-se tão intensa que a mudança de cor do indicador é obscurecida. Conseqüentemente, o procedimento é aplicável apenas a amostras de ferro/manganês com mais de 40% de manganês, aproximadamente.

Procedimento Dissolva uma quantidade conhecida (cerca de 0,40 g) de ferro/manganês em ácido nítrico concentrado e adicione ácido clorídrico concentrado (ou use uma mistura dos dois ácidos concentrados). Pode ser necessário ferver a solução por muito tempo. Evapore em banho de água até um volume pequeno. Dilua com água e filtre diretamente para um balão aferido de 100 ml. Lave com água destilada e dilua até completar o volume. Transfira com uma pipeta 25,0 ml da solução para um erlenmeyer de 500 ml, adicione 5 ml de cloreto de hidroxilamônio 10% em água, 10 ml de trietanolamina 20% em água, 10 a 35 ml de solução concentrada de amônia, cerca de 100 ml de água e 6 gotas do indicador timolftalexona. Titule com EDTA padrão 0,05 M até descorar a solução azul (ou até que ela passe a rosa muito pálido).

10.81 Níquel na presença de ferro: aço-níquel

Discussão O níquel pode ser determinado na presença de grande excesso de ferro(III) em meio fracamente ácido, com EDTA e trietanolamina. O precipitado marrom intenso dissolve-se com adição de NaOH em água para dar uma solução incolor. O ferro(III) presente está complexado com trietanolamina e somente o níquel complexa-se com o EDTA. O excesso de EDTA é titulado com solução padrão de cloreto de cálcio com timolftalexona como indicador. A cor passa de incolor (ou azul muito pálido) para azul intenso. O complexo níquel–EDTA tem cor azul muito fraca. A solução deve conter menos de 35 mg de níquel por 100 ml.

Na titulação do excesso, pequenas quantidades de cobre e zinco e traços de manganês são quantitativamente deslocados do EDTA e complexados pela trietanolamina. Durante a titulação, pequenas quantidades de cobalto são convertidas em um complexo com a trietanolamina. Concentrações relativamente altas de cobre podem ser mascaradas em meio básico pela adição de ácido tioglicólico até o descoramento da solução. Se o manganês estiver presente em quantidades superiores a 1 mg, ele pode ser oxidado pelo ar a manganês(III) que forma um complexo com a trietanolamina de cor verde intensa. O problema pode ser evitado pela adição de um pouco de solução de cloreto de hidroxilamônio.

Procedimento Prepare uma solução de cloreto de cálcio padrão 0,01 M dissolvendo 1,000 g de carbonato de cálcio em um pequeno volume de ácido clorídrico diluído e completando o volume com água desionizada em um balão aferido de 1 litro. Prepare, também, uma solução de trietanolamina 20% em água. Dissolva 1,0 g de aço-níquel, pesado com exatidão, em um pequeno volume de ácido clorídrico concentrado (cerca de 15 ml) a que se adicionou um pouco de ácido nítrico concentrado (~ 1 ml). Dilua até 250 ml em balão aferido. Com uma pipeta, transfira 25,0 ml desta solução para um erlenmeyer, adicione 25,0 ml de EDTA 0,01 M e 10 ml da solução de trietanolamina. Introduza, sob agitação, a solução de hidróxido de sódio 1 M até pH 11,6 (use um medidor de pH). Dilua até cerca de 250 ml. Adicione cerca de 0,05 g da mistura timolftalexona/nitrato de potássio. A solução adquire cor azul muito fraca. Titule com cloreto de cálcio 0,01 M até que a cor passe para azul intenso. Caso a mudança de cor no ponto final não tenha sido suficientemente distinta, adicione um pouco mais do indicador e um volume conhecido de EDTA 0,01 M. Titule novamente com cloreto de cálcio 0,01 M.

10.82 Chumbo e estanho em uma mistura: solda

Discussão Uma mistura dos íons estanho(IV) e chumbo (II) pode ser complexada com uma solução de EDTA padrão, titulando-se o excesso de EDTA com solução de nitrato de chumbo padrão. Determina-se, assim, o teor total de estanho e chumbo em solução. Adiciona-se, então, fluoreto de sódio para deslocar o EDTA do complexo estanho(IV)–EDTA. O EDTA liberado é dosado por titulação com a solução padrão de chumbo.

Procedimento Prepare uma solução de EDTA padrão 0,2 M, uma solução de chumbo padrão 0,01 M, uma solução de hexamina 30% em água e uma solução de alaranjado de xilenol 0,2% em água. Dissolva, aquecendo suavemente, uma amostra de peso conhecido (cerca de 0,4 g) da solda em 10 ml de ácido clorídrico concentrado e 2 ml de ácido nítrico concentrado. Ferva suavemente a solução por cerca de 5 minutos para expelir óxidos de nitrogênio e cloro. Deixe esfriar ligeiramente, o que pode acarretar a precipitação parcial do cloreto de chumbo. Adicione 25,0 ml de

EDTA padrão 0,2 M e ferva por um minuto. O cloreto de chumbo dissolve-se para dar uma solução clara. Dilua até 100 ml com água desionizada, resfrie e dilua até 250 ml em um balão aferido. Transfira com uma pipeta, imediatamente, duas ou três alíquotas de 25,0 ml para erlenmeyers separados. Em cada um deles coloque 15 ml da solução de hexamina, 110 ml de água desionizada e algumas gotas do indicador alaranjado de xilenol. Titule com a solução padrão de nitrato de chumbo até que a cor mude de amarelo para vermelho. Adicione 2,0 g de fluoreto de sódio. A solução adquire cor amarela devido à liberação de EDTA do complexo com estanho. Titule novamente com a solução padrão de nitrato de chumbo até obter uma cor vermelha permanente (isto é, estável por cerca de 1 minuto). Quando estiver perto do ponto final, adicione o titulante gota a gota. O aparecimento temporário de cor rosa ou vermelha que reverte gradualmente para o amarelo indica a aproximação do ponto final.

Complexação: determinação de ânions

▌ Segurança. Antes de fazer qualquer experimento desta
▬ seção preste muita atenção aos avisos de segurança. Tenha sempre em mente as regras de segurança de laboratório.

Os ânions não formam diretamente complexos com EDTA, mas pode-se propor métodos apropriados para a determinação de certos ânions, que envolvem: (i) a adição de excesso de uma solução que contém um cátion que reage com o ânion a ser determinado, seguida por titulação com EDTA do excesso do cátion adicionado ou (ii) a precipitação do ânion com um cátion adequado. Neste caso, o precipitado é coletado e dissolvido em excesso de solução de EDTA. O excesso é titulado com uma solução padronizada de um cátion apropriado. O procedimento envolvido no primeiro método é claro em si mesmo, porém daremos mais detalhes das determinações feitas pelo segundo método.

10.83 Fosfatos

Discussão O fosfato é precipitado como $Mg(NH_4)PO_4 \cdot 6H_2O$. Filtra-se o precipitado que é lavado e dissolvido em ácido clorídrico diluído. Adiciona-se excesso de solução padrão de EDTA, ajusta-se o pH em 10 e titula-se o excesso de EDTA com solução padrão de cloreto ou sulfato de magnésio e negro de solocromo como indicador. A precipitação inicial pode ser feita na presença de vários metais desde que se adicione, inicialmente, quantidade suficiente de EDTA (1 M) para complexar todos os cátions metálicos de carga múltipla. Acrescenta-se, a seguir, excesso de uma solução de sulfato de magnésio, seguido de uma solução de amônia. Os cátions podem ser, também, removidos com uma resina trocadora de cátions na forma protonada.

Procedimento Prepare uma solução de sulfato ou de cloreto de magnésio padrão 0,05 M a partir de magnésio puro. Prepare uma solução tampão de amônia/cloreto de amônio (pH 10) (Seção 10.71) e uma solução de EDTA padrão 0,05 M. Transfira com uma pipeta 25,0 ml da solução de fosfato (aproximadamente 0,05 M) para um bécher de 250

218 Análise Titrimétrica

ml e dilua até 50 ml com água desionizada. Adicione 1 ml de ácido clorídrico concentrado e algumas gotas do indicador vermelho de metila. Trate com excesso de sulfato de magnésio 1 M ($\sim$2 ml), aqueça até a fervura e adicione gota a gota com agitação vigorosa a solução concentrada de amônia até que a cor do indicador passe a amarelo. Acrescente, então, mais 2 ml e deixe repousar por várias horas ou por uma noite. Filtre o precipitado com um cadinho filtrante de vidro sinterizado (porosidade G4) e lave completamente com cerca de 100 ml de amônia 1 M. Lave o bécher em que foi feita a precipitação com 25 ml de ácido clorídrico 1 M quente e deixe o líquido percolar através do cadinho filtrante, dissolvendo assim o precipitado. Lave o bécher e o cadinho com mais 10 ml de ácido clorídrico 1 M e depois com cerca de 75 ml de água. Adicione 35,0 ml de EDTA 0,05 M ao filtrado e às águas de lavagem que estão no frasco de filtração, neutralize a solução com hidróxido de sódio 1 M e adicione 4 ml de solução-tampão e algumas gotas do indicador negro de solocromo. Titule o excesso de EDTA com cloreto de magnésio padrão 0,05 M até que a cor mude de azul para vermelho-vinho.

10.84 Sulfatos

Discussão O sulfato é precipitado como sulfato de bário a partir de uma solução ácida. Filtra-se o precipitado, que é redissolvido em excesso conhecido de solução padrão de EDTA na presença de amônia em água. O excesso de EDTA é, então, titulado com solução padronizada de cloreto de magnésio e negro de solocromo como indicador.

Procedimento Prepare uma solução de cloreto de magnésio padrão 0,05 M e uma solução tampão de pH 10 (veja a Seção 10.83). Prepare, também, uma solução de EDTA padrão 0,05 M. Transfira com uma pipeta 25,0 ml da solução de sulfato (0,02 a 0,03 M) para um bécher de 250 ml, dilua até 50 ml e ajuste o pH entre 1 e 2 com ácido clorídrico 2 M. Aqueça quase à ebulição. Adicione rapidamente, sob agitação vigorosa, 15 ml de uma solução quase em ebulição de cloreto de bário ($\sim$0,05 M). Aqueça em banho de vapor durante 1 hora. Filtre a vácuo, através de um disco de papel de filtro (Whatman no. 42) colocado sobre um filtro de porcelana ou um cadinho de Gooch. Lave o precipitado com muita água fria e deixe escorrer. Transfira cuidadosamente o disco de papel de filtro e o precipitado para o bécher original, adicione 25,0 ml de EDTA padrão 0,05 M e 5 ml de solução concentrada de amônia e ferva suavemente por 15 a 20 minutos. Após 10 a 15 minutos, adicione mais 2 ml de solução de amônia concentrada para facilitar a dissolução do precipitado. Resfrie a solução clara resultante, acrescente 10 ml da solução-tampão pH 10 e algumas gotas do indicador negro de solocromo. Titule o excesso de EDTA com a solução padronizada de cloreto de magnésio até obter coloração vermelha.

O sulfato pode ser também determinado por um procedimento semelhante. Precipite o sulfato de chumbo a partir de uma solução contendo 50% (em volume) de propano-2-ol, para reduzir a solubilidade do sulfato de chumbo. Separe o precipitado, dissolva-o em solução de EDTA e titule o excesso de EDTA com solução padrão de zinco com negro de solocromo como indicador.

Outras titulações com EDTA

▌ Segurança. Antes de fazer qualquer experimento desta seção preste muita atenção aos avisos de segurança. Tenha sempre em mente as regras de segurança de laboratório.

10.85 Titulações potenciométricas*

Vários íons metálicos eram determinados por titulação potenciométrica com EDTA com um eletrodo indicador de mercúrio [7]. Uma desvantagem considerável, entretanto, era a interferência de traços de íons halogeneto. Recentemente, vários eletrodos, incluindo os eletrodos seletivos para íons (ISE) de cobre, cádmio e cálcio passaram a ser usados em substituição ao eletrodo indicador de mercúrio. O uso destes eletrodos seletivos como indicadores depende das constantes de estabilidade dos complexos entre o analito (o íon metálico) e o reagente de complexação. Existem três áreas de aplicação:

(a) A determinação de um agente quelante por titulação direta usando uma solução que contém íons de metal e um eletrodo seletivo apropriado. Os exemplos incluem a determinação de EDTA ($\sim$10^{-4} M) usando um ISE de cobre e a titulação com uma solução de íons cobre em pH 4,75 (tampão acetato).

(b) Um procedimento de titulação de excesso (Seção 10.63), em que a concentração do analito é determinada pela diferença entre as concentrações do agente complexante total e do agente complexante que não reagiu. Um exemplo é a determinação de ferro(III) (cerca de 25 ppm) por adição de excesso conhecido de EDTA, seguida por titulação do excesso do complexante com uma solução de cobre tamponada em pH 4,7 (acetato) e um eletrodo indicador de cobre.

(c) No caso de metais que formam complexos mais fracos do que o íon eletroativo, a titulação direta é feita com um agente complexante em presença de uma solução que contém concentrações iguais do íon eletroativo e do agente complexante.

Determinação da dureza da água

Discussão A dureza da água, devida ao cálcio e ao magnésio, pode ser medida por titulação potenciométrica com EDTA. Os dois pontos finais são determinados usando um eletrodo seletivo para o íon cálcio. A razão entre as constantes de estabilidade condicionais do EDTA (Seção 2.27) do cálcio e do magnésio aumenta com a adição de 2,4-pentanodiona (acetilacetona) à amostra de água, o que faz com que se observem dois pontos finais independentes. O pH é ajustado com o tampão TRIS (tris(hidróxi-metil)-amino-metano). Em alguns instrumentos analíticos, pode-se usar a primeira derivada da curva de titulação para a busca dos dois pontos finais, o que facilita as análises.

Reagente de água dura Preparado por adição de 2 g de 2,4-pentanodiona 0,2 M e 4,4 g TRIS (tris(hidróxi-metil)-amino-metano) 0,4 M em 100 ml de água desionizada.

---

*Muitos detalhes experimentais desta seção são uma cortesia de Orion Research Ltd.

Procedimento Este procedimento foi desenvolvido para o autotitulador Orion 960. Transfira com uma pipeta 50,00 ml da água para um bécher de 200 ml. Adicione 5 ml do reagente de água dura e titule com EDTA padrão ($\sim$0,05 M), usando um eletrodo de cálcio e um eletrodo de referência de prata/cloreto de prata de junção simples. Lave os eletrodos, os agitadores e a sonda distribuidora com bastante água após o uso.

Determinação de zinco em banhos de fosfato

Discussão Pode-se determinar o zinco indiretamente, por titulação com EDTA e um eletrodo de cobre como indicador do ponto final, na presença de uma solução de cobre–EDTA. Durante a titulação com EDTA, o zinco é complexado primeiro. Quando não houver mais íons de zinco livres, o equilíbrio entre os íons de cobre não-complexados e o complexo cobre–EDTA desloca-se na direção do agente complexante. O eletrodo de cobre detecta os íons cobre liberados neste processo.

Solução de cobre–EDTA Misture volumes iguais de soluções de sulfato de cobre 0,05 M e EDTA 0,05 M.

Procedimento Este procedimento foi desenvolvido para o autotitulador Orion 960. Use um eletrodo seletivo para o íon cobre e um eletrodo de referência ou um eletrodo combinado no estado sólido. Adicione 0,5 ml da solução de zinco ($\sim$1 M) a 100 ml de água desionizada colocada em um bécher de 200 ml. Transfira com uma pipeta 1 ml da solução 0,05 M de cobre–EDTA para o bécher e adicione **cuidadosamente**, 1 ml de solução concentrada de amônia. Titule com uma solução de EDTA padrão ($\sim$ 0,1 M). Use o método da primeira derivada para a determinação do ponto final.

10.86 Titulações coulométricas

Na titulação coulométrica de íons metálicos, o EDTA é gerado por um processo de eletrodo. Usa-se a redução do quelato amino-mercúrio(II)/EDTA ($HgNH_3Y^{2-}$) em um catodo de mercúrio, segundo a equação

$$HgNH_3Y^{2-} + NH_4^+ + 2e \rightarrow Hg^0 + 2NH_3 + HY^{3-}$$

onde Y é a abreviatura usual do EDTA.

Como o quelato de mercúrio tem constante de formação (estabilidade) maior do que a dos complexos correspondentes de Zn^{2+}, Pb^{2+}, Cu^{2+} e Ca^{2+}, estes íons só se complexam com EDTA após a liberação no eletrodo. O reagente mercúrio–EDTA é preparado a partir de uma solução de estoque que contém 8,4 g de nitrato de mercúrio(II) e 9,3 g do sal dissódico de EDTA dissolvidos em 250 ml de água desionizada. Misture 25 ml da solução de estoque com 75 ml de nitrato de amônio 0,1 M. Ajuste o pH em 8,3 (use um medidor de pH) por adição cuidadosa de amônia concentrada. Determine o ponto final da titulação potenciometricamente com um eletrodo indicador de mercúrio [7].

10.87 Titulações amperométricas

Para que a titulação amperométrica de um íon metálico com EDTA seja bem-feita, deve-se escolher o potencial aplicado de modo que o íon metálico se reduza, mas o complexo metal/EDTA e o ligante livre não sejam afetados. Assim, a corrente diminui com a adição do titulante (EDTA), o que reduz proporcionalmente a concentração do íon metálico que não está complexado. Após o ponto de equivalência, todo o íon metálico está virtualmente complexado com o EDTA e, portanto, a corrente não se altera mais. Obtém-se, assim, uma curva em forma de L semelhante à da Fig. 10.6(a). Os exemplos seguintes ilustram o uso das titulações amperométricas em reações de complexação.

10.88 Zinco

Os íons zinco podem ser titulados com EDTA em meio fortemente básico (produzido com ciclo-hexilamina) com um potencial aplicado igual a $-1,4$ V contra um eletrodo de calomelano saturado.

Reagentes *Solução de zinco* Uma solução "desconhecida" de íons zinco com concentração $\sim$0,001 M (cerca de 60 mg·l^{-1} de Zn^{2+}).

Solução de EDTA Uma solução de EDTA padrão 0,01 M.

Procedimento Coloque 20,00 ml da solução de zinco no frasco de titulação (Fig. 10.7(a)) e adicione 1,0 ml de ciclo-hexilamina pura. Ajuste o potencial aplicado em $-1,4$ V contra um eletrodo de calomelano saturado. Elimine o ar da solução e titule com EDTA padrão, usando uma bureta semimicro. Faça o gráfico da titulação e avalie a concentração de zinco na solução:

$$1 \text{ ml} \quad 0,01 \, M \text{ EDTA} \equiv 0,6538 \, \text{mg Zn}$$

10.89 Bismuto

Soluções que contêm o íon bismuto podem ser tituladas em pH entre 1 e 2 com EDTA padrão em meio citrato de sódio 0,4 M sob potencial de $-0,2$ V contra o eletrodo de calomelano saturado. Neste pH baixo praticamente não há interferência de outros metais divalentes.

Reagentes *Solução de bismuto* Prepare uma solução de bismuto padrão aproximadamente 0,01 M, dissolvendo cerca de 2,3 g de óxido de bismuto puro, pesado com exatidão, em um pouco de ácido nítrico 1:1. Dilua até 1 litro com água desionizada em um balão aferido. Dilua 25,0 ml desta solução até 250 ml e adicione citrato de sódio suficiente (cerca de 20 g) para tornar a solução 0,4 M em relação a este composto.

Solução de EDTA Prepare uma solução EDTA padrão 0,1 M.

Procedimento Transfira com uma pipeta 25,0 ml da solução de íon bismuto para o frasco de titulação (Fig. 10.7(a)), ajuste o pH em 2 (use um medidor de pH) com solução de amônia em água e adicione 5 gotas de uma solução de gelatina 1%. Aplique o potencial $-0,20$ V contra o eletrodo de calomelano saturado e titule com solução de EDTA padrão (use uma bureta semimicro). É desejável utilizar agitação magnética. Lance em gráfico os resultados da titulação. Compare o valor obtido para a concentração da solução de bismuto com o calculado a

220 Análise Titrimétrica

partir do peso de óxido de bismuto usado na preparação da solução padrão:

1 ml 0,01 M EDTA ≡ 0,002 090 g Bi

Titulações espectrofotométricas

As seguintes determinações são exemplos de titulações espectrofotométricas com EDTA:

10.90 Cobre(II)

Discussão A titulação de soluções de íons cobre com EDTA pode ser feita fotometricamente em 745 nm. Neste comprimento de onda, o complexo cobre–EDTA tem coeficiente de absorção molar consideravelmente maior do que o da solução de cobre. O pH da solução deve estar em torno de 2,4.

O efeito dos diferentes íons sobre a titulação é semelhante ao mencionado para o ferro(III) na Seção 10.91. O ferro(III) interfere (pequenas quantidades podem ser precipitadas com solução de fluoreto de sódio). O estanho(IV) deve ser mascarado com solução de ácido tartárico 20% em água. O procedimento pode ser aplicado na determinação de cobre em latão, bronze e metal de sino sem qualquer separação prévia, exceto a remoção de sulfato de chumbo, insolúvel, se estiver presente.

Reagentes *Solução de íons cobre 0,04 M* Lave o cobre (grau analítico) com acetona ou éter etílico para remover gorduras e seque em 100°C. Pese com exatidão cerca de 1,25 g de cobre, dissolva em 5 ml de ácido nítrico concentrado e dilua até 1 litro em balão aferido.

Outros reagentes Solução de EDTA 0,10 M e solução-tampão pH 2,2 (Seção 10.91).

Procedimento Carregue a célula de titulação (Fig. 10.10) com 10,00 ml da solução de íons cobre, 20 ml do tampão acetato (pH 2,2) e cerca de 120 ml de água. Coloque a célula no espectrofotômetro e ajuste o comprimento de onda para 745 nm. Modifique a largura da fenda para que a leitura da escala de absorbância seja zero. Agite a solução e titule com EDTA padrão. Registre a absorbância a cada 0,50 ml até que o valor esteja próximo de 0,20. A partir daí, anote a absorbância a cada 0,20 ml adicionados. Continue a titulação até cerca de 1,0 ml depois do ponto final. No ponto final, as leituras de absorbância passam a ser razoavelmente constantes. Lance em gráfico as absorbâncias lidas contra o volume de titulante adicionado. A interseção das duas linhas retas corresponde ao ponto final (Fig. 10.9(c)). Calcule a concentração do íon cobre ($mg \cdot ml^{-1}$) na solução e compare-a com o valor verdadeiro.

10.91 Ferro(III)

Discussão O ácido salicílico e os íons ferro(III) formam um complexo muito colorido com máximo de absorção em 525 nm, aproximadamente. Este complexo é usado na titulação fotométrica do íon ferro(III) com EDTA. Em pH próximo a 2,4, o complexo ferro/EDTA é muito mais es-

tável (maior constante de estabilidade) do que o complexo ferro/ácido salicílico. Na titulação de uma solução de ferro/ácido salicílico com EDTA, a cor deste complexo desaparece gradualmente quando o ponto final se aproxima. O ponto final espectrofotométrico é muito nítido em 525 nm. Em pH 2,4, quantidades consideráveis de zinco, cádmio, estanho(IV), manganês(II), cromo(III) e pequenas quantidades de alumínio não interferem ou interferem pouco. As principais interferências são chumbo(II), bismuto, cobalto(II), níquel e cobre(II).

Reagentes *Solução de EDTA 0,10 M* Padronize exatamente. Veja a Seção 10.66.

Solução de ferro(III) 0,05 M Pese com exatidão cerca de 12,0 g de sulfato de amônio e ferro(III) e dissolva em água à qual se adicionou um pouco de ácido sulfúrico diluído. Dilua a solução resultante até 500 ml em balão aferido. Padronize a solução com EDTA padrão, usando azul de variamina B como indicador.

Tampão acetato de sódio/ácido acético Prepare uma solução de acetato de sódio 0,2 M e ácido acético 0,8 M. O pH da solução final é 4,0.

Tampão acetato de sódio/ácido clorídrico Adicione ácido clorídrico 1 M a 350 ml de acetato de sódio 1 M até que o pH da mistura fique em 2,2 (use um medidor de pH).

Solução de ácido salicílico Prepare uma solução de ácido salicílico 6% em acetona.

Procedimento Transfira 10,00 ml da solução de ferro(III) para a célula de titulação (Fig. 10.10) e adicione cerca de 10 ml da solução-tampão pH 4,0 e cerca de 120 ml de água. O pH da solução resultante deve estar entre 1,7 e 2,3. Coloque a célula de titulação no espectrofotômetro. Ajuste o agitador e mergulhe a ponta de uma microbureta de 5 ml (graduada em 0,02 ml) na solução. Ligue a lâmpada de tungstênio e deixe aquecer o espectrofotômetro por 20 minutos. Agite a solução. Adicione cerca de 4,0 ml de EDTA padrão (anote o volume exato). Selecione o comprimento de onda em 525 nm e ajuste a largura da fenda do instrumento para que a leitura na escala de absorbância esteja entre 0,2 e 0,3. Adicione, então, 1,0 ml da solução de ácido salicílico. A absorbância aumenta imediatamente para um valor muito elevado (acima de 2). Continue a agitação. Adicione lentamente a solução de EDTA, com o auxílio da microbureta, até que a absorbância se aproxime de 1,8. Registre o volume de titulante consumido. Introduza a solução de EDTA em alíquotas de 0,05 ml registrando a absorbância após cada adição. Continue a titulação até fazer pelo menos quatro leituras depois do ponto final (absorbância quase constante). Lance em gráfico a absorbância contra o volume do titulante adicionado. A interseção das duas retas (Fig. 10.9(a)) localiza o ponto final verdadeiro. Calcule a concentração de ferro(III) em $mg \cdot ml^{-1}$ e compare o resultado com o valor verdadeiro.

Ferro(III) na presença de alumínio Ferro(III) (~50 mg por 100 ml) pode ser determinado na presença de até duas vezes a quantidade de alumínio por titulação fotométrica em 510 nm com EDTA em pH 1,0, com ácido 5-sulfossalicílico (solução 2% em água) como indicador. O pH de soluções muito ácidas deve ser ajustado até o valor desejado com uma solução concentrada de acetato de sódio. São necessárias 8 a 10 gotas da solução do indicador. A Fig. 10.9(a) mostra a forma da curva de titulação espectrofotométrica.

Titulações de precipitação

Segurança. Antes de fazer qualquer experimento desta seção preste muita atenção aos avisos de segurança. Tenha sempre em mente as regras de segurança de laboratório.

10.92 Reações de precipitação

Os processos de precipitação mais importantes na análise titrimétrica utilizam o nitrato de prata como reagente (processos argentimétricos). Por isso, a discussão da teoria nesta seção estará limitada ao uso do nitrato de prata como reagente de precipitação. Examinemos as alterações de concentração iônica que ocorrem durante a titulação de 100 ml de cloreto de sódio 0,1 M com nitrato de prata 0,1 M. O produto de solubilidade do cloreto de prata na temperatura normal é $1,2 \times 10^{-10}$. A concentração inicial de íons cloreto $[Cl^-]$ é $0,1$ mol·l^{-1} ou $pCl^- = 1$ (Seção 2.17). Após a adição de 50 ml de nitrato de prata 0,1 M, os 50 ml de cloreto de sódio 0,1 M estarão em um volume total de 150 ml. Assim, $[Cl^-] = 50 \times 0,1/150 = 3,33 \times 10^{-2}$ ou $pCl^- = 1,48$. Com 90 ml da solução de nitrato de prata tem-se $[Cl^-] = 10 \times 0,1/190 = 5,3 \times 10^{-3}$ ou $pCl^- = 2,28$.

Assim,

$$a_{Ag^+} a_{Cl^-} \approx [Ag^+][Cl^-] = 1,2 \times 10^{-10} = K_{sol(AgCl)}$$

ou

$$pAg^+ + pCl^- = 9,92 = pAgCl$$

No último cálculo, $pCl^- = 1,48$, logo, $pAg^+ = 9,92 - 1,48 = 8,44$. Logo, as várias concentrações dos íons cloreto e prata podem ser calculadas até o ponto de equivalência. No ponto de equivalência,

$$Ag^+ = Cl^- = K_{sol(AgCl)}^{1/2}$$

$$pAg^+ = pCl^- = \tfrac{1}{2}pAgCl = 9,92/2 = 4,96$$

e a solução está saturada de cloreto de prata, sem excesso de íons prata ou cloreto.

Com 100,1 ml da solução de nitrato de prata, $[Ag^+] = 0,1 \times 0,1/200,1 = 5 \times 10^{-5}$ ou $pAg^+ = 4,30$; $pCl^- = pAgCl - pAg^+ = 9,92 - 4,30 = 5,62.$*

Os valores assim calculados, até a adição de 110 ml de nitrato de prata 0,1 M, estão agrupados na Tabela 10.9. Os valores correspondentes da titulação de 100 ml de iodeto de potássio com nitrato de prata 0,1 M estão incluídos na tabela ($K_{sol(AgI)} = 1,7 \times 10^{-16}$).

---

*Isto não é estritamente verdadeiro porque o cloreto de prata dissolvido contribui com íons cloreto e íons prata para a solução. A concentração real é $\sim 1 \times 10^{-5}$ g·l^{-1}. Se o excesso de íons prata adicionados for maior do que 10 vezes este valor, isto é, $>10[K_{sol(AgCl)}]^{1/2}$, o erro introduzido quando se ignora a concentração iônica produzida pelo sal dissolvido pode ser desprezado.

Tabela 10.9 *Titulação de 100 ml de NaCl 0,1 M e 100 ml de KI 0,1 M, respectivamente, com AgNO$_3$ 0,1 M ($K_{sol(AgCl)} = 1,2 \times 10^{-10}$, $K_{sol(AgI)} = 1,7 \times 10^{-16}$)*

Volume de AgNO$_3$ 0,1 M (ml)	Titulação de cloreto pCl$^-$	Titulação de cloreto pAg$^+$	Titulação de iodeto pI$^-$	Titulação de iodeto pAg$^+$
0	1,0	–	1,0	–
50	1,5	8,4	1,5	14,3
90	2,3	7,6	2,3	13,5
95	2,6	7,3	2,6	13,2
98	3,0	6,9	3,0	12,8
99	3,3	6,6	3,3	12,5
99,5	3,7	6,2	3,7	12,1
99,8	4,0	5,9	4,0	11,8
99,9	4,3	5,6	4,3	11,5
100,0	5,0	5,0	7,9	7,9
100,1	5,6	4,3	1,5	4,3
100,2	5,9	4,0	1,8	4,0
100,5	6,3	3,6	2,2	3,6
101	6,6	3,3	2,5	3,3
102	6,9	3,0	2,8	3,0
105	7,3	2,6	3,2	2,6
110	7,6	2,3	3,5	2,4

Os expoentes do íon prata nas vizinhanças do ponto de equivalência (entre 99,8 e 100,2 ml, por exemplo) mostram que ocorre uma notável mudança de concentração do íon prata e que ela é mais pronunciada para o iodeto de prata do que para o cloreto de prata, porque o produto de solubilidade deste último é cerca de 10^6 vezes maior do que o do primeiro. A Fig. 10.20, que é mais clara, mostra as mudanças de pAg$^+$ que ocorrem na região entre 10% antes e 10% depois do ponto estequiométrico da titulação de cloreto 0,1 M e iodeto 0,1 M com nitrato de prata 0,1 M. Obtém-se uma curva quase idêntica na titulação potenciométrica com um eletrodo de prata. Os valores de pAg$^+$ podem ser calculados a partir dos dados de f.e.m., como no cálculo de pH.

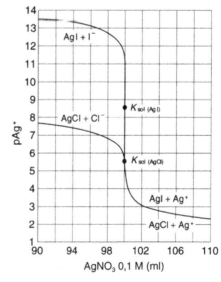

Fig. 10.20 Curvas de titulação calculadas para 100 ml de NaCl 0,1 M e 100 ml de KI 0,1 M com AgNO$_3$ 0,1 M

10.93 Determinação dos pontos finais em reações de precipitação

Formação de um precipitado colorido

Este método pode ser ilustrado pelo procedimento de Mohr para a determinação de cloreto e brometo. Na titulação de uma solução neutra de, por exemplo, íons cloreto com nitrato de prata, adiciona-se uma pequena quantidade de solução de cromato de potássio para servir como indicador. No ponto final, os íons cromato combinam-se com os íons prata para formar cromato de prata, de cor vermelha e pouco solúvel.

A teoria do processo é simples. É um caso de precipitação fracionada (Seção 2.17), em que os dois sais escassamente solúveis são o cloreto de prata ($K_{spl} = 1,2 \times 10^{-10}$) e o cromato de prata ($K_{sol} = 1,7 \times 10^{-12}$). É mais conveniente examinar um exemplo real, no caso, a titulação de cloreto de sódio 0,1 M com nitrato de prata 0,1 M a que foram adicionados alguns mililitros de uma solução diluída de cromato de potássio. O cloreto de prata é o sal menos solúvel e a concentração inicial de cloreto é elevada. Assim, o cloreto de prata é o sal que precipita primeiro. Quando o cromato de prata, de cor vermelha, começa a precipitar, ambos os sais estão em equilíbrio com a solução. Assim,

$$[Ag^+][Cl^-] = K_{sol(AgCl)} = 1,2 \times 10^{-10}$$

$$[Ag^+]^2[CrO_4^{2-}] = K_{sol(Ag_2CrO_4)} = 1,7 \times 10^{-12}$$

$$[Ag^+] = \frac{K_{sol(AgCl)}}{[Cl^-]} = \left(\frac{K_{sol(Ag_2CrO_4)}}{[CrO_4^{2-}]}\right)^{1/2}$$

$$\frac{[Cl^-]}{[CrO_4^{2-}]^{1/2}} = \frac{K_{sol(AgCl)}}{K_{sol(Ag_2CrO_4)}^{1/2}} = \frac{1,2 \times 10^{-10}}{(1,7 \times 10^{-12})^{1/2}} = 9,2 \times 10^{-5}$$

No ponto de equivalência, $[Cl^-] = [K_{sol(AgCl)}]^{1/2} = 1,1 \times 10^{-5}$. Se o cromato de prata precipitar nesta concentração de íon cloreto, então

$$[CrO_4^{2-}] = \left(\frac{[Cl^-]}{9,2 \times 10^{-5}}\right)^2 = \left(\frac{1,1 \times 10^{-5}}{9,2 \times 10^{-5}}\right)^2 = 1,4 \times 10^{-2}$$

ou seja, a concentração da solução de cromato de potássio deve ser 0,014 M. Na prática, deve-se adicionar um pequeno excesso da solução de nitrato de prata para tornar visível a cor vermelha do cromato de prata. Para isso, usa-se geralmente uma solução mais diluída de cromato de potássio (0,003–0,005 M), porque a solução de cromato 0,01–0,02 M dá à solução uma cor laranja forte que torna difícil observar o início da precipitação do cromato de prata. O erro introduzido pode ser facilmente calculado, porque se $[CrO_4^{2-}] = 0,003$, o cromato de prata precipita quando

$$[Ag^+] = \left(\frac{K_{sol(Ag_2CrO_4)}}{[CrO_4^{2-}]}\right)^{1/2} = \left(\frac{1,7 \times 10^{-12}}{3 \times 10^{-3}}\right)^{1/2} = 2,4 \times 10^{-5}$$

Se a concentração teórica do indicador é usada:

$$[Ag^+] = \left(\frac{1,7 \times 10^{-12}}{1,4 \times 10^{-2}}\right)^{1/2} = 1,1 \times 10^{-5}$$

A diferença é $1,3 \times 10^{-5}$ mol·l^{-1}. Se o volume da solução no ponto de equivalência for 150 ml, então a diferença corresponde a $1,3 \times 10^{-5} \times 150 \times 10^4/1000 = 0,02$ ml de nitrato de prata 0,1 M. Este é o erro teórico da titulação,

praticamente desprezível. Na prática, outro fator deve ser considerado — o pequeno excesso de solução de nitrato de prata que deve ser adicionado até que o olho consiga detectar a mudança de cor na solução, da ordem de uma gota, isto é, ~0,05 ml de nitrato de prata 0,1 M.

O erro da titulação aumenta com a diluição da solução a ser titulada e é bastante apreciável (aproximadamente 0,4%) em soluções diluídas, digamos, 0,01 M, quando a concentração do íon cromato é da ordem de 0,003 a 0,005 M. Este erro pode ser facilmente eliminado fazendo-se um branco, isto é, determinando o volume de solução padrão de nitrato de prata necessário para dar coloração perceptível quando adicionado a um volume de água destilada que contém a mesma quantidade do indicador empregado na titulação. Este volume é subtraído do volume de solução padrão consumido na titulação.

A titulação deve ser feita em meio neutro ou fracamente básico, isto é, em pH entre 6,5 e 9. Em meio ácido ocorre a seguinte reação:

$$2CrO_4^{2-} + 2H^+ \rightleftharpoons 2HCrO_4^- \rightleftharpoons Cr_2O_7^{2-} + H_2O$$

$HCrO_4^-$ é um ácido fraco, logo a concentração do íon cromato é reduzida e o produto de solubilidade do cromato de prata pode não ser alcançado. Em soluções fortemente básicas, o hidróxido de prata ($K_s = 2,3 \times 10^{-8}$) pode precipitar. Um método simples de neutralizar uma solução ácida é adicionar excesso de carbonato de sódio ou hidrogenocarbonato de sódio. Uma solução básica pode ser acidificada com ácido acético após o que se adiciona um pequeno excesso de carbonato de cálcio. O produto de solubilidade do cromato de prata aumenta quando a temperatura sobe e por isto a titulação deve ser feita na temperatura normal. Pode-se evitar o aumento acidental do pH de uma solução não-tamponada além dos limites aceitáveis, usando uma mistura de cromato de potássio e dicromato de potássio em uma proporção que leve a uma solução neutra. O indicador misto funciona como um tampão e ajusta o pH da solução em $7,0 \pm 0,1$. Na presença de sais de amônio o pH não deve exceder 7,2, porque concentrações apreciáveis de amônia afetam a solubilidade dos sais de prata. Titulações de iodeto e tiocianato não são bem-sucedidas porque o iodeto de prata e o tiocianato de prata adsorvem íons cromato tão fortemente que se obtém um ponto final falso e pouco nítido. Os erros para brometo 0,1 M e 0,01 M podem ser estimados como sendo 0,04% e 0,4%, respectivamente.

Formação de um composto solúvel colorido

Um exemplo deste procedimento é o método de Volhard de titulação de prata na presença de ácido nítrico livre com tiocianato de potássio ou de amônio. O indicador é uma solução de nitrato de ferro(III) ou de sulfato de amônio e ferro(III). A adição da solução de tiocianato precipita, inicialmente, tiocianato de prata ($K_s = 7,1 \times 10^{-13}$):

$$Ag^+ + SCN^- \rightleftharpoons AgSCN$$

Quando a reação estiver completa, o tiocianato em excesso produz a coloração marrom-avermelhada do íon complexo:*

$$Fe^{3+} + SCN^- \rightleftharpoons [FeSCN]^{2+}$$

---

* Este complexo se forma quando a razão entre o íon tiocianato e o íon ferro(III) é baixa. Outros complexos como [Fe(SCN)$_2$]$^+$, são importantes apenas em concentrações mais elevadas do íon tiocianato.

Este método pode ser aplicado na determinação de cloretos, brometos e iodetos em solução ácida. Adiciona-se excesso de solução de nitrato de prata padrão e titula-se o excesso com solução padrão de tiocianato. Na determinação de cloreto, ocorrem os seguintes equilíbrios durante a titulação do excesso de íons prata:

$$Ag^+ + Cl^- \rightleftharpoons AgCl$$

$$Ag^+ + SCN^- \rightleftharpoons AgSCN$$

Os dois sais pouco solúveis estão em equilíbrio com a solução, logo

$$\frac{[Cl^-]}{[SCN^-]} = \frac{K_{sol(AgCl)}}{K_{sol(AgSCN)}} = \frac{1,2 \times 10^{-10}}{7,1 \times 10^{-13}} = 169$$

Como o tiocianato de prata é o sal menos solúvel, quando toda a prata em excesso tiver reagido, o tiocianato reage com o cloreto de prata até que a razão $[Cl^-]/[SCN^-]$ na solução seja igual a 169:

$$AgCl + SCN^- \rightleftharpoons AgSCN + Cl^-$$

Estas reações ocorrem antes do início da reação com os íons ferro(III), o que leva a um erro considerável de titulação. É absolutamente necessário, portanto, evitar a reação entre o tiocianato e o cloreto de prata. Isto pode ser feito de várias maneiras. A primeira delas é provavelmente a mais confiável.

1. Filtrando o cloreto de prata antes da titulação do excesso. Como, neste estágio, o precipitado está contaminado por íons prata adsorvidos, a suspensão deve ser fervida durante alguns minutos antes da filtração para coagular o cloreto de prata e remover a maior parte dos íons prata adsorvidos na superfície. O filtrado é titulado a frio.
2. Adicionando, após a adição de nitrato de prata, nitrato de potássio como agente coagulante. Ferve-se a suspensão durante cerca de 3 minutos, deixa-se resfriar e titula-se imediatamente. Ocorre dessorção dos íons prata e, no processo de resfriamento, o nitrato de potássio evita a readsorção.
3. Adicionando um líquido imiscível para cobrir as partículas de cloreto de prata e evitar que interajam com o tiocianato. O líquido mais indicado é nitro-benzeno ($\sim 1,0$ ml por 50 mg de cloreto). Agita-se bem a suspensão para coagular o precipitado antes da titulação do excesso. No caso de bromet, tem-se o equilíbrio

$$\frac{[Br^-]}{[SCN^-]} = \frac{K_{sol(AgBr)}}{K_{sol(AgSCN)}} = \frac{3,5 \times 10^{-13}}{7,1 \times 10^{-13}} = 0,5$$

O erro de titulação é pequeno e não é difícil determinar o ponto final. O iodeto de prata ($K_s = 1,7 \times 10^{-16}$) é menos solúvel do que o brometo de prata. O erro da titulação é desprezível, porém não se deve adicionar o indicador de ferro(III) até que os íons prata estejam em excesso porque o iodeto dissolvido reage com Fe^{3+}:

$$2Fe^{3+} + 2I^- \rightleftharpoons 2Fe^{2+} + I_2$$

Uso de indicadores de adsorção

Certos indicadores são adsorvidos no ponto de equivalência e se modificam, produzindo uma nova cor. As condições necessárias para que um indicador de adsorção funcione corretamente são rigorosas. O precipitado deve separar-se idealmente como colóide. Deve-se evitar a coagula-

Tabela 10.10 *Indicadores de adsorção selecionados*

Indicador	Uso	Mudança de cor no ponto final[a]	Condições experimentais
Fluoresceína	Cl^-, Br^-, I^- com Ag^+	Verde-amarelado → rosa	Solução neutra ou fracamente básica
Dicloro-fluoresceína	Cl^-, Br^-, com Ag^+	Verde-amarelado → vermelho	Intervalo de pH: 4,4-7
Tetrabromo-fluoresceína (eosina)	Br^-, I^- com Ag^+	Rosa → violeta-avermelhado	Melhor em solução de ácido acético
Tartrazina	Ag^+ com I^- ou SCN^-; $I^- + Cl^-$; excesso de Ag^+, titulação do excesso com I^-	Solução incolor → solução verde	Mudança de cor nítida na titulação do excesso de $I^- + Cl^-$

[a] Salvo indicação contrária, a mudança de cor ocorre assim que o indicador passa da solução para o precipitado.

ção tanto quanto possível. A solução titulante deve estar no pH adequado para que o indicador esteja predominantemente na forma iônica. Finalmente, as titulações devem ser conduzidas sob luz difusa. Como resultado, a aplicação dos indicadores de adsorção é bastante limitada. Além disso, a experiência, aliada à habilidade pessoal, é comumente essencial para se obter um ponto final satisfatório. A Tabela 10.10 mostra uma pequena seleção de indicadores de adsorção, suas aplicações e a mudança de cor envolvida no ponto final.

10.94 Padronização da solução de nitrato de prata

O cloreto de sódio tem massa molecular relativa 58,44. Para preparar uma solução 0,1000 M, pesa-se 2,922 g do sal puro e seco (Seção 10.92), transfere-se o material para um balão aferido de 500 ml e completa-se o volume com água. Pode-se, também, pesar com exatidão cerca de 2,9 g do sal, transferir o material para um balão aferido de 500 ml e completar o volume com água. A concentração molar é calculada a partir do peso de cloreto de sódio utilizado.

Com cromato de potássio como indicador

Titulação de Mohr Veja a Seção 10.93 para a teoria detalhada da titulação. Prepare a solução do indicador dissolvendo 5 g de cromato de potássio em 100 ml de água. Como o volume final da solução na titulação é da ordem de 50–100 ml e usa-se 1 ml da solução de indicador, a concentração do indicador na titulação é 0,005–0,0025 M. Um outro método, que é preferível, é dissolver 4,2 g de cromato de potássio e 0,7 g de dicromato de potássio em 100 ml de água. Use 1 ml da solução de indicador para cada 50 ml do volume final da solução a ser titulada.

Transfira com uma pipeta 25 ml da solução de cloreto de sódio padrão 0,1 M para um erlenmeyer de 250 ml colocado sobre um fundo branco e adicione 1 ml da solução do indicador (use uma pipeta de 1 ml). Com o auxílio de uma bureta, adicione lentamente, sob agitação constante, a solução de nitrato de prata até que a cor vermelha que se

224 Análise Titrimétrica

forma por adição de cada gota comece a desaparecer mais lentamente. Isto indica que a maior parte do cloreto precipitou. Continue a adição, gota a gota, até que ocorra uma fraca, mas distinta, mudança de cor. Esta cor marrom-avermelhada **leve** deve persistir após agitação rápida. Se o ponto final for ultrapassado (produção de uma cor marrom-avermelhada forte), adicione mais solução de cloreto e titule novamente. Determine o branco do indicador adicionando 1 ml do indicador a um volume de água igual ao volume final da solução titulada e nitrato de prata 0,01 M até que a cor do branco corresponda à da solução titulada. A correção do branco do indicador, que não deve exceder 0,03–0,10 ml de nitrato de prata, é deduzida do volume de nitrato de prata gasto na titulação. Repita a titulação com mais duas alíquotas de 25 ml da solução de cloreto de sódio. As várias titulações não devem diferir por mais de 0,1 ml.

Com um indicador de adsorção

Discussão A fluoresceína e a dicloro-fluoresceína são adequadas para a titulação de cloretos. Em ambos os casos, o ponto final é atingido quando o precipitado branco na solução amarelo-esverdeada passa subitamente a uma nítida tonalidade avermelhada. A mudança de cor pode ser revertida por adição de cloreto. No caso da fluoresceína, a solução deve ser neutra ou ser levemente acidificada com ácido acético. As soluções ácidas devem ser tratadas com um pequeno excesso de acetato de sódio. A solução de cloreto deve ser diluída até 0,01–0,05 M, porque se a concentração for mais alta o precipitado coagula depressa demais e provoca interferência. Em soluções mais diluídas do que 0,005 M, não se pode usar fluoresceína. O indicador, neste caso, é a dicloro-fluoresceína, que possui diversas outras vantagens sobre a fluoresceína. A dicloro-fluoresceína dá bons resultados em soluções muito diluídas (como, por exemplo, a água potável) e pode ser usada na presença de ácido acético e soluções fracamente ácidas. Por esta razão, os cloretos de cobre, níquel, manganês, zinco, alumínio e magnésio, que não podem ser titulados pelo método de Mohr, podem ser titulados diretamente com a dicloro-fluoresceína como indicador. No caso da titulação inversa (cloreto com nitrato de prata), a tartrazina (quatro gotas de solução 0,2% para cada 100 ml) é um bom indicador. No ponto final, o líquido quase incolor passa a verde-azulado.

Soluções dos indicadores *Fluoresceína* Dissolva 0,2 g de fluoresceína em 100 ml de etanol 70% ou dissolva 0,2 g de fluoresceinato de sódio em 100 ml de água.

Dicloro-fluoresceína Dissolva 0,1 g de dicloro-fluoresceína em 100 ml de etanol 60–70% ou dissolva 0,1 g de dicloro-fluoresceinato de sódio em 100 ml de água.

Procedimento Transfira com o auxílio de uma pipeta 25 ml da solução padrão de cloreto de sódio 0,1 M para um erlenmeyer de 250 ml. Adicione 10 gotas do indicador fluoresceína ou dicloro-fluoresceína e titule, sob luz difusa e agitação constante, com a solução de nitrato de prata. Quando o ponto final se aproxima, ocorre coagulação apreciável do cloreto de prata e o surgimento local de uma coloração rosa cada vez que uma gota da solução de nitrato de prata é adicionada torna-se cada vez mais pronunciado. Continue a adicionar nitrato de prata até que o precipitado

tome bruscamente uma cor rosa ou vermelha. Repita a titulação com duas outras porções de 25 ml da solução de cloreto. As várias titulações não devem diferir de mais de 0,1 ml. Calcule a concentração molar da solução de nitrato de prata.

10.95 Cloretos e brometos

Cloretos Pode-se usar a titulação de Mohr ou o método do indicador de adsorção na determinação de cloretos em solução neutra por titulação com nitrato de prata padrão 0,1 M. Se a solução estiver ácida, a neutralização pode ser feita com carbonato de cálcio, tetraborato de sódio ou hidrogenocarbonato de sódio, livres de cloreto. Ácidos minerais também podem ser removidos por neutralização com solução de amônia e adição de excesso de acetato de amônio. A titulação, pelo método de indicador de adsorção, da solução neutra preparada com carbonato de cálcio é facilitada pela adição de 5 ml de solução de dextrina 2%. Isto anula o efeito coagulante do íon cálcio. As soluções básicas podem ser neutralizadas com ácido nítrico livre de cloreto com fenolftaleína como indicador.

Brometos Os brometos são determinados de modo muito semelhante. A titulação de Mohr pode ser usada e o indicador de adsorção mais adequado é a eosina, que pode ser usada em soluções diluídas, mesmo em presença de ácido nítrico 0,1 M. As soluções de eosina em ácido acético são geralmente preferidas. A fluoresceína pode ser usada, porém com as mesmas limitações já comentadas no caso dos cloretos (Seção 10.94). Com o indicador eosina, ocorre floculação do brometo de prata aproximadamente 1% antes do ponto de equivalência com desenvolvimento local de cor vermelha que fica cada vez mais pronunciada com a adição do nitrato de prata. No ponto final, o precipitado assume cor magenta.

Prepare o indicador por dissolução de 0,1 g de eosina em 100 ml de etanol 70% ou por dissolução de 0,1 g do sal de sódio em 100 ml de água. A rodamina 6G (10 gotas de uma solução 0,05% em água) é um excelente indicador para a titulação inversa (brometo com nitrato de prata). O precipitado adquire cor violeta no ponto final.

Tiocianatos Como os cloretos e brometos, os tiocianatos também podem ser determinados com indicadores de adsorção, porém prefere-se normalmente usar sais de ferro(III) como indicadores (Seção 10.97).

10.96 Iodetos

Discussão O método de Mohr não pode ser aplicado à titulação de iodetos (ou de tiocianatos) devido a fenômenos de adsorção e à dificuldade de distinguir a mudança de cor do cromato de potássio. A eosina é um indicador de adsorção adequado.

10.97 Preparação de soluções de tiocianato: método de Volhard

Discussão O método original de Volhard, a determinação de prata em ácido nítrico diluído por titulação com solução padrão de tiocianato com um sal de ferro(III) como indicador, mostrou ser útil, também, em numerosas análises indiretas. A teoria do processo de Volhard foi dada na Seção 10.93. Observe que a concentração de ácido nítrico deve estar entre 0,5 e 1,5 M (ácido nítrico mais concentrado retarda a formação do complexo tiocianato-ferro(III), $[FeSCN]^{2+}$) e a temperatura não deve exceder 25°C (em temperaturas mais elevadas a cor do indicador é mais clara). As soluções devem estar livres de ácido nitroso que dá cor vermelha com o ácido tiociânico, facilmente confundida com a cor do tiocianato de ferro(III). O ácido nítrico puro é preparado por diluição do ácido concentrado usual com água (cerca de um quarto do volume do ácido) e fervura até tornar a solução incolor. Isto elimina óxidos de nitrogênio que possam estar presentes.

O método pode ser aplicado a ânions que precipitam completamente com prata e são pouco solúveis em ácido nítrico diluído (por exemplo, cloreto, brometo e iodeto). Adiciona-se excesso de solução padrão de nitrato de prata à solução que contém ácido nítrico livre e titula-se com uma solução padrão de tiocianato. O processo é chamado, às vezes, de **processo residual**. Os ânions cujos sais de prata são pouco solúveis em água, mas são solúveis em ácido nítrico, como fosfato, arseniato, cromato, sulfito e oxalato, podem ser precipitados em solução neutra com um excesso de solução padrão de nitrato de prata. O precipitado é filtrado, lavado com muita água e dissolvido em ácido nítrico diluído. A prata é, então, titulada com tiocianato. Um outro procedimento é determinar o nitrato de prata residual no filtrado obtido na precipitação, após acidificação com ácido nítrico diluído, com solução de tiocianato.

O tiocianato de amônio e o tiocianato de potássio são comumente sólidos deliqüescentes. Os reagentes de grau analítico são, no entanto, livres de cloreto e outros interferentes. Assim, prepara-se inicialmente uma solução aproximadamente 0,1 M, que é depois padronizada por titulação contra nitrato de prata padrão 0,1 M.

Procedimento *Preparação* Pese cerca de 8,5 g de tiocianato de amônio ou 10,5 g de tiocianato de potássio, transfira para um balão aferido de 1 litro e complete o volume com água. Agite bem.

Padronização Use nitrato de prata 0,1 M preparado e padronizado como descrito na Seção 10.94. A solução indicadora de ferro(III) é uma solução saturada de sulfato de amônio e ferro(III) em água fria (cerca de 40%) ao qual se adicionam algumas gotas de ácido nítrico 6 M. Use um mililitro desta solução em cada titulação. Transfira com uma pipeta 25 ml de nitrato de prata padrão 0,1 M para um erlenmeyer de 250 ml, adicione 5 ml de ácido nítrico 6 M e 1 ml da solução indicadora de ferro(III). Introduza com uma bureta a solução de tiocianato de amônio ou tiocianato de potássio. Produz-se, inicialmente, um precipitado branco que dá ao líquido uma aparência leitosa. Cada gota da solução de tiocianato que cai neste líquido produz uma turbidez marrom-avermelhada que desaparece rapidamente por agitação. Quando o ponto final se aproxima, o precipitado torna-se floculento e deposita-se facilmente. O ponto final é atingido quando uma gota da solução de tiocianato produz cor marrom fraca que persiste mesmo com agitação. O ensaio em branco do indicador corresponde a 0,01 ml de nitrato de prata 0,1 M. É essencial manter agitação vigorosa durante a titulação para obter resulta-

dos corretos.* A solução padrão assim preparada é estável por muito tempo, desde que seja evitada a evaporação.

Tartrazina como indicador Obtém-se resultados satisfatórios com tartrazina como indicador. Proceda como acima, mas adicione 4 gotas de tartrazina (solução 0,5% em água) em substituição ao indicador de ferro(III). O precipitado durante a titulação é amarelo pálido, mas o líquido sobrenadante (que é melhor observado com o olho ao nível do líquido) é incolor. No ponto final, o líquido sobrenadante adquire tonalidade amarelo-limão brilhante. A titulação é nítida com uma gota de solução de tiocianato 0,1 M.

10.98 Prata em uma liga de prata

Procedimento Ligas comerciais de prata, na forma de fio ou de folha são adequadas para esta determinação. Limpe a liga com uma lixa de esmeril e pese com exatidão. Coloque a amostra em um erlenmeyer de 250 ml, adicione 5 ml de água e 10 ml de ácido nítrico concentrado. Coloque um funil na boca do erlenmeyer para evitar perdas mecânicas e aqueça suavemente até dissolver completamente a liga. Adicione um pouco de água e ferva durante 5 minutos para expulsar os óxidos de nitrogênio. Deixe esfriar, transfira quantitativamente a solução para um balão aferido de 100 ml e complete o volume com água destilada. Titule alíquotas de 25 ml da solução com tiocianato padrão 0,1 M.

$$1 \text{ mol KSCN} \equiv 1 \text{ mol Ag}^+$$

Nota A presença de metais cujos sais são incolores não influencia a exatidão da determinação. Mercúrio e paládio, cujos tiocianatos são insolúveis, devem estar ausentes. Os sais coloridos de metais (níquel e cobalto, por exemplo) não podem estar presentes em quantidades consideráveis. O cobre não interfere desde que em percentagem menor do que cerca de 40% da liga.

10.99 Cloretos pelo método de Volhard

Discussão Trata-se a solução de cloreto com excesso de uma solução padrão de nitrato de prata e titula-se o nitrato de prata residual com uma solução padrão de tiocianato. O cloreto de prata, entretanto, é mais solúvel do que o tiocianato de prata e pode reagir com o tiocianato:

$$AgCl \text{ (sólido)} + SCN^- \rightleftharpoons AgSCN \text{ (sólido)} + Cl^-$$

É necessário, portanto, remover o cloreto de prata por filtração. A filtração pode ser evitada por adição de um pouco de nitro-benzeno (cerca de 1 ml por 0,05 g de cloreto). As partículas de cloreto de prata ficam, provavelmente, cobertas por uma película de nitro-benzeno. Outra opção, aplicável a cloretos, é usar tartrazina como indicador. Neste caso, a filtração do cloreto de prata é desnecessária (Seção 10.97).

Procedimento A Este procedimento determina o teor de HCl em ácido clorídrico concentrado, que é 10–11 M, usualmente, e deve ser diluído antes da análise. Transfira, com

---

*Tiocianato de prata recém-precipitado adsorve íons prata, o que leva a um ponto final falso. Este problema desaparece com a agitação vigorosa.

226 Análise Titrimétrica

uma bureta, exatamente 10 ml de ácido concentrado para um balão aferido de 1 litro e complete com água destilada. Agite bem. Transfira com uma pipeta 25 ml da solução para um erlenmeyer de 250 ml e adicione 5 ml de ácido nítrico 6 M. Adicione, então, 30 ml de nitrato de prata padrão 0,1 M (ou a quantidade suficiente para um excesso de 2 a 5 ml). Agite para coagular o precipitado,* filtre com um papel quantitativo (ou um cadinho de vidro ou porcelana porosa) e lave com grande quantidade de ácido nítrico muito diluído (1:100). Adicione 1 ml do indicador de ferro(III) ao filtrado combinado com as águas de lavagem e titule o nitrato de prata residual com tiocianato padrão 0,1 M. Calcule o volume de nitrato de prata padrão 0,1 M que reagiu com o ácido clorídrico e use o resultado para obter a percentagem de HCl na amostra.

Procedimento B Transfira com uma pipeta 25 ml da solução diluída para um erlenmeyer de 250 ml, que contém 5 ml de ácido nítrico 6 M. Adicione com uma bureta um pequeno excesso de nitrato de prata padrão 0,1 M (cerca de 30 ml). Adicione, a seguir, 2 a 3 ml de nitro-benzeno e 1 ml do indicador de ferro(III). Agite vigorosamente para coagular o precipitado. Titule o nitrato de prata residual com tiocianato padrão 0,1 M até observar cor marrom-avermelhada fraca permanente. Subtraia do volume de nitrato de prata adicionado o volume de nitrato de prata equivalente ao tiocianato padrão consumido. Calcule a percentagem de HCl na amostra.

Procedimento C Transfira com uma pipeta 25 ml da solução diluída para um erlenmeyer de 250 ml, que contém 5 ml de ácido nítrico 6 M. Adicione com uma bureta um pequeno excesso de nitrato de prata 0,1 M (30 a 35 ml) e quatro gotas do indicador tartrazina (solução 0,5% em água). Agite a suspensão por cerca de um minuto para fazer com que o indicador fique adsorvido na superfície do precipitado. Titule o nitrato de prata residual com tiocianato de amônio ou tiocianato de potássio padrão 0,1 M, com agitação constante da suspensão, até que o líquido sobrenadante, amarelo muito pálido (observado a olho nu ao nível do líquido), passe a amarelo-limão brilhante.

Brometos Os brometos também podem ser determinados pelo método de Volhard, porém, como o brometo de prata é menos solúvel do que o tiocianato de prata, não é necessário filtrar o brometo de prata (compare com o caso do cloreto). Acidifique a solução de brometo com ácido nítrico diluído, adicione excesso de nitrato de prata padrão 0,1 M e agite a mistura vigorosamente. Titule o nitrato de prata residual com tiocianato de amônio ou tiocianato de potássio padrão 0,1 M e sulfato de amônio e ferro(III) como indicador.

Iodetos Os iodetos também podem ser determinados por este método. Não há necessidade de filtrar o iodeto de prata porque ele é muito menos solúvel do que o tiocianato de prata. Nesta titulação, a solução de iodeto deve estar bem diluída para reduzir a adsorção. Acidifique a solução diluída de iodeto (cerca de 300 ml) com ácido nítrico diluído. Trate com nitrato de prata padrão 0,1 M, muito lentamente e com agitação vigorosa, até que o precipitado amarelo coagule e o líquido sobrenadante fique incolor. Neste ponto, o nitrato de prata está presente em excesso. Adicione um mililitro do indicador de ferro(III) e titule o nitrato de prata residual com tiocianato de amônio ou tiocianato de potássio padrão 0,1 M.

10.100 Fluoreto: Titulação de Volhard de cloro-fluoreto de chumbo

Discussão Este método baseia-se na precipitação do cloro-fluoreto de chumbo, determinação do cloreto pelo método de Volhard e cálculo do teor de fluoreto a partir deste resultado. O método tem vantagens. O precipitado é granulado, deposita-se rapidamente e é facilmente filtrado. O fator de conversão em flúor é baixo. O procedimento é conduzido em pH 3,6–5,6, de modo que substâncias que poderiam co-precipitar, como fosfatos, sulfatos, cromatos e carbonatos não interferem. O alumínio deve estar completamente ausente porque sua presença em quantidades muito pequenas leva a resultados baixos na análise. Um efeito semelhante é produzido por boro (acima de 0,05 g), por amônio (acima de 0,5 g) e por sódio ou potássio (acima de 10 g) na presença de cerca de 0,1 g de fluoreto. Ferro deve ser removido, mas zinco não tem efeito. Sílica não inviabiliza o método, mas dificulta a filtração.

Procedimento Transfira com uma pipeta 25,0 ml de uma solução que contém entre 0,01 e 0,1 g de fluoreto para um bécher de 400 ml, adicione duas gotas do indicador azul de bromo-fenol, 3 ml de cloreto de sódio 10% e dilua a mistura até 250 ml. Adicione ácido nítrico diluído até que a cor passe a amarelo e adicione, então, solução de hidróxido de sódio diluído até que a cor passe a azul. Trate com 1 ml de ácido clorídrico concentrado e depois com 5,0 g de nitrato de chumbo. Aqueça em banho-maria. Agite suavemente até dissolver todo o nitrato de chumbo. Adicione, imediatamente, sob forte agitação, 5,0 g de acetato de sódio cristalizado. Deixe em banho-maria por 30 minutos com agitação ocasional e deixe repousar de um dia para o outro.

Prepare, enquanto isso, a solução de lavagem do cloro-fluoreto de chumbo. Adicione uma solução de 10 g de nitrato de chumbo em 200 ml de água a 100 ml de uma solução contendo 1,0 g de fluoreto de sódio e 2 ml de ácido clorídrico concentrado. Misture completamente e deixe o precipitado sedimentar. Decante o líquido sobrenadante, lave o precipitado por decantação com cinco porções de água (cada uma delas de cerca de 200 ml). Adicione, finalmente, 1 litro de água ao precipitado. Deixe em repouso durante uma hora, com agitação ocasional. Deixe o precipitado decantar e filtre o líquido. Prepare mais líquido de lavagem, quando necessário, tratando o precipitado com novas porções de água. A solubilidade do cloro-fluoreto de chumbo em água é de 0,325 $g \cdot l^{-1}$, em 25°C.

Separe o precipitado original por decantação através de um papel Whatman n.° 542 ou n.° 42. Transfira o precipitado para o filtro, lave uma vez com água fria, quatro ou cinco vezes com a solução saturada de cloro-fluoreto de chumbo e, finalmente, uma vez mais com água fria. Transfira o precipitado e o papel para o bécher no qual ocorreu a

---

*É melhor ferver a suspensão por alguns minutos antes da filtração para coagular o cloreto de prata e remover a maior parte dos íons prata adsorvidos da superfície.

precipitação, desintegre o papel em 100 ml de ácido nítrico 5% e aqueça em banho-maria até que o precipitado se dissolva (5 minutos). Adicione um ligeiro excesso de nitrato de prata padrão 0,1 M, deixe em repouso no banho por mais 30 minutos e deixe esfriar até a temperatura normal. Proteja o bécher da luz. Filtre o precipitado de cloreto de prata através de um cadinho filtrante de vidro sinterizado, lave com um pouco de água fria e titule o nitrato de prata residual no filtrado e nas águas de lavagem com tiocianato padrão 0,1 M. Subtraia a quantidade de nitrato de prata encontrada no filtrado da quantidade adicionada originalmente. A diferença corresponde à quantidade de prata necessária para combinar-se com o cloro no precipitado de cloro-fluoreto de chumbo:

$$1 \text{ mol AgNO}_3 \equiv 1 \text{ mol F}^-$$

10.101 Potássio

Discussão O potássio pode ser precipitado como tetrafenil-borato de potássio com excesso de uma solução de tetrafenil-borato de sódio. O excesso de reagente é determinado por titulação com nitrato de mercúrio(II). O indicador é uma mistura de uma solução de nitrato de ferro(III) e uma solução diluída de tiocianato de sódio. O ponto final é revelado pelo descoramento do complexo ferro(III)–tiocianato devido à formação de tiocianato de mercúrio(II), que é incolor. A reação entre o nitrato de mercúrio(II) e o tetrafenil-borato de sódio, nas condições do experimento, não é exatamente estequiométrica. Assim, é necessário determinar o volume (em mililitros) da solução de $Hg(NO_3)_2$ equivalente a 1 ml de solução de $NaB(C_6H_5)_4$. Halogenetos devem estar ausentes.

Procedimento Prepare a solução de tetrafenil-borato de sódio dissolvendo 6,0 g do sólido em cerca de 200 ml de água destilada contida em um frasco provido de tampa de vidro. Adicione cerca de 1 g de gel úmido de hidróxido de alumínio e agite bem a intervalos de 5 minutos durante cerca de 20 minutos. Filtre em papel de filtro Whatman n.º 40, retornando os primeiros filtrados ao mesmo filtro, se necessário, para assegurar um filtrado límpido. Adicione 15 ml de hidróxido de sódio 0,1 M à solução para obter um pH de cerca de 9. Complete o volume até 1 litro e guarde a solução em frasco de polietileno.

Prepare uma solução de nitrato de mercúrio(II) 0,03 M dissolvendo **cuidadosamente** 10,3 g de nitrato de mercúrio (II) recristalizado, $Hg(NO_3)_2 \cdot H_2O$, em 800 ml de água destilada contendo 20 ml de ácido nítrico 2 M. Dilua a 1 litro em balão aferido e padronize por titulação com solução padrão de tiocianato usando uma solução de ferro(III) como indicador. Prepare as soluções do indicador para a titulação principal dissolvendo, separadamente, 5 g de nitrato de ferro(III) hidratado em 100 ml de água destilada e filtrando, e 0,08 g de tiocianato de sódio em 100 ml de água destilada.

Padronização Transfira com uma pipeta 10,0 ml da solução de tetrafenil-borato de sódio para um bécher de 250 ml e adicione 90 ml de água, 2,5 ml de ácido nítrico 0,1 M, 1,0 ml da solução de nitrato de ferro(III) e 10,0 ml de solução de tiocianato de sódio. Agite mecanicamente a solução, sem demora, e depois adicione, lentamente, com uma bureta, 10 gotas da solução de nitrato de mercúrio(II). Continue a ti-

tulação adicionando a solução de nitrato de mercúrio(II) a uma velocidade de 1–2 gotas por segundo até que a cor do indicador desapareça temporariamente. Continue a titulação mais lentamente, porém mantendo agitação rápida. O ponto final é arbitrariamente definido como sendo o ponto em que a cor do indicador desaparece e não reaparece após 1 minuto. Faça pelo menos três titulações e calcule o volume médio da solução de nitrato de mercúrio(II) equivalente a 10,0 ml da solução de tetrafenil-borato de sódio.

Transfira com uma pipeta 25,0 ml de uma solução que contém íons potássio (cerca de 10 mg K^+) para um balão aferido de 50 ml. Adicione 0,5 ml de ácido nítrico 1 M e misture. Introduza 20,0 ml da solução de tetrafenil-borato de sódio, complete o volume, misture e derrame a mistura em um frasco de 150 ml provido de uma rolha esmerilhada. Agite o frasco, tampado, por 5 minutos em um agitador mecânico para coagular o precipitado. Filtre a maior parte da solução através de um papel de filtro Whatman n.º 40 seco e recolha o filtrado em um bécher seco. Transfira 25,0 ml do filtrado para um erlenmeyer de 250 ml e adicione 75 ml de água, 1,0 ml da solução de nitrato de ferro(III) e 1,0 ml da solução de tiocianato de sódio. Titule com a solução de nitrato de mercúrio(II) como descrito anteriormente.

Precipitação: determinações usando instrumentos

▐ **Segurança.** Antes de fazer qualquer experimento desta seção preste muita atenção aos avisos de segurança. Tenha sempre em mente as regras de segurança de laboratório.

10.102 Potenciometria: considerações gerais

Vimos a teoria das reações de precipitação nas Seções 10.92 e 10.93. A concentração de íons no ponto de equivalência é dada pelo produto de solubilidade do material menos solúvel formado durante a titulação. Na precipitação de um íon I da solução pela adição de um reagente adequado, a concentração de I na solução muda mais rapidamente na região do ponto final. O potencial de um eletrodo indicador que responda à concentração de I sofre mudança semelhante que pode ser acompanhada potenciometricamente. Pode-se usar o eletrodo de calomelano saturado ou de prata/cloreto de prata como um dos eletrodos. O outro deve ser um eletrodo que entre rapidamente em equilíbrio com um dos íons do precipitado. Na titulação de íons prata com um halogeneto (cloreto, brometo ou iodeto), por exemplo, ele deve ser um eletrodo de prata. Este eletrodo pode ser um fio de prata ou pode ser um fio de platina ou uma tela de platina, recobertos com prata, selados em um tubo de vidro. Na determinação de um íon halogeneto, a ponte salina deve ser uma solução saturada de nitrato de potássio. Excelentes resultados são obtidos nas titulações de soluções de nitrato de prata com íons tiocianato. É normalmente possível usar eletrodos seletivos para íons apropriados.

10.103 Misturas de halogenetos por potenciometria

Discussão Os métodos potenciométricos são particularmente úteis na titulação de misturas de halogenetos com

228 Análise Titrimétrica

nitrato de prata. A Fig. 10.20 mostra as curvas de titulação calculadas.

Procedimento Prepare uma solução que contém cloreto e iodeto de potássio. Pese cada substância com exatidão e dissolva em água até aproximadamente 0,025 M em cada um dos sais. Prepare também uma solução de nitrato de prata de concentração conhecida (cerca de 0,05 M). Transfira com uma pipeta 10 ml da solução que contém os halogenetos para a célula de titulação e dilua até cerca de 100 ml com água destilada. Posicione um eletrodo de prata combinado. A solução está pronta para ser titulada automaticamente com a solução de nitrato de prata. Obtêm-se dois pontos finais, o primeiro para o iodeto, I^-, e o segundo para o cloreto, Cl^-.

10.104 Cloreto, brometo e iodeto por coulometria

Com íons Hg(I)

Discussão Pode-se gerar íons mercúrio(I) com 100% de eficiência a partir de um anodo de ouro coberto por uma camada de mercúrio ou de um anodo de reservatório de mercúrio. Os íons mercúrio(I) assim gerados podem ser utilizados na titulação coulométrica de halogenetos. O ponto final é facilmente determinado por potenciometria. Nas titulações de íon cloreto, adiciona-se metanol (até 70–80%) para reduzir a solubilidade do cloreto de mercúrio(I).

Os potenciais padrões (em relação ao eletrodo padrão de hidrogênio) dos pares fundamentais que envolvem os íons mercúrio(I) e mercúrio(II) não-complexados são:

$$Hg_2^{2+} + 2e = 2Hg \qquad E^{\ominus} = +0,80\,V$$

$$Hg^{2+} + 2e = Hg \qquad E^{\ominus} = +0,88\,V$$

$$2Hg^{2+} + 2e = Hg_2^{2+} \qquad E^{\ominus} = +0,91\,V$$

A oxidação de Hg a Hg_2^{2+} requer um potencial mais baixo (menos oxidante) do que o necessário para oxidar Hg a Hg^{2+}. Os íons mercúrio(I) são o produto principal quando o eletrodo de mercúrio é submetido a uma polarização anódica em um meio não-complexante. Do ponto de vista estequiométrico, não importa se a oxidação de um anodo de mercúrio produz o sal de mercúrio(I) ou de mercúrio(II) com um dado ânion porque em ambos os casos a mesma quantidade de eletricidade por mol do ânion está envolvida. Em outras palavras, para formar Hg_2Cl_2 ou $HgCl_2$ é necessário o mesmo número de coulombs por mol de ânion.

Aparelhagem A aparelhagem é semelhante à descrita na Seção 10.14. O anodo gerador (A) é, porém, um reservatório de mercúrio com 0,5 a 1,0 cm de profundidade, no fundo da célula. A conexão elétrica é feita por meio de um fio de platina selado em um tubo de vidro que mergulha no mercúrio. Para titulações de cloreto e de brometo, o reservatório de mercúrio (anodo gerador) serve também como eletrodo indicador e é usado juntamente com um eletrodo de calomelano saturado como referência. O eletrodo de referência liga-se à célula por uma ponte salina saturada com nitrato de potássio. Para as titulações de iodeto, o eletrodo indicador é uma haste de prata colocada em um tubo de vidro suspensa na tampa da célula. Duran-

te a titulação, agita-se vigorosamente a célula de eletrólise com um agitador magnético. A barra do agitador flutua na superfície do reservatório de mercúrio.

Reagentes *Eletrólito de suporte* Use, no caso de cloreto e brometo, ácido perclórico 0,5 M. No caso de iodeto, use uma mistura de ácido perclórico 0,1 M e de nitrato de potássio 0,4 M. Prepare uma solução de estoque de concentração cerca de cinco vezes maior (ácido perclórico 2,5 M, para cloreto e brometo, e ácido perclórico 0,5 M + nitrato de potássio 2,0 M, para iodeto). A diluição é feita na célula de acordo com o volume da solução a ser titulada. Os reagentes devem estar livres de cloreto.

Católito O eletrólito no compartimento isolado do catodo pode ser o mesmo eletrólito de suporte usado na célula ou, então, ácido sulfúrico 0,1 M. A formação de sulfato de mercúrio(I) não causa problemas.

Cloreto Pode-se obter experiência nesta determinação, titulando ácido clorídrico ~0,005 M cuidadosamente padronizado. Transfira com uma pipeta 5,00 ou 10,00 ml de ácido clorídrico para a célula, adicione 35 a 40 ml de metanol e 10 ml da solução-estoque do eletrólito de suporte. Encha o compartimento isolado do catodo com o eletrólito de suporte na mesma concentração usada no corpo principal da solução ou, então, com ácido sulfúrico 0,1 M. O nível do líquido deve ser mantido acima do nível da célula de titulação. Registre a leitura do contador. Agite com um agitador magnético e comece a eletrólise com uma corrente de cerca de 50 mA. Interrompa periodicamente a corrente de geração, registre a leitura do contador e observe o potencial entre o reservatório de mercúrio e o eletrodo de calomelano saturado. Lance em gráfico os dados de potencial contra a leitura do contador e determine o ponto de equivalência pela primeira ou segunda derivadas da curva. A aproximação do ponto de equivalência é facilmente detectada na prática: pequenos incrementos sucessivos de 0,05 ou 0,1 unidade do contador levam a uma grande mudança de potencial (~30 mV por cada 0,1 unidade).

Brometo Para esta determinação, é adequada uma solução 0,01 M de brometo de potássio preparada com o sal puro, previamente seco em 110°C. Os detalhes experimentais são semelhantes aos da determinação de cloreto, exceto que não é necessário usar metanol. A célula de titulação pode conter 10,00 ml da solução de brometo, 30 ml de água e 10 ml da solução estoque do eletrólito de suporte.

Iodeto Para esta determinação, é adequada uma solução 0,01 M de iodeto de potássio, preparada com o sal seco e água fervida. Os detalhes experimentais são semelhantes aos da determinação do brometo, exceto que o eletrodo indicador é uma haste de prata imersa na solução. A célula de titulação pode conter 10,00 ml da solução de iodeto, 30 ml de água e 10 ml da solução-estoque de ácido perclórico + nitrato de potássio. Perto do ponto de equivalência é necessário esperar de 30 a 60 segundos, pelo menos, antes de poder observar potenciais estáveis.

Com íons Ag(I)

Discussão Os íons prata podem ser gerados eletroliticamente com 100% de eficiência em um anodo de prata e podem ser aplicados às titulações de precipitação. Os pontos finais podem ser determinados potenciometricamente. O eletrólito de suporte pode ser nitrato de potássio 0,5 M para o brometo e o iodeto. Para o cloreto, usa-se nitrato de potássio 0,5 M em etanol 25–50%. Deve-se usar etanol devido à solubilidade apreciável do cloreto de prata em água.

Aparelhagem Use a aparelhagem da Seção 10.14. O anodo gerador é uma folha de prata **pura** (3 cm $\times$ 3 cm). O catodo, no compartimento isolado, é uma folha de platina (3 cm $\times$ 3 cm) na forma de semicilindro. Empregue, para a detecção do ponto final potenciométrico, um pequeno fio de prata como eletrodo indicador. A ligação elétrica com o eletrodo de referência de calomelano saturado é feita por uma ponte de ágar/nitrato de potássio.

Eletrólito de suporte Prepare uma solução de nitrato de potássio 0,5 M a partir do sal puro. No caso da determinação de cloreto, a solução deve ser preparada com volumes iguais de água destilada e etanol.

Procedimento As determinações são feitas como descrito anteriormente.

10.105 Chumbo por amperometria com dicromato de potássio

Discussão Sob o potencial de $-1,0$ V em relação ao eletrodo aplicado em um eletrodo de mercúrio gotejante, os íons de chumbo e dicromato produzem uma corrente de difusão. A titulação amperométrica dá uma curva em forma de V (Fig. 10.5(C)). Este experimento descreve a determinação de chumbo em nitrato de chumbo. O método pode ser facilmente adaptado para dosar este elemento em soluções diluídas em água (10^{-3} a 10^{-4} M).

Reagentes *Solução de nitrato de chumbo* Dissolva uma certa quantidade, pesada com exatidão, de nitrato de chumbo em 250 ml de água em um balão aferido, de modo a obter uma solução aproximadamente 0,01 M. Para uso na titulação, dilua 10 ml desta solução (use uma pipeta) até 100 ml em balão aferido, de modo a obter uma solução ~ 0,001 M.

Solução de dicromato de potássio ~0,05 M Use a quantidade apropriada do sólido seco pesado com exatidão.

Solução de nitrato de potássio ~0,01 M Use como eletrólito de suporte.

Procedimento Use o equipamento elétrico da Fig. 10.6. Monte o eletrodo de mercúrio gotejante e deixe o mercúrio gotejar em água destilada por 5 minutos, pelo menos. Enquanto isso, coloque 25,0 ml da solução de nitrato de chumbo ~0,001 M na célula de titulação, adicione 25 ml da solução de nitrato de potássio 0,01 M, complete a montagem da célula e faça borbulhar nitrogênio lentamente pela solução por 15 minutos. Faça as ligações elétricas necessárias. Aplique o potencial de $-1,0$ V em relação ao eletrodo de calomelano saturado. Neste potencial, os íons chumbo e os íons dicromato dão correntes de difusão. Abra a torneira de três vias para fazer passar nitrogênio sobre a

superfície da solução. Ajuste a faixa de leitura do microamperímetro de modo que a leitura fique na parte superior da escala. Durante a determinação não altere a voltagem aplicada. Adicione a solução de dicromato ~0,05 M em porções de 0,05 ml até cerca de 1 ml do ponto final. A partir deste ponto, use porções de 0,01 ml até cerca de 1 ml depois do ponto final. Continue a adição do titulante em porções de 0,05 ml. Após a adição de cada porção, passe nitrogênio pela solução por 1 minuto para assegurar melhor homogeneização e a desoxigenação do meio. Gire, então, a torneira para que o nitrogênio passe pela superfície da solução e observe a corrente. A corrente inicial, muito elevada, decresce durante a titulação, até um valor pequeno no ponto de equivalência. Além do ponto de equivalência, a corrente aumenta novamente. Lance em gráfico as leituras de corrente contra o volume de reagente adicionado. Trace duas linhas retas através dos ramos da curva. O ponto de interseção das retas é o ponto de equivalência. Calcule a percentagem de chumbo na amostra de nitrato de chumbo.

10.106 Sulfato por amperometria com nitrato de chumbo

Discussão As soluções diluídas até 0,001 M (em sulfato) podem ser tituladas com precisão razoável com nitrato de chumbo 0,01 M em um meio que contém 30% de etanol. Soluções de sulfato 0,01 M ou mais concentradas dão melhor resultado em um meio que contém cerca de 20% de etanol. O objetivo do álcool é reduzir a solubilidade do sulfato de chumbo e minimizar a magnitude da parte arredondada da curva de titulação que se observa nas vizinhanças do ponto de equivalência. Na ausência de oxigênio a titulação é feita sob o potencial de $-1,2$ V em relação a um eletrodo de calomelano saturado, no qual os íons chumbo dão corrente de difusão. Obtém-se um gráfico do tipo L-invertido (Fig. 10.5(B)). A interseção dos dois ramos dá o ponto final. Não é necessário usar um eletrólito de suporte porque a corrente não aumenta apreciavelmente até que o chumbo esteja em excesso e a quantidade de sal formada durante a titulação suprima completamente a corrente de migração dos íons chumbo.

Reagentes *Sulfato de potássio* Prepare uma solução aproximadamente 0,01 M em um balão aferido de 100 ml. Use uma quantidade do sólido pesada com exatidão.

Solução de nitrato de chumbo ~0,1 M Prepare uma solução ~0,1 M de nitrato de chumbo em balão aferido de 100 ml. Use um peso conhecido do sólido seco.

Procedimento Siga a técnica da Seção 10.105. Coloque 25,0 ml da solução de sulfato de potássio na célula, adicione 2 a 3 gotas do indicador azul de timol e algumas gotas de ácido nítrico concentrado até que a cor mude para vermelho (pH 1,2). Adicione, finalmente, 25 ml de etanol 95%. Ligue o eletrodo de calomelano saturado à célula com uma ponte de ágar/nitrato de potássio. Encha uma bureta semimicro com a solução padrão de nitrato de chumbo. Passe nitrogênio pela solução da célula por 15 minutos e depois sobre a superfície da solução. Enquanto isso, ajuste a voltagem aplicada em $-1,2$ V. Adicione a solução de nitrato de chumbo da bureta na mesma seqüência de adi-

230   Análise Titrimétrica

ções usada na Seção 10.105. Após cada adição de nitrato de chumbo, passe nitrogênio pela solução por cerca de 1 minuto para completar a precipitação do sulfato de chumbo. No caso de soluções mais diluídas, deve-se passar nitrogênio 3 minutos antes da leitura da corrente. Lance em gráfico a curva de titulação, determine o ponto final e calcule a percentagem de SO_4^{2-} na amostra de sulfato de potássio.

10.107 Iodeto por amperometria com nitrato de mercúrio(II)

Este experimento é um exemplo da titulação de uma substância que dá uma etapa anódica (o íon iodeto) com uma solução de um oxidante (o nitrato de mercúrio(II)) que dá uma corrente de difusão catódica na mesma voltagem aplicada. A corrente de difusão anódica decresce até o ponto final. Quando se adiciona um pequeno excesso de titulante, a corrente de difusão volta a aumentar, porém na direção oposta. O tipo de gráfico obtido é semelhante ao da Fig. 10.5(D). O ponto final da titulação é dado pela interseção das duas seções lineares do gráfico com o eixo do volume. Neste ponto, a corrente de difusão é aproximadamente zero. As duas partes lineares não têm normalmente a mesma inclinação porque o titulante e a substância titulada têm correntes de difusão diferentes em concentrações equivalentes.

Reagentes *Solução de iodeto de potássio ~0,004 M* Dissolva 0,68 g de iodeto de potássio, pesado com exatidão, em 1 litro de água.

Solução de nitrato de mercúrio(II) Dissolva 17,13 g de nitrato de mercúrio(II) mono-hidratado em 500 ml de ácido nítrico 0,05 M. **Cuidado com o nitrato de mercúrio(II) porque ele é venenoso**.

Ácido nítrico 0,1 M

Procedimento Equipe o frasco de titulação com um eletrodo gotejante de mercúrio, uma ponte de ágar/nitrato de potássio ligada a um eletrodo de calomelano saturado por uma solução saturada de cloreto de potássio contida em um bécher de 10 ml, uma linha de admissão de gás nitrogênio e um agitador magnético. Transfira 25,0 ml da solução de iodeto para o frasco, adicione 25,0 ml de ácido nítrico 0,1 M e 2,5 ml de solução morna de gelatina 1%. Ligue o eletrodo de mercúrio gotejante ao pólo negativo da unidade de polarização e o pólo positivo deste último ao eletrodo de calomelano saturado. Ajuste o potencial em zero e fixe o zero da leitura do microamperímetro no centro da escala. Passe nitrogênio pela solução por 5 minutos pelo menos, com agitação magnética. Com uma bureta semimicro, adicione a solução de nitrato de mercúrio(II) e leia a corrente a intervalos de 0,10 ml. O ponto final corresponde à corrente zero. Continue a titulação além deste ponto para obter a corrente catódica devida ao excesso de nitrato de mercúrio(II). Lance em gráfico a corrente contra o volume da solução de nitrato de mercúrio(II). Determine o ponto final exato. Calcule a concentração da solução de nitrato de mercúrio(II) a partir da solução de iodeto de potássio de concentração conhecida.

Titulações de oxidação–redução

! **Segurança**. Antes de fazer qualquer experimento desta seção preste muita atenção aos avisos de segurança. Tenha sempre em mente as regras de segurança de laboratório.

10.108 Mudança do potencial de eletrodo

Vimos, nas Seções 10.32 a 10.37, como a alteração do pH durante as titulações ácido–base pode ser calculada e como as curvas de titulação assim obtidas podem ser usadas para (a) escolher o indicador mais adequado para uma dada titulação e (b) determinar o erro de titulação. Procedimentos semelhantes podem ser usados nas titulações de oxidação–redução. Considere, inicialmente, um caso simples, que envolve apenas mudanças na carga iônica e é teoricamente independente da concentração do íon hidrogênio. Um exemplo adequado é a titulação de 100 ml de ferro(II) 0,1 M com cério(IV) 0,1 M na presença de ácido sulfúrico diluído:

$$Ce^{4+} + Fe^{2+} \rightleftharpoons Ce^{3+} + Fe^{3+}$$

A quantidade que corresponde ao fator $[H^+]$ das titulações ácido–base é a razão $[ox]/[red]$. Dois sistemas são aqui importantes: o eletrodo dos íons Fe^{3+}/Fe^{2+} (1) e o eletrodo dos íons Ce^{4+}/Ce^{3+} (2).

Para (1) a 25°C

$$E_1 = E_1^{\ominus} + \frac{0,0591}{1} \log \frac{[Fe^{3+}]}{[Fe^{2+}]} = +0,75 + 0,0591 \log \frac{[Fe^{3+}]}{[Fe^{2+}]}$$

Para (2) a 25°C

$$E_2 = E_2^{\ominus} + \frac{0,0591}{1} \log \frac{[Ce^{4+}]}{[Ce^{3+}]} = +1,45 + 0,0591 \log \frac{[Ce^{4+}]}{[Ce^{3+}]}$$

De acordo com a Seção 2.33, a constante de equilíbrio da reação é dada por

$$\log K = \log \frac{[Ce^{3+}][Fe^{3+}]}{[Ce^{4+}][Fe^{2+}]} = \frac{1}{0,0591}(1,45 - 0,75) = 11,84$$

ou

$$K = 7 \times 10^{11}$$

A reação é, portanto, virtualmente completa.

Durante a adição da solução de cério(IV) até o ponto de equivalência, o único efeito observado é a oxidação do ferro(II) (porque K é muito grande) e, em conseqüência, a mudança da razão $[Fe^{3+}]/[Fe^{2+}]$. Quando 10 ml do oxidante tiverem sido adicionados, $[Fe^{3+}]/[Fe^{2+}] = \sim 10/90$ e

$$E_1 = 0,75 + 0,0591 \log 10/90 = 0,75 - 0,056 = 0,69 \text{ V}$$

Com 50 ml do agente oxidante, $E_1 = E_1^{\ominus} = 0,75 \text{ V}$

Com 90 ml $E_1 = 0,75 + 0,0591 \log 90/10 = 0,81 \text{ V}$

Com 99 ml $E_1 = 0,75 + 0,0591 \log 99/1 = 0,87 \text{ V}$

Com 99,9 ml $E_1 = 0,75 + 0,0591 \log 99,9/0,1 = 0,93 \text{ V}$

No ponto de equivalência (100,0 ml), $[Fe^{3+}] = [Ce^{3+}]$ e $[Ce^{4+}] = [Fe^{2+}]$, e o potencial do eletrodo é dado por*

$$\frac{E_1^\ominus + E_2^\ominus}{2} = \frac{0,75 + 1,45}{2} = 1,10 \text{ V}$$

A adição subseqüente de solução de cério(IV) apenas aumenta a razão $[Ce^{4+}]/[Ce^{3+}]$. Assim,

Com 100,1 ml $\quad E_2 = 1,45 + 0,0591 \log 0,1/100 = 1,27$ V

Com 101 ml $\quad E_2 = 1,45 + 0,0591 \log 1/100 \quad = 1,33$ V

Com 110 ml $\quad E_2 = 1,45 + 0,0591 \log 10/100 \quad = 1,39$ V

Com 190 ml $\quad E_2 = 1,45 + 0,0591 \log 90/100 \quad = 1,45$ V

A Fig. 10.21 mostra estes resultados.

É interessante calcular a concentração de ferro(II) na proximidade do ponto de equivalência. Quando 99,9 ml da solução de cério(IV) tiverem sido adicionados, $[Fe^{2+}] = 0,1 \times 0,1/199,9 = 5 \times 10^{-5}$ ou $pFe^{2+} = 4,3$. De acordo com a Seção 2.33, a concentração no ponto de equivalência é dada por

$$[Fe^{3+}]/[Fe^{2+}] = K^{1/2} = (7 \times 10^{11})^{1/2} = 8,4 \times 10^5$$

Como $[Fe^{3+}] = 0,05$ M, $[Fe^{2+}] = 5 \times 10^{-2}/8,4 \times 10^5 = 6 \times 10^{-8}$ M, ou $pFe^{2+} = 7,2$. Após a adição de 100,1 ml da solução de cério(IV), o potencial de redução (ver anteriormente) é 1,27 V. $[Fe^{3+}]$ praticamente não muda em 5×10^{-2} M e pode-se calcular $[Fe^{2+}]$ com exatidão suficiente para as finalidades desta discussão a partir das equações

$$E = E_1^\ominus + 0,0591 \log \frac{[Fe^{3+}]}{[Fe^{2+}]}$$

$$1,27 = 0,75 + 0,0591 \log \frac{5 \times 10^{-2}}{[Fe^{2+}]}$$

$$[Fe^{2+}] = 1 \times 10^{-10}$$

ou

$$pFe^{2+} = 10$$

Assim, pFe^{2+} muda de 4,3 para 10 no intervalo entre 0,1% antes e 0,1% depois do ponto final estequiométrico. Estas quantidades são importantes quando se empregam indicadores para determinar o ponto de equivalência.

A mudança abrupta do potencial na vizinhança do ponto de equivalência depende dos potenciais padrões dos dois sistemas de oxidação–redução envolvidos e, portanto, da constante de equilíbrio da reação. Ela é independente das concentrações, exceto se elas forem extremamente pequenas. A Fig. 10.22 mostra graficamente as mudanças no potencial redox de vários sistemas de oxidação–redução típicos. No caso do sistema MnO_4^-/Mn^{2+} e outros sistemas que dependem do pH da solução, admite-se que a concen-

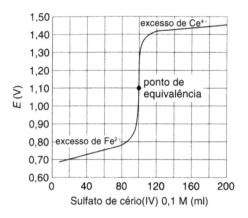

Fig. 10.21 Curva de titulação calculada para 100 ml de ferro(II) 0,1 M com sulfato de cério(IV) 0,1 M

tração do íon hidrogênio é molar. Quando a acidez é mais baixa, os potenciais são mais baixos. O valor do potencial na presença de 50% da forma oxidada corresponde ao potencial redox padrão. Consideremos a titulação de ferro(II) com dicromato de potássio. A curva de titulação segue a do sistema Fe(II)/Fe(III) até atingir o ponto final. Depois, ela sobe rapidamente e continua ao longo da curva para o sistema $Cr_2O_7^{2-}/Cr^{3+}$. O potencial no ponto de equivalência pode ser determinado como já foi descrito.

É possível titular duas substâncias com o mesmo titulante, desde que os potenciais padrões das duas substâncias e seus produtos de oxidação ou redução difiram de cerca de 0,2 V. As curvas de titulação obtidas na titulação de misturas de substâncias que apresentam vários estados de oxidação apresentam degraus sucessivos. Um exemplo é a titulação de uma solução que contém Cr(VI), Fe(III) e V(V) por cloreto de titânio(III) em meio ácido. Na primeira etapa, Cr(VI) é reduzido a Cr(III) e V(V) a V(IV). Na segunda etapa, Fe(III) é reduzido a Fe(II). Na terceira etapa, V(IV) é reduzido a V(III). O cromo é avaliado pela diferença entre os volumes de titulante usados na primeira e

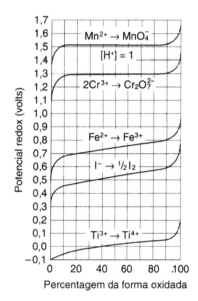

---

*Consulte os livros-texto para a dedução e aproximações envolvidas. Para a reação

$$a \text{ ox}_1 + b \text{ red}_2 \rightleftharpoons b \text{ ox}_2 + a \text{ red}_1$$

o potencial no ponto de equivalência é dado por

$$E_0 = \frac{bE_1^\ominus + aE_2^\ominus}{a + b}$$

Fig. 10.22 Variação dos potenciais redox com a razão oxidante/redutor

232 Análise Titrimétrica

na terceira etapas. Um outro exemplo é a titulação de uma mistura de sulfatos de Fe(II) e V(IV) com sulfato de cério(IV) em ácido sulfúrico diluído. Na primeira etapa, Fe(II) é oxidado a Fe(III). Na segunda etapa, V(IV) é oxidado a V(V). A oxidação do vanádio se acelera quando a solução é aquecida após a oxidação completa do Fe(II). Um exemplo de titulação de uma substância com vários estados de oxidação é a redução em etapas do íon Cu(II) a Cu(I) por cloreto de cromo(II) em meio ácido e depois a cobre metálico.

10.109 Potenciais formais

Os potenciais padrões $E^{\ominus}$ são avaliados levando-se em consideração os efeitos da atividade, com todos os íons presentes em uma forma simples. Eles são, na verdade, valores limites, isto é, valores ideais e são raramente observados em uma medida potenciométrica. Na prática, as soluções podem ser bastante concentradas e freqüentemente contêm outros eletrólitos. Nestas condições, as atividades das espécies pertinentes são muito menores do que as concentrações. Por este motivo, o uso de potenciais padrões pode levar a conclusões pouco confiáveis. Além disso, as espécies ativas presentes (veja o exemplo a seguir) podem diferir daquelas para as quais os potenciais padrões se aplicam. Por isso, os potenciais formais foram propostos para suplementar os potenciais padrões. O potencial formal é o potencial observado experimentalmente em uma solução que contém um mol de cada substância oxidada ou reduzida, estando outras substâncias presentes em concentrações conhecidas. Os potenciais formais variam apreciavelmente com a natureza e a concentração do ácido presente. O potencial formal incorpora em um único valor o efeito da variação dos coeficientes de atividade com a força iônica, a dissociação ácido–base, a complexação, os potenciais de junção líquida etc. e, por isso, tem um valor prático real. Os potenciais formais não têm o significado teórico dos potenciais padrões, mas são os valores observados nas medidas potenciométricas. Em soluções diluídas eles obedecem normalmente à equação de Nernst, cuja forma é

$$E = E^{\ominus\prime} + \frac{0,0591}{n} \log \frac{[\text{ox}]}{[\text{red}]} \qquad (\text{em } 25^{\circ}\text{C})$$

onde $E^{\ominus\prime}$ é o potencial formal que corresponde ao valor de E na concentração **unitária** do oxidante e do redutor. As quantidades em colchetes referem-se às concentrações molares. É útil determinar e tabelar $E^{\ominus\prime}$ com quantidades equivalentes de vários oxidantes e suas formas reduzidas conjugadas, em várias concentrações de diferentes ácidos. Quando se lida com soluções cuja composição é idêntica ou semelhante à composição usada para determinar os potenciais formais, pode-se tirar conclusões mais confiáveis a partir dos potenciais formais do que dos potenciais padrões.

Para ilustrar como o uso dos potenciais padrões pode levar, ocasionalmente, a conclusões errôneas, tomemos como exemplo os sistemas hexacianoferrato(II)–hexacianoferrato (III) e iodeto–iodo. Os potenciais padrões são

$$[\text{Fe(CN)}_6]^{3-} + \text{e} \rightleftharpoons [\text{Fe(CN)}_6]^{4-} \qquad E^{\ominus} = +0,36 \text{ V}$$

$$\text{I}_2 + 2\text{e} \rightleftharpoons 2\text{I}^- \qquad E^{\ominus} = +0,54 \text{ V}$$

Seria de se esperar que o iodo oxidasse quantitativamente os íons hexacianoferrato(II):

$$2[\text{Fe(CN)}_6]^{4-} + \text{I}_2 = 2[\text{Fe(CN)}_6]^{3-} + 2\text{I}^-$$

Na realidade, o íon $[\text{Fe(CN)}_6]^{4-}$ oxida quantitativamente o íon iodeto em um meio contendo ácido clorídrico, sulfúrico ou perclórico em concentração igual a 1 M. Isto ocorre porque em soluções de pH baixo ocorre protonação e as espécies derivadas de $H_4[\text{Fe(CN)}_6]$ são mais fracas do que as derivadas de $H_3[\text{Fe(CN)}_6]$. A atividade do íon $[\text{Fe(CN)}_6]^{4-}$ decresce mais do que a atividade do íon $[\text{Fe(CN)}_6]^{3-}$. Assim, o potencial de redução aumenta. O potencial redox real de uma solução que contém quantidades equivalentes de ambos os cianoferratos em HCl, H_2SO_4 ou $HClO_4$ 1 M é +0,71 V, maior que o potencial do par iodeto–iodo.

Se não há grande diferença, em diferentes ácidos, na complexação do oxidante ou sua forma reduzida conjugada, nestes ácidos, os potenciais formais são bastante próximos uns dos outros. Assim, no caso do sistema Fe(II)–Fe(III), $E^{\ominus} = +0,77$ V, $E^{\ominus\prime} = +0,73$ V em $HClO_4$ 1 M, +0,70 V em HCl 1 M, +0,68 V em H_2SO_4 1 M e +0,61 V em H_3PO_4 0,5 M + H_2SO_4 1 M. Aparentemente, a complexação é mínima em ácido perclórico e máxima em ácido fosfórico(V).

No caso do sistema Ce(III)/Ce(IV), $E^{\ominus\prime} = +1,44$ V em H_2SO_4 1 M, +1,61 V em HNO_3 1 M e +1,70 V em $HClO_4$ 1 M. As soluções de perclorato de cério(IV) em ácido perclórico, apesar de pouco estáveis, reagem rápida e quantitativamente com muitos compostos inorgânicos e têm maior poder oxidante do que as soluções de sulfato de cério(IV)/ácido sulfúrico ou de nitrato de cério(IV)/ácido nítrico.

10.110 Detecção do ponto final nas titulações de oxidação–redução*

Indicadores internos de oxidação–redução

Como vimos nas Seções 10.31 a 10.37, os indicadores ácido–base são usados para marcar a mudança brusca de pH durante as titulações ácido–base. De maneira análoga, um indicador de oxidação–redução marca a mudança brusca do potencial de oxidação na vizinhança do ponto de equivalência em uma titulação de oxidação–redução. O indicador ideal deve ter um potencial de oxidação entre os valores da solução titulada e do titulante e a mudança de cor deve ser nítida e facilmente detectada.

Um indicador de oxidação–redução (indicador redox) é um composto que tem cores diferentes nas formas oxidada e reduzida:

$$\text{In}_{\text{ox}} + n\text{e} \rightleftharpoons \text{In}_{\text{red}}$$

A oxidação e a redução devem ser reversíveis. Em um potencial E, a razão entre as concentrações das duas formas é dada pela equação de Nernst:

$$E = E^{\ominus}_{\text{In}} + \frac{RT}{nF} \ln a_{\text{In.ox}}/a_{\text{In.red}}$$

$$E \approx E^{\ominus}_{\text{In}} + \frac{RT}{nF} \ln \frac{[\text{In}_{\text{ox}}]}{[\text{In}_{\text{red}}]}$$

---

*Veja os métodos potenciométricos nas Seções 10.7 a 10.11.

onde $E_{In}^{\ominus}$ é o potencial padrão (na verdade o potencial formal) do indicador. Se a intensidade das cores das duas formas for mais ou menos a mesma, uma estimativa prática é que o intervalo de mudança de cor corresponde à mudança da razão $[In_{ox}]/[In_{red}]$ de 10 para 1/10. Isto leva ao seguinte intervalo de potencial:

$$E = E_{In}^{\ominus} \pm \frac{0,0591}{1} \quad \text{(em 25°C)}$$

Se a intensidade das cores das duas formas for muito diferente, a cor intermediária será atingida em um potencial um pouco afastado de $E_{In}^{\ominus}$, mas o erro dificilmente ultrapassará 0,06 V. No caso de uma mudança nítida de cor no ponto final, $E_{In}^{\ominus}$ deverá diferir de, pelo menos, 0,15 V dos potenciais padrões (ou potenciais formais) dos outros sistemas envolvidos na reação.

Um dos melhores indicadores de oxidação–redução é o complexo 1,10-fenantrolina–ferro(II). A base 1,10-fenantrolina combina-se rapidamente, em solução, com sais de ferro(II), na razão de 3 moléculas de base para cada íon ferro(II), para formar o íon complexo 1,10-fenantrolina-ferro(II), de cor vermelha intensa. Em presença de oxidantes fortes forma-se o complexo de ferro(III), que é de cor azul pálida. A mudança de cor é muito nítida:

$$[Fe(C_{12}H_8N_2)_3]^{3+} + e \rightleftharpoons [Fe(C_{12}H_8N_2)_3]^{2+}$$
$$\text{azul pálido} \qquad\qquad \text{vermelho profundo}$$

O potencial redox padrão é de 1,14 V. O potencial formal é de 1,06 V em ácido clorídrico 1 M. A mudança de cor ocorre, entretanto, em cerca de 1,12 V porque a cor da forma reduzida (vermelho profundo) é muito mais intensa do que a cor da forma oxidada (azul pálido). O indicador é muito útil na titulação de sais de ferro(II) e outras substâncias com soluções de sulfato de cério(IV). Ele é preparado por dissolução do hidrato de 1,10-fenantrolina (massa molecular relativa 198,1) na quantidade calculada de sulfato de ferro(II) 0,02 M livre de ácido. O resultado é o sulfato de 1,10-fenantrolina–ferro(II) (um complexo conhecido como ferroína). Uma gota é normalmente suficiente para cada titulação. Isto é equivalente a menos de 0,01 ml do agente oxidante 0,05 M. Assim, o branco do indicador é desprezível nesta concentração ou em valores mais elevados.

O potencial no ponto de equivalência é a média de dois potenciais padrões redox (Seção 10.108). A Fig. 10.21 mostra a variação do potencial durante a titulação do íon ferro(II) 0,1 M com solução de íons cério(IV) 0,1 M. O ponto de equivalência ocorre em 1,10 V. A ferroína muda de vermelho profundo para azul pálido em um potencial redox de 1,12 V. O indicador está, portanto, na forma vermelha. Após a adição de excesso de, digamos, 0,1% da solução de sulfato de cério(IV), o potencial sobe para 1,27 V e o indicador se oxida à forma azul pálida. O erro da titulação é desprezível. A desvantagem da difenilamina é sua pequena solubilidade em água. O problema é superado com o uso de difenilaminossulfonato de bário ou de sódio, em solução 0,2% em água. O potencial redox $E_{In}^{\ominus}$ é ligeiramente mais alto (0,85 V em ácido sulfúrico 0,5 M) e a forma oxidada tem cor violeta-avermelhada, que lembra a cor do permanganato de potássio, mas que desaparece lentamente. Costuma-se adicionar ácido fosfórico(V) para diminuir o potencial redox do sistema. A Tabela 10.11 lista alguns indicadores redox, juntamente as mudanças de cor e respectivos potenciais de redução em meio ácido.

Tabela 10.11 *Alguns indicadores de oxidação–redução*

| Indicador | Mudança de cor | | Potencial formal (volts) em pH = 0 |
	Forma oxidada	Forma reduzida	
Sulfato de 5-nitro-1,10-fenantrolina-ferro(II) (nitro-ferroína)	Azul pálido	Vermelho	1,25
Sulfato de 1,10-fenantrolina-ferro(II) (ferroína)	Azul pálido	Vermelho	1,06
Ácido *N*-fenil-antranílico	Vermelho-púrpura	Incolor	0,89
Ácido difenilaminossulfônico	Violeta-vermelho	Incolor	0,85
Difenilamina	Violeta	Incolor	0,76
Amido-I_3^-/KI	Azul	Incolor	0,53
Azul de metileno	Azul	Incolor	0,52

Reagentes auto-indicadores

O permanganato de potássio é um bom exemplo de reagente auto-indicador. Uma gota imprime uma coloração rosa visível a várias centenas de mililitros de solução, mesmo em presença de íons ligeiramente coloridos, como o ferro(III). As cores das soluções de iodo e de sulfato de cério(IV) também podem ser usadas na detecção dos pontos finais, mas a mudança de cor não é tão marcante como no caso do permanganato de potássio. Quando isso acontece, pode-se usar indicadores internos sensíveis (o íon 1,10-fenantrolina–ferro(II) ou o ácido *N*-fenil-antranílico). O problema com os reagentes auto-indicadores é que ocorre sempre excesso de agente oxidante no ponto final. Quando se deseja maior exatidão, pode-se descontar o branco do indicador ou pode-se reduzir consideravelmente o erro padronizando e fazendo a determinação em condições experimentais semelhantes.

Oxidações com permanganato de potássio

Segurança. Antes de fazer qualquer experimento desta seção preste muita atenção aos avisos de segurança. Tenha sempre em mente as regras de segurança de laboratório.

10.111 Discussão

O permanganato de potássio não é um padrão primário. É difícil obter esta substância com grau de pureza elevado e completamente livre de dióxido de manganês. Além disso, a água destilada ordinária costuma conter substâncias redutoras (traços de matéria orgânica etc.) que reagem com o permanganato de potássio para formar dióxido de manganês. A presença deste composto é muito prejudicial porque ele catalisa a autodecomposição da solução de permanganato:

$$4MnO_4^- + 2H_2O = 4MnO_2 + 3O_2 + 4OH^-$$

O permanganato é instável na presença de íons manganês(II):

$$2MnO_4^- + 3Mn^{2+} + 2H_2O = 5MnO_2 + 4H^+$$

234 Análise Titrimétrica

Esta reação é lenta em solução ácida, mas muito rápida em solução neutra. Por estas razões, a solução de permanganato de potássio é raramente feita por dissolução em água de quantidades conhecidas do sólido purificado. É mais comum preparar a solução imediatamente antes do uso, aquecê-la até a ebulição por 15 a 30 minutos, deixar esfriar até a temperatura normal e filtrar em cadinho filtrante de vidro sinterizado (porosidade n.° 4). Usa-se, também, deixar a solução em repouso por 2 a 3 dias na temperatura normal, antes da filtração. As soluções de permanganato de potássio devem ser conservadas em um frasco escuro (cor âmbar), limpo e provido de rolha de vidro esmerilhado. O frasco deve ser previamente limpo com uma solução de limpeza e lavado com grandes quantidades de água desionizada. Soluções ácidas e básicas são menos estáveis do que as neutras. As soluções de permanganato devem ser protegidas de exposição desnecessária à luz. Recomenda-se o uso de recipientes de cor escura. A luz difusa do dia não causa decomposição apreciável, mas a luz solar direta decompõe, lentamente, mesmo as soluções puras.

10.112 Preparação de permanganato de potássio 0,02 M

Pese 3,2 a 3,5 g de permanganato de potássio e transfira para um bécher de 1500 ml. Adicione 1 litro de água, cubra o bécher com um vidro de relógio e aqueça a solução, mantendo a ebulição suave por 15 a 30 minutos. Deixe a solução esfriar até a temperatura normal, filtre em cadinho filtrante de vidro sinterizado ou em funil e colete o filtrado em um frasco de vidro lavado. A solução filtrada deve ser conservada em um frasco lavado provido de rolha de vidro esmerilhado, no escuro ou sob luz difusa, exceto quando em uso. A solução pode ser também conservada em frasco de vidro escuro (cor âmbar). Existem soluções padrões de permanganato de potássio comercializadas por diversos fornecedores, porém nova padronização deve ser feita periodicamente.

10.113 Padronização de soluções de permanganato

Discussão Pode-se obter facilmente oxalato de sódio anidro puro. O material ordinário tem usualmente pureza superior a 99,9%. Costumava-se usar uma solução de oxalato acidificada com ácido sulfúrico diluído e aquecida até 80–90°C. Esta solução era usada para titular lentamente a solução de permanganato (10 a 15 $ml \cdot min^{-1}$), com agitação constante, até obtenção de cor rósea permanente. A temperatura nas proximidades do ponto final não deveria ficar abaixo de 60°C. Com este procedimento, no entanto, os resultados podiam ser 0,1–0,45% maiores do que os valores reais. Com efeito, o título depende da acidez, da temperatura, da velocidade de adição da solução de permanganato e da velocidade de agitação. Por isso, faz-se, atualmente, a adição **mais rápida** de 90 a 95% da solução de permanganato (cerca de 25–35 $ml \cdot min^{-1}$) à solução de oxalato de sódio em ácido sulfúrico 1 M em 25–30°C. A solução é, então, aquecida até 55–60°C para finalizar a titulação. A última porção de 0,5 a 1,0 ml é adicionada gota a gota. Este procedimento permite exatidão de até 0,06%. Os detalhes experimentais são dados mais adiante.

$$2Na^+ + C_2O_4^{2-} + 2H^+ \rightleftharpoons H_2C_2O_4 + 2Na^+$$

$$2MnO_4^- + 5H_2C_2O_4 + 6H^+ = 2Mn^{2+} + 10CO_2 + 8H_2O$$

Se o que se deseja é a determinação do íon oxalato, não é adequado trabalhar na temperatura normal e titular quantidades desconhecidas de oxalato. A solução de permanganato deve ser, então, padronizada contra oxalato de sódio em cerca de 80°C, usando o mesmo procedimento na padronização e na análise.

Procedimento Seque um pouco de oxalato de sódio (grau analítico) em 105-110°C por 2 horas e deixe esfriar em frasco tampado em um dessecador. Pese com exatidão, em pesa-filtro, cerca de 0,3 g de oxalato de sódio seco e transfira para um bécher de 600 ml. Adicione 240 ml de água destilada recentemente preparada. **Adicione cuidadosamente** 12,5 ml de ácido sulfúrico concentrado ou 250 ml de ácido sulfúrico 1 M. Resfrie até 25-30°C e agite até dissolver o oxalato. Com uma bureta, adicione 90 a 95% da quantidade necessária da solução de permanganato na velocidade de 25 a 35 $ml \cdot min^{-1}$, sob agitação lenta. Aqueça até 55-60°C (substitua o bastão de agitação por um termômetro) e complete a titulação adicionando a solução de permanganato até que a coloração rósea persista por 30 segundos. Adicione, então, os últimos 0,5 a 1,0 ml, gota a gota, cuidando para que cada gota descore antes da adição da próxima. Quando se deseja mais exatidão, é necessário determinar o excesso de solução de permanganato necessário para dar cor rosa à solução. Isto é feito comparando-se a cor produzida pela adição de solução de permanganato ao mesmo volume de ácido sulfúrico diluído fervido até 55-60°C e resfriado. Esta correção é normalmente de 0,03 a 0,05 ml. Repita a determinação com duas outras quantidades semelhantes de oxalato de sódio. Se for guardada com as precauções listadas na Seção 10.111, a solução padronizada de permanganato de potássio se conserva por longo tempo, porém é aconselhável padronizar freqüentemente a solução para garantir que não ocorreu decomposição.

10.114 Peróxido de hidrogênio

Discussão O peróxido de hidrogênio é normalmente encontrado em soluções que contêm cerca de 6%, 12% ou 30% de peróxido de hidrogênio em água, conhecidas como soluções de peróxido de hidrogênio a 20 volumes, 40 volumes e 100 volumes, respectivamente. Esta terminologia baseia-se no volume de oxigênio liberado quando a solução é decomposta por aquecimento até a ebulição. Nestas condições, 1 ml de peróxido de hidrogênio a 100 volumes libera 100 ml de oxigênio na temperatura e pressão normais.

A reação seguinte ocorre quando se adiciona a solução de permanganato de potássio à solução de peróxido de hidrogênio em ácido sulfúrico diluído:

$$2MnO_4^- + 5H_2O_2 + 6H^+ = 2Mn^{2+} + 5O_2 + 8H_2O$$

Esta reação é a base do método de análise dado a seguir.

É boa prática usar uma concentração razoavelmente elevada de ácido e uma velocidade de adição razoavelmente baixa, para reduzir a formação de dióxido de manganês, que é um catalisador efetivo para a decomposição do peróxido de hidrogênio. Recomenda-se o uso de ferroína como indicador no caso de soluções ligeiramente coloridas ou nas titulações com permanganato diluído. Substâncias orgânicas podem interferir. Um ponto final precário indica a presença de matéria orgânica ou outros agentes redutores. Neste caso, é indicado o método iodométrico (Seção 10.135).

Procedimento Com uma bureta, transfira 25,0 ml da solução a 20 volumes para um balão aferido de 500 ml e complete o volume com água. Agite bem. Transfira com uma pipeta 25,0 ml desta solução para um erlenmeyer, dilua com 200 ml de água, adicione 20 ml de ácido sulfúrico diluído (1:5) e titule com a solução de permanganato de potássio padrão 0,02 M até a primeira cor rósea permanente. Repita a titulação. Duas determinações consecutivas não devem diferir de mais de 0,1 ml.

10.115 Nitritos

Discussão Os nitritos reagem em solução ácida a quente (cerca de 40°C) com solução de permanganato, segundo a equação

$$2MnO_4^- + 5NO_2^- + 6H^+ = 2Mn^{2+} + 5NO_3^- + 3H_2O$$

Se uma solução que contém nitrito for titulada com permanganato de potássio pelo procedimento normal, os resultados obtidos não são bons porque a solução de nitrito tem que ser primeiramente acidificada com ácido sulfúrico diluído. Com isso, ocorre liberação de ácido nitroso que, sendo volátil e instável, perde-se parcialmente. Se, no entanto, um volume conhecido da solução padrão de permanganato de potássio acidificada com ácido sulfúrico diluído for tratado com a solução de nitrito (com o auxílio de uma bureta) até descoramento do permanganato, os resultados obtidos têm exatidão de 0,5 a 1,0%. Isto ocorre porque a reação entre o ácido nitroso e o permanganato é lenta. O método pode ser usado para determinar a pureza do nitrito de potássio comercial.

Procedimento Pese com exatidão cerca de 1,1 g de nitrito de potássio comercial. Dissolva em água fria e dilua a 250 ml em balão aferido. Agite bem. Transfira 25,0 ml de permanganato de potássio padrão 0,02 M para um erlenmeyer de 500 ml, adicione 225 ml de ácido sulfúrico 0,5 M e aqueça até 40°C. Coloque a solução de nitrito em uma bureta e adicione lentamente ao permanganato, com agitação constante, até descorar a solução. Melhores resultados são obtidos deixando a ponta da bureta mergulhar na solução diluída de permanganato. A reação é vagarosa no final. Por isso, a solução de nitrito deve ser adicionada muito lentamente.

Resultados mais acurados podem ser obtidos por adição de nitrito a um excesso da solução acidificada de permanganato (a ponta da pipeta que contém a solução de nitrito deve estar abaixo da superfície do líquido durante a adição). A titulação do excesso de permanganato de potássio é feita com uma solução de sulfato de ferro(II) e amônio recentemente comparada com a solução de permanganato.

10.116 Persulfatos

Discussão Uma solução que contém um persulfato básico (peroxidissulfato) pode ser titulada por adição de um excesso conhecido de uma solução acidificada de sal de ferro(II).

O excesso de ferro(II) é determinado por titulação com uma solução padrão de permanganato de potássio:

$$S_2O_8^{2-} + 2Fe^{2+} + 2H^+ = 2Fe^{3+} + 2HSO_4^-$$

A reação se completa em poucos minutos à temperatura normal quando se adiciona ácido fosfórico(V).

Um outro procedimento é utilizar uma solução padrão de ácido oxálico. Quando se trata uma solução de persulfato em ácido sulfúrico com excesso de uma solução padrão de ácido oxálico, na presença de um pouco de sulfato de prata como catalisador, a seguinte reação ocorre:

$$H_2S_2O_8 + H_2C_2O_4 = 2H_2SO_4 + 2CO_2$$

O excesso de ácido oxálico é titulado com uma solução padrão de permanganato de potássio.

Procedimento A Prepare uma solução de aproximadamente 0,1 M de sulfato de ferro(II) e amônio, dissolvendo cerca de 9,8 g do sólido em 200 ml de ácido sulfúrico (0,5 M) em balão aferido de 250 ml. Complete o volume com água destilada fria recentemente fervida. Após adição de 25 ml de ácido sulfúrico (0,5 M), padronize a solução titulando alíquotas de 25 ml com uma solução padrão de permanganato de potássio 0,02 M.

Pese com exatidão cerca de 0,3 g de persulfato de potássio, transfira para um erlenmeyer e dissolva em 50 ml de água. Adicione, **cuidadosamente**, 5 ml de ácido fosfórico(V) xaroposo, 10 ml de ácido sulfúrico 2,5 M e 50,0 ml de solução de ferro(II) ~0,1 M. Após 5 minutos titule o excesso de íon Fe^{2+} com permanganato de potássio padrão 0,02 M.

Calcule, em percentagem, a pureza da amostra a partir da diferença entre o volume de permanganato 0,02 M consumido na oxidação de 50 ml da solução de ferro(II) e o volume necessário para oxidar o sal de ferro(II) remanescente após a adição do persulfato.

Procedimento B Prepare uma solução de aproximadamente 0,05 M de ácido oxálico, dissolvendo cerca de 1,6 g do composto em água e completando o volume até 250 ml em balão aferido. Padronize a solução com solução padrão de permanganato de potássio 0,02 M, usando o procedimento descrito na Seção 10.113.

Pese com exatidão 0,3–0,4 g de persulfato de potássio. Transfira o material para um erlenmeyer de 500 ml, adicione 50 ml de ácido oxálico 0,05 M e depois 0,2 g de sulfato de prata dissolvido em 20 ml de ácido sulfúrico 10%. Aqueça a mistura em banho-maria até que não haja mais evolução de dióxido de carbono (15 a 20 minutos). Dilua a solução até cerca de 100 ml com água na temperatura de aproximadamente 40°C e titule o excesso de ácido oxálico com permanganato de potássio padrão 0,02 M.

Oxidações com o dicromato de potássio

▌■ **Segurança.** Antes de fazer qualquer experimento desta seção preste muita atenção aos avisos de segurança. Tenha sempre em mente as regras de segurança de laboratório.

10.117 Discussão

O dicromato de potássio não é um oxidante tão poderoso como o permanganato de potássio (compare os potenciais

236 Análise Titrimétrica

de redução na Tabela 2.6 da Seção 2.31), mas apresenta diversas vantagens sobre este último. Ele pode ser obtido puro e é estável até o ponto de fusão, sendo, portanto, um excelente padrão primário. Soluções padrões de concentração conhecida exatamente podem ser preparadas pesando o sal puro seco e dissolvendo-o no volume adequado de água. Além disso, as soluções em água são indefinidamente estáveis se forem adequadamente protegidas da evaporação. O dicromato de potássio, usado apenas em solução ácida, é rapidamente reduzido, na temperatura normal, a um sal de cromo(III), de cor verde. O dicromato de potássio não se reduz pelo ácido clorídrico a frio, se a concentração do ácido não exceder 1 ou 2 M. Em comparação com as soluções de permanganato, as soluções de dicromato são reduzidas menos facilmente por matéria orgânica e são estáveis sob a luz. O dicromato de potássio é, portanto, particularmente importante na determinação de ferro em minérios, normalmente dissolvidos em ácido clorídrico. O ferro(III) reduzido a ferro(II) é titulado com uma solução padrão de dicromato:

$$Cr_2O_7^{2-} + 6Fe^{2+} + 14H^+ = 2Cr^{3+} + 6Fe^{3+} + 7H_2O$$

Em meio ácido, a redução do dicromato de potássio pode ser representada como

$$Cr_2O_7^{2-} + 14H^+ + 6e \rightleftharpoons 2Cr^{3+} + 7H_2O$$

A cor verde dos íons Cr^{3+} formados pela redução do dicromato de potássio torna impossível a detecção do ponto final de uma titulação com dicromato, por inspeção visual. Por isso, usa-se um indicador redox, que deve dar mudança de cor clara e inconfundível. Este procedimento tornou obsoleto o método do indicador externo que era amplamente empregado. Os indicadores adequados para uso nas titulações com dicromato incluem o ácido N-fenil-antranílico (solução 0,1% em NaOH 0,005 M) e o difenilaminossulfonato de sódio (solução 0,2% em água). Este último deve ser usado na presença de ácido fosfórico(V).

10.118 Preparação da solução de dicromato de potássio 0,02 M

O dicromato de potássio de grau analítico tem pureza superior a 99,9% e é um padrão primário satisfatório. Moa finamente cerca de 6 g do material em um gral de vidro ou de ágata e aqueça em forno na temperatura de 140–150°C por 30–60 minutos. Deixe esfriar em um frasco tampado em dessecador. Pese com exatidão, em um pesa-filtro, cerca de 5,88 g de dicromato de potássio seco. Transfira o sal quantitativamente para um balão aferido de 1 litro, utilizando um pequeno funil para evitar perdas. Dissolva o sal com água e complete o volume. Agite bem. Um outro procedimento é pesar com exatidão cerca de 5,88 g de dicromato de potássio em um pesa-filtro. A seguir, transfira o sal para um balão aferido de 1 litro e pese novamente no pesa-filtro. Dissolva o sal em água e complete o volume. A molaridade da solução pode ser calculada diretamente a partir do peso do sal.

10.119 Ferro em um minério

Procedimento Solubilize o minério de ferro com ácido clorídrico concentrado e reduza o ferro(III) da solução resul-

tante a ferro(II) com cloreto de estanho(II). Para os detalhes experimentais completos, veja a Seção 10.153. Deixe em repouso por 5 minutos, dilua a solução de ferro(II) com 100 ml de água, 100 ml de ácido sulfúrico 1,5 M e 5 ml de ácido fosfórico(V) 85%. Adicione, finalmente, 6 a 8 gotas do indicador difenilaminossulfonato de sódio. Titule lentamente com dicromato padrão até que a cor passe de verde para vermelho-violáceo.

10.120 Cromo em um sal de cromo(III)

Discussão Os sais de cromo(III) são oxidados a dicromato por fervura com excesso de solução de persulfato na presença de um pouco de sulfato de prata como catalisador. O excesso de persulfato que permanece após a oxidação é completamente destruído por fervura adicional por algum tempo. Determina-se o dicromato na solução resultante por adição de excesso de solução padrão de ferro(II) e titulação do excesso com dicromato de potássio padrão 0,02 M:

$$2Cr^{3+} + 3S_2O_8^{2-} + 7H_2O \xrightarrow{(AgNO_3)} Cr_2O_7^{2-} + 6HSO_4^- + 8H^+$$

$$2S_2O_8^{2-} + 2H_2O = O_2(g) + 4HSO_4^-$$

Procedimento Pese com exatidão uma quantidade de sal que contenha cerca de 0,25 g de cromo e dissolva em 50 ml de água destilada. Adicione 20 ml de solução de nitrato de prata aproximadamente 0,1 M e 50 ml de uma solução 10% de persulfato de amônio ou persulfato de potássio. Ferva suavemente por 20 minutos, resfrie e dilua até 250 ml em balão aferido. Com uma pipeta, remova 50 ml desta solução, adicione 50 ml da solução de sulfato de ferro(II) e amônio 0,1 M, 200 ml de ácido sulfúrico 1 M e 0,5 ml de indicador ácido N-fenil-antranílico. Titule o excesso de sal de ferro(II) com dicromato de potássio padrão 0,02 M até que a cor mude de verde para vermelho-violáceo.

Padronize a solução de sulfato de ferro(II) e amônio contra dicromato de potássio 0,02 M usando o ácido N-fenil-antranílico como indicador. Calcule o volume da solução de ferro(II) oxidado pelo dicromato oriundo do sal de cromo e, a partir do resultado, a percentagem de cromo na amostra.

Nota Chumbo ou bário podem ser determinados por precipitação dos cromatos, pouco solúveis, seguida por dissolução, em ácido sulfúrico diluído, do precipitado lavado. Adicione um excesso conhecido da solução de sulfato de ferro(II) e amônio e titule o excesso do íon Fe^{2+} com dicromato de potássio 0,02 M da maneira usual:

$$2PbCrO_4 + 2H^+ = 2Pb^{2+} + Cr_2O_7^{2-} + H_2O$$

10.121 Demanda química de oxigênio

Discussão Uma aplicação muito importante do dicromato de potássio é a determinação, de interesse ambiental [13], da quantidade de oxigênio necessária para oxidar toda a matéria orgânica presente em amostras de água impura como, por exemplo, efluentes de esgoto. Esta determinação é conhecida como demanda química de oxigênio (COD) e é expressa em miligramas de oxigênio consumido por litro de água $(mg \cdot l^{-1})$. A análise da amostra de água impura é conduzida em paralelo com uma determinação em branco com água pura bidestilada.

Procedimento Coloque 50 ml da amostra de água em um erlenmeyer de 250 ml com uma junta de vidro à qual se liga um condensador de água para refluxo. Adicione 1 g de sulfato de mercúrio(II) e 80 ml de uma solução de sulfato de prata em ácido sulfúrico (nota 1). Adicione, a seguir, 10 ml de dicromato de potássio padrão aproximadamente 0,00833 M (nota 2). Ligue o erlenmeyer ao condensador de refluxo e ferva por 15 minutos. Após resfriar, lave o interior do condensador com 50 ml de água, recolhendo o conteúdo no erlenmeyer. Adicione 1 ml de solução de um indicador, difenilamina ou ferroína. Titule com solução de sulfato de ferro(II) e amônio 0,025 M (nota 3). No ponto final, a difenilamina passa de azul para verde. No caso da ferroína, de azul-verde para marrom-avermelhado. Chame o volume desta titulação de A ml. Repita a titulação com o branco (volume da titulação B ml). A diferença entre os dois valores corresponde à quantidade de dicromato de potássio gasta na oxidação. A demanda química de oxigênio é calculada a partir da relação

$$COD = (B - A) \times 0,2 \times 20 \, mg \, l^{-1}$$

A diferença de 1 ml entre as titulações corresponde a 0,2 mg de oxigênio consumido pela amostra de 50 ml. Deve-se corrigir quando as molaridades são ligeiramente diferentes (nota 4).

Notas

1. Prepare a solução dissolvendo 5 g de sulfato de prata em 500 ml de ácido sulfúrico concentrado.
2. Para obter a concentração necessária pese 1,225 g de dicromato de potássio e dilua até 500 ml com água desionizada em um balão aferido.
3. Dissolva 4,9 g de sulfato de ferro(II) e amônio heptahidratado em 150 ml de água e adicione 2,5 ml de ácido sulfúrico concentrado. Dilua a solução até 500 ml em um balão aferido.
4. Este método dá resultados elevados com amostras que contêm grandes quantidades de cloreto devido à reação entre o sulfato de mercúrio(II) e os íons cloreto. O problema pode ser superado com um procedimento que usa o sulfato de cromo(III) e potássio, $Cr(III)K(SO_4)_2 \cdot 12H_2O$ [14].

Oxidações com uma solução de sulfato de cério(IV)

Segurança. Antes de fazer qualquer experimento desta seção preste muita atenção aos avisos de segurança. Tenha sempre em mente as regras de segurança de laboratório.

10.122 Discussão geral

Sulfato de cério(IV) é um agente oxidante poderoso. Seu potencial de redução em ácido sulfúrico 0,5–4,0 M em 25°C é 1,43 ± 0,05 V. Ele só pode ser usado em meio ácido, de preferência em concentrações 0,5 M ou maior. Durante a neutralização precipitam hidróxido de cério(IV) (óxido de cério(IV) hidratado) e sais básicos. A solução tem cor amarela intensa e em soluções quentes não muito diluídas o ponto final pode ser detectado sem um indicador. Este procedimento exige, todavia, correção com um ensaio em

branco, de modo que é preferível usar um indicador adequado.

O sulfato de cério(IV) possui quatro vantagens como agente oxidante padrão:

1. As soluções de sulfato de cério(IV) são muito estáveis por longos períodos. Elas não precisam ser protegidas da luz e podem até ser fervidas por períodos curtos sem mudança apreciável de concentração. A estabilidade das soluções em ácido sulfúrico cobre a extensa faixa de 10 a 40 ml de ácido sulfúrico concentrado por litro. Assim, uma solução ácida de sulfato de cério(IV) supera em estabilidade a solução de permanganato.
2. O sulfato de cério(IV) pode ser usado para determinar agentes redutores em presença de concentrações elevadas de ácido clorídrico (em contraste com o permanganato de potássio).
3. As soluções de cério(IV) 0,1 M não são intensamente coloridas a ponto de impedir a leitura clara do menisco em buretas ou outras aparelhagens titrimétricas.
4. Imagina-se que na reação de sais de cério(IV) em solução ácida com agentes redutores ocorre o processo simples

$$Ce^{4+} + e \rightleftharpoons Ce^{3+}$$

O permanganato leva a diferentes produtos de redução, dependendo das condições experimentais.

As soluções de sulfato de cério(IV) em ácido sulfúrico diluído são estáveis mesmo na temperatura de ebulição. As soluções do sal em ácido clorídrico são instáveis devido à redução a cério(III) pelo ácido, com liberação simultânea de cloro:

$$2Ce^{4+} + 2Cl^- = 2Ce^{3+} + Cl_2$$

Esta reação é bastante rápida sob ebulição. Assim, não se pode usar ácido clorídrico em oxidações que exijam aquecimento até a ebulição com excesso de sulfato de cério(IV) em meio ácido. Nestes casos, deve-se usar ácido sulfúrico. Entretanto, a titulação direta de ferro(II), por exemplo, com sulfato de cério(IV) em ácido clorídrico diluído, pode ser feita com acurácia na temperatura ambiente. Sob este aspecto, o sulfato de cério(IV) é superior ao permanganato de potássio (ver o item 2 anteriormente). A presença de ácido fluorídrico é prejudicial porque os íons fluoreto formam um complexo estável com Ce(IV), descorando a solução amarela.

As soluções de sulfato de cério(IV) podem ser preparadas por dissolução de sulfato de cério(IV) ou sulfato de cério(IV) e amônio, mais solúvel, em ácido sulfúrico diluído (0,5–1,0 M). Os indicadores internos adequados para uso com soluções de sulfato de cério(IV) incluem o ácido *N*-fenil-antranílico e a ferroína, o complexo 1,10-fenantrolina–ferro(II).

10.123 Preparação da solução de sulfato de cério(IV) 0,1 M

Pese 35 a 36 g de sulfato de cério(IV) puro e transfira o material para um bécher de 500 ml. Adicione 56 ml de ácido sulfúrico (1:1) e agite sob aquecimento suave, adicionando água freqüentemente, até dissolver todo o sal. Transfira a solução para um balão aferido de 1 litro e deixe esfriar

238 Análise Titrimétrica

até a temperatura normal. Complete o volume com água destilada. Agite bem. Um outro procedimento é pesar 64 a 66 g de sulfato de cério(IV) e amônio, e adicionar o material a uma solução preparada por adição de 28 ml de ácido sulfúrico concentrado a 500 ml de água. Agite a mistura até dissolver todo o sólido. Transfira a solução para um balão aferido de 1 litro e complete o volume com água destilada.

As massas moleculares relativas do sulfato de cério(IV), $Ce(SO_4)_2$, e do sulfato de cério(IV) e amônio, $(NH_4)_4[Ce(SO_4)_4] \cdot 2H_2O$, são, respectivamente, 333,25 e 632,56.

10.124 Padronização de soluções de sulfato de cério(IV)

Soluções padrões de sulfato de cério(IV) são disponíveis comercialmente. As soluções de cério(IV) em ácido sulfúrico são muito estáveis e podem ser guardadas por muitos meses sem mudança significativa da molaridade. Os detalhes de padronização das soluções de sulfato de cério(IV) podem ser encontrados nas edições anteriores deste livro [7].

10.125 Cobre

Discussão Íons cobre(II) são reduzidos quantitativamente a cobre(I) em solução de ácido clorídrico 2 M pelo redutor de prata (Seção 10.152). Após redução, a solução é coletada em uma solução de sulfato de ferro(III) e amônio, e o íon Fe^{2+} formado é titulado com solução padrão de sulfato de cério(IV) usando ferroína ou ácido N-fenil-antranílico como indicador. Quantidades comparativamente grandes de ácido nítrico e, também, zinco, cádmio, bismuto, estanho e arseniatos não têm efeito na determinação. O método pode ser, portanto, usado na determinação de cobre em latão.

Procedimento *Cobre em sulfato de cobre cristalizado* Pese com exatidão cerca de 3,1 g de cristais de sulfato de cobre. Dissolva em água e complete o volume até 250 ml em um balão aferido. Agite bem. Transfira com uma pipeta 50 ml desta solução para um pequeno bécher, adicione um volume equivalente de ácido clorídrico $\sim$4 M. Passe esta solução por uma coluna de redutor de prata na vazão de 25 ml·min^{-1} e colete o filtrado em um erlenmeyer de 500 ml contendo 20 ml de uma solução de sulfato de ferro(III) e amônio 0,5 M (preparada por dissolução da quantidade apropriada do sal de grau analítico em ácido sulfúrico 0,5 M). Lave a coluna do redutor com seis porções de 25 ml de ácido clorídrico 2 M. Adicione 1 gota do indicador ferroína ou 0,5 ml de ácido N-fenil-antranílico e titule com solução de sulfato de cério(IV) 0,1 M. O ponto final é nítido e a cor dos íons Cu^{2+} não interfere na detecção do ponto de equivalência.

Cobre em cloreto de cobre(I) Prepare uma solução de sulfato de ferro(III) e amônio dissolvendo 10,0 g do sal em cerca de 80 ml de ácido sulfúrico 3 M e diluindo até 100 ml com o ácido de mesma concentração. Pese com exatidão 0,3 g de amostra de cloreto de cobre(I) e transfira para um erlenmeyer de 250 ml. Adicione 25,0 ml da solução de ferro(III). Agite cuidadosamente o conteúdo do erlenmeyer para dissolver o cloreto de cobre(I). Adicione uma ou duas

gotas do indicador ferroína e titule com sulfato de cério(IV) padrão 0,1 M. Repita a titulação com 25,0 ml da solução de ferro omitindo a adição do cloreto de cobre(I). A diferença entre as duas titulações dá o volume de sulfato de cério(IV) 0,1 M que reagiu com o peso conhecido de cloreto de cobre(I).

10.126 Molibdato

Discussão Mo(VI) é reduzido quantitativamente a Mo(V) em ácido clorídrico 2 M, na temperatura de 60 a 80°C, pelo redutor de prata. A solução reduzida é estável ao ar por pequenos períodos de tempo, o que permite a titulação com uma solução padrão de sulfato de cério(IV) com ferroína ou ácido N-fenil-antranílico como indicador. Ácido nítrico não deve estar presente. Um pouco de ácido fosfórico(V) durante a redução do molibdênio(VI) não é prejudicial. A presença deste ácido aparentemente aumenta a velocidade da oxidação subseqüente com sulfato de cério(IV). Elementos como ferro, cobre e vanádio interferem porque são reduzidos cataliticamente por molibdatos.

Procedimento Pese com exatidão cerca de 2,5 g de molibdato de amônio, $(NH_4)_6Mo_7O_{24} \cdot 4H_2O$, dissolva em água e complete até 250 ml em balão aferido. Transfira com uma pipeta 50 ml desta solução para um pequeno bécher, adicione igual volume de ácido clorídrico 4 M e 3 ml de ácido fosfórico(V) 85%. Aqueça a solução até 60–80°C. Passe ácido clorídrico 2 M quente por uma coluna de redutor de prata. Passe, em seguida, a solução de molibdato pelo redutor quente usando uma vazão de cerca de 10 ml·min^{-1}. Colete a solução reduzida em um bécher ou um erlenmeyer de 500 ml e lave o redutor seis vezes com porções de 25 ml de ácido clorídrico 2 M. As duas primeiras lavagens devem ser feitas com o ácido quente (vazão 10 ml·min^{-1}) e as quatro últimas com o ácido frio (vazão 20 a 25 ml·min^{-1}). Resfrie a solução, adicione uma gota de ferroína ou 0,5 ml de ácido N-fenil-antranílico e titule com sulfato de cério(IV) padrão 0,1 M. O precipitado de fosfato de cério(IV) que se forma inicialmente dissolve-se com agitação. Adicione gota a gota os últimos 0,5 ml do reagente com agitação vigorosa.

Titulações iodométricas

⚠ **Segurança.** Antes de fazer qualquer experimento desta seção preste muita atenção aos avisos de segurança. Tenha sempre em mente as regras de segurança de laboratório.

10.127 Discussão geral

O método de titulação iodométrica direta, às vezes denominado **iodimetria**, refere-se às titulações com uma solução padrão de iodo. O método de titulação iodométrica indireta, às vezes denominado **iodometria**, corresponde à titulação do iodo liberado em reações químicas. O potencial normal de redução do sistema reversível

$$I_2 \text{ (s)} + 2e \rightleftharpoons 2I^-$$

é 0,5345 V. Esta equação refere-se a uma solução aquosa saturada na presença de iodo sólido. Esta reação de eletrodo ocorre na direção da formação de iodo no fim da titulação de iodeto com um agente oxidante como o permanganato de potássio, quando a concentração do íon iodeto torna-se relativamente baixa. No início da titulação com um oxidante e na maior parte das titulações iodométricas, na presença de excesso do íon iodeto, forma-se o íon triiodeto:

$$I_2 \text{ (aq)} + I^- \rightleftharpoons I_3^-$$

porque o iodo é muito solúvel em uma solução de iodeto. A reação de eletrodo é melhor escrita como

$$I_3^- + 2e \rightleftharpoons 3I^-$$

e o potencial padrão de redução é 0,5355 V. O iodo ou o íon triiodeto são, portanto, agentes oxidantes muito mais fracos do que o permanganato de potássio, o dicromato de potássio e o sulfato de cério(IV).

Na maior parte das titulações diretas com iodo (iodimetria) usa-se uma solução de iodo em iodeto de potássio e a espécie reativa é o íon triiodeto, I_3^-. Rigorosamente falando, todas as equações que envolvem reações com o iodo devem ser escritas em termos de I_3^- e não de I_2. A reação

$$I_3^- + 2S_2O_3^{2-} = 3I^- + S_4O_6^{2-}$$

por exemplo, é mais correta do que

$$I_2 + 2S_2O_3^{2-} = 2I^- + S_4O_6^{2-}$$

Por uma questão de simplicidade, entretanto, neste livro as equações serão normalmente escritas em termos de iodo molecular em vez do íon triiodeto.

Agentes redutores fortes (ou seja, substâncias com potencial de redução muito menor), como cloreto de estanho(II), ácido sulfuroso, sulfeto de hidrogênio e tiossulfato de sódio reagem rapida e completamente com o iodo, mesmo em meio ácido. Com agentes redutores um pouco mais fracos como, por exemplo, arsênio(III) e antimônio(III), a reação completa só ocorre quando a solução é neutra ou muito pouco ácida. Nestas condições, o potencial de redução do agente redutor está no mínimo, isto é, seu poder de redução é o maior possível.

Se um agente oxidante forte é tratado em solução neutra ou (mais comumente) ácida com grande excesso de íon iodeto, este último reage como redutor e o oxidante se reduz quantitativamente, liberando uma quantidade equivalente de iodo que pode ser, então, titulada com uma solução padrão de um agente redutor, usualmente tiossulfato de sódio.

Abaixo de pH ~8, o potencial normal de redução do sistema iodo–iodeto é independente do pH da solução. Em pH mais elevado, o iodo reage com os íons hidróxido para formar iodeto e o íon hipoiodito, que é extremamente instável e se transforma rapidamente em iodato e iodeto por auto-oxidação e redução:

$$I_2 + 2OH^- = I^- + IO^- + H_2O$$

$$3IO^- = 2I^- + IO_3^-$$

Os potenciais de redução de certas substâncias aumentam consideravelmente com o aumento da concentração de íons hidrogênio na solução. É o caso de sistemas que contêm os íons permanganato, dicromato, arseniato, antimoniato, bromato etc., isto é, sistemas cujos ânions contêm oxigênio. O hidrogênio é, então, necessário para a redução completa. Muitos ânions fracamente oxidantes são completamente reduzidos por íons iodeto quando seus potenciais de

redução aumentam na presença de uma grande quantidade de ácido.

O controle adequado do pH da solução permite titular, às vezes, a forma reduzida de uma substância com iodo e a forma oxidada, após a adição de iodeto, com tiossulfato de sódio. No caso do sistema arsênio(III)–arsênio(V), a reação é completamente reversível:

$$H_3AsO_3 + I_2 + H_2O \rightleftharpoons H_3AsO_4 + 2H^+ + 2I^-$$

Entre pH 4 e 9, o íon arsenito pode ser titulado com uma solução de iodo. Em condições fortemente ácidas, porém, o íon arseniato reduz-se a arsenito com liberação de iodo. Quando o iodo é removido por titulação com solução de tiossulfato de sódio, a reação prossegue da direita para a esquerda.

Duas importantes **fontes de erro** das titulações que envolvem o iodo são a perda devido à sua volatilidade e a oxidação do íon iodeto em meio ácido pelo oxigênio do ar:

$$4I^- + O_2 + 4H^+ = 2I_2 + 2H_2O$$

Com excesso de iodeto, a volatilidade é notavelmente reduzida pela formação do íon triiodeto. Na temperatura normal, a perda de iodo por volatilização em uma solução 4% de iodeto de potássio, pelo menos, é desprezível se a titulação for feita rapidamente. As titulações devem ser feitas a frio em erlenmeyers e não em bécheres abertos. Quando é necessário deixar em repouso uma solução por algum tempo, deve-se usar frascos com rolha de vidro esmerilhado. A oxidação do íon iodeto pelo oxigênio do ar é desprezível em soluções neutras na ausência de catalisadores, porém a velocidade de oxidação aumenta rapidamente com o decréscimo do pH. A reação é catalisada por certos íons metálicos de carga variável (particularmente o cobre), pelo íon nitrito e, também, pela luz solar direta. Isto significa que as titulações não devem ser feitas sob luz solar direta e que as soluções que contêm o íon iodeto devem ser conservadas em frascos de vidro escuro (cor âmbar).

Além disso, a oxidação de iodeto pelo ar pode ser induzida pela reação entre este íon e o agente oxidante, especialmente quando a reação principal é lenta. Soluções que contêm excesso de iodeto e ácido não devem, portanto, ser deixadas em repouso antes da titulação do iodo mais do que o necessário. No caso de espera prolongada (como na titulação do íon vanadato ou dos íons Fe^{3+}), deve-se eliminar o ar da solução antes da adição de iodeto, por deslocamento com dióxido de carbono (por exemplo, por adição de pequenas quantidades (0,2–0,5 g) de hidrogenocarbonato de sódio puro ou de dióxido de carbono sólido, o "gelo seco" à solução ácida). Só então se adiciona o iodeto de potássio. A rolha de vidro deve ser recolocada imediatamente.

Uma solução padrão que contém **iodeto de potássio e iodato de potássio** é bastante estável e fornece iodo quando tratada com ácido:

$$IO_3^- + 5I^- + 6H^+ = 3I_2 + 3H_2O$$

Prepare uma solução padrão dissolvendo uma quantidade conhecida de iodato de potássio puro em uma solução que contém ligeiro excesso de iodeto de potássio puro e diluindo até um volume bem definido. Esta solução tem duas importantes aplicações. A primeira é que ela serve como fonte de quantidades conhecidas de iodo em titulações (Seção 10.132). A solução deve ser adicionada a soluções fortemente ácidas. Ela não pode ser empregada em meio neutro ou pouco ácido.

A segunda aplicação é a determinação iodométrica da acidez de soluções ou a padronização de soluções de ácidos fortes. A quantidade de iodo liberada é equivalente à acidez da solução. Por exemplo, se 25 ml de uma solução de um ácido forte aproximadamente 0,1 M forem tratados com um pequeno excesso de iodato de potássio (25 ml de uma solução de iodato de potássio 0,02 M, Seção 10.141) e com um ligeiro excesso de iodeto de potássio (10 ml de uma solução 10%), o iodo liberado pode ser titulado com tiossulfato de sódio padrão 0,1 M, com amido como indicador. A concentração do ácido pode, assim, ser rapidamente avaliada.

10.128 Detecção do ponto final

Discussão Soluções de iodo em iodeto de potássio em água têm cor intensa entre amarelo e marrom. Uma gota de solução de iodo 0,05 M colore perceptivelmente 100 ml de água de amarelo pálido. No caso de soluções incolores, portanto, o iodo pode servir como seu próprio indicador. O teste é muito mais sensível quando se usa uma solução de amido como indicador. Amido reage com iodo na presença de íons iodeto para formar um complexo azul, intensamente colorido, que é visível a concentrações muito baixas de iodo. A sensibilidade é tal que a cor azul é visível, em 20°C, na concentração 2×10^{-5} M de iodo e maior do que 4×10^{-4} de íon iodeto. A sensibilidade à cor diminui com o aumento da temperatura da solução. Assim, em 50°C, ela é cerca de 10 vezes menos sensível do que em 25°C. A sensibilidade decresce com a adição de solventes como o etanol. Não se percebe a cor em soluções contendo 50%, ou mais, de etanol. O indicador não pode ser utilizado em meio muito ácido devido à hidrólise do amido.

O amido pode ser separado em dois componentes principais, a amilose e a amilopectina, que existem, em diferentes proporções, em várias plantas. A amilose, que é um composto de cadeia linear e é abundante no amido de batata dá cor azul com o iodo e a cadeia assume a forma de uma espiral. A amilopectina, que possui estrutura ramificada, forma um produto púrpura-avermelhado, provavelmente por adsorção.

O grande mérito do amido é o baixo custo, mas ele possui as seguintes desvantagens: é insolúvel em água fria e as soluções em água são instáveis. O complexo com iodo é insolúvel em água, o que significa que o indicador só deve ser adicionado perto do final da titulação, às vezes imediatamente antes do ponto final. Outro problema é a existência ocasional de um ponto final muito lento, particularmente quando as soluções são diluídas.

O **amidoglicolato de sódio** não tem a maior parte das desvantagens do amido como indicador. A substância é um pó branco, não-higroscópico e é facilmente solúvel em água quente para dar uma solução ligeiramente opalescente, estável por muitos meses. O complexo com o iodo é solúvel em água e, portanto, o indicador pode ser adicionado em qualquer estágio da reação. Na presença de excesso de iodo (por exemplo, no início de uma titulação com tiossulfato de sódio) a cor da solução a que foi adicionada 1 ml do indicador (solução 0,1% em água) é verde. Quando a concentração de iodo diminui, a cor muda para azul, que

se torna intenso exatamente antes do ponto final, que é muito nítido e reprodutível e sem o problema de ser alcançado lentamente na titulação de soluções diluídas.

Preparação e uso *Solução de amido* Faça uma pasta com 0,1 g de amido solúvel e um pouco de água e derrame, com agitação constante, em 100 ml de água em ebulição. Ferva por um minuto, deixe esfriar e adicione 2 a 3 g de iodeto de potássio. Mantenha a solução em um frasco arrolhado.

Use somente soluções de amido preparadas recentemente. Dois mililitros de uma solução 0,1% para cada 100 ml da solução a ser titulada é uma quantidade satisfatória. Adicione sempre o mesmo volume de solução de amido em uma titulação. Na titulação de iodo, não adicione amido até pouco antes do ponto final. Além do fato do enfraquecimento da cor do iodo ser uma boa indicação da proximidade do ponto final, se a solução de amido for adicionada enquanto a concentração de iodo é elevada, pode ocorrer adsorção de iodo, mesmo no ponto final. O branco do indicador é desprezível nas titulações iodimétricas e iodométricas de soluções 0,05 M. No caso de soluções mais diluídas, o branco deve ser determinado em um líquido de mesma composição no ponto final da solução titulada.

Pode-se usar soluções sólidas de amido em uréia. Ferva em refluxo 1 g de amido solúvel e 19 g de uréia em xileno. No ponto de ebulição do solvente orgânico, a uréia funde-se com pouca decomposição e o amido dissolve-se na uréia fundida. Deixe esfriar, remova a massa sólida e transforme-a em pó. Conserve o produto em um frasco arrolhado. Alguns miligramas deste sólido, adicionados a uma solução de iodo em água comportam-se como o amido.

Indicador amidoglicolato de sódio O amidoglicolato de sódio dissolve-se lentamente em água fria e rapidamente em água quente. Para prepará-lo, é melhor misturar 5,0 g do sólido finamente pulverizado com 1 a 2 ml de etanol e adicionar 100 ml de água fria. Ferva por alguns minutos, com agitação vigorosa. Obtém-se uma solução levemente opalescente. Esta solução-estoque, de concentração igual a 5% pode ser diluída a 1% quando for utilizada. A concentração mais conveniente para uso como indicador é 0,1 mg·ml^{-1}, isto é, 1 ml da solução 1% em água é suficiente para 100 ml da solução a ser titulada.

10.129 Preparação da solução de iodo 0,05 M

Discussão Além da baixa solubilidade (0,335 de iodo dissolvem-se em 1 litro de água na temperatura de 25°C), as soluções de iodo em água têm pressão de vapor de iodo apreciável. Por isso, a concentração decresce ligeiramente por conta da volatilização durante a manipulação. Ambas as dificuldades são superadas dissolvendo-se o iodo em solução de iodeto de potássio em água. O iodo dissolve-se facilmente. Quanto mais concentrada for a solução, maior é a solubilidade do iodo. O aumento da solubilidade é devido à formação do íon triiodeto:

$$I_2 + I^- \rightleftharpoons I_3^-$$

A solução resultante tem pressão de vapor muito menor do que a solução de iodo em água pura e, por isso, as perdas por volatilização são consideravelmente reduzidas. A pressão de vapor, no entanto, ainda é apreciável e os frascos que contêm iodo **devem estar sempre fechados durante a titulação**. Quando uma solução de iodo em iodeto é titulada com um redutor, o iodo livre reage com o agente redutor, o que desloca o equilíbrio para a esquerda. No final, todo o triiodeto estará decomposto. A solução comporta-se, portanto, como se fosse uma solução de iodo.

Deve-se usar iodo ressublimado e iodeto de potássio livre de iodato na preparação das soluções padrões de iodo. A solução pode ser padronizada com óxido de arsênio(III) puro ou com uma solução de tiossulfato de sódio recentemente padronizada com iodato de potássio.

A equação para a reação iônica é

$$I_2 + 2e \rightleftharpoons 2I^-$$

Procedimento Dissolva 20 g de iodeto de potássio (livre de iodato) em 30 a 40 ml de água em um balão aferido de 1 litro provido de rolha esmerilhada. Pese em um vidro de relógio cerca de 12,7 de iodo ressublimado. Use uma balança ordinária (nunca use para isso uma balança analítica porque elas são danificadas pelos vapores de iodo). Transfira com um funil pequeno seco o iodo para a solução concentrada de iodeto de potássio. Feche o balão com a rolha e agite a frio até dissolver todo o iodo. Deixe a solução chegar até a temperatura normal e complete o volume com água destilada. A solução de iodo é mais estável em frascos pequenos de vidro com rolha esmerilhada, que devem ser enchidos completamente e mantidos em lugar fresco e escuro.

10.130 Padronização das soluções de iodo

Use uma solução de tiossulfato de sódio recentemente padronizada, de preferência com iodato de potássio puro. Transfira 25 ml da solução de iodo para um erlenmeyer de 250 ml, dilua a 100 ml e adicione com uma bureta a solução padrão de tiossulfato até que a solução do erlenmeyer passe a amarelo pálido. Adicione 2 ml da solução de amido e continue a adição lenta da solução de tiossulfato até que a solução descore.

10.131 Preparação da solução de tiossulfato de sódio 0,1 M

Discussão O tiossulfato de sódio ($Na_2S_2O_3 \cdot 5H_2O$) é facilmente obtido com alto grau de pureza, mas há sempre dúvida quanto ao teor exato de água devido à natureza eflorescente do sal e outras razões. A substância, portanto, não é adequada como padrão primário. É um agente redutor em virtude da reação de meia célula

$$2S_2O_3^{2-} \rightleftharpoons S_4O_6^{2-} + 2e$$

Prepara-se uma solução aproximadamente 0,1 M dissolvendo cerca de 25 g de tiossulfato de sódio cristalizado em 1 litro de água em um balão aferido. A solução pode ser padronizada por um dos métodos descritos a seguir.

Antes de detalhar estes métodos, entretanto, vamos considerar a estabilidade das soluções de tiossulfato. Soluções preparadas com água de condutividade (equilíbrio) são perfeitamente estáveis. A água destilada comum, entretanto, normalmente contém excesso de dióxido de carbono, o que pode causar decomposição lenta com formação de enxofre:

$$S_2O_3^{2-} + H^+ = HSO_3^- + S$$

Além disso, também pode ocorrer decomposição causada pela ação de bactérias como, por exemplo, *Thiobacillus thioparus*, particularmente se a solução tiver sido estocada por algum tempo. Por isso, siga as seguintes recomendações:

1. Prepare a solução com água destilada recentemente fervida.
2. Adicione 3 gotas de clorofórmio ou 10 mg de iodeto de mercúrio(II) por litro. Estes compostos prolongam a manutenção das características da solução. A atividade bacteriana é menor em pH entre 9 e 10. Adicione uma **pequena** quantidade de carbonato de sódio ($0,1$ $g \cdot l^{-1}$), para manter o pH correto. Em geral, hidróxidos alcalinos, carbonato de sódio ($> 0,1$ $g \cdot l^{-1}$) e tetraborato de sódio não devem ser adicionados porque eles aceleram a decomposição:

$$S_2O_3^{2-} + 2O_2 + H_2O \rightleftharpoons 2SO_4^{2-} + 2H^+$$

3. Evite a exposição à luz, porque ela acelera a decomposição.

A padronização das soluções de tiossulfato pode ser feita com iodato de potássio, dicromato de potássio, cobre e iodo como padrões primários ou, ainda, com permanganato de potássio como padrão secundário. Devido à volatilidade do iodo e a dificuldade de preparação de iodo puro, este método não é adequado para iniciantes. Entretanto, caso se disponha de uma solução padrão de iodo (Seções 10.129 e 10.130), ela pode ser usada para a padronização de soluções de tiossulfato.

Procedimento Pese 25 g de cristais de tiossulfato de sódio ($Na_2S_2O_3 \cdot 5H_2O$), dissolva em água e complete o volume com água fervida em balão aferido de 1 litro. Se a solução tiver que ser conservada por mais do que alguns dias, adicione 0,1 g de carbonato de sódio.

10.132 Padronização das soluções de tiossulfato de sódio

Com iodato de potássio Iodato de potássio tem pureza de pelo menos 99,9% e seca bem em 120°C. Ele reage com iodeto de potássio em meio ácido para liberar iodo:

$$IO_3^- + 5I^- + 6H^+ = 3I_2 + 3H_2O$$

Como a massa molecular relativa é 214,00, uma solução 0,02 M contém 4,28 g de iodato de potássio por litro. Pese com exatidão 0,14 a 0,15 g de iodato de potássio puro e seco, dissolva em 25 ml de água destilada fria, previamente fervida, adicione 2 g de iodeto de potássio livre de iodato (nota 1) e 5 ml de ácido sulfúrico 1 M (nota 2). Titule o iodo liberado com a solução de tiossulfato, sob agitação constante. Quando o líquido passar a amarelo pálido, dilua até aproximadamente 200 ml com água destilada, adicione 2 ml de solução de amido e continue a titulação até que a cor azul descore. Repita com duas outras porções semelhantes de iodato de potássio.

Notas

1. A ausência de iodato é positiva quando a adição de ácido sulfúrico diluído não provoca o aparecimento imediato de cor amarela. A adição de amido não provoca a formação imediata de cor azul.

242 **Análise Titrimétrica**

2. A quantidade de iodato de potássio necessária é pequena e o erro na pesagem de 0,14 a 0,15 g pode ser apreciável. Neste caso é melhor pesar com exatidão 4,28 g do sal (se o peso for ligeiramente diferente, pode-se calcular a molaridade exata), dissolver em água e completar até 1 litro em balão aferido. Trate uma alíquota de 25 ml desta solução com excesso de iodeto de potássio (1 g do sólido ou 10 ml da solução 10%) e 3 ml de ácido sulfúrico 1 M. Titule o iodo liberado como descrito anteriormente.

Com solução padrão de iodo Uma solução padrão de iodo (Seção 10.129), se disponível, pode ser usada para padronizar a solução de tiossulfato. Transfira uma alíquota de 25,0 ml da solução padrão de iodo para um erlenmeyer de 250 ml, adicione cerca de 150 ml de água destilada e titule com a solução de tiossulfato, adicionando 2 ml da solução de amido assim que o líquido mostrar coloração amarela pálida.

Ao se adicionar a solução de tiossulfato à solução que contém iodo, a reação ocorre rápida e estequiometricamente nas condições experimentais normais (pH $<$ 5):

$$2S_2O_3^{2-} + I_2 = S_4O_6^{2-} + 2I^-$$

ou

$$2S_2O_3^{2-} + I_3^- = S_4O_6^{2-} + 3I^-$$

O intermediário incolor $S_2O_3I^-$ forma-se rápida e reversivelmente

$$S_2O_3^{2-} + I_2 \rightleftharpoons S_2O_3I^- + I^-$$

O intermediário reage com o íon tiossulfato para dar a etapa principal da reação total

$$S_2O_3I^- + S_2O_3^{2-} = S_4O_6^{2-} + I^-$$

O intermediário também reage com o íon iodeto:

$$2S_2O_3I^- + I^- = S_4O_6^{2-} + I_3^-$$

Isto explica o reaparecimento do iodo após o ponto final na titulação de soluções muito diluídas de iodo com o tiossulfato.

10.133 Cobre em sulfato de cobre cristalizado

Procedimento Pese com exatidão cerca de 3,0 g do sal, dissolva em água e complete até 250 ml em balão aferido. Agite bem. Transfira com uma pipeta 50,0 ml desta solução para um erlenmeyer de 250 ml, adicione 1 g de iodeto de potássio ou 10 ml de uma solução 10% (nota 1). Titule o iodo liberado com tiossulfato de sódio padrão 0,1 M (nota 2). Repita a titulação com mais duas alíquotas de 50 ml da solução de sulfato de cobre.

A reação, escrita na forma molecular, é

$$2CuSO_4 + 4KI = 2CuI + I_2 + 2K_2SO_4$$

de onde,

$$2CuSO_4 \equiv I_2 \equiv 2Na_2S_2O_3$$

Notas

1. Se, em uma determinação semelhante, estiver presente um ácido mineral, deve-se adicionar algumas gotas de uma solução diluída de carbonato de sódio até que um leve precipitado permaneça. O precipitado é removido com uma ou duas gotas de ácido acético. Adiciona-se iodeto de potássio antes de iniciar a titulação. Para resultados acurados, a solução deve estar em pH entre 4 e 5,5.

2. Após adicionar iodeto de potássio, goteje tiossulfato de sódio padrão 0,1 M até que a cor marrom do iodo comece a se enfraquecer. Adicione 2 ml de solução de amido e continue a adição da solução de tiossulfato até que a cor azul comece a enfraquecer. Adicione, então, cerca de 1 g de tiocianato de potássio ou de amônio, de preferência como solução 10% em água. A cor azul torna-se instantaneamente mais intensa. Complete a titulação o mais depressa possível. O precipitado tem cor rósea e o ponto final é nítido e permanente.

10.134 Cloratos

Discussão Um procedimento é deixar reagir clorato e iodeto na presença de ácido clorídrico concentrado:

$$ClO_3^- + 6I^- + 6H^+ = Cl^- + 3I_2 + 3H_2O$$

O iodo liberado é titulado com uma solução padrão de tiossulfato de sódio.

Um outro método é reduzir o clorato com íons brometo na presença de ácido clorídrico $\sim$8 M. O bromo liberado é determinado iodometricamente:

$$ClO_3^- + 6Br^- + 6H^+ = Cl^- + 3Br_2 + 3H_2O$$

Procedimento 1 Coloque 25 ml da solução de clorato ($\sim$0,02 M) em um erlenmeyer com rolha de vidro esmerilhada e adicione 3 ml de ácido clorídrico concentrado, seguido de duas porções de cerca de 0,3 g cada de hidrogenocarbonato de sódio puro para remover o ar. Adicione imediatamente cerca de 1,0 g de iodeto de potássio (livre de iodato) e 22 ml de ácido clorídrico concentrado. Tampe o erlenmeyer, agite e deixe em repouso por 5 a 10 minutos. Titule a solução com tiossulfato de sódio padrão 0,1 M da maneira usual.

Procedimento 2 Coloque 10,0 ml da solução de clorato em um erlenmeyer provido de rolha de vidro esmerilhada. Adicione $\sim$1,0 g de brometo de potássio e 20 ml de ácido clorídrico concentrado (a concentração final do ácido deve estar em cerca de 8 M). Tampe o erlenmeyer, agite bem e deixe em repouso por 5 a 10 minutos. Adicione 100 ml de solução de iodeto de potássio 1% e titule o iodo liberado com tiossulfato de sódio padrão 0,1 M.

10.135 Peróxido de hidrogênio

Discussão Peróxido de hidrogênio reage com íons iodeto em meio ácido segundo a equação

$$H_2O_2 + 2H^+ + 2I^- = I_2 + 2H_2O$$

A velocidade da reação é comparativamente pequena, mas aumenta com o aumento da concentração do ácido. A adição de 3 gotas de uma solução neutra de molibdato de amônio 20% torna a reação quase instantânea porém acelera também a oxidação do ácido iodídrico pelo ar. Por isso, é melhor fazer a titulação em atmosfera inerte (nitrogênio ou dióxido de carbono).

O método iodométrico tem a vantagem sobre o método do permanganato (Seção 10.114) de ser menos afetado pelos estabilizadores que são às vezes adicionados às soluções comerciais de peróxido do hidrogênio. São usados comumente como estabilizadores ácido bórico, ácido salicílico e glicerol, que tornam os resultados com permanganato menos acurados.

Procedimento Dilua a solução de peróxido de hidrogênio até cerca de 0,3% de H_2O_2. Se estiver sendo usado o peróxido de hidrogênio a 20 volumes, transfira 10,0 ml com uma bureta ou pipeta para um balão aferido de 250 ml e complete o volume. Agite bem. Retire 25,0 ml desta solução diluída para adicioná-la, gradualmente e sob agitação constante, a uma solução de 1 g de iodeto de potássio puro em 100 ml de ácido sulfúrico 1 M (1:20), contida em um frasco tampado. Deixe a mistura em repouso por 15 minutos e titule o iodo liberado com a solução de tiossulfato de sódio padrão 0,1 M, adicionando 2 ml de solução de amido quando a cor do iodo tiver quase desaparecido. Faça um branco em paralelo.

Para obter melhores resultados transfira 25,0 ml da solução diluída de peróxido de hidrogênio para um erlenmeyer e adicione 100 ml de ácido sulfúrico 1 M (1:20). Passe um fluxo lento de dióxido de carbono ou nitrogênio pelo erlenmeyer, adicione 10 ml da solução de iodeto de potássio 10% e 3 gotas de solução de molibdato de amônio 3%. Titule imediatamente o iodo liberado com tiossulfato de sódio padrão 0,1 M, da maneira usual. Este método pode também ser empregado para todos os peroxissais.

10.136 Oxigênio dissolvido

Discussão Uma das titulações mais úteis que envolvem o iodo foi originalmente desenvolvida por Winkler [15] para a determinação da quantidade de oxigênio em amostras de água. O teor de oxigênio dissolvido não é somente importante no que diz respeito às espécies de vida aquática, mas também é uma medida da capacidade do gás dissolvido de oxidar impurezas orgânicas presentes na água (Seção 10.121). Apesar do advento do eletrodo seletivo de oxigênio, a titulação direta de amostras de água ainda é muito usada [16].

Para evitar perdas de oxigênio da amostra de água, ele é "fixado" pela reação com hidróxido de manganês(II), que se converte rápida e quantitativamente a hidróxido de manganês(III):

$$4Mn(OH)_2 + O_2 + 2H_2O \rightarrow 4Mn(OH)_3$$

O precipitado marrom obtido dissolve-se por acidificação e oxida o íon iodeto a iodo:

$$Mn(OH)_3 + I^- + 3H^+ \rightarrow Mn^{2+} + \tfrac{1}{2}I_2 + 3H_2O$$

O iodo livre pode então ser determinado por titulação com tiossulfato de sódio (Seção 10.113).

$$2S_2O_3^{2-} + I_2 \rightarrow S_4O_6^{2-} + 2I^-$$

Isto significa que 4 moles de tiossulfato correspondem a 1 mol de oxigênio dissolvido. A principal interferência no processo é devida à presença de nitritos (especialmente em águas oriundas do tratamento de esgotos). Isto é superado pelo tratamento da amostra original de água com azida de sódio que destrói os nitritos em meio ácido:

$$HNO_2 + HN_3 \rightarrow N_2 + N_2O + H_2O$$

Procedimento A amostra de água deve ser coletada cuidadosamente em uma garrafa de 200 a 250 ml, cheia até a boca, que deve ser fechada enquanto estiver abaixo da superfície da água. Isto elimina qualquer interferência posterior de oxigênio da atmosfera. Adicione, com uma pipeta gotejante colocada abaixo da superfície da amostra de água, 1 ml da solução de manganês(II) 50% (nota 1) e 1 ml da solução alcalina de azida–iodeto (nota 2). Tampe novamente a amostra de água e agite bem a mistura. O hidróxido de manganês(III) forma-se como um precipitado marrom. Deixe o precipitado depositar-se completamente por 15 minutos e adicione 2 ml de ácido fosfórico(V) concentrado 85%. Recoloque a tampa e vire a garrafa de cima para baixo duas ou três vezes para misturar os componentes. O precipitado marrom se dissolve e libera iodo (nota 3).

Retire com uma pipeta uma alíquota de 100 ml da solução e titule o iodo com tiossulfato de sódio padrão aproximadamente 0,0125 M. Adicione 2 ml da solução de amido assim que o líquido da titulação passar a amarelo pálido. Calcule o teor de oxigênio dissolvido em $mg \cdot l^{-1}$; 1 ml de tiossulfato 0,0125 M equivale a 1 mg de oxigênio dissolvido.

Notas

1. Dissolva 50 g de sulfato de manganês penta-hidratado em água e complete o volume até 100 ml.
2. Prepare a partir de 49 g de hidróxido de sódio, 20 g de iodeto de potássio e 0,5 g de azida de sódio, completando até 100 ml com água.
3. Se o precipitado não se dissolver completamente, adicione algumas gotas de ácido fosfórico(V).

10.137 Cloro disponível em hipocloritos

Discussão A maior parte dos hipocloritos é normalmente obtida em solução. O hipoclorito de cálcio, porém, existe como sólido no pó alvejante comercial, que é essencialmente uma mistura de hipoclorito de cálcio, $Ca(ClO)_2$ e cloreto básico, $CaCl_2 \cdot Ca(OH)_2 \cdot H_2O$. Normalmente, também está presente um pouco de hidróxido de cálcio livre. O constituinte ativo é o hipoclorito, responsável pela ação alvejante. Quando se trata o pó alvejante com ácido clorídrico, cloro é liberado:

$$OCl^- + Cl^- + 2H^+ = Cl_2 + H_2O$$

O **cloro disponível** refere-se ao cloro liberado pela ação de ácidos diluídos sobre o hipoclorito e é expresso, no caso do pó alvejante, como uma percentagem em peso. O pó alvejante comercial contém 36 a 38% de cloro disponível. Trata-se a solução de hipoclorito, ou a suspensão, fortemente acidificada com ácido acético, com excesso de uma solução de iodeto de potássio:

$$OCl^- + 2I^- + 2H^+ \rightleftharpoons Cl^- + I_2 + H_2O$$

Titula-se o iodo liberado com uma solução de tiossulfato de sódio padrão. A solução não deve ser fortemente acidificada com ácido clorídrico porque a pequena quanti-

244 Análise Titrimétrica

dade de clorato de cálcio presente, proveniente da decomposição do hipoclorito, reage lentamente com iodeto de potássio, liberando iodo:

$$ClO_3^- + 6I^- + 6H^+ = Cl^- + 3I_2 + 3H_2O$$

Procedimento (método iodométrico) Pese com exatidão cerca de 5,0 g do pó alvejante e transfira o material para um gral de vidro. Adicione um pouco de água e moa a mistura até obter uma pasta mole. Adicione um pouco mais de água, triture com o pistilo, deixe decantar e derrame o líquido leitoso em um balão aferido de 500 ml. Moa o resíduo com um pouco mais de água e repita a operação até que toda a amostra tenha sido transferida para o balão, na forma de solução ou de uma suspensão muito fina e o gral esteja bem limpo. Complete o volume do balão com água destilada, sob agitação. Retire, imediatamente, com uma pipeta 50,0 ml do líquido turvo. Transfira para um erlenmeyer de 250 ml, adicione 25 ml de água e 2 g de iodeto de potássio livre de iodato (ou 20 ml de uma solução 10%) e 10 ml de ácido acético glacial. Titule o iodo liberado com tiossulfato de sódio padrão 0,1 M.

10.138 Hexacianoferratos(III)

Discussão A reação entre os hexacianoferratos(III) (ferricianetos) e iodetos solúveis é reversível:

$$2[Fe(CN)_6]^{3-} + 2I^- \rightleftharpoons 2[Fe(CN)_6]^{4-} + I_2$$

Em meio fortemente ácido, a reação ocorre da esquerda para a direita, porém se inverte quando a solução está quase neutra. A oxidação é quantitativa em meio ligeiramente ácido na presença de um sal de zinco. Forma-se o sal hexacianoferrato (II) de zinco e potássio, muito pouco solúvel, e os íons hexacianoferrato(II) são removidos do meio de reação:

$$2[Fe(CN)_6]^{4-} + 2K^+ + 3Zn^{2+} = K_2Zn_3[Fe(CN)_6]_2$$

Este procedimento pode ser usado na determinação da pureza do hexacianoferrato(III) de potássio.

Procedimento Pese com exatidão cerca de 10 g do sal e dissolva em 250 ml de água em balão aferido. Transfira com uma pipeta 25 ml desta solução para um erlenmeyer de 250 ml, adicione cerca de 20 ml de solução de iodeto de potássio 10%, 2 ml de ácido sulfúrico 1 M e 15 ml de uma solução que contém 2,0 g de sulfato de zinco cristalizado. Titule imediatamente o iodo liberado com tiossulfato de sódio padrão 0,1 M e amido. Adicione o amido (2 ml) somente após a cor enfraquecer até amarelo pálido. Quando a cor azul desaparecer, a titulação estará completa.

10.139 Comprimidos de vitamina C

Discussão O ácido ascórbico (vitamina C) reduz rapidamente iodo a iodeto. Esta reação é a base da titulação direta de vitamina C com uma solução padrão de iodo e amido como indicador. Um outro procedimento é gerar excesso de iodo (pela reação de iodato com iodeto) que reage com o ácido ascórbico [17]. Titula-se, então, o excesso de iodo com solução padrão de tiossulfato.

Procedimento Prepare uma solução aproximadamente 0,01 M de iodato de potássio pesando com exatidão cer-

ca de 2,0 g do sólido, transferindo o material para um balão aferido de 1 litro e completando o volume com água desionizada. Use uma solução de tiossulfato ($\sim$0,08 M) previamente padronizada (consulte as Seções 10.131 e 10.132). Use a solução de amido como indicador (Seção 10.128) e comprimidos comerciais com cerca de 100 mg de vitamina C, cada um. Dissolva dois comprimidos em 70 ml de ácido sulfúrico 0,25 M. Alguns componentes podem não se dissolver. Adicione a esta solução (suspensão) iodeto de potássio (2 g) e 50,00 ml da solução padrão de iodato de potássio. Titule o excesso com a solução padronizada de tiossulfato, adicionando 2 ml do indicador amido antes do ponto final (quando a solução já apresenta cor amarela pálida). Este procedimento pode ser adaptado para dosar glicose e outros açúcares redutores. Neste caso, a reação é feita em solução de hidróxido de sódio, que é então acidificada (após 5 minutos) com ácido clorídrico. Titula-se em seguida o excesso com tiossulfato padrão.

Oxidações com o iodato de potássio

Segurança. Antes de fazer qualquer experimento desta seção preste muita atenção aos avisos de segurança. Tenha sempre em mente as regras de segurança de laboratório.

10.140 Discussão geral

Iodato de potássio é um agente oxidante poderoso, mas o andamento da reação é governado pelas condições nas quais ele é usado. A reação entre iodato de potássio e agentes redutores como o íon iodeto ou o óxido de arsênio(III) em meio moderadamente ácido (ácido clorídrico 0,1-2,0 M) interrompe-se quando o iodato é reduzido a iodo:

$$IO_3^- + 5I^- + 6H^+ = 3I_2 + 3H_2O$$

$$2IO_3^- + 5H_3AsO_3 + 2H^+ = I_2 + 5H_3AsO_4 + H_2O$$

A primeira destas reações é muito útil na geração de quantidades conhecidas de iodo e é a base de um método de padronização de soluções ácidas (Seção 10.127).

Com um redutor mais poderoso como, por exemplo, o cloreto de titânio(III), o iodato se reduz a iodeto:

$$IO_3^- + 6Ti^{3+} + 6H^+ = I^- + 6Ti^{4+} + 3H_2O$$

Em soluções mais ácidas (ácido clorídrico 3 a 6 M) ocorre redução a monocloreto de iodo. É nestas condições que o iodato é mais amplamente utilizado [18,19]:

$$IO_3^- + 6H^+ + Cl^- + 4e \rightleftharpoons ICl + 3H_2O$$

Em ácido clorídrico, o monocloreto de iodo forma um complexo estável com o íon cloreto:

$$ICl + Cl^- \rightleftharpoons ICl_2^-$$

A reação total de meia célula pode, portanto, ser escrita como

$$IO_3^- + 6H^+ + 2Cl^- + 4e \rightleftharpoons ICl_2^- + 3H_2O$$

O potencial de redução é 1,23 V. Nestas condições, o iodato de potássio age como um oxidante muito poderoso.

A oxidação por íon iodato em ácido clorídrico forte ocorre através de vários estágios:

$$IO_3^- + 6H^+ + 6e \rightleftharpoons I^- + 3H_2O$$

$$IO_3^- + 5I^- + 6H^+ = 3I_2 + 3H_2O$$

$$IO_3^- + 2I_2 + 6H^- = 5I^+ + 3H_2O$$

Nos estágios iniciais da reação, libera-se iodo [20]. Quando se adiciona mais titulante, a oxidação vai a monocloreto de iodo e a cor escura da solução desaparece gradualmente. A reação total pode ser escrita como

$$IO_3^- + 6H^+ + 4e \rightleftharpoons I^+ + 3H_2O$$

A reação tem sido usada na determinação de muitos agentes redutores. A reação é razoavelmente rápida em ácido clorídrico na faixa de 2,5 a 9 M. A concentração ideal de ácido depende do redutor. Em muitos casos a concentração de ácido não é crítica. No caso de Sb(III), entretanto, ela deve situar-se entre 2,5 e 3,5 M.

Nestas condições, não se pode usar amido como indicador porque a cor azul característica do complexo amido/iodo não se forma devido às altas concentrações de ácido. No procedimento original, alguns mililitros de um solvente imiscível (clorofórmio) eram adicionados à solução que estava sendo titulada, colocada em um frasco ou em um erlenmeyer provido de tampa de vidro esmerilhada. O ponto final é marcado pelo desaparecimento total da cor violeta do iodo no solvente. O monocloreto de iodo não é extraído e produz cor amarela pálida na fase aquosa. O ponto final da extração é muito nítido. A principal desvantagem do método é a necessidade de agitação vigorosa do solvente de extração no frasco tampado após cada adição do reagente na vizinhança do ponto final.

O solvente imiscível pode ser substituído por certos corantes como, por exemplo, amarante (índice de cor 16 185) onde a cor vermelha descora, e xilidina ponceau (índice de cor 16 150) onde a cor laranja descora. Os indicadores são usados em solução 0,2% em água e deve-se adicionar cerca de 0,5 ml por titulação perto do ponto final. Os corantes são destruídos pelo primeiro excesso de iodato e, por isso, a ação do indicador é irreversível. O branco é equivalente a 0,05 ml de iodato de potássio 0,025 M por 1,0 ml de solução do indicador, sendo, na prática, desprezível.

10.141 Preparação de iodato de potássio 0,025 M

Seque o iodato de potássio em 120°C por uma hora e deixe esfriar em um frasco fechado colocado em um dessecador. Pese com exatidão em um vidro de relógio 5,350 g de iodato de potássio finamente pulverizado e transfira com um pincel de pêlos de camelo para um balão aferido de 1 litro. Adicione 400 a 500 ml de água e gire o balão suavemente até dissolver todo o sal. Complete o volume com água destilada. Agite bem. A solução é indefinidamente estável. Esta solução 0,025 M deve ser usada na reação

$$IO_3^- + 6H^+ + Cl^- + 4e \rightleftharpoons ICl + 3H_2O$$

Quando esta reação tiver que ser usada em soluções de moderada acidez, em que ocorre liberação de iodo livre, a solução deve, idealmente, ser feita a partir de 4,28 $g \cdot l^{-1}$ de iodato de potássio. O método de preparação é o mesmo, ajustando-se o peso do sal.

10.142 Arsênio ou antimônio

Discussão A determinação de arsênio em compostos de arsênio(III) baseia-se na reação

$$IO_3^- + 2H_3AsO_3 + 2H^+ + Cl^- = ICl + 2H_3AsO_4 + H_2O$$

Uma reação semelhante ocorre com os compostos de antimônio. Obtém-se mais facilmente o ponto final com amarante como indicador:

$$IO_3^- + 2[SbCl_4]^- + 6H^+ + 5Cl^- = ICl + 2[SbCl_6]^- + 3H_2O$$

Procedimento Pese com exatidão cerca de 1,1 g da amostra de óxido. Dissolva o material em uma quantidade pequena de uma solução quente de hidróxido de sódio 10%, resfrie e complete até 250 ml em um balão aferido. Transfira com uma pipeta, **cuidadosamente**, 25,0 ml da solução para um erlenmeyer de 250 ml. Cuidado, a solução é **venenosa**. Adicione 25 ml de água e 60 ml de ácido clorídrico concentrado. Resfrie até a temperatura normal. Titule com iodato de potássio padrão 0,025 M até que a solução perca a cor forte inicial e torne-se marrom pálida. Adicione 0,5 ml do indicador amarante ou xilidina ponceau 0,2% em água. No ponto final, a solução vermelha de amarante se descora. O mesmo acontece com a cor laranja da xilidina ponceau. Continue a adição, gota a gota, até o ponto final. Lembre-se de que a reação do indicador não é reversível — a cor do corante desaparece com o primeiro excesso de iodato.

10.143 Hidrazina

Discussão Hidrazina reage com iodato de potássio nas condições descritas por Andrews [23]. Assim,

$$IO_3^- + N_2H_4 + 2H^+ + Cl^- = ICl + N_2 + 3H_2O$$

e

$$KIO_3 \equiv N_2H_4$$

Para a determinação do conteúdo de $N_2H_4 \cdot H_2SO_4$ em sulfato de hidrazina comercial, usa-se o seguinte método.

Procedimento Pese com exatidão 0,08 a 0,10 g de sulfato de hidrazina e transfira o material para um erlenmeyer de 250 ml. Adicione 30 ml de ácido clorídrico concentrado e 20 ml de água. Com uma bureta, introduza lentamente o iodato de potássio padrão 0,025 M até que a solução torne-se amarelo-pálida. Neste momento, adicione 0,5 ml de uma solução do indicador amarante 0,2% em água. Continue a adição de iodato, gota a gota, até descoramento da cor vermelha.

10.144 Outros íons

Compostos de cobre(II) Podem ser também determinados por métodos semelhantes muitos outros íons de metais oxidados por iodato de potássio. Assim, compostos de cobre(II) podem ser analisados por precipitação de tiocianato de cobre(I), que é, então, titulado com iodato de potássio:

$$7IO_3^- + 4CuSCN + 18H^+ + 7Cl^- = 7ICl + 4Cu^{2+} + 4HSO_4^- + 4HCN + 5H_2O$$

Como exemplo típico, pese 0,8 g de sulfato de cobre(II) ($CuSO_4 \cdot 5H_2O$) e dissolva o material em água. Adicione 5 ml de ácido sulfúrico 0,5 M e dilua até 250 ml em um balão aferido. Com uma pipeta, transfira 25,0 ml da solução resultante para um erlenmeyer de 250 ml, adicione 10 a 15 ml de uma solução de ácido sulfuroso recém-preparada. Aqueça até a ebulição e, com uma bureta, adicione lentamente uma solução de tiocianato de amônio 10%, com agitação constante, até que a cor não mude mais. Adicione, em seguida, 4 ml do reagente em excesso, deixe decantar o precipitado por 10 a 15 minutos, filtre com um papel de filtro fino e lave com uma solução fria de sulfato de amônio 1%. Transfira o precipitado quantitativamente para o frasco de titulação, adicione 30 ml de ácido clorídrico concentrado e 20 ml de água. Titule como usualmente, na presença de um solvente orgânico ou com adição de um indicador interno na proximidade do ponto final. O indicador interno pode ser o amarante ou a xilidina ponceau (Seção 10.142).

Sais de tálio(I) Eles se oxidam segundo a equação

$$IO_3^- + 2Tl^+ + 6H^+ + Cl^- = ICl + 2Tl^{3+} + 3H_2O$$

logo,

$$KIO_3 \equiv 2Tl$$

A solução deve conter 0,25 a 0,30 g de Tl^+ em 20 ml, além de mais 60 ml de ácido clorídrico concentrado. Titula-se da maneira usual com uma solução de KIO_3 0,025 M.

Cuidado! Os sais de tálio são extremamente venenosos e devem ser manipulados com muita cautela.

Oxidações com o bromato de potássio

Segurança. Antes de fazer qualquer experimento desta seção preste muita atenção aos avisos de segurança. Tenha sempre em mente as regras de segurança de laboratório.

10.145 Discussão geral

O bromato de potássio é um oxidante poderoso que se reduz lentamente a brometo:

$$BrO_3^- + 6H^+ + 6e \rightleftharpoons Br^- + 3H_2O$$

A massa molecular relativa é 167,00, logo, uma solução 0,02 M contém 3,34 $g \cdot l^{-1}$ de bromato de potássio. No final da titulação aparece bromo livre:

$$BrO_3^- + 5Br^- + 6H^+ = 3Br_2 + 3H_2O$$

A presença de bromo livre no ponto final pode ser identificada pela cor amarela, mas é melhor usar indicadores como alaranjado de metila, vermelho de metila, negro de naftaleno 12B, xilidina ponceau e fucsina. Estes indicadores são coloridos em meio ácido, mas a cor desaparece com o primeiro excesso de bromato. Como acontece quando ocorre oxidação irreversível do indicador, sua destruição é normalmente prematura. Por isso, deve-se acrescentar um pouco mais de indicador na proximidade do ponto final. A quantidade de solução de bromato consumida pelo indicador é muito pequena e, no caso de soluções 0,02 M, o branco pode ser desprezado. As titulações diretas com a solução de bromato na presença de corantes indicadores irreversíveis são normalmente feitas em solução de ácido clorídrico 1,5 a 2 M. No final da titulação pode se formar um pouco de cloro pela reação

$$10Cl^- + 2BrO_3^- + 12H^+ = 5Cl_2 + Br_2 + 6H_2O$$

que descora imediatamente o indicador.

As titulações devem ser feitas lentamente para que a mudança do indicador, que é uma reação de tempo, possa ser observada sem dificuldades. Se as determinações tiverem que ser feitas com rapidez, deve-se conhecer de antemão o volume aproximado da solução de bromato necessária porque não há, usualmente, maneira simples de saber, com os corantes indicadores irreversíveis, quando o ponto final está próximo. No caso de indicadores fortemente coloridos (xilidina ponceau, fucsina e negro de naftaleno 12B), devido ao excesso local de bromato, a cor se enfraquece quando o ponto final se aproxima. Adiciona-se, então, outra gota do indicador. No ponto final, o indicador é irreversivelmente destruído e a solução torna-se incolor ou quase incolor. Se o descoramento do indicador for confundido com o ponto final, adiciona-se uma nova gota do indicador. Se a cor do indicador já enfraqueceu, a gota adicional torna a colorir a solução. Se o ponto final já foi atingido, a gota adicional do indicador é destruída pelo ligeiro excesso de bromato presente na solução.

O uso de indicadores redox reversíveis na determinação de arsênio(III) e antimônio(III) simplificou consideravelmente o procedimento. Atualmente, este tipo de indicador inclui a 1-naftoflavona e a *p*-etóxi-crisoidina. Recomenda-se a adição de um pouco de ácido tartárico ou tartarato de sódio e potássio quando se titula o antimônio(III) com bromato na presença de indicadores reversíveis. Isto previne a hidrólise em concentrações mais baixas de ácido. O ponto final pode ser determinado com grande exatidão por titulação potenciométrica.

Alguns exemplos de titulações diretas com soluções de bromato são dados pelas equações

$$BrO_3^- + 3H_3AsO_3 \xrightarrow{(HCl)} Br^- + 3H_3AsO_4$$

$$2BrO_3^- + 3N_2H_4 \xrightarrow{(HCl)} 2Br^- + 3N_2 + 6H_2O$$

$$BrO_3^- + NH_2OH \xrightarrow{(HCl)} Br^- + NO_3^- + H^+ + H_2O$$

$$BrO_3^- + 6[Fe(CN)_6]^{4-} + 6H^+ \rightarrow Br^- + 6[Fe(CN)_6]^{3-} + 3H_2O$$

Várias substâncias não podem ser diretamente oxidadas com bromato de potássio, porém reagem quantitativamente com excesso de bromo. Pode-se obter soluções ácidas de bromo de concentração conhecida com exatidão por diluição de uma solução padrão de bromato de potássio, com ácido e excesso de brometo:

$$BrO_3^- + 5Br^- + 6H^+ = 3Br_2 + 3H_2O$$

Nesta reação, 1 mol de bromato corresponde a seis átomos de bromo. Como o bromo é muito volátil, as operações devem ser conduzidas na temperatura mais baixa possível em erlenmeyers com rolhas de vidro esmerilhadas. O excesso de bromo pode ser determinado iodometricamente por adição de excesso de iodeto de potássio e titulação do iodo liberado com uma solução padrão de tiossulfato:

$$2I^- + Br_2 = I_2 + 2Br^-$$

Bromato de potássio com alto grau de pureza (pelo menos 99,9%) pode ser facilmente encontrado. Ele fica seco em 120–150°C, é anidro e a solução em água se conserva indefinidamente. Por isso, pode-se usar o bromato de potássio como padrão primário. A única desvantagem como padrão é que um sexto de sua massa molecular relativa é uma quantidade relativamente pequena.

10.146 Preparação de bromato de potássio 0,02 M

Seque um pouco de bromato de potássio, finamente pulverizado, em 120°C, por 1 a 2 horas e deixe esfriar em um frasco tampado colocado em um dessecador. Pese com exatidão 3,34 g de bromato de potássio puro, transfira para um balão aferido de 1 litro e complete o volume com água.

10.147 Metais: emprego da 8-hidróxi-quinolina (oxina)

Discussão Vários metais (como, por exemplo, alumínio, ferro, cobre, zinco, cádmio, níquel, cobalto, manganês e magnésio) dão em pH bem definido precipitados cristalinos com a 8-hidróxi-quinolina. Estes precipitados têm a fórmula geral $M(C_9H_6ON)_n$, onde n é a carga do íon M (ver a Seção 11.3). O tratamento dos oxinatos com ácido clorídrico diluído libera oxina. Uma molécula de oxina reage com duas moléculas de bromo para dar 5,7-dibromo-8-hidróxi-quinolina:

$$C_9H_7ON + 2Br_2 = C_9H_5ONBr_2 + 2H^+ + 2Br^-$$

Assim, um mol do oxinato de um metal de carga dupla corresponde a 4 moles de bromo e 1 mol do oxinato de um metal de carga tripla corresponde a 6 moles. O bromo provém da adição de bromato de potássio padrão 0,02 M e excesso de brometo de potássio à solução ácida:

$$BrO_3^- + 5Br^- + 6H^+ = 3Br_2 + 3H_2O$$

Daremos os detalhes da determinação de alumínio por este método. Muitos outros metais podem ser determinados por este procedimento, mas, em muitos casos, a titulação complexométrica é um método mais simples. Nos casos onde o método da oxina tem vantagens, o procedimento experimental pode ser facilmente adaptado do procedimento recomendado para o alumínio.

Determinação do alumínio Prepare uma solução de 8-hidróxi-quinolina 2% em ácido acético 2 M (Seção 11.3). Adicione amônia até que persista um ligeiro precipitado. Aqueça a solução para redissolver o precipitado. Transfira para um erlenmeyer 25 ml da solução a ser analisada, contendo cerca de 0,02 g de alumínio, adicione 125 ml de água e aqueça até 50–60°C. Adicione, a seguir, excesso de 20% da solução de oxina (1 ml precipita 0,001 g de Al) para formar o complexo $Al(C_9H_6ON)_3$. Complete a precipitação adicionando uma solução de 4,0 g de acetato de amônio no menor volume possível de água, agite a mistura e deixe esfriar. Filtre o precipitado granular em um cadinho de vidro sinterizado de porosidade n.° 4 e lave com água quente (ver a nota).

Dissolva o complexo em ácido clorídrico concentrado quente, recolha a solução em uma garrafa de reagentes de 250 ml e adicione algumas gotas do indicador (solução do sal de sódio de vermelho de metila 0,1% ou solução de alaranjado de metila 0,1%), e 0,5 a 1 g de brometo de potássio puro. Titule, lentamente, com bromato de potássio padrão 0,02 M até que a cor se torne amarela pura (com ambos os indicadores). O ponto final exato não é fácil de detectar. O melhor procedimento é adicionar excesso de uma solução de bromato de potássio, isto é, mais 2 ml depois do ponto final estimado, para fazer com que a solução contenha novamente bromo livre. Dilua bastante a solução com ácido clorídrico 2 M (para evitar a precipitação de 5,7-dibromo-8-hidróxi-quinolina durante a titulação). Após 5 minutos, adicione 10 ml de solução de iodeto de potássio 10% e titule o iodo liberado com tiossulfato de sódio padrão 0,1 M, usando amido como indicador, para determinar o excesso de bromato (Seção 10.145). É evidente que 1 Al $\equiv$ 12 Br.

Nota Este procedimento remove o excesso de oxina. As complicações devidas à adsorção de iodo são, assim, evitadas.

10.148 Hidroxilamina

Procedimento O método baseado na redução de soluções de ferro(III) em ácido sulfúrico seguida por aquecimento à ebulição e titulação com permanganato de potássio padrão 0,02 M produz, usualmente, resultados elevados, salvo se as condições experimentais forem rigorosamente controladas:

$$2NH_2OH + 4Fe^{3+} = N_2O + 4Fe^{2+} + 4H^+ + H_2O$$

Obtém-se melhores resultados por oxidação com bromato de potássio em ácido clorídrico:

$$NH_2OH + BrO_3^- = NO_3^- + Br^- + H^+ + H_2O$$

Trata-se a solução de hidroxilamina com um volume conhecido de bromato de potássio 0,02 M de modo a obter excesso de 10 a 30 ml e com 40 ml de ácido clorídrico 5 M. Após 15 minutos, determina-se o excesso de bromato por adição de uma solução de iodeto de potássio e titulação com tiossulfato de sódio padrão 0,1 M (Seção 10.147).

10.149 Fenol

Discussão Alguns fenóis sofrem substituição, rápida e quantitativa, por bromo produzido a partir de bromato e brometo [21] em meio ácido (Seção 10.145). A determinação envolve o tratamento do fenol (nota 1) com excesso de bromato de potássio e brometo de potássio. Quando a bromação do fenol se completa, o bromo que não reagiu é determinado pela adição de excesso de iodeto de potássio. O iodo liberado é titulado com tiossulfato de sódio padrão.

Procedimento Prepare uma solução padrão (aproximadamente 0,02 M) de bromato de potássio, pesando com exatidão cerca de 1,65 g do reagente de grau analítico, dissolvendo em água e completando até 500 ml em um balão aferido (nota 2).

Para determinar o grau de pureza de uma amostra de fenol, pese com exatidão cerca de 0,3 g de fenol, dissolva em água e complete o volume até 250 ml em balão aferido. Transfira com uma pipeta alíquotas de 25 ml desta solução para erlenmeyers de 250 ml com rolha de vidro esmerilhada. Transfira com uma pipeta 25 ml da solução padrão de bromato de potássio para cada frasco e adicione 0,5 g de brometo de potássio e 5 ml de ácido sulfúrico 3 M (nota 3). Misture os reagentes e deixe em repouso por 15 minutos. Coloque rapidamente cerca de 2,5 g de iodeto de potássio em cada frasco, fechando imediatamente e agitando-o para dissolver o sólido. Titule com tiossulfato de sódio padrão 0,1 M o iodo liberado até que a solução fique ligeiramente amarela. Adicione, neste momento, 5 ml de solução de amido e continue a titulação até que a cor azul desapareça.

Calcule, a partir da quantidade de tiossulfato necessária para a titulação do excesso do iodo, o excesso de bromato e daí a quantidade de bromato que reagiu com o fenol.

Notas

1. Outros fenóis que sofrem este tipo de reação são o 4-cloro-fenol, o *m*-cresol (3-metil-fenol) e o 2-naftol.
2. A concentração do bromato de potássio pode ser confirmada pelo seguinte método. Transfira com uma pipeta 25 ml da solução para um erlenmeyer de 250 ml, adicione 2,5 g de iodeto de potássio e 5 ml de ácido sulfúrico 3 M. Titule com tiossulfato de sódio padrão 0,1 M o iodo liberado (Seção 10.131) até que a solução fique amarelo-pálida. Adicione 5 ml de solução de amido e continue a titulação até que a cor azul desapareça.
3. Os frascos devem ser sempre tampados, após a adição dos reagentes, para evitar perda de bromo.

Redução de estados de oxidação mais elevados

Segurança. Antes de fazer qualquer experimento desta seção preste muita atenção aos avisos de segurança. Tenha sempre em mente as regras de segurança de laboratório.

10.150 Discussão geral

Às vezes, pode ser necessário reduzir, antes da titulação com um agente oxidante, o composto de interesse a um estado de oxidação mais baixo. Esta situação é freqüentemente encontrada na determinação do ferro. Os compostos de ferro(III) devem ser reduzidos a ferro(II) antes da titulação com permanganato de potássio ou dicromato de potássio. É possível fazer estas determinações diretamente, na forma de uma **titulação redutimétrica** com soluções de redutores poderosos como o cloreto de cromo(II), o cloreto de titânio(III) ou o sulfato de vanádio(II). Todavia, os problemas associados com a preparação, a estocagem e a manipulação destes reagentes dificultam seu uso generalizado.

O sulfato de titânio(III) pode ser usado na análise de certos tipos de compostos orgânicos [22], mas tem aplicação limitada na área inorgânica. A literatura descreve uma aparelhagem adequada para a preparação, estocagem e manipulação de soluções de cromo(II) e de vanádio(II) [23]. No caso destes reagentes, é necessário fazer as titulações sob atmosfera de hidrogênio, nitrogênio ou dióxido de carbono (isto também é aconselhável no caso das soluções de Ti(III)). Diante da instabilidade da maior parte dos indicadores na presença destes oxidantes poderosos, é freqüentemente necessário determinar o ponto final potenciometricamente.

O método mais importante de redução de compostos até um estado de oxidação que seja adequado para a titulação com um dos oxidantes comuns baseia-se no uso de amálgamas metálicos. Vários outros métodos que podem ser também usados serão discutidos nas seções seguintes.

10.151 Redução com zinco amalgamado: o redutor de Jones

Zinco amalgamado é um excelente redutor de muitos íons metálicos. A reação de zinco com ácidos é lenta. Por tratamento com uma solução diluída de mercúrio(II), porém, o metal se recobre com uma fina película de mercúrio e o metal amalgamado reage rapidamente. A redução com zinco amalgamado é normalmente feita com o redutor desenvolvido por C. Jones, que consiste em uma coluna de zinco amalgamado contida em um longo tubo de vidro com uma torneira esmerilhada. Introduz-se a solução a ser reduzida na porção mais larga do tubo, localizada na parte superior. Como uma grande superfície está exposta, esta coluna de zinco é muito mais eficiente do que pedaços de zinco colocados na solução.

A Fig. 10.23 mostra um desenho adequado do redutor de Jones e dá algumas dimensões aproximadas. Um disco de vidro sinterizado suporta a coluna de zinco. O tubo, abaixo da torneira, passa através de uma rolha de borracha, firmemente ajustada, para um kitazato de 750 ml. É aconselhável ligar um outro kitazato entre o primeiro e a trompa de água (linha de vácuo). Isto evita que a determinação seja afetada,

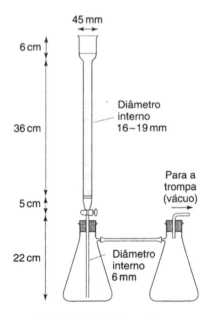

Fig. 10.23 O redutor de Jones

caso ocorra influxo de água. Para preparar o zinco amalgamado cubra cerca de 300 g de zinco granulado (ou lâminas de zinco ou zinco puro de 20 a 30 mesh) colocados em um bécher com uma solução de cloreto de mercúrio(II) 2% (**cuidado!**). Agite a mistura por 5 a 10 minutos. Deixe decantar o zinco e lave por decantação três vezes com água. O amálgama de zinco resultante deve ter um aspecto prateado brilhante. Encha, então, o tubo de vidro com o amálgama de zinco até o topo da parte mais estreita. Lave o zinco com 500 ml de água destilada usando sucção suave. Se o redutor não for usado de imediato, conserve-o sob água para evitar a formação, por oxidação ao ar, de sais básicos que deterioram a superfície redutora. Se o amálgama úmido for exposto ao ar atmosférico, pode se formar peróxido de hidrogênio

$$Zn + O_2 + 2H_2O = Zn(OH)_2 + H_2O_2$$

Isto, porém, não ocorre em meio ácido.

Redução de ferro(III)

Ative o zinco, enchendo a parte alargada superior do tubo (cujo volume é de cerca de 50 ml) com ácido sulfúrico 1 M ($\sim$5%). Mantenha a torneira fechada. Ligue o kitazato a uma linha de vácuo e abra a torneira. Faça com que o ácido passe **lentamente** pela coluna até ficar um **pouco acima** do nível do zinco. Feche a torneira e repita o processo duas vezes. Desligue, em seguida, o kitazato, limpe-o e recoloque-o no lugar. O redutor está pronto para uso. Mantenha, durante o uso, o nível de líquido sempre acima do topo da coluna de zinco. A solução a ser reduzida deve ter volume entre 100 e 150 ml, não deve conter mais do que 0,25 g de ferro e deve ser cerca de 1 M em ácido sulfúrico. Passe a solução contendo ferro, fria, pelo redutor, usando sucção suave, a uma vazão não superior a 75–100 ml·min^{-1}. Assim que o reservatório ficar quase vazio, passe 100 ml de ácido sulfúrico 2,5% (aproximadamente 0,5 M) em duas porções, seguidas de 100–150 ml de água. A última lavagem é necessária para remover todo o composto reduzido e o ácido residual que, de outro modo, consumiria desnecessariamente o zinco. Desligue o kitazato e o redutor, lave a extremidade do tubo e titule imediatamente com permanganato de potássio padrão 0,02 M.

Faça uma determinação em branco, de preferência antes de passar a solução de ferro pelo redutor, com os mesmos volumes de ácido e água usados na determinação do ferro reduzido. O resultado não deve ser superior a 0,1 ml de permanganato 0,02 M e deve ser subtraído do volume da solução de permanganato gasto na titulação subseqüente.

Se ácido clorídrico foi usado para dissolver originalmente o material que continha o ferro, o volume da solução deve ser reduzido a $\sim$25 ml e, então, completado até 150 ml com ácido sulfúrico 5%. A determinação é feita como foi descrito, mas deve-se adicionar 25 ml da "solução preventiva" ou solução de Zimmermann–Reinhardt, antes da titulação com permanganato de potássio. Quando se deseja determinar ferro em solução de ácido clorídrico, é mais conveniente reduzir a solução com um redutor de prata (Seção 10.152) e titular a solução reduzida com uma solução padrão de dicromato de potássio ou de sulfato de cério(IV).

Aplicações e limitações do redutor de Jones

Soluções que contêm 1 a 10% em volume de ácido sulfúrico ou 3 a 15% em volume de ácido clorídrico concentrado podem ser usadas no redutor. Usa-se geralmente o ácido sulfúrico porque o ácido clorídrico pode interferir em titulações subseqüentes como ocorre, por exemplo, com permanganato de potássio.

Ácido nítrico deve estar ausente porque ele é reduzido a hidroxilamina ou outros compostos que reagem com permanganato. Quando o ácido nítrico estiver presente, evapore a solução até quase à secura, lave os lados do frasco com 3 ml de água, adicione, cuidadosamente, 3 a 4 ml de ácido sulfúrico concentrado e evapore até que ocorra desprendimento de fumaça de SO_3. Repita a operação duas vezes para assegurar a remoção completa do ácido nítrico. Dilua até 100 ml com água, adicione 5 ml de ácido sulfúrico concentrado e faça a redução.

Matéria orgânica (acetatos etc.) também deve estar ausente. A remoção é feita por aquecimento em um bécher coberto até que ocorra liberação de fumaça de ácido sulfúrico. Adicione, a seguir, gotas de uma solução saturada de permanganato de potássio até obter uma cor permanente. Mantenha a fervura por mais alguns minutos.

Soluções que contêm compostos de cobre, estanho, arsênio, antimônio e outros metais que podem ser reduzidos nunca devem ser empregadas. Eles devem ser removidos por tratamento com o sulfeto de hidrogênio antes da redução.

Outros íons que são reduzidos a um estado de oxidação inferior definido são titânio a Ti(III), cromo a Cr(II), molibdênio a Mo(III), nióbio a Nb(III) e vanádio a V(II). Urânio reduz-se a uma mistura de U(III) e U(IV) porém, quando se faz passar por alguns minutos uma corrente de ar pela solução do kitazato, a cor verde-escuro suja muda para a cor verde-maçã brilhante característica de sais de urânio(IV) puros. O tungstênio é reduzido, porém o estado de oxidação inferior não é bem definido.

Com exceção de ferro(II) e de urânio(IV), as soluções reduzidas são extremamente instáveis e se reoxidam, rapidamente, por exposição ao ar. Obtém-se melhores condições de estabilização usando-se um excesso de cinco vezes de uma solução que contém sulfato de ferro(III) e amônio. Esta solução é preparada com 150 g do sal e uma solução contendo 150 ml de ácido sulfúrico concentrado por litro de água (aproximadamente 0,3 M com respeito ao ferro), colocada em um kitazato. Titula-se, então, o ferro(II) com uma solução padrão de um oxidante adequado. Titânio e cromo são completamente oxidados e produzem uma quantidade equivalente de sulfato de ferro(II). Molibdênio é reoxidado a Mo(V) (vermelho), que é razoavelmente estável ao ar. A oxidação completa é feita com permanganato, mas o resultado final é o mesmo, isto é, Mo(III) $\rightarrow$ Mo(VI). Vanádio é reoxidado a V(IV), que é estável ao ar. A oxidação final é feita por titulação lenta com solução de permanganato de potássio ou de sulfato de cério(IV).

10.152 O redutor de prata

O redutor de prata tem potencial de redução relativamente baixo (o potencial de eletrodo do sistema Ag/AgCl em ácido clorídrico 1 M é 0,2245 V), insuficiente para muitas das reações possíveis com zinco amalgamado. O redutor de prata é usado de preferência com soluções em ácido clorídrico, o que é freqüentemente vantajoso. A Tabela 10.12 sumaria diversas reações de redução.

250 Análise Titrimétrica

Tabela 10.12 *Reduções com o redutor de prata e o redutor de Jones*

Redutor de prata Solução de ácido clorídrico	Redutor de zinco amalgamado (Jones) Solução de ácido sulfúrico
$Fe^{3+} \to Fe^{2+}$	$Fe^{3+} \to Fe^{2+}$
Ti(IV) Não é reduzido	$Ti(IV) \to Ti(III)$
$Mo(VI) \to Mo(V)$ (2 M HCl, 60–80°C)	$Mo(VI) \to Mo(III)$
Cr(III) Não é reduzido	$Cr(III) \to Cr(II)$
$UO_2^{2+} \to U(IV)$ (4 M HCl, 60–90°C)	$UO_2^{2+} \to U(III) + U(IV)$
$V(V) \to V(IV)$	$V(V) \to V(II)$
$Cu^{2+} \to Cu^+$ (2 M HCl)	$Cu^{2+} \to Cu^0$

O redutor de prata (que é semelhante a um redutor de Jones com o tubo encurtado) pode ser construído com um tubo de 12 cm de comprimento e 2 cm de diâmetro interno, fundido a um bulbo com capacidade de 50 a 75 ml que funciona como reservatório. Sucção nem sempre é necessária. A prata é convenientemente preparada em larga escala pelo procedimento que damos a seguir. Para preparações em escala menor, o procedimento deve ser adaptado. Coloca-se em um bécher de 4 litros uma solução de 500 g de nitrato de prata em 2500 ml de água ligeiramente acidificada com ácido nítrico. Os catodos são duas placas espessas de platina, cada uma com 10 cm², suspensas no eletrólito por uma conexão de cobre que as liga à fonte de corrente. O anodo é uma barra de prata de 200 mm de comprimento e 10 a 25 mm de diâmetro ou uma placa retangular espessa de prata com peso semelhante, suspensa no centro do eletrólito. Os catodos de platina são colocados junto às paredes da célula de deposição. A prata, sob corrente de 60 a 70 A em 5 a 6 V, deposita-se na forma de cristais granulados de razão superfície/massa elevada. Estes cristais, obtidos com excelente rendimento, depositam-se nas bordas externas dos catodos e devem ser deslocados com pancadas leves e lavados por decantação com ácido sulfúrico diluído. Cerca de 30 g de prata obtidos deste modo ocupam o volume de 40 a 50 ml, suficiente para encher o tubo de redutor.

Com o auxílio de um bastão de vidro achatado em uma ponta, coloque acima do disco sinterizado do redutor a quantidade adequada de prata. Comprima o leito de prata, se necessário, mas sem restringir o fluxo da solução pela coluna. Lave o redutor com 100 ml de ácido clorídrico 1 M, adicionado em cinco porções iguais. Passe cada porção pelo redutor fazendo com que o líquido fique sempre um pouco acima do nível superior da coluna de prata.

Soluções de ácido clorídrico formam uma cobertura escura de cloreto de prata sobre a prata na parte superior do redutor. Com o uso, esta cobertura se espalha para baixo. Quando a cobertura alcançar três quartos do comprimento da coluna, o redutor deve ser regenerado pelo seguinte método. Lave o redutor com água e encha o tubo completamente com uma solução de amônia 1:3. Isto provoca a dissolução do cloreto de prata. Após 10 minutos, adicione água para remover a solução amoniacal e ácido clorídrico 1 M. A coluna está pronta para novo uso. Como medida de precaução, acidifique imediatamente a solução amoniacal de cloreto de prata. Para evitar o desperdício de prata associado a este método encha o tubo com ácido sulfúrico 0,1 M e insira um bastão de zinco com a extremidade infe-

rior mergulhada no leito de prata. Quando a redução tiver se completado (a cor escura desaparece), lave bem a coluna com água. A coluna está pronta para novo uso.

As Seções 10.125 e 10.126 mostram alguns exemplos do uso do redutor de prata.

10.153 Outros métodos de redução

Embora o uso dos amálgamas metálicos, particularmente o redutor de Jones e o redutor de prata, seja o melhor meio de reduzir soluções antes da titulação com um agente oxidante, nem sempre se dispõe de um redutor de Jones e um procedimento mais simples tem que ser usado. Isto tem mais chance de acontecer nas determinações de ferro em que pode ser necessária a redução de ferro(III) a ferro(II).

Solução de cloreto de estanho(II)

A solubilização de muitos minérios de ferro é feita com ácido clorídrico concentrado e a solução resultante pode ser facilmente reduzida com cloreto de estanho(II):

$$2Fe^{3+} + Sn^{2+} = 2Fe^{2+} + Sn^{4+}$$

Reduza a solução quente (70–90°C), feita com 0,3 g de minério de ferro em 25 a 30 ml e que deve ser 5 a 6 M em ácido clorídrico, é reduzida por adição, gota a gota sob agitação, de uma solução concentrada de cloreto de estanho(II) contida em um funil de separação ou em uma bureta, até que a cor amarela da solução tenha quase desaparecido. Dilua a solução concentrada de cloreto de estanho(II) com 2 volumes de ácido clorídrico diluído. Para finalizar a redução do ferro, adicione, gota a gota, a solução diluída, com agitação após cada adição, até que a solução que contém ferro passe a verde fraco. Esfrie a solução com água da torneira, rapidamente, ao abrigo do ar, até cerca de 20°C. Remova o ligeiro excesso de cloreto de estanho(II) presente por adição rápida de 10 ml de uma solução saturada (~5%) de cloreto de mercúrio(II) (**cuidado!**), em uma única porção e com forte agitação. Deve-se obter **uma pequena quantidade** de precipitado branco sedoso de cloreto de mercúrio(I).

A pequena quantidade de cloreto de mercúrio(I) em suspensão não tem efeito apreciável sobre o agente oxidante usado na titulação subseqüente. Caso se forme, porém, grande quantidade de um precipitado pesado ou um precipitado cinza ou preto, resultantes do uso de excesso de solução de estanho(II), os resultados não são acurados e a redução deve ser repetida. O mercúrio finamente dividido reduz o íon permanganato ou o íon dicromato e reduz lentamente os íons Fe^{3+} na presença de íon cloreto.

Após adicionar a solução de cloreto de mercúrio(II), deixe o conjunto repousar por 5 minutos, dilua até cerca de 400 ml e titule com uma solução padrão de dicromato de potássio (Seção 10.118) ou com uma solução padrão de permanganato em presença da "solução preventiva" (Seção 10.111). Faça um ensaio em branco com os reagentes em todas as operações, fazendo as correções, quando necessário. Prepare a solução concentrada de cloreto de estanho(II) dissolvendo 12 g de estanho puro ou 30 g de cloreto de estanho(II) cristalizado ($SnCl_2 \cdot 2H_2O$) em 100 ml de ácido clorídrico concentrado e diluindo a 200 ml com água.

Reações redox: determinações usando instrumentos

Segurança. Antes de fazer qualquer experimento desta seção preste muita atenção aos avisos de segurança. Tenha sempre em mente as regras de segurança de laboratório.

10.154 Potenciometria: considerações gerais

A teoria das reações de oxidação–redução é dada na Seção 2.31. O fator determinante é a razão entre as concentrações das formas oxidada e reduzida de certas espécies iônicas. Para a reação

forma oxidada $+ n$ elétrons $\rightleftharpoons$ forma reduzida

o potencial E adquirido pelo eletrodo indicador em 25°C é dado por

$$E = E^{\ominus} + \frac{0,0591}{n} \log \frac{[\text{ox}]}{[\text{red}]}$$

onde $E^{\ominus}$ é o potencial padrão do sistema. O potencial do eletrodo imerso é, portanto, controlado pela **razão** entre estas concentrações. Durante a oxidação de um agente redutor ou a redução de um agente oxidante, esta razão e, portanto, o potencial, muda mais rapidamente nas vizinhanças do ponto final da titulação. Assim, as titulações que envolvem estas reações (por exemplo, ferro(II) com permanganato de potássio ou dicromato de potássio ou sulfato de cério(IV)) podem ser seguidas potenciometricamente e produzem curvas de titulação caracterizadas pela mudança brusca de potencial no ponto de equivalência.

Orion Research Ltd. produz um conjunto de eletrodos redox que combinam um sensor de platina com um eletrodo de referência. Autotituladores são muito usados no estudo das reações redox. As determinações incluem (a) cromo e ligas cobre/cromo, com sulfato de ferro(II) e amônio, (b) o sistema ferro(II)/ferro(III), com sulfato de cério(IV), (c) manganês em minérios, com permanganato de potássio como titulante (Seção 10.155).

10.155 Manganês por potenciometria

Discussão O método baseia-se na titulação de íons manganês(II) com permanganato em solução neutra de pirofosfato:

$$4Mn^{2+} + MnO_4^- + 8H^+ + 15H_2P_2O_7^{2-} = 5Mn(H_2P_2O_7)_3^{3-} + 4H_2O$$

O complexo manganês(III)/pirofosfato tem cor violeta-avermelhada intensa e, por isso, a titulação deve ser feita por potenciometria, com um eletrodo redox combinado. No caso de soluções relativamente puras de manganês e concentração de pirofosfato de sódio entre 0,2 e 0,3 M, o potencial no ponto de equivalência pode ser facilmente medido em pH 6-7. Em pH > 8, entretanto, o pirofosfato complexo dissocia-se e o método não pode ser usado.

Grandes quantidades de cloreto, cobalto(II) e cromo(III) não interferem. Ferro(III), níquel, molibdênio(VI), tungstênio(VI) e urânio(VI) são inócuos. Os íons perclorato, nitrato e sulfato não têm efeito. Grandes quantidades de magnésio, cádmio e alumínio formam precipitados que podem co-precipitar o manganês e não podem, portanto, estar presentes. O vanádio causa dificuldades apenas em concentração igual ou superior à do manganês. Quando o vanádio está presente originalmente no estado de oxidação +4, ocorre, durante a titulação, oxidação ao estado +5, juntamente com a oxidação do manganês. Quantidades pequenas de vanádio (até cerca de um quinto da quantidade de manganês) levam a um erro pequeno. A interferência de grandes quantidades de vanádio(V) pode ser evitada fazendo-se a titulação em pH entre 3 e 3,5. Os óxidos de nitrogênio interferem devido à reação com permanganato de potássio. Assim, quando se usa ácido nítrico para dissolver a amostra, deve-se ferver durante algum tempo a solução resultante e adicionar um pouco de uréia ou ácido sulfâmico à solução ácida para remover os últimos traços de óxidos de nitrogênio antes da introdução da solução de pirofosfato de sódio.

Reagentes *Permanganato de potássio* Use uma solução padrão aproximadamente 0,02 M.

Pirofosfato de sódio Use uma solução saturada de pirofosfato de sódio, $Na_4P_2O_7 \cdot 10H_2O$ (cerca de 12 g em 100 a 150 ml de água) recém-preparada.

Manganês(II) Use uma solução-teste de íons manganês(II) em concentração 0,05-0,10 M.

Procedimento Coloque 150 ml da solução de pirofosfato de sódio em um bécher de 250 a 400 ml e com uma pipeta graduada de 1 ml adicione ácido sulfúrico concentrado até pH entre 6 e 7 (use um medidor de pH). Adicione 25 ml de solução de sulfato de manganês(II) e ajuste novamente o pH entre 6 e 7 com hidróxido de sódio 5 M. Coloque o eletrodo redox combinado na solução. Ela agora está pronta para autotitulação com a solução padronizada de permanganato. O ponto final pode ser obtido diretamente ou pelo método das derivadas. O processo pode ser adaptado para a determinação de manganês em aços ou em minérios de manganês.

Pirolusita Pese com exatidão 1,5 a 2 g de pirolusita e dissolva **cuidadosamente** em uma mistura de 25 ml de ácido clorídrico 1:1 e 6 ml de ácido sulfúrico concentrado. Dilua até 250 ml. Não é necessário filtrar. Titule uma alíquota que contenha 80 a 100 mg de manganês. Adicione 200 ml da solução saturada recém-preparada de pirofosfato de sódio, ajuste o pH entre 6 e 7 e faça a titulação potenciométrica.

Aço Pese com exatidão 5 g de aço e dissolva em ácido nítrico 1:1 em um frasco de Kjeldahl. Use o menor volume possível de ácido clorídrico. Evapore a solução até um volume pequeno com excesso de ácido nítrico concentrado para reoxidar o vanádio eventualmente presente que tenha sido reduzido pelo ácido clorídrico. Esta etapa é desnecessária na ausência de vanádio. Dilua. Ferva para remover os produtos voláteis da oxidação. Deixe esfriar, adicione 1 g de uréia e dilua até 250 ml. Titule alíquotas de 50,0 ml como descrito acima.

10.156 Cobre por potenciometria

Siga os métodos usuais e prepare uma solução-amostra que contém cerca de 0,1 g de cobre e nenhum elemento inter-

252 Análise Titrimétrica

ferente. Remova excessos eventuais de ácido nítrico e quaisquer traços de ácido nitroso. Ferva a solução para expelir a maior parte do ácido, adicione cerca de 0,5 g de uréia para destruir o ácido nitroso e ferva novamente. Trate a solução fria, gota a gota, com uma solução concentrada de amônia até que se forme o complexo tetraminocobre (II), azul profundo. Adicione, então, mais duas gotas de amônia. Decomponha o complexo tetraminocobre(II) com ácido acético glacial e adicione 0,2 ml de ácido em excesso. Deve-se evitar a diluição excessiva da solução final porque, de outro modo, a reação entre o acetato de cobre(II) e o iodeto de potássio poderá não se completar.

Coloque a solução de acetato de cobre no bécher e adicione 10 ml de uma solução de iodeto de potássio 20%. Use um eletrodo redox combinado para fazer a titulação potenciométrica, segundo o procedimento normal. Use uma solução padrão de tiossulfato de sódio como titulante.

10.157 Coulometria: considerações gerais

Existem numerosos reagentes gerados coulometricamente que podem ser usados em titulações de oxidação–redução. Além dos íons cério(IV) e ferro(II) que são usados freqüentemente, pode-se gerar eletroliticamente os íons menos comuns prata(II) e cromo(II). Talvez mais importante, porém, seja a geração de bromo e de iodo. O bromo gerado por oxidação do íon brometo em um anodo de platina segundo a equação

$$2Br^- = Br_2 + 2e$$

é um reagente muito versátil, que pode ser usado na determinação de vários compostos orgânicos, inclusive fenóis, aminas aromáticas e olefinas. Nos exemplos seguintes, pode-se usar bromo ou iodo como reagentes gerados eletroliticamente. Todos os pontos finais são detectados amperometricamente.

10.158 Ciclo-hexeno por coulometria

Discussão Ciclo-hexeno pode ser titulado com bromo gerado pela oxidação do íon brometo ($2Br^- = Br_2 + 2e$). A bromação do ciclo-hexeno, catalisada pelo íon mercúrio(II) leva à formação do *trans*-1,2-dibromo-ciclo-hexeno. A reação libera 2 moles de elétrons para cada mol de bromo, logo, 2 moles de elétrons equivalem a 1 mol de ciclo-hexeno.

Aparelhagem Monte a aparelhagem da Fig. 10.8. Use dois pequenos eletrodos de platina para a detecção amperométrica do ponto final.

Reagentes Cuidado! Os compostos de mercúrio são muito tóxicos. Se a mistura entrar em contato com a pele, lave a área afetada com muita água.

Eletrólito de suporte Misture ácido acético glacial (300 ml), metanol (130 ml) e água (65 ml). Adicione brometo de potássio (9,0 g) e acetato de mercúrio(II) (0,5 g). Agite cuidadosamente até que os sólidos se dissolvam.

Ciclo-hexeno em metanol Prepare uma solução-estoque pesando com exatidão cerca de 0,5 g de ciclo-hexeno e

dissolvendo em metanol em um balão aferido de 100 ml. Transfira com uma pipeta uma alíquota de 10 ml da solução-estoque para um outro balão de 100 ml e complete o volume com metanol. (A solução assim preparada contém cerca de 0,5 mg·ml^{-1} de ciclo-hexeno.)

Procedimento O seguinte experimento foi adaptado de um método descrito por D. H. Evans [24]. Coloque eletrólito de suporte no frasco de eletrólise até cobrir os eletrodos. Agite a solução com um agitador magnético e aplique um potencial de cerca de 0,25 V nos eletrodos indicadores. Ligue o sistema eletrodo gerador para produzir bromo até que o microamperímetro registre uma corrente de 20 μA — a corrente do gerador deve ser ajustada até 5–10 mA. Transfira com uma pipeta uma alíquota de 5,0 ml da solução de ciclo-hexeno em metanol para a célula de eletrólise. A reação entre bromo e ciclo-hexeno faz com que a corrente indicadora caia a quase zero. Ligue o gerador e comece a contar o tempo. Registre o tempo necessário para que a corrente volte ao valor original de 20 μA. Repita o procedimento duas vezes para testar a reprodutibilidade da determinação.

Exemplo de cálculo Em uma determinação coulométrica de ciclo-hexeno em metanol foi usada uma corrente geradora de 9,2 mA. O tempo registrado para completar a titulação foi 700 s. Qual é a concentração de ciclo-hexeno na solução?

$$\text{moles de elétrons} = \frac{\text{carga}}{\text{constante de Faraday}} = \frac{It}{F}$$

onde I é a corrente (A) e t é o tempo em segundos. Assim,

$$\text{moles de elétrons} = \frac{9{,}2 \times 10^{-3} \times 700}{96\,487}$$
$$= 6{,}674 \times 10^{-5}$$

Note que 2 moles de elétrons correspondem a um mol de bromo e, portanto, 2 moles de elétrons correspondem a um mol de ciclo-hexeno. Desse modo, $6{,}674 \times 10^{-5}$ moles de elétrons correspondem a $3{,}337 \times 10^{-5}$ moles de ciclo-hexeno. A massa molecular relativa do ciclo-hexeno é 82,146, logo,

$$\text{massa de ciclo-hexeno em 5 ml} = 3{,}337 \times 10^{-5} \text{ mol}$$
$$\times\, 82{,}146 \text{ g mol}^{-1}$$
$$= 2{,}74 \text{ mg}$$
$$\text{massa de ciclo-hexeno em 1 l} = 2{,}74 \times \left(\frac{1000}{5}\right)$$
$$= 0{,}548 \text{ g}$$
$$\text{concentração de ciclo-hexeno} = 0{,}548 \text{ g l}^{-1}$$

10.159 8-Hidróxi-quinolina (oxina)

Discussão Pode-se gerar bromo eletroliticamente, com 100% de eficiência de corrente, pela oxidação do íon brometo em um anodo de platina. A bromação da oxina ocorre de acordo com a equação

$$C_9H_7ON + 2Br_2 = C_9H_5ONBr_2 + 2H^+ + 2Br^-$$

e assim são necessários quatro Faradays por mol de oxina. O ponto final é detectado amperometricamente.

Aparelhagem Monte a aparelhagem da Fig. 10.3, com duas pequenas placas de platina a ela ligadas para a detecção amperométrica do ponto final.

Reagentes *Eletrólito de suporte* Prepare uma solução de brometo de potássio 0,2 M a partir do sal de grau analítico.

Solução de oxina Prepare uma solução 0,003 M de oxina em ácido clorídrico 0,0025 M. Use reagentes de grau analítico.

Procedimento Coloque 40 ml do eletrólito de suporte na célula coulométrica. Transfira com uma pipeta 10,00 ml da solução de oxina para a célula coulométrica e carregue o compartimento do catodo com a solução de brometo de potássio 0,2 M. Passe uma corrente de 30 mA, mantendo a solução sob agitação magnética. Ajuste a sensibilidade da aparelhagem indicadora em um valor adequado. A ocorrência de inflexões transitórias indica a proximidade do ponto final, que ocorre na primeira deflexão permanente. Anote a leitura do contador.

10.160 Amperometria: considerações gerais

Titulações amperométricas são usadas em muitas determinações baseadas em reações de oxidação–redução. As titulações aqui descritas usam o microeletrodo rotatório de platina (Seção 10.20). Os outros experimentos (Seções 10.163 a 10.165) correspondem a titulações biamperométricas com determinação do ponto final por parada brusca (*dead-stop*) já encontradas na Seção 10.21. A Seção 10.166 descreve o importante método de Karl Fischer de determinação de água.

10.161 Tiossulfato por amperometria com iodo

Discussão Soluções diluídas de tiossulfato de sódio (0,001 M, por exemplo) podem ser tituladas com soluções diluídas de iodo (0,005 M, por exemplo) com voltagem aplicada igual a zero. Obtém-se resultados satisfatórios quando a solução de tiossulfato está em um eletrólito de suporte 0,1 M em cloreto de potássio e 0,004 M em iodeto de potássio. Nestas condições, não se detectam correntes de difusão até depois do ponto de equivalência, quando o excesso de iodo é reduzido no eletrodo. O gráfico da titulação tem a forma de um L invertido.

Soluções diluídas de iodo, 0,0001 M, por exemplo, podem ser tituladas de maneira semelhante com tiossulfato padrão. O eletrólito de suporte é uma mistura de ácido clorídrico 1,0 M e iodeto de potássio 0,004 M. Não há necessidade de uma f.e.m. externa se o eletrodo de referência for um eletrodo de calomelano saturado.

Reagentes *Tiossulfato de sódio* Use uma solução de tiossulfato de sódio ~0,001 M, 0,1 M em cloreto de potássio e 0,004 M em iodeto de potássio.

Solução de iodo Use uma solução de iodo padrão 0,005 M em iodeto de potássio 0,004 M.

Procedimento Coloque 25,0 ml da solução de tiossulfato na célula de titulação. Após ligar o microeletrodo rotató-

rio de platina (Seção 10.20) à unidade de polarização, ajuste a voltagem em zero em relação ao eletrodo de calomelano saturado. Ajuste a escala do microamperímetro e titule da maneira usual com a solução padrão de iodo 0,005 M. Faça um gráfico de titulação, avalie o ponto final e calcule a concentração exata da solução de tiossulfato. A título de verificação, repita a titulação usando uma solução recém-preparada de amido como indicador.

10.162 Antimônio com bromato de potássio por amperometria

Discussão Soluções diluídas de antimônio(III) e arsênio(III) (~0,0005 M) podem ser tituladas com bromato de potássio padrão 0,002 M em um eletrólito de suporte de ácido clorídrico 1 M e brometo de potássio 0,05 M. Os dois eletrodos são um microeletrodo rotatório de platina polarizado em +0,2 V e um eletrodo de calomelano saturado. Obtém-se uma curva de titulação do tipo L invertido.

Reagentes *Tartarato de antimonila e potássio* Prepare uma solução 0,005 M de tartarato de antimonila e potássio. Dissolva 1,625 g do sólido em 1 litro de água destilada. Dilua 25,0 ml desta solução até 250 ml com uma solução 1 M em ácido clorídrico e 0,05 M em brometo de potássio.

Bromato de potássio Prepare uma solução de bromato de potássio padrão 0,002 M a partir do sólido puro.

Procedimento Transfira com uma pipeta 25,0 ml da solução de antimônio para a célula de titulação. Ajuste a voltagem aplicada em 0,2 V contra o eletrodo de calomelano saturado e ajuste a escala do microamperímetro. Titule da maneira usual e calcule a concentração de antimônio na solução.

10.163 Tiossulfato com iodo: ponto final por parada brusca

Reagentes Prepare uma solução de tiossulfato de sódio ~0,001 M e uma solução padrão de iodo 0,005 M.

Procedimento Transfira com uma pipeta 25,0 ml da solução de tiossulfato para a célula de titulação, por exemplo, um bécher de 150 ml de Pyrex. Coloque na célula dois fios ou folhas semelhantes de platina como eletrodos e ligue à aparelhagem da Fig. 10.8. Aplique 0,10 V entre os eletrodos. Ajuste a escala do microamperímetro para obter uma deflexão completa da escala para uma corrente de 10 a 25 mA. Use uma bureta semimicro de 5 ml e adicione lentamente, sob agitação magnética, a solução de iodo, da maneira usual. Leia a corrente (deflexão do galvanômetro) após cada adição de titulante. Quando a corrente começar a aumentar, pare a adição. A partir de então, adicione o titulante em pequenos incrementos de 0,05 ou 0,10 ml. Faça o gráfico da titulação, avalie o ponto final e calcule a concentração da solução de tiossulfato. A corrente é razoavelmente constante até perto do ponto final e aumenta rapidamente além dele.

10.164 Glicose por amperometria com um eletrodo enzimático

Em presença da enzima glicose oxidase, uma solução de glicose em água se oxida a ácido glicônico, com formação

254 Análise Titrimétrica

de peróxido de hidrogênio, que pode ser determinado por oxidação anódica em um potencial fixo:

$$C_6H_{12}O_6 + O_2 \xrightarrow[\text{tampão fosfato}]{\text{enzima}} \text{ácido glicônico} + H_2O_2$$

A enzima é colocada em um eletrodo enzimático, um tubo selado na extremidade inferior com uma membrana de acetato de celulose. Uma membrana externa de colágeno é também ligada à parte final do tubo. A glicose oxidase fica contida no espaço entre os dois diafragmas.

Quando o eletrodo é colocado em uma solução de glicose em água convenientemente diluída com tampão fosfato (pH 7,3), a solução passa através da membrana externa para o recipiente em que está a enzima, com produção de peróxido de hidrogênio. A membrana permite a difusão do peróxido de hidrogênio, mas é impermeável aos demais componentes da solução. O frasco do eletrodo contém um tampão fosfato no qual estão imersos um fio de platina e um de prata, que funcionam como eletrodos. Aplica-se 0,7 V a estes eletrodos. O anodo é o eletrodo de platina (a aparelhagem da Fig. 10.8 é adequada). O oxigênio é produzido no anodo pela reação $H_2O_2 \rightarrow O_2 + 2H^+ + 2e$ e reduzido no catodo segundo a reação $\frac{1}{2}O_2 + 2H^+ + 2e \rightarrow H_2O$.

Após algum tempo o equilíbrio se estabelece e a corrente decresce até um valor estacionário cuja magnitude é governada pela concentração de peróxido de hidrogênio no eletrodo que, por sua vez, é proporcional à concentração de glicose na solução em análise. A concentração desconhecida pode ser deduzida fazendo-se leituras com uma série de soluções padrões de glicose (preparadas com a mesma solução de tampão fosfato) e fazendo o gráfico das correntes estacionárias observadas contra a concentração de glicose (Seção 13.21) [25].

10.165 A célula de Clark para a determinação de oxigênio

Coloca-se um disco de ouro ao qual está ligado um fio de ouro no interior de um tubo de vidro de cerca de 1,5 cm de diâmetro. Aplica-se um filme plástico fino (de Teflon, por exemplo) estirado firmemente sobre a extremidade do tubo e mantido em posição por um anel de borracha. Coloca-se uma solução condutora no tubo (cloreto de potássio 0,1 M) e um eletrodo de prata/cloreto de prata. O eletrodo é um fio de prata recoberto com cloreto de prata gerado pela eletrólise de uma solução de cloreto. A parte inferior do fio de prata tem a forma de uma hélice que fica em torno do disco de ouro na parte inferior do fio de ouro, mas não os toca. Ambos os fios atravessam uma cobertura plástica que sela a parte superior do tubo.

Quando o tubo é colocado em uma solução que contém oxigênio, o gás dissolvido atravessa a membrana para o tubo e, se uma voltagem (0,6 a 0,8 V) for aplicada nos dois eletrodos, sofre redução no catodo de ouro:

$$\tfrac{1}{2}O_2 + 2H^+ + 2e \rightarrow H_2O$$

Quando se estabelece uma corrente estacionária, lê-se a corrente em um microamperímetro. A corrente é controlada pela velocidade de difusão do oxigênio para o catodo que, por sua vez, depende da concentração de oxigênio dissolvido dentro da célula e, em conseqüência, da concentração de oxigênio na solução original. A calibração é feita com soluções saturadas com oxigênio com diferentes pressões parciais de O_2.

A aparelhagem é chamada, às vezes, de eletrodo de oxigênio, porém, é na verdade uma célula. Apesar de a membrana de Teflon ser impermeável à água e à maior parte das substâncias dissolvidas em água, os gases dissolvidos podem atravessar. Gases como cloro, dióxido de enxofre e sulfeto de hidrogênio podem afetar o eletrodo e devem ser eliminados. Existe uma versão portátil da aparelhagem que pode ser usada no monitoramento do teor de oxigênio de rios e lagos [26].

10.166 Água por amperometria com o reagente de Karl Fischer

Karl Fischer propôs, em 1935, um reagente para a determinação de pequenas quantidades de água, preparado pela ação de dióxido de enxofre sobre uma solução de iodo na mistura anidra piridina/metanol. A água reage em um processo de dois estágios em que uma molécula de iodo desaparece para cada molécula de água presente. O mecanismo da reação é normalmente representado pelas equações

$$3C_5H_5N + I_2 + SO_2 + H_2O = 2C_5H_5NH^+I^- + C_5H_5\overset{+}{N}\underset{O^-}{\overset{SO_2}{|}}$$

$$C_5H_5\overset{+}{N}\underset{O^-}{\overset{SO_2}{|}} + CH_3OH = C_5H_5N\underset{H}{\overset{OSO_2OCH_3}{\diagdown}}$$

É conveniente determinar o ponto final da titulação eletrometricamente, usando o procedimento da parada brusca (*dead-stop*). Se uma pequena f.e.m. é aplicada em dois eletrodos de platina imersos na mistura de reação, a corrente passa enquanto houver iodo livre presente e remove hidrogênio, despolarizando o catodo. Quando o último traço de iodo tiver reagido, a corrente cai a zero ou a um valor muito próximo de zero. Inversamente, a técnica pode ser combinada com uma titulação direta da amostra com o reagente de Karl Fischer. Neste caso, a corrente cresce subitamente quando iodo que não reagiu começa a aparecer na solução.

O reagente original de Karl Fischer, preparado com excesso de metanol, era pouco estável e exigia padronização freqüente. A estabilidade foi aumentada substituindo-se o metanol por 2-metóxi-etanol, 2-cloro-etanol ou trifluoro-etanol e o reagente é descrito como sendo "livre de metanol". Para esterificar o dióxido de enxofre, é essencial a presença de um álcool no reagente de Karl Fischer (KF). Também é necessária uma base para neutralizar os ácidos produzidos na reação. O reagente de KF foi recentemente modificado porque piridina é uma base muito fraca para neutralizar completamente os ácidos (o que leva a pontos finais lentos). A titulação deve ser feita entre pH 5 e 7. A base usada atualmente é imidazol. Este reagente de KF é descrito como sendo "livre de piridina".

O método limita-se aos casos em que a substância a ser analisada não reage com um dos componentes do reagente ou com o iodeto de hidrogênio formado durante a reação com a água. Os seguintes compostos interferem na titulação de Karl Fischer:

1. Oxidantes como cromatos, dicromatos, sais de cobre(II) e de ferro(III), óxidos superiores e peróxidos:

$$MnO_2 + 4C_5H_5NH^+ + 2I^- = Mn^{2+} + 4C_5H_5N + I_2 + 2H_2O$$

2. Redutores como tiossulfatos, sais de estanho(II) e sulfitos.
3. Compostos capazes de formar água com os componentes do reagente de Karl Fischer. Óxidos básicos e sais de oxiácidos fracos são exemplos:

$$ZnO + 2C_5H_5NH^+ = Zn^{2+} + 2C_5H_5N + H_2O$$

$$NaHCO_3 + C_5H_5NH^+ = Na^+ + H_2O + CO_2 + C_5H_5N$$

4. Aldeídos, porque formam um bissulfito:

$$\begin{matrix} H \\ \diagdown \\ C = O + SO_2 + H_2O + NR' \longrightarrow \\ \diagup \\ R \end{matrix} \qquad \begin{matrix} H \quad SO_3HNR' \\ \diagdown \diagup \\ C \\ \diagup \diagdown \\ R \quad OH \end{matrix}$$

5. Cetonas, porque reagem com metanol para produzir cetal e água:

$$\begin{matrix} R \quad CH_3OH \\ \diagdown \\ C = O \quad + \\ \diagup \\ R \quad CH_3OH \end{matrix} \longrightarrow \begin{matrix} R \quad OCH_3 \\ \diagdown \diagup \\ C \quad + H_2O \\ \diagup \diagdown \\ R \quad OCH_3 \end{matrix}$$

Uma evolução do procedimento de Karl Fischer é seu uso como método coulométrico. Neste procedimento, adiciona-se a amostra sob análise à solução de álcool–base (veja anteriormente) que contém dióxido de enxofre e um iodeto solúvel. Na eletrólise, o iodo é liberado no anodo e o ponto final detectado por um par de eletrodos que funcionam como um sistema de detecção biamperométrica e indicam a presença de iodo livre. Como 1 mol de iodo reage com 1 mol de água, segue-se que 1 mg de água é equivalente a 10,71 coulombs.

Alguns tituladores de Karl Fischer são comercializados pela Orion Research Ltd. Dois destes instrumentos são tituladores volumétricos que usam um sistema de eletrodos de platina. O Orion AF8 é usado na determinação rápida de umidade em amostras que variam entre 50 ppm e 100% de H_2O e o Orion Turbo 2, para lidar com sólidos difíceis e amostras viscosas. Um homogeneizador de alta velocidade (até 7500 rpm) assegura a extração completa da umidade da amostra pela solução, com pouca ou nenhuma preparação da amostra. O microprocessador simplifica os procedimentos operacionais da titulação e dá maior versatilidade à manipulação da amostra. O tempo gasto na análise, da pesagem à avaliação final, é de alguns minutos apenas. Como a amostra é misturada, extraída e sua umidade determinada no mesmo frasco, este tipo de instrumento é particularmente útil na determinação de umidade em produtos farmacêuticos e de confeitaria.

A geração de iodo permite a medida rápida e precisa da umidade em uma grande faixa de concentrações (1 ppm a 100% de H_2O). Orion Research Ltd. fornece dois tituladores coulométricos de Karl Fischer. O modelo AF7 trabalha com uma larga faixa de concentração e o modelo AF7LC trabalha entre 1 e 10 ppm. O modelo AF7 tem um sistema de manipulação química completamente selado, com uma bomba integral controlada pelo teclado. Isto permite o reabastecimento seguro do reagente sem que seja necessário abrir o frasco para a umidade do ambiente. As titulações coulométricas têm a vantagem de serem absolutas. Por isso, não há necessidade de calibrar os reagentes. Todos os instrumentos descritos são controlados por microprocessadores, desde a introdução da amostra até a análise dos resultados. Além disso, uma impressora dá um registro total do método, resultados e análises estatísticas.

10.167 Automação

A preparação da amostra é comumente a etapa analítica mais trabalhosa, especialmente no caso de sólidos. Vários estágios podem ser necessários como, por exemplo, redução do tamanho de partícula (moagem), mistura (para homogeneização), secagem e pesagem. Operações como aquecimento, ignição, fusão e uso de solventes são comumente necessárias para dissolver a amostra. Além disso, pode ser necessário transportar a amostra para diferentes locais do laboratório. Uma análise automatizada completa exigiria que cada operação fosse automatizada. Autômatos desenvolvidos na última década permitiram que várias etapas de rotina possam ser feitas seqüencialmente, sem a intervenção humana.

Owens e Eckstein descreveram um primeiro autômato capaz de pesar automaticamente sólidos e líquidos, determinar o pH, diluir soluções e dissolver amostras [27]. Controlado por computador, o sistema automatizou completamente a titulação do pH de uma amostra sólida. Foi capaz de calibrar o medidor de pH, preparar soluções padrões, determinar o ponto final, mostrar os dados e registrar os resultados. Uma característica importante do autômato é o braço-robô, cujos movimentos substituem a mão, o pulso e o braço humanos. Assim, o braço-robô pode derramar líquidos ou sólidos, misturar líquidos por agitação e transferir amostras de um local para outro no laboratório. Alguns projetos permitem que a mão-robô seja permutada automaticamente por uma seringa que libera um dado volume de um líquido.

O primeiro robô comercial de laboratório, o Zymate Laboratory Automation System, foi introduzido em 1982 pela Zymark Corporation, Hopkinton MA. Strimaltis publicou um apanhado dos sistemas autômatos disponíveis comercialmente e suas áreas de aplicação na ciência analítica [28,29]. Exemplos incluem os tituladores automáticos de Karl Fischer, determinações de oxigênio dissolvido e da demanda bioquímica de oxigênio. Os métodos automatizados mais comuns incluem a preparação da amostra e análise por cromatografia líquida de alta eficiência, cromatografia gasosa e UV/visível. Os métodos automatizados têm várias vantagens sobre os procedimentos manuais:

1. Melhoria considerável na precisão analítica.
2. Amostragem bem maior e disponibilidade mais imediata dos resultados analíticos.
3. Economia financeira, comumente alcançada pelo aumento da produtividade, particularmente se o método exige operações extensas e repetitivas.

256 Análise Titrimétrica

Quando integrado à instrumentação e o controle computacional, a automação do laboratório significa a completa automação de muitos métodos analíticos. A liberdade frente a tarefas tediosas e repetitivas permite ao cientista analítico desenvolver novas técnicas e concentrar-se na solução dos problemas. Em um futuro próximo, o desenvolvimento da tecnologia de automação gerará indubitavelmente novos instrumentos, levando a maiores avanços na prática laboratorial.

10.168 Referências

1. Anon 1974 *Information Bulletin 36*, International Union of Pure and Applied Chemistry
2. C Woodward and H N Redman 1973 *High precision titrimetry*, Society for Analytical Chemistry, London
3. W Ostwald 1895 *Scientific foundations of analytical chemistry*, p. 118; A R Hantzch 1908 *Ber. Dtsch. Chem. Gesell.*, **61**; 1171, 1187
4. J N Brønsted 1923 *Rev. Trav. Chim.*, **42**; 718. T M Lowry 1924 *Trans. Farad. Soc.*, **20**; 13
5. S Siggia, J C Hanna and I R Kervenski 1950 *Anal. Chem.*, **22**; 1295
6. J S Fritz 1954 *Anal. Chem.*, **26**; 1701
7. G H Jeffrey, J Bassett, J Mendham and R C Denney 1989 *Vogel's quantitative chemical analysis*, 5th edn, Longman, Harlow pp. 284–94
8. H N Wilson 1951 *Analyst*, **76**; 65
9. L E Hummelstedt and D N Hume 1960 *Anal. Chem.*, **32**; 1792
10. W J Williams 1979 *Handbook of anion determinations*, Butterworth, London, p. 350
11. T S West 1969 *Complexometry*, 3rd edn, BDH Chemicals Ltd, Poole
12. Anon 1956 *Colour index*, 2nd edn, Society of Dyers and Colourists, Bradford
13. I L Marr and M S Cresser 1983 *Environmental chemical analysis*, International Textbook Company, Glasgow, p. 121
14. K C Thompson, D Mendham, D Best and K-E de Casseres 1986 *Analyst*, **111**; 483
15. L W Winkler 1888 *Ber. Dtsch. Chem. Gesell.*, **21**; 2843
16. I L Marr and M S Cresser 1983 *Environmental chemical analysis*, International Textbook Company, Glasgow, pp. 116–17
17. D N Bailey 1974 *J. Chem. Educ.*, **51**; 488
18. L W Andrews 1903 *J. Am. Chem. Soc.*, **25**; 76
19. G S Jamieson 1926 *Volumetric iodate methods*, Reinhold, New York
20. G J Moody and J D R Thomas 1963 *J. Chem. Educ.*, **40**; 151. G J Moody and J D R Thomas 1964 *Education in Chemistry*, **1**; 214
21. D A Skoog, D M West and F J Holler 1992 *Fundamentals of analytical chemistry*, 6th edn, Holt, Rinehart and Winston, New York
22. A I Vogel 1958 *Elementary practical organic chemistry*, Part III, *Quantitative organic analysis*, Longman, London
23. C M Ellis and A I Vogel 1956 *Analyst*, **81**; 693
24. D H Evans 1968 *J. Chem. Educ.*, **45**; 88
25. G Sittapalam and G S Wilson 1982 *J. Chem. Educ.*, **59**; 70
26. I Fatt 1976 *Polarographic oxygen sensors*, CRC Press, Cleveland OH
27. G D Owens and R J Eckstein 1982 *Anal. Chem.*, **54**; 2347
28. J R Strimaltis 1989 *J. Chem. Educ.*, **66**; A8
29. J R Strimaltis 1990 *J. Chem. Educ.*, **67**; A20

10.169 Bibliografia

O Budevsky 1979 *Foundations of chemical analysis*, Ellis Horwood, Chichester

G Christian 1994 *Analytical chemistry*, 5th edn, John Wiley, Chichester

D Cooper and C Doran 1987 *Classical methods of chemical analysis*, Volume I ACOL–Wiley, Chichester

J S Fritz and G H Schenk 1987 *Quantitative analytical chemistry*, 5th edn, Allyn and Bacon, Boston MA

D C Harris 1998 *Quantitative chemical analysis*, 5th edn, W H Freeman, San Francisco

J Mendham, D Dodd and D Cooper 1987 *Classical methods of chemical analysis*, Volume II, ACOL–Wiley, Chichester

D A Skoog and D M West 1992 *Analytical chemistry: an introduction*, 6th edn, Saunders, New York

C L Wilson and D W Wilson 1962 *Comprehensive analytical chemistry*, Elsevier, Amsterdam

11

Análise gravimétrica

11.1 Introdução

A gravimetria, a eletrogravimetria e algumas técnicas de análise térmica tratam da obtenção, por tratamento químico da substância sob análise, e da pesagem de um composto ou elemento na forma mais pura possível. As determinações gravimétricas tradicionais tratam da transformação do elemento, íon ou radical, a ser determinado, em um composto puro e estável, adequado para a pesagem direta, ou que possa ser convertido em outra substância química que possa ser quantificada sem muita dificuldade. A massa do elemento, íon ou radical da substância original pode, então, ser calculada a partir da fórmula do composto e das massas atômicas relativas de seus elementos.

Este capítulo trata dos procedimentos usados na produção e separação de substâncias que contêm o elemento (ou o composto) de interesse, normalmente por precipitação, em formas relativamente fáceis de manipular. Veremos os métodos eletrogravimétricos no Cap. 13 e a análise térmica no Cap. 12. Os procedimentos gravimétricos tradicionais são essencialmente manuais e trabalhosos. Os métodos eletrogravimétricos podem ser considerados como parcialmente instrumentais e os métodos térmicos são completamente instrumentais. Vale a pena lembrar por que a análise gravimétrica continua sendo usada, apesar de ser, em geral, muito demorada. As vantagens da análise gravimétrica são:

1. Ela é acurada e precisa, se forem usadas balanças analíticas modernas.
2. É fácil identificar possíveis fontes de erro porque os filtrados podem ser testados para avaliar o término da precipitação e os precipitados podem ser analisados quanto à presença de impurezas.
3. É um método absoluto, isto é, envolve uma medida direta, sem necessidade de calibração.
4. As determinações podem ser feitas com aparelhagem relativamente barata. Os itens mais caros são os fornos elétricos e os cadinhos de platina.

A análise gravimétrica é um método macroscópico que envolve, normalmente, amostras relativamente grandes em comparação com outros procedimentos analíticos quantitativos. É possível obter alto grau de acurácia e, mesmo nas condições normais de laboratório, alcançar resultados reprodutíveis com margem de 0,3 a 0,5%. Existem duas áreas principais de aplicação dos métodos gravimétricos:

1. A análise de padrões, para uso no teste e calibração de técnicas instrumentais.

2. A análise de alta precisão. O tempo necessário para a análise gravimétrica, entretanto, limita esta aplicação a um número pequeno de determinações.

Além disso, os procedimentos da gravimetria dão ao analista excelente treinamento e muita experiência nos procedimentos de laboratório. A análise térmica, por outro lado, dá informações importantes sobre as estruturas químicas e bioquímicas, e suas reações térmicas.

11.2 Princípios

A base da análise gravimétrica é a pesagem de uma substância obtida pela precipitação de uma solução, ou volatilizada e subseqüentemente absorvida.[1] Existem muitos métodos de precipitação de metais e compostos. Em conseqüência das necessidades do monitoramento ambiental, observa-se o desenvolvimento crescente de procedimentos e instrumentos para a análise de gases e vapores. Muitos destes métodos, entretanto, baseiam-se na cromatografia e não na absorção e pesagem tradicionais (Cap. 9).

É essencial que, no método escolhido, a forma do precipitado do elemento ou íon a ser determinado seja muito pouco solúvel e que não ocorram perdas apreciáveis durante a separação por filtração e pesagem do precipitado. Assim, na determinação da prata, trata-se a solução da substância com excesso de solução de cloreto de sódio ou potássio, filtra-se o precipitado e lava-se bem para remover os sais solúveis. O precipitado é seco a 130–150°C e pesado como cloreto de prata. O constituinte a ser determinado é freqüentemente pesado em uma forma diferente do precipitado inicialmente obtido. Assim, por exemplo, o magnésio é precipitado como fosfato de amônio e magnésio, $Mg(NH_4)PO_4 \cdot 6H_2O$, mas é pesado, após calcinação, na forma de pirofosfato de magnésio, $Mg_2P_2O_7$. São três os fatores que determinam o sucesso de uma análise por precipitação:

1. O precipitado deve ser insolúvel o bastante para que não ocorram perdas apreciáveis na filtração. Isto significa que, na prática, a quantidade de analito que permanece na solução não deve exceder 0,1 mg, o limite de detecção das balanças analíticas comuns.
2. O precipitado deve poder ser separado facilmente da solução por filtração e poder ser lavado para a eliminação completa das impurezas solúveis. Estas condições exigem que as partículas não atravessem o meio filtrante e que o tamanho das partículas não seja afetado (ou, pelo menos, não seja reduzido) durante a lavagem.

258 Análise Gravimétrica

3. O precipitado deve poder ser convertido em uma substância pura de composição química definida. Isto pode ser conseguido por calcinação ou por uma operação química simples, como a evaporação de uma solução apropriada.

Às vezes, é necessário coagular ou flocular a dispersão coloidal de um precipitado sólido finamente dividido para permitir a filtração e impedir a repeptização durante a lavagem. Propriedades de colóides são, em geral, típicas de substâncias em que o tamanho das partículas varia entre $0,1$ μm e 1 nm. O papel de filtro quantitativo comum retém partículas de diâmetro até 10^{-2} mm ou 10 μm. Por isto, as soluções coloidais comportam-se como soluções verdadeiras e não podem ser filtradas (o tamanho das moléculas é da ordem de 0,1 nm ou 10^{-8} cm).

Outra dificuldade que pode ocorrer é a supersaturação. A concentração do soluto em uma solução supersaturada é maior do que o esperado para a situação de equilíbrio em uma dada temperatura. É, portanto, um estado instável. O estado de equilíbrio pode ser estabelecido por adição de um cristal do soluto puro (procedimento conhecido como "semear" a solução) ou por estímulo do início da cristalização, por exemplo, raspando o interior do frasco.

Muitos dos problemas associados com a análise gravimétrica podem ser superados através de procedimentos bem conhecidos:

1. A precipitação deve ser feita em solução diluída, levando-se em conta a solubilidade do precipitado, o tempo necessário para a filtração e, também, as operações subseqüentes com o filtrado. Isto diminui os erros devidos à co-precipitação.
2. Os reagentes devem ser misturados lentamente, com agitação constante, para reduzir a supersaturação e facilitar o crescimento dos cristais. Um pequeno excesso do reagente é normalmente suficiente, porém, em certos casos, é necessário usar um grande excesso de reagente. Em outros, a ordem de adição dos reagentes pode ser importante. A precipitação pode ser feita em condições que aumentem a solubilidade do precipitado, reduzindo, assim, a supersaturação.
3. Se a solubilidade e a estabilidade do precipitado permitirem, a precipitação deve ser feita em soluções quentes. As soluções devem ser aquecidas até uma temperatura ligeiramente inferior ao ponto de ebulição ou outra temperatura mais conveniente. Quando a temperatura é mais elevada: (a) a solubilidade aumenta e a supersaturação é menos provável, (b) a coagulação é favorecida e a formação de sol é reduzida e (c) a velocidade de cristalização aumenta, permitindo a obtenção de cristais mais perfeitos.
4. O tempo de digestão dos precipitados cristalinos deve ser o maior possível. Deixe o material em repouso, de preferência durante a noite, exceto nos casos em que pode ocorrer pós-precipitação. Use, como regra, um banho-maria. Isto reduz o efeito da co-precipitação e o precipitado resultante é filtrado mais facilmente. A digestão tem pouco efeito sobre precipitados amorfos ou gelatinosos.
5. O precipitado deve ser lavado com a solução de um eletrólito apropriado. Água pura pode provocar peptização.
6. Se devido à co-precipitação o precipitado estiver contaminado, pode-se reduzir o erro dissolvendo-se o sólido em um solvente adequado e reprecipitando-o. A quantidade de impurezas presente na segunda precipitação é pequena, logo o precipitado é mais puro.
7. Para evitar a supersaturação, costuma-se fazer a precipitação usando soluções homogêneas.[2] Gera-se o precipitante na solução por meio de uma reação homogênea, em velocidade semelhante à da precipitação desejada.

Após obtenção e filtração, o precipitado ainda precisa ser tratado. Além da água da solução, o precipitado pode conter quatro outros tipos de água:

Água adsorvida, presente em todas as superfícies de sólidos em quantidade que depende da umidade atmosférica.

Água ocluída, presente em soluções sólidas ou em cavidades nos cristais.

Água sorvida, associada a substâncias de grande superfície interna, como os óxidos hidratados.

Água essencial, presente como água de hidratação ou de cristalização ($CaC_2O_4 \cdot H_2O$ ou $Mg(NH_4)PO_4 \cdot 6H_2O$, por exemplo), ou como água de constituição, formada durante o aquecimento ($Ca(OH)_2 \rightarrow CaO + H_2O$, por exemplo).

Além da produção de água, a calcinação de precipitados leva comumente à decomposição térmica, envolvendo a dissociação de sais em ácidos e bases como, por exemplo, a decomposição de carbonatos e sulfatos. As temperaturas de decomposição dependem, obviamente, das estabilidades térmicas.

As temperaturas de secagem e calcinação dos precipitados para a obtenção do composto químico desejado podem ser determinadas pelo estudo das **curvas termogravimétricas** de cada substância. Elas são abordadas na Seção 12.2.

11.3 Reagentes de precipitação

As precipitações gravimétricas são quase sempre feitas com um número limitado de reagentes orgânicos, embora algumas determinações bem conhecidas, como a de bário (como sulfato) ou chumbo (como cromato), envolvam o uso de reagentes inorgânicos. Os reagentes orgânicos têm a vantagem de produzir compostos pouco solúveis, normalmente coloridos, cujas massas moleculares relativas são elevadas. Isto significa que se obtém uma quantidade de precipitado maior, a partir de uma pequena quantidade de íons a determinar.

O reagente orgânico ideal de precipitação deve ser **específico**, isto é, deve formar um precipitado apenas com um íon em particular. Este ideal é raramente atingido. O mais comum é a reação com um grupo de íons. O controle das condições experimentais, entretanto, torna freqüentemente possível a precipitação de apenas um dos íons do grupo. Às vezes, o precipitado resultante pode ser pesado após secagem na temperatura adequada. Em outros casos, a composição do precipitado não é bem definida e a substância tem de ser convertida (por calcinação) ao óxido do metal. Em alguns poucos casos, pode-se usar um método titrimétrico que utiliza o complexo orgânico precipitado quantitativamente.

Uma classificação rígida dos reagentes orgânicos é difícil. Os mais importantes são os que formam quelatos complexos, com um ou mais anéis (normalmente de 5 ou 6 átomos, incluindo o íon metálico). A formação de anéis aumenta consideravelmente a estabilidade. Pode-se classificar estes reagentes levando em consideração o número de prótons deslocados de uma molécula neutra durante a formação do anel. A aplicação dos reagentes orgânicos na análise baseia-se no estudo da constante de formação do composto coordenado (que é uma medida de sua estabilidade), no efeito da natureza do íon metálico e do ligante na estabilidade dos complexos, e nos equilíbrios de precipitação envolvidos, particularmente na produção de quelatos neutros. Consulte, para detalhes, a lista de trabalhos da Seção 11.12. Dimetil-glioxima e níquel formam um quelato típico. O procedimento é ideal para se ganhar experiência (Seção 11.8). Os reagentes descritos a seguir são típicos dos quelantes usados na análise de metais.

Dimetil-glioxima

Com soluções de sais de níquel, a dimetil-glioxima [11.A] dá um precipitado vermelho brilhante, $Ni(C_4H_7O_2N_2)_2$ [11.B]. A precipitação é normalmente feita em uma solução de amônia ou em uma solução-tampão contendo acetato de sódio e ácido acético. As soluções de sais de paládio(II) dão um precipitado amarelo característico em solução diluída de ácido clorídrico ou ácido sulfúrico. Sua composição, $Pd(C_4H_7O_2N_2)_2$, é semelhante à do complexo de níquel.

Cupferron

Cupferron [11.C] é o sal de amônio da N-nitroso-N-fenil-hidroxilamina. Ele precipita ferro(III), vanádio(V),

titânio(IV), zircônio(IV), cério(IV), nióbio(V), tântalo(V), tungstênio(VI), gálio(III) e estanho(IV). Estes elementos são separados de alumínio, berílio, cromo, manganês, níquel, cobalto, zinco, urânio(VI), cálcio, estrôncio e bário, em soluções fraca ou fortemente ácidas.

8-Hidróxi-quinolina (**oxina**)

8-Hidróxi-quinolina [11.D], de fórmula molecular C_9H_7ON, também é conhecida como **oxina**. Ela forma compostos, $M(C_9H_6ON)_2$, pouco solúveis, com vários íons de metais de número de coordenação 4 (magnésio, zinco, cobre, cádmio, chumbo e índio, por exemplo). Se o número de coordenação for 6 (alumínio, ferro, bismuto e gálio, por exemplo), os compostos têm fórmula $M(C_9H_6ON)_3$, e se o número de coordenação for 8 (tório e zircônio, por exemplo), $M(C_9H_6ON)_4$. Existem algumas exceções, entretanto, como, por exemplo, $TiO(C_9H_6ON)_2$, $MnO_2(C_9H_6ON)_2$, $WO_2(C_9H_6ON)_2$ e $UO_2(C_9H_6ON)_2$. A Tabela 11.1 mostra os intervalos de pH adequados para a precipitação dos diversos **oxinatos** metálicos.

α-Oxima da Benzoína

A α-oxima da benzoína [11.E], também conhecida como cupron, forma um precipitado verde, $CuC_{14}H_{11}O_2N$, com cobre em solução de amônia diluída. Cobre pode ser, assim, separado de cádmio, chumbo, níquel, cobalto, zinco e alumínio e de pequenas quantidades de ferro.

Tabela 11.1 *Faixa de pH da precipitação de oxinatos metálicos*

| Metal | pH | | Metal | pH | |
	Início da precipitação	Precipitação completa		Início da precipitação	Precipitação completa
Alumínio	2,9	4,7-9,8	Manganês	4,3	5,9-9,5
Bismuto	3,7	5,2-9,4	Molibdênio	2,0	3,6-7,3
Cádmio	4,5	5,5-13,2	Níquel	3,5	4,6-10,0
Cálcio	6,8	9,2-12,7	Titânio	3,6	4,8-8,6
Chumbo	4,8	8,4-12,3	Tório	3,9	4,4-8,8
Cobalto	3,6	4,9-11,6	Tungstênio	3,5	5,0-5,7
Cobre	3,0	> 3,3	Urânio	3,7	4,9-9,3
Ferro(III)	2,5	4,1-11,2	Vanádio	1,4	2,7-6,1
Magnésio	7,0	> 8,7	Zinco	3,3	> 4,4

Nitron

Nitron [11.F], 1,4-difenil-3-fenilamino-1H-1,2,4-triazol, produz um nitrato cristalino, pouco solúvel, $C_{20}H_{16}N_4HNO_3$, em soluções acidificadas com ácido acético ou ácido sulfúrico.

Ácido antranílico

Em soluções neutras ou pouco ácidas, o sal de sódio do ácido antranílico [11.G] precipita os antranilatos de cádmio, zinco, níquel, cobalto e cobre, todos eles apropriados para a análise quantitativa. Estes sais têm fórmula geral $M(C_7H_6O_2N)_2$ e a temperatura de secagem é 105–110°C.

Determinação de cloreto, sulfato e íons metálicos

Segurança. Antes de fazer qualquer experimento desta seção preste muita atenção aos avisos de segurança. Tenha sempre em mente as regras de segurança de laboratório.

11.4 Experimentos gravimétricos

O trabalho em análise gravimétrica requer muito cuidado no uso das pipetas, buretas e balanças. É essencial familiarizar-se com estes instrumentos de laboratório antes do trabalho experimental. A obtenção de resultados acurados requer cuidados consideráveis e o desenvolvimento de habilidades especiais. Em todas as determinações gravimétricas descritas neste capítulo, a frase "deixar esfriar em um dessecador" significa deixar esfriar o cadinho e outros aparelhos, **bem tampados**, em um dessecador. O cadinho e os outros aparelhos devem ser pesados assim que atingirem a temperatura do laboratório (veja a Seção 3.22 para detalhes).

As seções seguintes dão detalhes de algumas determinações particularmente adequadas para dar experiência aos estudantes nas técnicas da análise gravimétrica. Elas sugerem as condições e processos envolvidos em muitos outros procedimentos de precipitação. A Tabela 11.2 lista os cátions e ânions comuns que podem ser determinados por gravimetria, incluindo o reagente apropriado e a fórmula e as condições especiais que devem ser aplicadas para melhorar a qualidade do produto.

11.5 Alumínio como 8-hidróxi-quinolinato (oxinato)

Discussão Com este procedimento, é possível separar alumínio de berílio, metais alcalino-terrosos, magnésio e fosfato, por precipitação em solução homogênea. Para a determinação gravimétrica, use uma solução de oxina (8-hidróxi-quinolina) 2% ou 5% em ácido acético 2 M. 1 ml da solução 5% é suficiente para precipitar 3 mg de alumínio. Para praticar, use cerca de 0,4 g de sulfato de alumínio e amônio, pesados com exatidão. Dissolva em 100 ml de água, aqueça até 70–80°C, adicione o volume apropriado de oxina e, se o precipitado não se formar imediatamente, adicione, lentamente, uma solução de acetato de amônio 2 M até que ocorra precipitação. Aqueça até a fervura e adicione, gota a gota com agitação constante (para

assegurar a precipitação completa), 25 ml de solução de acetato de amônio 2 M. Quando o líquido sobrenadante ficar amarelo, a quantidade de oxina adicionada foi suficiente. Deixe esfriar e recolha o precipitado de "oxinato" de alumínio em um cadinho filtrante de vidro sinterizado (porosidade n.° 4) ou porcelana porosa, previamente pesado. Lave bem com água fria. Deixe secar em 130–140°C até peso constante. Pese como $Al(C_9H_6ON)_3$.

A precipitação também pode ser feita em solução homogênea. Acrescente à solução que contém 25 a 50 mg de alumínio, 1,25 a 2,0 ml de ácido clorídrico concentrado até o volume total de 150–200 ml. Adicione oxina em excesso e 5 g de uréia para cada 25 mg de alumínio. Aqueça a solução até a fervura. Cubra o bécher com um vidro de relógio e mantenha o aquecimento em 95°C por 2 a 3 horas. A precipitação estará completa quando o líquido sobrenadante, originalmente amarelo-esverdeado, passar a amarelo-alaranjado. Filtre a solução fria com um cadinho filtrante de vidro sinterizado (porosidade n.° 3 ou 4) e lave bem com água fria. Deixe secar em 130°C até peso constante.

Procedimento Para praticar, pese com exatidão cerca de 0,45 g de sulfato de alumínio e amônio, dissolva em água contendo cerca de 1,0 ml de ácido clorídrico concentrado e dilua até cerca de 200 ml. Adicione 5 a 6 ml de oxina (solução 10% em ácido acético 20%) e 5 g de uréia. Cubra o bécher com um vidro de relógio e aqueça em placa elétrica em 95°C por 2,5 h. A precipitação estará completa quando o líquido sobrenadante, originalmente amarelo-esverdeado, passar a amarelo-alaranjado pálido. O precipitado é compacto e é filtrado com facilidade. Deixe esfriar e recolha o precipitado em um cadinho filtrante de vidro sinterizado (porosidade n.° 3 ou 4). Lave com um pouco de água quente e, depois, água fria. Deixe secar em 130°C. Pese como $Al(C_9H_6ON)_3$.

11.6 Cloreto como cloreto de prata

Discussão Acidifique a solução de cloreto em água com ácido nítrico diluído para evitar a precipitação de outros sais de prata, como fosfato e carbonato, que poderiam se formar em solução neutra e, também, para que o precipitado seja filtrado mais facilmente. Adicione um pequeno excesso de nitrato de prata em solução para precipitar o cloreto de prata:

$$Cl^- + Ag^+ = AgCl$$

A coagulação do precipitado, inicialmente coloidal, é feita por aquecimento da solução e agitação vigorosa da suspensão. O líquido sobrenadante torna-se quase claro. Recolha o precipitado em um cadinho filtrante, lave com ácido nítrico bem diluído para evitar que volte à forma coloidal, seque a 130–150°C e pese como AgCl. Se a lavagem do cloreto de prata for feita com água pura, ele pode tornar-se novamente coloidal e passar pelo filtro. Por esta razão, a solução de lavagem deve conter sempre um eletrólito. Usa-se, geralmente, o ácido nítrico porque ele não afeta o precipitado e pode ser eliminado facilmente. Sua concentração não precisa exceder 0,01 M. O término da lavagem do precipitado pode ser avaliado verificando se a remoção do excesso do precipitante, nitrato de prata, foi total. Faça isto adicionando uma ou duas gotas de ácido clorídrico 0,1 M a 3–5 ml das águas de lavagem recolhidas após algum tempo. Se a solução continuar límpida ou ficar levemente opalescente, todo o nitrato de prata foi removido.

O cloreto de prata é sensível à luz, decompondo-se em prata e cloro. A prata permanece dispersa como um colóide sobre o cloreto de prata que, por este motivo, adquire cor púrpura. A decomposição ocorre apenas na superfície e é desprezível salvo se o precipitado ficar exposto à luz solar direta sob agitação freqüente. Por isto, a determinação deve ser conduzida sob luz difusa e a solução que contém o precipitado deve ser deixada em repouso no escuro (dentro de um armário, por exemplo), ou com o frasco totalmente coberto com um papel escuro espesso.

Procedimento Pese com exatidão cerca de 0,2 g de cloreto sólido (ou uma quantidade que contenha cerca de 0,1 g de cloreto) e transfira o material para um bécher de 250 ml com um agitador e coberto com um vidro de relógio. Adicione cerca de 150 ml de água, agite até que o sólido se dissolva totalmente e adicione 0,5 ml de ácido nítrico concentrado. Adicione à solução fria, lentamente e com agitação constante, uma solução de nitrato de prata 0,1 M. Mantenha um pequeno excesso de nitrato de prata. Para o controle, deixe o precipitado decantar e adicione algumas gotas da solução de nitrato de prata. Não deve ocorrer precipitação. **Faça o experimento sob luz difusa**. Aqueça a suspensão, sem deixar ferver, com agitação constante. Mantenha a temperatura até que todo o precipitado coagule e o líquido sobrenadante se torne claro (2 a 3 minutos). Certifique-se de que a precipitação se completou, adicionando algumas gotas da solução de nitrato de prata ao líquido sobrenadante. Se não ocorrer precipitação, coloque o bécher no escuro e deixe a solução em repouso por cerca de 1 hora. Prepare um cadinho filtrante de vidro sinterizado. Seque-o na temperatura que será usada na secagem do precipitado (130 a 150°C) e deixe esfriar em um dessecador. Lave o precipitado duas ou três vezes por decantação com porções de cerca de 10 ml de uma solução fria de ácido nítrico muito diluído (0,5 ml do ácido concentrado em 200 ml de água) e filtre no cadinho previamente pesado. Remova com um policial as últimas partículas de cloreto de prata que ficaram no bécher (Seção 3.13). Lave o precipitado no cadinho com pequenas porções de ácido nítrico muito diluído, até que uma amostra de 3 a 5 ml da água de lavagem, coletada em um tubo de ensaio, não fique turva por adição de uma ou duas gotas de ácido clorídrico 0,1 M. Coloque o cadinho e seu conteúdo, por uma hora, em um forno mantido a 130–150°C, deixe esfriar em um dessecador e pese. Repita o ciclo de aquecimento e resfriamento até atingir peso constante. Calcule a percentagem de cloro na amostra.

Padronização gravimétrica do HCl A padronização gravimétrica do ácido clorídrico por precipitação como cloreto de prata é um método conveniente e acurado, que tem a vantagem adicional de não depender da pureza dos padrões primários. Com uma bureta, meça, para padronização, 30 a 40 ml de ácido clorídrico 0,1 M, por exemplo. Dilua até 150 ml, faça precipitar (sem adicionar ácido nítrico) e pese o cloreto de prata. Calcule, a partir do peso do precipitado, a concentração de cloreto na solução e a concentração do ácido clorídrico.

11.7 Chumbo como cromato

Discussão Apesar deste método ter aplicação limitada devido à pequena solubilidade dos cromatos em geral, o procedimento é conveniente para o ganho de experiência em análise gravimétrica. Os resultados são melhores quando se faz a precipitação em solução homogênea usando o íon cromato produzido na solução pela oxidação lenta de cromo(III) por bromato, na temperatura de 90–95°C, em tampão acetato.

Procedimento Use uma solução que contenha 0,1 a 0,2 g de chumbo. Neutralize a solução por adição de hidróxido de sódio até que um precipitado comece a se formar. Adicione 10 ml de tampão acetato (6 M em ácido acético e 0,6 M em acetato de sódio), depois 10 ml de solução de nitrato de cromo(III) (2,4 g em 100 ml) e, por fim, 10 ml de solução de bromato de potássio (2,0 g em 100 ml). Aqueça a 90–95°C. Quando o líquido sobrenadante ficar límpido, a geração do cromato e a precipitação estão completas (cerca de 45 minutos). Deixe esfriar, filtre em um cadinho de vidro sinterizado ou de porcelana (pesado previamente), lave com um pouco de ácido nítrico 1% e seque na temperatura de 120°C. Pese como $PbCrO_4$.

11.8 Níquel como dimetil-glioximato

Discussão Faça precipitar o níquel adicionando uma solução de dimetil-glioxima (H_2DMG) em álcool a uma solução quente, levemente ácida, de um sal de níquel. Adicione, a seguir, uma solução de amônia em água (livre de carbonato), mantendo um pequeno excesso. Lave o precipitado com água fria e pese, após secagem em 110–120°C, como dimetil-glioximato de níquel. No caso de grandes quantidades de precipitado ou quando desejar alta precisão, use 150°C para volatilizar o reagente que possa ter sido arrastado pelo precipitado. A equação é:

$$Ni^{2+} + 2H_2DMG = Ni(HDMG)_2 + 2H^+$$

Consulte a Seção 11.3 para a estrutura do precipitado e outros detalhes. O precipitado é insolúvel em soluções diluídas de amônia, sais de amônio e ácido acético/acetato de sódio. Grandes quantidades de amônia em água, cobalto, zinco ou cobre retardam a precipitação. Adicione, neste caso, uma quantidade extra de reagente porque estes elementos reagem com a dimetil-glioxima para formar diversos compostos solúveis.

A dimetil-glioxima é muito pouco solúvel em água e é adicionada na forma de solução 1% em etanol a 90% ou em etanol absoluto; 1 ml desta solução é suficiente para precipitar 0,0025 g de níquel. O reagente é adicionado a uma solução quente fracamente ácida de um sal de níquel que, em seguida, é tornada levemente amoniacal. Este procedimento leva a um precipitado que é filtrado mais facilmente do que quando a precipitação é feita a frio ou quando se usam soluções em amônia. Use um pequeno excesso do reagente, porque a dimetil-glioxima não é muito solúvel em água ou em etanol muito diluído, podendo precipitar. Se um grande excesso for adicionado (se o teor de álcool na solução ultrapassar cerca de 50%), uma parte do precipitado pode se dissolver.

Procedimento Pese com exatidão 0,3–0,4 g de sulfato de amônio e níquel puro, $(NH_4)_2SO_4 \cdot NiSO_4 \cdot 6H_2O$, transfira o material para um bécher de 500 ml com um agitador e cubra com um vidro de relógio. Dissolva o sólido em água, adicione 5 ml de ácido clorídrico diluído (1:1) e dilua até 200 ml. Aqueça até 70–80°C, adicione um pequeno excesso de dimetil-glioxima (pelo menos 5 ml para cada 10 mg de níquel presente). Adicione, gota a gota, imediatamente, uma solução diluída de amônia. Deixe as gotas caírem diretamente na solução (e não pelas paredes do bécher), com agitação constante, até que a precipitação ocorra. Neste ponto, adicione um pequeno excesso do reagente. Deixe em repouso em um banho-maria durante 20 a 30 minutos. Quando o precipitado vermelho tiver sedimentado, teste a solução para verificar se a precipitação foi completa. Deixe o precipitado em repouso durante 1 hora para que esfrie. Filtre a solução fria em um cadinho de vidro sinterizado ou de porcelana, previamente aquecido até 110–120°C, e pese, após esfriamento, em um dessecador. Lave o precipitado com água fria até que as águas de lavagem estejam livres de cloreto e seque na temperatura de 110–120°C por 45-50 minutos. Deixe esfriar em um dessecador e pese. Repita o procedimento de secagem até peso constante. Pese como $Ni(C_4H_7O_2N_2)_2$, que contém 20,32% de Ni.

11.9 Sulfato como sulfato de bário

Discussão O procedimento consiste na adição lenta de uma solução diluída de cloreto de bário a uma solução quente de sulfato, levemente acidificada com ácido clorídrico:

$$Ba^{2+} + SO_4^{2-} \rightarrow BaSO_4$$

Filtre o precipitado, lave com água e calcine ao rubro cuidadosamente. Pese como sulfato de bário. É aconselhável fazer a precipitação em solução fracamente ácida para evitar a formação dos sais de bário de ânions como cromato, carbonato e fosfato, insolúveis em meio neutro. Além disto, o precipitado obtido é formado por cristais grandes, mais fáceis de filtrar. Também é muito importante fazer a precipitação na temperatura de ebulição, porque a supersaturação relativa é menor quando a temperatura é mais alta. A concentração do ácido clorídrico é limitada pela solubilidade do sulfato de bário. A concentração de 0,05 M é adequada porque a solubilidade do precipitado em presença de cloreto de bário nestas condições é desprezível. O precipitado pode ser lavado com água fria e as perdas eventuais devidas à solubilidade podem ser desprezadas, exceto para trabalhos de maior acurácia.

O sulfato de bário tem a tendência de arrastar outros sais. Os resultados obtidos são elevados ou baixos dependendo da natureza do sal co-precipitado. Assim, cloreto e nitrato de bário são arrastados facilmente. O peso destes sais se adiciona ao peso real do sulfato de bário, logo, o resultado obtido será elevado porque o cloreto não é afetado pela calcinação enquanto o nitrato de bário se converte em óxido de bário. O erro devido ao cloreto pode ser consideravelmente reduzido com a adição, muito lenta, da solução diluída quente de cloreto de bário à solução quente de sulfato, sob agitação constante. O erro devido ao nitrato não pode ser evitado e, por isto, o íon deve ser sempre removido, antes da precipitação, por evaporação com um grande excesso de ácido clorídrico.

O sulfato de bário puro não se decompõe quando aquecido em ar seco até cerca de 1400°C:

$$BaSO_4 = BaO + SO_3$$

O precipitado, porém, se reduz facilmente a sulfeto em temperaturas acima de 600°C pelo carbono do papel de filtro:

$$BaSO_4 + 4C = BaS + 4CO$$

Evite a redução deixando o papel carbonizar sem formação de chama e queimando depois o carbono, lentamente, em temperatura baixa e atmosfera oxidante. Se houver redução do precipitado, ele pode ser reoxidado por tratamento com ácido sulfúrico, seguido de volatilização do ácido e novo aquecimento. A calcinação final do sulfato de bário não precisa ser feita em uma temperatura superior a 600–800°C (rubro incipiente). Use cadinhos de Vitreosil ou de porcelana para eliminar completamente a possibilidade da redução do precipitado pelo carbono.

Procedimento Pese com exatidão cerca de 0,3 g do sólido (ou uma amostra que contenha 0,05 a 0,06 g de enxofre), transfira o material para um bécher de 400 ml, com um agitador, e cubra com um vidro de relógio. Dissolva o sólido em cerca de 25 ml de água, adicione 0,3 a 0,6 ml de ácido clorídrico concentrado e dilua até 200–255 ml. Aqueça a solução até a ebulição e adicione, gota a gota, com uma pipeta ou uma bureta, 10–12 ml de uma solução quente de cloreto de bário 5% (5 g de $BaCl_2·2H_2O$ em 100 ml de água, ~0,2 M). Agite a solução constantemente durante a adição. Deixe o precipitado sedimentar por 1 ou 2 minutos. Em seguida, teste o líquido sobrenadante para verificar se a precipitação foi completa, adicionando algumas gotas da solução de cloreto de bário. Se houver formação de precipitado, adicione lentamente mais 3 ml do reagente, deixe decantar o precipitado como antes e teste novamente. Repita esta operação até que o cloreto de bário esteja em excesso. Após a adição do agente precipitante, mantenha coberta a solução quente, por 1 hora (use banho-maria, placa aquecedora em temperatura baixa ou chama suave — não deixe atingir a temperatura de ebulição), para permitir que a precipitação se complete. O volume da solução não deve ficar abaixo de 150 ml. Se o vidro de relógio que cobre o bécher tiver de ser removido, lave a superfície orientando o jato de água do frasco lavador de volta para o bécher. O precipitado decanta rapidamente e se obtém um líquido sobrenadante límpido. Teste o sobrenadante com algumas gotas da solução de cloreto de bário para verificar se a precipitação foi completa. Se não ocorrer precipitação, o sulfato de bário está pronto para ser filtrado.[3,4]

Limpe, calcine e pese um cadinho filtrante de porcelana ou um cadinho filtrante de Vitreosil (porosidade n.º 4). Faça a calcinação em um prato de calcinação ou colocando o cadinho filtrante dentro de um cadinho de níquel e levando ao rubro (ou, se possível, em um forno elétrico na temperatura de 600 a 800°C). Deixe esfriar em um dessecador e pese. Após a digestão do precipitado, filtre o líquido sobrenadante no cadinho pesado usando uma sucção branda. Rejeite o filtrado após verificar, com um pouco da solução de cloreto de bário, se a precipitação foi completa. Transfira o precipitado para o cadinho e lave com água quente até que 3–5 ml do filtrado não forme precipitado com algumas gotas da solução de nitrato de prata. Seque o cadinho e o precipitado em um forno a 100–110°C e calcine, pelo mesmo procedimento usado para o cadinho vazio, por períodos de 15 minutos, até peso constante.

11.10 Procedimentos para outros íons

Os procedimentos das Seções 11.5 a 11.9 são representativos dos usados nas determinações gravimétricas de muitos outros íons. Na maior parte dos casos, a precipitação deve ser feita sob condições específicas de pH e temperatura, para assegurar que ocorra a precipitação completa do complexo desejado e prevenir a co-precipitação de outros íons presentes. A Tabela 11.2 dá as fórmulas químicas dos produtos obtidos nas precipitações durante as determinações gravimétricas de uma grande variedade de cátions e ânions. O leitor interessado deve consultar a bibliografia da Seção 11.12 para os detalhes completos dos procedimentos usados na determinação gravimétrica de uma substância específica.*

Tabela 11.2 *Produtos de precipitação*

Íon	Reagente	Fórmula do produto	Condições especiais
Cátions			
Alumínio	8-hidróxi-quinolina (oxina)	$Al(C_9H_6ON)_3$	Veja a Seção 11.5
Amônio	tetrafenil-borato de sódio[a]	$NH_4([B(C_6H_5)_4]$	Seque em 100°C. K, Rb e Cs interferem
Antimônio	pirogalol	$Sb(C_6H_5O_3)$	Adequado para separação do As
Arsênio	sulfeto de hidrogênio	As_2S_3	Seque em 105°C
Bário	ácido sulfúrico	$BaSO_4$	Veja a Seção 11.9
Berílio	hidróxido de amônio	BeO	O hidróxido é aquecido até 700°C e calcinado em 1000°C
Bismuto	iodeto de potássio	$BiOl$	k[BiI$_4$] dá o produto por diluição e fervura
Cádmio	ácido quináldico	$Cd(C_{10}H_6O_2N)_2$	Seque em 125°C
Cálcio	oxalato de amônio	$CaC_2O_4 \cdot H_2O$ ou $CaCO_3$	O oxalato de cálcio é obtido por precipitação homogênea.[b] Acima de 475°C, obtém-se $CaCO_3$
Cério	iodato de potássio	CeO_2	Ce(IO$_3$)$_4$ é calcinado a 500°C
Chumbo	nitrato de cromo e bromato de potássio	$PbCrO_4$	Veja a Seção 11.7
Cobalto	cloreto de mercúrio(II) e tiocianato metal	$Co[Hg(SCN)_4]$	Seque em 100°C
Cobre	tiocianato de amônio	$CuSCN$	Seque em 100-120°C
Cromo	nitrato de chumbo	$PbCrO_4$	Seque a 120°C. Veja a Seção 11.7
Estanho	*N*-benzoil-*N*-fenil-hidroxilamina	$(C_{13}H_{11}O_2N)_2SnCl_2$	Seque em 110°C
Estrôncio	di-hidrogenofosfato de potássio	$SrHPO_4$	Seque em 120°C
Ferro	ácido fórmico e uréia	Fe_2O_3 via formiato	Calcine a 850°C
Lítio	aluminato de sódio	$2Li_2O\cdot5Al_2O_3$	Calcine a 500-550°C
Magnésio	8-hidróxi-quinolina	$Mg(C_9H_6ON)_2$	Seque em 155-160°C
Manganês	hidrogenofosfato de diamônio	$MnNH_4PO_4\cdot H_2O$ ou $Mn_2P_2O_7$	Seque a 100-105°C ou aqueça até 700-800°C
Mercúrio	tionalida	$Hg(C_{12}H_{10}ONS)_2$	Seque em 105°C
Molibdênio	8-hidróxi-quinolina	$MoO_2(C_9H_6ON)_2$	Seque em 130-140°C
Níquel	dimetil-glioxima	$Ni(C_4H_7O_2N_2)_2$	Veja a Seção 11.8
Ouro	SO_2 (COOH)$_2$, $FeSO_4$	metal	Calcine
Paládio	dimetil-glioxima	$Pd(C_4H_7O_2N_2)_2$	Veja a Seção 11.8
Platina	ácido fórmico	Pt elementar	Calcine
Potássio	tetrafenil-borato de sódio[a]	$K[B(C_6H_5)_4]$	Filtre a frio, lave com solução saturada de tetrafenil-borato de potássio e seque em 120°C
Prata	ácido clorídrico	$AgCl$	Seque a 130-150°C. Veja a Seção 11.6
Selênio	dióxido de enxofre	Se elementar	Seque em 100-110°C
Sódio	acetato de uranila e zinco	$NaZn(UO_2)_3$ $(C_2H_3O_2)_9\cdot6H_2O$	Seque em 55-60°C
Tálio	cromato de potássio	Tl_2CrO_4	Seque em 120°C
Telúrio	dióxido de enxofre	Te elementar	Seque em 105°C
Titânio	ácido tânico e fenazona	TiO_2	Seque a 100°C e calcine a 700-800°C
Tório	ácido sebácico	ThO_2	Calcine a 700-800°C
Tungstênio	ácido tânico e fenazona	WO_3	Calcine a 800-900°C
Urânio	cupferron	U_3O_8	Seque a 100°C e calcine a 1000°C
Vanádio	nitrato de prata e acetato de sódio	Ag_3VO_4	Seque em 110°C
Zinco	8-hidróxi-quinaldinato	$Zn(C_{10}H_8ON)_2$	Seque em 130-140°C
Zircônio	ácido mandélico	ZrO_2	Calcine a 900-1000°C
Ânions			
Borato	nitron	$C_{20}H_{16}N_4\cdot HBF_4$	Seque a 105-110°C. Cuidado, envolve HF!
Bromato e brometo	nitrato de prata em ácido nítrico	$AgBr$	O bromato se reduz inicialmente a brometo: proteja os produtos da ação da luz
Carbonato	ácido clorídrico ou ácido fosfórico diluídos	CO_2	Decomposição e absorção em cal sodada
Cianeto	nitrato de prata	$AgCN$	Cuidado! Não aqueça as soluções. Seque em 100°C
Clorato	sulfato de ferro(II) e nitrato de prata	$AgCl$	O clorato é reduzido e o cloreto, então, precipitado

---

*Muitos procedimentos detalhados da análise gravimétrica podem ser encontrados na quinta edição de Vogel — *Análise Inorgânica Quantitativa* (Tradução, LTC, Rio de Janeiro, 1992).

264   **Análise Gravimétrica**

Tabela 11.2 *Produtos de precipitação (continuação)*

Íon	Reagente	Fórmula do produto	Condições especiais
Cloreto	nitrato de prata	$AgCl$	Veja a Seção 11.6
Fluoreto	cloreto de sódio e nitrato de chumbo	$PbClF$	Seque em 140-150°C. Veja a Seção 10.100
Fosfato	molibdato de amônio	$(NH_4)_3[PMo_{12}O_{40}]$ ou $P_2O_5 \cdot 24MoO_3$	Seque a 200-400°C ou aqueça até 800-825°C
Fosfito	cloreto de mercúrio(II)	Hg_2Cl_2	Método indireto. Seque a 105-110°C
Hipofosfito	cloreto de mercúrio(II)	Hg_2Cl_2	Trata-se de um método indireto
Iodato	dióxido de enxofre e nitrato de prata	AgI	O iodato se reduz inicialmente a iodeto
Iodeto	nitrato de prata	AgI	Seque abaixo de 150°C
Nitrato	nitron	$C_{20}H_{16}N_4 \cdot HNO_3$	Seque em 105°C. Veja a Seção 11.3
Nitrito	permanganato de potássio	$C_{20}H_{16}N_4 \cdot HNO_3$	Método indireto, por oxidação a nitrato
Oxalato	cloreto de cálcio	$CaCO_3$ ou CaO	Deixe o precipitado repousar por 12 horas: decompõe a CaO
Perclorato	cloreto de amônio e nitrato de prata	$AgCl$	Método indireto, por redução a cloreto
Silicato	hidróxido de sódio, molibdato de amônio e quinolina	$(C_9H_7)_4H_4[SiO_4 \cdot 12MoO_3]$	Para materiais cerâmicos
Sulfato	cloreto de bário	$BaSO_4$	Veja a Seção 11.9
Sulfeto	peróxido de sódio e nitrato de potássio	$BaSO_4$	Oxidação inicial a ácido sulfúrico
Sulfito	peróxido de hidrogênio amoniacal	$BaSO_4$	Oxidação inicial a sulfato
Tiocianato	sulfato de cobre	$CuSCN$	Seque em 110-120°C
Tiossulfato	peróxido de hidrogênio amoniacal	$BaSO_4$	Oxidação inicial a sulfato

[a]Flashka e Barnard escreveram um artigo sobre o uso do tetrafenil-borato como reagente analítico.[5]
[b]Veja o artigo de Grzeskowiak e Turner, publicado em *Talanta*.[6]

11.11 Referências

1. C L Wilson and D W Wilson (eds) 1960 *Comprehensive analytical chemistry*, Volume 1A, *Classical analysis*, Elsevier, Amsterdam
2. L Gordon, M L Salutsky and H H Willard 1959 *Precipitation from Homogeneous solution*, John Wiley, New York
3. T B Smith 1940 *Analytical processes*, 2nd edn, Edward Arnold, London
4. H H Laitinen and W E Harris 1975 *Chemical analysis*, 2nd edn, McGraw-Hill, New York
5. H Flashka and A J Barnard 1960 Tetraphenylboron (TPB) as an analytical reagent. In C N Reilley (ed) *Advances in analytical chemistry and instrumentation*, Volume 1, Interscience, New York
6. R Grzeskowiak and T A Turner 1973 *Talanta*, **20**: 351

11.12 Bibliografia

D H Everett 1988 *Basic principles of colloid science*, Royal Society of Chemistry, London
J Mendham, D Dodd and D Cooper 1987 *Classical methods of chemical analysis*, Volume II, ACOL–Wiley, Chichester
A G Sharpe 1992 *Inorganic chemistry*, 3rd edn, Longman, Harlow
W F Smith 1996 *Analytical chemistry of complex matrices*, John Wiley, Chichester
J Tyson 1994 *Analysis*, Royal Society of Chemistry, London

12

Análise térmica

12.1 Discussão Geral

Os métodos térmicos de análise formam este capítulo porque a termogravimetria (TG) liga-se intimamente à gravimetria clássica e, também, porque ela é muito usada juntamente com outros métodos importantes de análise térmica. Incluímos neste capítulo um número razoavelmente limitado de métodos térmicos e suas aplicações. Para mais informações, consulte os textos e artigos de revisão mencionados na Seção 12.13.

Denominamos métodos térmicos de análise as técnicas em que as variações de propriedades físicas ou químicas de uma substância são medidas em função da temperatura. Os métodos que envolvem mudanças no peso ou na energia se enquadram nesta definição. A análise termomecânica (TMA), em que se medem as mudanças de dimensões de uma substância com a temperatura, está fora do âmbito deste livro. Este capítulo discute quatro técnicas:

Termogravimetria (TG) em que se mede a mudança de peso de uma substância em função da temperatura ou do tempo.
Análise térmica diferencial (DTA) em que se mede a diferença de temperatura entre uma substância e um material de referência em função da temperatura, quando a substância e a referência são submetidas a um processo térmico controlado.[1]
Calorimetria de varredura diferencial (DSC) em que se mede a diferença de energia cedida a uma substância e a um material de referência em função da temperatura, quando a substância e a referência são submetidas a um processo térmico controlado. (Dependendo do método de medida, podem ser distinguidos dois procedimentos de DSC: com compensação de energia e com fluxo de calor.[1])
Análise dos gases desprendidos (EGA) em que se medem qualitativa e quantitativamente os produtos voláteis formados durante a análise térmica.

12.2 Termogravimetria

O instrumental básico da termogravimetria é uma balança de precisão e um forno programado para que a temperatura aumente linearmente com o tempo. Os resultados são apresentados na forma de uma curva termogravimétrica (TG), em que se registra a variação de peso em função da temperatura ou do tempo, ou na forma da curva termogravimétrica derivada (DTG), em que se registra a primeira derivada da TG contra a variação da temperatura ou do tempo. A Fig. 12.1 mostra uma curva termogravimétrica típica do sulfato de cobre penta-hidratado, $CuSO_4 \cdot 5H_2O$. Pode-se reconhecer partes horizontais e partes curvas:

As **partes horizontais** (patamares) são regiões em que não ocorre perda de peso.

As **partes curvas** são regiões em que ocorre perda de peso.

Como a curva termogravimétrica é quantitativa, pode-se calcular a estequiometria do composto em uma dada temperatura. A curva mostra que o sulfato de cobre penta-hidratado tem quatro regiões distintas de decomposição. Elas são listadas a seguir, juntamente com as faixas de temperatura aproximadas:

$CuSO_4 \cdot 5H_2O \rightarrow CuSO_4 \cdot H_2O$ 90–150 °C
$CuSO_4 \cdot H_2O \rightarrow CuSO_4$ 200–275 °C
$CuSO_4 \rightarrow CuO + SO_2 + \frac{1}{2}O_2$ 700–900 °C
$2CuO \rightarrow Cu_2O + \frac{1}{2}O_2$ 1000–1100 °C

As faixas exatas de temperatura de cada uma das reações dependem das condições experimentais (Seção 12.5). Embora a ordenada da Fig. 12.1 seja a perda de peso percentual, ela pode ser diferente:

1. Peso verdadeiro
2. Percentagem do peso total
3. Unidades de massa molecular relativa

Observe as regiões *B* e *C* da Fig. 12.1 em que ocorrem mudanças de coeficiente angular na curva de perda de peso.

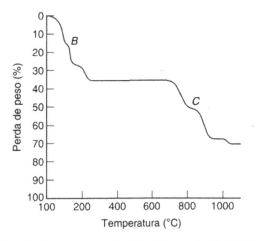

Fig. 12.1 Curva termogravimétrica típica do $CuSO_4 \cdot 5H_2O$

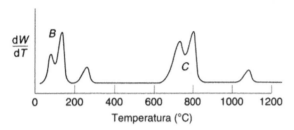

Fig. 12.2 Curva termogravimétrica derivada (DTG) típica

O gráfico da velocidade de mudança de peso com o tempo, dW/dT, contra a temperatura, é a curva termogravimétrica derivada (DTG, Fig. 12.2). Na curva de DTG, quando não há perda de peso, dW/dT = 0. O máximo da curva derivada corresponde ao coeficiente angular máximo na TG. Quando dW/dT for um mínimo (mas não zero) ocorre uma inflexão, isto é, uma mudança do coeficiente angular na curva de TG. As inflexões B e C da Fig. 12.1 correspondem à formação de compostos intermediários. A inflexão B corresponde à formação do tri-hidrato $CuSO_4 \cdot 3H_2O$ e o ponto C, segundo Duval [2], à formação de um sulfato básico amarelo-ouro de composição $2CuO \cdot SO_3$. A termogravimetria derivada é útil em muitas determinações complicadas e qualquer mudança na velocidade de perda de peso pode ser relacionada facilmente a uma depressão que indica a ocorrência de reações consecutivas. Assim, pode-se reconhecer as mudanças de peso que ocorrem em temperaturas próximas.

Quando muitas termobalanças comerciais entraram no mercado no início dos anos 1960, tornou-se claro, imediatamente, que muitos fatores influenciam os resultados da análise. Estes fatores foram descritos por Simons e Newkirk [3] e por Coats e Redfern [4], cujo trabalho permitiu o estabelecimento dos critérios necessários para a obtenção de resultados significativos e reprodutíveis. Os fatores que podem afetar os resultados podem ser classificados como efeitos instrumentais (velocidade de aquecimento, atmosfera do forno, geometria do cadinho) e efeitos característicos da amostra.

Velocidade de aquecimento

Quando uma substância é aquecida rapidamente, a temperatura de decomposição é maior do que se o aquecimento fosse mais lento. A Fig. 12.3 mostra esquematicamente este efeito para uma reação em uma etapa. Na curva de decomposição AB, a velocidade de aquecimento é menor e, na curva CD, maior. Se T_A e T_C são as temperaturas de decomposição no início da reação e T_B e T_D, as temperaturas ao terminar a decomposição, então

$$T_A < T_C$$
$$T_B < T_D$$
$$T_B - T_A < T_D - T_C$$

No caso de uma reação rápida reversível, o efeito da velocidade de aquecimento é pequeno. Os pontos de inflexão B e C da curva termogravimétrica do sulfato de cobre pentahidratado (Fig. 12.1) aparecem como um patamar se o aquecimento for mais lento. Isto significa que a detecção de compostos intermediários por termogravimetria depende muito da velocidade de aquecimento.

Atmosfera do forno

A natureza da atmosfera do forno pode ter um efeito profundo na temperatura de decomposição. A decomposição do carbonato de cálcio, por exemplo, ocorre em temperatura muito maior se dióxido de carbono for usado em substituição a nitrogênio como atmosfera no forno. Normalmente, a função do gás é remover os produtos gasosos desprendidos durante a termogravimetria para garantir que o ambiente seja o mais constante possível durante o experimento. Este objetivo é alcançado em muitas termobalanças modernas pelo aquecimento da amostra sob vácuo.

As três atmosferas mais comuns em termogravimetria são:

Ar estático: o ar ambiente difunde-se pelo forno.
Ar dinâmico: o ar comprimido de um cilindro passa pelo forno em vazão conhecida.
Nitrogênio: o nitrogênio, livre de oxigênio, é um meio inerte.

Atmosferas reativas como o ar úmido, por exemplo, são usadas no estudo da decomposição dos sais hidratados de metais e compostos semelhantes.

Como a termogravimetria é uma técnica dinâmica, as correntes de convecção que surgem no forno mudam continuamente a atmosfera. A natureza exata desta mudança depende das características do forno, o que faz com que dados termogravimétricos obtidos com diferentes modelos de termobalanças variem muito.

Geometria do cadinho

A geometria do cadinho pode alterar os coeficientes angulares da curva termogravimétrica. São preferíveis cadinhos baixos em forma de prato aos de formato cônico e alto, porque a difusão dos gases desprendidos é mais fácil.

Características da amostra

O peso, o tamanho de partícula e o modo de preparação (a história prévia) da amostra influenciam os resultados termogravimétricos. Quando a amostra é volumosa, observam-se comumente desvios da linearidade quando a temperatura aumenta. Isto é particularmente verdadeiro no caso de reações exotérmicas rápidas como, por exemplo, o desprendimento de monóxido de carbono durante a decomposição de oxalato de cálcio a carbonato. Uma grande quanti-

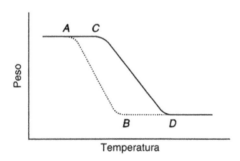

Fig. 12.3 Velocidades de aquecimento mais altas levam a temperaturas de decomposição mais altas

dade de amostra no cadinho pode impedir a difusão dos gases através dos cristais, especialmente no caso de certos nitratos metálicos que podem sofrer crepitação (projeções de amostra para fora do cadinho) quando aquecidos. Outras amostras podem inchar ou liberar espuma ou bolhas. Na prática, é melhor usar uma pequena quantidade de amostra com o menor tamanho de partículas possível.

Os resultados termogravimétricos podem ser bem diferentes em amostras com diferentes histórias. Assim, por exemplo, as curvas de TG e de DTG mostraram que hidróxido de magnésio preparado por precipitação tem temperatura de decomposição diferente da do hidróxido natural [5]. Por isto, deve-se procurar descobrir a origem e o método de obtenção da amostra.

12.3 Instrumentação da termogravimetria

12.3.1 Um bom modelo de termobalança

Os critérios de Lukaszewski e Redfern [6]

(a) A termobalança deve ser capaz de registrar continuamente a variação do peso da amostra em função da temperatura e do tempo.
(b) O forno deve atingir a temperatura máxima desejada. (Em algumas termobalanças modernas pode-se trabalhar entre −150 e 2400°C.)
(c) A taxa de aquecimento deve ser linear e reprodutível.
(d) A câmara da amostra deve estar na zona quente do forno que, por sua vez, deve ter temperatura uniforme.
(e) A termobalança deve permitir o aquecimento em diversas velocidades e permitir o aquecimento em diversas atmosferas controladas e no vácuo. O instrumento deve ser também capaz de permitir estudos em condições isotérmicas.
(f) O mecanismo da balança deve estar protegido do forno e do efeito de gases corrosivos.
(g) A temperatura da amostra deve ser medida o mais acuradamente possível.
(h) Deve-se usar uma balança com sensibilidade adequada ao estudo de quantidades muito pequenas de amostras.

Outros critérios para termobalanças modernas

(a) Aquecimento e resfriamento rápido. Isto permite completar várias análises em um tempo relativamente curto.
(b) O instrumento deve ser capaz de obter as curvas termogravimétricas derivadas (DTG).
(c) No caso da EGA, o acoplamento adequado entre a termobalança e o analisador de gases (cromatógrafo a gás, espectrômetro de massas, infravermelho com transformadas de Fourier) deve ser eficiente.
(d) Velocidade de aquecimento dinâmica. Isto permite altas velocidades de aquecimento nas regiões em que não há perda de peso e variações contínuas em função da velocidade de decomposição da amostra.

12.3.2 Principais componentes de uma termobalança

Dispõe-se atualmente de muitos instrumentos comerciais de características semelhantes. As termobalanças modernas são controladas por computador e podem gerar um grande número de programas de temperatura. Os principais componentes de uma termobalança são a balança e o forno.

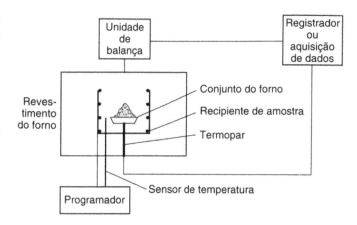

Fig. 12.4 Componentes principais de uma termobalança

As amostras são colocadas em um cadinho raso de platina ligado a uma microbalança registradora automática. O tipo de balança mais comum em termogravimetria é a balança de **ponto nulo**. Neste tipo de balança, quando o peso muda, o fiel da balança sofre um desvio em relação a sua posição normal. Um sensor detecta o desvio e induz uma força que recoloca a balança na posição original. A força restauradora é proporcional à mudança de peso.

O recipiente que contém a amostra é colocado em um compartimento de quartzo ou vidro Pyrex localizado no interior do forno. Um termopar, colocado imediatamente abaixo do cadinho da amostra, mede a temperatura do forno. O sinal resultante é registrado no eixo das abcissas do registrador. Uma termobalança moderna é controlada completamente por computador, o que permite uma grande variedade de programas de aquecimento, resfriamento e isotermas. O computador controla também a atmosfera da amostra. Outra importante característica é o tempo de resfriamento entre os experimentos, que é de alguns minutos apenas entre 1000°C e a temperatura do laboratório.

Um exemplo de termobalança moderna é o modelo TGA 2950 da TA Instruments. A Fig. 12.5 mostra seus principais componentes. O sistema opera com o princípio da balança nula e usa um transdutor muito sensível ligado a um sistema de suspensão de correia esticada (*taut-band*), o que permite a detecção de mudanças muito pequenas na massa da amostra. Um servomecanismo óptico regula a quantidade de corrente que flui através da bobina do transdutor e mantém o braço da balança na posição horizontal de referência (nula). Uma fonte de luz infravermelha (LED) e um par de diodos fotossensíveis detectam o movimento do braço. Um anteparo colocado no topo do braço da balança controla a quantidade de luz que chega a cada fotossensor. Quando a amostra perde ou ganha peso, a quantidade de luz que atinge cada diodo não é mais a mesma. O sinal não balanceado alimenta o programa de controle, que altera a corrente que movimenta o medidor e leva a balança a voltar à posição nula. A quantidade de corrente é diretamente proporcional à mudança de massa da amostra. A velocidade de aquecimento e a temperatura da amostra são medidas por um termopar adjacente à amostra. Isto permite a medida exata da temperatura e o ajuste da temperatura do ambiente e da velocidade de aquecimento selecionados pelo operador.

O recipiente cheio com a amostra é colocado na plataforma adequada. A orientação do recipiente pode ser ajustada para a manipulação automática. Ao apertar o botão

268 Análise Térmica

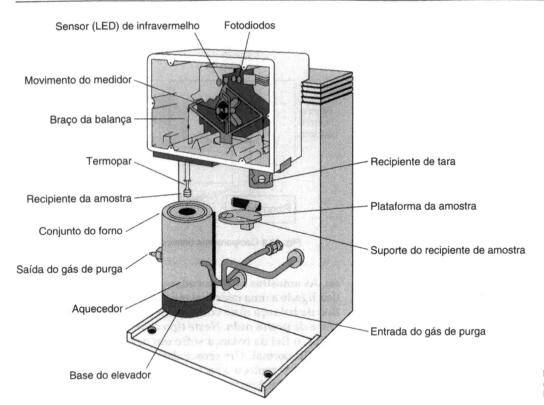

Fig. 12.5 Termobalança moderna (Cortesia de TA Instruments, Newcastle, Inglaterra)

"START" (iniciar) inicia-se uma série de eventos: rotação da plataforma da amostra, levantamento da amostra, aquecimento do forno e início do programa de condições experimentais e procedimentos previamente definido. A remoção da amostra e o resfriamento rápido do forno também podem ser programados pelo operador. Durante um experimento, os dados são automaticamente coletados, armazenados na memória eletrônica e, posteriormente, analisados e colocados em gráfico. Opcionalmente, pode-se ter a mudança automática da atmosfera com um comutador de gás e a capacidade de manipulação automática de várias amostras com um autoamostrador.

A Fig. 12.6 mostra um esquema da interface entre o equipamento TGA 2950 e um espectrômetro de infraver-

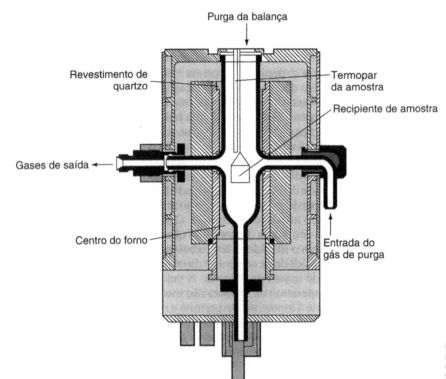

Fig. 12.6 Interface entre o TGA 2950 e um outro sistema como, por exemplo, um espectrômetro de massas ou um infravermelho com transformada de Fourier (Cortesia de TA Instruments, Newcastle, Inglaterra)

melho com transformadas de Fourier (FT-IR) ou com um espectrômetro de massas (MS), usados na análise de desprendimento de gases (EGA). Só é necessária a conexão da porta de saída do fluxo de gás de purga aos espectrômetros. A interface entre o TGA 2950 e os FT-IR é menos problemática do que com os espectrômetros de massa em que existe uma diferença apreciável de pressão entre os dois componentes. O FT-IR é de valor inestimável na identificação de substâncias tóxicas que podem ser liberadas na decomposição térmica de materiais poliméricos. Além disto, quando as substâncias liberadas têm a mesma massa molecular relativa, ou quase, como, por exemplo, água e amônia, é difícil, às vezes, identificá-las. A análise por infravermelho permite eliminar quaisquer ambigüidades na identificação dos produtos da decomposição térmica.

Uma inovação desenvolvida pela TA Instruments é a chamada TGA de alta resolução. Quatro algoritmos de aquecimento em velocidades variáveis podem ser usados para melhorar a resolução e baixar o tempo de análise. Quando se usa uma velocidade de reação constante — em que o sistema de controle varia a temperatura do forno para manter velocidade constante de mudança de peso — pode-se resolver e quantificar facilmente uma mistura de hidrogenocarbonatos de sódio e de potássio (Fig. 12.7).

12.4 Aplicações da termogravimetria

Quatro aplicações da termogravimetria são particularmente importantes para o analista:

1. Determinação da pureza e estabilidade térmica de padrões primários e secundários.
2. Investigação das temperaturas corretas de secagem e da adequação das várias formas de pesagem para análise gravimétrica.
3. Aplicação direta a problemas analíticos (análise termogravimétrica automática).
4. Determinação da composição de ligas e misturas.

A termogravimetria é uma técnica útil na determinação da pureza de materiais. Os reagentes analíticos, especialmente os usados como padrões primários na análise titrimétrica como, por exemplo, carbonato de sódio, tetraborato de sódio e hidrogenoftalato de potássio, podem ser assim analisados. Muitos padrões primários absorvem quantidades apreciáveis de água se expostos à umidade. Os resultados de TG detectam esta absorção e indicam a temperatura de secagem mais adequada para um dado reagente.

A estabilidade térmica do EDTA como ácido livre ou na forma mais comum do sal dissódico, $Na_2EDTA \cdot 2H_2O$, foi estudada por Wendlandt [7]. Ele mostrou que a desidratação do sal começa entre 110 e 125°C, confirmando, assim, o ponto de vista de Blaedel e Knight [8], de que o $Na_2EDTA \cdot 2 H_2O$ pode ser aquecido até peso constante em 80°C com segurança.

A aplicação mais ampla da termogravimetria em química analítica tem sido o estudo das temperaturas de secagem recomendadas para precipitados na análise gravimétrica. Duval estudou com esta técnica mais de mil precipitados para encontrar as condições ideais de secagem. O estudo permitiu concluir que apenas uma fração destes precipitados eram formas adequadas de pesagem dos elementos. Os resultados de Duval foram obtidos com materiais preparados sob condições de precipitação bem especificadas. Deve-se ter isto em mente ao se avaliar a conveniência do uso de um dado precipitado como forma de pesagem, porque as condições de precipitação podem ter efeito profundo na curva de pirólise. Não se justifica descartar um precipitado somente porque ele não mostra um patamar estável na curva de pirólise em uma dada velocidade de aquecimento. Além disto, os limites do patamar não devem ser tomados como um indicador de estabilidade térmica dentro da faixa de temperatura. A forma usada na pesagem não é, necessariamente, isotermicamente estável em todas as temperaturas da porção horizontal de uma curva termogravimétrica. É preferível usar velocidades baixas de aquecimento nos intervalos de temperatura em que ocorrem transformações químicas, especialmente quando o peso da amostra é grande. Lembre-se de que na obtenção das curvas termogravimétricas a temperatura normalmente varia com velocidade uniforme e, na análise gravimétrica de rotina, o precipitado é geralmente levado rapidamente até uma dada temperatura e mantido nela por um tempo definido.

A termogravimetria pode ser usada na determinação da composição de misturas binárias. Se as curvas de pirólise dos componentes são diferentes, a curva da mistura permite a determinação de sua composição. Numa determinação gravimétrica automática deste tipo, o peso inicial da amostra não precisa ser conhecido. Um exemplo simples é a determinação automática de uma mistura de cálcio e estrôncio na forma de carbonatos. Ambos os carbonatos se decompõem nos óxidos correspondentes, liberando dióxido de carbono. A temperatura de decomposição do carbonato de cálcio está entre 650 e 850°C, e a do carbonato de estrôncio, entre 950 e 1150°C. Esta diferença permite o cálculo das quantidades de cálcio e de estrôncio presentes em uma mistura a partir das perdas de peso devidas à eliminação de dióxido de carbono nas faixas de menor e maior temperatura, respectivamente. Este método pode ser estendido para a análise de misturas ternárias, já que o carbonato de bário decompõe-se em temperaturas mais elevadas (cerca de 1300°C) do que a do carbonato de estrôncio.

Um outro exemplo, citado por Duval [9], é a determinação automática de uma mistura de oxalatos de cálcio e magnésio. O oxalato de cálcio mono-hidratado tem três regiões distintas de decomposição e o oxalato de magnésio di-hidratado, apenas duas:

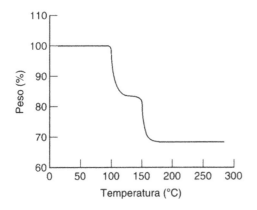

Fig. 12.7 TGA de alta resolução quantifica misturas de hidrogenocarbonatos: velocidade de reação constante, recipiente hermético com um pequeno orifício, 133 minutos (Cortesia de TA Instruments, Newcastle, Inglaterra)

(a) $CaC_2O_4 \cdot H_2O \rightarrow CaC_2O_4 + H_2O$ 100–250 °C
(b) $CaC_2O_4 \rightarrow CaCO_3 + CO$ 400–500 °C
(c) $CaCO_3 \rightarrow CaO + CO_2$ 650–850 °C
(d) $MgC_2O_4 \cdot 2H_2O \rightarrow MgC_2O_4 + 2H_2O$ 100–250 °C
(e) $MgC_2O_4 \rightarrow MgO + CO + CO_2$ 400–500 °C

A curva de pirólise de uma mistura dos dois oxalatos deve, portanto, apresentar três etapas de decomposição. A etapa final é inteiramente devida à eliminação de dióxido de carbono do carbonato de cálcio, o que permite o cálculo do teor de cálcio presente na mistura. A quantidade de magnésio pode ser calculada na segunda etapa, em que ocorrem os estágios (b) e (e). Isto se justifica porque a quantidade de monóxido de carbono proveniente da decomposição do carbonato de cálcio pode ser subtraída da perda total de peso observada para dar a perda de dióxido de carbono e monóxido de carbono do oxalato de magnésio anidro. Como os estágios (a) e (d) não entram nos cálculos, a mistura dos oxalatos de cálcio e de magnésio não requer secagem antes da determinação automática.

Os estudos termogravimétricos também se aplicam a materiais mineralógicos, metalúrgicos e poliméricos. Dentre possíveis exemplos está o estudo de argilas e solos por Hoffman et al. [10]. As curvas de pirólise da maior parte dos solos examinados mostraram patamares que se iniciam entre 150 e 180°C e se estendem até 210–240°C, indicando a remoção da umidade higroscópica e dos compostos orgânicos voláteis. No estudo da argila de um determinado solo, a perda de peso em 500°C, obtida de uma curva de pirólise, deu uma estimativa da quantidade de matéria orgânica em razoável concordância com os dados de combustão seca e oxidação úmida. Outra característica deste trabalho é a sugestão de que a água reticular pode ser determinada quantitativamente em argilas puras. Como as águas reticulares de diferentes argilas são eliminadas em temperaturas diferentes, estas podem ser utilizadas na identificação.

A oxidação da liga samário–cobalto, Co_5Sm, foi estudada por termogravimetria usando ar como atmosfera [11]. A Fig. 12.8 mostra os resultados deste estudo. O aumento de peso entre A e B é o resultado da oxidação de Sm a Sm_2O_3. O aumento entre B e C, da oxidação de Co a Co_3O_4 e da formação do óxido misto $CoSmO_3$. A perda de peso entre D e E é o resultado da conversão de Co_3O_4 a CoO. A formação de Sm_2O_3 e da mistura entre Co_3O_4 e $CoSmO_3$ foi confirmada por estudos de difração de raiosX.

Uma das aplicações mais importantes da termogravimetria é o estudo da estabilidade térmica de polímeros. As informações da termogravimetria também ajudam a determinar a identidade do polímero. Como a termogravimetria derivada (DTG) indica a temperatura em que a mudança de peso é máxima, ela é útil na distinção de polímeros. Por isto, tanto a TG como a DTG permitem a identificação dos componentes de um material polimérico. A determinação quantitativa pode ser feita por calorimetria diferencial de varredura (DSC). Veja a Seção 12.8.

Parte experimental

Segurança. Antes de fazer qualquer experimento desta seção preste muita atenção aos avisos de segurança. Tenha sempre em mente as regras de segurança de laboratório.

12.5 Experimentos termogravimétricos

Descreveremos a seguir um certo número de experimentos termogravimétricos. Se desejar informações mais detalhadas sobre estes e outros estudos, o leitor deve consultar as publicações mencionadas na Seção 12.14. Algumas precauções, listadas a seguir, devem ser seguidas quando for necessário usar uma termobalança moderna com uma microbalança eletrônica, que requer quantidades pequenas de amostra:

(a) Selecione o peso da amostra de acordo com a perda de peso real prevista.
(b) Evite manipular o cadinho com as mãos para não transferir gordura ou umidade para ele. O cadinho de platina pode ser limpo por imersão em ácido nítrico diluído.
(c) Utilize uma amostra representativa. Se o material não for homogêneo, analise várias amostras. A obtenção de resultados diferentes confirma a heterogeneidade.

O método de obtenção das amostras depende da natureza do material:

Um disco circular cortado de um filme do material com um furador apropriado (de rolha ou couro, por exemplo).
Os materiais fibrosos, que não são compactados facilmente, podem ser prensados entre lâminas de metal antes da transferência para o cadinho.
As amostras líquidas podem ser transferidas para o cadinho com uma seringa hipodérmica.
As amostras sensíveis ao ar devem ser colocadas no cadinho em câmara seca e transferidas rapidamente para a termobalança onde são manipuladas sob gás inerte seco.
Os materiais que crepitam ou que geram espuma não devem ser analisados em uma termobalança.

É sempre boa prática aquecer o material em um cadinho pequeno, forno ou mufla para se certificar de que não ocorre crepitação ou formação de espuma antes de submeter a amostra à termogravimetria. A termobalança pode sofrer sérios danos se as amostras não forem testadas previamente.

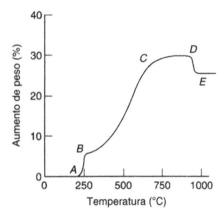

Fig. 12.8 Oxidação da liga Co_5Sm por termogravimetria em atmosfera de ar: AB mostra a oxidação de Sm a Sm_2O_3, BC mostra a oxidação de Co a Co_3O_4 e a formação do óxido misto $CoSmO_4$, DE mostra a conversão de Co_3O_4 a CoO. A formação de Sm_2O_3 e da mistura de Co_3O_4 e $CoSmO_3$ foi confirmada por estudos de difração de raios X

12.5.1 Decomposição térmica do oxalato de cálcio mono-hidratado

Esta determinação pode ser feita em qualquer termobalança padrão. Consulte sempre o manual do fabricante para instruções detalhadas sobre a operação do instrumento. Coloque a balança no zero usando a escala de 10 mg e um cadinho vazio em posição. Use uma vazão de ar de 10 ml·min^{-1}. Pese com exatidão, diretamente no cadinho, cerca de 2 mg de oxalato de cálcio mono-hidratado e registre o peso. Ajuste a escala variável do registrador para que o peso da amostra corresponda a 100% da escala. Selecione a velocidade de aquecimento adequada (20°C·min^{-1}) e registre a curva de pirólise do oxalato de cálcio mono-hidratado, da temperatura do laboratório até 1000°C, em termos da percentagem do peso de amostra perdido. Use a curva termogravimétrica para estimar a pureza do oxalato de cálcio (Seção 12.4). Este experimento pode ser estendido para a determinação gravimétrica automática de cálcio e magnésio como oxalatos. Veja os detalhes da decomposição térmica dos oxalatos na Seção 12.4. Use a curva termogravimétrica para calcular os teores de cálcio e de magnésio.

12.5.2 Decomposição térmica do sulfato de cobre penta-hidratado

Siga o procedimento descrito na Seção 12.5.1, mas pese com exatidão cerca de 6 mg do sulfato de cobre. Registre a curva de decomposição térmica da temperatura do laboratório até 1000°C, com velocidade de aquecimento de 10°C·min^{-1} e atmosfera de ar na vazão de 10 cm^3·min^{-1}. Observe o efeito da variação da velocidade de aquecimento sobre as reações de desidratação nas velocidades de 2, 20 e 100°C·min^{-1}, além da velocidade de 10°C·min^{-1} do experimento inicial. A melhoria de resolução decorrente da redução da velocidade de aquecimento é mais evidente com a DTG.

12.5.3 Decomposição térmica do oxalato de níquel di-hidratado

Este experimento ilustra o efeito de diferentes atmosferas de forno na termogravimetria. Siga o procedimento descrito nos experimentos anteriores. Registre a curva de decomposição de oxalato de níquel da temperatura do laboratório até 1000°C usando velocidade de aquecimento de 100°C·min^{-1} em atmosfera de ar e vazão de 10 cm^3·min^{-1}. Repita o procedimento nas mesmas condições com atmosfera de nitrogênio na vazão de 10 cm^3·min^{-1}. Observe que, no ar, o produto final de decomposição é óxido de níquel(II) e, em nitrogênio, o produto final é níquel como metal.

12.5.4 Determinação de cálcio e de magnésio em dolomita

Dolomita é uma mistura equimolecular de carbonatos de cálcio e magnésio (CaCO$_3$, MgCO$_3$). Siga os procedimentos já descritos, usando uma corrente de ar e velocidade de aquecimento de 30°C·min^{-1}. O carbonato de magnésio converte-se em óxido de magnésio em 480°C, aproximadamente, e o carbonato de cálcio em óxido de cálcio entre 650 e 850°C. Assim, é possível calcular a percentagem de CaO e MgO em uma amostra de dolomita. Compare os valores obtidos para cálcio e magnésio com os obtidos na titulação de Ca^{2+} + Mg^{2+} com EDTA (Seção 10.76) e Ca^{2+}, usando EGTA como titulante (Seção 10.75).

12.6 Técnicas diferenciais

Análise térmica diferencial

Na análise térmica diferencial (DTA), a amostra a analisar e um material inerte de referência (usualmente α-alumina) são aquecidos ou resfriados segundo um protocolo normalmente linear em relação ao tempo. Quando a amostra não se altera química ou fisicamente, não existe diferença de temperatura entre a amostra e a referência. Se houver reação, observa-se uma diferença de temperatura, ΔT, entre a amostra e a referência. Assim, quando ocorre uma mudança endotérmica como, por exemplo, fusão ou desidratação, a amostra fica em uma temperatura mais baixa do que a do material de referência. Esta condição é transitória porque, quando a reação se completa, a amostra atinge novamente a mesma temperatura da referência.

Em DTA, constrói-se um gráfico de ΔT contra a temperatura ou contra o tempo, se o programa de aquecimento ou resfriamento for linear com o tempo. A Fig. 12.9 mostra uma curva idealizada de DTA. O pico 1 é um pico exotérmico, e o pico 2, endotérmico. A forma e a área dos picos dão informações sobre a natureza da amostra sob análise. Assim, picos endotérmicos agudos correspondem comumente a mudanças de cristalinidade ou a processos de fusão e picos endotérmicos largos a reações de desidratação. Mudanças físicas dão normalmente curvas endotérmicas, porém reações químicas, particularmente as de natureza oxidativa, dão curvas predominantemente exotérmicas.

Calorimetria de varredura diferencial (DSC)

Na DSC com compensação de energia (desenvolvida pela Perkin Elmer (EUA), a primeira técnica a ser chamada de calorimetria de varredura diferencial), mede-se a energia necessária para manter nula a diferença de temperatura entre a amostra e um material de referência em função da temperatura ou do tempo. Assim, quando ocorre uma transição endotérmica, a energia absorvida pela amostra é compensada pelo aumento da energia que ela absorve para manter nula a diferença de temperatura. Como este acréscimo de energia é exatamente equivalente, em grandeza, à energia absorvida na transição, mede-se diretamente por calorimetria a energia de transição. No registro de uma

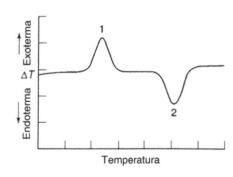

Fig. 12.9 Curva de DTA idealizada: (1) pico exotérmico, (2) pico endotérmico

DSC, a abcissa indica a temperatura de transição e a área do pico mede a transferência total de energia para ou da amostra. Na Seção 12.7 detalhamos a DSC com **medição de fluxo de calor**.

12.7 Instrumentação para DTA e DSC

Os modernos instrumentos térmicos são modulares. Assim, os mesmos forno, programador e registrador podem ser usados simultânea ou seqüencialmente para obter os dados de TG, DTG e DSC de uma única amostra. Com a ajuda de um microprocessador e de programas manipulados pelo operador, pode-se variar as velocidades de aquecimento e resfriamento, bem como fazer estudos isotérmicos. Além disto, as curvas derivadas podem ser registradas e, principalmente no caso da DSC, as áreas dos picos podem ser medidas. Os resultados termoanalíticos podem ser conservados em disquetes e cópias impressas podem ser obtidas.

A distinção exata entre a instrumentação de DSC e de DTA foi tema de controvérsia por muitos anos. O problema foi eventualmente resolvido por Mackenzie [12]. De um lado, tem-se a DTA convencional (clássica), em que ΔT é a diferença entre T_S (a temperatura da amostra) e T_R (a temperatura da referência) — veja a Fig. 12.10. As junções dos diferentes termopares estão localizadas entre a amostra e a referência, no centro. Com este arranjo, ΔT não pode ser diretamente relacionada à mudança de entalpia e a área do pico não pode ser convertida em unidades de energia de maneira confiável. A DTA clássica dá informações qualitativas úteis e na melhor das hipóteses informações semiquantitativas. Para medições quantitativas, as junções do termopar devem estar imediatamente abaixo e em contato térmico com dois recipientes de metal separados e inseridos num espaço contendo ar.

A DSC com compensação de energia desenvolvida pela Perkin Elmer (EUA) é bastante diferente da DTA. O aparelho mede diretamente a mudança de entalpia. A amostra e a referência têm aquecedores separados mantidos na mesma temperatura por um sistema de controle (Fig. 12.11). A energia é suprida a dois aquecedores para manter as amostras e a referência R na mesma temperatura. Quando ocorre uma mudança endotérmica, a energia absorvida é compensada pelo aumento da energia fornecida à amostra, mantendo-se, assim, o balanço de temperatura. Como a entrada de energia é equivalente à absorvida na transição, o método da compensação de energia fornece uma medida calorimétrica direta da energia de transição.

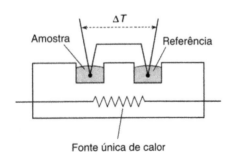

Fig. 12.10 Aparelhagem de DTA convencional

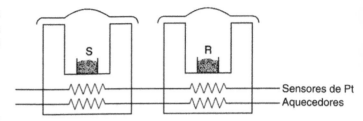

Fig. 12.11 Aparelhagem de DTA com compensação de energia

DSC com fluxo de calor

Algumas variantes de DSC baseiam-se em medições de fluxo de calor. O sistema inicialmente proposto por Boersma [13] demonstrou que a colocação de uma fuga de calor controlada entre os suportes da amostra e da referência permitia a medição quantitativa das mudanças de energia a serem feitas. Este arranjo torna a área do pico proporcional à mudança de entalpia por um fator de calibração parcialmente dependente da temperatura (Seção 12.8). Se a amostra estiver circundada por uma termopilha, o fluxo de calor pode ser medido diretamente. Os fluxos de calor entre amostras separadas e os suportes de referência e um bloco circundante são medidos por duas termopilhas ligadas em oposição. Este é o princípio básico por trás do modelo DSC III (Setaram, França). Admite-se, agora, que instrumentos baseados em medidas de compensação de energia ou em fluxo de calor podem ser chamados de DSC [13].

A Fig. 12.12 mostra esquematicamente a DSC com fluxo de calor desenvolvida pela TA Instruments. Um disco metálico (feito com a liga constantan) transfere calor da amostra para a referência e vice-versa. A amostra, contida em um recipiente metálico, e a referência, que é um recipiente vazio, são posicionadas em ressaltos do disco de constantan. Quando o disco transfere calor, a diferença de calor entre a amostra e a referência é medida por termopares formados pela junção entre o disco de constantan e pastilhas de cromel na base dos ressaltos. Estes termopares são ligados em série e medem as diferenças de fluxo de calor. Fios de cromel e de alumel ligados às pastilhas de cromel formam termopares que medem diretamente a temperatura da amostra. O gás de purga é admitido na câmara de amostra através de um orifício no bloco aquecedor. Com este equipamento, é possível alcançar desde velocidades de aquecimento ou resfriamento de 100°C·min^{-1} até velocidades de 0°C·min^{-1} (isotermas).

Outra técnica é a DSC modulada (MDSC), também desenvolvida pela TA Instruments, que usa a célula de DSC com fluxo de calor esquematizada na Fig. 12.11 com um perfil diferente de aquecimento do forno. Uma modulação senoidal (oscilatória) substitui a rampa linear de aquecimento tradicional, o que dá um perfil de aquecimento no qual a temperatura da amostra cresce com o tempo, mas não de forma linear. O efeito deste perfil de aquecimento sobre a amostra é o mesmo que se dois experimentos simultâneos fossem feitos. Isto produz uma velocidade de aquecimento lenta (que melhora a resolução), bem como uma velocidade de aquecimento instantânea mais rápida (que melhora a sensibilidade).

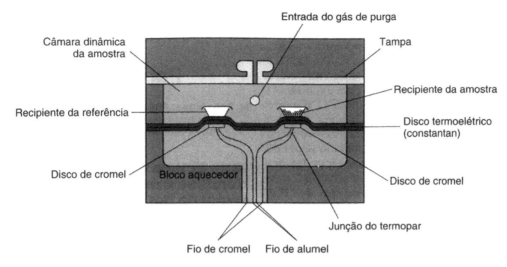

Fig. 12.12 Aparelhagem de DSC com fluxo de calor (Cortesia de TA Instruments, Newcastle, Inglaterra)

12.8 Fatores experimentais e instrumentais

Os picos de DTA e DSC são influenciados pelos mesmos fatores que afetam as curvas termogravimétricas (Seção 12.2). Assim, velocidades de aquecimento, atmosferas diferentes e as geometrias dos suportes de amostra podem alterar a posição dos picos de DTA e DSC. Entretanto, o fator mais importante na obtenção de resultados confiáveis em ambas as técnicas é a preparação da amostra e do material de referência. Deve-se tomar muito cuidado na preparação da amostra e na maneira como o cadinho, ou a ampola, é colocado na balança. Para se obter resultados reprodutíveis em experimentos sucessivos, é essencial utilizar, a cada vez, o mesmo procedimento de preparo de amostra. A seleção e manipulação de amostras para DTA são semelhantes ao que já foi descrito na Seção 12.5. Todavia, é possível utilizar materiais que crepitam, formam espuma ou fervem se forem usados recipientes selados para que não haja danos ao suporte da amostra. A maior parte dos equipamentos modernos de DTA inclui um dispositivo para o encapsulamento da amostra. É prática corrente encapsular a amostra entre placas metálicas de alta condutividade térmica. Assim, a amostra fica na forma de uma pastilha fina que permite melhor contato térmico entre a amostra e o sensor de temperatura.

É prática corrente o uso em DSC de um recipiente vazio como referência (o mesmo é feito em DTA quando o peso da amostra é da ordem de 1 mg). Quando o peso é maior, é necessário usar um material de referência porque o peso total da amostra e seu recipiente deve ser aproximadamente igual ao peso da referência e seu recipiente. O material de referência deve ser selecionado de modo a ter características térmicas semelhantes às da amostra. O material de referência mais usado é a α-alumina de grau de pureza analítico. Antes do uso, a α-alumina deve ser recalcinada e estocada em um dessecador contendo perclorato de magnésio. Kieselguhr é outro material de referência usado quando a amostra tem natureza fibrosa. Quando há diferença muito grande entre as características térmicas da amostra e dos materiais de referência ou quando ΔT é grande, costuma-se diluir a amostra com a substância de referência. Pode-se fazer a diluição misturando bem proporções adequadas da amostra e do material de referência.

12.9 Aplicações de DTA e DSC

As mudanças de peso monitoradas por termogravimetria envolvem, invariavelmente, absorção ou liberação de energia e podem ser medidas por DSC ou DTA. Ocorrem, entretanto, mudanças de energia que não são acompanhadas por ganho ou perda de peso. Fusão, cristalização, amolecimento e as transições no estado sólido não envolvem mudanças de peso. Por isto, a TG é comumente utilizada juntamente com DTA e DSC.

A análise qualitativa de materiais foi uma das primeiras aplicações da DTA, um método rápido para a identificação de minerais, argilas e materiais poliméricos. Assim, por exemplo, quando se usa a DTA com atmosfera de nitrogênio, a crisotila (asbesto branco) mostra um pico endotérmico de desidroxilação em 650°C e um pico exotérmico de cristalização característico em 845°C. Pode-se detectar por DTA uma amostra com 1% p/p de crisotila em talco. Esta técnica é rápida porque não envolve a longa etapa de preparo da amostra requerida pelos outros métodos. Os polímeros têm seus pontos de amolecimento endotérmicos característicos. Assim, cada componente de uma mistura de vários polímeros comerciais pode ser facilmente identificado com DTA por sua região endotérmica de amolecimento.

DTA e, particularmente, DSC são usadas em química farmacêutica na investigação da pureza de produtos, identificação de isômeros ópticos, ocorrência de polimorfismo e formação de eutéticos. Na indústria alimentícia, as gorduras comestíveis e óleos podem ser caracterizados por métodos térmicos diferenciais. Para medidas quantitativas, prefere-se DSC porque ela requer apenas um padrão para calibração da área dos picos. Em DTA e DSC, a área do pico, A, depende da massa da amostra, m, do calor da reação, ΔH, e de uma constante empírica, K, em que

$$A = \pm \Delta H m K$$

Em DTA, a constante K depende da temperatura. Isto exige que a calibração das áreas dos picos seja feita com o padrão na mesma faixa de temperatura a ser usada para a amostra. Com um equipamento de DSC eficiente, a constante K praticamente não depende da temperatura e só um padrão é necessário para a calibração. Assim, em DSC, a constante K é determinada com um padrão de alta pureza e uma entalpia de fusão (ΔH_f) conhecida com exatidão. O metal índio puro, com ponto de fusão a 156,5°C, é muito empregado. Um instrumento moderno comandado por um microprocessador avalia K usando a área do pico obtida da fusão endotérmica do índio. Qual seria, então, o papel da DTA na análise térmica moderna? Quando este capítulo foi redigido, a temperatura máxima alcançada pela DSC é da ordem de 800°C, enquanto alguns instrumentos de DTA podem chegar até 2000°C. Por este motivo, a DTA ainda é usada em estudos de minerais e materiais refratários e cerâmicos em altas temperaturas.

A análise de misturas de fibras sintéticas foi uma das primeiras aplicações da DSC e é um bom exemplo da versatilidade da técnica. Com uma DSC da Perkin Elmer, uma mistura contendo os poliésteres Nylon 66, Orlon e Vycron foi analisada. Os valores de ΔH por grama de amostra foram comparados com os valores correspondentes de cada componente puro. Assim, os valores de ΔH de cristalização do nylon e do poliéster foram medidos, juntamente com um pico exotérmico correspondente à formação de uma ligação cruzada pelo Orlon. Uma análise quantitativa da fibra foi então feita. Assim, por exemplo, a razão entre o valor de ΔH do pico de cristalização do nylon na fibra e o valor de ΔH do nylon puro multiplicada por 100, deu a percentagem de nylon na mistura. O tempo total de análise, sem tratamento da amostra ou qualquer procedimento de separação, foi inferior a 30 minutos. A repetibilidade do experimento ficou na faixa de 5% da quantidade de cada componente presente.

As misturas de polímeros são difíceis de analisar por DSC convencional, mas podem ser analisadas com sucesso por DSC modulada (MDSC). Assim, por exemplo, um material polimérico contendo poli(tereftalato de polietileno) (PTE) e acrilonitrila–butadieno–estireno (ABS) pode ser separado e analisado por MDSC. A calorimetria diferencial de varredura pode ser usada no estudo do número e da faixa de temperatura de materiais polimorfos, porque cada transição polimórfica ocorre com mudança de energia que pode ser detectada por DSC. Várias formas de digoxina foram investigadas [14], embora a moagem do material possa afetar a cristalinidade e levar à formação de uma fase amorfa [15]. Não há dúvidas de que a análise térmica é muito versátil e de que pode ser aplicada em muitos problemas analíticos.

Os instrumentos modernos tornaram sua operação relativamente simples, sem prejuízo da flexibilidade.

Parte experimental

Segurança. Antes de fazer qualquer experimento desta seção preste muita atenção aos avisos de segurança. Tenha sempre em mente as regras de segurança de laboratório.

12.10 Estudo do sulfato de cobre hidratado e do tungstato de sódio hidratado por DTA

Introdução Estes experimentos dão um primeiro contato com a técnica e fornecem algumas informações necessárias para a interpretação dos eventos térmicos. Consulte o manual do fabricante para detalhes da operação do equipamento.

Procedimento Pese com exatidão dois cadinhos vazios e registre o peso de cada um. Pese com exatidão cerca de 50 mg de sulfato de cobre penta-hidratado em um dos cadinhos (amostra). Coloque no outro cadinho uma quantidade equivalente de α-alumina (referência). Coloque o suporte com a amostra e a referência no forno, e selecione a atmosfera de gás apropriada (por exemplo, nitrogênio) na vazão de 100 ml·min^{-1}. Use a velocidade típica de aquecimento de 20°C·min^{-1}. Registre os resultados de DTA para $CuSO_4·5H_2O$ na faixa desejada de temperatura (temperatura do laboratório até 1000°C). Nos instrumentos modernos, todo o procedimento pode ser automatizado. Repita o procedimento com tungstato de sódio di-hidratado nas mesmas condições experimentais. Os resultados que se obtêm com um TG–DTA simultâneo, o SDT 2960 da TA Instruments, estão na Fig. 12.13.

Na Fig. 12.13(a), a curva termogravimétrica do $CuSO_4·5H_2O$ é representada pela linha cheia. A linha tracejada mostra o perfil de DTG. O gráfico de DTA é a curva pontilhada na parte superior do diagrama. Note que todas as zonas endotérmicas, em DTA, têm perdas de peso correspondentes e são, portanto, estágios de decomposição. Na Fig. 12.13(b), a linha cheia mostra o gráfico de TG de $Na_2WO_4·2H_2O$ com uma etapa de desidratação em 81°C. Além do pico de desidratação, os resultados de DTA (linha tracejada) mostram duas outras zonas endotérmicas: uma mudança de fase cristalina em 585°C e a fusão em 697°C.

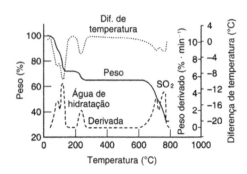 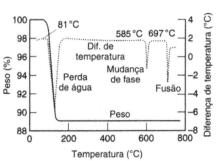

Fig. 12.13 Resultados simultâneos de TG–DTA para (a) $CuSO_4·5H_2O$ e (b) $Na_2WO_4·2H_2O$ (Cortesia de TA Instruments, Newcastle, Inglaterra)

12.11 Determinação de hidratos do sulfato de cálcio em cimento por DSC*

Introdução Na manufatura do cimento Portland, adiciona-se cerca de 5% de gipsita ($CaSO_4 \cdot 2H_2O$) para reduzir a velocidade de endurecimento. A gipsita é adicionada ao clínquer fundido durante o processamento e os dois componentes são subseqüentemente moídos para dar uma mistura uniforme com partículas do tamanho desejado. Na moagem, a energia térmica gerada pode causar a desidratação parcial da gipsita ao hemi-hidrato $CaSO_4 \cdot \frac{1}{2}H_2O$, que afeta desfavoravelmente a velocidade de endurecimento (ela é acelerada) do cimento. Assim, é importante monitorar as quantidades de cada hidrato presente no cimento final. A quantificação até os níveis requeridos é um problema que só pode ser resolvido por DSC. A desidratação da gipsita é um processo endotérmico em dois estágios:

$$CaSO_4 \cdot 2H_2O \rightarrow CaSO_4 \cdot \tfrac{1}{2}H_2O \rightarrow CaSO_4$$

Procedimento Siga as instruções de operação do fabricante. As condições experimentais seguintes foram adotadas com o DSC2920 da TA Instruments [16]. Encapsule a amostra de cimento (entre 5 e 8 mg) em um recipiente de alumínio hermeticamente selado. Selecione a faixa de temperatura de 100 até 240°C e velocidade de aquecimento de 15°C·min^{-1}, usando ar atmosférico. Obtenha a área do pico da zona endotérmica em cerca de 150°C, para a conversão $CaSO_4 \cdot 2H_2O \rightarrow CaSO_4 \cdot \frac{1}{2}H_2O$ e a área da zona endotérmica em 200°C, aproximadamente, para a etapa de desidratação $CaSO_4 \cdot \frac{1}{2}H_2O \rightarrow CaSO_4$.

Use uma curva de calibração construída a partir de experimentos semelhantes com a gipsita pura. Determine a percentagem de gipsita no cimento por interpolação gráfica do valor obtido para a área do pico da zona endotérmica em temperatura baixa. Determine, usando a razão dos picos da desidratação em duas etapas da gipsita pura, a quantidade de calor no segundo estágio da desidratação do cimento, associada com a gipsita inicialmente presente. Subtraia este valor da área total do segundo estágio de desidratação do cimento. Isto dá o calor associado com o hemi-hidrato inicialmente presente. Com uma curva de calibração construída a partir da análise do hemi-hidrato puro, é possível determinar o percentual de hemi-hidrato no cimento.

12.12 Determinação da pureza de fármacos por DSC

Introdução A DSC é um método rápido e confiável de determinação da pureza de materiais, particularmente fármacos. Isto é importante porque a presença de quantidades muito pequenas de impurezas pode reduzir a eficácia de uma droga ou causar efeitos colaterais adversos. A técnica de DSC permite a determinação da curva de fusão da amostra durante o aquecimento até o ponto de fusão. Sabe-se que quanto maior for a concentração de impurezas na amostra, menor é o ponto de fusão e mais larga a faixa de fusão. Os dados obtidos por DSC incluem a curva de fusão completa e o calor latente de fusão da amostra (ΔH_f).

A interpretação da curva de DSC baseia-se em uma forma modificada da equação de van't Hoff:

$$T_s = T_0 - \frac{RT_0^2 X_1}{\Delta H_f}\left(\frac{1}{F}\right)$$

onde
ΔH_f = calor de fusão do componente principal puro (J mol^{-1})
R = constante dos gases (8,314 J mol^{-1} K^{-1})
T_s = temperatura da amostra (K)
T_0 = ponto de fusão teórico do composto puro (K)
X_1 = fração molar da impureza
F = fração da amostra que fundiu em T_s

O gráfico de T_s contra $1/F$ deveria ser uma linha reta de coeficiente linear T_0 e coeficiente angular $RT_0^2 X_1/\Delta H_f$, que pode ser obtida dos dados de DSC ou da literatura, permitindo o cálculo de X_1.

Procedimento para a fenacetina Pese uma amostra de fenacetina (entre 1 e 5 mg) em um recipiente de alumínio para DSC e tampe-o. A referência é um recipiente de DSC vazio com a tampa. Use uma atmosfera de nitrogênio (50 ml·min^{-1}) e uma velocidade de aquecimento lenta (1°C·min^{-1}). Inicie a corrida de DSC em uma temperatura cerca de 10°C abaixo do ponto de fusão (de 124 a 140°C). Com um DSC moderno (como o modelo DSC 2920 da TA Instruments), o programa de cálculo da pureza calorimétrica determina a pureza da fenacetina em percentagem molar de pureza. A Fig. 12.14 mostra os resultados obtidos com uma amostra de fenacetina. A linha contínua mostra a fusão endotérmica da fenacetina com ponto de fusão 134,9°C. Os triângulos abertos correspondem ao gráfico de T_s contra $1/F$. A curva não é linear mas pode ser extrapolada à linha reta teórica por aproximações sucessivas. O coeficiente angular da linha corrigida (quadrados abertos) é usado para calcular a pureza molar percentual.

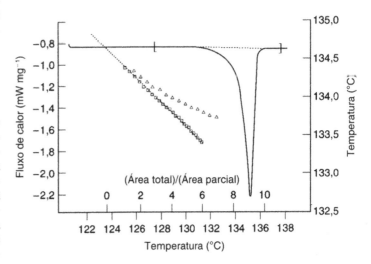

Fig. 12.14 A programação de pureza calorimétrica pode determinar a pureza da fenacetina: pureza = 99,55% molar, ponto de fusão = 134,9°C, depressão = 0,24°C, ΔH = 26,4 kJ·mol^{-1}, correção = 8,11%, MMR = 179,2, constante da célula = 0,977, início do coeficiente = 10,14 mW·°C^{-1}. Os triângulos abertos são o gráfico de T_s contra $1/F$, e os quadrados abertos, a reta teórica (Cortesia de TA Instruments, Newcastle, Inglaterra)

---

*Os detalhes são cortesia de TA Instruments.

Os cálculos manuais de pureza feitos a partir de dados de DSC são normalmente longos e trabalhosos. Assim, recomenda-se fortemente o uso de um programa de computador apropriado. É muito importante reconhecer que nem todas as amostras são adequadas para a determinação da pureza pelo método da DSC. A decomposição da amostra pode produzir uma região de CVD endotérmica deformada. A formação de soluções sólidas também não deve ocorrer. O componente mais importante deve estar puro no estado sólido como uma fase única. Estas condições são difíceis de detectar na região endotérmica da DSC, sendo praxe dopar a amostra com quantidades conhecidas de impurezas para controlar os resultados [17].

12.13 Referências

1. R C Mackenzie 1979 *Thermochim. Acta*, **28**; 1
2. C Duval and M de Clercq 1951 *Anal. Chim. Acta*, **5**; 282
3. E K Simons and A E Newkirk 1964 *Talanta*, **11**; 549
4. A W Coats and J P Redfern 1963 *Analyst*, **88**; 906
5. C Turner, I Hoffman and D Chen 1963 *Can. J. Chem.*, **41**; 243
6. G M Lukaszewski and J P Redfern 1961 *Lab Practice*, **10**; 552
7. W W Wendlandt 1960 *Anal. Chem.*, **32**; 848
8. W J Blaedel and H T Knight 1954 *Anal. Chem.*, **26**; 741
9. C Duval 1963 *Inorganic thermogravimetric analysis*, 2nd edn, Elsevier, Amsterdam, p. 93
10. I Hoffman, M Schnitzer and J R Wright 1959 *Anal. Chem.*, **31**; 440
11. D M Nicholas, P Barnfield and J Mendham 1988 *Mater. Sci. Lett.*, **7**; 217
12. R C Mackenzie 1980 *Anal. Prac.*, **17**; 217
13. S L Boersma 1955 *J. Am. Ceram. Soc.*, **38**; 281
14. A T Florence, E G Salole and J B Stenlake 1974 *J. Pharm. Pharmac.*, **26**; 479
15. A T Florence and E G Salole 1976 *J. Pharm. Pharmac.*, **28**; 637
16. J G Dunn, K Oliver and I Sills 1989 *Thermochim. Acta*, **155**; 93
17. P Burroughs 1980 *Anal. Prac.*, **17**; 231

12.14 Bibliografia

J W Dodd and K H Tonge 1986 *Thermal methods*, ACOL–Wiley, Chichester

T Hatakeyama and F X Quinn 1995 *Thermal analysis: fundamentals and applications to polymer science*, John Wiley, Chichester

F Paulik 1995 *Special trends in thermal analysis*, John Wiley, Chichester

W W Wendlandt 1997 *Thermal analysis*, 3rd edn, John Wiley, Chichester

J D Wineforder, D Dollimore, J Dunn and I M Kolthoff 1998 *Treatise on analytical chemistry*, 2nd edn, Volume 13, Part 1, *Thermal methods*, John Wiley, Chichester

13

Métodos eletroanalíticos diretos

13.1 Introdução

Este capítulo trata das técnicas eletroanalíticas de determinação **direta** de íons ou moléculas. Vimos no Cap. 10 os métodos analíticos que envolvem procedimentos de titrimetria. Existem quatro métodos eletroquímicos com os quais se pode fazer medidas diretas:

Eletrogravimetria Neste tipo de procedimento, pesa-se o elemento que está sendo analisado após a deposição eletrolítica sobre um eletrodo adequado (Seções 13.2 a 13.7).

Coulometria Na coulometria em potencial controlado, determina-se o analito usando uma reação quantitativa no eletrodo durante a eletrólise (Seções 13.8 a 13.12).

Potenciometria Neste método de determinação de espécies iônicas em solução através da medida de potenciais de eletrodo, comparam-se os resultados obtidos com os potenciais de soluções padronizadas do analito (Seções 13.13 a 13.25).

Voltametria Neste tipo de procedimento, relaciona-se a intensidade da corrente limite à concentração do analito. Pode-se fazer uma determinação quantitativa usando soluções padronizadas, padrões internos e outras técnicas de adição de padrões (Seções 13.26 a 13.46).

Consulte o Cap. 2, especialmente as Seções 2.28 a 2.33, para rever os conceitos básicos de potenciais de eletrodo e células eletroquímicas. Estes conceitos são fundamentais para a compreensão dos métodos descritos neste capítulo.

Análise eletrogravimétrica

13.2 Eletrogravimetria: teoria

Os procedimentos eletrogravimétricos exigem condições experimentais cuidadosamente controladas durante o processo de deposição eletrolítica de um elemento sobre um eletrodo conveniente. Se as condições forem bem especificadas, é possível evitar a deposição simultânea de dois metais que estão em solução. O uso de eletrodos seletivos tornou esta metodologia ultrapassada, especialmente no caso da análise ambiental de substâncias em solução. Existem, porém, situações em que é importante remover quanti-

tativamente um elemento da solução. Damos, aqui, um resumo da teoria. Procure os detalhes na literatura [1–4].

A eletrodeposição é governada pela lei de Ohm e pelas duas leis da eletrólise de Faraday. A lei de Ohm expressa a relação entre três quantidades fundamentais: a corrente, a força eletromotriz e a resistência. A corrente, I, é diretamente proporcional à força eletromotriz, E, e inversamente proporcional à resistência, R:

$$I = E/R$$

As leis de Faraday podem ser enunciadas como

1. As quantidades de substâncias liberadas (ou dissolvidas) nos eletrodos de uma célula são diretamente proporcionais à quantidade de eletricidade que passa pela solução.
2. As quantidades de substâncias diferentes liberadas ou dissolvidas pela mesma quantidade de eletricidade são proporcionais a suas massas atômicas (ou molares) divididas pelo número de elétrons envolvidos nos processos de eletrodo correspondentes.

De acordo com a segunda lei de Faraday, quando uma determinada corrente passa sucessivamente por soluções que contêm sulfato de cobre e nitrato de prata, respectivamente, os pesos de cobre e prata depositados em um tempo fixo estão na razão 63,55/2 para 107,87/1.

Use sempre unidades SI nos cálculos de eletrogravimetria. A unidade fundamental de corrente é o **ampère** (A), que é definido como sendo a corrente constante que passa por dois fios condutores paralelos de diâmetro desprezível e comprimento infinito colocados no vácuo, na distância de um metro, e produz uma força entre os condutores igual a 2×10^{-7} N por metro. A unidade de potencial elétrico é o **volt** (V), que é definido como sendo a diferença de potencial entre dois pontos de um fio condutor que suporta uma corrente de 1 A, quando a potência dissipada entre os dois pontos é igual a $1 \; J \cdot s^{-1}$. A unidade de resistência elétrica é o **ohm** (Ω), que é definido como sendo a resistência entre dois pontos de um condutor quando a diferença de potencial constante de 1 V aplicada entre os dois pontos produz uma corrente de 1 A.

A unidade de quantidade de eletricidade é o **coulomb** (C), que é definido como sendo a quantidade de eletricidade que passa quando uma corrente de 1 A flui por um segundo. Para liberar um mol de elétrons ou um mol de um íon de carga unitária são necessários Le coulombs, onde L é a constante de Avogadro ($6,022 \times 10^{23}$ mol^{-1}) e e é a carga do elétron ($1,602 \times 10^{-10}$ C). O produto Le ($9,647 \times 10^4$ C·mol^{-1}) é a chamada constante de Faraday, F.

13.3 Eletrogravimetria: aparelhagem

A eletrogravimetria é feita em uma célula eletrolítica, essencialmente dois eletrodos com uma fonte de energia elétrica externa. As duas partes principais do sistema são os eletrodos. O catodo é o eletrodo no qual ocorre a deposição do metal, decorrente da redução dos íons e, por isso, está ligado ao terminal positivo da fonte. A Fig. 13.1 mostra um esquema da célula eletrolítica.

Os eletrodos são feitos de tecido de platina porque esse arranjo permite a circulação da solução. Pode-se usar um dos eletrodos para agitar a solução mas, neste caso, um arranjo especial tem de ser usado para garantir a conexão do eletrodo à fonte de corrente. Muitas vezes, é melhor usar um agitador de vidro ou um agitador magnético. A Fig. 13.2 esquematiza os eletrodos de Fischer. Coloca-se um tubo de vidro nos anéis do fio do eletrodo externo, fazendo o fio do eletrodo interno passar pelo interior do tubo. Quando é necessário conhecer a densidade de corrente em uma dada determinação, usualmente se considera a área do eletrodo de tecido como sendo o dobro da área de um eletrodo de folha com as mesmas dimensões.

Além dos eletrodos, o circuito utiliza corrente d.c. entre 3 e 15 V, uma resistência variável, um amperímetro, um voltímetro, um agitador magnético e uma chapa de aquecimento. Os aparelhos comerciais de eletrólise incluem todos estes componentes e, às vezes, um eletrodo adicional (anodo) para a agitação mais eficiente da solução sob eletrólise.

13.4 Processos que ocorrem na célula

Além da deposição das espécies desejadas, durante a eletrólise ocorrem outros processos. Pode ocorrer deposição simultânea de outros metais e, também, decomposição da água nas condições de trabalho com produção de hidrogênio e oxigênio que, por sua vez, podem interferir na deposição dos metais no catodo. Devido a estas complicações, as condições de trabalho de uma dada determinação devem ser rigorosamente controladas.

Alguns dos processos que ocorrem durante a eletrólise podem ser observados se um potencial pequeno, digamos

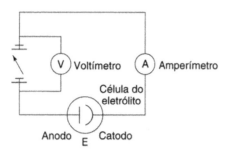

Fig. 13.1 Catodo e anodo: a redução ocorre no catodo, que está ligado ao terminal negativo da fonte de energia, e a oxidação ocorre no anodo, que está ligado ao terminal positivo da fonte de energia

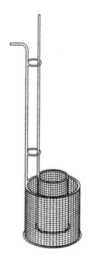

Fig. 13.2 Eletrodo de Fischer

0,5 V, for aplicado a dois eletrodos lisos de platina imersos em uma solução de ácido sulfúrico 1 M. Um amperímetro colocado no circuito mostra uma corrente inicial apreciável que decai rapidamente até zero. Se o potencial aplicado aumentar gradualmente, ocorre um pequeno incremento de corrente até que o potencial chegue a um valor a partir do qual a corrente aumente rápido. Pode-se observar o aparecimento de bolhas de gás nos eletrodos a partir deste ponto. Um gráfico de corrente contra o potencial aplicado produz uma curva semelhante à da Fig. 13.3. O valor a partir do qual a corrente aumenta rapidamente é claro no gráfico e neste caso é $\sim 1,7$ V. O potencial neste ponto é chamado "potencial de decomposição" e, a partir dele, hidrogênio e oxigênio começam a se desprender na forma de bolhas. Podemos definir o **potencial de decomposição** de um eletrólito como sendo o potencial externo mínimo que deve ser aplicado para iniciar a eletrólise contínua.

Se o circuito for interrompido após a aplicação da f.e.m., a leitura do voltímetro permanece razoavelmente constante durante algum tempo e então decresce, mais ou menos rapidamente, até zero. Isto significa que a célula está agindo como uma fonte de corrente. Chamamos a este processo de **f.e.m. reversa** ou **contra f.e.m.** ou, ainda, **f.e.m. de polarização**, porque ela age na direção oposta à f.e.m. originalmente aplicada. A f.e.m. reversa é devida à acumulação de oxigênio e hidrogênio no anodo e no catodo, respectivamente. Dois eletrodos gasosos se formam, então, e a diferença de potencial entre eles se opõe à f.e.m. aplicada. Assim que a corrente primária da bateria é interrompida, a célula produz uma corrente constante moderada até que os gases, nos eletrodos, sejam completamente utilizados ou tenham difundido. Neste ponto, a voltagem cai a zero. Esta f.e.m. reversa ocorre mesmo quando a corrente da bateria passa pela célula e explica a forma da curva da Fig. 13.3.

Sabe-se, experimentalmente, que a voltagem de decomposição de um eletrólito varia com a natureza dos eletrodos usados na eletrólise e que ela é, freqüentemente, maior do que o valor calculado pela diferença dos potenciais de eletrodo **reversíveis**. A voltagem em excesso é chamada de sobrepotencial. O sobrepotencial pode ocorrer no

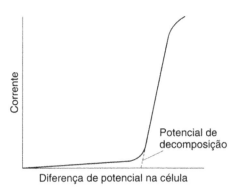

Fig. 13.3 F.e.m. reversa

anodo ou no catodo. A voltagem de decomposição, E_D, é, portanto,

$$E_D = E_{catodo} + E_{oc} - (E_{anodo} + E_{oa})$$

em que E_{oc} e E_{oa} são os sobrepotenciais no catodo e no anodo, respectivamente.

O sobrepotencial do hidrogênio é muito importante nas determinações e separações eletrolíticas. Ele é maior com metais relativamente moles como bismuto (0,4 V), chumbo (0,4 V), estanho (0,5 V), zinco (0,7 V), cádmio (1,1 V) e mercúrio (1,2 V). Estes valores referem-se à eletrólise do ácido sulfúrico 0,05 M e densidade de corrente 0,01 A·cm^{-2} e podem ser comparados ao valor de 0,09 V do eletrodo de platina polida nas mesmas condições. A existência do sobrepotencial do hidrogênio torna possível a determinação eletrogravimétrica de metais como o cádmio e o zinco que sem ele não se depositariam antes da redução do íon hidrogênio. Em soluções básicas, o sobrepotencial do hidrogênio é um pouco maior (0,05 a 0,03 V) do que em soluções ácidas.

O sobrepotencial do oxigênio é de 0,4 a 0,5 V em um anodo de platina polida em solução ácida e da ordem de 1 V em soluções básicas com densidades de corrente de 0,02 a 0,03 A·cm^{-2}. Via de regra, o sobrepotencial associado à decomposição de metais no catodo é pequena (~0,1 a 0,3 V) porque o processo é praticamente irreversível.

As determinações gravimétricas podem ser feitas sob **corrente constante** ou sob **potencial controlado**. Os procedimentos que usam corrente constante limitam-se à determinação da quantidade de um íon em uma solução que só contém uma espécie. Os procedimentos que usam o potencial controlado são mais convenientes para a separação de componentes de misturas cujos potenciais de decomposição não diferem muito. Uma determinação típica com corrente constante é a do cobre em meio ácido. O metal pode se depositar em solução de ácido nítrico ou ácido sulfúrico isoladamente, mas, normalmente, se usa uma mistura dos dois ácidos. Se a eletrólise da solução for feita sob f.e.m. igual a 2–3 V, ocorrem as seguintes reações:

Catodo $\quad Cu^{2+} + 2e \rightleftharpoons Cu$

$\quad\quad\quad\quad 2H^+ + 2e \rightleftharpoons H_2$

Anodo $\quad 4OH^- \rightleftharpoons O_2 + 2H_2O + 4e$

A concentração de ácido não deve ser muito grande senão a deposição do cobre não se completa e o depósito não adere adequadamente ao catodo. A vantagem do nitrato é a despolarização do catodo:

$$NO_3^- + 10H^+ + 8e \rightleftharpoons NH_4^+ + 3H_2O$$

O potencial de redução do íon nitrato é menor do que o potencial de descarga do hidrogênio, logo, não ocorre liberação de hidrogênio.

No caso de separações em que o potencial no catodo é controlado, é necessário adicionar ao circuito um eletrodo de referência para medir a voltagem entre o catodo e a meia-célula de referência. Este arranjo permite o controle do potencial no catodo. Se este potencial não cair abaixo do potencial de deposição, E_D, do íon M^{2+}, o metal se deposita sem sofrer contaminação de outro metal eventualmente presente na solução. Compare o circuito usado na eletrogravimetria com potencial de catodo controlado (Fig. 13.4) com o circuito mais simples usado nos procedimentos de corrente constante (Fig. 13.1).

13.5 Deposição e separação

Para que a eletrólise de uma solução se mantenha, o potencial aplicado aos eletrodos da célula, E_{ap}, deve superar o potencial de decomposição do eletrólito, E_D (que inclui a f.e.m. reversa e efeitos de sobrepotencial), bem como a resistência elétrica da solução. Assim, E_{ap} deve ser maior ou igual a $(E_D + IR)$, em que I é a corrente da eletrólise, e R, a resistência da célula. À medida que a eletrólise avança, a concentração do cátion que se deposita diminui e o potencial no catodo muda.

Se a concentração do íon de interesse na solução é c_i e ele tem carga igual a 2, na temperatura de 25°C o potencial no catodo é igual a

$$E_1 = E_M^\ominus + \frac{0,0591}{2} \log c_i = E_M + 0,0296 \log c_i$$

Se a concentração do íon se reduz por deposição até 1/10.000 de seu valor original, isto é, se a acurácia da determinação é igual a 0,01%, o potencial no catodo passa a ser

$$E_2 = E_M + 0,926 \log (c_i \times 10^{-4}) = E_M + 0,0296 \log c_i$$
$$\quad + 0,0296 \log 10^{-4}$$
$$= (E_M + 0,0296 \log c_i) - 4 \times 0,0296 = E_1 - 0,118 \, V$$

Isto significa que se a solução original contém dois cátions cujos potenciais de deposição diferem por ~0,25 V, o cátion de potencial de deposição mais alto se deposita sem contaminação pelo íon de potencial de deposição mais baixo. Na prática, pode ser necessário garantir que o po-

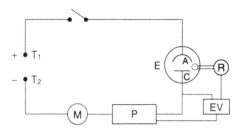

Fig. 13.4 Eletrogravimetria com potencial de catodo controlado: T_1, T_2 = terminais da fonte d.c.; M = amperímetro; P = potenciostato; EV = voltímetro eletrônico; E = célula de eletrólise; A = anodo; C = catodo; R = eletrodo de referência

280 Métodos Eletroanalíticos Diretos

tencial no catodo não caia até um ponto em que a deposição do segundo íon possa começar a ocorrer.

13.6 Separação eletrolítica de metais

Se uma corrente passa por uma solução que contém íons cobre(II), hidrogênio e cádmio(II), o cobre se deposita primeiro no catodo. Enquanto isto acontece, o potencial no eletrodo diminui até atingir o potencial dos íons hidrogênio quando, então, começa a se formar gás hidrogênio no catodo. O potencial no catodo mantém-se virtualmente constante enquanto o gás hidrogênio estiver escapando, isto é, enquanto houver água na célula e, portanto, nunca fica suficientemente negativo para que o cádmio comece a se depositar. Assim, sem controle externo do potencial no catodo, íons de metais com potenciais de redução positivos podem ser separados de íons de metais que têm potencial de redução negativos.

A prata pode ser facilmente separada do cobre, embora ambos tenham potenciais de redução positivos, porque a diferença entre os dois é muito grande (prata = +0,779 V e cobre = +0,337 V). Quando a diferença entre os potenciais padrões de dois metais é pequena, a separação eletroquímica é mais difícil. Uma solução óbvia para este problema é diminuir a concentração de um dos íons por complexação. O complexo deve ter uma constante de estabilidade alta (Seção 2.23). Vamos ilustrar o tipo de resultado que se obtém. Os potenciais de deposição de soluções 0,1 M de íons M^{+2} dos seguintes metais são: zinco +0,79 V, cádmio +0,44 V e cobre +0,34 V. Quando 0,1 mol dos cianetos destes metais é dissolvido em cianeto de potássio de forma a manter excesso de 0,4 M de cianeto de potássio, os potenciais de decomposição passam a ser: zinco +1,18 V, cádmio +0,87 V e cobre +0,96 V.

Uma aplicação interessante destes resultados é a separação quantitativa direta de cobre e cádmio. O cobre se deposita primeiro em solução ácida. A solução é então alcalinizada com uma solução de hidróxido de sódio e se adiciona cianeto de potássio até dissolução do precipitado inicial e o cádmio se deposita eletroliticamente.

13.7 Determinação de alguns metais

Procedimento em corrente constante

Com exceção do chumbo, que, em ácido nítrico, se deposita no **anodo** como PbO_2, os íons descritos na Tabela 13.1 depositam-se no catodo como metais. Em alguns casos, é aconselhável usar um catodo de platina recoberto com cobre antes da pesagem inicial porque os metais depositados não podem ser distinguidos facilmente na superfície da platina, o que torna difícil saber quando a deposição se completa. As separações eletrolíticas indicadas na Tabela 13.2 podem ser feitas com facilidade. A primeira se baseia na grande diferença dos potenciais de deposição (Seção 13.5) e a segunda no fato de que Pb^{2+} pode ser depositado no anodo como PbO_2.

Procedimento em potencial controlado

O uso de potencial controlado é particularmente interessante no estudo de antimônio, cobre, chumbo e estanho em ligas resistentes e de ligas de cobre, bismuto, chumbo e

Tabela 13.1 *Condições para determinar metais por eletrogravimetria*

Íon	Eletrólito	Detalhes elétricos
Cd^{2+} [a]	Cianeto de potássio formando $K_2[Cd(CN)_4]$	1,5 até 2 A, 2,5 até 3 V
Co^{2+} [a]	Sulfato amoniacal	4 A, 3 até 4 V
Cu^{2+}	Ácido sulfúrico–ácido nítrico	2 até 4 A, 3 até 4 V
Pb^{2+} [a]	Tampão tartarato ou solução de cloreto (a solubilidade limita a quantida de chumbo a menos de 50 mg por 100 ml)	2 A, 2 até 3 V
Pb^{2+}	Ácido nítrico, PbO_2 depositado no anodo; use o fator empírico de conversão 0,864	5 A, 2 até 3 V
Ni^{2+} [a]	Sulfato amoniacal	4 A, 3 até 4 V
Ag^+	Cianeto de potássio formando $K[Ag(CN)_2]$	0,5 até 1,0 A, 2,5 até 3 V
Zn^{2+} [a]	Solução de hidróxido de potássio	4 A, 3,5 até 4,5 V

[a]Recomenda-se o uso de um catodo de platina revestida com cobre antes da pesagem inicial: veja o texto.

Tabela 13.2 *Separações eletrolíticas simples*

Íons	Eletrólito	Detalhes elétricos
Cu/Ni	Deposite o Cu da solução de H_2SO_4 Neutralize com NH_3 Adicione 15 ml de NH_3 (aq) Deposite Ni	2 até 4 A, 3 até 4 V 4 A, 3 até 4 V
Cu/Pb	Solução de ácido nítrico Deposita Cu no catodo, PbO_2 no anodo	1,5 até 2 A, 2 V

estanho. Nas determinações descritas por Lingane e Jones [5], feitas em meio ácido, os metais foram depositados na ordem: cobre em −0,3 V, bismuto em −0,4 V, chumbo em −0,6 V e estanho em −0,65 V, em relação ao eletrodo padrão de calomelano. A Tabela 13.3 lista alguns exemplos de determinações em potencial controlado.

Coulometria

Segurança. Antes de fazer qualquer experimento desta seção preste muita atenção aos avisos de segurança. Tenha sempre em mente as regras de segurança de laboratório.

Tabela 13.3 *Exemplos de determinações com potencial do catodo controlado*

Metal	Eletrólito	E_{catodo} vs SCE (V)	Separado de
Antimônio	Hidrazina–HCl	−0,3	Pb, Sn
Cádmio	Tampão de acetato	−0,8	Zn
Cobre	Tartarato–hidrazina–Cl⁻	−0,3	Bi, Cd, Pb, Ni, Sn, Zn
Chumbo	Tartarato–hidrazina–Cl⁻	−0,6	Cd, Fe, Mn, Ni, Sn, Zn
Níquel	Tartarato–NH_4OH	−1,1	Al, Fe, Zn
Prata	Tampão de acetato	+0,1	Cu, metais pesados

13.8 Discussão geral

A análise coulométrica é uma aplicação da primeira lei da eletrólise de Faraday — o andamento de uma reação química em um eletrodo é diretamente proporcional à quantidade de eletricidade que passa pelo eletrodo. Cada mol transformado na reação utiliza $96.487 \times n$ coulombs, isto é, a constante de Faraday multiplicada pelo número de elétrons envolvidos na reação no eletrodo. O peso da substância produzida ou consumida em uma eletrólise envolvendo Q coulombs é, então,

$$W = \frac{M_r Q}{96\,487 n}$$

onde M_r é a massa atômica (ou molecular) relativa da substância liberada ou consumida. Os métodos analíticos baseados na medida de quantidades de eletricidade e na aplicação desta equação são chamados de **métodos coulométricos**, da palavra "coulomb".

A exigência fundamental da análise coulométrica é que a reação de eletrodo usada ocorra com 100% de eficiência para que a quantidade de substância transformada possa ser expressa pela lei de Faraday. A substância a ser determinada pode reagir diretamente em um dos eletrodos e o processo correspondente é chamado de **análise coulométrica primária**. A reação pode, também, ocorrer em solução, com uma substância gerada por uma reação de eletrodo, e o processo é chamado de **análise coulométrica secundária**.

Pode-se fazer coulometria de duas maneiras:

1. Com o potencial do eletrodo de trabalho controlado — métodos diretos
2. Com corrente constante (Seções 10.12 a 10.17)

No método 1, a substância a ser analisada reage no eletrodo de trabalho com 100% de eficiência. O potencial do eletrodo é controlado. A reação se completa quando a corrente cai a zero e a quantidade de substância que reagiu é obtida com uma leitura do coulômetro colocado em série com a célula ou com um dispositivo de integração da corrente pelo tempo. No método 2, a solução da substância a ser analisada sofre eletrólise sob corrente constante até que a reação se complete (o ponto é determinado com um indicador visível ou por métodos amperométricos, potenciométricos ou espectrofotométricos) e, então, abre-se o circuito. A quantidade de eletricidade é obtida pelo produto da corrente (em ampères) pelo tempo (em segundos). Usa-se para isto, modernamente, um integrador eletrônico no circuito.

13.9 Coulometria com potencial controlado

Na análise coulométrica com potencial controlado, a corrente gerada decai exponencialmente com o tempo, segundo a equação

$$I_t = I_0 e^{-k't} \quad \text{ou} \quad I_t = I_0 10^{-kt}$$

onde I_0 é a corrente inicial, I é a corrente no tempo t e k e k' são constantes. A Fig. 13.5 mostra uma curva típica. A corrente decresce mais ou menos exponencialmente até quase zero. Em muitos casos, pode-se observar uma corrente de fundo apreciável apenas com o eletrólito de suporte. Quando isto acontece, a corrente decai até o valor da corrente de fundo. Pode-se corrigir os dados para este efeito considerando a corrente de fundo constante durante a eletrólise.

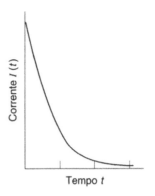

Fig. 13.5 Curva típica I–t para a coulometria com potencial controlado

Na eletrólise com potencial controlado, a quantidade de eletricidade Q (coulombs) que passa pela solução do início da eletrólise até o tempo t é dada por

$$Q = \int_0^t I_t \, dt$$

onde I_t é a corrente no tempo t. As equações que relacionam a variação da corrente com o tempo podem ser, também, expressas em termos da concentração de eletrólito no tempo t, C_t, e da concentração inicial, C_0.

$$C_t = C_0 e^{-k't}$$

Esta equação corresponde a uma reação de primeira ordem, logo, a fração de material que sofreu eletrólise em um determinado tempo não depende da concentração inicial. Se o limite de acurácia da determinação for considerado como $C_t = 0{,}001 C_0$, o tempo t necessário para atingir este resultado também não depende da concentração inicial. A constante k' é igual a Am/V, onde A é a área do eletrodo relevante, V é o volume da solução e m é o coeficiente de transferência de massa do eletrólito [6]. Segue-se que para que t seja pequeno, A e m devem ser grandes e V pequeno, o que permite fazer a coulometria com potencial controlado em três diferentes situações: soluções sob agitação, soluções em regime de fluxo e soluções em células de cavidade rasa.

13.10 Aparelhagem e técnicas em geral

O número de coulombs usados era determinado originalmente com um coulômetro de prata, de iodo ou de hidrogênio/oxigênio colocado no circuito. A extensão da reação química no coulômetro pode ser determinada e, com isso, o número de coulombs pode ser calculado. Nos instrumentos mais modernos usa-se um integrador eletrônico para medir a quantidade de eletricidade.

Aparelhagem

A fonte de corrente é um **potenciostato**, usado juntamente com um eletrodo de referência (usualmente um eletrodo de calomelano saturado) para controlar o potencial do eletrodo de trabalho. O circuito usado é o da Fig. 13.4, com adição de um integrador ou um coulômetro.

282 Métodos Eletroanalíticos Diretos

No caso da coulometria em solução com agitação, costuma-se usar um catodo de mercúrio adaptado. Usualmente, a célula tem capacidade de cerca de 100 ml, uma cobertura em Teflon (que se ajusta à parte superior da célula de vidro) e um tubo de nitrogênio ou outro gás inerte, usado para a remoção do ar dissolvido. O excesso de nitrogênio escapa pela abertura por onde passa o agitador de vidro. A remoção do ar é necessária porque o oxigênio sofre redução no catodo de mercúrio na voltagem de $-0,05$ V em relação ao eletrodo de calomelano saturado (SCE) e o produto interfere na determinação da maior parte das substâncias. A área do catodo de mercúrio é de cerca de 20 cm^2. Dois tipos de anodo, imersos diretamente na solução de interesse, são usados: um fio helicoidal de prata ($\sim$2,6 mm de diâmetro, cuja hélice tem 5 cm de comprimento e 3 cm de diâmetro, com área de cerca de 100 cm^2) ou um cilindro de tecido de platina (área de 75 cm^2) montados verticalmente e co-axiais com o agitador mecânico. O anodo de prata é usado em soluções que contêm metais como o bismuto que se oxidam a óxidos superiores insolúveis no anodo de platina. Adiciona-se íon cloreto em quantidade pelo menos igual à quantidade da reação no catodo (porém, é melhor adicionar um excesso de 50 a 100%). A reação no anodo de prata é

$$Ag + Cl \rightleftharpoons AgCl + e$$

No caso de metais que não são reduzidos por hidrazina, usa-se este composto como despolarizador no anodo de platina:

$$N_2H_5^+ \rightleftharpoons N_2 + 5H^+ + 4e$$

O desprendimento de nitrogênio ajuda a remover o ar dissolvido. Uma ponte salina (um tubo de 4 mm) ligada ao eletrodo de calomelano saturado, cheia com gel de ágar 3% saturado com cloreto de potássio e coberta, é colocada a 1 mm da superfície do catodo de mercúrio em repouso. Quando o mercúrio é agitado, a cobertura da ponte toca a superfície. A interface mercúrio/solução (não somente a solução) deve ser vigorosamente agitada, o que é feito por imersão parcial das asas do agitador de vidro no mercúrio.

Uma das vantagens importantes do catodo de mercúrio é que o melhor potencial de controle de uma separação pode ser determinado facilmente com polarogramas obtidos com o eletrodo de mercúrio gotejante. Este potencial corresponde ao início da região de corrente de difusão polarográfica (Seção 13.28). Não há, geralmente, vantagens em se usar um potencial de controle acima de 0,15 V além do potencial de meia onda. A Tabela 13.4 dá alguns valores do potencial de meia onda, $E_{1/2}$, e valores apropriados para o potencial no catodo.

Informações detalhadas sobre a determinação de cerca de 50 elementos por esta técnica podem ser encontradas na literatura [7,8]. É possível separar Cu e Bi, Cd e Zn, Ni e Co, o que é difícil de se fazer com outros procedimentos. A indústria nuclear usa freqüentemente esta metodologia. Ácido tricloro-acético e 2,4,6-trinitro-fenol, por exemplo, se reduzem no catodo de mercúrio de acordo com as equações

$$Cl_3CCOO^- + H^+ + 2e \rightleftharpoons CHCl_2COO^- + Cl^-$$

$$C_6H_2(NO_2)_3(OH) + 18H^+ + 18e \rightleftharpoons C_6H_2(NH_2)_3(OH) + 6H_2O$$

e podem, portanto, ser determinados coulometricamente [9].

Técnica geral

Para fazer uma determinação coulométrica em potencial controlado use o seguinte procedimento geral. Coloque o eletrodo de suporte (50 a 60 ml) na célula e faça passar uma corrente de nitrogênio pela solução por cerca de 5 minutos para remover o ar. Deixe entrar o catodo de mercúrio pela torneira da parte inferior da célula, elevando o reservatório de mercúrio. Comece a agitação e ajuste a tampa da ponte salina do eletrodo de referência para que ela toque a superfície ou mergulhe ligeiramente no mercúrio. Ajuste o potenciostato até o potencial desejado e comece a eletrólise, passando sempre a corrente de nitrogênio. Continue o processo até que a corrente caia a um valor muito pequeno (a corrente de fundo). Esta primeira eletrólise remove traços de impurezas que podem ser reduzidas. A corrente cai usualmente até 1 mA ou menos, após 10 minutos. Transfira com uma pipeta um volume conhecido (10 a 40 ml) da solução de amostra para a célula e faça a eletrólise até que a corrente caia para o valor observado na eletrólise do eletrólito de suporte. O processo se completa, geralmente, em uma hora. Faça a leitura do integrador eletrônico e calcule o peso do metal depositado, como explicado na Seção 13.8.

Seção experimental

! **Segurança.** Antes de fazer qualquer experimento desta seção preste muita atenção aos avisos de segurança. Tenha sempre em mente as regras de segurança de laboratório.

13.11 Separação de níquel e cobalto

Reagentes

Soluções padrões de íons de níquel e cobalto Prepare soluções de íons níquel e cobalto ($\sim$10 mg$\cdot$ml^{-1}) a partir de sulfato de amônio e níquel, e de sulfato de amônio e cobalto, respectivamente.

Piridina Destile duas vezes a piridina e colete a fração intermediária que ferve em uma faixa de 2°C, isto é, entre 113 e 115°C.

Eletrólito de suporte Prepare o eletrólito de suporte com piridina 1,00 M e íons cloreto 0,50 M, e ajuste o pH até 7,0 $\pm$ 0,2, se for usar o anodo de prata. Use piridina 1,00 M, íons cloreto 0,30 M e sulfato de hidrazínio 0,20 M, e ajuste o pH até 7,0 $\pm$ 0,2, se for usar o catodo de platina. Obtém-se uma pequena corrente de fundo com o catodo de platina.

Tabela 13.4 *Deposição de metais em potencial controlado no catodo de mercúrio*

Elemento	Eletrólito de suporte	Potencial vs SCE (V)	
		$E_{1/2}$	E_{catodo}
Cu	tartarato ácido de sódio 0,5 M pH 4,5	$-0,09$	$-0,16$
Bi	tartarato ácido de sódio 0,5 M pH 4,5	$-0,23$	$-0,40$
Pb	tartarato ácido de sódio 0,5 M pH 4,5	$-0,48$	$-0,56$
Cd	1 M NH$_4$Cl + 1 M NH$_3$ (aq)	$-0,81$	$-0,85$
Zn	1 M NH$_4$Cl + 1 M NH$_3$ (aq)	$-1,33$	$-1,45$
Ni	piridina 1 M + HCl, pH 7,0	$-0,78$	$-0,95$
Co	piridina 1 M + HCl, pH 7,0	$-1,06$	$-1,20$

Procedimento

Coloque 90 ml do eletrodo de suporte na célula, remova o ar com nitrogênio e faça a eletrólise inicial, com o potencial no catodo de mercúrio em $-1,20$ V em relação ao eletrodo padrão de calomelano para remover traços de impurezas que podem ser reduzidas. Pare a eletrólise quando a corrente de fundo (~ 2 mA) chegar a um valor constante (30 a 60 minutos). Prepare o coulômetro e ajuste o potenciostato de modo a manter o potencial no catodo no valor adequado para o experimento ($-0,95$ V em relação ao eletrodo padrão de calomelano no caso do níquel). Adicione 10 ml de cada uma das soluções preparadas como sugerido anteriormente. Faça a eletrólise até que a corrente caia para o valor da corrente de fundo. Anote o número de coulombs e calcule o peso de níquel depositado. Ajuste o potencial em $-1,20$ V e continue a eletrólise até que a corrente caia para o valor da corrente de fundo. Anote o número de coulombs utilizado nesta segunda eletrólise e calcule o peso do cobalto. Pode-se corrigir a corrente de fundo em cada determinação, se for o caso, subtraindo a quantidade $I_b t$ de Q (o número de coulombs), onde I_b é a corrente de fundo e t, a duração da eletrólise em segundos.

13.12 Coulometria em regime de fluxo

Pode-se reduzir o tempo necessário para se fazer uma determinação coulométrica com a técnica de regime de fluxo. Neste procedimento, o eletrodo é um cilindro de **carbono vitrificado reticular** [10], um material de estrutura porosa com fator de porosidade igual a 0,95, isto é, com volume interno aberto muito alto. Isto significa que se uma solução flui pelo catodo, a seção cruzada efetiva da área do fluxo de líquido é, comparativamente, grande. Este eletrodo (que é o eletrodo de trabalho) é cercado por um cilindro de metal (geralmente aço inoxidável) que age como eletrodo auxiliar. Para se obter um fluxo razoável (cerca de 1 ml$\cdot$s^{-1}) a solução deve ser bombeada através do eletrodo e o conjunto colocado em uma pequena câmara ligada ao eletrodo de referência. Se o fluxo for razoável e a concentração do eletrólito que está sendo determinado for baixa, o efluente fica virtualmente livre do eletrólito, isto é, a eletrólise se completa no interior do eletrodo [11]. O procedimento usual é injetar um volume pequeno conhecido (digamos 20 μl) da solução a ser analisada em um fluxo de eletrólito de suporte que passa por um tubo de cerca de 0,5 mm de diâmetro. Ocorre mistura e a solução que está sendo analisada se dilui até cerca de 200 μl antes de entrar no eletrodo de trabalho. Na velocidade de fluxo utilizada, todo o material de interesse passa pelo eletrodo em 12 a 15 segundos, isto é, a análise é muito rápida. O eletrodo é incorporado em um circuito semelhante ao descrito anteriormente, com um potenciostato controlando o potencial do eletrodo de trabalho e, eventualmente, um dispositivo para compensar a corrente de fundo e um integrador eletrônico.

Células de cavidade rasa

Nesta técnica, a célula tem uma cavidade rasa em uma das paredes na qual se monta uma placa de metal que funciona como eletrodo de trabalho. Esta parede é separada da outra por uma folha de Teflon na qual se abriu uma passagem. A parede está ligada a tubos de entrada e saída que permitem que um fluxo da solução sob análise entre em contato com o eletrodo de trabalho. Os outros eletrodos também estão no circuito. Se a folha de Teflon é suficientemente fina (cerca de 0,05 mm), a distância entre as duas paredes da cavidade é menor do que a espessura normal da camada de difusão do eletrólito durante a eletrólise, o que faz com que a eletrólise na cavidade seja rápida [12].

É possível, também, reduzir o tempo gasto na coulometria com potencial controlado adotando o procedimento da **coulometria preditiva**. Uma determinada análise exige um certo número de coulombs, Q, para se completar e se, no tempo t, Q_t coulombs passaram pela amostra, então serão ainda necessários Q_R coulombs para completar a eletrólise e $Q_R = Q_\infty - Q_t$. Pode-se mostrar que, se for escolhido um certo número de tempos t_1, t_2, t_3, no mesmo intervalo (digamos 10 segundos) e se os números de coulombs Q_1, Q_2, Q_3 forem medidos,

$$Q_\infty = Q_3 + \frac{(Q_2 - Q_3)^2}{2Q_2 - (Q_1 + Q_3)}$$

Um computador pode ser programado para calcular Q_∞ a partir dos valores de Q_t em intervalos de 10 segundos, completando assim a determinação.

13.13 Avaliação da coulometria direta

Diferentemente da eletrogravimetria, na coulometria com potencial controlado não é necessário gerar um produto e pesá-lo. Reações em que não se formam produtos sólidos como, por exemplo, a oxidação de ferro(II) a ferro(III), podem ser determinadas por métodos coulométricos diretos. A análise coulométrica com potencial controlado é mais seletiva do que a coulometria com corrente constante. Assim, a determinação de íons de metais que são normalmente difíceis de separar como, por exemplo, níquel e cobalto (Seção 13.11), pode ser feita por análise coulométrica direta. As análises coulométricas são muito demoradas, embora o processo possa ser automatizado. O tempo de análise pode ser reduzido com a técnica de fluxo (Seção 13.12). Uma desvantagem é que reações laterais podem ocorrer antes que o processo eletroquímico se complete, inibindo a reação quantitativa no eletrodo. O número de substâncias que podem ser determinadas por métodos diretos é bastante limitado. Muitas outras aplicações são possíveis com a coulometria com corrente constante. Detalhes podem ser encontrados nas Seções 10.16 a 10.20, 10.74, 10.107 e 10.184 a 10.187.

Potenciometria

13.14 Fundamentos

Quando um metal M é colocado em uma solução que contém seu íon M^{n+}, um potencial de eletrodo se estabelece (Seção 2.28). O valor deste potencial de eletrodo é dado pela **equação de Nernst**

$$E = E^{\ominus} + (RT/nF) \ln a_{M^{n+}}$$

A constante $E^{\ominus}$ é o potencial de eletrodo padrão do metal M. O valor de E pode ser determinado ligando a solução (um eletrodo) a um eletrodo de referência, usualmente o

284 Métodos Eletroanalíticos Diretos

eletrodo de calomelano saturado (Seção 13.16), e medindo a f.e.m. da célula assim formada. Como o potencial do eletrodo de referência, E_r, é conhecido, é possível deduzir o potencial do eletrodo, E, e, além disso, como o potencial de eletrodo padrão do metal, $E^\ominus$ é conhecido, é possível calcular a atividade do íon $a_M{}^{n+}$ na solução. Em soluções diluídas, a atividade dos íons é virtualmente igual à concentração do íon e, em soluções concentradas, conhecido o valor do coeficiente de atividade, pode-se converter a atividade medida em concentração.

O uso da medida do potencial de eletrodo para determinar a concentração de uma espécie iônica em solução é chamado **potenciometria direta**. O eletrodo cujo potencial depende da concentração do íon que está sendo determinado é o **eletrodo indicador**. Quando o íon de interesse está envolvido diretamente na reação do eletrodo, tem-se o **eletrodo do primeiro tipo**. É o caso do metal M em uma solução que contém íons M^{n+}.

Em certos casos, também é possível medir por potenciometria direta a concentração de um íon que não participa diretamente da reação do eletrodo. O processo envolve um **eletrodo do segundo tipo**. Um exemplo é o eletrodo prata–cloreto de prata, que se forma quando cloreto de prata se deposita sobre um fio de prata, que pode ser usado para medir a concentração de íons cloreto em solução.

O fio de prata é um eletrodo de prata cujo potencial é dado pela equação de Nernst

$$E = E^\ominus_{Ag} + (RT/nF) \ln a_{Ag^+}$$

Os íons prata vêm do cloreto de prata e o produto de solubilidade (Seção 2.14) mostra que a atividade destes íons está relacionada à atividade do íon cloreto

$$a_{Ag^+} = K_{s(AgCl)}/a_{Cl^-}$$

Assim, o potencial de eletrodo pode ser expresso por

$$E = E^\ominus_{Ag} + (RT/nF) \ln K_s - (RT/nF) \ln a_{Cl^-}$$

e é fortemente dependente da atividade dos íons cloreto. A equação permite a obtenção da atividade dos íons cloreto a partir do potencial de eletrodo medido no experimento.

O termo *RT/nF* da equação de Nernst envolve constantes de valor conhecido e, usando logaritmos na base 10, vale 0,0591 V em 25°C, quando $n = 1$. Assim, no caso de íons M^+, o aumento da atividade iônica por um fator de 10 altera o potencial do eletrodo por 60 mV e, no caso de um íon M^{2+}, por cerca de 30 mV. Por isso, para uma acurácia de 1% no valor medido da concentração iônica por potenciometria direta, o potencial do eletrodo deve ser capaz de medidas com erro menor do que 0,26 mV para o íon M^+ e 0,13 mV para o íon M^{2+}.

O **potencial de junção líquida** que ocorre na interface entre as duas soluções é uma fonte de incertezas nas medidas de f.e.m., algumas no eletrodo de referência, outras no eletrodo indicador. O potencial de junção líquida pode ser eliminado se uma das soluções contiver concentração elevada de cloreto de potássio ou nitrato de amônio, eletrólitos em que as condutividades iônicas do cátion e do ânion têm valores muito próximos.

Pode-se superar o problema do potencial de junção líquida substituindo o eletrodo de referência por um eletrodo formado por uma solução que contém o cátion da solução de interesse em concentração conhecida e um bastão

do metal usado no eletrodo indicador. Em outras palavras, uma célula de concentração (Seção 2.29). A atividade do íon do metal na solução é dada por

$$E_{cel} = (RT/nF) \ln \left(\frac{a_{conhecido}}{a_{desconhecido}} \right)$$

Diante destes problemas com a potenciometria direta, as atenções se voltaram para a **titulação potenciométrica**. Como o nome já diz, trata-se de um procedimento titrimétrico em que o ponto final é determinado potenciometricamente. Aqui, o que interessa são as mudanças do potencial de eletrodo e não o valor acurado do potencial de eletrodo de uma determinada solução e, nestas circunstâncias, o efeito do potencial de junção pode ser ignorado. As titulações deste tipo, em que ocorre mudança rápida da f.e.m. da célula nas proximidades do ponto final, foram descritas nas Seções 10.8 a 10.11. O procedimento requer o uso de eletrodos de referência e instrumentação para medir a f.e.m. da célula, descritos a seguir, juntamente com algumas aplicações.

Eletrodos de referência

13.15 O eletrodo de hidrogênio

Os potenciais de eletrodo são sempre relacionados ao eletrodo padrão de hidrogênio (EPH) (veja na Seção 2.28 uma descrição do eletrodo de hidrogênio em forma de sino, proposto por Hildebrand), o eletrodo primário de referência. É um eletrodo de platina cercado por um tubo por onde circula hidrogênio, que entra por um orifício lateral e escapa pelo fundo através da solução.

Existem diversos furos pequenos perto do fundo do tubo externo. Quando a velocidade do gás é ajustada, o hidrogênio escapa pelos pequenos furos. Devido à formação de bolhas, o nível de líquido no interior do tubo varia e uma parte do eletrodo fica exposta alternadamente à solução e ao hidrogênio. A parte inferior do eletrodo está sempre em contato com a solução para evitar interrupção da corrente elétrica. Embora a Fig. 2.2 mostre um vaso aberto, na prática o eletrodo é usado em um frasco fechado com uma saída para o hidrogênio. Este arranjo garante uma atmosfera livre de oxigênio no interior do frasco.

Preparação e uso

Os íons hidrogênio da solução entram em equilíbrio com o gás hidrogênio em uma superfície de negro de platina que absorve o gás e age como catalisador. A superfície pode ser uma folha de platina de 1 cm² de área total, mas um fio de platina com 1 cm de comprimento e 0,3 mm de diâmetro é quase sempre satisfatório. Limpe **cuidadosamente** o eletrodo de platina com ácido crômico a quente (Seção 3.8) (**cuidado**) e lave com bastante água destilada. Coloque o eletrodo em uma solução que contém 3,0 g de ácido cloro-platínico e 25 mg de acetato de chumbo em 100 ml de água destilada. Use uma folha de platina como anodo. A corrente pode ser obtida de uma bateria de 4 V ligada a uma resistência variável. Ajuste a corrente para produzir hidrogênio em quantidades moderadas. O processo se completa em cerca de 2 minutos. É importante que o depósito de negro de platina seja **pouco espesso**. Depósitos espessos dão eletrodos de platina insatisfatórios. Após a deposição do filme, limpe o eletrodo de traços de cloro. Lave bem o eletrodo com água destilada, faça uma eletrólise por 30 minutos usando ácido sulfúrico ~0,25 M como catodo. Lave novamente com água. Os eletrodos de hidrogênio devem ser guardados em água destilada. Nunca toque a superfície. É aconselhável ter dois eletrodos de hidrogênio para comparar periodicamente as leituras de um contra o outro. O hidrogênio pode ser obtido de um cilindro de gás comprimido.

Quando usado como eletrodo de referência, o eletrodo de hidrogênio opera em uma solução que contém íons hidrogênio provenientes do HCl com atividade constante (e igual a um) e com o gás hidrogênio na pressão de 1 atm (100 kPa). A literatura discute o efeito da mudança da pressão do gás [13]. Embora seja o eletrodo de referência primário, o eletrodo de hidrogênio é raramente usado porque o depósito de negro de platina é facilmente envenenado por substâncias como mercúrio e sulfeto de hidrogênio, e não pode ser utilizado na presença de agentes oxidantes ou redutores. Duas alternativas muito usadas são o eletrodo de calomelano e o eletrodo de prata–cloreto de prata.

13.16 Eletrodo de calomelano

A facilidade de preparação e a constância do potencial fazem do eletrodo de calomelano um padrão confiável. Na meia-célula de calomelano, mercúrio e calomelano (cloreto de mercúrio(I)) estão cobertos com cloreto de potássio em concentração conhecida. As concentrações mais usadas são 0,1 M e 1 M. O sistema pode estar também saturado com KCl. Estes eletrodos são conhecidos como eletrodos de calomelano decimolar, molar e saturado (ECS) e seus potenciais em relação ao eletrodo de hidrogênio são 0,3358 V, 0,2824 V e 0,2444 V, respectivamente.* O eletrodo de calomelano saturado é mais conveniente porque a solução saturada de cloreto de potássio elimina o problema da junção líquida. Sua desvantagem é que o potencial varia com a temperatura devido às diferenças de solubilidade do sal e o restabelecimento do potencial estável pode ser lento. Os potenciais dos eletrodos decimolar e molar são menos afetados pela temperatura e são usados sempre que valores acurados dos potenciais de eletrodo são necessários. A reação no eletrodo é

$$Hg_2Cl_2(s) + 2e \rightleftharpoons 2Hg \text{ (líquida)} + 2Cl^-$$

e o potencial do eletrodo depende da concentração de íon cloreto em solução.

Eletrodos de calomelano podem ser encontrados no comércio. Eles são muito usados, especialmente em medidores de pH e medidores seletivos de íons. A Fig. 13.6 mostra o esquema de um eletrodo típico. Com o tempo, o disco poroso da base do eletrodo pode entupir e a resistência aumenta muito. Em alguns casos, o disco sinterizado pode ser removido e substituído, e em alguns instrumentos modernos uma membrana trocadora de íons é colocada na parte inferior do eletrodo para impedir a migração de íons mercúrio(I) para o disco sinterizado e para a solução-teste. Os eletrodos comerciais são normalmente fornecidos com uma solução saturada de cloreto de potássio.

Alguns eletrodos comerciais incluem uma junção dupla. Neste tipo de arranjo, o eletrodo descrito na Fig. 13.6 é

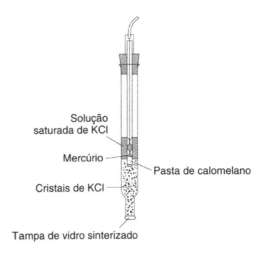

Fig. 13.6 Eletrodo de calomelano

montado em um vaso mais largo, de forma semelhante, que também tem um disco poroso na parte inferior. O vaso externo contém a mesma solução do eletrodo (uma solução saturada de cloreto de potássio, por exemplo). Neste caso, a função principal da junção dupla é impedir a entrada de íons da solução-teste que possam interferir com o eletrodo. O vaso externo pode, também, conter uma solução diferente da solução do eletrodo (nitrato de potássio 3 M ou nitrato de amônio 3 M, por exemplo) para impedir a passagem de íons cloreto da solução para a solução-teste. Este arranjo tem a desvantagem da introdução de uma segunda junção líquida no sistema e é melhor escolher, quando possível, um eletrodo de referência que não introduza interferências.

Modificações do eletrodo de calomelano podem ser necessárias em alguns casos. Assim, se for preciso evitar a presença de íons potássio, o eletrodo pode ser preparado com uma solução de cloreto de sódio em vez de cloreto de potássio. Em algumas situações, a presença de cloreto pode ser indesejável e, neste caso, pode-se usar um eletrodo de sulfato de mercúrio(I). A preparação destes eletrodos é semelhante à do eletrodo de calomelano, usando sulfato de mercúrio(I) e sulfato de potássio ou sulfato de sódio.

13.17 Eletrodo de prata–cloreto de prata

Talvez tão importante como o eletrodo de calomelano é o eletrodo de prata–cloreto de prata. O eletrodo é um fio de prata ou de platina coberto com prata, em que foi depositada eletroliticamente uma camada fina de cloreto de prata, mergulhado em uma solução de cloreto de potássio de concentração conhecida, saturada com cloreto de prata. Isto é conseguido pela adição de duas ou três gotas de nitrato de prata 0,1 M à solução. Costuma-se usar uma solução saturada de cloreto de potássio no eletrodo, porém pode-se usar também soluções 1 M e 0,1 M. O potencial do eletrodo é controlado pela atividade dos íons cloreto na solução de cloreto de potássio.

O eletrodo encontrado no comércio é semelhante ao eletrodo de calomelano com substituição do eletrodo de mercúrio por prata e calomelano por cloreto de prata. Como no eletrodo de calomelano, usam-se membranas trocadoras de íons e junções duplas para reduzir o entupimento do disco sinterizado do eletrodo de prata–cloreto de prata.

---
*Estes números incluem o potencial de junção líquida [14].

Tabela 13.5 *Potenciais de eletrodos de referência comuns*

Eletrodo	Potencial *vs* SHE (V)			
	15°C	20°C	25°C	30°C
Calomelano				
KCl sat (SCE)	0,2512	0,2477	0,2444	0,2409
1,0 M KCl	0,2852	0,2838	0,2824	0,2810
0,1 M KCl	0,3365	0,3360	0,3358	0,3356
Sulfato de mercúrio(I)				
K_2SO_4 sat	–	–	0,656	–
0,05 M H_2SO_4	–	–	0,680	–
Prata–cloreto de prata				
KCl sat	0,2091	0,2040	0,1989	0,1939
1,0 M KCl	–	–	0,2272	–
0,1 M KCl	–	–	0,2901	–

A Tabela 13.5 dá os potenciais de alguns eletrodos mais comuns, juntamente com o efeito da temperatura sobre os eletrodos mais importantes.

Eletrodos indicadores e eletrodos seletivos para íons

13.18 Discussão geral

O eletrodo indicador de uma célula é o eletrodo cujo potencial depende da atividade (e, em conseqüência, da concentração) de uma espécie iônica em particular que se deseja quantificar. Na potenciometria direta ou na titulação potenciométrica de um íon de metal, o eletrodo indicador é um fio do metal apropriado. É muito importante que a superfície do metal que mergulha na solução esteja livre de filmes de óxidos e outros produtos de corrosão. Em alguns casos, um fio de platina coberto com uma fina camada do metal apropriado, preparada por eletrodeposição, é um eletrodo mais satisfatório.

Obviamente, pode-se usar o eletrodo de hidrogênio como eletrodo indicador quando íons hidrogênio participam da eletrólise, porém sua função pode ser executada por outros eletrodos, principalmente o eletrodo de vidro. Trata-se de um eletrodo de membrana no qual entre a superfície de uma membrana de vidro e uma solução se desenvolve um potencial que é função linear do pH da solução e que pode, portanto, ser usado para medir a concentração de íons hidrogênio na solução. Como a membrana de vidro contém íons de metais alcalinos, também é possível desenvolver eletrodos de vidro para determinar a concentração destes íons em solução. Este processo (baseado em um mecanismo de troca de íons) permitiu o desenvolvimento de um grande número de eletrodos de membrana que utilizam materiais sólidos e líquidos capazes de troca iônica. Estes eletrodos compõem uma classe de eletrodos seletivos para íons [15] capazes de analisar muitos íons diferentes (Seções 13.19 a 13.21).

Os eletrodos indicadores de ânions são eletrodos de gás (oxigênio para OH^- e cloro para Cl^-, por exemplo). Muitas vezes, é possível usar um eletrodo do segundo tipo. Como vimos na Seção 13.14, o potencial de um eletrodo de prata–cloreto de prata é controlado pela atividade do íon cloreto em solução. Além disso, também existem muitos eletrodos seletivos para ânions.

O eletrodo indicador usado em uma titulação potenciométrica depende da reação de interesse. Assim, para uma titulação ácido–base, o eletrodo indicador é normalmente um eletrodo de vidro (Seção 13.19), para uma titulação por precipitação (halogeneto com nitrato de prata ou prata com cloreto), um eletrodo de prata e para uma titulação redox (ferro(II) com dicromato), um eletrodo de platina.

13.19 Eletrodo de vidro

O eletrodo de vidro é o eletrodo sensível a íons hidrogênio mais utilizado. Seu funcionamento baseia-se no fato de que quando a membrana de vidro está imersa em uma solução, o potencial da membrana é função linear da concentração de íons hidrogênio na solução. A Fig. 13.7(a) mostra esquematicamente o arranjo de um eletrodo de vidro. O bulbo (A) fica imerso na solução de interesse, enche-se o bulbo com uma solução de ácido clorídrico (usualmente 0,1 M) para completar o circuito elétrico e coloca-se um eletrodo de prata–cloreto de prata na solução. Se a concentração da solução de ácido clorídrico permanece constante, o potencial do eletrodo de prata–cloreto de prata também permanece constante, assim como o potencial entre a solução de ácido clorídrico e a superfície interna do bulbo de vidro. Por isso, o único potencial que pode variar é o potencial entre a superfície externa do bulbo de vidro e a solução-teste, isto é, o potencial do eletrodo depende da concentração de íons hidrogênio na solução-teste.

Os eletrodos de vidro também existem como **eletrodos de combinação** [16] que incluem o eletrodo indicador (um bulbo de vidro fino) e um eletrodo de referência (prata–cloreto de prata) em uma única unidade. A Fig. 13.7(b) mostra um esquema destes eletrodos. O bulbo de vidro fino (A) e o tubo estreito (B) ao qual ele se liga estão cheios de ácido clorídrico e contêm um eletrodo de prata–cloreto de prata (C). O tubo de diâmetro maior (D) ligado à parte inferior do tubo B contém uma solução saturada de cloreto

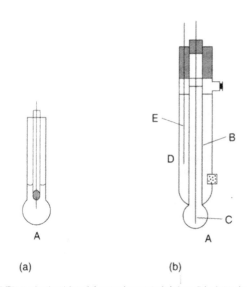

Fig. 13.7 Eletrodo de vidro: (a) arranjamento básico; (b) eletrodo de combinação — A = bulbo de vidro; B = tubo estreito; C = eletrodo de prata–cloreto de prata; D = tubo largo; E = eletrodo de prata-cloreto de prata

de potássio e cloreto de prata, e um segundo eletrodo de prata–cloreto de prata (E). O conjunto selado é um equipamento robusto e muito conveniente porque não é necessário colocar dois componentes diferentes na solução.

A qualidade do vidro usado na construção do eletrodo é muito importante. Vidros mais duros, do tipo Pyrex, não são convenientes. Por muito tempo usou-se um vidro de sódio e cálcio de composição aproximada 72% de SiO_2, 22% de Na_2O e 6% de CaO. Estes eletrodos são muito satisfatórios entre pH 1 e 9, porém, em soluções mais básicas, o eletrodo tende a dar valores mais baixos de pH. As tentativas feitas para descobrir um vidro que não fosse sujeito a este "erro alcalino" levaram a um vidro em que o sódio foi substituído por lítio. O eletrodo de vidro de composição 63% de SiO_2, 28% de Li_2O, 2% de Cs_2O, 4% de BaO e 3% de La_2O_3 tem um erro de $-0,12$ pH em pH 12,8 na presença de íons sódio na concentração 2 M. Hoje, os vidros de lítio são os preferidos para o trabalho em valores de pH altos.

Quando se mede a concentração de íons hidrogênio em uma solução, o eletrodo de vidro deve ser combinado com um eletrodo de referência, freqüentemente o eletrodo de calomelano saturado. O resultado é a célula

$$Ag,AgCl(s) \,|\, HCl(0,1\,M) \,|\, vidro \,|\, solução\text{-}teste \,\vdots$$
$$\vdots\, KCl(sat), Hg_2Cl_2(s) \,|\, Hg$$

Devido à alta resistência da membrana de vidro, não se pode usar um potenciômetro simples para medir a f.e.m. da célula e um equipamento especial é necessário. A f.e.m. da célula é dada pela equação

$$E = K + (RT/F) \ln a_{H^+}$$

ou, na temperatura de 25°C, por

$$E = K + 0,0591\,pH$$

Nestas equações, K é uma constante que depende, em parte, da natureza do vidro usado na construção da membrana e, em parte, do caráter de cada eletrodo e seu valor pode variar um pouco com o tempo. A variação de K com o tempo está relacionada à existência de um **potencial assimétrico** no eletrodo de vidro que é determinado pelas respostas diferentes das superfícies interna e externa do bulbo às mudanças de atividade do íon hidrogênio. As diferenças de resposta podem ser devidas a condições diferentes de tensão nas duas superfícies. Devido ao potencial assimétrico, um eletrodo de vidro colocado em uma solução que é idêntica à solução interna de ácido clorídrico tem um potencial pequeno que varia com o tempo. Em conseqüência, não é possível atribuir a K um valor constante e os eletrodos de vidro devem ser calibrados com freqüência contra uma solução de atividade de íons hidrogênio conhecida (uma solução tampão).

A operação de um eletrodo de vidro depende da diferença entre as superfícies interna e externa da membrana de vidro. Estes eletrodos devem ficar imersos em água por algumas horas antes do uso, por isso acredita-se que se forme na superfície do vidro uma camada hidratada em que ocorre a troca de íons. Se o vidro contém sódio, a troca pode ser representada por

$$H^+_{sol} + Na^+_{vidro} \rightleftharpoons H^+_{vidro} + Na^+_{sol}$$

Como a concentração da solução no interior do bulbo de vidro é constante, na parte interna do bulbo se estabelece um equilíbrio que leva a um potencial constante. Na parte externa, o potencial depende da concentração de íons hidrogênio da solução na qual o bulbo está colocado. A condutividade entre a camada de vidro "seco" que existe na parte interna e a camada hidratada da parte externa é devida à migração intersticial de íons sódio no interior da estrutura do silicato. Para detalhes da teoria de funcionamento do eletrodo de vidro, consulte os livros-texto de eletroquímica.

Devido ao equilíbrio, não é surpreendente que na presença de uma solução muito concentrada de íons sódio, de hidróxido de sódio, por exemplo, o pH determinado seja mais baixo. Nestas condições, os íons sódio da solução substituem os íons hidrogênio na camada hidratada e a f.e.m. medida (e, em conseqüência, o pH) é muito baixa. Esta é a fonte do "erro alcalino" dos eletrodos construídos com vidro de sódio e cálcio. Também ocorrem erros em soluções muito ácidas (concentrações de íon hidrogênio acima de 1 M), porém em menor grau. Este efeito é conseqüência da menor atividade da água em soluções ácidas, que afeta a camada de hidratação do eletrodo envolvida na reação de troca de íons.

O eletrodo de vidro pode ser usado na presença de oxidantes e redutores fortes, em meio viscoso e na presença de proteínas e substâncias semelhantes que interferem seriamente com outros eletrodos. Ele também pode ser adaptado para medidas em pequenos volumes de solução. Os resultados podem estar errados quando as soluções-teste são pouco tamponadas e quase neutras.

Deve-se lavar bastante o eletrodo de vidro com água destilada após o uso e com várias porções da solução-teste antes de cada medida. O eletrodo de vidro deve ser mantido em água destilada, exceto durante longos períodos de estocagem. Ele volta a dar boa resposta quando imerso por 12 horas em água destilada antes de ser usado novamente [17].

Eletrodos de vidro seletivos para íons

Quando se reduz a preferência dos vidros de sódio e cálcio pela troca de íons hidrogênio, a participação de outros íons no processo é possível. A obtenção de uma boa resposta dos eletrodos para íons como o sódio e o potássio foi conseguida com a adição de óxido de alumínio ao vidro. A Tabela 13.6 dá a composição típica dos vidros usados em eletrodos seletivos para cátions. Em todos estes eletrodos, a sensibilidade aos íons hidrogênio permanece e, por isso, em determinações potenciométricas em que estes eletrodos são usados, a concentração de íons hidrogênio deve ser reduzida a valores inferiores a 1% da concentração do íon que está sendo determinado e em soluções que contêm mais de um tipo de cátions de metais alcalinos ocorre interferência.

Tabela 13.6 *Composição de vidros para eletrodos de vidro sensíveis para cátions*

Composição	Para a determinação de
Na_2O 22%, CaO 6%, SiO_2 72%	H^+ (sujeito a erro alcalino)
Li_2O 28%, Cs_2O 2%, BaO 4%, La_2O_3 3%, SiO_2 63%	H^+ (erro alcalino reduzido)
Li_2O 15%, Al_2O_3 25%, SiO_2 60%	Li^+
Na_2O 11%, Al_2O_3 18%, SiO_2 71%	Na^+, Ag^+
Na_2O 27%, Al_2O_3 5%, SiO_2 68%	K^+, NH_4^+

A construção destes eletrodos é idêntica à do eletrodo de vidro sensível ao pH. Eles têm de ser usados, é claro, juntamente com um eletrodo de referência, usualmente o eletrodo de prata–cloreto de prata. Pode-se usar também um eletrodo de referência de junção dupla. A resposta do detector à atividade do cátion é dada pela equação de Nernst:

$$E = k + (RT/nF) \log a_{M^{n+}}$$

e para um cátion de carga unitária, como $-\log a_M+ = pM$ (equivalente a pH)

$$E = k - 0,0591 \, pM \qquad \text{(em 25°C)}$$

O eletrodo, porém, pode responder a outros cátions de carga unitária e, quando um cátion C^+ interfere, o equilíbrio entre os íons M^+ da superfície do vidro que está em contato com a solução e os íons C^+ em solução se estabelece:

$$M^+_{vidro} + C^+_{sol} \rightleftharpoons C^+_{vidro} + M^+_{sol}$$

A constante de equilíbrio (constante de troca iônica) é dada por

$$K_{ex} = \frac{a_{M^+} a'_{C^+}}{a'_{M^+} a_{C^+}}$$

onde a_M+ e a_C+ são as atividades dos íons na solução-teste e os a' são as atividades destes íons na superfície do vidro.

O potencial de eletrodo nestas condições é dado por

$$E = K_M + \frac{2,303 RT}{nF} \ln(a_M + k^{pot}_{M,C} a_C)$$

onde K_M é o potencial assimétrico do eletrodo na presença do íon M^+ e $k^{pot}_{M,C}$ é o **coeficiente de seletividade** do eletrodo M contra C. K_M e $k^{pot}_{M,C}$ podem ser avaliados através de medidas de f.e.m. em duas soluções que contêm quantidades conhecidas dos dois íons:

$$k_{M,C} = \frac{\text{resposta a } C^+}{\text{resposta a } M^+}$$

O coeficiente de seletividade é uma medida da interferência do íon C^+ na determinação do íon M^+, porém seu valor depende de variáveis como a concentração iônica total na solução e a razão entre a atividade do íon que está sendo determinado e a atividade do íon que interfere. Um coeficiente de seletividade pequeno corresponde a um eletrodo que não sofre muita interferência daquele íon em particular. Um eletrodo seletivo para sódio, por exemplo, deve ter um coeficiente de seletividade inferior a 0,005 para não dar resultados errados devidos à interferência de íons potássio.

Grande parte do trabalho de desenvolvimento de eletrodos seletivos para íons foi feita por Pungor e colaboradores [18]. Eles mostraram que era possível usar borracha de silicone e membranas de plástico impregnadas de sais de prata e outros sais para a medida de concentrações de ânions. A membrana de vidro pode ser substituída ou modificada de várias maneiras. Monocristais, discos prensados de material cristalino ou até mesmo trocadores de íons líquidos contidos em membranas poliméricas podem ser usados.

Pode-se fabricar um eletrodo seletivo para iodeto acrescentando iodeto de prata finamente dividido a um monômero de borracha de silicone antes de fazer a polimerização. Um disco do polímero impregnado com iodeto de prata

é usado para selar a parte inferior de um tubo de vidro que é cheio parcialmente com iodeto de potássio 0,1 M e no qual é colocado um fio de prata que mergulha na solução. Quando a extremidade coberta pela membrana mergulha em uma solução que contém íons iodeto, uma situação semelhante à que ocorre com eletrodos de vidro se estabelece. As partículas de iodeto de prata entram em equilíbrio com a solução em ambos os lados da membrana. No interior do eletrodo, a concentração de íons iodeto é constante e o sistema é estável. Na parte exterior, a posição de equilíbrio depende da concentração de íons iodeto da solução e um potencial entre as duas faces da membrana que varia com a concentração de íons iodeto da solução-teste se estabelece.

Um exemplo de eletrodo de monocristal é o eletrodo seletivo para fluoreto no qual um cristal de fluoreto de lantânio é selado na parte inferior de um vaso de plástico. O vaso contém uma solução de cloreto de potássio e fluoreto de potássio e um fio de prata coberto com cloreto de prata na parte imersa na solução, isto é, um eletrodo de referência de prata–cloreto de prata. O cristal de fluoreto de lantânio conduz íons fluoreto que, por terem diâmetro pequeno, podem se mover entre os defeitos da estrutura cristalina e estabelecer o equilíbrio entre a face interna do cristal e a solução interna. Assim, quando o cristal entra em contato com uma solução que contém íons fluoreto, o equilíbrio também se estabelece na parte externa do cristal. Em geral, as atividades dos íons fluoreto são diferentes nas duas faces do cristal, isto é, um potencial se estabelece e, como no interior do cristal as condições são constantes, ele é proporcional à atividade do íon fluoreto na solução de interesse.

Um exemplo de eletrodo de membrana de disco prensado é a pastilha de sulfeto de prata, na qual os íons prata podem migrar. Como no eletrodo de fluoreto de lantânio, a pastilha é selada na base de um vaso de plástico e o contato é feito por um fio de prata que penetra a pastilha. Este fio entra em equilíbrio com os íons prata da pastilha e funciona como um eletrodo de referência interno. Quando colocado em uma solução que contém íons prata, o eletrodo assume um potencial proporcional à atividade dos íons prata na solução-teste. Colocado em uma solução que contém íons sulfeto, o eletrodo assume um potencial que depende da atividade dos íons prata em solução que, por sua vez, depende da atividade dos íons sulfeto em solução e do produto de solubilidade do sulfeto de prata. Em outras palavras, é um eletrodo do segundo tipo (Seção 13.14). Se a pastilha contém uma mistura de sulfeto de prata e cloreto de prata (ou brometo, ou iodeto), o eletrodo assume um potencial que é determinado pela atividade do halogeneto apropriado na solução-teste. Por outro lado, se a pastilha contém sulfeto de prata e os sulfetos insolúveis de cobre(II), cádmio(II) ou chumbo(II), o eletrodo resultante responde à atividade desses metais na solução-teste.

Pode-se preparar eletrodos de troca iônica usando um trocador de íons orgânico imiscível com água (ou um material sensível a íons dissolvido em um solvente orgânico imiscível com água) colocado em um tubo selado na parte inferior por uma membrana hidrofóbica como, por exemplo, um filtro de acetato de celulose ("milipore"), que não é atravessado pela água. A Fig. 13.8(a) descreve um destes eletrodos. A membrana (A) sela a parte inferior do eletrodo, que é dividido pelo tubo central em um comparti-

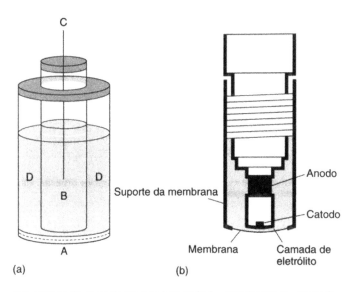

Fig. 13.8 (a) Eletrodo de troca de íons onde A = membrana; B = vaso; C = eletrodo de prata e D = compartimento exterior; (b) eletrodo de oxigênio dissolvido (cortesia de QuadraChem Laboratories Ltd., Forest Row, Sussex, Inglaterra)

mento interno (B) e um compartimento externo (D). O compartimento B contém uma solução de concentração conhecida de um cloreto do metal em água. Esta solução também é saturada com cloreto de prata e contém um eletrodo de prata (C), que serve de eletrodo de referência. O material líquido trocador de íons é colocado no reservatório D e os poros da membrana ficam impregnados com o líquido orgânico que entra, assim, em contato com a solução-teste. Esta solução tem um segundo eletrodo de referência, que pode ser um eletrodo de calomelano. Este tipo de eletrodo é conhecido como eletrodo de membrana líquida.

É comum usar o esquema de Thomas e colaboradores [19] para preparar membranas que contêm trocadores iônicos sólidos por dissolução do trocador de íons líquido com cloreto de polivinila (PVC) em um solvente orgânico adequado, tetra-hidro-furano, por exemplo, e evaporação lenta do solvente. Um disco do resíduo flexível é cimentado em um tubo de PVC para formar um vaso de eletrodo em que a membrana de PVC substitui o acetato de celulose e o tubo reservatório anteriormente usado, de modo que só um compartimento é necessário. Isto quer dizer que não se usa mais a denominação "eletrodo de membrana líquida" porque a maior parte dos eletrodos de troca iônica, atualmente, é construída segundo o esquema de Thomas.

Um exemplo de eletrodo em matriz de PVC é o eletrodo seletivo de íons cálcio em que o trocador de cátions é um fosfato de dialquila, o hidrogenofosfato de didecila ou, melhor ainda, o hidrogenofosfato de dioctil-fenila dissolvido em fosfonato de dioctil-fenila. Em contato com uma solução de íons cálcio em água, ocorre reação envolvendo a perda de um próton de cada uma de duas moléculas de éster para formar um fosfato de cálcio e dialquila ou um fosfato de cálcio e dialquil-fenila na superfície da membrana. Esta, agora, tem íons cálcio que podem entrar em equilíbrio com qualquer outra solução que contém cálcio em que for mergulhada. Na face interna da membrana existe uma solução de íons cálcio em concentração conhecida e um potencial definido se estabelece. O potencial na parte externa da membrana depende da atividade do íon cálcio presente na solução-teste. O eletrodo falha em soluções ácidas porque a reação de formação do fosfato de cálcio e dialquila (ou dialquil-fenila) se inverte. Se o solvente usado for decanol, o eletrodo passa a responder a outros íons semelhantes ao cálcio, inclusive magnésio, e pode ser usado como um eletrodo para a "dureza da água".

Pode-se preparar um eletrodo sensível a íons nitrato com o nitrato de hexadecil-tridodecilamônio disperso na membrana e, também, um eletrodo sensível a íons perclorato (íon clorato(VII)) usando uma membrana que contém perclorato de tris(o-fenantrolina)-ferro(II).

Os trocadores de íons orgânicos mencionados anteriormente podem, em alguns casos, ser substituídos por ligantes orgânicos neutros. Um exemplo típico é o eletrodo seletivo para íons potássio baseado no antibiótico valinomicina. Esta substância contém átomos de oxigênio que formam um anel e coordenam um íon potássio por substituição na camada de hidratação. O eletrodo funciona com uma solução interna de concentração conhecida de cloreto de potássio, da qual alguns íons são complexados pela valinomicina na superfície interna da membrana. Quando o eletrodo é colocado em uma solução de íons potássio em água, alguns íons são seqüestrados para a superfície externa da membrana e o potencial de eletrodo resultante depende da atividade do íon potássio na solução-teste. Muitos ligantes orgânicos sintéticos neutros são hoje utilizados como sensores de eletrodos seletivos para um grande número de cátions.

Muitos eletrodos foram desenvolvidos para a análise de gases dissolvidos como amônia, dióxido de carbono, dióxido de nitrogênio, dióxido de enxofre e sulfeto de hidrogênio. No caso do sulfeto de hidrogênio, usa-se um eletrodo sensível ao íon sulfeto e, no caso do dióxido de nitrogênio, um eletrodo sensível ao íon nitrato. Os outros gases são analisados com um eletrodo de vidro de pH. Para determinar a proporção de qualquer um destes gases em um fluxo de gases, a mistura passa por um borbulhador para dissolvê-los em água e o líquido resultante é analisado com o eletrodo apropriado.

A Fig. 13.8(a) esquematiza as características principais de um eletrodo de gás. A diferença é que a porção central do diagrama, o vaso B e seus componentes, são, agora, as partes relevantes. A membrana A, permeável ao gás que está dissolvido na solução-teste, pode ser uma membrana microporosa fabricada com poli(tetrafluoro-etileno) ou com polipropileno, que são hidrofóbicos e não são penetrados pela água, embora permitam a passagem de gás. Este tipo de membrana é usado com amônia, dióxido de carbono e dióxido de nitrogênio. Uma outra possibilidade é usar como membrana um filme homogêneo muito fino, comumente borracha de silicone, pelo qual o gás se difunde (dióxido de enxofre, sulfeto de hidrogênio). O eletrodo C é um eletrodo de vidro de pH ou outro eletrodo seletivo apropriado. Um eletrodo de referência de prata–cloreto de prata também é colocado em B. A solução que está no interior do vaso B contém cloreto de sódio e um eletrodo apropriado para o gás que está sendo analisado. Para NH_3 use NH_4Cl, para CO_2 use $NaHCO_3$, para NO_2 use $NaNO_2$, para SO_2 use $K_2S_2O_5$ e para H_2S use um tampão citrato. A membrana A tem área pequena e o volume do líquido em B também é pequeno, logo, o equilíbrio com a solução-teste se estabelece rapidamente.

Uma das aplicações mais conhecidas dos eletrodos de membrana sensíveis a gás é a medida de oxigênio dissolvido. A aparelhagem inclui uma membrana fina de PVC que cobre um eletrólito e dois eletrodos metálicos. O oxigênio difunde-se pela membrana e é reduzido no eletrodo em conseqüência de um potencial fixo estabelecido entre o catodo e o anodo. Isto significa que quanto maior é a pressão parcial de oxigênio, maior é a difusão pela membrana no mesmo tempo de análise e maior a corrente, que é proporcional à concentração de oxigênio na solução. Se a amostra não for agitada, a espessura da membrana determina o tempo de resposta do eletrodo durante a medida. A Fig. 13.8(b) mostra o esquema básico de um eletrodo de oxigênio. A calibração é necessária e é feita facilmente com água saturada de oxigênio. A medida do oxigênio dissolvido é particularmente importante em estudos de meio ambiente, no tratamento de rejeitos e na indústria de bebidas.

Em conseqüência do grande desenvolvimento observado nos últimos anos, muitos eletrodos seletivos para íons podem ser obtidos no comércio. A Tabela 13.7 dá uma indicação de alguns eletrodos disponíveis e seus limites de detecção. Duas considerações importantes são a faixa de concentração em que eles podem ser usados e o tempo de resposta. Se a f.e.m. de um determinado íon seletivo é medida em uma série de soluções que contêm o íon relevante com várias atividades, então uma curva da f.e.m. contra o logaritmo da atividade iônica é semelhante à Fig. 13.9. A curva tem três partes diferentes: uma porção reta, AB, uma porção curva, BC, e uma porção horizontal, CD. A reta AB tem inclinação igual a $2,303\ RT/nF = 59,1$ mV em 25°C, quando $n = 1$, e diz-se que nesta região o eletrodo tem uma resposta nernstiana. O ponto B pode ser considerado como sendo o limite mínimo de uso para todos os fins práticos. Entretanto, é possível usar a porção curva BC fazendo uma série de medidas com soluções de atividade conhecida na faixa adequada e construindo uma curva de calibração. A IUPAC define o limite inferior de detecção como sendo "a concentração do íon na qual a porção linear extrapolada do gráfico intercepta a porção nernstiana do gráfico", isto é, o ponto E da Fig. 13.9. O limite de detecção sofre a influência de íons que interferem na análise.

O tempo de resposta de um eletrodo é definido como o tempo que a f.e.m. da célula leva para chegar a 1 mV antes do valor final do equilíbrio. O tempo de resposta é obviamente afetado pelo tipo de eletrodo, particularmente pela natureza da membrana, pela presença de íons que interferem e por alterações de temperatura. Procure na literatura

Tabela 13.7 *Seleção de eletrodos sensíveis para íons comerciais*

Íon	Limite inferior de detecção (M)	Íon	Limite inferior de detecção (M)
Na⁺	1×10^{-6}	F⁻	1×10^{-6}
K⁺	1×10^{-6}	Cl⁻	5×10^{-5}
NH₄⁺	5×10^{-7}	Br⁻	5×10^{-6}
Ag⁺	1×10^{-7}	I⁻	5×10^{-8}
Ag⁺/S²⁻	1×10^{-7}	CN⁻	8×10^{-6}
Ca²⁺	5×10^{-7}	ClO₄⁻	8×10^{-6}
Ca²⁺/Mg²⁺	6×10^{-6}	NO₂⁻	4×10^{-6}
Cd²⁺	1×10^{-7}	NO₃⁻	7×10^{-6}
Cu²⁺	1×10^{-8}	SCN⁻	5×10^{-6}
Pb²⁺	1×10^{-6}		

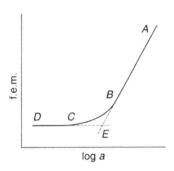

Fig. 13.9 Curva de f.e.m. contra log *a* cai em três regiões distintas: linha reta *AB*, curva *BC* e região quase horizontal *CD*

detalhes sobre os cuidados necessários durante o uso e na manutenção dos eletrodos seletivos [17]

13.20 Detectores sólidos seletivos para íons

O uso de semicondutores como transistores sensíveis a produtos químicos levou a uma nova classe de eletrodos seletivos para íons. Estes componentes usam uma membrana sensível a íons como interface entre a solução e um semicondutor de óxidos de metais modificados (MOS), que funciona como um transistor de efeito de campo (A) colocado em uma proteção não-condutora (B) (Fig. 13.10). Quando a membrana (C) está em contato com a solução-teste, desenvolve-se um potencial que modifica a corrente que flui pelo transistor entre os terminais T_1 e T_2.

Pode-se usar a intensidade da corrente para medir a atividade do íon de interesse, desde que tenha sido feita a calibração prévia contra soluções do íon em concentrações conhecidas. Estas medidas podem ser feitas com volumes muito pequenos de líquido e são muito comuns em análises bioquímicas. Observe, entretanto, que os eletrodos seletivos para íons, mais simples, que descrevemos anteriormente, podem ser adaptados para uso com pequenos volumes e, até mesmo, para medidas no interior de células.

Os eletrodos sensíveis a íons do tipo transistor de efeito de campo (ISFET) foram desenvolvidos especialmente como sensores resistentes para o trabalho com substâncias líquidas e semi-sólidas, inclusive carnes e outros alimentos. Eles são especialmente úteis em medidas de pH em condições difíceis.

Um outro procedimento para pequenos volumes de líquido é o uso da "célula em camada" que se baseia na mesma técnica usada para revelar filmes fotográficos de cor instantânea. Desenhado para a determinação de íons

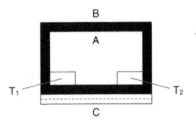

Fig. 13.10 Detector seletivo para íons em estado-sólido: A = MOSFET, B = proteção isolante, C = membrana, T_1, T_2 = terminais MOSFET

potássio, ele usa dois conjuntos em camada que terminam com eletrodos de valinomicina. Uma solução padrão de cloreto de potássio é colocada em um dos conjuntos e a solução-teste no outro. Os dois conjuntos são ligados por uma ponte salina para montar uma célula de concentração. A concentração do íon potássio é determinada pela f.e.m. medida da célula.

13.21 Eletrodos bioquímicos

Tem sido desenvolvido um número cada vez maior de eletrodos que usam enzimas para converter substâncias de soluções em produtos iônicos que podem ser quantificados com um eletrodo seletivo adequado. Um exemplo típico é o **eletrodo de uréia** que usa a enzima urease para a hidrólise:

$$CO(NH_2)_2 + H_2O + 2H^+ \xrightarrow{urease} 2NH_4^+ + CO_2$$

O progresso da reação pode ser acompanhado com um eletrodo de vidro sensível a íons amônio. A concentração final dos íons amônio é, então, relacionada com a quantidade de uréia presente.

A urease é incorporada a um gel de poliacrilamida que se deposita no bulbo do eletrodo de vidro e é mantido em posição por uma teia de nylon. A urease pode também ser imobilizada quimicamente em albumina de serum bovino ou até mesmo em nylon. Quando o eletrodo é colocado em uma solução que contém uréia, os íons amônio difundem-se pelo gel e provocam uma resposta do eletrodo seletivo.

$$E_{cel} = k + 0,0295 \log a_{uréia}$$

A penicilina também pode ser determinada com o uso da enzima penicilinase para destruir o composto e produzir íons hidrogênio que, por sua vez, são determinados com um eletrodo comum de pH. Muitos outros compostos orgânicos podem ser determinados por procedimentos semelhantes [20], incluindo um procedimento para acompanhar o desenvolvimento do anticorpo digoxina em coelhos [21].

Instrumentação e medida da f.e.m. de uma célula

13.22 Uso de medidores de pH e de íons seletivos

O aparecimento de medidores de pH de leitura direta com eletrônica de estado sólido tornou muito mais fácil e mais precisa a medida de pequenos potenciais d.c. como os gerados por eletrodos seletivos para íons. Os medidores de pH modernos são voltímetros eletrônicos digitais dotados de uma escala que permite a leitura direta do pH. Eles podem variar em complexidade, desde o instrumento portátil comparativamente simples para uso no campo até os aparelhos mais sofisticados de bancada, freqüentemente dotados de expansão de escala e resolução de 0,001 unidade de pH e acurácia de ±0,001 unidade.

O eletrodo de vidro tem um potencial assimétrico que torna impossível relacionar a medida de um potencial de eletrodo diretamente ao pH da solução e, por isso, é necessário calibrar o eletrodo. Por esta razão, os medidores de pH incluem um controle ("especifique o tampão", "padronize"

ou "calibre") para fazer com que o conjunto do eletrodo (eletrodos de vidro e de referência ou um eletrodo de combinação) colocado em uma solução de pH conhecido permita o ajuste da escala do instrumento ao valor correto.

A equação de Nernst mostra que o potencial do eletrodo de vidro em um dado pH depende da temperatura da solução. Por isso, os medidores de pH incluem um controle que corrige a escala do medidor para a temperatura da solução-teste. O controle pode ser manual e ser calibrado em graus Celsius para corresponder à temperatura da solução, determinada com um termômetro de mercúrio comum. Pode ser também, como ocorre em alguns instrumentos, um controle automático que faz o ajuste após medir a temperatura da amostra com um termômetro de resistência.

Alguns instrumentos incluem um controle de rampa. Se um medidor for calibrado em um determinado pH (digamos, pH = 4,00), quando o eletrodo for colocado em uma solução-tampão de pH diferente (digamos, pH = 9,20) a leitura do medidor pode não concordar exatamente com o valor conhecido do novo pH. Neste caso, o controle de rampa pode ser acionado para corrigir a leitura do pH da segunda solução. O medidor é lido novamente na primeira solução-tampão e, se a leitura da escala estiver correta (4,00), pode-se considerar que o medidor dará leituras corretas em todos os pH dentro dos limites dados pelos dois tampões.

Quando se usa um conjunto eletrodo de vidro–eletrodo de referência para medir, na mesma temperatura, a f.e.m. de uma célula em uma dada faixa de pH e se as leituras forem repetidas para uma série de temperaturas diferentes, quando se lançam os gráficos das leituras como uma série de isotermas, verifica-se que em um determinado valor de pH (pH_i), a f.e.m. da célula é independente da temperatura. Este ponto, pH_i, é chamado pH de isopotencial. Se a composição da solução em que está imerso o eletrodo de referência de prata–cloreto de prata se alterar ou se for usada uma referência externa completamente diferente, o valor de pH_i muda. Por isso, alguns medidores de pH incluem um controle para a correção do isopotencial.

Modo de operação

Antes de usar um medidor de pH, estude o manual de instruções. O procedimento geral de uso de todos os medidores de pH é semelhante:

1. Ligue o aparelho e deixe esquentar. O processo é muito rápido se a eletrônica do circuito é de estado sólido. Enquanto o aparelho estiver esquentando, verifique se as soluções padrões necessárias para a calibração do aparelho estão a sua disposição. Se não for o caso, prepare-as. Um método conveniente é dissolver uma pastilha de padrão (que pode ser obtida comercialmente) no volume adequado de água destilada.
2. Se o instrumento estiver equipado com um controle de temperatura, meça a temperatura da solução e ajuste o controle para este valor. Se um controle automático puder ser utilizado, lave um pequeno bécher com a primeira solução padrão, encha-o com uma pequena quantidade desta solução e mergulhe o sensor de temperatura.
3. Coloque o conjunto de eletrodos no mesmo bécher e, se for o caso, ajuste o instrumento para a leitura de pH.
4. Use o controle "ajuste o padrão" até que a leitura do medidor concorde com o valor conhecido do pH do padrão.

292 Métodos Eletroanalíticos Diretos

5. Remova o conjunto de eletrodos (e o termômetro, se for o caso), lave-os em água destilada e coloque-os em um pequeno bécher com um pouco da segunda solução padrão. Se a leitura do medidor não concordar exatamente com o valor conhecido do pH, ajuste o controle de rampa até acertar o valor correto.
6. Remova o conjunto de eletrodos, lave-os com água destilada e coloque-os na solução do primeiro tampão para confirmar se a leitura do pH está correta. Em caso contrário, repita o procedimento de calibração.
7. Se a calibração for satisfatória, lave os eletrodos com água destilada e coloque-os na solução-teste contida em um pequeno bécher. Leia o pH da solução.
8. Remova o conjunto de eletrodos, lave-os em água destilada e deixe-os em repouso em água destilada.

Medidores de leitura direta, apropriados para o uso com eletrodos seletivos para íons são oferecidos no mercado por vários fabricantes. Eles são, às vezes, conhecidos como medidores de atividade iônica. Estes instrumentos são muito semelhantes aos medidores de pH comuns e muitos deles podem ser usados com este objetivo, porém, devido à faixa de uso muito extensa (ânions e cátions, assim como íons de carga única e de carga dupla), os circuitos são necessariamente mais complexos e é preciso incluir a expansão da escala. A leitura destes instrumentos é comumente feita em milivolts.

Como no caso do medidor de pH, o eletrodo apropriado deve ser calibrado em soluções de concentração conhecida do íon a ser determinado. Pelo menos duas soluções de referência, tendo entre elas uma diferença de 2 a 5 unidades de pM, devem ser usadas, de acordo com o caso particular. A Seção 13.24 descreve o procedimento geral para o uso correto destes instrumentos.

Potenciometria na prática

O uso de um medidor de pH ou um medidor da atividade de íons para medir a concentração de íons hidrogênio ou outras espécies iônicas é um bom exemplo do uso prático da potenciometria direta. O uso de eletrodos deve seguir procedimentos razoavelmente padronizados, a começar pela manutenção e padronização dos sistemas de acordo com as recomendações dos fabricantes. Os exemplos práticos dados adiante, com ênfase particular na determinação do pH, enfatizam as condições essenciais para a obtenção de resultados aceitáveis.

13.23 Determinação do pH

A definição original, $pH = -\log c_H$ (devida a Sørensen, 1909, e que pode ser escrita como pcH), não é exata e não pode ser obtida diretamente por métodos eletrométricos. É a atividade e não a concentração do íon que determina a f.e.m. de uma célula galvânica do tipo comumente usado na medida do pH, portanto, o pH deve ser definido como

$$pH = -\log a_{H^+}$$

onde a_{H^+} é a atividade do íon hidrogênio. Porém, mesmo esta quantidade, como está definida, não permite a medida precisa, porque qualquer célula do tipo

$$H_2,Pt \mid H^+ \text{ (desconhecido)} \vdots \vdots \text{ponte salina} \vdots \vdots \text{eletrodo de referência}$$

usada para a medida envolve inevitavelmente um potencial de junção líquida de magnitude pouco conhecida. Entretanto, o valor de pH obtido pelo método da f.e.m. dá valores mais próximos da atividade do que a concentração de íons hidrogênio. Pode-se mostrar que o valor de pcH é aproximadamente igual a $-\log 1,1a_{H^+}$, logo

$$pH = pcH + 0,04$$

Esta equação é útil, na prática, para a conversão de tabelas de pH baseadas na escala de Sørensen em valores aproximados de atividade, de acordo com a definição prática de pH dada a seguir.

A definição moderna de pH é prática e baseia-se no trabalho de padronização e recomendações do Escritório Nacional de Padrões (NBS) dos Estados Unidos. Pela definição da IUPAC de 1987 [22], a **diferença** em pH entre duas soluções S (um padrão) e X (um desconhecido) na mesma temperatura, com o mesmo eletrodo de referência, e eletrodos de hidrogênio na mesma pressão de hidrogênio é dada por

$$pH(X) - pH(S) = \frac{E_X - E_S}{2,3026RT/F}$$

onde E_X é a f.e.m. da célula

$$H_2,Pt \mid \text{solução X} \vdots \vdots KCl \; 3,5 \; M \mid \text{eletrodo de referência}$$

e E_S é a f.e.m. da célula

$$H_2,Pt \mid \text{solução S} \vdots \vdots KCl \; 3,5 \; M \mid \text{eletrodo de referência}$$

Os dois eletrodos de hidrogênio podem ser substituídos por **um** eletrodo de vidro que é transferido de uma célula para a outra. Assim, a diferença entre os pH pode ser medida como um número. A escala de pH é, então, definida especificando-se a natureza da solução padrão e atribuindo a ela um valor de pH.

A **definição de pH da IUPAC** [22] baseia-se em uma solução 0,05 M de hidrogenoftalato de potássio como padrão de pH de referência (RVS). Além disso, outras seis soluções padrões primárias que cobrem a faixa de 3,5 a 10,3 unidades de pH na temperatura ambiente foram também definidas. Elas são ainda suplementadas por um certo número de soluções padrão práticas que estendem a faixa de pH para 1,5 a 12,6 na temperatura ambiente. A Tabela 13.8 dá a composição da solução RVS, de três das soluções padrões primárias e de duas das soluções padrões práticas. Observe que as concentrações estão na base **molal**, isto é, moles de soluto por quilograma de solução.

O padrão britânico (BS1647:1984 Partes 1 e 2) também se baseia no hidrogenoftalato de potássio e um certo número de soluções de referência dá resultados muito semelhantes aos da Tabela 13.8. Quando aplicados a soluções diluídas ($< 0,1$ M) em pH entre 2 e 12, correspondem aproximadamente à equação

$$pH = -\log\{c_{H^+}y_{1:1}\} \pm 0,02$$

onde $y_{1:1}$ é o coeficiente de atividade médio que um eletrólito 1:1 típico teria na solução.

Damos a seguir os detalhes das preparações das soluções da tabela (observe que as concentrações estão expressas em molalidade). Todos os reagentes devem ter a maior pureza possível. Use água recentemente destilada, protegida do CO_2 durante o resfriamento, com pH entre 6,7 e 7,3, principalmente para as soluções padrões. Água desionizada também pode ser usada. Guarde as soluções-tam-

Tabela 13.8 *pH de padrões IUPAC de 0 a 90°C*

Temperatura (°C)	RVS	Primário			Operacional	
		P1	P2	P3	O1	O2
0	4,000	–	3,863	9,464	–	13,360
5	3,998	–	3,840	9,395	–	13,159
10	3,997	–	3,820	9,332	1,638	12,965
15	3,998	–	3,802	9,276	1,642	12,780
20	4,001	–	3,788	9,225	1,644	12,602
25	4,005	3,557	3,776	9,180	1,646	12,431
30	4,011	3,552	3,766	9,139	1,648	12,267
35	4,018	3,549	3,759	9,102	1,649	12,049
40	4,027	3,547	3,754	9,068	1,650	11,959
50	4,050	3,549	3,749	9,011	1,653	11,678
60	4,060	3,560	–	8,962	1,660	11,423
70	4,116	3,580	–	8,921	1,671	11,192
80	4,159	3,610	–	8,885	1,689	10,984
90	4,21	3,650	–	8,850	1,720	10,800

pão padrões em frascos de Pyrex bem fechados ou em garrafas de polietileno. Se houver formação de mofo ou de sedimento, a solução deve ser rejeitada.

RVS: hidrogenoftalato de potássio 0,05 m. Dissolva 10,21 g do sólido (seco abaixo de 130°C) em água e dilua até 1 kg. O pH não é afetado pelo dióxido de carbono da atmosfera e a capacidade como tampão é muito baixa. A solução deve ser substituída após 5 ou 6 semanas, ou antes, se houver crescimento de mofo.

P1: solução saturada de hidrogenotartarato de potássio O pH é pouco sensível às mudanças de concentração e a temperatura de saturação pode variar entre 22 e 28°C. Remova o excesso de sólido. A solução só se mantém estável por alguns dias, a menos que seja adicionado um preservativo (um cristal de timol).

P2: tampão de fosfato 0,025 m Dissolva 3,40 g de KH_2PO_4 e 3,55 g de Na_2HPO_4 (seco por duas horas em 110–113°C) em água livre de CO_2 e dilua até 1 kg. A solução é estável se não for exposta à atmosfera.

P3: bórax 0,01 m Dissolva 3,81 g de tetraborato de sódio $Na_2B_4O_7 \cdot 10H_2O$ em água livre de CO_2 e dilua até 1 kg. A solução deve ser protegida do CO_2 da atmosfera e substituída após um mês da preparação.

O1: tetraoxalato de potássio 0,05 m Dissolva 12,70 g do di-hidrato em água e dilua até 1 kg. A temperatura de secagem do sal $KHC_2O_4 \cdot H_2C_2O_4 \cdot 2H_2O$ não deve exceder 50°C. A solução é estável e sua capacidade como tampão é relativamente alta.

O2: solução saturada de hidróxido de cálcio Agite vigorosamente em água, a 25°C, hidróxido de cálcio finamente dividido e em excesso. Filtre em vidro sinterizado (porosidade 3) e guarde a solução em uma garrafa de polietileno. Evite que dióxido de carbono entre em contato com a solução. Substitua a solução se ocorrer turbidez. A solução tem concentração 0,0203 M a 25°C, 0,0211 M a 20°C e 0,0195 M a 30°C.

Pastilhas para tampão Muitas vezes não é necessário seguir os procedimentos dados anteriormente para a preparação de soluções-tampão padrões. As pastilhas para tampão comerciais dissolvidas em um volume determinado de água destilada (desionizada) produzem soluções apropriadas para a calibração de medidores de pH.

Medida do pH de uma solução

O procedimento usual é usar um eletrodo de vidro e um eletrodo de calomelano saturado como referência e medir a f.e.m. da célula com um medidor de pH. O procedimento para usar o medidor de pH foi dado na Seção 13.22. Consulte, porém, o manual de instruções do aparelho para os detalhes de operação dos controles. O eletrodo de vidro fornecido com o instrumento deve estar imerso em água destilada. Se for necessário utilizar um eletrodo novo, deixe-o imerso em água destilada por pelo menos 12 horas antes do uso. Nunca toque o bulbo do eletrodo — a espessura do vidro tem apenas ~0,1 mm de espessura. Lembre-se de que a montagem é frágil e trate-a com cuidado. O eletrodo, em particular, deve estar sempre suspenso no vaso de medida (os medidores de pH têm, usualmente, suportes especiais de eletrodos) e nunca apoiado no fundo do vaso.

Prepare as soluções-tampão para a calibração do medidor de pH. O tampão de hidrogenoftalato (pH 4) e o tampão de tetraborato de sódio (pH 9,2) são os mais comumente usados para a calibração.

Verifique se o instrumento dispõe de compensação automática da temperatura. Neste caso, verifique se o sensor de temperatura (um termômetro de resistência) está operacional. Se o instrumento não fizer a compensação automática, meça a temperatura das soluções que serão usadas e ajuste o controle manual de temperatura.

Meça o pH da solução seguindo as etapas descritas na Seção 13.22. Após terminar o trabalho, lave bem os eletrodos com água destilada e deixe-os mergulhados em água destilada.

13.24 Determinação de fluoreto

Esta determinação envolve um eletrodo seletivo para íons e um medidor de atividade dos íons. Como ocorre com o eletrodo de vidro usado na medida de pH, o eletrodo deve ser calibrado contra soluções que contêm o íon de interesse em uma concentração conhecida. No caso do pH, dois valores de pH são suficientes, mas, no caso dos eletrodos seletivos para íons, é recomendável fazer um gráfico de calibração usando cinco ou seis soluções padrões de concentração conhecida. Este gráfico de calibração pode ser utilizado para determinar a concentração do íon fluoreto em uma solução-teste através da medida da f.e.m. do sistema de eletrodos colocado na solução.

Como alternativa ao uso da curva de calibração, pode-se usar o método da adição padrão. Coloque o eletrodo seletivo para íons apropriado, juntamente com um eletrodo de referência, em um volume conhecido (V_t) da solução-teste e meça a f.e.m. resultante (E_t). Aplicando a equação de Nernst, pode-se ver que

$$E_t = k_e + k \log y_t C_t$$

onde k_e é a constante do eletrodo, k é, teoricamente, 2,303 RT/nF, porém, na prática, é a inclinação da curva de E contra log C para o eletrodo, e y_t e C_t são o coeficiente de atividade e a concentração do íon a ser determinado na solução-teste, respectivamente. Adicione um volume V_2 de uma solução padrão (concentração C_s) contendo o íon de interesse e meça a nova f.e.m.; C_s deve ser 50 a 100 vezes maior do que C_t. Pode-se escrever para a nova f.e.m., E_2, que

$$E_2 = k_e + k \log y_t (V_t C_t + V_2 C_s)/(V_t + V_2)$$

onde V_t é o volume original da solução-teste.

Se as duas soluções têm aproximadamente a mesma força iônica, os coeficientes de atividade serão praticamente os mesmos nas duas soluções e a diferença entre as duas f.e.m. pode ser escrita como

$$\Delta E = (E_2 - E_t) = k \log (V_t C_t + V_2 C_s)/C_t(V_t + V_2)$$

logo,

$$C_t = \frac{C_s}{10^{\Delta E/k}(1 + V_t/V_2) - V_t/V_2}$$

Sabendo-se o valor da inclinação k, pode-se determinar C_t.

Procedimento

Ajuste o medidor de atividade de íons de acordo com as instruções do manual do instrumento. Use um eletrodo seletivo para o íon fluoreto e um eletrodo de calomelano do tipo usado em medidores de pH como referência. Prepare as seguintes soluções.

Padrões de fluoreto de sódio Prepare, usando fluoreto de sódio de grau analítico e água desionizada, uma solução padrão de concentração conhecida e aproximadamente 0,05 M (2,1 g·l^{-1}) (solução A). Coloque 10 ml desta solução em um balão graduado de 1 litro e complete o volume. Esta solução (B) contém cerca de 10 mg·l^{-1} de íons fluoreto. Dilua 20 ml da solução B até 100 ml em um balão aferido. Esta solução padrão (solução C) contém aproximadamente 2 mg·l^{-1} de íons fluoreto. Dilua 10 ml da solução B até 100 ml para obter a solução D que contém cerca de 1 mg·l^{-1} e 5 ml da solução B até 100 ml para obter a solução E que contém 0,5 mg·l^{-1} de íons fluoreto.

Tampão de ajuste da força iônica total (TISAB) Dissolva 57 ml de ácido acético, 58 g de cloreto de sódio e 4 g de ácido ciclo-hexano-diaminotetracético (CDTA) em 500 ml de água desionizada contida em um bécher grande. Coloque o bécher em um banho de água com dispositivo de controle do nível e ligue com um tubo de borracha a torneira de água fria e a **entrada** de água do banho. Deixe a água fluir lentamente para o banho e a água escorrer pelo dispositivo de controle de nível. Este arranjo mantém constante a temperatura da solução que está no bécher.

Coloque no bécher um conjunto calibrado eletrodo de vidro–eletrodo de calomelano ligado a um medidor de pH. Adicione à solução hidróxido de sódio 5 M, sob agitação constante e com monitoramento do pH, até que o pH fique entre 5,0 e 5,5. Coloque a solução em um balão aferido de 1 litro e complete o volume com água desionizada. A tamponação é necessária porque íons OH$^-$, com tamanho semelhante e com a mesma carga dos íons F$^-$ interferem com o eletrodo de LaF$_3$.

A solução assim preparada tem ação como tampão entre pH 5 e 6. O CDTA complexa quaisquer íons polivalentes que interagem com fluoreto e, devido a sua alta concentração, a força iônica total é elevada, eliminando a possibilidade de variação da f.e.m. da solução-teste com a força iônica.

Transfira com uma pipeta 25 ml da solução B para um bécher de 100 ml e adicione um volume igual de TISAB. Agite a solução para facilitar a mistura. Pare o agitador, coloque o par de eletrodos fluoreto–calomelano na solução e meça a f.e.m. O eletrodo atinge rapidamente o equilíbrio e uma leitura de f.e.m. pode ser obtida imediatamente. Lave bem os eletrodos e coloque-os em uma solução previamente preparada, contendo 25 ml da solução C e 25 ml de TISAB. Leia a f.e.m. Repita o procedimento com os padrões D e E.

Faça um gráfico das f.e.m. medidas contra as concentrações das soluções padrões usando um papel semilog de quatro ciclos (isto é, que cubra quatro décadas na escala logarítmica). Coloque as concentrações de íons fluoreto na escala logarítmica. O resultado deve ser uma linha reta (curva de calibração). Com o aumento da diluição, existe a tendência de os pontos se desviarem da linha reta. No caso presente, este efeito é observável em concentrações de íon fluoreto da ordem de 0,2 mg·l^{-1}.

Adicione 25 ml de TISAB a 25 ml da solução-teste e meça a f.e.m. Use a curva de calibração e determine a concentração de íons fluoreto da solução-teste. O procedimento aqui descrito é próprio para a determinação da concentração de íons fluoreto da água encanada em locais onde a fluoração é obrigatória. O resultado pode ser confirmado por adição de quatro porções sucessivas (2 ml) da solução padrão C a uma solução-teste cuja f.e.m. já foi determinada, e pela medida da f.e.m. após cada adição. Os cálculos são feitos como foi descrito anteriormente.

Uma alternativa aos cálculos é o uso do **gráfico de Gran** para avaliar a concentração inicial da solução-teste. Gran [23] mostrou que se o antilog ($E_{célula} = nF/2,303\ RT$) for lançado em gráfico contra o volume de reagente adicionado, obtém-se uma linha reta. Quando esta linha é extrapolada, ela corta o eixo horizontal em um ponto que corresponde à concentração da solução-teste. Existe um papel de gráfico especial (papel de gráfico de Gran), um papel semi-antilog, no qual o eixo vertical é escalado para valores de antilogaritmo e o eixo horizontal é uma escala linear comum. Quando usar este papel, coloque os valores de f.e.m.

da célula contra o volume de reagente utilizado. O gráfico é particularmente útil na determinação de pontos finais em titulações potenciométricas.

13.25 Potenciometria em uma reação oscilante

Em alguns processos catalíticos, a concentração do catalisador pode flutuar em uma ampla faixa de concentrações. Esta flutuação pode ser medida potenciometricamente e, às vezes, ser observada visualmente através de mudanças de cor ou de luminescência [24, 25]. Embora o estudo da dinâmica de reações oscilantes seja um assunto muito vasto, a reação de Belousov–Zhabotinskii [26, 27], envolvendo compostos orgânicos (como o ácido malônico, por exemplo), um catalisador e uma solução de íons bromato em água, tem sido muito estudada. A flutuação da concentração do catalisador de cério entre os estados Ce^{3+} e Ce^{4+} pode ser seguida visualmente pela mudança de cor, de amarelo a incolor, e potenciometricamente. O procedimento de laboratório para isto é bem documentado [28] e Rosenthal [29] desenvolveu uma forma melhor de visualização do processo por substituição do cério por ferroína. A reação não ocorre na presença de íons cloreto que inibem as oscilações. O processo é descrito adiante.

Aparelhagem

Bécher de 150 ml e corpo alto
Eletrodo de disco em platina
Eletrodo de referência de Ag–AgCl
Agitador magnético
Detector de fotodiodo ligado a um circuito de amplificação
Filtro vermelho capaz de transmitir luz de comprimentos de onda superior a 600 nm
Fonte focalizada de luz branca

Reagentes *Solução A* Bromato de sódio 0,6 M em ácido sulfúrico 0,6 M.

Solução B Ácido malônico (ácido propanodióico) 0,48 M em água.

Solução C Brometo de sódio, 1 g em 10 ml de água desionizada.

Solução D Solução de ferroína 25 mM em água, preparada recentemente a partir de sulfato de amônio e ferro(II), e a quantidade estequiométrica de *o*-fenantrolina (isto é, 1 para 3 moles).

Íons cloreto Use reagentes livres de íons cloreto.

Procedimento Coloque o bécher com a barra de agitação no agitador magnético. Coloque os eletrodos diametricamente um em relação ao outro. O feixe de luz passa entre eles pelo filtro colocado em um plano vertical em relação ao fotodiodo e pela solução que vai ser adicionada. Misture em um erlenmeyer coberto 14 ml da solução A, 7 ml da solução B e 2 ml da solução C. Agite a mistura até que a cor alaranjada (devida ao bromo) desapareça da solução e do vapor. Adicione 1 ml da solução D e agite até obter cor vermelha homogênea. Coloque esta solução no bécher que está sobre o agitador. Use os eletrodos e o fotodiodo para

a leitura do potencial do sistema ferro(II)-*o*-fenantrolina/ferro(III)-*o*-fenantrolina. Deveria ser possível seguir as oscilações por vários minutos.

Cálculos A razão de concentrações Fe^{2+}/Fe^{3+} pode ser calculada pela equação de Nernst (Seção 2.28),

$$E_{cel} = E^{\ominus} - 0,0591 \log \frac{[Fe^{II}(o\text{-}fen)_3^{2+}]}{[Fe^{III}(o\text{-}fen)_3^{3+}]}$$

onde $E_{célula}$ é o potencial medido e $E^{\ominus}$ é o potencial de redução padrão do par redox complexo ferro(II)-*o*-fenantrolina–ferro(III)-*o*-fenantrolina (dado por Rosenthal [29] como sendo 0,950 V em relação ao eletrodo de calomelano saturado).

A razão pode ser calculada para os potenciais máximo e mínimo e para os picos e depressões, e o gráfico pode ser comparado com os resultados correspondentes obtidos com o circuito do fotodiodo. Dados de outras reações oscilantes podem ser obtidos na literatura.

Voltametria

13.26 Fundamentos da voltametria

A voltametria estuda as relações entre voltagem, corrente e tempo durante a eletrólise em uma célula. Ela normalmente envolve a determinação de substâncias em solução que podem ser oxidadas ou reduzidas na superfície de um eletrodo. Este eletrodo, conhecido como eletrodo de trabalho, sofre um potencial variável contínuo e a corrente do circuito é controlada. O gráfico de voltagem *versus* corrente assim obtido é conhecido como voltamograma. Dependendo da polaridade do potencial aplicado, os componentes da solução sofrem oxidação ou redução em potenciais característicos que podem ser usados para identificar as espécies ativas. Embora conceitualmente simples, estes experimentos só são reprodutíveis em certas condições. O eletrodo de trabalho deve estar completamente polarizado para que a corrente que flui através dele seja proporcional à concentração. Esta condição é satisfeita com eletrodos de área superficial pequena (um microeletrodo) que não são facilmente contaminados e nos quais o comportamento da superfície é reprodutível. Este problema foi resolvido de maneira elegante pelo eletroquímico tchecoslovaco Jaroslav Heyrovsky [30], em 1922, com a proposta do uso do microeletrodo de mercúrio gotejante. A voltametria feita com este eletrodo é chamada polarografia e, até recentemente, era a forma mais usada de voltametria. Descreveremos seu uso e aplicações na próxima seção.

13.27 Polarografia convencional ou polarografia d.c.

Para que seja possível obter curvas reprodutíveis de corrente *versus* voltagem em um eletrodo imerso em uma solução diluída de uma espécie eletroliticamente ativa, é necessário que a área superficial do eletrodo seja muito pequena para induzir a polarização, porém é também essencial que o eletrodo não se altere, por exemplo, por contaminação da superfície. No caso de eletrodos sólidos, estas duas condições são quase sempre mutuamente excludentes e medidas voltamétricas confiáveis não eram possíveis até que Heyrovsky e Shikata desenvolveram um aparelho que usava gotas de mercúrio que caíam de um reservatório como eletrodo de trabalho e um poço de mercúrio como contra-eletrodo. Como as curvas obtidas com este instrumento são representações gráficas da polarização do eletrodo gotejante, o aparelho foi chamado de polarógrafo. As curvas corrente *versus* voltagem, que no aparelho original de Heyrovsky eram registradas fotograficamente, foram chamadas de polarogramas. A Fig. 13.11 mostra um esquema simplificado do aparelho usado na análise polarográfica.

No esquema, o eletrodo de mercúrio gotejante é o catodo, a configuração mais comum, porém a polaridade pode ser invertida em alguns experimentos e, neste caso, ocorre oxidação e não redução no microeletrodo. O contra-eletrodo, normalmente o anodo, é um poço de mercúrio que, devido à área superficial relativamente alta, tem densidade de corrente baixa na superfície e não se polariza, isto é, seu potencial permanece constante. Se a solução de eletrólito contém ânions capazes de formar sais insolúveis com mercúrio (Cl^-, SO_4^{2-}, dentre outros), o contra-eletrodo age como um eletrodo de referência cujo potencial constante depende apenas da natureza e da concentração do ânion em solução. Deve-se adicionar à solução um grande excesso do ânion sobre a concentração do analito para que o potencial total da célula dependa apenas das reações que ocorrem no eletrodo de trabalho.

Neste sistema, o eletrodo de mercúrio gotejante é um tubo capilar de barômetro de 10 a 15 cm de comprimento, ligado por um tubo de borracha flexível a um reservatório de mercúrio cuja altura pode ser ajustada. Pode-se produzir um fluxo contínuo de gotas de mercúrio, em intervalos de 1 a 5 segundos, deslocando-se verticalmente o reservatório até uma altura conveniente. Como a característica principal de polarografia é o eletrodo de mercúrio gotejante, é interessante analisar as vantagens e desvantagens deste microeletrodo em relação a outros:

(a) Produz-se uma gota limpa e praticamente idêntica em forma e tamanho, em intervalos regulares. Isto reduz os efeitos de contaminação ou de envenenamento da superfície do eletrodo.

(b) Muitos metais reduzem-se reversivelmente a amálgamas na superfície.

(c) A sobrevoltagem do hidrogênio é muito alta na superfície do eletrodo de mercúrio. Isto significa que vários metais com potenciais elevados de redução se reduzem na superfície sem que ocorra redução da água e conseqüente interferência com o experimento. Em certas soluções de eletrólitos, o eletrodo pode ser usado em potenciais negativos (em relação ao eletrodo de calomelano saturado) até $-2,6$ V antes que hidrogênio comece a ser produzido. O potencial positivo que pode ser usado limita-se a cerca de $+0,4$ V porque, neste valor, o mercúrio se oxida a $Hg(I)$.

(d) A área superficial das gotas pode ser calculada a partir de seu peso.

São muitas as vantagens do eletrodo de mercúrio gotejante, porém existem algumas desvantagens, relacionadas principalmente ao fato de que, com este desenho de aparelhagem, o tamanho da gota muda com o tempo e isto complica a análise eletroquímica. Os aparelhos mais modernos usam uma série de gotas pendentes (ou até mesmo uma única gota pendente) em substituição ao fluxo contínuo de gotas.

É mais interessante analisar os processos que ocorrem no aparelho clássico antes de descrever os instrumentos mais recentes. Observe que a célula da Fig. 13.11 tem tubos que permitem a purga da solução com um gás inerte antes da realização do experimento. Isto é essencial para a remoção do oxigênio dissolvido na solução. Se isto não for feito, o oxigênio reduz-se a água e permite a passagem de um fluxo muito alto de corrente pelo sistema. Este processo ocorre em duas etapas:

$$O_2 + 2H^+ + 2e^- = H_2O_2$$

$$H_2O_2 + 2H^+ + 2e^- = 2H_2O$$

Nas concentrações de analitos normalmente utilizadas na polarografia, estes dois processos de redução mascaram a redução das espécies de interesse. Felizmente, a remoção do oxigênio por borbulhamento da solução com nitrogênio ou hidrogênio, um pouco antes de cada determinação ser feita, é muito eficiente.

Suponha que uma solução de cloreto de cádmio (10^{-3} a 10^{-5} M), livre de oxigênio, está na célula da Fig. 13.11 e o potencial do eletrodo de mercúrio gotejante aumenta gradualmente com o movimento do controle da régua do potenciômetro (P). A corrente que flui pelo sistema pode ser acompanhada pelo registro da curva de voltagem *versus* corrente (o polarograma — Fig. 13.12). Quando o potencial cresce lentamente de zero até voltagens negativas, a corrente que flui inicialmente é muito pequena até que o potencial atinja um valor suficientemente negativo para iniciar uma reação eletroquímica. No presente caso, isto ocorre em aproximadamente $-0,6$ V, quando a redução dos íons cádmio para dar cádmio metálico começa a ocorrer.

$$Cd^{2+} + 2e^- = Cd$$

O potencial no eletrodo é controlado pela equação de Nernst:

$$E = E^{\ominus} + \frac{RT}{nF} \ln\left(\frac{a_{ox}}{a_{red}}\right) \tag{13.1}$$

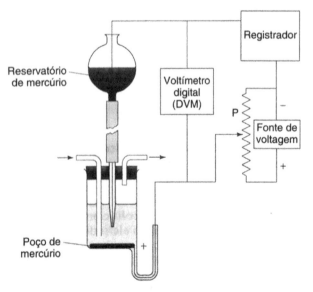

Fig. 13.11 Polarografia: aparelhagem básica

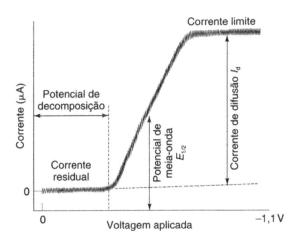

Fig. 13.12 Polarograma típico

onde $E^{\ominus}$ é o potencial padrão do eletrodo. Com este sistema simples de dois eletrodos não é possível determinar exatamente o potencial no catodo, apenas a diferença de potencial entre o anodo e o catodo.

A corrente cresce rapidamente a partir deste ponto e chega a um valor máximo que permanece constante por várias centenas de milivolts até que um segundo aumento rápido ocorre no limite superior da varredura de voltagens. Por convenção, se ocorre redução, a corrente medida é registrada com valores positivos. Esta curva polarográfica pode ser predita se for conhecido o potencial de eletrodo padrão. O valor de voltagem relevante ocorre na metade da corrente máxima e é conhecido como potencial de meia-onda, $E_{1/2}$. Seu valor não é exatamente igual ao potencial padrão do eletrodo da espécie reduzida. Discutiremos adiante por que isto ocorre. É mais importante, neste momento, explicar por que a corrente que flui pelo sistema tem um valor limite.

13.28 Princípios teóricos

Um explicação simples para isto é que o máximo de corrente é conseqüência da velocidade limitada com que os íons chegam à superfície do eletrodo. A etapa de redução propriamente dita é rápida. Três mecanismos principais estão envolvidos no processo. Assim, vamos considerar três contribuições para a corrente limite $i_{\text{limite}} = i_d + i_c + i_m$.

Corrente de migração, i_m

Sob a influência de um potencial aplicado, os íons em solução tendem a se mover para reduzir o potencial, isto é, os cátions para o catodo e os ânions para o anodo. Este processo é utilizado em alguns métodos analíticos como a eletroforese, mas na polarografia ele dá resultados erráticos para concentrações baixas dos analitos. Para reduzir este problema, a corrente de migração destes íons é normalmente reduzida na superfície do eletrodo por adição de altas concentrações de outros íons, que não são reduzidos no eletrodo e dominam a corrente de migração. Nestas condições, a corrente de migração não contribui apreciavelmente para a corrente limite. Estes eletrólitos, ditos eletrólitos indiferentes ou eletrólitos de suporte, são adicionados em excesso de cerca de 100 vezes sobre a concentração dos íons eletroativos, logo apenas uma pequena fração da corrente de migração é devida aos íons sob análise. No exemplo anterior, o eletrólito de suporte é HCl 1 M. Observe, entretanto, que o papel do eletrólito de suporte é mais complexo do que a simples redução da corrente de migração do analito porque ele pode modificar as reações que se produzem, como veremos adiante.

Corrente de convecção, i_c

O transporte de íons para a superfície do eletrodo por meios mecânicos, principalmente por agitação, afeta a corrente limite. Na polarografia tradicional não há agitação e pode-se simplificar o sistema admitindo que as correntes de convecção são muito pequenas e i_c é igual a zero. Isto cria um problema para o experimentalista que deve ter certeza de que o experimento de polarografia está sendo feito nas condições ideais. Como o líquido foi agitado durante o processo de degasagem, é essencial esperar alguns minutos antes de medir a onda polarográfica.

Um procedimento alternativo cada vez mais usado é fazer com que a solução fique em movimento permanente e constante. Na voltametria hidrodinâmica, como é conhecida, ou se agita a solução mantendo fixo o microeletrodo ou se usa um microeletrodo rotativo para agitar a solução. Nestas circunstâncias, as correntes observadas são algumas ordens de magnitude maiores. Uma variante deste procedimento é manter um fluxo constante de solução pelo eletrodo. Esta é a base do "detector polarográfico" usado em HPLC.

Corrente de difusão, i_d

A velocidade de difusão de um íon até a superfície do eletrodo é dada pela segunda lei de Fick como sendo

$$\frac{\partial c}{\partial t} = D\frac{\partial^2 c}{\partial x^2}$$

onde D é o coeficiente de difusão, c é a concentração, t é o tempo e x é a distância do íon à superfície do eletrodo.

Na polarografia clássica, com soluções sem agitação e excesso de eletrólito de suporte, i_m e i_c tendem a zero e o único mecanismo de transporte dos íons até a superfície do eletrodo é a difusão dos íons em solução, i_d. Assim, na polarografia clássica, a corrente limite é idêntica à corrente de difusão e em muitas curvas polarográficas a voltagem constante superior é registrada como i_d. Os cientistas perceberam logo que a corrente de difusão é diretamente proporcional à concentração dos íons em solução que se reduzem (ou se oxidam). Em 1934, Ilkovic [31] estudou os diversos fatores que afetam a corrente de difusão e chegou à equação:

$$i_d = 607nD^{1/2}Cm^{2/3}t^{1/6} \tag{13.2}$$

onde
i_d = corrente de difusão média (μA) durante o tempo de vida da gota.
n = número de faradays de eletricidade necessários por mol do analito.*

---

*Número de elétrons consumidos ou liberados na redução ou na oxidação de uma molécula da espécie eletroativa.

D = constante (cm²·s⁻¹), conhecida como coeficiente de difusão da espécie a ser reduzida ou oxidada.
C = concentração do analito (mmol·l⁻¹).
m = massa (mg) das gotas de mercúrio que caem do eletrodo por segundo.
t = tempo total de queda das gotas (s).

A constante 607 é uma combinação de várias constantes, incluindo a constante de Faraday, e depende ligeiramente da temperatura. O valor 607 está correto em 25°C. Se i for medido como a corrente máxima e não como a corrente média, o valor da constante é 706 e não 607.

Esta equação complexa foi importante porque justificou teoricamente a observação empírica de que i_d é diretamente proporcional à concentração. A equação original de Ilkovic é, na verdade, inacurada porque não leva inteiramente em conta o efeito da curvatura da gota de mercúrio. A correção pode ser feita multiplicando-se o lado direito da equação por $(1 - AD^{1/2} \cdot t^{1/6} \cdot m^{-1/3})$, onde A é uma constante igual a 39. A correção não é muito grande porque o termo entre parênteses vale usualmente de 1,05 a 1,15 e só precisa ser levado em conta em cálculos muito precisos.

Na prática, a corrente de difusão depende de fatores como temperatura (1,5 a 2,0% por grau), viscosidade da solução, composição do eletrólito de suporte e forma química da espécie eletroativa. Normalmente, um íon complexo de metal tem, na mesma concentração, uma corrente de difusão diferente da de um íon simples hidratado. Observe, também, que a corrente de difusão depende do tempo de queda e do tamanho (massa) de cada gota. O produto $m^{2/3} \cdot t^{1/6}$ é a constante do capilar e permite a comparação das constantes de difusão obtidas com diferentes capilares.

Como a corrente de difusão depende do tamanho da gota, a polarografia clássica se caracteriza pela curva com aspecto de dentes de serra, claramente vistos na Fig. 13.12 na região da corrente limite. A corrente aumenta quando a gota cresce e cai rapidamente no momento em que a gota cai. Em concentrações baixas, em que é necessário usar uma faixa de corrente mais sensível, estas oscilações tendem a mascarar a onda de redução à medida que o analito é consumido. Um estudo cuidadoso da curva polarográfica mostra que um outro fenômeno pode influenciar as correntes medidas.

Corrente residual

Ao registrar uma curva corrente–voltagem de uma solução corretamente degasada que contém **apenas** o eletrólito de suporte, ainda se observa, em potenciais mais negativos do que −0,4 V, uma pequena corrente que atravessa o sistema. Isto ocorre porque a gota de mercúrio e a solução agem como um pequeno condensador. A gota de mercúrio acumula carga negativa em sua superfície que é comparável ao potencial de uma camada fina da solução que a cerca (a dupla camada elétrica). Quando as gotas de mercúrio caem, levam esta carga com elas e daí resulta uma pequena corrente positiva. Esta corrente de condensador não é igual às correntes que descrevemos. Seu comportamento não é do tipo faraday e ela não é decorrente dos processos eletroquímicos que acontecem na superfície do eletrodo. Abaixo de aproximadamente −0,4 V, a corrente flui na outra direção à medida que a gota adquire carga positiva em relação à solução. O ponto em que a corrente zero flui pelo sistema é chamado de máximo eletrocapilar e, neste ponto, a gota de mercúrio não tem carga em relação ao meio circundante.

A corrente deste condensador aumenta quase linearmente com o potencial aplicado e pode ser observada mesmo em soluções muito puras do eletrólito de suporte. Ela depende do tamanho da gota de mercúrio: atinge o máximo imediatamente antes de a gota cair e diminui rapidamente quando a gota cai. Nos experimentos de polarografia, a corrente medida é a soma dos componentes do tipo faraday (eletroquímico) e do tipo não-faraday (aparecimento de carga). Em concentrações baixas, a contribuição deste último é importante e limita a cerca de 10^{-5} M a concentração mínima de analito que pode ser determinada pela polarografia clássica.

Máximos polarográficos

Às vezes, não se observa uma corrente limite constante no polarograma. Nestes casos, vê-se um máximo arredondado ou um pico agudo. A Fig. 13.13 mostra um caso típico. A curva A corresponde a íons cobre em uma solução em hidrogenocitrato de potássio, e a curva B, a uma solução em hidrogenocitrato de potássio e fucsina ácida 0,005%. Para medir a corrente de difusão verdadeira, o máximo tem de ser eliminado ou suprimido. Embora não se conheça o mecanismo de formação destes máximos, eles podem ser removidos ou reduzidos por adição de quantidades muito pequenas de um **supressor de máximos**.

Os supressores de máximos incluem colóides como a gelatina, corantes e detergentes como o Triton X-100 (um detergente não-iônico). Como estes materiais são surfactantes, eles provavelmente formam uma camada de adsorção na fase aquosa, próximo da superfície do mercúrio, que impede a passagem de íons e a formação dos máximos. Use os supressores de máximos com muito cuidado porque uma concentração elevada suprime a corrente de difusão normal. Concentrações de gelatina da ordem de 0,002 a 0,1% e de Triton X-100 da ordem de 0,002 a 0,004% são suficientes.

Potenciais de meia-onda

Em um eletrodo polarizado, o potencial obedece à equação de Nernst e a concentração da espécie eletroativa se relaciona diretamente à corrente de difusão. Isto permite relacionar o potencial e a corrente pela equação

$$E = E_{1/2} + \frac{RT}{nF} \ln\left(\frac{I_d - I}{I}\right)$$

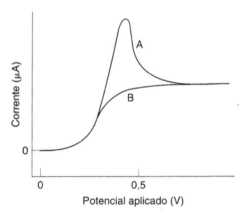

Fig. 13.13 Máximo polarográfico

que em 25°C é igual a

$$E = E_{1/2} + \frac{0{,}0591}{n} \log\left(\frac{I_d - I}{I}\right) \qquad (13.3)$$

onde I é a corrente medida em um determinado ponto (descontada a corrente residual).

Esta equação, conhecida como equação da onda polarográfica, mostra claramente que, quando $I = I_d/2$, o potencial medido é $E_{1/2}$ para uma reação reversível. O gráfico de E contra $\log[(I_d - I)/I]$ é uma linha reta com inclinação $-0{,}00591n$ que permite a determinação do número de elétrons que participam da reação. Esta relação mostra também por que as reações que envolvem mais de um elétron têm ondas polarográficas de curvatura mais pronunciada do que as dos processos que envolvem um elétron. Observe que, segundo a equação, $E_{1/2}$ é independente da concentração. Alguns critérios, entretanto, devem ser obedecidos para que a equação possa ser aplicada. Em primeiro lugar, como ela é derivada da equação de Nernst, só é válida para processos reversíveis. Em segundo lugar, é necessário corrigir I e I_d para a corrente residual e corrigir o potencial medido para uma queda IR eventual na célula. O eletrólito de suporte aumenta a condutância da solução e reduz R.

Embora o potencial de meia-onda em uma dada célula seja independente da concentração do analito, ele depende da natureza da espécie que efetivamente reage e, em muitos casos, não tem exatamente o mesmo valor do potencial do eletrodo padrão da espécie, $E^{\ominus}$ (13.1). A situação mais comum é quando o íon livre em solução se reduz até o metal que, por sua vez, se dissolve no mercúrio para formar um amálgama. A reação é reversível, mas o produto é estabilizado termodinamicamente quando o amálgama se forma, logo $E_{1/2}$ não é igual a $E^{\ominus}$. A relação é

$$E_{1/2} = E^{\ominus} - E_s + (RT/n)\log Cg \qquad (13.4)$$

onde E_s mede a tendência dos elétrons de fluir entre o analito sólido e o amálgama e C_g é a atividade do metal no amálgama. Para o cádmio, $E^{\ominus} = -0{,}647$ (em 25°C) e $E_{1/2} = -0{,}570$ V.

13.29 Íons complexos

Quando a reação que ocorre no eletrodo envolve íons complexos, é possível obter polarogramas satisfatórios se a dissociação do complexo na superfície do eletrodo for rápida (em comparação com a velocidade de difusão), porém o valor de $E_{1/2}$ se desloca. O potencial de meia-onda é geralmente mais negativo para a redução de um íon complexo do que para a redução de um íon simples do metal. Pode-se usar o deslocamento do potencial de meia-onda provocado pela complexação para eliminar ou reduzir a interferência entre íons em uma mistura. Nestas condições, pode-se observar ondas de redução separadas para cada íon e, portanto, fazer sua determinação.

Na análise de níquel, de chumbo etc., em ligas de cobre, a onda de redução dos íons cobre(II) é observada na maior parte dos eletrólitos de suporte antes das ondas dos outros metais e as mascara, impossibilitando a análise. Para evitar isto, pode-se usar um eletrólito de suporte contendo cianeto para converter o cobre no complexo cianocuprato(I), que só é reduzido depois do níquel, do chumbo etc. Por outro lado, se a reação do eletrodo é reversível, é possível usar o deslo-

camento do potencial de meia-onda para determinar a composição do complexo e sua constante de formação.

Seja o caso geral da dissociação de um íon complexo:

$$MX_p^{(n-pb)+} = M^{n+} + pX^{b-}$$

A constante de instabilidade pode ser escrita como

$$K_{\text{instab}} = \frac{[M^{n+}][X^{b-}]^p}{[MX_p^{(n-pb)+}]}$$

a rigor, deve-se usar atividades e não concentrações.

A reação no eletrodo, supondo a formação de amálgama, é

$$M^{n-} + ne + Hg = M(Hg)$$

Combinando estas equações tem-se

$$MX_p^{(n-pb)+} + ne + Hg = M(Hg) + pX^{b-}$$

Pode-se mostrar [32] que a expressão para o potencial de eletrodo é

$$E_{1/2} = E^{\ominus} - \frac{0{,}0591}{n}\log K_{\text{instab}} - \frac{0{,}0591}{n}\log[X^{b-}]^p \qquad (13.5)$$

Aqui, p é o número de coodenação do íon complexo, X^{b-} é o ligante e n é o número de elétrons envolvidos na reação que ocorre no eletrodo. Como a concentração verdadeira do complexo não aparece nesta equação, o potencial de meia-onda é constante e independe da concentração do complexo. (Observe, entretanto, que quanto menor for o valor de K_{instab}, isto é, quanto mais estável for o complexo, mais negativo será o valor do potencial de meia-onda em comparação ao íon livre.) Como o potencial não depende da concentração de ligante, X^{b-}, se esta for determinada em duas concentrações diferentes de ligante pode-se mostrar que

$$\Delta E_{1/2} = \left(\frac{-0{,}0591}{n}\right)p\,\Delta\log[X^{b-}] \qquad (13.6)$$

Esta equação permite determinar o número de coordenação do complexo e sua fórmula. Pode-se mostrar, também, que

$$(E_{1/2})_{\text{complexo}} - E_{1/2} = \left(\frac{0{,}0591}{n}\right)\log K_{\text{instab}}$$
$$- \left(\frac{0{,}0591}{n}\right)p\log[X^{b-}] \quad (\text{em } 25\,°C) \qquad (13.7)$$

Esta equação é verdadeira se a concentração do ligante é suficientemente alta para que se possa considerá-la a mesma na superfície do eletrodo e na solução. Assim, pode-se determinar a constante de formação pela comparação do potencial de meia-onda do íon livre com o potencial observado em uma dada concentração do ligante.

13.30 Técnicas quantitativas

Uma das grandes vantagens da polarografia clássica ou polarografia de corrente direta é que os processos discutidos anteriormente podem ser observados em solução para muitos tipos de materiais. Se a substância se reduz ou se oxida entre os potenciais $+0{,}4$ e $-1{,}2$ V, pode-se observar uma onda polarográfica proporcional à concentração da espécie eletroativa. Se várias espécies estão presentes na mesma solução, pode-se observar um certo número de ondas polarográficas com potenciais de meia-onda em valores próximos dos potenciais padrões de eletrodo das espécies. O aumento da corrente de difusão entre uma corrente limite e a seguinte é proporcional à concentração da espécie envolvida. É geralmente necessária uma diferença de potencial de cerca de 100 mV entre os potenciais de eletrodo para permitir a resolução adequada de duas ou mais ondas.

Não se pode observar substâncias que se oxidam em potenciais positivos superiores a $+0,4$ V por causa da oxidação do mercúrio e em potenciais negativos maiores do que cerca de $-1,2$ V devido à redução da água. Isto não impede que a técnica polarográfica possa ser usada para um grande número de metais (cátions) e muitos dos ânions comuns. Substâncias orgânicas com grupos funcionais que podem ser oxidados ou reduzidos também podem ser determinadas em água por polarografia clássica, porém muitas destas reações são lentas e, portanto, cineticamente irreversíveis, logo, a análise leva a ondas polarográficas com curvaturas menos bem definidas.

Na polarografia clássica, a altura da onda é proporcional à concentração (13.2) e, por isso, a técnica é muito usada para a análise quantitativa. Dois métodos são comumente usados: o das curvas de altura da onda *versus* concentração e o da adição padrão.

Curvas de altura da onda *versus* concentração

Prepare soluções diferentes com concentrações conhecidas do íon de interesse. Use um eletrólito de suporte de mesma composição e a mesma quantidade de supressor de máximo para os padrões e para os desconhecidos. Meça a altura das ondas como for mais conveniente e faça o gráfico da altura da onda contra a concentração. Repita o procedimento para o desconhecido e leia a concentração na curva. O método é empírico e a única hipótese feita é que existe correspondência nas condições de calibração. A altura da onda não é, necessariamente, uma função linear da concentração, embora este seja normalmente o caso. Para resultados mais precisos, obtenha o polarograma dos padrões antes e depois da obtenção do polarograma da amostra desconhecida.

Método da adição padrão

Obtenha o polarograma da solução que contém o desconhecido. Adicione à célula polarográfica um volume conhecido de uma solução padrão do mesmo íon e obtenha um segundo polarograma. Calcule a concentração desconhecida do íon usando a altura das duas ondas polarográficas, a concentração conhecida da solução adicionada e o volume da solução após a adição. Se I_1 é a corrente de difusão observada (equivalente à altura da onda) da solução desconhecida de volume V ml e concentração C_u, e se I_2 é a corrente de difusão observada após a adição de v ml da solução padrão de concentração C_s, então, de acordo com a equação de Ilkovic, tem-se

$$I_1 = kC_u$$

e

$$I_2 = k(VC_u + vC_s)/(V + v)$$

Assim,

$$k = I_2(V + v)/(VC_u + vC_s)$$

e

$$C_u = \frac{I_1 v C_s}{(I_2 - I_1)(V - v) + I_1 v} \tag{13.8}$$

A acurácia do método depende da precisão com que são medidos os dois volumes de solução e as correntes de difusão correspondentes. O material adicionado deve estar contido em um meio com a mesma composição usada para o eletrólito de suporte, para que este último não se altere na adição. Faz-se a hipótese de que a altura da onda é uma função linear da concentração na faixa de concentração utilizada. Aparentemente, os melhores resultados são obtidos quando a altura da onda dobra com a adição do volume conhecido da solução padrão.

13.31 Efeito do oxigênio

Para a análise quantitativa com a aparelhagem da Fig. 13.11, é preciso que a concentração da espécie eletroativa seja da ordem de 10^{-3} a 10^{-4} M e o volume total da amostra esteja entre 2 e 25 ml. É possível, com células especiais, dosar quantidades 10 vezes maiores ou menores, em volumes menores do que 1 ml. Para isso, porém, deve-se eliminar o oxigênio dissolvido na solução. A razão é que o oxigênio dissolvido nas soluções eletrolíticas se reduz facilmente no eletrodo de mercúrio gotejante, produzindo um polarograma que mostra duas ondas de alturas aproximadamente iguais que se estendem por uma faixa considerável de voltagem. A posição das ondas depende do pH da solução: em meio básico elas se deslocam para voltagens mais altas. A concentração de saturação de soluções em água pelo oxigênio do ar é, na temperatura normal, da ordem de $2,5 \times 10^{-4}$ M, logo, seu comportamento polarográfico é de importância prática considerável. A Fig. 13.4 (curva A) mostra um polarograma típico de uma solução de cloreto de potássio 1 M (na presença de vermelho de metila 0,01%) saturada com ar.

A primeira onda (começando em cerca de $-0,1$ V em relação ao eletrodo de calomelano saturado) deve-se à redução do oxigênio a peróxido de hidrogênio:

$$O_2 + 2H_2O + 2e = H_2O_2 + 2OH^- \quad (\text{solução neutra ou alcalina})$$

$$O_2 + 2H^+ + 2e = H_2O_2 \quad (\text{solução ácida})$$

A segunda onda é atribuída à redução do peróxido de hidrogênio a íons hidróxido ou à água:

$$H_2O_2 + 2e = 2OH^- \quad (\text{solução alcalina})$$

$$H_2O_2 + 2H^+ + 2e = 2H_2O \quad (\text{solução ácida})$$

Pode-se remover facilmente o oxigênio borbulhando um gás inerte (nitrogênio ou hidrogênio) na solução por 10 a 15 minutos antes de determinar a curva corrente–voltagem. A Fig. 13.14 (curva B) foi obtida após a remoção do oxigênio com nitrogênio livre de oxigênio obtido de um cilindro de gás comprimido. Interrompa o fluxo de gás cerca de um minuto antes da medida para evitar o efeito da agitação sobre a formação das gotas de mercúrio e sua influência sobre a corrente de difusão perto do eletrodo. A medida da onda polarográfica do oxigênio tem sido usada para determinar quantitativamente o oxigênio dissolvido. Adiciona-se, como eletrólito de suporte, um pouco de uma solução de cloreto de potássio à solução-teste e obtém-se

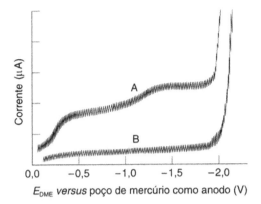

Fig. 13.14 Polarografia: efeito do oxigênio

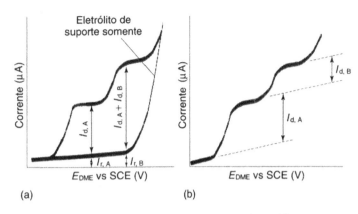

Fig. 13.15 Como medir a altura da onda polarográfica

o polarograma. Repete-se o procedimento após degasagem da solução com nitrogênio por 5 minutos.

Idealmente, a célula de eletrólise deveria estar colocada em um banho termostatizado mantido em ±0,2°C, porém, em muitos casos, uma variação de temperatura de ±0,5°C é aceitável. Costuma-se fazer a determinação em 25°C. Como precaução para evitar o aparecimento de um máximo adiciona-se gelatina até a concentração de 0,005%. A gelatina deve ser preparada a cada dia porque a ação de bactérias contamina o material após alguns dias. Outros supressores de máximo (como Triton X-100 e metil-celulose, por exemplo) são às vezes usados.

13.32 Polarografia simples e polarografia d.c. clássica

Polarografia simples

Pode-se determinar sucessivamente dois ou mais íons eletroativos se os potenciais de meia-onda diferirem de pelo menos 0,4 V, no caso de íons de uma carga, ou de 0,2 V, no caso de íons de duas cargas, desde que as concentrações sejam aproximadamente as mesmas. Se as concentrações forem muito diferentes, as diferenças entre os potenciais de meia-onda devem ser maiores. Se duas ondas se sobrepõem ou interferem, é possível usar vários artifícios experimentais. Pode-se, por exemplo, deslocar o potencial de meia-onda de um dos íons para potenciais mais negativos com a ajuda de um agente complexante adequado incorporado ao eletrólito de suporte. Íons Cu^{2+}, por exemplo, podem ser complexados com cianeto de potássio. Pode-se, também, remover um dos íons por precipitação, como no caso de uma mistura entre chumbo e zinco: o chumbo não interfere se for precipitado como sulfato. O sulfato de chumbo formado não precisa ser removido por filtração. Deve-se ter em mente a possibilidade de adsorção ou co-precipitação parcial dos outros íons. Separações eletrolíticas também são muito úteis.

Medida da altura das ondas

Quando a onda polarográfica é bem definida, com a linha da corrente limite paralela à linha da corrente residual, a medida da corrente de difusão é relativamente simples. No procedimento exato (Fig. 13.15), a corrente residual é determinada separadamente, colocando-se na célula somente o eletrólito de suporte. Obtém-se a corrente de difusão por subtração da corrente residual do valor da corrente limite (ambas as medidas são feitas na mesma voltagem aplicada). Quando se usam polarogramas registrados em papel, deve-se tomar os valores médios das oscilações do registrador. Para substâncias eletroativas medidas sucessivamente, a corrente de difusão é medida subtraindo-se a corrente residual e todas as correntes de difusão anteriores.

Uma técnica mais simples, porém menos exata, é a extrapolação da parte da corrente residual que precede o crescimento inicial da onda. Isto é feito traçando-se uma linha paralela que passa pela linha da corrente limite, como na Fig. 13.15(b). Para ondas sucessivas, a linha da corrente limite da onda precedente é usada como curva da pseudocorrente residual da onda subseqüente. Em concentrações baixas, as oscilações devidas à formação de gotas são mais intensas e é muito difícil fazer as medidas com acurácia.

Polarografia d.c. clássica

Para se obter curvas polarográficas de corrente *versus* voltagem, é necessário aplicar uma voltagem d.c. variável e conhecida, entre 0 e 3 V, à célula eletrolítica, um eletrodo de trabalho de mercúrio gotejante e um contra-eletrodo em contato com a solução de analito, e ter como registrar a corrente resultante. A aparelhagem esquematizada na Fig. 13.11 é um polarógrafo manual que pode ser usado para estudar as técnicas básicas da polarografia. Os polarógrafos comerciais fazem a varredura de voltagem automaticamente enquanto um registrador traça a curva de corrente–voltagem. Um controle de contracorrente aplica uma pequena corrente à célula mas no sentido oposto, ajustada para compensar a corrente residual. Isto leva a polarogramas melhor resolvidos. Muitos destes instrumentos também incorporam circuitos que permitem técnicas mais sensíveis de polarografia (Seção 13.34).

Uma característica útil de muitos polarógrafos simples é a facilidade de registrar a derivada dos polarogramas, isto é, curvas dI/dE contra E. Estas curvas mostram um pico cujo máximo coincide com o potencial de meia-onda. É possível obter dados quantitativos da substância reduzida medindo a altura do pico, que é proporcional à concentração do íon eletroativo. A Fig. 13.16 mostra um polarograma convencional típico do sulfato de cádmio 0,003 M em cloreto de potássio 1 M, na presença de gelatina 0,001%, e a curva derivada correspondente ($I_{máx}$ é a corrente do máximo no modo derivada).

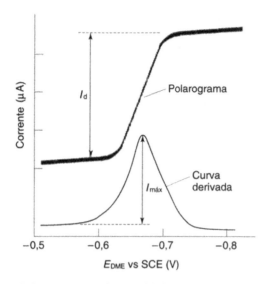

Fig. 13.16 Polarograma de sulfato de cádmio 0,003 M em cloreto de potássio 1 M mais gelatina 0,001% e sua derivada

A curva derivada pode ser usada para medir potenciais de meia-onda mais próximos do que 150 mV. Isto não é possível com um polarograma normal devido à interferência da corrente de difusão do primeiro íon a ser reduzido sobre o segundo íon. Quando o elemento com potencial de meia-onda menor está presente em concentrações mais elevadas do que o outro, como ocorre, por exemplo, na determinação de cádmio em cobre, é quase impossível interpretar um polarograma convencional sem separação química prévia. Um polarograma derivado, entretanto, mostra uma série de picos nas posições aproximadas dos potenciais de meia-onda, que permitem a quantificação dos dois elementos separadamente. A Fig. 13.17(a) mostra o polarograma obtido com íons cobre e cádmio na razão 40:1 e a Fig. 13.17(b) mostra o polarograma derivado, com dois picos claramente visíveis.

13.33 Polarógrafo com três eletrodos: controle potenciostático

Muitos polarógrafos modernos têm um potenciostato que controla o potencial do eletrodo de mercúrio gotejante. Isto é particularmente importante quando soluções de alta resistência estão envolvidas como, por exemplo, solventes não-aquosos ou misturas de água e solventes orgânicos. Uma resistência elevada na célula polarográfica leva a uma queda muito alta da voltagem da lei de Ohm (IR) na célula e isto não somente influencia o potencial de eletrodo medido como também distorce o polarograma. Em casos extremos, como no caso de alguns solventes não-aquosos, a curva polarográfica parece uma reta e só após a correção da queda da voltagem ôhmica obtém-se uma curva polarográfica normal. O controle potenciostático exige a colocação de um terceiro eletrodo (um contra-eletrodo) na célula polarográfica.

O eletrodo de referência deve ficar o mais perto possível do eletrodo de mercúrio gotejante para que a resistência da solução entre os dois eletrodos seja a menor possível. O potenciostato mantém, então, no valor correto a f.e.m. da célula do par eletrodo de mercúrio–eletrodo de referência. Este arranjo tem ainda a vantagem de que praticamente não passa corrente pelo eletrodo de referência, logo, não pode ocorrer polarização do eletrodo com a conseqüente variação de potencial.

O eletrodo de mercúrio gotejante

Embora ainda se façam medidas polarográficas usando eletrodos capilares simples, há vantagens em substituir o eletrodo de mercúrio gotejante por um eletrodo de mercúrio de gota pendente (HMDE) ou um eletrodo de mercúrio de gota estática (SMDE), nos quais um êmbolo controlado por um solenóide produz gotas de mercúrio na ponta de um capilar um pouco mais largo do que os usados no eletrodo de mercúrio gotejante. O solenóide é ajustado de modo que o crescimento da gota pare antes que ela caia devido a seu próprio peso (Fig. 13.18). Este procedimento estabelece uma superfície de eletrodo de área fixa, de tal maneira que, quando a superfície é carregada pela corrente do condensador, apenas a corrente de difusão continua a fluir. Ela pode ser medida com acurácia maior do que é possível com o eletrodo de mercúrio gotejante. Em intervalos preestabelecidos, a gota de mercúrio é deslocada do capilar e uma nova gota aparece para que a leitura continue.

Existe um certo número de eletrodos comerciais [33]. Esses eletrodos tornaram a parte mecânica da polarografia mais confiável e versátil do que a dos sistemas tradicionais dependentes da gravidade. Muitos deles permitem que o operador

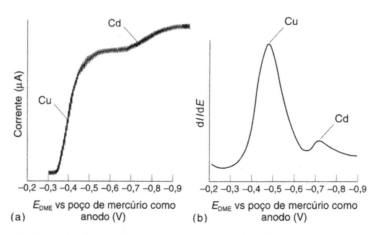

Fig. 13.17 Determinação de cádmio como impureza de cobre: (a) polarograma; (b) derivada

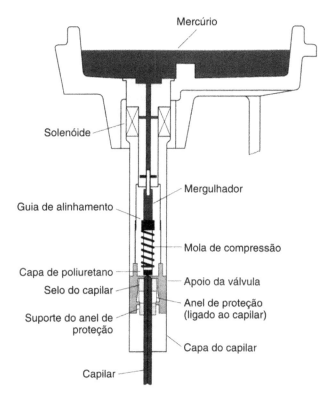

Fig. 13.18 Eletrodo de mercúrio de gota pendente (HDME)

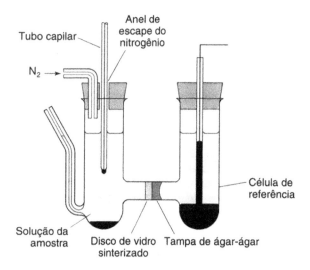

Fig. 13.19 Célula do tipo H

controle o tamanho da gota e a freqüência da queda — as gotas formam-se e são descartadas com uma velocidade muito maior do que nos eletrodos tradicionais de gotejamento. Muitos deles permitem a produção de uma única gota estável e imóvel para experimentos como a voltametria extrativa (*stripping voltammetry* — Seção 13.43).

Células polarográficas

Os equipamentos do tipo HMDE e SMDE têm a vantagem de que todos os componentes necessários para um experimento polarográfico (eletrodo de mercúrio, eletrodo de referência, contra-eletrodo e sistema de degasagem) são colocados em um mesmo conjunto. A solução que contém o analito é colocada em um vaso muito simples que pode ser facilmente colocado no sistema ou removido. Este arranjo permite a medida de diferentes soluções. No caso de certas aplicações, entretanto, células especialmente construídas podem ser necessárias. A Fig. 13.19 mostra o esquema da célula em H, devida a Lingane e Laitinen. Uma característica desta célula é o eletrodo de referência nela embutido. Usa-se normalmente um eletrodo de calomelano saturado, mas, se a presença do íon cloreto é indesejável, pode-se usar um eletrodo de sulfato de mercúrio(I) (Hg/Hg$_2$SO$_4$ em uma solução de sulfato de potássio, potencial aproximadamente +0,40 V relativo ao eletrodo de calomelano saturado). A célula contém habitualmente 10 a 50 ml da solução-teste no compartimento da esquerda, mas este volume pode ser reduzido até 1–2 ml. Para evitar a polarização do eletrodo de referência, o tubo que o contém deve ter pelo menos 20 mm de diâmetro. As dimensões do compartimento da solução-teste, entretanto, podem variar muito.

Os compartimentos são ligados por um tubo horizontal cheio com um gel de ágar 4% saturado com cloreto de potássio, mantido em posição por um disco de vidro Pyrex sinterizado de porosidade média (diâmetro de 10 mm, pelo menos) colocado o mais perto possível do compartimento que contém a solução-teste, para facilitar a eliminação do ar dissolvido. Para colocar o gel na posição correta, prenda a célula de tal modo que o tubo que vai conter o gel fique na vertical. Transfira o gel com uma pipeta e deixe a célula em repouso até que ele solidifique.

Quando em uso, o compartimento de solução (seco por aspiração do ar ou lavado com várias porções da solução-teste) recebe um volume suficiente da solução-teste para cobrir totalmente o disco de vidro sinterizado. O ar dissolvido é removido, como de hábito, com uma corrente de nitrogênio livre de oxigênio pelo braço lateral. Durante a medida do polarograma, o fluxo de nitrogênio é desviado por uma torneira de duas saídas para a superfície da solução. Não se deve fazer medidas enquanto o gás estiver borbulhando pela solução porque a agitação provoca correntes elevadas e variáveis. Finalmente, o eletrodo gotejante é colocado em seu lugar através de uma abertura própria na rolha (larga o suficiente para facilitar a colocação e a retirada do capilar) e as medidas são feitas. Quando a célula em H não está em uso, o compartimento da esquerda deve estar cheio de água destilada ou de uma solução saturada de cloreto de potássio (ou outro eletrólito apropriado, dependendo do eletrodo de referência que está em uso) para evitar que o enchimento de ágar seque.

Quando se usa o controle potenciométrico, é preciso colocar um outro eletrodo (contra-eletrodo) no sistema. Para isto, o uso de um frasco de quatro bocas de tamanho adequado como vaso de eletrólise é muito conveniente.

13.34 Voltametria modificada

A polarografia d.c. usual dá resultados muito bons em concentrações moderadas, porém em concentrações menores do que 10^{-5} M (~ 1 μg·g^{-1}) as aplicações são limitadas devido às flutuações rítmicas que são registradas durante a formação e queda das gotas de mercúrio. A diferença entre os potenciais de meia-onda de redução de dois íons deve ser, pelo menos, 200 mV para que as ondas de redução possam ser separadas. Estes problemas são devidos principalmente à corrente de condensador associada com a carga que cada gota de mercúrio adquire quando se forma. Uma série de procedimentos foi desenvolvida para superá-los, podendo ser feitos com o mesmo arranjo de eletrodos descrito na seção precedente, desde que os necessários controles elétricos ou eletrônicos sejam aplicados nos eletrodos.

Polarografia de varredura rápida

Nesta técnica, aplica-se um potencial que varre rapidamente uma faixa de voltagem de até 2 V durante parte do tempo de vida de uma gota. A varredura de voltagem ocorre tipicamente durante os últimos 2 segundos do tempo de vida de uma gota de mercúrio, cerca de seis segundos. A curva resultante de corrente–voltagem tem um pico que se assemelha ao de um polarograma derivado. A relação entre o potencial deste pico e o potencial de meia-onda do íon que está sendo descarregado é

$$E_s = E_{1/2} = 1,1RT/nF$$

A corrente no pico é maior do que a corrente de difusão registrada com um polarógrafo d.c. convencional por um fator de 10 ou mais. O método é muito mais sensível e permite, portanto, a medida de soluções de concentrações baixas (10^{-6} a 10^{-7}) com resolução da ordem de 50 mV. Usa-se, normalmente, um HMDE, embora seja possível usar eletrodos de platina, grafite ou carbono vitrificado. Neste caso, o processo deve ser chamado de voltametria e não polarografia.

Polarografia a.c. senoidal

Neste procedimento, superpõe-se um potencial a.c., de alguns milivolts e onda senoidal constante, à varredura d.c. Mede-se o potencial d.c. na forma habitual e os resultados são acoplados às medidas com a corrente alternada. Se os valores da corrente a.c. são colocados em um gráfico contra o potencial aplicado pelo potenciômetro, obtém-se uma série de picos, como na Fig. 13.20(a). A Fig. 13.20(b) mostra o polarograma d.c. normal da mesma solução.

A curva a.c. é semelhante na aparência a um polarograma derivado (Fig. 13.17), mas os dois tipos de curva não devem ser confundidos. Cada pico na curva a.c. corresponde a um degrau da curva polarográfica. A voltagem do pico é a mesma do ponto mediano do degrau e a altura do pico acima da linha de base é proporcional à concentração do despolarizador, logo, corresponde à altura do degrau. Quando as ondas polarográficas estão muito próximas, é mais fácil fazer medidas usando os polarogramas a.c. do que os polarogramas d.c. Considera-se que picos separados por 40 mV podem ser resolvidos em um polarograma a.c. Compare este número com a separação de 200 mV necessária para a resolução na polarografia d.c. Devido à corrente residual muito grande, o limite de sensibilidade da polarografia a.c. (10^{-5} M) não é muito diferente do limite de sensibilidade da polarografia d.c. A elevada corrente residual é uma conseqüência da corrente de condensador, que é muito grande em relação à corrente de difusão ou corrente de Faraday, logo, a curva é semelhante à de um polarograma de varredura rápida.

Polarografia de pulsos

Barker e Jenkins [34] tentaram resolver o problema da linha de base variável (oscilante) provocada pela corrente de capacitância (ou de carga induzida) pelo crescimento das gotas de mercúrio e seu deslocamento, aplicando a corrente de polarização em uma série de pulsos durante o tempo de vida de uma gota. Várias modificações deste procedimento são usadas.

Polarografia de pulso normal Na sua forma mais simples, o eletrodo de mercúrio gotejante é mantido em um potencial inicial constante durante a maior parte do tempo de vida da gota, porém, nos últimos 50 a 60 ms, um pulso de potencial mais elevado é aplicado à gota. A corrente é medida durante os últimos 20 ms do tempo de vida da gota. O potencial aplicado a cada gota sucessiva é aumentado gradualmente para dar a varredura de voltagem necessária. Quando se usa este método, o aparecimento do pulso é marcado inicialmente por um aumento brusco da corrente total que passa. Isto se deve à corrente de condensador (de carga) que rapidamente cai a zero, usualmente durante os 20 ms do pulso. A corrente medida no fim da vida da gota é, portanto, devida essencialmente ao processo de Faraday e é proporcional à concentração do analito. O polarograma resultante é semelhante a um polarograma d.c. convencional exceto que o perfil serrilhado do polarograma convencional é substituído por uma curva com ressaltos.

Polarografia de pulso diferencial (DPP) Se sistemas eletrônicos modernos estiverem disponíveis, pode-se utilizar um método melhor, muito usado em experimentos polarográficos. A Fig. 13.21 mostra como o potencial varia com o tempo. A linha crescente, periodicamente interrompida pelos pulsos de altura B (magnitude de 5 a 100 mV), corresponde à voltagem d.c. continuamente crescente, com varredura de velocidade entre 1 e 10 mV·s^{-1}. O intervalo A entre o término da queda de duas gotas sucessivas corresponde ao tempo de queda. A corrente é medida **duas** vezes durante o tempo de vida de cada gota de mercúrio, uma imediatamente antes da aplicação do pulso (pontos C' na Fig. 13.21) e outra nos pontos C, próximos ao término do pulso. A corrente em C' é a corrente que seria observada na polarografia d.c. normal. Seu valor é registrado no polarógrafo. O início do pulso é marcado por um aumento rápido da corrente. Como acontece na polarografia de pulso normal, a corrente cai rapidamente quando a corrente

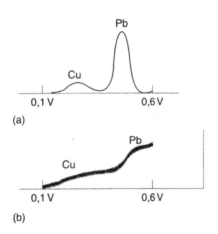

Fig. 13.20 Polarografia a.c. senoidal: (a) polarograma senoidal; (b) polarograma d.c. comum

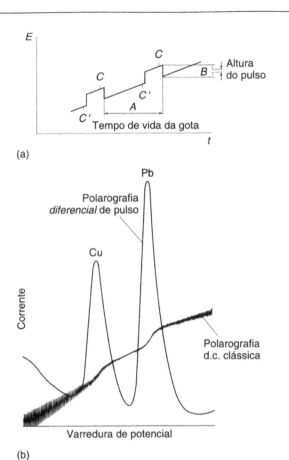

Fig. 13.21 Polarografia de pulso diferencial: (a) gráfico voltagem–tempo para o pulso; (b) polarograma de pulso diferencial para uma solução que contém cobre e chumbo

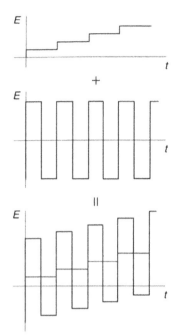

Fig. 13.22 Formas de ondas para a polarografia de pulso com onda quadrada

de condensador cai e a corrente é lida novamente perto do término do pulso (ponto C). Este valor é, então, comparado ao valor obtido no ponto C', guardado no instrumento e a diferença é amplificada e registrada.

Se as medidas de corrente forem feitas na curva de corrente residual ou no degrau do polarograma d.c., a diferença de corrente entre os pontos C e C' é pequena. Se, porém, as medidas forem feitas na onda polarográfica, a diferença de corrente é apreciável e atinge o máximo quando o potencial d.c. aplicado é igual ao potencial de meia-onda. O gráfico da diferença entre as correntes contra o potencial d.c. aplicado é uma curva com a altura do pico sendo diretamente proporcional à concentração da substância que se reduz na solução.

A polarografia de pulso diferencial é um método muito satisfatório, bastante usado na determinação de muitas substâncias. O limite de detecção é de cerca de 10^{-8} M e a resolução é de 50 mV, aproximadamente. Um aspecto importante da polarografia de pulso é a amostragem da corrente em pontos bem definidos da varredura de voltagem durante a vida de uma gota de mercúrio. O tempo de amostragem deve ser rigorosamente controlado. Isto é normalmente feito com o sistema HMDE, descrito anteriormente, em que o deslocamento da gota de mercúrio do capilar é feito mecanicamente em intervalos muito precisos.

Polarografia de onda quadrada A Fig. 13.22 mostra as formas de ondas usadas na polarografia de onda quadrada, uma modificação da polarografia de pulso que está sendo cada vez mais usada. Uma onda simétrica quadrada é superposta em uma onda em escada, com o pulso direto da onda quadrada coincidindo em tempo e polaridade com o começo do degrau da escada e o pulso reverso coincidindo com o meio do degrau [35]. A corrente é mostrada duas vezes durante cada ciclo, uma no fim do pulso direto e outra no fim do pulso reverso. Ao medir a corrente somente no término dos pulsos, esta técnica também reduz os efeitos das correntes de capacitância. Como na DPP, a diferença de corrente é posta em gráfico contra o potencial de varredura e dá um pico proporcional à concentração das espécies eletroativas.

Nesta técnica, a velocidade de varredura (mV·s^{-1}) pode variar bastante. Temos

$$\text{velocidade de varredura} = \frac{E_{\text{degrau}}}{\tau}$$

onde E_{degrau} (mV) é a altura do degrau na escada e τ (s) é o tempo de um ciclo da onda quadrada ($1/\tau =$ freqüência). Valores típicos são $E_{\text{degrau}} = 2$ mV e $1/\tau = 100$ Hz, que correspondem à velocidade 200 mV·s^{-1}. O uso destas velocidades elevadas, cerca de 100 vezes maiores do que o DPP convencional, significa que a análise completa de uma solução pode ser feita com uma gota, aumentando a rapidez da obtenção de resultados e possibilitando a tomada da média de sinais de vários ciclos de modo a diminuir a razão sinal/ruído e aumentar o limite de detecção e a precisão.

Devido à sua velocidade, a voltametria de onda quadrada pode ser usada como detector para HPLC e pode ser usada no estudo da cinética em eletrodos pelo monitoramento da variação da altura do pico em uma dada concentração da solução com a variação de τ. Para que seu desempenho seja ótimo é necessário ter uma gota de mercúrio cujas características sejam confiáveis e controláveis, além do controle eletrônico estável e rápido. A instrumentação moderna permite isto.

Voltametria cíclica

As técnicas de polarografia de varredura rápida, senoidal e de pulso superpõem ondas de diferentes formas sobre a voltagem principal, porém a varredura é feita em uma só direção. Na voltametria cíclica faz-se uma varredura rápida em duas direções, isto é, de 0 a V e de volta a 0 (Fig. 13.23(a)). O processo é normalmente feito com eletrodos de área superficial pequena e em soluções sem agitação, e produz uma corrente redox muito pequena. Isto significa que a queda ôhmica IR é pequena, mesmo para soluções pouco condutoras. A capacitância pequena permite velocidades de varredura rápidas, até algumas dezenas de $kV \cdot s^{-1}$ em certos casos, eliminando completamente qualquer contribuição devida à difusão. Como a varredura ocorre nas duas direções, observam-se duas curvas, uma redução catódica "normal" e uma onda anódica ou de oxidação quando a varredura de voltagem se inverte (Fig. 13.23(b)). As curvas da Fig. 13.23(b) são iguais em magnitude e aproximadamente alinhadas no eixo vertical. Isto significa que o processo que ocorre no eletrodo é essencialmente uma reação rápida e reversível. A separação pico a pico ΔE_p (mV) relaciona-se diretamente ao número de elétrons transferidos na reação reversível:

$$\Delta E_p = \frac{2,22RT}{nF} = \frac{57,0}{n}$$

Porém, se a cinética da reação inversa é lenta, a onda anódica se afasta da onda catódica, chegando a desaparecer no caso de reações irreversíveis. Este comportamento permite a investigação da cinética de reações muito rápidas e, freqüentemente, o número de espécies envolvidas em uma seqüência de reações.

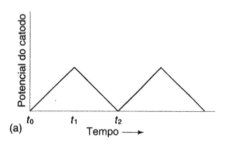

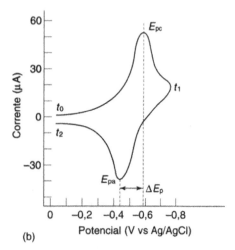

Fig. 13.23 Voltametria cíclica

A voltametria cíclica tem várias limitações. O equipamento eletrônico utilizado para produzir a onda que se altera rapidamente e para registrar as ondas corrente–tempo deve ser capaz de resposta suficientemente rápida para reproduzir as ondas corretamente. Por outro lado, a magnitude das ondas produzidas depende, em parte, da concentração da espécie redox e, em parte, de outros fatores, como a velocidade de varredura. Quanto mais rápida for a varredura, maior é a onda para uma determinada solução. A voltametria cíclica dá, essencialmente, informações qualitativas extremamente importantes sobre as velocidades e os mecanismos de reação. Por isso, ela é geralmente a primeira técnica eletroquímica aplicada em um sistema desconhecido. Se o que interessa são medidas quantitativas acuradas, uma das técnicas pulsadas é normalmente preferível.

13.35 Aplicações quantitativas da polarografia

Uma das grandes vantagens das técnicas polarográficas sobre outros métodos de análise é que ela pode ser aplicada a amostras de tipos bem diferentes. A única exigência é que ocorra na solução um processo eletroquímico de oxidação ou redução mensurável em um tempo razoável. Isto significa que a técnica pode ser aplicada à maior parte dos metais e ânions e a muitas espécies orgânicas. A Tabela 13.9 dá uma indicação dos analitos que podem ser determinados por voltametria e por técnicas de extração eletroquímica. Devido à versatilidade do método, discutiremos somente algumas aplicações específicas. Outras aplicações são discutidas na literatura.

Aplicações inorgânicas

Muitos ânions e cátions inorgânicos e algumas moléculas podem ser determinados por polarografia. As ondas de redução catódica são particularmente importantes na determinação de cátions de metal de transição. A facilidade da análise depende freqüentemente da seleção do eletrólito de suporte apropriado. Assim, por exemplo, quando se usa cloreto de potássio como eletrólito de suporte, as ondas de cobre(II) e ferro(III) interferem uma com a outra, porém, se o eletrólito de suporte é fluoreto de potássio, o ferro(III) forma um complexo com os íons fluoreto e a onda correspondente fica 50 mV mais negativa sem que a onda do cobre seja afetada, e não mais ocorre interferência. A escolha do eletrólito de suporte é, freqüentemente, a etapa crítica da análise. A literatura, porém, dá usualmente um bom palpite para a escolha inicial.

A determinação polarográfica de íons de metal que são hidrolisados facilmente, como Al^{3+}, pode ser um problema em solução em água, mas é resolvido pelo uso de solventes livres de água. Solventes típicos (e seus eletrólitos de suporte entre parênteses) incluem ácido acético (CH_3CO_2Na), acetonitrila ($LiClO_4$), dimetil-formamida (perclorato de tetrabutilamônio), metanol (KCN ou KOH) e piridina (perclorato de tetraetilamônio). Nestes meios, o eletrodo de mercúrio gotejante é normalmente substituído por um microeletrodo de platina.

O método polarográfico também pode ser usado para a determinação de ânions inorgânicos como cianeto, bromato, iodato, dicromato e vanadato. Íons hidrogênio estão envolvidos em muitos destes processos de redução e, por isso, o eletrólito de suporte deve ser convenientemente tamponado. Embora não sejam determinados diretamente, ni-

Tabela 13.9 *Tabela periódica enfatizando os elementos que podem ser determinados por voltametria*

---

trato e diversas espécies de enxofre também podem ser medidos em concentrações relevantes para o ambiente (Seção 13.42). Aplicações típicas no campo da inorgânica são a análise de minerais, metais (inclusive ligas), soluções de capeamento, comidas e bebidas, fertilizantes, cosméticos e medicamentos, águas naturais, efluentes industriais e atmosferas poluídas. A técnica também pode ser usada para estabelecer as fórmulas de complexos.

Aplicações orgânicas

Se o material orgânico pode sofrer uma reação redox, ele pode, em teoria, ser determinado por técnicas polarográficas. Muitos grupos funcionais orgânicos sofrem redução ou oxidação no eletrodo gotejante. Outros grupos, como os alcanos, não se prestam a esta técnica. Lembre-se de que, em geral, as reações de compostos orgânicos no eletrodo gotejante são mais lentas e, freqüentemente, mais complexas do que as dos íons inorgânicos. Por outro lado, as investigações polarográficas também podem ser úteis para a determinação de estruturas, além das análises qualitativa e quantitativa. A Tabela 13.10 lista os grupos funcionais passíveis de determinação por técnicas polarográficas. As reações de substâncias orgânicas no eletrodo gotejante usualmente envolvem íons hidrogênio. Uma reação típica pode ser representada por

$$R + nH^+ + ne \rightleftharpoons RH_n$$

onde RH_n é a forma reduzida do composto orgânico redutível R. Como íons hidrogênio (fornecidos pela solução) participam da reação, o eletrólito de suporte deve estar tamponado. Alterações do pH do eletrólito de suporte podem levar à formação de produtos diferentes. Assim, em solução levemente alcalina, o benzaldeído é reduzido em $-1,4$ V a álcool benzílico, porém, em meio ácido (pH < 2), a redução ocorre em $-1,0$ V com formação de hidro-benzoína.

$$2C_6H_5CHO + 2H^+ + 2e \rightleftharpoons C_6H_5CH(OH)CH(OH)C_6H_5$$

Muitos materiais orgânicos complexos encontrados em sistemas biológicos ou em alimentos podem ser fácil e acuradamente determinados em água com varredura anódica em substituição à varredura catódica, mais comum e mais apropriada para metais. O procedimento é fácil, desde que o potencial positivo não ultrapasse 400 mV, onde o mercúrio se oxida a $Hg(I)$. Várias vitaminas, incluindo a vitamina C e as do grupo E, podem ser determinadas em muitos meios diferentes (Seção 13.41).

Alguns compostos orgânicos devem ser investigados em solventes mistos (aquosos e orgânicos) que aumentam a solubilidade destes compostos. Solventes úteis miscíveis com água são etanol, metanol, etano-1,2-diol, dioxano, acetonitrila e ácido acético. Às vezes, é necessário usar um solvente orgânico puro e materiais anidros como ácido acético, formamida e dietilamina. Eletrólitos de suporte convenientes nestes solventes incluem o perclorato de lítio e sais de tetralquilamônio R_4NX (R = etila ou butila; X = iodeto ou perclorato).

Pode-se usar os métodos polarográficos para estudar compostos orgânicos puros, compostos orgânicos em alimentos e derivados, materiais biológicos, herbicidas, inseticidas e pesticidas, petróleo e seus derivados, polímeros e compostos farmacêuticos. Pode se, também, fazer a análise quantitativa de drogas em sangue e urina. Além disso, detectores polarográficos são cada vez mais usados no monitoramento de efluentes orgânicos de sistemas de cromatografia HPLC.

Lembre-se de que em todos os experimentos polarográficos, especialmente em análise orgânica, quando não se conhece o comportamento polarográfico de uma determinada substância, outros fatores podem influenciar a corrente observada, além da onda polarográfica associada com a redução ou oxidação da espécie sob análise. Estes fatores incluem

Correntes cinéticas As correntes cinéticas ocorrem quando a velocidade de uma reação química é a etapa controladora do processo. Assim, uma espécie S que não é eletroativa, mas se converte em uma substância O, sofre redução no eletrodo gotejante:

$$S \rightleftharpoons 0 + ne \rightleftharpoons R$$

Tabela 13.10 *Grupos orgânicos eletroativos*

Acetilenos	$-C\equiv C-\underset{\mid}{C}=C\diagup$
Aldeídos	$R-\overset{\overset{O}{\parallel}}{C}-H$
Aromáticos conjugados	$\text{Ph}-C=C\diagdown\,,\;\;\text{Ph}-C\equiv C-$
Ácidos carboxílicos conjugados	$\text{HOOC}-\underset{\mid}{C}=\underset{\mid}{C}-\text{COOH},\;\text{HOOC}-\text{COOH}$
Compostos diazo	$-\overset{+}{N}\equiv N$
Dienos: ligações duplas conjugadas	$\diagup\underset{\mid}{C}=\underset{\mid}{C}-\underset{\mid}{C}=C\diagdown$
Dissulfetos	$-S-S-$
Halogenetos	$-CO-\underset{\mid}{\overset{\mid}{C}}-Cl,\;\;\diagup C-Cl,\;\;\diagup C=\underset{\mid}{C}-Br$
heterociclos	(estruturas heterocíclicas)
Cetonas	$R-\overset{\overset{O}{\parallel}}{C}-R$
Nitrilas	$-CN-\underset{\mid}{\overset{\mid}{C}}-\overset{+}{N}\diagdown,\;\;CO-\underset{\mid}{\overset{\mid}{C}}-\overset{+}{N}\diagdown$
Compostos nitro	$-NO_2,\;\;\diagup C=C-NO_2,\;\;\text{Ph}-NO_2$
Compostos nitroso	$\diagdown N-N=O$
Peróxidos	$-O-O-$
Quinonas	$O=\langle \text{anel}\rangle=O$
Sulfetos	$-CO-CH_2-S-$

Se a velocidade de formação de O é menor do que a velocidade de difusão, a corrente de difusão é controlada pela velocidade com que O se forma.

Correntes catalíticas Correntes catalícas são observadas quando o produto de redução no eletrodo é reconvertido à espécie original por interação com outra substância em solução que age como oxidante:

$$S + ne \rightleftharpoons R \qquad R + X \rightleftharpoons S$$

Este processo é observado em soluções que contêm Fe(III) e peróxido de hidrogênio. Os íons de Fe(II) formados no eletrodo são oxidados a Fe(III) pelo peróxido de hidrogê-nio. O resultado é um aumento da onda de difusão que torna difícil a quantificação.

Correntes de adsorção Se a forma oxidada ou reduzida de uma substância eletroativa é adsorvida na superfície do eletrodo, o comportamento do sistema é afetado. Se a forma oxidada é adsorvida, ocorre redução em um potencial mais negativo. Se a forma reduzida é adsorvida, a redução é favorecida e observa-se uma "pré-onda" no polarograma. Quando a superfície do eletrodo é completamente coberta pelo redutor, a corrente é controlada por um processo de difusão normal e observa-se uma onda polarográfica normal.

Experimentos polarográficos

Segurança. Antes de fazer qualquer experimento desta seção preste muita atenção aos avisos de segurança. Tenha sempre em mente as regras de segurança de laboratório.

13.36 Experimentos polarográficos: introdução

Pode-se fazer medidas polarográficas em materiais de muitos tipos diferentes para determinar a natureza e a quantidade do material eletroativo presente. Os experimentos seguintes foram escolhidos para ilustrar alguns dos métodos simples que podem ser usados. Outras aplicações podem ser encontradas na literatura ou em folhetos detalhados obtidos dos fabricantes de instrumentos [36]. Os dois primeiros experimentos usam um eletrodo de mercúrio gotejante convencional que pode ser montado no laboratório sem equipamentos especiais. Os demais exigem um HMDE com controle eletrônico dos potenciais.

13.37 Potencial de meia-onda do íon cádmio em KCl 1 M

Introdução Este experimento, que pode ser feito com um polarógrafo manual, ilustra o procedimento geral usado na polarografia d.c. Se for possível usar um polarógrafo comercial com um potenciostato, o procedimento com três eletrodos deve ser usado e ter o potencial controlado aplicado entre o eletrodo gotejante e o eletrodo de calomelano de referência. Assim, a corrente de eletrólise flui entre o eletrodo de trabalho (mercúrio) e o eletrodo auxiliar (platina). Uma aparelhagem semelhante à da Fig. 13.11, com uma célula do tipo H (Fig. 13.19), é satisfatória.

Procedimento Assegure-se de que o reservatório do eletrodo gotejante contém uma quantidade adequada de mercúrio e que este cai livremente do capilar quando a ponta está imersa em água destilada e o reservatório é elevado até a altura máxima. Deixe o mercúrio gotejar por 5 a 10 minutos. Substitua o bécher de água por outro contendo uma solução de cloreto de potássio 1 M e ajuste a velocidade de gotejamento, alterando a posição do reservatório de mercúrio, até que ela seja de 20 a 24 gotas por minuto. Anote a altura da coluna. Quando o ajuste estiver completo, lave bem o capilar com um jato de água destilada de um frasco lavador e seque com um papel de filtro. Abaixe o reservatório até que as gotas de mercúrio deixem de cair. Transfira com uma pipeta 10 ml de uma solução de sulfato de cádmio (1,0 g·l^{-1} de Cd^{2+}) para um balão aferido de 100 ml, adicione 2,5 ml de uma solução 0,2% de gelatina e 50 ml de uma solução 2 M de cloreto de potássio. Complete o volume. A solução resultante (A) contém 0,100 g·l^{-1} de Cd^{2+} em uma solução 1 M de cloreto de potássio (eletrólito de suporte) com uma solução de gelatina 0,005% como supressor.

Medidas Coloque 5,0 ml da solução A em uma célula polarográfica equipada com um eletrodo de calomelano saturado como referência externa. Faça borbulhar nitrogênio puro pela solução na velocidade de 2 bolhas por segundo, por 10 a 15 minutos, para remover o oxigênio dissolvido. Leve o reservatório de mercúrio à posição determinada previamente e coloque o capilar na célula de modo que a ponta fique imersa na solução. Ligue o eletrodo de calomelano ao terminal positivo e o mercúrio que está no reservatório ao terminal negativo do polarógrafo.

Espere cerca de 15 minutos, interrompa o fluxo de nitrogênio e deixe a solução em repouso por 1 minuto. A partir deste instante, as medidas elétricas podem ser feitas. Faça um teste preliminar para ajustar a sensibilidade do instrumento de modo que o sinal do registrador use o máximo possível da largura do papel no potencial máximo. Este último não deve exceder o potencial de decomposição do eletrodo de suporte.

Faça a varredura de voltagem na velocidade de 5 mV·s^{-1}, ou, se o polarógrafo é manual, em intervalos de 0,05 V. O gráfico deve ter a forma da Fig. 13.12. Como a corrente oscila com o crescimento e a queda da gota de mercúrio, o gráfico terá o aspecto de uma serra. Trace uma curva contínua através de pontos na meia-altura dos picos da serra. Ao terminar o experimento, limpe o capilar como descrito anteriormente. Coloque-o no furo de uma rolha de cortiça ou de borracha de silicone (a borracha normal contém enxofre e deve ser evitada) e guarde-o em um tubo de ensaio contendo mercúrio puro. Abaixe o reservatório de mercúrio até que não escapem mais gotas de mercúrio do capilar e mergulhe a ponta do capilar no mercúrio do tubo de ensaio. Retire cuidadosamente o mercúrio que fica no fundo do vaso de eletrólise, lave-o com água destilada e guarde-o sob água em um frasco especial que contém mercúrio a ser recuperado.

Determine o potencial de meia-onda a partir da curva corrente-voltagem, como descrito na Seção 13.27. O valor obtido em cloreto de potássio 1 M deve ser igual a cerca de −0,60 V em relação ao eletrodo de calomelano saturado. Meça a altura da onda de difusão após correção da corrente residual. Este é o valor da corrente de difusão I_d e é proporcional à concentração total de íons cádmio na solução. Meça a altura da onda de difusão para cada incremento de voltagem aplicado e corrija para a corrente residual naquele ponto. Faça o gráfico da voltagem aplicada contra $\log[(I_d - I)/I]$ como na Fig. 13.24 (a rigor, os valores da voltagem aplicada são negativos). O gráfico deve ser

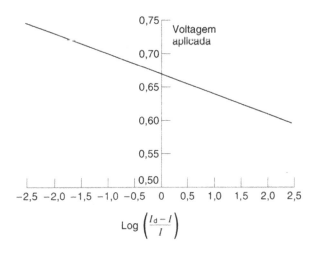

Fig. 13.24 Íons Cd^{2+} em KCl 1M: o gráfico do potencial aplicado *versus* $\log[(I_d - I)/I]$ deve ter o gradiente de aproximadamente −0,030 V e o intercepto dá o potencial de meia-onda dos íons Cd^{2+} em relação ao eletrodo de calomelano saturado

310 Métodos Eletroanalíticos Diretos

uma reta com inclinação aproximadamente $-0,030$ V. O intercepto no eixo de voltagens é o potencial de meia-onda do íon cádmio em relação ao eletrodo de calomelano saturado. Avalie, como exercício, a curva de corrente–voltagem do eletrólito de suporte (cloreto de potássio 1 M). Isto dá diretamente a corrente residual, sem necessidade de extrapolações para determinar I e I_d.

13.38 Investigação da influência do oxigênio dissolvido

Introdução A solubilidade do oxigênio em água na temperatura normal é de cerca de 8 mg·l^{-1} (ou $2,5 \times 10^{-4}$ mol·l^{-1}). O oxigênio dá duas ondas polarográficas ($O_2 \rightarrow H_2O_2 \rightarrow H_2O$) que cobrem uma faixa considerável de voltagens e cuja posição depende do pH da solução. Por isso, o oxigênio dissolvido interfere na análise, a menos que o analito dê ondas muito intensas em comparação com as do oxigênio. Em soluções diluídas, o oxigênio dissolvido tem de ser removido por saturação da solução com nitrogênio ou hidrogênio puros.

Procedimento Coloque um pouco de uma solução de cloreto de potássio 1 M contendo gelatina 0,005% em uma célula polarográfica imersa em um termostato. Faça os ajustes preliminares para obter a melhor sensibilidade do registrador e obtenha a curva de corrente–voltagem. Borbulhe nitrogênio livre de oxigênio pela solução por 10 a 15 minutos. Obtenha outro polarograma mantendo a mesma sensibilidade. Observe que as duas ondas do oxigênio estão ausentes no segundo polarograma (veja a Fig. 13.14).

13.39 Cobre e zinco em água encanada usando DPP

Introdução A água encanada contém, habitualmente, cobre e zinco suficiente para permitir sua determinação por DPP. Como a amostra contém muito pouca matéria orgânica ou outros interferentes, o experimento pode ser feito sem preparação especial da amostra além da adição de um eletrólito de suporte para diminuir a resistividade da solução. Pode-se fazer o experimento comparando a resposta da amostra contra uma curva de calibração previamente feita a partir de soluções padrões dos dois metais ou pode-se usar o método da adição padrão diretamente. Eis algumas condições típicas (d.t.e. significa deflexão total da escala).

Tempo de queda	1 s
Potencial inicial	+0,1 V (vs SCE)
Faixa de varredura	1,4 V negativo
Velocidade de varredura	2 mV s^{-1}
Amplitude de modulação do pulso	50 mV
Faixa de corrente	2 μA d.t.e.

Dependendo do equipamento, outros parâmetros como o tamanho das gotas, direção da varredura e filtros eletrônicos devem ser especificados, porém os parâmetros exatos deste experimento não são críticos e valores padronizados podem ser usados.

Método 1 Prepare soluções que contêm Zn^{2+} e Cu^{2+} na faixa de 0,5 a 20 mg·g^{-1} e KCl 0,01 M como eletrólito de suporte. (Pode-se usar outros eletrólitos de suporte, tais como tampões acetato ou citrato 0,05 a 0,2 M, mas é preciso garantir que o material esteja livre de metais pesados.) Coloque a amostra de concentração mais baixa em uma célula polarográfica e passe nitrogênio livre de oxigênio pela amostra por 2 a 3 minutos. Deixe a solução em repouso por 1 minuto e obtenha a curva de DPP nas condições especificadas anteriormente. O sinal do cobre deve estar bem visível como um satélite de um pico mais intenso, do lado dos potenciais positivos. O sinal do zinco deve ser completamente simétrico.

Se as alturas dos picos forem satisfatórias, obtenha os polarogramas das demais soluções e faça a curva de calibração dos dois metais usando a altura dos picos contra a concentração (Fig. 13.25). Se os picos forem muito grandes ou muito pequenos, ajuste a sensibilidade do instrumento para que todos os polarogramas sejam observados facilmente. Obtenha o polarograma da água encanada usando as mesmas condições. Adicione KCl 0,1 M em quantidade suficiente para que a concentração do eletrólito de suporte seja a mesma das soluções padrões.

Meça a altura dos picos do cobre e do zinco nesta solução e, por comparação com a curva de calibração, estime a concentração dos dois metais na água encanada. No caso de medidas destes metais em água de residências, é interessante comparar os resultados obtidos entre a água que permaneceu no encanamento por algum tempo e a água renovada de mesma origem.

Método 2 Esta determinação também pode ser feita com o método da adição padrão. Analise primeiro um volume conhecido da água encanada e adicione quantidades conhecidas de cobre e zinco a esta solução. Muitos sistemas comerciais usam células de volume entre 5 e 20 ml e a quantidade a adicionar pode ser facilmente calculada. No experimento da Fig. 13.25, o volume da célula era de 5 ml e a concentração esperada era Cu = 5 μg·g^{-1} e Zn = 1 μg·g^{-1}. A adição de 25 μl de uma solução que contém 1000 mg·g^{-1} de Cu aumenta a quantidade de cobre da solução de 25 μg, o que deve dobrar a altura do pico de cobre. A adição de 25 μl de uma solução que contém 200 mg·g^{-1} de Zn dá o mesmo resultado para o pico do zinco. Quando se adicionam pequenos volumes de soluções relativamente concentradas pode-se ignorar o efeito de diluição provocado pela adição. Como os níveis destes metais variam com a origem da água, pode ser necessário mudar a sensibilidade do instrumento e as quantidades adicionadas para se adequar às concentrações reais de uma dada amostra. Se os valores encontrados forem muito baixos, deve-se usar a voltametria extrativa (Seção 13.43) que tem maior sensibilidade.

Embora este procedimento tenha sido escolhido para ilustrar a simplicidade de medidas por DPP, os resultados só serão satisfatórios se as soluções forem feitas com a água mais pura possível e com reagentes contendo quantidades muito pequenas de metais pesados. A aparelhagem deve estar escrupulosamente limpa. O experimento pode ser usado como guia para um grande número de determinações de outros metais usando DPP. Neste caso, o pré-tratamento da amostra pode ser mais complexo e incluir a queima úmida ou seca da amostra antes da análise para evitar interferências. O eletrólito de suporte deve ser convenientemente escolhido para dar pH estável ou ter ação comple-

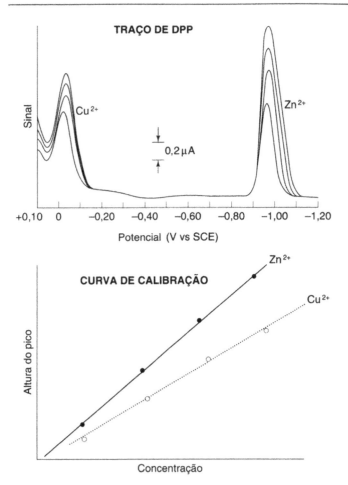

Fig. 13.25 Cobre e zinco em água encanada: obtenha o gráfico DPP para cada solução padrão, meça a altura dos picos de cobre e zinco e transfira-os para os gráficos de calibração de altura do pico *versus* concentração

xante sobre um ou mais íons da amostra. A literatura fornecida pelos fabricantes de instrumentos é útil no estabelecimento das condições de trabalho ótimas para muitas determinações deste tipo [37].

13.40 Cobre e zinco em água encanada usando polarografia de onda quadrada

Se for possível utilizar um aparelho capaz de fazer polarografia com onda quadrada, a análise da água encanada é muito mais rápida, permitindo o manuseio de um número maior de amostras no mesmo intervalo de tempo. Condições experimentais típicas são:

Tempo de queda	uma gota pendente
Incremento de varredura (E_{degrau})	2 mV
Freqüência da onda quadrada	100 Hz
Potencial inicial	+0,1 V (vs SCE)
Faixa de varredura	1,4 V negativo
Velocidade de varredura	200 mV s^{-1}
Amplitude de modulação do pulso	50 mV
Faixa de corrente	2 µA d.t.e.

Um experimento nestas condições leva 7 segundos contra 700 segundos (quase 12 minutos) para uma varredura com DPP.

13.41 Ácido ascórbico (vitamina C) em sucos de frutas

Introdução Este experimento ilustra o uso de DPP no modo anódico, isto é, com a varredura sendo feita na direção positiva para observar a oxidação, diferentemente da usual redução catódica. O exemplo é de um composto orgânico solúvel em água. O eletrólito de suporte usado neste experimento pode ser um tampão acetato em pH = 3, preparado pela mistura de volumes iguais de ácido acético 0,05 M e NaNO$_3$ 0,01 M ou, de preferência, o tampão de Britton–Robinson em pH = 2,87. Este tampão é preparado pela mistura de volumes iguais de ácido acético 0,04 M, ácido fosfórico 0,04 M e ácido bórico 0,04 M. O pH é ajustado em 2,87 por adição de cerca de 17,5 ml de NaOH 0,2 M por cada 100 ml de solução. Lembre-se de que todas estas soluções devem ser degasadas para remover o oxigênio dissolvido antes da adição do ácido ascórbico, um agente redutor relativamente forte que reduz o oxigênio dissolvido. O pH baixo destas soluções inibe o processo.

O suco de muitas frutas, particularmente as cítricas, contém quantidades apreciáveis de ácido ascórbico (vitamina C) e, fazendo-se uma diluição para reduzir as interferências dos surfactantes que existem no suco, é possível determinar quantitativamente a vitamina C, mesmo em soluções fortemente coloridas que não permitem a análise espectroscópica ou a análise titrimétrica convencional. O experimento pode ser feito por comparação contra uma curva de calibração preparada a partir de medidas em soluções padrões ou pelo uso do método da adição padrão.

Procedimento Para construir a curva de calibração, prepare uma solução de ácido ascórbico por dissolução de 30 mg de ácido ascórbico em 100 ml de eletrodo de suporte (300 µg·g^{-1}). Adicione alíquotas sucessivas de 20 µl desta solução a 10,0 ml do eletrólito de suporte degasado colocado na célula polarográfica e obtenha o polarograma nas seguintes condições:

Tempo de queda	1 s
Potencial inicial	−0,1 V (vs SCE)
Faixa de varredura	0,4 V positiva
Velocidade de varredura	2 mV s^{-1}
Amplitude de modulação do pulso	25 mV
Faixa de corrente	1–2 µA d.t.e.

Adicione uma alíquota de 20 a 40 µl de suco de frutas (Solução A) a uma nova porção de 10 ml do eletrólito de suporte degasado colocado na célula e obtenha o polarograma nas mesmas condições. Como os sucos de frutas comerciais contêm usualmente 200 a 700 mg de ácido ascórbico por 100 ml, a curva de calibração com quatro soluções padrões deveria dar um gráfico apropriado. Se for usado o método da adição padrão, adicione porções de 20 µl de ácido ascórbico padrão ao suco de frutas diluído colocado na célula. A Fig. 13.26 mostra alguns polarogramas típicos. Normalmente, o experimento não tem interferências importantes de outros compostos existentes no suco de frutas e determina **apenas** o ácido ascórbico, não a forma oxidada, o ácido desidro-ascórbico, ou o ácido desidro-ascórbico hidratado que podem estar presentes, especialmente em pH baixo.

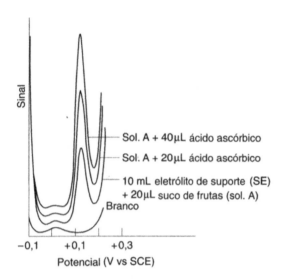

Fig. 13.26 Curvas típicas de DPP do ácido ascórbico em suco de frutas: tempo de queda = 1 s; potencial inicial = −0,1 V (vs eletrodo de calomelano saturado); faixa de varredura = 0,4 V (positiva); velocidade de varredura = 2 mV·s^{-1}; amplitude de modulação do pulso = 25 mV; faixa de corrente = μA (d.t.e.).

13.42 Determinação indireta de nitrato via o-nitro-fenol

Introdução Embora não seja possível determinar diretamente o íon nitrato usando as técnicas polarográficas, pode-se fazer reagir o íon nitrato que está em solução com fenol, na presença de ácido sulfúrico concentrado, e dosar o o-nitro-fenol resultante [38]. O método é aplicável a vários tipos de amostras que contêm nitrato na faixa de μg·g^{-1} e tem sido aplicado a águas naturais, alimentos, bebidas e fertilizantes. Para preparar uma solução padrão de o-nitro-fenol, pese 0,2266 g do reagente puro, coloque o material em 50 ml de água destilada, acrescente cuidadosamente, com agitação, 40 ml de ácido sulfúrico concentrado (a mistura se aquece). Deixe esfriar e complete o volume até 100 ml com água destilada. Esta solução é equivalente a uma solução que contém 1 mg·ml^{-1} de nitrato ou 0,226 mg·ml^{-1} de nitrogênio. O método da adição padrão é usado nesta determinação.

Procedimento Adicione, com agitação, 1 ml de fenol dissolvido em água (80%) e 4 ml de ácido sulfúrico 98% a uma amostra que contém 2 a 50 μg de nitrato (NO$_3^-$). Deixe esfriar e adicione cuidadosamente 4 ml de água destilada. Coloque esta solução na célula polarográfica e elimine o oxigênio. São condições típicas de análise:

Tempo de queda	1 s
Potencial inicial	+0,1 V (vs SCE)
Faixa de varredura	1,5 V negativo
Velocidade de varredura	5 mV s^{-1}
Amplitude de modulação do pulso	50 mV
Faixa de corrente	1–2 μA d.t.e.

Tendo obtido uma curva polarográfica satisfatória para esta solução, adicione uma, depois duas porções da solução padrão de o-nitro-fenol (1 μl da solução padrão é equivalente a 1 μg de nitrato). O método funciona bem se a amostra estiver em um volume pequeno (menos de 2 ml) para que o reagente ácido não se dilua antes da reação entre o nitrato e o fenol. Soluções que contêm sólidos dissolvidos devem ser filtradas antes da reação e quantidades significativas de proteínas insolúveis devem ser removidas por precipitação com ácido fosfotúngstico. O íon nitrito também pode ser determinado se for oxidado a nitrato com peróxido de hidrogênio antes da reação. A diferença entre a concentração de nitrato de duas soluções, uma tratada com H$_2$O$_2$ e outra analisada diretamente, mede a concentração de nitrito.

Voltametria extrativa

13.43 Princípios básicos

Nas técnicas normais de polarografia d.c., o limite de detecção é da ordem de 10^{-5} M ou, aproximadamente, 1 μg·g^{-1}, e pode ser aumentado por um fator de 2 a 10 com o uso de técnicas diferenciais de pulso até limites ótimos de detecção da ordem de 100 μg·kg^{-1}. A limitação intrínseca destas técnicas, entretanto, é que as reações redox observadas ocorrem em uma pequena camada de líquido perto do eletrodo de trabalho, a região de difusão, que, no caso de baixas concentrações, contém um número muito pequeno de íons. As técnicas extrativas de análise foram desenvolvidas para permitir que um número maior de íons **de uma dada solução** possam reagir. Estes procedimentos aumentam a sensibilidade por um fator de 3 a 4 ordens de grandeza em relação às técnicas clássicas, isto é, permitem limites de detecção da ordem de 1 μg·kg^{-1}. Os limites destas técnicas, aliás, são impostos por impurezas nos reagentes ou por adsorção na aparelhagem e não pelos analitos.

A voltametria extrativa é um processo em duas etapas, das quais a primeira é a concentração dos íons provenientes da solução por eletrodeposição em um eletrodo de área superficial pequena, e a segunda é a extração eletrolítica da espécie de interesse deste eletrodo para a solução. A etapa de deposição pode ser um processo catódico em que íons de metal se reduzem, digamos, em um eletrodo de mercúrio para dar um amálgama, ou um processo anódico em que o mercúrio se oxida a Hg$^+$ que, por sua vez, reage com certos ânions para dar sais mercurosos insolúveis que formam um filme na superfície do eletrodo. O produto desta primeira etapa é, então, extraído para a solução por um potencial negativo (catódico). O primeiro dos dois processos é mais usado e as etapas envolvidas são:

Deposição Aplica-se um potencial negativo na solução para dar

$$M^{n+} + ne^- \to M_{(amálgama\ de\ Hg)}$$

Extração Faz-se a varredura de potenciais negativos para positivos e

$$M_{(Hg)} \to M^{n+} + ne^-$$

Como o estágio analítico deste processo implica um potencial que se desloca para o positivo, ele é dito voltametria de extração anódica (ASV). De maneira semelhante, a voltametria de extração catódica tem as seguintes etapas

Deposição   Hg → Hg$^+$ + e$^-$ então   2Hg$^+$ + 2X$^-$ → Hg$_2$X$_2$
                                                              sal
                                                              insolúvel

Extração   Hg$_2$X$_2$ + 2e$^-$ → 2Hg + 2X$^-$

A etapa de extração é semelhante aos processos que já discutimos e a curva polarográfica correspondente tem um pico no potencial de redução (ou oxidação) de cada espécie que retorna à solução. Estes picos são proporcionais à **quantidade** de material que foi pré-concentrado no eletrodo. No processo, o material existente em um grande volume de solução concentra-se em uma pequena área superficial da qual é posteriormente removido. A quantidade de material que se deposita no eletrodo deve ser, portanto, cuidadosamente controlada para que a relação com a concentração da substância seja significativa. Isto é feito pelo controle da área superficial do eletrodo, do potencial aplicado, da duração da etapa de deposição e da velocidade de agitação da solução. Pode parecer uma tarefa complicada, porém poucas modificações são necessárias na aparelhagem usada no DPP, isto é, na HMDE e na eletrônica associada. A velocidade de agitação da solução deve ser constante.

Utilize um sistema polarográfico com um HMDE ou um SMDE e uma solução, livre de oxigênio, de um eletrólito de suporte puro e concentração baixa de um ou mais íons que sofrem redução no catodo de mercúrio. Coloque o potenciostato do polarógrafo em um **valor fixo**, 0,2 a 0,4 V mais negativo do que o maior potencial de redução dos íons presentes, para que ocorra eletrólise com deposição de metais no catodo HMDE e formação de amálgama. A velocidade de formação do amálgama é governada pela intensidade da corrente que flui, pelas concentrações dos íons que se reduzem e pela velocidade com que os íons migram para o eletrodo. Esta última variável pode ser controlada pela velocidade de agitação da solução. Com o tempo, praticamente todos os íons que se reduzem transferem-se para o catodo de mercúrio, mas a exaustão completa da solução não é necessária neste procedimento e, na prática, a eletrólise é feita por um período de tempo cuidadosamente controlado para que uma fração dos íons (10%, por exemplo) seja descarregada. Esta operação é freqüentemente conhecida pelo nome de etapa de concentração: os metais concentram-se no volume relativamente pequeno da gota de mercúrio.

Interrompa a agitação, mantendo a corrente de eletrólise, e deixe a célula em repouso por cerca de 30 segundos. Isto faz com que a solução entre em equilíbrio mecânico e que a etapa de extração seja feita sem agitação. Coloque o potenciostato na posição reversa, começando do potencial final usado na eletrólise. Neste processo, um potencial positivo se desenvolve gradualmente no HMDE, que agora é o anodo da célula. Meça a corrente e faça o gráfico corrente–voltagem. A corrente, devida à solução de eletrólito, cresce inicialmente, em correspondência com a corrente residual da polarografia convencional. Quando o potencial se aproxima do potencial de oxidação de um dos metais dissolvidos no mercúrio, íons deste metal passam do amálgama para a solução e a corrente cresce rapidamente até atingir um valor máximo em que o potencial é aproximadamente igual ao potencial de oxidação apropriado.

Diz-se que o metal foi "extraído" do amálgama e, se o potencial fosse mantido no valor da corrente máxima, eventualmente todos os íons deste metal retornariam à solução. Como o potencial continua a aumentar, a corrente diminui e volta a um valor aproximadamente constante. Em outras palavras, a curva mostra um pico. Se o potencial continua a aumentar, outros picos são produzidos quando os potenciais de oxidação dos demais metais presentes no amálgama forem alcançados (Fig. 13.27(a)). Observe que embora um potencial crescente seja aplicado, a curva mostra picos e não degraus. Até certo ponto, as larguras destes

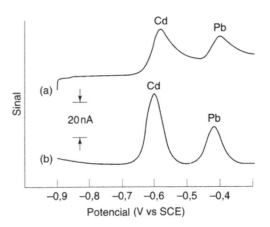

Fig. 13.27 Voltametria extrativa: (a) extração d.c. em 50 mV·s^{-1}; (b) DPSAV em 2 mV·s^{-1}.

picos dependem do tamanho do eletrodo e da velocidade de varredura do potencial anódico, mas, em certas condições, a altura do pico é proporcional à concentração original do íon metálico em solução.

É possível obter picos mais finos e intensos (Fig. 13.27(b)) se em vez de aplicar uma varredura d.c. relativamente rápida (10 a 100 mV·s^{-1}) for usado o modo diferencial de pulso (em 2 a 5 mV·s^{-1}). A voltametria extrativa anódica diferencial de pulso (DPASV) é o método utilizado para determinar certos metais em concentrações muito baixas (Seção 13.46). A técnica, porém, não pode ser utilizada para todos os cátions porque a produção de um amálgama durante a etapa de deposição é necessária. Os seguintes metais têm sido determinados por DPASV:

antimônio	gálio	**mercúrio**
arsênico	germânio	**prata**
bismuto	**ouro**	tálio
cádmio	índio	estanho
cobre	chumbo	zinco

No caso de ouro, prata e mercúrio, **deve-se usar** um eletrodo sólido em substituição ao HMDE. Outros metais, como níquel, cobalto, ferro e alumínio podem ser determinados como complexos adsorvidos potenciostaticamente na superfície do mercúrio. DPASV é, essencialmente, um método para a análise de traços e não deve ser usado em soluções que contêm íons eletroativos em concentrações superiores a 1 μg·g^{-1}. Felizmente, em concentrações superiores a 1 μg·g^{-1}, pode-se sempre usar as técnicas DPP.

13.44 Eletrodos usados na análise por extração de íons

Na seção precedente, imaginamos que a análise por extração de íons era feita com um eletrodo de mercúrio pendente como concentrador de íons. Isto acontece em muitos experimentos porque o HMDE tem várias características que o tornam muito apropriado:

1. O mercúrio utilizado pode ser bem purificado de modo a conter níveis muito baixos de impurezas.
2. O tamanho da gota, logo, sua área superficial, pode ser bem controlado.
3. Uma nova gota é usada para cada etapa de extração, evitando a contaminação pelos íons precedentes.

314 **Métodos Eletroanalíticos Diretos**

4. A produção e remoção de cada gota (idêntica) é automatizada.

Por outro lado, pode-se usar um certo número de eletrodos sólidos, como de ouro ou platina e vários tipos de eletrodos de carbono, quando a pequena área superficial em que se depositam os íons de metal tem sensibilidade alta e produz picos agudos e bem definidos. Como o mesmo eletrodo é usado em muitas determinações ele deve ser limpo antes de cada nova determinação para evitar contaminações. Isto é feito por meios mecânicos ou químicos, por abrasão da superfície com um tecido ou por imersão em soluções ácidas, ou é feito eletroquimicamente por aplicação de um potencial positivo no primeiro estágio do ciclo para remover contaminantes da superfície do eletrodo. Esta etapa é feita com um eletrólito de suporte puro antes de mergulhar o eletrodo na solução do novo analito. Embora alguns eletrodos sólidos de metal tenham sido usados, a contaminação e variações de sobrepotencial causavam problemas. Agora, é mais comum usar um eletrodo de mercúrio de filme fino (TFME), quando se deseja alta sensibilidade. Este eletrodo tem uma camada muito fina de mercúrio depositada sobre a superfície de um eletrodo de carbono vitrificado.

13.45 Aparelhagem para a análise por extração de íons

Diante das limitações descritas na Seção 13.44, especialmente a influência das características do eletrodo nos picos do voltamograma, alguns cuidados devem ser tomados na preparação de um aparelho de voltametria extrativa para o uso. Duas condições devem ser atendidas para que se tenham as melhores condições de trabalho:

(a) Na etapa de concentração, use um volume de mercúrio pequeno em comparação com o volume da solução que vai ser eletrolisada e agitação eficiente durante a eletrólise, senão o tempo de deposição pode ser prolongado desnecessariamente.

(b) Na operação de extração, use a varredura de voltagem mais rápida possível que não provoque o aparecimento de cauda nos picos.

Eletrodos

Associa-se, tradicionalmente, o eletrodo de mercúrio pendente (HMDE) à voltametria extrativa. Suas possibilidades foram primeiro estudadas por Kemula e Kublik [39]. Diante da importância do tamanho da gota, é essencial que as gotas sejam **exatamente** reproduzidas, o que pode ser feito com o procedimento da Seção 13.33 descrito para o SMDE. Uma técnica alternativa é usar um fio de platina selado em um tubo de vidro. Limpe bem o fio e use-o como anodo durante a eletrólise de ácido perclórico puro. Este tratamento dá polimento à superfície. Inverta a corrente e use o eletrodo como catodo para garantir que não persista em sua superfície um filme de óxido ou oxigênio adsorvido. Coloque o eletrodo, ainda como catodo, em uma solução de nitrato de mercúrio(II) para provocar a deposição de uma camada fina de mercúrio, o eletrodo de filme de mercúrio (MFE). A vantagem deste eletrodo sobre a gota de mercúrio é sua rigidez e maior razão área superficial/volume.

O problema com este eletrodo é que não deve haver partes da superfície descobertas porque a platina quando entra em contato com a solução provoca complicações devidas ao sobrepotencial menor do hidrogênio na platina do que no mercúrio e ao fato de que metais com potenciais de eletrodo muito positivos podem não se depositar na etapa de concentração. Ultimamente, o uso de eletrodos de filme de mercúrio baseados em outros materiais que não o mercúrio tem crescido. Eletrodos baseados em grafita impregnado de cera, em pasta de carbono e em carbono vitrificado são aparentemente mais sensíveis e confiáveis. Uma técnica também foi desenvolvida para a deposição simultânea do mercúrio e dos metais a serem determinados sobre eletrodos de carbono.

Células

A célula pode ser uma célula polarográfica comum ou pode ser construída especialmente para a polarografia extrativa. Neste último caso, ela deve ter certas características. A agitação eficiente e **reprodutível** da solução é essencial. Um agitador magnético é usualmente suficiente. A exclusão de oxigênio é importante, logo, a célula deve ter uma tampa com abertura para a passagem do gás de arrasto. Um sistema de entrada do gás de arrasto pela solução, antes do experimento, e de passagem acima da superfície, durante o experimento, é necessário. A tampa da célula deve acomodar o HMDE (ou outro tipo de eletrodo) e deve ter aberturas para o eletrodo de referência (usualmente um eletrodo de calomelano saturado) e para um contra-eletrodo de platina se a operação tiver de ser feita sob potencial controlado. Se a solução-teste estiver sendo analisada para mercúrio, o eletrodo de referência deve ser isolado da solução com uma ponte salina.

Reagentes

Diante da sensibilidade do método, os reagentes usados nas soluções primárias devem ser muito puros. A água deve ser redestilada em aparelhagem totalmente de vidro ou, melhor ainda, em aparelhagem totalmente de sílica. Os traços de matéria orgânica encontrados, às vezes, em água desionisada tornam-na imprópria para uso nesta técnica, a menos que a água seja subseqüentemente destilada. Os eletrólitos de suporte comuns nestes experimentos são cloreto de potássio, tampão de acetato de sódio–ácido acético, tampão de amônia–cloreto de amônio, ácido clorídrico e nitrato de potássio.

Estes produtos químicos, quando do grau analítico, contêm traços de impurezas que não são relevantes na maior parte dos processos analíticos, mas que podem representar contaminação séria na voltametria extrativa. Isto acontece especialmente quando as impurezas são metais pesados. Por isso, é necessário usar reagentes de pureza muito alta (como os BDH Aristar ou outros de grau de pureza semelhante) ou, então, submeter o material mais puro disponível a um processo eletrolítico de purificação. Faça a eletrólise da solução, sob agitação, usando uma pequena corrente (10 mA) por 24 horas, um pouco de mercúrio no fundo do bécher como catodo e um anodo de platina. Passe nitrogênio puro pela solução antes de começar a eletrólise de modo a remover o oxigênio dissolvido, mantendo uma corrente de nitrogênio puro sobre a superfície da solução durante o processo de purificação. É preciso usar, normalmente, controle potenciostático durante a eletrólise.

Toda a vidraria deve estar escrupulosamente limpa, do material usado no tratamento preliminar até o aparelho propriamente dito. É recomendável deixar a vidraria por algumas horas em ácido nítrico (6 M) **puro** ou em uma solução 10% de ácido perclórico 70% **puro**, lavando, em seguida, com água desionizada.

Processo de concentração

No processo de concentração, uma parte dos íons metálicos que está em solução se deposita no eletrodo de mercúrio e a concentração do metal no mercúrio pode ficar 10 a 1000 vezes maior do que a concentração original do íon na solução. É esta etapa de pré-concentração que dá ao método de extração sua alta sensibilidade.

Como a deposição não é exaustiva, é importante que, em um dado experimento, a mesma fração do metal se incorpore no mercúrio em cada voltamograma registrado. Para conseguir isto, a área superficial do eletrodo, o tempo de deposição e a velocidade de agitação devem ser os mesmos. Os tempos de eletrólise variam de 30 segundos a 30 minutos, dependendo da concentração do analito na solução-teste, do eletrodo que está sendo usado e do procedimento de extração utilizado. Quanto menos concentrado é o analito na solução-teste, maior é o tempo de eletrólise. A eletrólise em um eletrodo de filme de mercúrio é mais rápida do que em um HMDE, e o tempo gasto na etapa de pré-concentração pode ser reduzido se a extração por pulso diferencial for usada no lugar da extração por corrente direta.

Durante o processo de eletrólise, certos materiais podem dar origem a espécies que formam sais insolúveis com íons $Hg(I)$ e depositam-se na superfície do mercúrio na forma de um filme insolúvel. Estão nesta categoria os halogenetos (que não o fluoreto), sulfetos, tiocianatos, mercaptans e muitos compostos orgânicos de enxofre. No processo de extração subseqüente, a varredura de voltagem deve ser feita na direção **negativa** e o processo é conhecido como voltametria extrativa catódica. Muitos "analisadores polarográficos" comerciais podem ser usados na etapa de pré-concentração e depois na etapa do procedimento extrativo necessário e podem registrar graficamente o resultado. Em muitos instrumentos modernos controlados por microprocessadores, o procedimento de pré-concentração e extração é feito automaticamente.

13.46 Determinação de chumbo na água encanada

Introdução Este experimento descreve a extração com SMDE e a extração por pulso diferencial. Limpe cuidadosamente todos os aparelhos de vidro. Encha os vasos com ácido nítrico 6 M puro e deixe em repouso durante a noite. Lave novamente com bastante água redestilada.

Procedimento Prepare: (1) uma solução padrão de chumbo 0,01 M, por dissolução de 1,65 g (pesado com exatidão) de nitrato de chumbo de grau analítico em água redestilada. Ajuste o volume até 500 ml em um balão aferido; (2) uma solução de eletrólito de suporte (nitrato de potássio 0,02 M), por dissolução de 10 g do reagente muito puro (Aristar ou outro material altamente purificado) em 500 ml de água redestilada. Confirme se a solução do eletrólito de suporte não contém quantidades significativas de impurezas (especialmente chumbo) seguindo as etapas de pré-concentração e extração descritas em detalhe a seguir, com 10 ml da solução e 10 ml de água redestilada. Se for encontrado um pico significativo de chumbo, a solução deve ser descartada.

Coloque 10 ml de água encanada e 10 ml do eletrólito de suporte no vaso de eletrólise e posicione uma barra magnética e o agitador magnético. Coloque em seu lugar um eletrodo de calomelano saturado, um eletrodo auxiliar de lâmina de platina, um tubo para circulação de nitrogênio e o capilar do eletrodo de mercúrio. Acione o mecanismo de formação da gota de mercúrio na ponta do capilar. Passe nitrogênio livre de oxigênio pela solução por 5 minutos e ajuste o fluxo de nitrogênio para passar sobre a superfície do líquido.

Faça as ligações do analisador polarográfico e ajuste a voltagem aplicada em $-0,8$ V, isto é, em um valor muito superior ao potencial de deposição dos íons chumbo. Acione o agitador, anote a posição do controlador de velocidade e, após 15 a 20 segundos, ligue a corrente de eletrólise e, simultaneamente, dê partida a um cronômetro. Deixe a eletrólise correr por 5 minutos. Após este tempo, desligue o agitador, mas mantenha o potencial de eletrólise aplicado à célula. Depois de 30 segundos em repouso, substitua a corrente de eletrólise pelo potencial extrativo pulsado e coloque o registrador em movimento. Quando o pico de chumbo em $\sim 0,5$ V tiver passado, desligue a corrente extrativa e o registrador. Uma boa velocidade de extração é 5 mV·s^{-1}. Limpe a célula de eletrólise e coloque 10 ml do eletrólito de suporte, 10 ml de água redestilada e 1 ml da solução padrão de chumbo.

Deixe formar uma nova gota de mercúrio, passe nitrogênio por 5 minutos e repita o procedimento anterior para obter um novo voltamograma extrativo. Use exatamente os mesmos tempos e a mesma velocidade de agitação. Repita o procedimento com mais três soluções contendo 2, 3 e 4 ml da solução padrão. Meça a altura dos picos dos cinco voltamogramas e obtenha a concentração de chumbo na água encanada. Em alguns equipamentos comerciais o cálculo da concentração é feito automaticamente usando nomogramas pré-gravados.

13.47 Referências

1. I M Kolthoff and P J Elving 1959 *Treatise on analytical chemistry*, Part I, Volume 4, John Wiley, New York
2. *Wilson and Wilson's comprehensive analytical chemistry*, Volume IIA, Elsevier, Amsterdam (1964)
3. A J Bard and L R. Faulkner 1980 *Electrochemical methods: fundamentals and applications*, John Wiley, New York
4. R Greef, R Peat, L M Peter, D Pletcher and J Robinson 1985 *Instrumental methods in electrochemistry*, Ellis Horwood, Chichester
5. J J Lingane and S Jones 1951 *Anal. Chem.*, **23**: 1804
6. R M Fuoss and F Accascina 1959 *Electrolytic conductance*, Van Nostrand, New York
7. J E Harrar 1975 In *Electroanalytical Chemistry*, Volume 8, A J Bard (ed), Marcel Dekker, New York

Métodos Eletroanalíticos Diretos

8. *Wilson and Wilson's comprehensive analytical chemistry*, Volume IID, Elsevier, Amsterdam (1975)
9. T Meites and L Meites 1955 *Anal. Chem.*, **27**; 1531. T Meites and L Meites 1956 *Anal. Chem.*, **28**; 103
10. A N Strohl and D J Curran 1979 *Anal. Chem.*, **53**; 353, 1050
11. J Ruzicka and E H Hansen 1981 *Flow injection analysis*, John Wiley, New York
12. C N Reilley 1968 *Rev. Pure Appl. Chem.*, **18**; 137
13. H Galster 1991 *pH measurement: fundamentals, methods, applications, instrumentation*, John Wiley, Chichester
14. I M Kolthoff and P J Elving 1978 *Treatise on analytical chemistry*, Part 1, Volume 1, John Wiley, New York
15. *Wilson and Wilson's comprehensive analytical chemistry*, Volume XXII, Elsevier, Amsterdam (1986)
16. S West and X Wen 1997 *Analysis Europa*, **4** (2); 14–19
17. J Marlow 1987 Care and maintenance of pH and redox electrodes, *Int. Lab.*, **XII** (2); J Marlow 1987 Care and maintenance of ion-selective electrodes, *Int. Lab.*, **XII** (2)
18. E Pungor, J Havas and K Toth 1965 *Zeit. Chem.*, **5**, 9
19. G J Moody, R B Oke and J D R Thomas 1970 *Analyst*, **75**; 910. A Craggs, G J Moody and J D R Thomas 1974 *J. Chem. Educ.*, **51**; 541
20. J Koryta (ed) 1980 *Use of enzyme electrodes in biomedical investigations*, John Wiley, Chichester
21. M Y Keating and G A Rechnitz 1984 *Anal. Chem.*, **56**; 801
22. *IUPAC manual of symbols and terminology for physicochemical quantities and units*, Butterworth, London (1969)
23. G Gran 1952 *Analyst*, **77**, 661
24. I R Epstein, K Kustin, P De Kepper and M Orban 1983 *Scientific American*, **248**; 96–108
25. R J Field and F W Schneider 1989 *J. Chem. Educ.*, **66** (3); 195–204
26. B P Belousov 1959 *Sb. ref. radiats. med. za. 1958*, Medgiz, Moscow
27. A M Zhabotinskii 1964 *Biofizika*, **9**; 306. A M Zhabotinskii 1964 *Dokl. Akad. Nauk. SSR*, **157**; 392
28. J A Pojman, R Craven abd D C Leard 1994 *J. Chem. Educ.*, **71** (1); 84–90
29. J Rosenthal 1991 *J. Chem. Educ.*, **68**; 794-95
30. J Heyrovsky 1922 *Chemicke Listy*, **16**; 256
31. D Ilkovic 1934 *Coll. Czech. Chem. Comm.*, **6**; 498
32. D R Crow 1969 *Polarography of metal complexes*, Academic Press, London
33. EG&G Princeton Applied Research, Princeton NJ
34. G C Barker and I L Jenkins 1952 *Analyst*, **77**; 685
35. J Krause, S Mathews and L Ramaley 1969 *Anal. Chem.*, **41**; 1365
36. Both Metrohm Ltd, CH-9101 Herisau, Switzerland and EG&G Princeton Applied Research provide free applications notes
37. Applications Notes P-2, S-6 and S-7 from EG&G Princeton Applied Research
38. Metrohm Ltd., CH-9101, Switzerland, Application Bulletin 70e (1979)
39. W Kemula and Z Kublik 1958 *Anal. Chim. Acta*, **18**; 104

13.48 Bibliografia

D R Crow 1994 *Principles and applications of electrochemistry*, 4th edn, Blackie, London

R Hughes 1993 The future in direct ion measurement with ion selective electrodes, *Int. Lab. News*, **Dec**; 6

T Ishi 1994 The measurement of total organic halogen with coulometric titration, *Int. Lab. News*, **April**; 34

P T Kissinger and W R Heineman (eds) 1996 *Laboratory techniques in electroanalytical chemistry*, 2nd edn, Marcel Dekker, New York

T Riley, C Tomlinson and A M Jones 1987 *Principles of electroanalytical methods*, ACOL–Wiley, Chichester

D T Sawyer, A Sobowiak and J L Roberts 1995 *Electrochemistry for chemists*, 2nd edn, John Wiley, Chichester

B Z Shakkhashivi 1985 *Chemical demonstrations: a handbook for teachers*, University of Wisconsin, Madison WI

K R Trethewey and J Chamberlain 1995 *Corrosion for science and engineering*, 2nd edn, Addison Wesley Longman, Harlow

J Wang 1994 *Analytical electrochemistry*, Wiley–VCH, Chichester

K Yoshikawa, S Nakata, M Yamanaka and T Waki 1989 *J. Chem. Educ.*, **66** (3); 205–7

14

Espectroscopia de ressonância magnética nuclear

14.1 Introdução

A espectroscopia de ressonância magnética nuclear (RMN) mede a absorção de radiação eletromagnética na região de radiofreqüência entre 4 e 750 MHz, limites que correspondem, aproximadamente, a 75 e 0,4 m. Ao contrário da absorção no ultravioleta visível e no infravermelho, neste tipo de espectroscopia, os núcleos de átomos, e não os elétrons, estão envolvidos no processo de absorção de energia. Para que os núcleos absorvam radiação, é necessário expor a amostra a um campo magnético de vários teslas (T), o que leva os núcleos de interesse aos estados de energia necessários para que ocorra a absorção. As Seções 14.2 a 14.6 comentam brevemente a teoria e a instrumentação da espectroscopia de RMN em solução. A espectroscopia de RMN no estado sólido é um campo especializado fora do escopo deste livro. Os detalhes necessários para a compreensão dos experimentos descritos neste capítulo são dados em cada caso. Eles incluem a análise de polímeros, a determinação da pureza de amostras farmacêuticas, estudos *in vivo* do metabolismo do fósforo e a produção de imagens por ressonância magnética.

14.2 Teoria

Para explicar algumas das propriedades dos núcleos, é necessário admitir que eles giram em torno de um eixo e, portanto, têm spin. O maior valor que pode tomar um dos componentes do spin de um determinado núcleo é o **número quântico de spin nuclear**, I. Estão associados, então, ao núcleo $(2I + 1)$ estados discretos. Na ausência de um campo magnético, estes estados têm a mesma energia. Limitaremos a discussão aos núcleos cujo número quântico de spin nuclear é 1/2, como ^{1}H, ^{13}C e ^{19}F. No caso destes núcleos, existem dois estados de spin, que correspondem a $I = 1/2$ e $I = -1/2$. Em um campo magnético, estes estados de spin têm energias diferentes (Fig. 14.1). A diferença de energia, ΔE, é igual a $g_I \beta_N B_0$, em que g_I é o fator g nuclear, característico do núcleo, β_N é o magneton nuclear ($= 5,050 \times 10^{-27}$ J·T^{-1}) e B_0 é a intensidade do campo magnético em teslas. Assim,

$$\Delta E = h\nu = g_I \beta_N B_0 \qquad (14.1)$$

$$\nu = g_I \beta_N B_0 / h$$

Pode-se definir uma constante para cada núcleo, γ, a razão giromagnética, combinando g_I e β_N. A Tabela 14.1 dá informações relativas a alguns núcleos.

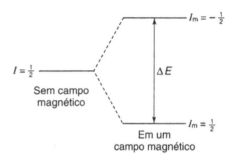

Fig. 14.1 Separação dos níveis de energia nucleares em um campo magnético

Exemplo 14.1

Calcule a freqüência em que um núcleo ^{1}H absorve energia em um campo magnético de 1,41 T. O g_I para ^{1}H é 5,585.

Substituindo estes valores na Eq. 14.1, temos

$$\nu = \frac{5,585 \times 5,05 \times 10^{-27} \times 1,41}{6,623 \times 10^{-34}} = 60,0 \times 10^6 \text{ Hz} = 60,0 \text{ MHz}$$

Este exemplo mostra que ocorre uma transição em 60 MHz entre $I_m = 1/2$ e $I_m = -1/2$.

Em uma amostra que contém um número muito grande de núcleos em equilíbrio, alguns dos núcleos estão no estado de menor energia ($I = +1/2$) e outros no de maior energia ($I = -1/2$). A lei de distribuição de Boltzmann pode ser

Tabela 14.1 Propriedades de alguns núcleos com $I = 1/2$ no RMN

Núcleo	Freqüência de ressonância (MHz) em um campo de 2,35 T	g_I
^{1}H	100,0	5,585
^{13}C	25,14	1,404
^{15}N	10,13	−0,566
^{19}F	94,07	5,255
^{29}Si	19,87	−1,110
^{31}P	40,48	2,261
^{119}Sn	37,27	−2,082

usada para calcular a relação entre o número de núcleos que ocupam cada um destes níveis.

Exemplo 14.2

Use os resultados da Eq. 14.1 para calcular as populações relativas dos dois níveis em 300 K. (Constante de Boltzmann = $1,38 \times 10^{-23}$ J·K^{-1})

A Eq. 14.1 mostra que a energia ΔE entre os dois estados é $g_I\beta_N B_0$, isto é,

$$5,585 \times 5,05 \times 10^{-27} \times 1,41 = 3,97 \times 10^{-26} \text{ J}$$

Da equação de Boltzmann,

$$\frac{N_{\text{superior}}}{N_{\text{inferior}}} = \exp\left(-\frac{\Delta E}{kT}\right)$$

onde N_{superior} e N_{inferior} são os números de núcleos nos estados de maior e menor energia, respectivamente.

Substituindo os valores nesta equação temos

$$\frac{N_{\text{superior}}}{N_{\text{inferior}}} = \exp\left(-\frac{3,97 \times 10^{-26}}{1,38 \times 10^{-23} \times 300}\right)$$

$$= \exp\left(-\frac{3,97 \times 10^{-26}}{4,2 \times 10^{-21}}\right) \approx \exp(-1 \times 10^{-5})$$

$$\approx 1 - (1 \times 10^{-5})$$

Isto significa que a razão é praticamente igual a um. Se o nível de maior energia tiver 1.000.000 núcleos, o nível de menor energia terá 1.000.010 núcleos.

A amostra só absorve radiofreqüência porque no equilíbrio térmico há excesso de núcleos no nível de menor energia. Após a absorção de energia, as populações dos estados de spin não estão mais em equilíbrio térmico. Se a energia de radiofreqüência for suficiente para que a população dos dois estados seja igual, não ocorrerá mais absorção de energia e diz-se que o sistema está **saturado**. Nestas condições, não se observa mais o sinal de absorção de RMN. Só pode ocorrer absorção novamente se alguns dos núcleos que estão no estado de energia mais alta **relaxarem** para o estado de energia mais baixa.

Existem dois processos de relaxação: spin–rede e spin–spin. No primeiro caso, a relaxação caracteriza-se por um tempo T_1 em que os núcleos que estão no estado de energia mais alta perdem energia para o ambiente. No segundo caso, a relaxação caracteriza-se por um tempo T_2 em que não há mudança na população relativa entre os dois estados de energia. Um núcleo que está no estado de energia mais alta transfere energia para um núcleo que está no estado de energia mais baixo. O efeito da relaxação spin–spin é o aumento do tempo de vida do estado de energia mais alto. O princípio da incerteza de Heisenberg mostra que $\Delta E \cdot \Delta t \approx h/2\pi \approx 10^{-34}$ J·s, onde ΔE é a incerteza da energia de um dado nível de energia e Δt é o tempo de vida do mesmo nível de energia. Se o tempo de vida de um estado é muito curto, a incerteza de sua energia é muito grande. Do mesmo modo, se o tempo de vida de um estado de energia é muito grande, sua energia pode ser definida com alta precisão. Na espectroscopia de RMN, as incertezas de energia dos estados de energia mais alta contribuem para as larguras dos picos observadas no espectro. Se a incerteza é grande os picos são muito largos.

14.3 Deslocamento químico

Até agora só consideramos a aplicação de um campo magnético a um núcleo isolado. Esta situação não ocorre na prática porque os núcleos, em geral, estão associados com elétrons em átomos e moléculas. Quando colocada em um campo magnético, a nuvem de elétrons que envolve o núcleo tende a circular de modo a produzir um campo em oposição ao campo aplicado. O campo total a que está submetido o núcleo é, então,

$$B_{\text{efetivo}} = B_{\text{aplicado}} - B_{\text{induzido}}$$

Como o campo induzido é diretamente proporcional ao campo aplicado,

$$B_{\text{induzido}} = \sigma B_{\text{aplicado}}$$

onde σ é uma constante, a constante de blindagem, e

$$B_{\text{efetivo}} = B_0(1 - \sigma)$$

onde B_0 é o campo magnético aplicado. Assim, o núcleo é **blindado** em relação ao campo magnético externo. A blindagem depende da densidade de elétrons em torno de um átomo ou molécula que, por sua vez, depende do ambiente químico do núcleo. No caso de uma molécula simples como o metanol (Fig. 14.2), os hidrogênios estão em dois ambientes químicos diferentes — três ligados ao carbono do grupo metila e um ligado ao oxigênio do grupo hidroxila — e os hidrogênios de metila absorvem em uma freqüência mais baixa do que o hidrogênio do grupo hidroxila. Observe, também, que a área integrada do maior pico é três vezes a do sinal de OH, isto é, a intensidade do sinal é proporcional ao número de hidrogênios presentes em cada um dos diferentes ambientes químicos da molécula.

Se o campo magnético aplicado é igual a 2,35 T, que corresponde à radiofreqüência de referência igual a 100 MHz, segundo a Eq. 14.1, os hidrogênios de metila mostram um sinal em freqüências mais altas do que 100 MHz. Este **deslocamento químico** pode ser descrito como sendo, por exemplo, 130 MHz ou 1,3 ppm (isto é, 1,3 parte por milhão em 100 milhões de Hz). Se o espectro de RMN deste composto tivesse sido obtido em 4,7 T (em que a freqüência de operação é 200 MHz), o deslocamento químico dos hidrogênios do grupo metila seria 260 Hz, mas ainda 1,3 ppm. Isto mostra que é mais conveniente indicar os

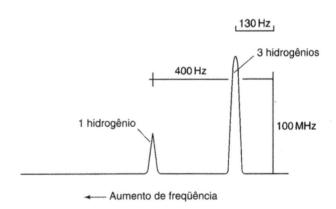

Fig. 14.2 Espectro de ^{1}H-RMN do metanol

deslocamentos químicos em partes por milhão em relação à freqüência de referência porque os valores em Hz dependem da freqüência.

O procedimento mais usado na medida dos deslocamentos químicos é usar como referência um padrão interno. No caso das espectroscopias de RMN de hidrogênio e de ^{13}C, o padrão mais conveniente é o tetrametil-silano ($SiMe_4$). O tetrametil-silano (TMS) tem várias vantagens como padrão: pode ser usado como referência para ^{1}H e ^{13}C na mesma amostra, tem 12 átomos de hidrogênio e quatro de carbono, logo, uma quantidade muito pequena dá um sinal intenso, tem um sinal agudo em posição bem diferente da dos sinais de outros átomos de hidrogênio e carbono, além disso, é quimicamente inerte, solúvel em muitos solventes orgânicos e volátil. O deslocamento químico é a diferença de freqüência em ppm entre um sinal da amostra e o da referência, e seu símbolo é δ, definido como

$$\delta = \frac{\nu_{amostra} - \nu_{referência}}{\nu_{referência}} \times 10^6$$

O sinal positivo de δ corresponde a um deslocamento para freqüências mais altas. Como o TMS não é sólúvel em água, são usados como padrões em soluções aquosas, normalmente, o 4,4-dimetil-4-silapentanossulfonato de sódio [14.A], ou DSS, e o sal de ácido carboxílico deuterado [14.B].

$$\begin{array}{c} Me \\ | \\ Me-Si-CH_2CH_2CH_2SO_3^-Na^+ \\ | \\ Me \end{array}$$
[14.A]

$$\begin{array}{c} Me \\ | \\ Me-Si-CD_2CD_2COO^-Na^+ \\ | \\ Me \end{array}$$
[14.B]

A Fig. 14.3 dá os deslocamentos químicos aproximados de algumas moléculas e grupamentos simples [1].

14.4 Acoplamento dos núcleos magnéticos

Nem todos os espectros têm linhas simples como bandas de absorção, como na Fig. 14.2. São freqüentes as bandas formadas por muitas linhas. Isto ocorre porque os spins de núcleos vizinhos se **acoplam** (isto é, interagem) uns com os outros. Daremos aqui uma descrição muito breve deste problema. Procure detalhes em um livro-texto de espectroscopia de RMN [2]. O grau de divisão do sinal de um núcleo em várias linhas é chamado de **multiplicidade**. A multiplicidade depende do número de núcleos ao qual o núcleo de interesse está acoplado. Observe que a divisão do sinal não depende da natureza química dos núcleos acoplados, isto é, ocorre mesmo quando os núcleos acoplados não são do mesmo elemento. A separação das linhas em multipletes provenientes de núcleos acoplados é a mesma. A Fig. 14.4 mostra vários exemplos de sinais divididos. No caso de núcleos de número quântico de spin igual a 1/2, o número de linhas observadas em um multiplete é $(n + 1)$, em que n é o número de núcleos equivalentes que se acoplam com um núcleo adjacente. O acoplamento de spin é importante na espectroscopia de RMN. Para mais detalhes, consulte a literatura [2].

14.5 Instrumentação

14.5.1 Intrumentos de onda contínua

A Fig. 14.5 esquematiza os compontentes importantes de um espectrômetro de onda contínua. A sensibilidade e a resolução de um espectrômetro dependem essencialmente da intensidade do campo e da qualidade do **ímã**. Quanto maior é a intensidade do campo magnético do ímã, maior é a sensibilidade e a resolução. Os ímãs usados em espectrômetros de RMN são de três tipos: ímãs permanentes, eletroímãs e ímãs supercondutores. Os ímãs permanentes são muito sensíveis à temperatura e o campo que produzem é pouco intenso. Os eletroímãs são muito menos sensíveis à temperatura, mas exigem sistemas de resfriamento e fontes elétricas complexas. Os eletroímãs comerciais podem produzir campos de até 2,3 T, isto é, neste campo, as fre-

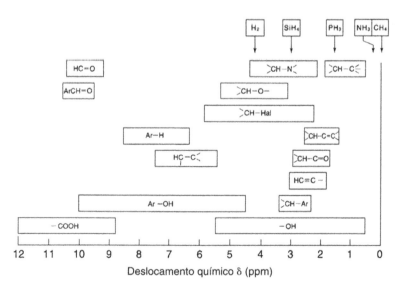

Fig. 14.3 Deslocamentos químicos aproximados de ^{1}H-RMN de moléculas e grupos funcionais simples (reimpresso, com permissão, de C. N. Banwell e E. M. McCash, 1994, *Fundamentals of molecular spectroscopy*, 4th ed., McGraw-Hill, Maidenhead)

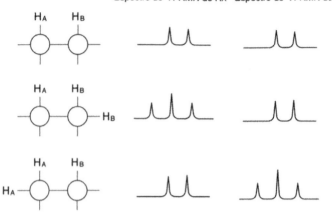

Fig. 14.4 Modos simples de divisão de hidrogênios em ambientes diferentes

qüências de absorção de hidrogênio ocorrem em 100 MHz. Os ímãs supercondutores são usados em instrumentos de alta resolução. Espectrômetros de campos de até 17,5 T, que corresponde à freqüência de absorção de hidrogênio em 750 MHz, já estão disponíveis no comércio. Outros instrumentos usam campos ainda mais altos.

O sinal de um **transmissor de radiofreqüência** alimenta um par de fios em espiral montados a 90° em relação à direção do campo magnético. Para obter o espectro, usa-se normalmente uma freqüência fixa, que depende da intensidade do campo magnético, e um **gerador de varredura de campo**, que permite uma pequena alteração do campo magnético aplicado. Faz-se isto variando a corrente que passa por dois fios em espiral paralelos às faces do ímã. No caso mais comum, a intensidade do campo varia linearmente com o tempo e o processo é sincronizado com o deslocamento de um registrador. A faixa de varredura de um espectrômetro de hidrogênio em 60 MHz é de 1000 Hz, que corresponde a uma varredura de campo de $2,3 \times 10^{-5}$ T.

A quantidade de radiação que passa pela amostra é detectada e o espectro registrado. Os espectrômetros modernos são equipados com integradores eletrônicos ou digitais que medem as áreas dos picos de absorção. Os dados de integração geralmente aparecem como uma linha em degrau superposta no espectro de RMN (Fig. 14.6). A **célula de amostra** é usualmente um tubo de vidro de 5 mm de diâmetro externo capaz de conter cerca de 0,5 ml de líquido. Pode-se medir espectros de amostras com volumes menores do que 0,5 ml com microcélulas. O **suporte de amostra** mantém a amostra em posição no campo magnético. Uma turbina movida a ar provoca a rotação do suporte de amostra em torno do eixo principal. A rotação de cerca de 4000 rpm reduz os efeitos de inomogeneidade do campo magnético, dando linhas mais agudas e melhor resolução.

14.5.2 Instrumentos pulsados com transformadas de Fourier

Uma alternativa para o uso dos métodos de ondas contínuas, nos quais cada freqüência da molécula é excitada sucessivamente, é irradiar durante alguns microssegundos todas as freqüências simultaneamente com um pulso intenso de radiação na região de radiofreqüência. Este pulso de radiofreqüência satura todos os núcleos que absorvem no campo do ímã. Usa-se uma única freqüência do oscilador porque, como o pulso tem duração muito pequena, o princípio da incerteza de Heisenberg faz com que seja obtida uma faixa larga de freqüências que cobre o espectro completo (Fig. 14.7).

No fim do pulso de excitação, o detector de radiofreqüência registra o sinal correspondente ao **decaimento da indução livre** (FID) da amostra em função do tempo. Este sinal decai exponencialmente e contém informações de todas as freqüências incluídas no espectro de varredura de

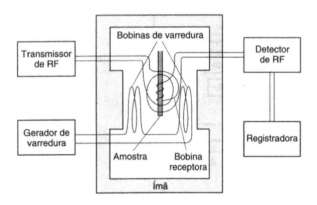

Fig. 14.5 Componentes importantes de uma RMN de onda contínua

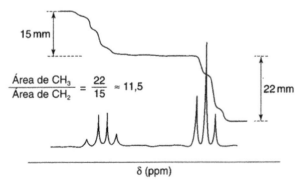

Fig. 14.6 Espectro de absorção e integração do bromo-etano

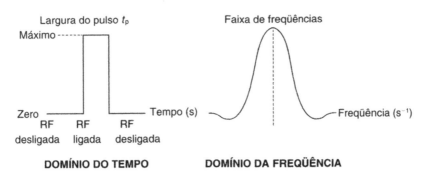

Fig. 14.7 Espectro de freqüências produzido por um pulso curto de radiação monocromática (reproduzido, com permissão, de W. Kemp, 1986, *NMR in chemistry: a multinuclear introduction*, Macmillan, Basingstoke)

freqüências. As freqüências, porém, chegam todas ao mesmo tempo no detector e produzem um sinal complexo de interferências que tem de ser analisado e separado nas freqüências componentes. O método usado é chamado de **transformadas de Fourier** (Fig. 14.8) e será discutido com mais detalhes na Seção 18.5. O procedimento matemático completo está fora do escopo deste livro.

O pulso e a detecção subseqüente do sinal de decaimento da indução livre (FID) levam menos de um segundo e, havendo uma interface e um computador para registrar o sinal, o procedimento pode ser repetido muitas vezes e os FID adicionados para dar uma melhor razão sinal/ruído. O espaçamento entre pulsos sucessivos de radiofreqüência depende do maior tempo de relaxação dentre os dos núcleos que estão sendo irradiados e pode variar de alguns segundos a vários minutos. A espectroscopia de RMN pulsada com transformada de Fourier tem várias vantagens sobre o método contínuo descrito na Seção 14.5.1. A intensidade do sinal e a sensibilidade dependem de muitas variáveis, inclusive a quantidade de núcleos magnéticos na amostra. Na espectroscopia de RMN de hidrogênio, o sinal é intrinsecamente intenso e o núcleo ^{1}H tem abundância isotópica de quase 100%, logo os espectros podem ser obtidos facilmente, a menos que a quantidade da amostra seja muito pequena ou o composto de interesse muito pouco solúvel. Os espectros de RMN de hidrogênio dos compostos orgânicos típicos podem ser obtidos em menos de um minuto. No caso de núcleos menos abundantes, como ^{13}C, a sensibilidade é baixa e os espectros só podem ser obtidos se muitos espectros forem feitos e somados. Um espectro típico de ^{13}C pode levar de vários minutos a muitas horas, dependendo do número de varreduras feitas e dos tempos de relaxação dos grupos funcionais presentes que contêm carbono.

14.6 Preparação das amostras

Veremos nesta seção apenas a preparação de amostras líquidas ou em solução. Embora importantes, os estudos de RMN de amostras sólidas ou em fase gasosa fogem ao escopo deste livro. Os líquidos podem ser estudados como líquidos puros ou, mais comumente, em solução. Os líquidos puros viscosos têm sinais largos. Os sólidos devem ser dissolvidos em um solvente apropriado. Os solventes usados em RMN não devem ter átomos de hidrogênio, logo solventes deuterados ou que não têm hidrogênio como o tetracloreto de carbono são geralmente preferidos. Os solventes deuterados à venda no comércio têm pureza isotópica de pelo menos 98%. A Tabela 14.2 lista alguns solventes de RMN típicos, juntamente com as posições dos hidrogênios residuais. O clorofórmio-d_1 é o mais versátil deles e, por isso, é também o mais usado. A natureza do solvente pode afetar o espectro do soluto.

Dois fatores importantes que dependem da concentração são a formação de **ligações hidrogênio** e a **troca de prótons**. Os deslocamentos químicos de hidrogênios em ligação hidrogênio, como O—H ou N—H em álcoois ou aminas, podem variar bastante (4 a 5 ppm) com a concentração. Átomos de hidrogênio lábeis, isto é, ligados a átomos eletronegativos, podem ser trocados uns com os outros. Como o solvente geralmente está em excesso, se ele contém um átomo de deutério lábil, ocorre troca de hidrogênio por deutério. Esta troca de átomos entre a amostra e o solvente pode ser usada para identificar os hidrogênios lábeis da amostra. Obtém-se, para isso, o espectro em $CDCl_3$ e depois adiciona-se uma gota de D_2O, com agitação. Os hidrogênios lábeis são substituídos por deutério e seu sinal no RMN desaparece. Observa-se, todavia, um pequeno sinal devido a HOD.

A concentração da amostra deve ser suficiente para dar uma relação sinal/ruído adequada ao experimento. São comuns concentrações entre 1 e 10% (peso/volume) e volume de amostra da ordem de 0,5 ml. Embora os espectrômetros com transformadas de Fourier possam lidar com amostras muito menores, o tempo necessário para obter o espectro aumenta, o que faz com que sejam preferidas amostras maiores e mais concentradas. No caso da espectroscopia de ^{13}C-RMN, tubos de 10 mm de diâmetro são usados freqüentemente. Se a dissolução da amostra não for

Tabela 14.2 *Solventes comuns em espectroscopia de RMN*

Solvente	δ aproximado do solvente não deuterado (^{1}H) como contaminante	Ponto de ebulição (°C)	Ponto de cristalização (°C)
Ácido acético-d_4	2, 13	118	16,6
Acetona-d_6	2	56	−95
Acetonitrila-d_3	2	83	−44
Benzeno-d_6	7,3	80	5,5
Tetracloro-metano	—	77	−23
Clorofórmio-d_1	7,3	61	−63
Óxido de deutério	4,7 a 5	101,5	3,8
Dimetilsulfóxido-d_6	2	189	18
Metanol-d_4	3,4	65	−98

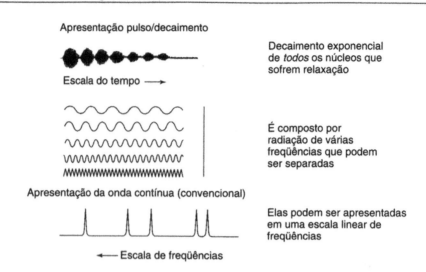

Fig. 14.8 Decaimento de indução livre e sua transformada de Fourier para o domínio de freqüências (reproduzido, com permissão, de W. Kemp, 1986, *NMR in chemistry: a multinuclear introduction*, Macmillan, Basingstoke)

completa é necessário remover o sólido excedente por filtração antes de obter o espectro.

Determinações experimentais

Segurança. Antes de fazer qualquer experimento desta seção preste muita atenção aos avisos de segurança. Tenha sempre em mente as regras de segurança de laboratório.

14.7 Conteúdo de etanol em bebidas alcoólicas

Discussão Na Inglaterra, as bebidas alcoólicas devem conter pelo menos 40% de etanol. O outro componente importante é a água. O espectro de RMN de hidrogênio desta mistura (Fig. 14.9) mostra apenas o sinal de hidrogênio da hidroxila em $\delta = 5,0$ ppm, aproximadamente, e os hidrogênios do etanol em 3,8 ppm (CH_2) e 1,2 ppm (CH_3). Observe que o sinal em 1,2 ppm do grupo CH_3 é um triplete, devido ao acoplamento com os dois hidrogênios do grupo CH_2, e o sinal em 3,8 ppm do grupo CH_2 é um quarteto, devido ao acoplamento com os três hidrogênios do grupo CH_3. Os demais componentes das bebidas alcoólicas estão em concentração tão baixa que não são observados no espectro. É possível calcular a razão entre os sinais integrados de CH_3/OH e CH_2/OH porém o resultado não corresponde à razão etanol/água porque os sinais vêm de grupos associados a números diferentes de hidrogênios. Além disso, o sinal em 5,0 tem a contribuição de dois hidrogênios da água e um hidrogênio do grupo OH do etanol. Entretanto, pode-se usar a integração dos sinais de CH_2 e CH_3, com dois e três hidrogênios, respectivamente, para calcular a integração de um único hidrogênio da hidroxila do etanol e subtrair este valor do total da integração do sinal em 5,0 ppm para obter o valor da integração de H_2O.

Método Misture uma amostra da bebida com $CDCl_3$ para obter uma solução de aproximadamente 10% e adicione uma gota do padrão tetrametil-silano. Obtenha o espectro e integre os três sinais em 1,2, 3,8 e 5,0 ppm. Repita a integração várias vezes e faça a média para cada sinal.

Cálculo Seja o valor da integração dos sinais em 1,2 ppm (devida ao CH_3) igual a x mm, o valor da integração em 3,8 ppm (devido ao CH_2), y mm e o valor da integração em 5,0 ppm (devido ao OH do etanol e de H_2O), z mm.

Para o grupo CH_3, o valor da integração para um hidrogênio é $x/3$

Para o grupo CH_2, o valor da integração para um hidrogênio é $y/2$ ou $x/3$

Assim, o valor da integração que corresponde ao grupo hidroxila do etanol é $y/2$ e o da integração que corresponde à água é $(z - y/2)$.

A razão $H_2O:CH_3CH_2OH$ é $(z - y/2):y$, porque H_2O e CH_2 contêm dois hidrogênios cada. Esta expressão ainda não dá a composição percentual correta porque os dois componentes, água e etanol, têm massas moleculares relativas (RMM) e densidades diferentes.

RMM (água) = 18 densidade = $1,00$ g ml^{-1}

RMM (etanol) = 46 densidade ≐ $0,96$ g ml^{-1}

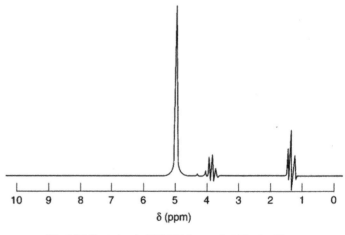

Fig. 14.9 Espectro de ^{1}H-RMN de uma bebida alcoólica

Então,

$$\frac{\text{massa de água}}{\text{massa de etanol}} = \frac{[(z - y/2) \times 18]/1}{(y \times 46)/0,96}$$

e

$$\% \text{ etanol} = \frac{46y/0,96}{(46y/0,96) \times 18(z - y/2)} \times 100$$

14.8 Conteúdo de etanol em uma cerveja pelo método da adição direta

Discussão Vimos na Seção 14.7 que o conteúdo de etanol das bebidas alcoólicas está em cerca de 40% e que é possível medir a integração de sinais razoavelmente intensos para o etanol e para a água. No caso das cervejas, a concentração de etanol é baixa (cerca de 4%) e as medidas têm de ser feitas com muito cuidado para evitar os problemas da baixa relação sinal/ruído que ocorrem quando se compara um sinal intenso (devido à água) com um sinal muito fraco (devido ao etanol). Uma das maneiras de resolver o problema é usar o método da adição padrão e adicionar pequenas quantidades conhecidas de etanol à amostra.

Método Transfira com uma pipeta exatamente 0,5 ml da cerveja para cinco frascos aferidos de 1 ml. Adicione aos frascos 0,0, 10,0, 20,0, 50,0 e 100,0 mg de etanol puro e complete o volume com água destilada. Obtenha o espectro de RMN de hidrogênio de cada amostra e integre o pico de CH_3 em 1,2 ppm. O gráfico do valor da integração *versus* a massa do etanol deve ser uma linha reta. Extrapole a reta até o eixo do etanol. Esta é a quantidade de etanol (mg) na amostra de cerveja diluída. Como o fator de diluição foi 2, o conteúdo de álcool da amostra original é o dobro do valor encontrado no gráfico. Esta é a massa de etanol em 0,5 ml da cerveja e, se considerarmos a densidade da cerveja como sendo 1 $g \cdot ml^{-1}$, a percentagem de etanol na cerveja pode ser calculada.

14.9 Aspirina, fenacetina e cafeína em uma pastilha de analgésico

Discussão Algumas preparações analgésicas contêm uma mistura de aspirina [14.C], fenacetina [14.D] e cafeína [14.E]. Os três componentes podem ser analisados facilmente por espectroscopia de ^{1}H-RMN.

[14.C]

[14.D]

[14.E]

Método Pulverize em graal um tablete do analgésico até pó fino. Pese com exatidão cerca de 60 mg do pó em um tubo de RMN e use uma micropipeta para adicionar exatamente 0,500 ml de $CDCl_3$. Tampe o tubo que contém a amostra, agite e aqueça gentilmente até dissolver os três componentes. Materiais como amido e lactose, usados nas pastilhas, não se dissolvem e não interferem com a análise. Adicione uma gota de TMS ao conteúdo do tubo. Obtenha o espectro e integre os sinais várias vezes. Tome a média dos valores de integração. Obtenha o espectro de uma amostra com 50 $mg \cdot ml^{-1}$ de cafeína pura e integre o sinal em 4,0 ppm. O pico agudo em 2,3 ppm pode ser usado para a análise da aspirina, o quarteto em cerca de 4,0 ppm, para a fenacetina e os sinais em 3,4 e 3,6 ppm, para a cafeína. Observe que o quarteto em 4,0 ppm da fenacetina inclui uma contribuição da cafeína que deve ser descontada.

Cálculo A é o valor da integração do quarteto da fenacetina em 4,0 ppm, B é o valor da integral dos dois sinais em 3,4 e 3,6 ppm da cafeína e C é o valor da integral do sinal em 2,3 da aspirina. MM_{asp} é a massa molecular relativa da aspirina, MM_{fen}, da fenacetina, e MM_{caf}, da cafeína. I_{caf} é o valor da integração do sinal em 4,0 ppm obtido no espectro da cafeína pura. O número de miligramas de cada componente por miligrama de amostra pode ser calculado pelas equações

Aspirina
$$\frac{\text{mg aspirina}}{\text{mg amostra}} = \left(\frac{C}{I_{caf}}\right)\left(\frac{MM_{asp}}{MM_{caf}}\right)\left(\frac{\text{mg cafeína}}{\text{mg solvente}}\right)_{PADRÃO}$$
$$\times \left(\frac{0,500 \text{ ml}}{\text{mg amostra}}\right)$$

Fenacetina
$$\frac{\text{mg fenacetina}}{\text{mg amostra}} = \frac{A - \frac{1}{2}(B - 0,0055C)}{I_{caf}}\frac{3}{2}\left(\frac{MM_{fen}}{MM_{caf}}\right)$$
$$\times \left(\frac{\text{mg cafeína}}{\text{mg solvente}}\right)_{PADRÃO}\left(\frac{0,500 \text{ ml}}{\text{mg amostra}}\right)$$

Cafeína
$$\frac{\text{mg cafeína}}{\text{mg amostra}} = \frac{\frac{1}{2}(B - 0,0055C)}{I_{caf}}\left(\frac{\text{mg cafeína}}{\text{mg solvente}}\right)_{PADRÃO}$$
$$\times \left(\frac{0,500 \text{ ml}}{\text{mg amostra}}\right)$$

Nota O termo $0,0055C$ é a correção para a banda lateral de ^{13}C do sinal de aspirina que se superpõe ao sinal de cafeína em 3,4 ppm.

14.10 Tautomeria ceto-enólica em pentano-2,4-diona (acetil-acetona)

Discussão A tautomeria ceto-enólica é particularmente pronunciada no caso de β-dicarbonilas. Quando o tempo de troca no equilíbrio ceto-enol é lento em comparação com a escala de tempo do RMN ($\sim 10^{-3}$ s), pode-se observar os sinais correspondentes a cada componente e a integração dos sinais, devidamente corrigidos para o número de hidrogênios equivalentes de cada grupo, pode ser usada para determinar as proporções relativas.

$$CH_3-\underset{\underset{\text{ceto}}{\overset{\parallel}{O}}}{C}-CH_2-\underset{\overset{\parallel}{O}}{C}-CH_3 \rightleftharpoons CH_3-\underset{\underset{\text{enol}}{\overset{|}{OH}}}{C}=CH-\underset{\overset{\parallel}{O}}{C}-CH_3$$

Método Misture pentano-2,4-diona com $CDCl_3$ de modo a obter uma solução de fração molar de analito aproximadamente 0,2. Adicione uma gota de TMS à solução e meça o espectro de RMN. Integre os sinais em $\sim$1,95 ppm dos grupos metila da forma enol (E), e em 2,15 ppm dos grupos metila na forma ceto (K). Obtém-se

$$\text{percentagem na forma enol} = \frac{E}{(E + K)} \times 100$$

14.11 Referências

1. C N Banwell and E M McCash 1994 *Fundamentals of molecular spectroscopy*, 4th edn, McGraw-Hill, Maidenhead
2. W Kemp 1996 *NMR in chemistry: a multinuclear introduction*, Macmillan, Basingstoke
3. D A R Williams 1986 *Nuclear magnetic resonance spectroscopy*, ACOL–Wiley, Chichester
4. D P Hollis 1963 *Anal. Chem.*, **35**; 1682

14.12 Bibliografia

J W Akitt 1983 *NMR and chemistry: an introduction to NMR spectroscopy*, 2nd edn, Chapman and Hall

L D Field and S Sternhell (eds) 1989 *Analytical NMR*, John Wiley, Chichester

R K Harris 1986 *Nuclear magnetic resonance: a physiochemical review*, 2nd edn, Longman, Harlow

D E Leyden and R H Cox 1997 *Analytical applications of NMR*, John Wiley, Chichester

15

Espectroscopia de absorção atômica

15.1 Introdução

Quando uma solução que contém íons de um metal é introduzida em uma chama (de acetileno e ar, por exemplo) forma-se um vapor rico em átomos do metal. Alguns dos átomos do metal na fase gasosa podem ser levados a um nível de energia suficientemente alto para permitir a emissão da radiação característica do metal. É o caso da cor amarela característica da chama comum na presença de sais de sódio. Este fenômeno é a base da **espectroscopia de emissão de chama (FES)**, antigamente conhecida como **fotometria de chama** (Cap. 16).

Entretanto, um número muito maior de átomos do metal na fase gasosa não sofre excitação, ou seja, permanece no estado fundamental. Estes átomos são capazes de absorver energia radiante em um determinado comprimento de onda de ressonância, que é, em geral, o comprimento de onda da radiação que os átomos emitiriam se fossem excitados a partir do estado fundamental. Assim, se fizermos uma luz de comprimento de onda de ressonância igual à daqueles átomos passar por uma chama que contém os átomos em questão, parte da luz será absorvida. A quantidade de luz absorvida é proporcional ao número de átomos que estão no estado fundamental presentes na chama. Este é o princípio básico da **espectroscopia de absorção atômica (AAS)**. Outra técnica assemelhada, **a espectroscopia de fluorescência atômica (AFS)**, baseia-se na reemissão da energia absorvida pelos átomos livres.

O processo de produção dos átomos de metal na chama pode ser descrito como a seguir. Quando uma solução que contém um composto adequado do metal a ser investigado é introduzida em uma chama, os seguintes fenômenos ocorrem em rápida sucessão:

1. A evaporação do solvente deixa um resíduo sólido.
2. A vaporização do sólido provoca a dissociação em átomos inicialmente no estado fundamental.
3. A excitação de alguns átomos pela energia térmica da chama até níveis de energia mais elevados permite a emissão de energia radiante. Os átomos excitados voltam ao estado fundamental.

O espectro de emissão resultante consiste em raias oriundas dos átomos excitados ou de íons. A Fig. 15.1 representa de forma conveniente estes processos.

15.2 Teoria elementar

No diagrama simplificado de níveis de energia da Fig. 15.2, E_0 representa o estado fundamental, no qual os elétrons de um dado átomo estão no nível mais baixo de energia, e E_1, E_2, E_3 etc. representam os níveis de energia mais elevados ou excitados. As transições entre dois níveis de energia, por exemplo de E_0 a E_1, correspondem à absorção de energia radiante. A quantidade de energia absorvida, ΔE, é determinada pela equação de Bohr:

$$\Delta E = E_1 - E_0 = h\nu = hc/\lambda$$

onde c é a velocidade da luz, h, a constante de Planck, ν, a freqüência, e λ, o comprimento de onda da radiação absorvida. A transição de E_1 a E_0 corresponde à **emissão** de radiação de freqüência ν.

Como um átomo de um determinado elemento químico dá origem a um espectro de raias definido e característico, segue-se que diferentes estados de excitação estão associados a diferentes elementos. Os espectros de emissão observados não envolvem apenas transições de estados excitados para o estado fundamental, por exemplo, de E_3 a E_0, de E_2 a E_0 (indicadas na Fig. 15.2 pelas linhas cheias), mas também transições, por exemplo, de E_3 a E_2, de E_3 a E_1 (indicadas pelas linhas tracejadas). Isto significa que o espectro de emissão de um dado elemento pode ser bastante complexo. A princípio, também é possível a absorção de radiação por átomos já excitados, por exemplo, de E_1 a E_2 ou de E_2 a E_3, mas, na prática, a razão entre o número de átomos excitados e os que estão no estado fundamental é muito baixa e, por isso, o espectro de absorção de um dado elemento é normalmente associado apenas às transições que envolvem o estado fundamental. Os espectros de absorção, portanto, são muito mais simples do que os espectros de emissão.

A relação entre a população do estado fundamental e a dos estados excitados é dada pela equação de Boltzmann:

$$N_1/N_0 = (g_1/g_0)e^{-\Delta E/kT}$$

onde
N_1 = número de átomos no estado excitado
N_0 = número de átomos no estado fundamental
g_1/g_0 = razão estatística ponderada para os estados fundamental e excitado
ΔE = energia de excitação = $h\nu$
k = constante de Boltzmann
T = temperatura em kelvins

Espectroscopia de Absorção Atômica

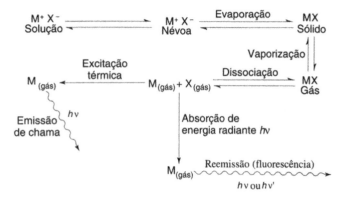

Fig. 15.1 Átomos excitados ou íons produzidos em um espectro de emissão

Observe que a razão N_1/N_0 depende da energia de excitação, ΔE, e da temperatura, T. O aumento da temperatura e o decréscimo de ΔE (isto é, transições que ocorrem em comprimentos de onda mais elevados) aumentam a razão N_1/N_0.

Os cálculos mostram que apenas uma pequena fração dos átomos é excitada, mesmo sob as condições mais favoráveis, isto é, quando a temperatura é elevada e a energia de excitação, baixa. A Tabela 15.1 ilustra este fato para o caso de algumas raias de ressonância típicas.

Como os espectros de absorção da maior parte dos elementos são mais simples do que os respectivos espectros de emissão, a espectroscopia de absorção atômica está menos sujeita a interferências entre elementos do que a espectroscopia de emissão de chama. Além disso, em vista da elevada proporção de átomos no estado fundamental em relação aos excitados, é de se esperar que a espectroscopia de absorção atômica seja mais sensível do que a espectroscopia de emissão de chama. O comprimento de onda da raia de ressonância, entretanto, é, neste caso, um fator crítico e, na espectroscopia de emissão de chama, os elementos cujas raias de ressonância estão associadas a valores relativamente baixos de energia são mais sensíveis do que aqueles cujas raias de ressonância estão associadas a valores de energia mais elevados. Assim, o sódio, cuja raia de emissão está em 589,0 nm, é muito sensível na espectroscopia de emissão de chama. Já o zinco, cuja raia de emissão está em 213,9 nm, é relativamente insensível.

A absorção integrada é dada por

$$K d\nu = f N_0 (\pi e^2 / mc)$$

onde
K = coeficiente de absorção na freqüência ν
e = carga do elétron
m = massa de um elétron
c = velocidade da luz

f = força de oscilador da raia que absorve
N_0 = número de átomos de metal por mililitro que podem absorver a radiação

A força do oscilador f da raia de absorção é inversamente proporcional ao tempo de vida do estado excitado. Nesta expressão, a única variável é N_0 e ela comanda a intensidade da absorção. Em outras palavras, o coeficiente de absorção integrado é diretamente proporcional à concentração da espécie que absorve.

Era de se esperar que a medida do coeficiente de absorção integrado fosse ideal para a análise quantitativa. Na prática, contudo, a medida absoluta dos coeficientes de absorção das raias espectrais atômicas é muito difícil. A largura natural da raia de uma raia espectral atômica é da ordem de 10^{-5} nm, mas devido à influência dos efeitos Doppler e de pressão, a raia se alarga até 0,002 nm na temperatura usual da chama, entre 2000 e 3000 K. A medida acurada do coeficiente de absorção de uma raia com esta largura exigiria um espectrômetro com poder de resolução de 500000. Esta dificuldade foi superada por Walsh [1], que usou uma fonte que emitia raias muito estreitas, com largura à meia altura muito menor do que a das raias de absorção, cujas freqüências de radiação estavam centradas nas freqüências de absorção. Deste modo, o coeficiente de absorção no centro da raia, $K_{máx}$, pode ser medido. Admitindo-se que o perfil da raia de absorção depende apenas do alargamento Doppler, existe uma relação entre $K_{máx}$ e N_0. Assim, o único requisito do espectrômetro é que ele seja capaz de isolar a raia de ressonância desejada de todas as demais emitidas pela fonte.

Observe que na espectroscopia de absorção atômica, como ocorre na absorção molecular, a absorbância A é dada pela razão logarítmica entre a intensidade da luz incidente, I_0, e a da luz transmitida, I_t, isto é,

$$A = \log I_0 / I_t = K L N_0$$

onde
N_0 = concentração de átomos na chama (número de átomos por mililitro)
L = passo ótico na chama (cm)
K = constante relacionada ao coeficiente de absorção

Para pequenos valores de absorbância, esta equação é linear.

Na espectroscopia de emissão de chama, a resposta do detector, E, é dada pela expressão

$$E = k \alpha c$$

onde
k = constante que contém vários fatores, incluindo a eficiência de atomização e a auto-absorção
α = eficiência da excitação atômica
c = concentração da solução-teste

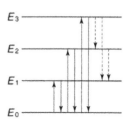

Fig. 15.2 Diagrama simplificado de níveis de energia

Tabela 15.1 *Variação da excitação atômica com o comprimento de onda e a temperatura*

Elemento	Comprimento de onda (nm)	N_1/N_0 2000 K	4000 K
Na	589,0	$9,86 \times 10^{-6}$	$4,44 \times 10^{-3}$
Ca	422,7	$1,21 \times 10^{-7}$	$6,03 \times 10^{-4}$
Zn	213,9	$7,31 \times 10^{-15}$	$1,48 \times 10^{-7}$

Segue-se que qualquer método elétrico para aumentar E, por exemplo, o aumento da amplificação, torna a técnica mais sensível.

A equação básica da fluorescência atômica é

$$F = QI_0kc$$

onde
Q = eficiência quântica do processo de fluorescência atômica
I_0 = intensidade da radiação incidente
k = constante governada pela eficiência do processo de atomização
c = concentração do elemento de interesse na solução-teste

Quanto mais potente for a fonte de radiação, maior será a sensibilidade desta técnica.

Em resumo, tanto na espectroscopia de absorção atômica como na espectroscopia de fluorescência atômica, os fatores que favorecem a produção de átomos em fase gasosa no estado fundamental determinam o sucesso dessas técnicas. Na espectroscopia de emissão de chama existe um fator adicional: a produção de átomos excitados na fase gasosa. Observe que a conversão do sólido original, MX, em átomos metálicos na fase gasosa ($M_{gás}$) é governada por uma série de fatores, incluindo a velocidade de vaporização e a composição e temperatura da chama. Além disso, se MX for substituído por outro sólido, MY, a formação de $M_{gás}$ pode ocorrer de maneira e eficiência diferentes das observadas para MX.

15.3 Instrumentação

Os três procedimentos espectrofotométricos exigem no mínimo a seguinte aparelhagem:

Nebulizador/queimador A espectroscopia de emissão de chama exige um sistema nebulizador/queimador que produz átomos metálicos em fase gasosa por meio de uma chama de combustão adequada, uma mistura de um gás combustível e um gás oxidante. Nas chamadas células sem chama, o queimador não é necessário.
Espectrofotômetro O sistema do espectrofotômetro deve incluir um sistema óptico adequado, um detector fotossensível e um dispositivo apropriado para a leitura da resposta do detector.
Fonte de raias de ressonância Tanto a espectroscopia de absorção atômica como a espectroscopia de fluorescência atômica exigem uma fonte de raias de ressonância para cada elemento a ser determinado. Estas fontes de raias são normalmente moduladas (Seção 15.10).

A Fig. 15.3 mostra um diagrama esquemático destes componentes essenciais. Os que estão dentro do retângulo tracejado representam os componentes necessários para a espectroscopia de emissão de chama. Para a espectroscopia de absorção atômica e a espectroscopia de fluorescência atômica, existe a exigência adicional de uma fonte de raias de ressonância. Na espectroscopia de absorção atômica, esta fonte é colocada em linha com o detector, mas, na espectroscopia de fluorescência atômica, a fonte é colocada perpendicularmente ao detector, como no diagrama. O Cap. 16 dá mais detalhes da aparelhagem da espectrofotometria de chama.

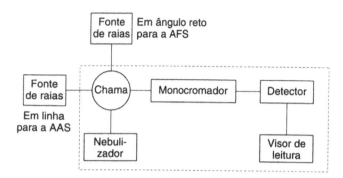

Fig. 15.3 Um espectrofotômetro de chama tem três componentes essenciais: o nebulizador, o espectrofotômetro e a fonte de raias de ressonância

15.4 Chamas

Um requisito essencial da espectroscopia de chama é a temperatura da chama, que deve superar 2000 K. Na maior parte dos casos, isto só pode ser obtido queimando-se um gás combustível juntamente com um gás oxidante, normalmente ar, óxido nitroso ou oxigênio diluído com nitrogênio ou argônio. A Tabela 15.2 dá as temperaturas atingidas pelos gases combustíveis comuns quando queimam com ar ou óxido nitroso. As vazões dos gases combustível e oxidante devem ser conhecidas. Em alguns casos, as chamas devem ser mais ricas em gás combustível e, em outros, elas devem ser mais pobres neste gás. Discutiremos estas exigências na Seção 15.20. A concentração dos átomos em fase gasosa na chama, no estado fundamental e no estado excitado, pode ser influenciada por dois fatores:

Composição da chama A mistura acetileno/ar é adequada para a determinação de cerca de 30 metais, porém prefere-se a mistura propano/ar para os metais que se convertem facilmente ao estado de vapor atômico. No caso de metais como o alumínio e o titânio, que formam óxidos refratários, é essencial usar chamas de temperatura mais elevada como a da mistura acetileno/óxido nitroso. A sensibilidade é maior se a chama for enriquecida com o gás combustível.
Posição da chama Em alguns casos, a concentração dos átomos pode variar muito se a chama sair do centro do feixe óptico, tanto vertical como lateralmente. Rann e Hambly [2] mostraram que no caso de certos metais (cálcio e molibdênio, por exemplo) a região de absorção máxima está restrita a áreas bem específicas da chama, enquanto no caso da prata, a posição na chama não altera significativamente a absorção, que também não é afetada pela razão gás combustível/gás oxidante. Por

Tabela 15.2 *Temperaturas de chama com diversos combustíveis*

Gás combustível	Temperatura (K)	
	Ar	Óxido nitroso
Acetileno	2400	3200
Hidrogênio	2300	2900
Propano	2200	3000

uma questão de brevidade, não vamos discutir as chamadas técnicas de chama fria, baseadas no uso de chamas pobres em gás oxidante, como as de hidrogênio/nitrogênio–ar.

15.5 Sistema nebulizador–queimador

O propósito do sistema nebulizador–queimador é converter a solução-teste em átomos gasosos (Fig. 15.2) e o sucesso dos métodos fotométricos de chama depende de seu correto funcionamento. A Seção 16.3 descreve o queimador de um fotômetro de chama. A função do nebulizador é produzir uma névoa ou aerossol da solução-teste. A solução é aspirada por um tubo capilar pelo efeito de *venturi* provocado por um jato de ar que flui perpendicularmente ao topo do capilar. É necessário usar um fluxo de gás em alta pressão para produzir um aerossol fino. O tipo principal de queimador usado na absorção atômica de chama é o **queimador de mistura prévia** ou **queimador de fluxo laminar**.

Neste tipo de queimador, o aerossol é produzido em uma câmara de vaporização na qual as gotas maiores do líquido são removidas da corrente de gás e rejeitadas. A névoa produzida é misturada com o gás combustível e o gás de arrasto (oxidante), e flui para a cabeça do queimador. Na espectroscopia de absorção atômica, o queimador é um tubo longo horizontal com uma fenda estreita ao longo do comprimento. Isto produz uma chama delgada e extensa que pode ser colocada no feixe de energia radiante ou removida quando necessário. A extensão da chama de um queimador de ar–acetileno, ar–propano ou ar–hidrogênio é da ordem de 10 a 12 cm. No caso do queimador que usa a mistura acetileno–óxido nitroso, o comprimento reduz-se a cerca de 5 cm devido à maior velocidade de combustão desta mistura gasosa. Além da maior trajetória da luz, este tipo de queimador tem a vantagem da operação estável com pouco risco de incrustações em torno da cabeça do queimador, porque as gotas maiores da solução foram previamente eliminadas da mistura que chega ao queimador. Uma desvantagem é que, no caso de soluções feitas com misturas de solventes, os solventes mais voláteis são evaporados preferencialmente. Outra desvantagem é que existe o perigo de explosão porque o queimador utiliza volumes relativamente grandes de gás. Nos instrumentos modernos, entretanto, este perigo foi diminuído.

A Fig. 15.4 mostra um esquema de um queimador deste tipo. Neste queimador em particular (Perkin-Elmer Corp.), a câmara de mistura é de aço revestido internamente com um plástico (Penton) extremamente resistente à corrosão. A cabeça do queimador é feita de titânio, evitando assim as leituras elevadas ocasionalmente encontradas quando as soluções-teste são ácidas, contêm ferro e cobre, e se usam queimadores cuja cabeça é de aço inoxidável. O nebulizador pode ser ajustado para lidar com vazões de amostra da ordem de 1 a 5 ml·min^{-1}. O queimador pode ser ajustado nas três direções e as escalas, vertical e horizontal, permitem o registro de sua posição. A cabeça pode girar em um ângulo de 90° em relação ao feixe de luz, o que permite variação considerável da trajetória da raia de ressonância na chama. A escolha de uma trajetória pequena torna possível a análise de soluções relativamente concentradas, sem necessidade de diluição prévia.

Thomerson e Thompson [3] citaram as seguintes desvantagens dos procedimentos de atomização de chama:

1. Apenas 5 a 15% da amostra nebulizada atinge a chama (no caso do queimador de mistura prévia), ocorrendo, ainda, diluição posterior pelos gases combustível e oxidante, o que reduz muito a concentração do analito na chama.
2. É necessário usar um volume mínimo de 0,5 a 1,0 ml de amostra para que a leitura seja confiável quando se usa aspiração para o sistema de queima.
3. As amostras viscosas (óleos, sangue e plasma sangüíneo, por exemplo) devem ser diluídas com um solvente ou, alternativamente, mineralizadas por via úmida antes da nebulização.

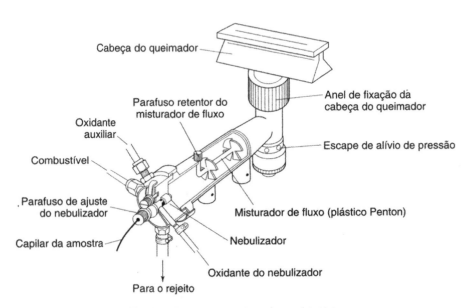

Fig. 15.4 Um queimador de mistura prévia típico

15.6 Técnica do forno de grafite

Em vez da temperatura alta de uma chama para produzir os átomos da amostra, pode-se usar, às vezes, métodos sem chama que envolvem tubos ou bastões de grafite eletricamente aquecidos. É a espectroscopia de absorção atômica em forno de grafite (GFAAS).

O forno tubular de grafite

A Fig. 15.5 mostra o esquema de um forno tubular de grafite. Um cilindro de grafite, oco, com cerca de 50 mm de comprimento e 9 mm de diâmetro interno é colocado de modo que o feixe de radiação passe ao longo do eixo do cilindro. O tubo de grafite é rodeado por uma camisa de metal pela qual circula água. A camisa é separada do tubo de grafite por uma câmara de gás, pela qual circula um gás inerte, normalmente argônio, que entra no tubo de grafite por aberturas da parede do cilindro.

A solução da amostra (1 a 100 μl) é introduzida no forno colocando-se a ponta de uma micropipeta em uma abertura existente na camisa externa e um orifício no meio do tubo de grafite. Uma corrente elétrica aquece o cilindro de grafite até uma temperatura elevada o suficiente para evaporar o solvente da solução. A corrente aumenta a seguir, elevando a temperatura até cerca de 3000 K e transformando, inicialmente, a amostra em cinza e posteriormente em vapor, com produção de átomos de metal. Para que os resultados sejam reprodutíveis, as temperaturas e os tempos de secagem, pirólise e atomização devem ser cuidadosamente selecionados de acordo com o metal a ser determinado. Os sinais de absorção produzidos por este método podem durar vários segundos e podem ser registrados graficamente num papel. Cada tubo de grafite pode ser usado para 100 a 200 análises, dependendo da natureza do material a ser determinado.

As principais vantagens são:

(a) Podem ser usadas amostras muito pequenas (até 0,5 μl).
(b) É comum não ser necessário preparar a amostra ou, então, basta apenas um procedimento simples. Algumas amostras sólidas dispensam dissolução prévia.

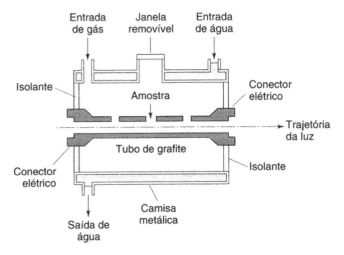

Fig. 15.5 Forno de tubo de grafite

(c) Ampliação da sensibilidade: pode haver aumento da ordem de centenas ou de milhares de vezes no limite de detecção na AAS de forno de grafite em comparação com a AAS de chama.

As desvantagens são:

(a) Os efeitos de absorção do ruído de fundo são normalmente mais sérios (Seção 15.13).
(b) O analito pode ser perdido na etapa de pirólise, especialmente na forma de substâncias voláteis, como compostos de arsênio, selênio, telúrio e mercúrio, por exemplo.
(c) A amostra pode não ser atomizada completamente, o que pode produzir "efeitos de memória" no forno.
(d) A precisão é mais baixa do que nos métodos de chama. A introdução dos fornos providos de auto-amostradores, entretanto, melhorou a precisão da AAS com forno de grafite.

Devido a estas desvantagens, a espectroscopia de absorção atômica de forno de grafite (GFAAS) ganhou a reputação de ser uma técnica difícil. Os principais problemas que ocorrem são devidos a interferências e aos níveis elevados de ruído de fundo.

Os instrumentos modernos como, por exemplo, o analisador eletrotérmico modelo GF90, comercializado pela Thermo-Unicam, Cambridge, Inglaterra, têm algumas características que permitem ao analista reduzir os erros comumente encontrados nesta técnica. Assim, por exemplo, fornos que contêm um auto-amostrador são agora considerados obrigatórios em GFAAS. As características de um moderno auto-amostrador incluem a modificação automática da matriz (ver adiante), a preparação automática das amostras, a reconcentração ou a diluição de amostras e a auto-recalibração.

A natureza e o desenho das cubetas de grafite é de grande importância em GFAAS. Existem vários tipos de cubetas de grafite disponíveis no mercado. A cubeta mais comum, feita a partir de grafite eletrolítico, é adequada para a determinação de elementos voláteis como chumbo e cádmio. Elementos que formam carbetos estáveis como, por exemplo, vanádio e tungstênio, e elementos de média volatilidade como, por exemplo, níquel e cromo, exigem um forno coberto por uma camada de grafite pirolítico. Cubetas de vida útil mais longa podem suportar taxas de aquecimento mais rápidas e duram mais do que as cubetas de grafite eletrolítico. Estas cubetas são usadas na determinação de elementos refratários.

Quando ocorre a volatilização da amostra nas paredes da cubeta, o vapor está em temperatura relativamente mais baixa do que a do forno e que muda rapidamente. Este processo, conhecido como **atomização não-isotérmica**, provoca a formação de moléculas do analito de preferência aos átomos constituintes. A redução da concentração de átomos pode ser observada pela depressão do sinal. Esta interferência pode ser eliminada atrasando-se a medida do sinal de absorção até que sejam atingidas as condições isotérmicas na **plataforma de atomização**. A plataforma é uma pequena peça de grafite localizada dentro da cubeta de grafite acima da amostra. A plataforma é aquecida principalmente por radiação das paredes da cubeta, logo, sua temperatura cai mais lentamente do que a temperatura da parede. A eventual vaporização e atomização da amostra acontece em temperaturas mais elevadas, com redução da formação de moléculas de analito.

Existem vários métodos para reduzir níveis inaceitavelmente elevados do ruído de fundo. Um deles é por diluição da amostra, outro é pela seleção de uma raia de ressonância de comprimento de onda mais longo. O uso de um **modificador de matriz**, entretanto, é o método mais usado para reduzir os efeitos do ruído de fundo. A modificação da matriz é feita por adição de um reagente à amostra que altera o comportamento da matriz ou do analito. Existem três razões principais para o uso de um modificador de matriz:

(a) Estabilizar o analito durante a etapa de mineralização.
(b) Converter a matriz interferente em um composto volátil que é removido durante a mineralização.
(c) Estabelecer condições isotérmicas no tubo de grafite, retardando a atomização do analito.

Recentemente, desenvolveu-se uma técnica denominada **atomização de sonda de grafite** [4]. A amostra é automaticamente injetada na sonda, dentro da cubeta de grafite, onde é seca e transformada em cinza. O espectrômetro é, então, automaticamente zerado, a sonda é removida da cubeta e o forno é aquecido até a temperatura pré-fixada de atomização. Quando a temperatura se estabiliza, a sonda é novamente colocada na cubeta, em temperatura constante. Este procedimento permite a atomização isotérmica e a medida analítica. O uso desta técnica reduz a necessidade da modificação da matriz e o melhor controle da contaminação da amostra.

É preciso tomar grande cuidado no preparo das amostras para GFAAS. Pode ocorrer contaminação proveniente da vidraria ou das pipetas aferidas. Todas as soluções devem ser preparadas para o uso no mesmo dia.

15.7 Técnica de vaporização a frio e geração de hidreto

A técnica de vaporização a frio limita-se estritamente à determinação de mercúrio [5], que no estado elementar tem pressão de vapor apreciável na temperatura normal, isto é, a quantidade de átomos na fase gás é suficiente e não há necessidade de tratamentos especiais. Como método para a determinação de mercúrio, o procedimento envolve a redução de um composto de mercúrio(II) com boro-hidreto de sódio ou, mais comumente, com cloreto de estanho(II), para formar mercúrio elementar:

$$Hg^{2+} + Sn^{2+} \rightleftharpoons Hg + Sn(IV)$$

A Fig. 15.6 mostra esquematicamente a aparelhagem apropriada. O vapor de mercúrio é removido do frasco de reação por uma corrente de argônio que borbulha na solução e passa pelo tubo de absorção.

O aparelho pode ser adaptado para os chamados **métodos de geração de hidreto** (são métodos que utilizam uma chama). Elementos como arsênio, antimônio e selênio são de análise difícil por AAS de chama devido à dificuldade de redução dos compostos destes elementos (especialmente os que estão nos estados de oxidação mais elevados) ao estado atômico gasoso.

Embora se possa aplicar os métodos eletrotérmicos de atomização à determinação de arsênio, antimônio e selê-

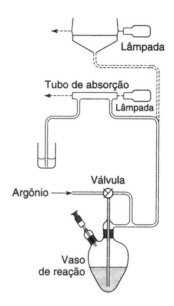

Fig. 15.6 Aparelhagem para a redução de compostos de mercúrio(II)

nio, prefere-se comumente a técnica da geração de hidretos. Os compostos destes três elementos podem ser convertidos a hidretos voláteis com boro-hidreto de sódio como agente redutor. O hidreto formado dissocia-se a um vapor atômico nas temperaturas relativamente moderadas da chama de ar–acetileno.

A seqüência de reações pode ser representada, no caso do arsênio, por

$$\underset{(solução)}{As(V)} \xrightarrow[{[H^+]}]{NaBH_4} AsH_3 \xrightarrow{calor\ da\ chama} As^0_{(gás)} + H_2$$

A aparelhagem adicional necessária está indicada na Fig. 15.6 pelas linhas tracejadas.

Observe que o método da geração de hidreto também pode ser aplicado à determinação de outros elementos que formam hidretos covalentes voláteis que se dissociam termicamente com facilidade. Por isso, o método da geração de hidreto também tem sido usado na determinação de chumbo, bismuto, estanho e germânio.

A Fig. 15.7 mostra o esquema de um sistema de fluxo contínuo de vapor, o Thermo-Unicam VP90. No lado direito, os dois reservatórios contendo boro-hidreto de sódio e um ácido (branco), respectivamente, são ligados por uma bomba peristáltica a uma região de reação por onde passa uma corrente contínua de gás. Durante a análise, a válvula solenóide muda do branco (ácido) para a amostra após um tempo pré-fixado e retorna automaticamente ao branco após a medida analítica. Os gases resultantes e as soluções são dirigidos a um separador gás-líquido com coletor em forma de U, que drena o líquido automaticamente para o rejeito (lado direito do diagrama). O hidreto é arrastado pela corrente de gás (nitrogênio ou argônio) para a célula atomizadora pré-aquecida. A atomização é normalmente feita em uma célula de sílica aquecida por uma chama (ar–acetileno).

A principal vantagem do princípio do fluxo contínuo é o sinal estável produzido. Isto permite o uso da integração do sinal em vez da altura do pico ou das leituras de área que eram feitas anteriormente, aumentando consideravel-

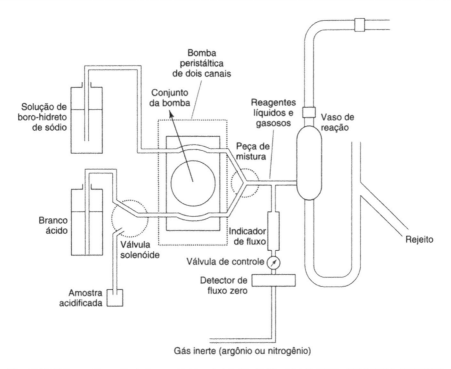

Fig. 15.7 Sistema de vapor de fluxo contínuo (cortesia de Thermo-Unicam, Cambridge, Inglaterra)

mente a precisão da medida. Outra vantagem é que o frasco de reação é limpo automaticamente entre as análises, o que permite a leitura contínua sem a necessidade de desmontar e lavar o sistema. Existe um acessório, o forno EC90, que atomiza o hidreto por aquecimento elétrico da célula de sílica. O aquecimento elétrico da célula de atomização leva a uma sensibilidade consideravelmente maior do que o aquecimento com chama.

O mesmo sistema de fluxo de vapor contínuo pode ser usado na determinação de mercúrio, com cloreto de estanho(II) como agente redutor. Um sistema de concentração coleta o mercúrio como amálgama por um período de tempo definido e depois libera-o por aquecimento do amálgama. Este procedimento dá um sinal de absorbância mais forte do que o obtido quando não se faz a pré-concentração do vapor de mercúrio.

15.8 Fontes de raias de ressonância

Conforme indicado na Fig. 15.3, uma fonte de raias de ressonância é necessária, tanto para a espectroscopia de absorção atômica como para a espectroscopia de fluorescência atômica. A fonte mais importante é a lâmpada de catodo oco. Esta lâmpada tem um catodo emissor feito do elemento que está sendo medido na chama. O catodo tem forma cilíndrica e os eletrodos são colocados em um bulbo de borossilicato ou de quartzo que contém um gás inerte (neônio ou argônio) na pressão aproximada de 5 torr (670 Pa). A aplicação de um potencial elevado entre os eletrodos provoca uma descarga que gera íons do gás nobre, que são acelerados para o catodo e, ao colidir, excitam o elemento do catodo que então emite radiação. Existem lâmpadas de vários elementos nas quais os catodos são feitos de ligas, porém nestas lâmpadas as raias de ressonância de cada elemento são menos intensas.

Originalmente desenvolvidas por Dagnall e colaboradores [6] como fontes de radiação para a AAS e a AFS, as **lâmpadas de descarga sem eletrodo** têm intensidades de radiação muito maiores do que as de catodo oco. A lâmpada de descarga sem eletrodo é um tubo de quartzo de 2 a 7 cm de comprimento por 8 mm de diâmetro interno que contém até 20 mg do elemento de interesse ou um sal volátil do elemento, normalmente o iodeto. O tubo contém também argônio em pressão baixa (cerca de 270 Pa). Nas condições de operação, a pressão de vapor do material colocado no tubo deve ser da ordem de 1 mm e a temperatura deve estar entre 200 e 400°C. Radiação na freqüência

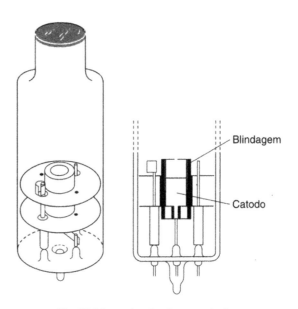

Fig. 15.8 Fonte de raias de ressonância

de microondas, entre 2000 e 3000 MHz, aplicada por uma cavidade de guia de ondas, dá a energia de excitação.

15.9 Monocromadores

Um monocromador seleciona uma determinada raia de emissão e a isola das demais e, ocasionalmente, de bandas de emissão molecular. Na AAS, a função do monocromador é isolar a raia de ressonância de todas as raias que não são absorvidas pelo elemento sob análise que são emitidas pela fonte de radiação. A maior parte dos instrumentos comerciais usa redes de difração (Seção 15.6) porque a dispersão das redes é mais uniforme do que a dos prismas e permite maior resolução em uma faixa maior de comprimentos de onda.

15.10 Detectores

As fotomultiplicadoras são os detectores usados hoje em praticamente todos os espectrofotômetros de absorção atômica. A saída do detector alimenta uma unidade de leitura adequada, de modo a incluir a raia de ressonância selecionada e qualquer outra emissão eventual da chama. Esta última corresponde à emissão de radiação dos átomos do elemento sob investigação e às emissões de bandas moleculares. Assim, em vez de uma intensidade de sinal de absorção I_A, o detector pode receber um sinal de intensidade $(I_A + S)$, onde S é a intensidade da radiação emitida.

Como só se deseja medir a raia de ressonância, é importante distingui-la dos efeitos da emissão da chama. Isto é obtido por **modulação** da emissão da fonte com um pulsador mecânico (Fig. 15.9). Na Fig. 15.9(a), o feixe não está bloqueado e o detector recebe o sinal da lâmpada e o da chama. Quando o feixe é bloqueado (Fig. 15.9(b)), o sinal que chega ao detector provém da emissão da chama. A diferença entre os dois sinais é o sinal do analito (Fig. 15.9(c)). Uma outra forma de modulação é usar um sinal de corrente alternada apropriado à freqüência particular da raia de ressonância. O amplificador do detector é, então, fixado nesta freqüência e os sinais provenientes da chama, essencialmente sinais contínuos, podem ser removidos.

As unidades de leitura disponíveis incluem instrumentos de medida direta, registradores gráficos e visores digitais. Os instrumentos de medida direta foram praticamente superados por outros métodos de apresentação de dados.

15.11 Interferências

Diversos fatores podem afetar a emissão de um dado elemento na chama e interferir na determinação de sua concentração. Estes fatores podem ser classificados como **interferências espectrais** e **interferências químicas**.

As interferências espectrais em AAS provêm principalmente da superposição das freqüências de uma determinada raia de ressonância e a de outros elementos. Isto ocorre porque, na prática, a raia de análise tem "largura de banda" finita. Como, porém, a largura de uma raia de absorção é de 0,005 nm, aproximadamente, poucos casos de superposição espectral entre raias emitidas por uma lâmpada de catodo oco e raias de absorção de átomos de metal na chama são conhecidos. A Tabela 15.3 dá alguns exemplos típicos de interferências espectrais observadas [7-10]. A maior parte destes dados, todavia, refere-se a raias de ressonância relativamente secundárias e as únicas interferências sérias nas raias de ressonância principais ocorrem com o cobre e o mercúrio. O cobre sofre interferência do európio na concentração aproximada de 150 mg·l^{-1} e o mercúrio sofre interferência do cobalto em concentrações maiores do que 200 mg·l^{-1}.

Há maior possibilidade de interferências espectrais na FES do que na AAS, quando o elemento sob análise e as substâncias interferentes têm raias de emissão de com-

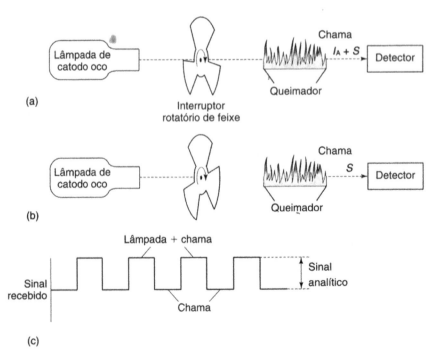

Fig. 15.9 Modulação com interruptor de feixe

Tabela 15.3 *Interferências espectrais típicas*

Fonte de ressonância	Comprimento de onda λ (nm)	Analito	Comprimento de onda λ (nm)
Alumínio	308,216	Vanádio	308,211
Antimônio	231,147	Níquel	231,095
Cobre	324,754	Európio	324,755
Gálio	403,307	Manganês	403,307
Ferro	271,903	Platina	271,904
Mercúrio	253,652	Cobalto	253,649

primentos de onda semelhantes. Algumas destas interferências podem ser eliminadas com uma resolução melhor do instrumento, por exemplo, com um prisma no lugar de um filtro, porém, às vezes, pode ser necessário selecionar outra raia em que não ocorra interferência. Em alguns casos, pode até ser necessário ter de separar o elemento a ser determinado dos elementos interferentes por troca iônica ou extração por solventes (Cap. 6).

Além das interferências de outros elementos existentes na substância-teste, podem ocorrer outras interferências devidas aos espectros de emissão de banda produzidos por moléculas ou fragmentos moleculares existentes nos gases da chama, em particular os espectros de bandas devidos aos radicais hidroxila e cianogênio que são produzidos em muitas chamas. Embora na AAS os sinais da chama sejam modulados (Seção 15.10), na prática deve-se ter cuidado e selecionar uma raia de absorção que não corresponda aos comprimentos de onda de bandas moleculares porque elas provocam "ruído" excessivo que reduz a sensibilidade e leva a uma baixa precisão analítica.

15.12 Interferências químicas

Formação de compostos estáveis

A formação de compostos estáveis na chama leva à dissociação incompleta da substância a ser analisada. Pode ocorrer, também, a formação de compostos refratários que não se dissociam em seus átomos. Exemplos deste tipo de comportamento aparecem na determinação de cálcio em presença de sulfato ou de fosfato e na formação de óxidos refratários estáveis de titânio, vanádio e alumínio. As interferências químicas podem ser superadas por um dos seguintes métodos:

Aumento da temperatura da chama O resultado é a formação de átomos livres em fase gasosa. O óxido de alumínio, por exemplo, se dissocia mais facilmente na chama óxido nitroso–acetileno do que na chama ar–acetileno. A interferência entre o cálcio e o alumínio resultante da formação de aluminato de cálcio pode ser superada trabalhando-se na temperatura mais elevada da chama óxido nitroso–acetileno.

Uso de agentes de liberação Quando se considera a reação

$$M—X + R \rightleftharpoons R—X + M$$

fica claro que o excesso do agente de liberação, R, leva à concentração mais elevada do átomo de metal de interesse na fase gasosa. Isto é mais evidente quando o produto R—X é um composto estável. Na análise de cálcio

na presença de fosfato, por exemplo, a adição de excesso de cloreto de lantânio ou cloreto de estrôncio à solução-teste acarreta a formação de fosfato de lantânio (ou de estrôncio) e o cálcio pode ser determinado na chama de ar–acetileno sem qualquer interferência do fosfato. A adição de EDTA às soluções de cálcio antes da análise aumenta a sensibilidade da determinação espectrofotométrica, devido, provavelmente, à formação de um complexo com EDTA que se dissocia rapidamente na chama.

Extração do analito A extração do analito ou a extração dos elementos interferentes é um método óbvio de superar o efeito de "interferências". Basta, muitas vezes, extrair uma só vez com solvente para remover a maior parte de um interferente. A conseqüência disto é que, na nova concentração, a interferência torna-se desprezível. Quando necessário, repete-se a extração por solvente para reduzir ainda mais a interferência. Pode-se também extrair quantitativamente o material a ser determinado, isolando-o das substâncias interferentes.

Ionização

A ionização dos átomos no estado fundamental, em fase gasosa, na chama

$$M = M^+ + e$$

reduz, na FES, a intensidade da emissão das raias espectrais atômicas e, na AAS, a extensão da absorção. Por isso, é necessário evitar a ionização. A maneira mais óbvia é usar a chama na temperatura mais baixa possível em que o elemento a ser determinado pode ser analisado satisfatoriamente. Assim, o uso da chama ar–acetileno ou óxido nitroso–acetileno de alta temperatura pode resultar na ionização apreciável de elementos como os metais alcalinos, o cálcio, o estrôncio e o bário. A ionização pode ser também reduzida por adição de excesso de um supressor de ionização, normalmente uma solução que contém um cátion de potencial de ionização mais baixo do que o do analito. Assim, por exemplo, a adição de uma solução que contém íons potássio em concentração de 2000 $mg \cdot l^{-1}$ a uma solução que contém íons cálcio, bário ou estrôncio, provoca a liberação de elétrons em excesso quando a solução resultante nebulizada atinge a chama. Como resultado, a ionização do metal a ser analisado é virtualmente suprimida.

Outros efeitos

Além da ionização e formação de compostos, é também necessário levar em conta os chamados **efeitos de matriz**. São, predominantemente, fatores físicos que influenciam a quantidade de amostra que chega até a chama e que estão relacionados principalmente a fatores como viscosidade, densidade, tensão superficial e volatilidade do solvente usado para preparar a solução-teste. Por isso, quando se deseja comparar uma série de soluções, como, por exemplo, uma série de padrões e uma solução-teste, é essencial usar sempre o mesmo solvente. Além disso, as soluções não devem ter composição semelhante. Este procedimento é normalmente conhecido como **ajuste de matriz**.

Às vezes, a interferência pode provir da **absorção molecular**. Assim, por exemplo, uma concentração elevada de cloreto de sódio absorve, na chama ar–acetileno, radiação em comprimentos de onda em cerca de 213,9 nm, que é o comprimento de onda da principal raia de ressonância do zinco. Por isso, o cloreto de sódio poderia interferir, nestas condições, na determinação do zinco. Normalmente, este tipo de interferência pode ser evitado escolhendo-se para análise outra raia de ressonância ou usando-se uma chama mais quente para aumentar a temperatura de operação com dissociação das moléculas do interferente.

A interferência conhecida como **absorção de fundo** é conseqüência da presença, na chama, de moléculas de gás, fragmentos de moléculas e, às vezes, fumos provenientes de solventes orgânicos. Ela é corrigida no instrumento usando-se a **correção de fundo**. Efeitos de radiação de fundo podem ser causados, também, pelo espalhamento da luz. O grau de espalhamento da luz é inversamente proporcional à quarta potência do comprimento de onda de radiação. Por isso, efeitos de fundo devidos ao espalhamento são particularmente importantes no UV de alta energia (entre 185 e 230 nm). Os efeitos da radiação de fundo são um problema importante na AAS de forno, especialmente no caso de fumos provocados por materiais particulados. Observe que na AAS de forno são sempre utilizados métodos de correção de fundo. O efeito de fundo, neste caso, pode chegar a 85% do sinal total de absorção.

Sumário

Quase todas as interferências encontradas na espectroscopia de absorção atômica podem ser reduzidas ou completamente eliminadas pelos seguintes procedimentos:

1. Usar, se possível, padrões e amostras de composição semelhante para eliminar os efeitos de matriz (ajuste de matriz).
2. Alterar a composição da chama ou sua temperatura para reduzir a formação de compostos estáveis na chama.
3. Selecionar raias de ressonância que não sofram interferência espectral de outros átomos ou moléculas e de fragmentos moleculares.
4. Separar por extração com solventes ou processos de troca iônica o elemento interferente. Este procedimento é mais necessário na espectroscopia de emissão de chama.
5. Usar um método de correção da radiação de fundo (Seção 15.13).

15.13 Métodos de correção da radiação de fundo

A absorbância medida da amostra pode ser maior do que a verdadeira absorbância do analito que se deseja determinar. Isto pode ser devido à absorção molecular ou ao espalhamento da luz. Três técnicas podem ser usadas para a correção do efeito de fundo: o arco de deutério, o efeito Zeeman e o sistema Smith–Hieftje.

Correção da radiação de fundo pelo arco de deutério

A correção pelo arco de deutério usa duas lâmpadas, uma de arco de deutério de alta intensidade que emite continuamente em uma larga faixa de comprimentos de onda, e outra de catodo oco do elemento a ser determinado. A

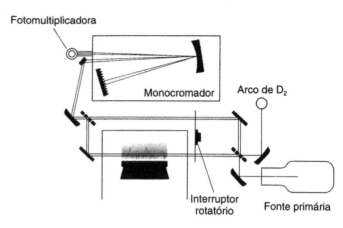

Fig. 15.10 Correção da radiação de fundo com arco de deutério

emissão da lâmpada de deutério percorre o mesmo caminho do feixe duplo da radiação da fonte de ressonância (Fig. 15.10). A absorção de fundo afeta o feixe da amostra e o feixe de referência. Por isso, quando se toma a razão das intensidades dos dois feixes, o efeito da radiação de fundo é eliminado.

O método do arco de deutério é usado em muitos instrumentos e é normalmente satisfatório para a correção do efeito de fundo. É, todavia, difícil alinhar perfeitamente as duas lâmpadas ao longo de uma trajetória de luz idêntica através da célula de amostra. Além disso, a emissão da lâmpada de deutério na região visível do espectro é pouco intensa. Isto limita seu uso a comprimentos de onda inferiores a 340 nm. A absorção de fundo deve, em princípio, ser medida o mais perto possível da raia do analito. Esta condição é mais facilmente obtida com os métodos de Zeeman e de Smith–Hieftje.

Correção de fundo de Zeeman

Em um campo magnético intenso, os níveis de energia eletrônicos de um átomo dividem-se com produção de várias raias de absorção para a transição eletrônica (o efeito Zeeman). A Fig. 15.11 esquematiza a situação mais simples. Na presença de um campo magnético, observam-se três componentes: o componente π, com a mesma energia de transição que tem na ausência do campo magnético, e os componentes σ, observados em energias superior e inferior, tipicamente a 0,01 nm do componente π. O pico π é plano-polarizado e paralelo à direção do campo magnético. Os picos σ são polarizados perpendicularmente à direção do campo magnético (Fig. 15.12).

Na prática, o campo magnético divide a raia de emissão em três picos. Usa-se um polarizador para isolar a raia central e mede-se a absorção A_π, que inclui a absorção de ra-

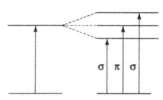

Fig. 15.11 Espalhamento de Zeeman: o esquema mais simples

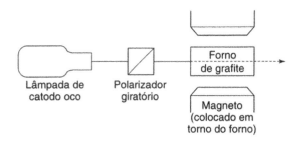

Fig. 15.12 Correção de fundo de Zeeman

diação pelo analito. Faz-se girar o polarizador e mede-se a absorção de fundo A_σ. A absorção do analito é dada por $A_\pi - A_\sigma$. A literatura discute detalhadamente o uso do efeito Zeeman na absorção atômica [11].

Sistema Smith–Hieftje

O sistema Smith–Hieftje [12] baseia-se no princípio da auto-absorção. Quando se opera uma lâmpada de catodo oco em corrente baixa, obtém-se uma raia normal de emissão. Quando a corrente aumenta, a banda de emissão se alarga, aparecendo um mínimo no registro do sinal que corresponde exatamente ao comprimento de onda do pico de absorção. Assim, mede-se em correntes baixas a absorbância total, devida ao analito e ao ruído de fundo, e, em correntes elevadas, apenas a absorbância da radiação de fundo. Na prática, a lâmpada de catodo oco é usada alternadamente em correntes baixas e elevadas (Fig. 15.13). Neste procedimento, a absorção do analito é dada pela diferença entre as absorbâncias em corrente baixa e em corrente elevada.

Os sistemas de Zeeman e de Smith–Hieftje têm a vantagem de utilizarem apenas uma fonte de luz e de que a medida da radiação de fundo é feita muito próxima da absorção da amostra. Ao contrário do arco de deutério, não há a restrição de operação unicamente na região do ultravioleta do espectro. A correção de fundo de Zeeman, entretanto, só é normalmente usada na AAS de forno e pode reduzir a sensibilidade. O sistema Smith–Hieftje, apesar de ser menos caro do que o método de Zeeman, tem a desvantagem de encurtar a vida útil das lâmpadas de catodo oco, particularmente as que contêm elementos mais voláteis.

15.14 Espectrofotômetros de absorção atômica

Existem atualmente muitos instrumentos comerciais em feixe simples ou feixe duplo. Algumas das características instrumentais de um moderno aparelho de absorção atômica são:

1. O instrumento deve ter um suporte de lâmpada capaz de acomodar quatro lâmpadas de catodo oco, pelo menos, com uma fonte independente de corrente estabilizada para cada lâmpada.
2. O compartimento da amostra deve poder incorporar um auto-amostrador capaz de trabalhar com atomizadores de chama e de forno. Obtém-se melhor precisão analítica quando o auto-amostrador é ligado a um atomizador de forno.
3. O monocromador deve ter alta resolução, tipicamente 0,04 nm. Esta característica é muito importante se a AAS usa a emissão de chama. Ela também é desejável para muitos elementos na absorção atômica.
4. O fotomultiplicador deve operar entre 188 e 800 nm.
5. Todos os instrumentos devem possuir um sistema de correção de radiação de fundo.
6. Uma tela de vídeo integrada torna o instrumento muito mais fácil de operar e é mais fácil desenvolver e compreender os métodos analíticos. Um pacote moderno de programas como por exemplo o programa SOLAAR, usado juntamente com os instrumentos da Thermo-Unicam, inclui ajuda, apresentação completa dos dados em gráfico, armazenamento total dos dados e geração flexível de relatórios. A auto-otimização da chama e os parâmetros do espectrômetro, inclusive a programação de temperatura do forno, podem ser otimizados com este programa.

A Fig. 15.14 esquematiza o arranjo óptico usado nos espectrofotômetros SOLAAR AA da Thermo-Unicam. O sistema de feixe duplo permite remover completamente a referência óptica durante a medida. Assim, ele combina o melhor desempenho do sinal frente ao ruído, uma vantagem dos instrumentos de feixe único, com a compensação da variação da estabilidade da chama, típica do sistema de feixe duplo. Além disso, os sistemas de chama SOLAAR têm uma fonte de deutério muito intensa que permite boa correção da radiação de fundo.

Experimentos preliminares

15.15 Procedimento para a curva de calibração

Obtém-se a curva de calibração para uso nas medidas de absorção atômica aspirando para a chama amostras de soluções que contêm concentrações conhecidas do elemento a ser determinado e medindo a absorção de cada solução. A partir daí, lança-se em gráfico a absorção medida contra a concentração das soluções. No caso de soluções de amostra que contêm um único elemento, as soluções padrões são preparadas dissolvendo-se, em um balão aferido, uma quan-

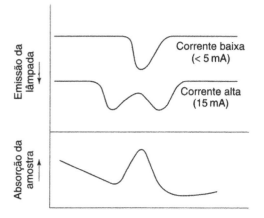

Fig. 15.13 Sistema de Smith–Hieftje: a absorção da amostra (abaixo) é a diferença entre o traço de corrente baixa (acima) e o traço de corrente alta (centro), seguido por inversão

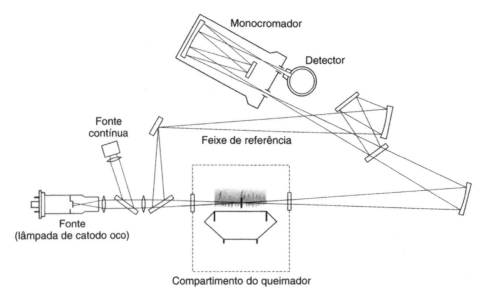

Fig. 15.14 O sistema óptico de Stockdale usado no AA Thermo-Unicam Solaar

tidade conhecida de um sal do elemento a ser determinado e completando-se o volume com água destilada (desionizada). Se outras substâncias estiverem presentes na solução-teste, elas devem ser incorporadas às soluções padrões em concentrações semelhantes às da solução-teste.

Deve-se usar pelo menos quatro soluções padrões cobrindo a faixa ótima de absorbância, 0,1–0,4. Se a curva de calibração não for linear (o que é freqüente em absorbâncias elevadas) deve-se fazer medidas com outras soluções padrões. Como em todas as medidas de absorbância, as leituras devem ser feitas após ajuste do zero do aparelho com um branco, que pode ser água destilada ou uma solução de composição semelhante à da solução-teste sem o componente a ser determinado. Normalmente, mede-se as soluções padrões em ordem crescente de concentração. Após cada medida, aspira-se água destilada para a chama de modo a remover todos os traços da solução anterior antes de usar a solução seguinte. Deve-se fazer pelo menos duas ou, preferencialmente, três leituras separadas da absorção para cada solução e tomar um valor médio. Se necessário, a solução-teste deve ser diluída com o auxílio de uma pipeta e um balão aferido para se obter leituras de absorbância na faixa 0,1–0,4.

A curva de calibração permite determinar facilmente a concentração do elemento de interesse por interpolação da absorbância da solução de amostra. O gráfico de trabalho deve ser verificado de tempos em tempos por meio de medidas com soluções padrões. Se necessário, deve-se refazer a curva de calibração. Todos os instrumentos modernos incluem um microcomputador que armazena as curvas de calibração e permite a leitura direta da concentração. Para detalhes dos erros de inclinação e interseção das regressões lineares, consulte as Seções 4.17 e 4.18. Para os erros de estimativa das concentrações, leia a Seção 4.19. Tome cuidado com as fontes possíveis de erro quando usar o procedimento da curva de calibração.

A técnica da adição padrão

Quando se lida com uma solução-teste complexa ou cuja composição exata não é conhecida, pode ser muito difícil ou até mesmo impossível preparar soluções padrões de composição semelhante à da amostra. Nestes casos, o método da adição padrão pode ser utilizado. Ele está descrito, em detalhes, na Seção 4.20, juntamente com a técnica usada para estimar o erro nas concentrações. Use o seguinte procedimento experimental.

Adicione quantidades **conhecidas** da solução do analito a diversas alíquotas da solução da amostra. Dilua as soluções resultantes até o mesmo volume final. Se a absorbância da solução-teste for muito alta, dilua quantitativamente até que a absorbância esteja na faixa ótima de trabalho. Meça a absorbância da solução-teste e, em seguida, de cada uma das soluções preparadas, da solução mais diluída até a mais concentrada. Faça a chama aspirar água destilada após cada medida. Lance em gráfico os valores de absorbância medidos contra os valores de concentração adicionados. O gráfico deve ser uma linha reta que pode ser extrapolada até o eixo das concentrações. O ponto em que a reta corta o eixo corresponde à concentração da solução-teste. Se o gráfico **não for linear**, a extrapolação não é possível. Lembre-se de que o procedimento de extrapolação não é tão confiável como o de interpolação e, por isso, deve-se escolher a interpolação sempre que possível.

15.16 Preparação de soluções da amostra

Para uso nos métodos espectroscópicos de chama, a amostra deve estar na forma de uma solução apropriada. Excepcionalmente, pode-se utilizar diretamente amostras sólidas em algumas das técnicas sem chama (Seção 15.6).

Soluções em água podem ser, às vezes, analisadas diretamente, sem tratamento prévio, porém é aleatório que a solução-teste contenha a quantidade correta de material para dar uma leitura satisfatória de absorbância. Se a concentração do elemento a ser analisado for muito elevada, a solução deve ser diluída quantitativamente antes do início das medidas de absorbância. Se a concentração do metal na solução for muito baixa, deve-se concentrar a solução usando um dos métodos descritos no final desta seção.

Pode-se usar diretamente, com certas ressalvas, soluções em solventes orgânicos, desde que a viscosidade da solução não seja muito diferente da viscosidade de uma solução aquosa. O importante é que o solvente não deve provocar distúrbios significativos na chama. Um exemplo extremo é o tetracloreto de carbono, que pode extinguir a chama ar–acetileno. Em muitos casos, solventes orgânicos como a 4-metil-2-pentanona (metil-isobutilcetona) ou a mistura de hidrocarbonetos conhecida como aguarrás levam a uma produção elevada de átomos no estado fundamental em fase gasosa e elevam, em cerca de três vezes, a sensibilidade obtida com soluções em água. Observe sempre todos os procedimentos de segurança adequados (Seção 15.18).

As amostras sólidas devem ser dissolvidas antes das medidas. O uso de amostras líquidas é mais aceitável para uso na chama e no forno de grafite. Existem muitos procedimentos de dissolução, alguns dos quais são descritos a seguir.

Pirólise úmida

O procedimento usual é tratar a amostra sólida por digestão ácida de modo a produzir uma solução clara sem que haja perda do elemento a ser determinado. Ácido clorídrico, ácido nítrico e água-régia (3:1 ácido clorídrico:ácido nítrico, em volume) dissolvem muitas substâncias inorgânicas. O ácido fluorídrico é usado para decompor silicatos e o ácido perclórico é comumente utilizado para quebrar complexos orgânicos. Os manuais de instrução normalmente fornecidos com o instrumento dão sugestões sobre as concentrações aceitáveis dos ácidos. Amostras biológicas requerem, em geral, apenas diluição antes da medida. Elas podem, eventualmente, ser medidas diretamente com a absorção atômica de forno.

▎ **Segurança.** O ácido fluorídrico e o ácido perclórico devem ser manuseados com cuidado. Observe todas as precauções de segurança adequadas quando usar estes ácidos. De maneira geral, a concentração de ácido na solução final não deve exceder ~1 M. Evite o máximo possível a aspiração de soluções corrosivas pelo queimador.

Fusões

Misture a amostra pesada com um fundente em um cadinho de metal ou grafite. Aqueça a mistura em uma chama ou um forno. Faça lixiviar o material resultante da fusão com água ou com um ácido ou álcali apropriado. O fundente mais amplamente utilizado é o peróxido de sódio (**cuidado**). Fusões com esta substância são normalmente feitas em cadinhos de zircônio e a massa fundida resfriada, lixiviada com um ácido mineral. Metaborato de lítio (Seção 3.31) é um bom fundente para silicatos. O sal produzido no procedimento de fusão pode criar problemas na absorção atômica de chama, na qual a concentração do sal deve, a princípio, ser inferior a 3% (peso/volume). A concentração elevada de sal pode ser ainda mais crítica na absorção atômica de forno.

Pirólise seca

Pese a amostra em um cadinho e aqueça em mufla. Dissolva o resíduo no ácido apropriado. Esta técnica é comumente utilizada para remover substâncias orgânicas do material de interesse. Tome muito cuidado para que elementos voláteis como mercúrio, arsênio e chumbo não sejam eliminados durante o processo.

Dissolução em microondas

Fornos de microondas têm sido usados na dissolução de amostras. Sele a amostra em um frasco de digestão (especialmente desenhado para uso com microondas) que contenha uma mistura dos ácidos apropriados. A temperatura do forno de microondas de alta freqüência, tipicamente 100–250°C, e o aumento da pressão reduzem consideravelmente o tempo de dissolução da amostra. Esta técnica é usada na dissolução de amostras de carvão, cinzas leves e materiais biológicos ou geológicos.

Procedimentos de concentração

Se a amostra contiver substâncias interferentes (Seção 15.10) ou se a concentração do elemento a ser determinado for demasiado baixa para dar leituras satisfatórias de absorbância, pode ser necessário usar técnicas de separação. Os procedimentos de separação mais comumente utilizados no caso dos métodos espectrofotométricos de chama são a extração por solventes e a troca iônica (Cap. 6). A cromatografia por troca iônica tem sido usada na separação do gálio a partir de alumínio e índio [14].

15.17 Preparação de soluções padrões

Nas medidas espectrofotométricas de chama as soluções têm concentrações muito pequenas do elemento a ser determinado. Isto significa que as soluções padrões necessárias para as análises devem também ter concentrações muito pequenas dos elementos relevantes. É raramente possível preparar as soluções padrões por pesagem direta da substância de referência adequada. A prática normal, portanto, é preparar uma solução estoque com cerca de $1000 \ \mu g \cdot l^{-1}$ do elemento desejado e preparar as soluções de trabalho por diluição. As soluções com menos de $10 \ \mu g \cdot l^{-1}$ podem se deteriorar com o tempo, devido à adsorção do soluto nas paredes dos frascos de vidro. Conseqüentemente, as soluções padrões com concentrações de soluto desta ordem não devem ser guardadas por mais de 1 a 2 dias. As soluções estoque devem ser preparadas a partir do metal ou do óxido de metal puros, por dissolução em uma solução ácida adequada. A pureza de todos os reagentes deve ser a maior possível.

15.18 Práticas de segurança

Antes de começar qualquer trabalho experimental com um espectrofotômetro de absorção atômica, estude as seguintes diretrizes referentes às normas de segurança. Estas recomendações são um resumo do Código de Normas recomendado pela Associação de Fabricantes de Aparelhagens Científicas (SAMA) dos Estados Unidos da América. Os detalhes completos estão na Referência 15.

1. O laboratório no qual está instalado o aparelho deve ser bem ventilado e equipado com um sistema de exaustão adequado, com vedação bem firme no lado

338 Espectroscopia de Absorção Atômica

da descarga. Alguns solventes orgânicos, especialmente os que contêm cloro, geram produtos tóxicos na chama.

2. Os cilindros de gás devem estar amarrados, em segurança, em uma sala bem ventilada e distante de quaisquer fontes de calor ou fontes de ignição. Os cilindros devem ser marcados claramente para que seus conteúdos possam ser facilmente identificados.

3. Ao desligar o aparelho, feche firmemente a válvula de gás do cilindro e limpe a linha de gás por exaustão para a atmosfera.

4. A tubulação que conduz os gases dos cilindros deve ser fixada em uma posição tal que seja improvável que sofra danos.

5. Verifique periodicamente a existência de vazamentos aplicando uma solução de sabão nas conexões e selos.

6. Observe as seguintes precauções ao utilizar acetileno:

    (a) Nunca trabalhe com pressões de acetileno superiores a 15 psi (103 kN·m^{-2}). Em pressões mais elevadas o acetileno pode explodir espontaneamente.

    (b) Evite usar tubulações de cobre. As tubulações devem ser em latão contendo menos de 65% de cobre, em ferro galvanizado ou em qualquer outro material que não reaja com o acetileno.

    (c) Evite contato entre acetileno e prata, mercúrio ou gás cloro.

    (d) Nunca utilize um cilindro de acetileno quando sua pressão estiver abaixo de 50 psi (3430 kN·m^{-2}). Em pressões baixas, o gás está muito contaminado com acetona.

7. Não use cilindros de óxido nitroso quando o regulador de pressão mostrar leitura inferior a 100 psi (6860 kN·m^{-2}).

8. O queimador que utilizar misturas de combustível e gases oxidantes e estiver ligado a um frasco coletor de rejeito (coletor de líquidos) deve ter um tubo em U entre o coletor e a câmara de combustão. A pressão do líquido no tubo de conexão deve ser maior do que a pressão de operação do queimador porque, do contrário, as misturas de combustível e gases oxidantes podem ser enviadas para a atmosfera formando uma mistura explosiva. O coletor deve ser feito de um material que não se quebre em pedaços pequenos se ocorrer uma explosão de retorno na câmara de queima.

9. Tenha cuidado quando utilizar solventes orgânicos inflamáveis para aspiração pela chama. Use um coletor provido de uma tampa com um pequeno orifício para o capilar da amostra.

10. Nunca olhe diretamente para a chama ou para a lâmpada de catodo oco. Use sempre óculos protetores. Óculos de segurança são, em geral, adequados contra a luz ultravioleta e protegem os olhos no caso de explosão do aparelho.

15.19 Limites de detecção

As Seções 15.19 a 15.22 descrevem algumas aplicações da absorção atômica, escolhidas para ilustrar os procedimentos gerais envolvidos, inclusive como superar certas interferências. A Tabela 15.4 lista os comprimentos de onda das raias de ressonância mais usadas para os elementos comuns, juntamente com a composição normal dos gases de chama. Ela dá também as faixas ótimas de concentrações de trabalho. Elas podem variar de acordo com o instrumento utilizado porém os valores citados podem ser tomados como típicos.

O termo "sensibilidade" utilizado na espectroscopia de absorção atômica é definido como a concentração de uma solução dos elementos em água que absorve 1% da radiação de ressonância incidente. Em outras palavras, é a concentração que dá uma absorbância igual a 0,0044. Observe que a sensibilidade depende da reação que ocorre na chama e não é, estritamente, uma característica de um determinado instrumento. Lembre-se de que a sensibilidade de uma técnica é um conceito diferente [16]. Ela é definida como sendo o coeficiente linear do gráfico de calibração. Esta definição tem sido aplicada para estimar o limite de detecção (ver adiante). Como ambas as definições são encontradas na literatura, a distinção entre elas deve estar sempre muito clara. Outra grandeza muito utilizada é o **limite de detecção**.

Distinção entre o limite de detecção e a sensibilidade

Existe considerável confusão na definição e no uso do termo "limite de detecção". O limite de detecção pode ser definido como a concentração mais baixa de um analito que pode ser distinguida com **confiança razoável** do **branco operacional** (uma amostra que contém o analito em concentração zero). O que devia ser entendido como "confiança razoável" e o que devia ser considerado como "branco" foram as principais causas das definições divergentes do limite de detecção. A definição da União Internacional de Química Pura e Aplicada (IUPAC) [17] é expressa em termos da concentração C_L ou da quantidade q_L. Esta definição está relacionada à menor medida de resposta Y_L (no nosso caso, a absorbância) que pode ser detectada com certeza razoável em um procedimento analítico, em que

$$Y_L = \bar{Y}_B + kS_B \qquad (15.1)$$

e

$\bar{Y}_B$ = média das medidas do branco
S_B = desvio padrão das medidas do branco
k = constante numérica

Um valor de k igual a 3 foi fortemente sugerido pela IUPAC. Em um artigo detalhado, o Comitê de Métodos Analíticos da Sociedade Real de Química (Inglaterra) procurou esclarecer a definição da IUPAC [19]. O artigo dá uma explicação completa de todos os aspectos conceituais do limite de detecção.

A estimativa do limite de detecção é melhor compreendida considerando um gráfico de calibração. Quando se usa o método da regressão linear, é possível obter a interseção no eixo y e a inclinação da melhor reta (Seção 4.17). A interseção calculada pode ser usada como estimativa de $\bar{Y}_B$ e o $S_{y/x}$ estatístico é aceitável como medida de S_B (Seção 4.18). Assim, da Eq. 15.1 com $k = 3$, o valor de Y_L pode ser calculado. O limite de detecção, C_L, pode ser avaliado a partir de

$$C_L = 3\left(\frac{S_B}{S}\right) \qquad (15.2)$$

Tabela 15.4 *Dados de AAS de chama para os elementos comuns*

Elemento	Comprimento de onda da principal raia de ressonância λ (nm)	Chama[a]	Faixa de trabalho (μg·ml^{-1})
Ag	328,1	AA(L)	1–5
Al	309,3	NA(R)	40–200
As[b]	193,7	AH(R)	50–200
B	249,8	NA(R)	400–600
Ba	553,6	NA(R)	10–40
Be	234,9	NA(R)	1–5
Bi	223,1	AA(L)	10–40
Ca	422,7	NA(R)	1–4
Cd	228,8	AA(L)	0,5–2
Co	240,7	AA(L)	3–12
Cr	357,9	AA(R)	2–8
Cs	852,1	AP(L)	5–20
Cu	324,7	AA(L)	2–8
Fe	248,3	AA(L)	2,5–10
Ga	294,4	AA(L)	50–200
Ge[b]	265,2	NA(R)	70–280
Hg[c]	253,7	AA(L)	100–400
In	303,9	AA(L)	15–60
Ir	208,9	AA(R)	40–160
K	766,5	AP(L)	0,5–2
Li	670,8	AP(L)	1–4
Mg	285,2	AA(L)	0,1–0,4
Mn	279,5	AA(L)	1–4
Mo	313,3	NA(R)	15–60
Na	589,0	AP(L)	0,15–0,60
Ni	232,0	AA(L)	3–12
Os	290,9	NA(R)	50–200
Pb	217,0	AA(L)	5–20
Pd	244,8	AA(L)	4–16
Pt	265,9	AA(L)	50–200
Rb	780,0	AP(L)	2–10
Rh	343,5	AA(L)	5–25
Ru	349,9	AA(L)	30–120
Sb[b]	217,6	AA(L)	10–40
Sc	391,2	NA(R)	15–60
Se[b]	196,0	AH(R)	20–90
Si	251,6	NA(R)	70–280
Sn	224,6	AH(R)[d]	15–60
Sr	460,7	NA(L)	2–10
Te	214,3	AA(L)	10–40
Ti	364,3	NA(R)	60–240
Tl	276,8	AA(L)	10–50
V	318,5	NA(R)	40–120
W	255,1	NA(R)	250–1000
Y	410,2	NA(R)	200–800
Zn	213,9	AA(L)	0,4–1,6

[a]L = pobre em combustível; R = rico em combustível; AA = ar–acetileno; AP = ar–propano; NA = óxido nitroso–acetileno; AH = ar–hidrogênio.
[b]O método da geração de hidreto (Seção 15.7) é muito mais sensível para a detecção dos elementos listados.
[c]A célula de mercúrio sem chama (Seção 15.7) é muito mais sensível para a determinação de mercúrio.
[d]Se existir muita interferência deve-se escolher a chama NA.

onde *S*, a **sensibilidade** da técnica, é definida como sendo o **coeficiente linear** da raia de calibração. O exemplo a seguir mostra como o limite de detecção pode ser estimado.

Exemplo 15.1

Foram medidas soluções de Ca^{2+} em água, cada uma delas contendo 1000 mg·l^{-1} de cloreto de lantânio como agente de liberação, por espectroscopia de absorção atômica de chama. Obtiveram-se os valores de absorbância a seguir.

Estime o limite de detecção para Ca^{2+} neste procedimento analítico.

Absorbância	0,015	0,081	0,152	0,230	0,306
Concentração de Ca^{2+} (mg·l^{-1})	0,0	1,0	2,0	3,0	4,0

Usando os dados e o método da Seção 4.17, chega-se à equação da reta

$$y = 0,073x + 0,11$$

340 Espectroscopia de Absorção Atômica

A interseção, 0,11, é uma estimativa de $\bar{Y}_B$, a média das medidas do branco. $S_{y/x} = 0,0077$ é obtido pelo método da Seção 4.18 e é uma medida de S_B. O coeficiente angular da curva é 0,073. Da Eq. 15.2 obtém-se o limite de detecção

$$C_L = 3\left(\frac{S_B}{S}\right) = 3\left(\frac{0,0077}{0,073}\right) = 0,32 \text{ mg} \cdot \text{l}^{-1}$$

Estritamente, o limite de detecção de um **sistema analítico** deve ser estimado levando-se em conta os vários fatores que podem influenciar a resposta do método. Muitos livros-texto definem os limites de detecção em termos do desvio-padrão do branco com $k = 2$. O branco, entretanto, é o solvente que facilita a introdução da amostra no instrumento e não é um branco que contém a matriz da amostra. Este limite de detecção instrumental pode descrever o desempenho do instrumento. Deve-se usar, todavia, $k = 3$.

O Apêndice 9 dá uma lista mais detalhada das raias de ressonância. Os dados apresentados na Tabela 15.4, juntamente com os detalhes experimentais dados nas Seções 15.20 a 15.22, permitem determinar a maior parte dos elementos sem problemas. Para mais detalhes sobre a determinação dos elementos por espectroscopia de absorção atômica, consulte as referências da Seção 15.25. A maior parte dos fabricantes de instrumentos fornece manuais de aplicação para seus equipamentos que contêm detalhes completos dos experimentos.

Algumas determinações por espectroscopia de absorção atômica

▌ **Segurança.** Antes de fazer qualquer experimento desta seção preste muita atenção aos avisos de segurança. Tenha sempre em mente as regras de segurança de laboratório.

15.20 Magnésio e cálcio na água encanada

A determinação de magnésio na água potável é muito simples. Ocorre pouca interferência quando se usa a chama ar–acetileno. A determinação de cálcio, porém, é mais complicada. Podem ocorrer muitas interferências na chama ar–acetileno, o que exige o uso de agentes de liberação como o cloreto de estrôncio, o cloreto de lantânio ou o EDTA. Quando se usa a chama mais quente óxido nitroso–acetileno, entretanto, a única interferência importante provém da ionização do cálcio. Para evitar este processo, costuma-se adicionar um tampão de ionização, como o cloreto de potássio, à solução-teste.

Determinação de magnésio

Preparação das soluções padrões Prepare uma solução estoque de magnésio ($1000 \text{ mg} \cdot \text{l}^{-1}$) dissolvendo 1,000 g de magnésio na forma de metal em 50 ml de ácido clorídrico 5 M. Após a dissolução, transfira a solução para um balão aferido de 1 litro e complete o volume com água destilada. Prepare uma solução estoque intermediária (50 $\text{mg} \cdot \text{l}^{-1}$) pipetando 50 ml da solução estoque para um balão aferido de 1 litro e completando o volume com água.

Dilua com exatidão quatro porções desta solução de modo a obter quatro soluções padrões de magnésio com concentrações conhecidas e dentro da faixa ótima de trabalho do instrumento utilizado (tipicamente 0,1 a 0,4 $\mu\text{g} \cdot \text{ml}^{-1}$ de Mg^{2+}).

Procedimento Embora o modo de operação possa variar um pouco de acordo com o instrumento utilizado, o procedimento seguinte pode ser tomado como típico. Coloque a lâmpada de catodo oco de magnésio na posição de operação, ajuste a corrente no valor recomendado (normalmente 2 a 3 mA) e selecione a raia do magnésio em 285,2 nm com a largura apropriada da fenda do monocromador. Ligue os reservatórios de gases apropriados ao queimador, seguindo as instruções detalhadas para o instrumento, e ajuste as condições de operação para obter uma chama de ar–acetileno pobre no combustível.

Deixe a chama aspirar, em seqüência, as soluções padrões de magnésio, começando com a solução mais diluída. Faça três leituras de absorbância para cada uma delas. Entre cada nova solução, deixe o queimador aspirar água desionizada. Leia, finalmente, a absorbância da amostra de água encanada, suficientemente diluída para permitir uma leitura de absorbância dentro da faixa de valores registrados para as soluções padrões. Faça a curva de calibração e use-a para determinar a concentração de magnésio na água encanada. Se o conteúdo de magnésio for maior do que 5 $\mu\text{g} \cdot \text{ml}^{-1}$, pode ser preferível usar uma raia menos sensível do elemento, em 202,5 nm.

Determinação de cálcio

Preparação das soluções padrões Para o procedimento 1 é necessário incorporar um agente de liberação às soluções padrões. Para o cálcio, podem ser usados três agentes de liberação: (a) cloreto de lantânio, (b) cloreto de estrôncio e (c) EDTA. Destes três, o cloreto de lantânio é o preferido, porém os demais são alternativas satisfatórias.

(a) Prepare uma solução estoque ($50000 \text{ mg} \cdot \text{l}^{-1}$) dissolvendo 67 g de cloreto de lantânio ($LaCl_3 \cdot 7H_2O$) em 100 ml de ácido nítrico 1 M. Aqueça suavemente para dissolver o sal, deixe resfriar a solução e complete o volume até 500 ml em balão aferido.

(b) Prepare uma solução estoque de estrôncio dissolvendo 76 g de cloreto de estrôncio ($SrCl_2 \cdot 6H_2O$) em 250 ml de água desionizada e completando o volume até 500 ml em um balão aferido.

(c) Prepare uma solução estoque de EDTA dissolvendo 75 g do sal dissódico de EDTA (grau analítico) em 800 ml de água desionizada. Aqueça suavemente até a dissolução do sal, deixe resfriar e complete o volume até 1 litro em um balão aferido.

No caso do procedimento 2, é necessário usar um tampão de ionização, o que envolve o preparo de uma solução estoque de potássio ($10000 \text{ mg} \cdot \text{l}^{-1}$). Dissolva 9,6 g de cloreto de potássio em água desionizada e complete o volume até 500 ml em um balão aferido.

Prepare uma solução estoque de cálcio ($1000 \text{ mg} \cdot \text{l}^{-1}$) dissolvendo 2,497 g de carbonato de cálcio seco no menor volume possível de ácido clorídrico 1 M. Cerca de 50 ml são suficientes. Ao completar a dissolução transfira a solução para um balão aferido de 1 litro e complete o volume com água desionizada. Prepare uma solução estoque de concentração intermediária de cálcio, transferindo, com uma pipeta, 50 ml da solução estoque para um balão de 1 litro e completando o volume com água desionizada.

As soluções padrões para uso no procedimento 1 devem conter de 1 a 5 $\mu g \cdot ml^{-1}$ de Ca^{2+}. Prepare estas soluções em um balão aferido de 50 ml misturando volumes apropriados da solução estoque intermediária (use uma pipeta da classe A) com volumes adequados da solução do reagente de liberação e completando o volume. A solução do reagente de liberação pode ser medida em uma proveta graduada. Prepare cinco soluções padrões contendo 1,0, 2,0, 3,0, 4,0 e 5,0 ml da solução estoque intermediária, respectivamente, e 10 ml do agente de liberação (a) ou 5 ml dos reagentes (b) ou (c). O branco é preparado de modo semelhante, porém sem a adição de cálcio. No procedimento 2, as soluções padrões são preparadas como no caso do procedimento 1, exceto que a solução do reagente de liberação é substituída por 10 ml da solução estoque de cloreto de potássio.

Em geral, a solução com concentração desconhecida de cálcio (água encanada) terá de ser diluída para que a leitura de absorbância se aproxime das leituras da curva de calibração. Adicione a mesma quantidade do agente de liberação (procedimento 1) ou de tampão de ionização (procedimento 2) como nas soluções padrões. Assim, se a água encanada contiver cerca de 100 $\mu g \cdot ml^{-1}$ de cálcio, transfira com uma pipeta 25 ml de amostra para um balão aferido de 100 ml e complete o volume com água destilada. Com uma pipeta, transfira 5 ml desta solução para um balão aferido de 50 ml. Seguindo o procedimento 1, adicione 10 ml do reagente (a) ou 5 ml dos reagentes (b) ou (c), e complete o volume. Seguindo o procedimento 2, substitua o reagente de liberação por 10 ml da solução estoque de potássio. Se ocorrer turbidez durante o preparo da solução final, adicione 1 ml de ácido clorídrico 1 M antes de completar o volume.

Procedimento 1 Use uma lâmpada de catodo oco de cálcio, selecione a raia de ressonância de comprimento de onda em 422,7 nm e acione a chama ar–acetileno pobre em combustível, segundo os detalhes dados no manual do instrumento. O procedimento de calibração é semelhante ao descrito acima para o magnésio. Neste caso, porém, a aspiração de água desionizada pelo queimador, entre cada leitura, é ainda mais importante devido às concentrações relativamente elevadas dos sais do agente de liberação. Lembre-se de que a água desionizada deve ser aspirada pelo queimador durante alguns minutos após cada série de leituras.

Procedimento 2 Verifique se o instrumento está usando o queimador correto para a chama de óxido nitroso–acetileno, instale a lâmpada de catodo oco de cálcio, selecione a raia de ressonância de comprimento de onda em 422,7 nm e ajuste os controles de gás de acordo com as especificações do manual do instrumento, para que a chama fique rica em combustível. Meça a absorbância do branco, das soluções padrões e da amostra, todas contendo o tampão de ionização. É necessário o tratamento com água desionizada após cada medida (ver procedimento 1). Faça o gráfico de calibração e determine a concentração da solução desconhecida.

15.21 Vanádio em óleo lubrificante

Discussão Dissolva o óleo em aguarrás e compare a absorção desta solução com a de padrões feitos com naftenato de vanádio em aguarrás.

Preparação das soluções padrões Prepare as soluções padrões a partir de uma solução de naftenato de vanádio em aguarrás, contendo cerca de 3% de vanádio. Pese com exatidão cerca de 0,6 g de naftenato de vanádio, transfira o material para um balão aferido de 100 ml e complete o volume com o solvente. Esta solução estoque contém cerca de 180 $\mu g \cdot ml^{-1}$ de vanádio. Use uma bureta de 50 ml, da classe A, e dilua porções desta solução para obter uma série de padrões contendo 10–40 $\mu g \cdot ml^{-1}$ de vanádio.

Procedimento Pese com exatidão cerca de 5 g da amostra de óleo, dissolva em um volume pequeno de aguarrás e transfira a solução para um balão aferido de 50 ml. Use o mesmo solvente para lavar o frasco de pesagem e completar o volume da solução. Instale no aparelho uma lâmpada de catodo oco de vanádio, selecionando a raia de ressonância de comprimento de onda em 318,5 nm. Ajuste os controles do gás de modo a obter uma chama óxido nitroso–acetileno rica em combustível. Siga o manual de instruções do aparelho. Deixe a chama aspirar sucessivamente o solvente (branco), as soluções padrões em ordem crescente de concentração e, finalmente, a solução-teste. Registre as leituras de absorbância. Faça a curva de calibração e determine o conteúdo de vanádio no óleo.

15.22 Traços de elementos em solos contaminados

Discussão O procedimento a seguir descreve métodos de determinação de níveis **totais** e, em certos casos, as quantidades **disponíveis** de traços de elementos em solos.

Amostragem Tome amostras incrementais (Seção 5.12), de aproximadamente 50 g, em pontos especificados do sítio. Os pontos de amostragem devem incluir a superfície do solo e duas das amostras devem ser tomadas em profundidade, tipicamente 0,5 e 1,0 m. Anote a localização exata destes pontos porque pode vir a ser necessário colher outras amostras mais tarde. Cada amostra, cuidadosamente identificada, deve ser guardada em recipientes separados para evitar a contaminação cruzada. Seque as amostras ao ar por um certo período, assim que forem recebidas no laboratório, para remover o excesso de umidade. Passe cada amostra seca através de peneiras moleculares de 0,5 mm. Misture o material que passa pela peneira e use a mistura como amostra analítica.

Tratamento da amostra para a determinação dos elementos totais Pese com exatidão cerca de 1 g do solo peneirado e transfira o material para um bécher de 10 ml de parede alta. Com uma proveta graduada, adicione cerca de 20 ml de ácido nítrico 1:1 (grau Spectrosol) e deixe ferver **suavemente** em uma placa aquecedora até que o volume do ácido nítrico se reduza a cerca de 5 ml. Adicione, a seguir, 20 ml de água desionizada e deixe ferver suavemente até que o volume se reduza a 10 ml, aproximadamente. Deixe resfriar e filtre em papel de filtro Whatman n.º 540.

342 Espectroscopia de Absorção Atômica

Lave o bécher e o papel de filtro com pequenas porções de água desionizada até o volume final de 25 ml. Transfira o filtrado para um balão aferido de 50 ml e complete o volume com água destilada.

Tratamento da amostra para os metais "disponíveis" Os metais zinco, cobre e níquel são fitotóxicos e é necessário verificar, além dos níveis totais, quais as quantidades disponíveis destes metais que podem ser assimiladas pelas plantas. Para isso, adicione, com uma proveta, cerca de 25 ml de uma solução de EDTA (aproximadamente 0,05 M) a cerca de 1 g de uma amostra de solo pesado com exatidão. Coloque a suspensão sob agitação mecânica por cerca de 4 h. A partir daqui, use o procedimento de filtração descrito anteriormente (determinação dos elementos) e prossiga a análise.

Análise dos metais totais por AAS de chama *Chumbo* Use a chama ar–acetileno pobre em combustível e a raia de ressonância em 217,0 nm (para amostras com baixa concentração de chumbo) ou em 283,3 nm. Para as medidas em 217,0 nm use soluções padrões com 1 a 10 mg·ml^{-1} de chumbo e para as medidas em 283,3 nm, soluções com 10 a 30 μg·ml^{-1} de chumbo. Se a concentração de chumbo for demasiadamente alta para ser medida diretamente em 283,3 nm, dilua a solução de amostra. É aconselhável utilizar a correção da radiação de fundo (Seção 15.12), especialmente no caso da raia em 217,0 nm.

Cádmio, cobre, zinco e níquel Estes metais podem ser determinados com chama ar–acetileno nas raias de ressonância apropriadas e com as faixas de concentração dadas na Tabela 15.4 para as soluções padrões. Pode ser, também, necessário diluir as amostras e fazer a correção da radiação de fundo.

Zinco, cobre e níquel Estes elementos podem ser determinados como metais disponíveis usando as condições dadas na Tabela 15.4. As soluções padrões devem conter EDTA 0,05 M.

Arsênio em solos por geração de hidreto

Discussão Use neste procedimento um espectrômetro de absorção atômica ligado a um acessório gerador de hidreto. É importante que o espectrômetro tenha um sistema de correção da radiação de fundo.

Reagentes *Qualidade dos reagentes* Todos os reagentes devem ter qualidade analítica e espectroscópica.

Boro-hidreto de sódio 1% (p/v) Dissolva pastilhas de hidróxido de sódio (5,0 g) em 300 ml de água desionizada e deixe esfriar. Adicione 5,0 g de boro-hidreto de sódio diretamente à solução e complete o volume até 500 ml com água desionizada. Agite vigorosamente a solução e filtre com um papel de filtro Whatman n.° 541 (a solução resultante é estável por pelo menos uma semana).

Ácido clorídrico 4 M Dilua, com água desionizada, 365 ml de ácido clorídrico Spectrosol até 1 litro.

Padrões de arsênio Prepare uma solução padrão contendo 1 mg·l^{-1} a partir de uma solução Spectrosol com 1000 mg·l^{-1} de cloreto de arsênio em ácido clorídrico 4 M.

Procedimento para a digestão da amostra (método da água-régia) Coloque uma amostra do solo pesada com exatidão (cerca de 1 g) em um tubo de Pyrex (50 ml). Adicione uma pequena quantidade (2 a 3 ml) de água desionizada para obter uma lama. Adicione, então, 7,5 ml de ácido clorídrico grau Spectrosol e 2,5 ml de ácido nítrico Spectrosol. Cubra o tubo com filme plástico durante uma noite e então faça digerir a amostra em um bloco digestor por 2 horas sob refluxo, usando um condensador de dedo frio. Filtre a solução fria em um papel de filtro Whatman n.° 540 para um balão aferido de 50 ml e lave o resíduo com ácido nítrico 2 M quente. Complete o volume do filtrado com água desionizada.

Procedimento Siga as recomendações do fabricante do instrumento para determinar o arsênio por geração de hidreto. Os parâmetros instrumentais típicos envolvem a raia de ressonância em 193,7 nm, com correção da radiação de fundo com uma lâmpada de arco de deutério. Consulte as instruções do fabricante do instrumento para obter as condições exatas de operação. Para a curva de calibração, tome alíquotas de 50 a 300 μl da solução padrão de arsênio. Use uma pipeta de Eppindorf.

15.23 Estanho em suco de fruta enlatado

Discussão A determinação tradicional de estanho por espectrofotometria atômica de chama é relativamente pouco sensível e a quantificação exata é difícil em baixas concentrações. O estanho, porém, pode ser determinado com sucesso por absorção atômica de forno de grafite (GFAAS). O seguinte procedimento é um resumo do método descrito pela Thermo-Unicam para o espectrofotômetro de absorção atômica 939 QZ com um forno de grafite GF90 e um forno auto-amostrador.

Reagentes

Ácido clorídrico Spectrosol
Padrão de estanho Spectrosol (1000 mg·l^{-1}) de BDH Laboratory Supplies, Merck Ltd., Poole, Dorset, Inglaterra
Nitrato de amônio Specpure de Johnson Matthey Chemicals, Royston, Herts, Inglaterra

Preparo da amostra Transfira, com uma pipeta, 20,0 ml do suco de fruta para um bécher de 100 ml e adicione 10 ml de ácido clorídrico Spectrosol. Aqueça a mistura até a ebulição, deixe resfriar e transfira o material para um balão aferido de 100 ml. Complete o volume com água desionizada. Faça centrifugar uma alíquota desta solução antes da análise e transfira o sobrenadante líquido claro para o recipiente auto-amostrador.

Procedimento Prepare soluções padrões com 25, 50 e 100 μg·l^{-1} de estanho em 10% (volume) de ácido clorídrico, juntamente com um branco contendo ácido. Como o estanho se perde em temperaturas bastante baixas, adicione 10 μl de uma solução de nitrato de amônio 2% como modificador de matriz. Opere o espectrofotômetro em 224,6 nm, com correção da radiação de fundo, usando arco de deutério. Para boa precisão, use um estágio duplo de secagem lenta (100°C por 10 segundos, depois 450°C por 15 segundos). Faça a mineralização em 800°C (15 segundos) e a atomização em 2500°C (3 segundos). Determine o estanho presente no suco de fruta comparando as alturas dos picos.

15.24 Referências

1. A Walsh 1955 *Spectrochim Acta*, **7**; 108
2. C S Rann and A N Hambly 1965 *Anal Chim.*, **37**; 879
3. D R Thomerson and K C Thompson 1975 *Chemistry in Britain*, **11**; 316
4. *Design considerations for a graphite probe in graphite furnace atomic absorption spectrometry*, Unicam Cambridge
5. W R Hatch and W L Ott 1968 *Anal Chem.*, **40**; 2085
6. R M Dagnall, K C Thompson and T S West 1967 *Talanta*, **14**; 551
7. C W Frank, W G Schrenk and C E McLean 1966 *Anal Chem.*, **38**; 1005
8. V A Fassel, J A Rasmuson and T G Cowley 1968 *Spectrochim Acta*, **23B**; 579
9. J E Allen 1969 *Spectrochim Acta*, **24B**; 13
10. D C Manning and F Fernandez 1968 *Atom. Absorption Newsletter*, **7**; 24
11. F J Fernandez, S A Myers and W Slavin 1980 *Anal Chem.*, **52**; 741
12. S Smith, R G Schleicher and G M Hieftje 1982 New atomic absorption background correction technique. Paper 442, 33rd Pittsburgh Conference on Analytical Chemistry and Applied Spectroscopy, Atlantic City NJ
13. R A Nadkarni 1984 *Anal Chem.*, **56**; 2233
14. J Anderson *et al.* 1985 *Geostandards Newsletter*, **9**; 17
15. Anon 1974 Safety practices for atomic absorption spectrophotometers, *International Laboratory*, **May/June**; 63
16. J C Miller and J N Miller 1993 *Statistics for analytical chemistry*, 3rd edn, John Wiley, Chichester
17. Anon 1978 Nomenclature, symbols, units and their usage in spectrochemical analysis II, *Spectrochim Acta*, **33B**; 242
18. Analytical Methods Committee 1987 Recommendations for the definition, estimation and use of the detection limit, *Analyst*, **112**; 199

15.25 Bibliografia

M S Cresser 1995 *Flame spectrometry in environmental chemical analysis: a practical guide*, Royal Society of Chemistry, Cambridge

J R Dean 1997 *Atomic absorption and plasma spectroscopy*, 2nd edn, ACOL–Wiley, Chichester

L Ebdon, E H Evans, A Fisher and S J Hill 1998 *An introduction to analytical atomic spectroscopy*, John Wiley, Chichester

S Haswell (ed) 1991 *Atomic absorption spectrometry*, Elsevier, New York

G F Kirkbright and M Sargent 1997 *Atomic absorption and fluorescence spectroscopy*, 2nd edn, Academic Press, London

J Sneddon (ed) 1975 *Advances in atomic spectrometry*, Volumes 1–3, JAI Press, Greenwich CT

16

Espectroscopia de emissão atômica

16.1 Introdução

Este capítulo descreve os princípios teóricos e experimentais da espectroscopia de emissão atômica. Após uma discussão geral da técnica, a primeira parte do capítulo descreve a espectroscopia de emissão de chama. As Seções 16.6 a 16.11 tratam predominantemente da espectroscopia de emissão baseada em fontes de plasma, atualmente o modo mais importante de excitação.

16.2 Espectros de emissão

Quando certos metais, na forma de sais, são colocados na chama do bico de Bunsen, surgem cores características. Este procedimento é usado há muito tempo na determinação qualitativa de elementos. Se a luz produzida pela chama passar por um espectroscópio, várias linhas de cor característica são resolvidas. As do cálcio têm cores vermelha, verde e azul, sendo que o vermelho é dominante e típico da chama deste elemento. A emissão de cada elemento tem comprimentos de onda definidos e fixos no espectro eletromagnético. Ainda que as cores da chama de cálcio, estrôncio e lítio, por exemplo, sejam muito semelhantes, é possível identificar os elementos pela análise dos espectros, um na presença dos outros. A ampliação dos princípios da análise qualitativa com o teste da chama levou ao desenvolvimento das aplicações analíticas da espectrografia de emissão. Depois da excitação com uma centelha elétrica ou um arco elétrico, registra-se fotograficamente os espectros com um espectrógrafo. Como os espectros característicos de muitos elementos ocorrem na região do ultravioleta, o sistema óptico usado na dispersão da radiação é geralmente feito de quartzo. Estas técnicas, entretanto, foram praticamente substituídas pela emissão de plasma (Seção 16.6).

A discussão detalhada da origem dos espectros de emissão está fora dos objetivos deste livro, porém as Seções 15.1 e 15.2 dão um tratamento simplificado. Existem três tipos de espectros de emissão: os espectros contínuos, os espectros de bandas e os espectros de linhas. Os espectros contínuos são emitidos por sólidos incandescentes e, neles, linhas claramente definidas estão ausentes. Nos espectros de bandas, grupos de linhas se aproximam cada vez mais até chegar a um limite, a cabeça da banda. Este tipo de espectro é característico de moléculas excitadas. Nos espectros de linhas pode-se observar linhas bem definidas, separadas de modo aparentemente irregular. Este tipo de espectro é característico de átomos ou de íons excitados que emitem energia na forma de luz de comprimento de onda bem característico.

A teoria quântica prediz que cada átomo ou íon tem estados de energia característicos, nos quais os vários elétrons podem permanecer. No estado normal, ou estado fundamental, os elétrons têm a energia mais baixa. Quando se aplica energia suficiente, por meio da eletricidade, calor ou outros modos, um ou mais elétrons podem ser levados a um estado de energia maior, mais afastado do núcleo. Estes elétrons excitados tendem a voltar ao estado fundamental e, no processo, emitem a energia, que está em excesso, na forma de um fóton. Como existem estados bem definidos de energia, e como, de acordo com a teoria quântica, apenas certas transições são possíveis, existe um número limitado de comprimentos de onda possíveis no espectro de emissão. Quanto maior for a energia da fonte de excitação, maior será a energia dos elétrons excitados e maior o número de linhas observadas.

A intensidade de uma linha espectral depende principalmente da probabilidade de que ocorra uma transição ou "salto" com a energia adequada. Ocasionalmente, a intensidade de algumas das linhas mais fortes do espectro pode ser reduzida pela auto-absorção devida à reabsorção de energia pelos átomos gasosos frios das regiões externas da fonte. No caso de fontes de alta energia, os átomos podem ser ionizados com perda de um ou mais elétrons. O espectro de um átomo ionizado é diferente do de um átomo neutro. Além disso, o espectro de um átomo monoionizado lembra o espectro do átomo neutro de número atômico uma unidade menor.

As linhas do espectro de um elemento ocorrem sempre em posições fixas. Quando quantidades suficientes de vários elementos estão presentes na fonte de radiação, cada um deles emite seu espectro característico. Esta é a base da análise qualitativa pelo método espectroquímico. Os elementos de um espectro desconhecido podem ser identificados por comparação com o espectro de elementos conhecidos. A Fig. 16.1 mostra uma parte do espectro do cádmio, do zinco bruto comercial e do zinco. O exame dos três espectros revela a presença, ou não, de cádmio na amostra de zinco comercial. Neste exemplo, não se detecta a presença de cádmio na amostra porque nenhuma das

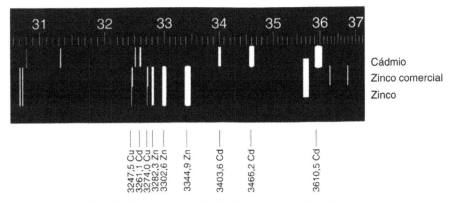

Fig. 16.1 Espectros do cádmio, do zinco comercial e do zinco

linhas do espectro do cádmio é observada no espectro do produto comercial.

A análise quantitativa era feita com um arco elétrico ou uma centelha como fonte de excitação. A luz emitida pela amostra passava pelas fendas de um espectrógrafo e sofria dispersão em um prisma, para então ser registrada com uma câmera de longa distância focal em uma chapa fotográfica. Nas mesmas condições de excitação, quando a composição da amostra varia em uma pequena faixa, a intensidade de uma dada linha espectral de um elemento é proporcional ao número de átomos excitados e, portanto, à concentração do elemento na amostra. A energia emitida (isto é, a intensidade da luz) era normalmente determinada fotograficamente. A concentração do elemento desconhecido era determinada a partir do escurecimento de certas linhas do espectro na chapa fotográfica.

A determinação quantitativa do escurecimento das linhas era feita com um microfotômetro. Efetuavam-se as medidas de i e i_0, a luz transmitida pela linha em questão e a luz transmitida pela porção clara na chapa, respectivamente. A densidade D, a rigor a densidade de escurecimento (também representada por B), é definida como $D = \log_{10}(i_0/i)$, assumindo que a deflexão do galvanômetro do microfotômetro é diretamente proporcional à luz incidente na fotocélula.

16.3 Espectroscopia de emissão de chama (flame emission spectroscopy — FES)

Hoje, dois métodos são usados na espectroscopia de emissão de chama. O método original, conhecido como fotometria de chama, é usado, principalmente, na análise de metais alcalinos, particularmente em fluidos e tecidos biológicos. Atualmente, todavia, o procedimento usual é operar um espectrômetro de absorção atômica de chama no modo de emissão (Fig. 15.3). Neste caso, a chama age como fonte de radiação e a lâmpada de catodo oco e a modulação do sinal não são mais necessárias. A espectroscopia de emissão de chama pode ser mais sensível do que a espectroscopia de absorção atômica de chama. Isto é verdade para os elementos cujas raias de ressonância estão em valores relativamente baixos de energia (tipicamente, comprimentos de onda maiores do que 400 nm). Assim, por exemplo, o sódio (raia de emissão em 589,0 nm) e o lítio (em 670,8 nm) têm grande sensibilidade na espectroscopia de emissão de chama (Seção 15.1).

Fotômetros de chama

A chama é uma fonte de energia muito mais fraca do que as fontes elétricas de excitação mencionadas na Seção 16.2. Por isso, a chama produz um espectro de emissão mais simples, com menos linhas. Além disso, chamas relativamente frias como, por exemplo, de ar–propano, são normalmente usadas nos fotômetros de chama. Em um fotômetro de chama, a radiação emitida é isolada com um filtro óptico (usualmente um filtro de interferência) e convertida em um sinal elétrico pelo fotodetector, geralmente uma fotomultiplicadora. A Fig. 16.2 mostra o esquema do Modelo 410 da Chiron Diagnostics, um fotômetro de chama relativamente simples.

Principais componentes

Faz-se passar o ar, em uma pressão conhecida, por um nebulizador. A sucção assim provocada arrasta a solução da amostra para dentro do nebulizador para formar uma neblina fina que é enviada ao combustor. Nele, em uma pequena câmara de mistura, o ar encontra o gás combustível (normalmente propano) em uma pressão conhecida e a mistura é queimada. A radiação produzida pela chama passa, então, por uma lente e um filtro óptico (normalmente um filtro de interferência), que só permite a passagem da radiação característica do elemento de interesse para o fotodetector (uma fotomultiplicadora). A leitura é feita em um visor digitalizado.

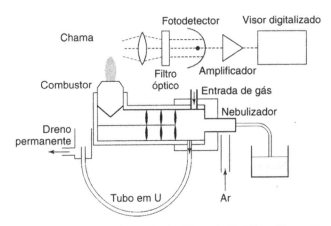

Fig. 16.2 Fotômetro de chama simples (Cortesia de Chiron Diagnostics, Sudbury, Inglaterra)

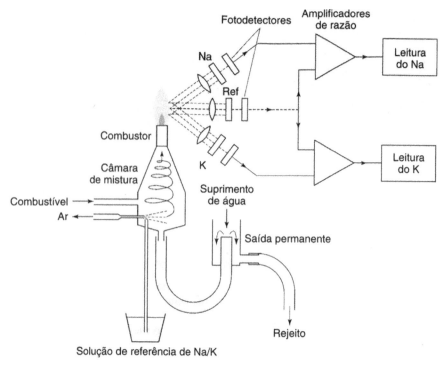

Fig. 16.3 Fotômetro de chama de feixe duplo (Cortesia de Chiron Diagnostics, Sudbury, Inglaterra)

A precisão da técnica aumenta quando se usa um fotômetro de chama de feixe duplo (padrão interno). A Fig. 16.3 mostra um diagrama do fotômetro de chama clínico de feixe duplo, modelo 480, da Chiron Diagnostics. A solução do padrão interno (Seção 16.4), que contém um sal de lítio, é monitorada continuamente para assegurar a precisão durante a análise. O sistema óptico de referência interno (Ref) usa um filtro de interferência de lítio. A razão das intensidades entre Na e Li, ou entre K e Li, é obtida pelos fotodetectores adequados. O circuito eletrônico dá a leitura direta das concentrações de sódio e de potássio. Além destas facilidades, o aparelho incorpora um sistema automático de diluição que manipula todos os tipos de amostras (plasma/soro e urina) e elimina os processos manuais trabalhosos de pré-diluição.

16.4 Métodos de avaliação

Pode-se usar os seguintes métodos para converter as medidas de emissão em concentração de analito:

(a) Curvas de calibração.
(b) Procedimentos padronizados de adição (Seção 15.15).
(c) O método do padrão interno.

O método do padrão interno envolve a adição de uma quantidade conhecida de um material de referência (o padrão interno) à solução da amostra e à solução padrão. Sob excitação, as energias emitidas pelo analito e pelo padrão são medidas simultaneamente por dois fotodetectores. Nos instrumentos de feixe duplo, a razão é obtida diretamente e pode ser lançada em gráfico contra a concentração do analito (Seção 16.3). O método do padrão interno compensa as variações eventuais do arrasto no nebulizador e alterações nas vazões do gás combustível e do oxidante.

16.5 Avaliação da espectroscopia de emissão de chama

A procura pelos fotômetros de chama clínicos diminuiu na última década. A fotometria de chama está sendo substituída por técnicas eletroquímicas, particularmente os eletrodos seletivos para íons (Seção 13.17). A fotometria de chama, entretanto, tem as seguintes vantagens:

(a) É uma técnica bem conhecida.
(b) Os custos de manutenção e de análise são baixos.
(c) Pode ser usada em muitos fluidos.

É possível determinar mais de 60 elementos quando um espectrômetro de absorção atômica é usado no modo de emissão. Como vimos na Seção 15.2, a espectroscopia de emissão de chama pode ser tão sensível, ou mais, quanto a espectroscopia de absorção atômica de chama.

Um problema importante da espectroscopia atômica de chama é a **auto-absorção**. A auto-absorção é conseqüência da existência de uma população menor de átomos excitados na região externa da chama do que na área central, mais quente. Por isso, a emissão proveniente da parte central é absorvida na região externa, relativamente fria. Em concentrações elevadas do analito, a auto-absorção leva a uma curva de calibração negativa e não-linear. Assim, a faixa linear de operação é limitada quando se usam os métodos de chama.

16.6 Espectroscopia de emissão de plasma

O uso de um plasma como fonte de atomização na espectroscopia de emissão foi desenvolvido principalmente nos últimos 25 anos [1, 2]. Como resultado, o escopo da espectroscopia de emissão atômica foi consideravelmente ampliado. Um plasma pode ser definido como uma nuvem de gás altamente ionizado, formado por íons, elétrons e partículas neutras. Em um plasma, mais de 1% do total de átomos está usualmente ionizado.

Na espectroscopia de emissão de plasma, o gás, normalmente argônio, se ioniza em um campo elétrico forte por uma corrente direta ou por radiofreqüência. Ambos os tipos de descarga produzem um plasma, o **plasma de corrente direta** (*direct current plasma* — **DCP**) ou o **plasma de acoplamento indutivo** (*inductively coupled plasma* — **ICP**). As fontes de plasma operam em temperaturas altas, entre 7000 e 15000 K. Na região do ultravioleta, em particular, a fonte de plasma produz um número maior de átomos excitados que emitem energia do que nas temperaturas relativamente baixas da espectroscopia de emissão de chama (Seção 16.3).

Além disso, a fonte de plasma reproduz as condições de atomização com precisão maior do que a que se consegue na espectroscopia clássica de arco elétrico e centelha. Como resultado, obtêm-se espectros de um número maior de elementos, o que torna a fonte de plasma adequada para a determinação simultânea de elementos. Isto é especialmente importante no caso de determinações de muitos elementos em uma ampla faixa de concentração.

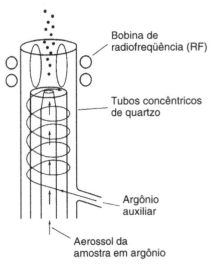

Fig. 16.5 Fonte de plasma (ICP)

16.7 Plasma de corrente direta (DCP)

A Fig. 16.4 mostra um esquema da fonte de plasma (DCP). Ela produz uma descarga de alta voltagem entre dois eletrodos de grafite. O desenho moderno usa um terceiro eletrodo em um arranjo em forma de Y invertido que aumenta a estabilidade da descarga. A amostra é nebulizada (Seção 16.9) na vazão de 1 ml·min^{-1}, usando argônio como gás carreador. O argônio, ionizado pela descarga de alta voltagem, é capaz de sustentar indefinidamente uma corrente de ~20 A [3, 4]. O DCP tem geralmente limites de detecção inferiores aos do ICP. Apesar de o DCP ser, comparativamente, menos caro do que o ICP, os eletrodos de grafite têm de ser substituídos após algumas horas de uso.

16.8 Plasma de acoplamento indutivo (ICP)

A fonte de plasma de acoplamento indutivo (Fig. 16.5) inclui três tubos concêntricos de sílica/quartzo abertos na parte superior. A corrente de argônio que carrega a amostra na forma de aerossol flui pelo tubo central. A excitação é fornecida por dois ou três passos de um tubo metálico de indução em espiral, por onde passa uma corrente de radiofreqüência (~27 MHz). Um segundo fluxo de argônio, na vazão de 10 a 15 l·min^{-1}, estabiliza o plasma. É esta corrente gasosa que é excitada pela fonte de radiofreqüência. O gás de plasma flui em trajetória helicoidal, que estabiliza e ajuda a isolar termicamente o tubo de quartzo mais externo. O plasma é iniciado por uma centelha provocada por um transformador de Tesla e depois se autosustenta. O plasma tem um perfil toroidal e a amostra passa pelo centro relativamente frio do toróide.

16.9 Introdução da amostra

A amostra, normalmente na forma de solução, é arrastada para o plasma com um nebulizador semelhante ao da espectroscopia de chama (Seção 15.5), porém em vazão muito mais baixa (1 ml·min^{-1}). O sistema de nebulização mais utilizado com o ICP é o nebulizador de fluxo cruzado (Fig. 16.6). Uma bomba peristáltica força a amostra a passar pela câmara de mistura na vazão de 1 ml·min^{-1} e a

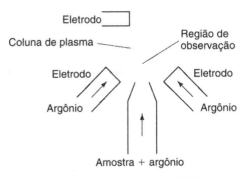

Fig. 16.4 Fonte de plasma (DCP)

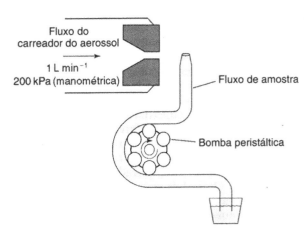

Fig. 16.6 Nebulizador de fluxo cruzado

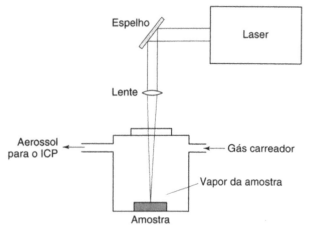

Fig. 16.7 Ablação por laser

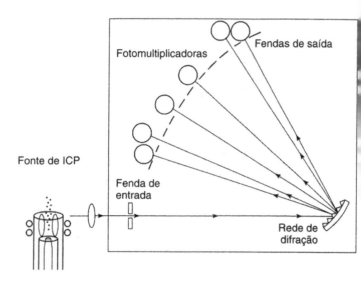

Fig. 16.8 ICP simultâneo: um sistema antigo de análise simultânea de vários elementos

corrente de argônio que flui na mesma velocidade provoca a nebulização.

Outro tipo de nebulizador destinado à manipulação de lamas pode gerar aerossóis a partir de soluções que contêm alto percentual de sólidos (até 20%). Em um arranjo típico, a solução da amostra é bombeada por um canal em forma de V. Um pequeno orifício no meio do canal deixa escapar o gás carreador (argônio). Quando a amostra passa pelo orifício, o gás carreador que sai produz um aerossol não muito fino.

Aerossóis gerados por fluxos cruzados ou por nebulizadores em V não podem ser introduzidos diretamente no plasma porque eles resfriam o plasma e podem até extingui-lo. Para evitar interferências da matriz, adiciona-se uma câmara atomizadora antes do plasma cuja função é reduzir o diâmetro das partículas até a faixa ideal (10 μm).

Pode-se produzir um aerossol particulado a partir de uma amostra sólida por ablação. Na **ablação por laser**, a amostra é vaporizada por um laser dirigido à superfície do sólido. A amostra assim retirada é transferida diretamente para o plasma (Fig. 16.7). Outra técnica é a **ablação por centelha**, que pode ser usada em sólidos condutores como os aços e outras amostras de metalurgia (Seção 16.10).

16.10 Instrumentação para o ICP

Espectrômetro para a análise simultânea de vários elementos

A Fig. 16.8 mostra um esquema do caminho óptico de um dos primeiros sistemas para análise simultânea de vários elementos. A radiação do plasma passa por uma fenda de entrada e sofre dispersão em uma rede de difração côncava. Radiação de diferentes comprimentos de onda atinge uma série de fendas de saída que isolam as linhas de emissão selecionadas para elementos específicos. As fendas de entrada e de saída e a superfície da rede de difração são colocadas ao longo da circunferência de um círculo de Rowland, cuja curvatura é igual ao raio da curvatura da rede côncava. A radiação que passa por cada fenda de saída atinge o catodo de uma fotomultiplicadora dedicada à linha espectral isolada. O sinal de cada fotomultiplicadora é integrado por um capacitor e as voltagens resultantes são proporcionais às concentrações dos elementos na amostra.

Os instrumentos de vários canais são capazes de medir simultaneamente as intensidades das raias de emissão de até 60 elementos. Pode-se corrigir os possíveis efeitos da radiação de fundo não-específica medindo um ou mais comprimentos de onda adicionais (Seção 15.13).

Pode-se também corrigir o efeito da radiação de fundo em um dado comprimento de onda usando placas vibratórias de quartzo que produzem um pequeno deslocamento do comprimento de onda. A emissão nos comprimentos de onda deslocados é então subtraída do valor original. A principal vantagem dos instrumentos fotoelétricos de vários canais é que com os computadores modernos pode-se fazer rapidamente análises simultâneas com precisão maior do que a obtida com os espectrógrafos que utilizam chapas fotográficas. É comum obter resultados para 25 elementos em cerca de 1 a 2 minutos.

Estes instrumentos têm, porém, duas desvantagens principais:

1. As fendas de saída são fixas. Isto impede o uso de outros comprimentos de onda, impossibilitando a análise de outros elementos.
2. Um instrumento com 25 fendas de saída, por exemplo, utiliza 25 fotomultiplicadoras, o que torna o instrumento complexo e caro.

Um sistema de detecção alternativo concebido para evitar uma bateria de fotomultiplicadoras seria um instrumento

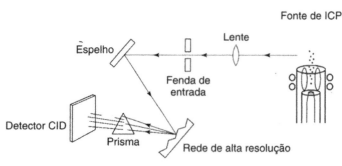

Fig. 16.9 ICP simultâneo: um sistema contemporâneo de análise simultânea de vários elementos (Cortesia de Thermo Jarrel Ash, Franklin, MA, Estados Unidos)

mais versátil. O ICP simultâneo IRIS da Thermo Jarrell Ash supera as desvantagens com um sistema óptico combinado com um detector sensível em vários comprimentos de onda, o que permite a obtenção de todas as informações espectrais da amostra. A Fig. 16.9 mostra um diagrama deste instrumento.

Obtém-se a alta resolução com uma rede de difração de alta resolução. A resolução, R, da rede é diretamente relacionada à densidade das ranhuras, N (o número de linhas por milímetro), e à ordem espectral, n. Em uma rede convencional (Seção 17.6), a ordem espectral, n, é normalmente 1 ou 2, mas em uma rede de alta resolução n pode chegar a 100. Apesar de a densidade das ranhuras (N) ser de 300 linhas por milímetro, apenas, em uma rede de alta resolução, comparado ao valor típico de 1200 linhas por milímetro das redes convencionais, o valor consideravelmente maior de n nas redes usadas nestes instrumentos leva a uma resolução maior. Para evitar a sobreposição de espectros de maior ordem (Seção 17.6) é necessária outra dispersão, normalmente obtida com um prisma, colocado de modo a fazer com que os dados espectrais sejam mostrados em uma apresentação bidimensional, com a ordem espectral, n, no eixo vertical e o comprimento de onda no eixo horizontal. O detector é um **dispositivo de injeção de carga** (*charge injection device* — **CID**) de alta sensibilidade e cobertura de todos os comprimentos de onda. O CID é um conjunto de diodos metal/isolante/semicondutor colocados um ao lado do outro, que converte a radiação incidente em um sinal. Uma grande vantagem do CID é que é possível selecionar o comprimento de onda ótimo para cada elemento em qualquer tipo de amostra.

O espectrômetro IRIS também é capaz de analisar rotineiramente amostras condutoras de eletricidade. Uma centelha elétrica arranca material da amostra sólida, gerando um aerossol particulado que é automaticamente transferido para o ICP, onde é excitado para a análise por emissão. Este acessório de amostragem de sólidos (*solid sampling accessory* — SSA) permite a determinação das concentrações de elementos em sólidos como aço inoxidável, alumínio, latão, ouro, níquel e outras amostras da metalurgia. A amostragem direta de sólidos elimina a necessidade de digestão ácida, evitando, assim, os métodos de preparação de amostras, caros e demorados.

Instrumentos seqüenciais

Os instrumentos seqüenciais são uma alternativa mais barata para o ICP simultâneo. A Fig. 16.10 mostra um diagrama do caminho óptico do espectrômetro ICP seqüencial Thermo Jarrell Ash Atom Scan 16. A rede varre em 20 ms a faixa de comprimentos de onda entre 165 e 800 nm.

As partes eletrônicas relacionadas ao monocromador estão seladas em um sistema óptico purgado para melhorar o desempenho no ultravioleta de vácuo. Isto permite a determinação de elementos com linhas de emissão na região do ultravioleta de vácuo (< 195 nm), como por exemplo, o enxofre.

Para obter alta sensibilidade do detector em toda a faixa de comprimentos de onda, a luz difratada é monitorada por duas fotomultiplicadoras com faixas espectrais diferentes. Antes de cada varredura de comprimentos de onda, a rede localiza automaticamente o triplete emitido por uma fonte interna de mercúrio em 365 nm e move-se sucessivamente para os comprimentos de onda dos elementos a serem analisados. O sistema tem resolução de 0,018 nm, comparável com a largura da linha de emissão. O controle por microprocessador de parâmetros instrumentais como a introdução da amostra, a vazão do gás argônio e a potência do RG assegura a obtenção de resultados uniformes mesmo com as amostras mais difíceis.

16.11 Avaliação do ICP AES

Os instrumentos de ICP AES têm quatro vantagens principais sobre os instrumentos de espectroscopia de absorção atômica:

1. A faixa linear de trabalho dos ICP AES é usualmente de 0,1 a 1000 $\mu g \cdot ml^{-1}$ (quatro casas decimais de concentração). A faixa de trabalho dos instrumentos de AAS é normalmente de 1 a 10 $\mu l \cdot ml^{-1}$ (uma casa decimal).
2. Eles podem fazer análises simultâneas de elementos ou análises seqüenciais rápidas. Os instrumentos de AAS de chama são normalmente seqüenciais. Os instrumentos de forno são sempre seqüenciais.
3. Pode-se, no caso de um instrumento de análise simultânea, aumentar a precisão com padrões internos, com um desvio-padrão relativo (*relative standard deviation* — RSD) típico de 0,1 a 1,0%. A precisão, no caso dos instrumentos de AAS de chama, é, normalmente, de 1 a 2% (RSD) e, nos instrumentos de forno, de 1 a 3%.
4. A ablação e outros métodos de vaporização permitem a medida rápida de muitas amostras sólidas.

As interferências que aparecem na emissão atômica e na absorção atômica são bem documentadas e pode-se usar bons métodos de correção do ruído de fundo. O ICP AES, entretanto, é mais caro do que o AAS e seus custos operacionais são geralmente mais elevados. Um avanço significativo ocorrido nos últimos anos foi o acoplamento efetivo de um ICP a um espectrômetro de massas (*mass spectrometer* — MS), o equipamento ICP-MS (Cap. 19).

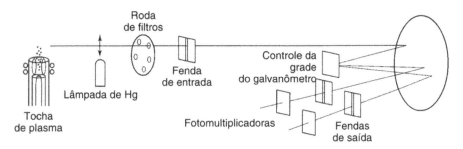

Fig. 16.10 Caminho óptico de um espectrômetro seqüencial (Cortesia de Thermo Jarrel Ash, Franklin, MA, Estados Unidos)

16.12 Determinação de metais alcalinos por fotometria de chama

Embora as medidas de emissão de chama possam ser feitas com espectrômetros de absorção atômica no modo de emissão, veremos nesta seção o uso de um fotômetro de chama simples, o modelo 410 da Chiron Diagnostics. Leia, antes de usar o instrumento, o manual de instruções fornecido pelo fabricante. Prepare soluções padrão de sódio, potássio, cálcio e lítio, segundo as instruções dadas a seguir. Determine as curvas de calibração correspondentes e depois faça as quatro determinações propostas.

Soluções padrão

Sódio Dissolva em um balão aferido 2,542 g de cloreto de sódio em 1 litro de água desionizada. Esta solução contém o equivalente a 1,000 mg de Na por mililitro. Dilua a solução de modo a obter quatro soluções com 10, 5, 2,5 e 1 $\mu g \cdot ml^{-1}$ de íons sódio.

Potássio Dissolva 1,909 g de cloreto de potássio em 1 litro de água desionizada. Esta solução contém o equivalente a 1,000 mg de K por mililitro. Dilua a solução de modo a obter quatro soluções com 20, 10, 5 e 2 $\mu g \cdot ml^{-1}$ de íons potássio.

Cálcio Dissolva em um balão aferido de um litro 2,497 g de carbonato de cálcio em um pouco de ácido clorídrico diluído e complete o volume com água desionizada. Esta solução contém o equivalente a 1,000 mg de Ca por mililitro. Dilua a solução de modo a obter quatro soluções com 100, 50, 25 e 10 $\mu g \cdot ml^{-1}$ de íons cálcio.

Lítio Dissolva em um balão aferido de um litro 5,324 g de carbonato de lítio puro em um pouco de ácido clorídrico diluído e complete o volume com água desionizada. Esta solução contém o equivalente a 1,000 mg de Li por mililitro. Dilua a solução de modo a obter quatro soluções com 20, 10, 5 e 2 $\mu g \cdot ml^{-1}$ de íons lítio.

Determinações

Potássio em sulfato de potássio Pese com exatidão cerca de 0,20 g de sulfato de potássio e dissolva em 1 litro de água desionizada. Dilua 10,0 ml desta solução até 100 ml e determine o potássio com o fotômetro de chama usando o filtro de potássio.

Potássio e sódio em uma mistura Misture quantidades adequadas das soluções preparadas anteriormente de modo que a solução resultante contenha, por exemplo, 4 a 10 $\mu g \cdot ml^{-1}$ de Na e 10 a 15 $\mu g \cdot ml^{-1}$ de K. Determine o sódio e o potássio usando os filtros apropriados. Compare os resultados com os valores verdadeiros.

Sódio, potássio e cálcio em uma mistura Misture quantidades apropriadas das soluções preparadas anteriormente de modo que a solução teste contenha, por exemplo, 5 $\mu g \cdot ml^{-1}$ de Na, 10 $\mu g \cdot ml^{-1}$ de K e 40 $\mu g \cdot ml^{-1}$ de Ca. Determine o sódio, o potássio e o cálcio usando os filtros apropriados. Compare os resultados obtidos com os valores verdadeiros.

Potássio e sódio em uma mistura Se um fotômetro de chama de feixe duplo, por exemplo, o modelo 482 da Chiron Diagnostics, puder ser utilizado, use lítio como padrão interno. Prepare os padrões de sódio e potássio como descrito anteriormente. Cada padrão e os desconhecidos devem conter 100 $\mu g \cdot ml^{-1}$ de lítio. Compare os resultados obtidos com este método com os da segunda determinação.

16.13 Referências

1. V A Fassel 1978 *Science*, **208**; 183
2. M Thompson and J N Walsh 1989 *A handbook of inductively coupled plasma spectrometry*, 2nd edn, Blackie, Glasgow
3. G W Johnson, H E Taylor and R K Skogerboe 1979 *Anal. Chem.*, **51**; 2403
4. J Reednick 1979 *Am. Lab.*, **11** (3); 53

16.14 Bibliografia

P W J M Bouman's 1987 *Inductively coupled plasma emission spectrometry*, Parts 1 and 2, John Wiley, New York

M S Cresser 1995 *Flame spectrometry in environmental chemical analysis: a practical approach*, Royal Society of Chemistry, Cambridge

J R Dean 1997 *Atomic absorption and plasma spectroscopy*, 2nd edn, ACOL–Wiley, Chichester

R K Fassel *et al.* 1985 *Inductively coupled plasma emission spectroscopy: an atlas of spectral information*, Elsevier, New York

A Montaser and D W Golightly (eds) 1992 *Inductively coupled plasmas in analytical atomic spectrometry*, 2nd edn, VCH, New York

G L Moore 1989 *Introduction to inductively coupled plasma atomic emission spectroscopy*, Elsevier, Amsterdam

M Thompson and J N Walsh 1989 *A handbook of inductively coupled plasma spectrometry*, 2nd edn, Blackie, Glasgow

17

Espectroscopia eletrônica molecular

17.1 Discussão geral

A variação da cor de um sistema com a mudança da concentração de um componente é a base da **análise colorimétrica**. A cor é, usualmente, devida à formação de um composto colorido pela adição de um reagente apropriado ou é inerente ao constituinte que se deseja analisar. A intensidade da cor é comparada com a intensidade da cor que se obtém com o mesmo procedimento pelo tratamento de uma amostra cuja quantidade e concentração são conhecidas. A **análise fluorométrica** é um método de análise no qual se usa a quantidade de radiação emitida por um analito para medir sua concentração. Na **análise espectrofotométrica** usa-se uma fonte de radiação que alcança a região ultravioleta do espectro. Para isso, escolhe-se comprimentos de onda de radiação bem-definidos e com largura de banda de menos de um nanômetro, o que exige um espectrofotômetro, um instrumento mais complicado e, conseqüentemente, mais caro.

Um espectrômetro óptico é um instrumento que possui um sistema óptico que dispersa a radiação eletromagnética incidente e permite a medida da quantidade de radiação transmitida em determinados comprimentos de onda selecionados da faixa espectral. Um fotômetro é um equipamento que mede a intensidade da radiação transmitida ou uma função desta quantidade. Quando combinado em um espectrofotômetro, o espectrômetro e o fotômetro produzem um sinal que corresponde à diferença entre a radiação trasmitida por um material de referência e a radiação transmitida por uma amostra em comprimentos de onda selecionados. A vantagem principal dos métodos colorimétrico e espectrofotométrico é que eles são uma maneira simples de determinar quantidades muito pequenas de substâncias. Em geral, o limite superior dos métodos colorimétricos é a determinação de constituintes em concentrações inferiores a 1 ou 2%. A fluorimetria, além de ser duas a três ordens de grandeza mais sensível do que os métodos colorimétrico e espectrofotométrico, tem a vantagem de ser mais seletiva.

A seletividade das técnicas espectrofotométrica e fluorométrica pode ser aumentada com a **espectrofotometria derivativa** (Seção 17.13). Neste capítulo, estamos interessados nos métodos analíticos baseados na absorção de radiação eletromagnética e, no caso da fluorimetria, em sua emissão subseqüente. A luz é a radiação à qual o olho humano é sensível. Em comprimentos de onda diferentes, a radiação dá origem às diferentes cores. A mistura destes comprimentos de onda constitui a luz branca, que cobre o chamado espectro visível, entre 400 e 760 nm. A Tabela 17.1 lista as faixas aproximadas dos comprimentos de onda das cores. A percepção visual da cor depende da absorção seletiva de certos comprimentos de onda da luz incidente pelo objeto colorido. Os demais comprimentos de onda são refletidos ou transmitidos de acordo com a natureza do objeto e são percebidos pelo olho como a cor do objeto. Se um objeto sólido opaco parece branco é porque todos os comprimentos de onda foram refletidos igualmente. Se o objeto parece preto é porque muito pouca luz de qualquer comprimento de onda foi refletida. Se ele parece azul é porque os comprimentos de onda que estimulam a sensação de azul foram refletidos etc.

Note que a faixa coberta pela radiação eletromagnética se estende consideravelmente além da região do visível. A Fig. 17.1 (fora da escala) mostra os limites aproximados de comprimentos de onda e freqüências dos vários tipos de radiação, inclusive a faixa de freqüências do som, a que chamamos espectro eletromagnético. Note que os raios γ e os raios X têm comprimentos de onda muito pequenos, enquanto a radiação ultravioleta, visível, infravermelha e de rádio têm comprimentos de onda progressivamente maiores. Na fluorimetria, colorimetria e espectrofotometria, a região do visível é da maior importância. As ondas eletromagnéticas são descritas habitualmente em termos do comprimento de onda, λ, o número de ondas, $\bar{v}$, e a freqüência, v. O comprimento de onda é a distância entre dois pontos de mesma fase em ondas sucessivas e, exceto se dito o contrário, sua unidade é o centímetro (cm). O número de

Tabela 17.1 *Comprimentos de onda aproximados das cores (nm)*

Ultravioleta	Violeta	Azul	Verde	Amarelo	Laranja	Vermelho	Infravermelho
< 400	400–450	450–500	500–570	570–590	590–630	620–760	> 760

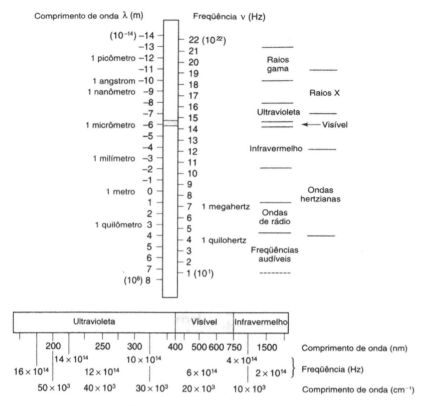

Fig. 17.1 Espectro eletromagnético

ondas, como diz o nome, é o número de ondas contidas em um centímetro. A freqüência é o número de ondas por segundo. Estas três quantidades são relacionadas como

$$\frac{1}{\text{comprimento de onda}} = \text{número de onda} = \frac{\text{freqüência}}{\text{velocidade da luz}}$$

$$\frac{1}{\lambda} = \bar{\nu} = \frac{\nu}{c} \quad c = 2{,}99793 \times 10^8 \text{ m/s}^{-1}$$

As seguintes unidades são de uso comum:

1 angstrom = 1 Å = 10^{-10} m = 10^{-8} cm
1 nanômetro = 1 nm = 10 Å = 10^{-7} cm
1 micrômetro = 1 μm = 10^4 Å = 10^{-4} cm

Duas relações úteis são:

Comprimento de onda $\bar{\nu} = 1/\lambda$ ondas por centímetro
Freqüência $\nu = c/\lambda \approx 3 \times 10^{10}/\lambda$ ondas por segundo

Para respeitar o sistema SI, estas funções deveriam ser calculadas em metros, porém é prática comum usar o centímetro.

17.2 Teoria da espectrofotometria* e da colorimetria

Quando luz monocromática ou policromática atinge um meio homogêneo, parte da luz incidente sofre reflexão, parte é absorvida pelo meio e o resto é transmitido. Se as intensidades da luz forem I_0 para a luz incidente, I_a para a luz absorvida e I_r para a luz refletida, então,

$$I_0 = I_a + I_t + I_r$$

No caso da interface ar–vidro, que ocorre quando se usa células de vidro, cerca de 4% da luz incidente é refletida. I_r é normalmente eliminada pelo uso de um controle como uma célula de comparação e

$$I_0 = I_a + I_t \tag{17.1}$$

Costuma-se atribuir a Lambert [1] o estudo da absorção da luz em meios de diferentes espessuras, embora ele tenha apenas aplicado conceitos originalmente desenvolvidos por Bouguer [2]. Mais tarde, Beer [3] fez experimentos semelhantes com soluções de concentrações diferentes e publicou seus resultados um pouco antes de Bernard [4]. Esta história meio confusa foi explicada por Malinin e Yoe [5]. As duas leis são conhecidas separadamente como lei de Lambert e lei de Beer. Na forma combinada [6], são conhecidas como lei de Lambert–Beer.

Lei de Lambert

Segundo Lambert, quando a luz atravessa um meio transparente, a diminuição da intensidade com a espessura do meio é proporcional à intensidade da luz. Isto é equivalente a dizer que a intensidade da luz emitida diminui exponencialmente quando a espessura do meio absorvente aumenta aritmeticamente ou que qualquer camada de uma dada espessura absorve a mesma fração da luz que incide sobre ela. A lei pode ser escrita na forma de uma equação diferencial

---

*A espectrofotometria atinge as seguintes regiões do espectro: ultravioleta, 185 a 400 nm, visível, 400 a 760 nm, e infravermelho, 0,76 a 15 μm. A colorimetria trata da região visível do espectro.

$$-\frac{dI}{dl} = kI \qquad (17.2)$$

onde I é a intensidade da luz incidente de comprimento de onda λ, l é a espessura do meio e k é um fator de proporcionalidade. Integrando a Eq. (17.2) e fazendo $I = I_0$, quando $l = 0$, tem-se

$$\ln \frac{I_0}{I_t} = kl$$

ou

$$I_t = I_0 e^{-kl} \qquad (17.3)$$

onde I_0 é a intensidade da luz que incide em um meio absorvente de espessura l, I_t é a intensidade da luz transmitida e k é uma constante que depende do comprimento de onda usado e do meio absorvente. Passando de logaritmos naturais para decimais, tem-se

$$I_t = I_0 \times 10^{-0,4343kl} = I_0 \times 10^{-Kl} \qquad (17.4)$$

onde $K = k/2,3026$ é chamado **coeficiente de absorção**. O coeficiente de absorção é geralmente definido como o inverso da espessura (1 cm) necessária para reduzir a luz a 1/10 de sua intensidade. Isto é uma conseqüência da Eq. (17.4), porque

$$I_t/I_0 = 0,1 = 10^{-Kl} \quad \text{ou} \quad Kl = 1 \quad \text{e} \quad K = 1/l$$

A razão I_t/I_0 é a fração da luz incidente transmitida por um meio de espessura, l, e é a chamada **transmitância**, T. O inverso da transmitância, I_0/I_t, é a **opacidade**. A **absorbância**, A, do meio (antigamente chamada de densidade óptica, D, ou extinção, E) é dada por

$$A = \log(I_0/I_t) \qquad (17.5)$$

Assim, um meio com absorbância 1,0 em um determinado comprimento de onda transmite 10% da luz incidente neste comprimento de onda.

Lei de Beer

Consideramos até agora a absorção e a transmissão da luz monocromática em função da espessura da camada absorvente. Na análise quantitativa, entretanto, são as soluções que interessam. Beer estudou o efeito da concentração do constituinte colorido da solução sobre a transmissão e a absorção da luz. Ele encontrou a mesma relação (17.3) entre a transmissão e a concentração que Lambert havia descoberto para a relação entre a transmissão e a espessura da camada, isto é, a intensidade de um feixe de luz monocromático diminui exponencialmente quando a concentração da substância absorvente aumenta aritmeticamente. Este resultado pode ser escrito como

$$I_t = I_0 e^{-k'c}$$
$$= I_0 \times 10^{-0,4343k'c} = I_0 \times 10^{-K'c} \qquad (17.6)$$

onde c é a concentração e k' e K' são constantes. Combinando as Eqs. (17.4) e (17.5), tem-se [6]

$$I_t = I_0 \times 10^{-acl} \qquad (17.7)$$

ou

$$\log(I_0/I) = acl \qquad (17.8)$$

Esta é a lei fundamental da colorimetria e da espectrofotometria, freqüentemente conhecida como **lei de Beer–**

Lambert ou, mais recentemente, como **lei de Beer**. O valor de a depende de como se expressa a concentração. Se c é expresso em $mol \cdot l^{-1}$ e l em cm, então a é substituído por ε, o **coeficiente de absorção molar** ou absortividade molar (conhecido antigamente como coeficiente de extinção molar).

O coeficiente de absorção específica, E_s (às vezes chamado de índice de absorbância), pode ser definido como a absorção por espessura unitária (percurso ou passo óptico) e concentração unitária. Quando o peso molecular de uma substância é desconhecido, não é possível definir o coeficiente de absorção molar e, neste caso, é comum escrever a unidade de concentração como um superescrito e a unidade de espessura como um índice, isto é,

$$E_{1cm}^{1\%} \, 325 \, nm = 30$$

Isto significa que, para a substância em questão, no comprimento de 325 nm, uma solução de passo óptico 1 cm e concentração 1% (1 g de soluto por 100 ml de solução) tem $\log(I_0/I_t)$ igual a 30.

Observe que existe uma relação entre a absorbância, A, a transmitância, T, e o coeficiente de absorção molar porque

$$A = \varepsilon cl = \log \frac{I_0}{I_t} = \log \frac{1}{T} = -\log T \qquad (17.9)$$

As escalas dos espectrofotômetros são, com freqüência, calibradas para a leitura direta em absorbância e, também, em percentagem de transmitância. Nas medidas colorimétricas, I_0 é usualmente entendido como a intensidade da luz transmitida pelo solvente puro ou como a intensidade da luz que incide sobre a solução. I_t é a intensidade da luz que emerge da solução ou que é transmitida pela solução. Os seguintes termos são usados:

Coeficiente de absorção (ou coeficiente de extinção) é a absorbância de um passo óptico unitário.

$$K = A/t \quad \text{ou} \quad I_t = I_0 \times 10^{-Kt}$$

Coeficiente de absorção específico (ou índice de absorbância) é a absorbância de um passo óptico e concentração unitários.

$$E_s = A/cl \quad \text{ou} \quad I_t = I_0 \times 10^{-E_s cl}$$

Coeficiente de absorção molar é o coeficiente de absorção específico na concentração de 1 $mol \cdot l^{-1}$ e passo óptico de 1 cm.

$$\varepsilon = A/cl$$

Aplicação da lei de Beer

Consideremos duas soluções de uma substância colorida, cujas concentrações são c_1 e c_2, colocadas em um instrumento que permite alterar e medir a espessura do passo óptico das amostras, além de comparar a radiação transmitida por cada uma delas. Quando a intensidade da cor das duas soluções é a mesma,

$$I_{t_1} = I_0 \times 10^{-\varepsilon l_1 c_1} = I_{t_2} = I_0 \times 10^{-\varepsilon l_2 c_2} \qquad (17.10)$$

onde l_1 e l_2 são os passos ópticos das soluções de concentração c_1 e c_2, respectivamente, quando o sistema está opticamente balanceado. Assim, nestas condições e se a lei de Beer se aplica, tem-se que

$$l_1 c_1 = l_2 c_2 \qquad (17.11)$$

354 Espectroscopia eletrônica molecular

Pode-se, portanto, usar o colorímetro de duas maneiras: (a) para investigar a validade da lei de Beer, fazendo variar c_1 e c_2 e verificando se a Eq. (17.11) se aplica, e (b) para determinar a concentração desconhecida, c_2, de uma solução colorida, por comparação com uma solução de concentração conhecida, c_1. Note que a Eq. (17.11) só é válida se a lei de Beer for obedecida na faixa de concentrações utilizada e se o instrumento não for opticamente impreciso.

Quando se usa um espectrofotômetro, a comparação com uma solução de concentração conhecida não é necessária. A intensidade da luz transmitida, ou melhor, a razão I_t/I_0 (a transmitância) pode ser medida diretamente em um passo óptico conhecido, l. Pode-se testar a validade da lei de Lambert–Beer (17.9) variando-se l e c, e determinar ε. Quando se conhece o valor de ε, pode-se calcular a concentração, c_x, de uma solução desconhecida usando a fórmula

$$c_X = \log \frac{I_0/I_t}{\varepsilon l} \qquad (17.12)$$

O coeficiente de absorção molar, ε, depende do comprimento de onda da luz incidente, da temperatura e do solvente utilizados. É melhor, na prática, escolher o comprimento de onda da luz incidente de modo que ele esteja próximo do comprimento de onda em que a absorção seletiva é máxima (ou a transmitância seletiva é mínima). Com este procedimento, a sensibilidade é máxima.

No caso de suas células de mesmo comprimento de onda (isto é, com l constante), a lei de Lambert–Beer pode ser escrita como

$$c \propto \log \frac{I_0}{I_t} \quad \text{ou} \quad c \propto \log \frac{1}{T}$$

ou

$$c \propto A \qquad (17.13)$$

Assim, um gráfico de A, ou log $(1/T)$, contra a concentração é uma reta que passa pelo ponto $c = 0$, $A = 0$ ($T = 100\%$). Este gráfico (usualmente chamado de curva de calibração) pode ser usado para determinar as concentrações desconhecidas de soluções do mesmo material pela determinação de suas absorbâncias.

Desvios da lei de Beer

A lei de Beer é geralmente válida em uma faixa de concentrações razoavelmente elevada, se a estrutura do íon colorido ou do não-eletrólito colorido em solução não mudar com a concentração. Pequenas quantidades de eletrólitos que não reagem quimicamente com os componentes coloridos normalmente não afetam a absorção da luz. Grandes quantidades de eletrólitos podem deslocar a posição do máximo de absorção e, também, mudar a absortividade molar. Encontram-se discrepâncias, usualmente, quando o soluto colorido se ioniza, se dissocia ou se associa em solução, porque, neste caso, a natureza da espécie que absorve varia com a concentração. A lei de Beer não é válida quando o soluto forma complexos cuja composição depende da concentração. Podem ocorrer discrepâncias quando a luz utilizada não é monocromática. É sempre possível testar o comportamento de uma substância fazendo o gráfico log (I_0/I_t), ou log $(1/T)$, contra a concentração. Uma linha reta que passa pela origem indica que a lei de Beer está sendo obedecida.

Se a solução-teste não obedece à lei de Beer, é melhor preparar uma curva de calibração usando um conjunto de padrões de concentração conhecida. Coloque as leituras do instrumento em gráfico contra as concentrações, em mg/ml ou mg/1000 ml. Para maior precisão, as curvas de calibração devem cobrir as faixas de diluição em que a comparação com o desconhecido vai ser feita. O instrumento também pode provocar desvios da lei de Beer. Assim, por exemplo, se a fotomultiplicadora não está funcionando corretamente, obtém-se uma linha reta, mas a linha irá cortar o eixo de concentrações fora do zero. Se as cubetas (células) estiverem sujas, a linha cortará o eixo de absorbâncias em um valor maior do que zero.

17.3 Fluorimetria (teoria)

A fluorescência é o resultado da absorção de energia radiante e emissão de parte desta energia na forma de luz. A luz emitida tem, quase sempre, comprimento de onda maior do que a luz absorvida (lei de Stokes). Na fluorescência, a absorção e a emissão ocorrem em um tempo curto porém mensurável, da ordem de 10^{-12} a 10^{-9} segundos. Se ocorre um retardamento ($> 10^{-8}$ segundos) porque a transição é proibida, o fenômeno é conhecido como **fosforescência**. O retardamento pode ser de frações de segundo ou de várias semanas. A fluorescência e a fosforescência são casos particulares da **fotoluminescência**, um termo geral aplicado aos fenômenos de absorção e reemissão de luz.

O tipo de fotoluminescência mais usado hoje em dia em química analítica é a fluorimetria, que se distingue das demais formas de fotoluminescência pelo fato de a molécula excitada retornar ao estado fundamental imediatamente após a excitação. Quando uma molécula absorve um fóton de radiação ultravioleta, ela sofre uma transição a um estado eletrônico excitado e um de seus elétrons é promovido para um orbital de energia mais alta. Existem dois tipos importantes de transições para as moléculas orgânicas:

(a) $n \rightarrow \pi^*$, em que um elétron de um orbital não-ligante é promovido a um orbital π antiligante.
(b) $\pi \rightarrow \pi^*$, em que um elétron de um orbital π ligante é promovido a um orbital π antiligante.

A excitação do tipo $\pi \rightarrow \pi^*$ provoca fluorescência significativa. A excitação do tipo $n \rightarrow \pi^*$ produz fluorescência pouco intensa. As transições eletrônicas de bandas de transferência de carga também provocam fluorescência intensa. A energia eletrônica, entretanto, não é o único tipo de energia afetado quando uma molécula absorve um fóton de radiação ultravioleta. As moléculas orgânicas têm um grande número de vibrações e cada uma delas contribui com uma série de níveis vibracionais quase igualmente espaçados para cada estado eletrônico. Os vários estados de energia disponíveis para uma molécula podem ser representados por meio de um diagrama de níveis de energia. Procure mais detalhes na Seção 17.42.

Para que uma molécula emita radiação por fluorescência, ela deve, primeiro, ser capaz de absorver radiação. Nem todas as moléculas que absorvem no ultravioleta ou no visível são fluorescentes e é útil quantificar a fluorescência de uma dada molécula. O **rendimento quântico** é definido como a fração da radiação incidente que é reemitida como fluorescência em um determinado comprimento de onda.

$$\phi_f (\leq 1) = \frac{\text{número de fótons emitido}}{\text{número de fótons absorvido}} = \frac{\text{quantidade de luz emitida}}{\text{quantidade de luz absorvida}}$$

Algumas das moléculas excitadas podem perder o excesso de energia por dissociação de uma ligação, o que leva a uma reação fotoquímica, ou podem retornar ao estado fundamental por outros mecanismos. O rendimento quântico será, então, menor do que a unidade e pode chegar a ser extremamente pequeno. O valor de ϕ_f é uma propriedade da molécula, determinada principalmente por sua estrutura. Em geral, um valor alto de ϕ_f está associado com moléculas que possuem um sistema extenso de ligações duplas conjugadas em uma estrutura relativamente rígida devido à formação de anéis. Um exemplo disso é a intensa fluorescência de moléculas orgânicas como o antraceno, a fluoresceína e outras estruturas aromáticas com anéis condensados. O número de espécies inorgânicas simples que são fluorescentes é mais limitado. São exemplos os compostos de lantanídeos e actinídeos, alguns compostos organometálicos e compostos como o íon tris(bipiridil) rutênio(II), $Ru(bpy)_3^{2+}$, que tem rendimento quântico igual a 0,1. No caso de metais, esta limitação pode ser superada pela formação de um complexo com um ligante orgânico apropriado. Muitos dos complexos de metais formados com o agente de complexação 8-hidróxi-quinolina são fluorescentes.

Aspectos quantitativos

A intensidade total de fluorescência, F, é dada pela equação $F = I_a \phi_f$, onde I_a é a intensidade da luz absorvida e ϕ_f é o rendimento quântico de fluorescência. Como $I_0 = I_a + I_t$, onde I_0 é a intensidade da luz incidente e I_t é a intensidade da luz transmitida,

$$F = (I_0 - I_t)\phi_f$$

e como $I_t = I_0 e^{-\varepsilon cl}$ (lei de Beer),

$$F = I_0(1 - e^{-\varepsilon cl})\phi_f \qquad (17.14)$$

No caso de soluções que absorvem pouco, εcl é pequeno e a equação torna-se

$$F = 2,3 I_0 \varepsilon cl \phi_f \qquad (17.15)$$

de modo que para soluções muito diluídas ($\leq$ alguns $\mu g \cdot g^{-1}$) a intensidade total de fluorescência, F, é proporcional à concentração da amostra e à intensidade da energia de excitação. É instrutivo comparar a sensibilidade que pode ser alcançada pelos métodos de absorção e fluorescência. A precisão total com que se pode medir a absorção em uma célula de 1 cm não é maior do que 0,001 unidade. Como, para a maior parte das moléculas, o valor de $\varepsilon_{máx}$ é raramente maior do que 10^6, tem-se, usando a lei de Beer, que a menor concentração que se pode medir é

$$c_{mín} > 10^{-3}/10^6 \, M = 10^{-9} \, M$$

No caso da fluorescência, a sensibilidade é, em princípio, limitada apenas pela intensidade máxima da fonte de luz excitadora e, em condições ideais, $c_{mín} = 10^{-12}$ M. Em geral, o limite de detecção da técnica da fluorescência é da ordem de 10^3 vezes menor do que o limite de detecção da absorção no ultravioleta.

A seletividade pode ser também maior com os métodos de fluorescência porque nem todas as espécies que absorvem fluorescem e porque o analista pode selecionar dois comprimentos de onda (excitação e emissão), contra apenas um nos métodos de absorção. Esta seletividade inerente pode, entretanto, ser inadequada e tem de ser, freqüentemente, realçada por separação química, por exemplo, por extração com solvente (Cap. 6). É possível, também, melhorar a seletividade com técnicas que usam derivação, isto é, fazendo a medida de um componente da amostra com um espectro derivativo em lugar do espectro original de emissão de fluorescência. Assim, ombros pouco intensos do espectro original convertem-se em picos facilmente quantificados no espectro derivativo.

É importante distinguir entre os espectros de **emissão** e **excitação** de fluorescência. Os espectros de emissão são produzidos com a excitação em comprimento de onda fixo e o espectro é registrado como a intensidade da emissão em função do comprimento de onda da emissão. Os espectros de excitação são obtidos por variação do comprimento de onda de excitação e medida da intensidade de fluorescência em um comprimento de onda fixo. Excitação não é a mesma coisa que absorção. Os fatores que provocam desvios da lei de Beer na absorção têm efeito semelhante na fluorescência. Qualquer material que faz com que a intensidade da fluorescência fique menor do que o valor esperado pela Eq. 17.15 é um inibidor (quencher) e o efeito que ele provoca é chamado de inibição (quenching). Este efeito é normalmente provocado por íons ou moléculas estranhos à análise. A fluorescência é afetada pelo pH da solução, pela natureza do solvente, pela concentração dos reagentes adicionados na determinação de íons inorgânicos e, às vezes, pela temperatura. O tempo necessário para que a fluorescência chegue ao máximo depende muito da reação que produz a espécie fluorescente.

Um aspecto importante da inibição, em química analítica, é que a fluorescência de um analito pode ser inibida por algum composto presente na amostra — um exemplo de efeito de matriz. Se a concentração da espécie inibidora é constante, a inibição pode ser compensada pelo uso de padrões adequados, isto é, que contêm a mesma concentração do inibidor, porém podem ocorrer dificuldades quando a concentração do inibidor varia de forma imprevisível.

17.4 Métodos de medida da "cor"

O princípio básico da maior parte das técnicas colorimétricas é a comparação, em condições bem-definidas, da cor produzida por uma substância que está em concentração desconhecida em uma amostra com a mesma cor produzida por uma quantidade conhecida do mesmo material. Quando se usa um espectrofotômetro, não é essencial preparar uma série de padrões. O coeficiente de absorção molar pode ser calculado com a medida da absorbância ou da transmitância de uma solução padrão e a concentração desconhecida obtida com a ajuda do coeficiente de absorção molar e do valor observado da absorbância ou da transmitância (veja as Eqs. (17.12) e (17.13)). Dois métodos importantes, a absorciometria e a espectrofotometria, são descritos brevemente aqui e com mais detalhes nas Seções 17.5 e 17.6. Para um tratamento mais completo da comparação visual veja as edições mais antigas deste livro.

Método do fotômetro fotoelétrico

Neste método, o olho humano, que era usado antigamente nas técnicas visuais, é substituído por uma célula fotoelétrica adequada. A célula fotoelétrica mede diretamente a intensidade da luz e, portanto, da absorção. Os instrumentos que incorporam células fotoelétricas medem a absorção da luz e não a cor da substância e, por isso, o uso do termo "colorímetro fotoelétrico" é impróprio. Nomes melhores são comparador fotoelétrico, fotômetro fotoelétrico ou, melhor ainda, **absorciômetro**. Estes instrumentos são compostos essencialmente por uma fonte de luz, um filtro apropriado, para assegurar que a luz seja aproximadamente monocromática (daí o nome fotômetro fotoelétrico de filtro), uma célula de vidro, para a solução, uma célula fotoelétrica, que recebe a radiação transmitida pela solução, e um medidor, para determinar a resposta da célula fotoelétrica. O comparador é inicialmente calibrado com uma série de soluções de concentração conhecida e o resultado lançado em um gráfico de concentração contra a leitura do medidor. A concentração da solução desconhecida é determinada pela resposta da célula fotoelétrica na curva de calibração.

Os absorciômetros são oferecidos em diversos modelos, com uma ou duas fotocélulas. Quando o instrumento só dispõe de uma fotocélula, mede-se diretamente a absorção da luz pela solução determinando a corrente elétrica da fotocélula em relação à corrente obtida com o solvente puro. É absolutamente essencial usar uma fonte de luz de intensidade constante. Se a fotocélula apresentar o chamado "efeito de fadiga", é necessário esperar que ela chegue ao equilíbrio após cada mudança da intensidade da luz. Os instrumentos que têm duas fotocélulas são mais confiáveis (desde que o circuito elétrico tenha sido adequadamente planejado) porque se elas tiverem a mesma resposta espectral, os efeitos de flutuação da intensidade da luz afetam ambas as células do mesmo modo. As duas fotocélulas, iluminadas pela mesma fonte de luz, são balanceadas uma contra a outra por um galvanômetro. A solução-teste é colocada antes de uma das células e o solvente puro antes da outra. O galvanômetro indica a diferença de corrente nas duas fotocélulas.

Método espectrofotométrico

Este é, sem dúvida, o método mais acurado de determinação, entre outras coisas, da concentração de substâncias em solução, mas os instrumentos são obviamente mais caros. Um espectrofotômetro pode ser visto como um fotômetro fotoelétrico de filtro mais complexo, que permite o uso de faixas de luz quase monocromáticas que podem variar continuamente. As partes essenciais de um espectrofotômetro são (1) uma fonte de energia radiante, (2) um monocromador, isto é, um dispositivo capaz de isolar um feixe de luz monocromática ou, mais exatamente, bandas estreitas da energia radiante proveniente da fonte de luz, (3) células de vidro ou de quartzo, para o solvente e a solução-teste, e (4) um dispositivo para receber ou medir o feixe ou feixes de energia radiante que passam pelo solvente ou pela solução.

17.5 Método do fotômetro fotoelétrico

Colorímetros fotoelétricos (absorciômetros)

O uso de células fotoelétricas para medir a intensidade da luz, eliminando, desta forma, os erros devidos às características pessoais do observador, foi um dos grandes avanços no desenho dos colorímetros. A célula fotovoltaica, ou célula de barreira, na qual a luz que atinge a superfície de um material condutor, como o selênio, montado sobre uma base apropriada (usualmente ferro), produz uma corrente elétrica cuja grandeza depende da intensidade da luz incidente, foi muito usada nos absorciômetros. Este arranjo tem, porém, dois defeitos: (1) é difícil amplificar a corrente gerada pela célula, o que significa que o detector é pouco sensível quando a luz incidente é pouco intensa, e (2) a fadiga da célula. Por estas razões, prefere-se usar hoje em dia fotomultiplicadoras e detectores de diodo de silício.

Células fotoemissivas

Em sua forma mais simples, a célula fotoemissiva (também chamada fototubo) é um bulbo de vidro com a superfície interna coberta com uma camada delgada de um material sensível à luz (isto é, um material que emite elétrons quando iluminado) como, por exemplo, óxido de césio ou de potássio e óxido de prata. Uma parte da superfície do bulbo permite a passagem da luz. A camada fotossensível é o catodo. Um anel de metal colocado nas proximidades do centro do bulbo é o anodo, que é mantido em uma voltagem elevada por uma bateria. O interior do tubo é mantido sob vácuo ou, às vezes, está cheio de um gás inerte em baixa pressão (argônio a 0,2 mm Hg, por exemplo). Quando a luz penetra no interior do bulbo e atinge a camada sensível, ocorre emissão de elétrons que provocam uma corrente elétrica em um circuito externo. A corrente pode ser amplificada eletronicamente e sua intensidade é uma medida da intensidade da luz que atinge a superfície fotossensível. Posto de outra forma, a emissão dos elétrons leva a uma queda de potencial em um resistor de resistência alta (R) em série com a célula e a bateria. A queda de potencial pode ser medida por um potenciômetro adequado (M) e relacionada à quantidade de luz que atinge o catodo. A Fig. 17.2 descreve esquematicamente o funcionamento da célula fotoemissiva.

A sensibilidade de uma célula fotoemissiva (fototubo) pode ser aumentada com uma alteração do desenho, o chamado tubo fotomultiplicador (fotomultiplicadora). Este dispositivo é um eletrodo coberto com um material fotoemissivo e uma série de placas com carga positiva, os

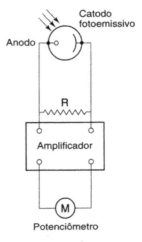

Fig. 17.2 Célula fotoemissiva

fotodinodos, que estão, sucessivamente, em potencial crescente. As placas estão recobertas com um material que emite entre dois e cinco elétrons para cada elétron que atinge sua superfície. Quando os elétrons atingem a primeira placa, produz-se um número de elétrons secundários bem maior do que o dos elétrons originais. O resultado, após um certo número de placas, é que se obtém uma amplificação muito alta (até 10^6) da corrente gerada pela célula. A saída da fotomultiplicadora está limitada a alguns miliampères e, por isso, só se pode operar a célula com radiação incidente de baixa intensidade. Em comparação com uma célula fotoelétrica comum e seu amplificador, as fotomultiplicadoras são cerca de 200 vezes mais sensíveis. Elas respondem normalmente à radiação de comprimento de onda entre 200 e 650 nm ou entre 600 e 1000 nm. Para cobrir a faixa completa do espectro, um instrumento deve, portanto, ter duas fotocélulas: uma "vermelha" (600–800 nm) e uma "azul" (200–600 nm).

O detector de **diodo de silício** (fotodiodo) tem uma camada de silício do tipo p depositada sobre uma pastilha de silício (*chip*) do tipo n. Quando se aplica um potencial de polarização, com a pastilha de silício ligada ao pólo positivo da fonte, elétrons e buracos se afastam da junção p–n. Cria-se, assim, uma região vazia nas vizinhanças da junção que funciona efetivamente como um capacitor. Quando a luz atinge a superfície da pastilha, cria elétrons livres e buracos que migram para descarregar o capacitor e a grandeza da corrente resultante é uma medida da intensidade da luz. A sensibilidade de detectores deste tipo é superior a de um fototubo, mas é menor do que a das fotomultiplicadoras. A tecnologia moderna permite colocar um grande número de fotodiodos na superfície de uma única pastilha. Esta pastilha também contém um circuito integrado que pode varrer cada fotodiodo sucessivamente e transmitir o sinal a um microprocessador. Cada fotodiodo pode ser programado para responder a uma certa faixa estreita de comprimentos de onda e o espectro completo pode ser varrido em um tempo extremamente curto [7]. Este tipo de detector é conhecido como **conjunto de diodos** (*diode array*).

Quando se usa um espectrofotômetro equipado com um conjunto de diodos, o espectro de absorção é obtido por varredura eletrônica, e não mecânica, como nos espectrômetros convencionais. Assim, o registro do espectro é virtualmente instantâneo e pode ser completado em 1 a 5 segundos. As amostras são, portanto, expostas à radiação por tempos muito curtos e a possibilidade de reações fotoquímicas é muito pequena. São também reduzidos os efeitos da fluorescência das amostras. A velocidade de operação faz com que estes instrumentos sejam muito úteis na investigação de reações químicas rápidas e no acompanhamento dos eluatos em cromatografia com fase líquida. A resolução óptica dos diodos, entretanto, ainda é limitada: cerca de 1 nm na região do ultravioleta e cerca de 2 nm na região do visível. A Fig. 17.3 mostra o esquema de um detector de conjunto de diodos típico.

17.6 Seleção do comprimento de onda

A cor de uma substância está relacionada a sua capacidade de absorver seletivamente na região visível do espectro eletromagnético. Já sabemos como medir a intensidade da luz com um alto grau de acurácia. Se quisermos analisar uma solução pela medida da intensidade de absorção da luz

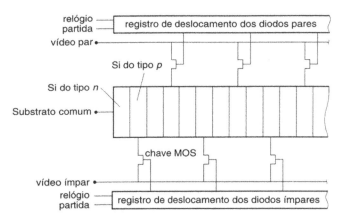

Fig. 17.3 Conjunto de diodos de varredura linear automática

por um componente colorido, é óbvio que a acurácia da medida será maior se usarmos o comprimento de onda de absorção da luz. Lembre-se de que a cor é devida à radiação refletida e **não** à radiação absorvida. A cor da radiação refletida é **complementar** em relação à cor da radiação absorvida. A Tabela 17.2 lista as cores complementares. Vários procedimentos podem ser usados para selecionar regiões particulares do espectro visível.

Filtros ópticos

Os filtros ópticos são usados nos colorímetros (absorciômetros) para isolar determinadas regiões espectrais. Eles são vidros coloridos ou filmes finos de gelatina que contêm corantes.

Filtros de interferência (transmissores)

Os filtros de interferência têm uma banda de transmissão mais estreita do que os filtros coloridos. Eles são, essencialmente, dois filmes de metal muito refletores e parcialmente transmissores (usualmente de prata, separados por um filme espaçador de material transparente). A espessura do espaçador determina o comprimento de onda da banda transmitida e, portanto, a cor da luz transmitida. Este efeito é o resultado de uma interferência óptica que produz transmissão elevada de luz quando a separação óptica entre os dois filmes metálicos é igual à metade ou a um múltiplo da metade do comprimento de onda da radiação. A luz que não é transmitida é refletida em grande parte. A faixa de comprimentos de onda coberta pelos filtros vai de

Tabela 17.2 *Cores complementares*

Comprimento de onda (nm)	Cor (transmitida)	Cor complementar
400–435	Violeta	Verde-amarelado
435–480	Azul	Amarelo
480–490	Azul-esverdeado	Laranja
490–500	Verde-azulado	Vermelho
500–560	Verde	Roxo
560–580	Verde-amarelado	Violeta
580–595	Amarelo	Azul
595–610	Laranja	Azul-esverdeado
610–750	Vermelho	Verde-azulado

253 a 390 nm ou de 380 a 1100 nm, com máximo de transmissão entre 25 e 50%, e largura menor do que 18 nm, no caso dos filtros de faixa estreita usados em colorimetria. Os absorciômetros equipados com filtros são muito pouco usados, mas eles são muito baratos e muito satisfatórios para certas aplicações.

Prismas

Para aumentar a resolução dos espectros no visível e no ultravioleta, é necessário usar um sistema óptico melhor do que o que se pode conseguir com filtros. Em muitos instrumentos manuais ou automáticos, pode-se conseguir bons resultados com prismas, usados para dispersar a radiação proveniente de lâmpadas incandescentes de tungstênio ou de deutério. A dispersão ocorre porque o índice de refração, n, do material do prisma varia com o comprimento de onda, λ. O poder dispersor é dado por $dn/d\lambda$. A separação que se consegue obter entre os diferentes comprimentos de onda depende do poder dispersor e do ângulo do prisma.

Em instrumentos nos quais a radiação passa pelo prisma em uma única direção, é comum o uso de um prisma de 60°. Em alguns casos, utiliza-se a dispersão dupla, em que a radiação passa duas vezes pelo prisma, sendo refletida por um espelho colocado logo após o prisma. É o caso da montagem de Littrow (Fig. 17.4). A rotação do prisma permite a focalização da luz monocromática de diferentes comprimentos de onda em uma fenda de saída.

Infelizmente, não existe um material apropriado para uso em toda a faixa entre 200 e 1000 nm. O quartzo fundido é um meio-termo muito aceito. Os prismas de vidro podem ser usados entre 400 e 1000 nm para a região do visível, mas não são transparentes à radiação ultravioleta. Para a região de comprimentos de onda menores do que 400 nm, são usados prismas de quartzo ou de sílica fundida. Quando se usa quartzo em um prisma de passo simples e ângulo de 60°, é necessário fazer o prisma em duas metades, uma de quartzo dextrógiro e a outra de quartzo levógiro, para cancelar a polarização óptica de cada uma das metades. Ao contrário das redes de difração que descreveremos a seguir, os prismas têm a vantagem de produzir um espectro de ordem simples.

Redes de difração

As redes de difração substituíram quase completamente, na prática, os métodos de dispersão. A radiação incidente sofre difração em uma série de linhas muito próximas

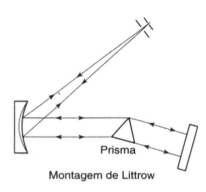

Fig. 17.4 Montagem de Littrow

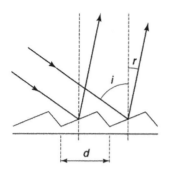

Fig. 17.5 Rede de difração

marcadas em uma superfície. As primeiras redes de difração eram placas de vidro marcadas com as linhas pelas quais passava um feixe de luz. Estas redes são chamadas de redes de transmissão. Para a radiação ultravioleta, os espectrofotômetros modernos usam redes de metal e reflexão da luz incidente sobre uma série de ranhuras paralelas. Estas redes são conhecidas como redes *echelette*.

O princípio físico da difração é a diferença de caminho óptico entre as diversas partes de uma frente de onda que incide obliquamente na superfície de cada uma das ranhuras da rede. Se i é o ângulo de incidência e r, o ângulo de reflexão, a diferença de caminho óptico entre dois raios provenientes de ranhuras adjacentes é dada por

$$d \operatorname{sen} i - d \operatorname{sen} r$$

onde d é a distância entre as ranhuras (Fig. 17.5). Esta diferença de caminho provoca a interferência destrutiva das ondas sucessivas a menos que a diferença de caminho seja um número inteiro de comprimentos de onda, isto é, quando

$$n\lambda = d(\operatorname{sen} i \pm \operatorname{sen} r) \qquad (17.16)$$

Quando radiação policromática incide sobre a rede de difração, a Eq. (17.16) só pode ser satisfeita para um único comprimento de onda de cada vez. A rotação da rede muda o ângulo de incidência, i, e coloca cada um destes comprimentos de onda em condições de satisfazer a equação, o que faz com que a rede opere como um monocromador.

Uma desvantagem das redes de difração é a produção de espectros de segunda ordem e de ordens superiores, que podem se superpor ao espectro de primeira ordem desejado. A superposição é mais comum entre a região de maior comprimento de onda do espectro de primeira ordem e a região de menor comprimento de onda do espectro de segunda ordem. O problema é usualmente resolvido pelo uso de filtros colocados em posições cuidadosamente escolhidas que bloqueiam a radiação indesejada. Nos espectrofotômetros usados no ultravioleta e no visível, as redes têm entre 10 000 e 30 000 linhas por centímetro, o que faz com que d, na Eq. (17.16), seja muito pequeno e que a dispersão entre os comprimentos de onda seja elevada no espectro de primeira ordem. Para cobrir a região entre 200 e 900 nm, uma rede é suficiente. Na **rede do tipo *echelle*** a densidade de linhas é muito menor, cerca de 800 por centímetro. Esta característica, aliada a sua geometria, faz com que estas redes sejam muito úteis na análise por emissão de muitos elementos (Cap. 16).

Um desenvolvimento mais recente, encontrado em muitos instrumentos modernos, é a rede holográfica. Uma figura de interferência é produzida por dois feixes monocromáticos de laser que incidem sobre uma camada de material fotorresistente. A revelação fotográfica transforma a figura em uma série de ranhuras paralelas que formam a rede. Aplica-se um revestimento refletor e, se a rede é colocada em uma base flexível, ela pode assumir formas curvas que colimam os feixes de luz. Isto diminui o número de lentes que precisam ser usadas no espectrofotômetro. As redes holográficas têm ranhuras mais regulares do que as feitas mecanicamente e, como menos luz é espalhada, o feixe difratado é mais intenso.

Monocromatização e largura da banda

Nos absorciômetros (colorímetros) que operam na região do visível, os filtros e prismas utilizados são suficientes para selecionar a região espectral de interesse. As redes de difração usadas nos espectrofotômetros permitem o aproveitamento de uma faixa muito maior de comprimentos de onda, que alcança o ultravioleta e tem sensibilidade maior. A região espectral de interesse é selecionada com o auxílio de um **monocromador**. Este dispositivo inclui, além do prisma ou da rede de difração, uma fenda de entrada que reduz a seção reta do feixe incidente de radiação a uma área apropriada e uma fenda de saída que seleciona o comprimento de onda desejado da radiação.

Uma característica importante do feixe que atinge a amostra é o intervalo de comprimentos de onda do feixe, medido no ponto em que a intensidade do feixe é a metade da intensidade máxima, a **largura espectral à meia altura** (Fig. 17.6). É possível ajustar a abertura das fendas do monocromador e, quanto mais estreita for a fenda, maior será a resolução da banda de absorção. A diminuição da abertura da fenda, entretanto, reduz a intensidade do feixe que atinge o detector e, na prática, um meio-termo deve ser obtido entre a resolução desejada e a intensidade de radiação que permite a leitura acurada da absorção.

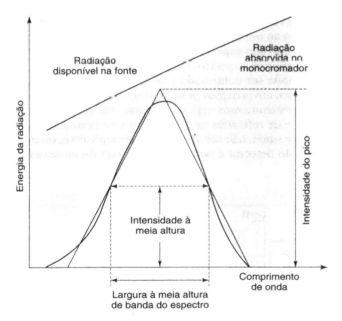

Fig. 17.6 Largura à meia altura de banda do espectro (Reproduzida, com permissão, de J. E. Seward (ed), 1985, *Introduction to ultraviolet and visible spectrophotometry*, 2ª ed., Philips/Pye Unicam, Cambridge.)

Antigamente, a focalização da radiação no instrumento era feita com lentes, que têm a desvantagem da aberração cromática, especialmente na região intermediária entre o visível e o ultravioleta. Prefere-se, hoje em dia, a focalização com espelhos curvos com a superfície refletora coberta com alumínio e protegida por um filme de sílica.

17.7 Fontes de radiação

Nos absorciômetros simples, a fonte usual de luz é a **lâmpada de tungstênio**. Nos espectrofotômetros, duas lâmpadas são necessárias para cobrir toda a faixa de comprimentos de onda. A primeira é, usualmente, uma lâmpada de tungstênio–halogênio (ou quartzo–iodo) que cobre a região entre o vermelho extremo do espectro visível (750–800 nm) e o ultravioleta próximo (300–320 nm). Esta lâmpada tem um bulbo de quartzo que permite a passagem da radiação ultravioleta. Quando se deseja obter espectros no ultravioleta (até 200 nm), usa-se uma **lâmpada de hidrogênio** ou de **deutério**. Em geral, prefere-se o deutério porque a radiação produzida é mais intensa. Esta lâmpada também tem um bulbo de quartzo. Lâmpadas de arco de xenônio com faixa espectral entre 250 e 600 nm também podem ser usadas.

17.8 Células padronizadas

Quando se deseja obter o espectro de absorção de uma dada solução, ela é colocada em um recipiente, chamado célula (cela) ou cubeta, localizado em uma posição muito precisa do feixe de radiação. Isto é feito com o auxílio de um porta-células que coloca as células na posição correta. As células são padronizadas e têm seção retangular e passo óptico de 1 cm. Células de passo óptico maior permitem o estudo de soluções de baixa absorbância. Células de passo óptico menor (microcélulas ou semimicrocélulas) são usadas para soluções de alta absorbância. No caso de soluções em água, pode-se usar células relativamente baratas, feitas com poliestireno para o visível e poli(metacrilato de metila) (PMMAA), para o ultravioleta. As células padronizadas de vidro cobrem a faixa de comprimentos de onda entre 340 e 1000 nm. Para comprimentos de onda mais baixos (até 220 nm), as células são feitas de sílica. Para comprimentos de onda até 185 nm, um tipo especial de sílica deve ser usado. Todas as células padronizadas têm uma cobertura para prevenir vazamentos, mas se os líquidos são voláteis é necessário utilizar células especiais com rolhas bem ajustadas. Além das células retangulares, usam-se também células de fluxo contínuo (usadas nos detectores cromatográficos) e células de amostragem (com tubos apropriados que permitem o enchimento e o esvaziamento da célula, sem necessidade de retirá-la do instrumento).

As células padronizadas são produzidas em três graus. As células de grau A têm uma tolerância de 0,1% no passo óptico. As de grau B têm uma tolerância de 0,5% e são usadas no trabalho de rotina. As de grau C podem ter uma tolerância de até 3%. Mesmo as células de melhor qualidade diferem umas das outras e, para o trabalho de alta acurácia, costumam-se escolher células pareadas, uma para a solução-teste e a outra para o branco (ou solução de referência). Quando se usam células não pareadas é necessário aplicar uma correção para as transmissões diferentes.

Nos instrumentos mais modernos, que incluem microprocessadores, a correção pode ser feita automaticamente.

17.9 Apresentação dos dados

O método mais comum de registrar a absorbância de uma solução era usar um microamperímetro para medir o sinal da célula fotoelétrica, método que ainda é usado nos absorciômetros mais simples. O medidor tem, usualmente, uma escala dupla calibrada para a leitura da absorbância e da transmitância em percentagem. No caso de medidas quantitativas, é mais conveniente trabalhar em termos de absorbância do que em transmitância. Os dois gráficos da Fig. 17.7 enfatizam este ponto. Em instrumentos mais complexos, controlados por microprocessadores, o microamperímetro é substituído por leitores digitais, principalmente com leitura visual. Estes instrumentos podem indicar também a seqüência de operações necessárias para a obtenção de certas medidas, como a absorbância de uma solução em um comprimento de onda fixo ou o espectro de absorção de uma amostra. O procedimento pode ser, também, totalmente automatizado: o espectro de absorção é mostrado na tela e faz-se um registro permanente imprimindo o resultado.

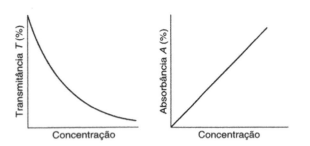

Fig. 17.7 Variação da transmissão e da absorbância com a concentração (Reproduzida, com permissão, de J. E. Seward (ed), 1985, *Introduction to ultraviolet and visible spectrophotometry*, 2ª ed., Philips/Pye Unicam, Cambridge.)

17.10 Desenho dos instrumentos

Feixe simples

A Fig. 17.8 mostra o esquema de um espectrômetro de feixe simples. A imagem da fonte de luz (A) é focalizada no espelho condensador (B) e no espelho diagonal (C) da fenda de entrada (D). A fenda de entrada é a mais baixa dentre duas fendas verticais, uma acima da outra. A luz que cai no espelho colimador (E) fica paralela e é refletida em direção ao prisma de quartzo (F). A luz sofre refração na primeira superfície do prisma, é refletida de volta pela superfície posterior do prisma, que é aluminizada, e sofre uma segunda refração ao emergir do prisma. O espelho colimador focaliza o espectro no plano das fendas (D) e a luz de comprimento de onda desejado sai do monocromador pela fenda de saída (superior), passa pela célula que contém a amostra (G) e chega à fotocélula (R). A resposta da fotocélula é amplificada e registrada no registrador (M).

Na fonte de luz (A), estão duas lâmpadas (Seção 17.7): uma lâmpada de tungstênio–halogênio para a região do visível e do ultravioleta próximo, e uma lâmpada de deutério para o UV distante, colocadas em um braço móvel que permite que cada lâmpada seja colocada na posição de operação quando desejado. O instrumento tem, também, dois fototubos (Seção 17.5) e o detector apropriado é colocado no foco quando as lâmpadas são trocadas. Nas versões mais modernas do instrumento, o prisma é substituído por uma rede de difração.

Feixe duplo

Quase todos os instrumentos modernos de uso geral são instrumentos de feixe duplo que cobrem a faixa de 200 a 800 nm, aproximadamente, usam um sistema automatizado de varredura e mostram o espectro em um visor. O feixe de radiação monocromatizado, proveniente de lâmpadas de tungstênio ou de deutério, é dividido em duas partes iguais, uma das quais passa pela célula de referência e a outra, pela célula da amostra. O sinal de absorção produzido pela célula de referência é subtraído automaticamente do sinal de absorção produzido pela célula da amostra e o resultado corresponde à absorção da amostra. A divisão e recombinação do feixe é feita por dois meio-espelhos ligados ao mesmo motor elétrico, que giram de forma coordenada (Fig. 17.9). O microprocessador do instrumento corrige automaticamente a corrente de fundo da fotocélula, isto é, a pequena corrente que passa pela célula mesmo quando ela não está exposta à radiação.

A luz estranha ao feixe de radiação de interesse deve ser reduzida ao mínimo. Como vimos na Seção 17.6, as redes de difração dão espectros de ordens diferentes que podem se sobrepor ao espectro de primeira ordem desejado. Seu efeito pode ser controlado pelo uso de filtros adequados colocados em posições predeterminadas. Embora o interior dos instrumentos seja enegrecido, luz indesejada proveniente de reflexões no monocromador pode passar pela fenda de saída, não ser absorvida pela amostra e, quando a leitura do detector é pequena, afetar significativamente o

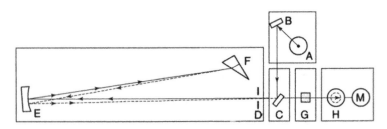

Fig. 17.8 Espectrômetro de feixe simples. A = fonte de luz, B = espelho, C = espelho diagonal, D = fenda de entrada, E = espelho colimador, F = prisma, G = célula de absorção, H = fotocélula, M = detector

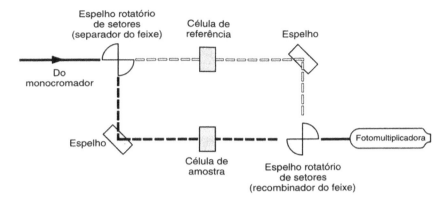

Fig. 17.9 Espectrômetro de feixe duplo (Reproduzida, com permissão, de J. E. Seward (ed), 1985, *Introduction to ultraviolet and visible spectrophotometry*, 2ª ed., Philips/Pye Unicam, Cambridge.)

resultado. Quando isto acontece, o gráfico de calibração (Seção 17.2) não é uma reta e, com o aumento da concentração da solução, se encurva na direção do eixo de concentrações. Isto complica a análise e, por isso, procura-se eliminar este problema. Um procedimento para isso é colocar um segundo monocromador antes do monocromador principal.

17.11 Instrumentos para fluorimetria

Os instrumentos desenvolvidos para a medida da fluorescência são conhecidos como fluorímetros ou espectrofluorímetros. A Fig. 17.10 mostra um esquema das partes principais de um fluorímetro simples. A luz produzida por uma lâmpada de vapor de mercúrio (ou outra fonte de luz UV)* passa por uma lente de condensação, um filtro primário (para permitir a passagem da faixa de radiação necessária para a excitação da amostra), um recipiente para a amostra,† um filtro secundário (selecionado de modo a absorver a energia radiante primária e a transmitir a radiação de fluorescência), uma fotocélula colocada perpendicularmente ao feixe incidente (para não ser afetada pela radiação primária) e um galvanômetro sensível ou outro dispositivo de medida da resposta do detector.

Como a intensidade da fluorescência é proporcional à intensidade da irradiação, a fonte de luz deve ser bastante estável, a menos que as flutuações possam ser compensadas. Por isso, os instrumentos de feixe duplo são normalmente preferidos. Usa-se um galvanômetro para manter o balanço e as leituras são feitas no potenciômetro que mantém o equilíbrio entre as fotocélulas. Como as fotocélulas têm resposta espectral semelhante, as flutuações de intensidade da lâmpada são reduzidas ao mínimo.

Os fluorímetros mais simples são instrumentos manuais que operam em um único comprimento de onda de cada vez. Apesar disso, eles são perfeitamente adequados para o trabalho quantitativo, usualmente feito em um único comprimento de onda. Os experimentos listados no fim deste capítulo foram feitos desta maneira. Nos espectrofluorímetros mais complexos, a varredura do espectro de fluorescência entre 200 e 900 nm, aproximadamente, é automatizada e eles fornecem um espectro impresso. Estes espectrofluorímetros também podem ser operados em comprimentos de onda fixos para o trabalho quantitativo, porém sua aplicação usual é na detecção e determinação de substâncias orgânicas em pequenas concentrações.

Alguns espectrofotômetros comerciais têm acessórios de fluorescência que permitem a irradiação da amostra com uma fonte secundária de radiação e a passagem da fluorescência resultante pelo monocromador para análise.

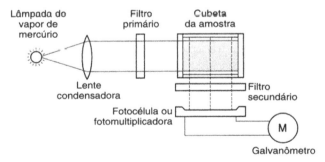

Fig. 17.10 Fluorímetro simples

17.12 Origens do espectro de absorção

As moléculas absorvem radiação porque elas têm elétrons que podem ser excitados a níveis mais altos de energia por absorção de luz. A energia absorvida no processo pode ter comprimento de onda no visível e, neste caso, produz-se um espectro de absorção na região do visível ou pode ter comprimento de onda de absorção na região do ultravioleta. Além da mudança de energia eletrônica que segue a absorção de radiação, também ocorrem variações da energia vibracional dos átomos da molécula e da energia rotacional. Isto significa que quantidades de energia diferentes são absorvidas, dependendo dos níveis vibracionais que os elétrons podem atingir, e o resultado é que não se observa uma linha de absorção, mas uma banda de absorção comparativamente larga.

---

*As lâmpadas de vapor de mercúrio e xenônio produzem radiação UV intensa perigosa para os olhos humanos. Nunca olhe diretamente para uma destas lâmpadas quando ela estiver ligada. Cuidado no manuseio das lâmpadas de vapor de xenônio em alta pressão. Se elas caírem podem rachar e explodir.

†As células de fluorescência são feitas usualmente de vidro ou de sílica fundida e têm as quatro faces polidas. Nas medidas quantitativas precisas é necessário colocar a célula sempre na mesma orientação. Lave-as bem após o uso e guarde-as com cuidado.

Os elétrons de uma molécula podem ser classificados em três tipos diferentes:

1. Elétrons que estão em uma ligação simples covalente (ligação σ), fortemente ligados, que exigem radiação de alta energia (pequeno comprimento de onda) para a excitação.
2. Elétrons que estão localizados em átomos (pares livres ou isolados) como, por exemplo, no cloro, no oxigênio ou no nitrogênio. Estes elétrons de não-ligação podem ser excitados por radiação de energia mais baixa (comprimentos de onda maiores) do que os elétrons fortemente ligados.
3. Elétrons em ligação dupla ou tripla (orbitais π) que podem ser excitados com certa facilidade. Em moléculas que têm ligações duplas alternadas (sistemas conjugados), os elétrons π são deslocalizados e exigem menos energia para a excitação. O espectro de absorção ocorre em comprimentos de onda maiores.

A absorção de uma dada substância é muito afetada se ela contém um **cromóforo**. Um cromóforo é um grupo funcional que tem absorção característica na região do ultravioleta ou do visível. Estes grupos têm invariavelmente ligações duplas ou triplas e incluem a ligação C=C (e, portanto, o anel de benzeno), a ligação C≡C, os grupos nitro e nitroso, o grupo azo e os grupos carbonila e tiocarbonila. Se o cromóforo estiver conjugado com outro grupo do mesmo tipo ou diferente, a absorção é mais intensa e ocorre em comprimentos de onda maiores. A Tabela 17.3 ilustra muitas destas características e inclui os coeficientes de absorção molar de $\lambda_{máx}$.

A absorção de uma dada molécula também pode ser intensificada pela presença de grupos **auxocromos**. Os grupos auxocromos não absorvem significativamente na região do ultravioleta, mas têm um profundo efeito na absorção das moléculas. São exemplos importantes os grupos OH, NH$_2$, CH$_3$ e NO$_2$, cujo efeito é deslocar o máximo de absorção para comprimentos de onda maiores, isto é, o deslocamento para energias mais baixas ou para o **vermelho**. Este efeito está relacionado com as propriedades de doação de elétrons dos auxocromos.

Muitos complexos de metais com ligantes orgânicos absorvem na região visível do espectro e são importantes em análise quantitativa. As cores se originam em transições d–d do metal, que produzem, usualmente, absorções de pequena intensidade, e em transições n → π* e π → π* do ligante. Um outro tipo de transição, conhecido como transição de transferência de carga, também pode ocorrer. Um elétron se transfere de um orbital do ligante para um orbital vazio do metal ou vice-versa. As bandas de transferência de carga dão origem a absorções intensas e são de importância analítica.

Se estiver interessado nas relações entre a constituição química e a absorção de energia no UV/visível, consulte livros-textos de físico-química ou espectroscopia [8–13]. O Apêndice 9 mostra uma tabela de valores de $\lambda_{máx}$ e $\varepsilon_{máx}$.

Tabela 17.3 *Transições eletrônicas de algumas moléculas orgânicas*

Composto	Transição	$\lambda_{máx}$ (nm)	ε (m$^2 \cdot$mol^{-1})
CH$_4$	σ → σ*	122	–
CH$_3$Cl	n → σ*	173	200
CH$_2$=CH$_2$	π → π*	162	1500
Me$_2$C=O	π → π*	185	95
	n → π*	277	2
H$_2$C=CH—CH=CH$_2$	π → π*	180	2100
	π → π*	200	800
	π → π*	255	22

17.13 Espectrofotometria derivativa

Vimos, na Seção 15.17, que o ponto final de uma titulação potenciométrica pode ser localizado com mais exatidão se usarmos a primeira ou a segunda derivada da curva de titulação. O mesmo acontece com as curvas de absorção e emissão. As curvas derivadas dão, com freqüência, mais informações do que as curvas originais. Esta técnica já era usada em 1955 [14], mas com o desenvolvimento dos microcomputadores que permitem a geração rápida das curvas derivadas, o método se generalizou [15, 16].

Se considerarmos uma banda de absorção de perfil normal (gaussiano) (Fig. 17.11(a)), as curvas da primeira e da terceira derivadas (Figs. 17.11(b) e (d)) serão funções dispersas, muito diferentes da original, que podem ser usadas

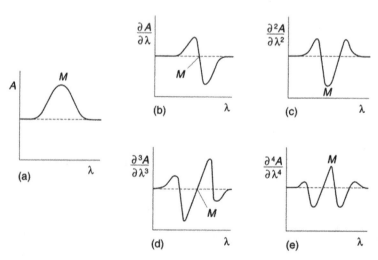

Fig. 17.11 Derivadas de uma banda de absorção que tem distribuição normal

Espectroscopia eletrônica molecular 363

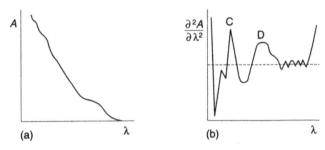

Fig. 17.12 Mistura de dois componentes C e D: (a) espectro normal, (b) segunda derivada do espectro

para localizar com precisão o comprimento de onda do máximo de absorção, $\lambda_{máx}$ (ponto M). A segunda e a quarta derivadas (Figs. 17.11(c) e (e)) têm um pico central mais agudo do que o da banda original, porém de mesma altura. Seu sinal se alterna com o aumento da ordem da derivada. É fácil observar que a resolução aumenta nos espectros de ordem par, o que permite, às vezes, a separação de duas bandas superpostas no espectro de ordem zero. Assim, uma mistura de duas substâncias, C e D, que dão um espectro de ordem zero (Fig. 17.12(a)) sem picos definidos de absorção, dá um espectro derivado de segunda ordem que mostra picos em 280 nm e 330 nm (Fig. 17.12(b)).

A influência de uma impureza, Y, no espectro de absorção de uma substância, X, pode ser freqüentemente eliminada com o uso das curvas derivadas (Fig. 17.13) porque a curva da segunda derivada é idêntica à da amostra X pura. Quando o espectro da interferência pode ser descrito por um polinômio de ordem n, a interferência é eliminada na derivada $(n + 1)$. Nas análises quantitativas, as alturas dos picos (em milímetros) são usualmente medidas nos satélites de maior e menor comprimento de onda da derivada de segunda ou quarta ordem. Este procedimento é ilustrado no espectro derivativo de segunda ordem da Fig. 17.14(a): D_L é a altura do pico de maior comprimento de onda e D_S a do pico de menor comprimento de onda. Alguns analistas preferem usar a altura sobre a linha de base (D_B) ou a altura até o zero (D_Z) (Fig. 17.14(b)).

Os espectros derivativos podem ser registrados com o auxílio de um dispositivo de modulação do comprimento de onda que faz com que feixes de radiação ligeiramente diferentes (1 a 2 nm) incidam alternativamente na célula da amostra. O detector registra a diferença entre as duas

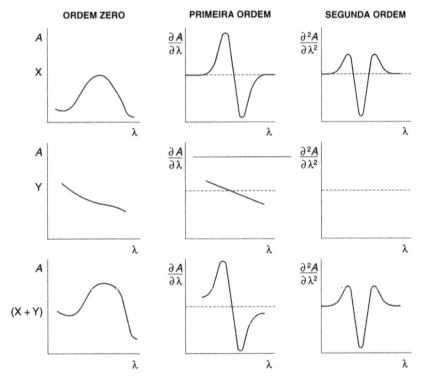

Fig. 17.13 A espectroscopia derivativa elimina os efeitos da impureza Y no analito X

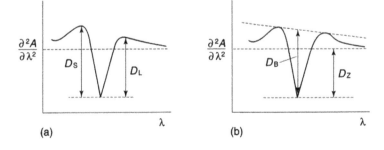

Fig. 17.14 Espectroscopia derivativa: medidas da altura dos picos

364 Espectroscopia eletrônica molecular

respostas. Outro procedimento é usar uma unidade de derivação que envolve circuitos de resistência/capacitância, filtros e um amplificador operacional como acessório do espectrofotômetro. O mais comum é obter as derivadas das curvas por cálculos feitos em um computador. As técnicas aqui descritas podem ser também aplicadas à espectroscopia de fluorescência.

Colorimetria

17.14 Considerações gerais

Na maior parte das determinações, os métodos visuais foram praticamente substituídos por métodos que dependem de células fotoelétricas (fotômetros ou absorciômetros de filtro e espectrofotômetros), que reduzem os erros experimentais. O colorímetro fotoelétrico, relativamente barato, é um instrumento de rotina dos laboratórios. O uso dos espectrofotômetros permitiu determinações na região ultravioleta do espectro e a adoção de registradores gráficos libertou o analista da necessidade de trabalhar em um comprimento de onda fixo.

A escolha do procedimento colorimétrico para a determinação de uma dada substância depende de certas considerações como:

(a) Um método colorimétrico é mais acurado em baixas concentrações do que os procedimentos titulométricos ou gravimétricos correspondentes. É, em geral, mais simples de executar.

(b) Pode-se, freqüentemente, usar métodos colorimétricos em condições em que não existem procedimentos gravimétricos ou titulométricos adequados como, por exemplo, na análise de certas substâncias biológicas.

(c) O uso de procedimentos colorimétricos nas determinações de rotina de amostras semelhantes é muito conveniente porque as amostras podem ser preparadas rapidamente. A acurácia da determinação não é muito menor do que a dos procedimentos gravimétricos ou titulométricos, desde que as condições experimentais sejam controladas rigidamente.

Uma análise colorimétrica deve satisfazer seis critérios:

Especificidade da reação colorida Poucas reações são específicas para uma dada substância, porém muitas delas dão cores características com um pequeno grupo de substâncias, isto é, são seletivas. Pode-se, entretanto, utilizar compostos formadores de complexos para alterar o estado de oxidação e, controlando o pH, chegar muito perto da especificidade. Voltaremos a este ponto adiante.

Proporcionalidade entre a cor e a concentração Nos colorímetros visuais, é importante que a intensidade da cor aumente linearmente com a concentração da substância que está sendo determinada. Isto não é essencial nos instrumentos fotoelétricos porque é sempre possível construir uma curva de calibração que relaciona a resposta do instrumento com a concentração da solução. Em outras palavras, é desejável que o sistema obedeça à lei de Beer mesmo com colorímetros fotoelétricos.

Estabilidade da cor A cor produzida deve ser suficientemente estável para permitir a leitura acurada. Isto também se aplica às reações nas quais as cores tendem a atingir um máximo após certo tempo. O período em que o máximo de cor permanece estável deve ser suficientemente longo para que uma medida precisa possa ser feita. É necessário conhecer a influência de outras substâncias e das condições experimentais (temperatura, pH, estabilidade no ar etc.).

Reprodutibilidade O procedimento colorimétrico deve dar resultados reprodutíveis. Não é necessário que a reação seja quantitativa ou estequiométrica.

Limpidez da solução A solução deve estar livre de precipitados, se a comparação for feita com um padrão límpido. A turbidez provoca o espalhamento e a absorção da luz.

Alta sensibilidade A reação colorida deve ser muito sensível, principalmente quando a quantidade de substância a ser determinada é muito pequena. É também desejável que o produto da reação absorva fortemente no visível, de preferência no ultravioleta. A interferência de outras substâncias é usualmente mais pronunciada no ultravioleta.

Diante do caráter seletivo de muitas reações colorimétricas, é importante controlar o procedimento operacional para que a cor seja específica para o componente que está sendo determinado. Isto pode ser conseguido pelo isolamento da substância mediante os métodos usuais da análise inorgânica. A precipitação dupla é freqüentemente necessária para evitar erros devidos à oclusão e à co-precipitação. Estes métodos de separação química podem ser tediosos e demorados, e a manipulação de pequenas quantidades de analito pode levar a perdas apreciáveis devidas à solubilidade, à supersaturação e à peptização. Qualquer um dos processos mencionados a seguir pode ser usado para tornar específicas as reações coloridas ou para separar as substâncias de interesse.

(a) Supressão da ação de interferentes por formação de íons complexos ou de complexos não-reativos.

(b) Muitas reações só ocorrem dentro de limites bem-definidos de pH, logo pode-se aumentar a especificidade pelo ajuste do pH.

(c) Remoção das substâncias que interferem por extração com um solvente orgânico, às vezes após o tratamento químico adequado.

(d) Isolamento da substância de interesse por formação de um complexo orgânico que pode ser removido por extração com um solvente orgânico. Este procedimento pode ser combinado com (a), impedindo que o íon interferente forme um complexo orgânico solúvel por transformação em um íon complexo que fique retido na camada de água (Cap. 6).

(e) Separação por volatilização, uma técnica de aplicação limitada, mas que dá bons resultados. Um exemplo é a destilação de arsênio como tricloreto na presença de ácido clorídrico.

(f) Eletrólise com um catodo de mercúrio ou um catodo de potencial controlado.

(g) Uso de métodos físicos como a absorção seletiva e as separações cromatográficas e por troca iônica.

Curvas padrões

O uso de um fotômetro de filtro ou de um espectrômetro exige, geralmente, a construção de uma curva padrão (curva de referência ou de calibração) para a substância a ser determinada. Usa-se uma quantidade apropriada do constituinte de interesse que é tratado da mesma forma que a solução-teste para o desenvolvimento da cor. Mede-se a transmissão (ou absorbância) no comprimento de onda ótimo. Quando a absorbância, $\log(I_0/I_t)$, é lançada em gráfico contra a concentração, obtém-se uma reta se a lei de Beer for obedecida. O gráfico pode ser então usado para as determinações futuras do constituinte nas mesmas condições experimentais. Quando a absorbância é diretamente proporcional à concentração, um número relativamente pequeno de pontos é necessário para estabelecer a posição da reta. Se a relação não é linear, um número maior de pontos é necessário.

A curva padrão deve ser verificada periodicamente. Quando se usa um fotômetro de filtro, as características do filtro e da fonte de luz podem mudar com o tempo. Quando se desenha a curva, usualmente se atribui ao branco o valor de transmissão 100% (solução do reagente em água). Isto corresponde à concentração zero do constituinte. Algumas soluções coloridas têm um coeficiente de transmissão que depende da temperatura, logo as temperaturas da solução-teste das soluções usadas para preparar a curva padrão devem ser aproximadamente as mesmas.

17.15 Escolha do solvente

Um solvente para uso em colorimetria ou espectrofotometria deve ser um bom solvente para a substância a ser determinada, não deve interagir com o soluto e não deve absorver significativamente no comprimento de onda usado na determinação. No caso de substâncias inorgânicas, a água preenche estas condições. No caso de substâncias orgânicas, deve-se usar um solvente orgânico. Uma complicação aparece imediatamente porque solventes polares como álcoois, éteres e cetonas (a água também cai nesta categoria) tendem a obliterar a estrutura fina do espectro de absorção (relacionada a efeitos vibracionais). Quando se deseja preservar estes detalhes, os espectros de absorção devem ser feitos em um hidrocarboneto (apolar). Assim, por exemplo, uma solução de fenol em ciclo-hexano dá uma curva de absorção com três picos agudos e bem definidos no ultravioleta. Uma solução do mesmo composto em água dá uma única absorção larga na mesma posição observada no hidrocarboneto. Outra complicação é que todos os solventes absorvem em algum ponto do ultravioleta e deve-se tomar o cuidado de escolher um solvente transparente na região em que se pretende fazer a determinação.

Os solventes orgânicos são listados na ordem do comprimento de onda de corte, isto é, do comprimento de onda em que a transmitância se reduz a 25% quando medida em uma célula de 10 cm de passo óptico contra água como referência. A Tabela 17.4 lista os cortes de alguns solventes típicos. A presença de impurezas pode afetar a posição do corte e, por isso, é essencial usar materiais da mais alta pureza. Os principais fabricantes de produtos químicos fornecem solventes especialmente purificados e testados para uso nas determinações espectrofotométricas. Eles são normalmente identificados por um nome especial, como por exemplo os materiais Spectrosol da Merck BDH. Com freqüência, é suficiente trabalhar com o solvente mais puro disponível, se não houver absorção apreciável na faixa

Tabela 17.4 *Comprimentos de onda de corte de alguns solventes comuns*

Solvente	Comprimento de onda do corte (nm)
Água	190
Hexano	199
Heptano	200
Éter dietílico	205
Etanol	207
Metanol	210
Ciclo-hexano	212
Dicloro-metano	233
Clorofórmio (tricloro-metano)	247
Tetracloreto de carbono (tetracloro-metano)	257
Benzeno	280
Piridina	306
Acetona (propanona)	331

espectral de interesse para a determinação. Se houver absorção apreciável, o solvente deve ser purificado cuidadosamente [18].

17.16 Determinações colorimétricas: procedimento geral

O procedimento correto em qualquer determinação colorimétrica depende parcialmente das especificações do instrumento e parcialmente da natureza da amostra. Certos princípios gerais, no entanto, que são também relevantes para as determinações espectrofotométricas, se aplicam universalmente. É importante ter certeza de que o colorímetro (ou o espectrofotômetro) está funcionando corretamente e que não são necessários ajustes ou substituição de peças. Os procedimentos exatos são normalmente detalhados nos manuais de operação fornecidos pelos fabricantes. Muitos instrumentos modernos são programados para corrigir eventuais desvios de calibração dos comprimentos de onda. Se estes dispositivos automáticos não estiverem disponíveis, deve-se fazer manualmente o controle do comprimento de onda, das condições de iluminação, da escala de absorbância e das células. Quando os instrumentos estão sendo regularmente utilizados, somente as condições de iluminação e as células precisam ser verificadas, mas testes periódicos das duas outras características devem ser feitos. A verificação deve ser feita, também, quando o instrumento foi mal utilizado ou ficou sem uso durante muito tempo.

Iluminação A emissão das lâmpadas tende a diminuir com a idade e elas devem ser substituídas quando o limite for atingido. Deve-se manter um registro do tempo de uso de cada lâmpada.

Escala de comprimentos de onda A escala de comprimentos de onda deve estar ajustada corretamente. Filtros para teste são fornecidos com muitos instrumentos. A posição da escala é testada medindo-se o valor de $\lambda_{máx}$ do pico de absorção do filtro de teste. Isto pode ser feito para os instrumentos que usam lâmpadas de hidrogênio ou deutério medindo-se as linhas vermelha (656,1 nm) e azul-verde (486,0 nm) do espectro do hidrogênio. Outra possibilidade é substituir a lâmpada normal do aparelho por uma lâmpada de neônio ou de mercúrio. Os espectros resultantes têm algumas linhas cujos comprimentos de onda são conhecidos acuradamente e que podem ser usadas como teste.

Escala de absorbância A escala de absorbância pode ser calibrada com uma ou mais soluções padrões preparadas com cuidado. Pode-se usar dicromato de potássio em solução ácida ou básica, ou uma solução de nitrato de potássio. Detalhes completos das soluções padrões recomendadas e dos valores das absorções dos padrões estão publicadas [19].

Células A menos que as duas células sejam pareadas (Seção 17.8), elas devem ser testadas para garantir que, em condições idênticas, elas têm a mesma transmissão, dentro de limites bem estreitos. Coloque o instrumento em um comprimento de onda pré-selecionado, preferencialmente o mesmo comprimento de onda a ser usado na determinação e, sem as células em posição, ajuste o instrumento para que a escala leia 0% de absorbância (ou 100% de transmitância). Encha as células, limpas e secas, com o solvente a ser usado e seque as paredes externas com papel absorvente. Evite tocar as faces polidas. Verifique a absorbância de uma das células usando a outra como branco e, após anotar a leitura, esvazie a célula e encha-a novamente com outra porção de solvente. Repita a leitura. As duas leituras devem ser consistentes. Substitua o solvente da segunda célula e repita a leitura. Se a diferença em absorbância entre as duas células é menor do que 0,02, as células são aceitáveis para uso. Muitos instrumentos modernos são capazes de corrigir automaticamente pequenas diferenças entre as células. Se um instrumento de feixe duplo estiver sendo usado, a diferença entre as duas células é obtida imediatamente e o procedimento de controle é mais fácil.

As células devem ser lavadas cuidadosamente após o uso. Quando o solvente das determinações for a água, use água destilada para lavar as células. No caso de solventes orgânicos imiscíveis com a água, lave as células cuidadosamente com um solvente de limpeza que seja miscível com a água e com o solvente orgânico usado na determinação e, depois, com água destilada. Finalmente lave as células com etanol e deixe secar, preferencialmente em um dessecador a vácuo. As células contaminadas podem ser limpas com uma solução de detergente, Teepol, por exemplo.

Preparação das soluções

A determinação exige normalmente (i) uma quantidade conhecida do material de interesse em um solvente apropriado, (ii) uma solução padrão do composto de interesse no mesmo solvente, (iii) o reagente necessário e (iv) outros reagentes, como tampões, ácidos e bases, necessários para estabelecer as condições ideais para a formação do produto colorido desejado. Às vezes, quando as medidas são feitas no ultravioleta, não é necessária a adição de outros reagentes. Como os métodos colorimétricos e espectrofotométricos são muito sensíveis, as medidas de absorbância são feitas em soluções muito diluídas. Para que a pesagem do material exigido pela preparação das soluções padrões e das soluções de analito seja acurada, é necessário preparar soluções que são muito concentradas para a determinação direta das absorbâncias e, neste caso, elas têm de ser diluídas.

Lembre-se de que as soluções dos reagentes que produzem as cores são freqüentemente instáveis e não podem ser guardadas por mais de um dia ou dois. Mesmo no estado sólido, muitos destes reagentes tendem a se deteriorar lentamente e é boa prática guardar os reagentes em pequenas quantidades, de modo que se tenha um reagente novo com a freqüência adequada. Reagentes pouco usados, que estiveram guardados por muitos meses, devem ser testados de modo apropriado antes de cada nova determinação.

As absorbâncias das soluções-teste e das soluções padrões devem ser medidas da maneira descrita anteriormente para a comparação das células, usando o comprimento de onda adequado. A solução do branco deve ter composição semelhante à da solução-teste, porém sem o analito. Se necessário, a solução-teste deve ser diluída para que a absorbância fique na região 0,2–1,5. Nas determinações de rotina, dispõe-se de uma curva de calibração para facilitar a determinação da concentração da solução-teste. Neste caso, é desnecessário preparar as soluções padrões. Se o analista não dispuser de uma curva de calibração, ele deve fazer uma série de soluções de concentração conhecida, digamos 5,0, 7,5, 10,0 e 15 ml da solução padrão diluídos a 100 ml em balões aferidos, e medir suas absorbâncias. As leituras são, então, colocadas em gráfico contra a concentração.

Para medidas no ultravioleta, as concentrações são freqüentemente calculadas pela relação

$$\text{coeficiente de absorção molar } \varepsilon = A/cl$$

onde A é a absorbância de uma solução de concentração c em uma célula de passo óptico l. Quando a constante ε do composto é conhecida, pode-se calcular a concentração da solução. Em alguns casos, especialmente com produtos naturais, não é possível ter os valores de ε porque os pesos moleculares relativos não são conhecidos. Pode-se, então, recorrer à grandeza $E_{1\,cm}^{1\%}$, que corresponde à absorbância de uma solução a 1% em uma célula de 1 cm de passo óptico (Seção 17.2). Estes valores são conhecidos para muitos materiais, inclusive numerosas preparações farmacêuticas.

As Seções 17.20 a 17.30 listam alguns exemplos típicos de determinações espectrofotométricas de analitos selecionados. A Tabela 17.5 dá outros exemplos de analitos que podem ser determinados colorimétrica ou espectrofotometricamente. Os procedimentos detalhados podem ser encontrados nas edições anteriores deste livro.

17.17 Análise de enzimas [20]

A análise rotineira de enzimas teve origem nas análises bioquímicas e nas análises clínicas. Os métodos foram depois adaptados para a análise de alimentos e para a bioanálise. Compostos que ocorrem na natureza, como os açúcares, os ácidos e seus sais e os álcoois, podem ser analisados enzimaticamente porque as células vivas contêm enzimas capazes de sintetizar ou decompor estas substâncias. Assim, se uma enzima adequada e um sistema de medida puderem ser usados, o composto pode ser determinado enzimaticamente. Muitos métodos enzimáticos utilizam conjuntos de teste fornecidos comercialmente, como os da Boehringer Mannheim, que são suficientes para um número limitado de determinações do(s) analito(s).

Tabela 17.5 *Condições para determinar alguns analitos por espectrofotometria*

Analito	Reagente	pH	$\lambda_{máx}$ (nm)
Al	Eriocromo cianina R	5,9–6,1	535
Sb	Iodeto de potássio		425 ou 330
Be	4-nitro-benzeno-azo-orcinol		520
Bi	Iodeto de potássio–ácido hipofosforoso		460
Co	Sal R-nitroso	5,5	425
Cu	Oxalil-hidrazona da biciclo-hexanona		570–600
Fe	Tiocianato de potássio		480
	1,10-fenantrolina	2,5–4,5	515
Pb	Ditizona	9,5	510
Mg	Preto de solocromo	10,1	520
Mo	Tolueno-3,4-ditiol		670
Ni	Dimetilglioxima	>7,5	445
Sn	Tolueno-3,4-ditiol		630
V	Ácido fosfórico–tungstato de sódio		400
F^-	Cloranilato de tório	4,5	540 ou 330
NO_2^-	Dicloridrato de sulfanilamina-*N*-(1-naftil)etilenodiamina	7,0	550
Silicato	Molibdato de amônio	4,5–5,0	815

Muitos dos métodos de análise no ultravioleta são baseados na medida do aumento ou da diminuição da absorbância das coenzimas NADH (nicotinamida-adenina-dinucleotídeo na forma reduzida) ou NADPH (nicotinamida-adenina-dinucleotídeo-fosfato na forma reduzida), que absorvem luz com $\lambda_{máx}$ em 340 nm. A medida dos analitos com desidrogenases ou com redutases por formação ou consumo de NAD(P)H é vantajosa porque as absortividades molares usadas para o cálculo são bem conhecidas e os métodos são praticamente livres de interferências.

Os métodos colorimétricos baseiam-se na formação de um corante que absorve luz no espectro visível. As oxidases reagem com um substrato (analito) com formação de peróxido de hidrogênio como intermediário que, por sua vez, reage com um corante na forma leuco na presença de uma enzima peroxidase para formar um corante que pode ser medido na região visível do espectro. As Seções 17.37 e 17.38 mostram dois exemplos de uso de conjuntos de teste na análise de alimentos. A publicação da Boehringer *Métodos enzimáticos de bioanálise e de análise de alimentos* lista mais de 40 análises que podem ser feitas com conjuntos de teste baseados em enzimas [20].

17.18 Algumas aplicações da fluorimetria

A fluorimetria é quase sempre usada quando não existe um método colorimétrico suficientemente sensível ou seletivo para a substância de interesse. Na análise inorgânica, sua aplicação mais comum é na determinação de íons de metal como complexos orgânicos fluorescentes. Muitos dos complexos de 8-hidróxi-quinolina (oxina) fluorescem fortemente. Alumínio, zinco, magnésio e gálio, em baixas concentrações são determinados desta maneira. Alumínio forma complexos fluorescentes com o corante eriocromo azul-preto RC (pontacromo azul-preto R) e o berílio, com quinizarina. A análise de elementos não-metálicos e espécies aniônicas pode ser um problema porque muitas delas não formam derivados apropriados para a análise fluorimétrica. Os melhores métodos fluorimétricos para

ametais são os de boro e selênio, que envolvem reações de formação de anéis como, por exemplo, o derivado [17A], formado na reação de condensação entre o ácido bórico e a benzoína.

[17.A]

Aplicações importantes na química orgânica são as determinações da quinina e das vitaminas riboflavina (vitamina B_2) e tiamina (vitamina B_1). A riboflavina dissolvida em água fluoresce. A tiamina deve ser primeiramente oxidada com hexacianoferrato (III), em meio básico, a tiocromo, que fluoresce em solução de butanol. Em condições padronizadas, a fluorescência do tiocromo produzido na oxidação da vitamina B_1 é diretamente proporcional a sua concentração em uma certa faixa. A fluorescência pode ser medida por referência a uma solução padrão de quinina em um colorímetro balanceado ou, diretamente, em um espectrofluorímetro [21].

Mencionamos os inibidores (*quenchers*) na Seção 17.3. Discutiremos aqui brevemente a aplicação dos métodos de inibição. O princípio envolvido é a inibição da emissão de uma espécie fluorescente pelo analito de tal maneira que a intensidade da fluorescência decresce quando a concentração do analito aumenta. A maior limitação destes métodos é que eles são completamente inespecíficos e seu uso restringe-se às análises em que apenas o analito é capaz de inibir a fluorescência. O uso mais importante da inibição é provavelmente a determinação de oxigênio, uma espécie paramagnética especialmente efetiva como inibidor para moléculas com tempo de vida de fluorescência relativamente longos. Com eosina ($\tau \sim 10^{-3}$ s) cerca de 10 mg·l^{-1} de oxigênio produz 50% de inibição. A inibição da fluorescência é, então, um método útil para o monitoramento de baixas concentrações de oxigênio como na carga de um balão de nitrogênio "livre de oxigênio", por exemplo.

A intensidade e a cor da fluorescência de muitas substâncias dependem do pH da solução. Muitas substâncias são tão sensíveis ao pH que podem ser usadas como indicadores. São os **indicadores fluorescentes ou luminescentes**. Substâncias que fluorescem sob luz ultravioleta e mudam de cor ou que são inibidas pela mudança de pH podem ser usadas como indicadores de fluorescência em titulações ácido-base. A vantagem destes indicadores é que eles podem ser usados na titulação de soluções coloridas (às vezes intensamente coloridas) nas quais as mudanças de cor dos indicadores usuais são mascaradas. As titulações são feitas em recipientes de sílica. A Tabela 17.6 lista alguns indicadores fluorescentes. Veremos nas Seções 17.39 e 17.40 métodos que ilustram a aplicação da fluorimetria.

Tabela 17.6 *Alguns indicadores fluorescentes*

Indicador	Faixa aproximada de pH	Mudança de cor
Acridina	5,2–6,6	Verde para azul-violeta
Ácido cromotrópico	3,0–4,5	Incolor para azul
Ácido 2-hidróxi-cinâmico	7,2–9,0	Incolor para verde
3,6-di-hidróxi-ftalimida	0,0–2,5	Incolor para verde-amarelado
	6,0–8,0	Verde-amarelado para verde
Eosina	3,0–4,0	Incolor para verde
Eritrosina-B	2,5–4,0	Incolor para verde
Fluoresceína	4,0–6,0	Incolor para verde
4-metil-esculetina	4,0–6,2	Incolor para azul
	9,0–10,0	Azul para verde-claro
2-naftoquinolina	4,4–6,3	Azul para incolor
Sulfato de quinina	3,0–5,0	Azul para violeta
	9,5–10,0	Violeta para incolor
Ácido quinínico	4,0–5,0	Amarelo para azul
Umbeliferona	6,5–8,0	Azul muito claro para azul intenso

A Tabela 17.7 dá outros exemplos e seus comprimentos de onda de excitação e de emissão.

Tabela 17.7 *Métodos fluorimétricos de análise*

Analito	Reagente	λ_{ex} (nm)	λ_{em} (nm)
Al	Eriocromo azul negro RC	480	590
Ca	Calceína	330 ou 480	540
Vitamina A	Nenhum	330	500

17.19 Análise por injeção de fluxo

O conceito original da análise por injeção de fluxo foi introduzido por Ruzicka e Hansen [22]. O método foi desenvolvido a partir da técnica de **análise seqüencial por fluxo contínuo de segmentos** que era muito usada em laboratórios clínicos. Nos sistemas de fluxo de segmentos, as amostras e reagentes são levadas ao detector por um fluxo de solvente segmentado por bolhas de ar em espaços muito próximos. As bolhas de ar garantem que as amostras sucessivas fiquem separadas e impedem a dispersão e a contaminação das amostras. Ruzicka e Hansen mostraram, entretanto, que a segmentação pelas bolhas de ar não é necessária, desde que as condições sejam controladas cuidadosamente. A análise por injeção de fluxo (FIA) consegue operar mais rapidamente as amostras com o uso de equipamento mais flexível e substituiu totalmente o uso dos sistemas de fluxo de segmentos.

A Fig. 17.15 mostra o esquema de um FIA simples. O solvente carreador e o reagente são acionados por uma bomba peristáltica em velocidade de fluxo constante. A amostra líquida, tipicamente de alguns microlitros, é injetada em mistura com o reagente. A mistura passa por um tubo em espiral para que ocorra a reação e, depois, por uma célula de fluxo com detector e o sinal analítico assim obtido é registrado. A amostra injetada forma a chamada zona da amostra que se dispersa quando misturada com o solvente carreador e o reagente. A dispersão e a diluição da zona da amostra dependem de alguns fatores que incluem o volume da amostra injetada, a velocidade de fluxo, o tamanho e o diâmetro do tubo em espiral. O detector registra continuamente as mudanças de concentração do analito por absorbância, por intensidade da fluorescência, por medidas potenciométricas e outras técnicas. A concentração do analito pode ser determinada por interpolação, usando-se uma série de padrões injetados nas mesmas condições e de modo idêntico à amostra.

FIA tem cinco vantagens principais:

1. Alta velocidade de manipulação das amostras, tipicamente 200 por hora.
2. Tempos de resposta muito curtos, 20 a 60 segundos entre a injeção da amostra e a resposta do detector.
3. Pequeno volume de amostra e pequena quantidade de reagente.
4. O sistema pode ser preparado para a análise em poucos minutos.
5. A grande flexibilidade permite que mudanças sejam feitas no sistema com simplicidade e rapidez.

Aplicações da FIA

O alcance e o desempenho da FIA foram muito aumentados com a inclusão de uma etapa de separação que aumenta a seletividade da determinação. Clarck e colaboradores publicaram, há pouco tempo, uma revisão completa dos métodos de preparação e separação em FIA [23]. A separação, em colunas de reação ou por diálise, difusão gasosa ou extração com solvente, pode ser incorporada aos sistemas de FIA diretamente em linha. As colunas de reação podem ser usadas antes da etapa de injeção da amostra. Em outras palavras, o pré-tratamento da amostra com uma coluna de troca de íons pode remover os íons que interfe-

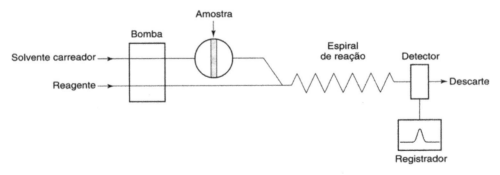

Fig. 17.15 Análise por injeção de fluxo

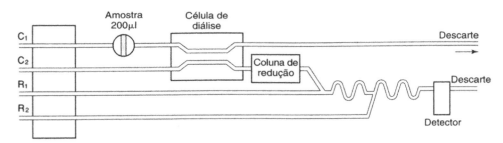

Fig. 17.16 Determinação de nitrito e nitrato por FIA

rem com o analito [24]. A diálise é muito usada em FIA quando há necessidade de separar íons e moléculas orgânicas pequenas de partículas ou de macromoléculas, como proteínas, por exemplo. A separação por diálise é usada na determinação de íons no sangue ou em amostras de sérum. A determinação de nitrito e nitrato em laticínios [25] é mostrada esquematicamente na Fig. 17.16.

As soluções de arrasto, C_1 e C_2, são soluções de cloreto de amônio em pH 9,6 e 6,1, respectivamente. A coluna de redução contém grânulos de cádmio para reduzir o nitrato a nitrito. No caso da análise de nitrito, a coluna de redução é desativada. A determinação colorimétrica baseia-se no uso da reação dos íons nitrito em condições ácidas para diazotar a 4-amino-benzenossulfonamida (sulfanilamida), R_1, que é, então, acoplada com dicloridrato de N-(1-naftil)-etilenodiamônio (solução R_2). A absorbância do produto é medida em 550 nm.

A separação também pode ser feita pela produção de um gás no sistema FIA. O analito gasoso difunde-se, então, através de uma membrana permeável a gases (de Teflon, por exemplo) para uma corrente de solvente que contém um reagente que permite a determinação do gás. Assim, por exemplo, uma solução que contém íons NH_4^+ é injetada em uma corrente de hidróxido de sódio em água que passa por um sistema de difusão de gases onde o gás amônia passa para uma corrente aceptora que contém o reagente de Nessler. A solução amarela que é produzida pode ser usada para a determinação colorimétrica de amônia em 530 nm.

A extração com solvente é um outro método de separação que pode ser usado em FIA. A fase orgânica e a fase em água são separadas em um dispositivo que contém uma membrana de Teflon. O analito que está na fase orgânica passa pelo detector da maneira usual. Um exemplo é a determinação colorimétrica de ferro por extração da solução da amostra em água com uma solução 1% de 8-hidróxiquinolina (oxina) em clorofórmio.

A determinação de cálcio em sérum e em água foi descrita por Hanson e colaboradores [26]. Os íons cálcio formam um complexo quelado vermelho vivo quando reagem com ftaleína-complexona (o-cresolftaleína-complexona) tamponada em pH entre 10 e 11 com tetraborato de sódio. Em FIA, as soluções de ftaleína-complexona e tetraborato de sódio são bombeadas até uma espiral de mistura antes da injeção das amostras que contêm cálcio. O quelato de cálcio, formado em uma segunda espiral de mistura, é determinado colorimetricamente. A precisão do método pode ser aumentada por injeção em duplicata de quatro padrões de cálcio e injeções em triplicata de cada amostra de analito.

Muitos procedimentos manuais podem ser adaptados facilmente para uso em sistemas de injeção de fluxo e, por isso, as técnicas FIA têm muitas aplicações. Elas vão de titulações de neutralização simples à determinação de cafeína em drogas [27]. Em FIA, as amostras e padrões devem ser submetidos às mesmas condições analíticas porque as reações de separação nem sempre são completas.

Seção experimental
Cátions

Segurança. Antes de fazer qualquer experimento desta seção preste muita atenção aos avisos de segurança. Tenha sempre em mente as regras de segurança de laboratório.

17.20 Amônia

Discussão J. Nessler, em 1856, propôs, pela primeira vez, o uso de uma solução alcalina de iodeto de mercúrio(II) em iodeto de potássio como um reagente para a determinação colorimétrica de amônia. Quando o reagente de Nessler é adicionado a uma solução diluída de sal de amônio, a amônia liberada reage com o reagente com certa rapidez, mas não instantaneamente, com formação de um produto laranja-marrom, que permanece em solução na forma coloidal, mas flocula com o tempo. A comparação colorimétrica deve ser feita antes da floculação. A reação com o reagente de Nessler, uma solução alcalina de tetraiodo-mercurato(II) de potássio, pode ser representada por

$$2K_2[HgI_4] + 2NH_3 = NH_2Hg_2I_3 + 4KI + NH_4I$$

O reagente é empregado na determinação de amônia em soluções muito diluídas e em água. Na presença de interferentes, é melhor separar a amônia antes por destilação em condições adequadas. O método também pode ser aplicado na determinação de nitratos e nitritos, que são reduzidos em solução alcalina pela liga de Devarda a amônia, que é removida por destilação. O procedimento pode ser aplicado a concentrações de amônia até 0,1 mg·l^{-1}.

Reagentes *Reagente de Nessler* Dissolva 35 g de iodeto de potássio em 100 ml de água e adicione uma solução de cloreto de mercúrio(II) a 4%, com agitação, até que um precipitado ligeiramente vermelho permaneça (são necessários cerca de 325 ml). Adicione, com agitação, uma solução de 120 g de hidróxido de sódio em 250 ml de água e complete até 1 litro com água destilada. Adicione um pouco mais da solução de cloreto de mercúrio(II) até que a solução fique permanentemente turva. Deixe a mistura em repouso por um dia e decante. Mantenha a solução fechada em uma garrafa escura.

370 Espectroscopia eletrônica molecular

Um outro método de preparação é dissolver 100 g de iodeto de mercúrio(II) e 70 g de iodeto de potássio em 100 ml de água livre de amônia. Adicione esta solução, lentamente e com agitação, a uma solução fria de 160 g de hidróxido de sódio (ou 224 g de hidróxido de potássio) em 700 ml de água livre de amônia. Complete o volume até 1 litro com água destilada livre de amônia. Deixe em repouso por alguns dias para separar o precipitado antes de usar o líquido sobrenadante.

Água livre de amônia Pode ser preparada em um destilador de água para condutividade ou com o auxílio de uma coluna carregada com uma resina mista de cátions e ânions (Permutit Bio-Deminrolit ou Amberlite MB-1). Um outro procedimento é redestilar, em aparelhagem de vidro, 500 ml de água destilada a partir de uma solução que contém 1 g de permanganato de potássio e 1 g de carbonato de sódio anidro. Rejeite os primeiros 100 ml do destilado. Colete cerca de 300 ml.

Procedimento Para ganhar experiência nesta determinação, use uma solução muito diluída de cloreto de amônio ou água destilada comum, que contém, usualmente, uma quantidade suficiente de amônia. Prepare uma solução padrão de cloreto de amônio dissolvendo 3,141 g de cloreto de amônio, seco em 100°C, em água livre de amônia e complete o volume até 1 litro. Esta solução de estoque é muito concentrada. A solução padrão é feita por diluição de 10 ml da solução até 1 litro com água livre de amônia. 1 ml da solução padrão contém 0,01 mg de NH_3. Se necessário, dilua a solução até a concentração de 1 $mg \cdot l^{-1}$ de NH_3.

Quando 1 ml do reagente de Nessler é adicionado a 50 ml da amostra, as medidas em 400–425 nm com uma célula de 1 cm de passo óptico permitem a determinação de concentrações entre 20 e 250 μg de amônia. Concentrações de nitrogênio de cerca de 1 mg podem ser determinadas em comprimentos de onda próximos de 525 nm. A curva de calibração deve ser preparada exatamente nas mesmas condições de temperatura e tempo de reação usadas para a amostra. A amônia também pode ser determinada colorimetricamente por análise de injeção de fluxo.

17.21 Arsênio

Discussão Descreveremos apenas um dentre os muitos procedimentos para a determinação de pequenas quantidades de arsênio, o método do azul de molibdênio. Ele possui grande sensibilidade e precisão e é prontamente aplicado em colorimetria ou espectrofotometria.

Método do azul de molibdênio Quando arsênio, como arsenato, é tratado com uma solução de molibdato de amônio e o heteropolimolibdoarsenato (arsenomolibdato) é reduzido com sulfato de hidrazínio ou com cloreto de estanho(II), forma-se um complexo azul solúvel, o "azul de molibdênio". A estrutura do composto não é conhecida, mas sabe-se que o molibdênio está presente em um estado de oxidação baixo. A cor azul estável tem um máximo de absorção em cerca de 840 nm e não se altera apreciavelmente em 24 horas. Existem várias técnicas para fazer a determinação, mas só descreveremos uma. O fosfato reage da mesma maneira que o arsenato (e com mais ou menos a mesma sensibilidade) e deve estar ausente.

Pode-se isolar arsênio em quaisquer quantidades por destilação de cloreto de arsênio(III) em ácido clorídrico, em um aparelho todo em vidro, sob corrente de dióxido de carbono ou de nitrogênio. Usa-se um agente redutor como o sulfato de hidrazínio para reduzir o arsênio(V) a arsênio(III). O destilado é coletado em água fria. O germânio acompanha o arsênio na destilação. Se fosfato estiver presente em grande quantidade, deve-se redestilar o destilado nas mesmas condições. Um outro método de isolamento envolve a volatilização do arsênio como arsina, por ação de zinco em solução de ácido clorídrico ou ácido sulfúrico. Quantidades apreciáveis de certos metais pesados redutíveis, como cobre, níquel e cobalto, ou de metais precipitáveis pelo zinco reduzem a produção de arsina. Cobre, presente em pequenas quantidades, impede a evolução completa da arsina. O erro pode chegar a 20% (para 5–10 μg de As) com 50 mg de cobre. A arsina liberada pode ser absorvida em uma solução de iodo e bicarbonato de sódio. A aparelhagem de absorção deve ser projetada para absorver totalmente a arsina.

Reagentes* *Solução de iodeto de potássio* Dissolva 15 g do sólido em 100 ml de água.

Solução de cloreto de estanho(II) Dissolva 40 g de cloreto de estanho(II) hidratado em 100 ml de ácido clorídrico concentrado.

Zinco Use o metal em grânulos (20–30 mesh) isento de arsênio.

Solução de iodo–iodeto de potássio Dissolva 0,25 g de iodo em um pequeno volume de água contendo 0,4 g de iodeto de potássio e complete o volume até 100 ml.

Solução de dissulfito de sódio (metabissulfito de sódio) Dissolva 0,5 g do reagente sólido ($Na_2S_2O_5$) em 10 ml de água. Prepare a solução a cada dia.

Solução de bicarbonato de sódio Dissolva 4,2 g do sólido em 100 ml de água.

Reagente molibdato de amônio–sulfato de hidrazínio Solução A: dissolva 10 g de molibdato de amônio em 10 ml de água e adicione 90 ml de ácido sulfúrico 3 M. Solução B: dissolva 0,15 g de sulfato de hidrazínio puro em 100 ml de água. Misture 10 ml de cada solução, A e B, antes do uso.

Ácido clorídrico Deve estar livre de arsênio.

Solução padrão de arsênio Dissolva 1,320 g de óxido de arsênio no menor volume possível de uma solução 1 M de hidróxido de sódio. Acidule com ácido clorídrico diluído e complete até 1 litro em um balão aferido: 1 ml da solução contém 1 mg de As. Prepare uma solução contendo 0,001 $mg \cdot ml^{-1}$ de As por diluição.

---

*Pode-se obter reagentes especiais, livres de arsênio, no comércio (Merck BDH, por exemplo) identificados pela sigla AST colocada após o nome do composto. Estes reagentes devem ser usados na determinação e preparação dos reagentes aqui listados.

Procedimento O arsênio deve estar como arsênio(III). Isto pode ser conseguido com uma destilação inicial, em um aparelho todo em vidro, com ácido clorídrico e sulfato de hidrazínio, de preferência sob dióxido de carbono ou nitrogênio. Outro método é reduzir o arsenato (obtido por oxidação úmida da amostra) com iodeto de potássio e cloreto de estanho(II). A concentração de ácido na solução, após diluição até 100 ml, não deve exceder 0,2 a 0,5 M. Deve-se adicionar, então, 1 ml de uma solução de iodeto de potássio 50% e 1 ml de uma solução de cloreto de estanho(II) em ácido clorídrico concentrado e aquecer a mistura até a ebulição.

Transfira uma alíquota de uma solução de arsenato (25 ml) contendo 20 µg de arsênio, no máximo, para o frasco em Pyrex de 50 ml (A) esquematizado na Fig. 17.17 e adicione ácido clorídrico concentrado até atingir um volume total de 5 a 6 ml de solução. Adicione em seguida 2 ml da solução de iodeto de potássio e 0,5 ml da solução de cloreto de estanho(II). Deixe em repouso na temperatura do laboratório por 20 a 30 minutos para que a reação do arsenato se complete.

O tubo (B) deve estar frouxamente recheado com lã de vidro impregnada com acetato de chumbo (para remover o sulfeto de hidrogênio e reter o ácido arrastado) e ligado a um tubo capilar (C) com 4 mm de diâmetro externo e 0,5 mm de diâmetro interno. Coloque 1,0 ml da solução de iodo–iodeto de potássio e 0,2 ml da solução de bicarbonato de sódio no tubo fino de absorção (D). Misture as soluções com a extremidade livre do capilar.

Adicione rapidamente 2,0 g de zinco ao vaso A, tampe imediatamente e deixe os gases borbulharem pela solução por 30 minutos. Após este tempo, a solução que está em D deve ainda conter iodo. Desligue o tubo C, mas deixe-o no tubo de absorção. Adicione 5,0 ml do reagente molibdato–sulfato de hidrazínio e uma ou duas gotas da solução de dissulfito de sódio. Aqueça a solução descorada resultante em um banho de água em 95–100°C, transfira para um balão aferido de 10 ml e complete o volume com água.

Meça a absorbância da solução em 840 nm. Carregue a célula de referência com uma solução da mistura iodo–iodeto–bicarbonato tratada com molibdato–sulfato de hidrazínio–dissulfito, como no procedimento descrito anteriormente. Faça a curva de calibração com soluções contendo 0, 2,5, 5,0, 7,5 e 10,0 µg de As (para o volume final de 10 ml), misturando-as com a solução de iodo–iodeto/bicarbonato, adicionando a solução de molibdato–sulfato de hidrazínio–dissulfito e aquecendo até 95–100°C.

O procedimento a seguir é recomendado pela comissão de métodos analíticos da Sociedade de Química Analítica da Inglaterra para a determinação de pequenas quantidades de arsênio em matéria orgânica [28]. Destrua a matéria orgânica por oxidação úmida e converta o arsênio, após extração com dietil-ditiocarbamato de dietilamônio e clorofórmio, ao complexo de arsenomolibdato. Reduza o complexo com sulfato de hidrazínio ao complexo azul de molibdênio, que é determinado espectrofotometricamente em 840 nm. Use uma curva de calibração como de costume.

17.22 Boro

Discussão Pequenas quantidades de boro podem ser obtidas por destilação de soluções ácidas na forma de borato de metila. Evite usar vidros de borossilicato, mesmo para guardar reagentes. A aparelhagem deve ser feita de sílica fundida,* mas pode-se usar também um prato de platina como receptor. A destilação pode ser feita a partir de uma solução fortemente ácida com os ácidos sulfúrico ou fosfórico(V), por exemplo. No aparelho mais simples, passa-se vapor de metanol por um frasco que contém uma solução da amostra e condensa-se o metanol, que é coletado em um excesso de solução de hidróxido de cálcio ou de sódio em um prato de sílica ou de platina. Nos aparelhos mais eficientes, faz-se circular o metanol entre a amostra dissolvida em meio ácido e um frasco contendo hidróxido de cálcio ou de sódio. A destilação pode levar várias horas com uma pequena quantidade de metanol. No final da destilação, o conteúdo do prato receptor no qual o borato é recolhido (que deve ser fortemente alcalino, pelo menos quatro vezes a quantidade teórica de base) é evaporado até a secura. O resíduo é usado para a determinação colorimétrica.

A maior parte dos reagentes, como a quinalizarina (1,2,5,8-tetra-hidróxi-antraquinona) ou a 1,1′-diantrimida (1,1′-imino-diantraquinona), por exemplo, só reage em solução de ácido sulfúrico concentrado. No caso da quinalizarina, o máximo de absorção do reagente e de seu complexo de boro estão muito próximos. No caso da diantrimida, o máximo de absorção do reagente está abaixo de 400 nm e o do complexo de boro, em 620 nm. Descreveremos, portanto, o uso da diantrimida. A alteração da cor da 1,1′-diantrimida, de amarelo-esverdeado a azul, na presença de boratos em ácido sulfúrico concentrado é a base de um método confiável para a determinação de quantidades muito pequenas de boro. A faixa útil do reagente vai de 0,5 a 6 µg e a cor é estável por várias horas.

Fluoreto e grandes quantidades de sílica gelatinosa interferem no método da destilação. A interferência de fluoreto pode ser evitada pela adição de cloreto de cálcio. Agentes oxidantes fortes como cromato e nitrato interferem porque eles destroem o reagente. O boro de águas

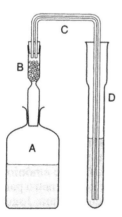

Fig. 17.17 Destilação de AsCl₃ de uma solução em HCl: A = vaso da solução em Pyrex, B = tubo empacotado frouxamente com lã de vidro embebida com acetato de chumbo, C = tubo capilar de diâmetro interno igual a 0,5 mm e diâmetro externo de 4 mm; D = tubo de absorção

---

*O vidro Corning Vycor contendo 96% de sílica é usualmente apropriado.

372 Espectroscopia eletrônica molecular

naturais pode ser determinado sem necessidade de separação. O resíduo obtido após a evaporação a seco com um pouco de uma solução de hidróxido de cálcio pode ser usado diretamente na formação da cor. Na análise de aço por dissolução em ácido sulfúrico, não se formam compostos ácidos capazes de interferir na reação.

Reagentes *Solução do reagente diantrimida* Dissolva 150 mg de 1,1′-diantrimida em 1 litro de ácido sulfúrico concentrado (∼96% peso/volume). Mantenha no escuro protegido da umidade.

Solução padrão de boro Dissolva 0,7621 g de ácido bórico em água e dilua até 1 litro. A solução resultante contém 6,667 μg·ml^{-1} de boro.

Ácido sulfúrico diluído Prepare uma solução a 25% volume/volume.

Procedimento (boro em aço) Em um balão de 150 ml, de Vycor ou sílica, ligado a um condensador de refluxo, dissolva cerca de 3 g do aço (B, contém $\leq$ 0,02%), pesado com acurácia, em 40 ml de ácido sulfúrico diluído. Aqueça para dissolver completamente. Filtre com papel quantitativo para um balão aferido de 100 ml. Lave com água quente, esfrie até a temperatura do laboratório e complete o volume com água. Este balão (A) contém o boro solúvel em ácido.

Calcine o papel de filtro em um cadinho de platina e, depois, funda o material com 2,0 g de carbonato de sódio anidro. Dissolva o fundido em 40 ml de ácido sulfúrico diluído e adicione 1 ml de uma solução de ácido sulfuroso (a cerca de 6%) para reduzir os sais de ferro(III) e outros sais que venham a se formar durante a fusão. Filtre se necessário. Transfira a solução para um balão aferido de 100 ml, complete o volume e misture. Este balão (B) contém o boro insolúvel em ácido.

Transfira 3,0 ml das soluções A e B para dois erlenmeyers com tampa de vidro (Vycor ou sílica) secos. Adicione a cada frasco, com agitação, 25 ml da solução de diantrimida e arrolhe frouxamente. Para o branco use 3,0 ml das soluções A e B em dois erlenmeyers iguais de 50 ml e adicione 25 ml de ácido sulfúrico concentrado (98% peso/volume). Aqueça os quatro erlenmeyers em um banho de água fervente por 60 minutos. Deixe esfriar até a temperatura do laboratório e meça a absorbância de cada solução em 620 nm contra ácido sulfúrico concentrado puro em células de 1 ou 2 cm. Corrija para os brancos.

Para construir a curva de calibração, transfira com uma bureta 5 a 50 ml da solução padrão de boro para balões aferidos de 100 ml, adicione 30 ml de ácido sulfúrico diluído e complete o volume. Estas soluções contêm 1 a 10 μg de boro por 3 ml. Use 3 ml de cada solução e 3 ml de uma solução livre de boro para comparação e faça como descrito anteriormente. Faça a curva de calibração relacionando a quantidade de boro à absorbância. Calcule o conteúdo total de boro no aço (isto é, o boro solúvel em ácido mais o boro insolúvel em ácido). A Tabela 11.2 lista um outro método para determinar o boro como borato.

17.23 Crômio

Discussão Pode-se determinar colorimetricamente pequenas quantidades de crômio (até 0,5%), em meio básico, como cromato. O urânio e o cério interferem, mas o vanádio tem pouca influência. Meça a absorbância em 365–370 nm. A solução padrão usada para a preparação da curva de referência deve ter a mesma basicidade da amostra e, de preferência, a mesma concentração de outros sais. Prepare os padrões com cromato de potássio de grau analítico. Um método mais sensível é usar 1,5-difenilcarbazida CO(NH.NHC$_6$H$_5$)$_2$ em meio ácido (∼0,2 M). Os cromatos dão compostos violetas solúveis com este reagente.

O molibdênio(VI), o vanádio(V), o mercúrio e o ferro interferem. Permanganatos podem ser removidos por tratamento com etanol no ponto de ebulição. Se a razão entre o vanádio e o crômio não exceder 10:1, pode-se obter resultados quase corretos deixando a solução em repouso por 10 a 15 minutos após a adição do reagente porque a cor da difenilcarbazida de vanádio desaparece rapidamente. O vanadato pode ser separado do cromato com a adição de 8-hidróxi-quinolina (oxina) à solução e extração com clorofórmio em pH 4. O cromato permanece na água. O vanádio e o ferro podem ser precipitados em solução ácida com cupferron e separados do crômio(III).

Procedimento Prepare uma quantidade adequada de uma solução 0,25% de difenilcarbazida em acetona 50% (propanona). A solução-teste pode conter entre 0,2 e 0,5 ppm de cromato. Adicione ácido sulfúrico 3 M a cerca de 15 ml desta solução de modo a produzir 25 ml de uma solução 0,1 M. Adicione 1 ml da solução de difenilcarbazida e complete o volume com água até 25 ml. Compare a cor produzida contra padrões preparados com uma solução 0,0002 M de dicromato de potássio. Use, se quiser, um filtro verde com máximo de transmissão em 540 nm aproximadamente.

Crômio em aços

Discussão O crômio em aços é oxidado por ácido perclórico a dicromato. A cor do íon dicromato é intensificada por perclorato de ferro(III), que é incolor. Compare a solução colorida com um branco no qual o dicromato é reduzido com sulfato de amônio e ferro(II). O método não sofre a interferência de ferro ou de quantidades moderadas dos elementos de liga usualmente presente nos aços.

Procedimento Coloque 1,000 g de uma amostra do aço (teor de Cr < 0,1%) em um bécher de 100 ml e dissolva com 10 ml de ácido nítrico diluído (1:1) e 20 ml de ácido perclórico (densidade 1,70; 70–72%). Se o teor de Cr estiver entre 0,1 e 1,0%, dissolva 0,500 g da amostra em 10 ml de ácido nítrico diluído (1:1) e 15 ml de ácido perclórico (densidade 1,70). Evapore até forte evolução de fumos de ácido perclórico e ferva suavemente por 5 minutos para oxidar o crômio. **Cuidado!** Esfrie rapidamente o bécher e seu conteúdo, dissolva com 20 ml de água os sais solúveis, transfira a solução quantitativamente para um balão aferido de 50 ml com tampa de vidro e complete o volume. Remova uma alíquota para uma cubeta, reduza com um pouco (∼20 mg) de sulfato de amônio e ferro(II) e ajuste o colorímetro ou espectrofotômetro para que a leitura com esta solução seja zero em 450 nm. Jogue fora a solução da cubeta e encha-a com um volume igual da solução oxidada. A leitura obtida mede a cor devida ao dicromato.

A padronização pode ser feita com soluções preparadas com aços padrões isentos de crômio e soluções padrões de dicromato de potássio. Após a dissolução do aço padrão, aqueça a solução com ácido perclórico (**tenha muito cuidado e use toda a proteção possível quando trabalhar com ácido perclórico**), adicione dicromato de potássio e dilua a solução até o volume recomendado acima. Use o procedimento já descrito. O teor de crômio de qualquer aço desconhecido pode ser obtido da leitura do colorímetro.

17.24 Titânio

Discussão O peróxido de hidrogênio produz cor amarela com uma solução ácida de titânio(IV).* Quando as quantidades de titânio são pequenas ($\leq 0,5$ mg·ml^{-1} TiO_2), a intensidade da cor é proporcional à quantidade do elemento presente. A comparação é feita usualmente com soluções padrões de sulfato de titânio(IV) do qual descrevemos a seguir um método de preparação a partir do oxalato de potássio e titanila. A solução de peróxido de hidrogênio deve ter concentração aproximadamente igual a 3% (dez volumes) e a solução final deve conter ácido sulfúrico na concentração 0,75–1,75 M para evitar a hidrólise a um sulfato básico e a condensação a ácido metatitânico. A intensidade da cor aumenta ligeiramente com o aumento da temperatura e, por isso, as soluções devem ser comparadas na mesma temperatura, de preferência entre 20 e 25°C. As espécies que interferem caem em três categorias:

(a) Ferro, níquel, crômio etc., devido à cor de suas soluções.
(b) Vanádio, molibdênio e, às vezes, crômio, devido aos compostos coloridos que formam com o peróxido de hidrogênio.
(c) Flúor (mesmo em quantidades muito pequenas) e grandes quantidades de fosfatos, sulfatos e sais alcalinos.

A influência de sulfatos e sais alcalinos se reduz progressivamente quando a concentração de ácido sulfúrico aumenta até chegar a 10%. A influência dos compostos da classe (a), se presentes em pequenas quantidades, pode ser resolvida por adição de quantidades semelhantes dos elementos coloridos ao padrão até equalizar a cor, antes da adição de peróxido de hidrogênio. Quando grandes quantidades de ferro estão presentes, como na análise de ferros fundidos e aços, dois métodos podem ser usados: (1) adição da mesma quantidade de ácido fosfórico(V) ao desconhecido e aos padrões, após a adição de peróxido de hidrogênio; (2) determinação da quantidade de ferro da solução desconhecida e adição, às soluções padrões, de uma certa quantidade de uma solução de sulfato de amônio e ferro(III) padrão que contém a mesma quantidade de ferro. Grandes quantidades de níquel, crômio etc., devem ser removidas.

Os elementos da classe (b) também devem ser removidos. O vanádio e o molibdênio podem ser facilmente separados por precipitação do titânio com uma solução de hidróxido de sódio na presença de um pouco de ferro. O fluoreto tem efeito poderoso no descoramento e deve ser removido por evaporação com ácido sulfúrico concentrado. O efeito de descoramento do ácido fosfórico é evitado por adição da mesma quantidade ao padrão ou por adição

de 1 ml de uma solução de acetato de uranila 0,1% para cada 0,1 mg de titânio presente.

Preparação da solução padrão de titânio Pese 3,68 g de oxalato de potássio e titanila, $K_2TiO(C_2O_4)_2·2H_2O$, em um frasco de Kjeldahl. Adicione 8 g de sulfato de amônio e 100 ml de ácido sulfúrico concentrado. Aqueça a mistura gradualmente e mantenha em ebulição por 10 minutos. **Cuidado!** Esfrie, derrame a solução sobre 750 ml de água e dilua até 1 litro em um balão graduado (1 ml $\equiv$ 0,50 mg de Ti). Se houver qualquer dúvida sobre a pureza do oxalato de potássio e titanila, padronize a solução por precipitação do titânio com uma solução de amônia ou cupferron e calcine o precipitado a TiO_2.

Procedimento A solução-teste deve conter titânio, preferentemente como sulfato, em ácido sulfúrico e deve estar livre dos interferentes mencionados anteriormente. A acidez final pode variar entre 0,75 e 1,75 M. Quando o ferro estiver presente em quantidades apreciáveis, adicione, com o auxílio de uma bureta, ácido fosfórico(V) diluído até que a cor amarela do ferro(III) desapareça. Adicione a mesma quantidade de ácido fosfórico aos padrões. Se sulfatos alcalinos estiverem presentes em quantidades apreciáveis na solução-teste, adicione uma pequena quantidade deles aos padrões. Adicione 10 ml de uma solução de peróxido de hidrogênio 3% e dilua até 100 ml em um balão aferido. Por conveniência, a concentração final de Ti deve ficar entre 2 e 25 ppm. Siga um dos métodos usuais e compare a cor produzida pela solução de concentração desconhecida com a cor de padrões de composição semelhante. Use o comprimento de onda de 410 nm se estiver trabalhando com um espectrofotômetro. Neste caso, o efeito do ferro, do níquel, do crômio(III) e outros íons coloridos que não reagem com peróxido de hidrogênio pode ser compensado colocando uma solução da amostra que não foi tratada com peróxido de hidrogênio na célula de referência.

17.25 Tungstênio

Discussão Pode-se usar o tolueno-3,4-ditiol (ditiol) na determinação colorimétrica do tungstênio porque ele forma com tungstênio(VI) um complexo colorido ligeiramente solúvel que pode ser extraído com acetato de butila ou de pentila e outros solventes orgânicos. O molibdênio reage de forma semelhante e deve ser removido antes da determinação do tungstênio. O complexo de molibdênio pode ser desenvolvido preferencialmente em uma solução de ácido fraco a frio e extraído seletivamente com acetato de pentila antes do desenvolvimento da cor do tungstênio em uma solução mais ácida a quente. O procedimento será ilustrado pela determinação de tungstênio em aços.

Reagentes *Solução do reagente ditiol* Dissolva 1 g de tolueno-3,4-ditiol em 100 ml de acetato de pentila. Prepare imediatamente antes do uso.

Solução padrão de tungstênio Dissolva 0,1794 g de tungstato de sódio $Na_2WO_4·2H_2O$ em água e dilua até 1 litro (1 ml $\equiv$ 0,1 g W). Quando usar, dilua 100 ml desta solução até 1 litro (1 ml $\equiv$ 0,01 mg W).

Ácido misto Misture 15,0 ml de ácido sulfúrico concentrado e 15 ml de ácido ortofosfórico (densidade 1,75) e dilua

---

*Uma das fórmulas propostas para a substância colorida é $[TiO(SO_4)_2]^{-2}$. Outros íons semelhantes também têm sido sugeridos. Uma outra proposta é $[Ti(H_2O_2)]^{+4}$. Complexos semelhantes também têm sido sugeridos.

até 100 ml com água destilada. Adicione o ácido à água lentamente e com agitação.

Procedimento (tungstênio em um aço) Dissolva, com aquecimento, 0,5 g do aço, pesado com acurácia, em 30 ml do "ácido misto". Oxide com ácido nítrico concentrado e evapore até a secura. Extraia com 100 ml de água, aqueça até a ebulição, transfira para um balão aferido de 500 ml, esfrie, complete o volume com água e misture. Transfira, com uma pipeta, uma alíquota de 15 ml para um frasco de 50 ml, evapore até a secura, esfrie, adicione 5 ml de ácido clorídrico diluído (densidade 1,06), aqueça até dissolver os sais e esfrie até a temperatura do laboratório. Adicione 5 gotas de uma solução de sulfato de hidroxilamônio a 10% em água e 10 ml do reagente ditiol, e deixe em repouso em um banho em 20–25°C por 15 minutos, agitando periodicamente. Transfira o material quantitativamente para um funil de separação de 25 ml, usando porções de 3 a 4 ml de acetato de pentila para lavagem. Agite e deixe separar as camadas.

Transfira a camada ácida inferior, que contém o tungstênio, para o frasco de 50 ml usado anteriormente. Lave a camada de acetato de pentila duas vezes com porções de 5 ml de ácido clorídrico (densidade 1,06). Adicione estas porções à camada ácida já separada. Descarte a fração de acetato de pentila que contém o molibdênio. Evapore cuidadosamente a solução ácida, que contém o tungstênio, até a formação de fumos (para expelir o acetato de pentila dissolvido). Adicione algumas gotas de ácido nítrico concentrado durante o fumaçamento para eliminar a matéria orgânica carbonizada. Adicione 5 ml de uma solução de cloreto de estanho(II) a 10% (em ácido clorídrico concentrado) e aqueça a 100°C por 4 minutos. Adicione 10 ml do reagente ditiol e aqueça a 100°C por mais 10 minutos com agitação periódica. Transfira para um funil de 25 ml com tampa e lave três vezes com porções de 2 ml de acetato de pentila. Agite, separe e descarte a camada ácida inferior. Adicione 5 ml de ácido clorídrico concentrado à camada orgânica, repita a extração e descarte novamente a camada inferior. Retire a camada de acetato de pentila que contém o tungstênio complexado para um balão aferido de 50 ml e complete o volume com acetato de pentila. Com um espectrofotômetro, meça a absorbância em 630 nm em células de 4 cm de passo óptico. Compare as leituras com uma curva de calibração preparada a partir de uma solução que contém ferro espectroscopicamente puro a que se adicionou quantidades apropriadas de uma solução padrão de tungstato de sódio.

Ânions

> **Segurança.** Antes de fazer qualquer experimento desta seção preste muita atenção aos avisos de segurança. Tenha sempre em mente as regras de segurança de laboratório.

17.26 Cloreto

Método do cloranilato de mercúrio(II)

Discussão O sal de mercúrio(II) do ácido cloranílico (2,5-dicloro-3,6-di-hidróxi-*p*-benzoquinona) pode ser usado para a determinação de pequenas quantidades do íon cloreto. A reação é

$$HgC_6Cl_2O_4 + 2Cl^- + H^+ = HgCl_2 + HC_6Cl_2O_4^-$$

A quantidade do íon cloranilato-ácido, roxo-avermelhado, liberada é proporcional à concentração do íon cloreto. Para reduzir a solubilidade do cloranilato de mercúrio(II) e suprimir a dissociação do cloreto de mercúrio(II), adiciona-se metil-celossolve (2-metóxi-etanol). Adiciona-se, também, ácido nítrico 0,05 M para aumentar a absorbância. As medidas são feitas em 530 nm na região do visível ou em 305 nm na região do ultravioleta. Brometo, iodeto, iodato, tiocianato, fluoreto e fosfato interferem, mas sulfato, acetato, oxalato e citrato têm pouca importância em concentrações inferiores a 25 mg·l^{-1}. O limite de detecção é de 0,2 mg·l^{-1} de íon cloreto. O limite superior é de cerca de 120 mg·l^{-1}. Muitos cátions, exceto o íon amônio, interferem e devem ser removidos. O cloranilato de prata não pode ser usado na determinação porque produz cloreto de prata coloidal.

Procedimento Remova os cátions interferentes passando a solução de cloreto em água por uma resina de troca iônica fortemente ácida na forma ácida (Zerolit 225 ou Amberlite 120, por exemplo) colocada em um tubo de 15 cm de comprimento e diâmetro 1,5 cm. Ajuste o pH do efluente para 7 com ácido nítrico diluído, ou amônia, em água e papel indicador. Transfira uma alíquota da solução contendo menos de 1 mg de íon cloreto para um balão aferido de 100 ml e adicione água. Não deixe o volume ultrapassar 45 ml. Adicone 5 ml de ácido nítrico 1 M e 50 ml de metil-celossolve. Complete o volume com água destilada, adicione 0,2 g de cloranilato de mercúrio(II) e agite o frasco intermitentemente por 15 minutos. Separe o excesso de cloranilato de mercúrio(II) por filtração em papel de filtro sem cinzas ou por centrifugação. Meça, em 530 nm, a absorbância da solução límpida com um espectrofotômetro contra um branco preparado da mesma forma. Faça um gráfico de calibração usando uma solução de cloreto de amônio padrão (1–100 mg·l^{-1} Cl$^-$) e deduza a concentração da solução-teste.

Prepare o cloranilato de mercúrio(II) por adição, gota a gota, com agitação, de uma solução de nitrato de mercúrio(II) 5% em ácido nítrico 2% a uma solução de ácido cloranílico na temperatura de 50°C até que não ocorra mais precipitação. Decante o líquido supernadante, lave o precipitado três vezes por decantação com etanol e uma com éter dietílico, e seque a vácuo em estufa a 60°C.

Método do tiocianato de mercúrio(II)

Discussão Este segundo procedimento para a determinação de traços de íons cloreto baseia-se no deslocamento do íon tiocianato do tiocianato de mercúrio(II) pelo íon cloreto. Na presença de ferro(III), forma-se um complexo muito colorido de tiocianato de ferro(III) com intensidade proporcional à concentração original do íon cloreto:

$$2Cl^- + Hg(SCN)_2 + 2Fe^{3+} = HgCl_2 + 2[Fe(SCN)]^{2+}$$

O método pode ser aplicado na faixa de 0,5 a 100 μg de íon cloreto.

Procedimento Coloque uma alíquota de 20 ml da solução que contém o íon cloreto em um balão aferido de 25 ml, adicione 2,0 ml de sulfato de amônio e ferro(III) 0,25 M [Fe(NH$_4$)(SO$_4$)$_2$.12H$_2$O] em ácido nítrico 9 M. Adicione, ainda, 2,0 ml de uma solução saturada de tiocianato de mercúrio(II) em etanol. Após 10 minutos, meça as absorbâncias da amostra e do branco com um espectrofotômetro em 460 nm. Use células de 5 cm de passo óptico e coloque água na célula de referência. A quantidade de íon cloreto da amostra corresponde à diferença entre as duas absorbâncias e é obtida com uma curva de calibração construída a partir de uma solução padrão de cloreto de sódio contendo 10 $\mu g \cdot ml^{-1}$ Cl^-. Cubra a faixa 0–50 μg, como anteriormente. Faça o gráfico de absorbância contra microgramas de íon cloreto.

17.27 Fosfato

Método do azul de molibdênio

Discussão Os íons ortofosfato e molibdato condensam-se em meio ácido para dar o ácido molibdofosfórico (ácido fosfomolíbdico) que sofre redução seletiva (com sulfato de hidrazínio, por exemplo) para dar um composto colorido, o azul de molibdênio, de composição incerta. A intensidade da cor azul é proporcional à quantidade de fosfato incorporada inicialmente ao heteropoliácido. Se a acidez no momento da redução for 0,5 M em ácido sulfúrico e o sulfato de hidrazínio é o redutor, o complexo azul resultante tem o máximo de absorção em 820–830 nm.

Método do fosfovanadomolibdato

Discussão Este método é considerado um pouco menos sensível do que o anterior, mas ele é muito útil nas determinações de fósforo pelo método do balão de oxigênio de Schöniger (Seção 3.32). O complexo fosfovanadomolibdato formado entre fosfato, vanadato de amônio e molibdato de amônio tem cor amarela brilhante e sua absorbância pode ser medida entre 460 e 480 nm.

Reagentes *Solução de vanadato de amônio* Dissolva 2,5 g de vanadato de amônio (NH_4VO_3) em 500 ml de água quente. Adicione 20 ml de ácido nítrico concentrado e dilua com água em um balão aferido de 1 litro até completar o volume.

Solução de molibdato de amônio Dissolva 50 g de molibdato de amônio, $(NH_4)_6Mo_7O_{24}\cdot4H_2O$, em água morna colocada em um balão aferido de 1 litro. Complete o volume. Filtre a solução antes do uso.

Procedimento Dissolva 0,4 g da amostra contendo fosfato em ácido nítrico 2,5 M colocado em um balão aferido de modo a completar 1 litro. Coloque uma alíquota de 10 ml desta solução em um balão aferido de 100 ml, adicione 50 ml de água, 10 ml da solução de vanadato de amônio e 10 ml da solução de molibdato de amônio, e complete o volume. Determine a absorbância desta solução em 465 nm contra um branco preparado da mesma forma. Use células de 1 cm de passo óptico. Prepare uma série de padrões a partir de hidrogenofosfato de potássio de modo a cobrir a faixa 0–2 mg de fósforo por 100 ml. Os padrões devem conter a mesma concentração de ácido, vanadato de amônio e molibdato de amônio que a solução-teste. Faça a curva de calibração para calcular a concentração do fósforo na amostra.

17.28 Sulfato

Discussão O sal de bário do ácido cloranílico (2,5-dicloro-3,6-p-benzoquinona) ilustra bem o princípio de um método que pode ser aplicado na determinação colorimétrica de vários ânions. Na reação

$$Y + MA(\text{sólido}) = A^- + MY(\text{sólido})$$

onde Y^- é o ânion a ser determinado e A^- é o ânion colorido de um ácido orgânico, MY deve ser muito menos solúvel do que MA para que a reação seja quantitativa. MA deve ser, ainda, pouco solúvel para que a absorbância dos brancos não seja muito alta. O íon sulfato, na faixa 2 a 400 $mg \cdot l^{-1}$, pode ser determinado facilmente pela reação entre o cloranilato de bário e o íon sulfato em meio ácido para dar sulfato de bário e o íon cloranilato-ácido:

$$SO_4^{2-} + BaC_6Cl_2O_4 + H^+ = BaSO_4 + HC_6Cl_2O_4^-$$

A quantidade do íon cloranilato-ácido liberada é proporcional à concentração do íon sulfato. A reação é feita em etanol 50% tamponado em pH 4, aproximadamente. A maioria dos cátions deve ser removida porque eles formam cloranilatos insolúveis. Isto é feito facilmente passando a solução por uma resina trocadora de íons fortemente ácida na forma de ácido (Seção 6.7). Cloretos, nitratos, bicarbonatos, fosfatos e oxalatos não interferem em concentrações inferiores a 100 $mg \cdot l^{-1}$. O pH da solução determina a absorbância das soluções de ácido cloranílico em um dado comprimento de onda. O ácido cloranílico é amarelo, o íon cloranilato-ácido é roxo-escuro e o íon cloranilato é roxo-claro. Em pH 4, o íon cloranilato-ácido dá um pico largo em 530 nm e este é o comprimento de onda usado para as medidas na região do visível. Uma absorção aguda muito mais intensa ocorre no ultravioleta, em 332 nm, que permite baixar o limite de detecção do íon sulfato para 0,06 $mg \cdot l^{-1}$.

Procedimento Passe uma solução do íon sulfato (2 a 400 $mg \cdot l^{-1}$) em água por uma coluna de troca iônica de 15 cm de comprimento e 1,5 cm de diâmetro. Use Zerolit 225 ou uma resina trocadora de cátions equivalente na forma ácida. Ajuste o efluente para pH 4 com ácido clorídrico diluído ou com uma solução de amônia. Complete o volume em um balão aferido. Transfira uma alíquota de menos de 40 ml com até 40 mg de íon sulfato para um balão aferido de 100 ml e adicione 10 ml do tampão (pH 4, uma solução de hidrogenoftalato de potássio 0,05 M) e 50 ml de etanol 95%. Complete o volume com água destilada e adicione 0,3 g de cloranilato de bário. Agite o balão por 10 minutos. Remova o sulfato de bário precipitado e o excesso de cloranilato de bário por filtração ou centrifugação. Meça a absorbância do filtrado em 530 nm com um colorímetro ou um espectrofotômetro contra um branco preparado da mesma forma. Faça a curva de calibração a partir de soluções padrões de sulfato de potássio preparadas com o sal de grau analítico.

Compostos orgânicos

Segurança. Antes de fazer qualquer experimento desta seção preste muita atenção aos avisos de segurança. Tenha sempre em mente as regras de segurança de laboratório.

17.29 Aminas primárias

A determinação de aminas primárias em escala maior é feita mais convenientemente por titulação em soluções livres de água (Seção 10.41). No caso de pequenas quantidades, porém, os métodos espectroscópicos de determinação são muito úteis. Em alguns casos, o procedimento se aplica apenas às aminas aromáticas e o método da diazotação pode ser adaptado para a determinação de aminas aromáticas primárias. O método da naftoquinona, por outro lado, pode ser aplicado às aminas primárias alifáticas e aromáticas.

Método da diazotação

Discussão Neste procedimento, a amina é diazotizada e acoplada com N-(1-naftil)etilenodiamina. Isto leva à formação de um produto colorido cuja concentração pode ser determinada com um absorciômetro ou um espectrofotômetro.

Reagentes *Dicloridrato de* N-*(1-naftil)etilenodiamônio* Dissolva 0,3 g do sólido em 100 ml de ácido clorídrico 1% v/v (solução A).

Nitrito de sódio Dissolva 0,7 g de nitrito de sódio em 100 ml de água destilada (solução B).

Outros reagentes Ácido clorídrico 1 M e etanol 90% (álcool retificado).

Procedimento Pese 10 a 15 mg da amostra de amina e dissolva em ácido clorídrico 1 M em um balão aferido de 50 ml. Coloque 2,0 ml desta solução em um erlenmeyer pequeno colocado em um bécher de 400 ml contendo água de torneira e adicione 1 ml da solução B. Deixe em repouso por cinco minutos. Adicione 5 ml de etanol 90% e, após esperar mais três minutos, mais 2 ml da solução A. Uma cor vermelha se desenvolve rapidamente, cuja absorbância pode ser medida contra um branco que contém todos os reagentes exceto a amina. As medidas devem ser feitas a 550 nm, aproximadamente. O valor exato de $\lambda_{máx}$ varia ligeiramente com a natureza da amina. Prepare uma curva de calibração a partir de uma série de soluções da amina pura nas concentrações apropriadas, tratadas na forma descrita anteriormente.

Método da naftoquinona

Discussão Muitas aminas primárias desenvolvem coloração azul quando tratadas com *orto*-quinonas. O reagente preferido é o sal de sódio do ácido 1,2-naftoquinona-4-sulfônico.

Reagentes *Sal de sódio do ácido 1,2-naftoquinona-4-sulfônico* Dissolva 0,4 g do sólido em 100 ml de água destilada (solução C).

Solução-tampão Dissolva 4,5 g de hidrogenofosfato de dissódio em 1 litro de água destilada e adicione cuidadosamente uma solução de hidróxido de sódio 0,1 M até pH de 10,2–10,4 (medidor de pH).

Procedimento Coloque 25 ml da solução da amina em água, 10 ml da solução C e 1 ml da solução-tampão em um erlenmeyer de 100 ml com tampa. A quantidade total da amina não deve ultrapassar 10 μg. Após um minuto, adicione 10 ml de clorofórmio e agite em agitador magnético por 15 a 20 minutos. Transfira para um funil de separação e, após a separação das fases, descarte a fase de clorofórmio. Meça a absorbância em 450 nm contra clorofórmio como branco.

17.30 Detergentes aniônicos

Um método já antigo de determinação de detergentes baseado nos sais de sódio dos homólogos superiores dos ácidos alcanossulfônicos é fazer uma solução em água e tratá-la com azul de metileno na presença de clorofórmio [29]. A reação entre o corante iônico (um cloreto) e o detergente é

$$(MB^+)Cl^- + RSO_3Na \rightarrow (MB^+)(RSO_3^-) + NaCl$$

onde MB^+ é o cátion do azul de metileno. O produto da reação pode ser extraído com clorofórmio. O corante original é insolúvel neste meio. A intensidade da cor da camada de clorofórmio é proporcional à concentração do detergente. O método é próprio para a determinação de pequenas concentrações de detergente e pode ser útil em estudos de poluição.

Reagentes *Solução de azul de metileno* Dissolva 0,1 g do sólido (use um produto de qualidade indicador redox) em 100 ml de água destilada.

Outros reagentes Ácido clorídrico 6 M e clorofórmio.

Procedimento Pese uma quantidade suficiente do material sólido para ter 0,001 a 0,004 mmol de detergente e dissolva em 100 ml de água destilada. Coloque 20 ml desta solução em um funil de separação de 150 ml e neutralize por adição, gota a gota, de ácido clorídrico 6 M. Quando o meio estiver neutro (use um papel indicador), adicione mais 3 ou 4 gotas de ácido. Adicione 20 ml de clorofórmio (tricloro-metano) e 1 ml da solução de azul de metileno. Agite por 1 minuto, deixe em repouso por 5 minutos e através de um pequeno funil filtrante com um enchimento de lã de algodão na ponta transfira a camada de clorofórmio para um balão aferido de 100 ml. Repita a extração da solução A por mais três vezes seguindo exatamente o mesmo procedimento descrito anteriormente. Após a última extração, lave o funil de filtro e a torneira com um pouco de clorofórmio e adicione o resultado ao conteúdo do balão. Complete o volume com clorofórmio.

Meça a absorbância desta solução em 650 nm usando uma célula de 1 cm de passo óptico contra água destilada como branco. Repita o procedimento com os reagentes usando água destilada no lugar da solução-teste. Se necessário, use a leitura conseguida desta forma para corrigir a leitura da solução-teste. Se ela já não tiver sido feita, construa a curva de calibração para o detergente que está sendo avaliado usando quatro diluições apropriadas de uma solução padrão executando o procedimento descrito anteriormente.

Uma modificação óbvia deste procedimento permite a determinação de aminas ou sais quaternários de amônio de cadeia longa (surfactantes catiônicos):

$$R_3NH^+X^- + R'SO_3^- \rightarrow (R_3NH^+)(R'SO_3^-) + X^-$$

Neste caso, o grupo ácido sulfônico está presente em um corante de sulfonoftaleína, o indicador azul de bromofenol. Como no exemplo anterior, a espécie $(R_3NH^+)(R'SO^{3-})$ pode ser extraída em clorofórmio, mas o indicador não. A cor do extrato é, portanto, proporcional à quantidade de surfactante no material em teste.

Espectrofotometria no UV/visível

Segurança. Antes de fazer qualquer experimento desta seção preste muita atenção aos avisos de segurança. Tenha sempre em mente as regras de segurança de laboratório.

17.31 Curva de absorção e concentração de nitrato de potássio

Discussão O nitrato de potássio é um exemplo de composto inorgânico que absorve principalmente no ultravioleta e pode ser usado para ganhar experiência no uso de um espectrofotômetro UV/visível operado manualmente. Alguns experimentos também podem ser feitos com um espectrofotômetro de registro automático (Seção 17.16).

A absorbância e a transmitância percentual de uma solução ~0,1 M de nitrato de potássio são medidas entre 240 e 360 nm a intervalos de 5 nm e em intervalos menores na vizinhança dos máximos ou mínimos. Os espectrofotômetros manuais são calibrados nos painéis de comando para a leitura da absorbância e da transmitância percentual. Os espectrofotômetros automáticos de feixe duplo usam, normalmente, papéis de registro impressos com ambas as escalas. A tabela de conversão linear (Fig. 17.18) é útil para a visualização da relação entre as duas quantidades.

As três maneiras de apresentar os dados espectrofotométricos são descritas adiante. O mais comum é usar um gráfico de absorbância contra o comprimento de onda (medido em nanômetros). O comprimento de onda correspondente ao máximo de absorbância (ou o mínimo de transmitância) é lido no gráfico e usado para preparar a curva de calibração. Este ponto é escolhido por duas razões: (1) é a região em que a diferença entre as absorbâncias de amostras de concentrações diferentes é maior, isto é, a sensibilidade para estudos de concentração é máxima, e (2) como ele é um ponto de inflexão, as variações de absorbância são praticamente desprezíveis em uma pequena faixa de comprimentos de onda. Não há uma regra geral para a escolha da concentração da solução a ser preparada porque isto depende do instrumento que está sendo usado. Usualmente, uma solução entre 0,01 e 0,001 M é suficientemente concentrada para as absorbâncias mais elevadas. As outras concentrações são preparadas por diluição. As concentrações a serem usadas devem ter absorbância entre 0,3 e 1,5.

Para determinar a concentração de uma substância, escolha o comprimento de onda do máximo de absorção do composto (302,5 a 305 nm para o nitrato de potássio, por exemplo) e faça a curva de calibração medindo as absorbâncias da solução da substância em quatro ou cinco concentrações diferentes (2, 4, 6, 8 e 10 g·l^{-1} de KNO$_3$, por exemplo) no mesmo comprimento de onda. Lance em gráfico a absorbância contra a concentração. Se o composto obedece à lei de Beer, o resultado será uma reta que passa

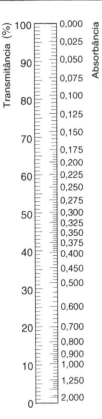

Fig. 17.18 Carta de correlação linear mostrando a relação entre absorbância e transmitância

pela origem. Se a absorbância da solução desconhecida no mesmo comprimento de onda for medida, a concentração pode ser obtida diretamente da curva de calibração. Quando se sabe com certeza que o composto obedece à lei de Beer, pode-se determinar o coeficiente de absorção molar, ε, usando uma solução padrão, apenas. A concentração do desconhecido é calculada com o valor da constante ε e o valor medido da absorbância do desconhecido nas mesmas condições.

Procedimento Seque um pouco de nitrato de potássio em 110°C por duas a três horas e deixe esfriar em um dessecador. Prepare uma solução contendo 10,000 g·l^{-1} em água. Com a ajuda de um espectrofotômetro* e células pareadas de 1 cm, meça a absorbância e a transmitância percentual na faixa de comprimentos de onda entre 240 e 350 nm. Faça o gráfico de três maneiras: (a) absorbância contra comprimento de onda, (b) transmitância percentual contra comprimento de onda e (c) log ε (coeficiente de absorção molecular decádico) contra comprimento de onda. A Fig. 17.19 mostra as curvas obtidas com o nitrato de potássio.

Use as curvas para localizar o comprimento de onda do máximo de absorção (ou do mínimo de transmitância). Determine a absorbância de soluções de nitrato de potássio contendo 2,000, 4,000, 6,000 e 8,000 g·l^{-1} neste comprimento de onda. Faça o branco nas duas células, enchen-

---
*Quando se publicam medidas espectrofotométricas, é necessário dar os detalhes da concentração utilizada, solvente, fabricante e modelo do instrumento, largura das fendas usadas e qualquer outra informação pertinente.

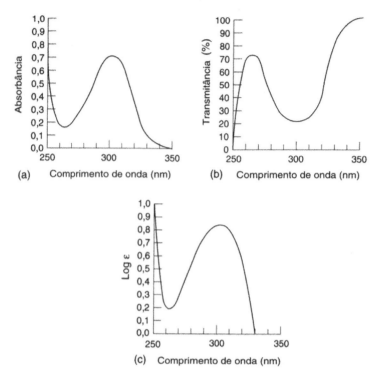

Fig. 17.19 Nitrato de potássio: dados de UV mostrados de três maneiras diferentes

do-as com água destilada. Se as células estiverem corretamente pareadas, a diferença em absorbância é praticamente nula. Faça a curva da absorbância contra a concentração para ambas as células. Determine a absorbância de uma solução de nitrato de potássio de concentração conhecida e leia a concentração na curva de calibração.

17.32 Como os substituintes afetam o espectro de absorção do ácido benzóico

Vimos, na Seção 17.12, o efeito de vários substituintes do anel aromático sobre a absorção no ultravioleta. Este experimento focaliza seu efeito sobre o ácido benzóico por comparação entre os espectros de absorção dos ácidos benzóico, 4-hidróxi-benzóico e 4-amino-benzóico.

Reagentes

Ácido clorídrico (0,1 M)
Solução de hidróxido de sódio (0,1 M)
Ácido benzóico (A_1)
Ácido 4-hidróxi-benzóico (A_2)
Ácido 4-amino-benzóico (A_3)

Procedimento Para preparar a solução de ácido benzóico em água destilada pese 0,100 g do composto e transfira o material para um balão aferido de 100 ml. Complete o volume (solução A_1). Prepare soluções semelhantes dos outros dois ácidos (soluções A_2 e A_3). Tome uma alíquota de 10,0 ml da solução A_1 e dilua até 100 ml com água destilada em um balão aferido (solução B_1, contendo 0,01 mg·ml^{-1} de ácido benzóico). Faça o mesmo com as outras duas soluções, A_2 e A_3, e prepare as soluções B_2 e B_3. Use um espectrofotômetro automático para obter as curvas de absorção das três soluções. Use água destilada como branco. Use células de sílica fundida e registre o espectro entre 210 e 310 nm.

Prepare uma nova solução de ácido 4-hidróxi-benzóico (solução C_2) colocando 10,0 ml da solução A_2 em um balão aferido de 100 ml e completando o volume com uma solução 0,1 M de ácido clorídrico. Prepare uma solução semelhante, C_3, de ácido 4-amino-benzóico e obtenha as curvas de absorção das duas soluções. Prepare outra solução de ácido 4-hidróxi-benzóico, D_2, colocando 10,0 ml da solução A_2 em um balão aferido de 100 ml e completando o volume com uma solução 0,1 M de hidróxido de sódio. Prepare uma solução semelhante, D_3, de ácido 4-amino-benzóico e obtenha as curvas de absorção destas duas soluções.

Estude os sete espectros de absorção, registre os valores de $\lambda_{máx}$ dos picos de absorção. Comente o efeito dos grupos —OH e —NH$_2$ sobre o espectro do ácido benzóico e o efeito das soluções de ácido clorídrico e hidróxido de sódio sobre os espectros dos ácidos benzóicos substituídos.

17.33 Determinações simultâneas (crômio e manganês)

Discussão Veremos nesta seção a determinação espectrofotométrica simultânea de dois solutos em uma solução. As absorbâncias são aditivas se não ocorrer reação entre os dois solutos. Podemos escrever

$$A_{\lambda_1} = {}_{\lambda_1}A_1 + {}_{\lambda_1}A_2 \qquad (17.17)$$

$$A_{\lambda_2} = {}_{\lambda_2}A_1 + {}_{\lambda_2}A_2 \qquad (17.18)$$

onde A_1 e A_2 são as absorbâncias **medidas** em dois comprimentos de onda, λ_1 e λ_2. Os índices 1 e 2 referem-se às duas substâncias diferentes, e os índices λ_1 e λ_2, aos dois comprimentos de onda diferentes. Os comprimentos de

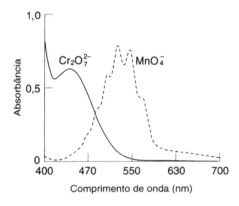

Fig. 17.20 Espectro de $Cr_2O_7^{2-}$ e MnO_4^- no visível

onda são escolhidos de modo a coincidir com os máximos de absorção dos dois solutos. Os espectros de absorção dos dois solutos não devem se sobrepor apreciavelmente (Fig. 17.20) para que a substância 1 absorva fortemente no comprimento de onda λ_1 e muito pouco no comprimento de onda λ_2 e que a substância 2 absorva fortemente no comprimento de onda λ_2 e muito pouco no comprimento de onda λ_1. Sabemos que $A = \varepsilon cl$, onde ε é o coeficiente de absorção molar (absortividade molar) em um dado comprimento de onda, c é a concentração (mol·l^{-1}) e l é a espessura ou passo óptico da célula contendo a solução (cm). Se fizermos $l = 1$,

$$A_{\lambda_1} = {_{\lambda_1}\varepsilon_1}c_1 + {_{\lambda_1}\varepsilon_2}c_2 \qquad (17.19)$$

$$A_{\lambda_2} = {_{\lambda_2}\varepsilon_1}c_1 + {_{\lambda_2}\varepsilon_2}c_2 \qquad (17.20)$$

A solução destas equações simultâneas dá

$$c_1 = \frac{{_{\lambda_2}\varepsilon_2}A_{\lambda_1} - {_{\lambda_1}\varepsilon_2}A_{\lambda_2}}{{_{\lambda_1}\varepsilon_1}{_{\lambda_2}\varepsilon_2} - {_{\lambda_1}\varepsilon_2}{_{\lambda_2}\varepsilon_1}} \qquad (17.21)$$

$$c_2 = \frac{{_{\lambda_1}\varepsilon_1}A_{\lambda_2} - {_{\lambda_2}\varepsilon_1}A_{\lambda_1}}{{_{\lambda_1}\varepsilon_1}{_{\lambda_2}\varepsilon_2} - {_{\lambda_1}\varepsilon_2}{_{\lambda_2}\varepsilon_1}} \qquad (17.22)$$

Os valores dos coeficientes de absorção molar, ε_1 e ε_2, podem ser obtidos das medidas das absorbâncias das soluções das substâncias 1 e 2 puras. A medida da absorbância da mistura nos comprimentos de onda λ_1 e λ_2 permite calcular as concentrações dos dois componentes.

Estas considerações serão ilustradas pela determinação simultânea de manganês e crômio em aço, e outras ligas de ferro. A Fig. 17.18 mostra o espectro de absorção dos íons permanganato e dicromato 0,001 M em ácido sulfúrico 1 M, determinados em um espectrofotômetro contra ácido sulfúrico 1 M na célula de referência. O máximo de absorção do permanganato está em 545 nm e deve-se aplicar uma pequena correção correspondente à absorção do dicromato. De modo análogo, a absorção do pico do dicromato está em 440 nm, onde a absorção do permanganato é fraca. As absorbâncias destes dois íons, isolados e em mistura, obedecem à lei de Beer em concentrações de ácido sulfúrico superiores a 0,5 M. O ferro(III), o níquel, o cobalto e o vanádio absorvem em 425 nm e 545 nm e devem estar ausentes ou, então, deve-se fazer a correção adequada.

Reagentes *Dicromato de potássio* Soluções 0,002 M, 0,001 M e 0,0005 M em ácido sulfúrico 1 M e ácido fosfórico(V) 0,7 M, preparadas a partir dos reagentes de grau analítico.

Permanganato de potássio Soluções 0,002 M, 0,001 M e 0,0005 M em ácido sulfúrico 1 M e ácido fosfórico(V) 0,7 M, preparadas a partir dos reagentes de grau analítico. Todos os frascos devem estar escrupulosamente limpos.

Procedimento *Coeficientes de absorção molar* Os coeficientes de absorção molar devem ser determinados para o conjunto de células e o espectrofotômetro usados. Pode-se escrever

$$A = \varepsilon cl$$

onde ε é o coeficiente de absorção molar, c é a concentração (mol·l^{-1}) e l é a espessura ou passo óptico da célula (cm). Meça a absorbância A das três soluções de dicromato de potássio e das três soluções de permanganato de potássio. Determine cada solução separadamente em 440 nm e em 545 nm usando células de 1 cm. Calcule ε em cada caso e registre os valores médios de $Cr_2O_7^{2-}$ e MnO_4^- nos dois comprimentos de onda.

Misture as soluções de dicromato de potássio 0,001 M e permanganato de potássio 0,0005 M em quantidades aproximadamente iguais às sugeridas na Tabela 17.8 (adicionando 1,0 ml de ácido sulfúrico concentrado) para obter um conjunto semelhante de absorbâncias. Meça a absorbância de cada uma das misturas em 440 nm. Calcule a absorbância a partir de

$$A_{440} = {_{440}\varepsilon_{Cr}}c_{Cr} + {_{440}\varepsilon_{Mn}}c_{Mn}$$

Cromo e manganês em um aço liga* Pese com acurácia cerca de 1,0 g do aço liga e transfira o material para um balão de Kjeldahl. Adicione 30 ml de água e 10 ml de ácido sulfúrico concentrado (e também 10 ml de ácido fosfórico(V) 85%, se tungstênio estiver presente). Aqueça gentilmente até a decomposição completa ou até que a reação se acalme. Adicione 5 ml de ácido nítrico concentrado em várias pequenas porções. Se um resíduo carbonáceo persistir, adicione mais 5 ml de ácido nítrico concentrado e aqueça até o aparecimento abundante de fumaça de ácido sulfúrico. Resfrie e dilua até cerca de 100 ml. Aqueça até que todos os sais tenham se dissolvido. Resfrie, transfira para um balão aferido de 250 ml e complete o volume.

Transfira com uma pipeta uma alíquota de 25 ou 50 ml da solução límpida da amostra para um erlenmeyer de 250 ml e adicione 5 ml de ácido sulfúrico concentrado, 5 ml de

Tabela 17.8 *Teste do princípio da aditividade de misturas de $Cr_2O_7^{2-}$ e MnO_4^- em 440 nm*

Solução de $K_2Cr_2O_7$ (ml)	Solução de $KMnO_4$ (ml)	A (observado)	A (calculado)
50	0	0,371	–
45	5	0,338	0,340
40	10	0,307	0,308
35	15	0,277	0,277
25	25	0,211	0,214
15	35	0,147	0,151
5	45	0,086	0,088
0	50	0,057	–

---

*O aço Padrão Químico Britânico BSC-CRM *225/2 Ni–Cr–Mo* é adequado para esta determinação.

380   Espectroscopia eletrônica molecular

Tabela 17.9 Correções para interferentes

Substância	Correção de Cr em 440 nm (%)	Correção de Mn em 545 nm (%)
$Cr_2O_7^{2-}$	–	0,0025
MnO_4^-	0,490	–
VO_2^+	0,0266	–
Co^{2+}	0,0072	0,0011
Ni^{2+}	0,0039	0,0001
Fe^{3+}	0,0005	–

ácido fosfórico(V) 85% e 1 a 2 ml de uma solução de nitrato de prata 0,1 M. Dilua até cerca de 80 ml. Adicione 5 g de persulfato de potássio, agite o conteúdo do frasco por rotação até que a maior parte do sal tenha se dissolvido e aqueça até a ebulição, mantendo-a por 5 a 7 minutos. Resfrie ligeiramente e adicione 0,5 g de periodato de potássio puro. Aqueça novamente até a ebulição, mantendo-a por cerca de 5 minutos. Resfrie, transfira para um balão aferido de 100 ml e meça as absorbâncias em 440 e 545 nm com células de 1 cm. Calcule a percentagem de cromo e manganês na amostra. Use as Eqs. (17.21) e (17.22) e os valores dos coeficientes de absorção molar, ε, determinados anteriormente. Os resultados estão em mol·l^{-1} e permitem facilmente calcular as percentagens. Use a Tabela 17.9 para corrigir os valores para a presença de vanádio, cobalto, níquel e ferro. Os valores da tabela são as percentagens equivalentes dos respectivos constituintes a serem subtraídas das percentagens aparentes de Cr e Mn para 1% do elemento em questão. Usando os valores dos coeficientes de absorção molares conhecidos (ou determinados)

$$_{545}\varepsilon_{Cr} = 0,011 \quad _{545}\varepsilon_{Mn} = 2,35 \quad _{440}\varepsilon_{Cr} = 0,369 \quad _{440}\varepsilon_{Mn} = 0,095$$

pode-se obter as relações

$$\% \text{ Mn} = \frac{0,005\,49V}{W}(0,426A_{545} - 0,013A_{440})$$

$$\% \text{ Cr} = \frac{0,010\,40V}{W}(2,71A_{440} - 0,110A_{545})$$

para uma amostra de peso W (g) em um volume V (ml).

Nota Em concentrações altas de dicromato e permanganato, a aditividade das absorbâncias pode não obedecer à lei de Beer. Neste caso, pode-se usar a espectroscopia derivativa.

17.34 Hidrocarbonetos aromáticos e misturas binárias

Discussão Este experimento permite o exame dos espectros de absorção de hidrocarbonetos aromáticos típicos e a investigação da possibilidade da análise de misturas de hidrocarbonetos por espectrofotometria no ultravioleta.

Reagentes Metanol e benzeno (Spectrosol ou de pureza equivalente), tolueno (grau analítico). **Evite a inalação de benzeno e o contato com a pele. O benzeno é cancerígeno.**

Procedimento Use uma micropipeta capilar de 0,1 ml graduada ao 0,005 ml e transfira 0,05 ml de benzeno para um balão aferido de 25 ml. Prepare a solução estoque completando o volume com metanol. **Trabalhe em capela**. Prepare uma série de soluções por diluição da solução estoque. Use uma pipeta graduada de 2 ml para transferir 0,25, 0,50, 0,75, 1,00 e 1,50 ml da solução para balões aferidos de 10 ml e complete o volume com metanol.

Use células de quarto com tampa e a solução 5 (isto é, a mais concentrada das soluções-teste) para obter a curva de absorção. Use metanol como branco. Faça as leituras de absorbância na faixa 200–300 nm. Use, de preferência, um espectrofotômetro equipado com um registrador gráfico. Anote os valores de $\lambda_{máx}$ dos picos observados. Existe um pico bem-definido em cerca de 250 nm. Use cada uma das soluções-teste em seqüência e meça a absorção de cada uma delas no comprimento de onda observado. Verifique a validade da lei de Beer.

Repita o procedimento, começando com 0,05 ml de tolueno, para obter cinco soluções-teste, 1' a 5'. Use a solução 5' para obter a curva de absorção do tolueno. Anote o valor de $\lambda_{máx}$ dos picos. Existe um pico de absorção bem desenvolvido em aproximadamente 270 nm. Meça a absorbância de cada solução-teste no comprimento de onda observado. Verifique a validade da lei de Beer. Meça, a seguir, a absorbância da solução 5' no comprimento de onda usado para o benzeno e a absorbância da solução 5 no comprimento de onda usado para o tolueno.

Prepare uma mistura benzeno–tolueno. Coloque 0,05 ml de cada um destes líquidos em um balão aferido de 25 ml e complete o volume com metanol. Transfira uma alíquota de 1,5 ml desta solução para um balão aferido de 10 ml e complete o volume com metanol. Esta solução contém benzeno na mesma concentração da solução 5 e tolueno na mesma concentração da solução 5'. Meça a absorbância desta solução nos dois comprimentos de onda selecionados para a construção do gráfico da lei de Beer do benzeno e do tolueno. Use o procedimento detalhado na Seção 17.33 para calcular a composição da solução e compare-a com a composição calculada a partir das quantidades de benzeno e tolueno utilizadas. Um procedimento semelhante pode ser aplicado a misturas de 1,2-dimetil-benzeno (o-xileno) e 1,4-dimetil-benzeno (p-xileno).

17.35 Fenóis em água

O espectro de absorção dos fenóis no ultravioleta mostra uma banda entre 270 e 280 nm cuja intensidade aumenta muito nas soluções alcalinas em que o fenol está predominantemente na forma do íon fenóxido. Ocorre, simultaneamente, um deslocamento da posição da banda de absorção e muitos fenóis mostram, nestas condições, um pico bem desenvolvido entre 287 e 296 nm. Usando o valor médio de $\lambda_{máx}$ em 293 nm, os coeficientes de absorção molar de um certo número de fenóis comuns em meio alcalino foram determinados [30] e podem ser usados em medidas quantitativas. Pode-se preparar, também, curvas de calibração com amostras puras do fenol que está sendo determinado. As amostras de água contaminadas por fenóis são mais convenientemente estudadas por extração do fenol com um solvente orgânico. O uso do fosfato de tri-n-butila com este objetivo é muito conveniente. As medidas fotométricas podem ser feitas no extrato e as condições alcalinas necessárias podem ser obtidas pela adição do hidróxido de tetra-n-butilamônio.

Reagentes *Solução estoque de fenol* Pese 0,5 g de fenol e dissolva em um pouco de água destilada. Transfira para um balão aferido de 500 ml e complete o volume. Use, de preferência, água destilada recém-obtida e fria.

Solução padrão de fenol (0,025 mg·l⁻¹) Dilua 25,0 ml da solução estoque até 1,0 litro usando água destilada recém-obtida e fria. Esta solução deve ser preparada imediatamente antes do uso.

Hidróxido de tetra-n-butilamônio (solução 0,1 M em metanol) Prepare uma coluna trocadora de ânions usando como resina Duolite A113 ou Amberlite IRA-400. Converta a resina à forma hidroxilada, lave a coluna com água e passe 300 a 400 ml de metanol para remover a água (Seção 6.5). Dissolva 20 g de iodeto de tetra-*n*-butilamônio em 100 ml de metanol seco e passe esta solução pela coluna. Use a vazão de 5 ml·min⁻¹, aproximadamente. Colete o efluente em um frasco com um tubo de guarda cheio de Carbosorb para protegê-lo do dióxido de carbono atmosférico. Passe 200 ml de metanol seco pela coluna. Padronize a solução de metanol por titulação potenciométrica de uma porção de ácido benzóico pesada com acurácia (cerca de 0,3 g). Calcule a molaridade da solução e adicione metanol seco até atingir 0,1 M.

Outros reagentes Ácido clorídrico 5 M e fosfato de tri-*n*-butila.

Procedimento Prepare quatro soluções-teste de fenol. Tome quatro frascos de 500 ml com rolha. Coloque 200 ml de água destilada fervida e resfriada, e adicione 5 g de cloreto de sódio em cada um deles. O sal ajuda o procedimento da extração por salificação (*salting out*). Adicione 5,0, 10,0, 15,0 e 20,0 ml da solução padrão de fenol sucessivamente aos quatro frascos e ajuste o pH de cada solução até ∼5 com adição cuidadosa de ácido clorídrico 5 M (use papel indicador). Adicione água destilada até completar 250 ml e adicione 20,0 ml de fosfato de tri-*n*-butila a cada frasco. Feche cuidadosamente os frascos (prenda as rolhas com arame) e agite em um agitador mecânico por 30 minutos. Transfira para funis de separação e, após a separação das fases, descarte as camadas de água.

Prepare uma solução alcalina do concentrado de fenol. Coloque 4,0 ml da camada de fosfato de tri-*n*-butila em um balão aferido de 5 ml e adicione 1,0 ml de hidróxido de tetra-*n*-butilamônio. Faça isso para cada uma das quatro soluções. A solução de referência tem 4 ml da camada orgânica (na qual o fenol não está dissociado) e 1 ml de metanol. Meça a absorbância de cada um dos extratos das quatro soluções-teste e faça a curva de calibração. Trate a solução desconhecida (que deve ter 0,5 a 2,0 mg·l⁻¹ de fenol) da mesma maneira. Use a curva de calibração e a leitura de absorbância para determinar o teor de fenol.

Se a amostra contiver substâncias orgânicas que podem ser extraídas pelo fosfato de tri-*n*-butila, deve-se fazer uma extração preliminar com tetracloreto de carbono. Adicione hidróxido de potássio a uma porção de 600 a 700 ml da amostra para elevar o pH até ∼12. Use um papel indicador. Adicione 20 ml de tetracloreto de carbono e agite por 30 minutos em um agitador mecânico. Separe as camadas em um funil de separação e descarte a camada orgânica. Transfira 200 ml da camada de água para um frasco de 500

ml com uma torneira bem ajustada. Adicione ácido clorídrico 5 M para levar o pH da solução até ∼5 e siga o procedimento detalhado anteriormente.

17.36 Constituintes ativos em um medicamento por espectroscopia derivativa

Discussão Use um espectrofotômetro capaz de gerar as derivadas dos espectros. Actifed é um medicamento cujos constituintes ativos são o cloridrato de pseudo-efedrina e o cloridrato de triprolidina. O espectro de absorção de comprimidos de Actifed dissolvidos em ácido clorídrico 0,1 M é semelhante ao da Fig. 17.12(a) e não pode ser usado para determinações quantitativas. O espectro da segunda derivada, entretanto, é semelhante ao da Fig. 17.12(b), no qual o pico C corresponde ao cloridrato de pseudo-efedrina e o pico D ao cloridrato de triprolidina, e pode ser utilizado para medidas quantitativas. A experiência mostra que é aconselhável usar tempos de resposta diferentes para os dois picos. Com o instrumento que usamos, a resposta em 3 dá os melhores resultados para o cloridrato de pseudo-efedrina e a resposta em 4 é melhor para o cloridrato de triprolidina

Reagentes

Cloridrato de pseudo-efedrina
Cloridrato de triprolidina
Ácido clorídrico (0,1 M)

Procedimento Para preparar as soluções padrões de cloridrato de pseudo-efedrina, pese com acurácia cerca de 60 mg e transfira o material para um balão aferido de 500 ml. Adicione cerca de 50 ml de ácido clorídrico 0,1 M para dissolver o sólido e complete o volume com ácido clorídrico 0,1 M. Transfira 25, 30 e 40 ml desta solução para balões aferidos de 50 ml e complete o volume com ácido clorídrico. Este procedimento leva a três soluções padrões, além da solução padrão original (não-diluída).

Para preparar as soluções padrões de cloridrato de triprolidina pese com acurácia cerca de 0,1 g do sólido e transfira o material para um balão aferido de 100 ml. Adicione cerca de 50 ml de ácido clorídrico e agite suavemente com rotação até que o sólido se dissolva totalmente. Complete o volume com ácido clorídrico 0,1 M. Coloque 10 ml desta solução em um balão aferido de 100 ml e complete o volume com ácido clorídrico 0,1 M. Transfira 25, 30 e 40 ml desta solução diluída para balões aferidos de 50 ml e complete o volume com ácido clorídrico 0,1 M. Este procedimento leva a quatro soluções padrões.

Pese 8 a 10 comprimidos de Actifed, pulverize-os até pó fino em um gral e pese com acurácia uma quantidade do pó equivalente ao peso de um comprimido. Transfira este material para um balão aferido de 500 ml. Adicione cerca de 200 ml de ácido clorídrico 0,1 M, feche o frasco e agite por 5 minutos até total dissolução. Complete o volume com o ácido clorídrico. Filtre o líquido turvo com um papel de filtro e rejeite os primeiros 20 ml do filtrado. Colete o filtrado remanescente em um frasco seco. Esta é a solução-teste.

Prepare o espectrofotômetro para registrar a segunda derivada do espectro e obtenha os resultados das quatro soluções padrões de cloridrato de triprolidina. Use células de quartzo com ácido clorídrico 0,1 M como referência e corra o espectro entre 210 e 350 nm. Meça, em cada espectro, a altura, D_L, do pico de maior comprimento de onda que aparece entre 290 e 310 nm (Fig. 17.14(a)). Lance os resultados contra as concentrações das soluções e confirme a obtenção de uma reta.

Obtenha a segunda derivada dos espectros das quatro soluções padrões de cloridrato de pseudo-efedrina e meça a altura do pico D_L entre 258 e 259 nm. Lance os resultados contra as concentrações das soluções e confirme a obtenção de uma reta. Registre a segunda derivada do espectro da solução de Actifed e meça a altura do pico de maior comprimento de onda dos dois componentes. Use as curvas de calibração dos padrões para deduzir as proporções dos componentes nos comprimidos.

17.37 Glicerol em suco de frutas

Discussão O glicerol é fosforilado por adenosina-5'-trifosfato (ATP) a L-glicerol-3-fosfato. A reação é catalisada por gliceroquinase (GK):

$$\text{glicerol} + \text{ATP} \xrightarrow{\text{GK}} \text{L-glicerol-3-fosfato} + \text{ADP}$$

A adenosina-5'-difosfato (ADP) formada nesta reação é reconvertido a ATP por fosfoenolpiruvato (PEP) com a ajuda da piruvato-quinase (PK) e formação de piruvato:

$$\text{ADP} + \text{PEP} \xrightarrow{\text{PK}} \text{ATP} + \text{piruvato}$$

Na presença da enzima lactato-desidrogenase (L-LDH), o piruvato se reduz a L-lactato pela nicotinamida-adenina-dinucleotídeo reduzida (NADH) com oxidação de NADH a NAD.

$$\text{piruvato} + \text{NADH} + \text{H}^+ \xrightarrow{\text{L-LDH}} \text{L-lactato} + \text{NAD}^+$$

A quantidade de NADH que se oxida nesta reação corresponde estequiometricamente à quantidade de glicerol. A NADH é determinada por absorção de luz em 340 nm.

Reagentes O conjunto de testes fornecido por Boehringer Mannheim contém reagentes suficientes para 30 determinações. Eles são fornecidos em cinco garrafas, três do tipo 1, uma do tipo 2 e uma do tipo 3.

Garrafa 1 contém aproximadamente 2 g de uma mistura coenzima/tampão, consistindo do tampão glicil-glicina (pH 7,4), NADH ~7 mg, ATP ~22 mg, PEP-CHA ~11 mg, sulfato de magnésio, estabilizadores.

Garrafa 2 contém aproximadamente 0,4 ml de uma suspensão de piruvato-quinase e lactato-desidrogenase.

Garrafa 3 contém aproximadamente 0,4 ml de uma suspensão de gliceroquinase.

Soluções para dez determinações Dissolva o conteúdo de uma das garrafas contendo coenzima e tampão em 11 ml de água redestilada. Deixe a solução em repouso por cerca de 10 minutos antes do uso. Os conteúdos das garrafas 2 e 3 são usados sem diluição.

Procedimento Dilua a amostra do suco de frutas até uma concentração de glicerol menor do que 0,4 g·l^{-1}. Se o suco é turvo, filtre e use a solução transparente para o teste. Quando estiver analisando sucos **fortemente coloridos**, descolorize a amostra. Para isto tome 10 ml do suco e adicione cerca de 0,1 g de poliamida em pó ou polivinilpolipirrolidina. Agite por 1 minuto e filtre. Use a solução

límpida, que pode estar ainda ligeiramente colorida, para a determinação. Transfira com uma pipeta 1,000 ml da solução diluída da garrafa 1, 2,000 ml de água destilada, 0,1000 ml da solução-teste e 0,010 ml da suspensão da garrafa 2 para uma cubeta. Prepare o branco em outra cubeta usando os mesmos reagentes da amostra, mas sem adicionar a solução-teste. Misture bem cada solução e quando a reação estiver completa (5 a 7 minutos) registre a absorbância em 340 nm contra ar ou água destilada como referência.

Inicie a reação adicionando 0,010 ml da suspensão da garrafa 3 a ambas as cubetas. Misture bem e espere que a reação se complete (cerca de 5 a 10 minutos). Meça imediatamente a absorbância da amostra e do branco, uma após a outra, em 340 nm. Se a reação não tiver parado após 15 minutos, continue a registrar as absorbâncias até que a absorbância diminua constantemente por dois minutos. Extrapole as absorbâncias ao tempo em que a suspensão da garrafa 3 foi adicionada.

Cálculos Faça a absorbância antes da adição da garrafa 3 igual a A_1 e absorbância após a adição da garrafa 3 igual a A_2. Determine a diferença das absorbâncias ($A_1 - A_2$) para o branco e para a amostra:

$$\Delta A = (A_1 - A_2)_{\text{amostra}} - (A_1 - A_2)_{\text{branco}}$$

As diferenças de absorbância medidas devem ser pelo menos 0,1 para que os resultados sejam acurados. Se $\Delta A_{\text{amostra}}$ é maior do que 1,000, a concentração de glicerol na solução-teste é muito grande e ela deve ser diluída.

A concentração c (g·l^{-1}) é dada por

$$c = \frac{V \times MW}{1000 \varepsilon d v} \times \Delta A$$

onde

V = volume final (3,020 ml)
v = volume da amostra (0,100 ml)
MW = massa molecular relativa do glicerol (92.1)
d = passo óptico (1 cm)
ε = coeficiente de absorção (6,3 l·mmol^{-1} cm^{-1})

isto é, $c = 0,4414 \Delta A$

17.38 Colesterol em maionese

Discussão O colesterol é oxidado por colesterol-oxidase:

$$\text{colesterol} + \text{O}_2 \xrightarrow{\text{colesterol-oxidase}} \Delta^4\text{-colesterona} + \text{H}_2\text{O}_2$$

Na presença de catalase, o peróxido de hidrogênio produzido na reação oxida metanol a formaldeído (metanal):

$$\text{metanol} + \text{H}_2\text{O}_2 \xrightarrow{\text{catalase}} \text{formaldeído} + 2\text{H}_2\text{O}$$

O formaldeído reage com acetilacetona (pentano-2,4-diona) para formar o corante amarelo de lutidina na presença de íons amônio:

$$\text{formaldeído} + \text{NH}_4^+ + 2 \text{ acetilacetona} \rightarrow \text{corante de lutidina} + 3\text{H}_2\text{O}$$

A concentração do corante de lutidina formado corresponde estequiometricamente à concentração de colesterol e é medida pelo aumento da absorbância no visível em 405 nm.

Reagentes *Conjunto de teste* O conjunto, fornecido por Boehringer Mannheim, é suficiente para cerca de 25 determinações. São três garrafas:

Garrafa 1 com aproximadamente 95 ml de uma solução contendo o tampão fosfato de amônio (pH 7,0), 2,06 mol·l^{-1} de metanol, catalase e estabilizadores.

Garrafa 2 com aproximadamente 60 ml de uma solução contendo 0,05 mol·l^{-1} de acetilacetona, 0,3 mol·l^{-1} de metanol e estabilizadores.

Garrafa 3 com aproximadamente 0,8 ml de uma suspensão de colesterol-oxidase.

Reagente de colesterol Misture três partes da solução da garrafa 1 com duas partes da solução da garrafa 2 em uma garrafa escura mantida na temperatura do laboratório. Deixe a mistura em repouso nesta temperatura por 1 hora antes do uso.

Solução 3 Use o conteúdo da garrafa 3 sem diluição.

Outros reagentes Solução de hidróxido de potássio 1,0 M em metanol, recentemente preparada.

Procedimento Pese com acurácia cerca de 1 g de maionese e 1 g de areia do mar em um frasco de 50 ml e fundo redondo. Adicione 10 ml da solução de hidróxido de potássio em metanol e aqueça sob refluxo por 25 minutos, com agitação constante. Transfira com uma pipeta a solução supernadante para um balão aferido de 25 ml. Aqueça o resíduo duas vezes com porções de 6 ml de 2-propanol de cada vez por 5 minutos. Colete as soluções no balão aferido e deixe esfriar. Complete o volume do balão com 2-propanol e misture. Se as soluções estiverem turvas, filtre em papel de filtro estrelado. Use a solução límpida para o teste. A solução-teste deve conter entre 0,07 e 0,4 g·l^{-1} de colesterol.

Para preparar o branco, transfira com uma pipeta 5,000 ml do reagente de colesterol e 0,400 ml da solução límpida da amostra para um tubo de ensaio **de vidro**. Misture bem. Em um outro tubo de ensaio de vidro coloque 2,500 ml do branco e adicione 0,020 ml da solução 3. Esta é a amostra. Misture bem. Cubra ambos os tubos e incube por 60 minutos em um banho de água a 37–40°C. Deixe esfriar até a temperatura do laboratório. Leia as absorbâncias em 405 nm do branco e da amostra, uma depois da outra, na mesma cubeta, contra o ar como referência. Subtraia a absorbância do branco da absorbância da amostra (= ΔA). Para que a acurácia seja suficiente, ΔA deve ser pelo menos igual a 0,100.

Cálculos A concentração c (g·l^{-1}) é dada por

$$c = \frac{V_f \times MW}{1000\varepsilon d v} \times \Delta A$$

onde

$\quad V$ = volume final (5,400 mL)
$\quad v$ = volume da amostra (0,400 mL)
$\quad MW$ = massa molecular relativa do colesterol (386,64)
$\quad d$ = passo óptico (1 cm)
$\quad \varepsilon$ = coeficiente de absorção (7,4 l·mmol^{-1} cm^{-1})
$\quad f$ = fator de diluição = 2,52/2,5 = 1,008

isto é, $c = 0{,}711\Delta A$

Assim, o conteúdo de colesterol na maionese (em mg/100 g) é dado por

$$c\left(\frac{100 \times 25}{w}\right)$$

onde w é o peso em gramas da amostra de maionese.

Fluorimetria

⚠ **Segurança.** Antes de fazer qualquer experimento desta seção preste muita atenção aos avisos de segurança. Tenha sempre em mente as regras de segurança de laboratório.

17.39 Quinina em água tônica

Discussão Esta determinação é ideal para ganhar experiência em fluorimetria quantitativa. Ela é particularmente útil na determinação de quinina em amostras de água tônica.

Reagentes *Ácido sulfúrico diluído (~0,05 M)* Adicione 3,0 ml de ácido sulfúrico concentrado a 100 ml de água e dilua até 1 litro com água destilada.

Solução padrão de quinina Pese com acurácia 0,100 g de quinina. Transfira para um balão aferido de 1 litro e dissolva a quinina em uma solução 0,05 M de ácido sulfúrico. Complete o volume até 1 litro com o ácido diluído. Dilua 10,0 ml desta solução até 1 litro com ácido sulfúrico 0,05 M. A solução padrão resultante contém 0,00100 mg·ml^{-1} de quinina. Use uma bureta aferida e transfira 10,0, 17,0, 24,0, 31,0, 38,0, 45,0, 52,0 e 62,0 ml da solução padrão para balões aferidos de 100 ml. Complete o volume dos balões com ácido sulfúrico 0,05 M.

Procedimento Meça em 445 nm a fluorescência de cada uma das soluções usando a solução de quinina diluída a partir de 62,0 ml como padrão para o fluorímetro. Use um filtro LF2 ou um filtro primário equivalente (λ_{ex} = 350 nm) e gelatina como filtro secundário, se estiver usando um fluorímetro simples. Prepare soluções-teste contendo 0,00025 e 0,00045 mg·ml^{-1} de quinina. Determine sua concentração medindo a fluorescência e usando a curva de calibração (veja a nota).

Para determinar o conteúdo de quinina na água tônica, é necessário degasar inicialmente a amostra. Deixe a garrafa aberta na atmosfera por um período longo ou, então, agite vigorosamente em um bécher por vários minutos. Transfira 12,5 ml da água tônica degasada para um balão aferido de 25 ml e complete o volume com ácido sulfúrico 0,1 M. Use esta solução para preparar outras soluções mais diluídas, de tal modo que se possa obter leituras no fluorímetro dentro da faixa coberta pela curva de calibração. Use ácido sulfúrico 0,05 M. Use o valor obtido e calcule a concentração de quinina na água tônica original.

Nota É boa prática fazer as medidas de fluorescência das amostras e padrões no menor intervalo de tempo possível para diminuir a possibilidade de variação da resposta do instrumento.

17.40 Codeína e morfina em uma mistura

Discussão Este experimento [31] ilustra o uso do ajuste de pH para o controle da fluorescência de modo a tornar a determinação mais específica. Os alcalóides codeína e morfina podem ser determinados independentemente porque, embora ambos fluoresçam fortemente no mesmo comprimento de onda em ácido sulfúrico diluído, a morfina tem fluorescência desprezível em hidróxido de sódio diluído. A intensidade da fluorescência dos dois compostos é aditiva.

Soluções Prepare uma série de soluções padrões de codeína e morfina na faixa 5 a 20 mg·l^{-1}:

384 Espectroscopia eletrônica molecular

(a) Codeína em H_2SO_4 (0,05 M)
(b) Codeína em NaOH (0,1 M)
(c) Morfina em H_2SO_4 (0,05 M)
(d) Morfina em NaOH (0,1 M)

Prepare soluções de uma amostra da mistura codeína–morfina, pesada com acurácia, em H_2SO_4 (0,05 M) e em NaOH (0,1 M).

Procedimento Meça a intensidade de fluorescência em 345 nm de cada uma das soluções padrões com excitação em 285 nm. Faça a curva de calibração de cada uma das quatro séries (a) a (d). Meça a intensidade de fluorescência da amostra em NaOH usando os mesmos comprimentos de

onda de excitação e emissão. Leia a concentração da codeína no gráfico apropriado (b). Calcule a intensidade de fluorescência que corresponde a esta concentração de codeína em H_2SO_4 usando a curva de calibração (a). Meça agora a intensidade de fluorescência da amostra em H_2SO_4 e subtraia a intensidade de fluorescência devida à codeína. O valor obtido corresponde à intensidade devida à morfina em H_2SO_4 e sua concentração pode ser deduzida da curva de calibração (c). A curva de calibração (d) pode ser usada para corrigir a pequena intensidade de fluorescência devida à morfina em NaOH. Este valor não é negligível quando a concentração de morfina é alta e a concentração de codeína é baixa.

17.41 Referências

1. H Lambert 1760 *Photometria de Mensura et Gradibus Luminus, Colorum et Umbrae*, Augsberg. Reprinted in W Ostwald 1892 *Klassiker der Exakten Wissenschaften*, No. 32; 64

2. M Bouguer 1729 *Essai d'Optique sur la Graduation de la Lumière*, Paris. See also W Ostwald 1891 *Klassiker der Exakten Wissenschaften*, No. 33, 38; M Bouguer 1760 *Traite d'Optique sur la Graduation de la Lumière*, Lacaille (published posthumously)

3. A Beer 1852 *Ann. Physik. Chem. (J C Poggendorff)*, **86**; 78. See also H G Pfeiffer and H A Liebhafsky 1951 *J. Chem. Educ.*, **23**; 123

4. F Bernard 1852 *Ann. Chim. Phys.*, **35**; 385

5. D R Malinin and J H Yoe 1961 *J. Chem. Educ.*, **38**; 129

6. F H Lohman 1955 *J. Chem. Educ.*, **32**; 155

7. J Talmi 1982 *Appl. Spectrosc.*, **36**; 1

8. A T Giese and C S French 1955 *Appl. Spectrosc.*, **9**; 78

9. T C O'Haver 1979 *Anal. Chem.*, **51**; 91A

10. J E Cahill and F C Padera 1980 *Am. Lab.*, **12** (4); 101

11. T C O'Haver and G L Green 1976 *Anal. Chem.*, **48**; 312

12. R A Albery 1987 *Physical chemistry*, 7th edn, John Wiley, New York

13. C N Banwell and E A McCall 1995 *Fundamentals of molecular spectroscopy*, 4th edn, McGraw-Hill, London

14. J M Hollas 1987 *Modern spectroscopy*, John Wiley, Chichester

15. D L Pavia, G M Lampman and G S Kriz 1979 *Introduction to spectroscopy*, Holt, Rhinehart and Winston, New York

16. D H Williams and I Fleming 1987 *Spectroscopic methods in organic chemistry*, 4th edn, McGraw-Hill, London

17. D A Skoog 1984 *Principles of instrumental analysis*, 3rd edn, CBS College Publishing, Philadelphia PA

18. J Coetzee (ed) 1982 *Recommended methods for purification of solvents and tests for impurities*, Pergamon, Oxford

19. C Burgess and A Knowles 1981 *Standards in absorption spectroscopy*, Chapman Hall, London

20. Boehringer 1995 *Methods of enzymic bioanalysis and food analysis*, Boehringer Mannheim Biochemical, Mannheim

21. H Egan, R Sawyer and R S Kirk 1981 *Pearson's chemical analysis of foods*, 8th edn, Longman, Harlow, p. 240

22. J Ruzicka and E H Hansen 1975 *Anal. Chim. Acta*, **78**; 145

23. G D Clark, D A Whitman, G D Christian and J Ruzicka 1990 *Crit. Rev. Anal. Chem.*, **21**; 357

24. B C Madsen and J R Murphy 1981 *Anal. Chem.*, **53**; 1924

25. K H Croner and M R Kula 1984 *Anal. Chim. Acta*, **163**; 3

26. E H Hansen, J Ruzicka and A K Ghose 1978 *Anal. Chim. Acta*, **100**; 151

27. B Karlberg and S Thelander 1978 *Anal. Chim. Acta*, **98**; 2

28. Analytical Methods Committee 1960 *Determination of arsenic in organic materials*, Society for Analytical Chemistry, London

29. J H Jones 1945 *J. Assoc. Offic. Anal. Chemists*, **28**; 398

30. J M Martin Jr, C R Orr, C B Kincannon and J L Bishop 1967 *J. Water Pollution Control*, **39**; 21

31. R A Chelmers and G A Wadds 1970 *Analyst*, **95**; 234

17.42 Bibliografia

C Burgess and A Knowles 1981 *Techniques in visible and ultraviolet absorption spectroscopy*, Chapman and Hall, London

C T Cottrell, D Irish, V M Masters and J E Steward (eds) 1985 *Introduction to ultraviolet and visible spectrophotometry*, 2nd edn, Pye Unicam, Cambridge

A F Fell and G Smith 1982 *Anal. Proc.*, **19**; 28

G G Guilbault 1967 *Fluorescence – theory, instrumentation and practice*, Edward Arnold, London, and Marcel Dekker, New York

Z Marczenko 1986 *Separation and spectrophotometric determination of elements*, 2nd edn, John Wiley, Chichester

E B Sandell and H Onishi 1978 *Colorimetric determination of traces of metals*, 4th edn, Interscience, New York

S G Schulman 1985 *Molecular luminescence spectroscopy*, John Wiley, New York

F D Snell 1978–81 *Photometric and fluorometric methods of analysis*, Parts 1/2, *Metals*; Part 3, *Non-metals*, John Wiley, New York

L C Thomas and G J Chamberlin (revised by G Shute) 1970 *Colorimetric chemical analytical methods*, 9th edn, Tintometer Ltd, Salisbury

M J K Thomas 1996 *Ultraviolet and visible spectroscopy*, 2nd edn, ACOL–Wiley, Chichester

Química Analítica

O jornal *Analytical Chemistry* publica revisões bianuais da análise fluorimétrica.

18

Espectroscopia vibracional

Usa-se o termo "espectroscopia vibracional" para descrever as técnicas da espectroscopia de infravermelho e da espectroscopia de Raman. Estes dois tipos de espectroscopia dão o mesmo tipo de informação molecular e um método pode ser usado para complementar o outro.

18.1 Espectroscopia de infravermelho

A região do infravermelho do espectro eletromagnético pode ser dividida em três partes principais [1]:

Infravermelho próximo (região das harmônicas) 0,8–2,5 μm (12 500–4000 cm^{-1})
Infravermelho médio (região de vibração–rotação) 2,5–50 μm (4000–200 cm^{-1})
Infravermelho distante (região de rotação) 50–1000 μm (200–10 cm^{-1})

A região mais interessante para fins analíticos está entre 2,5 e 25 μm (micrômetros), isto é, cujos números de ondas estão entre 4000 e 400 cm^{-1}. O número de ondas, como o nome diz, é o número de ondas por centímetro. Os materiais ópticos normais como o vidro e o quartzo absorvem fortemente no infravermelho e, por isso, os instrumentos de medida nesta região diferem dos usados na região do espectro eletrônico (ultravioleta/visível). No infravermelho, os espectros têm origem nos diferentes modos de vibração e rotação das moléculas. Em comprimentos de onda inferiores a 25 μm, a radiação tem energia suficiente para alterar os níveis de energia vibracional das moléculas e o processo é acompanhado por mudanças nos níveis de energia rotacional. Os espectros rotacionais puros das moléculas ocorrem na região do infravermelho distante e são usados para a determinação das dimensões das moléculas.

No caso de moléculas diatômicas simples, é possível calcular as freqüências vibracionais tratando a molécula como um oscilador harmônico. A freqüência da vibração é dada por

$$\nu = \frac{1}{2\pi}\left(\frac{f}{\mu}\right)^{1/2} s^{-1}$$

onde ν é a freqüência (vibrações por segundo), f é a constante de força (N·m^{-1}), isto é, a força de estiramento e restauração entre dois átomos em newtons por metro, e μ é a massa reduzida por molécula (kg); μ é definido pela relação

$$\mu = \frac{m_1 m_2}{m_1 + m_2} = \frac{A_{r1} A_{r2}}{1000 L (A_{r1} + A_{r2})} \text{ kg}$$

onde m_1 e m_2 são as massas dos átomos, e A_{r1} e A_{r2} são massas atômicas relativas. L é a constante de Avogadro.

É costume, entretanto, caracterizar as bandas de absorção em unidades de números de ondas ($\bar{\nu}$) que são expressas em centímetros recíprocos (cm^{-1}). Às vezes, comprimentos de onda (λ) medidos em micrômetros (μm) são utilizados. A relação entre estas duas quantidades é

$$\bar{\nu} = \frac{1}{\lambda} = \frac{\nu}{c}$$

então

$$\bar{\nu} = \frac{1}{2\pi c}\left(\frac{f}{\mu}\right)^{1/2} \text{cm}^{-1} \qquad (18.1)$$

A concordância entre os valores experimentais e calculados dos comprimentos de onda é geralmente boa. Examinemos, como exemplo, a ligação C—O do metanol (CH_3OH). Neste caso, $f = 5 \times 10^2$ N·m^{-1}, $\mu = 6,85\, m_u$ kg (m_u é a constante de massa atômica unificada, igual a 1,660 $\times 10^{-27}$ kg) e a velocidade da luz é $c = 2,998 \times 10^{10}$ cm·s^{-1}. Assim,

$$\bar{\nu} = \frac{1}{2\pi \times 2,998 \times 10^{10}}\left(\frac{5 \times 10^2}{6,85 \times 1,66 \times 10^{-27}}\right)^{1/2}$$

$$= \frac{20,97 \times 10^{13}}{18,84 \times 10^{10}} = 1113 \text{ cm}^{-1}$$

A banda de C—O é observada em 1034 cm^{-1}.

Este cálculo simples não leva em consideração os efeitos eventuais dos demais átomos da molécula. Métodos mais elaborados de cálculo que levam em conta estes efeitos foram desenvolvidos, mas eles estão fora dos objetivos deste livro. O leitor interessado poderá consultar os textos apropriados [2] para estudar um pouco mais o problema. Para que um modo de vibração* apareça no espectro de infravermelho e absorva a radiação incidente, é essencial que o momento de dipolo mude durante a vibração. A vibração de dois átomos idênticos, um contra o outro, moléculas de oxigênio ou nitrogênio, por exemplo, não altera a simetria elétrica ou o momento de dipolo da molécula e estas moléculas não absorvem no infravermelho.

Em muitos dos modos normais de vibração de uma molécula, os principais participantes são os átomos em liga-

---

*As vibrações das ligações podem ser divididas em dois modos distintos, as deformações axiais (*stretching*) e as deformações angulares (*bendings*). As deformações axiais correspondem às deformações periódicas de estiramento e restauração da ligação ao longo de seu eixo. As deformações angulares são deslocamentos que ocorrem fora do eixo da ligação. Para mais informações, consulte um livro-texto em espectroscopia de infravermelho.

Tabela 18.1 *Posições aproximadas de algumas bandas de absorção*

Grupo	Número de ondas (cm⁻¹)	Comprimento de onda (μm)
C—H (alifático)	2700–3000	3,33–3,70
C—H (aromático)	3000–3100	3,23–3,33
O—H (fenóis e álcoois)	3700	2,70
O—H (fenóis e álcoois, ligação hidrogênio)	3300–3700	2,70–3,03
S—H	2570–2600	3,85–3,89
N—H	3300–3370	2,97–3,03
C—O	1000–1050	9,52–10,00
C=O (aldeídos)	1720–1740	5,75–5,8
C=O (cetonas)	1705–1725	5,80–5,86
C=O (ácidos)	1650	6,06
C=O (ésteres)	1700–1750	5,71–5,88
C—N	1590–1660	6,02–6,23
C—C	750–1100	9,09–13,33
C=C	1620–1670	5,99–6,17
C≡C	2100–2250	4,44–4,76
C≡N	2100–2250	4,44–4,76
CH₃—, —CH₂—	1350–1480	6,76–7,41
C—F	1000–1400	7,14–10,00
C—Cl	600–800	12,50–16,67
C—Br	500–600	16,67–20,00
C—I	500	20,00

ção química. Estas vibrações têm freqüências que dependem primariamente das massas dos dois átomos envolvidos na vibração e da constante de força da ligação entre eles. As freqüências, porém, também são ligeiramente afetadas pelos outros átomos ligados aos átomos em questão. Estes modos de vibração são característicos dos grupos químicos da molécula e são úteis na identificação dos compostos, principalmente no estabelecimento da estrutura de uma substância desconhecida. A Tabela 18.1 lista algumas destas freqüências de grupos. O Apêndice 10 é uma tabela de correlação mais completa. Esta descrição, entretanto, foi muito simplificada porque também se observam muitas outras bandas de intensidade fraca em comprimentos de onda mais curtos (as bandas harmônicas e de combinação). No entanto, é pouco provável que estas bandas possam vir a ser confundidas com as bandas fundamentais, muito mais intensas, que têm origem nos modos normais de vibração.

Os espectros de infravermelho podem ser usados para identificar compostos puros ou para a detecção e identificação de impurezas. As principais aplicações referem-se a compostos orgânicos, principalmente porque a água, o solvente mais importante para os compostos inorgânicos, absorve fortemente acima de 1,5 μm. Além disso, os compostos inorgânicos têm, freqüentemente, bandas largas, enquanto os compostos orgânicos têm numerosas bandas agudas. De uma certa forma, o espectro de absorção no infravermelho pode ser olhado como a impressão digital do composto (Fig. 18.1). Assim, para a identificação de um composto puro, o espectro da substância desconhecida é comparado com os espectros de um número limitado de substâncias sugeridas por outras propriedades. Quando os dois espectros são idênticos, a identificação está completa. Este procedimento é especialmente útil na distinção entre dois isômeros estruturais [3] (mas não entre isômeros ópticos).

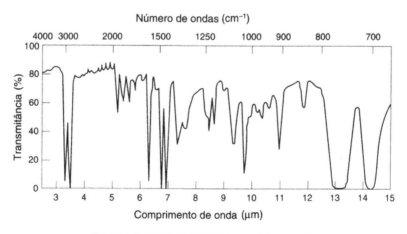

Fig. 18.1 Espectro do poliestireno no infravermelho

O espectro de uma mistura de compostos é essencialmente a soma dos espectros dos componentes, desde que não ocorra associação, dissociação, polimerização ou formação de compostos. Para detectar impurezas em uma substância, seu espectro pode ser comparado com o espectro da substância pura. As impurezas farão aparecer outras bandas no espectro. O caso mais favorável é quando as impurezas têm grupos característicos que não existem no constituinte principal.

18.2 Espectroscopia de Raman

O efeito Raman foi descoberto em 1928 pelo físico indiano C. V. Raman e na década seguinte as medidas de Raman foram mais utilizadas do que as medidas de infravermelho porque elas podiam ser registradas diretamente em placas fotográficas enquanto as de infravermelho tinham de ser registradas manualmente. A espectroscopia de Raman tem as seguintes vantagens sobre a espectroscopia de absorção no infravermelho:

1. A água é um excelente solvente para a espectroscopia de Raman e não pode ser usada na espectroscopia de infravermelho.
2. Pode-se usar células de vidro na espectroscopia de infravermelho.
3. Os espectros de Raman são usualmente mais simples do que os espectros de infravermelho e, por isso, sobreposições de bandas são menos comuns na espectroscopia de Raman.
4. Modos de vibração totalmente simétricos podem ser estudados pelo efeito Raman, mas não são observados na espectroscopia de absorção no infravermelho.
5. Nos espectros de Raman a polarização dá informações adicionais.
6. Devido à natureza do efeito Raman, um instrumento e uma única varredura contínua são suficientes para cobrir a faixa completa das freqüências de vibração molecular.
7. A intensidade de uma linha de Raman é diretamente proporcional à concentração. A lei de Beer tem de ser aplicada no caso da espectroscopia de absorção no infravermelho. Portanto, a análise quantitativa é, com freqüência, mais conveniente e mais acurada na espectroscopia de Raman.

18.3 O efeito Raman

Raman descobriu que quando moléculas são irradiadas com luz monocromática, uma parte da luz se espalha. Grande parte da radiação espalhada (cerca de 99%) tem a mesma freqüência da luz incidente (espalhamento de Rayleigh), porém uma pequena porção (menos de 1%) se encontra em outras freqüências. A **diferença** entre estas novas freqüências (bandas de Raman) e a freqüência original é característica da molécula irradiada e é idêntica, numericamente, a certas freqüências vibracionais e rotacionais da molécula. A Fig. 18.2 mostra uma parte do espectro de Raman de $CHCl_3$, obtido por irradiação da amostra com um feixe intenso de um laser hélio-neônio com comprimento de onda em 632,8 nm. A radiação espalhada, observada a 90° em relação ao feixe incidente, é de três tipos: Rayleigh, Stokes e anti-Stokes.

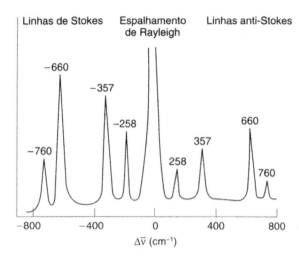

Fig. 18.2 Espectro de Raman do clorofórmio (tricloro-metano)

A emissão devida ao **espalhamento de Rayleigh** é consideravelmente mais intensa do que as outras duas. Como é usual para os espectros de Raman, o eixo horizontal da Fig. 18.2 representa a diferença entre a radiação observada e a radiação da fonte em número de ondas. Observe que os picos de Raman são encontrados em ambos os lados do pico de Rayleigh e que o aspecto dos picos é o mesmo em ambos os lados. As linhas de **Stokes** aparecem em números de ondas **menores** do que o número de onda do pico de Rayleigh e as linhas **anti-Stokes** aparecem em números de onda **maiores** do que o número de onda do pico de Rayleigh. Como a distribuição é a mesma em ambos os lados do pico de Rayleigh, as linhas aparecem em pares, Stokes–anti-Stokes. O deslocamento, em número de ondas, das duas linhas de cada par é o mesmo, mas ele ocorre em direções opostas. O tamanho dos deslocamentos de Raman é **independente do comprimento de onda de excitação**. As linhas anti-Stokes são geralmente muito menos intensas do que as linhas de Stokes correspondentes e, por isso, somente as linhas de Stokes são utilizadas. O eixo horizontal é expresso freqüentemente em número de ondas e não em comprimento de onda. Os sinais negativos dos deslocamentos de Stokes são, às vezes, omitidos.

A origem das linhas de Stokes e anti-Stokes pode ser explicada com o auxílio da Fig. 18.3. No tratamento quantomecânico do efeito Raman, a radiação é vista como um feixe de fótons espalhados por colisões entre eles e as moléculas da amostra. A maior parte destas colisões é elástica, no sentido de que não ocorre transferência de energia. Algumas delas, porém, são inelásticas. Nelas, a energia vibracional de uma ligação é adicionada ou subtraída da energia do fóton incidente, alterando sua freqüência. Observe que a molécula não é, em geral, excitada até o primeiro nível eletrônico. Ela pode ocupar qualquer um dos infinitos **estados virtuais** entre o estado fundamental e os estados eletrônicos excitados. Observe que para que ocorra o comportamento anti-Stokes a molécula deve estar originalmente em um nível vibracional excitado. Pode-se calcular a probabilidade disto acontecer em uma dada temperatura usando a distribuição de Boltzmann. Por isso, quando a temperatura aumenta, a população do primeiro estado vibracional aumenta e a intensidade relativa das linhas anti-Stokes aumenta em comparação às linhas de Stokes.

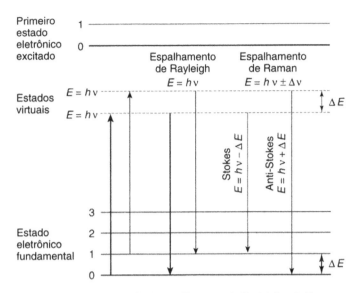

Fig. 18.3 Níveis de energia do espalhamento de Rayleigh e de Raman

Para que um determinado modo vibracional apareça no espectro de Raman (isto é, para que ele seja ativo no espectro de Raman), a **polarizabilidade** da molécula deve mudar durante a vibração. A polarizabilidade de uma molécula é sua capacidade de se polarizar sob a ação de um campo elétrico como o de uma onda de luz. Ela pode ser definida em termos do momento de dipolo, μ, induzido por um campo elétrico, E, como

$$\mu = \alpha E$$

onde α é a polarizabilidade.

18.4 Correlação entre espectros de infravermelho e de Raman

Os espectros de infravermelho e de Raman tendem a ser complementares porque as **regras de seleção** para a atividade são diferentes. Enquanto para a vibração ser ativa no espectro de Raman a polarizabilidade deve mudar, para que a vibração seja ativa no espectro de infravermelho, o momento de dipolo deve mudar (Seção 18.1). As vibrações da maior parte das moléculas são em geral ativas no infravermelho e no Raman, porém, no caso de moléculas com centro de simetria, a regra da exclusão mútua se aplica. Em outras palavras,

> Em todas as moléculas com centro de simetria, as transições permitidas no infravermelho são proibidas no espectro de Raman e todas as transições permitidas no espectro de Raman são proibidas no infravermelho.

Assim, se os espectros de infravermelho e de Raman de uma molécula têm picos nas mesmas freqüências, a molécula não pode ser centrossimétrica (isto é, ter centro de simetria).

O deslocamento de Raman $\bar{v}$ se relaciona à constante de força, f, e à massa reduzida, μ, da mesma maneira que na espectroscopia no infravermelho:

$$\bar{v} = \frac{1}{2\pi c}\left(\frac{f}{\mu}\right)^{1/2} \text{cm}^{-1} \quad (18.2)$$

18.5 Instrumentação para a espectroscopia de infravermelho

Os instrumentos usados nas medidas no infravermelho médio, entre 2,5 e 50 μm, têm algumas diferenças em relação aos usados na espectrofotometria no UV/visível. Estas diferenças são devidas, principalmente, ao fato de que vidro e quartzo absorvem fortemente na região do infravermelho e que as fotomultiplicadoras são insensíveis nesta região. Espelhos de superfície metalizada são muito usados para evitar que a radiação tenha de atravessar camadas de vidro ou quartzo, porque a reflexão em superfícies metálicas é, geralmente, muito eficiente no infravermelho. As células de absorção e as janelas devem ser fabricadas com materiais transparentes à radiação infravermelha. A Tabela 18.2 lista as substâncias mais comumente usadas no infravermelho e suas faixas úteis de transmissão.

As fontes de radiação infravermelha mais usadas nos espectrofotômetros são (1) um filamento de Nicromo em um suporte de cerâmica, (2) a fonte de Nernst, que é um filamento que contém óxidos de zircônio, tório e cério ligados por um aglutinante, (3) o Globar, que é um cilindro de carboneto de silício. Estes dispositivos são aquecidos eletricamente até temperaturas na faixa 1200–2000°C, em que o material emite radiação infravermelha com distribuição semelhante à do corpo negro. Os espectrofotômetros tradicionais de infravermelho usavam prismas de cloreto de sódio ou de brometo de potássio como monocromadores, materiais que têm a desvantagem de serem higroscópicos. Além disso, para cobrir a região do infravermelho médio são necessários dois prismas diferentes para dispersão adequada. Por esta razão, as redes de difração substituíram os prismas nos monocromadores usados na região do infravermelho. As redes têm maior poder de resolução do que os prismas e podem ser desenhadas de modo a operar efetivamente em uma larga faixa espectral. Mesmo assim, a maior parte dos instrumentos operam com duas redes com mudança automática de uma para a outra em cerca de 2000 cm^{-1}. A Fig. 18.4 mostra o esquema de um espectrofotômetro de rede típico para uso no infravermelho.

Os espectrofotômetros de infravermelho mais avançados utilizam um procedimento baseado na interferometria para produzir o espectro. Esta técnica é conhecida como espectroscopia de infravermelho com transformações de Fourier (FT-IR) [4]. Estes instrumentos baseiam-se normalmente no desenho do interferômetro de Michelson, em que a radiação proveniente de uma fonte de infravermelho é dividida, com um espelho prateado pela metade colocado a 45°, em dois feixes perpendiculares um ao outro. Se um material absorvente é colocado em um dos feixes, o

Tabela 18.2 *Faixas de transmissão de materiais de janelas e células*

Material	Faixa de transmissão μm	cm^{-1}
Fluoreto de lítio	2,5–5,9	4000–1695
Fluoreto de cálcio	2,4–7,7	4167–1299
Cloreto de sódio	2,0–15,4	5000–649
Brometo de potássio	9,0–26,0	1111–385
Brometo de césio	9,0–26,0	1111–385
KRS-5 (TlBr + TlI)	25,0–40,0	400–250

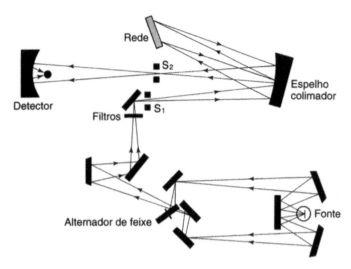

Fig. 18.4 Espectrômetro de infravermelho com monocromador de rede de difração (Reproduzido, com permissão, de R. C. J. Osland, 1985, *Principles and practices of infrared spectroscopy*, 2nd ed. Philips Ltd.)

interferograma resultante incorpora as características espectrais do material. A Fig. 18.5(a) mostra a figura de interferência resultante no caso de uma fonte de radiação monocromática e a Fig. 18.5(b), no caso de uma fonte policromática. A radiação monocromática produz uma co-senóide simples. A radiação policromática produz uma figura mais complexa, porque ela contém toda a informação espectral que chega ao detector. Duas equações fundamentais, um par de transformações co-senoidais, relacionam a intensidade $I(\delta)$ da radiação que chega ao detector à densidade da intensidade espectral $B(\nu)$ em um determinado número de ondas $\bar{\nu}$:

$$I(\delta) = \int_0^\infty B(\nu) \cos 2\pi\nu\delta \, d\nu$$

$$B(\nu) = \int_{-\infty}^\infty I(\delta) \cos 2\pi\nu\delta \, d\delta$$

A primeira equação mostra a variação da densidade da intensidade espectral com o passo óptico, δ, que é uma figura de interferência. A segunda mostra a variação da intensidade em função do número de ondas. Uma pode ser convertida na outra através de uma transformação de Fourier. A conversão da informação do interferograma em um espectro de infravermelho é complexa e só se tornou possível com o desenvolvimento dos computadores, porém existem muitas vantagens no uso da técnica FT-IR. Todas as freqüências são registradas simultaneamente, a relação sinal/ruído (S/N) melhora e é mais fácil o estudo de amostras pequenas ou de materiais com absorção pouco intensa. Além disso, o tempo necessário para uma varredura completa do espectro é de menos de um segundo, o que permite melhorar o espectro fazendo varreduras repetitivas e tomando a média dos espectros. Isto ocorre porque a razão sinal/ruído é diretamente relacionada a $n^{1/2}$, onde n é o número de varreduras. Assim, 16 repetições aumentam a razão S/N por um fator de 4. A análise quantitativa no infravermelho tornou-se muito mais fácil e precisa com o desenvolvimento da técnica FT-IR. A Fig. 18.6 mostra o esquema de um espectrofotômetro FT-IR típico.

O desenvolvimento da técnica FT-IR permitiu seu uso em combinação com outras técnicas analíticas. A espectroscopia de infravermelho–cromatografia com fase gasosa (GC-IR), por exemplo, permite a identificação dos componentes que estão eluindo em uma coluna de cromatografia e a termogravimetria combinada com FT-IR pode dar informações qualitativas e quantitativas sobre os produtos de uma decomposição térmica (Seção 18.14).

A detecção do sinal de infravermelho é extremamente importante. Alguns tipos de detector podem ser usados e a escolha depende do tipo e qualidade do espectrofotômetro. Pode-se fazer um **termopar** soldando dois fios de metal 1 e 2 de tal modo que um segmento do metal 1 se liga a dois terminais feitos com arame do metal 2. Uma junção entre os metais 1 e 2 é aquecida pelo feixe de infravermelho e a outra junção é mantida em temperatura constante. Pequenas diferenças de temperatura no laboratório podem então ser desprezadas. Para evitar perdas de energia por convecção, os pares são encapsulados a vácuo. As cápsulas têm uma janela transparente ao infravermelho. As junções metálicas são enegrecidas para reduzir a reflexão do feixe incidente.

Um **bolômetro** é essencialmente uma folha fina de platina enegrecida mantida sob vácuo em um tubo que tem uma janela transparente à radiação infravermelha. A folha de platina é um dos braços de uma ponte de Wheatstone. Qualquer radiação absorvida aumenta a temperatura da folha e muda sua resistência. Dois elementos idênticos são, geralmente, colocados em braços opostos da ponte. Um dos elementos é atingido pelo feixe de infravermelho enquanto o outro compensa as pequenas variações da temperatura do laboratório. Termopares e bolômetros fornecem diretamente uma corrente muito pequena que pode ser amplificada por técnicas especiais para ser registrada.

Usa-se, às vezes, o **detector pneumático de Golay**. É, essencialmente, uma câmara cheia de gás cuja pressão aumenta por aquecimento pela energia radiante. Pequenas mudanças de pressão provocam a deflexão de uma das paredes da câmara. Esta parede móvel funciona como um espelho que reflete o feixe de luz incidente até uma fotocélula. A quantidade de luz refletida está diretamente relacionada à expansão da câmara de gás e, por isso, à intensidade da energia radiante da luz proveniente do

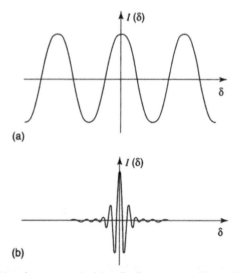

Fig. 18.5 Interferogramas de (a) radiação monocromática e (b) radiação policromática (Reproduzido, com permissão, de B. Stuart, 1996, *Modern infrared spectroscopy*, ACOL-Wiley, Chichester.)

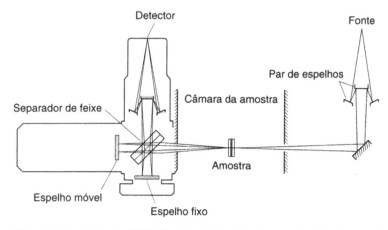

Fig. 18.6 Espectrômetro FT-IR (Cortesia de Lloyd Instruments plc, Southampton.)

monocromador. Ao contrário dos termopares e bolômetros, este detector responde à energia total recebida e não à energia recebida por uma superfície de área unitária.

Os **detectores piroelétricos** de muitos instrumentos modernos usam materiais ferroelétricos que operam abaixo de suas temperaturas de Curie. Quando a radiação infravermelha incide no detector ocorre uma mudança de polarização que pode ser usada para produzir um sinal elétrico. Estes detectores só produzem sinal quando a intensidade da radiação incidente se altera. Eles são especialmente úteis em FT-IR, em que se precisa resposta rápida. Eles usam sulfato de triglicina deuterado colocado em uma câmara sob vácuo como meio de detecção. Quando se deseja alta sensibilidade, usa-se um detector de telureto de cádmio e mercúrio (MCT) colocado em nitrogênio líquido.

Todos os espectrofotômetros de infravermelho têm um registrador que mostra o espectro de infravermelho completo em uma página, usualmente com escalas de comprimento de onda ou número de onda no eixo horizontal e absorbância ou transmitância percentual no eixo vertical. Os instrumentos mais modernos também têm visores que mostram o espectro e permitem sua comparação com espectros guardados na memória do computador ou com espectros obtidos de bibliotecas de espectros. Em comparação com alguns anos atrás, a espectrofotometria quantitativa no infravermelho tornou-se uma técnica analítica muito mais útil. Isto se deve principalmente ao desenvolvimento dos computadores.

18.6 Analisadores especializados

Um grupo muito importante de instrumentos de infravermelho é o dos espectrômetros utilizados para medidas quantitativas como parte de um processo de monitoração contínua em indústrias ou no ambiente. Estes instrumentos são projetados com um objetivo determinado, isto é, são especializados, e operam automaticamente. Seu objetivo é medir um determinado composto ou uma família de compostos.

Um exemplo típico deste tipo de instrumento é o analisador não dispersivo de fluxo contínuo usado para a análise de monóxido de carbono (Fig. 18.7). Feixes idênticos de radiação infravermelha passam pelas células de referência e de amostra e um detector de diafragma registra os sinais e os equilibra, um em relação ao outro. O detector de diafragma consiste em dois compartimentos de mesmo volume cheios com o gás puro que se quer determinar. Quando o nível de monóxido de carbono aumenta no fluxo de amostra, a radiação infravermelha em 4,2 μm é absorvida e a intensidade do feixe de infravermelho diminui. O diafragma se deforma em virtude do aquecimento desbalanceado na célula e registra um sinal proporcional à quantidade de monóxido de carbono do fluxo de amostra. O registro do sinal é feito usualmente em uma folha ou em uma fita contínua.

Outra aplicação especializada da espectroscopia quantitativa no infravermelho, que provocou muito interesse nos últimos anos, é a medida de etanol no hálito de motoristas suspeitos de haverem ingerido bebidas alcoólicas antes de

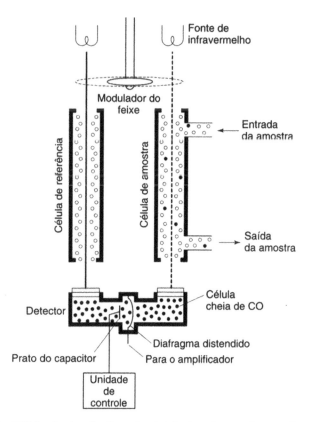

Fig. 18.7 Analisador não-dispersivo de infravermelho com fluxo contínuo

dirigir. Os argumentos a favor e contra este procedimento estão bem documentados [5], mas estes analisadores são usados em muitos países para controlar o problema álcool–direção. Um dos analisadores de infravermelho típicos usados com este objetivo é o Lion Intoximeter 3000 (Fig. 18.8). Diferentemente do medidor de monóxido de carbono que descrevemos acima, o Lion Intoximeter 3000 usa um filtro de interferência para monocromatizar a radiação de 3,39 μm, que corresponde à freqüência de deformação axial de C—H do etanol. A fonte de radiação infravermelha é um filamento de Nicromo em forma de hélice montado em volta de um cilindro de cerâmica e mantido em 800°C. O feixe emitido pela fonte de Nicromo divide-se em dois antes de passar por uma célula de gás de passo óptico fixo dividida em duas câmaras.

Nas circunstâncias normais, a composição da atmosfera nas duas câmaras é a mesma, os sinais resultantes ficam equilibrados e a razão entre as energias dos dois feixes pode ser usada para estabelecer as condições da linha de base. Quando etanol passa pelo instrumento, vindo de um simulador ou do hálito de um motorista, o feixe de infravermelho é parcialmente absorvido pelo álcool. A quantidade de radiação que chega ao detector pela célula de amostra depende da concentração de etanol na amostra. O detector de infravermelho mede novamente a razão da energia entre os feixes de amostra e referência e o sinal resultante é convertido em um índice correspondente ao teor de álcool. Neste tipo de instrumento, a monocromatização é feita depois da passagem dos feixes pelas células e antes de eles serem medidos em um detector de estado sólido fotocondutor [6]. O Intoximeter 3000 foi projetado para receber uma amostra de 70 ml de ar de uma expiração profunda depois da passagem de pelo menos 1,5 litro de ar da expiração normal do indivíduo pelo tubo de amostragem. Para evitar a condensação de álcool e água do hálito na célula, mantém-se a amostra em 45°C.

Se um composto tem uma banda de absorção razoavelmente intensa, que não sofre interferência de bandas de absorção de outros compostos da amostra, é sempre possível monitorá-lo continuamente com um detector de infravermelho especializado. Gases como monóxido de carbono, óxidos de nitrogênio, óxido de etileno e amônia podem agora ser medidos e controlados com estes dispositivos.

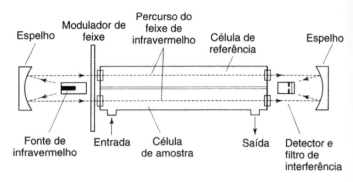

Fig. 18.8 Bafômetro Lion Intoximeter 3000 (Cortesia de Lion Laboratories Ltd, Barry, Wales.)

18.7 Células de infravermelho para amostras líquidas

Como muitas soluções usadas na espectrofotometria de infravermelho envolvem solventes orgânicos, é necessário usar células que podem ser fechadas para evitar a evaporação do solvente e podem ser desmontadas para limpeza e polimento. As células usadas para medidas quantitativas precisas devem ter passo óptico fixo e as superfícies das janelas devem ser lisas, polidas e paralelas. Existem no comércio células de espessura constante de 0,025 a 1,0 mm e células de espessura variável de até 6,0 mm. As janelas das células são transparentes ao infravermelho e são feitas com cloreto de potássio ou, menos comumente, com cloreto de sódio. Cortadas de cristais grandes, as janelas são mantidas em posição por uma estrutura de aço inoxidável e espaçadores de chumbo ou poli(tetrafluoro-etileno) mantêm a separação fixa entre elas. Uma óbvia limitação do uso de janelas de brometo de potássio ou cloreto de sódio é que as células não podem ser usadas com soluções em água. Quando a água é o solvente, as janelas devem ser feitas de fluoreto de cálcio ou de bário. A medida acurada do passo óptico pode ser feita com o procedimento da Seção 18.8. A Fig. 18.9 mostra a montagem de duas células de infravermelho típicas. Elas devem ser enchidas cuidadosamente com uma seringa ou uma pipeta de Pasteur para

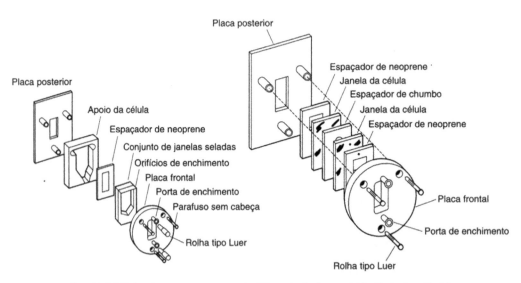

Fig. 18.9 Células de espessura constante (Cortesia de Specac Ltd., Orpington, Kent.)

que não se formem bolhas de ar em seu interior. Para evitar a evaporação, as entradas devem ser fechadas com rolhas de plástico apropriadas depois que a célula estiver cheia.

18.8 Medição da espessura da célula

Quando um feixe de radiação monocromática passa pelas janelas de uma célula de infravermelho ocorre reflexão parcial nas superfícies e interferência entre a radiação que passa pela superfície interna da janela e a radiação refletida de volta pela superfície interna da segunda janela. Esta interferência é máxima quando $2d = (n + 1/2)\lambda$, onde d é a distância (μm) entre as duas superfícies internas das janelas, λ é o comprimento de onda (μm) e n é um número inteiro. Se o comprimento de onda, λ, da radiação monocromática varia continuamente, o resultado é uma figura de interferência que consiste em uma série de ondas (Fig. 18.10). Pode-se obter o valor da espessura da célula, d, usando a fórmula

$$d = \frac{\Delta n}{2(\bar{\nu}_1 - \bar{\nu}_2)} \text{ cm}$$

onde n é o número de franjas de interferência completas entre os números de ondas $\bar{\nu}_1$ e $\bar{\nu}_2$.

18.9 Instrumentação para a espectroscopia de Raman

Os modernos espectrômetros de Raman têm três partes principais: uma fonte intensa, um sistema para iluminação da amostra e um espectrômetro. A Fig. 18.11 mostra um esquema de um espectrômetro de Raman.

Fontes

Antes do advento do laser, a fonte mais comum na espectroscopia de Raman era o arco de mercúrio. Hoje, entretanto, os lasers a gás de emissão contínua substituíram estas lâmpadas de mercúrio, devido às seguintes vantagens: (1) a radiação do laser é muito monocromática e intensa, (2) pode-se focalizar os feixes de laser sobre amostras de tamanhos muito pequenos, (3) pode se aplicar correções mais precisas para as perdas por reflexão na óptica do espectrômetro porque o feixe é muito bem colimado. As fontes de laser mais comuns são os lasers de hélio–neônio e de argônio.

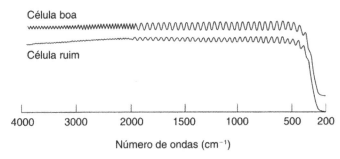

Fig. 18.10 Figuras de interferência de uma célula de espessura fixa vazia (Reproduzido, com permissão, de R. C. J. Osland, 1985, *Principles and practices of infrared spectroscopy*, 2nd ed. Philips Ltd.)

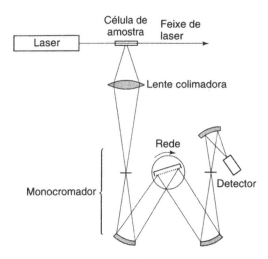

Fig. 18.11 Espectrômetro de Raman (Reproduzido, com permissão, de C. N. Banwell e E. M. McCash, 1994, *Fundamentals of molecular spectroscopy*, 4th ed. McGraw-Hill, Maidenhead.)

Sistemas de iluminação da amostra

O manuseio da amostra é mais simples na espectroscopia de Raman do que na espectroscopia de infravermelho porque medem-se diferenças de comprimento de onda entre duas freqüências na região do visível. Isto significa que é possível usar vidro para as janelas, lentes e outros componentes ópticos. É comum usar capilares de vidro para ponto de fusão para as amostras líquidas. Nos espectrômetros de Raman modernos, é freqüente o uso de um microscópio para a iluminação da amostra e recebimento da radiação espalhada, o que permite o estudo de amostras muito pequenas. O primeiro aparelho de Raman para quantidades muito pequenas chamava-se MOLE (*Molecular Optical Laser Examiner*) [7]. O instrumento tem quatro partes (Fig. 18.12): o microscópio óptico, a óptica de acoplamen-

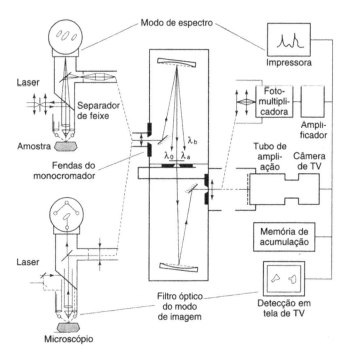

Fig. 18.12 Microscópio de Raman (Reproduzido, com permissão, de J. Corset, P. Dhamelincourt e J. Barbillat, 1989, *Chemistry in Britain*, **25**; 612.)

to, o filtro óptico e o detector. O microscópio óptico inclui um separador de feixe parcialmente transparente que reflete uma parte do feixe de laser incidente para que ela atinja a amostra. A objetiva do microscópio focaliza o feixe na amostra. A radiação do espalhamento de Rayleigh e de Raman é coletada pela mesma objetiva do microscópio e é, então, transmitida através do separador de feixe até o sistema óptico de transferência e o monocromador.

O instrumento pode operar em dois modos separados: o modo de espectro e o modo de imagem. No modo de espectro, o feixe de laser é focalizado em uma pequena superfície da amostra e o espectro da radiação espalhada é varrido. No modo de imagem, o feixe de laser passa pela amostra com o monocromador colocado no comprimento de onda de uma linha de Raman intensa de um componente. O processo é, então, repetido com o monocromador colocado no comprimento de onda de uma linha de Raman intensa de um segundo componente. Este procedimento permite determinar a variação da composição de uma amostra.

Espectrômetro

Na espectroscopia de Raman é necessário separar a radiação devida ao espalhamento de Raman da radiação devida ao espalhamento de Rayleigh do comprimento de onda incidente. Isto é normalmente feito com redes holográficas ou com monocromadores duplos e triplos. A radiação espalhada pode, então, ser detectada. Os primeiros instrumentos usavam para isso uma fotomultiplicadora. Detectores de muitos canais em que até 1000 elementos espectrais são registrados simultaneamente tornaram possível obter espectros rapidamente.

Espectroscopia de Raman com transformações de Fourier

A espectroscopia de Raman com transformações de Fourier usa comprimentos de excitação no infravermelho próximo para evitar problemas de fluorescência da amostra, que podem ocorrer com fontes laser na região do visível.

18.10 Medição das bandas de absorção no infravermelho

Como no caso dos espectros eletrônicos, o uso de espectros de infravermelho para determinações quantitativas depende da medida da intensidade da radiação infravermelha transmitida ou absorvida em um determinado comprimento de onda, usualmente o máximo de uma banda de absorção forte, aguda, estreita e bem resolvida. Os compostos orgânicos têm, geralmente, vários picos no espectro que satisfazem estes critérios e que podem ser usados desde que não ocorra superposição dos picos de absorção com os de outras substâncias da amostra.

A radiação de fundo dos espectros não corresponde a 100% de transmitância em todos os comprimentos de onda e as medidas são feitas usando o método da linha de base [8]. O método envolve a escolha de um pico de absorção para o qual se possa traçar uma tangente como a da Fig. 18.13. Esta linha é usada para estabelecer um valor para I_0 pela medida da distância vertical da tangente pelo máximo do pico até a escala de comprimento de onda. O valor

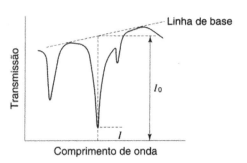

Fig. 18.13 Medida da linha de base tangente

de I é obtido de maneira semelhante, medindo-se a distância do máximo de absorção até a escala de comprimento de onda. Assim, a absorbância de qualquer pico não corresponde à altura da absorção medida diretamente na abcissa do gráfico. Seu valor, A_{calc}, é dado pela equação

$$A_{calc} = \log \frac{1}{T} = \log \frac{I_0}{I}$$

onde I_0 e I são os valores medidos usando a linha de base.

Este procedimento tem a vantagem de eliminar algumas fontes potenciais de erro. As medidas não dependem das posições acuradas dos comprimentos de onda porque elas são feitas sobre o próprio espectro e qualquer erro devido às células pode ser evitado com o uso da mesma célula de espessura fixa. A medida de A_{calc} elimina quaisquer variações da intensidade da fonte, da óptica do instrumento ou da sensibilidade.

18.11 Lei de Beer: espectro quantitativo no infravermelho

Como os espectros eletrônicos no ultravioleta e no visível, os espectros são registrados no infravermelho como absorbância (A) ou transmitância (T). A lei de Beer,

$$A = \varepsilon cl = \log \frac{1}{T} = \log \frac{I_0}{I}$$

discutida na Seção 17.2, também se aplica ao infravermelho. Do mesmo modo, a absorbância de uma mistura de compostos em um determinado comprimento de onda (ou freqüência) é a soma das absorbâncias dos constituintes da mistura naquele comprimento de onda (ou freqüência):

$$A_{observado} = A_1 + A_2 + A_3 = \varepsilon_1 c_1 l + \varepsilon_2 c_2 l + \varepsilon_3 c_3 l$$

porque o passo óptico, l, é constante.

Levou muito tempo para que a espectrofotometria quantitativa no infravermelho se tornasse uma técnica de uso comum. Existem várias razões para isto:

(a) Os coeficientes de absorção molar (absortividades molares) são usualmente 10 vezes menores do que na região do espectro eletrônico. Isto significa que o infravermelho é geralmente menos sensível.
(b) A faixa mais acurada para medidas quantitativas vai de $T = 55\%$ a $T = 20\%$ ($A = 0,26$ a $A = 0,70$). A acurácia diminui rapidamente fora destas faixas.
(c) Os espectrômetros mais antigos tinham erro experimental de $\pm 1\%$.

Embora pouco se possa fazer para diminuir a desvantagem das absortividades molares baixas, o melhor projeto dos aparelhos, as melhorias na relação sinal/ruído e o aparecimento dos instrumentos de FT-IR superaram, na prática, as limitações de acurácia e de instrumento. Em conseqüência, os procedimentos quantitativos no infravermelho são muito mais usados, freqüentemente no controle de qualidade e no estudo de materiais. As aplicações caem em três grupos distintos.

Medições com a lei de Beer

Quando um composto tem uma banda de absorção intensa, estreita e bem definida, é possível utilizá-la em medidas quantitativas por comparação entre a absorbância, A_u, de uma amostra de concentração desconhecida, c_u, com a absorbância correspondente, A_s, de uma solução padrão de concentração conhecida, c_s, usando uma célula de passo óptico conhecido. A absorbância da solução padrão em um dado comprimento de onda é

$$A_s = \varepsilon c_s l$$

e a absorbância da concentração desconhecida no mesmo comprimento de onda,

$$A_u = \varepsilon c_u l$$

Assim,

$$\frac{A_s}{c_s} = \frac{A_u}{c_u} = \varepsilon l$$

Logo, a concentração do desconhecido é

$$c_u = \frac{c_s A_u}{A_s}$$

Observe que o cálculo implica uma relação linear entre a absorbância e a concentração e, portanto, só pode ser usado em pequenas faixas de concentração.

Uso de uma curva de calibração

O uso de curvas de calibração elimina quaisquer problemas devidos à absorbância não-linear ou a problemas de concentração. A curva significa que qualquer concentração desconhecida cujo espectro foi obtido nas mesmas condições de uma série de padrões pode ser obtida dela diretamente. O procedimento exige que todos os padrões e amostras sejam obtidos na mesma célula de espessura constante, embora não haja necessidade de se conhecer as dimensões da célula nem a absortividade molar da banda de absorção escolhida. Elas são constantes para todas as medidas. Os resultados da Tabela 18.3 são típicos da concentração de um antioxidante, medida em 3655 cm^{-1}, usado como aditivo em um óleo. A Fig. 18.14 mostra graficamente os resultados.

Tabela 18.3 *Determinação da concentração de um antioxidante usando a espectroscopia de infravermelho*

Concentração de antioxidante (% w/v)	A
0,129	0,024
0,251	0,044
0,514	0,094
0,755	0,138
1,016	0,186
1,273	0,233
desconhecido	0,104

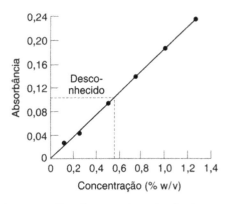

Fig. 18.14 Curva de calibração para a determinação de um antioxidante

Métodos de adição padrão

Os métodos de adição padrão não são muito utilizados na espectroscopia quantitativa de infravermelho. Eles se limitam a determinações de componentes em baixa concentração em misturas de muitos componentes. O procedimento envolve a preparação de uma série de soluções em um solvente que não absorve no comprimento de onda de absorção escolhido para a análise. As soluções são feitas a partir de uma série de concentrações crescentes do analito puro (semelhante ao conjunto de concentrações usados para uma curva de calibração) e a cada uma é adicionada uma quantidade conhecida e constante da amostra de concentração desconhecida. Todas as soluções são diluídas até um volume predeterminado e suas absorbâncias medidas em uma célula de espessura constante, com varredura da banda de absorção escolhida.

O gráfico de absorbância contra concentração do analito puro não passa pela origem porque todos os valores de absorbância aumentam pelo mesmo valor devido à adição da amostra de concentração desconhecida. A extrapolação do gráfico até o eixo horizontal dá a concentração do desconhecido com o sinal negativo. Ela pode ser determinada também pela inclinação da reta, tomando dois pontos na linha, como na Fig. 18.15. Isto significa que

$$\frac{A_2}{A_1} = \frac{c_u + c_2}{c_u + c_1}$$

Logo,

$$A_2 c_u - A_1 c_u = A_1 c_2 - A_2 c_1$$

$$c_u = \frac{A_1 c_2 - A_2 c_1}{A_2 - A_1}$$

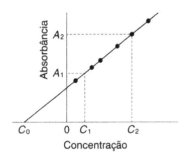

Fig. 18.15 Curva de calibração para adição padrão

18.12 Medições com pastilhas

Os espectros de infravermelho de compostos orgânicos sólidos são freqüentemente obtidos misturando-se e reduzindo-se a pó uma pequena amostra do material com brometo de potássio puro e seco (o suporte) e depois comprimindo-se o pó em um molde especial de metal sob pressão de 15 a 30 toneladas. O resultado é uma pastilha transparente de brometo de potássio contendo o analito. Como o brometo de potássio praticamente não absorve na região do infravermelho médio, obtém-se um espectro bem-resolvido do composto orgânico quando a pastilha é colocada no feixe de amostra de um espectrofotômetro de infravermelho.

Teoricamente, ao se aumentar a quantidade do composto orgânico finamente disperso, mantendo-se constante a quantidade de brometo de potássio, dever-se-ia obter espectros de infravermelho de intensidades crescentes. Entretanto, bons resultados quantitativos são difíceis de se obter por esta técnica porque existem problemas associados com a transferência não-quantitativa do pó do moinho de bolas (ou do gral) para o molde. Estes problemas podem ser parcialmente superados com o uso de micrômetros para determinar a espessura final da pastilha.

Quando se deseja usar pastilhas de brometo de potássio para medidas quantitativas é melhor usar padrões internos, isto é, incorporar à pastilha uma substância com uma banda de absorção no infravermelho isolada e intensa. A substância mais comumente usada é o tiocianato de potássio (KSCN) que é misturado com KBr e reduzido a pó para dar uma concentração da ordem de 0,1 a 0,2%. A pastilha de KBr/KSCN tem uma absorção característica em 2125 cm^{-1}. Antes das medidas quantitativas é necessário preparar uma curva de calibração a partir de uma série de padrões com quantidades diferentes do composto orgânico puro com KBr/KSCN. A Seção 18.16 descreve uma aplicação prática deste método.

18.13 Métodos de refletância [8]

Refletância total atenuada

Pode-se usar métodos de refletância para amostras difíceis de analisar por técnicas padronizadas de transmissão. A espectroscopia de refletância total atenuada (ATR) usa o fenômeno da reflexão interna. A Fig. 18.16 mostra o esquema de uma célula típica de ATR. O feixe de radiação que entra no cristal sofre reflexão interna quando o ângulo de incidência na interface entre a amostra e o cristal é maior do que o ângulo crítico, que é uma função dos índices de refração das duas superfícies. O feixe penetra a superfície de reflexão até uma distância curta (uma fração de um comprimento de onda) e se uma amostra que absorve radiação seletivamente está em contato com a superfície refletora, o feixe perde energia nos comprimentos de onda característicos da absorção do material. A reflexão atenuada resultante é medida no espectrômetro em função do comprimento de onda e o espectro obtido é equivalente ao espectro de absorção da amostra.

Os cristais usados nas células de ATR são feitos de materiais que têm baixa solubilidade em água e altos índices de refração. Eles incluem o seleneto de zinco (ZnSe), germânio (Ge) e iodeto de tálio (KRS-5). Células de ATR com desenhos diferentes permitem a análise de líquidos e sólidos. Observa-se usualmente uma interferência menos intensa do solvente no espectro de infravermelho como um todo, o que permite sua fácil subtração do espectro da amostra. A técnica da refletância interna múltipla (MIR) é semelhante ao ATR, mas produz espectros mais intensos devido a reflexões múltiplas.

Refletância especular

A espectroscopia de refletância especular mede a radiação refletida por uma superfície. O material deve ter alta capacidade de reflexão ou estar sobre uma superfície refletora. Uma utilidade particularmente importante desta técnica é o estudo de coberturas como tintas e polímeros.

Refletância difusa

A espectroscopia de refletância difusa mede a radiação que penetra uma ou mais partículas da amostra e é refletida em todas as direções. Na técnica de refletância difusa, conhecida como DRIFT, uma amostra na forma de pó é misturada com KBr pulverizado. A célula DRIFT reflete a radiação do pó e coleta a energia refletida sobre um ângulo grande. A luz difusa espalhada pode ser coletada diretamente da amostra ou de uma fita abrasiva contendo a amostra. A técnica é particularmente útil na análise de pós ou fibras. O espectro obtido não pode ser usado diretamente para análise quantitativa. Kubelka e Munk desenvolveram uma expressão que relaciona a concentração da amostra à intensidade da radiação espalhada:

$$\frac{(1 - R_\infty)^2}{2R_\infty} = \frac{c}{k}$$

onde R_∞ é a refletância absoluta do feixe, c é a concentração e k é a absortividade molar.

18.14 Sistemas GC-FTIR

A combinação entre a cromatografia com fase gasosa e a espectroscopia de infravermelho com transformações de Fourier (GC-FTIR) tem o potencial de dar informações sobre a estrutura molecular dos componentes de misturas complexas, permitindo até a distinção entre isômeros de posição — que não pode ser feita por cromatografia a gás– espectrometria de massas (GC-MS) — e entre grupos funcionais. Porém, embora utilizada em muitos laboratórios, a técnica de GC-FTIR freqüentemente exige um compromisso na cromatografia ou na espectroscopia para permitir a ligação entre dois instrumentos. Se a combinação foi

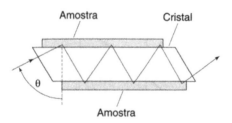

Fig. 18.16 Refletância total atenuada: uma célula de ATR (Reproduzida, com permissão de B. Stuart, 1996, *Modern infrared spectroscopy: analytical chemistry by open learning*, ACOL-Wiley, Chichester.)

projetada desde o início como um espectrofotômetro especializado (GC-FTIR) e o programa de computador foi escrito para controlar esta combinação, pode-se, então, obter o melhor desempenho e custo. Em um sistema comercial, o detector de infravermelho e o GC ocupam um espaço da bancada que não é muito maior do que o de um GC de desempenho semelhante. A Fig. 18.17 mostra o esquema de um GC-FTIR típico.

O eluente de uma coluna capilar convencional passa diretamente para uma célula de fluxo aquecida, transparente ao infravermelho, com passo óptico de 12 cm e 1 mm de diâmetro interno (volume <0,1 ml), na qual é irradiado com radiação infravermelha convencional e a absorção resultante dispersa para um detector de telureto de cádmio e mercúrio (MCT) resfriado. O acoplamento direto e a célula de pequeno volume reduzem a perda de resolução cromatográfica, que era uma fonte de problemas nos primeiros cromatógrafos acoplados. O detector é muito mais sensível do que os sistemas convencionais, com um limite de detecção, sob condições favoráveis, inferior a 5 ng de amostra injetada no sistema.

O instrumento é completamente controlado por computador e existem programas que permitem várias técnicas de aquisição de dados e elaboração de relatórios. Como para GC-MS, existem programas para procura e comparação de espectros em bibliotecas especiais para a identificação de compostos desconhecidos. O sistema é uma ferramenta analítica poderosa que permite a identificação de muitos compostos de vários tipos, incluindo compostos diferentes que dariam o mesmo espectro de massas. Isto pode ser muito útil na análise de compostos farmacêuticos, em que drogas que têm muitas funções químicas e, portanto, atividades farmacológicas diferentes, dão modelos de fragmentação idênticos em espectrometria de massas. Assim, por exemplo, não se pode distinguir facilmente a droga de abuso 1-anfetamina da metil-anfetamina por métodos de espectrometria de massas, mas os espectros são completamente diferentes no infravermelho (Fig. 18.18).

Existem problemas, entretanto, no uso de GC-FTIR, porque os espectros são obtidos em fase vapor e são, muitas vezes, significativamente diferentes dos espectros obtidos em fase condensada. Os espectros em fase vapor mostram freqüentemente a estrutura fina rotacional que é normalmente incluída nas bandas largas dos líquidos e sólidos. Além disso, bandas que são observadas em fase condensada e que têm origem em interações intermolecu-

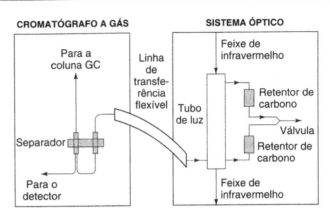

Fig. 18.17 Sistema GC-FTIR típico

lares, particularmente ligações hidrogênio, e que ajudam a interpretação do espectro estão ausentes em fase vapor. Isso pode causar problemas quando se usam bibliotecas de espectros de infravermelho que contêm principalmente espectros obtidos em fase condensada. No entanto, um certo número de bibliotecas baseadas em espectros obtidos em fase vapor já está disponível [9].

18.15 Espectroscopia de infravermelho próximo

No infravermelho próximo, os espectros são conseqüência de bandas de harmônicas ou de combinação das freqüências fundamentais. As transições envolvendo harmônicas são "proibidas", mas elas são observadas devido à anarmonicidade dos osciladores reais. As chamadas bandas proibidas são 10 a 1000 vezes mais fracas do que as bandas fundamentais. A fonte é uma lâmpada de halogênio de banda larga com janela de quartzo de que se aproveita a radiação entre 0,8 e 2,5 μ (12 500–4000 cm^{-1}). A dispersão da radiação é feita com redes holográficas cortadas com laser e movidas por motores de movimento descontínuo (*stepper motors*). Usam-se dois tipos de detector para cobrir toda a faixa útil do espectro: silício para a região 0,8–1,1 μm e sulfeto de chumbo para a região 1,1–2,5 μm. Pode-se usar também a espectroscopia de infravermelho próximo com transformações de Fourier, que dá uma escala de número de ondas altamente reprodutível, com melhor resolução e sensibilidade mais alta do que os instrumentos dispersivos.

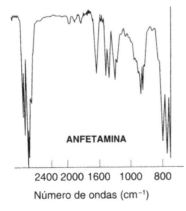
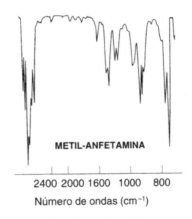

Fig. 18.18 Espectros de infravermelho da anfetamina e da metil-anfetamina em fase vapor

A espectroscopia de infravermelho próximo é muito usada nas indústrias farmacêutica e alimentar, bem como na agroindústria, na análise qualitativa e quantitativa. Na indústria farmacêutica ela é usada principalmente para o controle de qualidade, isto é, para testar um componente ativo em pastilhas, usualmente em uma pastilha intacta, ou para acompanhar o processo de mistura de materiais. Na agroindústria, ela tem sido usada para determinar a quantidade de proteína bruta em estoques de grama seca em silos. Na indústria alimentar é usada tipicamente para determinar gorduras, proteínas e lactose em leite, e nicotinamida em misturas de farinhas, e para o acompanhamento não-invasivo de etanol nos processos de fermentação. No infravermelho próximo, a espectroscopia é mais comumente feita no modo de refletância. A razão espalhamento/absorção maior na região do infravermelho próximo do espectro torna a refletância difusa mais quantitativa e muito pouca preparação da amostra é necessária porque elas podem ser analisadas diretamente em frascos de vidro ou em pacotes por subtração espectral do envoltório.

O uso da espectroscopia de infravermelho próximo em análise quantitativa exige um conjunto de amostras para calibração, idealmente baseados em amostras reais que contêm o componente de interesse em várias concentrações suficientemente diferentes. Um dos problemas com este método, entretanto, é a escolha do comprimento ou comprimentos de onda de análise. As bandas na região do infravermelho próximo são largas e se superpõem. É necessário, portanto, usar técnicas quimiométricas (Cap. 4) para fazer calibrações multivariadas. Um dos métodos usados, o de **mínimos quadrados parciais (PLS)**, usa toda a informação do espectro para determinar a concentração de um analito. Ele combina a análise de componentes principais e a regressão linear em um único algoritmo. Os detalhes estão fora do escopo deste livro.

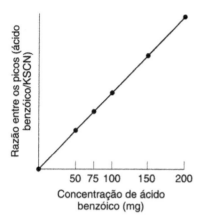

Fig. 18.19 Ácido benzóico: curva de calibração para o procedimento do padrão interno

Determinações experimentais

Segurança. Antes de fazer qualquer experimento desta seção preste muita atenção aos avisos de segurança. Tenha sempre em mente as regras de segurança de laboratório.

18.16 Pureza do ácido benzóico comercial em pastilhas de KBr

Para fazer a curva de calibração do ácido benzóico, prepare seis pastilhas de brometo de potássio, que contêm 0,1% de tiocianato de potássio, como descrito na Seção 18.12, e ácido benzóico puro nas quantidades a seguir.

KBr/KSCN (g)	1,000	1,000	1,000	1,000	1,000	1,000
Ácido benzóico (g)	0,000	0,050	0,075	0,100	0,150	0,200

Observe que o peso de KBr/KSCN é constante e embora o problema da transferência não-quantitativa do pó do moinho de bolas permaneça, ele afeta igualmente o suporte e o composto orgânico. Após obter os espectros de infravermelho das seis pastilhas, faça a curva de calibração usando a razão das intensidades da banda do ácido benzóico selecionada (a banda de carbonila em 1695 cm^{-1}) e da banda de 2125 cm^{-1} do KSCN contra a concentração de ácido benzóico nas pastilhas.

O resultado deveria ser semelhante à curva da Fig. 18.19. Use esta curva para testar uma amostra de ácido benzóico impuro. Pese 0,125 g da amostra, misture com 1,000 g do suporte de KBr/KSCN, moa e faça uma pastilha como antes. Faça referência à razão entre as absorbâncias medidas dos picos na curva de calibração para obter o teor do ácido benzóico na amostra.

18.17 Curva de calibração para o ciclo-hexano

Obtenha os espectros de infravermelho do ciclo-hexano e do nitro-metano puros. Selecione nos espectros uma banda do ciclo-hexano que não seja afetada por uma do nitro-metano. Prepare uma série de soluções de concentrações conhecidas de ciclo-hexano no nitro-metano, cobrindo a faixa de 0 a 20% (peso/volume). Use uma célula de espessura constante de 0,1 mm, meça as absorbâncias das soluções no pico escolhido usando o método da linha de base (Seção 18.10) e faça a curva de calibração. Use este gráfico para determinar a concentração de ciclo-hexano em uma amostra de concentração desconhecida em nitro-metano.

18.18 Determinação de 2-, 3- e 4-metil-fenóis (cresóis) em uma mistura

Prepare soluções com pesos conhecidos dos cresóis puros (0,5 g) em ciclo-hexano (20 ml). Use estas soluções para obter os espectros de infravermelho dos três cresóis puros em ciclo-hexano. Prepare uma única solução com os três cresóis misturando 5 ml de cada uma das soluções anteriores. Obtenha o espectro de infravermelho das quatro soluções usando uma célula de espessura constante de 0,1 mm ou 0,25 mm. Selecione as bandas de absorção adequadas para a determinação de cada um dos isômeros. As mais convenientes estão em 750 cm^{-1} para o 2-metil-fenol, 773 cm^{-1} para o 3-metil-fenol e 815 cm^{-1} para o 4-metil-fenol.

Use as soluções dos cresóis puros para preparar uma série de padrões de calibração diluindo cada uma delas com quantidades apropriadas de ciclo-hexano. Construa as três curvas de calibração. Use uma mistura de cresóis (1 g) e dissolva em ciclo-hexano (20 ml). Obtenha o espectro de infravermelho da mistura. Se necessário, dilua a solução com ciclo-hexano para que as absorções obtidas fiquem dentro das curvas de calibração. Use as três bandas selecionadas e calcule as absorbâncias dos três isômeros. Use as curvas de calibração para calcular a composição percentual da mistura de cresóis.

18.19 Acetona (propanona) em álcool isopropílico (2-propanol)

Devido à oxidação pela atmosfera, o álcool isopropílico comercial contém comumente um pouco de acetona:

$$CH_3-\overset{\overset{OH}{|}}{C}-CH_3 \quad \overset{O_2}{\longrightarrow} \quad CH_3-\overset{\overset{O}{||}}{C}-CH_3$$

Como sempre se obtém maior acurácia medindo o componente presente em menor quantidade, é melhor medir quantitativamente a acetona e não o álcool isopropílico. Obtenha os espectros de infravermelho da acetona e do álcool puros. Use os espectros e escolha uma banda de absorção da acetona que não se superponha significativamente com uma banda do álcool. A melhor escolha é, provavelmente, a banda de deformação axial da carbonila em 1718 cm^{-1}.

18.20 Referências

Prepare uma solução estoque a 10% (volume/volume) dissolvendo acetona pura (25 ml) em tetracloreto de carbono (tetracloro-metano) e dilua até 250 ml em um balão aferido. A partir desta solução prepare uma série de soluções diluídas de acetona em tetracloreto de carbono de modo a cobrir a faixa de concentrações entre 0,1 e 2,5% (volume/volume). **Faça esta operação em capela.** Meça a transmitância percentual de cada solução em 1718 cm^{-1} usando uma célula de espessura constante de 0,1 mm. Use o método da linha de base (Seção 18.10) e calcule as absorbâncias em cada concentração. Faça a curva de calibração da absorbância contra a concentração.

Dilua com tetracloreto de carbono 10 ml de álcool isopropílico comercial até 100 ml em um balão aferido. Obtenha o espectro de infravermelho desta solução e calcule a absorbância do pico em 1718 cm^{-1}. Use a curva de calibração para determinar a concentração de acetona. O verdadeiro valor da concentração de acetona no álcool isopropílico é dez vezes a obtida da curva de calibração (devido à diluição) e o valor da percentagem volume/volume pode ser convertido em concentração molar ($mol \cdot l^{-1}$) dividindo por 7,326, isto é, 1,25% (volume/volume) corresponde a $1,25/7,326 = 0,171$ $mol \cdot l^{-1}$.

1. R C Denney 1982 *A dictionary of spectroscopy*, 2nd edn, Macmillan, London, p. 89
2. J M Hollas 1982 *High resolution spectroscopy*, Butterworth, London
3. R C J Osland 1985 *Principles and practices of infrared spectroscopy*, 2nd edn, Philips, Eindhoven
4. P R Griffiths and J A de Haseth 1986 *Fourier transform infrared spectroscopy*, John Wiley, Chichester
5. R C Denney 1986 *Alcohol and accidents*, Sigma Press, Wilmslow and John Wiley, Chichester
6. Anon 1982 *Lion Intoximeter 3000 – operators' handbook*, Lion Laboratories, Barry
7. J Corset, P Dhamelincourt and J Barbillat 1989 *Chemistry in Britain*, **25**; 612
8. B Stuart 1996 *Modern infrared spectroscopy: analytical chemistry by open learning*, ACOL–Wiley, Chichester
9. Sadtler 1986 *The Sadtler standard gas chromatography retention index library*, Volume 4, Sadtler Research Laboratories, Philadelphia PA

18.21 Bibliografia

C N Banwell and E M McCash 1994 *Fundamentals of molecular spectroscopy*, 4th edn, McGraw-Hill, Maidenhead

L J Bellamy 1980 *The infrared spectra of complex molecules*, Volumes I and II, Chapman and Hall, London

P R Griffiths 1975 *Fourier transform infrared spectrometry*, 2nd edn, John Wiley, New York

P J Hendra, C Jones and G Warnes 1991 *Fourier transform Raman spectroscopy: instrumentation and chemical applications*, Ellis Horwood, Chichester

D A Long 1977 *Raman spectroscopy*, McGraw-Hill, Maidenhead

E D Olsen 1975 *Modern optical methods of analysis*, McGraw-Hill, New York

19

Espectrometria de massas

19.1 Introdução

Este capítulo não é uma descrição exaustiva da espectrometria de massas, porém, como esta é a primeira vez que esta técnica é apresentada no Vogel, alguns detalhes teóricos e práticos foram incluídos. A introdução direta de amostras nos espectrômetros de massas muito raramente leva a resultados que podem ser considerados quantitativos, mesmo se a amostra é "pura" e tem um só componente. Isto é conseqüência da alta sensibilidade da técnica (alguns miligramas, normalmente, são suficientes para a obtenção do espectro) e da eficiência de ionização, às vezes variável, de certas fontes de íons. A grande utilidade da espectrometria de massas está na identificação de substâncias. Como, entretanto, o espectrômetro de massas está freqüentemente associado a outra técnica, usualmente cromatografia a gás ou HPLC, ele funciona como detector da frente cromatográfica. Nestas condições, pequenas quantidades, reprodutíveis, da amostra entram no espectrômetro de massas ao eluir da coluna e a análise quantitativa torna-se possível.

Nestas técnicas associadas, o analista tem a possibilidade de separar misturas complexas, identificar os componentes e quantificá-los em uma única operação. Estas técnicas estão sendo cada vez mais usadas, mesmo na rotina dos laboratórios analíticos, e são hoje capazes de fornecer simultaneamente dados de muitos compostos, identificar cada composto e quantificá-los, o que não era possível há algumas décadas. Suas possibilidades como técnica analítica são, entretanto, parcialmente, reduzidas pela complexidade e custo do aparelho e, ocasionalmente, quando o analista não entende suas limitações. Antes de considerar a utilização da espectrometria de massas acoplada à cromatografia a gás ou ao HPLC, o leitor deve se familiarizar com as seções deste capítulo que explicam os princípios básicos da espectrometria de massas, que devem ser estudadas juntamente com a teoria e a prática da cromatografia nos Caps. 6 a 9. Com estes princípios compreendidos, é possível avaliar melhor as possibilidades das técnicas associadas que são apresentadas na Seção 19.10.

A espectrometria de massas é, essencialmente, uma técnica de ionização e fragmentação de moléculas que são, depois, separadas em fase gás para obter um espectro segundo a razão massa/carga dos fragmentos. Como a maior parte dos íons adquire carga unitária, o espectro seleciona, na prática, as massas e, em teoria, permite a identificação do composto original. Além de fornecer os pesos atômicos e moleculares, a técnica dá informações estruturais e

permite o estudo da cinética e do mecanismo de reações, além da análise de misturas.

A espectrometria de massas pode ser feita com amostras inorgânicas, orgânicas e biológicas, que podem estar inicialmente em fase gasosa, líquida ou sólida, ou depositadas em superfícies. Os primeiros experimentos em espectrometria de massas foram feitos em 1910, por J. J. Thompson, que mostrou que o neônio é formado por dois tipos de átomos (isótopos). O primeiro instrumento podia resolver íons cujas massas diferem de 1 parte em 15. Hoje, pode-se obter resoluções da ordem de 125 000. Entre 1919 e 1920, F. W. Aston introduziu o uso da focalização eletrostática e magnética, ainda hoje em uso, que aumentou a resolução para 1 parte em 100 e permitiu a determinação da composição isotópica de muitos elementos.

Aston propôs o termo "espectro de massas" para descrever o gráfico massa/carga contra intensidade. De certa forma, o nome não é apropriado porque as palavras "espectro" e "espectroscopia" são reservadas para os processos que envolvem a interação da radiação eletromagnética com a matéria. Isto é verdade para todas as formas de espectroscopia que abordamos neste texto, ultravioleta/visível, infravermelho, ressonância magnética nuclear etc., mas não para a espectroscopia de massas e seria mais adequado descrever o processo como "análise de massas" ou "filtração de massas". Infelizmente, entretanto, o nome "espectro de massas" se afirmou e seria muito difícil mudá-lo. E o problema da "massa"? Para a maior parte dos químicos, a declaração "a massa molecular relativa do cloro-etano é 64,5" é fácil de entender e é acurada. O valor baseia-se nas massas do carbono $= 12,0111$ u (unidade de massa unificada), hidrogênio $= 1,0079$ u e cloro $= 35,4527$ u, definidas pela convenção da massa atômica da IUPAC em que se considera a massa atômica de ^{12}C como sendo 12,00 u (Tabela 19.1). A massa 1 u é igual a 1/12 da massa de um átomo de carbono 12, isto é, $1,660540 \times 10^{-24}$ g. Ocasionalmente, usa-se o termo dalton para expressar a massa, especialmente nas ciências biológicas; 1 u ou 1 u.m.a. $= 1$ dalton.

O espectro de massas do cloro-etano (Fig. 19.1(a)), porém, mostra claramente algumas linhas diferentes no espectro de massas, em particular em 64 e 66 com intensidades na razão 3:1. Isto ocorre porque na espectrometria de massas os íons são detectados um a um e a composição isotópica de cada íon atômico ou molecular é importante. No caso do cloro molecular natural, os dois isótopos ^{35}Cl e ^{37}Cl ocorrem na razão 100:32,4, dando a massa molecular média ou a massa atômica química de 35,4527, porém, para

Tabela 19.1 *Massas atômicas e abundâncias de alguns elementos*

Elemento	Isótopos	Massa	Abundância (%)	Abundância (100 : minoritário)[a]	Peso atômico ou químico
C	^{12}C	12,000 00	98,903		12,011
	^{13}C	13,003 35	1,103	1,15	
H	^{1}H	1,007 825	99,985		1,007 94
	^{2}H	2,0140	0,015	0,015	
O	^{16}O	15,994 915	99,76		15,9994
	^{17}O	16,999 131	0,04	0,04	
	^{18}O	17,999 160	0,20	0,20	
N	^{14}N	14,003 074	99,63		14,006 74
	^{15}N	15,000 108	0,37	0,37	
F	^{19}F	18,998 403	100		18,998 403
Cl	^{35}Cl	34,968 852	75,77		35,4527
	^{37}Cl	36,965 903	24,23	31,98	
Br	^{79}Br	78,918 336	50,69		79,904
	^{81}Br	80,916 289	49,31	97,28	
Si	^{28}Si	27,976 927	92,23		
	^{29}Si	28,976 495	4,67	5,06	28,0855
	^{30}Si	29,973 770	3,10	3,36	
S	^{32}S	31,972 070	95,02		32,066
	^{33}S	32,971 456	0,75	0,79	
	^{34}S	33,967 866	4,21	4,43	
I	^{127}I	126,904 47	100		126,904 47
P	^{31}P	30,973 762	100		

[a] O isótopo majoritário tem abundância arbitrária 100. As demais abundâncias são proporcionais a este valor.

cada 100 moléculas, 75,77 contêm um átomo de cloro-35 e 24,23, um átomo de cloro-37, e **cada tipo dá um espectro de massas característico**, neste caso diferindo de duas unidades. Este efeito é mais claro nas combinações de isótopos do dicloro-metano (Fig. 19.1(b)).

O estudo das diferenças entre isótopos era o objetivo principal dos primeiros estudos no começo do século XX e esta propriedade quase exclusiva desta técnica ainda é importante, embora o que mais nos interessa hoje sejam as espécies moleculares. Como muito poucos elementos são monoisotópicos, a massa que se obtém para o íon molecular é normalmente diferente da massa química da mesma substância derivada de massas atômicas médias. Veremos esta questão adiante quando descrevermos mais detalhadamente o uso de isótopos, porém, é importante distinguir desde já as diferentes definições de massas que são usadas (Tabela 19.2).

Embora os princípios da espectrometria de massas sejam simples e fáceis de entender, a diversidade, a complexidade e o alto custo de muitos aparelhos podem parecer um pouco intimidantes. O diagrama de blocos da Fig. 19.2 relaciona os componentes principais destes aparelhos e ilustra como os computadores podem ser usados como interfaces para aquisição e processamento de dados e para o controle do instrumento. Veremos mais detalhes deste tópico adiante, porém, até mesmo os espectrômetros de massas mais complexos devem satisfazer as mesmas exigências, a produção de íons na fase gasosa, sua análise segundo a massa e sua detecção sucessiva pela razão massa/carga. Como isto é feito, a resolução que se pode obter e os limites de detecção (10 fg ou menos) são hoje bem diferentes dos experimentos originais com átomos de massas inferiores a 100. (As maiores massas moleculares estudadas hoje são $> 200\,000$ u.)

19.2 Sistemas de vácuo

Quase todos os experimentos de espectrometria de massas são feitos em alto vácuo. Isto permite a conversão da maior parte das moléculas em íons, em fase gás, com tempo de vida suficientemente longo para permitir sua medida. O sistema ideal deve ser capaz de produzir e manter vácuo de 10^{-4} a 10^{-8} torr (10 mPa a 1 μPa), mesmo quando moléculas orgânicas voláteis são colocadas no sistema e aquecidas até 300°C. O sistema deve poder, também, ser evacuado, após limpeza ou manutenção, a partir da pressão atmosférica, de modo a atingir um vácuo aceitável em um tempo razoável. Além disso, deve ser possível levar a área de trabalho do sistema da pressão atmosférica até o vácuo adequado em até cinco minutos. Várias técnicas são usadas para fazer isso em espectrômetros comerciais, mas todas têm algumas características comuns. O primeiro estágio, ou vácuo grosseiro, é produzido por bombas rotatórias de dois estágios, confiáveis e capazes de altas velocidades de bombeamento. Elas são colocadas em série com o estágio de alto vácuo, no qual dois sistemas diferentes podem ser usados.

As bombas de difusão a óleo convencionais são extremamente confiáveis e são capazes de produzir alto vácuo em ambientes relativamente volumosos (elas têm velocidades de bombeamento de 200 a 750 l · s^{-1}), mas os custos de utilização e manutenção são altos. O óleo especial usado nestas bombas é caro e deve ser substituído em intervalos regulares para manter o desempenho. Existe também

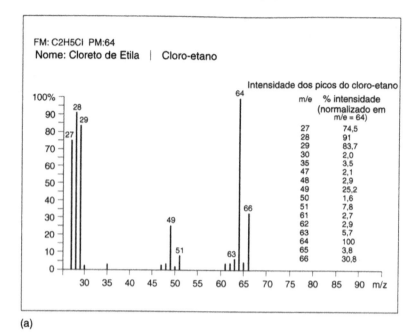

Fig. 19.1 Espectros de impacto de elétrons de (a) cloro-etano e (b) dicloro-metano

um certo risco de contaminação do espectrômetro com o óleo. O segundo método, cada vez mais utilizado, envolve o uso de bombas turbomoleculares, dispositivos puramente mecânicos que não dependem de fontes aquecidas e não contêm óleo, que são mais seguros, no sentido de que não podem contaminar o espectrômetro de massas. Melhorias na fabricação das bombas turbomoleculares levaram, recentemente, a bombas que têm vantagens sobre as bombas de difusão a óleo, exceto quando altas velocidades de bombeamento são necessárias.

Muitos espectrômetros de massas têm bombeamento diferencial, que permite que certas partes do sistema sejam evacuadas rapidamente ou sejam mantidas em pressões diferentes das do sistema principal. Este é o caso quando se usa fontes de ionização química (CI), deliberadamente operadas em pressões de até 1 atmosfera (100 kPa) com o analisador de massas do espectrômetro sob pressões da ordem de quatro ou cinco ordens de magnitude menor. A maior parte dos espectrômetros comerciais tem sistemas de bombeamento controlados por computador capazes de manter o vácuo apropriado no espectrômetro através de uma série de ligações e válvulas, evitando assim que o operador destrua o vácuo por engano e cause danos ao sistema. Este arranjo permite que partes do espectrômetro sejam expostas ao ar, para a introdução da amostra ou a troca da fonte de íons, por exemplo, sem perder o vácuo principal do sistema.

19.3 Sistemas de admissão da amostra

Os primeiros espectrômetros de massas analisavam principalmente gases e vapores ou líquidos muito voláteis. A

Tabela 19.2 *Tipos de massas usadas na espectrometria de massas*

	Carbono	Hidrogênio	Nitrogênio	Oxigênio	Cloro
Massa nominal	12	1	14	16	35,5
Massa atômica	12,011	1,008	14,007	15,994	35,453
Massa exata	^{12}C 12,000	^{1}H 1,008	^{14}N 14,003	^{16}O 15,995	^{35}Cl 34,969
	^{13}C 13,003	^{2}H 2,014	^{15}N 15,000	^{18}O 17,999	^{37}Cl 36,959

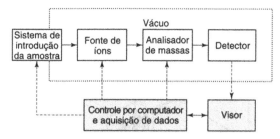

Fig. 19.2 Diagrama de blocos de um espectrômetro de massas

amostra era introduzida no espectrômetro através de um dispositivo que tinha uma série de aberturas para a manutenção do vácuo e reservatórios que podiam chegar a até 5 litros de capacidade, e que era ligado ao espectrômetro de massas por um "filtro molecular" que permitia a passagem, de cada vez, de pequenas quantidades de material para a fonte, mantendo, assim, o vácuo adequado na câmara da fonte. O filtro molecular era feito com uma folha de ouro com um furo de diâmetro muito pequeno ou com um disco de vidro sinterizado. O sistema de admissão da amostra podia eventualmente ser aquecido e era feito quase totalmente de vidro para reduzir problemas de reação química e de adsorção que poderiam ocorrer em superfícies metálicas. Estes sistemas de admissão de amostra feitos em vidro e aquecidos (AGHIS) não permitem a análise de materiais sólidos, exceto quando eles têm alta pressão de vapor, ou de misturas. Hoje em dia eles não são muito usados, exceto em casos especiais como o dos experimentos de razão isotópica $^{12}C/^{13}C$ (como CO_2). Quando necessário, os líquidos podem ser introduzidos com uma seringa hipodérmica com o auxílio de um dispositivo simples que tem um septo. Esse dispositivo é muito menor e mais fácil de evacuar para eliminação da amostra do que o AGHIS. Pode-se usar esse dispositivo, também, para introduzir materiais para calibração.

Materiais, sólidos ou líquidos, podem ser introduzidos na câmara da fonte de íons por inserção direta (Fig. 19.3). O dispositivo para isto tem na ponta um pequeno recipiente para a amostra, usualmente um tubo capilar de sílica, que pode ser removido e no qual se coloca ou se deposita alguns microgramas da amostra. O dispositivo é introduzido na câmara da fonte de íons através de um selo de vácuo até ficar a alguns milímetros do feixe de íons. Nesta posição, a câmara pode ser aquecida em condições controladas para evaporar a amostra sem que ocorra decomposição apreciável. Alguns destes dispositivos de introdução da amostra podem ser aquecidos até temperaturas superiores a 800°C e podem ser programados para permitir a separação de misturas simples.

Uma modificação do dispositivo de introdução direta é o dispositivo de dessorção por ionização química (DCI), que tem na ponta um filamento de platina que pode ser aquecido rapidamente até altas temperaturas (até a incandescência). Com o aumento da temperatura, a substância evapora e se ioniza parcialmente. Pode-se obter com esta técnica espectros de massas aceitáveis de materiais de peso molecular alto, polares ou instáveis termicamente, difíceis de obter com outras técnicas de ionização [2]. Como o filamento é aquecido ao rubro, ele fica limpo. Existe um sistema comercial automatizado que usa este princípio para operar até 100 amostras. Este tipo de dispositivo de introdução é muito útil nas indústrias farmacêutica e de polímeros.

A variedade e complexidade dos tipos de amostras que podem ser examinados por espectrometria de massas aumenta rapidamente e isto exige a melhoria constante dos sistemas de admissão de amostras. Algumas novas fontes de ionização, como MALDI-TOF, APCI, Frit-FAB e LSIMS, foram recentemente desenvolvidas para materiais de alto peso molecular não voláteis e sensíveis ao calor. Seu uso, entretanto, exige técnicas especiais de preparação e manuseio das amostras que serão descritas adiante. Misturas complexas devem ser, freqüentemente, separadas antes da obtenção do espectro e se utiliza para este tipo de problema cada vez mais a espectrometria de massas associada a outras técnicas como cromatografia a gás e HPLC. Estes sistemas associados têm exigências especiais para a introdução da amostra, como vimos para a cromatografia a gás e HPLC, mas como é sempre possível introduzir pequenas quantidades de amostra de cada vez, pode-se quantificar os componentes separados.

19.4 A fonte de íons

Mais de uma dúzia de diferentes métodos de ionização são usados atualmente em espectrômetros de massas comerciais (Tabela 19.3). Antes de descrever em detalhes alguns deles, examinemos a função da fonte de íons. A fonte de íons de todos os espectrômetros de massas é usada apenas para gerar íons em fase gasosa derivados do material de partida. O problema desta definição simples é que o material pode ser um gás, um líquido ou um sólido, pode ser muito polar ou ter alto peso molecular, o que dificulta sua passagem para a fase gasosa, ou pode, ainda, ser tão lábil que se decompõe em fragmentos menores sem se ionizar extensivamente. Cada um destes problemas é solucionado, pelo menos em parte, pela escolha apropriada da fonte de íons. Esta escolha, entretanto, está sujeita às limitações do instrumento que está sendo usado.

19.4.1 Fontes de ionização por impacto de elétrons

As fontes de ionização por impacto de elétrons (EI) ainda são, provavelmente, as mais usadas, mesmo tendo sido as

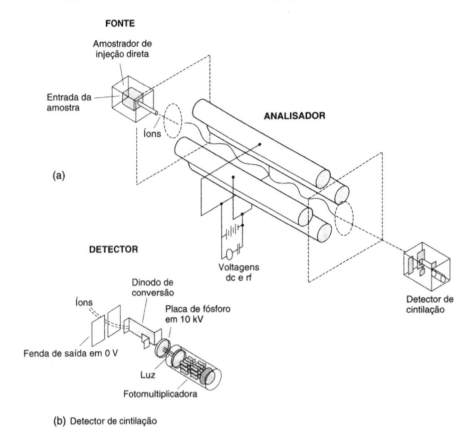

Fig. 19.3 Um espectrômetro de massas de quadrupolo

primeiras fontes de uso generalizado. Elas foram desenvolvidas entre 1920 e 1930. A fonte é essencialmente um tubo de íons, semelhante aos utilizados nos aparelhos comuns de televisão. Um filamento aquecido de tungstênio ou rênio emite elétrons que são acelerados em uma câmara por uma voltagem imposta entre o filamento e um anodo (Fig. 19.4). A amostra, que deve estar na fase gasosa, entra nesta câmara em direção perpendicular à do feixe de elétrons e nestas condições podem ocorrer interações como

$$M + e \rightarrow M^{\cdot+} + 2e \quad M + e \rightarrow M^{\cdot-} \quad M + e \rightarrow M^*$$

Estes processos estão nesta ordem porque esta é a probabilidade de interação observada. A perda de um elétron para formar um íon positivo é cerca de 100 vezes mais provável do que a captura de um elétron para formar um íon negativo. A excitação da partícula é ainda menos provável. Mesmo no caso do primeiro processo, somente uma pequena proporção da amostra se ioniza no feixe de íons quando o potencial do elétron, logo a energia, é otimizado. Isto dá cerca de 1% de ionização para um feixe de energia de 70 eV (produzido pela aplicação de 70 V entre o filamento e o anodo). Abaixo deste valor, a eficiência de

Tabela 19.3 *Fontes de íons usadas em espectrometria de massas*

Nome	Abreviação	Fase	Fragmentação[a]
Impacto de elétrons	EI	gás	M^+ e fragmentos
Ionização química	CI	gás	$(M + 1)^+$ e alguns fragmentos
Ionização por campo	FI	gás	M^+ ou $(M + 1)^+$
Dessorção por campo	FD	sólido/líquido	M^+ ou $(M + 1)^+$
Dessorção por ionização química	DCI	sólido/líquido	$(M + 1)^+$
Bombardeio por átomos rápidos	FAB	líquido	$(M - 1)^+$, $(M + 1)^+$, $(M + A)^+$
Dessorção por plasma	PD	líquido	$(M + 1)^+$, $(M + 2)^{2+}$, $(M + 3)^{3+}$
Dessorção por laser	MALDI	líquido	$(M + 1)^+$, $(M + 2)^{2+}$, $(M + 3)^{3+}$
Espectrometria de massas de íons secundários	SIMS	sólido	íon do elemento ou M^+
Microamostragem de íons	IMP	sólido	íon do elemento
Fonte de centelhamento	SS	sólido	íon do elemento
Plasma acoplado indutivamente	ICP	líquido	íon do elemento e íons com várias cargas
Ionização na pressão atmosférica	API	gás/líquido	$(M + 1)^+$ e $(M + A)^+$
Nebulização térmica	TSP	líquido	$(M + 1)^+$, $(M + A)^+$
Nebulização com plasma	PS	líquido	$(M + 1)^+$ e fragmentos
Nebulização com elétrons	ES	líquido	$(M + 1)^+$ para $(M + NH)^{n+}$ onde $n = 1–60$
Interface de feixe de partículas	PBI	líquido	espectros EI ou CI

[a] $(M + 1)^+$ é um íon monoprotonado, com uma carga, por exemplo, MH^+; A = aduto.

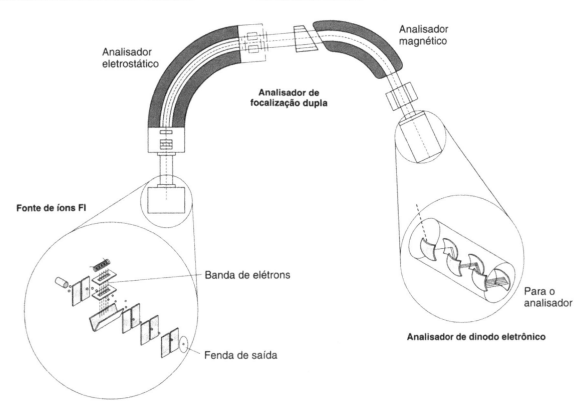

Fig. 19.4 Espectrômetro de setor magnético com focalização dupla

ionização cai rapidamente, embora existam boas razões para operar, eventualmente, o sistema em potenciais da ordem de 10 eV (veja adiante). A corrente típica de um feixe de íons em 70 eV é da ordem de 10^{-10} a 10^{-15} A.

Imaginemos, por enquanto, que só se formam íons positivos estáveis. Eles podem ser retirados da cavidade ou câmara de íons por um potencial aplicado entre o repelente e uma fenda, de modo a produzir um feixe de íons positivos que passa para o analisador de massas. Como descrito, o processo parece, e é, simples, porém a construção da fonte de íons é mais complexa do que pode parecer. Ela contém freqüentemente mais de uma centena de pequenas peças que fornecem campos magnéticos ou eletrostáticos nas várias regiões da fonte. Esta complexidade é necessária para focalizar o feixe de íons no analisador. No caso dos instrumentos de setor magnético é também necessário fornecer energia cinética suficiente para que os íons passem pelo analisador. Potenciais acima de 10 kV devem ser usados para dar aos íons a velocidade adequada.

A complexidade também implica que, quando a fonte se contamina com a passagem das amostras, a limpeza é um processo delicado e demorado. Este problema é menor nos instrumentos mais modernos nos quais os fabricantes colocam a fonte de íons em um compartimento que pode ser removido facilmente e a fonte, substituída por uma outra, limpa. Em um dos instrumentos comerciais, a fonte chega a ser classificada como descartável! Outras razões para manter o alto vácuo no compartimento da fonte são óbvias: na pressão atmosférica o filamento seria consumido rapidamente e, além disso, existe a possibilidade de ocorrência de centelhas entre componentes muito próximos submetidos a potenciais elevados.

Infelizmente, não são os problemas mecânicos ou elétricos que causam mais problemas nas fontes, são as reações químicas que podem ocorrer. Em uma fonte de íons por impacto de elétrons operada em 70 eV, aproximadamente 1% da amostra — geralmente uma espécie molecular — se ioniza no feixe. Entretanto, antes que os íons passem pelo analisador e cheguem ao detector, um certo número de reações ocorrem. O produto primário da ionização, o íon molecular, tem energia em excesso que deve ser dissipada através de alguns processos de fragmentação:

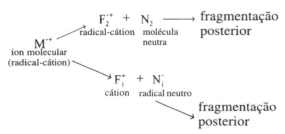

Observe que uma carga e um elétron desemparelhado são mantidos em um ou ambos os fragmentos. São estes processos de fragmentação que dão ao analista as informações sobre as espécies moleculares que permitem o diagnóstico da estrutura da amostra. Além do espectro de massas complexo que resulta do processo, entretanto, a fragmentação causa problemas. Muitas moléculas se fragmentam tão facilmente que não se consegue observar o íon molecular, tão importante para o diagnóstico da estrutura. Outro problema é que a distribuição dos íons fragmentados depende da energia de ionização do feixe de elétrons, da temperatura da fonte de íons, da pressão e mesmo da geometria do percurso dos íons no espectrômetro. O primeiro destes problemas pode ser reduzido operando-se o sistema entre 70

406 Espectrometria de massas

e 10 eV, faixa em que o processo de fragmentação se reduz (a energia das ligações químicas das moléculas orgânicas está na faixa 14–20 eV) dando um espectro de massas simplificado. O problema é que a sensibilidade da determinação cai drasticamente em voltagens baixas.

O segundo problema pode ser uma vantagem porque pode-se obter informações cinéticas importantes medindo-se os espectros de massas em diferentes condições experimentais. Para as aplicações analíticas de rotina, entretanto, a fragmentação obtida sob 100 μPa (pressão suficientemente baixa para tornar as colisões entre moléculas pouco prováveis) e em 70 eV produz espectros muito semelhantes em instrumentos diferentes, permitindo a comparação entre o espectro de uma amostra e um espectro de referência obtido de bibliotecas computadorizadas. O processo pressupõe, porém, que a molécula não se decompõe antes da ionização ao se volatilizar no sistema de admissão da amostra.

Os espectros EI são geralmente obtidos com íons positivos mas é possível, invertendo as voltagens na fonte de íons, obter espectros de íons negativos. Para a maior parte dos compostos, entretanto, os espectros de íons negativos são muito menos intensos, o que reduz uma das vantagens principais das fontes de impacto de elétrons — sua grande sensibilidade em comparação com outras técnicas de ionização. Ainda assim, no caso de espécies eletrofílicas como os compostos halogenados, os espectros de íons negativos são muito úteis.

19.4.2 Fontes de ionização química

É freqüentemente desejável reduzir a fragmentação na fonte de íons, de modo a simplificar a interpretação do espectro de moléculas de peso molecular elevado. Isto pode ser conseguido, em muitos casos, com a ionização química (CI), na qual provoca-se a colisão das moléculas no compartimento de ionização. A maneira mais comum de construir uma fonte CI é modificar uma câmara de EI para que ela mantenha a pressão entre 0,1 e 1,0 torr (10 a 100 Pa) na fonte e o resto do sistema em pressão reduzida. Com freqüência, o instrumento permite usar uma válvula para converter facilmente a fonte de EI para CI. Estas fontes alternam CI e EI (ACE). No modo CI, admite-se no compartimento de ionização um fluxo constante de um reagente na fase gasosa. Com metano ocorrem as seguintes reações:

$$CH_4 + e \rightarrow CH_4^{\cdot+} + 2e$$

$$CH_4^{\cdot+} \rightarrow CH_3^+ + H^{\cdot} \quad ou \quad CH_4^{\cdot+} \rightarrow CH_2^{\cdot+} + H_2$$

Este é o processo de ionização normal, descrito anteriormente, porém usa-se elétrons com energia da ordem de 200 a 500 eV. À ionização primária segue-se um segundo processo em que os íons colidem com outra molécula do gás reagente,

$$CH_4^{\cdot+} + CH_4 \rightarrow CH_5^+ + CH_3^{\cdot} \quad ou \quad CH_3^+ + CH_4 \rightarrow C_2H_5^+ + H_2$$

para produzir um "plasma de íons" estável na fonte que, por sua vez, reage com as moléculas da amostra (MH) por transferência de próton ou, ocasionalmente, de hidreto. São reações de transferência de próton:

$$CH_5^+ + M \rightarrow MH^+ + CH_4 \quad ou \quad C_2H_5^+ + M \rightarrow MH^+ + C_2H_4$$

Os hidrocarbonetos alifáticos reagem, também, por transferência de hidreto:

$$C_2H_5^+ + M \rightarrow (M - H)^+ + C_2H_6$$

Observe que estes processos produzem íons $(M + 1)^+$ ou $(M - 1)^+$ e o que se observa no espectro são estes íons pseudomoleculares e não o íon molecular, M^+. Também pode ocorrer adição de $C_2H_5^+$ e $C_3H_8^+$ para dar íons $(M + 29)^+$ e $(M + 41)^+$. A ionização química é um processo menos agressivo do que a ionização por impacto de elétrons e dá um espectro mais simples e fácil de interpretar, como se pode ver, para a acetofenona, na Fig. 19.5.

Embora o metano tenha sido usado como reagente nos exemplos dados anteriormente, pode-se preferir usar em algumas amostras outros gases como amônia ou isobutano, igualmente eficientes. A eficiência da transferência de energia da base conjugada do reagente para a amostra depende da afinidade relativa pelo próton (acidez) da amostra em relação à base conjugada. Amônia é mais eficiente para moléculas básicas como aminas ou amidas mas não dá espectros CI para hidrocarbonetos e outras moléculas não-polares. Ela tende a produzir íons de adição $(M + NH_4)^+$ muito intensos. Nas altas pressões usadas nos compartimentos de CI, a captura de elétrons é tão provável como a abstração de elétrons e íons negativos são produzidos com grande rendimento. Isto torna a ionização química com íons negativos (NCI) uma técnica interessante para moléculas muito eletronegativas como as de muitos pesticidas.

Reagentes típicos são hexafluoro-benzeno, diclorometano, óxido nitroso e óxido nitroso/metano, que dão os íons negativos F^-, Cl^-, O^- e OH^-, respectivamente. Estes reagentes são admitidos na fonte de íons em pressões iguais ou superiores a 1 torr (100 Pa) onde ocorrem reações de abstração de prótons como

$$\underset{\substack{\text{molécula} \\ \text{de amostra}}}{MH} + OH^- \rightarrow M^- + \underset{\text{íon negativo}}{H_2O}$$

Alguns espectrômetros comerciais podem fazer espectros de ionização química positivos ou negativos muito rapidamente e ambas as técnicas podem ser aplicadas às mesmas amostras durante a eluição de uma coluna cromatográfica. Nos casos favoráveis, os espectros CI positivos podem ter sensibilidade comparável à dos espectros EI. A sensibilidade dos espectros CI negativos pode ser uma ordem de grandeza superior à dos espectros EI. Ambos os métodos de ionização descritos até agora exigem que a amostra esteja na fase gasosa **antes** da ionização. Esta limitação é importante no caso das moléculas grandes, polares e de fácil decomposição encontradas nas ciências farmacêuticas e biológicas. Os métodos seguintes têm em comum o fato de serem capazes de produzir íons de amostras em fase condensada (líquidos ou sólidos). Vamos começar pelo bombardeio com átomos rápidos.

19.4.3 Bombardeio com átomos rápidos

O bombardeio com átomos rápidos (FAB) desenvolveu-se independentemente da espectrometria de massas, porém tornou-se uma técnica muito confiável para espécies de peso molecular elevado. O feixe de átomos rápidos, usualmente xenônio ou argônio, é produzido em uma pistola de átomos e focalizado em um alvo sólido. O feixe de íons argônio é produzido inicialmente por uma fonte incan-

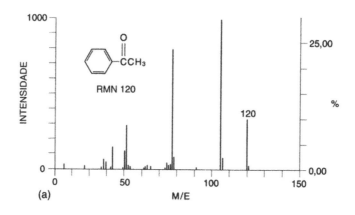

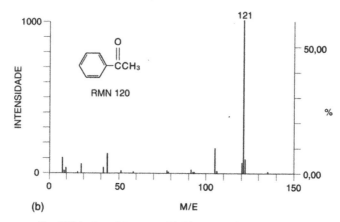

Fig. 19.5 Acetona: (a) espectro EI, (b) espectro CI usando metano

descente de íons em atmosfera de gás argônio. Os íons são acelerados em um campo elétrico e entram em uma segunda câmara que contém átomos neutros na pressão de 10^{-5} torr (1 mPa) onde ocorrem colisões entre íons e átomos excitados termicamente. Alguns átomos adquirem energia adicional da ordem de 20 a 30 keV, tornando-se átomos rápidos. Os íons são removidos por uma placa carregada, deixando um feixe de átomos de alta energia que pode ser focalizado em um alvo. A amostra, dissolvida em uma matriz formada por um líquido pouco volátil como glicerol ou carbowax, é colocada no alvo.

O feixe de átomos produz calor intenso no ponto de contato e energia se transfere do feixe para moléculas da amostra, produzindo íons em fase gás. A matriz líquida tem papel importante neste processo, reduzindo, provavelmente, a energia da rede cristalina da amostra e permitindo a transferência de energia do feixe para a amostra, bem como fazendo com que as moléculas da superfície se renovem e novas moléculas fiquem expostas à radiação. Neste processo de dessorção, íons positivos e negativos são ejetados da superfície e podem ser focalizados no analisador do espectrômetro. Espectros de massas de moléculas de peso molecular acima de 10 000 u podem ser obtidos por este processo [3]. Os espectros são, em geral, simples e mostram alta intensidade de íons moleculares ou pseudomoleculares como resultado de transferência de próton, $(M + 1)^+$, transferência de hidreto, $(M - 1)^+$, ou formação de adutos, $(M + G)^+$, onde G é glicerol, e também alguns picos de fragmentação (Fig. 19.6). Alguns espectros mostram, ainda, espécies catiônicas que incluem um átomo de metal, frequentemente sódio, com massas $(M + 23)^+$.

Uma desvantagem da técnica é que os espectros da matriz também são observados, ainda que em massas muito inferiores às da amostra. Pistolas de átomos rápidos já são normalmente encontradas nos espectrômetros mais modernos e algumas delas podem ser adaptadas para uso em espectrômetros mais antigos, permitindo a determinação de espectros de substâncias de massa elevada. Versões dinâmicas desta fonte de íons também podem ser encontradas para uso como fontes contínuas ou em linha acopladas a HPLC (Seção 19.11.2).

19.4.4 Pistolas de íons

Como a técnica do bombardeio com átomos rápidos, as pistolas de íons, também desenvolvidas nos laboratórios de física, bombardeiam a amostra com um feixe de partículas, no caso íons. Quando usadas em sólidos inorgânicos,

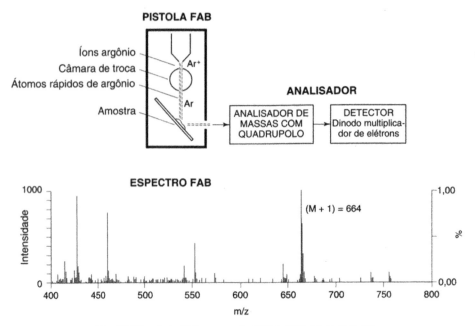

Fig. 19.6 Uma fonte FAB e o espectro FAB de NAD. ($C_{21}H_{27}N_7O_{14}P_2$)

a técnica é geralmente conhecida como espectrometria de massas de íons secundários (SIMS) e tem sido muito usada no estudo de superfícies. De alguns anos para cá, a técnica da pistola de íons tem sido aplicada no estudo de espécies orgânicas de massa elevada dissolvidas em matrizes líquidas, geralmente glicerol. Muitas denominações foram dadas para esta técnica, dentre elas o acrônimo LSIMS (espectrometria de massas de íons secundários em líquidos), que parece o mais lógico. Alguns fabricantes não distinguem o feixe de íons do feixe de átomos e chamam ambas as técnicas de FAB. Embora outros íons, incluindo gases inertes como o argônio, possam ser usados, íons de césio, muito eletropositivos, com energias da ordem de 30 a 40 keV, parecem ser os mais adequados para a espectrometria de massas de compostos orgânicos. Os espectros SIMS são muito semelhantes aos espectros FAB, porém têm sensibilidade mais alta.

19.4.5 Espectrometria de massas com dessorção por laser

Resultados semelhantes podem ser obtidos com a focalização de uma série de pulsos de um laser de alta potência em uma amostra previamente misturada com uma matriz adequada e seca. Como o pulso de laser dura apenas alguns milissegundos, usa-se normalmente um sistema para a medida de tempo de vôo (TOF). Os resultados obtidos são armazenados e sua média é o espectro desejado. O tempo de operação é pequeno (tipicamente 5 minutos entre a colocação da amostra e a impressão do espectro). O sistema é sensível (até 1 pmol) e pode ser totalmente automatizado, com amostragem e eliminação da amostra robotizadas. Como o analisador é um TOF, em princípio não há limites para a massa molecular da amostra e há casos de determinações de massas superiores a 200 000 u [4]. As massas moleculares habitualmente medidas, entretanto, são da ordem de algumas poucas dezenas de milhares de unidades. Os sistemas de dessorção por laser foram descritos inicialmente em 1988 e provavelmente serão muito úteis na determinação de proteínas, peptídeos e outras espécies de peso molecular elevado.

A preparação da amostra não é crítica. Prepara-se habitualmente uma matriz orgânica simples misturando 0,1 a 1 μl da amostra com 0,5 μl da solução e deixando secar. No caso da análise de peptídeos, costuma-se usar os ácidos 2,5-di-hidróxi-benzóico (DHB) e α-ciano-4-hidróxicinâmico porque eles favorecem a ionização das moléculas de amostras de peso molecular elevado, mas não produzem íons acima de 400, aproximadamente, nem formam adutos com o íon biomolecular. Faz-se, então, evaporar a água e a mistura é irradiada sob vácuo com a luz de um laser pulsado. Esta técnica dá, usualmente, espectros intensos para a maior parte dos biopolímeros com alguns picomoles de amostra. O espectro de massas é normalmente simples e o íon molecular com carga unitária ou um aduto com metal alcalino são os íons predominantes. Observa-se algumas linhas com origem na matriz, mas estas linhas podem ser eliminadas devido a sua pequena massa. A matriz na qual a amostra se mistura, entretanto, tem um papel crítico na etapa de ionização, permitindo a transferência de energia do laser para a amostra, e, por isso, os acrônimos MALDI ou MALDI-TOF (ionização por dessorção com laser favorecidas pela matriz) são muito usados para descrever a técnica.

Devido à simplicidade relativa e à facilidade em obter o espectro de uma proteína em solução, por exemplo, a técnica MALDI-TOF já rivaliza com os métodos mais convencionais como a eletroforese para a determinação do peso molecular destas espécies. Já existem vários sistemas comerciais que usam MALDI-TOF e pelo menos um deles, semi-automático, remove os íons produzidos pela matriz com a ajuda de um filtro eletrostático pulsado sincronizado com o laser e colocado antes do TOF. Aparentemente, pode-se obter, mesmo com alguns picomoles de amostra, acurácia de 0,01% na massa usando calibração interna. Também é possível usar MALDI-TOF e HPLC em série na determinação direta de misturas. Uma aplicação interessante deste tipo de sistemas a amostras não biológicas foi a primeira observação do C_{60}, ou buckminsterfulereno, descoberto durante a irradiação de grafita em atmosfera de hélio com um laser pulsado de Nd:YAG [5].

19.4.6 Ionização sob pressão atmosférica (API)

As fontes descritas até agora trabalham todas em uma câmara do espectrômetro de massas sob pressão reduzida (alto vácuo). Assim que se formam, os íons são dirigidos para o analisador, também sob pressão reduzida. Sabe-se há muito tempo, porém, que a eficiência de ionização é multiplicada por um fator de até 10^4, se a ionização puder ser induzida sob pressão atmosférica. Para isso, dois problemas sérios devem ser resolvidos: como produzir os íons e como fazer com que eles entrem no analisador, que opera em pressões entre 10^{-4} e 10^{-8} torr (10 mPa a 1 μPa). As vantagens potenciais do aumento da sensibilidade e da possibilidade de ligação direta com uma coluna de HPLC, entretanto, catalisaram o desenvolvimento de vários sistemas.

Como a maior parte das aplicações envolve técnicas associadas, como ICP-MS e HPLC-MS, os detalhes serão dados nas seções relevantes, mas, em muitos casos, a solução de amostra é convertida em um aerossol por nebulização pneumática em um capilar e as moléculas são simultaneamente ionizadas com calor ou um potencial elevado. A nuvem de íons resultante passa para a zona de pressão reduzida do espectrômetro de massas através de uma abertura muito pequena ou uma série de aberturas (cones de amostragem). Bombas de alta capacidade removem o material em excesso.

19.5 Analisadores de massas

O analisador de massas separa os íons que se formam na fonte de acordo com suas razões massa/carga. Como os íons, em geral, têm uma carga simples, o espectro corresponde, na prática, ao "espectro de massas". As características do analisador variam nos diferentes espectrômetros de massas. Em alguns, a separação se limita às massas de até cerca de 500 u e, no outro extremo, deseja-se, em outros, separar íons cujas massas diferem por algumas partes por milhão. Por isso, qualquer comparação entre os diversos analisadores deve ser feita com o auxílio da quantidade chamada poder de resolução, R. Sua definição mais comum é

$$R = m/\Delta m$$

onde Δm é a diferença entre as massas de dois picos adjacentes separados no limite da resolução do aparelho e m é a média da massa nominal dos dois picos. A expressão "picos resolvidos" deve ser também definida uma vez que, apesar de não existir uma convenção estabelecida, grande parte dos espectroscopistas aceita o critério do vale em 10%, nos quais os picos são considerados como resolvidos se a altura do vale entre eles é menor do que 10% da altura (Fig. 19.7).

Um espectrômetro com poder de resolução igual a 1000 (vale em 10%) pode distinguir os seguintes picos:

Em massas ~1000 picos separados por 1 unidade, isto é, 1000 e 1001, por exemplo

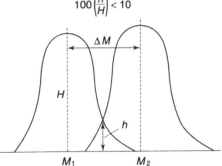

Fig. 19.7 Resolução: definição do vale de 10%

Em massas ~100 picos separados por 0,1 unidade, isto é, 99,9 e 100, por exemplo

O valor 1000 foi escolhido para este exemplo porque é o poder de resolução típico de muitos espectrômetros de massas, mas ele pode variar muito. Sistemas de alta resolução são capazes de resolução até 125 000. Nestes sistemas, o poder de resolução é independente da massa.

Observe que alta resolução e capacidade de medir massas elevadas não estão diretamente relacionadas. Para distinguir entre CO^+, N_2^+ e $C_2H_4^+$, por exemplo, que têm massa nominal igual a 28 u, porém têm massas iguais a 27,9949, 28,0062 e 28,0313 u, respectivamente, é necessária uma resolução aproximadamente igual a 3000. Embora a resolução seja importante, não é o único parâmetro relevante. Sensibilidade, capacidade de medir massas elevadas e velocidade de varredura do espectro devem ser também consideradas na escolha do equipamento.

19.5.1 Analisadores de setor magnético (focalização simples)

Nos primeiros experimentos em espectrometria de massas, a separação dos íons era feita com o auxílio de uma combinação de campos elétricos e magnéticos e, em muitos casos, estes analisadores ainda são os mais adequados. Os íons produzidos na fonte passam por uma série de fendas onde são submetidos a potenciais crescentes. Os íons são acelerados e adquirem energia proporcional ao gradiente de potencial, a massa e a carga do íon:

$$\text{energia cinética} = \tfrac{1}{2} mv^2 = zeV \qquad (19.1)$$

onde V é o gradiente de potencial, v é a velocidade do íon, e é a carga do íon ($e = 1,60 \times 10^{-19}$ C) e z é o número de cargas.

Se estes íons passam entre os pólos de um eletromagneto cujo campo é perpendicular à direção do movimento, eles sofrem deflexão e assumem uma trajetória de raio r, proporcional ao momento do íon e à força do campo B:

$$r = \frac{mv}{zeB} \qquad (19.2)$$

Eliminando v nas Eqs. 19.1 e 19.2, tem-se que

$$\frac{m}{z} = \frac{B^2 r^2 e}{2V} \qquad (19.3)$$

Todos os parâmetros deveriam ser expressos em unidades SI: m (kg), r (m), B (T), ze (C) e V (V), porém m é nor-

410 Espectrometria de massas

malmente dado em unidades de massa unificadas (u) ou daltons (1 u = $1,66 \times 10^{-27}$ kg), r é dado em centímetros e ze é o número de cargas eletrônicas elementares. B é dado em teslas (1 tesla = 10 000 gauss).

A Eq. 19.3 mostra que os íons podem ser separados de acordo com a massa (m/z) variando-se uma das grandezas B, V ou r e mantendo-se duas delas constantes. Os analisadores de setor magnético modernos mantêm r e V constantes e variam B, o campo magnético, alterando a corrente do eletromagneto. Isto é feito porque a sensibilidade e a resolução caem com a diminuição da voltagem de aceleração. Esta técnica de varredura leva a uma escala de massas não-linear porque m/z é proporcional a B^2. Embora, em teoria, possa-se usar pequenos campos magnéticos e voltagens de aceleração baixas, na prática, é necessário usar altas voltagens (8–15 kV) que geram campos magnéticos fortes em eletromagnetos laminados no interior, grandes e caros.

Um cálculo simples baseado na Eq. 19.3 dá a intensidade típica do campo dos instrumentos de setor magnético modernos. Para m/z = 500 unidades, raio magnético r = 30 cm e voltagem de aceleração V = 5 kV

$$\frac{B^2(30 \times 0,01)^2(1,6 \times 10^{-19})}{2 \times 5000} = 500 \times 1,66 \times 10^{-27}$$

$$B^2 = \frac{500 \times 5000}{900} \times \frac{2(1,66 \times 10^{-27})}{(0,01)^2(1,6 \times 10^{-19})}$$

$$= \frac{500 \times 5000}{900} \times 2,075 \times 10^{-4}$$

$$= 0,576$$

$$B = 0,76 \text{ T}$$

A resolução do melhor destes sistemas de focalização simples limita-se a 2000, aproximadamente. Isto ocorre porque os íons, quando formados na fonte, não têm inicialmente a mesma velocidade. Eles são produzidos em uma dada faixa de energias e adquirem uma faixa de velocidades. Isto leva ao espalhamento dos íons que deixam o analisador, limitando a resolução. O espalhamento é diminuído quando o componente cinético da velocidade é pequeno em comparação com a velocidade devida à voltagem de aceleração e esta é a razão da necessidade do uso de altas voltagens de aceleração, porém ainda existe um limite para a resolução.

19.5.2 Analisadores de foco duplo

O problema da variação da energia inicial dos íons pode ser resolvido usando-se dois elementos de focalização colocados em série. Os espectrômetros de massas de focalização dupla usam este arranjo. Os íons produzidos na fonte são acelerados até um analisador eletrostático (ESA) formado por duas placas curvas de metal com um potencial dc aplicado entre elas, isto é, um capacitor, que submete os íons a uma força F, perpendicular à direção do movimento, cuja magnitude é dada por

$$F = zeE$$

A esta força corresponde uma força centrífuga oposta, gerada quando os íons entram em trajetória circular, logo

$$zeE = mv^2/R$$

onde a força centrífuga age em uma massa m no círculo de raio R.

Como 1/2 $(mv^2) = zeV$, esta equação pode ser rearranjada a

$$R = 2V/E$$

A equação mostra que todos os íons que têm uma dada energia seguem, ao serem acelerados por um potencial V sob um campo elétrico E, a mesma trajetória de raio, R, independentemente do valor de m/z. A conseqüência disso é que os íons que passam pelo campo E têm trajetórias de raios diferentes segundo suas energias cinéticas, isto é, a focalização depende das velocidades. Uma fenda colocada na saída do analisador eletrostático serve como filtro de energia e deixa passar apenas um feixe de íons. Os íons que entram no analisador magnético podem ser, então, separados de acordo com seu momento. Existem várias maneiras de acoplar os analisadores eletrostáticos e os setores magnéticos. Uma delas é a configuração de Nier–Johnson (Fig. 19.4), em que se usa um analisador eletrostático de 90° seguido por um setor magnético também de 90°, mas também se pode usar setores de 30° e 60°. Um problema destes sistemas é que os íons são focalizados somente em um ponto, no qual o detector tem de ser colocado com precisão.

Também são usados instrumentos de geometria invertida nos quais o setor magnético precede o analisador eletromagnético. Eles têm certas vantagens, especialmente quando se estudam íons metaestáveis. A grande vantagem dos analisadores de foco duplo é a alta resolução que pode ser conseguida (125 000) nos instrumentos mais complexos. O problema é que esta resolução só é alcançada em analisadores eletrostáticos grandes e caros, associados a setores magnéticos, e estes instrumentos exigem freqüentemente componentes adicionais para a focalização (lentes de íons) baseados em filtros de quadrupolo.

19.5.3 Filtros de massas de quadrupolo

O filtro de quadrupolo (Fig. 19.3) é muito menor e mais robusto do que o instrumento de setor magnético, é mais fácil de construir e é mais barato. O instrumento é feito com quatro cilindros de metal paralelos, arranjados em dois pares, nos quais é aplicada uma combinação de voltagens dc e ac. Os íons produzidos na fonte passam entre os quatro cilindros e atingem o detector colocado na outra extremidade. Neste tipo de analisador, os íons não precisam passar por um campo intenso para serem acelerados e um potencial da ordem de 5 a 15 V é, normalmente, suficiente para levar os íons ao analisador. O filtro de quadrupolo é capaz de aceitar íons com uma faixa razoavelmente grande de energias (ou velocidades) iniciais, o que permite o uso de uma fenda muito mais larga, geralmente circular, entre a fonte e o analisador, e isto dá ao quadrupolo uma sensibilidade intrínseca mais elevada.

Os cilindros que estão em lados opostos são ligados eletricamente, um par ao lado positivo de uma fonte dc variável e o outro ao lado negativo da fonte. Um gerador de radiofreqüência fornece o potencial ac ($+V\cos t$) a um dos pares e a mesma freqüência defasada de 180° ($-V\cos t$) ao outro par. Esta combinação de potenciais faz com que a trajetória dos íons seja errática em relação ao centro do quadrupolo. No plano definido pelos dois pares positivos de cilindros, os íons leves sofrem deflexões e colidem com os cilindros. Os íons mais pesados sofrem deflexões menores e com a ajuda do componente ac tendem a passar incólumes. Este arranjo funciona como um filtro de massas. No plano formado pelos pares negativos de cilindros, os íons positivos são atraídos pelos cilindros e tendem a ser neutralizados, porém o componente ac se opõe a isto, mais no caso dos íons mais leves do que nos dos mais pesados, formando assim um filtro de massas leves. O efeito combinado é um filtro de massas de faixa estreita que permite estabelecer uma trajetória estável para um íon de massa m/z pelo controle da razão V_{dc}/V_{rf}. Os demais íons são neutralizados por colisão com os cilindros. (A resolução máxima é obtida quando $V_{dc}/V_{rf} = 0,168$.)

Quando se varia as voltagens dc e rf combinadas, mantendo-se a razão constante, pode-se obter o espectro de massas completo. Muitas pesquisas têm sido feitas para melhorar o desenho dos quadrupolos. A resolução depende do comprimento dos cilindros, da qualidade do paralelismo e da freqüência do componente rf. A sensibilidade aumenta com o diâmetro dos cilindros. Alguns destes fatores, entretanto, tendem a trabalhar em oposição. Diminuir o diâmetro dos cilindros leva à diminuição da sensibilidade mas também ao aumento da faixa de massas. Os sistemas comerciais de alta qualidade têm, comumente, cilindros de 20 cm de comprimento e 5 mm de diâmetro que operam em freqüências rf de cerca de 10^8 Hz, e analisam massas de 1500 u, no máximo, com resolução unitária, isto é, resolução de 1500 na massa de 1500 u.

Os desenhos mais recentes têm alguns refinamentos. Os cilindros são colocados em uma matriz rígida de cerâmica, o que impede mudanças de geometria em temperaturas mais elevadas. Também se utiliza um pequeno filtro de quadrupolo preliminar dotado apenas da voltagem dc, colocado antes do quadrupolo principal. Este arranjo protege o analisador de contaminações e mantém o desempenho em seu melhor nível.

Embora a resolução e a faixa de massas pareçam restritas em comparação com o desempenho de um instrumento de setor magnético e dupla focalização, o quadrupolo tem uma grande vantagem, além do custo mais baixo e o tamanho menor — o tempo de varredura do espectro é muito pequeno. Como a varredura é controlada pela alteração dos potenciais aplicados aos cilindros e como ela varia linearmente com o potencial, o espectro de massas completo pode ser obtido (com alta acurácia e reprodutibilidade) em alguns milissegundos. Um instrumento de setor magnético limita-se normalmente a cerca de 0,1 segundo por década devido às correntes localizadas produzidas no eletromagneto quando a corrente é aumentada. (Uma década corresponde a 1–10 ou 10–100 unidades de massa. A expressão das velocidades de varredura em termos de tempo por década tem origem na natureza não-linear da varredura obtida por meios magnéticos.) Como veremos na Seção 19.10, esta capacidade de varredura rápida torna o filtro de quadrupolo uma escolha interessante para o acoplamento com as frentes de eluição da cromatografia. O filtro de quadrupolo também é ideal para a espectrometria de massas de íons negativos porque o filtro não depende da polaridade dos íons que passam por ele e também porque é até mesmo possível obter varreduras alternadas de íons positivos e negativos em um intervalo de tempo muito pequeno, inclusive em um único pico de cromatografia em um sistema CG-MS.

19.5.4 Detectores de captura de íons

Um detector muito semelhante ao anterior é o detector de captura de íons (ITD) [6], no qual se utiliza uma voltagem de radiofreqüência variável para capturar íons na cavidade formada por um eletrodo toroidal central e dois eletrodos aterrados colocados nas extremidades do detector (Fig. 19.8). Este sistema, mecanicamente simples, combina as funções de fonte de íons e analisador porque, quando em operação, pulsos de elétrons gerados por um filamento aquecido convencional entram no detector através de um eletrodo em grade, interagem com as moléculas da amostra e produzem fragmentos semelhantes aos produzidos pelos EI normais. Estes fragmentos são, por sua vez, retidos na cavidade pelo campo rf e liberados por uma varredura de voltagem do campo. Os íons saem da cavidade de acordo com os valores de m/z e são detectados como um espectro de massas. Os

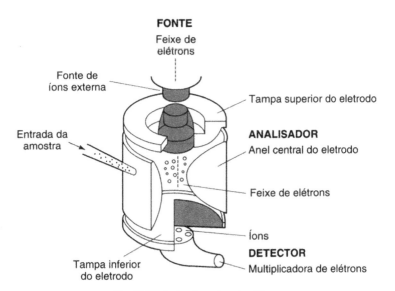

Fig. 19.8 Detector de captura de elétrons

detectores de captura de íons têm várias características que os tornam ideais para o acoplamento com um cromatógrafo a gás e eles têm sido usados principalmente como detectores de CG-MS, embora sistemas de HPLC-MS ou de LCQ estejam ficando cada vez mais comuns, especialmente quando acoplados a uma fonte API.

O desempenho ótimo do aparelho ocorre quando a pressão na cavidade é da ordem de 10^{-2} a 10^{-3} torr (1 Pa a 100 mPa) para um gás de baixo peso molecular, hidrogênio ou hélio, porque nesta faixa de pressões o movimento dos íons na cavidade é reduzido e eles colidem com as paredes com menos freqüência. A freqüência de operação de 1 MHz em 20 V, aproximadamente, confina os íons ao plano xy, isto é, eles só podem se movimentar na direção z. Quando a voltagem atinge cerca de 15 kV, íons de massa crescente são ejetados através de um furo no eletrodo de uma das extremidades. O controle da voltagem de varredura pode ser conseguido rapidamente (mais rapidamente do que em um quadrupolo) e normalmente o controle do sistema por microcomputador permite fazer um grande número de varreduras cuja média é o espectro final. As varreduras são sincronizadas com a voltagem da porta de modo a capturar o número ótimo de íons para produzir o espectro. Com quantidades muito pequenas de amostra, cada varredura leva menos de 30 ms e com quantidades muito grandes de material na cavidade, menos de 75 ms. A conseqüência é uma sensibilidade muito alta. Os sistemas são desenhados para dar resolução unitária na faixa de m/z 50–650 para amostras da ordem de 1 pg com custo mais baixo do que o de outros tipos de analisador.

Embora usado normalmente no modo de impacto de elétrons, também é possível fazer experimentos de ionização química com alta sensibilidade. A troca de um modo para o outro pode ser feita rapidamente, o que permite medidas EI/CI mesmo em picos de cromatografia a gás em eluição rápida.

19.5.5 Analisadores de tempo de vôo

Um analisador de massas, usado há muito tempo, é o analisador de tempo de vôo (TOF), um outro dispositivo mecânico muito simples controlado por uma eletrônica complexa (Fig. 19.9). Originalmente, o pulso de íons era formado por dessorção com um plasma de califórnio-252 mas, atualmente, isto é feito, em geral, por uma das duas técnicas de feixe, em particular com um laser, ou pelo uso de uma fonte API. Um potencial de 1 a 10 kV, estabelecido entre as placas de repulsão e extração, acelera o feixe até um tubo de passagem com 15 a 100 cm de comprimento. Este tubo não está sujeito a um campo magnético ou um campo elétrico e, por isto, é, às vezes, denominado "zona livre de campo". Como todos os íons sofrem inicialmente o mesmo gradiente de potencial, eles adquirem a mesma energia cinética, zV, mas percorrem o tubo em velocidades inversamente proporcionais à raiz quadrada de suas massas e atingem o detector, colocado na extremidade do tubo, em tempos diferentes. Os tempos de vôo típicos são da ordem de 1 a 30 ms, dependendo da massa, e a informação de muitos pulsos pode ser adquirida e tratada para produzir o espectro de massas final.

O sinal detectado correspondente discrimina a massa contra o tempo e o espectro de massas completo pode ser calibrado se o tempo de vôo de duas ou mais massas conhecidas puder ser computado. A possibilidade de calibração rápida do espectro para massas mais elevadas é uma das principais vantagens desta técnica, já que o analisador TOF é o único que não sofre limitações de massas e pode ser aplicado, usando MALDI-TOF (Seção 19.4.5), no estudo de grandes biomoléculas, com m/z superior a 300 000 u. No sistema que acabamos de descrever, entretanto, a energia do feixe de íons primário não é focalizada e a resolução limita-se a menos de 1000. A conseqüência inesperada é que o analisador não permite a resolução de gru-

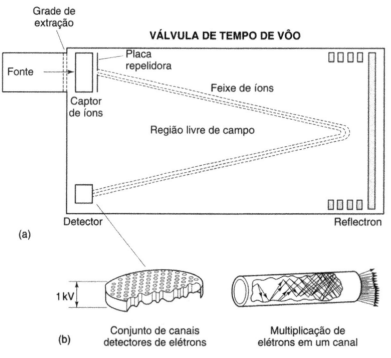

Fig. 19.9 Espectrômetro de massas de tempo de vôo (TOF)

pos isotópicos quando as moléculas são muito grandes. Isto significa que os íons observados não correspondem às massas nominais (massas isotópicas) normalmente encontradas na espectrometria de massas e sim às massas isotopicamente ponderadas ou massas químicas. As duas massas diferem em cerca de uma unidade em cada 1500 u.

A técnica conhecida como focalização com atraso foi recentemente desenvolvida para permitir a separação inicial dos íons segundo sua velocidade. Assim que produzidos, os íons podem se expandir em uma região livre de campo entre as placas de repulsão e de extração. Após um pequeno atraso (de centenas de nanossegundos a alguns microssegundos) aplica-se um pulso de extração à placa de repulsão para fazer com que os íons entrem no tubo de passagem. O ajuste correto do atraso e da voltagem do pulso focaliza os íons segundo sua energia e aumenta a resolução, de forma semelhante ao que ocorre no sistema de setor magnético de focalização dupla (Seção 19.5.2). Quando esta técnica é combinada com o uso de um espelho de íons (ou reflectron) no tubo de passagem, que dobra o comprimento do tubo e permite a focalização parcial por velocidade, pode-se obter resolução unitária para massas superiores a 10 000 u com acurácia melhor do que 500 ppm.

19.6 Detectores

Cinco tipos principais de detector têm sido usados em espectrometria de massas: as placas fotográficas, o vaso de Faraday, as multiplicadoras de elétrons, as multiplicadoras de elétrons em canais e os detectores de cintilação. As placas fotográficas, historicamente importantes, são hoje muito pouco usadas embora permitam alta resolução e sejam mais rápidas do que os dispositivos eletrônicos (elas podem detectar simultaneamente os íons de qualquer massa, se for usado um analisador de geometria invertida). O vaso de Faraday, um vaso de metal para o qual são dirigidos todos os íons, também só é utilizado em aplicações especiais. A desvantagem deste sistema é que as correntes induzidas pelos feixes de íons normalmente utilizados no circuito que controla o vaso são muito pequenas, isto é, a sensibilidade é baixa, mas o sinal produzido é muito estável e reprodutível. O vaso de Faraday é sempre usado nos espectrômetros de massas em que as informações quantitativas são importantes (Seção 19.9). Os espectrômetros de massas de uso geral são, em geral, equipados com multiplicadoras de elétrons ou detectores de cintilação, dispositivos muito versáteis e sensíveis. Dois tipos de multiplicadoras de elétrons são comumente usados. O dispositivo de dinodo discreto é muito semelhante às fotomultiplicadoras usadas na detecção da radiação eletromagnética em espectrofotômetros convencionais. O feixe de íons atinge uma superfície de Cu/Be e provoca a ejeção de elétrons que, por sua vez, são acelerados por um potencial elevado e atingem uma segunda placa, o dinodo, onde provocam a emissão de um grande número de elétrons secundários. Uma série de dinodos (até 20 deles) arranjados como em uma janela veneziana (Fig. 19.4) submetidos a potenciais crescentes provoca a emissão crescente de elétrons que pode chegar a 10^7 elétrons por íon no eletrodo final.

A multiplicadora de elétrons de dinodo contínuo trabalha da mesma forma e tem características de ganho semelhantes, mas os eletrodos são substituídos por um tubo de vidro curvo, em forma de chifre, feito com um vidro de alto conteúdo de chumbo dopado com óxidos de metais (Fig. 19.8). O potencial aplicado é elevado, o que faz com que ocorra emissão de elétrons em cascata sempre que um elétron atingir a superfície interna do tubo. Para funcionamento correto, os íons que atingem os dois tipos de detector devem ter alta velocidade, logo, alta energia. Isto sempre ocorre com os íons separados em analisadores magnéticos, porém, quando são usados filtros de quadrupolo ou outros analisadores de baixa energia, o feixe de íons deve passar por um dinodo de conversão, sob potencial de até 20 kV, antes de atingir o detector. As multiplicadoras de elétrons são confiáveis, robustas e sensíveis, mas seu desempenho e tempo de vida são afetados pelo vácuo do espectrômetro de massas e elas podem sofrer contaminações.

Uma alternativa interessante é o uso de um cintilador ou detector de Daly (Fig. 19.3), muito semelhante aos detectores usados em radioquímica. O detector é uma fotomultiplicadora convencional que tem como janela um disco de fósforo cristalino mantido sob potencial de $+10$ kV. Quando os íons atingem o fósforo, a superfície emite fótons de luz que são detectados na fotomultiplicadora. Como a amplificação dos elétrons ocorre principalmente em um recipiente de vidro sujeito a alto vácuo, independente do espectrômetro, o detector tem vida mais longa e é mais estável do que as multiplicadoras de elétrons convencionais. Este tipo de detector permite também o uso de técnicas de contagem de fótons, muito mais sensíveis do que a amplificação normal.

Os instrumentos mais modernos operam um conjunto de detectores formados por multiplicadoras de elétrons em canais (Fig. 19.9). O conjunto é essencialmente uma placa de 1 mm de espessura com um grande número de furos ou canais, cada um de diâmetro entre 10 e 25 mm, coberta com um material emissivo. Cada canal funciona como uma multiplicadora de elétrons e ganhos muito elevados podem ser obtidos quando se ligam dois ou mais conjuntos um após o outro. A vantagem é que o arranjo permite o controle de cada canal independentemente dos demais, isto é, o acompanhamento simultâneo de íons de massas diferentes que atingem partes diferentes do detector, sem necessidade da varredura de m/z. Estes dispositivos são equivalentes, em termos de elétrons, aos conjuntos de diodos que tiveram tanta importância no desenvolvimento da espectroscopia óptica.

19.7 Manipulação dos dados

Hoje, quase todos os espectrômetros de massas utilizam computadores no controle de algumas funções do instrumento e para mostrar e registrar os dados recolhidos. O número de sistemas de manipulação de dados existentes e sua complexidade tornam um desafio a escolha de um espectrômetro de massas, já que de 30 a 80% do custo do equipamento corresponde a estes sistemas. O sistema de manipulação dos dados pode ser baseado em computadores pessoais, em estações de trabalho, mais caras, ou em um computador dedicado que contém um certo número de processadores, cada um executando uma tarefa específica. O programa do computador é geralmente desenhado para um instrumento em particular e, além de registrar o espectro, deve ser capaz de controlar todos os parâmetros normais de operação. Ele pode, ainda, funcionar como inter-

414 Espectrometria de massas

face para o sistema de gerência de informações do laboratório (LIMS). Seja qual for o caso, muito provavelmente o sistema estará obsoleto assim que for adquirido. A quantidade de informações geradas por um espectrômetro, mesmo modesto, é muito grande. Uma corrida simples pode exigir a digitalização e arquivamento de informações de até 100 fragmentos para cada tipo de molécula. No caso de análises CG-MS ou HPLC-MS, um espectro de massas completo é gerado e arquivado a cada segundo durante até 90 minutos. É óbvio que é necessário reduzir a quantidade de dados ou o nível de processamento para que o analista possa utilizar eficientemente o material e, para isso, muitos sistemas permitem a escolha do formato de saída dos dados.

O formato de saída mais comum é o espectro de massas na forma normalizada (Fig. 19.1). Neste tipo de formato, o pico mais intenso, o pico base, corresponde à intensidade 100 ou 1000 e a este pico são relacionados todos os demais picos. Embora muito usado e de muita utilidade, este formato tem seus problemas. O primeiro é que o eixo das massas deve ser calibrado para dar as massas corretas — freqüentemente com picos bem conhecidos e bem-definidos de um material padrão, como o perfluoro-querosene (PFK), por exemplo. Se isso não for feito, as massas observadas na análise podem estar uma ou mais unidades acima ou abaixo da massa correta, o que pode levar a problemas sérios durante a interpretação. Em segundo lugar, se a intensidade do pico base não for medida corretamente, as intensidades de todos os demais picos não estarão corretas. É, às vezes, preferível usar um formato diferente, em que a intensidade de cada pico é uma função da corrente total de íons em uma faixa de massas definida. Em ambos os formatos, a listagem dos picos na forma de tabela pode ser facilmente obtida.

A faixa dinâmica do sistema total pode chegar até seis ordens de magnitude, e como o formato de saída descrito anteriormente corresponde a uma faixa bastante restrita — o eixo de intensidades está entre zero e 1000 e o eixo de massas utiliza freqüentemente saltos de 50 a 500 unidades — pode-se, às vezes, perder (ou não observar) informações importantes. Picos de intensidade baixa que podem ser quimicamente importantes para estabelecer as seqüências de fragmentação, por exemplo, deixam de ser registrados se tiverem intensidade abaixo de um determinado limite. Os íons de carga múltipla, que podem aparecer em massas fracionárias, podem não ser, também, registrados e a informação perdida. Os espectros normalizados são extremamente úteis para a comparação com espectros obtidos por analistas que trabalham na mesma área, mas usam espectrômetros diferentes, em diferentes lugares do mundo, ou nas buscas em bibliotecas de espectros comerciais [7]. Várias destas bibliotecas têm mais de 80 000 espectros de massas armazenados em um formato capaz de ser lido pelos computadores e os programas são, em geral, capazes de comparar rapidamente o espectro da substância que está sendo analisada com os espectros depositados nas bibliotecas e de identificar uma série de possíveis compostos.

Muitos programas de computador permitem que o espectroscopista faça uma busca preliminar, pelo nome do composto, pela fórmula ou pelo número do Chemical Abstracts (CAS), para reduzir o número de comparações inadequadas. Uma alternativa é utilizar a busca inversa, na qual alguns espectros conhecidos são comparados com os dados que estão sendo gerados. Este processo é, obviamente, muito mais rápido do que a busca convencional. Atualmente, a maior parte destes programas baseia-se na comparação da distribuição de massas e intensidades, sem usar restrições "químicas" para limitar as possibilidades.

Além de seu papel essencial de recolhimento e manipulação dos dados, normalmente, o computador também controla o espectrômetro. Isto permite que se façam varreduras rápidas e repetitivas no modo CG-MS ou que se possa utilizar técnicas mais elaboradas, tais como, por exemplo, o acompanhamento de íons simples e múltiplos (SIM). Nesta técnica, o espectrômetro acompanha um certo número de massas escolhidas arbitrariamente, sem fazer a varredura habitual. Como o detector passa mais tempo observando os íons de interesse do que o faria na varredura normal, a sensibilidade aumenta, freqüentemente por um fator de até 1000. Este procedimento é muito usado na análise de traços por CG-MC e HPLC-MS, em que o limite de detecção necessário é, em geral, consideravelmente mais baixo do que o que é obtido com os detectores convencionais de CG e HPLC.

Na medida em que aumenta a capacidade de processamento dos computadores, a manipulação dos dados fica mais fácil. Hoje em dia, muitos dos programas de computador permitem a tomada da média espectral de várias varreduras para reduzir o ruído elétrico. A subtração da linha de base permite reduzir os efeitos de pequenas quantidades de contaminantes sobre o espectro. Neste caso, o espectro obtido sem nenhuma amostra na fonte de íons é subtraído do espectro da amostra para remover sinais devidos à linha de base. Se o computador é rápido e tem capacidade suficiente, ele pode ser usado para executar várias tarefas simultaneamente, um processo conhecido como linha de frente/retaguarda. Dados armazenados podem ser recuperados e manipulados enquanto novos dados estão sendo obtidos, aumentando, assim, a velocidade total do processo.

19.8 Espectrometria de massas de compostos inorgânicos

Existem, além das determinações de espécies orgânicas de alto peso molecular, outras aplicações da espectrometria de massas que envolvem apenas a composição elementar da amostra. Estes métodos, por conveniência, foram grupados em duas áreas de estudo: os métodos de superfície e as análises elementares em solução.

19.8.1 Métodos de superfície que utilizam a espectrometria de massas

Vimos, na Seção 19.4, que se um feixe de energia suficientemente alta atinge uma superfície, íons se desprendem e podem ser separados e detectados com vários analisadores e detectores. As técnicas FAB e SIMS são muitas vezes apresentadas como procedimentos novos e poderosos para o estudo de espécies de alto peso molecular, especialmente biomoléculas. Estas técnicas são, entretanto, modificações de técnicas que vêm sendo usadas há muitos anos na investigação de superfícies inorgânicas. Estas técnicas são discutidas, com freqüência sob o nome de espectrometria de massas de íons secundários (SIMS) porque o feixe primário é um feixe de íons, mesmo que isto nem sempre seja verdadeiro.

Se um feixe de íons de alta energia (5–20 keV), Ar⁺, Cs⁺ ou, ocasionalmente, O_2^+ ou N_2^+, atinge uma superfície, um filme de metal, um semicondutor ou mesmo uma superfície mineral, por exemplo, um certo número de partículas secundárias são ejetadas, incluindo íons positivos e negativos dos elementos que formam a superfície. Quando estes íons passam por um analisador magnético de quadrupolo ou outro tipo de analisador, eles são separados de acordo com seus m/z e podem ser detectados. O espectro de massas resultante é, normalmente, bastante simples e contém um pico para cada isótopo dos elementos da superfície. Os sinais são mensuráveis com até 10^{-15} g do material. Todos os elementos, inclusive o hidrogênio, podem ser determinados deste modo mas dados rigorosamente quantitativos são difíceis de obter. Como o feixe primário de íons produz uma pequena cratera na superfície, também é possível fazer estudos de profundidade nas camadas próximas da superfície da amostra.

Alguns equipamentos permitem a obtenção de dados de SIMS positivos, úteis para os elementos à esquerda da tabela periódica, e dados de SIMS negativos, úteis para os elementos à direita da tabela periódica.

Analisadores de massas com microfeixes de íons

Uma modificação do SIMS, os analisadores de massas com microfeixes de íons (IMPMA) usam feixes de íons mais elaborados e caros. Duas ou mais lentes eletrostáticas reduzem o feixe até um diâmetro da ordem de 1 a 2 mm, inferior ao diâmetro típico do SIMS (de 0,2 a 5 mm). O feixe, então, pode ser dirigido, com a ajuda de um microscópio óptico comum, para áreas da superfície bem determinadas. Os íons secundários produzidos passam por um analisador de dupla focalização E-B permitindo alta resolução e sensibilidade (10^{-15} g). Analisadores de microfeixes podem mapear alterações da composição da superfície quando o feixe se move sobre a amostra. Esta metodologia permite estudos da superfície de semicondutores ou filmes metálicos depositados porém sua alta sensibilidade requer grande cuidado na preparação da amostra. Além disto, os analisadores têm de utilizar vácuo muito elevado para garantir que a superfície não esteja contaminada por oxidação ou por outro filme semelhante antes da análise. Seu alto custo e estas exigências técnicas severas tem limitado seu uso.

Analisadores com microfeixes de laser

Já é possível utilizar, em substituição aos feixes de íons primários, feixes focalizados de luz de um laser pulsado de Nd:YAG, que produz potência extremamente elevada na superfície, fornecendo até 10^{11} W · cm² em uma área de diâmetro igual a 0,5 μm. Os limites de detecção podem ir até 10^{-20} g e pode-se estudar partículas pequenas como grãos de poeira, por exemplo, ou diferenciar áreas bem específicas de uma superfície de acordo com sua posição, com resolução da ordem de 1 μm [8]. Analisadores com microfeixes de laser estão começando a ser aplicados nas ciências biológicas e nas áreas mais tradicionais da química. É possível mapear variações na composição elementar de superfícies pequenas de tecidos biológicos permitindo, por exemplo, o estudo da distribuição e função de eletrólitos comuns (Na, K, Ca, Mg etc.) em neurônios.

19.8.2 Espectrometria de massas com plasma acoplado indutivamente

A espectrometria de massas com plasma acoplado indutivamente (ICP-MS) será melhor descrita na Seção 19.11.5. Trata-se de uma técnica poderosa que está se desenvolvendo rapidamente e que permite a determinação simultânea de vários elementos em concentrações muito baixas, em amostras líquidas ou em solução. Usa-se um plasma ICP convencional para produzir os íons primários que são analisados em um espectrômetro de massas de quadrupolo com faixa de massas até 300 unidades e resolução unitária em toda a faixa (Fig. 19.10). A fonte de plasma funciona na pressão atmosférica e, portanto, é um sistema API. O controle por computador e a geometria otimizada fazem com que uma análise elementar completa possa ser feita em uma única varredura, em cerca de 10 segundos por elemento mesmo em concentrações baixas (~ 1 μg · kg⁻¹). Como o instrumento usa um quadrupolo como detector para o ICP, a discussão anterior sobre a quantificação de metais em solução (Caps. 15 e 16) também se aplica a esta técnica.

19.9 Medidas da razão isotópica

Os elementos comuns têm, na maior parte, mais de um isótopo (não-radioativo). Como os espectrômetros de massas podem distiguir isótopos, o espectro de massas de espécies atômicas ou moleculares fica mais complicado. A observação de picos de isótopos, entretanto, pode ser muito útil quando se interpreta o espectro para obter informações moleculares ou estruturais. A medida da razão isotópica, em amostras naturais ou enriquecidas, tem aplicações bem específicas e importantes.

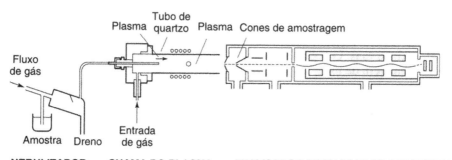

Fig. 19.10 Espectrômetro de massas ICP

19.9.1 Razões isotópicas naturais

Devido ao tempo de decaimento de alguns radionuclídeos comuns, é possível determinar a idade de pedras e minerais pela medida da razão isotópica dos elementos estáveis no fim do processo de decaimento. É muito comum a datação geoquímica com $^{40}K/^{40}Ar$, $^{87}Rb/^{87}Sr$ e $^{238}U/^{206}Pb$. A medida de $^{235}U/^{238}U$ é importante na indústria nuclear. Os íons são gerados, freqüentemente, a partir de amostras sólidas utilizando-se uma fonte de evaporação térmica na qual a amostra, na forma de pó, é aquecida rapidamente em um filamento ao rubro ou em uma cama aquecida.

Amostras em fase gasosa

As razões entre outros isópotos estáveis podem ser medidas mais facilmente se a amostra for colocada no espectrômetro em fase gás. O exemplo mais conhecido deste tipo de análise é, talvez, a determinação de ^{14}C (como CO_2) na datação de radiocarbono em artefatos orgânicos de interesse histórico, mas também são comuns as determinações de $^{13}C/^{12}C$, H/D, $^{15}N/^{14}N$, $^{18}O/^{16}O$ e $^{34}S/^{32}S$. Como em todos os experimentos de determinação de razões isotópicas, o sistema de detecção deve ser capaz de dar resultados confiáveis para estes sistemas gasosos. Além disso, é preciso considerar também o problema adicional do desenvolvimento de um sistema de introdução adequado para estas amostras.

A maior parte dos experimentos é feita em instrumentos fabricados com este objetivo particular. Eles têm, normalmente, dois sistemas de admissão de gás, um para a amostra e outro para o padrão, que são essencialmente dois reservatórios de 2 a 50 ml de volume. Através de um capilar de escoamento viscoso, os gases passam destes reservatórios para uma fonte de íons EI convencional. O reservatório do padrão tem, com freqüência, volume variável para permitir a otimização da corrente de íons no detector para fazer com que os sinais da amostra e do padrão sejam iguais. Os sistemas deste tipo mais recentes são acoplados a um cromatógrafo a gás através de um forno de combustão para que os compostos orgânicos voláteis possam ser separados, transformados em CO_2 ($^{12}C/^{13}C$) e lançados na fonte de íons sem perdas ou contaminação [9]. O analisador normalmente utilizado é um setor magnético de 90° no qual os íons são projetados em um ângulo de 26,5° para que a focalização seja astigmática. Os instrumentos mais antigos usavam magnetos permanentes e varredura por voltagem variável. Os instrumentos mais modernos usam eletromagnetos que geram campos de até 1 T, com faixa de massas de 280 u e resolução igual a 500.

O detector deve ser capaz de dar uma corrente muito estável para um dado número de íons. Atualmente, o único dispositivo capaz disto é o vaso de Faraday, freqüentemente utilizado como um detector múltiplo, colocando-se um vaso no foco de cada feixe de íons. O controle é feito por computador e faz-se a contagem de íons, de preferência à medida da corrente total. Para aumentar a acurácia da medida da razão entre os isótopos, o sistema pode medir as razões de um dado par de íons em uma amostra e em um padrão, em uma seqüência alternada e repetida. Razões isotópicas medidas com esta técnica são normalmente expressas pelo valor δ, onde $\delta = 1000 (R/R_s - 1)$, R é a razão medida na amostra e R_s é a razão medida no padrão conhecido.

Um padrão muito usado para as razões $^{12}C/^{13}C$ é $CaCO_3$ derivado do fóssil marinho da Califórnia do Sul, *Belemnitella americana*, que tem valores elevados de ^{13}C e, portanto, dá valores de δ negativos para quase todos os outros materiais [10]. (Infelizmente, este padrão não está, no momento, disponível no comércio.) O valor de δ pode variar entre 0 no carbono marinho e -8 a -35, em plantas terrestres, e -50, em alguns gases naturais. Embora pequena, a variação da abundância de ^{13}C em relação a ^{12}C pode ser medida com acurácia mesmo para espécies recentes e alguns estudos importantes de adulteração de alimentos podem ser feitos usando o conhecimento das razões isotópicas, em particular em materiais de origem vegetal como açúcares e sucos de frutas. As medidas isotópicas deste tipo estão se tornando rapidamente as técnicas padrões para a determinação de alguns tipos de adulteração de alimentos. O uso de xaropes de baixo custo, derivados de um ciclo C_4 fotossintético, em substituição a açúcares de frutas mais caros, que utilizam um ciclo C_3 e discriminam ^{13}C durante a fotossíntese, por exemplo, altera a razão $^{12}C/^{13}C$ de comidas adocicadas [11].

Estudos com ^{14}C

Nos métodos mais modernos de determinação de ^{14}C em materiais antigos, a amostra não deve estar na fase gás porque, se presente, ^{14}N interferiria com a medida. A técnica padrão atual é extrair e purificar o material orgânico da amostra e convertê-lo, via CO_2 e acetileno, em carbono grafítico puro. A amostra de carbono, agora no estado sólido, é ionizada com uma fonte de íons Cs^+, para dar inicialmente $^{14}C^-$ que, por sua vez, é convertido em íons C^{3+}, que são analisados em um TOF modificado. Como os íons $^{14}N^-$ são instáveis, não ocorre interferência. A análise do carbono-14 permite a obtenção de datas de fabricação confiáveis de artefatos de mais de 40 000 anos, o limite de idade que pode ser atingido com as técnicas convencionais [12].

19.9.2 Enriquecimento isotópico (marcação isotópica)

Uma área de crescimento rápido nos estudos com isótopos é a utilização de isótopos estáveis para marcar sistemas químicos ou bioquímicos, de modo a obter informações estruturais ou investigar mecanismos de reação. A técnica é conhecida, às vezes, como espectrometria de massas de razão isotópica estável (SIRMS). Um exemplo simples de aplicação da marcação isotópica é a substituição de hidrogênio por deutério em ressonância magnética nuclear (RMN), mas a espectrometria de massas pode dar informações mais claras sobre amostras menores. A marcação isotópica também é usada para revelar os esquemas de fragmentação em espectros de massas complexos, mas, neste caso, deve-se fazer a marcação com ^{13}C, que pode ser muito cara. Moléculas marcadas podem ser usadas no estudo de caminhos metabólicos em medicina, bioquímica e toxicologia [13]. São usadas, nestes experimentos, substâncias marcadas equivalentes às substâncias normalmente usadas nos organismos. Pode-se também usá-las para acompanhar o destino de substâncias exógenas como poluentes, pesticidas e drogas. O material é marcado com D ou ^{13}C em um sítio que não afeta nem é afetado pelas reações subseqüentes e o caminho que o material segue pode ser acompanhado por espectrometria de massas. Em comparação com as técnicas mais antigas, que usavam materiais radioativos, a marcação isotópica é muito mais segura para o analista e para o paciente. Além disso, ela permite o uso de ^{18}O e ^{15}N, impossível com marcadores radioativos. A incorporação do átomo marcador em uma posição determinada, entretanto, pode ser um processo lento que exige perícia.

19.9.3 Análise por diluição isotópica

Trata-se de uma variante do enriquecimento isotópico que permite a medida quantitativa direta. Suponha que uma amostra contém o composto M em uma matriz. Se uma quantidade conhecida, A_i, de um análogo do composto isotopicamente modificado (representado por I) é adicionada a uma quantidade A_m da amostra e uma parte colocada em um espectrômetro de massas, o espectro conterá picos derivados de M e de I. No caso mais simples, em que um pico intenso derivado de M e o pico correspondente de I (separados pela massa correspondente à diferença entre o composto original e o modificado) podem ser vistos e não há contribuição de um composto no pico do outro, tem-se que

$$\frac{\begin{array}{c}\text{intensidade da} \\ \text{linha devida a I}\end{array}}{\begin{array}{c}\text{intensidade da} \\ \text{linha devida a M}\end{array}} = \frac{\begin{array}{c}\text{quantidade} \\ \text{de I na matriz}\end{array}}{\begin{array}{c}\text{quantidade de} \\ \text{M na matriz}\end{array}}$$

Esta é uma aplicação especial do método do padrão interno, mais geral, discutido nos capítulos sobre cromatografia. Este método evita o problema da medida da quantidade de amostra colocada no sistema porque a amostra e a referência estão juntas. Pode-se adicionar quantidades precisas do padrão interno (I) a quantidades relativamente grandes da matriz antes da análise de uma pequena proporção da mistura, o que permite a obtenção de alta precisão mesmo quando a amostra tem de ser manipulada de várias maneiras antes da medida final. No caso especial de um experimento de espectrometria de massas, a técnica também remove muitos dos erros associados com variações na produção de íons na fonte (que causa muitas vezes problemas na quantificação), já que apenas um espectro de massas é produzido e M e I estão ambos submetidos às mesmas condições de ionização.

A sensibilidade pode ser consideravelmente aumentada com o uso do monitoramento de um único íon (SIM) para o acompanhamento de um ou dois picos de interesse. Além disto, é sempre possível combinar SIM com uma das técnicas cromatográficas (CG-MS ou HPLC-MS), o que faz com que o composto de interesse e o composto isotopicamente modificado possam ser separados de possíveis interferentes antes do uso de SIM. Neste caso, como as substâncias são quimicamente idênticas, elas eluem como um único pico (separados de outros compostos da matriz), porém se SIM é repetido muitas vezes durante a eluição do pico cromatográfico, as abundâncias de M e I podem ser determinadas com alta precisão mesmo em concentrações baixas.

19.10 Interpretação dos espectros

Após decidir a melhor configuração dos componentes do espectrômetro de massas e obter o espectro de massas da amostra, o analista precisa interpretá-lo! A interpretação pode parecer complicada, à primeira vista, mas se feita de modo sistemático ela fica mais fácil. No caso de amostras orgânicas, o primeiro objetivo do analista é, idealmente, obter a fórmula molecular, que pode levar à estrutura molecular e à identificação desejada. Pode-se, obviamente, cortar caminho. A identidade perfeita entre o espectro da amostra e o de uma substância padrão conhecida obtida nas mesmas condições é, freqüentemente, prova suficiente da estrutura. Não há garantia de que as duas substâncias são as mesmas, entretanto, porque isômeros de posição diferentes podem levar aos mesmos esquemas de fragmentação.

Na sistemática da interpretação, a primeira e mais importante regra é que o espectro de massas de uma única substância é sempre **muito** mais fácil de interpretar do que o espectro combinado de uma mistura. Por isto, tente obter a amostra mais pura possível ou separe a mistura antes de usar a espectrometria de massas. Após obter o espectro de massas, o analista pode usar uma das seguintes técnicas:

1. Uma técnica matemática, ou de "números", para a identificação.
2. Seu conhecimento químico e das vias de fragmentação para escrever uma estrutura possível.
3. A comparação entre um espectro obtido de uma biblioteca compilada e o experimental.

Usualmente nenhuma destas técnicas, usadas isoladamente, leva à identificação inequívoca. O melhor é combiná-las de forma inteligente. Antes disso, porém, vamos olhá-las, separadamente, mais de perto.

19.10.1 A técnica matemática

A espectrometria de massas é um método de separar e caracterizar íons de massas diferentes e isto pode ser feito com alta acurácia, mesmo para íons que contêm isótopos diferentes, logo os dados da Tabela 19.1 podem ser um bom ponto de partida. Em princípio, o íon mais interessante é o íon molecular porque fornece o peso molecular da espécie. A identificação do íon molecular, entretanto, pode ser muito difícil. No caso de espectros EI, a fragmentação pode ser tão extensiva que praticamente só os fragmentos iônicos são registrados e a intensidade do íon molecular é muito baixa ou ele nem é registrado. No caso de outros modos de ionização, o íon pode aparecer como $(M + 1)^+$ ou $(M - 1)^+$. No primeiro caso, a solução é diminuir a energia de ionização ($< 70\,eV$). Este procedimento diminui consideravelmente a sensibilidade do experimento mas permite, com freqüência, a identificação do íon molecular porque a fragmentação é menos extensiva. O segundo problema, a observação de íons diferentes do íon molecular, tem de ser resolvido com a prática do analista.

Neste estágio vamos definir o íon molecular como sendo o "íon de maior massa de uma determinada espécie que contém todos os elementos presentes na forma isotópica mais abundante". Assim, o íon molecular do diclorometano (Fig. 19.1) mostra um pico em $m/z = 84$ unidades que corresponde a $^{12}C^1H_2{}^{35}Cl_2$, mas é evidente que outros picos estão próximos deste valor, que também provêm do íon $CH_2Cl_2{}^+$ porém têm composição isotópica diferente e

418 Espectrometria de massas

que o pico mais intenso (o pico base) ocorre em $m/z = 49$ unidades. Somente alguns elementos do interesse da química orgânica são monoisotópicos (Tabela 19.1). Embora isto complique o aspecto geral do espectro de massas, os picos de isótopos podem ser muito úteis na identificação das estruturas. Os efeitos dos isótopos de C, H, N e O serão examinados adiante quando estudarmos o íon molecular mais detalhadamente, mas como o efeito de alguns isótopos é importante e muito óbvio, vamos discuti-lo aqui.

Os efeitos de isótopos "pesados" mais comuns ocorrem em compostos que contêm cloro, bromo, enxofre ou silício. Cloro e bromo têm dois isótopos naturais e enxofre e silício têm três. Quando estiver estudando organometálicos, entretanto, lembre-se de que muitos deles são poliatômicos (Hg, por exemplo, tem sete isótopos naturais, todos com abundância significativa).

Moléculas que contêm um átomo de cloro como o cloro-etano (Fig. 19.1) têm dois picos na região do peso molecular separados por duas unidades de massa que correspondem a algumas moléculas que contêm o isótopo cloro-35 e outras que contêm o isótopo cloro-37. As intensidades destes dois picos podem ser preditas a partir da abundância natural dos dois isótopos (Tabela 19.1), mas é melhor, ao considerar este problema, expressar as abundâncias como percentagens, atribuindo ao isótopo mais abundante a percentagem 100. Isto significa que os dois picos em 64 e 66 unidades devem ter intensidades na razão 100:32 ou cerca de 3:1. Como se pode ver no espectro da Fig. 19.1, isto é exatamente o que se observa. Este arranjo de picos de intensidades 3:1 separados por duas unidades é uma indicação muito boa da presença de um átomo de cloro na molécula. Os picos em 49 e 51 unidades observados na Fig. 19.1 mostram que isto não se aplica apenas ao íon molecular, mas também a todos os fragmentos que contêm um átomo de cloro. No caso de bromo, o arranjo é de dois picos com aproximadamente a mesma intensidade (100:98), separados por duas unidades de massa. Como o flúor e o iodo são monoisotópicos, eles não dão um arranjo característico semelhante.

É fácil calcular as intensidades esperadas quando os íons têm mais de um átomo de cloro. Em geral, acha-se o arranjo dos isótopos fazendo a expansão da expressão binomial $(a + b)^n$, onde a é a abundância do isótopo mais leve, b é a abundância do isótopo mais pesado e n é o número de átomos do elemento no íon. Assim, pode-se prever que no caso de dois átomos de cloro, deve-se observar picos em M, (M + 2) e (M + 4) com intensidades relativas 9:6:1, que podem ser vistos em 84, 86 e 88 unidades no dicloro-metano. Esta expressão geral pode ser estendida para o caso mais geral de dois elementos poliisotópicos diferentes em um fragmento usando $(a + b)^n (c + d)^m$, onde c, d e m referem-se ao segundo elemento. Existem programas de computador que calculam estas intensidades com acurácia e, em muitos casos, fazem parte dos programas de operação padronizados fornecidos com o instrumento.

A técnica matemática pode também ser útil no caso de substâncias que contêm somente os elementos comuns em compostos orgânicos, C, H, N e O. Muitos livros-texto ensinam que devido à presença de ^{13}C em todas as moléculas orgânicas, deve-se esperar encontrar um pico com uma unidade de massa acima do íon molecular cuja intensidade normalizada, sendo o íon molecular de ^{12}C igual a 100, é igual a 1,15 vez o número de átomos de carbono. Isto permite o cálculo aproximado do número de átomos de carbono de uma molécula: basta medir as intensidades do íon molecular e do íon (M + 1). (Isto só se aplica, entretanto, para modos de ionização em que os íons (M + 1) não se formam no processo de ionização.) No caso de moléculas que só contêm um dos quatro elementos acima, é mais acurado calcular as intensidades relativas por meio das expressões

$$\frac{M + 1}{M} = (1,15w + 0,015x + 0,37y + 0,04z)\%$$

$$\frac{M + 2}{M} = [(1,15w)^2/200 + 0,2z]\%$$

para todas as moléculas de fórmula $C_wH_xN_yO_z$.

Se o íon molecular puder ser identificado, é possível obter o peso molecular e medir as intensidades dos íons (M + 1) e (M + 2). Existem tabelas que relacionam as possíveis estruturas moleculares para todas as combinações possíveis destes quatro elementos até $m/z = 500$ unidades, bem como as intensidades relativas das duas massas que estão acima do íon molecular. Isto permite reduzir o número de alternativas possíveis para a molécula até um número relativamente pequeno [14].

Esta técnica é ideal para o uso de computadores e existem programas que fazem estes cálculos para um dado íon molecular com relativa facilidade. A Tabela 19.4 mostra um cálculo típico em que todas as possíveis combinações de C, H, N e O para a massa 100 foram incluídas, considerando-se apenas os valores 12, 1, 14 e 16 e incluindo algumas restrições, destinadas a remover anomalias evidentes tais como H_{100}. A aplicação de regras de valência para cada átomo reduzem a lista até um número razoável de estruturas prováveis. Esta técnica simples leva a apenas 10 fórmulas moleculares possíveis para a massa 100. A regra do nitrogênio (Seção 19.10.2) é uma conseqüência destas regras de valência. Regras químicas simples mostram que algumas combinações não são razoáveis.

As intensidades de (M + 1) e (M + 2) destas moléculas também são listadas. Observe que para um íon molecular com $m/z = 100$ u com intensidades 6,9 e 0,2 considerando o íon molecular = 100, a fórmula mais provável é $C_6H_{12}O$. Infelizmente, pelo menos 19 estruturas diferentes são conhecidas para esta fórmula, mas pelo menos as possibilidades estruturais foram drasticamente reduzidas. (O índice de oito picos da Wiley relaciona 122 possibilidades para a massa 100 u.) É sempre possível obter o espectro em alta resolução, com a massa do íon molecular tendo resolução de algumas partes por milhão, isto é, 0,0001 u, e isto torna a identificação mais positiva. Usando as massas acuradas tabeladas para cada isótopo, pode-se calcular a massa exata até quatro casas decimais para uma das combinações da massa nominal 100 u. Isto mostra que cada combinação tem massa diferente e no exemplo escolhido (massa 100,0888 unidades), o cálculo mostra que a fórmula provável deduzida a partir das medidas de baixa resolução muito provavelmente está correta.

Uma fórmula que usa as massas acuradas dos quatro elementos mais comuns em moléculas orgânicas é

$$\text{diferença exata de massa da massa inteira mais próxima} + \frac{0,0051z - 0,0031y}{0,0078} = \text{número de hidrogênio}$$

que pode ser usada se dados de alta resolução estiverem disponíveis. Os programas de computador de alguns ins-

Tabela 19.4 *Fórmulas possíveis para a massa 100 (geradas por computador)[a]*

Compostos possíveis[b] com massa = 100 (sem regras de valência)

$C_2H_2N_3O_2$	$C_4H_4O_3$	$C_5H_{12}N_2$
$C_2H_4N_4O$	$C_4H_6NO_2$	$C_6H_{12}O$
$C_3H_2NO_3$	$C_4H_8N_2O$	$C_6H_{14}N$
$C_3H_4N_2O_2$	$C_4H_{10}N_3$	C_7H_{16}
$C_3H_6N_3O$	$C_5H_8O_2$	C_7H_2N
$C_3H_8N_4$	$C_5H_{10}NO$	C_8H_4

Compostos prováveis[c] (usando as regras de valência)

Composto	Massa acurada	intensidades[d]		
		M	M + 1	M + 2
$C_2H_4N_4O$	100,038511	100	3,7038	0,0329
$C_3H_4N_2O_2$	100,027278	100	4,0702	0,4236
$C_3H_8N_4$	100,074896	100	4,9330	0,0552
$C_4H_4O_3$	100,01604	100	4,5561	0,6037
$C_4H_8N_2O$	100,063683	100	5,2994	0,0391
$C_5H_8O_2$	100,05243	100	5,6658	0,5286
$C_5H_{12}N_2$	100,100048	100	6,4686	0,1755
$C_6H_{12}O$	100,088815	100	6,8350	0,1965
C_7H_{16}	100,1252	100	8,0042	0,2720
C_8H_4	100,0313	100	8,8733	0,3445

[a]Os programas de computador foram desenvolvidos por R. J. Barnes.
[b]Compostos possíveis são todas as combinações de $C_wH_xN_yO_z$ que dão massa nominal 100, desde que as condições $x > 1$, $y < 4$, $z < 4$, $x < 2w + y + 2$ sejam obedecidas.
[c]Compostos prováveis são encontrados com o auxílio de um algoritmo que encontra todos os compostos legítimos de uma certa massa nominal que também obedecem as regras de valência.
[d]As intensidades de pico relativas são encontradas com o auxílio de um algoritmo que expande os termos polinomiais completos de probabilidade. Todos os valores de massas e abundâncias estão na Tabela 19.1.

trumentos incluem os algoritmos necessários para muitos destes cálculos. Porém, nem sempre é possível medir a massa acurada, mesmo quando se pode usar um espectrômetro de alta resolução, porque a medida é muito demorada, especialmente no caso de técnicas associadas como CG-MS. Se a resolução é moderada, o uso da técnica não é possível.

Um outro guia, também baseado nas propriedades numéricas dos átomos do íon, é igualmente útil quando se têm dados de alta resolução. Muitos elementos encontrados em moléculas orgânicas têm massas atômicas ligeiramente superiores a um número inteiro, isto é, eles têm "excesso" de massa, mas flúor e iodo, que são monoisotópicos, têm massas ligeiramente inferiores a um número inteiro, isto é, têm "deficiência" de massa, que permite sua fácil identificação quando a massa é medida com acurácia. Isto explica também o uso de perfluoro-querosene como material de calibração, especialmente em alta resolução, em que seus fragmentos, numerosos e espalhados por uma grande faixa de massas, podem ser distinguidos facilmente dos fragmentos da maior parte dos compostos.

19.10.2 Interpretação química

Mesmo quando se mede acuradamente a massa de íons isolados ou de pequenos grupos de isótopos, o resultado não dá informações sobre as estruturas químicas correspondentes a uma determinada fórmula molecular. Para isso, o analista tem de interpretar os picos principais do espectro de massas. A excelência da interpretação depende da prática do analista, mas, com a ajuda da química orgânica, algumas "regras" podem ajudar a simplificar a tarefa. O ponto de partida é novamente, quando possível, o íon molecular que é sempre uma espécie com número ímpar de elétrons e massa molecular par, para C, H, O e N, exceto se contiver um número ímpar de nitrogênios. Em sua forma mais simples, esta **regra do nitrogênio** estabelece que moléculas com número ímpar de átomos de nitrogênio têm massa molecular ímpar e aquelas com número par de átomos de nitrogênio (inclusive 0) têm massa molecular par. Não há exceções e, por isso, a regra é um guia útil na identificação de nitrogênio em moléculas, bem como uma maneira de verificar se o íon molecular foi corretamente identificado.

Quando a ionização é feita com elétrons de 70 eV, o íon molecular inicialmente formado tem energia em excesso e, como a maior parte das ligações de compostos orgânicos tem energia entre 10 e 12 eV, é muito alta a probabilidade de que o íon molecular sofra fragmentação em espécies menores carregadas ou fragmentos ionizados que são observados no espectro de massas. O mecanismo exato da fragmentação depende de muitos fatores e não daremos maiores explicações por enquanto, exceto que as fragmentações normalmente ocorrem por uma das seguintes maneiras:

1. A carga e o elétron desemparelhado ficam em um dos fragmentos e uma molécula neutra é eliminada. Isto só é possível se ocorrer rearranjo do íon imediatamente antes da fragmentação.
2. Ocorre quebra de ligações simples para dar um fragmento catiônico e um radical neutro. Este processo, que dá um íon com número par de elétrons, pode continuar, dando fragmentos cada vez menores até que o excesso de energia se dissipe.

Os dois caminhos podem ser mostrados esquematicamente como:

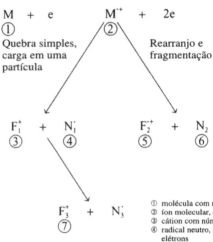

① molécula com número par de elétrons, massa par
② íon molecular, cátion-radical com massa par
③ cátion com número par de elétrons, massa ímpar
④ radical neutro, massa ímpar, número ímpar de elétrons
⑤ cátion-radical, massa par, número ímpar de elétrons
⑥ molécula neutra com massa par, número par de elétrons
⑦ somente íons de massa ímpar por este caminho

O espectro de massas da maior parte dos íons contém, portanto, um íon molecular de massa par com fragmentos predominantemente de massa ímpar, a menos que ocorra um rearranjo. O fragmento que é eliminado da molécula original depende das energias relativas das ligações da molécula e de fatores de estabilização, como a conjugação, que ocorrem nos fragmentos que podem se formar. O conhecimento da química orgânica das espécies é útil, portanto, na predição das vias de fragmentação da molécula. Se heteroátomos estiverem presentes, a quebra na ligação com o carbono adjacente é muito provável. Isto ocorre porque o elétron é facilmente abstraído do par de elétrons desemparelhado. Se a molécula tem ramificações, pode-se predizer que a quebra ocorrerá no átomo de carbono da ramificação, ficando a carga com o fragmento mais ramificado. As ligações carbono-carbono são mais fracas, em geral, do que as ligações carbono-hidrogênio e, em consequência, no caso de hidrocarbonetos saturados a fragmentação ocorre por perda de C_nH_{2n+1}.

Estas regras simples devem, entretanto, ser usadas com cuidado porque até mesmo a fragmentação de moléculas simples leva a um espectro complicado devido à fragmentação primária, à fragmentação secundária (íons secundários) e a rearranjos de fragmentos. Este último fenômeno, nem sempre completamente entendido, dá, freqüentemente, fragmentos, que em muitos casos são característicos. O exemplo mais comum é o íon muito intenso com $m/z = 91$ u observado em moléculas aromáticas que têm uma cadeia lateral de carbonos. A quebra inicial dá $C_6H_5CH_2^+$ que se estabiliza por ressonância como o íon tropílio, $C_7H_7^+$:

Outro rearranjo muito importante e útil na diagnose é o rearranjo de McLafferty, cujo nome se deve ao espectroscopista que primeiro o reconheceu em ésteres metílicos [15]. Vamos usar o mesmo exemplo mas o processo pode ocorrer em qualquer molécula com um hidrogênio γ em relação a um heteroátomo em ligação dupla, como —C=O, —S=O ou —P=O.

Observe que seis centros estão envolvidos e o fragmento iônico, o enol com $m/z = 74$ unidades, se forma a partir de qualquer éster metílico cuja cadeia tem mais de três carbonos. O pico de McLafferty, que ocorre sempre na massa 74 u, é um pico intenso porque o processo é favorável energeticamente. O pico de rearranjo é, portanto, característico de **todos** os ésteres metílicos. O processo ocorre com muitos compostos que têm uma relação de seis centros, cada classe de compostos dando origem a um pico de McLafferty de massa característico (Tabela 19.5). Os fragmentos iônicos têm massa oposta (par ou ímpar) à dos fragmentos produzidos diretamente. Assim, para moléculas que contêm C, H e O, e fragmentos predominantemente ímpares, os fragmentos de McLafferty têm massa par e podem ser localizados mais facilmente. Quando as moléculas contêm número ímpar de átomos de nitrogênio, os fragmentos têm massa ímpar.

Embora as vias de fragmentação características de moléculas diferentes só possam ser bem compreendidas com a experiência, dois tipos de tabulação são freqüentemente úteis quando se tenta interpretar um espectro de massas desconhecido:

Tabela de fragmentos iônicos comuns A Tabela 19.5 pode ajudar no diagnóstico de grupos particulares, mas ela deve ser usada com cuidado porque é seletiva e muitos compostos diferentes podem dar fragmentos semelhantes.

Lista de fragmentos eliminados comuns A Tabela 19.6 lista alguns fragmentos comumente eliminados do íon molecular. Ela é muito útil, se usada com cuidado, porque agora o problema é examinado do outro lado da escala de massas. Em vez de identificar um íon de uma dada massa (freqüentemente muito pequena), a Tabela 19.6 permite que o espectroscopista procure, a partir do íon molecular, picos que estejam em uma massa menor predeterminada que pareça provável em determinado caso. De novo, a tabela é seletiva, mas observe que **não** existem fragmentos eliminados comuns de massa entre 2 e 14 unidades e se algum pico com estas características for observado, muito provavelmente o íon molecular não foi identificado corretamente.

A técnica de contar para baixo a partir do íon molecular é um processo matemático muito útil porque ajuda a determinar uma estrutura desconhecida. Ele deve, porém, ser feito sempre começando a contagem, a cada vez, no íon molecular e não passando de um fragmento para o outro. A interpretação química ainda se baseia em uma técnica matemática, porém ela está apoiada em conceitos mecanísticos da química orgânica.

19.10.3 Correlações entre espectros e espectros comparados por computador

Embora possa ser muito interessante interpretar o espectro a partir de primeiros princípios usando as sugestões

Tabela 19.5 *Fragmentos iônicos comuns*

Valor de m/z	Íons comumente associados com a massa	Inferências possíveis
15	CH_3^+	—
18	$H_2O^{\cdot+}$	—
26	$C_2H_2^{\cdot+}$	—
27	$C_2H_3^+$	—
28	$CO^{\cdot+}$, $C_2H_4^{\cdot+}$, $N_2^{\cdot+}$	—
29	CHO^+, $C_2H_5^+$	—
30	$CH_2NH_2^+$	Aminas
	NO^+	Nitrocompostos
31	CH_2OH^+	Álcoois primários
36/38 (3 : 1)	$HCl^{\cdot+}$	Compostos de cloro
39	$C_3H_3^+$	—
40	$Ar^{\cdot+}$, $C_3H_4^{\cdot+}$	—
41	$C_3H_5^{\cdot+}$	—
	$C_2H_3N^{\cdot+}$	Nitrilas alifáticas
43	$C_3H_7^+$	Compostos contendo propila
	CH_3CO^+	Compostos contendo acetila (metilcetonas, por exemplo)
	$C_2H_6N^+$	Aminas alifáticas
	$^+NH_2{=}C{=}O$	Amidas primárias
45	$CH_3OCH_2^+$	Éter metílico
	CH_3CHOH^+	Álcoois
47	$CH_2{=}SH^+$, CH_3S^+	Tiocompostos
50	$C_4H_2^{\cdot+}$	Compostos aromáticos
51	$C_4H_3^+$	Compostos aromáticos
55	$C_4H_7^+$	
56	$C_4H_8^+$	
57	$C_4H_9^+$	Compostos contendo butila
	$C_2H_5CO^+$	Etilcetonas, ésteres propanoato
58	$CH_2{=}C(OH)CH_3^{\cdot+}$	Cetonas[a]
	$C_3H_8N^+$	Aminas
59	$COOCH_3^+$	Ésteres metílicos
	$CH_2{=}C(OH)NH_2^{\cdot+}$	Amidas primárias[a]
	$C_2H_5CH{=}OH^+$	$C_2H_5CH(OH){-}R$
	$CH_2{=}O{-}C_2H_5^+$ + isômeros	Éter
60	$CH_2{=}C(OH)_2^{\cdot+}$	Ácidos carboxílicos,[a] açúcares
61	$CH_3CO(OH_2)^+$	Acetatos de alquila
	$C_2H_5S^+$	Tiocompostos
65	$C_5H_5^+$	Compostos aromáticos
66	$H_2S_2^{\cdot+}$	
69	CF_3^+	Fluorocarbonetos
70	$C_5H_{10}^+$	
71	$C_5H_{11}^+$	$C_5H_{11}{-}R$
	$C_3H_7CO^+$	Propilcetonas, ésteres de butila
72	$CH_2{=}C(OH)C_2H_5^{\cdot+}$	Cetonas
	$C_4H_{10}N^+$	Aminas
73	$C_4H_9O^+$	Álcool, eter
	$(CH_3)_3Si^+$	Derivados de trimetil-silila
	$COOC_2H_5^+$	Ésteres de etila
74	$C_3H_6O_2^{\cdot+}$	Ésteres de metila[a]
		Ácidos carboxílicos
75	$C_6H_3^+$	Benzenos dissubstituídos
	$(CH_3)_2Si{=}OH^+$	Trimetil-silil-éter
76	$C_6H_4^+$	Derivados de benzeno
77	$C_6H_5^+$	Benzenos monossubstituídos
78	$C_6H_6^{\cdot+}$	Benzenos monossubstituídos
79/81 (1 : 1)	Br^+	Compostos de bromo
80/82 (1 : 1)	$HBr^{\cdot+}$	Compostos de bromo
83/85/87(9 : 6 : 1)	$HCCl_2^+$	Clorofórmio
85	$C_4H_9CO^+$	$C_4H_9CO{-}R$
91	$C_7H_7^+$	Compostos aromáticos (possivelmente benzílicos)
92	$C_6H_6N^+$	Piridinas substituídas
91/93 (3 : 1)	$C_4H_8Cl^+$	Cloretos de alquila
93/95 (1 : 1)	CH_2Br^+	Compostos de bromo
94	$C_6H_6O^{\cdot+}$	$C_6H_5O{-}R$

Tabela 19.5 *Fragmentos iônicos comuns (continuação)*

Valor de m/z	Íons comumente associados com a massa	Inferências possíveis
99	$C_5H_7O_2^{\cdot+}$	Etilenocetal
105	$C_6H_5CO^+$	Compostos de benzoíla
122	$C_6H_5COOH^{\cdot+}$	Benzoatos de alquila
123	$C_6H_5COOH_2^+$	Benzoatos de alquila
127	I^+	Compostos de iodo
128	$HI^{\cdot+}$	Compostos de iodo
135/137 (1 : 1)	$C_4H_8Br^+$	Compostos de bromo
141	CH_2I^+	Compostos de iodo
147	$(CH_3)_2Si{=}O{-}Si(CH_3)_3$	Trimetil-silil-éter
149	$C_8H_5O_3^+$	Ftalatos de dialquila

[a]Fragmento de McLafferty.

dadas anteriormente (Seções 19.10.1 e 19.10.2), problemas de tempo e custo exigem outros procedimentos. Uma opção interessante é comparar o espectro de massas de uma amostra de estrutura desconhecida com os espectros de uma biblioteca, especialmente se o espectro está em um formato que permite a leitura por computador. Isto permite a comparação rápida com um número elevado de espectros depositados nas várias bibliotecas disponíveis antes da escolha da melhor solução. As bibliotecas mais comumente usadas são a biblioteca de espectros de massas da Wiley, com 130 000 espectros, e a da NIST, com 62 000 espectros [7]. Hoje, até espectrômetros de massa de preços relativamente baixos são capazes de consultar todos os espectros destas duas bases em alguns segundos. Há, entretanto, limites mesmo para os programas mais avançados. De fato, 200 000 espectros pode parecer um número muito elevado, mas eles representam apenas 10% de todos os compostos orgânicos conhecidos. É claro, também, que estas bibliotecas não podem conter os espectros de todos os novos compostos produzidos pelo laboratório do analista, embora muitas delas disponham de um conjunto de arquivos que permitem a inclusão de novos compostos no acervo da biblioteca principal.

A maior parte das bibliotecas armazenam espectros EI. Muito poucas incluem espectros produzidos através de outras técnicas de ionização. A fragmentação de um composto depende, em parte, da temperatura e da pressão da fonte de íons e, eventualmente, da geometria do espectrômetro de massas. Assim, a identidade perfeita entre um espectro da biblioteca e o da amostra raramente é possível, mesmo se o espectro da amostra não estiver contaminado por picos de impurezas e de substâncias da linha de base.

Os dados destas bibliotecas são armazenados em um formato comprimido e não incluem os valores de m/z e da intensidade de cada pico do espectro. Um método muito usado é o dos oito picos que, como o nome sugere, é um espectro que contém dados de intensidade para os oito picos mais intensos de uma faixa espectral determinada (de 50 até o íon molecular, por exemplo). Em uma busca de rotina, a resposta normal, neste caso, é uma lista de três a dez compostos prováveis, às vezes com um fator de probabilidade associado a cada estrutura. Como, entretanto, este tipo de procura é uma simples comparação matemáti-

ca, embora envolvendo um número grande de espectros, algumas das substâncias dadas como prováveis podem ser descartadas facilmente se o analista tiver o conhecimento químico das substâncias envolvidas no experimento. O processo de comparação de espectros pode ser feito sem a ajuda de um computador. O índice de oito picos da Wiley pode ser obtido na forma de um livro em que estão tabelados os íons segundo a massa molecular crescente ou segundo a massa crescente do íon base. A busca nestas tabelas pode ser quase tão rápida quanto a procura por computador.

19.11 Sistemas associados

Embora seja uma técnica excelente para a identificação de substâncias desconhecidas, a espectrometria de massas exige o uso de substâncias puras. Até mesmo misturas simples tendem a produzir espectros complicados que são, às vezes, de interpretação difícil ou impossível. Por outro lado, a quantificação de amostras introduzidas diretamente no espectrômetro é, com freqüência, difícil porque pode ser complicado introduzir quantidades conhecidas da substância na fonte de íons e porque podem ocorrer variações na abundância dos íons produzidos por algumas fontes. Estas dificuldades facilitaram o desenvolvimento de técnicas associadas, capazes de combinar a capacidade de separação de outras técnicas com o espectrômetro de massas e permitindo a introdução no espectrômetro de pequenas quantidades de amostras puras de forma controlada. Os candidatos mais óbvios são os métodos cromatográficos, para os quais se dispõe de interfaces para CG-MS, HPLC-MS e SFC-MS. Além destas técnicas de separação, outros métodos podem ser usados e a eletroforese capilar–espectrometria de massas (CE-MS) é muito promissora. As técnicas de MS-MS, ou espectrometria de massas em seqüência, também foram incluídas nesta seção porque em muitos aspectos elas são melhores do que a cromatografia convencional para a análise de misturas. O uso de espectrômetros de massas como detectores em métodos cromatográficos não somente permite a identificação dos compostos quando eles eluem da coluna, uma enorme vantagem, mas também, o uso de técnicas específicas da MS, como o monitoramento de um único íon (SIM), por exemplo, permite o aumento da sensibilidade dos detectores convencionais.

Tabela 19.6 *Perdas comuns do íon molecular*

Íons	Espécies comumente associadas com a massa perdida	Inferências possíveis
M-1	H⋅	Aldeídos, acetais, alquinos
M-15	CH_3	Acetais, derivados de metila
M-16	O⋅	Compostos nitro-aromáticos, *N*-óxidos, sulfóxidos
	$NH_2^⋅$	Amidas aromáticas
M-17	OH⋅	Ácidos carboxílicos
	NH_3	Aminas (raro)
M-18	H_2O	Álcoois, ácidos, aldeídos alifáticos, álcoois e cetonas de esteróides
M-19	F⋅	Compostos de flúor
M-20	HF	Compostos de flúor
M-26	C_2H_2	Compostos aromáticos
M-27	HCN	Nitrilas aromáticas, heterociclos com nitrogênio
M-28	C_2H_4	Ésteres ou éteres etílicos, *n*-propilcetonas
	CO	Quinonas, fenóis, heterociclos com oxigênio
M-29	$C_2H_5^⋅$	Grupo etila
	CHO⋅	Aldeídos aromáticos, fenóis
M-30	CH_2O	Ésteres metílicos aromáticos
	NO	Compostos nitro-aromáticos
M-31	$CH_3O^⋅$	Ésteres metílicos, cetais ou acetais de dimetila
M-32	CH_3OH	Ésteres metílicos
M-33	$H_2O + CH_3$	Álcoois primários não-ramificados de cadeia curta, álcoois de esteróides
	HS⋅	Tióis
M-34	H_2S	Tióis
M-35/37	Cl⋅	Compostos de cloro
M-36/38	HCl	Compostos de cloro
M-40	⋅CH_2CN	Nitrilas e dinitrilas alifáticas
M-41	$C_3H_5^⋅$	Ésteres de propila
M-42	C_3H_6	Butilcetonas, éteres de propila
	CH_2CO	Metilcetonas, acetatos, compostos de *N*-acetila
M-43	$C_3H_7^⋅$	Propilcetonas
	$CH_3CO^⋅$	Metilcetonas
	HNCO	Purinas, dioxo-piperazinas
M-44	CO_2	Anidridos, imidas cíclicas ésteres não-saturados, carbonatos
M-45	⋅COOH	Ácidos carboxílicos
	$C_2H_5O^⋅$	Ésteres etílicos, acetais ou cetais
M-46	C_2H_5OH	Ésteres etílicos
	NO_2	Compostos nitro-aromáticos
	$CO + H_2O$	Ácidos carboxílicos
M-47	CH_2SH, CH_3S	Tióis alifáticos
M-48	CH_3SH	Tioésteres de metila
	SO	Sulfóxidos aromáticos
M-55	$C_4H_7^⋅$	Ésteres de butila
M-56	C_4H_8	Compostos de butila, pentilcetonas
	CO + CO	Quinona

19.11.1 Cromatografia a gás–espectrometria de massas (CG-MS)

A cromatografia a gás–espectrometria de massas (CG-MS) foi uma das primeiras técnicas associadas e é, até hoje, uma das técnicas de espectrometria de massas mais usadas e mais úteis. Os primeiros aparelhos enfrentaram as dificuldades de conciliar as exigências diferentes das duas técnicas. A espectrometria de massas conjuga alto vácuo e altas voltagens com a manipulação de uma quantidade pequena de amostra de uma só vez, enquanto a cromatografia a gás opera na pressão atmosférica em modo contínuo. Interfaces complexas entre as duas partes da aparelhagem tiveram de ser desenvolvidas. Nos sistemas modernos estes problemas foram praticamente resolvidos e sistemas associados muito eficientes podem ser encontrados na rotina do laboratório.

O primeiro ponto importante desta evolução ocorreu quando as colunas capilares de cromatografia a gás entraram em uso generalizado. Estas colunas operam em vazões da ordem de 1 ml · min^{-1}, em contraste com as vazões de 30 a 80 ml · min^{-1} típicas das colunas tradicionais. Em conseqüência, não era mais necessário usar um separador entre o cromatógrafo e o espectrômetro de massas para remover o gás de arrasto, e todo o eluente da coluna podia ser introduzido diretamente na fonte de íons, permitindo o acoplamento direto entre os dois sistemas. Hoje, esta técnica é usada por todos os sistemas CG-MS e o acoplamento direto será a única interface descrita neste texto. Se necessário, informações sobre os antigos separadores de Rhyage (jato) ou Watson–Biemann (efusão) podem ser obtidas nas referências gerais listadas no fim do capítulo.

Hoje em dia, uma grande parte de toda a cromatografia com fase gasosa é feita em colunas capilares, predominantemente de quartzo, com a fase estacionária ligada quimicamente às paredes da coluna para evitar perdas. Estas colunas podem ser diretamente ligadas à maior parte das fontes de íons através de um anel de compressão.

A coluna passa, normalmente por um tubo de aço inoxidável, que a mantém na posição correta. O tubo é aquecido para evitar condensação na linha de transferência. Quando a coluna está em posição, as bombas do espectrômetro suportam vazões de até $1\ ml \cdot min^{-1}$ na coluna, mantendo ainda o vácuo adequado na fonte de íons. Muitos sistemas de CG-MS dedicados suportam as vazões da ordem de 3 a $10\ ml \cdot min^{-1}$ usadas em capilares de grande diâmetro (*wide-bore*). Assim, a interface física entre o cromatógrafo e o espectrômetro não é, em geral, um problema e pode-se escolher dentre diversos tipos de espectrômetros de massas.

A dificuldade principal é decidir a combinação mais apropriada para o trabalho de um determinado laboratório. Como a cromatografia com fase gasosa só separa moléculas voláteis (predominantemente orgânicas), para resolver a maior parte dos problemas analíticos, o espectrômetro de massas só precisa cobrir uma faixa modesta de massas, digamos 750 unidades, com resolução inferior a 1000. Ele deve, entretanto, ter resposta rápida e deve ser sensível, para detectar os picos menos intensos do cromatograma e permitir a obtenção de seus espectros de massas. Dentre os espectrômetros de massas descritos anteriormente, os espectrômetros de massas com filtro de massas de quadrupolo (Q) e de captura de íons (IT) são ideais e existem muitos instrumentos comerciais de CG-Q e CG-IT para a escolha. Observe, todavia, que praticamente qualquer espectrômetro de massas pode ser acoplado a um cromatógrafo a gás.

Os sistemas são tão bem ajustados que se pode descrevê-los melhor como detectores seletivos de massas de cromatógrafos a gás e não como sistemas associados. Não se trata de uma crítica a estes instrumentos, que têm excelente desempenho e chegam a custar menos da quarta parte do preço de um espectrômetro de massas padrão (que também pode ter um sistema CG acoplado). Lembre-se, entretanto, de que eles são feitos com objetivos limitados e não espere deles a flexibilidade de operação dos espectrômetros de massas convencionais. Um CG-Q ou um CG-IT podem ser facilmente operados no modo EI ou CI (íons positivos e negativos), mas outras fontes de ionização externas, incluindo API, podem também ser usadas, se desejado.

Todos os detectores seletivos de massas têm a aquisição de dados e o controle computadorizados porque o volume das informações geradas em um único experimento de CG-MS seria intratável de outra forma e é nesta parte do sistema que ocorrem as maiores diferenças entre os diversos instrumentos comerciais. Os interessados em adquirir sistemas CG-MS têm muitas opções e a escolha final do instrumento depende essencialmente do desempenho esperado e do orçamento disponível. Os instrumentos de setor magnético com dupla focalização, maiores e mais caros, também permitem a ligação de um cromatógrafo a gás e têm sobre os CG-Q e CG-IT a vantagem da resolução muito mais alta e a medida mais acurada das massas de cada componente que elui pela coluna. Sua limitação

de velocidade de mais ou menos uma varredura completa por segundo, entretanto, é uma limitação importante para as colunas cromatográficas ultra-rápidas modernas. Isto faz com que o quadrupolo, que pode fazer até 8 varreduras completas por segundo, seja, quase sempre, a melhor escolha para um CG-MS.

19.11.2 Cromatografia líquida de alto desempenho—espectrometria de massas (HPLC-MS)

Em contraste com CG-MS, a interface entre HPLC e MS foi até recentemente um problema. As grandes quantidades de eluente líquido, contendo freqüentemente componentes não-voláteis, têm de ser separadas da amostra para que o espectro de massas seja satisfatório. As primeiras tentativas de resolver este problema empregavam fitas ou fios móveis banhados continuamente pelo eluente. O solvente era removido por aquecimento da fita ou fio em uma estufa e a amostra era transferida para o espectrômetro de massas, através de um selo de vácuo [16].

Estes aparatos não eram muito satisfatórios e outras técnicas estão sendo hoje usadas. O mais simples é usar um dispositivo de entrada direta, semelhante ao do CG-MS, em que colunas de microdiâmetro de HPLC com vazões relativamente baixas levam a amostra diretamente à fonte de íons. Uma porção do fluxo de solvente pode sofrer um desvio e entrar na fonte onde o solvente passa a agir como um reagente CI. No caso de algumas amostras e aplicações este arranjo é aceitável, mas problemas de contaminação e acúmulo de substâncias não-voláteis são mais sérios do que em CG-MS, em que o material que é admitido na fonte de íons já passou pela coluna como vapor. Outra técnica geral, muito em voga atualmente, é usar um procedimento muito usado em espectroscopia atômica, isto é, nebulizar o eluente líquido. Um certo número de interfaces que usam este processo podem ser obtidas comercialmente e várias delas têm potencial considerável, especialmente para o estudo de moléculas biológicas que são em geral cromatografadas em fases líquidas tamponadas. Estas interfaces derivam-se das antigas fontes de ionização na pressão atmosférica (API).

Interfaces de nebulização térmica

A mais antiga interface de nebulização utilizada em HPLC é a interface térmica (TS), na qual o eluente da coluna (até $2\ ml \cdot min^{-1}$), contendo um eletrólito volátil como o acetato de amônio, é nebulizado com o auxílio de um vaporizador de diâmetro muito estreito, com uma ponta de rubi aquecida, para dentro de uma câmara aquecida mantida sob vácuo por uma bomba auxiliar. O solvente forma um jato supersônico de pequenas gotas e evapora-se rapidamente, deixando a amostra como uma camada de sólido contendo os íons do eletrólito. Como as partículas são muito pequenas, o campo eletrostático induzido pelo eletrólito ioniza ligeiramente a amostra e os íons formados podem ser dirigidos, com o auxílio de uma placa repelidora para o analisador. Este dispositivo funciona como interface e como fonte de íons e tem sido usado para amostras polares e iônicas em solventes iônicos. O espectro de massas obtido desta forma é muito simples e mostra, freqüentemente, o íon molecular ou o íon pseudomolecular. A simplicidade do espectro é, de certo modo, uma fraqueza do método porque a falta dos picos de fragmentação limita a interpretação do espectro e a procura em bibliotecas. O maior problema, entretanto, é que ele só funciona para moléculas polares em solventes polares (essencialmente soluções em água).

Ionização por nebulização elétrica

Em uma fonte de ionização por nebulização elétrica (ESI), o eluente de um HPLC passa por uma agulha capilar metálica e entra, sob pressão atmosférica, em uma zona aquecida. Um potencial elevado (até 8 kV) em relação a um contra-eletrodo próximo do capilar produz um campo elétrico intenso que induz cargas nas pequenas gotas que saem do capilar. Estas gotas carregadas evaporam-se em um fluxo de gás nitrogênio aquecido (80–150°C) e seu volume diminui até que a carga superficial das gotas é suficiente para contrabalançar as forças de coesão entre as moléculas e ocorre ionização (ainda sob pressão atmosférica). Os íons passam, então, por um pequeno orifício e atingem o espectrômetro de massas sob alto vácuo. Esta interface funciona melhor com moléculas polares embora espécies com sítios não-ionizáveis possam ser ionizadas via formação de adutos. A eficiência do processo é maior quando a vazão é relativamente baixa (alguns poucos $\mu l \cdot min^{-1}$), o que pode causar problemas de interfaceamento com um sistema padrão de HPLC, porém a nebulização assistida por um fluxo elevado de nitrogênio permite o aumento da vazão até 1 ml $\cdot$ min^{-1}. A alta eficiência de ionização do processo permite atingir, em certos casos, limites de detecção muito baixos. Com vazões da ordem de alguns nl $\cdot$ min^{-1}, a μESI é capaz da sensibilidade mais alta que pode ser atualmente obtida em HPLC-MS, com limites de detecção de pg $\cdot$ μl^{-1}.

Devido à natureza dos processos que ocorrem durante a ionização em pressão atmosférica, a técnica leva a rendimentos elevados de íons com carga múltipla, com até 100 cargas por íon. Como a espectrometria de massas mede m/z, isto significa que uma partícula de 25 000 unidades com 50 cargas é observada na mesma posição de uma partícula de massa de 500 unidades e carga unitária. Assim, é possível medir indiretamente moléculas de massa elevada usando uma fonte de nebulização elétrica acoplada a um espectrômetro de massas convencional. A técnica tem sido muito usada para a determinação de biopolímeros de massa elevada, como proteínas e seus metabólitos e produtos de decomposição. O sítio da rede dado na Seção 19.14 mostra como calcular as massas moleculares destas moléculas.

Ainda que não tenha os recursos do MALDI-TOF, a técnica ESI permite a medida de massas elevadas em laboratórios que só dispõem de analisadores de massas pequenas. Cada sistema tem vantagens e desvantagens. É a natureza da determinação desejada que decide qual é o mais adequado.

Ionização química sob pressão atmosférica

A ionização química sob pressão atmosférica (APCI) usa uma descarga em corona em um eletrodo colocado na zona aquecida, depois da saída do capilar (Fig. 19.11a). O eluente do HPLC (até 2 ml $\cdot$ min^{-1}) passa por um capilar aquecido, ocorre nebulização pneumática provocada por um fluxo de gás aquecido (normalmente nitrogênio) com formação de uma névoa de pequenas gotas. As gotas passam por uma zona aquecida até 450°C, para dessolvatação e vaporização, onde ocorre a ionização primária das moléculas da fase móvel, induzida por um eletrodo sob potencial dc elevado que produz a descarga em corona. Como estes íons permanecem na zona de dessolvatação por vários segundos, eles interagem com as moléculas da amostra e provocam a ionização secundária, de modo análogo ao da fonte CI de baixa pressão descrita na Seção 19.4.2. A fonte pode ser operada no modo CI positivo ou no modo CI negativo

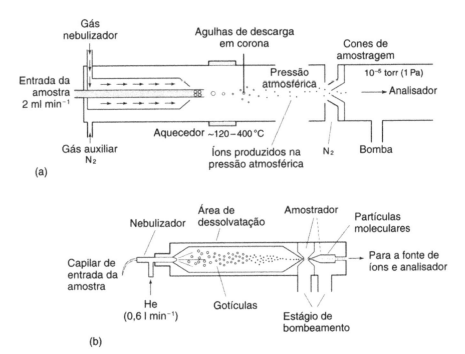

Fig. 19.11 Interfaces LC-MS: (a) APCI, (b) feixe de partículas

e tende a dar íons pseudomoleculares: $(M + H)^+$, no modo positivo, e $(M - H)^-$, no modo negativo. Todos estes processos ocorrem na pressão atmosférica e a fonte se comunica com o analisador do espectrômetro de massas que está em alto vácuo, como em ESI, via um pequeno orifício.

Ao contrário de ESI, APCI não se presta para a análise de compostos polares nem dá íons de carga múltipla e não pode ser usado para substâncias de alto peso molecular. A técnica permite, entretanto, a ionização de compostos não-polares muito mais efetivamente do que ESI e pode ser usada com sistemas HPLC em fase normal e em fase reversa (base em água). O equipamento é extremamente tolerante para com soluções "sujas" e esta propriedade, juntamente com a possibilidade do uso de vazões elevadas, faz com que APCI esteja se tornando uma fonte padrão para HPLC-MS, especialmente no acompanhamento de substâncias não-polares em concentrações baixas no ambiente.

Interface de feixes de partículas

Outra interface de nebulização que pode ser usada para ligar HPLC e MS é a interface de feixes de partículas (PBI). O eluente é misturado com hélio e passa pelo nebulizador para atingir uma câmara aquecida, onde o solvente se evapora rapidamente e é eliminado por bombeamento. As partículas dessolvatadas passam por um orifício e penetram na câmara de uma fonte EI ou CI convencional (Fig. 19.11b). Como este processo não é APCI, a interface tem de ser ligada a uma fonte de ionização convencional. Em comparação com outros sistemas, PBI tem maior tolerância a mudanças de viscosidade ou tensão superficial nos eluentes, permitindo a utilização de todos os tipos de solventes de HPLC, ainda que o desempenho varie muito com a natureza do solvente. Outra vantagem é que se obtêm espectros convencionais que podem ser comparados com as bibliotecas computadorizadas comuns.

Um número muito maior de tipos de amostras pode ser separada por HPLC do que com CG, especialmente nas importantes pesquisas em compostos de interesse farmacêutico e nas ciências biológicas. Por isso, os fabricantes de instrumentos se empenharam, e continuarão a fazê-lo, no desenvolvimento das características, aplicações e uso fácil de interfaces e fontes. Muito provavelmente, as interfaces que nos parecem hoje ideais em termos de sensibilidade, confiabilidade e facilidade de quantificação serão muito rapidamente substituídas por outras, mais versáteis, sensíveis e estáveis.

19.11.3 Cromatografia com fluido supercrítico–espectrometria de massas (SFC-MS)

A cromatografia com fluido supercrítico tem as vantagens da cromatografia a gás e da cromatografia líquida com alta pressão com poucas de suas desvantagens. Isto é particularmente verdadeiro quando ela é acoplada à espectrometria de massas, porque as colunas podem ser acopladas diretamente à fonte de íons sem necessidade de interfaces complicadas como as descritas para HPLC. O fluido de cromatografia mais comum é o dióxido de carbono que não causa problemas no espectrômetro de massas ou em seu sistema de bombeamento. Os espectros obtidos são freqüentemente um tipo de CI em que o grande excesso de CO_2 funciona como reagente. Embora a técnica SFC-MS

tenha provocado muito interesse e algumas aplicações tenham sido publicadas [17], seu desenvolvimento comercial tem sido lento e ela ainda precisa justificar seu potencial.

19.11.4 Espectrometria de massas em seqüência (MS-MS)

Antes de discutir esta técnica, é necessário considerar a produção de íons em um espectrômetro de massas e a velocidade de sua produção. Até agora, consideramos que na fonte de íons as moléculas se convertem em íons moleculares e que alguns íons têm energia suficiente para quebrar-se em fragmentos iônicos que são separados no analisador e detectados como um espectro de massas. A escala de tempo deste processo em um espectrômetro típico de focalização dupla é de 5 a 30 μs. Se, porém, os íons forem produzidos lentamente (velocidades de decomposição entre 10^4 e 10^6 s^{-1}), alguns destes íons secundários serão produzidos após saírem da fonte de íons, antes do detector. Estes íons são conhecidos como íons metaestáveis e têm sido observados em espectros de massas convencionais há muito tempo, usualmente como picos largos de massas fracionárias. (Os sistemas computadorizados não mostram, em geral, os picos metaestáveis no modo normal de operação.)

A forma exata e a intensidade destes picos metaestáveis dependem de certas características instrumentais como a temperatura e a pressão em vários pontos do sistema. Sua observação depende também do tipo de analisador utilizado. Assim, por exemplo, eles não são distinguidos dos íons normais em um filtro de quadrupolo e nos espectrômetros convencionais de focalização dupla somente os íons formados depois do setor elétrico chegam ao detector. Os que se formam antes não passam pelo campo elétrico. Aparentemente, os íons metaestáveis só se formam em condições bem-definidas, com freqüência não passam pelo sistema e, se passam, nem sempre são detectados! Eles são, entretanto, a base de uma das técnicas mais interessantes e importantes, não somente em espectrometria de massas, mas na análise em geral, a espectrometria de massas em seqüência (MS-MS), isto é, a separação e identificação de amostras em uma mistura por espectrometria de massas [18].

A introdução mais simples a esta técnica é analisar o experimento conhecido como MIKES ou espectroscopia de energia cinética de íon com massa analisada, que pode ser executada em um instrumento de focalização dupla com geometria invertida (B-E). O campo do eletromagneto é fixado de tal maneira que somente íons M de massa m saem da fonte para a região compreendida entre o magneto e o setor elétrico. Esta região é conhecida como a segunda região livre de campo, a primeira sendo a fonte. Alguns destes íons se decompõem e dão íons secundários de massas m_1, m_2, m_3 etc., que têm a mesma velocidade do íon original, mas têm energias cinéticas diferentes. Estes íons podem ser focalizados sucessivamente no detector por uma varredura de voltagem do setor. Em outras palavras, o setor eletrostático age como um filtro de massas e não somente como um filtro de energia. Este procedimento permite a determinação de todos os íons secundários. Alterando de modo apropriado dos campos magnético e eletrostático, uma série de espectros de massas pode ser obtida, um para cada íon primário.

Isto é equivalente analiticamente a um cromatógrafo e um espectrômetro de massas, isto é, separação e análise. O processo é muito mais rápido do que as técnicas cromatográficas convencionais que exigem a separação física. O processo todo leva frações de segundo no lugar de minutos ou horas. Freqüentemente, coloca-se uma câmara de colisão contendo um gás inerte como hélio ou argônio, por exemplo, na segunda região livre de campo para aumentar a eficiência da produção de íons secundários por colisão. A técnica é conhecida como dissociação induzida por colisão (CID) e, neste caso, a sensibilidade é superior à da CG-MS convencional. O experimento pode ser executado mesmo em instrumentos com geometria E-B convencional ligando-se as operações de cada setor de um modo predeterminado. O método mais comum é o B/E ligado. O campo magnético, B, e o campo elétrico, E, são ajustados para deixar passar o íon M e, então, ambos são varridos simultaneamente mantendo constante a razão B/E. O processo tem como resultado a detecção de todos os íons secundários do íon M. Um experimento complementar, B^2/E ligado, permite a análise de todos os íons primários que deram origem a um determinado íon secundário.

Embora seja uma técnica poderosa, ela tem certas limitações. A composição dos íons produzidos na fonte de íons pode não representar acuradamente a composição da mistura original devido à supressão de íons de um componente pelos íons de outro. Mesmo com fontes de íons convencionais, misturas simples dão origem a um número muito grande de íons principais e, portanto, a um conjunto complexo de dados (cada íon principal M dando origem a um certo número de íons secundários, alguns também produzidos por íons principais de outros componentes). Uma solução é usar maior capacidade computacional para tratar e simplificar os resultados, mas uma solução melhor é usar uma fonte de ionização menos agressiva, como CI, por exemplo, que dá um conjunto menor de íons principais, acoplada a dois ou mais espectrômetros de massas em série com uma célula de colisão, ou mais de uma, entre cada componente.

Algumas combinações múltiplas podem ser usadas em experimentos MS-MS, inclusive BEEB, BEQQ, QQQ e QQTOF, em que B, E e Q se referem ao tipo de analisador. Embora um **único** filtro de quadrupolo não possa detectar íons metaestáveis, a combinação QQQ tem sido usada nestes sistemas em série porque o primeiro Q pode funcionar como separador dos íons principais, o segundo Q, com voltagem rf, e não dc, aplicada aos pólos, como célula de colisão e o terceiro Q como filtro dos íons secundários (Fig. 19.12). Além das vantagens de usar o setor Q, simples, pequeno e fácil de controlar, em lugar de E ou B, este arranjo permite a passagem de íons de baixa energia (baixas voltagens de aceleração) pelo sistema e estes íons são mais facilmente ativados por colisão, o que dá grande sensibilidade ao método.

A sensibilidade e a seletividade podem ser aumentadas com o uso do acompanhamento de reações selecionadas (SRM). Neste procedimento, o sistema é calibrado para determinar um íon pré-selecionado produzido na região de reação. Este íon é o resultado da decomposição de um íon primário derivado do composto a ser determinado. Como somente dois íons são monitorados, o fragmento original e o íon que é produzido por decomposição do fragmento na região de reação, pode-se conseguir alta sensibilidade pelas mesmas razões invocadas no acompanhamento de um único íon (Seção 19.7), isto é, o espectrômetro usa melhor o tempo, observando os íons de interesse em vez de varrer uma série de massas. O procedimento leva também a uma seletividade alta porque duas características diferentes do composto têm de ser satisfeitas: ele deve se fragmentar para dar um íon específico e este íon deve se decompor para dar um segundo íon de massa definida.

Para executar este tipo de experimento, as condições de operação do sistema em seqüência devem ser ajustadas para um determinado composto com base em suas características de fragmentação e decomposição e os íons primário e secundário devem ser escolhidos com cuidado. Para determinados sistemas, este processo permite a confirmação e a quantificação, com alta sensibilidade, de um composto em uma matriz complexa sem necessidade de separação prévia por cromatografia. Admite-se que a sensibilidade destes sistemas QQQ seja da ordem de 100 fg, muito mais baixa do que o que é possível obter com a cromatografia convencional. Os problemas da geração de grandes quantidades de dados e do registro não padronizado dos componentes da mistura ainda permanecem mas muitos analistas acreditam que MS-MS pode superar as técnicas tradicionais, CG-MS, HPLC-MS e SFC-MS, em muitas aplicações.

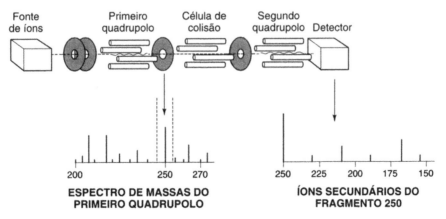

Fig. 19.12 MS-MS em QQQ

19.11.5 Plasma acoplado indutivamente–espectrometria de massas

Uma combinação estranha à primeira vista, a técnica do plasma acoplado indutivamente–espectrometria de massas mostrou ser tão poderosa que muitos laboratórios a usam como método padrão para a análise elementar e as vendas de instrumentos comerciais estão aumentando, apesar do alto custo. As exigências normais da espectrometria de massas, isto é, uma única substância em pequenas quantidades na zona de alto vácuo, são muito diferentes das do ICP, introdução contínua de amostra (geralmente em água) em um fluxo de gás argônio em pressões ligeiramente superiores à atmosférica com aquecimento subseqüente até 8000°C (Cap. 16). O plasma produzido, entretanto, satisfaz a exigência básica da espectrometria de massas, isto é, ele contém alta concentração de íons na fase gás. Muita pesquisa foi feita no desenho de interfaces apropriadas para estas duas técnicas e embora longe da perfeição os instrumentos comerciais são eficientes na transferência de íons do plasma para o analisador do espectrômetro (Fig. 19.10).

A chama convencional de ICP muda de posição e dirige-se para um cone de amostragem de liga de níquel, resfriado com água, com um pequeno orifício no vértice. Os íons passam por este orifício e entram em uma câmara na qual a pressão se reduz até cerca de 1 torr (100 Pa) e passam por uma pequena abertura em outro cone de amostragem para o analisador que funciona em pressão de 5×10^{-4} torr (70 mPa). O filtro de quadrupolo separa os íons, que são recebidos em um detector formado por um conjunto de canais. Usando este tipo de sistema pode-se fazer uma análise elementar completa em concentrações inferiores a $1 \, \mu g \cdot kg^{-1}$ em uma ampla faixa de substâncias em água, a 10 segundos por elemento em uma faixa dinâmica muito grande. A técnica tem suas limitações, especialmente a interferência de íons de várias cargas de um elemento sobre a linha de outro. Além disto, a combinação é muito cara e ainda está em desenvolvimento mas ela tem potencial muito grande nos campos da análise geoquímica e ambiental [19].

19.12 Desenvolvimentos futuros

A espectrometria de massas progrediu de uma técnica do laboratório de física a uma das técnicas analíticas de uso mais diversificado. Ela pode fazer medidas em moléculas biológicas com massas de até 100 000 u ou determinações de íons de metais em soluções diluídas em água em concentrações de partes por trilhão. Ela pode até substituir a cromatografia com fase gasosa como técnica de separação. Como a técnica vai se desenvolver é difícil prever, mas muitas das várias possibilidades podem vir a se tornar técnicas bem estabelecidas.

Outros métodos de ionização de amostras estão sendo investigados, em particular a fotoionização com lâmpadas de descarga de hélio ou laser operando na região do ultravioleta, que podem ser usados para a ionização seletiva de alguns componentes de uma mistura. Novas e melhores interfaces para o acoplamento entre a cromatografia e a espectrometria de massas, como as interfaces de nebulização, ficarão mais confiáveis, mais sensíveis e de uso mais geral. Sistemas associados, como CG-MS e HPLC-MS, ficarão mais baratos e, portanto, serão mais usados, mesmo em laboratórios não especializados. Além disso, instrumentos portáteis para usos especiais serão desenvolvidos. A técnica MS-MS já é usada para detectar drogas e explosivos em bens e bagagens em alfândegas, por amostragem em atmosferas confinadas ou para detectar baixos níveis de gases de ação neuronal em tempo real [20].

O controle por computadores e a manipulação dos dados continuarão a aumentar a capacidade dos sistemas mais modestos e a interpretação computadorizada dos espectros em contraste com a técnica simples de procura e comparação de espectros em bibliotecas já está em desenvolvimento. Aumentos da faixa de massas e da resolução continuarão a ser perseguidos, com os instrumentos dedicados de alta massa, baseados em TOF/ionização a laser, para uso em amostras biológicas ficando mais comuns. Espectrômetros de massas para compostos inorgânicos planejados para detectar e quantificar quantidades cada vez menores em concentrações muito baixas continuarão a aumentar a utilidade da análise dos espectros de massas.

19.13 Referências

1. *Handbook of Chemistry and Physics*, 75th edn, CRC Press, Boca Raton FL (1994)
2. A Guarini, G Guglielmetti, I M Vincent, P Guarda and G Marchionni 1993 *Anal. Chem.*, **65** (8); 970
3. E L Esmans, D Broes, I Hoes, F Lemiere and K Vanhoutte 1998 *J. Chrom. A*, **794**; 109
4. Jie J Wei 1996 The application of MALDI and tandem reflectron TOF mass spectrometry to the analysis of biomolecular ions, University of Glasgow
5. H W Kroto, J R Heath, S C O'Brien, R F Curl and R E Smalley 1985 *Nature*, **318**; 162
6. R E March and J F J Todd (eds) 1995 *Practical applications of ion trap mass spectrometry*, CRC Press, London
7. F W McLafferty and A Staufer 1989 *The Wiley/NBS registry of mass spectral data*, 7 volumes, John Wiley, New York; *Eight peak index of mass spectra*, 4th edn, Royal Society of Chemistry, Cambridge (1992); *NIST/EPA/NIH mass spectral database*, v. 4.0, Royal Society of Chemistry, Cambridge (1992)
8. W Jambers and R Vangrieken 1996 *Trends in Analytical Chemistry*, **15** (3); 114
9. W Kulik, J Meesterburrie, C Jakobs and K deMeer 1998 *J. Chrom. B*, **710**; 37
10. H Craig 1957 *Geochim. Cosmochim. Acta*, **12**; 133
11. A Rossman, J Koziet, G J Martin and M J Dennis 1997 *Anal. Chim. Acta*, **340**; 21

12. M Warner 1989 *Anal. Chem.*, **101A**; 61
13. J R Turnlund 1991 *Critical Reviews in Food Science and Nutrition*, **30** (4); 387
14. J H Benyon 1960 *Mass spectrometry and its applications to organic chemistry*, Elsevier, Amsterdam
15. R W McLafferty 1973 *Interpretation of Mass Spectra*, 2nd edn, Benjamin, Reading MA
16. P Arpino 1989 *Mass Spectrom. Rev.*, **8**; 35
17. S V Olesik 1991 *J. High Resolut. Chromatogr.* **14**; 5
18. K L Busch, G L Glish and S A McLuckey 1988 *Mass spectrometry/mass spectrometry: techniques and applications of tandem mass spectrometry*, VCH, New York
19. A Montaser (ed) 1998 *Inductively coupled mass spectrometry*, Wiley–VCH, Chichester
20. S N Ketkar, S Penn and W L Fite 1991 *Anal Chem.*, **63**; 457

19.14 Bibliografia

J R Chapman 1993 *Practical organic mass spectrometry: a guide for chemical and biochemical analysis*, 2nd edn, John Wiley, Chichester

E Constantin and A Schnell 1990 *Mass spectrometry*, Ellis Horwood, London

R J Cotter 1997 *Time of flight mass spectrometry: instrumentation and applications in biological research*, American Chemical Society, Washington DC

K E Jarvis and A L Gray 1992 *Handbook of inductively coupled plasma mass spectrometry*, Blackie, London

R Johnstone and M E Rose 1996 *Mass spectrometry for chemists and biochemists*, 2nd edn, Cambridge University Press, Cambridge

F G Kitson, B S Larsen and C N McEwen 1996 *Gas chromatography and mass spectrometry: a practical guide*, Academic Press, London

I T Platzner *et al.* 1997 *Modern isotope ratio mass spectrometry*, John Wiley, Chichester

Jornais e periódicos

Advances in Mass Spectrometry
Analytical Chemistry (biennial reviews from 1992 onwards)
Journal of Chromatography
Journal of Mass Spectrometry, (formerly *Organic Mass Spectrometry*)
Journal of the American Chemical Society
Journal of the American Society of Mass Spectrometry
Mass Spectrometry Reviews
Rapid Communications in Mass Spectrometry

Programas da rede para cálculos em espectrometria de massas

http://userwww.service.emory.edu/~kmurray/mslist.html

Apêndices

Apêndice 1 Massas atômicas relativas 1994

Elemento	Símbolo	nº atômico	Peso atômico	Elemento	Símbolo	nº atômico	Peso atômico
Actínio	Ac	89	(227)	Laurêncio	Lr	103	(262)
Alumínio	Al	13	26,981 539	Lítio	Li	3	6,941
Amerício	Am	95	(243)	Lutécio	Lu	71	174,967
Antimônio	Sb	51	121,760	Magnésio	Mg	12	24,305 0
Argônio	Ar	18	39,948	Manganês	Mn	25	54,938 05
Arsênio	As	33	74,921 59	Mendelévio	Md	101	(258)
Astato	At	85	(210)	Mercúrio	Hg	80	200,59
Bário	Ba	56	137,327	Molibdênio	Mo	42	95,94
Berílio	Be	4	9,012 182	Neodímio	Nd	60	144,24
Berquélio	Bk	97	(247)	Neônio	Ne	10	20,179 7
Bismuto	Bi	83	208,980 37	Neptúnio	Np	93	(237)
Boro	B	5	10,811	Nióbio	Nb	41	92,906 38
Bromo	Br	35	79,904	Níquel	Ni	28	58,693 4
Cádmio	Cd	48	112,411	Nitrogênio	N	7	14,006 74
Césio	Cs	55	132,905 43	Nobélio	No	102	(259)
Cálcio	Ca	20	40,078	Ósmio	Os	76	190,23
Califórnio	Cf	98	(251)	Ouro	Au	79	196,966 54
Carbono	C	6	12,011	Oxigênio	O	8	15,999 4
Cério	Ce	58	140,115	Paládio	Pd	46	106,42
Chumbo	Pb	82	207,2	Platina	Pt	78	195,08
Cloro	Cl	17	35,452 7	Plutônio	Pu	94	(244)
Cobalto	Co	27	58,933 20	Polônio	Po	84	(209)
Cobre	Cu	29	63,546	Potássio	K	19	39,098 3
Criptônio	Kr	36	83,80	Praseodímio	Pr	59	140,907 65
Cromo	Cr	24	51,996 1	Prata	Ag	47	107,868 2
Cúrio	Cm	96	(247)	Promécio	Pm	61	(145)
Disprósio	Dy	66	162,50	Protactínio	Pa	91	231,035 88
Einstênio	Es	99	(252)	Rádio	Ra	88	(226)
Enxofre	S	16	32,066	Radônio	Rn	86	(222)
Érbio	Er	68	167,26	Rênio	Re	75	186,207
Escândio	Sc	21	44,955 910	Ródio	Rh	45	102,905 50
Estanho	Sn	50	118,710	Rubídio	Rb	37	85,467 8
Estrôncio	Sr	38	87,62	Rutênio	Ru	44	101,07
Európio	Eu	63	151,965	Ruterfórdio	Rf	104	(261)
Férmio	Fm	100	(257)	Samário	Sm	62	150,36
Ferro	Fe	26	55,845	Selênio	Se	34	78,96
Flúor	F	9	18,998 403 2	Silício	Si	14	28,085 5
Fósforo	P	15	30,973 762	Sódio	Na	11	22,989 768
Frâncio	Fr	87	(223)	Tálio	Tl	81	204,383 3
Gadolínio	Gd	64	157,25	Tântalo	Ta	73	180,947 9
Gálio	Ga	31	69,723	Tecnécio	Tc	43	(98)
Germânio	Ge	32	72,61	Telúrio	Te	52	127,60
Háfnio	Hf	72	178,49	Térbio	Tb	65	158,925 34
Hânio	Ha	105	(262)	Titânio	Ti	22	47,867
Hélio	He	2	4,002 602	Tório	Th	90	232,038 1
Hidrogênio	H	1	1,007 94	Túlio	Tm	69	168,934 21
Hólmio	Ho	67	164,930 32	Tungstênio	W	74	183,84
Índio	In	49	114,818	Urânio	U	92	238,028 9
Iodo	I	53	126,904 47	Vanádio	V	23	50,941 5
Irídio	Ir	77	192,217	Xenônio	Xe	54	131,29
Itérbio	Yb	70	173,04	Zinco	Zn	30	65,39
Ítrio	Y	39	88,905 85	Zircônio	Zr	40	91,224
Lantânio	La	57	138,905 5				

Notas: Esta tabela segue a massa atômica relativa $A_r(^{12}C) = 12$. Os valores entre parênteses referem-se ao isótopo de meia-vida mais longa conhecida no caso dos elementos radioativos.
Fonte: Baseado principalmente no Relatório da Comissão das Massas Atômicas Relativas 1994 *Pure and Applied Chemistry*, **66** (12); 2423-44. (A nomenclatura brasileira segue a Tabela Periódica oficial da Sociedade Brasileira de Química — 1995. [*N.T.*])

Apêndice 2 Concentrações em água: ácidos comuns e amônia

Reagente	Aproximação			Volume (ml) para 1 litro de solução ~1 M
	Peso %	Gravidade específica	Molaridade	
Ácido acético	99,5	1,05	17,4	58
Ácido clorídrico	35	1,18	11,3	89
Ácido fluorídrico	46	1,15	26,5	38
Ácido nítrico	70	1,42	16,0	63
Ácido perclórico	70	1,66	11,6	86
Ácido fosfórico(V)	85	1,69	13,7	69
Ácido sulfúrico	96	1,84	18,0	56
Amônia em água	27(NH_3)	0,90	14,3	71

Apêndice 3 Soluções saturadas de alguns reagentes a 20°C

Reagente	Fórmula	Gravidade específica	Molaridade	Quantidades para 1 litro de solução saturada	
				Gramas de reagente	ml de água
Acetato de sódio	CH_3COONa	1,205	5,67	465	740
Carbonato de sódio	Na_2CO_3	1,178	1,97	209	869
Carbonato de sódio	$Na_2CO_3,10H_2O$	1,178	1,97	563	515
Cloreto de amônio	NH_4Cl	1,075	5,44	291	784
Cloreto de bário	$BaCl_2,2H_2O$	1,290	1,63	398	892
Cloreto de mercúrio(II)	$HgCl_2$	1,050	0,236	64	986
Cloreto de potássio	KCl	1,174	4,00	298	876
Cloreto de sódio	$NaCl$	1,197	5,40	316	881
Cromato de potássio	K_2CrO_4	1,396	3,00	583	858
Dicromato de potássio	$K_2Cr_2O_7$	1,077	0,39	115	962
Hidróxido de bário	$Ba(OH)_2$	1,037	0,228	39	998
Hidróxido de bário	$Ba(OH)_2,8H_2O$	1,037	0,228	72	965
Hidróxido de cálcio	$Ca(OH)_2$	1,000	0,022	1,6	1000
Hidróxido de potássio	KOH	1,540	14,50	813	727
Hidróxido de sódio	$NaOH$	1,539	20,07	803	736
Nitrato de amônio	NH_4NO_3	1,312	10,80	863	449
Oxalato de amônio	$(NH_4)_2C_2O_4,H_2O$	1,030	0,295	48	982
Sulfato de amônio	$(NH_4)_2SO_4$	1,243	4,06	535	708

Apêndice 4 Fontes de amostras analisadas

Recomendamos, neste livro, que os alunos usem amostras analíticas padrões para ganhar prática trabalhando com substâncias de composição conhecida. Além disso, materiais padrões de referência de interesse ambiental para a análise de traços são usados para calibração de padrões, e compostos orgânicos puros são utilizados como materiais padrões em análise elementar.

BAS O Bureau of Analytical Samples, Ltd (BAS), Newham Hall, Newby, Middlesborough, Cleveland, Inglaterra, fornece amostras para análises metalúrgicas, químicas e espectroscópicas. Listas detalhadas dos Padrões Químicos Britânicos (BCS) e dos Materiais de Referência Padrões EURONORM (ECRM) podem ser conseguidas para consulta. O Bureau of Analytical Samples distribui na Inglaterra materiais das seguintes fontes:

Alcan International, Arvida Laboratories, Canada
Bundesanstalt für Materialforschung und prüfung (BAM), Germany
Canada Centre for Mineral and Energy Technology (CANMET), Canada
Centre Technique des Industries de la Fonderie (CTIF), France
Institut de Recherches de la Sidérurgie Francaise (IRSID), France
National Bureau of Standards (NBS), United States
Research Institute CKD, Czechoslovakia
South African Bureau of Standards (SABS), South Africa
Swedish Institute for Metal Research (Jernkontoret), Sweden
SKF Steel (SKF), Sweden
Vasipari Kutato es Fejleszto Vallalat (VASKUT), Hungary

MBH Elementos, ligas, cerâmicas e óleos de alta pureza e composição conhecida são oferecidos por MBH Analytical Ltd, Holland House, Queen's Road, Barnet EN5 4DJ, Inglaterra.

LGC O Laboratório Químico do Governo (LGC) oferece um serviço de aconselhamento sobre materiais de referência, Queen's Road, Teddington TW11 0LY, Inglaterra.

BCR o Escritório de Referências da Comunidade (BCR), Rue de la Loi 200, B-1049, Bruxelas, Bélgica, fornece compostos geológicos, ambientais e orgânicos para a análise elementar e amostras certificadas para análises de traços de metais.

Estados Unidos da América O Departamento de Comércio, Escritório Nacional de Padrões, Washington, DC, 20234, nos EUA, fornece uma ampla escolha de padrões.

Japão Materiais de referência ambientais podem ser encontrados no Instituto Nacional para Estudos Ambientais, Yatabe-machi Tsukuba, Ibarasi 305, Japão.

Apêndice 5 Soluções tampões e padrões secundários de pH

O padrão inglês para a escala de pH é uma solução 0,05 M de hidrogenoftalato de potássio (BS 1647: 1984, Partes 1 e 2) com pH igual a 4,001 a 20°C. O padrão IUPAC é o hidrogenoftalato de potássio 0,05 M. Os padrões secundários incluem

	pH
HCl 0,05 M + KCl 0,09 M	2,07
Tetraoxalato de potássio 0,1 M	1,48
Di-hidrogenocitrato de potássio 0,1 M	3,72
Ácido acético 0,1 M + acetato de sódio 0,1 M	4,64
Ácido acético 0,01 M + acetato de sódio 0,01 M	4,70
KH_2PO_4 0,01 M + Na_2HPO_4 0,01 M	6,85
Bórax 0,05 M	9,18
$NaHCO_3$ 0,025 M + Na_2CO_3 0,025 M	10,00
Na_3PO_4 0,01 M	11,72

A tabela a seguir cobre a faixa de pH entre 2,6 e 12,0 (18°C) e foi incluída como um exemplo de mistura tampão universal. Dissolva em água 6,008 g de ácido cítrico, 3,893 g de di-idrogenofosfato de potássio, 1,769 g de ácido bórico e 5,226 g de ácido dietil-barbitúrico puro. Complete o volume até 1 litro. Os pH de uma solução formada por 100 ml da solução descrita misturados com diferentes volumes X de uma solução 0,2 M de hidróxido de sódio (livre de carbonato), a 18°C, estão tabelados a seguir.

pH	X (ml)	pH	X (ml)	pH	X (ml)
2,6	2,0	5,9	36,5	9,0	72,7
2,8	4,3	6,0	38,9	9,2	74,0
3,0	6,4	6,2	41,2	9,4	75,9
3,2	8,3	6,4	43,5	9,6	77,6
3,4	10,1	6,6	46,0	9,8	79,3
3,6	11,8	6,8	48,3	10,0	80,8
3,8	13,7	7,0	50,6	10,2	82,0
4,0	15,5	7,2	52,9	10,4	82,9
4,2	17,6	7,4	55,8	10,6	83,9
4,4	19,9	7,6	58,6	10,8	84,9
4,6	22,4	7,8	61,7	11,0	86,0
4,8	24,8	8,0	63,7	11,2	87,7
5,0	27,1	8,2	65,6	11,4	89,7
5,2	29,5	8,4	67,5	11,6	92,0
5,4	31,8	8,6	69,3	11,8	95,0
5,6	34,2	8,8	71,0	12,0	99,6

Em muitas situações, não é necessário que o pH seja muito preciso, basta que ele esteja em uma faixa apropriada. O texto dá detalhes das soluções tampões que devem ser usadas em certos casos. Uma lista de soluções tampões que cobrem uma faixa apreciável de pH é dada a seguir.

	Faixa de pH
Ácido clorídrico–citrato de sódio	1,0– 5,0
Ácido cítrico–citrato de sódio	2,5– 5,6
Ácido acético–acetato de sódio	3,7– 5,6
Hidrogeno-ortofosfato de dissódio–di-hidrogenofosfato de sódio	6,0– 9,0
Amônia em água–ácido clorídrico	8,2–10,2
Tetraborato de sódio–hidróxido de sódio	9,2–11,0

O procedimento mais simples para preparar estas soluções é adicionar a uma solução 0,1 M do ácido a quantidade suficiente de uma solução 0,1 de hidróxido de sódio para atingir o pH desejado (use um medidor de pH). No caso dos tampões ácido clorídrico–citrato de sódio e ácido clorídrico–amônia em água, adiciona-se ácido clorídrico 0,1 M ao segundo componente.

Apêndice 6a Constantes de dissociação de alguns ácidos em água a 25°C

Ácido		$pK_a = -\log K_a$	Ácido		$pK_a = -\log K_a$
Ácidos alifáticos					
Fórmico		3,75	Succínico	K_1	4,21
Acético		4,76		K_2	5,64
Propanóico		4,88	Glutárico	K_1	4,34
Butanóico		4,82		K_2	5,27
3-Metil-propanóico		4,85	Adípico	K_1	4,43
Pentanóico		4,84		K_2	5,28
Fluoro-acético		2,58	Metil-malônico	K_1	3,07
Cloro-acético		2,86		K_2	5,87
Bromo-acético		2,90	Etil-malônico	K_1	2,96
Iodo-acético		3,17		K_2	5,90
Ciano-acético		2,47	Dimetil-malônico	K_1	3,15
Dietil-acético		4,73		K_2	6,20
Láctico		3,86	Dietil-malônico	K_1	2,15
Pirúvico		2,49		K_2	7,47
Acrílico		4,26	Fumárico	K_1	3,02
Vinil-acético		4,34		K_2	4,38
Tetrólico		2,65	Maléico	K_1	1,92
trans-Crotônico		4,69		K_2	6,23
Furóico		3,17	Tartárico	K_1	3,03
Oxálico	K_1	1,27		K_2	4,37
	K_2	4,27	Cítrico	K_1	3,13
Malônico	K_1	2,85		K_2	4,76
	K_2	5,70		K_3	6,40
Ácidos aromáticos					
Benzóico		4,20			
Fenil-acético		4,31	2-Benzoil-benzóico		3,54
Sulfanílico		3,23	Ftálico K_1		2,95
Fenóxi-acético		3,17	K_2		5,41
Mandélico		3,41	*cis*-Cinâmico		3,88
1-Naftóico		3,70	*trans*-Cinâmico		4,44
2-Naftóico		4,16	Fenol		10,00
1-Naftil-acético		4,24	1-Nitroso-2-naftol		7,77
2-Naftil-acético		4,26	2-Nitroso-1-naftol		7,38

	$pK_a = -\log K_a$		
	orto (2-)	*meta* (3-)	*para* (4-)
Fluoro-benzóico	3,27	3,86	4,14
Cloro-benzóico	2,94	3,83	3,98
Bromo-benzóico	2,85	3,81	3,97
Iodo-benzóico	2,86	3,85	3,93
Hidróxi-benzóico	3,00	4,08	4,53
Metóxi-benzóico	4,09	4,09	4,47
Nitro-benzóico	2,17	3,49	3,42
Amino-benzóico	4,98	4,79	4,92
Tolúico	3,91	4,24	4,34
Cloro-fenol	8,48	9,02	9,38
Nitro-fenol	7,23	8,40	7,15
Metil-fenol (cresol)	10,29	10,09	10,26
Metóxi-fenol	9,98	9,65	10,21

Apêndice 6a (continuação)

Ácido		$pK_a = -\log K_a$	Ácido		$pK_a = -\log K_a$
Arsenioso		9,22	Nitroso		3,35
Arsênico	K_1	2,30	Fosfórico(V)	K_1	2,12
	K_2	7,08		K_2	7,21
	K_3	9,22		K_3	12,30
Bórico		9,24	Fosforoso (fosfônico)	K_1	1,8
Carbônico	K_1	6,37		K_2	6,15
	K_2	10,33	Sulfúrico	K_1	1,92
Cianídrico		9,14	Sulfuroso	K_1	1,92
Fluorídrico		4,77		K_2	7,20
Sulfeto de hidrogênio	K_1	7,00	Tiossulfúrico	K_1	1,7
	K_2	14,00		K_2	2,5
Clórico(I) (hipocloroso)		7,25			

Apêndice 6b Constantes de dissociação ácidas de bases em água a 25°C

As constantes de bases são expressas como constantes de dissociação ácidas. Para a amônia, por exemplo, o valor pK_a = 9,24 corresponde ao íon amônio

$$NH_4^+ + H_2O \rightleftharpoons NH_3 + H_3O^+$$

Isto significa que as bases são tratadas em termos da ionização dos ácidos conjugados. A constante de dissociação básica da reação

$$NH_3 + H_2O \rightleftharpoons NH_4^+ + OH^-$$

pode então ser obtida da relação

$$pK_a \text{ (acídico)} + pK_b \text{ (básico)} = pK_w \text{ (água)}$$

onde pK_w é 14,00 a 25°C.* Para simplificar, o nome da base será expresso na forma "básica", por exemplo, amônia para o íon amônio, propilamina para o íon propilamônio, piperidina para o íon piperidínio, anilina para o íon anilínio etc., embora isso não seja estritamente correto. Não há problemas em escrever, se necessário, o nome correto.

Base		pK_a	Base		pK_a
Amônia		9,24	Hidrazina		7,93
Metilamina		10,64	Hidroxilamina		5,82
Etilamina		10,63	Benzilamina		9,35
Propilamina		10,57	Anilina		4,58
Butilamina		10,62	o-Toluidina		4,39
Ciclo-hexilamina		10,64	m-Toluidina		4,68
Dimetilamina		10,77	p-Toluidina		5,09
Dietilamina		10,93	2-Cloro-anilina		2,62
Monoetanolamina		9,50	3-Cloro-anilina		3,32
Trietanolamina		7,77	4-Cloro-anilina		3,81
Trimetilamina		9,80	N-Metil-anilina		4,85
Trietilamina		10,72	N,N-dimetil-anilina		5,15
Tris(hidróxi-metil)amino-metano		8,08	Piridina		5,17
Piperidina		11,12	2-Metil-piridina		5,97
Etilenodiamina	K_1	7,50	3-Metil-piridina		5,68
	K_2	10,09	4-Metil-piridina		6,02
1,3-Propilenodiamina	K_1	8,64	Benzidina	K_1	4,97
	K_2	10,62		K_2	3,75
1,4-Butilenodiamina	K_1	9,35	1,10-Fenantrolina		4,86
	K_2	10,80			

*Os valores a 20°C e 30°C são 14,17 e 13,83, respectivamente.

Apêndice 7 Potenciais de meia-onda polarográficos

Íon	Eletrólito de suporte	$E_{1/2}$ (volts em relação ao eletrodo padrão de calomelano)
Ba^{2+}	$N(CH_3)_4Cl$ 0,1 M	$-1,94$
Bi^{3+}	HCl 1 M	$-0,09$
	H_2SO_4 0,5 M	$-0,04$
	Tartarato 0,5 M + NaOH 0,1 M	$-1,0$
	Hidrogenotartarato de sódio 0,5 M, pH 4,5	$-0,23$
Cd^{2+}	KCl 0,1 M	$-0,64$
	NH_3 1 M + NH_4^+ 1 M	$-0,81$
	HNO_3 1 M	$-0,59$
	KI 1 M	$-0,74$
	KCN 1 M	$-1,18$
Co^{2+}	KCl 0,1 M	$-1,20$
	Piridina 0,1 M + íon piridínio 0,1 M	$-1,07$
Cu^{2+}	KCl 0,1 M	$+0,04$
	NH_3 1 M + NH_4Cl 1 M	$-0,24$ (1ª onda)
		$-0,50$ (2ª onda)
	Hidrogenotartarato de sódio 0,5 M, pH 4,5	$-0,09$
Fe^{2+}	KCl 0,1 M	$-1,3$
Fe^{3+}	Tartarato 0,5 M, pH 9,4	$-1,20$ (1ª onda)
		$-1,73$ (2ª onda)
	EDTA 0,1 M + CH_3COONa 2 M	$-0,13$ (1ª onda)
		$-1,3$ (2ª onda)
K^+	$N(CH_3)_4$ OH 0,1 M em etanol 50%	$-2,10$
Li^+	$N(CH_3)_4$ OH 0,1 M em etanol 50%	$-2,31$
Mn^{2+}	KCl 1 M	$-1,51$
	$H_2P_2O_7^{2-}$ 0,2 M, pH 2,2	$+0,1$
Na^+	$N(CH_3)_4$ Cl 0,1 M	$-2,07$
Ni^{2+}	KCl 1 M	$-1,1$
	KSCN 1 M	$-0,70$
	KCN 1 M	$-1,36$
	Piridina 1 M + HCl, pH 7,0	$-0,78$
	NH_3 1 M + NH_4^+ 0,2 M	$-1,06$
O_2	A maior parte dos tampões, pH 1-10	$-0,05$ (1ª onda)
		$-0,9$ (2ª onda)
Pb^{2+}	KCl 0,1 M	$-0,40$
	HNO_3 1 M	$-0,40$
	NaOH 1 M	$-0,75$
	Hidrogenotartarato de sódio 0,5 M, pH 4,5	$-0,48$
	Tartarato 0,5 M + NaOH 0,1 M	$-0,75$
Sn^{2+}	HCl 1 M	$-0,47$
Sn^{4+}	HCl 1 M + NH_4^+ 4 M	$-0,25$ (1ª onda)
		$-0,52$ (2ª onda)
Zn^{2+}	KCl 0,1 M	$-1,00$
	NaOH 1 M	$-1,53$
	NH_3 1 M + NH_4^+ 1 M	$-1,33$
	Tartarato 0,5 M, pH 9	$-1,15$

Em voltametria extrativa, o potencial de extração de um determinado íon tem valor, em geral, próximo ao do potencial de meia-onda polarográfico do íon em soluções em eletrólitos de suporte semelhantes. Assim, são potenciais de extração típicos em uma solução básica de cloreto de potássio 0,05 M, Zn $-1,00$ V, Cd $-0,07$ V, Pb $-0,45$ V, Bi $-0,10$ V, Cu(II) $-0,05$ V. Os potenciais de meia-onda de alguns compostos orgânicos são dados a seguir. Quando uma percentagem é indicada em um dado solvente orgânico, o outro solvente é água.

Apêndice 7 (continuação)

Composto	Eletrodo de suporte	$E_{1/2}$ (volts em relação ao eletrodo padrão de calomelano)
Ácidos		
Acético	Et_4NCIO_4; CH_3CN	−2,3
Ascórbico	Tampão ácido acético–acetato (pH 3,4)	+0,17
Fumárico	NH_4OH 0,1 M; NH_4Cl 0,1 M (pH 8,2)	−1,57
Maléico	NH_4OH 0,1 M; NH_4Cl 0,1 M (pH 8,2)	−1,36
Tioglicólico	Tampão fosfato (pH 6,8)	−0,38
Carbonilados		
Etanal	LiOH 0,6 M; LiCl 0,07 M	−1,89
Acetona	Bu_4NCl 0,1 M; Bu_4NOH 0,1 M; EtOH 80%	−2,53
Benzaldeído	Bu_4NCl 0,1 M; Bu_4NOH 0,1 M; EtOH 80%	−1,57
Frutose	LiCl 0,1 M	−1,76
Glicose	KCl 0,1 M	−1,55
Antraquinona	Tampão NH_4OH/NH_4Cl (pH 7,4), dioxano 40%	−0,54
Benzoquinona	Tampão ácido acético–acetato (pH 5,4); MeOH 50%	+0,15
Peróxido de benzoíla	LiCl 0,3 M; MeOH 50%; C_6H_6 50%	0,0
Nitrados		
Nitro-benzeno	Tampão ácido acético–acetato (pH 3); EtOH 50%	−0,43
2-Nitro-fenol	Tampão ácido acético–acetato (pH 3); EtOH 50%	−0,23
3-Nitro-fenol	Tampão ácido acético–acetato (pH 3); EtOH 50%	−0,37
4-Nitro-fenol	Tampão ácido acético–acetato (pH 3); EtOH 50%	−0,35
Hidrocarbonetos insaturados		
Naftaleno	Bu_4NI 0,18 M; dioxano 75%	−2,50
Antraceno	Bu_4NI 0,18 M; dioxano 75%	−1,94
Fenil-acetileno	Bu_4NI 0,18 M; dioxano 75%	−2,37
Estilbeno	Bu_4NI 0,18 M; dioxano 75%	−2,26
Estireno	Bu_4NI 0,18 M; dioxano 75%	−2,35
Heterociclos		
Piridina	HCl 0,1 M; EtOH 50%	−1,49
Quinolina	Me_4NOH 0,2 M; MeOH 50%	−1,50
Miscelâneos		
Cloro-metano	Et_4NBr 0,05 M; dimetil–formamida	−2,23
Dietil-sulfeto	Bu_4NOH 0,025 M; MeOH, PrOH, H_2O (2:2:1)	−1,78

Apêndice 8 Linhas de ressonância na absorção atômica

Elemento	Símbolo	Linhas de absorção (nm) Mais sensível	Linhas de absorção (nm) Alternativas	Elemento	Símbolo	Linhas de absorção (nm) Mais sensível	Linhas de absorção (nm) Alternativas
Alumínio	Al	396,2	308,2	Hólmio	Ho	410,4	425,4
			309,3				405,4
			394,4	Índio	In	303,9	325,6
Antimônio	Sb	217,6	206,8				410,2
			217,9				451,1
			231,2	Irídio	Ir	208,9	264,0
Arsênio	As	193,7	189,0				266,5
			197,2	Itérbio	Yb	398,8	346,4
Bário	Ba	553,5	455,4				246,4
			493,4	Ítrio	Y	410,2	414,2
Berílio	Be	234,9	–	Lantânio	La	550,1	403,7
Bismuto	Bi	223,1	222,8	Lítio	Li	670,8	323,3
			227,7	Lutécio	Lu	335,9	356,7
			306,8				337,6
Boro	B	249,8	208,9	Magnésio	Mg	285,2	202,5
Cádmio	Cd	228,8	326,1	Manganês	Mn	279,5	279,8
Cálcio	Ca	422,7	–				280,1
Cério	Ce	520,0	569,7				403,1
Césio	Cs	852,1	455,6	Mercúrio	Hg	253,7	–
Chumbo	Pb	217,0	261,4	Molibdênio	Mo	313,3	320,9
			283,3	Neodímio	Nd	492,5	463,4
Cobalto	Co	240,7	304,4	Nióbio	Nb	334,9	405,9
			346,6				408,0
			347,4				412,4
			391,0	Níquel	Ni	232,0	231,1
Cobre	Cu	324,8	217,9				341,5
			218,2				351,5
			222,6				352,4
			244,2				362,5
			249,2	Ósmio	Os	290,9	305,9
			327,4				426,0
Cromo	Cr	357,9	425,4	Ouro	Au	242,8	267,6
			427,5	Paládio	Pd	247,6	244,8
			429,0				340,5
			520,4	Platina	Pt	265,9	264,7
			520,8				299,8
Disprósio	Dy	419,5	404,6				306,5
Érbio	Er	400,8	389,3	Potássio	K	766,5	404,4
Escândio	Sc	391,2	390,8				769,9
Estanho	Sn	233,5	224,6	Praseodímio	Pr	495,1	513,3
			266,1	Prata	Ag	328,1	338,3
Estrôncio	Sr	460,7	407,8	Rênio	Re	346,0	346,5
Európio	Eu	459,4	462,7	Ródio	Rh	343,5	328,1
Ferro	Fe	248,3	248,4				369,2
			372,0	Rubídio	Rb	780,0	794,8
			386,0	Rutênio	Ru	349,9	392,6
			392,0	Samário	Sm	429,7	476,0
Fósforo	P	213,6	214,9	Selênio	Se	196,0	204,0
Gadolínio	Gd	368,4	405,8	Silício	Si	251,6	250,7
			407,9				251,4
Gálio	Ga	287,4	403,3				252,4
			417,2				288,1
Germânio	Ge	265,1	271,0				
Háfnio	Hf	307,8	268,2				
Hidrogênio	H	Continuum					

Apêndice 8 (continuação)

Elemento	Símbolo	Linhas de absorção (nm)		Elemento	Símbolo	Linhas de absorção (nm)	
		Mais sensível	Alternativas			Mais sensível	Alternativas
Sódio	Na	589,0	330,2	Tungstênio	W	255,1	294,7
			589,6				400,9
Tálio	Tl	276,7	258,0				407,4
Tântalo	Ta	271,5	275,8	Urânio	U	358,5	356,6
Telúrio	Te	214,3	225,9				351,4
Térbio	Tb	432,7	431,9	Vanádio	V	318,5	306,6
			433,8				318,4
Titânio	Ti	364,3	365,4	Zinco	Zn	213,9	307,6
			399,0	Zircônio	Zr	360,1	468,7
			399,8				354,8
Tório	Th	371,9	–				
Túlio	Tm	371,8	436,0				
			410,6				

Apêndice 9 Cromóforos comuns: características de absorção eletrônica

Cromóforo	$\lambda_{máx}$ (nm)	$\varepsilon_{máx}$
Acetileto (–C≡C–)	175–180	6000
Aldeído (–CHO)	210	forte
Amina (–NH$_2$)	195	2800
Brometo (–Br)	208	300
Carboxila (–COOH)	200–210	50–70
Cetona (C=O)	195	1000
Etileno (–C=C–)	190	8000
Ésteres (–COOR)	205	50
Éter (–O–)	185	1000
Iodeto (–I)	260	400
Nitrato (–ONO$_2$)	270	12
Nitrito (–ONO)	220–230	1000–2000
Nitro (–NO$_2$)	210	forte
Nitroso (–N=O)	302	100
Oxima (–NOH)	190	5000
Espécies heterocíclicas e aromáticas[a]		
Benzeno	184, 202	46 700, 6900
Naftaleno	220, 275	112 000, 5600
Piridina	174, 195	80 000, 6000
Quinolina	227, 270	37 000, 3600

[a]O primeiro $\lambda_{máx}$ em cada par corresponde ao primeiro $\varepsilon_{máx}$ e o segundo $\lambda_{máx}$ ao segundo $\varepsilon_{máx}$.

Apêndice 10 Bandas características no infravermelho[a]

		4000 3000 2000	1600	1200	800	400 cm⁻¹
O—H	Fenóis, álcoois					
	Livre	□m				
	Em ligação hidrogênio	m□				
	Ácidos carboxílicos	m ⊏══⊐				
N—H	Amidas, aminas primárias e secundárias	m□	□m-F			
C—H	Aromático					
	(deformação axial)	F□				
	(deformação angular fora do plano)				⊏══⊐F	
	Alcanos (deformação axial)	□F				
	CH_3—(deformação angular)		m□ □m			
	—CH_2—(deformação angular)		m□			
	Alquenos					
	(deformação axial)	m⊏				
	(deformação angular fora do plano)				⊏═══⊐F	
C≡C	Alquinos	□ m-f				
C≡N	Nitrilas	m□				
C=O[b]	Aldeídos		□F			
	Cetonas		□F			
	Ácidos		□F			
	Ésteres		□F			
	Amidas		□F			
	Anidridos	F⊏□F				
C=C	Alquenos		□m-F			
	Aromático		m-F□ □m-F			
C—O	Ésteres, éteres			⊏═══F		
	Anidridos, álcoois			⊏═══F		
	Ácidos carboxílicos			⊏═══F		
N=C	Nitro(RNO_2)		□F	□F		
C—Hal.	Fluoretos			⊏═══F		
	Cloretos				⊏═══F	
	Brometos, iodetos				⊏═══F	

4000 3000 2000	1600	1200	800	400 cm⁻¹

[a]Chave: f = fraco, m = médio, F = forte.

[b]As freqüências de deformação axial de C=O são 20 a 30 cm⁻¹ mais baixas do que os valores dados quando o grupo carbonila está conjugado com um anel aromático ou um grupo alqueno.

Fonte: R. Davis e C. H. J. Wells 1984 *Spectral problems in organic chemistry*, Chapman & Hall, New York.

Apêndice 11 Pontos percentuais na distribuição de *t*

A tabela dá o valor de $t_{\alpha,\nu}$ — o ponto percentual 100α da distribuição de *t* para ν graus de liberdade.

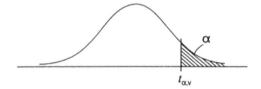

A tabulação é unilateral, isto é, para valores positivos de *t*. Para $|t|$, os valores de α devem ser dobrados.

ν	α						
	0,10	0,05	0,025	0,01	0,005	0,001	0,0005
1	3,078	6,314	12,706	31,821	63,657	318,31	636,62
2	1,886	2,920	4,303	6,965	9,925	22,326	31,598
3	1,638	2,353	3,182	4,541	5,841	10,213	12,924
4	1,533	2,132	2,776	3,747	4,604	7,173	8,610
5	1,476	2,015	2,571	3,365	4,032	5,893	6,869
6	1,440	1,943	2,447	3,143	3,707	5,208	5,959
7	1,415	1,895	2,365	2,998	3,499	4,785	5,408
8	1,397	1,860	2,306	2,896	3,355	4,501	5,041
9	1,383	1,833	2,262	2,821	3,250	4,297	4,781
10	1,372	1,812	2,228	2,764	3,169	4,144	4,587
11	1,363	1,796	2,201	2,718	3,106	4,025	4,437
12	1,356	1,782	2,179	2,681	3,055	3,930	4,318
13	1,350	1,771	2,160	2,650	3,012	3,852	4,221
14	1,345	1,761	2,145	2,624	2,977	3,787	4,140
15	1,341	1,753	2,131	2,602	2,947	3,733	4,073
16	1,337	1,746	2,120	2,583	2,921	3,686	4,015
17	1,333	1,740	2,110	2,567	2,898	3,646	3,965
18	1,330	1,734	2,101	2,552	2,878	3,610	3,922
19	1,328	1,729	2,093	2,539	2,861	3,579	3,883
20	1,325	1,725	2,086	2,528	2,845	3,552	3,850
21	1,323	1,721	2,080	2,518	2,831	3,527	3,819
22	1,321	1,717	2,074	2,508	2,819	3,505	3,792
23	1,319	1,714	2,069	2,500	2,807	3,485	3,767
24	1,318	1,711	2,064	2,492	2,797	3,467	3,745
25	1,316	1,708	2,060	2,485	2,787	3,450	3,725
26	1,315	1,706	2,056	2,479	2,779	3,435	3,707
27	1,314	1,703	2,052	2,473	2,771	3,421	3,690
28	1,313	1,701	2,048	2,467	2,763	3,408	3,674
29	1,311	1,699	2,045	2,462	2,756	3,396	3,659
30	1,310	1,697	2,042	2,457	2,750	3,385	3,646
40	1,303	1,684	2,021	2,423	2,704	3,307	3,551
60	1,296	1,671	2,000	2,390	2,660	3,232	3,460
120	1,289	1,658	1,980	2,358	2,617	3,160	3,373
∞	1,282	1,645	1,960	2,326	2,576	3,090	3,291

Fontes: Derivado da Tabela III de R. A. Fisher e F. Yates, *Statistical tables for biological, agricultural and medical research,* Oliver & Boyd, Edinburgh, e da Tabela 12 de *Biometrika table for statisticians,* Volume 1. Reimpresso com permissão dos autores, Oliver & Boyd e dos responsáveis por *Biometrika*.

Apêndice 12 Distribuição *F*

Nível de probabilidade	ϕ_2	ϕ_1 (correspondente ao maior desvio médio quadrático)											
		1	2	3	4	5	6	7	8	9	10	15	∞
0,10	1	39,9	49,5	53,6	55,8	57,2	58,2	58,9	59,4	59,9	60,2	61,2	63,3
0,05		161,4	199,5	215,7	224,6	230,2	234,0	236,8	238,9	240,5	241,9	246,0	254,3
0,01		4052	4999	5403	5625	5764	5859	5928	5981	6023	6056	6157	6366
0,10	2	8,53	9,00	9,16	9,24	9,29	9,33	9,35	9,37	9,38	9,39	9,42	9,49
0,05		18,5	19,0	19,2	19,2	19,3	19,3	19,4	19,4	19,4	19,4	19,4	19,5
0,01		98,5	99,0	99,2	99,2	99,3	99,3	99,4	99,4	99,4	99,4	99,4	99,5
0,10	3	5,54	5,46	5,39	5,34	5,31	5,28	5,27	5,25	5,24	5,23	5,20	5,13
0,05		10,1	9,55	9,28	9,12	9,01	8,94	8,89	8,85	8,81	8,79	8,70	8,53
0,01		34,1	30,8	29,5	28,7	28,2	27,9	27,7	27,5	27,3	27,2	26,9	26,1
0,10	4	4,54	4,32	4,19	4,11	4,05	4,01	3,98	3,95	3,94	3,92	3,87	3,76
0,05		7,71	6,94	6,59	6,39	6,26	6,16	6,09	6,04	6,00	5,96	5,86	5,62
0,01		21,2	18,0	16,7	16,0	15,5	15,2	15,0	14,8	14,7	14,5	14,2	13,5
0,10	5	4,06	3,78	3,62	3,52	3,45	3,40	3,37	3,34	3,32	3,30	3,24	3,10
0,05		6,61	5,79	5,41	5,19	5,05	4,95	4,88	4,82	4,77	4,74	4,62	4,36
0,01		16,3	13,3	12,1	11,4	11,0	10,7	10,5	10,3	10,2	10,1	9,72	9,02
0,10	6	3,78	3,46	3,29	3,18	3,11	3,05	3,01	2,98	2,96	2,94	2,87	2,72
0,05		5,99	5,14	4,76	4,53	4,39	4,28	4,21	4,15	4,10	4,06	3,94	3,67
0,01		13,7	10,9	9,78	9,15	8,75	8,47	8,26	8,10	7,98	7,87	7,56	6,88
0,10	7	3,59	3,26	3,07	2,96	2,88	2,83	2,78	2,75	2,72	2,70	2,63	2,47
0,05		5,59	4,74	4,35	4,12	3,97	3,87	3,79	3,73	3,68	3,64	3,51	3,23
0,01		12,2	9,55	8,45	7,85	7,46	7,19	6,99	6,84	6,72	6,62	6,31	5,65
0,10	8	3,46	3,11	2,92	2,81	2,73	2,67	2,62	2,59	2,56	2,54	2,46	2,29
0,05		5,32	4,46	4,07	3,84	3,69	3,58	3,50	3,44	3,39	3,35	3,22	2,93
0,01		11,3	8,65	7,59	7,01	6,63	6,37	6,18	6,03	5,91	5,81	5,52	4,86
0,10	9	3,36	3,01	2,81	2,69	2,61	2,55	2,51	2,47	2,44	2,42	2,34	2,16
0,05		5,12	4,26	3,86	3,63	3,48	3,37	3,29	3,23	3,18	3,14	3,01	2,71
0,01		10,6	8,02	6,99	6,42	6,06	5,80	5,61	5,47	5,35	5,26	4,96	4,31
0,10	10	3,29	2,92	2,73	2,61	2,52	2,46	2,41	2,38	2,35	2,32	2,24	2,06
0,05		4,96	4,10	3,71	3,48	3,33	3,22	3,14	3,07	3,02	2,98	2,85	2,54
0,01		10,0	7,56	6,55	5,99	5,64	5,39	5,20	5,06	4,94	4,85	4,56	3,91
0,10	12	3,18	2,81	2,61	2,48	2,39	2,33	2,28	2,24	2,21	2,19	2,10	1,90
0,05		4,75	3,89	3,49	3,26	3,11	3,00	2,91	2,85	2,80	2,75	2,62	2,30
0,01		9,33	6,93	5,95	5,41	5,06	4,82	4,64	4,50	4,39	4,30	4,01	3,36
0,10	15	3,07	2,70	2,49	2,36	2,27	2,21	2,16	2,12	2,09	2,06	1,97	1,76
0,05		4,54	3,68	3,29	3,06	2,90	2,79	2,71	2,64	2,59	2,54	2,40	2,07
0,01		8,68	6,36	5,42	4,89	4,56	4,32	4,14	4,00	3,89	3,80	3,52	2,87
0,10	16	3,05	2,67	2,46	2,33	2,24	2,18	2,13	2,09	2,06	2,03	1,94	1,72
0,05		4,49	3,63	3,24	3,01	2,85	2,74	2,66	2,59	2,54	2,49	2,35	2,01
0,01		8,53	6,23	5,29	4,77	4,44	4,20	4,03	3,89	3,78	3,69	3,41	2,75
0,10	24	2,93	2,54	2,33	2,19	2,10	2,04	1,98	1,94	1,91	1,88	1,78	1,53
0,05		4,26	3,40	3,01	2,78	2,62	2,51	2,42	2,36	2,30	2,25	2,11	1,73
0,01		7,82	5,61	4,72	4,22	3,90	3,67	3,50	3,36	3,26	3,17	2,89	2,21
0,10	60	2,79	2,39	2,18	2,04	1,95	1,87	1,82	1,77	1,74	1,71	1,60	1,29
0,05		4,00	3,15	2,76	2,53	2,37	2,25	2,17	2,10	2,04	1,99	1,84	1,39
0,01		7,08	4,98	4,13	3,65	3,34	3,12	2,95	2,82	2,72	2,63	2,35	1,60
0,10	∞	2,71	2,30	2,08	1,94	1,85	1,77	1,72	1,67	1,63	1,60	1,49	1,00
0,05		3,84	3,00	2,60	2,37	2,21	2,10	2,01	1,94	1,88	1,83	1,67	1,00
0,01		6,63	4,61	3,78	3,32	3,02	2,80	2,64	2,51	2,41	2,32	2,04	1,00

Apêndice 13 Valores críticos de Q ($P = 0,05$)

Tamanho da amostra	Valor crítico
4	0,831
5	0,717
6	0,621
7	0,570
8	0,524
9	0,492
10	0,464

Fonte: E. P. King, 1958, *J. Am. Statist. Assoc.*, **48**; 531. Reimpresso com permissão da American Statistical Association.

Apêndice 14 Valores críticos do coeficiente de correlação ρ ($P = 0,05$)

Número de pares de dados (x, y)	Valor crítico
5	0,88
6	0,82
7	0,76
8	0,71
9	0,67
10	0,64
11	0,61
12	0,58

Apêndice 15 Teste de precedência segundo Wilcoxon (*Wilcoxon signed rank test*): valores críticos ($P = 0,05$)

n	Teste simples	Teste duplo
5	0	NA
6	2	0
7	3	2
8	5	3
9	8	5
10	10	8
11	13	10
12	17	13
13	21	17
14	25	21
15	30	25

Notas: A hipótese nula pode ser rejeitada quando a estatística do teste é menor ou igual ao valor tabulado. NA indica que o teste não pode ser aplicado.
Fonte: E. Lord, 1947, *Biometrika*, **34**; 66. Reimpresso com permissão dos responsáveis por *Biometrika*.

Apêndice 16 Valores críticos de T_d ($P = 0,05$)

$n_1 = n_2$	T_d
2	3,43
3	1,27
4	0,81
5	0,61
6	0,50
7	0,43
8	0,37
9	0,33
10	0,30

Fonte: E. Lord, 1947, *Biometrika*, **34**; 66. Reimpresso com permissão dos responsáveis por *Biometrika*.

Apêndice 17 Valores críticos de F_R estatístico ($P = 0,05$)

Número de medidas no numerador e no denominador	Teste simples	Teste duplo
2	12,7	25,5
3	4,4	6,3
4	3,1	4,0
5	2,6	3,2
6	2,3	2,8
7	2,1	2,5
8	2,0	2,3
9	1,9	2,2
10	1,9	2,1

Fonte: F. R. Link, 1949, *Ann. Math. Statist.*, **20**; 257. Reimpresso com permissão do Institute of Mathematical Statistics.

Apêndice 18 Equivalentes e normalidades

Neste livro, as soluções padrões e quantidades foram sempre expressas em termos de molaridades, moles e massas moleculares relativas. Muitos químicos, entretanto, ainda usam soluções normais e equivalentes em seus cálculos, especialmente em titulometria. Este apêndice define estes termos e ilustra seu uso nos vários tipos de determinação. A União Internacional de Química Pura e Aplicada (IUPAC) estabeleceu a seguinte definição:

O **equivalente** de uma substância é a quantidade que, em uma dada reação, se combina com (libera ou substitui) a quantidade de hidrogênio que se combina com 3 gramas de carbono 12 em metano $^{12}CH_4$. (*Information Bulletin*, n.º 36, agosto de 1974.)

Segue-se, desta definição, que uma **solução normal** é uma solução que contém um equivalente de uma dada espécie por litro, de acordo com uma reação especificada. Nesta definição, a quantidade de hidrogênio pode ser substituída pela quantidade equivalente de eletricidade ou por um equivalente de qualquer outra substância, mas a reação à qual a definição se aplica deve ser claramente especificada.

A vantagem mais importante do uso de equivalentes é que os cálculos da análise titulométrica ficam mais simples porque, no ponto final, o número de equivalentes da substância titulada é igual ao número de equivalentes da solução padrão utilizada. Pode-se escrever

$$\text{normalidade} = \frac{\text{número de equivalentes}}{\text{número de litros}}$$

$$= \frac{\text{número de miliequivalentes}}{\text{número de mililitros}}$$

448 Apêndices

Logo, o número de miliequivalentes = número de mililitros × normalidade. Se os volumes de duas substâncias diferentes, A e B, que reagem entre si são V_A ml e V_B ml, respectivamente, estes volumes contêm o mesmo número de equivalentes ou miliequivalentes de A e B. Assim,

$$V_A \times \text{normalidade}_A = V_B \times \text{normalidade}_B \qquad (A18.1)$$

Na prática, V_A, V_B e a normalidade$_A$ (da solução padrão) são conhecidos, logo a normalidade$_B$ (da solução desconhecida) pode ser facilmente calculada.

Exemplo A18.1

Quantos mililitros de ácido clorídrico 0,2 N são necessários para neutralizar 25,0 ml de hidróxido de sódio 0,1 N?

Substituindo valores na Eq. (A18.1) temos

$$0,2x = 25,0 \times 0,1, \text{logo}, x = 12,5 \text{ ml}$$

Exemplo A18.2

Quantos mililitros de ácido clorídrico 1 N são necessários para precipitar completamente 1 g de nitrato de prata?

O equivalente de $AgNO_3$ na reação de precipitação é 1 mol ou 169,89 g. Logo, 1 g de $AgNO_3$ = 1 × 1000/169,89 = 5,886 miliequivalentes. Como 1 miliequivalente de HCl = 1 miliequivalente de $AgNO_3$, $1x = 5,886$, logo, $x = 5,90$ ml.

Exemplo A18.3

Uma solução de 25 ml de sulfato de ferro(II) reage completamente com 30,0 ml de permanganato de potássio 0,125 N. Calcule a força da solução de ferro em $g \cdot l^{-1}$ de $FeSO_4$.

Uma solução normal de $FeSO_4$ como redutor contém $1 \text{ mol} \cdot l^{-1}$ ou 151,90 g. Se a normalidade da solução de ferro é n_A,

$$25n_A = 30 \times 0,125$$
$$n_A = 30 \times 0,125/55 = 0,150 \text{ N}$$

Logo a solução contém $0,150 \times 151,90 = 22,78 \text{ g} \cdot l^{-1} FeSO_4$.

Exemplo A18.4

Que volume de um reagente 0,127 N é necessário para preparar 1000 ml de uma solução 0,1 N?

$$V_A \times \text{normalidade}_A = V_B \times \text{normalidade}_B$$
$$V_A \times 0,127 = 1000 \times 0,1$$
$$V_A = 1000 \times 0,1/0,127 = 787,4 \text{ ml}$$

Em outras palavras, a solução desejada pode ser obtida por diluição de 787,4 ml do reagente 0,127 N até 1 litro.

A definição da IUPAC para uma solução normal usa o termo "equivalente". Esta quantidade varia com o tipo de reação e como é difícil definir claramente o termo "equivalente" de modo a cobrir todas as reações, vamos discutir adiante o assunto. Acontece, freqüentemente, de o mesmo composto ter equivalentes diferentes em reações químicas diferentes. Pode ocorrer, portanto, que uma solução tenha concentração normal quando empregada com um determinado objetivo e uma normalidade diferente quando usada em outra reação química.

Reações de neutralização

O equivalente de um ácido é a massa que contém 1,008 g (1,0078 g, mais precisamente) de hidrogênio substituível. O equivalente de ácidos monopróticos como os ácidos clorídrico, bromídrico, iodídrico, nítrico, perclórico ou acético é igual ao mol. Uma solução normal de um ácido monoprótico contém, portanto, um mol por litro de solução. O equivalente de um ácido diprótico (como os ácidos sulfúrico e oxálico) é igual à metade do mol e o equivalente de um ácido triprótico (como o ácido fosfórico(V)) é igual a um terço do mol.

O equivalente de uma base é a massa que contém um grupo hidroxila substituível, isto é, 17,008 g de hidroxilas ionizáveis; 17,008 g de hidroxilas são equivalentes a 1,008 g de hidrogênio. O equivalente dos hidróxidos de sódio e de potássio é igual a um mol. O equivalente dos hidróxidos de cálcio, estrôncio e bário é igual à metade do mol.

Os sais de bases fortes e ácidos fracos dão reação alcalina em água devido à hidrólise. Uma solução que contém 1 mol de carbonato de sódio, tendo alaranjado de metila como indicador, reage com 2 moles de ácido clorídrico para formar 2 moles de cloreto de sódio, logo, seu equivalente é igual a 0,5 mol. O tetraborato de sódio, em condições semelhantes, também reage com 2 moles de ácido clorídrico e seu equivalente também é igual a 0,5 mol.

Reações de formação de complexos e de precipitação

Neste caso, o equivalente é a massa da substância que contém 1 mol de um cátion com uma carga M^+ (equivalente a 1,008 g de hidrogênio), 0,5 mol de um cátion com duas cargas, M^{2+}, ou 0,33 mol de um cátion com três cargas, M^{3+}, etc., ou reage com estas quantidades dos íons. No caso do cátion, o equivalente é o mol dividido pelo número de cargas. No caso de reação com este cátion, o equivalente é igual à massa de reagente que reage com um equivalente do cátion. O equivalente de um sal em uma reação de precipitação é o mol dividido pelo número total de cargas do íon **que reage**. Assim, o equivalente do nitrato de prata na titulação do íon cloreto é igual ao mol.

Nas reações de formação de complexos, o equivalente pode ser deduzido facilmente ao se escrever a equação iônica da reação. Assim, por exemplo, o equivalente do cianeto de potássio na reação de titulação com íons prata é igual a 2 moles porque a reação é

$$2CN^- + Ag^+ \rightleftharpoons [Ag(CN)_2]^-$$

Na titulação do íon zinco com uma solução de hexacianoferrato(II) de potássio

$$3Zn^{2+} + 2K_4Fe(CN)_6 = 6K^+ + K_2Zn_3[Fe(CN)_6]_2$$

o equivalente do íon hexacianoferrato(II) é 0,33 mol. Veja outros exemplos de reações de formação de complexos no Cap. 10. Em muitas reações de complexação é mais conveniente trabalhar com moles do que com equivalentes.

Reações de oxidação–redução

O equivalente de um oxidante ou redutor pode ser definido como a massa do reagente que contém 1,008 g de hidrogênio disponível ou 8,000 g de oxigênio disponível, ou que reage com estas quantidades. O termo "disponível" significa poder ser usado na oxidação ou na redução. A quantidade de oxigênio disponível pode ser indicada pela equação

$$MnO_4^- + 8H^+ + 5e \rightarrow Mn^{2+} + 4H_2O$$

Logo o equivalente é $KMnO_4/5$. No caso do dicromato de potássio em meio ácido, a equação é

$$Cr_2O_7^{2-} + 14H^+ + 6e \rightarrow 2Cr^{3+} + 7H_2O$$

O equivalente é $K_2Cr_2O_7/6$.

Uma definição mais geral e fundamental leva em consideração (a) o número de elétrons envolvidos na equação iônica parcial que representa a reação e (b) a variação do "número de oxidação" do elemento significativo no oxidante ou no redutor. Ambos os métodos serão considerados a seguir.

Em análise quantitativa estamos interessados principalmente nas reações que ocorrem em solução, isto é, reações iônicas, então, limitaremos nossa discussão a estes casos. A oxidação de cloreto de ferro(II) por cloro em água pode ser escrita como

$$2FeCl_2 + Cl_2 = 2FeCl_3$$

ou pode ser expressa na forma iônica

$$2Fe^{2+} + Cl_2 = 2Fe^{3+} + 2Cl^-$$

O íon Fe^{2+} se converte em Fe^{3+} (oxidação) e a molécula de cloro, neutra, em íons cloreto, Cl^-, com carga negativa (redução). A conversão de Fe^{2+} em Fe^{3+} exige a perda de um elétron e a transformação da molécula de cloro em íons cloreto, o ganho de dois elétrons. Logo para as reações em solução, a oxidação envolve a perda de elétrons, como em

$$Fe^{2+} - e = Fe^{3+}$$

e a redução envolve o ganho de elétrons, como em

$$Cl_2 + 2e = 2Cl^-$$

Em outras palavras, no processo de oxidação–redução os elétrons se transferem do agente redutor para o agente oxidante:

A **oxidação** é o processo que tem como resultado a perda de um ou mais elétrons de átomos ou íons.

450 Apêndices

A **redução** é o processo que tem como resultado o ganho de um ou mais elétrons por átomos ou íons.

Um oxidante ganha életrons e se reduz. Um redutor perde elétrons e se oxida.

Em todos os processos de oxidação–redução (ou processos redox) um dos reagentes sofre oxidação e o outro sofre redução porque as duas reações são complementares e simultâneas — uma não pode ocorrer sem a outra. O reagente que sofre oxidação é chamado de agente de redução ou redutor e o reagente que sofre redução é chamado de agente oxidante ou oxidante. O estudo das mudanças de elétrons entre o oxidante e o redutor são a base do método íon–elétron de balanceamento das equações iônicas. A equação é dividida em duas equações parciais balanceadas que correspondem à oxidação e à redução. Lembre-se de que as reações ocorrem em água, logo, além do oxidante e do redutor é preciso levar em conta a presença de moléculas de água, H_2O, íons hidrogênio, H^+, e íons hidróxido, OH^-, que podem ser usados no balanceamento das equações parciais. A reação entre cloreto de ferro(III) e cloreto de estanho(II) em água ilustra este ponto. A equação parcial da redução é

$$Fe^{3+} \rightarrow Fe^{2+} \qquad [A18.1]$$

e a equação parcial da oxidação é

$$Sn^{2+} \rightarrow Sn^4 \qquad [A18.2]$$

As equações devem ser balanceadas pelo número e tipos de átomos e também pelo número de elétrons envolvidos, isto é, a carga elétrica total em cada lado deve ser a mesma. A Eq. (A18.1) pode ser balanceada pela adição de um elétron no lado esquerdo:

$$Fe^{3+} + e \rightleftharpoons Fe^{2+} \qquad [A18.3]$$

e a Eq. (A18.2) pela adição de dois elétrons no lado direito:

$$Sn^{2+} \rightleftharpoons Sn^{4+} + 2e \qquad [A18.4]$$

Estas equações parciais devem então ser multiplicadas por coeficientes que igualem o número de elétrons nas duas equações. Assim, a Eq. (A18.3) deve ser multiplicada por dois para dar

$$2Fe^{3+} + 2e \rightleftharpoons 2Fe^{2+} \qquad [A18.5]$$

Adicionando as Eqs. (A18.4) e (A18.5) temos

$$2Fe^{3+} + Sn^{2+} + 2e \rightleftharpoons 2Fe^{2+} + Sn^{4+} + 2e$$

e cancelando os elétrons comuns a ambos os lados, podemos obter a equação iônica simples

$$2Fe^{3+} + Sn^{2+} = 2Fe^{2+} + Sn^{4+} \qquad [A18.6]$$

A tabela a seguir mostra as equações parciais de alguns oxidantes e redutores. No caso de reações de oxidação–redução siga as seguintes cinco etapas:

1. Determine os produtos da reação.
2. Escreva a equação parcial do oxidante.
3. Escreva a equação parcial do redutor.
4. Multiplique cada equação parcial por um fator que compense os elétrons de cada lado quando elas forem adicionadas.
5. Adicione as equações parciais e cancele os termos que aparecem em ambos os lados da equação.

Com estes procedimentos, os conceitos de equivalentes e normalidades podem ser facilmente aplicados à maior parte das reações. Existem outras formas de ver estes conceitos e tratamentos mais completos podem ser encontrados nos livros de química tradicionais.

Substância	Equação iônica parcial
Oxidantes	
Permanganato de potássio (ácido)	$MnO_4^- + 8H^+ + 5e \rightleftharpoons Mn^{2+} + 4H_2O$
Permanganato de potássio (neutro)	$MnO_4^- + 2H_2O + 3e \rightleftharpoons MnO_2 + 4OH^-$
Permanganato de potássio (fortemente alcalino)	$MnO_4^- + e \rightleftharpoons MnO_4^{2-}$
Sulfato de cério(IV)	$Ce^{4+} + e \rightleftharpoons Ce^{3+}$
Dicromato de potássio	$Cr_2O_7^{2-} + 14H^+ + 6e \rightleftharpoons 2Cr^{3+} + 7H_2O$
Cloro	$Cl_2 + 2e \rightleftharpoons 2Cl^-$
Bromo	$Br_2 + 2e \rightleftharpoons 2Br^-$
Iodo	$I_2 + 2e \rightleftharpoons 2I^-$
Cloreto de ferro(III)	$Fe^{3+} + e \rightleftharpoons Fe^{2+}$
Bromato de potássio	$BrO_3^- + 6H^+ + 6e \rightleftharpoons Br^- + 3H_2O$
Iodato de potássio (solução ácida diluída)	$IO_3^- + 6H^+ + 6e \rightleftharpoons I^- + 3H_2O$
Hipoclorito de sódio	$ClO^- + H_2O + 2e \rightleftharpoons Cl^- + 2OH^-$
Peróxido de hidrogênio	$H_2O_2 + 2H^+ + 2e \rightleftharpoons 2H_2O$
Dióxido de manganês	$MnO_2 + 4H^+ + 2e \rightleftharpoons Mn^{2+} + 2H_2O$
Bismutato de sódio	$BiO_3^- + 6H^+ + 2e \rightleftharpoons Bi^{3+} + 3H_2O$
Ácido nítrico (concentrado)	$NO_3^- + 2H^+ + e \rightleftharpoons NO_2 + H_2O$
Ácido nítrico (diluído)	$NO_3^- + 4H^+ + 3e \rightleftharpoons NO + 2H_2O$
Redutores	$H_2 \rightleftharpoons 2H^+ + 2e$
Hidrogênio	$Zn \rightleftharpoons Zn^{2+} + 2e$
Zinco	$H_2S \rightleftharpoons 2H^+ + S + 2e$
Sulfeto de hidrogênio	$2HI \rightleftharpoons I_2 + 2H^+ + 2e$
Iodeto de hidrogênio	$C_2O_4^{2-} \rightleftharpoons 2CO_2 + 2e$
Ácido oxálico	$Fe^{2+} \rightleftharpoons Fe^{3+} + e$
Sulfato de ferro(II)	$H_2SO_3 + H_2O \rightleftharpoons SO_4^{2-} + 4H^+ + 2e$
Ácido sulfuroso	$2S_2O_3^{2-} \rightleftharpoons S_4O_6^{2-} + 2e$
Tiossulfato de sódio	$Ti^{3+} \rightleftharpoons Ti^{4+} + e$
Sulfato de titânio(III)	$Sn^{2+} \rightleftharpoons Sn^{4+} + 2e$
Cloreto de estanho(II)	$Sn^{2+} + 6Cl^- \rightleftharpoons SnCl_6^{2-} + 2e$
Cloreto de estanho(II) (na presença de ácido clorídrico)	$H_2O_2 \rightleftharpoons 2H^+ + O_2 + 2e$
Peróxido de hidrogênio	

Indice

As seguintes abreviações são usadas:
aa = absorção atômica, fl = fluorimetria, sep = separação, am = amperometria, g = gravimetria, sol = solução, cr = cromatografia, af = alta freqüência, pad = padronização, clm = coulometria, ir = infravermelho, temp = temperatura, cdm = condutimetria, p = potenciometria, T = tabela, prep = preparação, t = térmico, eg = eletrogravimetria, esp = espectrofotometria, ti = titulometria, em = espectrografia de emissão, es = extração com solvente, V = voltametria, ec = emissão de chama, RMN = ressonância magnética nuclear.

1,10-Fenantrolina, 120, 233
1,10-Fenantrolina/Sulfato de ferro(II), *ver* ferroína
1-Naftolbenzeína, 198
1-Naftolftaleína, 189, 190
2,3-Dimetil-1-Fenil-5-Pirazolona, *ver* fenazona
2,4,6-Trinitro-Fenol, determinação de (clm), 282
4-Nitro-Benzeno-Azo-Orcinol, 367
4-Nitro-Fenol, 189, 190, 191
8-Hidróxi-Quinolina, 121, 259

A

Ablação, 2
    por centelha, 348
    por laser, 348
Absorbância, 353
    aditividade de, 379
    características de cromóforos comuns (T), 442
    conversão para transmissão, 353, 377
Absorção de fundo, 334
Absorciômetros, 356
Aceptor de elétrons, 12
Acetilacetona, 163
    tautomeria ceto-enólica em, 323
Acetofenona, 406
Acetona, determinação de, em 2-propanol (ir), 399
Acetonitrila, 198
Ácida, solução, 10
Acidez mineral equivalente, 129
Acidimetria e alcalimetria, 175
    teoria de, 187-190
Ácido(s), 10
    1,2-diamino-ciclo-hexano-N,N,N',N'-tetraacético (DCTA) ou (CDTA), 216
    1,2-diamino-etanotetracético, *ver* EDTA
    2,2'-etilenodioxi-bis(etiliminodiacetico), *ver* EGTA
    acético
        glacial, 198
        determinação de, 204
        gravidades específicas de concentrações em água (T), 434
    acetil-salicílico (aspirina), determinação de (ti), 203
    ascórbico, determinação de (ti), 244
        em suco de frutas (V), 311
    bórico, determinação de (ti), 199
    cítrico, 195
    clorídrico, 56
        concentração de HCl em ácido concentrado (ti), 226
        gravimetricamente como cloreto de prata, 260-261
        padronização de, por um método iodométrico (ti), 240
    concentração de ácidos comuns (T), 434
    conjugado (base), 11
    constantes de dissociação de (T), 437-438
    crômico, 40
    de Lewis, 12
    duros, 26
    e bases de Lewis, 28
    etilenodiaminotetracético (sal de dissódio), *ver* EDTA
    fluorídrico, 56
    fortes, 11
    fosfórico, neutralização do, 195

fracos, 11
fúlvico, 2
gravidades específicas de ácidos (T), 434
húmico, 2
ionização de, 12
moles, 26
N-fenil-antranílico, 233, 236, 237
    preparação da solução do indicador, 236
nitrilotriacético, 27
nucléicos, 144
orgânico, determinação da massa molecular relativa, 202
ortofosfórico, 195
padronização de, 175
perclórico
    oxidação com, 56
    titulação de (impossível em água), 205
poliprótios, 11, 13
succínico, 202
sulfuroso, 194
teoria de Brønsted-Lowry, 11
titulação de (clm), 206
    com o íon hidroxila (cm), 206
tricloro-acético, determinação de (clm), 282
tripróticos, 195
valores de pK em água (T), 437
Acompanhamento de íons simples e múltiplos (SIM), 414
Acompanhamento de reações selecionadas (SRM), 427
Acoplamento, 319
Acurácia, 5, 6, 64, 112
    absoluta, 64
    comparada, 64
Adições
    diretas, 323
    padrões, 65, 73, 170, 300, 310, 312, 336, 395
        intervalo de confiança em, 73
Administração da saúde e segurança ocupacional, 36
Adrenalina, determinação da pureza, 204
Adsorção, 130
Adsorventes sólidos, 94
Adulteração de alimentos, 416
Afinidade, 131
Ágar
    ponte de cloreto de potássio-ágar, 303
    ponte de nitrato de potássio-ágar, 227
Agência de proteção ambiental (EPA - Environmental Protection Agency), 96
Agente(s)
    complexante competitivo, 119
    de demascaramento, 209
    de liberação, 333, 340
    de mascaramento, 6, 122, 208
    de secagem, comparação de eficiências de (T), 50
Agitação, durante a eletrólise, 278
Agitador magnético, 51
Água
    de alta pureza, 46
    de hidratação, determinação de, pelo método de Karl Fischer, 254
    desionizada, 45
    determinação com o reagente de Karl Fischer, 254
    determinação da dureza (ti) (p), 215, 219
    legislação, 103
    produto iônico da, 10, 18

purificada, 44
régia, 56
volume de 1 grama em várias temperaturas (T), 43
Ajuste de matrizes, 333
Alaranjado de metila, 189, 190
Alaranjado de xilenol, 211
Alargamento Doppler, 326
Aleatoriedade, 76
Albumina de serum humano imobilizada (soroalbumina humana imobilizada), 157
Alcalina, 10
Álcoois de açúcar, derivatização e quantificação, 172
Algarismos significativos, 66
Algoritmos de ligação, 86
Altura equivalente de um prato teórico (HPLC), 133
Alumina, 130
Alumínio, determinação de
    como complexo de tris(acetilacetonato), 172
    como oxinato (g), 260
    método fluorimétrico (fl) (T), 368
    por EDTA, 212
    por eriocromo cianina R, (esp) (T), 367
Amarante, 245
Amarelo de alizarina R, 189-191
Amarelo de metila, 190
Aminas (primárias), determinação de, 204, 206
    método da naftoquinona (esp), 376
    método de diazotação (esp), 376
Amônia, determinação de
    com o reagente de Nessler, 369
    concentração de soluções de (T), 434
    em um sal de amônio, 199
Amônio, determinação de, como tetrafenil-borato (g) (T), 263
Amostra(s)
    difusivas, 96
    média, 109
    pré-concentração, 106
    solução de, 336
    variação entre, 113
    variação na, 113
Amostragem, 1
    composta, 105
    constante, 111
    de sólidos, 109
    discreta, 104
    erros em (t), 91
    no campo, 106
    plano de, 109
Ampère, 277
Amperostato, 180
Analisador(es)
    de foco duplo, 410
    de massas, 409
        com microfeixes de íons, 415
    de microfeixe de laser, 415
    de Miran, 99
    de setor magnético, 409
    de tempo de vôo (TOF), 412
Análise(s)
    aproximada, 2
    colorimétrica, 351
        considerações gerais, 364
        procedimento, 365

Índice 453

seleção de solvente, 365
com microssonda eletrônica, 4
coulométricas, 277, 281-282
  primárias, 281
  secundárias, 281
de controle, 65
de drogas, 136
de massas, 400
de peróxidos (ti), 235
de solda, com EDTA (ti), 217
de traços, 2
de variância (ANOVA), 74
  em duas direções, 76
  em uma direção, 75
do espaço confinado, 163
do gás desprendido (EGA), 265
  análise de gases, 268-269
em espaço confinado, 107, 116
em tempo real, 97
enzimática, 366
espectrográfica, *ver* espectroscopia de emissão de chama
extrativa, *ver* voltametria extrativa anódica
fatorial, 87
fluorimétrica
  aplicações da, 367
  determinações por
    alumínio (T), 368
    cálcio (T), 368
    codeína (e morfina), 383
    quinina, 383
    vitamina A (T), 372
  discussão geral da, 354
  instrumentos para, 361
gravimétrica, 3
  discussão geral de, 257
  técnica de, 257
  teoria de, 257
não-destrutiva, 4
parcial, 2
polarográfica
  ac senoidal, 304, 306
  aparelhagem básica de, 295, 301
  aplicações de, 306
    de compostos inorgânicos, 306
    de compostos orgânicos, 307
  avaliação de resultados quantitativos, 299
  capilares para, 296, 302
  células para, 302, 303
  corrente de difusão, 304
  corrente direta, 295, 301
  detector, 156
  determinação do potencial de meia-onda (cádmio), 309
  eletrodo de mercúrio de gota pendente (estática), 302
  eletrodo de mercúrio gotejante, 302
  eletrólito de suporte, 298
  equação de Ilkovic, 297
  influência do oxigênio dissolvido, 296, 300
    investigação da, 310
  introdução à, 299
  limites de detecção, 305
  onda quadrada, 305
  princípios da, 297
  princípios teóricos, 297
  pulso normal, 304
  técnica quantitativa, 299
  usos típicos de
    determinação de ácido ascórbico em suco de frutas, 311
    determinação de cádmio, 309
    determinação de cobre e zinco em água corrente, 310-311
    determinação de nitrato via nitro-fenol (V), 312
  velocidade de varredura, 305
  voltametria extrativa, 312
por ativação, 4
por componentes principais, 85, 87
por diluição isotópica, 417
por formação de grupos, 85
  hierarquizada por grupo, 85
por injeção em fluxo, 368
  aplicações, 368
qualitativa, 1, 3
quantitativa, 1, 3
  em HPLC, 158
química, 1
repetidas, número de, 70-71
térmica diferencial (DTA), 3, 265
  aplicações, 273
  curvas de, 271
  fatores experimentais, 273

instrumentação, 271
  TG simultâneos, 272, 274
termogravimétrica, 265
termomecânica (TMA), 265
titrimétrica, 3, 174
  classificação de reações em, 175
  condições que deve ter uma reação para uso em, 174
  considerações teóricas, 174
  padrões primários e secundários para, 176
  volumétrica, 174
Analito, 115
Anidrido acético, 203
Anilina e etanolamina, determinação de (ti), 205
Anodo, 278, 296
Antimônio, determinação de, como pirogalato de antimônio(III) (g) (T), 263
  com bromato de potássio (am), 253
  com iodato de potássio (ti), 245
  com iodeto de potássio (esp) (T), 367
Antipirina, *ver* fenazona
Aparelhagem
  de aço inoxidável, 48
  de ferro, 48
  de metal, 47-48
  de níquel, 48
  de plástico, 46
  de porcelana, 46
  de prata, 48
  de sílica, 46
  titulométrica, *ver* vidraria aferida
  volumétrica, *ver* vidraria aferida
Aquecedor de imersão, 49
Arsênio, determinação de
  com iodato de potássio (ti), 245
  com iodeto (am), 253
  como trissulfeto (g) (T), 263
  em solos contaminados (aa), 342
  pelo método do azul de molibdênio (exp), 370
Aspirina, cafeína e fenacetina, determinação de, *ver também* ácido acetil-salicílico, 203
  por HPLC, 159
  por RMN, 323
Atividade, 8
  coeficiente de, 8, 10, 17
Atomização
  na chama, desvantagens da, 328
  não-isotérmica (aa), 329
  plataforma, 329
  sonda de grafite, 330
Atomizadores eletrotérmicos, *ver* forno de grafita
Auto-absorção na espectroscopia de emissão de chama, 346
Automação, 255
  sistemas comerciais, 255
  vantagens da, 255
Auxocromo, 362
Azolitmina (tornassol), 189
Azul
  de bromofenol, 142, 189-190
  de bromo-timol, 190
  de cresil brilhante, 189-190
  de metileno (T), 233
  de metil-timol, 211
  de timol, 189-190, 199
  de variamina, 211

B

Balança
  analítica, 36
  eletrônica, 36
  prato único, 36
  tara, 36
Balões aferidos, 39
Bandas características no infravermelho (T), 443
Banho de ar, 49
Bário, determinação de
  com EDTA (ti), 213
  como cromato (ti), 236
  como sulfato (g), 262
Base(s), 10
  constantes de dissociação, 438
  de Brønsted-Lowry, titulação com ácidos fortes, 195, 211
  duras, 26
  fortes, 11
  fracas, 11
  ionização de, 12
  Lewis, 12
  molal, definição de, 292
  moles, 26

pKa em água (T), 437
  teoria de Brønsted -Lowry, 11
  titulação com íons hidrogênio (clm), 207
Bécheres, 46
Belemnitella americana, 416
Berílio, determinação de
  com 4-nitro-benzeno-azo-orcinol (esp) (T), 367
  como complexo com acetilacetona, 163
  como óxido (g) (T), 263
Bibliotecas de espectros, em espectrometria de massas, 426
Bio-Gel, 131, 146
Biopolímeros, 147
Bismuto, determinação de
  com EDTA (ti) (am), 219
  como oxiiodeto (g) (T), 263
  pelo método do iodeto de potássio (esp) (T), 367
Blindagem, 318
Bomba(s)
  frascos de digestão ácida, 337
  turbomolecular, 402
Bombardeio com átomo rápido (FAB), 406
Borato, determinação de, como tetrafluoro-borato de nitron (g) (T), 263
Bórax, *ver* tetraborato de sódio
Boro, determinação de, 371
  com 1,1'-diantrimida (esp), 371
  em aços (esp), 372
Branco, definição de, 338
Bromatos, determinação de, *ver também* solução de bromato de potássio
  como brometo de prata (g) (T), 263
Brometos, determinação de
  com mercúrio(I) (clm), 228
  com nitrato de prata (ti), 224
  com o íon prata (clm), 228
  como brometo de prata (g) (T), 263
  pelo método de Volhard (ti), 226
Bromo, espectro de massas do, 418
Buckminsterfulereno, 409
Bureta(s), 42, 174
  com dispositivo automático de enchimento, 55
  de pistão, 43
  leitor, 43
  lubrificante de torneira, 42
  peso, 43

C

Cadinhos, *ver também* utensílios de platina
  filtrantes, 51
  de porcelana, 46, 59
Cádmio, determinação de,
  com EDTA (ti), 214
  com oxina (ti), 247
  como metal (eg) (T), 280
  como quinaldato (g) (T), 263
  em solos contaminados (aa), 342
  por polarografia, 296, 309
Cafeína, determinação de, com aspirina e fenacetina (rmn), 323
Calceína (ácido fluoresceínoiminodiacético), agente de quelação para cálcio, 368
Calcicromo (T), 211, 216
Calcinação
  de precipitados, 60
Cálcio
  determinação de
    com calceína (fl) (T), 368
    com CDTA (ti), 216
    com EDTA (p), 213
    como carbonato via oxalato (g) (T), 263
    como oxalato (g) (T), 263
    como óxido via oxalato (g) (T), 263
    em calcáreo ou dolomita (t), 271
    na presença de bário (ti), 216
    na presença de chumbo com EDTA (ti), 215
    na presença de magnésio com EGTA (ti), 215
    na presença de magnésio em água corrente (aa), 340
    por absorção atômica de chama (aa), 340
    e magnésio em dolomita, determinação de (t), 271
  eletrodo seletivo para, 218
Calculadoras, 66
Calibração
  de aparelhagem, 43
  de balões aferidos, 43
  de buretas, 44
  de instrumentos, 65
  de pesos, 37
  de pipetas, 44

454 Índice

Calorimetria de varredura diferencial (DSC), 3, 265
  análise de misturas de fibras de polímeros, 273
  fatores experimentais, 273
  instrumentação, medida do fluxo de calor, 271-272
    compensação de potência, 271-272
    modulada, 272
  pureza de compostos fármacos, determinação da, 275
  sulfato de cálcio em cimento, decomposição de, 275
Câmara
  de colisão, 427
  seca, 50
Capilares de sílica fundida, 135, 164
Captura de elétrons, 405
Carboidratos, separação de, 142, 202
Carbonato
  de sódio
    como substância padrão, 176
    escolha de indicadores para, 196
  determinação de (g) (T), 263
  e hidrogenocarbonato, determinação de, em misturas (ti), 199
Carbono orgânico total (TOC), determinação de, 171
Carga limite da coluna, 153
Catalisadores, 9
Catarômetros, 166
Catodo, 278, 295
CDTA (ácido trans-1,2-diamino-ciclo-hexano-N,N,N',N'-tetraacético), 27, 216
Célula(s)
  cavidade de camada rasa (clm), 283
  de concentração, 30, 284
    f.e.m de, 278
    polarização, 278
    sobrepotencial, 278-279
  de Daniell, 30
  de oxidação-redução, 31
  eletrolíticas, 278
  em coulometria, 180, 282
  em H, 303
  em oxidação-redução, 31
  em separações eletrolíticas, 279
  em titulações
    amperométricas, 184
    de Karl Fischer, 254
    espectrofotométricas, 186
    potenciométricas, 177
    fotoemissivas, 356
    polarográficas, 303
Celulose microcristalina, 140
Centrífugas, 52
Cério, determinação de, como óxido, via iodato (g) (T), 263
Chamas
  de combustão, 327
  temperaturas das (T), 327
Chromatags, 158
Chumbo, determinação de
  com dicromato de potássio (am), 229
  com ditizona (esp) (T), 367
  como cromato (g) (ti), 236, 261
  como dióxido (eg), 280
  como Metal (eg) (T), 280
  e cálcio por EDTA (ti), 216
  e estanho por EDTA (ti), 217
  em água corrente (V), 315
  em metal de resistência (eg), 280
  em soldas (ti), 217
  em solos contaminados (aa), 341
Ci/Ei alternante (ACE), 406
Cianeto
  de metila, *ver* acetonitrila
  determinação de, como cianeto de prata (g) (T), 263
Ciclo fotossintético C_4, 416
Ciclodextrinas, 157
Ciclo-hexeno (clm), 252
  determinação de (ir), 398
Classificação
  de Schwarzenbach, 25
  de Snyder, 149
Cloranilato de tório, 367
Clorato, determinação de
  com tiossulfato de sódio (ti), 242
  como cloreto de prata (g) (T), 263
Cloreto(s)
  de dansila, 158
  determinação de
    com cloranilato de mercúrio(II) (esp), 374
    com mercúrio(I) (clm), 228
    com nitrato de prata (p) (ti), 224, 228
    com o íon prata (clm), 228
    com tiocianato de mercúrio(II) (esp), 374

    como cloreto de prata (g) (T), 264, 265
    pelo método de Volhard (ti), 225
Cloridrato de quinolina, 201
Cloro
  disponível, *ver* pó alvejante
  espectro de massas do, 418
Cloro-Etano, 402, 418
Cobalto
  determinação de
    com EDTA (ti), 214
    com sal nitroso-R (esp) (T), 367
    como mercúrio e tiocianato (g) (T), 263
    como metal (eg) (T), 280
  separação de, do níquel (clm), 282
Cobre
  determinação de
    com EDTA (esp), 220
    com iodato de potássio (ti), 245
    com oxalil-hidrazona (ciclo-hexanona), 367
    com sulfato de cério(IV) (ti), 237
    com tiossulfato de sódio (p) (ti), 242, 251-252
    como metal (eg) (T), 279, 280
    como tiocianato de cobre(I) (g) (T), 263
    em cloreto de cobre(I) (ti), 238
    em solos contaminados, metal total (aa), 342
      metal disponível (aa), 342
    em sulfato de cobre (p) (ti), 238, 242, 251-252
  e zinco em água corrente, determinação de, por polarografia com pulso diferencial, 310
  eletrodo seletivo, 219
  separação de, de níquel (eg), 280
Codeína e morfina, determinação de, 383
Coeficiente
  de absorção, 353
    específico, 353
    molar, 353
  de correlação, 71
    de Pearsons, 71
    valores críticos de (T), 446
  de difusão, 297
  de extinção molar, *ver* de absorção molar
  de partição, 117, 119
  de separação, 118
  de variação, 66
Colesterol, determinação de, na maionese, 382
Colorímetros,
  filtros ópticos, 357
  fotoelétricos, *ver* colorímetros e espectrofotômetros, 356
Coluna(s)
  capilares, 164, 423
  abertas com camada porosa (PLOT), 165
  abertas com paredes recobertas (WCOT), 164
  com suporte recoberto (SCOT), 164
  de guarda, 153
  de HPLC de microdiâmetro, 153, 424
  em cromatografia a gás, 163
  em cromatografia líquida, 148
  recheadas, 163
Combustores
  de Bunsen, 48
  de Meker, 48
Comparação
  de médias, 70
  de precisões, 69
Completeza da deposição, 279
Complexação, 24
  quelação, 24
Complexo(s), 207
  estabilidade, 28
  lábeis, 26
  por associação iônica, 119
  zinco-EDTA, preparação de, 215
Complexonas, 26
Composição da chama (aa), 328
Compostos orgânicos, determinação de, 207
Comprimentos de onda
  cores aproximadas, 351
  limites de vários tipos de radiação, 351
  unidades de, 352
Computadores, 66
Concentração
  de cátions em água, determinação de, 129
  de íon hidrogênio, *ver também* pH, 14
    em sais hidrolisados, 17
    em soluções tampões, 15
  de soluções em água, ácidos comuns e amônia (T), 434
  máxima permitida (MAC - Maximum Allowable Concentration), 103
Cone e quartos, 112
Conjunto de fotodiodos, 136, 155, 357

Constante(s)
  aparente de indicador, 188, 190, 210
  de dissociação (ionização), 8, 12, 19
    de ácidos polipróticos, 13
    determinação de, de íons complexos, 119, 299
    valores de, de ácidos e bases em água (T), 438
  de distribuição, 117
  de estabilidade
    aparentes (condicionais), 28
    condicional, 28
    de complexos, 28
    por etapas, 21
  de Faraday, 278
  de hidrólise, 17
    e grau de hidrólise, 17
  de indicadores, de ácidos e bases (T), 437
  de instabilidade, de complexos, 299
  de ionização de indicadores, *ver também* constantes de dissociação (T), 146, 189
  de velocidade, 7
Controle de qualidade, 1
Cores
  complementares (T), 357
  comprimentos de onda aproximados, 351
Correção
  de fundo (aa)
    arco de deutério, 334
    efeito Zeeman, 334
    sistema de Smith-Hieftje, 335
  de radiação de fundo segundo Smith-Hieftje (aa), 335
Correlação espectral, 420
Corrente
  catalítica, 308
  cinética, 307
  de adsorção, 308
  de condensador, *ver* corrente residual
  de convecção, 297
  de difusão, 183, 297
  de migração, 297
  limite, 297
  residual, 298
COSHH — Control of Substances Hozardous to Health, 36, 92
Coulomb, 277, 281
Coulometria, 3
  em corrente constante, 178
  em potencial controlado, 281
    avaliação de, 283
    células eletrolíticas para, 281
    corrente em, 281
    remoção de traços de impurezas, 282
    separação de cobalto e níquel por, 282
    técnica geral de, 282
  preditiva, 283
  regime de fluxo, 283
Coulômetro, 281
Cresóis, determinação de, em misturas (ir), 398
Cristal violeta, indicador, 198
Cristalização, 123
Cromato de potássio, como indicador, 222-223
Cromatografia, 4, 6
  a gás
    aparelhagem para, 160
    com temperatura programada, 169
    de quelatos de metais, 172
    derivatização em, 162
    detectores para (T), 165
    empacotamento de colunas para, 163
    espectrometria de massas, 423
    procedimento quantitativo por, 170
  com fase gasosa, 160
    GC-FTIR, sistema 396
  com fase ligada, 145
  com filtração em gel, 146
  com fluido supercrítico (SFC), 426
  de exclusão, 146
    por volume, 146
  de partição, 145
  de troca iônica, 146
  em camada fina, 138
    alta resolução, 140
  em fase reversa, 145
  em papel, *ver* em camada fina
  gasosa com pirólise, 162
  iônica, 131
  líquida de alta eficiência (HPLC), *ver também* cromatografia, 144
    análise quantitativa por, 158
    bombas, 151
    de membrana, 152

Indice   455

coluna, 152
  derivatização em, 158
  detectores de, 153-154
  empacotamento com suspensão, 153
  equipamento para, 148
  espectrometria de massas, 424
  introdução da amostra, 152
  quiral, 157
  "normal", 145
  por adsorção, 144
  por afinidade, 157
Cromatogramas, 165
Cromo
  determinação de
    com difenilcarbazida (esp), 372
    com ferro(II) via dicromato (ti), 236
    como cromato de chumbo (g) (T), 263
    em aços, 372
    em sais de cromo(III) (ti), 236
    e manganês, determinação simultânea de (esp), 378
Cromo(III), determinação de, na presença de ferro(III) (ti), 216
Cromóforos, 362
  absorção eletrônica de, 442
Cubetas, 359
Curva
  corrente-voltagem, 297
  de absorção, determinação de
    ácidos benzóicos substituídos, 378
    com um espectrofotômetro, de hidrocarbonetos aromáticos, 380
    dicromato de potássio, 379
    nitrato de potássio, 377
    permanganato de potássio, 379
  de calibração, 71
    em espectrofotometria, 335
    testes estatísticos para, 71
  de neutralização, 191
    de um ácido forte e uma base forte, 207
    de um ácido forte e uma base fraca, 193
    de um ácido fraco e uma base forte, 192
    de um ácido fraco e uma base fraca, 194
    de um ácido poliprótico e uma base forte, 194
  de oxidação-redução, 231
  de probabilidade, *ver* distribuição normal
  de titulação
    amperométricas, 183
    com EDTA (curvas de pM), 207
    de oxidação-redução, 231
    de reações ácido-base, 196
    de reações de formação de complexos, 208
    de reações de precipitação, 222
    espectrofotométricas, 187
    padrões, em espectrofotometria, 364
  termogravimétrica derivada (DTG), 266
    carbonatos de sódio e hidrogenolftalato de potássio, 269
    curvas derivadas de (DTG), 266
    sulfato de cobre penta-hidratado, 265
    TG e DTA combinados, 274
      tungstato de sódio, 274

D

Dalton, 400
Datação
  de radiocarbono, 416
  geoquímica, 416
Decaimento da indução livre, 320
Degasamento de solventes, 149
Demanda química de oxigênio, determinação da, 236
Dendograma, 86
Densidade óptica, *ver* absorbância
Densitômetros, 138-139
  de varredura, 141
Deposição
  completeza da, 279
  potenciais de metais, 279
Derivatização, 158, 163
  depois da coluna, 158
  em cromatografia a gás, 162
  líquida, 158
Deslocamento
  batocrômico, *ver* deslocamento para o vermelho
  para o vermelho, 362
  químico, 318-319
Desmascaramento seletivo, 209
Despolarização do catódico, 279
Dessecadores, 49
  a vácuo, 50

Dessorção
  por ionização química (DCI), 403
  térmica, 96
Desvios-padrão, 66, 109
  agrupado, 70
  relativos, 66, 90, 111
Detecção
  indireta no UV, 146
  por quimioluminescência, 155
Detector(es)
  com multiplicação de elétrons, 413
  de captura
    de elétrons, 166-167
    de íons, 411
  de chama fotométrico, 167
  de cintilação, 413
  de condutividade térmica, 166
  de Daly, 413
  de diodo de silício, 357
  de emissão termoiônica, 167
  de enxofre (CG), 167
  de faixa linear, 154, 165
  de fio aquecido, 166
  de fluorescência (T), 155
    induzida por laser, 155
  de fósforo, 167
  de fotoionização (PID), 99, 168
  de índice de refração, 155
  de ionização de chama, 166
  de luminescência, 155
  de nitrogênio, 167
  de propriedades
    do soluto, 154
    macroscópicas, 153
  de transferência de carga, 154
  de ultravioleta, 154
  do vaso de Faraday, 413, 416
  eletroquímicos, 156
  para CG (T), 165
  para eletroforese capilar, 136
  para emissão atômica, 168
  para espectrometria, 332
  para HPLC (T), 154
  para infravermelho, 390-391
Detergentes
  aniônicos, determinação de (esp), 376
  determinação de, *ver* detergentes aniônicos
Determinação
  do branco, 65
  espectrofotométricas, 381
    análise de uma preparação farmacêutica, 381
    determinação da concentração de nitrato de potássio, 377
    determinação de curva de absorção, 377
    determinação simultânea de cromo e manganês, 378
    iodométrica para a padronização de ácidos fortes, 240
  paralelas, 65
  repetidas, confiança em, 68
  simultânea espectrofotométrica de cromo e manganês, 378
  termogravimétricas, 269
    cálcio e estrôncio como carbonatos, 269
    cálcio e magnésio como oxalatos, 269
    oxidação da liga samário/cobalto (Co_5Sm), 270
Deutério, correção de fundo (aa), 334
Diagramas de níveis de energia, 325
Diálise, 129
Dicloridrato de sulfanilamida-*N*-(1-naftil)-etilenodiamina, 367
Dicloro-Fluoresceína, 223-224
Dicloro-Metano, 402
Dietil-Ditiocarbamato de sódio, 121
Difenilamina, 233
Difenil-tiocarbazona, 122
Difusão longitudinal, 133
Digestão de precipitados, 258
Diluição isotópica, 4, 66
Dimetil-Formamida, 198
Dimetilglioxima, 259, 367
Dioxano, 198
Dióxido
  de enxofre, 100
  de nitrogênio, 101
Dispersão de fluxo, 133
Dispersividade, 147
Dispositivo
  de injeção da amostra, 403
  de injeção de carga (em), 349
  de introdução direta, 403
Dissociação
  eletrolítica, 10
  induzida por colisão (CID), 427
Dissolução em microondas, 337

Distância
  de Manhattan, 86
  euclidiana, 85
Distribuição
  F, 445
  gaussiana, 68
  normal, 68
Ditiol, 367
Ditizona, 122, 367
Ditizonatos, 119
Dme, *ver* eletrodo de mercúrio gotejante
Dolomita, cálcio e magnésio em, determinação de (t), 271
Drift, *ver* refletância difusa
Dureza da água, determinação da
  com EDTA, 215
  permanente, 215
  temporária, 215
  total, 215

E

EDTA, 26
  agentes de mascaramento para titulações, 208
  análise térmica de, 269
  constantes de estabilidade de complexos de metais (T), 28
  curvas de titulação, 207
  desmascaramento, 209
  estabilidade de complexos de metais, efeito do pH (T), 27
  indicadores metálicos para titulações, 208-209
  ionização de, 27
  mascaramento cinético, 209, 216
  métodos diversos, 208
  preparação
    de soluções padrões, 211
    do complexo de magnésio, 213
  procedimentos resumidos (T), 214
  purificação de, 210
  remoção de ânions, 209
  soluções padronizadas, 210
  soluções-tampão para titulações (T), 214
  tipos de titulação, 207
  titulação(ões)
    com o eletrodo de mercúrio (p), 218
    de misturas com, 208
    de substituição, 208
    diretas, 208
    do excesso, 207
Efeito(s)
  de interação, 78
    cálculo de, 80
    representação gráfica, 80
  de íon comum, efeitos quantitativos de, 21
  de matriz, 63, 115, 333
  de nivelamento, 197
  de sal, 20
  de tampão, 15
  de transferência de massa, 133
  quelato, 26
Eficiência da coluna, 156, 164
Ega, *ver* análise do gás desprendido
EGTA, 27, 215
Eigenvalores, 87
Eigenvetores, 87
Eixos abstratos, 87
Elementos em solos contaminados, determinação de (aa), 341
Eletroanálise *ver* eletrólise, eletrogravimetria
  com potencial controlado, 279
    aparelhagem para controle do potencial do eletrodo, 279
    considerações gerais, 279
    determinação de metais em ligas por, 280
    eletrodo auxiliar para, 279
Eletrodeposição, completeza de, 277, 279
Eletrodo(s)
  auxiliares, 180, 206
    isolado, 207
  contra-eletrodos, 296
  de calomelano, 30, 176, 180, 285
    formas de, 285
    potencial de, 285-286
    saturado (ECS), 180, 285-286
  de carbono
    vitrificado, 304
    reticular, 283
  de combinação, 286
  de fluoreto de lantânio, 288
  de gota de mercúrio estática, 302
  de gota pendente de mercúrio (HDME), 302, 313
  de grafita, 304
  de hidrogênio, 29, 284, 286

456   Indice

padrão ou normal, 29
preparação de um típico, 284
uso do, 284
de Hildebrand, 284
de membrana, 288-289
de mercúrio
de gota pendente (HMDE), 302, 313
gotejante, 184, 296, 302
desvantagens do, 296
vantagens do, 296
de mercúrio/mercúrio(II)-EDTA, 218
de platina rotatório, 185, 278, 297
de prata-cloreto de prata (T), 30, 285
de referência, 30, 285-286
não-polarizável, 296
de sulfato de mercúrio(I), 285
de troca iônica, 288
de uréia, 291
de vidro, 286
cuidados com, 287
erro alcalino, 287
formas de, 287
operação de, 287
uso de, 286
do primeiro tipo, 284
do segundo tipo, 284
geradores, 180
indicadores, 284-286
de mercúrio gotejante, 184, 296
microeletrodo rotatório, 185
para determinações eletrolíticas
de anodo rotatório, 278
de Fischer, 278
de tecido de platina, 278
platina, 278
platinização de, 285
seletivos a íons, 178, 285-286
baseados em enzimas, 291
cálcio, 218, 289
cobre, 219
como detectores de ponto final, 178
de vidro, composição de (T), 287
disponíveis comercialmente (T), 290
fluoreto, 288, 293
iodeto, 288
limite de detecção, 290
medidores de, 291
membrana sólida (que não são de vidro), 288
seletividade, 287
tampão de ajuste da força iônica total (TISAB), 294
tempo de resposta, 290
transistores de efeito de campo (ISFET), 290
troca iônica, 288
sensíveis a gás, 286, 289
medida de oxigênio dissolvido, 290
Eletroforese, 4, 134
capilar por zona, 135
Eletrogravimetria, 3, 277
Eletrólise
aparelhagem para, 278
com potencial de catodo controlado, 280
corrente constante, 277
determinação de metais pelo procedimento da corrente
constante (T), 279-280
leis da, 277
potencial controlado, 279-280
separação de metais por, 280
técnica da, 279
Eletrólitos, 10
de suporte, 282, 298, 300, 306
Elétrons
como reagente padrão, 179
lentos, 167
Elisa, 106
Empacotamento(s)
de Pirkle (HPLC), 157
pelicular, 146
Empuxo do ar na pesagem, 38
Enantiômeros, 157
Energia cinética, 409
Enriquecimento isotópico, 416
Entalpia, 7
Enxofre, determinação de, 171
Enzimas, 9
Eosina, 223-224
Equação
da resolução, 133
de Boltzmann, 325
de Henderson-Hasselbach, 17
de Ilkovic, 297

de Nernst, 29, 279, 283, 288, 296
de van Deemter, 134, 156
Equilíbrio
constantes de, 7
de reações com EDTA, 26
de reações redox, 31
químico, 8
Equivalentes, 448
cálculo de, equações iônicas simples, 450
de ácidos, 447-448
de agentes oxidantes e redutores, 449
de bases, 447-448
de sais, 449
e normalidades, 448
Eriocromo
azul-negro RC, 368
cianina R, 367
Erro(s)
absolutos, 67
alcalino (eletrodos de vidro), 287
aleatórios, 63
de método, 63
de titulação, 174
determinados ou sistemáticos, 63
indeterminados ou aleatórios, 63
instrumentais e de reagentes, 63
na estimativa da concentração, 73
na inclinação da reta, 72
na interseção da reta, 72
na pesagem, 38
operacionais e pessoais, 63
redução de, 65
relativos, 67
sistemático, 6, 63
tipos de, 63
Especiação, 2
Espectro
de absorção, 361
auxocromos, 362
cromóforo, 362
deslocamento batocrômico, *ver* deslocamento para o vermelho
deslocamento para o vermelho, 362
origens do, 361
de infravermelho
bandas de absorção (T), 443
freqüências de grupos, 387
modos de vibração, 386
de massas, 4, 400, 409
exemplos de emissão espectrográfica, 345
visível, 351
Espectrofluorimetria, 354
altura de picos em, 363
curvas, 362
derivativa, 362
eliminação de interferências, 363
teoria de, 352, 362
Espectrofotômetros
uso dos, 653
Espectrometria de massas, 4
de compostos inorgânicos, 414
de íons secundários (SIMS), 408, 414
de íons secundários em líquidos, 408
de razão isotópica estável (SIRMS), 416
em seqüência, 422, 426
Espectrômetro
apresentação dos dados, 360
células para, 359
de feixe duplo, 360
de feixe simples, 360
de setor magnético com focalização dupla, 405
desenho de instrumentos, 360
fontes de radiação para, 359
Espectros de íons negativos, 406
Espectroscopia
de absorção atômica, *ver também* espectroscopia de emissão de chama, 4, 325
dados de elementos comuns, 339
determinação de cálcio e magnésio em água corrente, 340
determinações, 340
equação básica, 326
estanho em suco de frutas enlatado, 342
instrumentação, 327, 335
interferências, 332
linhas de ressonância de (T), 441
método sem chama, 329
práticas de segurança, 337
procedimento, 335
técnica do vapor frio, 330
teoria, 325

traços de elementos em solos contaminados, 341
vanádio em óleo lubrificante, 341
de emissão, 344
atômica, 344
discussão geral, 344
espectros contínuos, 344
espectros de bandas, 344
espectros de emissão, 344
de chama, *ver também* espectroscopia de absorção atômica, 345
avaliação da, 346
determinação de metais alcalinos por, 350
discussão, 325
espectrais, 332
feixe duplo, 346
instrumentos simples, 345
interferências, 332
ionização, 333
principais componentes, 345
químicas, 333
teoria elementar da, 325
discussão geral da, 4
espectroscopia de emissão de plasma, 346
instrumentação para, 348
qualitativa, 344
quantitativa, primeiros métodos de, 345
teoria da, 325, 344
de energia cinética de íon com massa analisada (MIKES), 426
de fluorescência atômica, 325
equação básica, 327
de infravermelho, 97
2-, 3- e 4-metil-fenóis, determinação de, 398
acetona, determinação de, 399
ácido benzóico, determinação da pureza de, 398
analisadores especializados, 389
aparelhagem e instrumentos para, 389
células para amostras líquidas, 392
passo óptico de, 392
com transformadas de Fourier, 389
detectores piroelétricos em, 391
e cromatografia com fase gasosa, 396
espectrômetro para, 390
razão sinal/ruído em, 390
correlação com a espectroscopia Raman, 389
curva de calibração, preparação de, 398
detectores, 390
métodos de refletância, 396
pastilhas, 396
procedimentos quantitativos, 394
próximo, 397
de ressonância magnética nuclear, 317
acoplamento, 319
aplicações quantitativas de, 322
determinação de aspirina, fenacetina e cafeína em uma pastilha analgésica, 323
determinação de etanol em bebidas alcoólicas, 322
em cervejas por adição padrão, 323
blindagem, 318
deslocamento químico, 318-319
instrumentação, 319
onda contínua, 319
instrumentos pulsados com transformadas de Fourier, 320
materiais de referência para, 318
núcleos, propriedades de alguns (T), 317
preparação da amostra, 321
relaxação, 318
saturação, 318
solventes para (T), 321
teoria da, 317
de RMN
com onda contínua, 319
pulsado com transformadas de Fourier, 320
eletrônica molecular, 351
fotoacústica, 99
Raman, 388
correlação com infravermelho, 389
espalhamento de Rayleigh, 388
instrumentação, 393
polarizabilidade, 389
Estabilidade de detectores, 165
Estanho, determinação de
com chumbo (ti), 217
com ditiol (esp) (T), 367
com EDTA (ti), 214
com *N*-benzoil-*N*-fenil-hidroxilamina (g) (T), 263
em metal de reforço, 280
em solda (ti), 217
em suco de frutas em latas (aa), 342
Ésteres de metila, 420

Índice 457

Estrôncio
  com EDTA (ti), 214
  como hidrogenofosfato (g) (T), 263
Estudos
  com 14C, 416
  de decomposição térmica (TG), 271
    oxalato de cálcio mono-hidratado, 271
    oxalato de níquel di-hidratado, 271
    sulfato de cobre hidratado, 274
    sulfato de cobre penta-hidratado, 271
    DTA, TG de tungstato de sódio di-hidratado, 274
    DTA, TG do sulfato de cobre hidratado, 274
Estufa(s)
  de microondas, 49
  elétricas , 48
Etanol, determinação de (rmn), 322-323
Etanolamina (e anilina), determinação de (ti), 205
Éteres-Coroa, 120
Excitação atômica, variação com o comprimento de onda
  (T), 326
Expoente
  das constantes de dissociação, 13
  do íon hidrogênio, *ver também* pH, 14
  do íon hidróxido, pOH, 15
Extinção, *ver* absorbância
Extração
  com fase sólida (SPE), 107, 132
  com solvente, sistemas líquido-líquido, 6, 107, 117
  por par de íons, 120

F

Fármacos, determinação da pureza de, 275
Fase(s)
  estacionária, 140, 145
  líquidas, 163
  móveis, 140, 145, 148
Fator(es)
  controlados, 76
  de capacidade, 156
  de resposta, 159
  de retardamento, 139
  de seletividade, 156
  não controlados, 76
  níveis de, 78
  qualitativos, 78
  quantitativos, 78
f.e.m
  de células voltaicas, 30, 291
    polarização, 278
  de polarização, 278
  reversa reversível, 278
Fenacetina, determinação da pureza de, 275
  na presença de aspirina e cafeína (RMN), 323
Fenazona, 263
Fenol, determinação de
  com bromato de potássio (ti), 247
  espectrofotométrica, 380
Fenolftaleína, 188-190
Ferricianeto, *ver* Hexacianoferrato(III)
Ferro
  determinação de
    com 1,10-fenantrolina (esp) (T), 367
    com sulfato de cério(IV) (ti), 237
    com tiocianato (esp) (T), 367
    como óxido de ferro(III) (g) (T), 263
    como oxinato (g), 263
    em minério de ferro (ti), 236
  e alumínio, determinação com EDTA (esp), 220
Ferro(II)
  determinação de
    com dicromato de potássio (ti), 236
    com íon cério(IV), (clm), 182
    com sulfato de cério(IV) (ti), 237
Ferro(III)
  determinação de, por EDTA, (esp), *ver também* ferro, 216
    com cromo(III) (ti), 220
  redução de
    com cloreto de estanho(II), 250
    com o redutor de Jones, 249
    com o redutor de prata (T), 250
  solução indicadora, 225
Ferroína, 120, 233
  modificação por substituição (T), 233
  preparação da solução de indicador, 233
Ferromanganês, análise de (ti), 216
Filtração, 105, 116
  em gel, 131
Filtro(s)

de interferência, 357
de luz, para colorímetros, *ver* filtros ópticos
de massas, 400
  de quadrupolo, 410
molecular, 403
ópticos, 357
por cartucho, 52
Fluoresceína, 223-224
Fluorescência, 354
  de raios X, 4
  e concentração, 355
  inibição (quenching), 355
  rendimento quântico de, 354
Fluoretos, determinação de
  com cloranilato de tório (esp) (T), 367
  com eletrodos seletivos para íons, 293
  com nitrato de tório (am) (T), 186
  como cloro-fluoreto de chumbo, 208, 264
Fluorimetria, 4, 354
Fluorímetros, 361
Fluxos, 56
Focalização
  com atraso, 413
  de velocidades, 410
Fonte(s)
  de amostras analisadas e padrões, 435
  de corrente constante, 180
  de íons em espectrometria de massas (T), 404
  de radiação (ópticas), 359
Força(s)
  contra f.e.m., 278
  de ácidos comuns e amônia, 434
  de ácidos e bases, 11
  iônica, 8
Fornecimento de solvente em HPLC, 151
Forno
  de grafita para espectroscopia de absorção atômica, 329
    desvantagens do, 329
    determinação de estanho em suco de frutas por, 342
    vantagens do, 329
  de mufla, 49
Fosfatos, determinação de
  com EDTA, 208, 217
  como molibdofosfato de amônio (g) (T), 264
  como molibdofosfato de quinolina, 201
  pelo método do azul de molibdênio (esp), 375
  pelo método do fosfovanadomolibdato (esp), 375
Fosfito, determinação de
  com cloreto de mercúrio(I), 264
  com cloreto de mercúrio(II) (g) (T), 264
Fosforescência, 354
Fósforo, determinação de, *ver* fosfatos
Fotometria de chama, 4, 325
Fotomultiplicadora, 356
Fração molar, 8
Fragmentos iônicos, 419, 426
  comuns em espectrometria de massas (T), 421
Frasco(s)
  de amostragem de gases, 93
  de Knudson, 104
  de lavagem, 45
  de oxigênio,
    de Schöniger, 57
    uso na análise elementar, 57
  de pesagem, 53
Fucsina (rosanilina), 246, 298
Função de Gibbs, 7
Funil(s)
  de Buchner, 51
  de filtração, 41
  de peneira em ranhuras, 51
  de vidro sinterizado, 51
  filtrante, 52
Fusões, 337

G

Gás(ases)
  combustíveis para fotometria de chama, 327
  de arrasto, 160
  inerte (V), 300
Gelatina, 298
Geração de hidreto, 330
  determinação de arsênio em solos contaminados, 342
  elementos determinados por, 330
Glicerol, 199
  determinação em suco de frutas, 382
Glicoproteína alfa-1-ácido, 158
Glicose, determinação de, com enzimas como eletrodos, 253

Gorduras, determinação do valor de saponificação (ti), 203
Gradiente de eluição, 150
Gráfico
  de altura da onda versus concentração, 300
  de Gran, 177, 294
Grama, 37
Graus
  de hidrólise, 18-19
  de liberdade, 69
Gravidades específicas
  de reagentes selecionados (T), 434
  solução de ácidos (T), 434
Grupo(s)
  fosforila, 120
  hidroxila em carboidratos, determinação de, 202
  silanol, 145

H

Halogenetos
  determinação dos, com EDTA, 208
  em misturas, determinação de, por titulação
    potenciométrica, 227
Hexacianoferrato(III), determinação de (ti), 244
Hexafluoro-Acetilacetona, 163
Hidrazina
  como despolarizador anódico, 282
  determinação de, com iodato de potássio (ti), 245
Hidrocarbonetos aromáticos, análise de misturas binárias, 380
Hidrogenoftalato de potássio, como padrão de pH, 292, 435
  como substância padrão, 176
Hidrogenoiodato de potássio, 176
Hidrólise de sais, 17
Hidróxidos de amônio tetrassubstituído, 205
Hidroxilamina, determinação de, com bromato de
  potássio (ti), 247
Hipocloritos, determinação de (ti), 243
Hipofosfitos, determinação de, como cloreto de
  mercúrio(I), 264
Homogeneização, 116
Horvath, sob pressão, 144

I

Imunoafinidade, 131
Inativação, 145
Incineração
  a seco, 58
  úmida, 56
Indicador(es),
  ácido-base (T), 187, 189
    preparação de soluções de (T), 189, 190, 436
  amido (T), 233, 240
  amidoglicolato de sódio, 240
    preparação e uso da solução de indicador, 240
  amido-uréia, 240
  cores e faixas de pH (T), 189
  de adsorção, aplicações de (T), 223-224
  de fluorescência, 367
  de íons de metais, em titulações com EDTA, 207
    critérios de, 209
    detecção da mudança de cor por métodos
      instrumentais, 212
    exemplos de (T), 211
    propriedades gerais de, 209
    utilização visual, 209
  de oxidação-redução, 233
  de Patton e Reeder (T), 211
  de pM, 207
  eletrodo, 175
  em titulações redox (T), 232-233
  escolha de, em reações de neutralização, 196
  externos, 236
  fluorescentes, 367
  internos, 233, 350
  intervalo de mudança de cor, 188
  íons de metal, 207
  mistos, 191
  neutralização, 187, 189
  preparação de soluções de, 190
  químicos, 179
  reagentes auto-indicadores, 233
  realçado, 191
  redox (T), 232-233
    preparação e propriedades de (T), 232-233
  sulfato de amônio e ferro(III), 225
  tartrazina, 223
  teoria dos, ácido-base, 187
  vermelho de quinaldina, 190, 198

Índice

Índice
de oito picos, 422
de polaridade, de solventes (T), 150
de refração, de solventes (T), 150
de saponificação de gorduras, determinação de, 203
Infravermelho, lâmpadas e aquecedores, 49
Inibição (quenching), 355
Injeção
com divisão de fluxo, 161
da amostra em HPLC, 151-152
direta na coluna, 162
eletrocinética, 135
hidrodinâmica, 135
sem divisão de fluxo, 161
Instituto Britânico de Padrões (BSI - British Standards Institution), 39
Integração automática, 170
Interface
de feixe de partículas, 426
de nebulização
em espectrometria de massas, 424
térmica, 424
Interferências
em análise, 5
em temperatura da chama, 333
espectrais, 332
na espectroscopia de absorção atômica, 332
absorção de fundo, 334
de absorção molecular, 333
efeitos de matriz, 333
espectrais, 332
formação de compostos estáveis, 333
químicas, 333
redução, 334
remoção por extração do analitos, 333
Interferômetro de Michelson, 389
Intervalo(s), 88
de confiança, 68
da inclinação da linha de regressão, 73
das adições padrões, 73
na interseção da reta, 73
de mudança de cor, 188, 190
Introdução da amostra em ICP, 347
Iodato
determinação de
como iodeto de prata (g) (T), 264
potássio-iodeto de potássio, 239
na padronização de ácidos fortes, 240
solução padrão de, 239
Iodetos, determinação de
com íon mercúrio(I) (clm), 228
com íon prata (clm), 228
com nitrato de mercúrio(II) (am), 230
com nitrato de prata (ti), 224
como iodeto de prata (g) (T), 264
pelo método de Volhard (ti), 224
Iodimetria e iodometria, 238
detecção do ponto final, 240
discussão geral de, 238
fontes de erro em, 239
Íon(s)
borato, 195
carbonato, 196
com carga múltipla, 425
de várias cargas, 428
complexos, 23
constantes de estabilidade de, 24
determinação das constantes de instabilidade por polarografia, 299
dicromato, determinação de (ti), 236
em fase gás, 428
férrico, ver ferro(III)
ferroso, ver ferro(II)
hidrônio, 10
hidróxido, 15
metaestáveis, em espectrometria de massas, 426
molecular, 401, 417
pseudomolecular, 406-407, 426
secundários, 420, 426
tetrabutilamônio, 120
tetrafenilarsônio, 120
tropílio, 420
Ionização
na pressão atmosférica (API), 409, 415, 424, 426
por impacto de elétrons (EI), 403
por nebulização elétrica, 425
química, 406
com íons negativos, 406
Isômeros ópticos, 157
Isótopos, 400

Iterativa, abordagem, 110

L

Lâmpada(s)
de catodo, 331
de descarga sem eletrodo, 331
Largura
de banda, 359
espectral a meia altura, 359
Lavagem dos precipitados, 60
Lei(s)
da ação das massas, 7
da diluição de Ostwald, 12
da saúde e segurança no trabalho, 36
de Beer, 186, 353
desvios da, 354
de distribuição de Nernst, 117
de Faraday, 277, 281
de Fick, 297
de Lambert, 352
de Stokes, 135
LIDAR, sistema, 99
Liga de Devarda, 201
Ligações cruzadas, 153
Ligante(s), 24
bidentados, 24
monodentado, 24
multidentado, 24
Limite(s)
de confiança, 68
de detecção (aa), 338
cálculo de, 338, 340
definição de, 338
sistemas analíticos, 340
de detecção (LOD), 165
de exclusão, 147
de exposição ocupacional, 92
máximo de exposição (MEL's - Maximum Exposure Limits), 92
Limpeza de utensílios de vidro, 40
mistura de limpeza, 40
Linha de ressonância, tabelas de, 441
Liofilização, 129
Lítio, determinação de
como aluminato (g) (T), 263
como padrão interno, 350
por fotometria de chama, 350
Lubrificantes para torneiras de vidro, 42

M

Magnésio, determinação de
com EDTA (ti), 214
com preto de solocromo T (esp) (T), 367
como oxinato (g) (T), 263
como pirofosfato (g), 257
em dolomita, 271
na presença de cálcio em água corrente (aa) (ti), 214, 340
Maldi-Tof, 408, 412
Manganês, determinação de
com EDTA (ti) (T), 214
com ferro (p), 216, 251
com permanganato (p), 251
como fosfato de amônio e manganês ou como pirofosfato (g) (T), 263
em aço (p) (ti), 216, 251
em ferro/manganês (ti), 216
em pirolusita (p), 251
Manitol, 199
Mantas de aquecimento, 49
Marcadores de fluorescência, 158
Mascaramento cinético, 209, 216
Massa(s), 36
acurada, 418
ativa, 7
atômicas relativas (T), 433
molecular relativa, de um ácido orgânico, determinação de (ti), 202
Material(is)
coloidal, 2
de referência para espectroscopia de RMN, 318
de referências certificados (CRM), 65
Matrizes, 115
abstratas, 87
dessemelhanças, 85
Máximos em polarografia, 298
devidos ao oxigênio, 300
supressão de, 298

Média, 66
aritmética, 66
da razão isotópica, 415-416
espectral, 414
Mediadores potenciais, 180
Mediana, 88
Medida(s), ver também vidraria aferida
balões, 39
da altura da onda, 301
provetas, 39
repetidas, 65
Medidores
de atividade iônica, 291
de pH, 291
seletivos de íons, 291
Meia-célula, 29
Menor diferença significativa, 75
Mercúrio, 102
determinação de
com EDTA (ti), 214
como tionalida (g) (T), 263
Mercúrio/Mercúrio(II) - EDTA, preparação de, 219
Metaborato de lítio, 56
Metal resistente, análise de (eg), 280
Metilcelosolve, 203
Metil-Fenol, determinação de (ir), 398
Método(s)
cinéticos, 4
de amplificação, 66
de Kjeldahl para a determinação de nitrogênio, 200
de otimização, 81
de precipitação, 257
de raios X, 4
de refletância, 396
difusa, 396
especular, 396
total atenuada, 396
de Volhard
aplicação do, 224
detalhes experimentais do, 224
teoria do, 222
de Winkler para oxigênio dissolvido, 243
de Yates, 79
derivativo, 177
dos mínimos quadrados, 72
específico, 5
instrumentais, 5
não paramétricos, 88
nefelométricos, 4
ópticos, 4
turbidimétrico, 4
Metóxido de potássio (T), 205
Microeletrodos, 185, 295
Microextração com fase sólida, 108
Micrômetro
Mistura
posicional, 105
tampão universal (T), 436
temporal, 105
Misturadores, 112
Mobilidade(s)
eletroforética, 135
iônicas limite, 135
Modificadores de matrizes, 330
Modulação, 332
Mol, 175
Molalidade, 8
Molaridade, 8, 175
Moléculas deficientes de massa, 419
Molibdato
de sódio, 201
determinação de (ti), 238
com redutor de prata e cério(IV) (ti), 238
Molibdênio, determinação de
com dition (s) (T), 367
como oxinato de molibdila (g) (T), 263
Monitor(es)
luminescente, 100
pessoais, 97
tipo crachá, 93
Monitoramento
ambiental, 257, 426
de um único íon (SIM), 417
Monocromador, 332, 359, 390
Montagem de Littrow, 358
Morfina (e codeína), determinação de (fl), 383
Multiplicadora
de elétrons de dinodo contínuo, 413
de elétrons em canais, 413, 428
Multiplicidade, 319

Multivariados, tratamento de dados, 85
Murexida (T), 211

N

NADH – Nicotinamida-adenina-dinucleotídeo, 367
NADPH – nicotinamida-adenina-denucleotídeo-fosfato, 367
Nebulizador de fluxo cruzado (em), 347
Negro de naftaleno 12B, 246
Negro de solocromo (T), 211
Névoa fotoquímica, 101
Nier-Johnson, 410
Ninidrina, 158
Níquel
   determinação de
      com dimetil-glioxima (g) (esp), 261, 367
      com EDTA (ti), 213
      com oxina (ti), 247
      como metal (eg) (T), 280
      em aço-níquel, 216
      em solos contaminados (aa), 342
         como metal disponível, 342
         como metal total, 342
   separação de, na presença de cobalto (clm), 282
Nir, *ver* Espectroscopia de infravermelho próximo
Nita (ácido nitrilotriacético), 27
Nitrato(s)
   de mercúrio(II), solução padrão de, 227
   de peróxi-acetil (PAN), 100, 102
   de potássio, determinação de, 377
   determinação de
      como nitrato de nitron (g) (T), 264
      por redução a amônia, 200-201
      via *o*-nitro-fenol, 312
Nitritos, determinação de
   com nitron (g) (T), 264
   com permanganato de potássio (ti), 235
   pelo método diazo (esp) (T), 367
   via *o*-nitro-fenol (V), 312
Nitroferroína (sulfato de 5-nitro-1,10-fenantrolina-ferro(II)), 233
Nitrogênio
   determinação de, pelo método de Kjeldahl (ti), 200
   orgânico, determinação de, 200
Nitron, 260
Nível
   de confiança, 90
   de exposição em tempo curto (STEL - Short Term Exposure Level), 92
   máximo de concentração (MCL's - Maximum Concentration Levels), 103
Normalização
   da área, 170
   interna, 171
Núcleos, propriedades de alguns (T), 317
Número
   de ondas, 352
   de oxidação, 449
   de pratos, 132

O

Observações espectrofotométricas, 179
o-Cresolftaleína, 189-190
Ohm, 277
   lei de, 277
Óleo(s)
   de silicone (OV 1), 164
   índice de saponificação de, determinação (ti), 203
Onda polarográfica, 297
   potenciais de meia-onda (T), 298, 309, 439
Operação isocrática, 150
Osmose reversa, 44
Otimização
   simplex, 81
      avaliação, 84
      regras da, 82
   univariada, 78
Ouro, determinação de, como metal (g) (T), 263
Oxalato(s)
   análise térmica de oxalato de cálcio mono-hidratado, 269, 271
      oxalato de magnésio di-hidratado, 269
      oxalato de níquel di-hidratado, 271
   de cálcio e de magnésio, determinação de (t), 270
   de cálcio, análise térmica, 269, 271
   de magnésio, análise térmica de, 269
   de níquel, análise térmica de, 271
   de sódio, 234

determinação de
   com permanganato de potássio (ti), 234
   como carbonato de cálcio, via oxalato (g) (T), 264
   como óxido de cálcio, via oxalato (g) (T), 264
Oxalil-Hidrazona da biciclo-hexanona, 367
Oxidação seletiva, 6
Óxido
   de nitrogênio, 101
   nítrico, 101
Oxigênio
   determinação de, 171
      com a célula de Clark (am), 254
      com tiossulfato de sódio (ti), 243
   dissolvido
      determinação de (V), 300
      efeito na polarografia, 296, 300, 310
Oxina, determinação de
   com bromo (clm), 252
   para a determinação de metais, com iodato de potássio (ti), 247
Ozônio, 100

P

Padrão(ões)
   ambiental nacional de qualidade do ar (NAAQS), 98
   de exposição ocupacional (OES's - Occupational Exposure Standards), 92
   internos, 65, 170, 417
   monodisperso, 147
   secundários, 176
   de pH (T), 435
Paládio, determinação de, como dimetil-glioximato (g) (T), 263
Papel(éis)
   de filtro, 58
      dobragem dos, 58
      quantitativos (T), 59
   de gráfico semi-antilog, 294
Partes por milhão (ppm), 3
Partição, 131
Pastilhas
   de analgésico, determinação de, 159, 323
   para tampões, 293
Peneiras moleculares, 131
Perdas comuns, em espectrometria de massas (T), 423
Perfluoro-Querosene (PFK), 414
Período de escoamento, 41
Permeação em gel, 131
Perólise seca, 337
Peróxido de hidrogênio, determinação de
   com permanganato de potássio, 234
   com tiossulfato de sódio (ti), 242
Persulfatos, determinação de, com permanganato de potássio (ti), 235
Peso(s), 36
   classe A, 37
   molecular médio, 147
   ponderado, 147
p-Etóxi-crisoidina, 246
pH, 14
   de misturas ácido acético/acetato de sódio, 435
   definição de, 292
   determinação potenciométrica do, 292
   medida de, 293
   no ponto equivalente em titulações, 129, 191, 193
   padrões
      ingleses de, 292, 435
      IUPAC de (T), 293
      secundários de, 435
Pico base, 418
Pipetas
   aferidas, 41
   automáticas (líquidos), 42
   bureta de pistão, 43
   calibração de, 44
   de Lunge-Rey, 43
   de microlitro, 42
   de micrométrico, 42
   enchedor de, 41
   período de escoamento, 41
   seringa, 42
Piridina, 203
Pirolusita, determinação de manganês em (p), 251
Pistola de íons, 408
p*K*, 15, 188
   tabelas
      de ácidos, 436
      de bases, 438

Planejamento
   de experiências em blocos aleatórios, 76
   experimental, 76
   fatorial, 77, 80
      avaliação crítica, 80
      fracionário, 81
      incompleto, 81
   seqüencial, 77
   simultâneo, 77
Plasma
   de acoplamento indutivo (ICP - inductively coupled plasma), 347
   espectrometria de massas (ICP-MS), 415, 428
   fonte de plasma, 347
   instrumentação, 348
   instrumentos seqüenciais, 349
   instrumentos simultâneos, 348
   vantagens sobre a espectroscopia de absorção atômica, 349
   de corrente direta (DCP - direct current plasma), 347
   de íons, 406
Plataforma de atomização (aa), 329
Platina, determinação de, como elemento (g) (T), 263
Pó alvejante, determinação de cloro disponível em, 243
Poço de mercúrio (contra-eletrodo), 296
Poder de resolução em espectrometria de massas, 409
Poder-tampão, 16
pOH, 15
Polarografia, *ver* Análise polarográfica
   diferencial de pulso (DPP), 304
      determinação de ácido ascórbico em suco de frutas, 311
      determinação de cobre e zinco em água corrente, 310
Polarógrafo, 296
   contra-eletrodo, 302
   instrumentos comerciais, 302
   manual, sem registrador, 296, 301
   três eletrodos, 302
Polarogramas, 295, 296, 302
   de solução de cloreto de potássio saturada de ar, 301
   derivativos, 302
Poliacrilamidas com ligações cruzadas, 131
"Policial", 51
Polidispersividade, 147
Poluentes gasosos, 98
Ponte
   de nitrato de potássio, 227
   de Wheatstone, 166
   salina, 227, 292
Ponto(s)
   de ebulição de solventes (T), 150
   de equivalência, *ver* pontos finais
   finais, 174
      bruscos, 185
      em reações
         de neutralização, 187
         de oxidação-redução, 232, 240, 245
         de precipitação, 222
      em titulações
         amperométricas, 183, 185
         com EDTA, 212
         coulométricas, 179
         potenciométricas, 177
      estequiométricos, 174, 187
      indicadores para, 187
      por parada brusca, 185, 253
População, 90, 109
Porta de injeção pneumática, 162
Potássio, determinação de
   com tetrafenil-borato (ti) (g) (T), 227
   com tetrafenil-boro (ti) (g) (T), 263
   em mistura com cálcio e sódio, 350
   em mistura com sódio (ec), 350
   por fotometria de chama, 350
Potencial(is)
   assimétrico, 287, 291
   cálculo de padrões (redução) 31
   controlado no catodo, aplicações de
      determinação de antimônio, cobre, chumbo e estanho em uma liga, 280
      determinação de cobre, bismuto, chumbo e estanho em uma liga, 280
   de decomposição, 278
   de deposição, 279
   de eletrodo, 29
      equação de Nernst dos, 29
      mudanças durante a titulação, 230
      padrões, 29, 30
      reversíveis, 279
   de junção líquida, 30, 31, 284
   de meia-onda, 297, 298, 309

460 Índice

determinação de, do íon cádmio, 309
tabela de, 439
de redução, 31
formais, 232
limite de catodo, *ver também* eletroanálise com
potencial controlado, 280
padrão(ões) (T), 30
de eletrodo (T), 30
de redução (T), 31-32
reversíveis, 30-32
Potenciometria, 3, 277, 283
direta, 284, 291
em reações oscilantes, 295
fluoreto, determinação de, 293
fundamentos, 283
razão ferro(II)/ferro(III), determinação da, 295
Potenciostatos, 279, 281, 302
Prata, determinação de
com tiocianato de amônio (ti), 225
como metal (eg) (T), 280
em ligas (ti), 225
Prato teórico, 132
Precipitação, 58, 123
fracionada, 22
homogênea, *ver* precipitação
seletiva, 6
Precisão, 6, 64
Preparação
da amostra (aa), 336
dissolução por microondas, 337
fusões, 337
perólise a seco, 337
perólise úmida, 337
preparação de concentração, 337
de dicromato de potássio
indicadores internos para, 236
preparação de, 236
propriedades oxidantes, 236
Preto
de eriocromo T, *ver* preto de solocromo
de solocromo (T), 367
Primeira coluna, 145
Princípio
da exclusão mútua, 389
de Le Chatelier-Braun, 8
Prismas de espectrofotômetros, 358
Procedimento(s)
amperométricas, 179
voltamétricos modificados, 303
Processos
de fragmentação, 405
em células (eg), 278
redox, 230, 234
Produto
de solubilidade, 19
cálculos que envolvem, 20
limitações principais do, 19
iônico da água, 18
valores em várias temperaturas (T), 10
Pseudo-Efedrina, determinação de (esp), 381
Purga e retenção, 107
Púrpura
de bromo-cresol, 189, 190
de *m*-cresol, 189, 190

Q

Quadrados latinos, 77
Queimador de fluxo laminar (aa), 328
Quelação, 24
Quelatos, 118
de metal, 163
de β-dicetonas, 163
Quilograma, padrão internacional, 37
Química legal, 138
Quimiometria, 63, 77, 89
Quinina, determinação de (fl), 383
Radiação secundária, 4

R

Radiodatação de carbono, 742
Radioimunoanálise, 4
Raia de ressonância, 331
fontes de, 331
Raios X, 4
primários, 4
Razão(ões)
de distribuição, 118

ferro(II)/ferro(III), determinação em reações
oscilatórias, *ver também* Ferro (p), 295
isotópicas naturais, 415, 416
massa/carga, 400
Reação(ões)
de Belousov-Zhabotinskii, 295
de neutralização, 175, 177
escolha de indicadores, 187, 192-196
de oxidação-redução, 31, 175, 177, 230
constantes de equilíbrio em, 31
indicadores para detecção do ponto final em, 232
mudança de potencial durante, 230
de precipitação, 221
teoria das, 221, 222, 227
em células, 29
oscilante (p), 295
reversível, 8
Reagente(s), *ver também* reagentes gerados
eletroliticamente, 53
de Karl Fischer, 254
aparelhagem e detalhes experimentais, 255
substâncias que interferem, 254
teoria da titulação com, 254
de Nessler, preparação do, 370
uso do, 353
de precipitação, 258
de quelação, 120
fontes de padrões analisados, 435
gerados eletroliticamente
bromo, 252
íon hidrogênio, 206
íon hidroxila, 206
íon mercúrio(I), 228
íon prata, 228
padronizadas espectrograficamente, 337
soluções saturadas de, em 20°C (T), 434
Rearranjo de McLafferty, 420
Reciclagem dos solventes, 148
Recipientes de digestão ácida, 57
Reconhecimento de padrões, 85
Rede(s), *ver* redes de difração
de difração, em espectrofotômetros, 358
holográficas, 358, 394
teoria das, 358
tipo *echelle*, 358
de monitoramento urbano, 99
tipo *echelle*, 358
Redução, 248
com cloreto de estanho(II), 250
com o redutor de Jones (zinco amalgamado), 248
com o redutor de prata, 249
com sais de cromo(II), 248
com titânio(III), 248
com vanádio(II), 248
Redutor
de Jones, 248
aplicações do, 249
limitações do, 249
preparação do, 248
usos do, 249
de prata, 249
preparação da prata para, 249
uso do, 238, 250
Refinação por zona, 54
Reflectron, 413
Refletância
difusa, 396
total atenuada (ATR), 396
Refratômetro, 4
de deflexão, 155
de Fresnel, 155
Região livre de campo, 426
Regra do nitrogênio, 418, 419
Regressão
linear, 72
não-linear, 74
Relação de Mark-Houwink, 147
Relaxação, 318
Rendimento quântico, 354
Repetibilidade, 65
Reprodutibilidade, 65
Resíduos persistentes de pesticidas, 168
Resina(s)
de poliestireno sulfonado, 125
de troca iônica, capacidade de, 126
macrorreticular, 124
pelicular, 124
Resistência, 277
Resolução de equações, 157
Resposta, 78

Retenção de substâncias, 94
Retentores de líquidos, 94
Rhyage (jato), 423
Risco, 92
Rmn, *ver* espectroscopia de ressonância magnética
nuclear
Rotação óptica, 5
Ruído da linha de base, 166

S

Sacarose, determinação de, 171
Sacudidor mecânico, 51
Sal,
de sódio do ácido difenilaminossulfônico (T), 233
R-nitroso, 367
Saturação, 318
Secagem por congelamento, 129
Segurança
em espectrofotometria de absorção atômica, 337-338
pipeta de, 44
Selênio, determinação de, como elemento (g) (T), 263
Seletividade
coeficiente de, 125, 288
de métodos analíticos, 5
em fluorimetria, 355
em titulações com EDTA, 208
Sensibilidade, 154, 165, 339
Sensores
adsorventes, 93
eletroquímicos, 97
estáticos, 93
Separação(ões)
com instrumentos, 115
de amino-ácidos, 136
de corantes, 141
artificiais, 142
de picos, 306
eletrolítica de metais, 280
com potencial de catodo controlado, 280
de cobalto e níquel (clm), 282
em grande escala, 115
por métodos
com EDTA, 209
coulométricos, 282
eletrogravimétricos, 280
Separador de Watson-Biemann, 423
Sephadex, 131, 146
Septo de admissão em espectrometria de massas, 403
Séries
eletroquímicas, 27
eluotrópicas, 144, 149
Silanização, 145, 163
Sílica
determinação de, pelo método do azul de molibdênio
(esp) (T), 367
fundida, 46
gel, 130
Silicato, determinação de, como molibdossilicato de
quinolina (g) (T), 264
Simplex supermodificado, 84
Sistema(s)
abertos, 92
acoplados, 169
associados, 422
com fase reversa, 140
de injeção (CG), 160
de vácuo, 401
fechados, 92
nebulizador-queimador, 328
redox, 31
Sobrepotencial, 278
de hidrogênio, 279
do oxigênio, 279
Sobrevoltagem, *ver* sobrepotencial
Sódio, determinação de
como acetato de uranila e zinco (T), 263
na presença de potássio por fotometria de chama, 350
por fotometria de chama, 350
Solocromo (eriocromo) cianina R (T), 367
Solução(ões)
cobre-EDTA, 219
de bromato de potássio
análises que envolvem, 246
indicadores para, 246
preparação de, 247
propriedades oxidantes de, 246
de Carrez, 172
de dicromato de potássio

Indice 461

análises que envolvem, 235
indicadores redox para, 236
padronização de, com ferro (clm), 182
de indicador amido (T), 233, 240
desvantagens de, 240
preparação e uso de, 240
de iodato de potássio, análises que envolvem, 245
detecção de ponto final em titulações, 245
na padronização de ácidos, 240
preparação de, 0,025 M, 245
propriedades oxidantes de, 244
de iodo
com tiossulfato de sódio, 241
indicadores para, 239, 240
preparação de, 0,05 M, 240
propriedades oxidantes de, 238-239
de nitrato de prata
padronização de, com cloreto de sódio e indicador
cromato de, 223
potássio, 223
de permanganato de potássio, análises que envolvem, 233
aplicação em solução alcalina, 233
discussão da padronização de, 234
padronização com ferro (clm) (T), 182
padronização com oxalato de sódio, 234
permanência de, 234
preparação de, 0,02 M, 234
de sulfato de cério(IV)
discussão geral, 237
indicadores para, 237
padronização de, 238
preparação de solução 0,1 M, 237
propriedades oxidantes de, 237
de tiocianato de potássio, preparação de 0,1 M de, 225
padronização de, 225
uso de, 225
de tiossulfato de sódio
estabilidade de, 241
padronização de
com iodato de potássio (ti), 241
com solução padrão de iodo (am), 242, 253
preparação de, 0,1 M, 241
molal, definição de, 292
padrões, 54, 174, 175
ácidos e bases, 199
armazenamento de, 54
preparação de, 54, 175, 337
saturadas de alguns reagentes (T), 434
Soluções-tampão, 15
ácido acético-acetato de sódio, 435
para titulações com EDTA (T), 214
preparação de padrões IUPAC (T), 293, 435-436
Solventes
anfipróticos, 197
apróticos, 197
ionizantes, 9
não-apróticos, 9
não-ionizantes, 9
niveladores, 198
para espectroscopia de RMN (T), 321
protofílicos, 197
protogênicos, 9, 197
Sørensen, 14
Sublimação, purificação de sólidos por, 54
Substâncias
padrões
para acidimetria e alcalimetria, 176
carbonato de sódio anidro, 176
hidrogenoftalato de potássio, 176
hidrogenoiodato de potássio, 176
tetraborato de sódio, 176
para reações de formação de complexos, 176
cobre, 176
magnésio, 176
manganês, 176
zinco, 176
para titulações por precipitação, 176
brometo de potássio, 176
cloreto de potássio, 176
cloreto de sódio, 176, 228
nitrato de prata, 176
prata, 176
para titulações redox, 176
bromato de potássio, 176
dicromato de potássio, 176
ferro, 176
hidrogenoiodato de potássio, 176
iodato de potássio, 176
iodo, 241
oxalato de sódio, 176

óxido de arsênio(III), 176
primárias, necessidades de, 176
padronizadas por espectrofotometria, 435
Subtração da linha de base, 414
Sulfato
de amônio e cério(IV), 237
de cálcio, determinação de, em cimentos, 275
de cobre hidratado, análise térmica de, 274
de cobre penta-hidratado, análise térmica de, 265, 271
determinação de
com cloranilato de bário (s), 375
com EDTA, 208, 218
com nitrato de chumbo (am), 229
como sulfato de bário (g), 262
Sulfetos, determinação de, como sulfato de bário (g) (T), 264
Sulfitos, determinação de, como sulfato de bário (g) (T), 264
Sulfonato de difenilaminossulfônico, 233
Sulfonoftaleínas, 190
Supressor de ionização, 333
uso de, 340

T

Talidomida, 157
Tálio, determinação de
com iodato de potássio (ti), 246
como cromato de tálio(I) (g) (T), 263
Tamanho dos poros, 146
Tampão
de ajuste da força iônica, 294
de íons metálico, 25
Tara, 36
TLC de alta resolução (HPTLC), 140
Técnica(s)
associadas, 400
de vaporização a frio (aa), 330
Telúrio, determinação de, como elemento (g) (T), 263
Temperatura padrão para aparelhagem de vidro aferida, 40
Tempo
de espera, 105
de queda da gota em polarimetria, 298, 303
Teoria
de Brønsted-Lowry de ácidos e bases, 11, 13, 197, 188
de Debye-Hückel, 8
dos pratos, 132
Termistor, 166
Termobalança, 267
componentes principais de, 267
critério para um bom projeto, 267
instrumentação moderna, 267
interface com MS ou FT-IR, 269
Termogravimetria (TG), 3, 61, 265
aplicações, 269
argilas e solos, 270
composição de misturas, 270
determinação da pureza, 269
estabilidade térmica (EDTA), 269
oxalato de cálcio, 271
experimental, 271
sulfato de cobre, 271, 274
fatores experimentais, 266
introdução, 265
Teste
da razão de variância, *ver teste F*
de precedência segundo Wilcoxon (T), 88, 446
de robustez, 81
F, 69
F_R (T), 88, 447
Q, valores críticos (T), 68, 446
t , 444
t de Student (T), 69, 444
t emparelhado, 70
T_d, 88, 447
Tetraborato de sódio como substância padrão, 176
Tetracianoniquelato(II) de potássio, 208
Tetrafenilborato de sódio, preparação de solução, 227
Timolftaleína, 189, 190
complexona (timolftalexona), 211
Tiocianato
de amônio, solução de
padronização de, 225
preparação de, 225
uso de, 222
determinação de, com nitrato de prata (ti), 224
Tiossulfato, determinação de, com iodo (am) (T) (ti), 182, 241, 253
Titânio, determinação de
com peróxido de hidrogênio (esp), 373
como óxido, via complexos com ácido tânico e
fenazona (g) (T), 263

Titulação(ões), 174
ácido-base, 175
amperométricas, 183, 186
biamperométricas, 185
células para, 184
com dois eletrodos indicadores (ponto final brusco), 185
determinações por (T), 186
princípios, 183
tipos comuns de curvas de titulação, 183
uso do eletrodo de mercúrio gotejante, 184
uso do microeletrodo rotatório de platina, 185
vantagens das, 186
automáticas, 178
biamperométricas, 185
classificação de, 175
coulométricas, 178, 182, 206
aplicações, 183
célula para, 180
de ácidos, 206
de bases, 207
detalhes experimentais para, 180, 182
detecção de pontos finais em, 179
dispositivos para medida de corrente, 180
exigências fundamentais para, 17
fontes de corrente constante, 180
geração externa de titulante, 181
instrumentação, 180
medidores de potencial, 180
princípios das, 180
vantagens de, 181
de Karl Fischer, 255
de Mohr, detalhes experimentais de, 223, 224
do excesso, 207, 212
EDTA, 207, 208, 212
em atmosfera de gás inerte, 184
em solventes livres de água, 197
anilina (e etanolamina), determinação de, 205
indicadores para, 197
solventes para, 198
espectrofotométricas, 186, 207, 210
aparelhagem para, 186
de fenóis, 207
tipos comuns de curvas de titulação, 186
vantagens de, 187
não-aquosas, 197
indicadores para, 198
procedimentos de titulação (p) (ti), 197, 205
solventes para, 197, 205
oxidação-redução, 230
ponto final de parada brusca, 185
por complexação, *ver também* EDTA, 207
considerações práticas, 211
discussão geral, 175
por deslocamento, 195
escolha de indicadores para, 195, 196
íon borato com um ácido forte, 195
íon carbonato com um ácido forte, 195
por substituição, 208
potenciométricas, 176, 177, 184
automática, 178, 251
com EDTA, 218
em solventes impossíveis em água (T), 205
exame do gráfico de Gran, 177
localização de pontos finais, 177
método(s)
analíticos (derivados), 177
clássico, 176
do gráfico de Gran, 178
princípios, 176
reações
de neutralização, 177, 204
de oxidação-redução, 177, 251
de precipitação, 177, 227
precipitação, 221
registro de (Curva de), 177
Titulado, 174
Titulante, 174
TLC em duas dimensões, 140
Tolueno-3,4-Ditiol, *ver* ditiol
Tório, determinação de
com EDTA (ti), 214
via sebácico (g) (T), 263
Tornassol, 189
Transferência
de hidreto, 406
de prótons, 406
Transformação alvo, 87
Transmitância, 353
conversão em absorbância, 353, 377
Tratamento de dados, 6

462 Índice

Triangulação, 169
Trifluoro-Acetilacetona, 163
Triprolidina, determinação de (esp), 381
Triton X, 298
Troca iônica, 6, 123, 131
  equilíbrios, 125
Trocadores
  de ânions, 123
  de cátions, 123
Tropeolina O, 189-191
TTHA, 27
Tubo
  de passagem, 412
  de permeação, 100
  ORBO, 95
Tungstato de sódio, análise térmica de, 274
Tungstênio, determinação de
  com ditiol (esp), 373
  como trióxido, via ácido tânico e fenazona (g) (T), 263
  em aços (esp), 373

U

Ultrastyragel, 146
Unidade(s)
  de massa, 36
    unificada (u), 400
  de volume, 39
  elétricas, 277
  SI, 277
Urânio, determinação de, com cupferron (g) (T), 263
Utensílios
  de vidro, 40
  em vidro, cerâmica e plástico, 45
  plástico (T), 46
  platina, 47
  poli(tetrafluoro-etileno) (teflon) (T), 46
  policarbonato, 46
  poliestireno, 46
  polietileno (T), 46
  polimetilpenteno (TPX) (T), 46

polipropileno (T), 46
sílica, 46
teflon, 46
vycor, 46

V

Vale de aquecimento, 49
Valor(es)
  de R_f, 139
  limite aceitável (TLV), 98
Vanádio, determinação de
  como vanadato de prata (g) (T), 263
  em óleo lubrificante (aa), 341
  pelo método fosfórico-tungstato (esp) (T), 367
Variabilidade, 91
Variação entre amostras, 110, 113
Variância, 66, 74
Variável, 76
  dependente, 72
  independente, 72
Velocidade de aquecimento na termogravimetria, 266
Verde de bromo-cresol, 189-190
Vermelho
  de bromo-fenol, 189, 190
  de cloro-fenol, 189-190
  de cresol, 189-190
  de fenol, 142, 189-190
  de metila, 189-190, 198
  de quinaldina, 189-190
  de xilidina, 246
  do Congo, 142, 189-190
  neutro, 189-190
Vetor predito, 87
Vidraria, 39
  aferida, 39
    balões, 40
    buretas, 42
    calibração de, 43
    pipetas, 41
  limpeza da, 40

Viscosidade de solventes (T), 150
Vitamina A, determinação de (fl) (T), 368
Vitamina C, *ver* ácido ascórbico
Voltametria, 3, 277, 295
  cíclica, 306
  determinação de chumbo em água corrente, 315
  eletrodo de carbono vitrificado, 283
  etapa de concentração, 312
  extrativa anódica, 312
    aparelhagem para, 314
    células para, 314
    diferencial de pulso (DPASV), 313
    eletrodos para, 313
    potenciais de extração (T), 439
    princípios básicos, 312
    processo de concentração, 315
  largura e altura de pico, 313
  potencial de pico, 313
  pureza de reagentes, 314
  voltamograma, 295
Volume vazio, 146
Volumetria, 3

X

Xileno cianol FF, 191

Z

Zinco, determinação de
  com EDTA, 214, 219
  como 8-hidróxi-quinaldinato (g) (T), 263
  em banhos de fosfato (p), 219
  em solos contaminados (aa), 342
    como metal disponível, 342
    como metal total, 342
Zincon, 211
Zircônio, determinação de, como dióxido via mandelato (g) (T), 263
Zona livre de campo, 412